赣州市水文志

GANZHOU SHI
SHUIWEN ZHI

赣江上游水文水资源监测中心 编著

中国水利水电出版社
www.waterpub.com.cn
·北京·

图书在版编目（CIP）数据

赣州市水文志 / 赣江上游水文水资源监测中心编著
. -- 北京 : 中国水利水电出版社, 2022.10
ISBN 978-7-5226-1633-9

Ⅰ. ①赣… Ⅱ. ①赣… Ⅲ. ①水文工作－概况－赣州
Ⅳ. ①P337.256.3

中国国家版本馆CIP数据核字(2023)第128867号

审图号：赣S（2023）149号

书　名	**赣州市水文志** GANZHOU SHI SHUIWEN ZHI
作　者	赣江上游水文水资源监测中心　编著
出版发行	中国水利水电出版社 （北京市海淀区玉渊潭南路1号D座　100038） 网址：www.waterpub.com.cn E-mail：sales@mwr.gov.cn 电话：（010）68545888（营销中心）
经　售	北京科水图书销售有限公司 电话：（010）68545874、63202643 全国各地新华书店和相关出版物销售网点
排　版	中国水利水电出版社微机排版中心
印　刷	北京印匠彩色印刷有限公司
规　格	210mm×285mm　16开本　37.25印张　977千字　27插页
版　次	2022年10月第1版　2022年10月第1次印刷
定　价	**198.00**元

凡购买我社图书，如有缺页、倒页、脱页的，本社营销中心负责调换

1993 年 2 月，赣州地委副书记刘学文（左）出席全市水文工作会议

2001 年 9 月，水利部部长汪恕诚（左二）在北京“国际水利水电技术设备展览会”上参观赣州水文智能缆道等科研产品

2002年8月，江西省水利厅厅长刘政民（左前四）深入基层调研赣州水文工作

2002年10月，江西省水利厅副厅长朱来友（左一）调研赣州水文工作

2003 年 9 月 5 日，赣州市委副书记李南生、市政府副市长叶玉忠参加市水情分中心初步设计评审会

2005 年 9 月，水利部水文局局长邓坚（右六）调研指导赣州水文工作

2007 年 6 月 6 日，江西省水利厅厅长孙晓山（右一）深入上犹县视察灾情，调研赣州市山洪灾害防治

2008 年 5 月 19 日，江西省副省长熊盛文（右三）为奔赴四川抗震测报省水文应急监测队送行

2013 年 5 月 21 日，江西省水利厅副厅长罗小云（前左）深入崇义县、上犹县调研山洪灾害防治

2013 年 7 月，赣州市政府副市长刘建平（前中）陪同江西省水利厅驻厅纪检组长吴信根（前右）调研赣州水文工作

2017 年 5 月，珠江委水文局局长吴建青调研指导赣州水文工作

2019 年 5 月，江西省水文局局长方少文（右前二）调研指导赣州水文工作

2020 年 7 月，江西省水利厅副厅长、省鄱建办主任罗传彬（右前三）调研指导赣州水文工作并深入赣江源考察

2020 年 12 月，水利部水文司司长林祚顶（左前三）调研指导赣州水文工作

赣州市水文局领导李书恺向行署专员邱禄鑫（左）汇报工作

崇义水文站

赣州水位站

樟斗水文站

里仁水文站

麻州水文站

坝上水文站

信丰水文站

翰林桥水文站

葫芦阁水位站

石城水文站

峡山水文站

气温观测

水温观测

雨量观测

水质监测分析

缆道计算机自动测流

测流取沙

走航 ADCP 测流

岸基视频影像流量在线监测

无人机、无人船同步测流

无人机测流

雷达波在线测流

"7·26"暴雨洪水调查

赣州市水文局领导李书恺在防汛一线就防汛工作开展情况接受记者采访

水文应急监测队

水文应急维护队

缆道施测大洪水

汛情分析会商

赣州市水文局技术人员应招赴汶川地震灾区监测堰塞湖水文情势

赣州市水文局应急监测队应招赴南昌、九江抢测 2020 鄱阳湖流域性大洪水

2018 年 5 月，江西省政府原副省长胡振鹏在赣州主持《东江源区水生态监测与保护研究基地实施方案》技术审查会

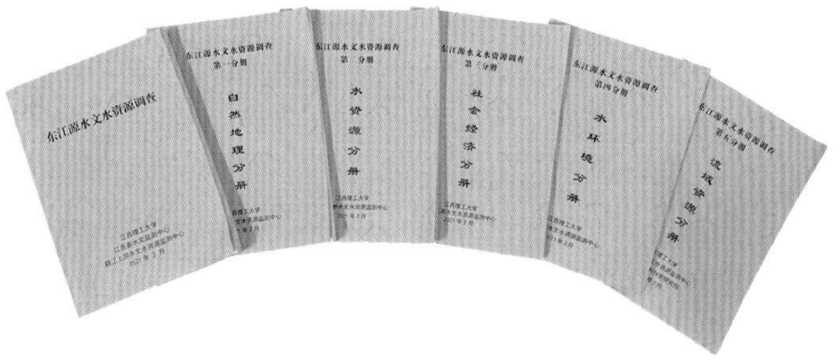

东江源水文水资源调查

河流科考

重大科技项目审查会

科技成果鉴定会

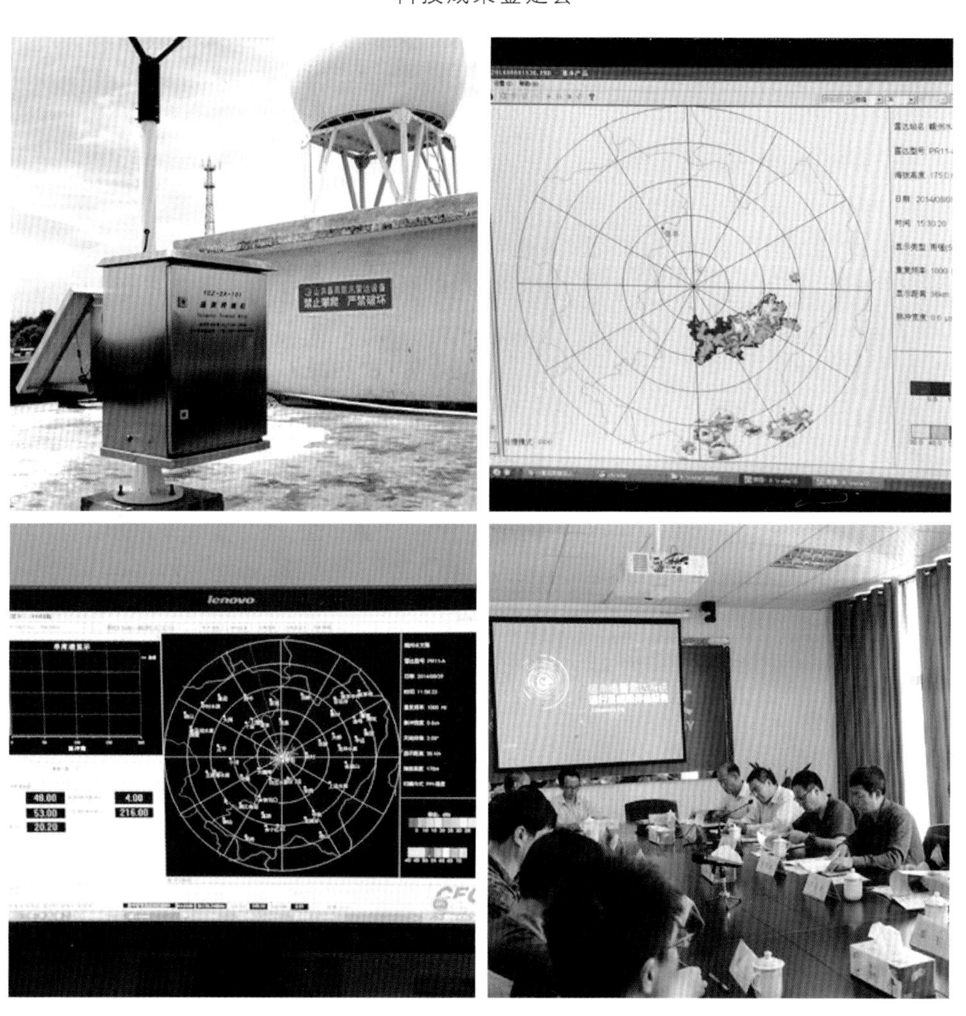

雷达测雨应用研讨会

美国专家在翰林桥站开展泥沙监测试验

水文科技研发中心生产许可证评审会

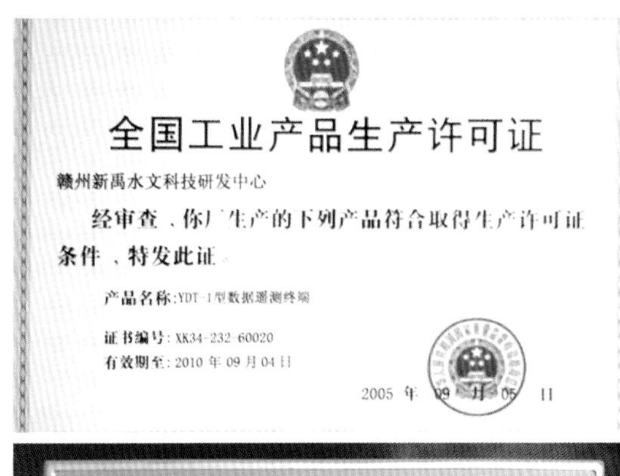

全国工业产品生产许可证

赣州新禹水文科技研发中心

经审查，你厂生产的下列产品符合取得生产许可证条件，特发此证。

产品名称：YDT-1型数据遥测终端

证书编号：XK34-232-60020

有效期至：2010年09月04日

2005年09月05日

全国工业产品生产许可证

赣州新禹水文科技研发中心

经审查，你厂生产的下列产品符合取得生产许可证条件，特发此证。

产品名称：LXD-1型数字水文缆道测控系统装置

证书编号：XK34-232-50009

有效期至：2010年09月04日

2005年09月05日

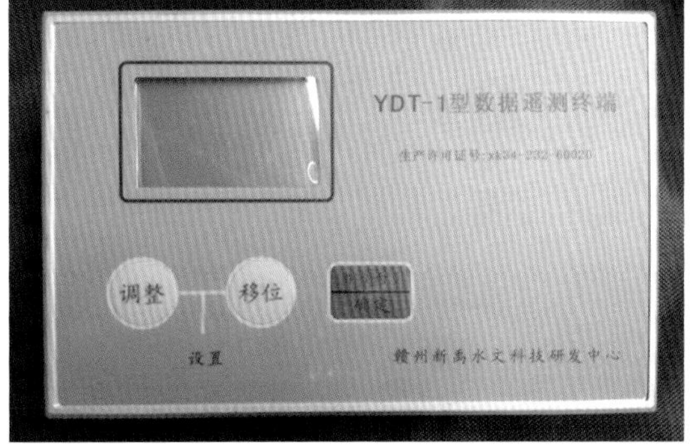

数据遥测终端

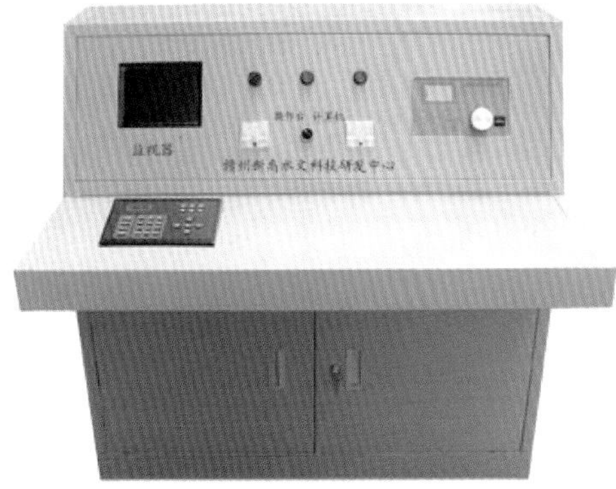

数字水文缆道测控系统

水空一体流量自动监测平台

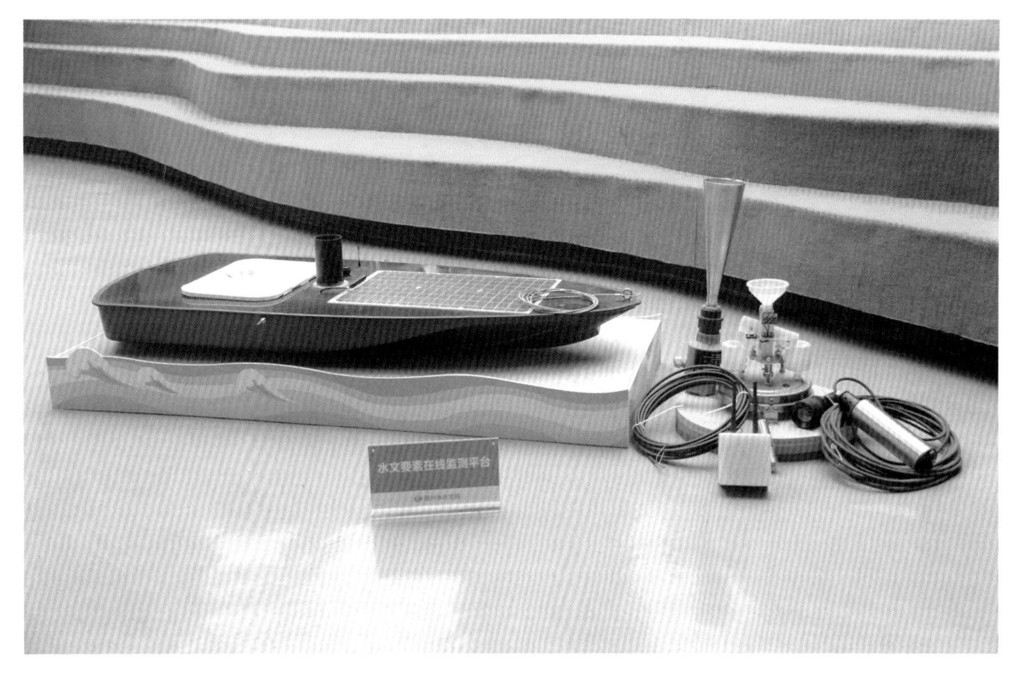

水文要素在线监测平台

实用新型专利证书

实用新型名称：水下信号发射器

设计人：张祥其；高栋材

专利号：ZL 99 2 35450.1

专利申请日：1999 年 2 月 24 日

专利权人：江西省水利厅赣州地区水文分局

该实用新型已由本局依照中华人民共和国专利法进行初步审查，决定授予专利权。

第 1 页（共 1 页）

本实用新型已由本局依照专利法进行审查，决定于 1999 年 12 月 10 日授予专利权，颁发本证书并在专利登记簿上予以登记。专利权自证书颁发之日起生效。

本专利的专利权期限为十年，自申请日起算。专利权人应当依照专利法及其实施细则规定缴纳年费。缴纳本专利年费的期限是每年 2 月 24 日前一个月内。未按照规定缴纳年费的，专利权自应当缴纳年费期满之日起终止。

专利证书记载专利权登记时的法律状况。专利权的转让、继承、撤销、无效、终止和专利权人的姓名或名称、国籍、地址变更等事项记载在专利登记簿上。

证书号 第 359064 号

申请号

局长 

[illegible] 年 12 月 10 日

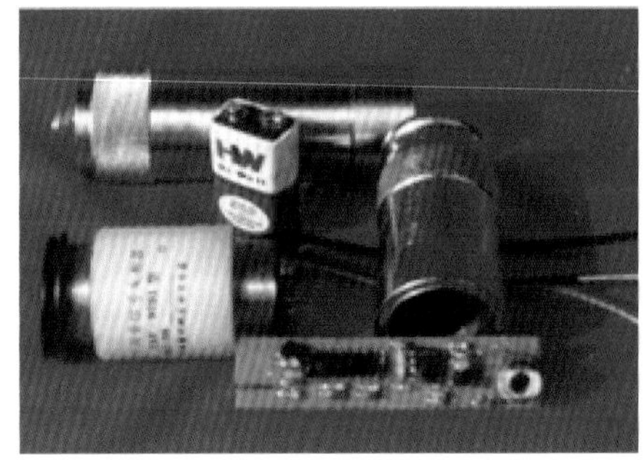

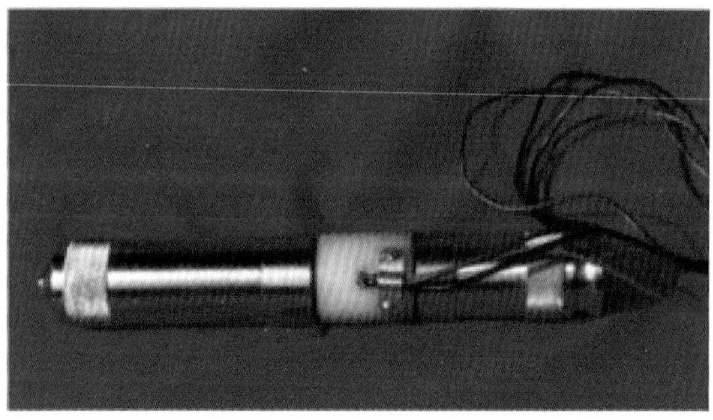

水下信号发射器

2019 年 11 月，召开第一届东江源高峰论坛

江西省政府原副省长胡振鹏在赣州市水文局水文水资源学术研讨会上作专题报告

赣州市水文局与江西理工大学举行研究生联合培养基地及产学研合作揭牌仪式

召开东江源头科学考察工作会议

参加全省水文系统“支部工作条例”知识竞赛

举办重走长征路活动

开展缆道技术攻关

赣州市水文局联合江西理工大学开展东江源水文水资源调查

组织职工参加全省水文技能大赛并获得奖项

组织职工参加全省水文技能大赛

组织职工开展岗位练兵

组织职工参观党风廉政教育展厅

组织职工参加“学习强国”知识竞赛并获得优胜奖

水文工匠创意园

水文化培训

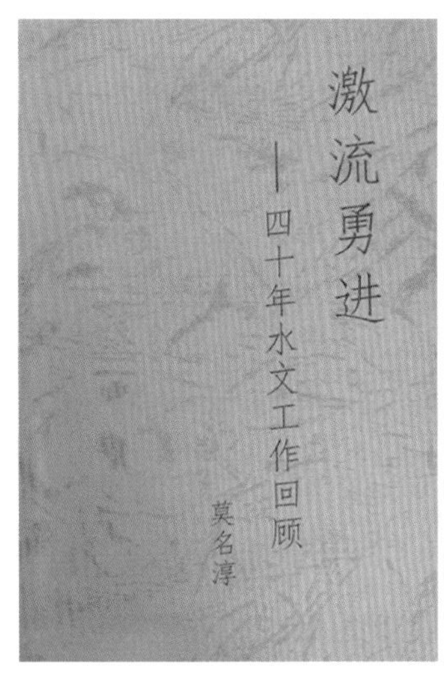

水文文化刊物

水文职工回忆录

文明实践活动

文艺演出——旗袍秀

影视宣传片

职工创作图书歌曲

职工篮球比赛

安和水文陈列馆

第二届江西省水文系统文体活动

赣州水文展示厅

歌咏比赛

《红土地上水文人》剧照

职工广播体操比赛

青年活动

赣州地区水文站荣获“全省抗洪抢险先进集体”称号

赣州水文分局党支部被省委评为“先进基层党组织”

坝上水文站被评为“全国文明水文站”

赣州市水文局被评为“先进基层党组织”

赣州市水文局被评为“赣州市第三届文明行业”

赣州市水文局被评为“江西省第十一届文明单位”

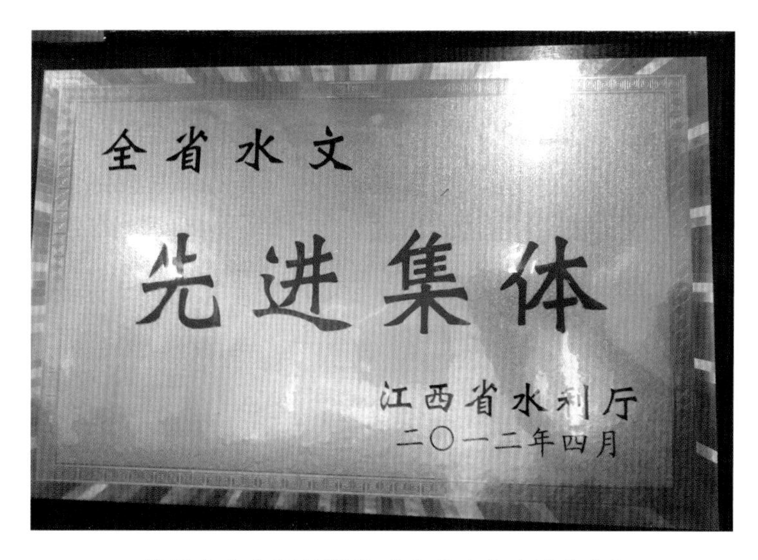

赣州市水文局被评为“全省水文先进集体”

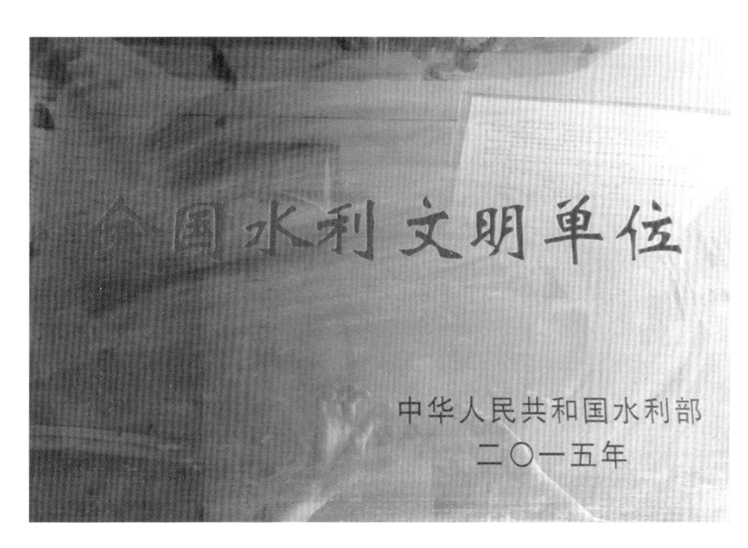

赣州市水文局被评为“全国水利文明单位”

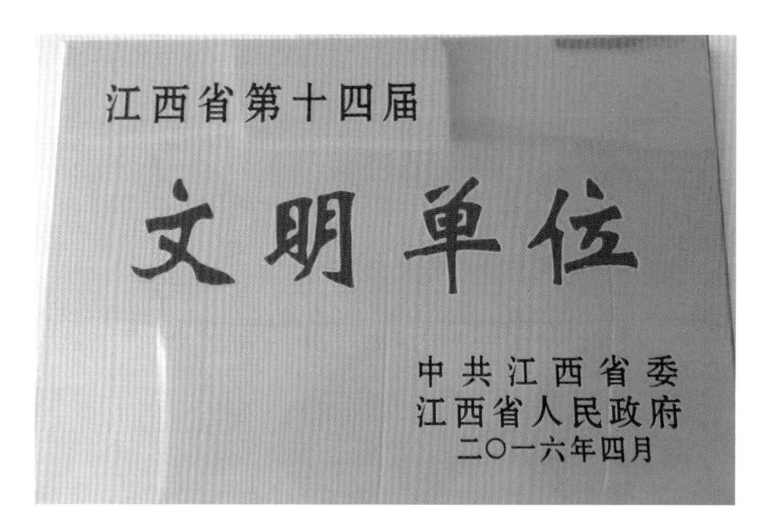

赣州市水文局被评为“江西省第十四届文明单位”

2016-2017年度

青年文明号

共青团江西省委

赣州水文分局水质科被评为省级“青年文明号”

赣州市水文局被评为“2018年度市直机关党建工作红旗单位”

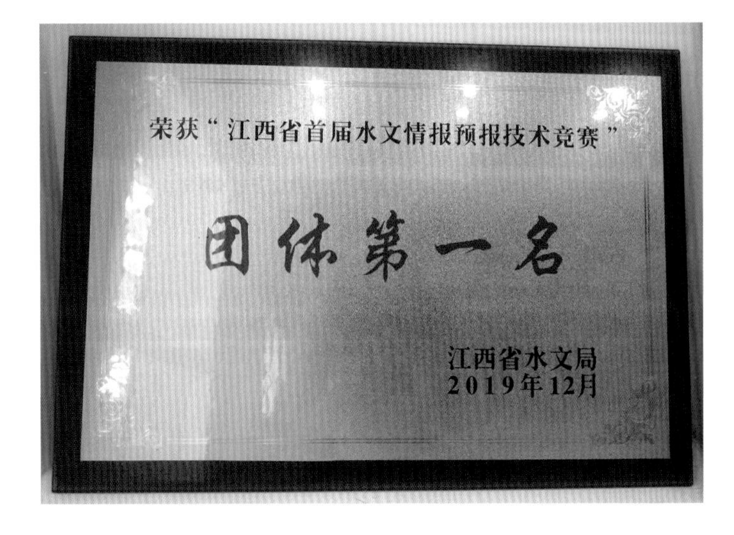

赣州市水文局荣获“江西省首届水文情报预报技术竞赛”团体第一名

木船测流

20 世纪 60 年代水准测量

赣州地区水利学会 1986 年年会暨学组成立大会

1964 年参加省干训班的赣州职工

20 世纪 50 年代，在赣州坝上水文站进行雨量和蒸发观测

20 世纪 60 年代，在铁扇关站进行泥沙过滤烘干

20 世纪 50 年代简易测井

20 世纪 60 年代架设缆道跨河索

20 世纪 50 年代蒸发观测

20 世纪 50 年代岸温观测

20 世纪 50 年代河道测流

水文脐橙果园

精准扶贫

赣州市水文局领导出席省第十次党代会

援疆干部风采

汶川地震应急抢测队员

第一届领导班子（1984年9月至2006年1月）

第二届领导班子（2006年1月至2012年2月）

第三届领导班子（2012年2月至2021年1月）

赣江上游水文水资源监测中心第一届领导班子

四任领导班子合影

《赣州市水文志》编纂委员会

《赣州市水文志》编纂委员会办公室

序

十年磨剑成一志，《赣州市水文志》付梓成书，这是水文业务的史迹重现，水文科技的硕果寻踪，可喜可贺。

赣州是赣江、东江、北江的源头，1934年毛泽东主席在这里发出“水利是农业的命脉”的号召。这里有跨越千年仍惠泽后世的福寿沟，有宋代沿袭至今仍发挥着防洪作用的城墙，有甘泉涌动跨越时空精神传承的“红井”。

赣州的水文工作始于民国12年（1923年），扬子江技术委员会在赣县设立雨量站，进行赣州最早的水文记录。改革开放后，赣州水文人自力更生、攻坚克难，水文事业步入发展快车道。为了解决危险水上作业问题，自主研发了智能水文缆道系统；为了实现水文自动测报，自主研发了采用GPRS数据传输的新一代水文自动测报系统，并在江西省山洪灾害预警系统试点地区赣州市推广应用。

修志以存史，知史而鉴今。《赣州市水文志》是一本全面、系统、翔实记述1923—2020年赣州水文近百年历史的资料性文献。客观真实地反映了赣州水文从小到大、从弱到强、从落后到先进、从人工观测到自动测报的发展历程，具有重要的“资治”“育人”“存史”功能和继往开来的价值，也有助于各级领导和社会各界更加深入地了解赣州水文的历史以及为赣州经济社会发展作出的重要贡献，泽及后世，功在志外。

水文事业是国民经济和社会发展的基础性公益事业。站在建党百年新起点，水文人要以“节水优先、空间均衡、系统治理、两手发力”治水思路为根本遵循，坚持人民至上，按照“强基础、增功能、利长远”的总体思路，系统谋划推进防洪、供水、生态安全和智慧水文建设，加快构建系统完备、科学合理、现代高效的水文基础设施体系，充分激发水文发展内生动力和创新活力，走好新时代水文发展之路。

2021.9.1

凡　例

一、《赣州市水文志》（以下简称“本志”）以马克思列宁主义、毛泽东思想、邓小平理论、“三个代表”重要思想、科学发展观、习近平新时代中国特色社会主义思想为指导，坚持辩证唯物主义和历史唯物主义的立场、观点和方法，力求全面、客观、系统记述断限内赣州市的水文历史变化状况，记述赣州水文改革开放以来的建设成果，力求思想性、科学性和资料性相统一。

二、本志遵循“统合古今”“详今略古”“存真求实”的原则，突出赣州水文专业特点，记述事物的客观实际，反映赣州水文事业发展脉络与现状以及重要事件、工程，力求具有专业性、地方性和时代性。

三、本志为赣州市水文志首轮编纂成果，上限为1923年，下限断至2020年。为完整反映事物全貌和方便查阅，大事记下延至2021年1月。所叙事物尽量追溯其发端，以阐明历史演变过程。

四、本志横排门类，纵述史实。采用述、记、志、传、图、表、录等体裁，以志为主。志首设概述，总揽全志。大事记采用编年体，个别事件辅以纪事本末体，依时序记载赣州市水文大事、要事。本志共设八篇，按篇、章、节、目四个层次设置，目为基本记述单位。设附录以辑存水文重要文献，设编后记以叙本志编纂始末。

五、1999年7月1日，赣州撤地区设市，县级赣州市撤市改区同时挂牌。本志中，1999年6月30日前赣州地区简称“地区”，原县级赣州市简称“赣州市（今章贡区）”；1999年7月1日后，赣州地区改称赣州市，原县级赣州市改称章贡区；跨越撤地区设市前后两个时段的内容，“赣南”指赣州地区或地级赣州市；“全区”指赣州地区，“全市”指地级赣州市。

六、本志以现代语体文记述，据事直书，述而不论，寓褒贬于记述之中。文句力求通畅、简洁，行文、表格、数据力求规范。

七、历史纪年。中华民国及其之前年代的纪年，采用历史纪年，括注公元纪年。中华人民共和国成立后，采用公元纪年。

八、人物的称谓，除引文外，一般直书其名。所加职务（职称）、学衔冠于人名之前，身份一般与人物活动内容相关。本志“人物”章节，由人物传、人物简介和人物名录组成。遵循“生不立传”原则，断限内已故人物编入人物传，其余人物编入人物简介或人物名录。人物传收录1980年水文体制上收后赣州地区水文站已去世的领导、省（部）级劳模；人物简介收录本行业、本部门具有较大影响和为赣州水文事业发展作出较大贡献、获得较高荣誉的人员；人物名录收录获得高级专业技术职称人员、因公殉职人员。人物籍贯标注省县（市、区）名。

九、本志数字按照《关于出版物上数字用法的试行规定》（GB/T 15835—2011）执行；汉字按照国务院1986年公布的《简化字总表》执行；标点符号按照《标点符号用法》（GB/T 15834—2011）执行；量和单位按照《国际单位制及其应用》（GB 3100—1993）、《有关量、单位和符号的一般原则》（GB 3101—1993）执行，为保持与原始资料统一，1949年10月1日以前使用的旧计量单位，仍按原资料记载；中华人民共和国成立后则一律使用法定计量单位。

十、本志采用档案部门及赣州市水文局提供的资料一般不注明出处。重要文件注明文号；专用名词、特定事物、外文缩写等随文括注。

十一、机构名称，每章同一机构多次出现时，第一次出现书写全称，用括号注明简称，再次出现时使用简称。江西省水利厅水文总站赣南分站、赣州专区水文气象总站、江西省水利厅赣州地区水文站、江西省水利厅赣州地区水文分局、江西省水利厅赣州市水文分局、江西省赣州市水文局，在正文内分别简称为赣南分站、赣州水文气象总站、地区水文站、地区水文分局、市水文分局和市水文局。

十二、各个时期的地名，以当时名称记述，同一地名古今不一致时，用括号加注今名。

十三、本志中的水文测站，是指为收集水文监测资料在江河、湖泊、水库和流域内设立的各种水文观测场所的总称。几十年来，水文测站设立和撤销变动频繁，文书档案内的统计数字有前后年不一致之处。修志过程中，根据历年文书档案、《中华人民共和国水文年鉴长江流域水文资料》（简称“水文年鉴”）和考证资料，进行了全面的核实和统计，列出逐年水文测站统计表。凡文书档案内的水文测站统计数和统计表不一致时，以逐年水文测站统计表为准。统计时，凡以流量、含沙量测验为主的水文观测站，均作为水文站统计；以水位观测为主的水文观测站，均作为水位站统计；以降水量观测为主的，均作为雨量站统计。水文站、水位站站名一般用全称，个别情况用简称。雨量站和其他类型站名多用简称。

十四、本志中的水文数据，均以水文年鉴刊印的数据为准。各站站名和其集水面积历年有变动的，如站址和其测流断面无迁移的，以刊登该站最后一年的站名和集水面积为准，如站址和其测流断面有迁移的，则按其不同时期的站名和集水面积填制。各站采用的水准基点、高程系统，以刊登该站最后一年资料的内容为准。

十五、本志中无特殊说明的“省”“全省”指江西省，“国家防总”指国家防汛抗旱总指挥部，“省防总”指江西省防汛抗旱总指挥部，“部水文局”指原中华人民共和国水利部水文局，“省水利厅”指江西省水利厅，“省局”指江西省水文局，“长江委”指长江水利委员会，“黄委”指黄河水利委员会，“珠江委”指珠江水利委员会。

十六、本志资料取自赣州市档案馆，《赣州地区志》，赣南各县（市）志书（如《于都县志》《兴国县志》《南康县志》等），赣州市水文局文书档案室、人事档案室、科技档案室，水文年鉴，历年《江西水文》《赣南水文简讯》《赣州水文》，市水文局各科室、站队资料等。入志资料均经检查核实，力求准确无误。

目录

第三篇　水文情报预报

第六篇　水　文　管　理

第七篇　党　群　组　织

第八篇 人物与荣誉

概　述

一

赣州市位于赣江上游，江西省南部。是江西省最大的地级市，辖18个县（市、区）。地处东经113°55′～116°38′，北纬24°29′～27°08′，全市总面积39380平方千米。赣州市东、南与福建省、广东省相邻，西、北与江西吉安市、抚州市相邻。

赣州市群山环绕，峰峦叠嶂，丘陵起伏。武夷山脉、雩山、南岭大庾岭和九连山、诸广山及罗霄山余脉环立四周，并向赣州中部、北部逶迤延伸，形成周围高中间低、南高北低、断陷盆地贯穿其中的地貌特征。

赣州市河流众多，水系发达。境内大小河流1270条，河流总长16626.6千米。多呈辐射状向中心——赣州市章贡区汇集。赣州是赣江、东江、北江发源地。赣江发源于赣闽交界武夷山脉赣源岽西侧。赣州境内流入赣江的主要河流包括：贡水、古城河、湘水、濂水、澄江、梅江、小溪河、平江、桃江、章江等。东江发源于赣州市寻乌县三标乡长安村桠髻钵山，赣州境内流入东江的主要河流包括：寻乌水、马蹄河、龙图河、篁乡河、定南水、新田水、下历水、老城河等。中坝河是北江源头，在赣州市信丰县正平镇中坝村。

赣州市地处中亚热带南缘，具有典型的亚热带丘陵山区湿润季风气候特征。冬、夏季风盛行，春、夏降水集中，四季分明，气候温和，酷暑和严寒时间短，无霜期长。全市多年平均气温18.8摄氏度。赣州市雨量充沛，多年平均年降水量1592.1毫米，河川径流总量337.45亿立方米。受降水量影响，赣州市河川水位、径流及水资源量呈现与降水量相一致的变化规律。特殊地势和集中降水，极易形成洪涝灾害。赣州是洪涝、干旱灾害多发地区，每年都有不同程度发生。一次暴雨即形成一次洪水过程，山地丘陵地貌，洪水过程陡涨陡落，极易形成洪灾。赣州干旱持续时间长，危害大，民间流传有“十年九旱”的说法。

赣州水文服务于地方经济建设，监测自然水体运动变化规律，减轻洪涝、干旱灾害损失。通过对各项水文要素的长期监测与分析，对水资源的量、质及其时空变化规律进行研究，为降低水旱灾害程度、水资源合理开发利用、水环境保护和水生态修复提供科学依据。观测、分析、探索洪水和水资源的变化规律，为社会稳定和经济建设提供水文技术服务，是赣州水文工作的基本任务。

二

赣南水文工作始于民国12年（1923年），扬子江技术委员会在赣县设立雨量站，进行赣南最早的水文记录。随后，江西省水利局、江西省气象科学研究所、华北水利委员会等单位于不同年份均在赣南设立过水文站、水位站和雨量站。中华人民共和国成立前没有水文管理机构，所设站谁建谁管，其业务仅限于水文勘测和水文情报，设备简陋，水文资料时有中断，质量不高。中华人民共和国成立后，赣南各类水文站发展迅速，水文站网建设大致经历了恢复、调整、发展、充实和提高几个阶段。1950—1956年，除恢复中华人民共和国成立前设立的水文、水位站外，参照中华人民共和国成立前赣江水利设计规划，重新设立了一批水文、水位站，并设立了农业水文实验站和径流实验站。1956年、1964年、1976年、1984年，根据全省统一部署、统一规划进行站网建设。按各自设站原则设立大河控制站、区域代表站、小河站、水位站、泥沙站、雨量站等。经过四次规划、发展、充实、调整，赣州逐步建立起科学合理的水文站网体系。截至2005年7月底，赣州市水文分局设有2个水文勘测队、22个水文站、4个水位站、156个雨量站、26个水环境监测站。2005—2020年，水文站网得到快速发展，建设一批中小河流和山洪灾害防御水文站、水位站和雨量站。截至2020年年底，全市有水文勘测队3个、水文（位）站327个、雨量站1035个。

水文监测经历了从测验项目简单到项目（降水量、水位、流量、蒸发、墒情、泥沙、水质、水温、地下水、水生态等）齐全；监测仪器设备经历了从木质水尺、测船、绞车、吊船过河索到走航式声学多普勒剖面流速仪（ADCP）、无人机测流、影像在线测流、自动测报的过程；安全生产经历了从“披蓑衣、戴斗笠、身穿竹筒救生衣”到足不出户智能缆道自动测报，赣州水文测验工作逐步走向安全化、标准化、信息化、现代化。1976年，建立水化学分析室。至2020年具备地表水、地下水、生活饮用水、污水及再生利用水、大气降水五大类水化学监测分析能力。开展全市水功能区、河道取水口、入河排污口、河流行政边界、大中型水库、饮用水水源地、农村饮用水、水生态等的监测评价。为补充水文测站定位观测的不足，开展了河流调查、河源调查、水质调查、历史洪（枯）水调查、暴雨山洪灾害调查及全市范围内小流域山洪灾害调查、洪水淹没区调查。

水文情报预报是掌握雨情、水情，分析和预测未来水文情势变化的一门科学，对合理利用水资源，保护人民生命财产安全和减免灾害损失等方面，起着非常重大的作用。赣州水文情报工作始于民国19年（1930年），赣县观测站每日向中央研究院北极阁气象研究所电报发送观测结果，这是赣州最早的情报站。20世纪50年代后期，赣州水文从在少数主要控制站坝上、峡山、居龙滩、翰林桥等水文站开展水情预报工作，逐步发展到在所有基本站开展预报工作，同时根据各站雨水情规律及实际经验编制预报方案，并不断创新与引进新的预报方法。1985年，赣州水文形成较完整的情报站网。2006年以后，赣州水文新建山区小流域雨量、水文（位）站941处，这些站没有省防指具体水情报汛任务，但是，为更好服务山区民众，赣州水文主动承担山洪预警任务，在暴雨山洪的预报预警中发挥了很好的作用。水文情报传输经历了20世纪50年代拍发电报，架设电话专线；80年代中后期增加电台，使用电传机和对讲机，架设中继站转报，这一漫长的发展、革新过程。1998年以后，逐步建立起通过计算机网络传输水情信息。随着水情分中心、暴雨山洪灾害监测预警系统的建设，水情信息实现网络传输和处理，2018年市水文局开发建设赣州水情信息服务系统、洪水自动预报和洪水风险预警系统，基本实现洪水自动滚动预报、水情信息发布查询、洪水风险预警功能，极大提升了信息化水平。截至2020年年底，市水文局有省防指水情信息报送任务的站302站。

水文资料是水文测验所收集的各种水文要素的原始记录，资料整编刊印是将水文资料按科学方法和统一图表格式进行整理、审查、汇编和刊印。水文资料整编的目的是为国民经济建设各部门提供基本系统的水文资料。其主要工作分在站整编、资料审查、资料复审验收、资料汇编几个阶段。民国时期水文资料没有经过系统整编，也没有一套完整的资料整编规范、规定。1951年9月，中央人民政府水利部颁布《水文资料整编成果及填制说明》，赣州水文资料开始进行系统的成果整编。水文资料整编经历过从人工手算，到全面实现计算机整编的过程。至2020年，全市已复审验收水文资料19694站年，其中水位2212站年、流量1723站年、悬移质沙量737站年、推移质沙量84站年、颗分206站年、水温202站年、水化学1924站年、降水量11970站年、蒸发量631站年。1991年，启动水文数据库建设。1997年，基本完成历史水文资料的入库。2019年，使用在线水文资料整编系统。数据库的建设及在线水文资料整编系统的启用，加强了水文资料的管理，提高了水文资料对社会服务的功能。

科技创新是水文发展的动力。从1956年设立江西省水利厅赣州水文分站起，赣州水文高度重视水文科学技术工作。为充分发挥科技人员作用，结合水文测报工作需要，鼓励水文科技工作者在设备创新、水文科研、学术研究等方面积极探索。1986年12月，成立赣州地区水利学会水文学组。水文学组经常组织开展科技活动和科学研究，与院校、单位、企业开展科技合作与交流，参加上级水利、水文学术交流会议，承办赣州市水文水资源学术研讨会议和东江源区绿色可持续发展高峰论坛，组织职工撰写水文科技论文，推荐、评选优秀水文科技学术论文。赣州地区（市）水利学会水文学组每年举办一次年会，进行学术交流。1993年，赣州水文提出不把危险作业带入21世纪。2001年，提出科技强局战略，成立了相应机构负责科技信息交流、科研项目管理、科研工作的督查与考核。先后成立科技攻关小组和软件开发小组以及南赣软件设计院和新禹科技研发中心，取得了一系列科技成果。2012年，编制了《赣州水文科技发展规划（2013—2020年）》，不断完善《赣州水文科技工作管理办法》《赣州水文创新成果内部评审、奖励办法》。出台了《赣州水文学术研究和学历提升奖励办法（试行）》等规定。为赣州水文科研工作规范有序进行提供有力保障，对赣州水文事业发展和水文科技进步起到较大推动作用。2013年起，每两年举办一届赣州市水文水资源学术研讨会，至2020年，已举办4届赣州水文水资源学术研讨会和2届东江源区绿色可持续发展高峰论坛。每届研讨会汇编1本论文集，共汇编4本论文集，选编论文176篇。自新中国成立以来至2020年12月，水文职工在各类刊物发表论文98篇，获奖论文25篇（其中科技论文23篇），入选学术会议宣读的科技论文11篇。从1957年始进行水文科研和技改，至2020年，赣州水文获地厅级以上科研成果奖23个，其中获省部级科研成果奖9个、地厅级科技奖14个（含3个科研成果获赣鄱水利科学技术二、三等奖）。2001—2020年，自主评出创新成果136项。

赣南水文机构、体制几经变更：1958年、1970年水文体制两次下放到地、县，1963年、1980年水文体制两次上收到省水利厅；1958年，水文、气象部门合并，1971年又分设。其间，水文机构也多次易名，先后称为江西省人民政府水利局赣县水文站、江西省人民政府水利局赣县一等水文站、江西省赣州地区水文站、江西省水利厅赣州地区水文站、江西省水利厅赣州地区水文分局、江西省水利厅赣州市水文分局、江西省赣州市水文局。1989

年1月，江西省编制委员会确定市水文局为副处级事业单位，机关设5个副科级科室，下辖6个正科级大河控制水文站、9个副科级区域代表水文站，其他未定级别的区域代表站、小河站和自办水位站共计13个。2008年8月1日，江西省赣州市水文局（江西省赣州市水环境监测中心）为江西省水文局管理的副处级全额拨款事业单位，机关内设8个副科级科室，下辖8个副科级水文站、9个正科级水文站（队）。2008年9月10日，经省委、省政府批准，列入参照《中华人民共和国公务员法》管理。

新中国成立初期，赣南仅有2名水文工作者。为加快和促进赣南水文事业的发展，赣州水文重视职工队伍建设和职工教育。1960年，水文职工人数达到90人；1984年，职工人数227人，是人数最多的一年。通过政治理论学习，岗位练兵，举办专业技术培训班、鼓励职工自学成才等多种方式和途径，提高职工队伍素质。2008年9月参照公务员法管理前，有专业技术职称人员93人，其中高级职称7人、中级职称43人、初级职称43人；具有工人技术等级人员74人，其中技师2人、高级工55人、中级工15人、初级工2人。已建成一支能满足水文工作需要，高素质、复合型的职工队伍。2008年12月，在职职工168人，其中公务员94人、工勤人员74人；离退休人员82人。2020年12月，全局在职职工156人，其中公务员129人、工勤人员27人；退休人员108人。至2020年，全市有486人次获各级各类荣誉称号，其中6人先后获省先进生产者、省劳模或全国水利、水文系统先进个人（工作者）称号；1人被评为全国水利系统模范工人称号；1人被省委、省政府评为全省抗洪抢险先进工作者；1人被评为全国水利抗震救灾先进个人；1人获赣州市总工会表彰的“五一劳动奖章”；1人获江西省委、省政府表彰的江西省抗震救灾先进个人（记三等功）；1人享受省政府有突出贡献专家津贴。

赣州水文重视党建、精神文明建设和水文宣传工作。1988—2020年，被连续评为赣州市直机关先进基层党组织或党建红旗单位；1995年，被中共江西省委授予“全省先进基层党组织”；多次被中共赣州市委授予“先进基层党组织”称号。市水文局自1988年被评为赣州市（现章贡区）文明单位以来，1994年被评为地级文明单位，2000年被评为省级文明单位，2015年被评为部级文明单位，2020年保持江西省和水利部双文明单位。通过水文宣传，让社会各界了解水文、关心水文、支持水文，据不完全统计，在中央、省、地等各级报刊、电视台、广播电台发表水文宣传稿件千余篇，各级媒体采写赣南水文工作报道50余篇。

20世纪90年代以来，赣州水文加大基本建设和改造力度，先后建设赣南水文综合大楼、赣州水文勘测大楼、信丰水文勘测大楼、寻乌水文综合楼和职工宿舍4栋，共计近2万平方米。相继建成一批设施先进、花园式、标准化水文测站，站容站貌得到改观。

20世纪80年代中期至2008年，赣州水文因地制宜，组建经济实体，开展科技咨询服务。先后创办劳动服务公司、新禹水文科技研发中心、南赣软件设计院、水文招待所、水文测量队、建筑安装队、水文脐橙基地等经济实体。开展水情和水质分析、水文分析计算、水资源论证、水文勘测等科技咨询服务工作和店面租赁、联办储蓄所、服务业、种养业、分流创收等综合经营。1995年，职工集资入股兴办股份制脐橙果园，2000年，脐橙果园种植面积达300亩[1]。2002年，增加脐橙果园面积1503亩，脐橙种植面积达到1803亩。

[1] 1亩≈666.67平方米。

三

赣州水文发展与社会发展息息相关，经济越发达越需要水文，社会越进步越重视水文工作。赣州水文服务对象，从最初相对单一，到改革开放以后政府多个部门，再到现在的社会各方面，经历了工程水文、资源水文和生态水文三个历史阶段，实现了水文的与时俱进。服务范围也从为防汛抗洪服务发展到为防汛抗旱、水资源管理和水生态环境保护等全方位服务。

水文作为水利和经济社会发展的基础工作，是政府科学决策和经济社会发展的技术支撑。新时代经济社会的快速发展，以及人民对美好生活的需要都对水文工作提出了更高的要求。水文人要以“节水优先、空间均衡、系统治理、两手发力”治水思路为根本遵循，坚持人民至上，按照“强基础、增功能、利长远”的总体思路，系统谋划推进防洪、供水、生态安全和智慧水文建设。建立覆盖全面的“空、天、地”一体化水文监测体系，实现水文全要素、全量程自动监测，水文数据处理、预测预报和分析评价全流程自动化和智能化，打造优良精干的水文人才队伍，构建稳定高效可持续的建设运行管理机制。赣州水文必须通过深化改革和技术创新，全面推进水文现代化建设，构建现代化水文站网，推进水文监测自动化、水文预报预警实时化、水文信息分析评价智能化、水文发展保障长效化。以完善站网布局和提升监测能力为主线，以强化水利监管支撑服务为重点，以深化体制机制改革创新为保障，全面提升现代化水平，不断开创赣州水文事业高质量发展。

大事记

民国12年（1923年）

是年　扬子江技术委员会在赣县设立雨量站，由教会代为观测，一年后停测。该雨量站记录的数据是赣南最早的水文记录。

民国17年（1928年）

5月　江西省水利局和江西省建设厅联合下文，要求各县建设局、农业实验站和林场建气象观测站。南康县当年开始观测，但留存的观测资料不完整。

是年　《寻乌县志》记载：寻乌篁乡河发生特大洪水，水位高达11米，菖蒲、五丰房屋全被冲毁，沿河两岸农田被冲坏2000多亩。

民国18年（1929年）

5月　江西省水利局在赣县设立水文观测站。

是年　赣南执行江西省水利局印发的《水文测量队施测方法》。《水文测量队施测方法》是江西省最早的水文技术文件。内容涵盖水位观测、流量测量、含沙量测验、雨量测量、蒸发量观测和其他各项气象观测等。

是年　安远县对濂江河进行分段调查。

民国19年（1930年）

1月　赣县水文观测站人员每日分上、下午两次观测数据并分别发送电报至中央研究院北极阁气象研究所。

是年　定南大旱，砂头河水绝流，全县受旱农田3.6万亩。

民国20年（1931年）

3月　赣县（赣江）站开始观测赣江水位。赣县（赣江）站是赣州市第一个水位观测站，站址在赣州市下沙窝。

9月　江西省水利局在南康设立雨量观测站。南康站开始观测降水量，站址在南康县商会。

民国21年（1932年）

是年　兴国县淫雨不止，洪水自县城东街观音阁进入北门，武塘一带颗粒无收。

民国22年（1933年）

是年夏　全南县暴雨成灾，洪水淹及县城万寿宫处，街面水深数尺，毁房40余间。

民国23年（1934年）

1月　毛泽东主席在瑞金召开的第二次全国工农兵代表大会上提出：水利是农业的命脉。

是年　在安远城郊设立一临时雨量站。

民国24年（1935年）

1月　大余、会昌、安远、于都站开始观测降水量。

3月　上犹站开始观测降水量。

6月　宁都站开始观测降水量。

民国25年（1936年）

1月　兴国、龙南、崇义站开始观测降水量。

2月　瑞金站开始观测降水量。

3月　赣县十八滩站开始观测赣江水位。站址在赣县十八滩，其基本水尺断面在大湖江出口上游附近。

5月　江西省水利局按照江西省政府的要求，在全省进行河道调查，赣南开展了此项工作。

7月　江西省水利局在南康县东山镇设南康水文站。

民国26年（1937年）

是年　宁都县黄石中塘村境内建成岭下水库，由工程师但盛德设计。水库旁树有石碑一块，其上记载为此县内发现的有工程设计人员设计的第一座水库。

民国27年（1938年）

3月　赣县水文观测站改为赣县三等测候所，兼测章水和贡水水位。章水断面设在赣县赣州镇西津门外浮桥上游约100米处；贡水断面设在赣县赣州镇建春门上游会昌码头附近。1943年1月，恢复为水文站。

6月　赣县水文站、赣县十八滩站的水文观测资料及统计图表收入《江西省水利事业概况》，该书由江西省建设厅刊印。

9月　江西省水利局设宁都三等测候所，兼测梅江水位，基本水尺断面设在宁都县城东大门口。次年1月，改为水位站，1943年12月停测。

民国28年（1939年）

1月　江西省水利局在赣县大湖江设立十八滩流量站，开始观测蒸发量。

是年　设立南康水文观测站、赣江十八滩水力测验站。6月，南康水文观测站开始观测章水水位。

是年　为配合赣粤运河规划设计，设立大余站、游仙圩站。大余站（基本水尺断面根据假定水准基点位置判断可能在靖安桥附近）开始观测水位、蒸发量和开展流量测验；游仙圩站开始观测章水水位和开展流量测验。大余站、游仙圩站为赣州地区最早设立的流量站。

民国29年（1940年）

2月　江西省水利局成立“赣江支流水力测验队”，队员8人，分别在龙南县长牛坑和龙头滩、南康县黄龙峡、赣县峰山等处勘测。上述站观测1～2年后停测。

民国30年（1941年）

4月　信丰站开始观测水位、蒸发量。基本水尺断面位置不详。

是年　赣南各站执行中央水工实验所制订的《水文水位测候站规范》《水文测读及记载细则》和《雨量气象测读及记载细则》。

民国31年（1942年）

2月5日　赣县、宁都测候所按中央气象局要求，气象电报比照军事一等急电，可免费拍发至重庆中央气象局。

7月　赣县（赣江）站开始施测流量和含沙量，是赣南最早开展含沙量测验的站。其基本水尺断面设在刘坑码头。

民国32年（1943年）

6月13日　在赣县下沙窝设立赣江测流断面，断面具体位置不详，1945年1月停测。

11月　于都站开始观测赣江水位。1943—1945年其基本水尺断面位置不详，1947—1949年在于都县城南门外小码头处。

是月　宁都长胜水位站开始观测琴江水位，其基本水尺断面位置不详。

是月　中央农林部在赣县王母渡高排设“赣韩两江水源林管理处”（1945年10月改名为“东江水圭保持试验区赣州工作站”）。

民国33年（1944年）

1月　赣县（章水和贡水）站开始施测流量，年底停测。章水站流速仪测流断面在赣州西津门外浮桥上侧，贡水站流速仪测流断面位置不详。

4月18日　江西省水利局颁发《水位雨量拍报电码和规定》，规定每年4—8月为汛期。

12月　于都站开始观测蒸发量。

民国34年（1945年）

10月　华北水利委员会从重庆迁回天津，将1943年在赣南设立的于都和长胜水位站移交江西省水利局接办。

是年夏　龙南洪水，全城淹没。

民国35年（1946年）

8月12日　江西省水利局在赣县筹建水文观测站，并设河道测量队。

12月　赣县测候所改为江西省赣县水文站。

是年　根据水利建设的需要，赣南新建和恢复大余、于都、赣县水文站以及会昌、信丰、宁都、南康水位站。

民国36年（1947年）

6月　江西省水文工作由中央水利实验处江西省水文总站统一管理，行政上仍由江西省水利局代管。

是月　赣南新设兴国、上犹水位站。

6—12月　赣江水利设计委员会根据《赣江流域水利开发计划纲要》，在赣南9个县（市）设立了12个基本水准点。

7月　上犹江站开始观测上犹江水位，基本水尺断面位置在上犹县城左码头上首；兴国站开始观测平江水位，基本水尺断面位置在兴国县城南门外公路桥处。

9月　赣县（章水和贡水）站恢复流量测验。

民国37年（1948年）

1月　于都站开始施测贡水流量，流速仪测流断面位置在贡水与梅江汇合口上游附近。

1949年

5月22日　中国人民解放军解放南昌。国民政府江西省水利局从南昌迁到赣州，与赣县水文站合署办公，办公地址设在赣县女子中学。

6月13日　大赣报晚刊报道："章贡两江水位超过警戒线。"这是最早见到的专题水情报道。

6月16日　江西省人民政府成立。24日，成立江西省人民政府水利局（简称省水利局），内设水文科，主管全省水文工作，赣南水文工作由江西省水利局水文科管理。

6月　赣县站开展报汛工作。

8月1日　国民政府江西省水利局和赣县水文站撤销。

8月14日　赣州解放。赣州镇从赣县划出，设立赣州市。

8月22日　赣州市军事管制委员会赣州专署建设科，接管赣县水文站。

9月　江西省水利局派王锡祚到赣州，赣州专署建设科将赣县水文站移交给江西省水利局，成立江西省水利局赣县水文站。成员有王锡祚（负责）、冯长桦、丘观洪。

是月　选定赣州市西津门外浮桥下游接官亭码头为章水基本水尺断面和流速仪测流断面位置；建春门外会昌码头为贡水基本水尺断面位置；涌金门外洋船码头为贡水流速仪测流断面位置。站房租用南京路32号民房，气象观测场设在后院内。

10月1日　章水、贡水站开始观测水位、气温、气压、湿度、风向风力、能见度、天气状况、降水量、蒸发量和开展流量测验。

1950年

1月　赣县（贡水）站增设含沙量测验项目，是赣南最早开展该项目的站。

3月　根据中央人民政府水利部制定的报汛办法和规定，江西省水利局制定了补充规定，并确定5—8月为报汛期，赣县站为报汛站，遵照该规定执行。

是年　赣南各站按江西省水利局编写的《水文测验手册》开展水文测验工作。

1951年

1月3日　水利部规定：各大行政区可于各省设水文总站，总站下设水文实验站，一、二、三等水文站，水位站，雨量站和临时站，并具体规定了各级水文测站的业务范围。赣县水文站定为一等水文站，管理赣南和吉安地区的水文测站。

3月5日　江西省水利局在南昌开办首期水文训练班，招收高中文化程度的社会青年。学员享受包干制待遇。因防汛需要，4月20日，25名学员提前结业。分配到赣南工作的有4人。

4月23日　《江西日报》首次刊登江西省水利局发布的水文情报，其中有赣县水文站提供的赣江水位实况。

是月是日　定南暴雨成灾，冲坏水陂113座、水圳13条、河堤160处，冲垮桥梁4座，倒塌房屋38间，淹田1666亩。

是月　江西省大面积降水。赣南的安远、瑞金、于都、赣州、大余滩头、南康站月降水量均超过400毫米，其中南康站月降水量达539.9毫米，为全省最大。

6月　水利部颁发《水文测验报表格式和填制说明》，赣南各站依此执行。水利部根据执行情况于1952年和1954年进行了两次修订。1955年10月，水利部颁发了修订后的《水文测站报表填制说明》，赣南从1956年1月1日起执行。

是月　冯长桦任吉安二等水文站负责人。

7月31日　江西省第二届水文干部训练班在赣州市举办，招收初中以上文化程度的社会青年60名，结业后，有11人分配到赣南工作。

1952年

2月15日　江西省水利局颁发《各级测站经费收支暂行办法》，赣南2月起执行。

2月　江西省水利局制定《水文预报拍报方法》，规定预报站水位达到警戒水位时，应发布预报。这是江西省首次开展此项工作，也是赣南开展预报工作的第一年。

7月　冯长桦任江西省人民政府水利局赣县一等站负责人。

1953年

4[illegible]日　赣南自本年度始，汛期为4月1日至9月30日。

4[illegible]17日　江西省按水系划分中心站范围，赣南以赣县一等水文站为中心站，按规定配备[illegible]政和财务会计人员，并指定技术干部为中心站负责人。

[illegible]13日至6月15日　定南县1个月内连续发生6次水灾。受灾农田20412亩，冲坏水[illegible]727座，决堤955处，毁圳928条，塌房427间，死8人。县委、县政府组织人员赶赴[illegible]领导群众抢救和恢复生产。

6月12日　信丰水位站职工刘维隆观测水位时不慎落水因公殉职，时年32岁。

9月　赣南派出代表出席江西省水利局召开的首次全省水文工作会议。会议总结了新中国成立后全省的水文工作。

12月5日　根据水利部水文局要求，赣南降水量、蒸发量观测时制与气象部门一致，日分界改为19时。

1954年

2月 水利部颁发修改后的《报汛办法》。江西省水利局根据本省实际作了补充，布设了枯季情报站网，实行枯季拍报雨、水情电报。赣南按照修改后的《报汛办法》报汛。

3月 南康县田头水文站设立，由赣县一等水文站派人巡回测流。7月移交中南水力发电工程局。7月中南水力发电工程局接管后，基本水尺断面上迁1100米，改为工程专用水文站，为罗边水电工程收集水文资料。8月开始观测水位，10月开始观测降水量、蒸发量、水温。1962年11月江西省水利厅将田头水文站改为国家基本水文站。同时也为工程收集资料。

4月8日 江西省水利局通知要求，在上犹江水电工程施工期间，铁扇关二等水文站暂由中央燃料工业部中南水力发电工程局管理。7月办理移交手续，该站经费由工程局承担。

7月 江西省人民政府水利局赣县水文站一等水文站更名为江西省人民政府农林厅水利局赣州一等水文站。

12月17日 江西省编制委员会批复江西省水利局，各水文站的领导关系、干部的理论学习、思想教育由各专（行）署具体领导，干部材料、人事关系和业务部署，由江西省水利局掌握。

12月 中共赣南区党委任命顾景运为赣县一等水文站站长，冯长桦为副站长。

是年 赣县一等水文站购买赣州市文清路117号民房1栋为站房。

1955年

2月 江西省水利局在南昌开办第三届水文技术干部训练班。5月结业，分配赣南工作的有谢益昌等。

6月 赣州站含沙量测验改为测悬移质输沙率和单位水样含沙量。

7月 田头站开展悬移质输沙率测验。

10月13日 水利部颁发《水文测站暂行规范》6册，赣南从1956年1月起执行。

12月20日 江西省人民委员会第54次省长办公会议决定：江西省水利局改名为江西省水利厅。原江西省人民政府农林厅省水利局赣州一等水文站改名为江西省水利厅赣州一等水文站。

12月22日 江西省水利厅向赣州一等水文站和坝上二等水文站下发测站任务书。

是年 赣县坝上站使用长150米的棕绳进行一锚多点法测流，是江西省内最早使用此法测流的站。

1956年

2月14日 江西省水利技术干部学校水文专业班开学，招收学员152人。毕业后，有

17人分配到赣南工作。

2月　中国共产党江西省委员会提出《江西省贯彻执行1956至1967年全国农业发展纲要的规划（草案）》中要求“加强水文观测和水情预报”工作。

4—6月　完成1929—1953年历史水文资料整编和审查任务，并刊印出版。

6月　第四届江西省水文技术干部训练班（乙班）结业，分配赣南工作的共有16人。

是月中旬初　平江流域出现罕见暴雨天气，兴国县境内暴雨尤甚，导致平江特大洪水。6月17日，翰林桥站出现建站以来最大洪水，洪峰水位115.06米（相应洪峰流量3140立方米每秒）。

7月　江西省水利厅水文科改名为江西省水利厅水文总站（简称“省水文总站”）。11月，全省设赣南、吉安、南昌、抚州、上饶、九江水文分站。

10月　第五届水文技术干部训练班在安义县开办，招收学员64人，毕业后，有10人分配到赣南工作。

11月　江西省水利厅水文总站赣南分站设立，成为地区级水文管理机构，设办事组、业务检查组和资料审核组。

12月　赣南区党委任命王久富为江西省水利厅水文总站赣南分站（简称“赣南水文分站”）站长。顾景远调离。

1957年

1月　赣南水文分站与各县人民委员会共同颁发各站《测站任务书》。

2月9日　省水文总站对全省水文测站就气象观测项目作出调整：停止代办水位站气象观测项目；停止日照观测项目；凡和气象站在一地或相距不远的水文测站，停止气象观测项目，但不包括降水量和蒸发量。

是月　崇义麟潭和上犹麻仔坝水文站增设推移质测验项目，是全省最早开展该项目的站。

3月　江西省水利厅与赣南行政公署共同颁发了赣南水文分站任务书，并报送中央水利部水文局备查。

6月　全省各级水文分站实行双重领导，赣南水文分站由赣南专署领导，业务工作、技术指导仍由江西省水利厅负责。

是年底　赣南水文分站组织一批测站人员到南京、武汉等地参观水文技术革新展览。

是年　大余滩头站架设水文缆道，次年投入使用，是省内第一座手摇水文缆道。

是年　省水文总站试作赣州站次年最高水位长期预报。

是年　赣县翰林桥水文站执行水电部《一九五七年报汛办法》。

1958年

1月　赣南水文分站根据《江西省水化学站网规划报告》，先后在坝上、翰林桥水文站开展水化学分析。

3月　南康田头水文站由武汉水电勘察设计院移交给江西省水利电力厅管辖。

8月　南康田头水文站移交给峡山水电工程局领导。是月罗边电站破土动工，大量泥沙倒入河中，田头水文站含沙量失去代表性。

9月16日至11月13日　组织技术力量对赣南境内河流的水文地理进行调查，共计大小河流39条，调查河流的总长度为2800多千米，测验枯水流量602次，调查洪水106处，并写出了章水、贡水、上犹江、梅川、平江、湘水、濂水、桃江、寻乌水、定南水调查报告。

9月　赣南水文分站与赣州气象台合并为赣南水文气象服务站，赣南水文分站迁至赣州气象台办公。赣南水文气象服务站负责人为王久富。

12月16日　赣南行政公署下文通知各县（市）人民委员会，赣南气象（候）站、流量站体制下放，由当地党政直接领导，作为县（市）直属单位。

是年　冯长桦撰写的《介绍瓶式采样器》编入水利电力出版社出版的《泥沙测验和整编》。

是年　江西省水文气象局将中华人民共和国成立后的水文原始资料移交给各地水文分站管理。

是年　由江西省水文气象局、赣南水文气象站、瑞金赖婆圳水文站共同编写的《瑞金县实用水文手册》出版。该手册是赣南首部实用水文手册，全部采用图表形式列出常用的设计标准数据，供直接查用。

1959年

1月　根据全国水文工作会议精神，赣南各水文站先后开展群众水文工作，建成了一批群众水文（位）站和水库水文站，同时开展算水账工作。

2月19日　龙南杜头水文站施测流量时发生翻船事故，付洪祯、李恢炳2人落水，未发生人身伤亡。

4月13日　赣南行政公署下文通知各县（市）人民委员会，水文气象机构下放当地，并附赣南水文气象机构人员编制表。

4月　王久富任赣州专区水文气象总站站长。

6月2—9日　赣南东北部降大到暴雨，6月12—24日，江西省由北到南又连降暴雨，赣南平均降雨量在300毫米以上，宁都县降雨达419毫米，兴国、宁都县城被淹。

6月12日　安远羊信江流量站职工谢裕华不幸落水，因公殉职。

8月　江西省水文气象局派员赴宁都进行山洪（泥石流）调查，并编制完成《宁都县山洪警报方案》。宁都是赣南最早开展泥石流预报的县。

是年　安远、宁都县水文手册编制完成。此前，江西省水文气象局在兴国县举办了“《县水文手册》编制训练班”。

是年　瑞金水文站协助瑞金县水利局在羊光下设立流量站，为建设南华电站收集水文资料。

1960年

1月1日　瑞金赖婆圳水文站搬迁至瑞金县城，更名为瑞金水文站，测验项目有水位、降水量、比降、流量、悬移质输沙率。

2月6日　赣南各水文气象站负责人出席在清江县樟树镇召开的全省水文气象工作会议。江西省副省长邓洪莅会讲话，江西省水电厅副厅长唐曙光作工作报告。

5月20日　羊信江站发生翻船事故，赖世义等3人落水，未发生人身伤亡。

7月20日　江西省水电厅发文要求将大型水利水电工程库区范围内的水文测站划归工程部门管理，南康田头水文站移交罗边水力发电工程局管理。

是年　翰林桥水文站开始执行水利电力部颁发的《水文测验暂行规范》。

1961年

1月　赣南开始执行《水文测验暂行规范》。

2月　广昌沙子岭水文站迁至广昌县城，改设水位站，承担原沙子岭站的报汛任务。

3月　根据江西省水电厅要求，赣南罗边水电工程局的水文站和江口水库水文气象实验站的业务工作由江西省水文气象局负责。兴国江背径流站由赣南水文气象站管理。

5月30日　中共赣南区委、赣南行署下发《关于加强水文气象工作的通知》。要求各县（市）委、县人民委员会重视水文气象工作，关心、帮助解决水文气象工作者在工作、生活上的困难；照顾水文气象工作地区性和专业性比较强的特点；整顿巩固提高群众性水文气象哨组；加强对水文气象工作的业务指导，不断提高预报、测报质量和技术水平；加强水文气象知识宣传普及，运用科学知识来预报和战胜自然灾害，为夺取农业大丰收提供技术支撑。

6月　赣南出现2次暴雨过程，章水出现新中国成立以来第一大水。南康窑下坝水文站6月6日实测最大洪峰流量为1330立方米每秒，水位为121.26米；南康田头水文站6月12日实测最大洪峰流量为2920立方米每秒，水位为120.30米；章江坝上水文站6月13日实测最大洪峰流量为5060立方米每秒，水位为103.83米。三个站均为建站以来最大洪水和最高水位。

8月25—28日　全市降雨超过150毫米，导致赣南各条河流水位上涨。濂水流域72小时降雨超过200毫米，安远羊信江站于27日出现历史最大洪水（实测），洪峰水位200.55米，相应洪峰流量1030立方米每秒。

1962年

2月1日　赣州专区水文气象总站职工参加江西省水文气象局在南昌县莲塘召开的会议，主要学习新的水文测验规范。

2月25—27日　全区普降大到暴雨，最大降雨在广昌雨量站，降雨量400毫米。降雨导致广昌、宁都出现较大山洪。

是月　原罗边水电工程局管理的田头水文站移交赣南水文气象站。

5月　赣州专区水文气象总站体制上受江西省水电厅直接领导，由江西省水文气象局直接管理。

6月24日至7月1日　全市遭遇罕见降雨，贡水上游区域暴雨如注，瑞金站连续出现超警戒洪水，7月1日凌晨，瑞金站出现历史最高洪峰水位195.18米，相应洪峰流量1180立方米每秒。洪水造成瑞金城区持续淹没14天，沿江两岸一片汪洋。

7月　赣州专区水文气象总站更名为赣南水文气象总站。

8月　赵元述任赣南水文气象总站党支部书记。

11月　赣州专区调整基本雨量站网，调整后基本雨量站为99处，其中委托站65处，水文、水位站23处，气象站11处。

是月　崔立柱任江西省赣南水文气象总站副站长，钟兆先任党支部书记。

是年　赣南区48个水文气象机构撤销8个，保留40个，职工由253人精简为210人。5月，赣南水文气象总站在实有人数的基础上减少7人，精简后职工人数为65人。体制调整后，赣南水文气象总站属江西省派出机构，受江西省水电厅水文气象局和赣南行政公署双重领导，赣南各县气象站、水位站、水文站、雨量站也属省派出机构，受赣南水文气象总站和各县双重领导。

1963年

1月　南康窑下坝站南、北引水干渠（章惠渠）开始观测水位、流量。水位使用自记水位计，是省内最早采用自记水位计记录水位的站。

是月　赣南水文气象站执行省水文气象局颁发的《江西省水文测站和水文测验人员测报质量评分办法》和《水文测验报表工作暂行规定》。

是月　赣南水文气象站将所属各水文站测洪方案报江西省水文气象局。

1—6月　赣南水文气象站首次开展测站基本设施鉴定，并先后对滩头、窑下坝、坝上、田头、瑞金、峡山、麻州、于都、汾坑、窑邦、翰林桥、枫坑口、居龙滩和广昌水文站的基本设施进行鉴定。

8月3—8日　定南大旱无雨，许多小河断流，田面龟裂，为定南县百年罕见的大旱灾（年降雨量仅916.5毫米）。

9月23日　江西省人民委员会以总字〔63〕770号、会编字第61号文批复：赣南水文气象总站更名为江西省水利电力厅水文气象局赣南分局（简称赣南分局），行政上由江西省水电厅领导，业务上由江西省水文气象局管理。

9月　赣南水文气象站执行江西省水文气象局颁发的《水情工作质量评定试行办法（草）》。

11月　赣南水文气象分局设秘书科、水文科、气象科和水文气象服务台。

是年　干旱少雨，全区遭遇大面积旱灾。年平均降水量1087毫米，约为多年平均值的60%～70%，多站出现有记录以来水位最低值。

1964年

6月　赣南遭遇特大暴雨，赣江、东江大范围降水导致江河水位暴涨，会昌葫芦阁站最高水位114.44米，于都峡山站最高水位113.76米，赣县居龙滩站最高水位112.75米，赣州站最高水位103.29米，均为新中国成立以来最高洪水位。洪水造成新中国成立以来最严重水灾，瑞金、会昌、于都、龙南、大余、南康、定南等县县城及赣州市章贡路、赣江路被淹。

是月　赣南行署主任宋志霖到赣州水位站察看水情并看望水文职工。

7月　坝上水文站被赣州市人民委员会评为防洪抢险先进单位。

是年　江西省水文气象局颁发《测站任务书》，1957年颁发的《测站任务书》废止。

1965年

2月13日　中共江西省水利电力厅党组任命崔立柱为江西省水文气象局赣南分局副局长（主持工作），钟兆先为副局长。

9月　赣南分局增设政治工作办公室。

是年　赣县坝上站配备钢板船，可载重3～7吨，是赣南最早使用钢板船的站。

是年　宁都站架设吊船过河索的拉线土绞钢支架，是赣南最先架设钢支架的站。

是年　黄瑞辉设计改装的悬索和悬杆两用测流绞车改制成功，提高了测验精度，减轻了劳动强度。

是年　翰林桥水文站开始执行水利电力部颁发的《水文情报预报拍报办法》。

是年冬至次年春　赣南分局对所辖18个水文站进行了第二次基本设施鉴定。

1966年

1月　麻州水文站基本水尺断面及流速仪测流断面下迁80米。同时，对两组断面进行了为期一年的对比观测。

2月　赣州水位站水尺断面上迁至建春门河段。

是月　赣州水位站水尺断面由建春门河段上迁磨角上断面，断面上迁间距约2000米。上迁后，进行上下游断面同时对比观测，以分析上下游断面的水位换算关系。

是月　赣县坝上站架设吊船过河索。

6月1—23日　定南县暴雨，降雨量633.8毫米，导致山洪暴发，河水猛涨。水灾致3人死亡，经济损失严重。

6月　桃江上游遭遇大暴雨，19—22日，桃江支流太平江降雨超过320毫米，杜头水文站出现建站以来最大洪水，水位95.43米。信丰枫坑口、信丰2站先后出现历史最大洪水，水位分别是174.74米（相应流量3980立方米每秒）和151.16米。

10月1日　会昌羊角营雨量站撤销迁至筠门岭水文站。

1967年

1月　兴国柿陂水文站迁至东村，设立东村水文站，测验项目有水位、流量、输沙率、降水量。

是月　石城县庵子前水文站上迁至石城县县城东门，改设为石城水位站。原址在石城县城郊。

6月　于都峡山水文站测流取沙缆道动工兴建，1970年6月投入使用。

1968年

1月　于都窑邦和安远羊信江水文站停止气象观测。

11月28日　赣州地区革命委员会任命张振华（原江西省驻沪办事处物资处处长）为赣州专区水文气象服务站革委会主任，钟兆先为副主任。

是年冬　18名职工下放到农村劳动，接受贫下中农再教育。

是年　单位一度改名赣州专区水文气象服务站，并成立赣州专区水文气象服务站革命委员会。

1969年

1月1日　于都峡山水文站增加单位水样颗粒分析和悬移质输沙率颗粒分析项目，是赣南最早开展该项目的站。

3月　南康麻双水轮泵站引水发电，麻双站开始观测渠道水位和施测渠道流量。

是年　田头水文站基面经上海水电勘测设计院联测后发现，原称“吴淞”基面有误。从1970年起改为“假定”基面。

1970年

1月　赣县翰林桥水文站增加悬移质泥沙颗粒分析项目，配备了专用仪器设备。

4月　于都窑邦水文站筹建手摇缆道，年底投入运行。

7月1日　赣州专区水文气象服务站、赣南各县水文站下放至当地领导。

9月　于都、南康县开展洪水调查，年底完成外业工作。

10月　于都峡山、汾坑、窑邦三站联合进行了洪水淹没范围调查，是赣南最早开展此项工作的县。

12月　傅忠任赣州专区水文气象服务站革命委员会主任。

是年　南康麻双水文站手摇无偏角缆道建成投产，流速仪测流断面上迁250米。

1971年

2月　赣州专区水文气象服务站组织水文技术力量，统计全区180多个雨量站共计1400多站年的降水量资料，完成了16个站的短历时暴雨分析计算工作以及各站历年逐月蒸发量、水位、径流量、悬移质沙量的资料统计。

4月11日　江西省赣州地区革命委员会抓革命促生产指挥部下文（〔71〕赣部办字第

009号），江西省赣州地区水文气象服务站分设江西省赣州地区水文站、江西省赣州地区气象台，并于4月1日分开办公。江西省赣州地区水文站革命委员会，由江西省赣州地区农业局革命委员会直接领导，钟兆先任赣州地区水文站革命委员会主任。经中共赣州地区农业局委员会批准，成立中共赣州地区水文站党支部，钟兆先任书记。

11月　信丰枫坑口站在桃江干流开展历年最高水位（1966年）的洪痕调查，查清沿江崇仙、大塘、桃江和县城共10个较大村庄的受淹情况。

是年　于都、南康县洪水调查工作结束。于都县共查清1950年以来最大洪水时受淹公社12个、大队61个、生产队487个、农田4.7万余亩、公路27段、桥梁28座、房屋1520栋。南康县共查清历年最高水位（1961年）时受淹公社14个，大队60个、生产队380个，农田6.4万亩，房屋204栋，公路20段。

是年　地区水文站组成调查组对赣州市1961年、1962年洪水淹没范围进行实地调查，测量74处洪痕高程，绘出城区洪泛区示意图以及章水、贡水最高水位时的沿河比降图，查清全市各公社受淹等级，同时绘制出各公社受淹农田范围与赣州市水位关系图表。

1972年

3月16日　经赣州地区农业局革委会同意，地区水文站革委会下设政工办事组和业务组，5月，业务组改为水文组。

5月　为配合万安水电站建设需要，坝上、翰林桥、峡山、居龙滩站开展推移质输沙率颗粒分析工作。

是月　地区农业局党委任命邱明瑜为地区水文站革委会副主任。

6月15日　东排小河水文站发生特大洪水，测验设施全部被毁。7月撤销东排小河水文站。

7—12月　地区水文站第三次组织技术人员对峡山等28个水文站的基本设施进行鉴定。

是年　宁都、沙子岭、田头、坝上、瑞金站使用电传水位计。至此，全区44%的站水位采用自记，28%的站水位采用电传。

是年　宁都站研制成功24段制自动分段雨量计。

是年　赣州地区水文站增加行政和水文技术干部22人，1968年冬下放的水文技术干部全部回原水文站工作。

1973年

2月6日　《江西日报》刊登《厉行节约，勤俭办站》文章，介绍瑞金水文站先进事迹。

6月1日　安远羊信江站出现建站以来第二大洪水，水位为200.17米。

6月7日　赣州地区计划委员会批复同意建立地区水文站水质分析室。

是年　窑下坝水文站在南、北干渠进行闸测流实验研究。

1974年

9月　赣州地区水文站组织技术人员到四川、浙江参观学习水文缆道。随后组织了峡山水文站缆道大会战，攻克缆道信号传输及缆道取沙难题。

10月　地区农林水办公室在瑞金主持召开了赣南规模最大的一次全区水文工作会议，各县（市）水电局局长，水文站站长，大、中、小型水库技术人员和代办观测员共247人出席会议。期间，江西省水文总站站长部春芳莅会讲话，地区水电局局长孔祥荣作报告。

是年　石城水文站上迁400米至石城县北门沿江路。原站址在石城县东门。

1975年

1月　于都汾坑站使用自记水位计记录水位。

3月　于都峡山站水文缆道连续采样测沙架投产。可与测流同步完成全断面各垂线各测点位置的悬沙水样采集。10月，该采集器在华东水文协作区技术经验交流会上交流，随后又在长沙全国水文技术“双革”（技术革新、技术革命）展览会上展出。

4月　华东水利学院水文系在赣州地区设立教学点，该院师生30余人到窑下坝、麻州、瑞金及长龙（水库）水文站进行开门办学。

是月　水利电力部焦德先处长到瑞金水文站检查工作。

是月　于都正坑小河水文站架设缆道。

7月1—4日　全区第二次年度水文工作会议在赣州召开。江西省水文总站革命委员会副主任郭明忠等同志到会指导。

7月19日　定南县革命委员会决定设立定南县水文站。

9月13日　南康、峡山、沙子岭、东村、红卫桥等水文站职工到华东水利学院学习。

10月　石城水文站上迁约3500米至观下乡河禄坝村。

是年夏　越南水利专家魏文伟到赣县翰林桥水文站考察水土流失情况，省、地、县人员陪同。

1976年

4月20日　水化分析室经地区计委批准兴建，建筑面积160平方米。

8月　南康县北部局部暴雨成灾，麻双站出现建站以来最大洪水，水位为101.92米，实测洪峰流量782立方米每秒。

9月　赣县翰林桥水文站完成高压线架设、变压器安装，自建1万伏输变电工程竣工并供电运行。

是年　赣州地区农林办下文，提高水文测站职工野外津贴标准，每人每天提高到0.5元，一年后恢复至原标准。

1977 年

1 月　地区水文站颁发《测站任务书》。

是月　南康麻双站出现建站以来最大洪水。

7 月　邱明瑜、李松茂参加由江西省水文总站组织的考察团，参观湖南省水文系统技术革新成果。

8 月　湖南水文考察团到峡山水文站参观水文缆道连续采样测沙器。

12 月　钟兆先、杨兰生 2 人出席在长沙召开的全国水文战线学大庆、学大寨会议。瑞金水文站被评为全国水文战线先进集体，先进事迹材料在会上交流。

1978 年

3 月　地区水电局在南康召开全区水文战线学大庆、学大寨会议。各水文站站长、雨量站代办员、大中型水库水文观测员共 140 人出席会议。

6 月　地区革命委员会召开全区水电系统学大庆、学大寨表彰会。瑞金水文站被评为红旗单位，窑下坝、宁都、窑邦水文站，长江、坪市、青塘雨量站和正坑小河水文站被评为先进单位。

是月　定南连续 2 次暴雨，山洪暴发，冲淹早稻 2 万余亩，冲掉稻种 11.5 万千克，冲坏水陂 47 座、水库 2 座、桥梁 15 座。

6 月　定南县遭遇水灾，受灾早稻 2 万余亩，稻种 11.5 万千克，冲坏水陂 47 座、水库 2 座、桥梁 15 座。

7 月　定南岭北遭遇新中国成立以来最严重水灾。30 日 20 时至 31 日 3 时 7 个小时内，定南降雨 219.4 毫米，造成山洪暴发，洪水淹没月子公社楼檪，月子福兴古桥被冲毁。胜前水文站出现建站以来最大洪水，水位 227.98 米，相应流量 1550 立方米每秒。

是月 31 日　会昌遭遇特大暴雨，清溪站 2 小时 6 分钟降雨 253.4 毫米。会昌麻州水文站出现有记录以来最高洪水位，水位 97.99 米（假定高程），相应流量 2270 立方米每秒。

9 月　省委、省革命委员会召开全省科技大会。地区水文站和于都峡山水文站被授予“科学技术工作先进集体”称号。地区水文站和峡山水文站研制的《水文缆道连续采沙器》和冯长桦研制的《吊船过河索土绞索钢支架》获省科学技术工作重要成果奖。

10 月　地委、地区革命委员会召开全区科学技术先进集体、个人表彰会。地区水文站、翰林桥、麻双、瑞金水文站被评为先进集体，申其志、曾宪杰被评为先进科技工作者，于都峡山站“水文缆道连续采沙器”，地区水文站《赣江沿岸洪水受害标图》和《长期水文预报》获科研成果和先进技术奖。

1979 年

2 月　水文测站野外津贴标准调整，枯季每人每天由 0.15 元提高到 0.60 元，汛期由

0.30元提高到0.80元。

是月　水利部召开华东、西南片缆道取沙技术交流会，安远羊信江水文站黄瑞辉参加会议。

7月　经中共江西省赣州地区水电局党委批准，钟兆先任中共赣州地区水文站支部书记，刘青和任组织委员，李松茂任纪检委员，熊汉祥任宣传委员，程奕瑛任青年委员。

9月18日　中共赣州地委组织部任命钟兆先为江西省赣州地区水文站站长，董钦、冯长桦为副站长。

1980年

1月　赣州地区水文体制上收，由江西省水利厅领导，江西省水文总站具体管理。

3月4—6日　龙南杜头水文站降水量达273.3毫米，水位超警戒1.93米。测船测量时被毁，未造成人员伤亡。3—7日，全南南迳水文站降水量240.7毫米，水位涨至300.23米，测量时发生翻船事故，无人员伤亡。

3月　全区水文工作会议部署落实水利部水文局提出的"两调整、三提高"（"两调整"指调整收集和分析资料的关系，调整生产和科研的比例关系；"三提高"指提高测验和服务质量、科学技术、管理水平）奋斗目标。

是月　地区水文站制订《计划财务工作管理暂行规定》和《业务技术管理试行办法》（讨论稿），经各测站讨论后，于4月执行。

5月　董钦等出席江西省水文总站召开的调资及职称评定工作会议。

6月　地区水文站组成职称评定小组，贯彻落实调资和职称评定工作。

11月13日　江西省人民政府办公厅批复（赣政厅〔1980〕183号）省水利厅：同意恢复赣州及其他地市水文站，作为江西省水利厅派出机构，行政由江西省水利厅直接领导。江西省赣州地区水文站更名为江西省水利厅赣州地区水文站。

12月　全区测站恢复工作月报制度，建立考勤制度。

是年　赣县翰林桥水文站被评为全省水文系统先进单位。

是年　技术干部进行首次职称评定，整改工程师2人，整改助理工程师15人，晋升助理工程师20人，整改技术员38人，晋升技术员3人。

是年　省水文总站拨给地区水文站555型电传打字机，从此，赣州地区水文站开始租用赣州地区邮电局报房专线，传输水雨情专用电报。地区水文站水情科设接收终端，采用邮电555型电传打字机自动接收报文（此前一直是采用电话报送，手工抄录）。

1981年

1月　赣州地区水文站组织技术人员对15个站的产汇流规律作了分析，7个受水库影响的站进行了还原计算。

2月24日　江西省水利厅批复（〔81〕赣水人字第013号）：同意地区水文站设立人秘科、测资科和水情科。

4月4日　16时10分至16时25分，于都葛坳乡下冰雹，最大粒径40毫米。窑邦水文站缆道房、站房瓦面遭受损失。

4月12日　于都峡山水文站刘智银在测量时不慎落水因公殉职，时年23岁。

6月　兴国东村水文站移交给兴国长冈水库管理。

9月　省水文总站举办首期水文技工培训班（为期4个月），地区水文站有15位同志参加学习。

10月　地区水文站对12条河流开展水质调查，年终，一、二级水化站网断面查勘建站工作结束，共设水质断面22处。

11月　地区水文站首次开展水资源调查、统计、分析工作。

1982年

1月　麻州水文站开展口径20厘米蒸发皿和E-601型蒸发器的对比观测工作。

是月　18个县、市各河段的水质监测工作全面开展。

3月　全省水文工作会议在南昌召开，汾坑、南迳、羊信江站被评为全省水文系统先进集体，管永祥、韩绍琳、谢为栋等12位同志被评为先进个人。

是月　省水文总站举办第二期技工培训班（为期4个月），地区水文站有11人参加培训。

是月　陈厚荣参加水电部培训中心举办的电子技术班学习。

4月26日　暴风雨和大冰雹袭击定南新城、天花、车步公社（约256平方千米），历时50分钟，降雨量64毫米，最大冰粒粒径10毫米，造成严重灾害。

4月　瑞金水文站改为水位站。

是月　经江西省委组织部批准王久富为副处级干部。

10月　地区水文站组织4个小组，对全区各水文站的基本测验设施进行了鉴定，对不符合要求的设施采取了相应的改进措施。

11月　莫名淳被评为江西省农业劳动模范。

12月　钟兆先等参加在南昌召开的全国水文站网会议。

是年　桥下垄水文站试制“(时间坐标)放大自记水位计”，解决了水位暴涨暴落自记水位记录线重叠问题。

是年　石城水文站本站及所属雨量站1月和2月，共计30个站月的水位、降水量原始资料，在石城水文站办公室被盗。

1983年

1月　黄瑞辉撰写的《JLC-1型缆道采样器的改进与使用》论文在《水文》杂志发表。

3月　全省水文工作会议在南昌召开，于都汾坑、安远羊信江站被评为先进集体，地区水文站莫名淳等7人被评为先进个人。

4月　于都汾坑水文站被中华人民共和国水利电力部评为全国水利系统先进集体。

是月　莫名淳被评为全国水文系统先进个人。

5月31日　琴江特大暴雨，石城水文站出现建站以来最高水位228.08米，大水冲毁该站基本水尺及码头，测验船只被毁坏。

6月16日　会昌县麻州水文站出现有记录以来第二大洪水位，水位达97.89米（假定高程）。

6月　由省水文总站配发一批XBC－301型无线对讲机，这批对讲机是军用转民用单功对讲机（步话机），地区站首先配发给国家重点站峡山、翰林桥、居龙滩等3个水文站。赣州水文第一次使用无线传输水文情报预报。

7月　基层水文测站技术干部上浮一级工资，基层工作8年后固定，同时重新上浮一级。

10月　水利电力部水文局副局长赵珂经到峡山水文站检查工作，并上测船视察采用78型采样器采集推移质沙样的情况，省、地水文站领导陪同。

1984年

3月　全省水文工作会议在南昌召开，汾坑、羊信江、南迳水文站，筠门岭、镇岗、扬眉雨量站被评为先进集体，管永祥等12人被评为先进个人。

是月　全区小河站执行小河水文站测站任务书。

6月1日　梅江宁都水文站出现建站以来最高水位189.26米，相应最大流量2640立方米每秒。

6月2日　梅江汾坑水文站出现建站以来特大洪水，最高水位133.88米，最大流量5470立方米每秒。汾坑站及时、准确作出洪水预报，为防汛决策作出贡献。于都县人民政府防汛抗旱指挥部授予汾坑水文站1984年“抗洪抢险救灾斗争先进集体”称号。赣南日报社记者专程到汾坑站采访，并发表《梅川河上“耳目”灵》的报道。

6月15日　清晨连降暴雨，宁都桥下垄站8时14分出现建站以来最大洪水，水位196.03米，相应流量21.6立方米每秒。

6月25日　江西省水利厅厅长赵源仁到石城水文站检查指导工作，石城县县长黄荣升陪同。

7月　靳书源、傅绍珠、李枝斌等3人参加江西省水文总站举办的Basic语言及Pc－1500袖珍计算机使用培训班。

是月　江西省水文总站配发地区水文站水情科1台日本产Sharp Pc－1500计算机，这是地区级水文配置的首台电子计算机，也是地区级水情开始进入电子计算机时代。同时配发的还有一批军用转民用的XBC－301型无线对讲机，下发到部分重点水文（位）站传输雨水情信息。

9月2日　赣县居龙滩水文站当地2名群众擅自使用测船渡河，当时水位超出警戒水位0.58米，因不熟悉驾驶测船，造成测船沉船冲走事故。无人员伤亡。

9月　江西省水利厅党组任命李书恺为赣州地区水文站站长。省水文总站党总支任命傅绍珠、韩绍琳为副站长。

是月　赣州水位站开始办理征地和划界事项，5.27 亩使用权次年 12 月办妥。

10 月　经江西省水利厅党组研究，同意离休干部杨继德享受副处级待遇。

11 月　省水文总站配备地区水文站苹果机 1 台，自此，电算整编数据的录入不再到省水文总站进行。

12 月　经地区工会办事处批准，成立地区水文站机关工会，韩绍琳任主席。

是月　地区水文站主持召开全区水文工作会议，省水文总站站长黄长河到会指导。

是月　广昌沙子岭水文站移交抚州地区水文站管理。

是月　地区水文站职工宿舍（老五楼）竣工，16 户职工喜迁新居。

是年底　由地区站申其志等技术人员设计研制的电动起降 78-1 型推移质采样器（起降部分是自行设计，电力采用蓄电池直流供电）在坝上站安装成功，这套设备的成功安装结束了靠人力起降取沙采样（推移质），于 1985 年开始投入使用。

1985 年

1 月 14 日　中共赣州地直机关委员会批复（赣直发〔1985〕3 号）同意中共赣州地区水文站支部委员会改选。李书恺任书记，韩绍琳任副书记兼纪检保卫委员，熊汉祥任组织委员，谢为栋任宣传委员，张祥其任青年委员。

1 月　《江西省水文测站质量检验标准》在全区贯彻执行。

是月　部颁 SD 127—84《水质监测规范》在全区执行。

是月　部颁《水文缆道规范》在全区贯彻执行。

3 月　全省水文工作会议在南昌召开，会议传达了全国水文改革会议精神。李书恺、傅绍珠、韩绍琳出席会议。

4 月 2 日　李书恺向地区行署副专员张士奇汇报工作，同意水情值班地点从水电局迁回地区水文站。

4 月 9 日　地委组织部、地直机关党委批复，同意成立赣州地区水文站总支部委员会及下属第一、第二、第三、第四、第五和机关支部委员会，基层测站党组织关系上收赣州地区水文站党总支。

6 月 3 日　召开党员大会，选举产生第一届总支部委员会以及各支部委员会书记，李书恺任总支书记。地直机关党委书记宋学富等参加成立大会。

5 月 28 日　地区水文站向地委、行署、地区防总等有关领导发布有史以来第一份水情公报。

11 月 22 日　地区水文站召开团总支成立大会，测站团组织关系上收地区水文站，地直机关团委刘维东到会指导。

12 月　赣州水文勘测队征地手续办妥，总计征地 5.17 亩。

是月　地区水文站水化室开展对外服务收费，完成了冶金公司、南河电站等 9 个单位的水样化验。

是年　地区水文站执行江西省水文总站制定的水文测站《水文测验》《水情预报》《资料整编》3 个质量检验标准。

1986年

2月28日　省水文总站制订《水文部门文电资料密级划分试行规定》，印发各水文站执行。

3月　赣州地区劳动就业局批复同意成立地区水文站劳动服务公司。

是月　地区水文站制定水文测站站务管理办法。省水文总站组织地市（湖）水文站将录入APPLE－Ⅱ微机的电算整编数据输入MC－68000微机内。全省水文资料电算整编工作开始进入“数据分散在地市（湖）水文站录入，集中省水文总站MC－68000微机统一运算”的新阶段。

5月　赣州市人民政府授予地区水文站“1985年创‘三优’先进集体”称号。

11月　全区20名职工领到“文化大革命”期间扣发的工资。

1987年

1月　水电部水文局颁发《水质分析方法》，地区水文站从5月1日起执行。《水文测验手册》中的水化学分析方法停止使用。

4月25日　经国务院同意，国家计划委员会、财政部、水电部联合下发《加强水文工作的意见》，要求各省、市、区人民政府重视水文工作，关心水文职工。

4月　省水文总站党委召开落实知识分子政策会议，熊汉祥参加会议。

6月12日　省水文总站向省水利厅、省物价局上报“关于水文行业开展有偿服务和水文科技咨询收费标准及分成试行办法”，地区水文站从此开展水文有偿服务。

6月　赣州市人民政府授予地区水文站“1986年度创‘三优’先进集体”称号。

7月30日　地区水文站与赣州市工商银行联办储蓄所开业，安排知识青年4人就业。

7月　会昌县筠门岭水文站、石城县石城水文站原始资料遗失。

是月　于都汾坑水文站站长管永祥被评为赣州地区优秀党员。

8月　省水文总站根据水电部水文局制定的《水文资料电算整编试行规定》，结合省内实际，适当补充后，颁发《江西省水文资料电算整编试行规定》，是年执行。

1988年

5月　赣州地区工会办事处授予地区水文站工会“1987年全区职工之家”称号。

6月中旬　绵江上游普降大暴雨，瑞金站出现中华人民共和国成立后第三大洪水。

9月7日　省水文总站向各地、市、湖水文站转发水利部颁发的《水文年鉴编印规范》（SD 244—87），全区1988年资料按该规范执行。

11月　赣州地委、行署授予地区水文站“普法先进单位”称号。

1989年

1月20日　省机构编制委员会下发文件（赣编发〔1989〕第009号），同意江西省水利厅赣州地区水文站为副处级事业单位，定事业编制218名，其中机关50名。内设5个副科级科室，包括办公室、测资科、水情科、水质科、水资源科；下设正科级大河控制站6个，包括赣州坝上、南康田头、于都汾坑、于都峡山、信丰枫坑口、赣县居龙滩；副科级区域代表站9个，包括石城、宁都、会昌麻州、全南南迳、安远羊信江、龙南杜头、定南胜前、上犹安和、寻乌水背；其他站（未定级别）13个，包括会昌筠门岭、于都窑邦、南康窑下坝、赣县翰林桥、宁都桥下垄、于都堌下、兴国隆坪、龙南龙头、信丰高陂坑、大余樟斗、瑞金水位站、信丰水位站、赣州水位站。

2月　省总工会赣州地区办事处授予地区水文站机关工会“1988年全区工会先进职工之家”称号。

3月　省绿化委员会授予韩绍琳“全省绿化先进个人”称号。

5月　省水利厅党组任命李书恺任地区水文站站长，省水文总站党总支任命傅绍珠、韩绍琳任地区水文站副站长。

是月　中国水利电力工会全国委员会授予曾庆华“全国水利系统劳动模范”称号，省劳动人事厅批准其晋升一级工资。

6月　黄瑞辉撰写的论文《JLC-1型缆道采样器的改进与使用》收入《全国缆道信号汇编》。

是月，赣州市爱国卫生运动委员会授予地区水文站“爱国卫生先进单位”称号。

7月　曾庆华被评为赣州地区优秀党员。管永祥被评为赣州地区两个文明建设先进个人。

1990年

1月　江西省总工会赣州地区办事处授予地区水文站机关工会财务工作一等奖。

3月20日　地区水文站与赣州气象局联合举办“气象与水文减灾十年座谈会”，地委副书记刘学文，行署副专员邱禄鑫出席座谈会。

5月　江西省财政厅授予地区水文站“财务工作达标单位”称号。

是月　曾庆华获“江西省劳动模范”称号。

6月15—19日　美国专家查理·简达博士由水利部黄河水利委员会水利科学研究所所长林斌文、省水文总站副站长刘启文陪同，到地区水文站考察工作，并到翰林桥水文站参观水文总站研制的可调式电动升降抽沙推移质坑测器，双方进行了交流，并达成初步合作意向。期间，行署副专员邱禄鑫会见了查理·简达博士。

6月　水利部推移质泥沙及床沙规范修改稿和资料分析成果审查会在地区水文站召开。会议期间，行署副专员邱禄鑫会见了与会同志。

是月　地区防汛抗旱指挥部授予地区水文站“1989年度防汛抗洪先进单位”称号。

8月10日　地区水文站机关工会召开会员大会，换届选举产生了由韩绍琳（主席）、王成辉（副主席）、刘云虎、李道井、叶绮青等5人组成的新一届机关工会委员会，同时，表彰了15名工会积极分子。

8月　经中共赣州地委批准，成立中共江西省水利厅赣州地区水文站党组，李书恺任书记，韩绍琳、熊汉祥任党组成员。

11月21日　管永祥被评为全国水文系统先进个人。

是年　赣州水位站职工胡贞圳将发掘的清代字碑等文物主动捐献给国家，被赣州市人民政府授予“文物保护先进个人”荣誉称号，并被市文管会聘请为业余文管员。

是年　全区开展流域特征参数量算工作。

1991年

1月　地区水文站财务工作获“全省财务工作达标先进单位”称号。

2月　《赣州地区水文资料整编评分奖惩办法》（试行稿）下发各站执行。

3月27日　兴国出现罕见冰雹，隆坪乡大面积降雨，隆坪水文站地处雹灾中心，站房70%的瓦面被风刮走，测验设施不同程度受损，直接经济损失1500余元。地区水文站副站长韩绍琳等到该站了解灾情，看望职工。

是月　地区水文站就当前本区水文工作急需解决的几个问题，如职工粮食定量、职工医疗费、第一线科技人员家属“农转非”、职工子女就业、集资摊派、水文设施偷盗且破坏严重等，向赣州行署书面报告。4月，行署批复要求有关部门结合实际，认真研究，实事求是地加以解决。

5月14日　南康县龙华乡遭龙卷风袭击。田头水文站站房瓦面被风刮走50余米，电视机天线吹断，电视机摔坏，测船及其他测验设施也遭损坏，直接经济损失3500余元。地区水文站站长李书恺等到该站了解灾情，看望职工。

5月24日　麻州水文站遭龙卷风袭击，厨房瓦面被风刮走，造成直接经济损失1500余元。

5月　经地委组织部批准，全区水文系统党组织改由各县（市）管理，撤销地区水文站党总支。成立中共江西省水利厅赣州地区水文站支部委员会，负责机关（含坝上水文站、赣州水位站）党务工作，团组织也随同下放各县（市）管理。

7月　中共江西省水利厅赣州地区水文站支部委员会，经地直机关党委批准成立。韩绍琳任书记，刘英标任副书记。

12月26日　江西省水利厅以赣水人字〔1991〕087号文同意江西省水利厅赣州地区水文站内设20个科级机构，科级干部职数限额29名，其中正科级职数8名（含地区站副站长2名）。

是年　地区站组织机关职工集资2万元兴建临街店面。

1992年

1月　地区水文站制定职工《停薪留职暂行规定》，下发各站执行。

3月　下旬赣州市普降暴雨，受降雨影响章贡二江控制站出现大洪水。贡水赣州水位站27日出现洪峰水位101.80米，章水坝上水文站29日出现洪峰水位101.99米。26日下午，地委副书记刘学文、地区水电局局长陈发美到坝上水文站看望、慰问水文职工。27日，赣州人民广播电台播出《特大洪峰今日12时将临赣州》，晚间赣州广播电台与赣州电视台相继播出《特大洪峰安全通过赣州市》。31日，地委办公室以地办抄字〔1992〕6号文通知赣南日报社、赣州电视台、赣州人民广播电台"为及时向全区提供雨情、水情，做好预防自然灾害的工作，根据地委、行署领导的意见，今后凡地区气象局、地区水文站直接报送的重要天气预报和水情预报，《赣南日报》、赣州电视台、赣州人民广播电台应及时播发"。洪灾后，地区水文站组织开展洪水淹没范围调查，标记洪痕点160多个，调查受淹范围70多平方千米。

4月1日　《赣州地区水文站水情公报》首次在赣州电视台播出，同时，水文测报和水文预报电视专题片在赣州电视台《赣南新闻》中播出。15日，《江西日报》《赣南日报》刊登文章报道水文预报在抗洪抢险中的突出作用。23日，江西省副省长舒惠国在阅读《水情从这里发出——"3·27"洪峰测报侧记》通讯后批示："水文工作者，战斗在防汛抗洪第一线，不分昼夜，密切监视水情变化，及时报告，以供决策之需，他们的工作是十分重要的，是有贡献的。由于野外工作，生活上也遇到许多困难，但他们以工作为重，战胜困难，完成了任务。读完这篇报道，我很受教育，十分感动，特送防总诸位一阅，大家都来学习他们。"28日，李书恺编写的《一场效益巨大的决战》出版，书中展现全区水文工作者在"3·27"洪水测报中无私奉献，顽强拼搏的精神风貌。

5月30日　地委、行署作出关于表彰抗洪抢险先进集体、先进个人的决定，赣州地区水文站、于都峡山水文站、石城水文站、信丰水位站被评为先进集体；李书恺、周方平、诸葛富、黄春生被评为先进个人。

5月　江西省总工会授予韩绍琳"工会积极分子"称号。

6月22日　水文资料手编成果表首次试行电算获得成功。

7月　国家防汛抗旱总指挥部办公室通报表彰赣州地区水文站，坝上、峡山水文站在"3·27"洪水测报中成绩显著。

9月　江西省人民政府授予赣州地区水文站、于都峡山水文站、赣州坝上水文站"全省抗洪抢险先进集体"称号；李书恺、诸葛富被省防汛抗旱总指挥部授予"全省抗洪抢险先进个人"称号。

是年　《赣州地区1992年3月27日、3月29日二次大洪水水文情报预报服务》获科技情报成果二等奖，地区科委分别给李书恺、诸葛富、周方平、李枝斌、陈光平、严超荣等6人颁发了荣誉证书和奖金。

是年　根据江西省水利厅的布置，全区各水文测站开展土地确权划界工作。

是年　地区水文站完成全区主要站的洪水预报方案的分析编制工作（瑞金、麻州、羊信江、葫芦阁、宁都、石城、汾坑、峡山、翰林桥、枫坑口、信丰、居龙滩、赣州、窖下坝、田头、坝上等16个水文站）。

1993年

2月23—25日　召开全区水文工作会议。地委副书记刘学文，行署副秘书长汤存亿，地直机关党委副书记曾祖信出席会议，并分别讲话。省水文局局长章亮等莅会。会议表彰了1992年度全区先进集体和先进个人。

3月12日　经江西省编制委员会办公室同意，江西省水利厅赣州地区水文站更名为江西省水利厅赣州地区水文分局（赣编办发〔1993〕14号）。

4月15日　“江西省水利厅赣州地区水文分局”印章启用，原“江西省水利厅赣州地区水文站”印章作废。中共江西省水利厅党组任命李书恺为江西省水利厅赣州地区水文分局局长。

是月　王成辉的文章《洪水从这里发出》被评为全省科技好新闻三等奖。王成辉被水利部水文司和《中国水利报》评为“水文宣传热心人”。

是月　江西省人民政府授予地区水文分局“1991—1992年度全省安全生产先进单位”称号。

6月7—9日　桃江上游降雨，平均降雨量145毫米，导致桃江水位上涨，信丰站水位148.98米，超警戒1.98米。分局提前18小时发布信丰县城洪峰水位预报。

是月　中共江西省水文局委员会任命韩绍琳为江西省水利厅赣州地区水文分局副局长。

是月　地区水文分局新建的职工宿舍两栋共40套交付使用，基本解决了职工住房困难问题。

是月　地委授予地区水文分局机关党支部“赣州地区先进基层党组织”称号。

8月　江西省财政厅与省水利厅联合下文各地（市）财政局，对解决各地水文站职工公费医疗，提出了具体意见。

10月　赣州市评选“1992年文明新风十件新事”，地区水文分局以“精心测报水情，为抗洪抢险赢得时间”入选。

11月26日　江西省水文局下文批复（〔93〕赣水文人字第007号）：根据赣水人字〔1993〕051号文件精神，同意成立江西省赣州水文勘测队（正科级），隶属赣州地区水文站管理；江西省赣州水文勘测队为内设机构，所属干部由内部调配解决，不增加科级干部职数。

11月底　赣州水文勘测队基地职工宿舍竣工并交付使用。宿舍共4层16套，计1207平方米。

是年　地区水文分局党组提出“不把危险作业带入21世纪的奋斗目标”。经过八年努力，至2000年，全区水文测站已全部实现流量沙量测验缆道化。

是年　水利部授予水质科“水质监测优良分析室”称号。

是年　水利部泥沙测验研究工作组和江西省水文局选定赣县翰林桥站为可调试坑式推移质采样试验基地，是中美地表水科学技术合作研究项目。

是年　为完善本区的无线对讲网络，先后在于都汾坑、会昌天门嶂、章贡区峰山建立了无线对讲中继站，提高了通信效果。

是年　王成辉撰写的文章《鄱阳湖之谜》荣获1993年度全国科技报刊好作品一等奖。

1994年

3月4日　冯长桦被评为江西省开拓老龄事业先进个人和地区开拓老龄事业先进个人。

3月19日　经省编委办公室同意，成立赣州地区水环境监测中心，与地区水文分局一套机构两块牌子（赣编办发〔1994〕10号）。

3月　赣州地区行署出台文件：要求加强对水文工作的领导，增加资金投入；凡有水文站的县，每年由县财政拨专款补助每个水文站各2000元，用于防汛测报设施正常维护和补助委托观测员代办津贴费；一律免收水文站程控电话集资费。

4月　地委、行署授予地区水文分局"精神文明建设先进单位"称号。

5月1—2日　石城、宁都遭遇特大暴雨。琴江石城水文站连续降水量超过赣州地区有雨量记载以来最大记录，石城水文站出现新中国成立以来最大洪水，洪峰水位228.48米，超警戒2.98米。下游石城屏山一带河段出现咸丰三年（1853年）以来最大洪水。3日，梅川于都汾坑水文站出现乙卯年（1915年）以来最大洪水，洪峰水位134.11米，超警戒4.11米。

6月9日　地区水文分局工会召开会员大会，换届选举产生第四届工会委员会。韩绍琳、王成辉、刘云虎、游小燕、刘德良等5位同志当选为委员，韩绍琳任工会主席，王成辉任副主席。

6月13日　地区防汛抗旱指挥部通报表彰地区水文分局，石城和汾坑水文站。

6月13—22日　赣州地区遭遇大范围暴雨，区内江河水位上涨。15日8时石城水文站最高水位227.69米，超警戒2.19米，石城县城区水深2米左右。赣州、宁都、田头、汾坑、峡山、坝上、翰林桥等站相继出现大洪水。18日章水坝上站最高水位103.17米，超警戒4.17米。

6月23日　会昌麻州水文站兴办该县乡镇第一个有线电视站。

8月24日　地区水文分局召开干部任命会议，江西省水文局副局长熊小群到会宣布中共江西省水文局委员会关于周方平任分局副局长（赣水文党字〔1994〕13号），刘英标任分局办公室主任，黄春生任赣州水文勘测队队长（赣水文党字〔1994〕第11号）的文件。

8月31日　赣州人民广播电台记者采访地区水文分局为京九铁路建设提供水情服务的情况。

11月28日　《工人日报》在一版报道各行业优秀职工的"职工明星谱"专栏，发表《黄庆显、徐光荣：防汛耳目》人物通讯，并配发了2位老水文职工的工作照片，报道了他们在"5·2"琴江大洪水中的测报事迹，这是赣州水文职工首次在国家级大报亮相。

12月26—28日　全省水文经营管理工作会议在地区水文分局召开。江西省水利厅副厅长刘政民、纪检组长詹裕溶及省水文局和各地、市、湖分局正、副局长，省水文局总工，各科室负责人等出席会议。地委副书记刘学文，行署副专员刘安民、秘书长卢赞枰、副秘书长汤存亿到会祝贺。地区水文分局被评为全省水文系统目标管理先进单位。

1995年

1月　地区水文分局工会被江西省总工会赣州地区办事处授予“先进职工之家”称号，至此已连续8年获此殊荣。

是月　地区水文分局被评为地级文明单位。

2月　石城县委、县政府授予石城水文站“1994年抗洪救灾，重建家园先进集体”称号。

3月　江西省水利厅纪检组组长詹裕溶等3人来分局检查人事档案工作。

是月　行署办公室批复地区水文分局《关于要求进一步解决水文站防汛电话进程控网问题的报告》。要求各县（市）继续贯彻执行赣州行署办公室《关于切实解决好水文站防汛电话进程控网问题的通知》（行办字〔1994〕37号）。

是月　由地区水文分局筹集资金75万元（国家防总、省防指和地区防指各出三分之一）建设的赣江上游自动测报系统进入建设阶段。该系统所建遥测站由瑞金、麻州、羊信江、葫芦阁、宁都、石城、汾坑、峡山、翰林桥、枫坑口、信丰、居龙滩、赣州、窑下坝、田头、坝上等站组成，地区水文分局和地区防汛办分别设接收终端（中心机房），同时将接收数据发送省防指和中央防总。该系统在地区水文分局中心机房还增设接收终端同时接收万安水电厂自建的赣江上游自动测报系统（电厂系统与赣州地区系统制式和频率不同，所以要另设接收终端）。电厂系统除上述遥测站外，还有38个纯雨情遥测站。该系统共由54个雨水情遥测站组成。

4月5日　《赣南日报》发表报告文学《防汛哨兵》，详细报道全区水文职工为赣南“四化”建设所创下的辉煌业绩。

4月24日　赣江上游区域水文自动测报系统中心站前置机安装完成投入运行。

是月　王成辉撰写的《石城水文站争回水毁证明权》文章被水利部采用。

是月　地区水文分局配置Compaq486计算机1台，作为赣江上游区域水文自动测报系统中心接收组成部分。这是为水情工作首次配置的计算机，标志着水情工作进入计算机时代。同时配置打印机（LQ－1600型）1台。

5月4日　地区水文分局团支部换届，吴健任书记。

是月23日　地委组织部电教中心、赣州电视台记者到地区水文分局拍摄“七·一”公仆访谈录专题片，局长李书恺接受采访。江西电视台在“公仆访谈录”节目中播出。

是月　地区水文分局被评为全省水利系统、全国水利系统安全生产先进单位，管永祥被评为全省水利系统、全国水利系统安全生产先进个人。

6月15—18日　贡水遭遇特大暴雨，72小时降雨超过180毫米。于都峡山水文站（洪峰水位113.16米，超警戒4.16米）和赣州水位站（洪峰水位102.48米，超警戒3.48米）均出现建站以来第二大洪水。地区水文分局预报赣州市洪峰水位102.40米（实际102.48米）。

6月　中共江西省委授予赣州地区水文分局党支部“全省先进基层党组织”称号。

6月30日　地委召开“七·一”表彰先进基层党组织、优秀共产党员、优秀党务工作者大会。地区水文分局党支部被评为地区先进基层党组织，刘英标被评为地区优秀共产党员。

7月　地区水文分局研制的《赣州地区92′洪水预报方案》获赣州地区科技进步奖一等奖。

是月　李书恺参加中共赣州地区直属机关代表会议，并当选中共江西省第十次代表大会代表。

8月　地区水文分局研制的《赣州地区洪水水文情报预报技术》获省农业科教人员突出贡献奖三等奖。

8月19日　李书恺出席中共江西省第十次代表大会。

9月25日　地委副书记、地区防汛抗旱指挥部总指挥刘学文调研地区水文分局水文自动测报中心。

是月　黄庆显获“全国水利系统先进工作者”荣誉称号。

11月　“赣江上游洪水预报技术”获赣州地区行署科技进步一等奖。

1996年

2月2日　地区水文分局获中共赣州市委、市人民政府表彰，被评为1995年度创建全国卫生城市先进集体，韩绍琳被评为先进个人。

2月6—8日　赣州地区水文工作会议在地区水文分局召开。会议提出在全区水文测站实施“四个一”工程（即创一流文明水文站，业务工作达到一等质量站标准，水文综合经营和科技咨询服务收入达1万元以上，做一项以上开创性工作）。

2月　赣州地区水文数据库（三级）基本建成，至1995年年底共完成18322站年，计1030.5万数字组的水文数据录入。

3月　分局机关实施“六个一”工作目标（即创一流文明科室；创一等业务质量；创收1万元以上；争取一项以上计划外投入；每个职工至少提一条合理化建议；做一项以上开创性工作）。

是月　王成辉被评为全国水文宣传先进工作者和全省水利系统优秀宣传信息工作者。

5月21日　《赣州地区“95·6”大洪水水文情报预报》被评为1995年度重大科技建议甲等奖。

6月底　韩绍琳被中共赣州地委授予全区优秀共产党员；刘英标被中共赣州地委授予全区优秀党务工作者。

7月2日　赣州电视台播出《公仆赞》专题片，反映李书恺带领水文职工在防汛抗洪战线奋勇拼搏的事迹。

8月1日　受8号强台风影响，赣南普降大暴雨。3日20时，章、贡两江发生大洪水。地区水文分局提前24小时作出主要江河洪水预报，为抗洪抢险赢得了时间。

9月　赣州地委、行署授予地区水文分局为1994—1995年度地级文明单位。

1997年

1月　水文工作列入地委、行署领导分管工作范围。

2月　经江西省委组织部评定，地区水文分局为干部档案工作三级达标单位。

4月　国家重点水文站测验设施改造工程——于都汾坑水文站测流取沙电动缆道竣工并投入使用。该缆道主索跨度320米，是全区目前跨度最大的水文测验缆道。

5月中旬　地区水文分局工会召开会员大会举行换届选举，经选举并报赣州地区直属机关工会委员会批复，第五届工会委员会由韩绍琳、王成辉、游小燕、温珍玉、刘德良等5名同志组成。韩绍琳任主席、王成辉任副主席。

5月25—26日　李书恺出席省党代表会议。

5月29日　地区广播电台、地区有线电视台记者深入本区偏远的水文站——信丰枫坑口水文站采访，并作了“山区小站”广播报道，报道反映了水文工作者在艰苦的环境里精心测报的敬业精神。地区有线电视在“新闻观察”中也作了报道。

6月8—9日　石城县遭遇特大暴雨，琴江河水暴涨。9日11时30分洪峰水位228.62米，涨幅4.7米。石城县城淹深2米。宁都、于都等地相继发生洪灾。

9月19日　中共赣州市水文局支部委员会进行换届选举，新一届党支部由周方平、刘英标、刘旗福、王成辉、温珍玉等5人组成。周方平任书记，刘英标任副书记。

11月19日　地区水文分局成为首批全省水利系统5个文明服务示范窗口单位之一。

12月8日　省科委在地区水文分局召开“水文互控双缆道流量、泥沙测定系统”鉴定会。鉴定认为该系统在国内具有技术领先水平。

12月12日　刘英标撰写的文章《中国邮票上的水文化》、王成辉撰写的文章《雄镇江河的赣州古城墙》，在全省水利艺术节水文化征文中分获二、三等奖，此前（11月26日）2篇文章在第二届全国水利艺术节中获水文化优秀论文奖。王成辉创作的小小说《明天他退休》获全省水利艺术节文学作品三等奖。

12月　地区水文分局开始租用电信部门X.25通信专线一条（该专线直接接入国家防汛专用广域网），为分局纳入国家防汛广域网做准备。

是年　石城水文站年降水量2725毫米，创全区有降水记录以来的最高纪录；章水窑下坝水文站和桃江信丰水位站出现历年最低水位。

1998年

2月18日　赣州地区有线电视台在“新闻观察”节目中，播出反映赣州地区水文工作的报道“情系江河保民安”（上、下集）。此前（1997年8月）《赣南日报》也作了报道。

3月5—9日　赣南出现强对流天气，平均降水量142毫米，江河水位陡涨，区内江河水位均超过警戒水位1.5米以上，出现罕见旱汛。地区水文分局提前40小时发布赣南多地洪水预报，减轻了洪灾损失。

是月5—10日　赣州地区水文分局成功接入国家防汛专用广域网，同时还组建分局内防汛局域网。随着网络建成，水文进入水情信息时代，结束长期以来电信部门报房电报传输情报预报的时代，水文情报预报全部通过电话汇集到分局，再由分局通过广域网直接向接收情报各部门发送。

是月10日　章水洪峰水位101.69米（超警戒2.69米），贡水洪峰水位102.22米（超警戒3.22米）。地区水文分局做出4次阶段洪水预报，减少了洪灾损失。

4月9日　江西省水文局以赣水文字〔1998〕第009号文批复：从4月1日起停止翰林桥水文站推移质泥沙测验工作。

是月　谢为栋被省劳动厅劳服企协授予“全省劳服企协先进个人”称号。

5月　地区水文分局获“1996—1997年度地级文明单位”称号。

是月　李书恺获“1997年度全省水电企协先进工作者”称号。

6月　水利部授予李书恺“全国水文系统先进个人”称号。省水利厅授予石城水文站站长李庆林“全省水利系统模范工人”称号。

10月3—9日　分局首届水文缆道培训班在赣州开班。来自全区16个测站29名职工参加了培训。

是年底　赣州水文勘测队续建方案获批，并下拨专款；信丰水文勘测队筹建工作开始，已征购基地土地6亩。

是年　赣州地区水文分局与省水文局合作完成的“全沙测验与推移质采样器效率系数野外实验研究”课题，获江西省科技进步三等奖；“水文互控双缆道流量泥沙测定系统”获江西省科技进步三等奖。

是年　地区水文分局获“赣州地区文明服务示范窗口单位”称号。

1999年

1月　地区水文分局与市工商银行联办的张家围路储蓄所被省水利厅直属团委授予首批“青年文明号”称号。

2月3日　省政府下发《江西省人民政府关于加强水文工作的通知》（赣府发〔1999〕6号）。

是月　王成辉撰写的文章《从黄河断流看我国水资源匮乏》获《中国绿色时报》“缤纷杯”头条新闻竞赛二等奖；7月，获得由团中央、全国绿化委员会、全国人大环委会、水利部、国家林业局和中国青少年发展基金会共同组织实施的“保护母亲河行动”征文三等奖。

3月18日　赣州地区水文分局被赣州行署确认为行政执法主体资格单位。

4月1日　《水文互控双缆道流量泥沙测定系统》在赣县翰林桥水文站正式投入运行。

是月6日　赣州行署办公室印发《关于贯彻落实省人民政府加强水文工作的通知》（行办字〔1999〕23号），要求各县、市人民政府、地直有关单位进一步关心、支持水文工作，增加水文投入，加大扶持力度，帮助解决水文存在的问题。

是月9日　行署副专员黄信龙、叶玉忠就于都峡山水文站设施因323国道改建需拆迁等问题主持召开协调会，对该站的重建工作形成会议纪要。

是月26日　地区水文分局在原有联办65亩果园的基础上，又扩大38亩，成为百亩果园。

是月28日　地区防汛抗旱指挥部向323国道改建指挥部发文《关于要求迅速清理倾倒在贡江峡山河段石料的通知》（赣地汛字〔1999〕16号）。

5月23—26日　贡水遭遇暴雨，平均降雨量158.0毫米，8个站降雨超过200毫米。暴雨导致26—27日全区14个站洪峰水位超过警戒。葫芦阁站超警戒4.18米，是建站以来第三大洪水；峡山站超警戒3.92米，涨幅8.50米。

6月15日　地区水文分局党组书记、局长李书恺当选中共赣州市第一次代表大会代表。

是月29日　赣州撤地设市，江西省水利厅赣州地区水文分局更名为江西省水利厅赣州市水文分局（赣编办发〔1999〕29号），并于7月1日正式挂牌并启用新印章。

7月7日　赣州坝上水文站迁站改建竣工。

是月22日　赣南水文勘测综合楼通过竣工验收，正式交付使用。该楼为框混结构8层，建筑面积约4400平方米，其中底2层为框架结构已于1996年交付使用。

是月29日　宁都人民政府同意减免该县雨量观测站农民观测员每人每年农田水利基本建设劳动积累工和农村义务工5个标准日。

9月22日　江西省水文局副局长王和声、副总工张德隆前往信丰、南康察看茶芫、东山拟迁站址，市水文分局局长李书恺陪同。

是月　市水文分局编印《赣南水文五十年》。

10月10日　安远县防汛抗旱指挥部下文（安汛字〔1999〕08号），从1999年起，全县代办雨量站观测员的农田水利基本建设劳动积累工一律减免。

是月12日　石城人民政府出台《关于加强水文工作的通知》（石府字〔1999〕82号），这是全省第一个出台加强水文工作政策的县。

是月　水文缆道水下信号发射器，获国家知识产权局颁发的实用新型专利。该项专利于1999年12月10日生效，权限10年。这是全市水文系统首次获得的国家专利。

12月22日　市水文分局举行赣南水文勘测综合大楼落成典礼，省决策咨询委员会常委邱禄鑫、市委副书记罗春涛、副市长叶玉忠，省水文局局长熊小群出席仪式。

是月25日　翰林桥水文站互控双缆道流量泥沙测定系统通过省水利厅科教处组织的专家验收。

是月26日　赣州市水文分局建设的赣江上游水文自动测报系统通过省防办组织的专家验收。

是月　“水文互控双缆道流量、泥沙测定系统”被评为1999年江西省农业科教人员突出贡献奖二等奖。

2000年

1月　赣州市水文分局被评为1998—1999年度市级文明单位。

2月18日　江西省水文局以赣水文站发〔2000〕004号文批复同意翰林桥、樟斗、安和、羊信江、胜前、南迳等6站从2000年3月1日至2001年2月28日以职工驻站进行流量巡测。

3月10日　《洪水预报技术在石城“97·6”洪水中的应用》获石城县科技进步二等奖。

4月3日　谢为栋被评为1999年全省劳动服务企业先进个人。

是月4日　赣州水文勘测队水南基地（客家大道22号）动工兴建。此前于2月14日签订建设合同。

是月19日　根据市政府办公会议纪要，因修建323公路而毁坏峡山水文站水文测报设施的修复赔偿金17万元到位。

是月27日　成立赣州市水文水资源科技服务中心，由局长李书恺任中心主任，副局长周方平任副主任。下设三个分中心。

5月26—28日　赣州市出现强降雨天气。27日15时绵江瑞金站出现192.68米的洪峰水位（预报洪峰水位192.70米），超警戒1.68米；28日7时贡水葫芦阁站出现139.08米的洪峰水位（预报洪峰水位139.20米），超警戒0.08米。

6月3日　赣州市副市长、市防汛抗旱指挥部副指挥叶玉忠视察重建后的峡山水文站。

10月　开展赣江源头科学考察，考察组由水文、地质、林业、测绘等学科的专家组成，省人事厅副厅长程宗锦牵头。

11月　《县级水资源调查评价及开发利用分析技术》获赣州市科学技术进步奖二等奖。

是年　于都县、大余县、兴国县和瑞金市人民政府先后下发《关于加强水文工作的通知》。

是年　李枝斌牵头开发完成赣江上游洪水预报系统和水情信息系统。

2001年

1月1日　枫坑口水文站迁站，更名为茶芫水文站。

1月16日　赣州市水文分局召开干部任命会议，省水文局副局长龙兴代表省水文局党委宣布刘旗福、杨小明任赣州市水文分局副局长。

3月6—7日　全省首届水利信息员培训班在赣州举办，省水利厅纪检组组长朱发恒、办公室主任周江红在开班仪式上作了讲话。《江西日报》记者和省委办公厅信息处处长熊勇在培训班上授课，刘英标、王成辉参加培训。

3月20—21日　安远羊信江水文站、会昌葫芦阁水位站先后出现超警戒水位、市防汛指挥部宣布本市提前进入汛期。

是月21日　经中共赣州市委批准：刘旗福、杨小明、刘英标等3人任市水文分局党组成员。

是月30日　内设机构自动化科成立，张祥其任科长，吴健任副科长。

4月11日　赣州市水文分局副局长周方平交流到抚州市水文分局任副局长。其担任的市水文分局党支部书记由副局长刘旗福接任。

是月29日　赣州市水文分局计算机软件开发小组成立。温珍玉任组长，吴健、黄武任副组长。

5月3日　上犹县人民政府出台《关于加强水文工作的通知》（上府字〔2001〕35号）。

是月8日　赣州市水文分局出台《赣南水文创新工作管理办法》。

是月11日　水利部水文局总工程师张建云到市水文分局、坝上和峡山水文站参观考察智能水文缆道系统，省水文局局长熊小群、市分局局长李书恺等陪同。

是月15日　工会召开换届选举大会，选举出新一届工会委员会委员，刘旗福任主席，王成辉任副主席，温珍玉、游小燕、刘德良任委员。

是月　王成辉撰写的文章《赣州水文测洪作业不再踏波逐浪》获江西省第八届新闻奖报刊二等奖。该文先后在《江西日报》《中国水利报》《江西科技报》《赣南日报》等媒体发表。

6月12—14日　石城、宁都、瑞金、于都、兴国、安远、章贡区等县市大范围发生暴雨洪水。

是月29日　赣州市水文分局党支部被中共赣州市委授予“1999—2000年度先进基层党组织”荣誉称号；韩绍琳、刘英标分别被市直机关工委授予1999—2000年度“优秀共产党员”和“优秀党务工作者”荣誉称号。

7月12—13日　湖南省水文局局长詹晓安到市水文分局、坝上、峡山水文站考察智能水文缆道，省水文局局长熊小群陪同。

是月27日　中共赣州市直机关工委批复：同意中共赣州市水文分局党总支委员会由刘旗福、刘英标、王成辉、温珍玉、吴健5位同志组成。刘旗福任书记、刘英标任副书记。下辖3个党支部，机关支部由王成辉、温珍玉、吴健组成，王成辉任书记；赣州水文勘测队支部由刘英标、郭守发、刘华鹏组成，刘英标兼任书记，郭守发任副书记；离退休支部由韩绍琳、熊汉祥、李道井组成，韩绍琳任书记。

9月18—21日　智能水文缆道流量、泥沙测定系统、三合一控制仪、便携式微电脑缆道测控仪、水下信号收发系统等系列产品，在2001年北京国际水利水电新技术展览会上展出。

是月30日　机关职工（含驻市离退休职工）和赣州水文勘测队、坝上水文站职工共76人，领取了《赣州市医疗保险证》，从此享受医疗保险制度。

11月2日　局长李书恺当选为中共赣州市代表会议代表。

是月11日　全省水利经济会议在赣州召开。省水利厅厅长刘政民、省水文局局长熊小群等与会代表前往赣县茅店果园参观和考察综合经营工作。

是月27日　经省政府批准，赣州市实施房改房补贴方案，市水文分局参加全市住房普查工作。

是年　宁都、信丰、龙南、南康、安远、全南、会昌、定南、章贡等县（市、区）出台《关于加强水文工作的通知》。至此，赣州市各县（市、区）人民政府均出台加强水文工作的政策。石城县人民政府下发《关于加强水质监测与管理工作的通知》（石府字〔2001〕39号），为江西省首个制定该政策的县级政府。

2002年

1月21日　智能水文缆道通过省级技术鉴定。该项技术在省内外推广应用，并被评为江西省农业科教人员突出贡献三等奖和赣州市科技进步三等奖。

3月22日　李书恺当选为赣州市专家联谊会常务理事。

是月25日　省委、省政府授予赣州市水文分局“江西省第八届文明单位”称号。

5月10日　李书恺当选为赣州市水利学会第四届常务理事会常务理事，分管水文水资源专业学组。

是月30日　赣州水文信息互联网站开通。该网站由赣州市水文分局自主创立，为全国地（市）级的第一个水文互联网站。

6月13—18日　赣州市大范围遭遇暴雨，平均降雨220毫米，梅川上游降雨410毫米。降雨导致水位暴涨，多条河流超过警戒。汾坑、峡山、赣州、坝上等站发生大洪水，宁都站出现有实测记录以来第二大洪水（洪峰水位189.20米，超警戒3.20米）。省人大常委会副主任、市委书记张海如，两次到宁都站察看水情，看望坚守在测洪岗位上的水文职工。

7月20日　赣州市水文分局与信丰县西牛镇政府签订合同，在该镇东甫村开发脐橙果园1503亩。

是月　完成《国家防汛指挥系统赣州分中心》总体设计报告。

8月1日　江西省水利厅厅长刘政民率计财处处长罗小云、水建处处长隋晓明视察于都峡山水文站，赣州市副市长叶玉忠、市水电局局长郭子濂、市水文分局局长李书恺陪同。

9月17日　赣州市政府办公室抄告（赣市府办抄字〔2002〕95号）分局，由市财政解决坝上水文站中低水辅助建设资金60万元。

10月27—30日　赣州市出现罕见秋汛。10月下旬章江遭遇大暴雨，平均雨量156.4毫米，大余樟斗站降雨257毫米，降雨造成章江水位暴涨。31日10时，章江坝上站水位103.37米，超警戒4.37米。洪水成灾，南康受灾严重。

11月2日　李书恺当选为中共赣州市代表会议代表。

是月27日　江西省水利厅副厅长孙晓山调研信丰东甫果园，省水文局局长熊小群、党委副书记温世文和市水文分局局长李书恺陪同。

12月2日　江西省水文局批复（赣水文人〔2002〕10号）同意石城水文增挂石城县水环境监测站牌子。该监测站由石城县水务局授权履行水质监测职责，落实《中华人民共和国水法》中赋予水文行业的行政执法职能。

是月13日　东江源科学考察第一次工作会议在赣州市水文分局召开。

是年　赣州市水文分局获“全省水文系统先进单位”称号，这是自1994年实行目标管理考评以来连续8年获此荣誉；获赣州市先进基层党组织、市直机关先进基层工会、市直机关先进团支部、赣州市修志先进单位、章贡区东外片计划生育达标先进单位等，各项水文业务工作继续保持全省水文系统前列。

是年　赣州市水文分局组织大批专业人员对洪泛区进行洪水调查和洪水水面线测量。

2003年

1月14日　赣州市水文分局局长李书恺、总工徐伟成、测资科科长温珍玉等3人参加市章江流域防御洪水预案编制工作会议。会议决定分局承担5个专题报告的野外勘测和报告编制工作，成立章江流域防御洪水预案领导小组，李书恺任组长，市水电设计院副院长王兰天、市防办副主任钟永浩任副组长，要求在2月28日前提出调查分析报告。

是月　田头水文站改造项目完成，水文缆道正式投入运行。

3月1日　赣州水文勘测队试运行，省水文局局长熊小群和分局局长李书恺共同为赣州水文勘测队揭牌。

是月中旬　根据省委办公厅、省政府办公厅赣办字〔2002〕83号文件精神，分局对20

世纪80年代以后更改学历的职工情况进行了检查清理、登记。

4月8日　中共中央政治局委员、书记处书记、中宣部部长刘云山到赣州市考察调研，并来到市水文分局赣县茅店脐橙果园考察。

是月26日　赣州市委副书记李南生率副秘书长邓丰、信丰县委副书记林建田到信丰东甫果园视察工作，市水文分局局长李书恺、副局长杨小明陪同。

5月12日　启动赣州市水资源调查评价工作，市水文分局牵头实施，局长李书恺任领导小组副组长。

6月13日　赣州市人民政府以赣市府办抄字〔2003〕65号文印发抄告单：按行政划拨用地方式提供用地15亩以解决坝上水文站中低水辅助站建站用地问题。

7月1日　赣州市水文分局党组书记、局长李书恺被市委授予"优秀共产党员"称号；分局党总支被评为市直机关先进基层党组织，刘英标被评为优秀党务工作者。

是月15日　樟斗水文站新建站房及其测验设施通过验收。

是月22日　葫芦阁水文站新建站房及其测验设施通过验收。

8月7—8日　江西省水利厅党委书记汪普生率水管处处长郭泽杰调研赣州水文工作，先后到坝上水文站、局机关、信丰东甫果园，省水文局局长熊小群、市水文分局局长李书恺陪同。

是月8日　江西省水利厅厅长孙晓山率省防办主任万贻鹏到石城水文站检查工作，石城县党政领导陪同。

是月　自动化科获省直机关"青年文明号"，省水文局党委书记、局长熊小群，副局长王和声亲临挂牌。

9月5日　由江西省防办主持的国家防汛抗旱指挥系统一期工程赣州水情分中心初步设计评审会在市水文分局召开。市委副书记李南生、市政府副市长叶玉忠参加了评审会，参加评审会的还有省防办、市委、市政府、省水文局、市水文分局、市防办、市水利局、市计委、市财政局等9个单位的有关领导和专家。

10月11日　赣州市水文分局编制完成东江探源水文勘测报告。

11月5日　经江西省机构编制委员会办公室批准（赣编办发〔2003〕176号），全市水文事业编制调整为200名。

是月18—20日　赣南水文脐橙在中国赣州第三届脐橙节上参展。

是月21—29日　江西省水文系统首届测站站长培训班在赣州开班。23日，省水利厅副厅长朱来友、省水利厅计财处处长罗小云、省水文局局长熊小群出席会议。省水利厅副厅长朱来友深入翰林桥水文站检查指导，市水文分局局长李书恺陪同。

是年　大旱。6月中旬至8月10日全市降雨稀少，正逢持续高温，赣州市遭遇新中国成立以来最严重旱灾。

2004年

1月　赣州市水文分局及石城水文站荣获"赣州市第二届（2002—2003年度）文明单位"称号。

4月15日　赣州市水文分局研制成功具有自主知识产权的新一代水文自动测报系统。

6月27日　“东江探源”项目评审会在南昌召开。

7月　受定南转塘电站影响，业主赔偿胜前水文站迁站费20万元和3亩建设用地。胜前水文站基本水尺断面上迁2.5千米，改为胜前水文（二）站。

8月27日　赣州市水文分局党总支换届选举，选举产生由刘旗福、刘英标、王成辉、吴健、温珍玉等5人组成的新一届总支委员会，刘旗福任书记，刘英标任专职副书记。市水文分局团支部进行换届选举，选举产生由曾金凤、冯弋珉、刘财福等3位同志组成的新一届团支部。

9月24日　赣州市二水厂取水口水质监测为Ⅴ类水，市水文分局将监测结果紧急报送市委、市政府。

11月1—3日　珠江水利委员会水文局副局长曹卫平到东江源区考察，并与市水文分局洽谈科研项目合作，市水文分局局长李书恺、副局长杨小明陪同。

12月9日　江西省水利厅党委书记汪普生等到市水文分局考察工作。

12月10日　赣南风采专家访谈录系列专题片首片《情系江河为民安——采访水文专家李书恺》在市水文分局开拍。

12月14日　赣州市人民政府下发《关于下达赣州水情分中心建设地方配套资金任务的通知》，赣州市政府承担95万元，各县（市、区）人民政府承担135万元。

是月15—31日　李书恺参加由省水利厅组织的水利工作考察团前往美国、加拿大考察。

是年　翰林桥、田头、窑下坝、坝上、峡山、安和、葫芦阁、茶芫、樟斗等水文站重建、改建工作先后完成。基层水文职工的生产、生活环境得到较大改善。

2005年

1月15日　赣州市二水厂水源地水质监测为Ⅴ类水，市水文分局紧急报告市委、市政府。

是月24—25日　国家质检总局生产许可证审查部、水利部水文仪器质量监督检验测试中心专家对市水文局研制的水文数据遥测终端及智能水文缆道进行验审。

4月7日　召开枫坑口水文站受桃江电站影响搬迁协调会，赣州市政府副秘书长张祖煌受市政府委托参加会议，会议决定由信丰县政府负责赔偿30万元用于枫坑口水文站迁建。

是月17—18日　召开《智能水文缆道流量泥沙测定系统》和《公网式水文自动化测报系统》等产品计量认证和生产许可证评审会。受国家有关部门委托，南京水利水文自动化研究所教授石明华等专家参加会议，会议通过赣州市新禹水文科技研发中心上述产品计量认证和生产许可。

是月26日　召开石城水文站划拨用地协调会，赣州市政府副秘书长张祖煌受市政府委托参加会议，会议同意划拨用地并形成会议纪要。

5月16日　章江流域赣州中心城区水体发生异常现象，市水文分局迅速行动，派出技术人员分赴一水厂出水口的三个地方进行实时连续水样采集，并进行监测分析，及时将检测结果向市委、市政府汇报。为此，赣州市委办公厅、市政府办公厅通报表彰在“5·16”赣州中心城区水体异常突发事件处置中作出突出贡献的赣州市水文分局。

是月18日　凌晨，信丰县新田镇遭遇历史罕见特大暴雨，不到3小时降雨量达180毫米，引发山洪暴发。由于水文信息及时、准确，为抗洪抢险赢得了宝贵时间，避免了人员伤亡，得到了省委书记孟建柱和副省长、省防总总指挥危朝安的高度赞扬。

是月26日　江西省委常委、赣州市委主要领导，省防汛抗旱指挥部副总指挥、省水利厅长孙晓山先后到信丰新田镇专门看望了在"5·18"特大暴雨中及时提供准确水情信息的新田雨量站代办观测员胡春英，高度赞扬她在防汛测报中所做的工作。市水文分局局长李书恺陪同。

6月13日　经江西省水文局批复（赣水文人发〔2005〕5号），成立信丰水文勘测队（正科），是隶属赣州市水文分局管理的内设机构。

是月28日　瑞金市政府通报表彰在历次大洪水中及时准确提供水文情报预报的瑞金水位站。

是月29日　赣州市水文分局南赣软件设计院正式成立。

是月30日　赣州市水文分局党总支荣获"全市先进基层党组织"称号。

8月1日　经省机构编制委员会办公室批准，江西省水利厅赣州市水文分局更名为江西省赣州市水文局（赣编办文〔2005〕162号）。

是月1日　李枝斌、信丰新田雨量站代办员胡春英被省委、省政府授予2005年度全省防汛抗洪先进个人。

是月　赣州市水文局、宁都水文站被赣州市委、市政府授予"2005年度全市防汛抗洪先进集体"荣誉称号；杨小明、王成辉、陈光平、刘伟、郭成娣（代办员）、朱超华、李庆林等7人被授予"2005年度全省防汛抗洪先进个人"荣誉称号。

9月22—23日　水利部水文局局长邓坚调研赣州水文工作，先后到信丰东甫水文脐橙基地、市局机关和坝上水文站实地察看。省水利厅副厅长朱来友，助理巡视员、省水文局党委书记熊小群，省水文局局长谭国良，市水文局局长李书恺陪同。

是月26日　兴国县饮用水水源地水质月报编制工作启动，该县为全省第一个开展此项工作的县，市水文局承担监测编制工作。

10月27—28日　珠江委水文局副局长刘智森率站网处处长沈鸿金到寻乌考察并议定恢复水背水文站。省水文局局长谭国良、市水文局局长李书恺、副局长刘旗福陪同。

11月7日　赣州市水文局局长李书恺荣获"江西省先进工作者"称号。

是年　赣州市水文局自行研发的"智能水文缆道流量泥沙测定系统和公网式水文缆道测报系统"通过了水利部水文仪器质量检验测试中心的检测，获得国家工业产品的生产许可证书，这是江西省水文史上第一个获得水文仪器生产许可证书的产品。

是年　刘训华被江西省水利学会评为先进青年科技工作者。

是年　全省水文测报质量年，赣州市水文局制订《站（队）长防汛测报工作责任制》《赣州市水文站（队）目标管理办法》《赣州市水文资料整编管理办法》《赣州市水文测验质量检验评分办法》《水文情报预报工作管理办法》《汛前准备工作检查评分办法》《"四个一工程"考核评分办法》。

是年　安远、石城水灾，灾情较重。5月18日2—7时，安远龙布降雨129.1毫米。6

月1日20时至2日14时，安远孔田、鹤仔、龙布、版石遭遇暴雨。14日16—20时，安远县城南部又降暴雨。19日16时至21日8时，石城县降雨261毫米，降雨引发山洪暴发，河水暴涨，局部灾情颇重。8月15日安远县城、新龙、蔡坊等地再次遭特大暴雨。降雨产生5次洪灾，全县损失较大。

2006年

1月　江西省水利厅批复《江西省赣州市水情自动测报系统建设初步设计报告》（国家防汛抗旱指挥系统一期工程赣州水情分中心），正式启动系统建设。

是月　江西省水利厅党委决定免去李书恺江西省赣州市水文局党组书记、局长职务，退休。周方平接任局党组书记、局长。

2月16日　赣州市水文局被市委、市政府评为全市社会治安综合治理先进单位。

3月1日　赣州市水文局执行新的水情拍报办法《水情信息编码标准》。

是月26日　赣州刘英标撰写的《浅论思想政治工作内容和方法创新》文章被中国水利职工思想政治工作研究会评为政研成果三等奖。

是月　赣州市水文局荣获“江西省第十届（2004—2005年度）文明单位”称号。

4月30日　赣州市水文局工会进行换届选举，杨小明、温珍玉、周莲英、刘德良、谢晖等5名同志当选新一届工会委员，杨小明任主席，温珍玉任副主席。

7月4日　江西省水利厅发文（赣编办文〔2006〕94号、赣水组人字〔2006〕30号），赣州市水文局调整内设机构为23个；江西省水利厅调整事业单位科级干部领导职数（赣水组人字〔2006〕32号），市水文局领导职数36名，其中正科级12名，副科级24名。

是月14日　江西省防总秘书长、水利厅副厅长朱来友率省防办主任万贻鹏、水利厅建管处到市水文局调研水文测报服务和国家防汛抗旱指挥系统赣州市水情分中心建设等工作。

是月26日　受台风“格美”影响，上犹县发生罕见特大暴雨洪水，暴雨中心位于上犹县五指峰乡大寮至上犹县双溪乡白水之间，营前河支流黄沙坑水受灾最为严重。黄沙坑合河村降水548毫米，降水量大于400毫米的区域27平方千米，大于300毫米的笼罩面积199平方千米，大于200毫米的笼罩面积862平方千米，大于100毫米的笼罩面积4280平方千米。上犹县江河水位暴涨，营前镇黄沙坑水水位上涨4米，石溪河水位上涨6.5米，水岩乡铁石河水位上涨5.2米。寺下河安和水文站洪峰水位255.40米，超建站以来最高水位1.41米。山洪导致上犹县11个乡（镇）受灾，5个乡（镇）受灾极其惨重，倒塌房屋13107间，冲毁桥梁127座。

9月15日　赣州市水文局、上犹安和水文站获“2006年度全市防汛抗洪救灾先进集体”称号；周方平、陈光平、廖信春、陈昌瑞、朱超华、李汉辉和代办员曾北长、王永通等同志获“2006年度全市防汛抗洪救灾先进个人”称号。

10月17—19日　召开《中国河湖大典·江西卷》赣州篇初稿审查会，省水利厅办公室组织水文、水利、水保等专家参会。

11月3日　江西省防汛抗旱指挥部召开江西省暴雨山洪灾害预警系统一期建设工作商讨会，赣州市的上犹、安远、于都、宁都、南康、赣县、会昌、瑞金、石城、信丰、兴国、寻乌等12个县（市）与吉安市的遂川县被列为全省山洪灾害预警系统一期建设地区。赣州市政府同意暴雨山洪灾害预警系统建设并拨款200万元，省防总将此资金用于江西省暴雨山洪灾害预警系统一期建设。

是年初　发布《赣州市暴雨山洪地质灾害防御水情预测应急预案（试行）》和《赣州市突发水体污染事件水质监测应急预案（试行）》。

是年　赣州市水文局科技服务呈现新局面。完成信丰县防汛抗旱预警系统和桃江电站水情自动测报系统建设；研制开发章江流域水库群联合调度系统和桃江电站洪水调度系统等应用软件；先后完成多个小型水电站水资源论证工作、兴国县画眉坳钨矿选矿厂水资源论证及入河排污口论证工作；开展赣州城区、宁都县、会昌县、兴国县、赣县、南康市等地河段泥沙储量勘查和市场砂石需求量调查，此项工作在全省得到推广。

是年　新建寻乌水背水文站，迁建南迳、枫坑口、窑下坝等水文站；完成石城、居龙滩、宁都、麻州等水文站危房改造任务。

是年　赣州坝上水文站荣获2004—2005年度全国文明水文站。

2007年

1月　赣州市水文局完成《暴雨山洪灾害预警系统建设报告》设计。

2月12日　石城县人民政府办公室印发《关于兴建石城县水文防汛测报中心有关问题的批复》（石府办字〔2007〕20号）。

是月14日　赣州市副市长刘建平率农业处处长黄鹏调研赣州水文工作。

是月25日　江西省水文局党委研究决定：温珍玉任江西省抚州市水文局副局长；徐满全任江西省赣州市水文局副局长。

是月27日　赣州市水文局自动化科荣获省级“青年文明号”称号。

是月　赣州市水文局获赣州市“第三届文明单位”称号。

3月29日　赣州市水文局开发的赣州市章江流域（章水部分）水库群洪水应急调度系统通过初步验收。

4月9日　江西省山洪灾害预警系统一期工程暴雨洪水监测系统建设协调会在赣州市水利局召开。出席会议的有省防办、省水文局、赣州市水文局、吉安市水文局等单位及工程承建单位的领导和代表，该工程建设被列为2007年全市农业重点项目。

是月22日　赣州市水文局刘英标撰写的《如何在经常性工作中巩固和扩大先进性教育成果》论文在2007年度江西省机关党建理论研讨会上被评为二等奖。

是月　江西省山洪灾害预警系统一期工程暴雨洪水监测系统建设正式启动，7月初，系统初步建成并投入使用。

5月　开展上犹县自来水厂取水口搬迁工程水资源论证，这是赣州市水文局首次对县级水厂进行水资源论证。

是月　赣州市水文局开发的桃江水电站洪水预报调度系统通过验收。

6月1日　《中华人民共和国水文条例》（国务院令第496号）正式施行。赣州市水文局召开座谈会，邀请市领导、专家参会。并在全市开展宣传活动。

是月6—7日　江西省防汛抗旱指挥部副总指挥、省水利厅党委书记、厅长孙晓山率省水文局局长谭国良深入到2006年“7·26”特大山洪重灾区的上犹县五指峰乡，察看正在兴建的赣州市山洪灾害监测系统。赣州市水利局局长邓丰、市水文局局长周方平、副局长刘旗福陪同。

是月21日　召开《赣州市市管河道采砂规划工作大纲（2009—2011年）》审查会并通过审查评定。工作大纲由赣州市水文局编制，市管河道采砂规划在全省尚属首例。

8月3日　赣州市水文局启动Ⅲ级抗旱响应测报工作，加强径流、降雨、蒸发和土壤墒情监测和信息报送，新增9个县城抗旱监测断面和3个巡测断面。

是月15日　中共赣州市水文局总支部委员会进行换届选举，选举出新一届党总支由刘旗福、刘英标、王成辉、吴健、韩伟等5人组成。刘旗福任书记，刘英标任专职副书记。

是月19—23日　受9号台风“圣帕”影响，全市遭遇大到暴雨，6站降雨超过250毫米。赣州市水文局发送暴雨信息短信1万余条，电话服务100余次。

9月18日　《中国河湖大典·江西卷》赣州篇（送审稿）编纂工作基本完成，并上报省水利厅。

是月20日　完成《珠江水情测报系统及决策支持数据中心建设项目——寻乌石排水文站测报设施设备建设实施方案》编制。

是月30日　江西水文首个水土保持水沙动态监测站站址选定在赣县南塘镇劳田村。

10月13日　刘训华被江西省防汛抗旱指挥部授予“江西省2007年度防汛抗旱先进个人”荣誉称号。

11月27日　赣州市暴雨山洪监测系统一期工程顺利通过省防汛抗旱指挥部验收并正式投入使用。该系统为江西省暴雨山洪灾害监测预警系统工程的重要组成部分。赣州市12个县（市、区）山洪易发区内新建自动测报站点417个，分二期完成。该系统的建成，提高了赣州市山洪灾害防御现代化水平。试运行期间，在“6·2”暴雨与第9号台风“圣帕”中发挥预警重要作用。系统维护由市水文局负责，运行维护费每站每年1500元由当地政府财政承担。

12月14—16日　南康市章水取水口处发生水体污染，江西省水文局局长谭国良现场指挥，市水文局全力以赴开展水质监测分析，提出科学调水释污决策方案。

是月18日　刘英标被中国水利职工思想政治工作研究会授予“2006—2007年度全国水利系统优秀政研工作者”荣誉称号。

是月　赣州市水文局、峡山水文站、瑞金水位站被市委、市政府授予“2007年全市防汛抗旱先进集体”，周方平、陈光平、张阳、高栋材、李春生、陈会兴、陈胜伟、曾强等人被授予“2007年全市防汛抗旱先进个人”。

是年　珠江重点水文站建设项目之一、市水文局首个“共建共管”水文站——寻乌石排水文站和寻乌水文基地新建项目开始进入实施阶段。

是年　赣州市政府对参加全省基层应急管理工作现场会组织筹备工作的先进集体和个人进行通报表彰。赣州市水文局被评为先进单位，韩伟、周卫光被评为先进个人。

是年　赣州市水环境监测中心完成鄱阳湖水系湘水桂坑河周田断面——江西省与福建省省界水体监测断面标志界碑的设置工作。

是年　王成辉采写的新闻《泡菜坛中揭开洪灾之谜》荣获“赵超构新闻奖”二等奖；刘英标撰写的《谈谈和谐文化建设与水文文化建设》在中国水利思想政治工作研究会水文学组评选中荣获2007年度优秀论文二等奖。

是年　水利部公布水文行业标志。

2008年

1月7日　赣州市水文局机关团支部进行换届选举，曾金凤、刘财福、仝兴庆等3人组成新一届团支部委员会，曾金凤任书记。

是月12日至次年2月5日　赣州市遭遇冰冻雨雪灾害。全市水文监测基础设施受损严重，计有12个水文（位）站和85处遥测站设施设备遭受不同程度毁损。

是月14日　赣县江口镇生活用水水源受到污染，赣州市水文局及时派出技术人员到现场监测调查，分析污染源，消除安全隐患。

是月　赣州市水环境监测中心完成《珠江流域（江西赣州片）突发性水污染事件应急预案》并上报江西省水环境监测中心审查。

是月　赣州市水环境监测中心基本建成江西与福建、广东省界水体的监测网络，定期监测水体水质。

3月13日　编制完成《赣州市城区河道砂石资源量勘测及城区砂石市场需求调查评估报告》。为赣州市中心城区65.4千米长的合理开采河道砂石，规划有序地开发利用砂石资源，维护河势稳定，保障防洪、通航和基础设施安全提供科学依据。

是月17日　经省编办（赣编办文〔2008〕33号）同意，赣州市水文局增设组织人事科和地下水监测科2个副科级内设机构。

4月10日　完成水质水量监测网络体系“百大哨口”赣州部分16大哨口（源头监测站4个、界河家测站6个、重要城市及主要河流控制站6个）的现状图片拍摄和基本情况手册编制工作。

是月25日　由赣州市水文局承担的“水文自动测报系统（遥测终端）”和“超声波测深技术在水文缆道中的应用”科技项目通过江西省水利厅验收。

5月19日至6月2日　陈厚荣参加江西水文应急监测突击队，前往四川地震灾区，开展堰塞湖水文监测和分析评价。

6月20日　赣州市水文局承担的赣州市“八项体系建设”之一——城市应急饮用水源体系子课题《上犹江陡水水库和南河水库水量分析报告》编制完成。

7月1日　江西省暴雨山洪灾害预警系统二期工程定南、崇义县暴雨洪水监测系统开工建设。

是月29—31日　受8号台风“凤凰”影响，寻乌县遭遇特大暴雨，平均降雨221毫米。30日13时30分，寻乌水位站洪峰水位277.73米，为1962年以来最高水位。暴雨导致寻乌县全县水灾，损失严重，山体塌方800多处，交通中断，县城三分之二受淹。

8月1日　经江西省编制委员会办公室批准（赣编办发〔2008〕37号）市水文局三定方案。内设机构：9个正科级机构，16个副科级机构。全额拨款事业编制200人。领导职数：

局长 1 名（副处级），副局长 4 名（正科），正科级 9 名，副科级 34 名。

是月 29 日　赣州市水文局所属股份制经济实体信丰东甫脐橙果园售卖转让。

9 月 10 日　经江西省委、省政府批准，省人事厅下文（赣人字〔2008〕228 号），江西省赣州市水文局列入参照《中华人民共和国公务员法》管理。

是月 15 日　国家防汛抗旱指挥系统一期工程江西省赣州水情分中心顺利通过预验收。国家防汛抗旱指挥系统工程项目建设办公室、水利部水文局、黄河委员会水文局、珠江委员会水文局、广东省水文局、江西省水利厅、江西省防汛抗旱总指挥部办公室、省水文局、市水文局等有关领导及特邀专家参会。

是月 16 日　江西省水利厅党委研究决定，刘旗福任赣州市水文局副调研员。

是月 6—7 日　第五届“红三角”水利区域合作研讨会在广东省韶关市召开。副调研员刘旗福，副局长杨小明、徐满全参加会议。

是月 31 日　江西省水文局党委研究决定：温珍玉任赣州市水文局副局长，免去其抚州市水文局副局长职务；吴健任上饶水文局副局长；徐满全任抚州市水文局副局长，免去其赣州市水文局副局长职务。

是年　定南、崇义县境内新建 41 个水雨情遥测站点（江西省山洪灾害预警系统二期工程）。

是年　江西省水文局与珠江委水文局“共建共管”的首个水文站——寻乌石排（水背）水文站基本完成水文测验基础设施建设、设备购置及安装。

是年　赣州市水文局获市委、市政府开展的“加强机关作风效能建设，创建群众满意机关”活动先进单位。

是年　国家防汛抗旱指挥系统一期工程江西省赣州水情分中心、赣州市暴雨山洪监测系统正式投入运行使用。

是年　安远羊信江水文站、赣县居龙滩水文站、南康田头水文站、会昌县麻州水文站、信丰茶芫水文站、宁都水文站、石城水文站等站出现建站以来最低水位。定南胜前水文站、于都汾坑水文站出现建站以来历史最小流量。

2009 年

1 月 19—22 日　根据赣州市政府的要求，市水文局会同市环保局、市水利局对章江、上犹江沿河两岸 1.5 千米范围内的污染源及水利设施进行了全面清理排查。

是月 23 日　赣州市水文局与章贡区东外街道办事处签订局机关院内 A 栋职工宿舍（15 套住房、12 间店面）拆迁协议书。

是月　梅川上长洲、留金坝水电站洪水预报调度系统和崇义古亭水牛鼻垄等水库的洪水预报调度系统建设完成并投入使用。

3 月 27 日　赣州市水文局在南康窑下坝水文站安装 ADCP 在线测流系统。这是江西省水文系统首次使用该系统。

4 月 7—11 日　赣州市水文局开展并完成赣州市辖区大型水库水质调查。

是月　赣州市水文局副局长温珍玉荣获市五一劳动奖章。

5月5日　赣州市水环境监测中心改建项目通过验收。项目总投资210万元。

是月29日　赣县县委书记李明生率副县长温生平到居龙滩水文站察看水文测验设施，了解水文测验情况，听取该站工作汇报。

6月初　江西省山洪灾害预警系统三期工程暴雨洪水监测系统（赣州有龙南、全南、大余和章贡区）建成并投入使用，赣州市18县（市、区）山洪灾害预警系统全部建成。

是月10日　江西省防汛抗旱指挥部副总指挥、省水利厅党委书记、厅长孙晓山调研赣州水文防汛测报工作，市水利局局长邓丰、市水保局局长邱至芳、市水文局局长周方平陪同。

是月23日　赣州市水环境监测中心通过国家计量认证。

7月1—4日　章江流域遭遇特大暴雨，崇义县聂都雨量站过程雨量548毫米，24小时雨量528毫米，6小时雨量346毫米，均为江西省有记录以来实测最大值。章江流域中、上游出现超历史纪录洪水，4日14时30分，窑下坝水文站洪峰水位121.53米，比历史记录最高水位高0.27米。大余县城区、南康城区受淹严重。

是月4—5日　江西省水文局局长谭国良指导市水文局暴雨洪水调查，并深入大余县城河段、浮江河段、沙村河段、南康窑下坝水文站等现场指导。

是月8日　江西省水利厅副巡视员、省水文局党委书记孙新生调研赣州洪灾水文测报工作，深入到重灾区大余县和南康市了解水文防汛抗洪情况，察看水文测报设施水毁状况。市水文局局长周方平陪同。

是月30日　赣州市水文局完成“7·3”章水流域中上游稀遇暴雨洪水调查。

8月10日　赣州市水文局编辑出版《江河魂——开拓创新的赣州水文》画册。

9月10日　国家防汛抗旱指挥系统一期工程江西省赣州水情分中心项目在南昌顺利通过竣工验收。

10月30日　赣州市第二期7个墒情监测站建设完成。

12月6日　水利部水文局党委副书记卢良梅调研市水文局党建和精神文明建设工作。江西省水文局副书记、纪委书记温世文陪同。

2010年

1月16日　江西省山洪灾害预警系统三期工程暴雨洪水监测系统第六标段（赣州）工程在赣州市通过合同完工验收。

3月7日　赣州市水文局7名人员参加河海大学与江西省水文局联合举办的水利工程硕士班学习。

是月15日　中国水利职工思想政治工作研究会授予刘英标“2008—2009年度全国水利系统优秀政研工作者”荣誉称号。

4月8日　赣州市水文局完成21世纪前10年江河水域水功能区水质评价分析工作。

是月25日　《东江源区水生态修复规划报告》编制协调会在赣州市水文局召开。

5月5—7日　赣州南部遭遇特大暴雨袭击，定南县鹅公镇早禾村高湖站降雨量达449.5毫米，致使山洪暴发，九曲河部分支流出现特大洪水。赣州市水文局组织开展东江水系定南九曲河流域暴雨洪水调查，江西省水文局副局长李国文到灾区察看灾情，并指导水文技术人员开展暴雨洪水调查。

是月12日　实时雨水情信息接入赣州水文信息网，供公众查询。

是月14—16日　水利部水资源司处长石秋池调研东江源水生态修复工作，赣州市水文局副局长杨小明陪同。

6月18日　10时40分琴江石城水文站出现洪峰水位226.13米（黄海基面）。是1997年来出现的最高洪峰水位。

是月16—26日　赣州市连续降大到暴雨，局部特大暴雨，贡水流域连续出现5次超警戒较大洪水过程。这是赣州市新中国成立以来第一次出现10天内连续5次超警戒较大洪水过程。

7月13日　召开中共江西省赣州市水文局机关委员会成立大会，省水文局党委副书记温世文、市直机关工委常务副书记杨星华莅临指导。市水文局党组成员、副调研员刘旗福任机关党委书记，市水文局党组成员刘英标任机关党委专职副书记。机关党委下设6个支部。各县（市）水文测站党组织关系上收。

10月11—12日　珠江水情测报系统及决策支持数据中心建设项目石排水文站新建工程在寻乌县顺利通过竣工验收。参加验收会议的有珠江委水文局、江西省水文局、赣州市水文局等部门的领导和专家。

11月3日　完成《全国中小河流治理专项规划》中的赣州市水文站网建设分项规划。

12月20日　信丰水文勘测队办公楼改造工程开工。

是年　赣州市人民政府下发文件表彰2009年全市防汛抗旱先进集体和先进个人，赣州市水文局、信丰县茶芫水文站、南康窑下坝水文站荣获“全市防汛抗旱先进集体”称号，刘旗福、黄武、刘训华、李枝斌、郭军、李全龙、黎金游、张阳等8人被评为“全市防汛抗旱先进个人”。

是年　赣州市水文局荣获“市直机关先进基层党组织”“全市防汛抗洪先进集体”“全省水情工作先进集体”“江西省第十二届文明单位”等荣誉称号。

2011年

1月16日　赣州市地下水自动监测站张家围站（赣州市水文局院内）、文清路站（赣州市水利设计院内）建成并投入使用。

2月23日　江西省水文局党委研究决定，吴健任赣州市水文局副局长，免去其上饶水文局副局长职务。

3月27日　周方平参加省水利厅组织的赴以色列、埃及水利工程与农业节水灌溉技术交流。

5月24—25日　国家水利部计量认证专家评审组对赣州市水文局年度水环境监测中心实验室进行监督评审。

6月10日　信丰水文勘测队办公楼改建工程完工并通过竣工验收。

是月29日　江西省水利厅厅长孙晓山到赣州坝上水文站检查指导工作，赣州市副市长刘建平、水利局局长邓丰、水文局局长周方平陪同。

7月1日　刘英标被中共赣州市委授予“全市优秀党务工作者”称号。

是月28日　全市水情分中心地面卫星接收系统安装调试完成并投入正常使用。

8月31日　完成峡山水文站搬迁征地工作。

是月　赣州市水文局组织开展章源钨业有限公司崇义县、大余县三个矿区尾矿库防洪和水资源论证。

是年　赣州市水文局荣获全省水文资料整编先进单位、全省水文宣传先进集体、全省水情先进单位、全市防汛抗旱先进集体、赣州市“五五”普法先进单位、市直机关先进基层党组织、市直机关团工委五四红旗团组织等荣誉称号。

2012年

3月4—7日　赣州市遭遇强降雨过程，章、贡两江相继出现超警戒水位，为1998年后又一次早汛。

是月13日　赣州市水文局召开主要领导调整任命会议，江西省水利厅人事处处长朱志勇受厅党组的委托到会宣布厅党组的任职决定，江西省水文局党委书记、局长谭国良出席并讲话。刘旗福任赣州市水文局党组书记、局长、赣州市水环境监测中心主任，周方平任吉安市水文局局长、党组书记、吉安市水环境监测中心主任。

是月24—25日　水利部水文局水质监测质量管理监督检查考评组到赣州市水环境监测中心检查考核水质监测工作。

4月30日　赣州市水文局工会进行工会选举，刘英标、廖智、刘财福、周莲英、刘春燕等选为新一届工会委员，刘英标任主席。

5月27—28日　水利部水文局副局长梁家志、长江委水文局局长王俊一行到坝上水文站、瑞金九堡水位站检查防汛测报及中小河流水文监测系统建设工作。副市长刘建平、省水文局局长谭国良陪同。

6月21—24日　赣州市遭遇强降雨过程，龙华江、梅川、平江、贡水、上犹江、章水相继出现超警戒洪水。

7月28日　江西省水文局局长谭国良率江西省河湖普查赣江源考察组到赣江源头实地考察。水文局局长刘旗福、副局长杨小明陪同。

8月8日　江西省赣州市水环境监测中心更名为江西省赣州市水资源监测中心（赣编办文〔2012〕152号）。

是月18日　江西省水利厅农村水利水电局副局长李小强调研河流生态流量监测工作，深入于都汾坑水文站、信丰水文站查勘水生态流量监测站址。市水文局局长刘旗福陪同。

是月29日　国家计量认证水利评审专家组王云、冷艾荣一行到赣州市水资源监测中心进行计量认证复查评审。省水文局副局长李国文陪同。

12月26日　安远羊信江水文站荣获“赣州市第七届（2010—2011年）文明单位”称号。

是月27日　江西省水利厅党委研究决定，杨小明任赣州市水文局副调研员。

是年　赣州市水文局获省级文明单位、全省水文先进单位、全市防汛抗旱先进集体等荣誉称号。

2013年

1月31日　江西省水文局党委决定，黄国新任赣州市水文局副局长。

5月15—16日　赣州市出现强降雨过程。章水窑下坝水文站、坝上水文站出现超警戒水位。赣州水文发布第二号洪水蓝色预警。

是月30日　根据市“三送”办工作安排，“三送”工作点从南康市麻双乡长坑村转到南康市龙回镇仓下村。赣州市水文局组织28名干部到仓下村开展“三送”工作。

6月4—5日　全市出现大范围强降雨过程，寺下水安和水文站、湘水筠门岭水文站、贡水葫芦阁水位站出现超警戒水位。

是月8日　水利部农村水电及电气化发展局副局长李如芳调研赣州最小生态流量监测工作。江西省水利厅总工程师张文捷陪同。

是月10日　赣州市人民政府正式复函江西省水利厅，同意赣州市水文局实行江西省水利厅和赣州市人民政府双重管理体制。

7月10日　赣州市水文局与章贡区东外街道办事处签订水文局职工宿舍老五楼（19套住房、8间店面）拆迁补偿协议书。

11月2—3日　赣州市水文局举办第一届赣州市水文水资源学术研讨会。江西省水文局局长谭国良出席学术研讨会并作水文水资源专题报告。

12月25日　经赣州市水文局党组研究决定成立党群办。

是年　赣州市水文局获“省委、省政府第13届省级文明单位”和“2012年度平安赣州建设暨社会管理综合治理目标管理先进单位”等荣誉称号。

2014年

3月11日　坝上水文站改建主体工程顺利通过验收。

5月17—18日　雷达测雨专家组邓勇调研雷达测雨应用情况。江西省水利厅副巡视员谭国良、省水文局局长祝水贵、副局长余泽清、市水文局局长刘旗福陪同。

是月21—22日　赣州市普降大雨。受降雨影响，信丰县西河十里水文站、古陂河古陂水文站、贡水葫芦阁水位站、湘水筠门岭水文站、湘水麻州水文站、贡水赣州水位站出现超警戒水位。赣州市水文局发布当年首个洪水蓝色预警，提请各有关单位和社会公众加强防范，及时避险。

7月10—13日　赣州市水文局局长刘旗福到成都参加PRⅡ-A型中频机号雨量监测雷达出厂验收会，这是赣州水文首次引进雷达测雨技术。27—30日，PRⅡ-A型中频机号雨量监测雷达在信丰坪石安装完成，投入试运行。

是月24—25日　派员参加在信丰县石碣大茅山举行的以“珍惜水资源，保护母亲河”为主题的珠江流域北江水系水源考察工作启动活动。

8月6—7日　召开《农村水电站最小下泄流量监测试点研究报告》初步审查会，江西省水利厅农电局主持会议。

是月6—8日　江西省水文局局长祝水贵调研赣州水文工作，深入基层水文测站、信丰坪石雷达测雨站调研。

是月7—8日　《降雨量观测规范》修订内审会在赣州召开。江西省水文局总工刘建新主持审查会。江西省水利厅副巡视员谭国良、省水文局副局长李国文参加专家审查会。

是月22日　召开龙南县里仁水文站生产生活用房建筑设计方案审查会，龙南县城市规划委员会主持会议，会议审查通过该设计方案。

10月1日　根据国务院《关于机关事业单位工作人员养老保险制度改革的决定》文件精神，赣州市水文局全体工作人员纳入社会养老保险体系。

是月24日　亚洲开发银行“赣南山区灾害风险管理”项目专家组到赣州市水文局调研赣南暴雨洪水特点、山洪灾害重点区域、典型案例和暴雨山洪预警系统等情况。江西省山江湖委办副主任张其海和综合处副处长廖国朝陪同。

11月13日　江西省水文局党委研究决定，韩伟任赣州市水文局副局长。

是月24—25日　珠江水文站网监测工作座谈会在赣州召开。珠江水利委员会水文局局长吴建青、副局长刘智森及珠江流域8个省（自治区）水文（水资源）（勘测）局参会代表40余人参加会议。参会人员到坝上水文站参观指导。

是月25—27日　江西水文宣传暨水文文化建设会议在赣州召开。江西省水利厅副巡视员周江红，省水文局局长祝水贵，厅直机关党委副书记、文化办主任占任生，省水文局党委副书记詹耀煌，副局长余泽清、李世勤、李国文，副调研员龙兴、刘建新，省水文局机关各处室负责人和各设区市（鄱阳湖）局局长、分管副局长以及全省水文宣传和水文文化工作骨干等70余人出席会议，参会人员到坝上水文站观摩文化建设成果。

12月12日　长江流域水环境监测中心、江西省水资源监测中心赣州实验室在赣州揭牌。长江流域水环境监测中心主任印士勇和江西省水文局副局长余泽清共同为赣州实验室揭牌。

是月23日　赣州市水文局机关党委召开换届选举大会，吴健任机关党委书记，刘明荣任专职副书记。省水文局党委副书记詹耀煌、市直机关工委副书记刘建英莅会指导。

是年　赣州市水文局保持省级“文明单位”称号，并荣获“第八届市级文明单位”“2013年度赣州市防汛抗旱先进集体”“2013年度赣州市机关绩效考核优秀单位”“2013年度赣州市综治先进单位”“全省水情工作先进单位”“2012—2013年度市直机关先进基层工会”“全省水文宣传暨文化建设先进单位”等荣誉称号。

2015年

1月19日　赣州、于都水文巡测中心正式运行。

2月3—5日　江西省水利厅厅长孙晓山率水保处处长隋晓明、省防办主任徐卫明调研定南胜前水文站、寻乌水文基地水文工作。

3月11—12日　全国水利文明单位考核组在赣州检查考核赣州市水文局2012—2014年

度全国水利文明单位创建工作。江西省水利厅副巡视员周江红陪同。

是月21日　由赣州市水文局编制的上犹江引水工程建设项目水资源论证报告通过专家组评审。

4月3日　江西省水文局在赣州召开雨量雷达技术在赣江上游雨量监测中的应用课题启动会。

是月8—10日　赣州市水文局派员参加国家防办在北京召开的山洪灾害防治项目技术培训暨成果示范会。

是月16—18日　中山大学教授陈洋波一行到市水文局调研“流溪河”模型运用情况，并到太平江等流域实地考察。

是月20日　赣州市水文局被授予“第七届全国水利文明单位”称号。赣州市水文局成为全省水利首个省部双文明单位。

5月18—21日　受强降雨影响，梅川、平江、绵江、贡水水位大幅上涨。梅川汾坑水文站20日8时洪峰水位134.50米，超警戒4.50米，超历史最高水位0.39米。梅川流域洪水泛滥，水灾严重。24日，凤凰卫视记者采访赣州水文洪水防汛测报工作。

6月8日　赣州市水文局申报的“受水利工程影响的水文测验和资料整编方法研究”和“分布式水文模型在赣南洪水预警预报中的应用”被列入江西省水利厅一般项目研究课题。

8月18日　根据江西省委组织部的有关部署，曾金凤作为江西水利水质监测专家派往新疆维吾尔自治区阿克陶县进行3个月援疆工作。

9月23—24日　2011年度赣州市中小河流水文监测系统建设项目进行合同验收。

10月24—25日　雨量雷达系统运行及成果分析座谈会在赣州召开，水利部水文局副局长倪伟新率水利部水文局处长余达征、戚建国，副处长胡健伟，南京水文自动化研究所副所长邵军出席会议。广东省水文局总工陈芷青、广东省佛山市水文分局书记胡建文、江西省水文局副书记詹耀煌、总工刘建新、监测处处长刘铁林、南昌市水文局局长黎明、赣州市水文局局长刘旗福等参加会议并陪同考察。

12月1—2日　召开东江流域（赣州片区）排污口监测成果审查会。珠江水利委员会水文局专家参加会议。

是月20—21日　赣州市水文局举办第二届赣州市水文水资源学术研讨会。江西省人大常委会原副主任、教授胡振鹏应邀作水文水资源专题报告。江西省水文局党委书记、局长祝水贵，总工程师刘建新等出席学术研讨会。

是年　赣州市水文局职工管运彬、吴龙伟等2人分别于8月10日、9月9日赴新疆克孜勒苏柯尔克孜自治州进行为期1～2个月的山洪灾害调查评价援助工作。

是年　赣州市水文局先后荣获第七届全国水利文明单位、江西省文明单位，赣州市绩效管理工作考评优秀单位，赣州市直机关党建红旗单位等荣誉。

2016年

1月1日　南康、崇义、信丰、瑞金、会昌、宁都、石城、安远、寻乌、龙南水文巡测中心正式运行。

是月 14—15 日　江西省中小河流水文监测系统建设工程 2013—2014 年度新建水文站土建工程 A1（赣州）标通过单位工程暨合同工程验收。

2 月 10 日　赣州市水文局精准扶贫工作队进驻南康区里若村开展扶贫工作。

3 月 19—24 日　赣州市遇强降雨过程，平均降雨 177 毫米。受降雨影响，全市 12 站出现 18 次超警戒水位。

4 月 9 日　水利部文明办水利文明单位复审考核组对赣州市水文局第七届全国水利文明单位创建工作进行复审考核。江西省水利厅副巡视员周江红，厅直机关党委副书记、文明办主任占任生，省水文局副局长余小林等陪同。

是月 6—23 日　市水文局刘英标选为水利部文明办全国水利文明单位复审考核组成员，先后赴辽宁、吉林、黑龙江等三省水利部门的 9 个单位进行复审考核。

是月 26 日　市水文局、石城水文站被中共江西省委、江西省人民政府授予江西省第十四届“文明单位”称号。

5 月 19 日　召开工会换届选举大会。韩伟、刘明荣、刘春燕、温翔翔、郭维维等 5 人当选为新一届工会委员，韩伟任主席，刘明荣任副主席。

6 月 14—16 日　赣州普降大雨，局部大暴雨。江河水位快速上涨，横江樟斗水文站、梅川宁都水文站、章水坝上水文站、平江翰林桥水文站出现超警戒水位。

是月 17 日　赣州市水文局编撰的《赣州市主要河流基本特征现状手册》，在赣州市河长办主持召开的河长制会议上正式使用。

是月 21—23 日　赣州市水文局组织开展东江源区定南、安远、寻乌三县重点水域主要入河排污口、废弃稀土矿区水土流失生态治理示范点、省界水体出境断面等水文水质水生态专项调研。

是月 30 日　龙南水文巡测中心搬入新址。

7 月 6 日　“受水利工程影响的水文测验与资料整编方法研究”课题启动会在赣州水文巡测中心召开。

是月 13—14 日　广东省东江流域管理局党委委员、总工程师黄海标，中山大学副教授王大刚一行 14 人到赣州市水文局调研东江流域（赣州境内）历年季节降水和暴雨洪水情况。

是月 18 日　赣州市副市长黄金龙晚上到翰林桥水文站视察水情。

8 月 16 日　赣州市国家地下水监测工程（水利部分）第一眼地下水监测井在赣州市章贡区西津路小学正式开工建设，标志着赣州市国家地下水监测工程正式进入施工建设阶段，至 22 日，完成建井、下管、洗井及抽水实验及水质取样等前期工作。

10 月 1 日起　退休人员养老金由江西省社会保险管理中心发放。

是月 10—14 日　江西省第六届水文勘测技能大赛在赣州举行。省水利厅副厅长杨丕龙，厅副巡视员、省水文局党委书记祝水贵，赣州市委常委、副市长张晓宁，水利部水文局科教处处长张建新、省人保厅职建处调研员过克强出席活动。市水文局荣获江西省第六届水文勘测技能大赛单位组织奖，市水文局选手吴龙伟荣获二等奖、何威荣获三等奖。

12 月 6 日　赣州市水文局被省水利厅文明办表彰为“江西水文化 2016 年度先进单位”，华芳被表彰为优秀特约通讯员。

是月 20 日　江西省机构编制委员会办公室以赣编办发〔2016〕185 号文公布赣州市水

文局事业编制调整为192人。

是月26日　赣州市水文局党组研究成立水文数据中心，机构设在测资科，邱成德任主任。

是年　赣州市水文局继续保持全国水利文明单位和江西省文明单位；获“市直机关党建红旗单位”称号；被评为赣州市绩效管理考核优秀单位、综治先进单位；市水文局领导获全省水文系统年度考核第一名。

2017年

3月13—15日　中科院研究员王中根、江西省水利厅原副巡视员谭国良、特邀专家吴礼福应邀指导东江源区水生态监测与保护研究基地建设规划工作。

4月16—20日　天津市水文水资源管理中心在赣州坝上水文站举办洪水测报技术培训班。

5月3—4日　珠江水利委员会水资源保护局、水文局局长吴建青调研赣州水文工作，江西省水文局党委副书记、副局长方少文陪同。

是月4日　东江源区水生态监测与保护研究基地建设规划专家咨询会在赣州市水文局召开。珠江水利委员会水资源保护局（水文局）局长吴建青、教授级高工刘晨、暨南大学水生生物学研究所所长韩博平、江西省水科院博士刘聚涛等专家受邀到会。江西省水文局党委副书记、副局长方少文主持会议。

是月19日　在赣州市水文局举行南昌工程学院教学实习基地揭牌暨签约仪式，南昌工程学院水利与生态工程学院院长彭友文、赣州市水文局局长刘旗福出席揭牌暨签约仪式。

7月10日　党建微视频《一个水文人的坚守》在赣州市委组织部举办的“喜迎十九大”党建微视频大赛中获得第四名。

8月7日至9月12日　赣州市水文局职工赵华赴西藏山南水文局进行为期1个多月的技术援藏工作。

是月22日　江西省人社厅、省国资委、省总工会、团省委、省妇女联合会等5部门联合下发了《关于2016年中国技能大赛·江西省“振兴杯”职业技能竞赛获奖选手的通报》（赣人社字〔2017〕184号），吴龙伟被授予“江西省技术能手”荣誉称号。

12月23—24日　水利部水文局原局长邓坚调研赣州水文工作。江西省水利厅副厅长徐卫明，省水文局副局长李世勤等陪同。

是月25日　江西省水利厅原副巡视员、特邀专家谭国良率水生态文明村评估验收组，深入到市水文局挂点贫困村——赣州市南康区麻双乡里若村考核评估水生态文明自主创建工作。

是月28日　赣州市水文局首次举办无人机测流技术应用培训班。

是月28—29日　赣州市水文局举办第三届赣州市水文水资源学术研讨会。中山大学教授王大刚作降水监测与预报专题报告。

是月　赣州市水文局机关党委下设7个党支部和机关团支部顺利完成支部换届选举。

是年　赣州市水文局继续保持全国水利文明单位和江西省文明单位双文明单位称号；市

水文局获市直机关党建工作红旗单位；市水文局获全省水文系统年度考核第一名。

2018年

2月12日　江西省水文局党委研究决定，鄱阳湖水文局副局长曹美任赣州市水文局副局长（挂职2年）；赣州市水文局副局长黄国新任省水文局建管处副处长（挂职2年）；汾坑水文站站长刘财福任省水文局水文资料处副处长（挂职2年）；测资科科长刘明荣任抚州市水文局副局长（挂职2年）。

3月26—28日　“东江源区氨氮指标时空变化及影响因素研究”课题组成员赴研究区域进行野外调查。收集与核实研究区域所涉行政区的社会经济指标、产业结构与功能分区，以及河流主要水利工程分布与规模、排污与水源保护情况等基础信息。并赴东江源头及赣粤省界出境水库枫树坝水电站进行了实地勘测与调研。

4月16日　赣州市副市长张逸调研水文工作，市政府副秘书长邓旺华、市水利局局长钟永浩等陪同。

是月21—23日　中国水利职工思想政治工作研究会副秘书长傅新平一行调研赣州水文文化建设工作。江西省水利厅机关党委副书记占任生，省水文局纪委书记章斌等陪同。调研组实地考察坝上水文站、局机关和市水文局精准扶贫村南康区麻双乡里若村水生态文明村等。

是月25日　南康区麻双乡里若村里若水文站建设工程竣工。

5月30—31日　江西省水文局在赣州市组织召开江西省东江源区水文水生态监测保护研究系统建设实施方案技术审查会。南昌大学博士生导师、教授胡振鹏，省水利厅原副巡视员谭国良，副巡视员祝水贵，珠江水利委员会水文局总工龙江，江西省水文局党委副书记、副局长方少文，江西省水科院教授刘聚涛等专家学者受邀到会，江西省水文局党委委员、副局长李世勤主持会议。

5月31日　南昌大学博士生导师、教授胡振鹏，江西省水利厅原副巡视员谭国良、副巡视员祝水贵一行考察东江源水文水生态监测保护研究系统基地及寻乌县废弃矿山环境综合治理与生态修复工程。赣州市水文局局长刘旗福，寻乌县委常委、统战部部长张翠梅，副县长王晓东陪同。

6月8—9日　受第4号台风“艾云尼”影响，麻双河水位暴涨，南康区麻双乡受灾严重。

是月9日　赣州市水文局发布当年第一号洪水蓝色预警。

10月11—14日　赣州市水文局职工高云、张功勋、程亮等3人参加2018年江西省“振兴杯”水利行业职业技能竞赛暨第七届全省水文勘测技能大赛。高云、张功勋获三等奖。

11月6日　石城水文站站长李庆林被评为赣州市2018年第3期“赣州好人”。

是年　赣州市水文局荣获“赣州市2017年度社会治安综合治理目标管理先进单位”“市直（驻市）单位绩效管理工作优秀单位”称号。市水文局获全省水文系统年度考核第二名，局领导班子获全省水文系统年度考核优秀等次。

2019年

2月25日　赣州市水文局精准扶贫点——南康区麻双乡里若村扶贫工作以高质量、零问题通过国家级脱贫攻坚验收，并获国家检查组高度评价。

4月11日　修改完善后的《江西省赣州市水文局规章制度汇编》（共有61项办法、职责、规定、制度等）正式实施，原规章制度同时废止。

是月16日　经江西省水文局党委研究决定，并经中共赣州市委组织部同意：周方平到赣州市水文局挂职交流，任赣州市水文局党组成员（列杨小明之前）。

6月1日　根据《中华人民共和国公务员法》及《江西省公务员职务与职级并行制度实施方案》等有关法律法规，市水文局实施公务员职务与职级并行制度。

是月11日　赣州水文首次采用无人机应急测报贡江大洪水。

7月23日　江西省水文局党委书记、局长方少文调研市水文局“不忘初心、牢记使命”主题教育，并为水质科省级“青年文明号”授牌。次日赴于都、瑞金看望慰问基层一线水文干部职工，深入于都公馆水文站、瑞金九堡水位站现场了解“7·14”暴雨洪水受灾情况。赣州市水文局局长刘旗福陪同。

8月2日　江西省水文局党委研究决定，曾金凤任江西省赣州市水文局副局长、党组成员。

是月10—16日　赣州市水文局水文化骨干赴新疆采访水利援疆干部。

是月23日　赣州市水文局启动防汛水文测报Ⅳ级响应。召开防御第11号台风“白鹿”紧急会议部署落实防台风水文测报工作。组建3支水文应急监测队支援台风路径经过的重点区域寻乌、龙南和崇义水文测报中心。

9月30日　经江西省水文局党委研究决定，免去副调研员杨小明的党组成员职务。

10月8—11日　袁龙飞、曾宪隆、朱赞权等3名职工参加江西省第八届水文勘测技能大赛。

11月16日　与江西理工大学共同承办“东江源区绿色可持续发展”高峰论坛暨2019年第一届“东江源高峰论坛”。

是月　成立赣州城区、于都、瑞金、石城、崇义、信丰、东江源区、龙南、宁都等9个水文测报中心。

是月25日　赣州市水文局与江西理工大学举行研究生联合培养基地揭牌暨签约仪式。

是月　赣州市水文局职工陈厚荣赴新疆克孜勒苏水文勘测局从事短期技术援助专项工作。

12月6日　经省水文局党委会议研究，并报赣州市委组织部复函（赣市组干函〔2019〕53号）同意，廖智任江西省赣州市水文局党组成员。

是月29日　赣州市水文局举办第四届赣州市水文水资源学术研讨会。

是月29日　江西水利厅在赣州主持召开“东江源水文水资源调查”成果验收会。

是年　赣州市水文局、石城水文站被授予“江西省第十四届文明单位”“2018年度社会治安综合治理目标管理（平安赣州建设）先进单位”“2018年度绩效考核优秀驻市单位”，市水文局、瑞金水文巡测中心被评为2019年全市防汛抗洪抢险先进集体，市水文局水质监测科被授予“2016—2017年度省级青年文明号”，市水文局获全省水文系统年度考核第一名。

是年　组织13个调查组分赴各县（市、区）受灾现场开展暴雨洪水调查。对水位超历史纪录的太平江流域、桃江流域部分河段开展重点暴雨洪水调查。

2020年

3月10日　江西省发展和改革委员会下发赣发改农经〔2020〕154号文。文件批复《江西省东江源区水文水生态监测与保护研究系统建设可行性研究报告》。同意实施东江源区水文水生态监测保护研究系统建设；基本同意可研报告提出的水文水生态监测系统、水文水生态试验系统、大数据管理平台、应用研究智能系统和基地环境保护系统五大部分建设内容。项目法人为赣州市水文局，项目投资为8305.54万元。

是月16日　赣州市水文局水质信息分析评价系统投入运行。

4月8日　赣州市人民政府办公室〔2020〕30号文首次将赣州市水文局由市防汛抗旱指挥部成员单位列入副指挥长单位。

5月26日　江西省水利厅在南昌市召开《江西省东江源区水文水生态监测与保护研究系统建设初设报告》审查会。

是月　江西省水文监测质量管理系统在赣州城区水文测报中心试运行。

7月20日　江西省水文局党委会议研究决定：廖智任江西省赣州市水文局副局长、江西省赣州市水资源监测中心副主任，免去其江西省赣州坝上水文站站长职务。经省水文局党委会议研究决定，并经赣州市委组织部复函（赣市组干函〔2020〕178号）同意：刘明荣任江西省赣州市水文局党组成员。

9月2日　江西省水利厅下发赣水防字〔2020〕11号文。文件批复《江西省东江源区水文水生态监测与保护研究系统建设可行性研究报告》，基本同意初设报告提出的建设规模与建设内容。建设水文水生态监测系统：新建水位、雨量、流量、泥沙、土壤、水质等11项监测要素监测点171处；桩点标牌421个、护岸护坡27处、测验码头14个、断面河道整治10处、低水堰6个、桁架桥6座等基础设施；配置无人机智能测流及巡测测绘系统1套；建立1套卫星遥感影像数据管理平台。建设水文水生态试验系统：新建水文、泥沙模型的水文实验室，蒸发、降水、土壤墒情、不同井深的地下水实验站以及水环境、水生态实验室。建设大数据管理平台，搭建数据传输与接收以及应用支撑服务系统1套。建设应用研究智能系统：开发建设基于大数据的信息服务、水质分析评价、水生态分析评价、智慧预警、监测站运维管理、APP信息查询等6个子系统以及门户系统。建设基地环境保障系统。文件批复项目静态总投资为8168.63万元。

11月28日　与江西理工大学共同承办“东江源区绿色可持续发展”高峰论坛暨2019年第二届“东江源高峰论坛”。

12月5日　水利部水文司司长林祚顶调研赣州水文工作，深入信丰水文站、坝上水文站、田头水文站调研水文信息化现代化、水文文化等工作，指导东江源区水文水生态监测与保护研究系统项目建设。

是月6日　水利部珠江水利委员会水文水资源局负责人、副局长李学灵调研赣州水文工作。

是年　赣州市水文局继续保持“省部双文明单位”称号，石城水文站继续保持“江西省文明单位”称号。赣州市水文局荣获“赣州市‘大众评公务’满意度测评优秀单位”“2019年度社会治安综合治理目标管理（平安赣州建设）先进单位”“2019年度绩效考核优秀驻市单位”荣誉称号，在全省水文系统年度考核第一名。

2021年1月6日　中共江西省委机构编制委员会批复（赣编文〔2021〕10号），江西省赣州市水文局（江西省赣州市水资源监测中心）更名为赣江上游水文水资源监测中心，为省水文监测中心所属正处级分支机构，于2021年1月20日正式挂牌。

第一篇
自然环境

赣州经历频繁而强烈的板块运动，形成现今的构造-地貌格局。赣州四周群山环绕，断陷盆地贯穿于全境。武夷山脉盘踞于东部，南岭山脉大庾岭和九连山横亘于南部，诸广山脉居于西缘，雩山山脉贯穿于中东部。

赣州总面积 39380 平方千米。全市约有 1600～1800 种乔灌木（含藤本）树种。

赣州河流纵横，水系发达，是赣江、东江、北江的发源地。赣江发源于赣闽交界武夷山脉的赣源岽西侧。赣州境内流入赣江的主要河流包括：贡水、湘水、濂水、梅江、琴江、平江、桃江、东河、章江、龙华江、章水等。东江发源于赣州市寻乌县三标乡长安村桠髻钵山，赣州境内流入东江的主要河流包括：寻乌水、定南水、篁乡河、老城河等。中坝河是北江源头，在赣州市信丰县正平镇中坝村。赣州市境内有大小河流 1270 条。

赣州属中亚热带南缘，具有典型的亚热带丘陵山区湿润季风气候特征。冬、夏季风盛行，春、夏降水集中，四季分明，气候温和，酷暑和严寒时间短，无霜期长。全市多年平均气温 18.8 摄氏度，多年平均年降水量 1592.1 毫米，河川径流总量 337.45 亿立方米。受降水量影响，赣州市河川水位、径流及水资源量都呈现与降水量相一致的变化规律。

赣州以洪水和干旱为主要自然灾害，每年都有不同程度的发生。一次暴雨即形成一次洪水过程，洪水过程陡涨陡落，极易形成洪灾。赣州旱灾频发，民间流传有“十年九旱”的说法。赣州最晚在清代设有专职防汛机构，据于都县记载，康熙五年，于都设县防汛署，康熙十八年，于都银坑真君围置兴仁汛署，属赣南镇左营统辖。

第一章

地质地貌

赣州从距今7亿多年的震旦纪早期开始，处在一片汪洋大海中，至4亿年前左右的志留纪末，地壳隆起成山，使岩层发生褶皱，岩石变质，并有花岗岩侵入。3亿多年前的泥盆纪至2亿多年前的三叠纪，赣州曾数度沧桑，海水进退反复，形成以陆棚—浅海环境为主的沉积岩。大约在距今2亿年至7000万年，即侏罗纪—白垩纪时，群山起伏的陆壳，经历频繁而强烈的断块运动，导致大规模的火山喷发或喷溢，花岗岩侵入，以及一系列红色断陷盆地形成。此后，又经新生代构造运动的多次作用，遂奠定现今的地貌特征。

四周群山环绕，断陷盆地贯穿于全境。武夷山脉盘踞于东部，南岭山脉的大庾岭和九连山横亘于南部，诸广山脉居于西缘，形成与福建、广东、湖南三省的天然屏障。雩山山脉贯穿于赣州市中东部。以山地、丘陵为主，占总面积80.98%。全市平均海拔为300～500米，有海拔千米以上山峰450座，崇义、上犹与湖南省桂东3县交界处的齐云山海拔2061.3米为最高峰，赣县湖江镇张屋村海拔82米为最低处。

第一节 地　　质

赣州地层自上元古界震旦系至新生界第四系，中间除缺失下古生界志留系和新生界上第三系外，其余各系均有露布。

赣州位于华南加里东褶皱带的中部。经历地槽、地台和滨太平洋大陆边缘活动三大阶段，形成一些特有的构造形迹。

志留纪末，由于加里东运动，地槽回返形成基层褶皱。区域内主要有武夷大型复背斜和万洋山—大庾岭大型复向斜。泥盆世至早三叠世（赣州市缺中三叠世）地层，在印支运动的作用下，形成一些开阔平缓的箱状褶皱。残留下来的主要包括：全南向斜、龙南向斜、信丰向斜、于都向斜、仁风向斜、禾丰向斜、银坑—青塘复向斜。华南加里东褶皱带在经过印支运动之后，即进入滨太平洋大陆边缘活动阶段。在此期间，地壳以断块作用为主，从而形成一系列断陷盆地和相应的断隆带，其中断陷盆地在区域内主要包括：池江盆地、赣州盆地、兴国盆地、会昌盆地、瑞金—石城盆地，类似的断陷盆地还有宁都、于都、信丰、安远版石等盆地。赣州在地壳发展过程中，产生一些规模和深度都较大的基底断裂。区域内主要的断裂包括：寻乌—石城断裂、鹤子—洛口断裂、大余—兴国断裂、遂川—乐安断裂、武夷山环状构造。

赣州构造带 赣州自东而西划分为 4 个构造带。

武夷山隆褶带位于赣州东部，包括寻乌—石城断裂带及其东面地段，至福建省、广东省，大致以明溪—平远一带为界，波及宽度 40～50 千米。带内主要由震旦系和少量寒武系构成复背斜，岩石变质程度较高。此外，泥盆—石炭系有零星露布，白垩系红层分布于石城—瑞金—会昌—寻乌一带的断陷盆地中。岩浆活动以加里东期、华力西期花岗岩为主，并发育燕山期花岗岩类小岩体，包括花岗岩、花岗斑岩、石英斑岩等浅层侵入体，伴有铌、钽、钨、锡等矿产；还发育隐爆角砾岩，伴有钨、锡、铜、放射性等矿化。

安远—宁都隆断带位于鹤子—洛口断裂与寻乌—石城断裂之间。带内广布震旦—寒武系，上古生代地层仅局部有零星分布。断裂发育主要有三组，即北北东向、北东向和东西向断裂。岩浆活动，北段主要为印支期和加里东期花岗岩，南段则以燕山期花岗岩和晚侏罗世火山岩为主。与岩浆岩有关的矿产主要为稀土，南段还分布有铅、锌、钨、锡等。安远鹤子附近，在震旦系中赋存有超基性岩和基性岩小岩体群，内有铂、钯矿化。

龙南—于都坳褶带位于鹤子—洛口断裂与大余—兴国断裂之间。晚古生代以来相对处于下陷状态，所以分布较广和较厚的晚古生代地层，并形成和保存较多由上古生界组成的向斜坳陷盆地。基底褶皱多属紧密线型或同斜倒转褶皱，轴向因地而异。带内的断裂，以北北东向、北东向及东西向断裂较发育。岩浆岩甚为复杂，基性、中性、酸性及碱性侵入体均有分布，但以燕山期各阶段的花岗岩体分布最广。晚侏罗世的酸性火山岩，出露于南段龙南—全南一带。内生、外生矿产均较丰富，其中以钨、稀土、煤及放射性矿产最为丰富。

崇义—兴国隆断带位于大余—兴国断裂与遂川—乐安断裂之间。褶皱基底广泛剥露，震旦系、寒武系、奥陶系均有大片出露，总厚度约万米。上古生界仅零星分布于少数几个向斜盆地中。北东向、北北东向和北西向断裂甚为发育。其中崇义左溪—南康焦坪脑断裂由一系列斜冲断层作侧幕状排列组成，在本省内延长约 150 千米，南西延出省外；单条断裂显示追踪北东向、北北东向两组先期断裂的特点。它控制晚古生代崇义向斜盆地的展布以及油石中生代红盆地的形成。带内岩浆活动以加里东期和燕山期为主，北东段主要为花岗岩岩基或大岩株，与之有关的矿产有稀土、钨、铍等；南西段主要为燕山期的花岗岩小岩株和隐伏岩体，伴有丰富的钨、锡、铅、锌等矿产。

赣州地震断裂带 赣州划分为 4 个地震断裂带。

石城—寻乌断裂带是邵武—河源断裂带的中段。在赣州境内长约 160 千米，展布于南武夷山脉西缘的石城、瑞金、会昌、寻乌一线。断裂破碎带一般宽几十米到 200 多米，力学性质为压扭性。它严格控制白垩系—早第三纪石城、瑞金、会昌、寻乌断陷盆地的发育。这些盆地第四纪以来仍继续发育，形成沉积厚度 20 米左右的第四系。在兰田坝西侧，会昌、周田、寻乌、珊贝、澄江、河田等地，见有晚第三纪玄武岩或橄榄玄武岩展布，说明该断裂切穿地壳。该断裂在瑞金地表上断续出现，位于瑞金北部的称日东大断裂，南部的是右水—谢坊大断裂。前者控制瑞金白垩系—早第三纪红色盆地的东部边界，规模巨大，硅化破碎带宽 800 余米，岩层遭受强烈挤压，形成大量糜棱岩。右水—谢坊大断裂在武阳附近中断，并且断裂走向由北北东向转为北东东向，断裂北西盘第四纪以来强烈上升，发育高近 300 米的断层陡崖，形成众多的瀑布和重力堆积物、断层三角面、峡谷、冲洪积扇。石城—寻乌主干断裂向南通过周田盆地西侧和寻乌东边，在周田附近呈“S”形急剧拐弯，并在倾向上有明显的转变，寻乌东边倾向北西，会昌周田盆地西侧转向南东。在瑞金、长汀、武平、寻乌、会昌一带有环状构造展布。在瑞金沙洲坝，大埠—超田、信丰—会昌东西向构造与上述环状构造复合。石城—寻乌白垩系—早第三纪断陷带由几个北北东或北东向延伸的断陷盆地组成，面积较大的有瑞金和会昌2个断陷盆地，面积分别为670平方千米和640平方千米，沉积巨厚的红色岩层，如会昌周田一带，白垩系红色岩层厚3700米。断裂西侧为中低山，东侧为海拔千米以上的南武夷山，而且南武夷山断块掀斜方向在寻乌罗珊珊贝附近发生明显的置换现象，北东向鹅湖—三标断裂和周田盆地东侧断裂有喜山期玄武岩分布，在一些地方还有温泉出露。断陷盆地中，发育有三级阶地和河漫滩。在瑞金盆地中，由于受东西向构造影响，由北西到南东，阶地的高度和性质都发生显著变化，第四纪以来盆地西北部相对上升，特别是从沙洲坝塔下寺到沙背，在不到2千米的距离内第二级阶地高差20米。沙背二级阶地为基座阶地，沉积厚度在10米以下；沙洲坝则为堆积阶地，发育有20多米厚的网纹红土，反映中更新世以来具有差异活动。据地壳形变测量资料，从赣州经瑞金到福建省长汀，1954—1973年的地壳形变曲线一直趋于上升，最大幅度30.6毫米，形变速率最大值每年1.6毫米，形变梯度0.8毫米每千米。寻乌到蕉岭从1957—1973年的地壳形变曲线趋于下降，最大下降量15毫米，形变速率最大值每年1毫米，形变梯度0.3毫米每千米。该断裂带是江西省境内最活跃的一条断裂带，历史上发生过8次5级以上的破坏性地震，江西省最大的一次6级地震就发生在该断裂带上。1987年8月，又在寻乌发生3次里氏5级以上地震。1995年1月，再次发生一次里氏4.5级地震。

全南—寻乌断裂带展布于南岭山脉中的全南、龙南、定南至寻乌一带，属南岭纬向构造带的一部分，长140千米，宽40千米。由近东西向褶皱、冲断裂、挤压带、花岗岩体和中新生代沉积盆地组成，呈多组断裂展布，断层挤压破碎带发育，并具右旋扭动特点。断陷盆地内河流阶地和第四纪沉积物发育有差异，反映该断裂第四纪以来仍在活动。温泉沿断裂带成串出露。历史地震和现今小震活跃。

大余—章贡区—兴国—南城断裂带西起大余，经南康、赣州中心城区、兴国延绵直达抚州南城侧，全长300千米。断裂生成于中新生代，挽近时期至今仍有活动。它控制大余—池江盆地和章贡区—兴国中新生代盆地的展布边界，切割燕山期花岗岩。断裂带硅化破碎，绿泥石化、糜棱岩化强烈。历史上在大余、章贡区发生2次中强地震。兴国—宁都间中小地震频繁，宁都1978年3.9级地震震源机制解显示断裂右旋平移运动。

宜黄—宁都—定南断裂带北起宜黄，过宁都、安远西，直达定南东，全长300千米。它由几条北北东走向的断裂带组成，整体规模巨大，北段地貌反差强烈，卫星影像相当醒目，形成直线状狭谷，控制宜黄、宁都中新生盆地展布边界，南段时有小震活动。

第二节 地 貌

一、地貌特征

赣州区域四周环绕着武夷山、雩山、诸广山及南岭的九连山、大庾岭等山脉及其余脉，山脉绵延向中部及北部逶迤伸展，形成周高中低、南高北低、群山环绕四周、断陷盆地贯穿于全市，以山地、丘陵为主，兼有近50个大小不等的红壤盆地的地貌特征。全市平均海拔为300～500米，最高点是崇义、上犹、桂东3县交界处的齐云山2061.3米，最低处在赣县湖江乡张屋村一带82米。

盆地包括谷地、岗地和平原，海拔小于200米，面积6706.35平方千米，占全市土地总面积的17.03%。以赣州盆地最大，面积1500多平方千米；较大的还有兴国盆地、大余的池江盆地、信丰盆地、寻乌（葫芦洞—车头）盆地、会昌盆地、宁都盆地、于都盆地、瑞金—石城盆地、安远的版石盆地等。

丘陵在总面积中占比最大，面积24053.08平方千米，占土地总面积的61.08%。分布有低丘陵（海拔200～300米）面积9923.67平方千米，占土地总面积的25.2%；高丘陵（海拔301～500米）面积14129.41平方千米，占土地总面积的35.88%。高丘陵主要由变质岩和花岗岩组成。花岗岩丘陵呈团块状，风化壳很发育。植被破坏后，地表物质较疏松，是产生水土流失的成因之一。

山地总面积8620.21平方千米，占全市土地总面积的21.89%。分布有低山（海拔501～800米）面积7430.94平方千米，占土地总面积的18.87%；中山（海拔大于800米）面积1189.27平方千米，占土地面积的3.02%。多数由古老的震旦系的变质岩和中生界的花岗岩组成，主要分布在边缘县和各县的边缘地带，构成区域的天然屏障、邻县或邻省交会的分界线和河流的分水岭。

二、地貌类型

全市地貌划分为5种类型。

西部中低山地貌 主要分布在上犹县的紫阳、寺下以西，崇义县的西部及大余县的内良、河洞、荡坪、左拔一线，主要山体为罗霄山脉南的诸广山脉和南岭山脉的大庾岭，海拔500～2061米，相对高度大于500米。其特点是新构造运动上升强烈，基岩裸露，山坡陡峭，山顶多呈锯状、垄状，局部地方因沿节理裂隙风化和强烈流水侵蚀切割，可见锯齿状峰林、石笋、蘑菇山；有“V”形峡谷和嶂谷发育，有瀑布、温泉分布。区域属于章水流域，章水、上犹江发源于此。植被茂密，森林、草场、水利资源丰富。

南部低山丘陵地貌 分布在赣县、于都县、会昌县、瑞金市的南部及信丰县、安远县、寻乌县、龙南县、全南县、定南县的全境，主要山体为九连山和武夷山南段。低山分布在中山的山前地带，如会昌县北面的武夷山南段，寻乌县的中排山、桂竹帽，信丰县的金盆山、油山，全南县的龙源坝，龙南县的九连山，海拔500～1000米，相对高度大于500米。其特点是新构造运动上升较强，山坡陡峻，山脊呈鳍状、垄状、尖峰状，流水切割较强，有“V”形谷发育，局部有石蛋地形堆积。植被覆盖好，为主要林区，草场、矿产、水利资源丰富。丘陵分布在低山区的山前地带，海拔200～500米，相对高度50～200米。其特征是新构造运动缓慢，具有间歇抬升现象，基岩裸露，有薄层风化壳发育，并有崩塌、滑坡现象；在花岗岩地区有球状风化物及石蛋地形堆积，流水切割中等，山坡较陡，山脊平缓，呈长垣状、垄状、馒头状。植被较稀疏，多河曲和侵蚀小盆地发育，为林农垦殖区。区域分属于贡水、东江流域，是贡水支流湘水、濂水、小溪、桃江，东江支流寻乌水、定南水的发源地。

中部丘陵河谷地貌 主要分布在于都红色盆地的底部及章水、上犹江、贡水、桃江等河流中、下游两岸，海拔小于300米，相对高度20～50米。其特点是新构造运动升降缓慢，有间歇性；风化强烈，风化壳厚，沟谷宽广，流水平缓，水土流失严重，有崩塌、滑坡、坳谷和冲沟发育，垄岗多向河谷倾斜，坡度平缓，山脊多呈垄岗状、馒头状、波浪状。植被稀疏，岗地、阶地自然水源不足，但土壤肥沃，交通便利，水利设施较好，是重要的农业区。

东北部低山丘陵地貌 分布在兴国、宁都、石城及于都、瑞金北部，主要山体为雩山山脉及武夷山山脉的北段。低山分布在雩山山脉两侧和武夷山山脉北段。其特点是新构造运动上升较强，流水侵蚀切割中等，山势较陡，山脊呈锯状、垄状；常有沟谷切割，有明显水土流失。植被覆盖较差，森林资源较少，水利资源较丰富，草山、草坡较多，为森林培植、农牧区。丘陵分布在低山前缘和断陷盆地地区。其特征是新构造运动缓慢抬升，山势平缓，呈缓坡状、垄状、馒头状，风化强烈，风化壳深厚。在花岗岩地区，因强烈风化剥蚀，形成球状风化和石蛋地形。由于水土流失严重，有崩岗、崩塌、滑坡现象。由红色岩系及其砂页岩组成的地区，多馒头状，地面微波起伏，局部地区有梳状、朵状和单面山，以及丹霞地形的发育。境内植被稀疏，森林资源贫乏，水土流失严重，为水土保持和主要农业区。区域属于贡水流域，是贡水（赣江）及贡水支流梅江、平江的发源地。

溶蚀侵蚀地貌 由灰岩组成的岩溶丘陵地貌，主要在于都的梓山及银坑、瑞金的云石山、会昌的西江等地。山体多奇峰怪石，呈锯状、垄状或为面牙式、石林式山脊，有暗河、溶洞发育。由红岩形成的丹霞低丘陵地貌，主要在龙南的武当山、宁都的翠微峰和赖村、章贡区的通天岩等地。由含钙质的厚层砂砾岩，经流水沿裂隙长期侵蚀，形成岩壁直立或近似直立的石柱、桌形山、方山、单面山和各种洞穴等。

三、山脉

赣州地处南岭之北，山峰环列，山峦起伏较大，坡度较陡，一般为16°～45°，其中26°～35°的占34%，36°以上的占14%。赣州东部盘踞着武夷山山脉，山脉东侧属福建三明、龙岩，西属赣州，是贡水（赣江）的分水岭发源地；南岭山脉的大庾岭和九连山横亘于赣州南部，是赣、粤两省天然屏障，岭南是广东梅州、河源，岭北为江西赣州；赣州西部，诸广山山脉雄居于此，山脉西麓是湖南郴州，东麓为江西赣州；雩山山脉贯穿于中东部，以宁都肖田发端，从东北向西南的兴国、于都延伸至赣县、安远和会昌，斜座在贡水岸边。众多溪流从山峦中流出，成为赣江的发源地，也是东江、北江的发源地。赣州市境内，海拔千米以上的山峰有450多座。

武夷山山脉 在赣州境内起自牛牯嵊，迄于狮子岩（岩溪），蜿蜒在石城、瑞金、于都、会昌、寻乌及宁都的部分地域。山脉东西121.5千米，南北213.75千米，面积7932.65平方千米，占全市土地总面积的20.14%。其西麓主要山峰有项山甑、仙人湖嵊、梅山顶、大顶嵊、羊石嵊、鸡公嵊、牙梳山、金华山、石寮嵊、笔架山等。

项山甑，位于寻乌县项山乡，海拔1529.8米，在赣、粤两省交界处，南接广东省平远县仁居乡。是县内最高点。以山顶二峰象饭甑，故名。是东江韩江的分水岭。

仙人湖嵊，位于瑞金市日东乡南8千米黄竹村，海拔1138.3米，是瑞金市境内最高山峰。山坳建一古刹，山顶凹陷似湖，山上植被为松、杉、毛竹、木荷等阔叶乔、灌林，有麂子、山牛、野猪、鹰、锦鸡、穿山甲等多种珍稀动物。仙人湖崇为赣、闽两省交界处，是赣江、汀江分水岭。

梅山顶，位于瑞金市拔英乡高岭村，海拔 1113.3 米，多杨梅，故名。

大顶崇，位于会昌县洞头乡丰胜村，海拔 1092 米，与龙狮峰相接，山顶高阔，故名。赣、闽两省界山，东南属福建省武平县，是湘水、汀江的分水岭。

羊石崇，位于会昌县洞头乡河头村，海拔 1107.8 米。赣、闽两省界山，东南属福建省武平县东留乡南方村，西北属洞头乡河头、洞头两村。山有一大石，形似羊，故名。是湘水、汀江的分水岭。

鸡公崇，位于石城县洋地乡桃花村境内，为石城与福建省宁化县、长汀县三县界山。海拔 1389.9 米，面积约 3600 平方米，为石城境内最高山峰，以其形似公鸡而得名。

牙梳山，位于石城县高田镇胜江村境内，为石城县、广昌县、福建省宁化县三县界山。主峰海拔 1387.3 米。

金华山，原名北华山，后以五行属相取名金华山，位于石城县高田镇遥岭村境内，与福建省宁化县安远乡交界。主峰海拔 1314 米，面积约 8000 平方米。山上以灌木为主，植被较好。梅江支流琴江发源于此，琴江源头从金华山、牙梳山二山之间流出。

石寮崇，位于石城县洋地乡上塅村，北纬 25°57′，东经 116°22′，海拔 1150 米。2000 年 10 月，江西省赣江源头科学考察组确定石寮河南溪中的“石泉Ⅰ”为赣江的源头。

笔架山，位于寻乌县吉潭镇赖地村，海拔 1100 米，为赣、闽两省的界山。湘水发源于笔架山南麓。

南岭山脉 盘踞在大余、信丰、全南、龙南、定南全境和安远、寻乌等部分地域。山脉东西 191 千米，南北 168.75 千米，面积 17613.28 平方千米，占全市土地总面积的 44.73%。大庾岭，长 202.5 千米。九连山，起自饭池嶂，迄于河背，长 225 千米。其北麓主要山峰有黄牛石（海拔 1430 米）和帽子峰、油山、饭池嶂、仙人嶂、登高崇、基隆嶂、九龙嶂、乱罗嶂等。

九连山，位于龙南县城西 70 千米，赣、粤两省交界处，主峰黄牛石海拔 1430 米。北侧属武当、杨村两镇及九连山垦殖场，南面属广东省连平县九连、上坪两乡，西与全南县大吉山镇毗邻。该山自东向西蜿蜒逶迤，九十九峰相连，故名。其地势由南向北、由北向西南递降，山脊向北伸展，向西南延伸。北连龙南县、全南县、定南县，东连广东省和平县，西接广东省翁源县，南延伸到广东省新丰县、清远市的北江东岸，是赣江与东江、东江与翁江的分水岭。山上有千年红豆杉林。

大庾岭是大余县与广东省南雄的分水岭，延袤百千米，东北往西南走向，海拔 1058.4 米，是著名的南方五岭之一。岭上有通往岭南的大小山隘即大、小梅关，古驿道穿关而过，为古今南北交通要道和兵家必争之地。大庾岭古名庾岭，相传汉代伐南越，监军庾胜筑城于此，因名。

黄牛石，位于龙南县南部，九连山国家级自然保护区，海拔 1430 米，是江西省与广东省界山。

饭池嶂，位于全南县大庄乡西面，呈东西走向，海拔 1145 米。南、西、北与广东省始兴县交界。是全南县境内最高点和江西省最南端。贡水支流桃江发源于此山东麓。

帽子峰，位于大余县吉村镇右源村，海拔 1058.4 米。其山峰耸立，雾罩顶峰，如峰戴帽，因称帽子峰。

基隆嶂，位于寻乌县三标乡，海拔 1444.7 米，山体多为茅草覆盖。原名鸡笼嶂。基隆嶂西麓是东江支流九曲河的发源地。

乱罗嶂，位于寻乌县龙廷乡双村，海拔 1348 米。此山除主峰外，还有海拔 1334 米、1287 米、1114.9 米、1003.7 米、1012 米的 5 座无名山峰相互拥簇。是东江韩江的分水岭。

登高岽，位于龙南县临塘乡竹山下东南 12 千米，海拔 1062.6 米，系龙南县、定南县两县之界山。

九龙嶂，位于安远县欣山镇西南，海拔 1099 米，东西绵亘 17 千米，九峰矗立，山脊蜿蜒如龙，似一道屏障。山内奇峰怪石，嵯峨嶙峋，古树密林，云岚雾嶂，飞瀑流泉。有大、小龙潭，仙人堆石，仙人下棋和观音湖等自然景观。山中珍稀与药用植物资源丰富，并产九龙名茶。亦为赣南采茶戏的发源地之一。山之东段天狮垴系濂江的发源地。

油山，位于信丰县油山镇，主峰在广东南雄境内，海拔 1073 米。古名犹山，系信丰县与广东省南雄之界山，东北属信丰县，为 20 世纪 30 年代中央苏区留守红军三年游击战争的中心地带。油山东面是北江源头。

丫髻钵，位于会昌县清溪乡青峰村，海拔 1101.9 米，系会昌县、安远县、寻乌县三县的界山。东北为会昌县，西南接寻乌县，西连安远县。山有二峰，中间有一丫髻叉，且叉形像钵，故名。是东江源寻乌水的发源地。

盘古嶂，位于清溪乡七姑坑，海拔 1184 米，与安远县交界，为会昌县内最高峰。西麓属于濂水支流大脑河流域。

三百山，位于安远县城东南 25 千米的新园乡，是贡水与东江的分水岭和东江源头之一。主峰东源峰，海拔 1164.5 米。三百山名，系附近 300 多平方千米范围内 300 余座山峰的统称。其山森林密布，古树参天，巨藤倒挂，遮天蔽日，集山势、林海、瀑布、温泉四大自然景观为一体。是香港游客饮水思源之寻源目的地。

云台山，位于定南县月子镇，东西走向，海拔 890 米，山顶云雾笼罩，宽大似台，故名。盛产绿茶。桃江支流濂江发源于此。

千家寨，位于定南县车步乡上坑村，海拔 578.4 米，是定南县境内两条大河的分水岭，北麓为长江水系，南麓为珠江水系。

雪峰山，位于全南县中寨乡，海拔 1113.3 米。南、西、北与广东省始兴县交界，山顶设有国家测量三脚架标志，为赣、粤两省边境要地。桃江支流黄田江发源于此山北部山谷。

诸广山山脉　起自罗霄山脉的烂泥湖，迄于板坳，长 93 千米。盘踞在上犹县、崇义县的全域和大余县、南康区、赣县区、章贡区的部分地域。山脉东西 106.5 千米，南北 105 千米，面积 6707.73 平方千米，占全市土地总面积 17.03%。主脉从东北走向西南，支脉则西北向东南往东。其东麓主要山脉有齐云山和赤水岭、聂都山、烂泥湖、五指峰、白鹤岭、天华山、蛤湖岽等。

齐云山，位于崇义县思顺乡齐云山村上十八垒，海拔 2061.3 米，为赣州市最高峰，是赣、湘两省天然分界岭和诸广山主峰。东属崇义县、上犹县，西邻湖南省汝城县、桂东县。

山顶有神庙，山中有珍稀动物麻鹿、猴、白鹇，珍稀植物楠、樟、水杉，蕴藏有铀、钨、铁、钾长石等矿。营前河发源于山的东北部，思顺河发源于东南部。

天华山，位于大余县内良乡，海拔1383.6米，是大余县、崇义县两县之界山，别名大头岭，为大余县境最高山峰。北江支流锦江（竹洞河）发源于山的西面。

五指峰，位于上犹县五指峰乡北边，南北走向，最高峰海拔1607米。因五个山峰并列宛如伸张之五指而得名。为赣州市著名自然景观之一。多高山茶园。

聂都山，位于崇义县横水镇西南65千米，海拔1346.3米，是崇义县、大余县两县及聂都乡、关田镇、文英乡3乡（镇）的天然界山。章水出其下，章水发源于此山西南，山北为崇义江的发源地。

白鹤岭，位于隆木乡邹家地，海拔1042米，南北走向，西与遂川县交界，系南康市内最高山峰。

峰山，位于章贡区沙石镇，呈西南往东北走向，海拔1016.4米。原名崆峒山，清末以主峰大峰山得名。古名宝盖峰，峰顶又名龙头顶，为章贡区最高峰。“宝盖朝云”为赣州古“八景”之一。

杨仙岭，位于章贡区沙河镇，主峰海拔412米。相传唐代风水祖师堪舆家杨筠松修炼于此，后人在山顶建有杨仙祠，故名。

蛤湖岽，位于章贡区湖边镇，海拔680.2米，为章贡区境西北最高峰，曾建有杏林禅寺。

菩提山，位于章贡区湖边镇，呈东西走向，海拔549.6米，系章贡区、赣县之界山，唐代在山腰建法云寺，清末民初曾二次重修佛殿及藏经楼。寺内藏经书120箱计2000余卷。“文化大革命”期间佛殿及经书被毁。20世纪80年代重修。

田螺岭，位于章贡区中心城区老城区西津路之西，章水东岸，海拔129.8米，原名文壁山，又名贺兰山，为老城区内最高点。岭头建有赣州主要名胜——郁孤台。

丫山，位于大余县黄龙镇，海拔906米。中部山窝建有名胜古迹——灵岩寺。以山顶双峰尖削如马耳，并立成丫形而得名。森林茂密，飞瀑流泉众多，一赣州胜景。

阳岭，位于崇义县横水镇南4千米，南北走向，海拔1259.5米，山腰以下为原始阔叶和松、杉、毛竹混交林。以“天然氧吧”闻名。

雩山山脉 起自宁都县肖田的王陂嶂，迄于赣县韩坊的鸭子嶂，盘踞在宁都县、于都县、兴国县、会昌县、安远县、赣县的部分地域。山脉东西120千米，南北142.5千米，面积7125.98平方千米，占全市土地总面积的18.1%。其主要山峰有凌云山和王陂嶂、大乌山、云峰嶂、雩山等。

凌云山，位于宁都县东韶乡，海拔1454.9米，系宁都县、永丰县、乐安县三县之界山。山势挺峭，山顶与山脚高差约1000米。为宁都县第一高峰。山中林木蔚然葱郁，奇岩异石众多，山腰、山顶建有古寺。民间传说汉高祖刘邦祖父葬于此，中有天子地。登顶可远眺宁都县、永丰县、乐安县、广昌县、兴国县诸县山川景色。梅江支流琳池河发源于山的西南面。

王陂嶂，位于宁都县肖田乡朗际村，海拔1266.8米，宁都县、宜黄县两县界山。东、北侧属宜黄县，南连朗际村，西靠大龙山。是梅江的发源地。

大乌山，位于兴国县潋江镇北偏东 51 千米，海拔 1204.5 米。为兴国县、吉安县两县交界处，是兴国县境内最高峰。山顶一庵，正中是三仙殿，内有龚、杨、刘三仙石像，正殿前有三枋，仍存宋代文天祥题“永镇江南”和明代邹元标题“乌石仙境”石刻横额各一。

云峰嶂，位于兴国县杰村乡云峰村，海拔 1081.9 米。为兴国县、于都县两县的界山。晴日站立山顶，可眺望赣州城。因山峰直插云霄，故名。

雩山，位于于都县岭背镇，海拔 634.2 米。相传邑人祈雨于此山下，故名雩山，于都原名雩都，此山亦为邑内祖山。

莲花山，位于梅江、青塘两镇交界处，海拔 953.8 米，距县城西 15 千米，因山形如莲花，故名。山上有始建于西晋的青莲古刹，寺内有大雄宝殿等 16 殿。山中有白茅峰、出水岩、出风洞、太平洞、石林岩海等景观，呈奇献巧。为游览胜地，被列为省级重点寺观。

十八排，位于兴国县潋江镇西偏北 43 千米，海拔 1170 千米。位于泰和县、兴国县两县交界处，为兴国县境内第二高峰，县西北之屏障。山脉横亘长 6 千米，共 18 个排，故名。十八排是平江、云亭水的分水岭。

水鸡岽，位于赣县小坪乡小坪村，系赣县境内最高点，海拔 1185.2 米。山顶茅草丛生，山腰以下竹、松、杉林茂密。

莲花山，位于兴国县潋江镇东北 44 千米，海拔 960 米，是南坑、兴江、古龙冈 3 乡交界之山。山顶有邱、王、郭三仙祠。山坳有清代康熙年间（1573—1620 年）重修的脚庵，为宋代文天祥驻兵开行府处。莲花山是兴国县境内平江与孤江的分水岭。

佛子山，位于兴国县贺堂乡齐分村，海拔 1125.7 米，以山顶庵中供奉佛祖得名。因形为覆置的笊笥，又名覆笥山。有马鞍等七石胜景和读书岩。为县内第一名山和较高山峰之一。是平江、云亭水的分水岭。

屏坑山，位于靖石乡、利村乡与盘古山镇之间，海拔 1312 米，山高如屏，坑沟纵横。是于都县境内最高山峰。是濂水、小溪的分水岭。

第二章

土壤植被

2000年，赣州市土壤总面积368.51万公顷，内有耕地49.64万公顷，占土壤总面积的13.47%；山地318.87万公顷，占土壤总面积的86.53%。境内土壤共分为水稻土、潮土、黑色石灰土、紫色土、粗骨土、红壤、黄壤、黄棕壤、山地草甸土9个大类。山地丘陵土壤里蕴藏着丰富的稀有化学元素稀土，其储量之广，属世界之最，有“稀土王国”之美誉。

赣州市是中国特有植物、珍贵树种较多的地区。全市约有1600～1800种乔灌木（含藤本）树种，其中乔木500余种、灌木650余种（含藤本）、竹类20余种。这些树种中，有珍稀濒危树种124种，属于国家一、二级保护树种40余种。赣州市林副土特资源非常丰富，历来都受到国内外客商的青睐。

第一节 土　壤

一、土壤类型

赣州市土壤有9个土类，16个亚类，88个土属，303个土种。以下为土类和亚类的主要特征及其分布概况。

水稻土　是市内主要农业土壤，面积46.45万公顷，占全市土壤总面积12.6%。耕地90%以上为水稻土，全市各县均有分布。它是各种自然土壤和旱地土壤经长期种植水稻，在水耕熟化过程中，土体发生一系列变化所形成。按其剖面形态特征，划分为4个亚类：淹育型水稻土，面积8213.3公顷，占水稻土面积1.77%，属地表型水稻土，成土母质主要是紫红色砂岩、页岩、砂页岩、紫红色砂砾岩、花岗岩、石英砂岩、第四纪红色黏土和河流冲积物等；潴育型水稻土，面积41.57万公顷，占水稻土面积的89.51%，成土母质主要有紫红色砂岩、页岩、砂页岩类风化坡积残积物、河流冲积物及第四纪红色黏土、石英砂岩、花岗岩、紫红色砾岩、砂砾岩、千枚岩类风化坡积残积物等，色泽呈灰或乌色；潜育型水稻土，面积34404.13公顷，占水稻土面积7.41%，属囊水型和滞水型水稻土，常呈青灰、蓝色、蓝绿等颜色；漂洗型水稻土，也称侧渗型，俗谓“漏水田”，面积6110.3公顷，占水稻土面积的1.32%，成土母质土要有河流冲积物和第四纪红色黏土，也有石英砂岩、花岗岩、紫红色砂岩、页岩、砂页岩类风化残积物或坡积物，土体呈粗糙和灰白色漂洗层。

潮土 面积8828公顷，占全市土壤总面积0.24%。耕地有10%左右为潮土，本土类有一个亚类也称潮土。全市均有零星分布，处于章、贡二水及其主要支流的沿岸漫滩和低阶地，是在河流冲积物上进行旱耕利用的一类耕作土壤，有砂土、壤土、黏土3种。由于河水涨落，受地下水活动和温度变化影响而具有“夜潮”现象，故名潮土，也称旱作土或潮沙泥田。其土层深厚，土体潮润，质地均一，通透性好，磷、钾含量较高。

黑色石灰土 面积9076.8公顷，占全市土壤总面积0.25%。分布在章贡区和赣县、信丰县、上犹县、崇义县、龙南县、全南县、宁都县、于都县、兴国县、会昌县、瑞金市等地。是由石灰岩类风化物所形成的岩性土壤，土体中富含钙质，土质黏重，有微碳酸盐反应，土层较薄，磷、钾缺乏，肥力偏低。

紫色土 面积63284.5公顷，占全市土壤总面积1.72%。除崇义县、定南县、安远县外，各地均有分布。成土母质主要是紫色砂岩、砂砾岩、泥岩、页岩等风化物发育的岩性土壤，土壤颜色与母岩颜色一致，为均一的暗紫色、紫色、棕紫色，一般土层浅薄，在植被较好的缓坡地，土层深厚，发育较好。按其性质划分为两个亚类：石灰性紫色土，面积38814公顷；中性紫色土，面积24470.5公顷。

粗骨土 面积23974.7公顷，占全市土壤总面积0.65%。分布在信丰县、上犹县、龙南县、兴国县等地，是丘陵地区的石质山地土壤。由于植被遭受破坏，随之水土流失加剧，表土侵蚀、土层较薄，剖面中无明显的淋溶、淀积层，夹有较多碎石。按其性质划分为两个亚类，即面积23665.5公顷的铁铝质粗骨土和面积309.3公顷的酸性碳质粗骨土。

红壤 面积最大，全市294581.4公顷，占全市土壤总面积80.17%。分布在各地的丘陵、低山地区，它是在中亚热带生物气候条件下所形成的、典型的地带性土壤，呈红色、棕红色。其主要特性为一般土层深厚，剖面发育完整，由于植被遭受破坏，土壤冲刷严重，残存淀黏层或母质层土壤养分贫瘠，但在植被较好的森林下，有机质可高达10%左右。红壤的成土母质类型较多，有酸性结晶岩类、石英岩类、泥质岩类、红砂岩类和红黏土类等。按照土壤发育程度，划分为3个亚类：红壤，面积2357134.9公顷，占红壤总面积的79.78%，分布在海拔500米以下的丘陵地区；红壤性土，面积28775.9公顷，占红壤面积的0.97%，分布在植被破坏、土壤侵蚀比较严重的丘陵山区，土体属发育不明显的幼年土壤，具酸性至强酸性；黄红壤，面积568670.6公顷，占红壤面积的19.25%，分布在低山地区海拔500～800米范围内，是位于红壤之上、黄壤之下的过渡土壤类型，黏土具弱酸性。

黄壤 面积147043.2公顷，占全市土壤总面积3.99%。分布在海拔800～1200米的中低山地区，系位于黄红壤之上、暗黄棕色壤之下的过渡土壤类型，是在中低山地区云雾多、日照少、相对湿度较大、温度较低的气候条件下所形成的山地土壤，其有机质含量较多，颜色深暗，呈微酸性。

黄棕壤 面积7652.8公顷，占全市土壤总面积0.21%。分布在上犹县、崇义县、赣县3县海拔1200米以上的中山地区，是山地垂直带谱中最高部位的山地土壤。本土类在赣州只有暗黄棕壤一个亚类，其土层较薄，夹有较多的岩石碎屑，有枯枝落叶层和腐殖质淋溶层，酸性较强。

山地草甸土 面积6489.3公顷，占全市土壤总面积0.18%。分布在崇义县、上犹县、赣县、大余县、龙南县、宁都县、于都县、寻乌县、石城县9县海拔1000米以上的中、低山地区的平缓坡地或山坳处。是在草灌植被条件下形成的山地土壤，具微酸性。由于在高山寒湿气候条件下，草本植物生长茂密，土壤湿度大，形成腐殖质层，山坳处土层犹厚，有淋溶、淀积现象。

二、土壤分布

土壤平面分布 赣州市多山岭、丘陵，期间分布大大小小山间谷地及盆地。山岭、丘陵及山间谷地、盆地的土壤分布，以赣州盆地为例加以说明。从赣江河谷至峰山一线，阶地有潮土和潮沙泥田，岗台地有红黏土红壤和黄泥田，丘陵地有紫色土、红壤、紫砂泥田、麻沙泥田和黄沙泥田等；低山区有黄红壤和黄壤；山间谷地有少量麻沙泥田和黄沙泥田。从赣江至摇篮寨一线，与赣江河谷至峰山一线土壤类型趋于一致，仅分布面积有差异。其他区域土壤分布，趋势大致如此，呈现土壤分布的规律性。

土壤垂直分布 随着山体升高，气候发生明显变化，植物类群也相应变化，从而出现与地形、植被相适应的土壤类型。与山体垂直由低至高呈规律分布，红壤—黄红壤—黄壤—暗黄棕壤—山地草甸土。也有的山体缺失暗黄棕壤。

土壤肥力和养分 由于自然条件和人力耕作活动的影响，赣州土壤肥力和养分呈现如下规律性的变化：赣州市水源、热量丰富，植物生长期长，生物积累量高、速度快，促进土壤养分的积累；但在高温多雨的条件下，土壤中的有机质也分解快消耗多，矿物质养分易在土壤中迁移、淋失，土壤有机物的积累除山区外并不多，尤其是土壤侵蚀严重地区，土壤有机质很少，土壤肥力极低。在一般情况下，土壤肥力呈现以村镇为中心由高到低有规律的变化。但也有极少村镇附近由于不合理的利用土壤，自然植被遭受破坏，导致水土流失严重，自然土壤肥力较低；而离村镇较远由于植被较好，自然土壤肥力反而较高。赣州土壤有机质丰富级不多，中等量和缺乏量占绝对优势；土壤肥力、氮元素含量情况较好，但磷、钾元素缺少。

第二节 植 被

一、森林类型

赣州市森林植物类型多样，基本森林类型有针叶林、常绿阔叶林、针阔混交林、竹林、亚热带沟谷雨林等。

针叶林 以马尾松、杉木为主，广泛分布在高丘低山。针叶林分布面积大，占全市森林面积的72.62%。

常绿阔叶林 是天然的多树种、多层次、多类型的阔叶林。主要由壳斗科、樟科、山茶科、杜英科、金缕梅科、山矾科、木兰科、桑科等树种组成。在全市广为分布，垂直分布在海拔1000米左右的林区，但由于人类长期生产经营活动的缘故，大部分原生性常绿阔叶林遭到破坏，截至2000年年底，除自然保护区有所保留以外，其他地方纯原生性常绿阔叶林基本绝迹。

针阔混交林 主要是马尾松和阔叶树的混交林、杉木和阔叶树的混交林、马尾松杉木和阔叶树的混交林。该类型树种较多，树龄较老，树干通直，是全市森林质量较好的森林类型。垂直分布于海拔1000米以下的低山高丘。

竹林 赣州有竹类20余种，以毛竹为主。主要杂竹有小山竹、黄竹、坭竹、甜笋竹等。竹林多分布于海拔800米以下的山地丘陵。

亚热带沟谷雨林 在靠近广东省的局部低海拔沟谷地域，存在有近似南亚热带的常绿雨林——亚热带沟谷雨林。

在其他局部地域，还有落叶阔叶林和山顶矮林，面积不大。

二、树木种类

赣州市乔灌藤木本树种中有乡土树种1000多种，按树种用途可分为3大类：用材树种、经济树种和庭院绿化树种。用材树种包括以杉木、马尾松、湿地松、毛竹、木荷、枫香、楠木、苦楝、泡桐、杨树、壳斗科类为主的400余种；经济树种包括以油茶、油桐、乌桕、茗茶、柑橘类、柿、枣、南酸枣、山苍子、杨梅、樟树、桉树、黑荆树为主的200余种；庭院绿化树种包括以天竺桂、樟树、银桦、黄杨、女贞、观光木、含笑、荷花玉兰、雪松、龙柏、银杏、冬青、山茶花、月季、杜鹃、海桐为主的100余种。引进树种包括南洋杉、雪松、金钱松、柳杉、池杉、落羽杉、水杉、湿地松、木麻黄、龙柏、苏铁、蒲葵、橄榄、广玉兰、枇杷、泡桐等200多种。

赣南地形复杂，地域差异大，森林树种垂直分布比较明显。海拔500米以下丘陵岗地的林木树种多为马尾松、杉木、油茶、毛竹、黄竹、茅栗、白栗、樟树、苦槠、银木荷、红楠等树种；海拔500～700米的低山多为壳斗科的麻栎、锥栗、丝栗栲、黄檀、拟赤杨、马尾松、毛竹、杉木、泡桐、漆树、深山含笑、乌桕、观光木、茶梨、猴喜欢、天料木、苦梓、杜英属、小山竹、黄樟、大叶楠、厚皮树、枫香等树种；海拔700～1000米的山地多为甜槠栲、钩栗、山合欢、椴树、冬青、光皮桦、化香、竹柏、黄杨、枫香等树种；海拔1000米以上低中山地多为天然灌木类，如杜鹃、乌饭、檵木、小叶石楠、马银花、猴头杜鹃、野山茶、吊钟花、冷剑竹等树种。赣州林木树种水平分布上差异不大，树种分界线不明显。

三、植物资源

赣州境内森林野生有经济价值的植物主要有3类220科2298种。其中蕨类植物31科74种，裸子植物9科29种，被子植物180科2195种。其中蕨类植物有石杉科、石松科、卷柏科、木贼科、阴地蕨科、瓶尔小草、莲座蕨科、紫萁科、瘤足蕨科、里白科、海金沙科、膜蕨科等31科；裸子植物有苏铁科、银杏科、松科、杉科、柏科、罗汉松科、三尖杉科、红豆杉科、买麻藤科共9科；被子植物中双子叶植物有木兰科、八角科、五味子科、番荔枝科、樟科、蔷薇科、蜡梅科、豆科、山梅花科、绣花科、鼠刺科、安香科、山矾科、山茱萸科等，单子叶植物有水鳖科、泽泻科、水蕹科、眼子菜科、茨藻科、鸭跖草科、谷精草科、芭蕉科、姜科、美人蕉科等。另有主要野生大型真菌2纲6目21科84种。

第三章

水系

赣州市境内大小河流1270条，流域面积39380平方千米，总长度16626.6千米。流域面积10平方千米以上的河流1028条，其中大于1000平方千米的河流有贡水、湘水、濂江、澄江、梅江、琴江、平江、桃江、东河、章江、龙华江、章水、寻乌水、定南水等14条，100～1000平方千米的河流119条，50～100平方千米的河流248条，10～50平方千米的河流647条。

赣州是赣江的发源地，也是珠江流域东江、北江的发源地。域内大多数河流呈辐辏状向中心——章贡区汇集。在八境台下汇合成赣江主流，向北流出赣州进入吉安市，属长江流域赣江水系。寻乌、定南、安远三县南部河流向南流入广东省，属珠江流域东江水系。寻乌丹溪乡、项山乡部分区域河流属韩江流域。信丰油山镇和正平镇一小部分区域属珠江流域，是北江源头。崇义竹洞村、竹洞畲族村河流，向西南流入广东仁化，属北江支流锦江源头。

另外，赣州有一部分属赣江流域的河流，不在赣州域内汇入赣江。南康北部隆木乡河流流入吉安遂川县遂川江，兴国西部均村乡和永丰乡部分河流流入吉安万安县良口河，兴国西北部崇贤乡与高兴镇老营盘村部分河流流入吉安泰和县云亭水，兴国北部枫边乡、南坑乡、良村镇及宁都西北大沽乡河流流入吉安永丰县、青原区孤江。

本志记述流域面积100平方千米以上河流的流域特征、流域范围、河源、河口、流程、水系及自然地理、地形地貌、生态环境等。流域面积大于100平方千米，但在赣州境内面积较小的河流，不做介绍。对流域面积小于100平方千米，不在赣州域内汇入赣江和流入韩江、北江的少数河流，但为该区域重要河流的亦进行记述。

第一节　赣　江　水　系

贡水

贡水是赣江上游主干。源河为石寮河，瑞金市象湖镇以上称壬田河。赣江在会昌县城东与湘水汇合之前称绵江，绵水，也称瑞金河，汇合后称贡水，俗称东源，也称雩江、会昌江。赣江在章贡区八境台下与章水汇合后始称赣江。

贡水发源于赣闽交界武夷山脉的赣源岽西侧，也是赣江发源地，河源位于东经 116°21′40″，北纬 25°57′48″，源头高程 1110.8 米。自东南向西北流，经日东、湖洋到日东水库，出水库，向西南穿峡谷入陈石水库，从中潭出峡谷，经壬田镇、叶坪乡沿沙洲坝南下，两岸低丘、河谷盆地交错，至瑞金市象湖镇南岗，左纳黄沙河。出象湖镇西流转西南流，一路蜿蜒曲折而行，经泽覃、武阳、谢坊等乡镇，其间不断有山区性小支流从两岸汇入。于迳桥五里排出瑞金市进入会昌县境内。主河道在瑞金境内流经 117 千米，河道极为曲折、狭窄，瑞金城区河宽 78.3 米，河床由卵石夹沙组成。贡水入会昌县境向西南流 3 千米至会昌县文武坝镇，湘水从左岸汇入。贡水向西北流经珠兰乡至庄埠乡小坝村有濂江于左岸汇入。河流两岸丘陵起伏，岗地相间。接纳濂江后继续西北流，迂回曲折，过白鹅峡。峡谷长 850 米，河道狭窄，两岸石山矗立，悬崖陡壁，地势险要，常有壅洪现象。贡水于于都县黄麟乡朱田村进入于都县境。继续向西北流，在黄麟乡岭下村右岸纳澄江河，河道两岸为狭长冲积地带。过九堡河口进入于都盆地，河床渐宽浅，一般河宽 200～400 米，土质河岸易崩塌。流至于都县贡江镇金桥村龙舌嘴右岸纳梅江，折向西经贡江镇至罗江乡上溪村左岸纳小溪河。过三门滩，贡水又进入峡谷地带，两岸山势陡峭，河床狭窄，俗称十里河排，水深流急。出峡谷向西流，于赣县江口镇蕉林村入赣县境。江口镇蕉林村设有峡山水文（二）站。向西流至江口镇江口村右岸纳平江。继续向西流折转西南流，于茅店镇信江村左岸纳桃江。贡水接纳平江和桃江后，流速变得平缓，扩展成河宽 500 米的大河。过桃江口向西流，经赣县梅林镇，至章贡区八境台，章江从左岸汇入。纳章江后始成赣江。赣江自八境台下曲折向北流 52 千米，过赣县储潭乡、湖江乡，于沙地镇西山村出境，进入吉安市境内。

赣江上游流经赣州市各县（市、区）。赣州境内主河道长 312 千米，河道纵比降 0.463‰。流域东南以武夷山脉为分水岭，与韩江流域为邻，东北临抚河流域的盱江、宜黄水，南以南岭山脉的大庾岭、九连山为界与珠江流域东江、北江相伴，西隔诸广山脉与湘江流域毗邻，向北流入吉安市境内。

赣江在赣州境内大于 2000 平方千米的支流有 8 条。其中湘水、濂江、梅江、平江、桃江、章江 6 条是赣江一级支流，琴江、章水为二级支流；小于 2000 平方千米大于 1000 平方千米的支流 3 条，澄江为赣江一级支流，东河、龙华江为赣江二级支流；小于 1000 平方千米大于 200 平方千米的支流 32 条。其中一级支流有古城河、九堡河、小溪 3 条，二级支流有 22 条，即大脑河、龙布河、长龙河、琳池河、黄陂河、会同河、固厚河、清塘河、禾丰河、涉水、太平河、渥江、廉江、黄田江、龙迳河、小河、西河、小坌水、大陂河、思顺河、崇义江、营前河，三级支流有横江、安西河、紫阳河、麻桑河、浮江河、赤土河、朱坊河等 7 条；小于 200 平方千米大于 50 平方千米的支流有 173 条。其中一级支流 18 条，二级支流 80 条，三级支流 64 条，四级支流 11 条；小于 50 平方千米大于 10 平方千米的支流 723 条。

龙山河

龙山河系赣江一级支流。龙山河发源于瑞金市大柏地乡黄泥峡，河源位于东经 116°05′，北纬 26°06′。自西北向东南流经溢前、院溪，与东面出自龙山水库的支流汇合后，过莲塘村大塘窝，于瑞金市叶坪乡岭子脑从右岸汇入赣江，河口位于东经 116°06′，北纬 25°58′。

流域似扇形，在瑞金市内。流域北面与琴江相邻，西依九堡河、黄柏河，东靠赣江干流，北入赣江。流域面积135平方千米，主河道长23千米，主河道纵比降4.42‰，流域平均高程326米，流域形状系数0.23。

地形以低山丘陵岗地为主。森林植被良好。上游河道稳定，河床多砾石；中下游为宽浅河道，河床多卵石、粗砂。属山区性河流。

合龙河

合龙河系赣江一级支流。合龙河发源于瑞金市日东乡陈埜水库上游，河源位于东经116°16′，北纬25°58′。自东北向西南流经陈埜、龙头、贡潭，至花生坪折向西北，经大胜村乌石嘴向西南，过合龙圩，于瑞金市合龙乡下胜潭左岸汇入赣江，河口位置为东经116°06′，北纬25°55′。

流域似扇形，在瑞金市境内。流域东隔武夷山脉与韩江相邻，南靠古城河，北依赣江干流，西入赣江。流域面积115平方千米，主河道长26千米，主河道纵比降3.07‰，流域平均高程321米，流域形状系数0.33。

地形以中低山丘陵为主。上游森林植被良好，中下游有中度水土流失。上游河道稳定，河床多砾石；中下游河道宽浅，河床多粗砂。属山区性河流。

古城河

古城河古称贡水，又称黄沙河，系赣江一级支流。古城河发源于福建省长汀县古城镇梁坑村，河源位于东经116°15′38.1″，北纬25°52′15.0″。自东北流向西南，经福建省古城镇，入江西省瑞金境内，过洋坊，于象湖镇八一居委会汇入赣江。河口位于东经116°2′17″，北纬25°52′6.3″。

流域范围涉及福建省长汀县古城镇，江西省瑞金市叶坪乡、象湖镇，面积200平方千米，其中福建省境内129.4平方千米，江西省境内70.6平方千米。流域地处东经116°02′～116°15′，北纬25°46′～25°55′。流域形状呈三角形，东、东南邻韩江水系汀江，西南邻赣江水系陶珠河，北毗赣江水系合龙河，西入赣江。主河道长55千米，主河道纵比降2.46‰。流域平均高程378米，流域形状系数0.30。

流域位于武夷山脉的西侧，地形以中低山丘陵盆地为主，东高西低。上游森林植被良好，河道稳定，河床多砾石；河流中下游有轻度水土流失，河道宽浅，河床多卵石、粗砂。属山区性河流。河源区山高坡陡，水系发达。流域内建有小（2）型水库1座。

安治河

安治河又称罗基河，系赣江一级支流。安治河发源于瑞金市泽潭乡江西凹，河源位于东经116°05′，北纬25°42′。自东南向西北流经泽潭，至达陂水口右岸纳陶珠水，经安治村，过南华水库，于瑞金市泽潭乡墓岭岗左岸汇入赣江，河口位于东经116°01′，北纬25°51′。

流域涉及江西省瑞金市、福建省长汀县古城镇，流域面积158平方千米，其中江西省境内137平方千米，福建省境内1平方千米，流域似扇形。流域东隔武夷山脉与韩江为邻，北毗古城河，南靠赣江支流黄田河，西入赣江。主河道长31千米，主河道纵比降5.11‰，流域平均高程 393 米，流域形状系数 0.18。

地形以中低山丘陵为主，流域最高处位于武夷山脉的火星崬，海拔 869 米，森林覆盖率高，植被良好。河道稳定，河床多砾石、卵石。属山区性河流。

兰田河

兰田河又称蓝田河，系赣江一级支流。兰田河发源于瑞金市拔英乡石水牛，河源位于东经 116°03′，北纬 25°33′。自东南向西北流经并门、大富、拔英、久益陂水库，在瑞金市谢坑乡圆崬脚下左岸汇入赣江，河口位于东经 115°53′，北纬 25°41′。

流域涉及江西省瑞金市、会昌县、福建省长汀县，流域面积 161 平方千米（其中江西省境内面积 157.7 平方千米），流域东邻韩江，南、北靠赣江支流，西入赣江。主河道长 41 千米，主河道纵比降 7.39‰，流域平均高程 500 米，流域形状系数 0.19。

流域地形以中低山丘陵盆地为主。上游森林覆盖率较高，植被良好，河流中下游有中度水土流失。上游河道稳定，河床多砾石；中游河道宽浅，河床多卵石、粗砂。属山区性河流。

湘水

湘水又称湘江、雁门水，寻乌县境内称为罗塘河，系赣江一级支流。湘水发源于福建省武平县东留乡上贵湖村，河源位于东经 115°56′32″，北纬 25°03′26″。湘水自东南流向西北，经寻乌县罗珊乡吴畲、珊贝、罗塘等村，在罗珊乡上津村铜锣坵左岸纳上津河后，从下寨进入会昌筠门岭镇元兴村，过江坪至羊角村。湘水出羊角村，流至被誉为“江南小蓬莱”的汉仙岩。1990 年建有羊子岩水库，水库大坝下游约 1 千米设有筠门岭水文站。湘水西行约 2 千米，至筠门岭镇。水流流向转为由南向北，蜿蜒曲折流至筠门岭镇坝仔左岸纳清溪河，后于筠门岭镇千江坡右岸纳半照河，前行约 11 千米至周田镇。在周田镇中心坝左岸纳石坝河，在五里坝右岸纳中村河，北行约 11 千米至站塘乡，于右岸接纳官丰河。蜿蜒前行 22 千米至麻州镇，在大坝村设有麻州水文站。继续向前流，在前丰村右岸纳永隆河，在文武坝镇杨梅江右岸纳板坑河。前行约 3 千米，从东面进入会昌县城，并在会昌县城文武坝镇黄坊村从左岸汇入赣江。河口位于东经 115°46′56″，北纬 25°36′21″。

流域涉及福建省武平县、江西省寻乌县和会昌县，面积 2033 平方千米（其中江西省内面积 1885 平方千米），地处东经 115°32′～116°02′，北纬 25°00′～25°37′。流域呈羽毛形状，东以武夷山脉为界与闽江水系石窟河相隔，西邻濂江，南毗珠江流域东江水系寻乌水，北入赣江。湘水主河道长 108 千米（其中江西省内河长 104 千米），主河道纵比降 1.53‰。流域平均高程 429 米，流域形状系数 0.37。

流域位于武夷山脉的西侧，中、上游部分在南岭盘古嶂山脉的东侧。上游属中低山区，筠门岭镇以下属丘陵区，下游属平原区。流域上游元兴村至筠门岭植被较好，青山环抱，河流中下游筠门岭至会昌县城河段水土流失较为严重。流域内山谷发育，河网密布。上游两岸为中低山，河道狭小曲折，水流湍急，河槽多呈“V”形。汉仙岩至羊子岩约 20 千米河段为丹霞地貌，奇峰夹岸，古树浓荫，茂林修竹，河道狭窄。筠门岭水文站断面主槽呈矩形。筠门岭镇以下，河面逐渐开阔。下游为宽浅“U”形河床，水流缓慢。筠门岭以上河段，河床多卵石和沙，以下河段河床多沙。

流域内流域面积小于200平方千米、大于或等于50平方千米以上的一级支流12条，小于50平方千米、大于10平方千米支流40条。流域内有中型水库1座（石壁坑水库），小（1）型、小（2）型水库40座。

上津河 上津河系赣江二级支流，湘水一级支流。上津河发源于寻乌县水源乡周畲村。河源位于东经115°38′，北纬25°11′。自西向东流经会昌县龙头畲族村，折返寻乌县澄江镇大墩，于寻乌县罗珊乡上津村铜锣蚯左岸汇入湘水，河口位于东经115°48′，北纬25°07′。

流域涉及寻乌、会昌2县，流域面积102平方千米，流域南依寻乌水，北邻湘水支流清溪河，东入湘水。主河道长26.2千米，主河道纵比降11.5‰，流域平均高程456米，流域平均坡度4.39米每平方千米，流域长度21.2千米，流域形状系数0.23。

流域地形以中低山为主。森林覆盖率高，植被良好。河道狭窄，河床以基岩、卵石和粗砂组成。属山区性河流。

清溪河 清溪河又称半岗河，系赣江二级支流，湘水一级支流。清溪河发源于会昌县清溪乡七姑坑上游、会昌县与安远县交界的盘古嶂，河源位于东经115°34′，北纬25°13′。自西南向东北流经清溪、梅子、半岗，于筠门岭镇白埠村左岸汇入湘水，河口位于东经115°46′，北纬25°17′。

流域涉及寻乌、会昌2县，流域面积111平方千米，流域南邻上津河、寻乌水，西靠大脑河，北依石坝河，东入湘水。主河道长38米，主河道纵比降10.9‰，流域平均高程538米，流域形状系数0.19。

流域地形以中低山为主。上游植被较好，中下游植被较差，水土流失严重。上游河道狭窄，河道落差大，河床多砾石，下游河床多粗砂。属山区性河流。

半照河 半照河系赣江二级支流，湘水一级支流。半照河发源于武夷山脉的会昌县洞头乡大段尾，河源位于东经115°57′，北纬25°16′。自东向西流经洞头乡河头、长岭乡大照、筠门岭乡半照，于会昌县筠门岭乡千江坡右岸汇入湘水，河口位于东经115°46′，北纬25°17′。

流域在会昌县境内，流域面积103平方千米，流域东邻韩江，南、北与湘水支流相伴，西入湘水。主河道长32千米，主河道纵比降11.0‰，流域平均高程520米，流域形状系数0.27。

流域地形以中低山为主。流域上游植被良好，流域中下游植被较差。上游河道狭窄，水流湍急，河床多砾石；下游河床多粗砂，属山区性河流。

石坝河 石坝河系赣江二级支流，湘水一级支流。石坝河发源于安远县蔡坊乡洞头上游的乌石嶂，河源位于东经115°33′，北纬25°15′。自西南向东北流入会昌县境，经雷公坝水库、西园，于会昌县周田乡中心坝左岸汇入湘水，河口位于东经115°45′，北纬25°20′。

流域涉及安远、会昌县，流域面积163平方千米，流域南邻清溪河，西毗大脑河，北依濂江支流、湘水支流，东入湘水。主河道长31千米，主河道纵比降10.9‰，流域平均高程500米，流域形状系数0.31。

流域地形以中低山为主。流域上游植被较好，下游较差，水土流失较严重。上游山体陡峭，河道狭窄，水流湍急，河床多砾石、卵石；下游河床多卵石、粗砂。属山区性河流。

中村河 中村河系赣江二级支流，湘水一级支流。中村河发源于武夷山余脉、会昌县洞头乡樟脑山，河源位于东经115°57′，北纬25°18′。自东南向西北流经洞头、洞下、中村、洋光、半溪，于会昌县中村乡五里坝右岸汇入湘水，河口位于东经115°46′，北纬25°22′。

流域在会昌县境内，流域面积103平方千米，流域南邻半照河，北毗官丰河，西入湘水。主河道长26千米，主河道纵比降10.7‰，流域平均高程488米，流域形状系数0.27。

流域地形以中低山丘陵为主，流域植被良好。河系发达，支流众多，上游山体陡峭，河道狭窄，水流湍急，河床多砾石；下游河床多卵石。属山区性河流。

官丰河 官丰河系赣江二级支流，湘水一级支流。官丰河发源于武夷山脉的会昌县洞头乡山坑，河源位于东经115°56′，北纬25°18′。自东南向西北流经洞头乡燕光、中村乡小燕、站塘乡罗坊，于会昌县站塘乡站塘右岸汇入湘水，河口位于东经115°48′，北纬25°25′。

流域涉及江西省会昌县、福建省武平县，流域面积162平方千米（其中江西省境内面积160平方千米），流域东邻韩江，北毗永隆河，南依中村河，西入湘水。主河道长40千米，主河道纵比降8.33‰，流域平均高程465米，流域形状系数0.24。

流域地形以中低山丘陵为主，森林茂密，植被良好。河系发达，支流众多。上游山体陡峭，河道狭窄，水流湍急，河床多砾石；下游河床多卵石、粗砂。属山区性河流。

永隆河 永隆河系赣江二级支流，湘水一级支流。永隆河发源于福建省武平县大禾乡坪坑村风洞凹，河源位于东经116°02′，北纬25°26′。自东南向西北流入江西境内，经会昌县富城乡南缘进入永隆乡，复折返富城乡，于会昌县麻州乡小河背右岸汇入湘水，河口位于东经115°47′，北纬25°28′。

流域涉及江西省会昌县、福建省武平县，流域面积195平方千米（其中江西省境内面积184.5平方千米），流域东邻韩江，北依板坑河，南靠官丰河，西入湘水。主河道长44千米，主河道纵比降6.40‰，流域平均高程488米，流域形状系数0.30。

流域地形以中低山丘陵为主，森林茂密，植被良好。上游河道狭窄，水流湍急，河床多砾石；下游河床多卵石、粗砂。属山区性河流。

板坑河 板坑河系赣江二级支流，湘水一级支流。板坑河发源于武夷山脉的会昌县富城乡田心，河源位于东经116°02′，北纬25°33′。自东向西流经板坑、石壁坑水库，于会昌县文武坝乡杨梅川右岸汇入湘水，河口位于东经115°48′，北纬25°35′。

流域涉及江西省会昌县、福建省武平县，流域面积166平方千米（其中锦州市境内面积165.3平方千米），流域东毗韩江，南邻永隆河，北靠赣江支流兰田河，西入湘水。主河道长41千米，主河道纵比降5.91‰，流域平均高程462米，流域形状系数0.17。

流域地形以中低山为主，森林茂密，植被良好。上游河道狭窄，水流湍急，河床多砾石；下游河床多卵石、粗砂。属山区性河流。

洛口河

洛口河系赣江一级支流。洛口河发源于都县于阳乡新屋坳，河源位于东经115°40′，北纬25°51′。自北向南流入会昌县，至庄口乡鱼滩折转向西，于会昌县庄口乡洛口圩右岸汇入赣江，河口位于东经115°40′，北纬25°45′。

流域涉及于都县、会昌县，流域面积137平方千米，流域东、北靠九堡河，西依赣江，南入赣江。主河道长 26 千米，主河道纵比降 2.47‰。流域平均高程 247 米，流域平均坡度 1.62 米每平方千米，流域长度 19.5 千米，流域形状系数 0.37。

流域地形以低山丘陵为主。植被较差，水土流失较严重。河道狭窄、弯曲，水流湍急，河床组成主要为砾石、粗砂。属山区性河流。

濂江

濂江又称梅林江、安远江、濂水，系赣江一级支流。濂江发源于安远县高云山乡沙含村，河源位于东经 115°29′08″，北纬 25°07′35″。濂江由东南流向西北，经碛背电站、欣山镇濂丰村至水口，转向西流至秤钩潭，转向南流经下庄至安子栋林场。转向西北流，经古田村至车头镇龙竹村左岸纳江头河，转向东北流，经龙头村过湘洲水电站、版石水轮泵站，在版石乡竹高村设有羊信江水文站。经领东水轮泵站至蔡坊乡仕湖村委会新邦村右岸接纳大脑河，至重石乡左岸纳阳光河。河出重石乡，到鲤鱼石水电站，过天心镇心怀村河口左岸纳龙布河、至滑石江右岸纳天心河，经筫笃村，绕长沙乡，至大石下右岸接纳团龙河，过光明村，进入会昌县晓龙乡里田村，河流转向北流。过晓龙乡所在地，转西北流至晓龙乡桂林村。上游建有上罗水库，出水库流至桂林村于左岸纳长龙河，经晓龙乡下秋龙村一急弯后进入于都县盘古山镇大坟脑。过靖石乡大湾口村后，在长赖村建有渔翁埠水库，河流转向东北流，经老村头、桥头坪、良纯、潮石村进入会昌县庄埠乡，经庄埠乡寨富、禾坪下，转向西流经大门滩，至庄口镇小坝村从左岸汇入赣江，河口位于东经 115°38′19″，北纬 25°44′22″。

流域范围涉及安远县、会昌县、于都县，流域面积 2338 平方千米，地处东经 115°12′～115°39′，北纬 25°03′～25°48′。流域形状呈菱形，东邻湘水，西靠小溪和桃江支流小坌河、东河，南依东江水系定南水，北入赣江。濂江主河道长 151 千米，主河道纵比降 1.09‰。流域平均高程 385 米，流域形状系数 0.38。

流域位于南岭九龙嶂、盘古嶂山脉的北面，雩山山脉余脉的东部。地形以中低山、丘陵为主，地势南高北低，流域植被良好。水系发达，河网密布。河道狭窄曲折，水流湍急。上游河道平均宽度约 50 米，河床多砾石；下游河宽 58～95 米，河床多卵石、粗砂。渔翁埠水库以下河段河道弯曲宽浅。属山区性河流。

流域内流域面积小于 1000 平方千米、大于或等于 200 平方千米以上一级支流 3 条；小于 200 平方千米、大于或等于 50 平方千米以上支流 11 条，其中一级支流 8 条、二级支流有 3 条；小于 50 平方千米、大于 10 平方千米支流 43 条。流域内有中型水库 2 座（渔翁埠水库、菜坊水库），小（1）型、小（2）型水库 37 座。

江头河 江头河又称五渡水、甲江河，系赣江二级支流，濂水一级支流。江头河发源于安远县镇岗乡高峰村，河源位于东经 115°14′，北纬 25°03′。向北流经安远县新龙乡坪岗村上偏山，绕过江头圩向东北流，经新龙乡永镇桥，在新龙乡肖屋排右岸纳里田水，于安远县车头镇龙竹村左岸汇入濂水，河口位于东经 115°20′，北纬 25°11′。

流域在安远县境内，流域面积 168 平方千米，流域南与定南水为邻，西毗桃江支流龙迳河、东河，东北入濂江。主河道长 30 千米，主河道纵比降 8.69‰。流域平均高程 461 米，流域形状系数 0.38。

流域地形以中低山丘陵为主，森林资源丰富，植被良好。河系发达，上游沿河两岸山体陡峭，河道狭窄，水流湍急，河床多砾石；下游河床多卵石、粗砂。属山区性河流。

大脑河 大脑河又称蔡坊河，系赣江二级支流，濂江一级支流。大脑河发源于安远县高云山乡官铺村，河源位于东经115°31′47″，北纬25°07′19″。自东南流向西北，经高云山乡沙含村，至圩岗畲族村右岸纳圩岗河，转向北流，进入高云山电站水库，出库后在根背村右岸纳方洞河，经黄沙电站水库，出库后转向西北流经中心潭，至九角村右岸纳接黄地河，进入蔡坊水库，蜿蜒流至蔡坊乡所在地，在蔡坊乡老好村左岸纳铁山河，至仕湖村委会新邦村右岸汇入濂江。河口位于东经115°24′20″，北纬25°19′20″。

流域在安远县境内，流域面积225平方千米，地处东经115°24′～115°34′，北纬25°07′～25°19′。流域形状呈梯形，东邻湘水，南依东江水系定南水，北毗濂江支流天心河，西入濂江。大脑河主河道长44千米，主河道纵比降8.93‰。流域平均高程544米，流域形状系数0.28。

流域地处中低山、丘陵区。源区崇山峻岭，群峰高耸。河流发育于高山沟壑之中，流淌于峡谷岩石之间，森林资源丰富，植被良好。上游沿河两岸山体陡峭，河道狭窄，水流湍急，河床多砾石；下游河道渐宽，两岸群山连绵，河床多卵石、粗砂。属山区性河流。

流域内流域面积小于200平方千米、大于或等于50平方千米以上的一级支流1条，小于50平方千米、大于10平方千米支流3条。流域内有中型水库1座，小（1）型、小（2）型水库4座。

阳光河 阳光河又称重石河，系赣江二级支流，濂水一级支流。阳光河发源于安远县与信丰县交界的山子云脑，河源位于东经115°18′，北纬25°24′。东北流经安远县龙布乡阳光村大屋，后向东南流入重石乡，至重石圩纳虎蟠水，于重石乡围上入濂水，河口位于东经115°25′，北纬25°23′。

流域在安远县境内，流域面积102平方千米，流域南依濂江，北靠龙布河，西毗桃江东河，东入濂江。主河道长18千米，主河道纵比降13.0‰，流域平均高程336米，流域形状系数0.64。

流域地处中低山丘陵区，人稀田少，森林资源丰富，植被良好。上游沿河两岸山体陡峭，河道狭窄，水流湍急，河床多砾石；下游河床多卵石、粗砂。属山区性河流。

龙布河 龙布河系赣江二级支流，濂江一级支流。龙布河发源于安远县双芫乡合头村，河源位于东经115°14′51″，北纬25°31′50″。自西北向东南流，在双芫乡右岸纳石寮水。过石寮水河口，龙布河转向东流，至龙布镇上林村左岸纳小土河。过小土河口，龙布河蜿蜒向东南流经龙布镇、浮槎乡长河村，转向西南流绕过长河村山岭上的长河塔、金沙的长潭庵，转向东南流经金塘、长布，在天心镇心怀村委会河口村从左岸汇入濂江。河口位于东经115°28′40″，北纬25°25′48″。

流域在安远县境内，流域面积201平方千米，地处东经115°13′～115°29′，北纬25°26′～25°34′。流域形状呈长方形，西邻桃江支流小坌水，北依长龙河，南毗濂江支流阳光河，东入濂江。龙布河主河道长55千米，主河道纵比降2.69‰。流域平均高程358米，流域形状系数0.21。

流域地处中低山、丘陵区。森林资源丰富，植被较好。上游河道较狭窄，多成“∽”形连续弯曲，在龙布镇老圩村至金塘村河段还形成一“几”字形弯道。两岸群山连绵，林木葱茏，水流湍急，河床多砾石；下游河道渐宽，两岸山体低矮。河床多卵石、粗砂。属山区性河流。

流域内流域面积小于50平方千米、大于10平方千米的支流3条，有小（1）型、小（2）型水库2座。

天心河 天心河系赣江二级支流，濂水一级支流。天心河发源于安远县岽坑乡双门背，河源位于东经115°34′，北纬25°18′。自东南向西北流经岽坑圩、天心圩，于安远县天心乡滑石江右岸汇入濂江，河口位于东经115°28′，北纬25°24′。

流域涉及安远县、会昌县，流域面积126平方千米，流域东南靠湘水石坝河，西南邻大脑河，东北毗团龙河，西北入濂江。主河道长27千米，主河道纵比降7.00‰，流域平均高程355米，流域形状系数0.44。

流域地处中低山丘陵区，森林茂密，植被良好。上游河道较狭窄，水流湍急，河床多砾石；下游河床多卵石、粗砂。属山区性河流。

团龙河 团龙河系赣江二级支流，濂水一级支流。团龙河发源于安远县天心镇高坑村江下，河源位于东经115°37′，北纬25°22′。自南向西北流入会昌县境内，过团龙纳高排水，折返安远县域，经长沙乡千工陂，于长沙乡石嘴头右岸汇入濂江，河口位于东经115°32′，北纬25°30′。

流域涉及安远县、会昌县，流域面积134平方千米，流域东靠湘水，西南邻天心河，北毗晓龙河，西入濂江。主河道长26千米，主河道纵比降6.06‰，流域平均高程362米，流域形状系数0.31。

流域内地形以中低山丘陵为主，森林茂密，植被良好。上游河道较狭窄，水流湍急，河床多砾石；下游河床多卵石粗砂。属山区性河流。

长龙河 长龙河又称桂林河、塘村水，系赣江二级支流，濂江一级支流。长龙河发源于安远县塘村乡上龙村，河源位于东经115°16′58″，北纬25°34′08″。自西北向东南流，流经安远县塘村乡塘村、塘村乡所在地。河流过白兔村，转向东流，在马河坝左岸纳三角塘河，在浮槎乡槎江村左岸纳上塘河，蜿蜒流经浮槎乡所在地。过浮槎乡，转向北流，在于都县盘古山镇七古潭村左岸纳大坑河。出七古潭村转向东流，在长龙村左岸纳仁风河，至会昌县晓龙乡桂林村从左岸汇入濂江。河口位于东经115°31′01″，北纬25°35′30″。

范围涉及安远县、于都县、会昌县，流域面积286平方千米，地处东经115°17′～115°31′，北纬25°31′～25°43′。流域呈菱形，北邻小溪，南毗龙布河，西依小垈水，东入濂江。长龙河主河长46千米，主河道纵比降4.59‰。流域平均高程425米，流域形状系数0.47。

流域地形以中低山、丘陵为主。安远县塘村乡以上河段植被良好，河道陡窄，河流流淌于山间峡谷中，水流湍急。河床多砾石。塘村乡以下河段河道渐宽，两岸低山连绵，河床相对平坦，水流渐缓，河床多为粗细砂。属山区性河流。

流域内流域面积小于200平方千米、大于或等于50平方千米以上的一级支流1条，小于50平方千米、大于10平方千米的支流4条。流域内有小（1）型、小（2）型水库3座。

仁凤河 仁凤河系赣江三级支流，濂江二级支流，长龙河一级支流。仁凤河发源于都县古山镇与祁禄山乡交界的密石顶，河源位于东经115°22′，北纬25°41′。自西北向东南流经盘古山镇，至合江圩左岸注入长龙河，河口位于东经115°29′，北纬25°35′。

流域在于都县境内，流域面积135平方千米，流域东靠濂江，西邻小溪河，北毗禾丰河，南入长龙河。北主河道长28千米，主河道纵比降11.0‰，流域平均高程504米，流域平均坡度4.77米每平方千米，流域形状系数0.29。

流域内地形以中低山丘陵为主，上游有小面积的半原始常绿阔叶林，下游植被较差。河道狭窄，水深流急。河床主要为粗砂与细沙。属山区性河流。

澄江河

澄江河又称九堡河、西江河，也称黄龙河、西江，系赣江一级支流。澄江河发源于瑞金市大柏地乡小岭村，河源位于东经115°59′02″，北纬26°05′39″。澄江河由北向南流，在三河村进入九堡镇，蜿蜒向西南流经云石山，过云石山乡，转向西进入会昌县西江镇莲石村。经西江镇，向西北流过西江背坑至见潭村，在会昌县小密乡流入瑞金万田乡雷王潭。向西流至于都县黄麟乡太南村右岸纳万田河，向西北流至黄麟乡岭下村从右岸汇入赣江。河口位于东经115°34′29″，北纬25°56′35″。

流域范围涉及瑞金市、会昌县、于都县，流域面积1010平方千米，地处东经115°35′～116°00′，北纬25°42′～26°07′。流域形状呈“L”形，西毗梅江，北邻琴江，东、南面邻赣江。澄江河主河道长89千米，主河道纵比降1.52‰。流域平均高程301米，流域形状系数0.28。

流域地形以平原岗地为主，山低谷浅，地势开阔。植被较差，水土流失严重，河床泥沙淤积，滩多弯急，水浅流缓，河宽30～50米，两岸夹有小块冲积平原，常受洪涝危害。河流流经会昌县西江背坑地段后，两岸石山耸立，河道狭窄，河宽约20米，洪水时出现壅水现象，西江乡背坑以下河道逐渐变宽，河宽40～70米，河床多卵石、粗细砂。

流域内流域面积小于200平方千米、大于或等于50平方千米以上的一级支流4条，小于50平方千米、大于10平方千米的支流22条。流域内有小（1）型、小（2）型水库26座。

万田河 万田河系赣江二级支流，九堡河一级支流。万田河发源于都县沙心乡大坑尾，河源位于东经115°48′，北纬26°02′。自北向南流经瑞金市万田乡，再入于都县黄麟乡，于圆灯下右岸注入九堡河，河口位于东经115°42′，北纬25°54′。

流域涉及于都县、瑞金市，流域面积118平方千米，流域东依九堡河，西、北靠梅江，南入九堡河。主河道长25千米，主河道纵比降4.23‰，流域平均高程292米，流域形状系数0.41。

流域内地形以低山丘陵为主，植被较差。上游河谷深切，河道弯曲，河宽约20米，下游河道宽浅，河宽约50米，河床多沙。属山区性河流。

梅江

梅江古称汉水，又称梅川、宁都江，系赣江一级支流。梅江发源于宁都县肖田乡朗源村，河源位于东经116°03′25″，北纬27°07′47″。梅江自源头向南流，经肖田乡所在地，流入团结水库。出团结水库，在洛口镇洛口村右岸纳琳池河。河出洛口镇，向西南流，在东山坝镇大布村右岸纳黄陂河。经石上镇所在地，至宁都县梅江镇北门村左岸纳会同河，其下游约

2千米设有宁都水文站。在宁都县城右岸有黄贯河汇入。河出宁都县城，继续向西南流，在宁都县竹笮乡松湖村左岸纳固厚河，在宁都县黄石镇江口村左岸纳琴江，蜿蜒西南行过大雅坪，于瑞林镇山溪村进入瑞金市境。继续西南流过上长洲水库，转西行2千米经瑞林镇、留金坝水库，进入于都县葛坳乡。在龙井村右岸纳清塘河。转向西南流经于都县汾坑村，其下游500米设有汾坑水位站。经西洋、河边至寒信转向西流，经段屋乡所在地，在于都县岭背镇桃坑右岸纳仙下河，蜿蜒转向西南，流淌至于都县贡江镇金桥村龙舌嘴从右岸注入赣江。河口位于东经115°26′35″，北纬25°58′31″。

流域范围涉及宁都县、石城县、瑞金市、于都县，流域面积7104平方千米，地处东经115°22′～116°38′，北纬25°58′～27°09′。流域形状呈“丫”字形，东邻抚河、闽江水系翠江，西靠平江、孤江、乌江，北毗抚河、临水，南依九堡河、赣江。梅江主河长231千米，主河道纵比降4.8‰。流域平均高程345米，流域形状系数0.35。

流域位于武夷山山脉西侧，雩山山脉的东侧。地形以中低山丘岗地为主，河网密布，水资源丰富。从王陂嶂到朗际附近河道呈阶梯状，最大级差10～13米，最小级差1.5米左右，每阶梯均冲有深潭，河床多为卵石组成。肖田乡以下沿河到处可见沙丘堆积，河床内多为粗细砂粒堆积物。每遇暴雨引起河水猛涨，泥沙随流而下，河道淤塞日趋严重。两岸多为花岗岩与红砂岩区域，风化较深，山岭光秃，林木稀少。洛口镇至宁都县城，河道宽浅，沿岸多为红砂岩、变质岩和风化花岗岩，植被较差，土壤侵蚀剧烈，水土流失较为严重。大雅坪至瑞林镇，河道穿行于崇山峻岭之中，河床内礁石棋布，亦有礁石裸露，岸线曲折。于都县内河道宽浅，两岸多丘陵，间有宽阔阶地，多系红砂岩、变质岩和风化花岗岩，植被较差，土壤侵蚀剧烈，是水土流失较严重地区。

流域内流域面积大于或等于2000平方千米的一级支流1条；小于1000平方千米、大于或等于200平方千米以上的支流6条，其中一级支流5条、二级支流1条；小于200平方千米、大于或等于50平方千米以上的支流42条，其中一级支流16条、二级支流24条、三级支流2条；小于50平方千米、大于10平方千米的支流137条。流域内有大型水库1座（团结水库），中型水库6座（上长洲水库、留金坝水库、老埠水库、竹坑水库、岩岭水库、下栏水库），小（1）型、小（2）型水库243座。

琳池河　琳池河又称上西江，系赣江二级支流，梅江一级支流。琳池河发源于宁都县东韶乡汉口村，河源位于东经115°52′07″，北纬26°54′18″。自西北流向东南，在东韶乡湾里村右岸纳南团河，在东韶乡琳池村左岸纳水南河，河流向东流，在东韶乡永乐村左岸纳东韶河。蜿蜒转向东南流，在洛口镇球田村右岸纳球田河，至洛口镇洛口村从右岸汇入梅江。河口位于东经116°04′16″，北纬26°51′16″。

流域涉及永丰县、宁都县，流域面积216平方千米，地处东经115°52′～116°05′，北纬26°49′～26°58′。流域形状呈椭圆形，北邻梅江水系横江，南毗黄陂河，西邻乌江，东入梅江。琳池河主河道长36千米，主河道纵比降9.15‰。流域平均高程423米，流域形状系数0.34。

流域地形以中低山丘陵为主，森林植被良好。琳池河上游河道弯曲陡窄，水流湍急紊乱，河床多砾石，河宽约20～40米。中下游河道渐宽浅，河床多砾石和粗细砂，低枯水时串沟较多，河宽约40～60米。属山区性河流。

流域内流域面积小于200平方千米、大于或等于50平方千米以上的一级支流1条，小于50平方千米、大于10平方千米的支流4条。流域内有小（1）型、小（2）型水库4座。

黄陂河 黄陂河古称下西江，系赣江二级支流，梅江一级支流。黄陂河发源于宁都县蔡江乡大坑村，河源位于东经115°51′29″，北纬26°34′57″。河出源区向西流，经双溪转向北流经蔡江乡所在地，在蔡江乡池江背左岸纳枧田河，过黄陂镇山堂村，折转向东，经黄陂镇所在地，在黄陂镇潭口左岸纳小布河，向东北流至黄陂镇排下村，再向东北在钓峰乡东山下村右岸纳高田河、在韶口村左岸纳下沾河。向东转东北，经小源、斜下，至东山坝镇大布村从右岸汇入梅江。河口位于东经116°03′59″，北纬26°45′55″。

流域在宁都县境内，流域面积759平东方千米，地处东经115°43′～116°05′，北纬26°34′～26°55′。流域形状呈扇形。东靠梅江，西邻孤江，北毗琳池河，南依清塘河。黄陂河主河道长59千米，主河道纵比降2.18‰。流域平均高程382米，流域形状系数0.44。

流域地形以低山丘陵为主。森林植被较差，水土流失严重。黄陂镇以上河道陡窄，水流湍急，河床多为卵石堆积组成。河流中下游河道弯曲宽浅，两岸地势开阔，河床多为粗细砂，河宽约80～150米。属山区性河流。

流域内流域面积小于200平方千米、大于或等于50平方千米以上的一级支流4条，小于50平方千米、大于10平方千米的支流17条。流域内有小（1）型、小（2）型水库13座。

小布河：小布河又称小浦河，系赣江三级支流，梅江二级支流，黄陂河一级支流。小布河发源于宁都县小布乡何树下，河源位于东经115°48′，北纬26°52′。自北向南流经小布乡，于黄陂乡潭口左岸汇入黄陂河，河口位于东经115°52′，北纬26°42′。

流域在宁都县，流域面积107平方千米，流域北靠乌江，西邻孤江，东毗下沾河，南入黄陂河。主河道长25千米，主河道纵比降8.01‰，流域平均高程473米，流域形状系数0.26。

流域地形以中低山丘陵为主。上游森林植被良好，下游植被较差。河流上游河道窄深，河床多砾石；中下游河道宽浅，河床多沙。属山区性河流。

下沾河：下沾河系赣江三级支流，梅江二级支流，黄陂河一级支流。下沾河发源于宁都县小布乡七木迳，河源位于东经115°52′，北纬26°55′。自西北向东南流入洛口乡，经麻田向南再入钓峰乡，经下沾，于宁都县钓峰乡韶口左岸汇入黄陂河，河口位于东经115°57′，北纬26°45′。

流域在宁都县，流域面积119平方千米，流域北靠乌江，东毗琳池河，西邻小布河，南入黄陂河。主河道长35千米，主河道纵比降8.13‰，流域平均高程473米，流域形状系数0.19。

流域地形以中低山丘陵为主。上游森林植被良好，下游植被稍差。河流上游河道窄深，河床多砾石；中下游河道宽浅，河床多沙。属山区性河流。

安福河 安福河古称桃江，系赣江二级支流，梅江一级支流。安福河发源于宁都县刘坑乡狮子崠，河源位于东经115°56′，北纬26°33′。自西向东流经雪竹村，至罗江村向北流入安福乡，与北支汇合后，向东流入石上镇，于莲湖村右岸汇入梅江，河口位于东经116°03′，北纬26°35′。

流域在宁都县，流域面积119平方千米，流域西邻清塘河，北依黄陂河，南毗梅江支流竹坑河，东入梅江。主河道长度23千米，主河道纵比降8.93‰，流域平均高程362米，流域形状系数0.49。

流域内地形以低山丘陵岗地为主。属山区性河流。

会同河 会同河古称下东江，系赣江二级支流，梅江一级支流。会同河发源于宁都县湛田乡大富足村，河源位于东经116°15′43″，北纬26°35′02″。河出源区向西流，经大富竹村进入青山水库，出水库过青山电站，至湛田乡所在地于右岸纳井源水。转向西南流经谢家坊，在会同乡腰田村左岸纳小会同河，继续向西南流，经桐口在宁都县梅江镇北门村从左岸汇入梅江。河口位于东经116°01′33″，北纬26°29′01″。

流域范围涉及广昌县、宁都县，流域面积286平方千米，地处东经116°01′～116°16′，北纬26°27′～26°40′。流域呈矩形，东、北靠抚河，南毗固厚河，西入梅江。会同河主河道长36千米，主河道纵比降4.49‰。流域平均高程416米，流域形状系数0.35。

流域地形以中低山丘陵岗地为主，流域最高处位于中游边界的武华山，海拔1081米，森林植被良好。河流为宽浅顺直型河道，河床为细砂，平均河宽约30米。属山区性河流。

流域内流域面积小于200平方千米、大于或等于50平方千米以上的一级支流1条，小于50平方千米、大于10平方千米的支流7条。流域内有小（1）型、小（2）型水库9座。

固厚河 固厚河又称白沙江，系赣江二级支流，梅江一级支流。固厚河发源于石城县小松镇胜和村，东经116°14′16″，北纬26°32′45″。出源头流向东南，蜿蜒经过石城县小松镇胜和村、罗溪村。转向西南在洋和岭进入宁都县境，经宁都县田埠乡所在地、武里、明坑，在固厚乡右岸纳凤凰河。出固厚乡至蜀田，转西北。经走马陂水陂，果子园、上南、赖坊、法沙，在竹笮乡新街村从左岸汇入梅江。河口位于东经116°00′15，北纬26°22′23″。

流域范围涉及石城县和宁都县，流域面积398平方千米，地处东经116°00′～116°17′，北纬26°18′～26°33′。流域呈矩形。东、南邻琴江，北毗会同河，西入梅江。固厚河主河道长71千米，主河道纵比降2.65‰。流域平均高程401米，流域形状系数0.30。

流域地形以低山丘陵为主。植被较差。河流中下游为宽浅河道，河床为细砂。属山区性河流。

流域内流域面积小于200平方千米、大于或等于50平方千米以上的一级支流1条，小于50平方千米、大于10平方千米的支流10条。流域内有小（1）型、小（2）型水库5座。

琴江 琴江古称白鹿江，又称牛牯水，系赣江二级支流，梅江一级支流。琴江发源于石城县高田镇胜江村，东经116°34′17″，北纬26°31′52″。琴江出源头向西南经胜江、新坪至高田镇，转向南流至丰山乡养和村左岸纳岩岭河。向西南流经丰山乡所在地、下湘至土围下右岸纳大琴河。蜿蜒流淌至琴江镇坝口村右岸纳石田河。折向南流过石城水文站、石城县琴江镇，转西南流过屏山镇长溪村左岸纳横江。至街上转向西流经庙子潭水文站，来到大由乡所在地。河道蜿蜒向西北曲折前行，在大由乡龙下渡进入宁都县境。曲行至固村镇迳里左岸纳王坊河，流经三门滩水库，出水库5千米至龙滩。继续西北流经长胜镇、回龙滩，由西南转向北流入宁都县黄石镇江口村从左岸汇入梅江。河口位于东经115°56′40″，北纬26°16′58″。

流域范围涉及石城县、宁都县、瑞金市、福建省宁化县，流域面积2112平方千米，地处东经115°56′～116°38′，北纬26°02′～26°36′。流域形状呈“T”形。北靠固厚河、抚河，东毗闽江水系九龙溪，南邻赣江，西入梅江。琴江主河长144千米，主河道纵比降1.17‰。流域平均高程373米，流域形状系数0.27。

流域位于武夷山山脉西侧，地形以低山岗地为主。上游森林植被良好，河道落差大，水流湍急，河道狭小，河床多砾石，河宽一般在50米以下；中下游两岸多为低山与冲积台地，植被较差，水土流失较严重。河道平缓，河宽一般100～200米，最宽处300米，河床多砂石和砾石。三门滩水库下游有龙滩，长胜镇有回龙滩，地势亦险要，自古舟楫难行。

流域内流域面积小于1000平方千米、大于或等于200平方千米以上的一级支流1条。小于200平方千米、大于或等于50平方千米以上的一级支流15条，其中一级支流13条，二级支流2条。小于50平方千米、大于10平方千米的支流39条。流域内有中型水库1座（岩岭水库），小（1）型、小（2）型水库65座。

岩岭水：岩岭水系赣江三级支流，梅江二级支流，琴江一级支流。岩岭水发源于江西与福建两省交界武夷山脉石城县岩岭乡大秀村，河源位于东经116°38′，北纬26°28′。自东北向西南流，经上柏，岩岭入岩岭水库，出水库经石城县丰山乡福村村从左岸汇入琴江。河口位于东经116°29′，北纬26°26′。

流域涉及江西省石城县、福建省宁化县，流域面积98.6平方千米（其中江西省境内面积91.3平方千米），主河道长24千米，主河道纵比降16.7‰，流域形状系数0.57。

流域地形以中低山岗地为主，森林植被良好。河道狭窄，水流湍急，上游河床多砾石，下游河床多粗砂。属山区性河流。

大琴江：大琴江系赣江三级支流，梅江二级支流，琴江一级支流。大琴江发源于石城县木兰乡上曲，河源位于东经116°30′，北纬26°33′。自北向南流经东坑、新河、陈联，过高田镇琴生，入丰山乡，经大琴至垅下纳木兰河，于石城县观下乡溪岸坪右岸汇入琴江，河口位于东经116°23′，北纬26°23′。

流域在石城县，流域面积148平方千米，流域北靠抚河，西邻石田河，东依琴江，南入琴江。主河道长35千米，主河道纵比降6.01‰，流域平均高程374米，流域形状系数0.26。

流域地形以中低山岗丘陵为主，森林植被较好。河道狭窄，水流湍急，上游河床多砾石，下游河床多粗砂。属山区性河流。

石田河：石田河系赣江三级支流，梅江二级支流，琴江一级支流。石田河发源于石城县小松镇温古坑，河源位于东经116°15′，北纬26°32′。自西北向东南流经大创水库、桐江、许坊、蜀口、石田、瑶上，入观下乡，至望东源纳长乐河，于坝口村右岸汇入琴江，河口位于东经116°22′，北纬26°22′。

流域在石城县，流域面积182平方千米，流域北靠抚河，西邻固厚河，东毗大琴江，南入琴江。主河道长30千米，主河道纵比降6.44‰。流域平均高程356米，流域形状系数0.33。

流域地形以低山丘陵岗地为主，森林植被较好。上游河谷深切，河道弯曲，水流湍急，河床多砾石；下游属宽浅河道，河床多粗砂。属山区性河流。

横江：横江又称横江河，系赣江三级支流，梅江二级支流，琴江一级支流。横江发源于福建省宁化县治平畲族乡泥坑村，河源位于东经116°28′54″，北纬26°05′26″。横江由东南向西北流，至福建省宁化县淮土乡三峰寨流入江西省石城县境，在石城县横江镇小姑村左岸纳桩背河。折向西流，经齐贤在流家车村左岸纳沽溪，来到横江镇所在地。在横江镇猫山下左岸纳罗溪，转向西北流，经丹阳、平阳，在横江镇杈口村右岸纳楼下河，至屏山镇长溪村从左岸汇入琴江。河口位于东经116°17′21″，北纬26°11′14″。

流域涉及福建省宁化县、江西省石城县，流域面积220平方千米，地处东经116°17′～116°32′，北纬26°03′～26°13′。流域呈梯形，西、北毗琴江，南邻赣江，东靠闽江水系九龙溪。横江主河长47千米，主河道纵比降4.51‰。流域平均高程422米，流域形状系数0.27。

流域地形以低山岗地为主，上游河谷深切，河道弯曲，水流湍急，河床多砾石；下游属宽浅河道，河床多粗砂。属山区性河流。

流域内流域面积小于50平方千米、大于10平方千米的支流5条。

王坊河：王坊河系赣江三级支流，梅江二级支流。琴江一级支流。王坊河发源于瑞金市大柏地乡连子塘，河源位于东经115°58′，北纬26°07′。自西南向东北流经瑞金市大柏地乡杨梅水库、元坑、宁都县固村乡首塅、王坊，于鸡婆窝左岸汇入琴江，河口位于东经116°09′，北纬26°13′。

流域涉及瑞金市、宁都县，流域面积124平方千米，流域南邻九堡河、龙山河，西毗梅江，北、东依琴江，东北入琴江。主河道长42千米，主河道纵比降3.88‰，流域平均高程331米，流域形状系数0.22。

流域地形以低山丘陵岗地为主。森林覆盖率低，植被较差。上游河谷深切，河道弯曲，下游河道宽浅，河床主要由细砂组成。属山区性河流。

元田河 元田河系赣江二级支流，梅江一级支流。元田河发源于瑞金市冈面乡安子山，河源位于东经115°50′，北纬26°02′。自西南向东北流经陈坑、渡头、店背、罗陂、上田，进入瑞林乡，至元田村大布岗右岸纳里迳河，北流元田，于岭子脑左岸汇入梅江，河口位于东经115°53′，北纬26°11′。

流域涉及瑞金市、宁都县，流域面积187平方千米，流域东邻琴江，南毗九堡河，西靠岗面河，北入梅江。主河道长34千米，主河道纵比降3.61‰，流域平均高程291米，流域平均坡度1.53米每平方千米，流域长度25.1千米，流域形状系数0.30。

流域地形以低山丘陵岗地为主，植被较差。流域内主要为东支和西支，主河西支位于偏西的瑞金境内，宁都县境内的东支为支流。上游河谷深切，河道弯曲，下游河道宽浅，河床主要由细砂组成。属山区性河流。

岗面河 岗面河又称岗孔河，系赣江二级支流，梅江一级支流。岗面河发源于瑞金市冈面乡铜钵山，河源位于东经115°50′，北纬26°01′。自南向北流经冈面乡竹园、大园、瑞林镇大玢、稳村，于瑞金市瑞林圩左岸汇入梅江，河口位于东经115°50′，北纬26°10′。

流域在瑞金市，流域面积115平方千米，流域东邻元田河，南毗九堡河，西依梅江，北入梅江。主河道长30千米，主河道纵比降6.01‰，流域平均高程331米，流域平均坡度3.25米每平方千米，流域长度20.1千米，流域形状系数0.28。

流域地形以中低山丘陵岗地为主。上游森林植被良好，下游植被较差。上游河谷深切，河道弯曲，下游属宽浅河道，河床主要由细砂组成。属山区性河流。

清塘河 清塘河又称坎田水、窖邦河，系赣江二级支流，梅江一级支流。清塘河发源于宁都县青塘镇坎田村，河源位于东经115°51′27″，北纬26°34′17″。向南流经坎田入老埠水库，出库后流经西迳、孙屋至青塘镇。向西南流经谢村、洋垄、莲子至赖村镇，进入于都县境。经上脑、黄屋乾，在于都县葛坳乡圩坪村右岸纳澄江河，至葛坳乡龙井村从右岸汇入梅江。河口位于东经115°43′26″，北纬26°11′42″。

流域涉及宁都县、于都县，流域面积478平方千米，地处东经115°41′～115°56′，北纬26°12′～26°36′。流域形状呈长方形，北靠黄陂河，西毗平江，东、南邻梅江。清塘河主河长76千米，主河道纵比降3.06‰。流域平均高程338米，流域形状系数0.20。

流域地形以中低山丘陵岗地为主。流域内水土流失较严重。上游河谷深切，河道弯曲，下游河道宽浅，河床为细砂和砾石。属山区性河流。在宁都县赖村镇清塘河流经约5千米的丹霞地貌带。

流域内流域面积小于200平方千米、大于或等于50平方千米以上的一级支流1条，小于50平方千米、大于10平方千米支流10条。流域内有中型水库1座（老埠水库），小（1）型、小（2）型水库10座。

岩前河 岩前河系赣江二级支流，梅江一级支流。岩前河发源于兴国县樟木乡横田，河源位于东经115°40′，北纬26°22′。自北向南流入于都县境，于汾坑乡鲤汾圩右岸汇入梅江，河口位于东经115°41′，北纬26°10′。

流域涉及兴国县、于都县，流域面积142平方千米，流域北靠平江，东邻清塘河，南毗银坑河，东南入梅江。主河道长度34千米，主河道纵比降3.53‰，流域平均高程293米，流域形状系数0.23。

流域地形主要以低山丘陵为主。上中游为风化花岗岩丘陵，流域内水土流失严重，河床淤积，1980年实测，平安村河床比新中国成立初期抬高4.16m。上游属顺直型河道，下游河道蜿蜒曲折，河床多沙。属山区性河流。

银坑河 银坑河系赣江二级支流，梅江一级支流。银坑河发源于兴国县江背乡黄沙坑安子岽，河源位于东经115°32′，北纬26°16′。自西北向东南流入于都县境，流经银坑，于汾坑乡河子背右岸汇入梅江，河口位于东经115°38′，北纬26°06′。

流域涉及兴国县、于都县，流域面积157平方千米，流域北靠平江，东邻岩前河，西毗仙下河，东南入梅江。主河道长度40千米，主河道纵比降3.59‰，流域平均高程280米，流域形状系数0.26。

流域地形以低山丘陵为主，上中游为风化花岗岩丘陵岗地。植被较差，水土流失严重。上游河谷深切，河道弯曲，下游河道宽浅，河道泥沙淤积。属山区性河流。

仙下河 仙下河系赣江二级支流，梅江一级支流。仙下河发源于于都县仙下乡云峰嶂，河源位于东经115°29′，北纬26°11′。自西北向东南流经下栏水库、仙下，于车溪乡桃坑右岸汇入梅江，河口位于东经115°31′，北纬26°03′。

流域在于都县，流域面积139平方千米，流域北靠平江，东邻银坑河，西依梅江南入梅江。主河道长度30千米，主河道纵比降6.88‰，流域平均高程279米，流域形状系数0.32。

流域地处中低山丘陵，地表覆盖红色砾岩与砂页岩，植被较差，水土流失严重。上游河谷深切，河道弯曲，下游河道宽浅，河床多沙。属山区性河流。

小溪

小溪又称新陂河、小溪河，系赣江一级支流。小溪发源于安远县龙布林场，河源位于东经115°17′54″，北纬25°36′00″。小溪出源头北流2千米入于都县境，经张家山、均竹村至祁禄山镇。流经井前、高石、长源至小溪乡，在小溪乡坳下村右岸纳龙口河。北流至红旗陂，经藤桥、桃枝、移陂至新陂乡所在地，在新陂乡中塅村委会回龙村右岸纳禾丰河。蜿蜒西北行4千米进入罗江乡，经庙背在罗江乡上溪村从左岸汇入赣江。河口位于东经115°18′53″，北纬25°54′58″。

流域涉及安远县和于都县，流域面积666平方千米，地处东经115°12′～115°34′，北纬25°34′～25°56′。流域形状呈柳叶形，东毗赣江，西邻桃江，南邻小坌水、濂江，北入赣江。小溪主河长61千米，河道纵比降2.79‰。流域平均高程355米，流域形状系数0.68。

流域地形以中低山丘陵为主，中下游为丘陵红岩盆地。上游植被良好，河床陡峭，河谷深切，河道弯曲，水流湍急，河床多砾石。流过红旗陂后，多为平原区，地势开阔，河道宽浅，水流稍趋平缓，河床多沙。属山区性河流。

流域内流域面积小于1000平方千米、大于或等于200平方千米以上的一级支流1条。小于200平方千米、大于或等于50平方千米以上的一级支流2条，其中一级支流1条，二级支流1条。小于50平方千米、大于10平方千米支流8条。流域内有小（1）型、小（2）型水库15座。

禾丰河 禾丰河又称下堡河，系赣江二级支流，小溪一级支流。禾丰河发源于于都县禾丰镇东光村，河源位于东经115°33′20″，北纬25°48′02″。自南向北流，蜿蜒至禾丰镇，在禾丰镇黄段村庙堂下右岸纳上堡河，在禾丰镇营前村山下右岸纳中堡河，在禾丰镇大宇村中坊右岸纳黄田河。河流转向西，经尧口、麻芫、莲塘，在利村乡莲塘村秀锻左岸纳上坪河。出利村乡，转向西北流，在新陂乡中塅村委会回龙村右岸汇入小溪。河口位于东经115°21′20″，北纬25°52′50″。

流域在于都县境内，流域面积220平方千米，地处东经115°21′～115°34′，北纬25°42′～25°54′。流域形状呈三角形。东邻赣江，南毗长龙河，西入小溪，北邻赣江。禾丰河主河长33千米，主河道纵比降8.08‰。流域平均高程334米，流域形状系数0.23。

流域是石灰岩残丘地形地貌，植被较差。上游河谷深切，河道弯曲，下游河道宽浅，河床多沙。属山区性河流。

流域内流域面积小于200平方千米、大于或等于50平方千米以上的一级支流1条。小于50平方千米、大于10平方千米支流3条。流域内有小（1）型、小（2）型水库6座。

平江

平江又称兴国江、平固江，兴国县城以上亦称为潋水，系赣江一级支流。平江发源于兴国县兴江乡南村村，河源位于东经115°45′29″，北纬26°37′12″。平江出河源向东南流，经南村至小溪，转向西南流，经兴国县兴江乡，过坳背、寨上、古龙冈镇所在地，至古龙冈镇罗汉脑村左岸纳水南河。继续西南流经江湖、忠山至杨梅坳。过东村乡至长冈水库库区，城冈河在鼎龙乡右岸汇入长冈水库。出库区西流至兴国县埠头乡埠头村于右岸纳涉水，始称平江。出兴国县城向南流2.5千米过埠头乡，在埠头乡玉口村左岸纳杰村河后，至龙口镇。在龙口镇油槽下左岸纳社富河，出龙口镇睦埠村向西南流进入赣县境内。经石院、都口至南塘镇，经船埠至吉埠镇枧田右岸纳田村河。流经翰林桥水文站、水南至吉埠镇，南流经河坑、安平至江口镇，在江口镇右岸纳石芫河后，至江口镇江口村从右岸注入赣江。河口位于东经115°08′27″，北纬25°57′48″。

流域涉及宁都县、兴国县和赣县，流域面积2900平方千米，地处东经115°03′～115°52′，北纬25°56′～26°38′。流域形状呈“T”形。东邻黄陂河、清塘河，南、西面邻赣江，北邻孤江。平江主河长148千米，主河道纵比降0.96‰。流域平均高程298米，流域形状系数0.21。

流域位于雩山山脉的西侧，地形以低山丘陵为主。平江流域上中游水土流失严重，河道泥沙淤积，河床逐年抬高，河槽水面扩大，水流明流浅暗流深。近年来水土流失得到控制。平江河道呈宽浅形，在兴国县境内，江面最宽处（横石）450米，最窄处（坝脑）约50米。

流域内流域面积小于1000平方千米、大于或等于200平方千米以上的一级支流1条。小于200平方千米、大于或等于50平方千米以上的支流18条，其中一级支流12条，二级支流5条，三级支流1条。小于50平方千米、大于10平方千米的支流59条。流域内有大型水库1座（长冈水库），中型水库2座（长龙水库、金盘水库），小（1）型、小（2）型水库71座。

城岗河 城岗河系赣江二级支流，平江一级支流。城岗河发源于兴国县城冈乡梨子坳，河源位于东经115°28′，北纬26°32′。自北向南流经城冈、鼎龙，于鼎龙乡流入兴国县长冈水库，河口位于东经115°28′，北纬26°21′。

流域在兴国县境内，流域面积139平方千米，流域北靠孤江，西邻涉水，东依平江，南入平江。主河道长度27千米，主河道纵比降6.54‰，流域平均高程391米，流域形状系数0.25。

流域内地形以低山丘陵为主，属侵蚀剥蚀构造地貌。植被较差。上游河谷深窄，河道弯曲，下游河道宽浅，河床多沙。属山区性河流。

涉水 涉水又称北河，系赣江二级支流，平江一级支流。涉水发源于兴国县方太乡分水村，河源位于东经115°28′44″，北纬26°33′41″。自东向西流至方太乡百丈村龙下坪，转向西南流。至百丈村合河口左岸纳正金河，至方太村左岸纳黄枫河。至富坑村麻园转西北至崇贤乡太平村高坪脑右岸纳崇贤河。复转西南流，在高兴镇三角村五龙冈左岸纳宝石河。至高兴镇高多村转向南流，在高兴村湖涧右岸纳高兴河，至高兴镇下坑子右岸纳龙山河。在下鳌村右岸纳黄群河，在新圩村右岸纳隆坪河，继续东南流经高兴镇文溪村文溪桥，至长冈乡。出长冈乡向南流，在车溪村左岸纳杨村河，经五里亭，至兴国县埠头乡埠头村从右岸汇入平江。河口位于东经115°22′13″，北纬26°20′14″。

流域在兴国县境内，流域面积843平方千米，地处东经115°04′～115°29′，北纬26°18′～26°38′。流域形状呈扇形，西靠赣江支流良口水，北依孤江、云亭水，东、南与平江相邻。涉水主河长59千米，主河道纵比降3.74‰。流域平均高程344米，流域形状系数0.38。

流域地形以中低山丘陵为主，西、北、东三面高，南面低。森林植被较差。上游河谷深窄，河道弯曲，下游河道宽浅，河床多沙。属山区性河流。

流域内流域面积小于200平方千米、大于或等于50平方千米以上的河流6条，其中一级支流5条，二级支流1条。小于50平方千米、大于10平方千米支流15条。流域内有中型水库1座（长龙水库），小（1）型、小（2）型水库19座。

龙山河：龙山河系赣江三级支流，平江二级支流，涉水一级支流。龙山河发源于兴国县茶园乡十八排南面，河源位于东经115°15′，北纬26°28′。自西向东流经茶园、龙山、长龙水库，至高兴镇高多村从右岸汇入涉水。河口位于东经115°18′，北纬26°27′。

流域在兴国县境内，面积178平方千米，流域西、北靠云亭水，南邻良口水、涉水支流阳背岭河，东入涉水。主河道长度37千米，主河道纵比降6.86‰，流域形状系数0.38。

流域地形以中低山为主，森林植被较差。流域西、北、东三面高，南面低，河谷深窄，河道弯曲。属山区性河流。

杰村河 杰村河系赣江二级支流，平江一级支流。杰村河发源于兴国县江背乡南坑塘，河源位于东经115°32′，北纬26°14′。自东向西流经杰村、石龙，于兴国县埠头乡玉口左岸汇入平江，河口位于东经115°20′，北纬26°14′。

流域在兴国县，流域面积120平方千米，流域东靠银坑河、仙下河，南邻社富河，北依平江，西入平江。主河道长度31千米，主河道纵比降7.15‰，流域平均高程345米，流域形状系数0.24。

流域内地形以低山丘陵为主，森林植被较差。上游河谷深切，河道弯曲，下游河道宽浅，河床主要为粗砂、细砂。属山区性河流。

社富河 社富河系赣江二级支流，平江一级支流。社富河发源于兴国县留龙乡岽子脑，河源位于东经115°27′，北纬26°09′。自东向西流经白石、南山、下韶，至社富乡留田上左岸纳稠村河，于兴国县龙口乡油槽下左岸汇入平江，河口位于东经115°18′，北纬26°11′。

流域在兴国县境内，流域面积114平方千米，流域东靠梅江，北邻杰村河，南依平江，西入平江。主河道长度20千米，主河道纵比降11.4‰，流域平均高程294米，流域形状系数0.30。

流域内地形以低山丘陵为主，森林植被较差。上游河谷深窄，河道弯曲，下游河道宽浅，河床主要为细砂。属山区性河流。

田村河 田村河系赣江二级支流，平江一级支流。田村河发源于赣县田村乡大肚坑村枫树面子，河源位于东经115°08′，北纬26°13′。自西北向东南流经大肚坑水库、半埠、清溪村，于南塘乡翰林桥右岸汇入平江，河口位于东经115°12′，北纬26°03′。

流域在赣县境内，流域面积143平方千米，流域北靠白鹭水，西邻湖江河、石芫河，东依平江，南入平江。主河道长度25千米，主河道纵比降4.01‰，流域平均高程230米，流域形状系数0.28。

流域地形以低山丘陵为主。上游植被较好，下游地区岩性易风化，山顶成馒头形，植被较差，水土流失严重。河道宽浅，河床多沙。属山区性河流。

石芫河 石芫河系赣江二级支流，平江一级支流。石芫河发源于赣县白石乡老古安，河源位于东经115°04′，北纬26°06′。自西北向东南流经白石山坑口、金盘水库、石芫圩，于江口圩右岸汇入平江，河口位于东经115°08′，北纬25°58′。

流域在赣县，流域面积103平方千米，流域西、南靠赣江，北邻湖江河，东依平江。主河道长度24千米，主河道纵比降5.59‰，流域平均高程283米，流域形状系数0.25。

流域地形以高山丘陵为主。上游植被较好，下游地区岩性易风化，山顶成馒头形，植被较差，河床多沙。属山区性河流。

桃江

桃江古称彭水，又称信丰江，系赣江一级支流。桃江发源于全南县南迳镇古家营村，河源位于东经114°10′43″，北纬24°40′34″。桃江出源区自西向东流，过古家营、大庄村，流入黄云水库。出黄云水库后，向北转东流经南迳水文站，虎头陂水库，在金龙镇源口右岸纳小溪。向北流经全南县城城厢镇。出城厢镇流向东北，在全南县金龙镇燕安围进入龙南县境。在程龙镇盘石村右岸纳太平河，蜿蜒流淌经程龙镇、渡江镇所在地至龙南县城。在龙南镇新都村右岸纳渥江，在龙南镇桃江乡右岸纳廉江。出龙南县城，北流经龙头滩水库，复入全南县境。经龙下乡所在地至泷源水库，转向西北流，至社迳乡江口村左岸纳黄田江，河道弯曲回环，转向东北流，于仙水湖村进入信丰县境。穿过峡谷险滩，进入桃江水库（坝址曾设枫坑口水文站）。出库后转向东流在铁石口镇细车右岸纳龙迳河。蜿蜒向北流，经铁石口镇、大塘埠镇，在小河镇河口村左岸纳小河。流淌至信丰县城，设有信丰县水位站。出信丰县城，在嘉定镇水东村左岸纳西河。转东北流5千米，在嘉定镇周坝村右岸纳东河，经茶芫水文站至立濑村观山下进入赣县境内。向北流在王母渡镇横溪村右岸纳小坌水，王母渡镇桃江村左岸纳大陂河。出王母渡镇，向东北流，穿越40千米峡谷，至大田乡夏湖村居龙滩水库。出水库下行1千米，过居龙滩水文站，继续向西北流15千米，至赣县茅店镇信江村从左岸注入赣江。河口位于东经115°05′00″，北纬25°53′37″。

流域涉及广东省南雄市、始兴县，江西省全南县、龙南县、定南县、信丰县、安远县、南康区、赣县，流域面积7837平方千米（其中江西省境内梅江7673.1平方千米），地处东经114°10′～115°19′，北纬24°29′～25°56′。流域形状呈关刀形。东邻濂江、小溪、东江水系定南水，南毗定南水，西靠章水、北江支流浈水，北入赣江。桃江主河长317千米，主河道纵比降3.22‰。流域平均高程342米，流域形状系数0.29。

流域位于南岭山脉的北面，地形以中低山、丘陵盆地为主。上游河道多呈峡谷状，其中以曲头峡谷和高溪峡谷较为险峻。全南以下地势逐渐开阔，出现龙南盆地，其间险滩犹存，信丰有上十八滩和下十八滩，特别是龙头滩，礁石林立，水流湍急。下游河道多为宽浅形，龙南以上河宽不足110米，至信丰盆地河道渐开阔，河宽一般为100～280米，进入赣县后，受两岸地形影响，河道束窄，河宽在200米以下，王母渡至居龙滩河段，局部河宽不足100米，上游河床多卵石，中下游河床多卵石、砂。

流域内流域面积小于1000平方千米、大于或等于200平方千米以上的支流11条，其中一级支流10条，二级支流1条；小于200平方千米、大于或等于50平方千米以上的支流35条，其中一级支流13条，二级支流18条，三级支流4条。小于50平方千米、大于10平方千米的支流147条。流域内有中型水库12座（白兰水库、龙井水库、上迳水库、桃江电站、五渡港水库、中村水库、走马龙水库、虎头陂水库、黄云水库、龙兴水库、龙头滩电站、居龙滩电站），小（1）型、小（2）型水库181座。

小溪水 小溪水系赣江二级支流，桃江一级支流。小溪水发源于龙南县九连山垦殖场黄牛石林场，河源位于东经114°26′，北纬24°29′。自西南向东北流入全南县境，经过龙兴水库，于金龙乡新屋子右岸汇入桃江，河口位置为东经114°31′，北纬24°42′。

流域涉及江西省龙南县、全南县、广东省连平县，流域面积183平方千米（其中江西省境内面积182平方千米），流域南靠珠江，东邻太平河，西依桃江，北入桃江。主河道长度44千米，主河道纵比降6.38‰，流域平均高程600米，流域形状系数0.25。

流域地形以中低山丘陵为主，森林植被良好。流域内河系发达，河流水质良好。河道深而狭窄，河床多卵石、粗砂。属山区性河流。

小慕河 小慕河系赣江二级支流，桃江一级支流。小慕河发源于全南县小慕乡黄沙水，河源位于东经114°23′，北纬24°48′。自西北向东南流经半迳、沿坑水、樟陂，于全南县城厢镇路住坝左岸汇入桃江，河口位置为东经114°32′，北纬24°45′。

流域在全南县，流域面积102平方千米，流域南、北依桃江，西邻黄田江，东入桃江。主河道长22千米，主河道纵比降8.91‰，流域平均高程420米，流域形状系数0.33。

流域地形以低山丘陵为主，森林植被良好。流域内河系发达，河流水质良好。河谷狭窄，河道弯曲，河床多砾石。属山区性河流。

太平河 太平河又称太平江、罗盘江，系赣江二级支流，桃江一级支流。太平河发源于龙南县武当镇横岗村，河源位于东经114°42′10″，北纬24°32′19″。太平河向西北，经杨村镇，在杨村镇老虎坝左岸纳任屋河，折向北，经车田村，在夹湖镇大坪村左岸纳斜陂河后，蜿蜒至夹湖镇，向西北流经杜头水文站，至程龙镇盘石村从右岸汇入桃江。河口位于东经114°37′16″，北纬24°48′20″。

流域在龙南县境内，流域面积443平方千米，地处东经114°28′～114°44′，北纬24°32′～24°49′。流域形状呈三角形，西邻桃江及其支流小溪，东毗渥江，南依东江水系连平水，北入桃江。太平河主河道长53千米，主河道纵比降3.53‰。流域平均高程519米，流域形状系数0.25。

流域地形以中低山丘陵为主。河源地区山坡陡峭，沟壑深邃，呈“V”形。森林覆盖率高，植被良好。上游河谷深切，河道弯曲，河宽约10米，河床多卵石，下游植被因遭破坏，水土流失较严重。河道宽浅，多呈“U”形。河宽平均20～30米。河床以卵石、细砂为主。属山区性河流。

流域内流域面积小于200平方千米、大于或等于50平方千米以上的一级支流2条，小于50平方千米、大于10平方千米的支流8条。流域内有小（1）型、小（2）型水库8座。

渥江 渥江系赣江二级支流，桃江一级支流。渥江发源于龙南县武当镇石下村，河源位于东经114°42′42″，北纬24°37′44″。渥江向东北流至武当镇，转向北流经南亨乡，至临塘乡上南山左岸纳石门河，至临塘所在地右岸纳汶龙河。出临塘乡，向北流经东江乡至龙南镇，于龙南镇新都村从右岸汇入桃江。河口位于东经114°52′49″，北纬24°58′14″。

流域在龙南县境内，流域面积447平方千米，地处东经114°42′～114°56′，北纬24°36′～24°55′。流域形状呈四边形，东、南分别与东江水系定南水和大席河相邻，北毗廉江，西入桃江。渥江主河长56千米，主河道纵比降3.02‰。流域平均高程396米，流域形状系数0.36。

流域地形以中低山丘陵为主。森林覆盖率高，植被良好。上游河道狭窄，河宽约20米，河床多砾石；下游河道宽浅，河宽平均约40米，河床多卵石。属山区性河流。

流域内流域面积小于200平方千米、大于或等于50平方千米以上的一级支流3条，小于50平方千米、大于10平方千米的支流3条。流域内有小（1）型、小（2）型水库8座。

汶龙河：汶龙河系赣江水系三级支流，桃江二级支流，渥江一级支流。汶龙河发源于龙南县汶龙乡马坳，河源位于东经114°53′，北纬24°43′。自东南向西北流经汶龙，于临塘乡竹山下右岸汇入渥江，河口位于东经114°48′，北纬24°48′。

流域在龙南县，流域面积111平方千米，流域东靠下历水，南邻老城河，北毗廉江，西入渥江。主河道长29千米，主河道纵比降7.64‰，流域平均高程393米，流域平均坡度2.90米每平方千米，流域长度15.5千米，流域形状系数0.46。

流域地形以中低山高丘为主，森林覆盖率较高，植被较好。河道弯曲狭窄。上中游河床多卵石、粗砂，下游河床多沙。属山区性河流。

廉江 廉江又称濂江，系赣江二级支流，桃江一级支流。廉江发源于定南县岭北镇云台山林场，河源位于东经115°05′46″，北纬24°54′07″。廉江北流至南丰，转向西流至含水，转向南流经定南县岭北镇所在地，转西流至古隆村左岸纳车步河，过金湾水库，至含湖村下弯右岸纳大汶河，转向西南流入龙南县境，至关西镇营场左岸纳关西河，蜿蜒西北流经翰岗、沙坝围、新里，至里仁镇新园村，在龙南镇桃江乡水西站从右岸汇入桃江。河口位于东经114°47′13″，北纬24°55′16″。

流域范围涉及定南县、龙南县，流域面积487平方千米，地处东经114°47′～115°07′，北纬24°47′～25°01′。流域形状呈椭圆形，北邻龙迳河，东依东江水系定南水，南毗渥江，西入桃江。廉江主河道长61千米，主河道纵比降3.80‰。流域平均高程412米，流域形状系数0.41。

流域地形以中低山丘陵为主。森林覆盖率较高，植被较好。河床多卵石，平均河宽约30米。属山区性河流。

流域内流域面积小于200平方千米、大于或等于50平方千米以上的一级支流3条，小于50平方千米、大于10平方千米的支流7条。流域内有小（1）型、小（2）型水库10座。

黄田江 黄田江古称黄藤江，又称黄田河，系赣江二级支流，桃江一级支流。黄田江发源于全南县龙源坝镇石下分场，河源位于东经114°20′46″，北纬24°48′52″。黄田江向东北流，经分水坳，在龙源坝镇上窖村进入广东省境内，于始兴县澄江镇下窖村折回全南县龙源坝镇。至龙源坝镇江坪村右岸纳雅溪河，蜿蜒北流至龙源坝镇，转向东北流至竹山村烂坭右岸纳鹅公山河，经陂头镇，过社迳乡，向东流至社迳乡江口村从左岸汇入桃江。河口位于东经114°45′07″，北纬25°05′21″。

流域涉及江西省全南县、南康区、广东省始兴县，流域面积710平方千米（江西省境内面积607.7平方千米），地处东经114°20′～114°45′，北纬24°48′～25°08′。流域形状呈“L”形，西、北邻珠江流域北江支流浈水，东、南毗桃江。黄田江主河道长78千米，主河道纵比降2.72‰。流域平均高程411米，流域形状系数0.25。

流域地形以中低山丘陵为主。上游河道狭窄，河床多砾石，水流湍急紊乱。下游河道逐渐变宽，河床多粗砂，水流渐缓。属山区性河流。

流域内流域面积小于200平方千米、大于或等于50平方千米以上的一级支流2条，小于50平方千米、大于10平方千米的支流16条。流域内有小（1）型、小（2）型水库14座。

龙迳河 龙迳河古称方溪水，又称龙迳仔河、虎山水，系赣江二级支流，桃江一级支流。龙迳河发源于定南县岭北镇南丰村，河源位于东经115°07′00″，北纬24°56′11″。龙迳河向北流，经定南县岭北镇中村、杨柳弯至龙头村右岸纳龙头水，转向西北至蔡阳林场于左岸纳蔡阳水，继续西北流至高车坝村，转向东流入信丰县境。向北流经古城，至杨前高右岸纳虎山河。过杨前高转向西北流，经隘高林场、虎山乡、过玉带桥，至龙州村。过龙州村，经樟树穿过一段峡谷，过山香、柳塘、芫塘至小江镇江口左岸纳迳脑水。过江口，至小江镇乙口左岸纳小江河，至铁石口镇细车村从右岸汇入桃江。河口位于东经114°55′14″，北纬25°09′15″。

流域涉及安远县、定南县、龙南县、信丰县，流域面积610平方千米，地处东经114°51′～115°14′，北纬24°56′～25°10′。流域形状呈菱形。东邻珠江流域东江支流定南水，南毗廉江，西入桃江，北邻安西河。龙迳河主河道长65千米，主河道纵比降3.54‰。流域平均高程396米，流域形状系数0.36。

流域地形以中低山丘陵为主，东南面多山地，中部、北部、西部多丘陵。呈东南高、西北低地形，流域植被较差。河床由砾石、细砂组成。属山区性河流。

流域内流域面积小于200平方千米、大于或等于50平方千米以上的一级支流3条，小于50平方千米、大于10平方千米的支流12条。流域内有小（1）型、小（2）型水库7座。

虎山河：虎山河系赣江三级支流，桃江二级支流，龙迳河一级支流。虎山河发源于安远县甲江林场，河源位于东经115°12′，北纬25°10′。自北向南流经安远县上龙、山坑，过碧石下入信丰县境，经水寮至杨前高右岸汇入龙迳河，河口位于东经115°08′，北纬25°03′。

流域涉及安远县、信丰县，流域面积106平方千米，流域东靠濂江，南邻定南水，北毗安西河，西入龙迳河。主河道长25千米，主河道纵比降11.5‰，流域形状系数0.60。

流域地形以中低山高丘陵为主，河床主要由砾石、细砂组成。属山区性河流。

迳脑水：迳脑水系赣江三级支流，桃江二级支流，龙迳河一级支流。迳脑水发源于定南、信丰两县交界的定南县迳脑乡云岭，河源位于东经114°59′，北纬25°00′。自西向东流至山下村，调头向北流过迳脑，往西北流入信丰县城，于小江乡江口左岸汇入龙迳河，河口位于东经114°57′，北纬25°07′。

流域涉及定南县、信丰县，流域面积97.4平方千米，流域南靠廉江，西邻小江河，东依龙迳河，北入龙迳河。主河道长度26千米，主河道纵比降9.62‰，流域平均高程390.5米，流域形状系数0.26。

流域地形以中低山高丘陵为主，森林植被较好。流域内河系发达，河流水质良好。上游河谷深切，河道弯曲，下游河道宽浅，河床为砾石、细砂。属山区性河流。

小江河：小江河系赣江三级支流，桃江二级支流，龙迳河一级支流。小江河发源于龙南县东坑乡章下尾，河源位于东经114°52′，北纬24°59′。自南向北流入信丰县小江乡，至老屋子左岸汇入龙途河，河口位于东经114°56′，北纬25°08′。

流域涉及龙南县、信丰县，流域面积110平方千米，流域西靠桃江，南邻廉江，东毗迳脑水，北入龙迳河。主河道长 25 千米，主河道纵比降 5.40‰，流域平均高程 344 米，流域形状系数 0.25。

流域地形以低山丘陵为主，植被条件较差。上游河谷深切，河道弯曲，下游河道宽浅。河床为砾石、细砂。属山区性河流。

小河 小河系赣江二级支流，桃江一级支流。小河发源于广东省南雄市坪田镇新圩村，河源位于东经 114°41′09″，北纬 25°09′07″。小河向东北流进入信丰县万隆乡，经李庄、禾江，再经广东省南雄界址镇，折向东返回信丰县万隆乡，蜿蜒进入五渡港水库，在库区的万隆乡西坑村右岸纳龙头河。出水库向东，经田心、红星、立新至小河镇新芫村左岸纳志和河。经五村、五星，在小河镇所在地左岸纳正平水，至信丰县小河镇河口村从左岸汇入桃江。河口位于东经 114°52′36″，北纬 25°15′59″。

流域范围涉及广东省南雄市、江西省信丰县，流域面积 296 平方千米，东经 114°41′09″，北纬 25°09′07″。流域形状呈圆形。北毗西河，西邻北江支流浈水。南依黄田江，东入桃江。小河主河道长 38 千米，主河道纵比降 2.48‰。流域平均高程 250 米，流域形状系数 0.36。

流域地形以低山丘陵为主，森林植被较差，水系发达。上游河谷深切，河道弯曲，下游河道宽浅。河床为砾石、细砂。属山区性河流。

流域内流域面积小于 50 平方千米、大于或等于 10 平方千米的支流有 6 条。流域内有中型水库 1 座（五渡港水库），小（1）型、小（2）型水库 10 座。

西河 西河古称梦水，又称油山河、大阿河，系赣江二级支流，桃江一级支流。西河发源于信丰县油山镇油山村，河源位于东经 114°36′04″，北纬 25°21′59″。西河北流经油山村，折向东流经坑口、油山镇，穿过走马垅水库，向东南流经油山镇街上村，转向东北经坝上、光明、禾秋，至大阿镇莲塘村左岸纳梅源河。向东流经大阿镇至太平围左岸纳中屋河，经十里、胜利至信丰县嘉定镇水东村从左岸汇入桃江。河口位于东经 114°55′55″，北纬 25°23′25″。

流域涉及广东省南雄市、江西省信丰县，流域面积 391 平方千米，地处东经 114°35′～114°56′，北纬 25°19′～25°30′。流域形状呈菱形，西靠北江支流浈水，北邻章水和大陂河，东毗桃江，南邻小河。西河主河道长 54 千米，主河道纵比降 2.56‰。流域平均高程 275 米，流域形状系数 0.27。

流域地形以低山丘陵为主，森林植被较差。上游河谷深切，河床多砾石。下游地势稍显开阔，河道宽浅，河床呈“U”形，河床由岩石、砾石、砂石组成。属山区性河流。

流域内流域面积小于 200 平方千米、大于或等于 50 平方千米以上的一级支流 1 条，小于 50 平方千米、大于 10 平方千米的支流 11 条。流域内有中型水库 2 座（走马龙水库、中村水库），小（1）型、小（2）型水库 10 座。

东河 东河又名古陂河、东乡水，系赣江二级支流，桃江一级支流。东河发源于信丰县古陂镇光普分场，河源位于东经 115°16′16″，北纬 25°16′51″。东河向西北流，经新田镇罗峰头山，至周坑山，过一深涧，至新田镇，在新田镇右岸纳金鸡河。转西南流经欧古、中墩于大桥镇青光村左岸纳大桥河。蜿蜒流淌经青光、黎明至古陂镇。经阳光村、太平畲族村，转向西北流经庄高至嘉定镇彩光村委会龙川坝村左岸纳安西河。经金华、寨背于嘉定镇周坝村从右岸汇入桃江。河口位于东经 114°58′29″，北纬 25°24′48″。

流域涉及信丰县、安远县，流域面积1080平方千米，地处东经114°57′～115°20′，北纬25°07′～25°31′。流域形状呈扇形，东依濂江，南毗龙迳河，北邻小坌水，西入桃江。东河主河道长79千米，主河道纵比降0.978‰。流域平均高程292米，流域形状系数0.88。

流域地形复杂多变，中上游属中低山丘陵地形，植被较好；下游属丘陵盆地地形，植被较差。河道泥沙淤积严重，河床宽浅、多沙。属山区性河流。

流域内流域面积小于1000平方千米、大于或等于200平方千米以上的一级支流1条。小于200平方千米、大于或等于50平方千米以上的河流8条，其中一级支流4条，二级支流4条。小于50平方千米大于10平方千米的支流17条。流域内有中型水库3座（白兰水库、上迳水库、龙井水库），小（1）型、小（2）型水库12座。

金鸡河：金鸡河系赣江三级支流，桃江二级支流，东河一级支流。金鸡河发源于安远县龙布乡上坪，河源位于东经115°19′，北纬25°27′。自东北向西南流入信丰县境，于新田乡佛堂前右岸汇入东河，河口位于东经115°13′，北纬25°23′。

流域涉及安远县、信丰县，流域面积119平方千米，流域东靠濂江，北邻龙布河，小坌水，西依东河，南入东河。主河道长19千米，主河道纵比降13.1‰，流域平均高程382米，流域形状系数0.34。

流域地形以中低山丘陵为主，森林植被较好。流域内河系发达，河流水质良好。上游河谷狭窄，河道弯曲，河床多砾石，中下游河道宽浅，河床多卵石、粗砂。境内河流主要分东西两支，东支为主流，西支下江河为支流。属山区性河流。

大桥河：大桥河系赣江三级支流，桃江二级支流，东河一级支流。大桥河发源于信丰县金盆山乡甲子门，河源位于东经115°13′，北纬25°12′。自东南向西北流经金盆山垦殖场、龙井水库、赣南大桥煤矿，于大桥乡锁铜隘左岸汇入东河，河口位于东经115°08′，北纬25°21′。

流域在信丰县，流域面积180平方千米，流域东靠濂江，南邻安西河，西依东河，北入东河。主河道长36千米，主河道纵比降6.01‰，流域平均高程373米，流域形状系数0.39。

流域地形以中低山丘陵为主，森林植被良好。流域内河系发达，河流水质良好。上游河谷狭窄，河道弯曲，河床多砾石；中下游河道宽浅，河床多卵石、粗砂。属山区性河流。

安西河：安西河系赣江三级支流，桃江二级支流，东河一级支流。安西河发源于信丰县安西镇河连山林场，河源位于东经115°12′20″，北纬25°10′10″。安西河向西北流，进入上迳水库，向西行在安西镇下迳村左岸纳下迳河，在安西镇祠堂背村左岸纳龟湖河，在安西镇左岸纳崇墩河，转向西北流在安西镇莲丰村左岸纳窑岗河。蜿蜒西北流经安芫、星金，至坪石村左岸纳坪石河，向北流经嘉定镇彩光村委会龙川坝村从左岸汇入东河。河口位于东经114°59′51″，北纬25°20′26″。

流域在信丰县境内，流域面积322平方千米，地处东经114°57′～115°14′，北纬25°07′～25°20′。流域形状呈梯形，东邻濂江，西靠桃江，北毗东河，南依龙迳河。安西河主河道长49千米，主河道纵比降3.6‰。流域平均高程290米，流域形状系数0.29。

流域内流域面积小于1000平方千米、大于或等于200平方千米以上的一级支流1条。小于200平方千米、大于或等于50平方千米以上的河流8条，其中一级支流4条，二级支流 4 条。小于 50 平方千米、大于 10 平方千米的支流 17 条。流域内有中型水库 3 座（白兰水库、上迳水库、龙井水库），小（1）型、小（2）型水库 12 座。

小坌水 小坌水又称长演河、横溪河，系赣江二级支流，桃江一级支流。小坌水发源于安远县塘村乡上龙村，河源位于东经 115°16′22″，北纬 25°33′57″。小坌水自东北流向西南，在安远县塘村乡中段村进入赣县境内，至下山寮林场转向西北，至赣县韩坊乡南坑村右岸纳牛岭河，向西南，在韩坊乡桃树坝村左岸纳斜下河，至韩坊乡珠屋前左岸纳迳天河，至韩坊乡石下左岸纳韩坊河。转向西北，至韩坊乡遇龙村右岸纳芫田河。经长演、红星，在王母渡镇山塘坝右岸纳石樟河，经浓口至王母渡镇横溪村从右岸汇入桃江。河口位于东经 115°00′55″，北纬 25°34′32″。

流域涉及安远县、赣县，流域面积 317 平方千米，地处东经 115°01′～115°17′，北纬 25°26′～25°38′。流域形状呈三角形，南毗东河，北邻桃江支流尚汶河，东依龙布河、长龙河，西入桃江。小坌水主河长 54 千米，主河道纵比降 3.64‰。流域平均高程 350 米，流域形状系数 0.33。

流域地形以中低山丘陵为主，上游植被较好，中下游植被较差。河床宽浅、多砾石和粗砂。属山区性河流。

流域内流域面积小于 50 平方千米、大于或等于 10 平方千米的支流有 7 条。流域内有小（1）型、小（2）型水库 3 座。

大陂河 大陂河又称大陂水，系赣江二级支流，桃江一级支流。大陂河发源于赣县阳埠乡大龙村，河源位于东经 114°50′46″，北纬 25°33′35″。大陂河自西南流向东北，经阳埠乡大龙村、马埠村，转向东，在阳埠乡许屋村右岸纳禾甫河。流至阳埠乡大桥村左岸纳阳埠河，在阳埠乡江头村左岸纳枫树河，至王母渡镇桃江村从左岸汇入桃江。河口位于东经 115°00′01″，北纬 25°36′54″。

流域涉及赣县、章贡区，流域面积 226 平方千米，地处东经 114°50′～115°00′，北纬 25°31′～25°43′。流域形状呈圆形，西邻章水，南毗西河，北靠赣江，东入桃江。大陂河主河长 28 千米，主河道纵比降 3.96‰。流域平均高程 276 米，流域形状系数 0.57。

流域地形以低山丘陵岗地为主，森林植被较差。上游河谷深窄，河道弯曲，河床多砾石，下游河床宽浅，河床多砾石和粗砂。属山区性河流。

流域内小于 50 平方千米、大于或等于 10 平方千米的支流 7 条。流域内有小（1）型、小（2）型水库 4 座。

尚汶河 尚汶河系赣江二级支流，桃江一级支流。尚汶河发源于赣县小坪乡黄婆地，河源位于东经 115°12′，北纬 25°38′。自东南向西北流经小坪乡小坪、大坪以及大埠乡尚汶滩，于尚汶滩从右岸汇入桃江，河口位于东经 115°06′，北纬 25°43′。

流域在赣县境内，流域面积 106 平方千米，流域东靠小溪河，南、北邻桃江，西入桃江。主河道长度 25 千米，主河道纵比降 15.8‰，流域平均高程 526 米，流域形状系数 0.39。

流域地形以侵蚀性中低山高丘区为主，位于小坪乡小坪村的水鸡岽是赣县第一高峰，海拔 1185.2 米，建有测量标志。上游山顶多呈锯齿状、尖顶状，植被良好；下游多高丘，森林植被覆盖率低。流域内河系发达，河流水质良好。上游河道沟谷深邃，呈“V”形，下游河床狭窄，多砾石。属山区性河流。

章江

章江古称豫水、犹水，又称北章水、犹川、溢浆水、彭山水。章水汇合口以上称为上犹江，上犹江水库以上称古亭水，乐洞水汇合口以上称集龙江，崇义县境内称大江。章江系赣江一级支流。

章江发源于湖南省汝城县土桥镇金山村，河源位于东经113°42′58″，北纬25°37′12″。章江出源头向东北流，至东槽进入流溪水电站，过水电站至湖南省汝城县益将乡，经神村下2000米右岸纳集溪水。折向北流，经集龙乡所在地，转向东流，过三江口水电站，于集龙乡老屋子进入江西省崇义县境。经丰乐水库、丰州乡、园滩水库、古亭村，转向东北流，过桐梓水库，至麟潭乡。出麟潭乡至牛鼻垅水库，章江穿过一峡谷，在过埠镇泮江村左岸纳思顺河。经过埠圩，在崇义县横水镇新坑村右岸纳崇义江，在上犹县梅水乡牛角坑左岸纳营前河，蜿蜒穿过上犹江水库。出铁扇关，转向东南流，经南河水库，至上犹县城。出县城，至仙人陂水库，经黄埠镇，转向东北流，在黄埠镇大回村进入南康区龙华乡。蜿蜒流至罗边水库，下游约2000米有田头水文站。在龙华乡崇文村左岸纳龙华江，曲折流至唐江镇。向东南流至三江乡东红村右岸纳章水。纳章水后转向东流，至章贡区蟠龙镇。弯曲行进，在蟠龙镇水南村转向东南流，经章贡区下车村右岸纳大湾龙河，至高楼村观音阁转向东北流，经章江水轮泵站至坝上水文站。过坝上，经赣州大桥转向西北流，在杨梅渡大桥转向东北流，至章贡区八境台下从左岸汇入赣江。河口位于东经114°56′08″，北纬25°52′55″。

流域涉及湖南省汝城县、桂东县，江西省崇义县、大余县、上犹县、南康区、章贡区，流域面积7690平方千米（江西境内7096.4平方千米、湖南境内491.0平方千米、广东境内103.0平方千米），地处东经113°43′～115°02′，北纬25°15′～26°11′。流域形状呈菱形。东入赣江，南邻桃江和珠江流域北江水系浈水，西毗洞庭湖水系湘江，北靠遂川江。章江主河长239千米，主河道纵比降0.991‰。流域平均高程455米，流域形状系数0.23。

流域位于诸广山山脉的东、北面，南岭山脉大庾岭的西北面。中上游属中低山地形，间有低丘、谷地，森林茂盛，植被良好，河床多砾石、卵石；下游属丘陵岗地和较广阔的河谷平原，森林稀疏，植被较差。上游河道窄深，河宽一般40米，下游河道宽浅，河宽一般为100～250米，河床多沙。中上游多峡谷地带，河床基岩裸露，坡陡水急。岸坡陡峭，河道断面呈“V”形。

流域内流域面积大于或等于2000平方千米的一级支流1条；小于2000平方千米、大于或等于1000平方千米的一级支流1条；小于1000平方千米、大于或等于200平方千米以上的支流8条，其中一级支流3条，二级支流5条；小于200平方千米、大于或等于50平方千米以上的支流28条，其中一级支流11条，二级支流13条，三级支流4条；小于50平方千米、大于10平方千米支流152条。流域内有大型水库3座（上犹江水库、油罗口水库、龙潭水库），中型水库10座（灵潭水库、龙江水电站、添锦潭水库、南河水电站、仙人陂水电站、罗边水利枢纽、垅洞里水库、长河坝水利枢纽、牛鼻垅水利枢纽、跃进水库）。流域内有小（1）型、小（2）型水库158座。

文英河 文英河系赣江二级支流，章江一级支流。文英河发源于崇义县聂都乡乌洞村，河源位于东经114°03′，北纬25°30′。自南向北流经乌洞、上塔、古选，于丰州乡雁湖村右岸汇入上犹江，河口位于东经114°01′，北纬25°37′。

流域在崇义县，流域面积113平方千米，流域南靠章水，东邻崇义江，西毗乐洞水，北入章江，主河道长度25千米，主河道纵比降13.4‰，流域平均高程596米，流域形状系数0.38。

流域地形以中低山丘陵为主，山高谷深，森林茂盛，植被良好。流域内河系发达，河流水质良好。河道窄深，河床多砾石。属山区性河流。

上堡河 上堡河又称梅坑江，系赣江二级支流，章江一级支流。上堡河发源于江西、湖南两省交界的崇义县上堡乡大寮坑村，河源位于东经113°54′，北纬25°42′。自西北向东南流经上堡乡，于麟潭乡曲尺坝对岸左岸汇入章江，河口位于东经114°05′，北纬25°41′。

流域在崇义县境内，流域面积157平方千米，流域西北靠耒水支流小水江，北邻思顺河，东、南依章江。主河道长度32千米，主河道纵比降12.2‰，流域平均高程735米，流域形状系数0.24。

流域内地形以中低山丘陵为主。流域内山高谷深，森林茂盛，植被良好。流域内河系发达，河流水质良好。河谷窄深，河道弯曲，河床多砾石。属山区性河流，

思顺河 思顺河系赣江二级支流，章江一级支流。思顺河发源于崇义县思顺乡齐云山村，河源位于东经113°58′17″，北纬25°50′11″。思顺河出源头南流，在齐云山右岸纳冬瓜坪水。经桶江潭在刘屋右岸纳雪竹窝水，在碓子下左岸纳水口排河，在上峙村右岸纳葫芦洞水。经沿佑转东北流至南洲。在炉丘白左岸纳水洞水，转东南流经对耳石、大山下至过埠镇泮江村从左岸汇入章江。河口位于东经114°11′03″，北纬25°46′28″。

流域在崇义县境内，流域面积231平方千米，地处东经113°58′～114°12′，北纬25°45′～25°54′。流域形状呈三角形，北依营前河，西与洞庭湖水系湘江相邻，东、南毗章江。思顺河主河道长37千米，主河道纵比降15.5‰。流域平均高程780米，流域形状系数0.28。

流域地形以中低山丘陵为主。源头是海拔2061米的赣州最高山峰齐云山，山高谷深，河床陡窄，岩石裸露，森林茂盛，植被良好。河谷窄深，河道弯曲，河床多砾石。属山区性河流。

流域内流域面积小于200平方千米、大于或等于50平方千米以上的一级支流1条。小于50平方千米、大于10平方千米支流6条。流域内有小（1）型、小（2）型水库1座。

崇义江 崇义江又称崇义水、小江，系赣江二级支流，章江右岸一级支流。崇义江发源于崇义县关田镇沙溪村，河源位于东经114°11′19″，北纬25°32′49″。自源头向西北流，经沙溪转北流，经镜尾进入关田镇。转东北流经下关、碧坑在横水镇碧坑口右岸纳稳下河，至横水镇。出镇后转东北流，经塔下、朱坑口、茶滩，在横水镇新坑村从右岸注入章江。河口位于东经114°21′21″，北纬25°49′39″。

流域在崇义县境，流域面积483平方千米，地处东经114°06′～114°24′，北纬25°31′～25°50′。流域形状呈长方形，南靠章水，东邻章水支流浮江河、朱坊河，北、西毗章江。崇义江主河道长71千米，主河道纵比降4.12‰。流域平均高程563米，流域形状系数0.29。

流域地形以中低山丘陵为主。山高谷深，河谷窄深，河道弯曲，河床多砾石。属山区性河流。

流域内流域面积小于200平方千米、大于或等于50平方千米以上的一级支流1条。小于50平方千米、大于10平方千米的支流11条。流域内有中型水库1座（长河坝水库），小（1）型、小（2）型水库4座。

稳下河：稳下河系赣江三级支流，章江二级支流，崇义江一级支流。稳下河发源于崇义县铅厂乡斋庵岭，河源位于东经114°14′，北纬25°31′。自南向北流经长河坝水库、稳下圩，于崇义县横水镇碧坑口村右岸汇入崇义江，河口位于东经114°15′，北纬25°41′。

流域在崇义县，流域面积10平方千米，流域东邻朱坊河，南靠浮江河，西依崇义江，北入崇义江。主河道长度24千米，主河道纵比降9.56‰，流域平均高程602米，流域形状系数0.26。

流域内地形以中低山丘陵为主，山高谷深，森林茂盛，植被良好。流域内河系发达，河道窄深，河床多砾石。属山区性河流。

营前河 营前河古称云水、琴江，系赣江二级支流，章江一级支流。营前河发源于上犹县五指峰乡，河源位于东经114°01′12″，北纬25°57′54″。自源头向东北流，经五指峰自然保护区、半迳，至横河转向东南流进入龙潭水库库区。出水库转向东北流经平富乡，至庄前村。此处1954年设有麻仔坝水文站。继续向西北流，至合河左岸纳石溪河，过营前镇，转向东南流至梅水乡牛角坑从左岸汇入章江。河口位于东经114°22′50″，北纬25°51′07″。

流域在上犹县境内，流域面积548平方千米，地处东经114°01′～114°25′，北纬25°51′～26°02′。流域形状呈长方形，东邻龙华江、章江一级支流油石河，西毗洞庭湖水系湘江，北靠遂川江，南依章江、思顺河。营前河主河长58千米，主河道纵比降6.83‰。流域平均高程611米，流域形状系数0.26。

流域地形以中低山丘陵为主。上游为中山地貌，山高谷深，森林植被良好。中下游山低谷浅，属低山丘陵地形，植被较差。上游河道窄深，河床多礁石，下游河道宽浅，河床多沙。属山区性河流。

流域内流域面积小于200平方千米、大于或等于50平方千米以上的一级支流3条。小于50平方千米大于10平方千米的支流7条。流域内有大型水库1座（龙潭水库），小（1）型、小（2）型水库3座。

油石河 油石河古称犹口水，系赣江二级支流，章江一级支流。油石河发源于上犹县油石乡莲花碗，河源位于东经114°25′，北纬25°57′。自西北向东南流经梅岭水库、油石，于东山镇左岸汇入章江，河口位于东经114°33′，北纬25°48′。

流域在上犹县境内，流域面积113平方千米，流域东、北邻龙华江，西依章江，南入章江。主河道长度33千米，主河道纵比降8.22‰，流域平均高程300米，流域形状系数0.31。

流域内地形以中低山丘陵为主，上游植被较好，中下游植被较差。流域内河系发达，河流水质良好。上游河谷深切，河道弯曲，下游河道宽浅，河床为砾石、粗砂。属山区性河流。

龙华江 龙华江又称寺下河，系赣江二级支流，章江一级支流。龙华江发源于上犹县双溪乡高洞村，河源位于东经114°22′30″，北纬26°07′01″。龙华江出源头向南流淌，经芦阳、石溪，至双溪乡。转向东南流经双溪乡大石门、寺下乡，至安和水文站。出安和乡，经车田、富湾、石崇、狮子，过社溪镇至社溪村左岸纳紫阳河。在龙埠村进入南康境内。经下埠、长滩、坳下、合江，至十八塘乡合江村委会谢屋坝村左岸纳麻桑河。转向南流，经赤江、牛石、中岭，曲折行进至龙华乡崇文村从左岸汇入章江。河口位于东经114°41′07″，北纬25°49′11″。

流域涉及上犹县、南康区、赣县，流域面积1144平方千米，地处东经114°17′～114°49′，北纬25°49′～26°11′。流域形状呈扇形，东靠赣江，西邻营前河、油石河，北毗遂川江，南入章江。龙华江主河长94千米，主河道纵比降2.16‰。流域平均高程337米，流域形状系数0.36。

流域位于诸广山山脉东面，地形以低山丘陵为主，上游河道窄深，河床多砾石，中下游河道宽浅，河床多沙。属山区性河流。

流域内流域面积小于1000平方千米、大于或等于200平方千米以上的一级支流2条，小于200平方千米、大于或等于50平方千米以上的河流1条，小于50平方千米、大于10平方千米的支流24条。流域内有中型水库1座（灵潭水库），小（1）型、小（2）型水库29座。

紫阳河：紫阳河又称龙江，系赣江三级支流，章江二级支流，龙华江一级支流。紫阳河发源于上犹县紫阳乡圳石下林场，河源位于东经114°25′53″，北纬26°05′16″。紫阳河出河源流向东南流，经胜利至紫阳乡，在长岭村于右岸纳石孜坝河、于左岸纳洪源河。经六村在社溪镇社陈左岸纳龙口河，过蓝田村，经江头至社溪镇社溪村从左岸汇入龙华江。河口位于东经114°36′18″，北纬25°56′27″。

流域涉及上犹县和南康区，流域面积203平方千米，地处东经114°25′～114°40′，北纬25°56′～26°08′。流域形状呈矩形，东邻麻桑河，北毗遂川江，西、南依龙华江。紫阳河主河道长40千米，主河道纵比降7.06‰。流域平均高程414米，流域形状系数0.18。

流域内流域面积小于50平方千米、大于或等于10平方千米的支流4条。流域内有中型水库1座（灵潭水库），小（1）型、小（2）型水库共5座。

麻桑河：麻桑河系赣江三级支流，章江二级支流，龙华江一级支流。麻桑河发源于南康区大坪乡上洛村，河源位于东经114°43′49″，北纬26°08′44″。麻桑河出河源流向西南，进入上洛水库，经大坪乡、西坌至大陂转向南流，在大坪乡大姑右岸纳坪市水。转向东南流，过横市镇，在水南村左岸纳小东坑河，在甲口村左岸纳外回河，在陂田坝左岸纳里海河，在圩下村大窝左岸纳圩下河，转向西南流至麻双。出麻双乡向南流，经鹅坊在麻双乡群丰村左岸纳大源水。经十八塘乡，至十八塘乡合江村委会谢屋坝村从左岸汇入龙华江。河口位于东经114°41′09″，北纬25°53′16″。

流域涉及南康区、上犹县、赣县，流域面积459平方千米，地处东经114°30′～114°49′，北纬25°53′～26°11′。流域形状呈梯形，东邻赣江，西毗紫阳河，北靠遂川江，南入龙华江。麻桑河主河道长69千米，主河道纵比降2.36‰。流域平均高程300米，流域形状系数0.33。

流域内流域面积小于200平方千米、大于或等于50平方千米以上的一级支流1条。流域内有小（1）型、小（2）型水库18座。

章水 章水古称豫章水，又称溢浆水，系赣江二级支流，章江一级支流。章水发源于崇义县聂都乡沉井村，河源位于东经114°06′50″，北纬25°31′29″。章水自北向南流，至聂都乡转向东南流，在聂都乡江口村进入大余县境。经添锦潭水库、大余县吉村乡、油罗口水库，在大余县浮江乡车里村委会章江村左岸纳浮江河。向东流经滩头水电站，蜿蜒进入大余县城。过大余县城后转向东北流，经峡口水电站，至青龙镇赤江村左岸纳漂塘河，在池江镇长江村左岸纳杨梅河，在新城镇安坑口村进入南康境内。向东北流经浮石乡，至蓉江街办窑下坝村，过章惠渠，至窑下坝水文站。过南康城区，章水继续向东北流，至康阳水电站，在蓉江街道办事处洋坝村左岸纳赤土水，在镜坝镇鹅岭村左岸纳朱坊河，至凤岗镇朱家村从右岸汇入章江。河口位于东经114°49′09″，北纬25°48′37″。

流域涉及崇义县、大余县、南康区，流域面积2795平方千米，地处东经114°01′～114°56′，北纬25°15′～25°49′。流域形状呈长方形，北与崇义江、中稍河及章江交界，西北与章江支流文英河、乐洞水交界，西及西南与珠江流域北江水系浈水交界，南与桃江支流西河、犀牛河、大陂河交界。章水主河道长183千米，主河道纵比降0.58‰。

流域在南岭山脉大庾岭的西北面，多山地，植被较好。上游河道窄深，河床稳定，多砾石、卵石。下游多丘陵岗地和河谷平原，植被较差，河道宽浅，河床以粗细砂为主。

流域内流域面积小于1000平方千米、大于或等于200平方千米以上的一级支流3条；小于200平方千米、大于或等于50平方千米以上的河流11条，其中一级支流8条，二级支流3条；小于50平方千米、大于10平方千米的支流61条。流域内有大型水库1座（油罗口水库），中型水库3座（跃进水库、添锦潭水库、垅洞里水库），小（1）型、小（2）型水库74座。

内良河：内良河古称豫章水，又称内良水，系赣江水系三级支流，章江二级支流，章水一级支流。内良河发源于大余县内良乡五洞村张天丘，河源位于东经114°01′，北纬25°25′。自西北向东南流经内良，于小水口右岸纳河洞水，至吉村乡大水口右岸汇入章水，河口位于东经114°11′，北纬25°23′。

流域涉及江西省大余县、广东省仁化县，流域面积168平方千米（其中江西省境内面积161.4平方千米），主河道长33千米，主河道纵比降11.7‰，流域平均高程556米，流域形状系数0.23。

流域地形以侵蚀性中低山地为主，森林茂盛，植被良好。流域内河系发达，河流水质良好。河道狭窄，河床多砾石。属山区性河流。

浮江河：浮江河系赣江三级支流，章江二级支流，章水一级支流。浮江河发源于崇义县关田镇沙溪村，河源位于东经114°10′53″，北纬25°31′45″。浮江向东南流，在三江口进入大余县境，在大余县浮江乡山南村左岸纳上南水，在浮江乡木头坝村左岸纳义安水，在浮江乡所在地右岸纳竹田河和玉里河，至浮江乡车里村委会章江村从左岸汇入章水。河口位于东经114°18′20″，北纬25°23′47″。

流域涉及崇义县、大余县，流域面积227平方千米，地处东经114°10′～114°22′，北纬25°23′～25°34′。流域形状呈三角形，北毗崇义江、朱坊河，东邻章水支流漂塘河，西、南依章水。浮江河主河长29千米，主河道纵比降10.6‰。流域平均高程507米，流域形状系数0.35。

流域内流域面积小于200平方千米、大于或等于50平方千米以上的一级支流1条；小于50平方千米、大于10平方千米的支流3条。流域内有小（1）型、小（2）型水库1座。

杨梅河：杨梅河又称池江河，系赣江三级支流，章江二级支流，章水一级支流。杨梅河发源于大余县左拔乡鹅子井，河源位于东经114°23′，北纬25°36′。自西北向东南流经左拔、跃进水库、樟斗，至池江乡长江圩左岸汇入章水，河口位于东经114°35′，北纬25°29′。

流域在大余县，流域面积167平方千米，主河道长39千米，主河道纵比降4.65‰，流域平均高程394米，流域形状系数0.29。

流域上中游地区属中低山丘陵地形，流域植被较好，竹木较多；下游地区属丘陵平原地形，流域植被稍差，有大片农田。上游河谷狭窄，河道弯曲，河床多砾石，下游河道宽浅，河床多砂、石。属山区性河流。

龙回河：龙回河古称圭侯水，又称龙回江，系赣江三级支流，章江二级支流，章水一级支流。龙回河发源于南康区龙回乡大坑林场，河源位于东经114°51′，北纬25°32′。自东南向西北流经大坑水库、龙回镇，至浮石乡江孜口村右岸汇入章水，河口位于东经114°43′，北纬25°35′。

流域在南康区境内，流域面积156平方千米，主河道长23千米，主河道纵比降2.77‰，流域平均高程215米，流域形状系数0.51。

流域内地形以低山丘陵为主，森林植被较差。流域内河系发达，河流水质良好。上游河谷深窄，河道弯曲，下游河道宽浅，河床多砂。属山区性河流。

赤土水：赤土水古称桃水，又称赤土河，系赣江三级支流，章江二级支流，章水一级支流。赤土水发源于南康区赤土畲族乡三村村，河源位于东经114°31′19″，北纬25°37′08″。赤土水出源头向东北转向东流，经红桃至云峰山林场，在赤土畲族乡爱莲右岸纳马石水，在黄秋塘左岸纳油坑水，在莲塘右岸纳庙下河，过赤土畲族乡，在寨里左岸纳长塘水，至南康蓉江街道办事处洋坝村从左岸汇入章水。河口位于东经114°44′48″，北纬25°40′54″。

流域在南康境内，流域面积202平方千米，地处东经114°30′～114°45′，北纬25°35′～25°42′。流域形状呈椭圆形，西邻章水支流杨梅河，北毗朱坊河，东、南依章水。主河道长37千米，主河道纵比降3.42‰。流域平均高程259米，流域形状系数0.30。

流域内流域面积小于50平方千米、大于等于10平方千米的支流有4条。流域内有小（1）型、小（2）型水库4座。

朱坊河：朱坊河又称荷田水，系赣江三级支流，章江二级支流，章水一级支流。朱坊河发源于崇义县铅厂镇铅厂村，河源位于东经114°17′39″，北纬25°33′47″。朱坊河向东北流，经岩前、茅坪，至高陂转向东流进入崇义县长龙镇拔萃村的西湖水库，在长龙镇鹅公龙村合江口右岸纳新溪河，至长龙镇。出长龙镇，在扬眉镇茅坪村左岸纳大摆水，在石子下右岸纳白枧水，经扬眉镇，转向东北流至龙勾乡。经华坪、石塘、大岸、良田，出龙勾乡，经寺里、东山、牛轭转向东流进入南康境内红心村。经朱坊乡，向东南流经荷田、茶园转向东北流，经红星、镜坝镇，至镜坝镇鹅岭村从左岸汇入章水。河口位于东经114°45′29″，北纬25°42′50″。

流域涉及崇义县、南康区，流域面积384平方千米，地处东经114°17′～114°45′，北纬25°33′～25°46′。流域形状呈狭长形，西邻崇义江，北毗章江，南邻赤土河、杨梅河、浮江河，东入章水。朱坊河主河道长90千米，主河道纵比降3.21‰。流域平均高程372米，流域形状系数0.13。

流域内流域面积小于200平方千米、大于或等于50平方千米以上的一级支流1条，小于50平方千米、大于10平方千米的支流4条。流域内有小（1）型、小（2）型水库14座。

长村河：长村河系赣江一级支流。长村河发源于赣县五云镇蓬坑村，河源位于东经114°48′，北纬26°01′。自西南向东北流经长村水库，于五云镇五云村左岸汇入赣江，河口位于东经114°55′，北纬25°59′。

流域在赣县境内，流域面积114平方千米，流域南邻章江，西依麻桑河，北靠攸镇河，东入赣江。主河道长20千米，主河道纵比降8.75‰，流域平均高程257米，流域形状系数0.34。

流域内地形以中低山丘陵为主，森林植被较差。上游河谷深切，河道弯曲，下游河道宽浅，河床由砾石与粗砂组成。属山区性河流。

湖江河

湖江河系赣江一级支流。湖江河发源于赣县与万安县交界的瑞峰山，河源位于东经115°06′，北纬26°10′。自东北向西南流经赣县白石乡三元号、上碗棚、湖江乡湖江面圩、窑下，于万背左岸纳流江背河，至大湖江圩右岸汇入赣江，河口位于东经114°58′，北纬26°06′。

流域在赣县，流域面积151平方千米，流域东靠平江，北邻白鹭水，南依赣江，西入赣江。主河道长2千米，主河道纵比降8.93‰，流域平均高程251米，流域形状系数0.40。

流域内地形以低山丘陵为主，森林植被较差，水土流失严重。上游河道弯曲，下游河道宽浅，河床由砾石、粗砂组成。属山区性河流。

攸镇河

攸镇河系赣江一级支流。攸镇河发源于吉安市万安县柏岩乡年坑村龙凤山，河源位于东经114°45′，北纬26°11′。自西北向东南流入赣县沙地乡，流经沙地，于攸镇圩左岸汇入赣江，河口位于东经114°54′，北纬26°08′。

流域涉及赣县、万安县，流域面积162平方千米，流域西靠麻桑河，南邻长村河，北依赣江，东入赣江。主河道长25千米，主河道纵比降5.92‰，流域平均高程270米，流域形状系数0.35。

流域内地形以低山丘陵岗地为主，森林植被较差。上游河谷深切，河道弯曲，下游河道宽浅，河床多沙。属山区性河流。

黄石水 黄石水是金沙水（金沙水系遂川江一级支流，流域面积211平方千米）的源河，流域面积93.4平方千米。黄石水在赣州市区域内称为晓源水，流域面积32.5平方千米。流域在南康区隆木乡的东部。

均村河

均村河（良口水系赣江一级支流，良口水流域面积529平方千米，在兴国县境内称为均村河），赣州境内流域地处东经115°01′～115°10′，北纬26°10′～26°28′。均村河流域面积256平方千米。流域（兴国县内）形状呈梯形，东邻平江，南毗湖江河，西北靠武术水，北依云亭水。范围涉及兴国县均村乡、永丰乡。发源于兴国县均村乡黄田村木马垇。河源位于东经

115°05′48″，北纬 26°27′13″。均村河向南流至兴国县均村乡罗安村，转向西南流，过黄田、章贡至均村乡。过均村乡向西南流至狮子潭左岸纳石溪，自五里隘流出兴国县境进入吉安。

均村河流域内流域面积小于 200 平方千米、大于或等于 50 平方千米的一级支流 1 条。小于 50 平方千米的支流 6 条。流域内有小（1）型水库 1 座。

龙潭河

龙潭河是云亭水的源河（云亭水系赣江一级支流，流域面积 764 平方千米，在赣州市境内面积 65 平方千米），在兴国县的西北部，流域面积 39.2 平方千米。

良村河

良村河是孤江（孤江系赣江一级支流，流域面积 3082 平方千米，在兴国县境内的流域面积 560 平方千米）的源河。良村河流域面积 173 平方千米，流域形状呈扇形。流域东邻黄陂河，南靠平江。良村河发源于兴国县良村镇西岭村，河源位于东经 115°32′44.8″，北纬 26°31′0.5″。出源向北流经良村镇西岭村、良村镇。向东北流经红星村、约口村、大坑、龙升村，转西北过松尾出境。

良口河小于 50 平方千米的支流 9 条。孤江在赣州市境内流域面积小于 50 平方千米的支流有 24 条。小（2）型水库 2 座。

上固河 上固河是潭头水在宁都县内的河源部分（潭头水系孤江一级支流，流域面积 246 平方千米），也称为南林河，流域面积 89.4 平方千米，位于宁都县西北部大沽乡，从宁都县大沽乡流入吉安市境内。

第二节 东 江 水 系

寻乌水

寻乌水古称寻邬水，又称寻乌河，在龙川县合河坝接纳定南水后称东江。寻乌水是东江干流，珠江水系。发源于江西省寻乌县三标乡长安村桠髻钵山，河源位于东江 115°32′18.1″，北纬 25°07′20.6″。寻乌水向东南流经寻乌县水源乡三桐村、太湖村，流至水源乡。出水源乡经坳背、竹园头、北亭，进入澄江镇。转向南流入吉潭镇，经滋溪村左岸纳剑溪，转向西南流经吉潭镇所在地，至文峰乡石角里村右岸纳马蹄河。过南桥镇磜石背村，至狮子峰水库。经南龙村、南龙水库、水背村、至黄坝村。继续流向西南，在留车镇鹅湖村右岸纳龙图河，进入斗晏水库，在水库回水区曲行 21.1 千米，出库下行 120 米流入广东省境内。

寻乌水流域涉及江西省寻乌县、广东省兴宁市，流域面积 1630 平方千米，地处东经 115°20′41″～115°52′49″，北纬 24°36′57″～25°12′19″。流域呈扇形，东邻福建省韩江水系石窟河，北毗赣江水系湘水、濂水，西靠东江水系定南水，从南面流入广东省龙川县。寻乌水主河道长 114.4 千米，主河道纵比降 6.24‰。流域平均高程 461 米，流域形状系数 0.38。

流域以山地、丘陵为主。属山区性河流。中游河床由卵石和粗砂组成，下游河床以粗、细砂为主。

流域内有流域面积小于1000平方千米、大于或等于200平方千米以上的一级支流2条；小于200平方千米、大于或等于50平方千米以上一级支流10条。流域内有斗晏中型水库，观音亭小（1）型水库，8座小（2）型水库。

剑溪

剑溪系寻乌水的一级支流。剑溪发源于寻乌县剑溪乡二乐子，河源位于东经115°53′，北纬25°00′，自东北向西南，流经剑溪，于寻乌县吉潭镇滋溪村左岸汇入寻乌水，河口位置为东经115°47′，北纬25°01′。

流域在寻乌县境内，流域面积124平方千米，流域东靠韩江，北邻湘水，南依寻乌水，西入寻乌水，主河道长19.3千米，主河道纵比降50‰，流域平均高程530米，流域形状系数0.37。

流域属山区性河流。植被较好。河床以卵石、砾石为主，有漂石、基岩裸露。

马蹄河

马蹄河系寻乌水一级支流。马蹄河发源于寻乌县三标乡基田村基隆山。河源位于东经115°32′11.1″，北纬25°04′59.5″。马蹄河向东南流经寻乌县三标乡黄陂村至三标乡，过九曲湾水库、长溪、在文峰乡长举村右岸纳大竹园水，至长宁镇。在文峰乡小布村右岸纳田背河，至文峰乡石角里村从右岸汇入寻乌水。河口位于东经115°41′43.5″，北纬24°54′20.2″。

流域在寻乌县境内，流域面积222平方千米，地处东经115°31′44″～115°42′13″，北纬24°53′30″～25°06′29″。流域呈扇形，西北邻濂水，西南邻龙图河，东、北毗寻乌水、东南汇入寻乌水。马蹄河主河道长36.1千米，主河道纵比降6.20‰。流域平均高程489米，流域形状系数0.28。

流域属山区性河流。河床在长宁镇以上主要以卵石、砾石和大漂石为主，长宁镇以下由卵石、粗砂组成。

流域内有流域面积小于200平方千米、大于或等于50平方千米的支流1条，小于50平方千米、大于10平方千米支流5条。流域内有小（1）型、小（2）型水库2座。

龙图河

龙图河又称上坪河、鹅坪河，系寻乌水一级支流。龙图河发源于寻乌县三标乡大小湖岽村，河源位于东经115°31′19.9″，北纬25°01′46.9″。龙图河向南流经桂竹帽镇华星村，经桂竹帽镇，至上坪村右岸纳中三河。向东流经下坪、双坪转向南流，在下村子村右岸纳岭阳河。东南流过五里滩水库、河角、金星，经余田至龙图村下行1.5千米入留车镇境内，至鹅湖村从右岸汇入寻乌水。河口位于东经115°38′19.9″，北纬24°44′54.2″。

流域涉及寻乌县三标乡、桂竹帽镇、留车镇，流域面积268平方千米，地处东经115°25′49″～115°39′13″，北纬24°44′31″～25°02′21″。流域呈长条状，东邻寻乌水，西毗篁乡河、新田水，北邻定南水，南入寻乌水。龙图河主河道长50千米，主河道纵比降6.00‰。流域平均高程497米，流域形状系数0.27。

流域属山区性河流。上游瀑布较多，河床多以卵石、砾石和粗砂组成。中下游河流两岸沿山穿过，河宽束窄，河床坡度大，水流湍急。

流域内有流域面积小于50平方千米、大于10平方千米支流6条。流域内有小（1）型、小（2）型水库6座。

篁乡河

篁乡河又称晨光河、水金河、神光河，系寻乌水一级支流。篁乡河发源于寻乌县桂竹帽镇上坪村，河源位于东经115°25′49.2″，北纬24°53′48.6″。篁乡河向西南流，至龙归村转向南流。至牛栏场村转向东南，经晨光镇至江下村，过菖蒲乡至铜锣村，转南流至墨斗角出省境。在广东省龙川县上坪镇渡田村东南入东江。

流域涉及江西省寻乌县、广东省龙川县，流域面积278平方千米（其中江西省境内面积231.4平方千米），地处东经115°20′40″～115°34′01″，北纬24°37′33″～24°54′04″。流域呈梯形，东毗龙图河，西邻柱石河，北邻新田水，东南入东江。篁乡河主河道长47千米，主河道纵比降5.00‰。流域平均高程422米，流域形状系数0.25。

流域内有流域面积小于50平方千米、大于10平方千米的支流5条。流域内有小（1）型、小（2）型水库3座。

定南水

定南水古称三伯坑水，又称镇岗河、九曲河，出定南县境后称贝岭水。系东江一级支流。定南水发源于寻乌县三标乡大小湖岽村，河源位于东经115°32′1.4″，北纬25°4′37.9″。定南水向西北流经寻乌县大小湖岽村，至梅坝入安远县境。转向西南流入东风水库。出水库向西流经凤山乡转向西南流，经井垃至老围村，过镇岗乡，转向南流经上魏、下魏于孔田镇下龙村左岸纳新田水。向西流至龙岗转向西南流，经鹤子镇至定南县龙塘镇白驹村。定南水流经天九镇沙罗湾时呈“九”字形故名九曲河。九曲河段有转塘、九曲、长滩三个梯级水库。在龙塘镇双头村设有胜前（二）水文站。河流在龙塘镇转向东南流，在鹅公镇黄朝富左岸纳柱石河，转向西南流，经坪岗村至转塘水库。过转塘村入九曲水库。向东流4千米，入长滩水库。出库后经老虎斜进入广东省境内，至和平县下车镇三溪口右岸纳老城河、左岸纳张田溪。定南水出境后继续向东南流，至龙川县合河坝从右岸注入东江。

流域涉及江西省寻乌县、安远县、龙南县、定南县、广东省和平县、龙川县6县，流域面积1683平方千米。流域形状近似三角形，流域西邻桃江，北毗濂水，东、南靠寻乌水。定南水主河道长100.2千米，主河道纵比降3.05‰。流域平均高程431米，流域形状系数0.17。

流域属山区性河流。河道狭窄弯曲，河床多卵石、粗砂。

流域内有流域面积大于50平方千米以上支流7条，其中一级支流6条，二级支流1条。域面积大于100平方千米一级支流3条。流域面积大于200平方千米一级支流1条。流域内有东风、礼亨、转塘、九曲、长滩5座中型水库、3座小（1）型水库和13座小（2）型水库。

新田水　新田水古称符山河，系定南水一级支流。新田水发源于安远县孔田国有林场，河源位于东经115°29′30.5″，北纬25°00′18.0″。新田水向西南流，经三百山镇嘴下、虎岗、梅屋等村，过三百山镇至刁公嘴。经新塘，向西流经上寨，至孔田镇。西流至下龙村从左岸汇入定南水。河口位于东经115°17′14.2″，北纬24°55′44.7″。

流域在安远县，流域面积202平方千米，地处东经115°17′9.24″～115°29′59.64″，北纬24°52′10.92″～25°0′57.96″。流域呈扇形，东邻龙图河，南依篁乡河、柱石河，北毗定南水、西入定南水。新田水主河道长29千米，主河道纵比降6.58‰。流域平均高程446米，流域形状系数0.33。

流域属山区性河流。上游河道狭窄，河床稳定，下游河道宽浅，河床多卵石、粗砂。

流域内有流域面积小于50平方千米、大于10平方千米支流9条。流域内有小（1）型、小（2）型水库3座。

柱石河 柱石河系定南水的一级支流。柱石河发源于寻乌县桂竹帽三星山，河源位于东经115°24′，北纬24°53′，自东向西流入定南县境，经柱石乡，于鹅公乡黄朝富左岸汇入定南水，河口位置为东经115°14′，北纬24°50′。

流域涉及寻乌县、定南县，流域面积108平方千米，主河道长27千米，主河道纵比降6.93‰，流域平均高程441米，流域形状系数0.28。

流域属中低山丘陵地形，山区性河流。流域植被较好，河道窄深，河床为粗砂组成。

鹅公河 鹅公河系定南水的一级支流。鹅公河发源于定南县镇田乡留拳村上坑，河源位于东经115°21′，北纬24°44′，自东南向西北流经镇田乡、鹅公乡，于定南县鹅公乡石头山左岸汇入定南水，河口位置为东经115°12′，北纬24°48′。

流域在定南县，流域面积93.8平方千米，流域东靠寻乌水，北邻柱石河，南依贝岭水，西入定南水。主河道长29千米，主河道纵比降9.28‰，流域平均高程482米，流域形状系数0.27。

鹅公河属山区性河流。流域植被较好。属窄深河道，河床为粗砂组成。

下历水 下历水又称新城水，系定南水下游一级支流。下历水发源于龙南县汶龙镇江下村，河源位于东经114°55′50.2″，北纬24°45′43.9″。下历水由西南向东北流，经汶岭村、文昌村进入礼亨水库，出库后转向东南流经中沙村，入定南县城历市镇。继续向东南流，经富田村、长桥村，在天九镇天花村左岸纳天花水。下历水在天九镇向南转折后，继续向东南流，至天九镇桃溪村三溪口从右岸汇入定南水。河口位于东经115°9′20.0″，北纬24°42′42.9″。

流域在定南县，流域面积199平方千米，地处东经114°55′19.9″～115°09′39.2″，北纬24°42′33.5″～24°50′41.3″。流域形状近似三角形，西邻渥江，南毗老城河，北依濂水，南入定南水。下历水主河道长36千米，主河道纵比降4.44‰。流域平均高程320米，流域形状系数0.27。

流域以低山丘陵为主，河道宽浅，河床多沙。

流域内有流域面积小于200平方千米、大于或等于50平方千米支流1条，小于50平方千米、大于10平方千米支流4条。流域内有礼亨中型水库，小（1）型、小（2）型水库3座。

老城河 老城河又称定南水，系定南水一级支流。老城河发源于广东省和平县大坝镇坪溪村，河源位于东经114°49′55.2″，北纬24°35′37.6″。老城河由南向北流，经窑湖村转东北，至板埠村转东，经新建村转向东北流，经岿美山镇、张屋村。转向南流，经老城镇至盛邦山村，转向北流至龙下村，转向东流至狗耳潭村，转向东南流。在含水村转向东北流，经油田电站，转向南流至广东省和平县下车镇三溪口从右岸汇入定南水。河口位于东经115°11′27.2″，北纬24°41′38.4″。

流域涉及江西省定南、龙南县和广东省和平县，流域面积512平方千米（江西省境内308.1平方千米）。流域呈扇形，西靠桃江，北毗下历水，东邻定南水，南依东江及其支流和平河，东南入定南水。老城河主河道长73千米（江西境内66千米），主河道纵比降3.25‰。流域平均高程422米，流域形状系数0.29。

流域地形以低山丘陵为主。上游河道窄深，河床稳定，下游河槽宽浅，多卵石、粗砂。

流域内流域面积大于50平方千米支流只有车江水（又称下池水），小于50平方千米、大于10平方千米支流6条。流域内建有小（2）型水库2座。

第三节 其他河流

北江诸河

北江也称浈江、浈水，属于珠江流域。

中坝河 中坝河是北江在江西省境内的部分源河，是北江的河源区。中坝河流域在信丰县油山镇、正平镇，流域面积37.1平方千米，主河道长9.1千米，主河道平均坡降12.1‰。

竹洞河 竹洞河是锦江（锦江系北江一级支流）在江西省境内的源河。竹洞河流域在崇义县聂都乡境内的竹洞村、竹洞畲族村，流域面积12平方千米，主河道长5.5千米。

韩江诸河

聪坑河 聪坑河是南洋河（南洋河系韩江三级支流，石窟河二级支流，差干河一级支流）在江西境内的源河，流域在江西省南部寻乌县项山乡聪坑村境内，流域面积21.8平方千米，主河道长8.1千米，河床坡降55.56‰。

罗福嶂河 罗福嶂河系韩江水系民主河的支流，流域面积5.3平方千米。主河道长2千米。流域在寻乌县项山乡罗福嶂村境内。

彭溪河 彭溪河是中行河（中行河系韩江三级支流，石窟河二级支流，柚树河一级支流）在江西省境内的源河。彭溪河流域在寻乌县丹溪乡彭溪村境内，流域面积18.1平方千米，主河道长5.8千米，河床坡降31.03‰。

丹溪河 丹溪河是大拓河（大拓河系柚树河一级支流）在江西境内的源河。丹溪河流域在寻乌县丹溪乡境内，流域面积46.63平方千米，主河道长19.85千米，河床坡降22.17‰。

铁马河 铁马河是韩江一级支流—程江在江西省境内部分的名称，是程江河源部分。铁马河流域在寻乌县丹溪乡境内，流域面积34.3平方千米。主河道长12.05千米，河床坡降28.22‰。

清溪河 清溪河系韩江水系程江一级支流，清溪河流域在寻乌县丹溪乡清溪村境内。流域面积8.1平方千米，主河道长3千米。

河峰畲河 河峰畲河是韩江水系宁江的支流—黄陂水在江西省境内的名称，是黄陂水的河源部分。河峰畲河流域在寻乌县丹溪乡金村村境内，流域面积9.8平方千米，主河道长3千米。

第四节 湖 库

赣州市境内无天然湖泊发育。

赣州市境内有水库1055座，其中5座大型水库，47座中型水库，202座小（1）型水库，801座小（2）型水库。赣江流域有水库982座，其中5座大型水库，41座中型水库。东江流域有72座水库，其中6座中型水库。北江流域有1座水库。

赣州市境内5座大型水库分别为上犹江水库、长冈水库、团结水库、龙潭水库、油罗口水库。

上犹江水库 章江中游的大（2）型水库，又称陡水湖。1955年3月开工，1957年8月建成。位于上犹县中南部、崇义县东北部，坝址地处上犹县陡水镇铁扇关峡谷，位于东经114°24.5′，北纬25°49.7′，控制流域面积2750平方千米。库区位于崇义县东北部和上犹县中南部，最大回水长度57千米。回水从坝址沿章江至崇义县过埠镇高沙村、沿思顺河至崇义县过埠镇车田村、沿崇义水至崇义县横水镇茶滩村过路滩下、沿营前河至上犹县营前镇石板村。水库主要建筑物有大坝、溢洪道、泄洪洞、坝内式厂房、过木筏道。以发电为主，兼顾防洪、航运、旅游、养殖等效益。装机容量6万千瓦，多年平均年发电量2.33亿千瓦时。水库正常蓄水位198.4米（假定基面），总库容8.220亿立方米，水面面积约43.8平方千米，属湖泊型年调节水库。

长冈水库 平江中游大（2）型水库，1969年4月开工，1972年建成。位于兴国县中部，坝址地处兴国县长冈乡石燕村，东经115°27′，北纬26°20′，控制流域面积849平方千米，涉及长冈、鼎龙、东村3乡（镇）。入库支流有城岗河（流域面积139平方千米）、水南河（流域面积90.3平方千米）、忠州河（流域面积28.4平方千米）、大门段河（流域面积8.5平方千米）4条。水库建筑物主要有大坝、发电引水隧洞、电站厂房等。以灌溉、防洪为主，兼顾发电、养殖、旅游等综合效益。装机容量1.06万千瓦，多年平均年发电量4310万千瓦时。水库正常蓄水位187.9米（吴淞基面），总库容3.7亿立方米，水面面积20.1平方千米，水库回水长度18.5千米，属湖泊型年调节水库。

团结水库 梅江上游大（2）型水库，1971年10月开工，1979年12月建成。位于宁都县北部，主坝址地处宁都县洛口镇员布村，东经116°05′，北纬26°52′，控制流域面积412平方千米，涉及洛口镇、肖田乡。入库支流有横江河（流域面积60.2平方千米）、石坑河（流域面积52.0平方千米）、盆源河（流域面积25.5平方千米）、东溪河（流域面积16.1平方千米）等4条。水库建筑物主要有主坝、副坝、正常溢洪道、非常溢洪道、引水系统、发电厂房。以防洪、灌溉为主，兼顾发电、养殖等综合效益。装机容量2500千瓦，多年平均年发电量1040万千瓦时。水库正常蓄水位242米（假定基面），总库容1.457亿立方米，水面面积11.25平方千米，水库回水长度9千米，形成狭长的人工湖泊，属湖泊型年调节水库。

龙潭水库 营前河上游大（2）型水库，1990年7月开工，1995年11月建成。位于上犹县西部，坝址地处上犹县五指峰乡与平富乡交界处的猴岩峡谷，东经114°12.4′，北纬25°54.5′，控制流域面积150平方千米，水库回水至五指峰乡鹅形圩桥头，涉及上犹县五指峰乡和平富乡。入库支流有晓水河（流域面积28.3平方千米）、硫磺洞河（流域面积17.3平方千米）。水库建筑物主要有大坝、引水系统、发电厂房。以增加枯季发电量和电力调峰为主，装机容量4万千瓦，多年平均年发电量9234万千瓦时。水库正常蓄水位482米（黄海基面），总库容1.156亿立方米，水面面积4.77平方千米，水库回水长度10千米，属河道型多年调节水库。水库建成蓄水后，形成湖汊较多的人工湖，晓水湖汊长约4千米，硫磺洞湖汊长约1000米。

油罗口水库 章水上游大（2）型水库，1981年建成。位于大余县西南部，主坝址地处大余县浮江乡杉树下村，位于东经114°18′，北纬25°22.6′，控制流域面积557平方千米，水库回水至大余县吉村镇村江坝，涉及大余县浮江乡和吉村镇。入库支流有大萌里河（流域面积34.5平方千米）、游仙河（流域面积26.2平方千米）、小萌里河（流域面积20.3平方千米）。水库建筑物主要有主坝、副坝、溢洪道、引水系统、发电厂房。以防洪为主，兼顾灌溉、发电等效益。装机容量6000千瓦，多年平均年发电量2420万千瓦时。水库正常蓄水位220米（假定基面），总库容1.1亿立方米，水面面积6.32平方千米，水库回水长度16.2千米，形成状似鹅形的人工湖泊，属湖泊型年调节水库。

赣州市中型水库基本情况见表1-3-1。

表1-3-1　　赣州市中型水库基本情况

序号	水库名称	地　址	所在河流名称	坝址控制流域面积/平方千米	总库容/万立方米
1	日东水库	赣州市瑞金市日东乡	日东河	200	6700
2	龙山水库	赣州市瑞金市壬田镇	龙山河	80	2905
3	禾坑口水电站	赣州市会昌县庄口镇	赣江	4126	6520
4	老虎头水电站	赣州市会昌县文武坝镇	赣江	3899	4550
5	营脑岗水电站	赣州市会昌县珠兰乡	赣江	3989	2950
6	白鹅水电站	赣州市会昌县白鹅乡	赣江	6685	2918
7	跃州水库	赣州市于都县罗坳镇	赣江	14978	4390
8	峡山水库	赣州市于都县罗坳镇	赣江	16013	9600
9	石壁坑水库	赣州市会昌县文武坝镇	板坑河	164	6030
10	渔翁埠水库	赣州市于都县靖石乡	濂江	2140	1085
11	蔡坊水库	赣州市安远县蔡坊乡	大脑河	117	2654
12	上长洲水库	赣州市瑞金市瑞林镇	梅江	5569	2180
13	留金坝水库	赣州市瑞金市瑞林镇	梅江	5790	6120
14	竹坑水库	赣州市宁都县梅江镇	竹坑河	56.2	2305
15	岩岭水库	赣州市石城县高田镇	岩岭水	44.7	1570
16	老埠水库	赣州市宁都县青塘镇	青塘河	56.4	1715

续表

序号	水库名称	地　址	所在河流名称	坝址控制流域面积/平方千米	总库容/万立方米
17	下栏水库	赣州市于都县仙下乡	仙下河	32	1170
18	长龙水库	赣州市兴国县高兴镇	龙山河	116	1700
19	金盘水库	赣州市赣县石芫乡	石芫河	30.4	1360
20	黄云水库	赣州市全南县南迳镇	桃江	93.7	4790
21	虎头陂水库	赣州市全南县金龙镇	桃江	408	1083
22	龙头滩水电站	赣州市龙南县桃江乡	桃江	2653	1325
23	桃江水电站	赣州市信丰县铁石口镇	桃江	3679	3710
24	居龙潭水电站	赣州市赣县大田乡	桃江	7739	7360
25	中村水库	赣州市信丰县西牛镇	西河	29.2	1092
26	龙兴水库	赣州市全南县金龙镇	小溪水	182	2400
27	五渡港水库	赣州市信丰县万隆乡	小河	120	3330
28	走马垅水库	赣州市信丰县油山镇	西河	91.6	2370
29	龙井水库	赣州市信丰县大桥镇	大桥河	140	1385
30	白兰水库	赣州市信丰县大塘埠镇	坪石河	24.4	1300
31	上迳水库	赣州市信丰县安西镇	安西河	31.6	1185
32	牛鼻垅水利枢纽	赣州市崇义县过埠镇	章江	1125	1170
33	南河水电站	赣州市上犹县东山镇	章江	2830	5250
34	仙人陂水电站	赣州市上犹县黄埠镇	章江	3108	1915
35	罗边水利枢纽工程	赣州市南康区龙华乡	章江	3190	1590
36	长河坝水利枢纽	赣州市崇义县铅厂镇	稳下河	49.5	1315
37	灵潭水库	赣州市上犹县紫阳乡	紫阳河	26.5	1530
38	龙江水电站	赣州市上犹县社溪镇	紫阳河	133	1550
39	添锦潭水库	赣州市大余县吉村镇	章水	409	2380
40	垅涧里水库	赣州市大余县青龙镇	章水	51.1	1750
41	跃进水库	赣州市大余县樟斗镇	杨梅河	60.5	1248
42	斗晏水库	赣州市寻乌县龙廷乡	东江	1714	9820
43	东风水库	赣州市安远县凤山乡	东江	128	1145
44	转塘水库	赣州市定南县鹅公镇	贝岭水	929	2480
45	九曲水库	赣州市定南县天九镇	贝岭水	1080	1740
46	长滩水库	赣州市定南县天九镇	贝岭水	1312	1155
47	礼亨水库	赣州市定南县历市镇	下历水	34.9	3910

第四章

水文气象

赣州属中亚热带南缘，具有典型亚热带丘陵山区湿润季风气候特征。冬、夏季风盛行，春、夏降水集中，四季分明，气候温和，酷暑和严寒时间短，无霜期长。全市多年平均气温18.8摄氏度，多年平均年降水量1592.1毫米，河川径流总量337.45亿立方米。四季降雨很不均匀，降水量集中在春、夏，秋、冬季节明显偏少。受降水量影响，赣州河川径流量及水资源量都呈现与降水量相一致的变化规律。

在全市2241.2千米河流水质评价中，全年Ⅰ类、Ⅱ类水评价河长占总评价河长46.9%，Ⅲ类水评价河长占总评价河长31.4%，Ⅳ类水评价河长占总评价河长4.2%，Ⅴ类水评价河长占总评价河长12.0%，劣Ⅴ类水评价河长占总评价河长5.5%。

赣州局部区域水土流失严重，河流含沙量偏大。

第一节　水　　文

一、降水

根据1956—2016年降水资料统计，赣州市多年平均降水量1592.1毫米。降水日数为156～170天。赣州市各区县多年平均降水量见表1-4-1。

表1-4-1　　赣州市各区县多年平均降水量　　单位：毫米

区县名	多年平均降水量	区县名	多年平均降水量	区县名	多年平均降水量	区县名	多年平均降水量
赣州城区	1434.2	大余	1612.3	石城	1737.1	寻乌	1632.7
瑞金	1659.1	上犹	1577.9	宁都	1663.9	定南	1586.3
南康	1493.4	崇义	1609.0	于都	1546.6	安远	1609.9
赣县	1490.9	龙南	1589.9	兴国	1587.5	赣州市	1592.1
信丰	1532.7	全南	1639.3	会昌	1576.0		

赣州降水充沛，年内时间分配上，表现出季节不同，分配不均，且差别较大的特点。其变化规律一般为：1—6月降水量呈逐月增加趋势，4—6月降水量最为集中，7月降水量有

较明显减少，8月又有所增加，9—10月降水量逐月减少。11月至次年1月降水量最小。春季是赣州主要降雨时节，全市平均降水量621毫米，占全年降水量39.2%；夏季全市平均降水量534毫米，占全年降水量33.6%；秋季全市平均降水量235毫米，占全年降水量14.8%；冬季是全年降水最少季节，平均降水量197毫米，占全年降水量12.4%。4—6月是本市降水量最为集中的时期，各地降水量平均为650～880毫米，占全年降水量43%～50%，容易形成洪水，这段时期也是赣州主汛期。全市年平均降水日数156～170天，是全国降水日数最多的地区之一。其分布与年降水量分布基本相同。兴国、于都、南康、章贡区等地年降水量最少，降水日数亦最少，在157天左右；全南降水日数最多，170天；崇义、安远接近170天，其他地方160～165天。降水天数最多的是大余内良站204天，最少的是廖村站100天；暴雨（日雨量不小于50毫米）天数最多的是宁都赤水站13天，最少的是横坑站无一天暴雨；一年中连续无降水天数最长的是龙南杨村站44天。

赣州降水量年际变化较大。通过对1956—2020年65年降水量资料统计分析，年平均降水量超过2000毫米的有6年，1800～2000毫米的7年，1600～1800毫米的14年，1400～1600毫米的17年，1200～1400毫米的15年，1000～1200毫米的3年。赣州年平均降水量多数年份为1400～1800毫米。

赣州各雨量站年降水量最大值2869.6毫米，出现在1975年龙南横岗站，其次是2814.6毫米，出现于1997年石城胜江站。全市各站年降水量最大值与最小值的比值为2.0～2.7。

受气团和地形影响，赣州市沿武夷山一带的宁都、石城、瑞金、会昌、寻乌，诸广山以东的崇义、大余，九连山以北的定南、全南以及安远等地，年降水量超过全市平均值，其中宁都、瑞金、全南为全市降水量最多地区。兴国、于都、信丰和龙南等地，年降水量接近全市平均值。章贡区、上犹、南康年降水量低于全市平均值，其中章贡区是全市降水量最少地区。概括起来全区大致可分为5个雨区：梅江、琴江流域和兴国山区，位于雩山南坡，地势由北向南倾斜，一般高程300～500米，最高点1252米，年平均降水量1700毫米左右，是暴雨高值区和频发区；绵江、湘水流域，位于武夷山脉南部和西坡，由东南向西北倾斜，一般高程300～500米，最高点1500米左右，年平均降水量1600毫米左右；章江中上游山区，位于诸广山的东侧，由西向东倾斜，一般高程300～500米，最高点1673米，年平均降水量1600～1800毫米，是暴雨高值区，但不经常发生；赣州南部山区（包括寻乌、定南山区），位于南岭山脉，地势由北向南倾斜，一般高程300米左右，最高点1541米，是南海台风进入江西省的通道，年平均降水量1600毫米左右；章水、平江、桃江三水的中下游和贡水，基本上属于赣州盆地和小平原区，一般高程300米左右，最高点1016米，年平均降水量1450毫米左右，是全市降雨量最少的区域。

赣州市暴雨形成主要有两种形式：以西南方向输送水汽为主的锋面雨，锋面雨多出现在每年的3—6月，7—9月也时有发生；以东南方向输送水汽为主的台风雨，台风雨多出现在每年的7—9月。

日降水量不小于50毫米的暴雨，赣州市平均每年发生77.5站次。各雨量站每年平均发生3.9～5.4次。一年四季都有暴雨出现，但主要出现在4—6月，占全年暴雨的60%，尤其以6月最多；其次是8月台风雨产生的暴雨，约占全年暴雨次数的10%；11月至次年2月暴雨较少，约占全年暴雨的5%；其他月份共占25%。暴雨发生最多的地区有宁都、瑞金、大余、全南等县，平均每年出现暴雨5～5.4次，最少的是章贡区、上犹县，平均年出现3.9次暴雨；其他地区年平均出现暴雨4～4.9次。

日降水量不小于100毫米的大暴雨，赣州市平均每年发生7.6站次。以宁都、瑞金、安远等县出现次数最多，各雨量站平均每年发生0.6～0.7次大暴雨；其次是崇义和大余，年平均发生大暴雨0.5次；最少是上犹和章贡区，平均5～7年遭遇一次大暴雨。3—11月，赣州市境内都出现过大暴雨，其中以6月出现次数最多，平均每年出现3.3站次，占全年总发生次数的43%；其次是8月和5月，分别为平均每年1.2站次和0.9站次；其他月份极少出现大暴雨，冬季没有发生过。

日降水量不小于200毫米的特大暴雨，赣州市章贡区及宁都、石城、安远、定南、寻乌等县分别出现过1～2次，时间在5—8月。

二、水位

赣州市主要河流年最高水位4—6月出现较多，历年最高水位6月出现较多。因河床下切，近年各河流频繁出现历年最低水位。主要河流水文（位）站水位特征值见表1-4-2。

表1-4-2　主要河流水文（位）站水位特征值

站名	河名	基面	最高水位		最低水位		多年平均水位/米
			水位/米	发生日期	水位/米	发生日期	
瑞金	绵江	吴淞	195.18	1962-06-30	187.27	2020-01-16	187.95
葫芦阁	贡水	吴淞	144.44	1964-06-15	135.09	2010-11-19	136.25
峡山	贡水	黄海	113.76	1964-06-15	102.15	1972-03-31	103.77
峡山（二）	贡水	黄海	109.98	2015-05-21	98.61	2019-02-10	101.81
赣州	贡水	吴淞	103.29	1964-06-16	90.95	2018-05-28	93.86
麻州	湘水	假定	97.99	1978-07-31	88.93	2020-07-25	92.71
羊信江	濂水	假定	200.55	1961-08-27	193.41	2010-09-10	194.19
宁都	梅川河	吴淞	189.26	1984-06-01	182.34	2013-11-11	183.76
汾坑	梅川河	假定	134.50	2015-05-20	123.69	2020-12-07	125.59
石城	琴江	黄海	228.62	1997-06-09	220.16	2020-12-10	222.58
韩林桥	平江	吴淞	115.06	1956-06-17	107.28	2020-01-14	109.07
信丰（二）	桃江	黄海	147.92	2016-03-21	140.91	2018-05-04	141.68
居龙滩	桃江	吴淞	112.75	1964-06-16	102.24	2020-10-12	104.10
窑下坝（二）	章水	黄海	121.53	2009-07-04	114.35	2002-01-14	116.79
坝上	章江	吴淞	103.83	1961-06-13	93.82	2004-01-28	96.73
田头	上犹江	假定	120.32	1961-06-12	110.53	2015-02-23	113.81
水背	寻乌水	珠江	224.42	1983-06-03	217.77	2019-12-28	220.08
胜前	九曲河	黄海	227.98	1978-07-31	220	1996-07-12	221.07
胜前（二）	九曲河	黄海	229.56	2006-07-15	224.01	2011-04-24	224.63

三、径流

赣州市河川径流量主要来源于降水，属于降水补给型河流。径流量的变化规律与降水量的变化规律相一致。根据1956—2016年径流资料统计，全市多年平均年径流量337.45亿立方米，平均年径流深856.9毫米。

径流量分布趋势与降水量分布趋势一致，存在两个高值区和一个低值区。一个高值区在西部及西南部边缘山区，一个在东部山区，多年平均径流深在900毫米以上，局部地区1100毫米。以上犹江麻仔坝站最大，1174毫米。低值区在中部丘陵、盆地地带，多年平均径流量在700毫米以下，尤以赣江干流段径流量最小，567毫米左右。径流系数与径流深的分布趋势相同。西部及东部山区0.55～0.60，中部盆地0.45左右。

径流量的年内分配不平衡，汛期（4—9月）平均径流量244.99亿立方米，占全年径流量的72.6%，非汛期（1—3月，9—12月）平均径流量92.46亿立方米，占全年径流量的27.4%。

径流量的年际变化规律与降水量的年际变化规律基本一致，最大年径流深为1450～1850毫米，麻仔坝站1973年径流深2159.6毫米，是历年最大的；最小年径流深为250～400毫米，以羊信江站1963年220.6毫米最小。各站年径流量丰、枯比为3.96～7.46。赣州主要河流水文站流量特征值见表1-4-3。

表1-4-3　　赣州主要河流水文站流量特征值

站名	最大流量		最小流量		多年平均流量/立方米每秒
	流量/立方米每秒	出现日期	流量/立方米每秒	出现日期	
峡山	8730	1964-06-16	0.64	2017-11-02	435
翰林桥	2780	1961-06-12	0.94	1986-08-30	74.3
居龙滩	4470	1964-06-16	0.17	2010-11-08	191
坝上	5060	1961-06-13	3.57	2004-01-28	198

四、蒸发

根据各水文蒸发站多年蒸发资料分析，水面蒸发量的年际变化比较接近，最大年蒸发量和最小年蒸发量的比值为1.24～1.54。赣州各水文蒸发站蒸发量特征值见表1-4-4。

表1-4-4　　赣州各水文蒸发站蒸发量特征值

河名	站名	年平均蒸发量/毫米	最大年蒸发量		最小年蒸发量	
			蒸发量/毫米	年份	蒸发量/毫米	年份
桃江	茶芫	925.7	1047.2	2009	841.4	2002
湘水	麻州	944.6	1127	1996	730.4	2006
太平江	杜头	873.1	1037.6	1983	715.6	1997
寺下河	安和	861	960.7	1988	732	1997

续表

河名	站名	年平均蒸发量/毫米	最大年蒸发量		最小年蒸发量	
			蒸发量/毫米	年份	蒸发量/毫米	年份
勤下河	桥下垅	1023.1	1336.6	1983	887.5	1993
杨眉河	樟斗	833.2	994.2	2004	638.3	2012

五、悬移质泥沙

赣州市河流泥沙主要来源于降水对表土的侵蚀，以及河流水流对河槽的冲刷。含沙量大小取决于降水量、径流量等因素。即降水量越大含沙量越大，降水强度越大含沙量越大。泥沙的年内变化规律与降水量、径流量的年际年内变化规律基本一致。丰水丰沙，枯水少沙，泥沙主要集中在主汛期4—6月，该时期的输沙量占全年的60%～70%。年最大输沙量和月最大输沙量一般与径流量大小有较好的对应关系，表明泥沙运动是以较强的水流动力为载体。河流含沙量的大小还取决于水土保养情况。流域植被茂密，固土能力越强，含沙量越小。

根据1960—2019年监测资料统计，主要河流水文站泥沙特征值见表1-4-5。多年平均含沙量平江翰林桥水文站最大、章江坝上水文站最小。

表1-4-5　　　　主要河流水文站泥沙特征值

站名	实测多年平均含沙量/千克每立方米	最大年平均含沙量		最小年平均含沙量		最大断面平均含沙量		多年平均输沙率/千克每秒	最大年输沙率		最小年输沙率	
		含沙量/千克每立方米	年份	含沙量/千克每立方米	年份	含沙量/千克每立方米	日　期		输沙率/千克每秒	年份	输沙率/千克每秒	年份
峡山	0.200	0.310	1984	0.046	2017	2.83	1996-08-02	90.0	187	1973	16.3	2017
翰林桥	0.342	0.711	1969	0.121	2017	7.28	1991-07-31	25.5	63.9	1961	5.07	2011
居龙滩	0.179	0.338	1980	0.024	2018	6.11	1984-05-04	36.0	84.4	1992	2.44	2018
坝上	0.139	0.27	1984	0.032	2017	4.35	1969-10-17	28.5	85.1	1973	3.64	2004

根据1960—2019年峡山、翰林桥、居龙滩、坝上四个水文站监测资料统计分析，赣州市章贡两江平均每年输入赣江出境悬移质泥沙约为600万吨，最多的一年是1973年约为1325万吨，最少的一年是2017年约为110万吨。多年平均含沙量0.196千克每立方米。以10年一个时间段分析统计，章贡两江输入赣江出境悬移质泥沙第一个10年（1960—1969年）平均每年为约668万吨，第二个10年（1970—1979年）平均每年为约747万吨，第三个10年（1980—1989年）平均每年约为771万吨，第四个10年（1990—1999年）平均每年约为671万吨，第五个10年（2000—2009年）平均每年约为388万吨，第六个10年（2010—2019年）平均每年约为358万吨。多年平均含沙量第一个10年（1960—1969年）0.249千克每立方米，第二个10年（1970—1979年）平均每年为0.233千克每立方米，第三个10年（1980—1989年）平均每年为0.254千克每立方米，第四个10年（1990—1999

年）平均每年为 0.201 千克每立方米，第五个 10 年（2000—2009 年）平均每年为 0.137 千克每立方米，第六个 10 年（2010—2019 年）平均每年为 0.104 千克每立方米。

六、水资源

赣州市水资源量按县划分与水资源分区划分。境内包括长江流域鄱阳湖水系赣江上、中游区和珠江流域东江水系上游区河段，划分有 16 个水资源四级计算分区：上犹江、章水、桃江、濂水、湘水、贡水、梅江、平江、遂川江、赣江上游、孤江、赣江中游干流、东江上游、浈水、汀水、韩江梅江。根据 1956—2016 年水资源量资料统计，赣州市多年年平均水资源总量 337.45 亿立方米，其中赣江水资源总量 305.77 亿立方米，东江水资源总量 30.07 亿立方米，韩江水资源总量 1.28 亿立方米，北江浈水水资源总量 0.33 亿立方米。赣州地下水资源全部为降水入渗产生。山丘区地下水主要以河川基流形式排泄，总排泄量作为地下水资源量。赣州市多年年平均地下水资源量 89.89 亿立方米，其中赣江地下水资源量 81.81 亿立方米，东江地下水资源量 7.65 亿立方米，韩江地下水资源量 0.33 亿立方米，北江浈水地下水资源量 0.10 亿立方米。各分区地表水、地下水资源量见表 1-4-6～表 1-4-11。

表 1-4-6　　赣州市行政分区多年年平均水资源总量　　单位：亿立方米

行政区	水资源量	行政区	水资源量	行政区	水资源量	行政区	水资源量
赣州市	337.45	南康区	15.06	瑞金市	21.65	石城县	15.51
章贡区	3.59	大余县	11.03	安远县	19.52	全南县	13.01
赣　县	23.35	上犹县	13.39	龙南县	13.50	宁都县	38.94
信丰县	22.75	崇义县	19.37	定南县	10.99	于都县	24.23
兴国县	28.74	会昌县	22.90	寻乌县	19.92		

表 1-4-7　　赣州市行政分区多年平均地表水资源量

行政区	面积/平方千米	多年平均年径流量/亿立方米	多年平均年径流深/毫米	行政区	面积/平方千米	多年平均年径流量/亿立方米	多年平均年径流深/毫米
赣州城区	479	3.59	595.9	石城县	1582	15.51	980.2
瑞金市	2448	21.65	884.5	宁都县	4053	38.94	960.8
南康区	1845	15.06	874.8	于都县	2893	24.23	837.5
赣　县	2993	23.35	780.3	兴国县	3214	28.74	894.3
信丰县	2878	22.75	790.5	会昌县	2722	22.90	841.2
大余县	1368	11.03	806.3	寻乌县	2311	19.92	862.0
上犹县	1544	13.39	867.0	定南县	1316	10.99	835.0
崇义县	2197	19.37	881.5	安远县	2375	19.52	822.1
龙南县	1641	13.50	822.5	全市合计	39380	337.45	856.9
全南县	1521	13.01	855.4				

表 1-4-8　赣州市水资源分区多年平均水资源总量　单位：亿立方米

水资源分区	多年平均水资源量	水资源分区	多年平均水资源量	水资源分区	多年平均水资源量	水资源分区	多年平均水资源量
上犹江	36.15	贡　水	38.51	孤　江	6.86	汀　江	0.36
章　水	23.49	梅　江	67.15	赣江中游干流（兴国）	0.80	韩江梅江	0.92
桃　江	62.30	平　江	25.04				
濂　水	18.79	遂川江	1.05	浈　水	0.33		
湘　水	16.27	赣江上游干流	9.36	东江上游	30.07		

表 1-4-9　赣州市水资源分区多年平均地表水资源量

水资源分区	面积/平方千米	多年平均年径流量/亿立方米	多年平均年径流深/毫米	水资源分区	面积/平方千米	多年平均年径流量/亿立方米	多年平均年径流深/毫米
上犹江	4129	36.15	875.6	赣江上游	1238	9.36	756.4
章　水	2959	23.49	794.0	孤　江	720	6.86	952.5
桃　江	7710	62.30	808.0	赣江中游干流	86	0.80	935.7
濂　水	2339	18.79	803.3	东江上游	3524	30.07	853.2
湘　水	1878	16.27	866.1	浈　水	38	0.33	871.6
贡　水	4583	38.51	840.3	汀　江	41	0.36	872.4
梅　江	7064	67.15	950.6	韩江梅江	105	0.92	874.7
平　江	2851	25.04	878.2	全市合计	39380	337.45	856.9
遂川江	115	1.05	916.3				

表 1-4-10　赣州市行政分区多年平均地下水资源量　单位：亿立方米

行政区	多年平均地下水资源量	行政区	多年平均地下水资源量	行政区	多年平均地下水资源量	行政区	多年平均地下水资源量
赣州市	89.90	南康区	3.89	瑞金市	6.26	石城县	4.29
章贡区	1.05	大余县	2.87	安远县	5.04	全南县	3.86
赣　县	6.64	上犹县	3.24	龙南县	4.16	宁都县	9.54
信丰县	6.27	崇义县	4.6	定南县	2.96	于都县	6.71
兴国县	6.54	会昌县	6.79	寻乌县	5.19		

七、水质

根据赣州市主要江河 53 个水质监测断面资料，采用《地表水环境质量标准》（GB 3838—2002）对全市 2241.2 千米河流水质进行评价。全年Ⅰ类、Ⅱ类水评价河长占总评价河长的 46.9%，Ⅲ类水评价河长占总评价河长的 31.4%，Ⅳ类水评价河长占总评价河长的

4.2%，Ⅴ类水评价河长占总评价河长的12.0%，劣Ⅴ类水评价河长占总评价河长的5.5%。汛期Ⅰ～Ⅲ类水评价河长占总河长的81.7%、非汛期Ⅰ～Ⅲ类水评价河长占总评价河长的74.9%，汛期水质好于非汛期。污染较严重的河段有贡水赣县梅林渡口、桃江全南南海塘、桃江龙南峡江口、平江兴国红军桥、濂水安远羊信江、寻乌水寻乌斗晏、定南水定南长滩、下历河定南变电站所等8个河段，主要分布在采矿区和冶炼等工矿排污集中的地区。超标项目为氨氮和总磷。

表1-4-11　　赣州市水资源分区多年平均地下水资源量　　单位：亿立方米

水资源分区	多年平均地下水资源量	水资源分区	多年平均地下水资源量	水资源分区	多年平均地下水资源量	水资源分区	多年平均地下水资源量
上犹江	8.65	贡　水	11.39	孤　江	0.88	汀　江	0.09
章　水	6.20	梅　江	17.26	赣江中游干流（兴国）	0.11	韩江梅江	0.24
桃　江	18.02	平　江	6.39				
濂　水	4.97	遂川江	0.26	渍　水	0.10		
湘　水	4.90	赣江上游干流	2.78	东江上游	7.65		

全市河流的主要污染物为氨氮及耗氧有机物。农业污染源分布全市各地，是主要的面污染源。农药、化肥施用后，残存在地表和土壤中的污染物随着农田排水或雨水冲刷进入河流中，造成水体的污染。

第二节　气　　象

一、气候

赣州属中亚热带南缘，具有典型的亚热带丘陵山区湿润季风气候特征，冬、夏季风盛行，春、夏降水集中，四季分明，气候温和，酷暑和严寒时间短，无霜期长。依据自然天气的气温变化划分赣州四季，多年平均日平均气温稳定通过10摄氏度的初日为入春，大于22摄氏度的初日为入夏，小于22摄氏度的终日后一天为入秋，小于10摄氏度的终日后一天为入冬。赣州市（地区）各地四季时间见表1-4-12。

表1-4-12　　赣州市（地区）各地四季时间统计

行政区	春		夏		秋		冬	
	开始时间（月-日）	持续日数	开始时间（月-日）	持续日数	开始时间（月-日）	持续日数	开始时间（月-日）	持续日数
章贡区、赣县	03-15	66	05-20	136	10-03	63	12-05	100
南康区	03-13	67	05-19	139	10-05	65	12-09	94
信丰县	03-11	70	05-20	133	09-30	64	12-03	98
大余县	03-15	70	05-24	126	09-27	63	11-29	106

续表

行政区	春		夏		秋		冬	
	开始时间（月-日）	持续日数	开始时间（月-日）	持续日数	开始时间（月-日）	持续日数	开始时间（月-日）	持续日数
上犹县	03-14	68	05-21	133	10-01	61	12-01	103
崇义县	03-15	71	05-25	119	09-21	66	11-26	109
安远县	03-08	76	05-23	126	09-26	65	11-30	98
龙南县	03-09	72	05-20	129	09-26	67	12-02	97
全南县	03-09	72	05-20	131	09-28	64	12-01	98
定南县	03-11	71	05-21	130	09-28	67	12-04	97
兴国县	03-16	65	05-20	132	09-29	61	11-29	107
宁都县	03-16	69	05-24	126	09-27	63	11-29	107
于都县	03-10	67	05-16	143	10-06	61	12-06	94
瑞金市	03-12	69	05-20	133	09-30	60	11-29	103
会昌县	03-10	70	05-19	135	10-01	61	12-01	99
寻乌县	03-08	74	05-21	133	10-01	64	12-04	94
石城县	03-15	73	05-27	121	09-26	64	11-29	107

赣州的四季气候可概括为以下特点。

春季阴雨连绵灾害多。3—5月，冷暖气流在赣州频繁交汇，天气变化无常，时冷时热，阴雨常现。一旦冷暖气流对抗剧烈，雷雨、大风、冰雹、强降水等灾害性天气均可发生。春季经常出现连续低温阴雨天气。

夏季先涝后旱少酷暑。初夏，赣州正处于副热带高压边缘西南气流中，水汽充足，遇到冷空气，降雨大且易集中。7—9月，受单一的西太平洋副热带高压或大陆高压控制，多连续晴热天气，只有受台风或东风波影响时，才可能产生大的降水过程。气温高、蒸发大，有的年份甚至连续几十天不见一场大雨。盛夏7—8月，中部盆地白天最高气温一般都在36摄氏度以上，早晚气温一般均在30摄氏度以下，虽然白天较炎热，但少酷暑。四周丘陵山区，最热的7月平均气温还不到28.5摄氏度，气候均较凉爽。

秋季风和日丽天气爽。10—11月，常受北方南下的高气压天气系统控制，大气层结稳定，天气晴好。下雨日少，月平均气温14～21摄氏度，月平均相对湿度70%～80%，是全年阴雨日数最少、温和干爽最宜人的季节。

冬季冷而不寒少雨雪。赣州纬度较低，北面有高山阻拦冷空气直驱南下，入冬较迟。受北方干冷气团控制，少有云雨形成。白天太阳照射，气温较高；晚上辐射冷却，气温可降到零下，形成霜冻。受强寒潮袭击时，可产生俗称“雪籽”、棉花雪等固体降水或冰凌天气。但几率很小，平均每年降雪日数只有2～3天。

二、气温

赣州气温分布特征：南部冬暖夏凉，中部冬暖夏热，北部夏热冬冷。全市多年平均气温18.8摄氏度，受盆地地形作用，呈中高周低分布。中部章贡区、南康区、于都县、信丰县及会昌县在19摄氏度以上，暖中心是于都县，19.6摄氏度；南部仅次于中部，为18～19摄氏度；东北部宁都、石城和西部大余、崇义县较中部低1～2摄氏度，18摄氏度左右，冷中心是崇义县，仅17.8摄氏度；其他县（市、区）18.5～19.0摄氏度。

春季（3—5月）：平均气温18.9摄氏度。中部、南部略高于平均值，在19摄氏度以上，以于都、会昌县19.4摄氏度最高；北部、东北部和西部略低，18.5摄氏度左右，以宁都、崇义县18.1摄氏度最低。

夏季（6—8月）：平均气温27.3摄氏度。中部和北部最高，在28.0摄氏度以上，其中于都县28.5摄氏度；东北部次之，27～28摄氏度；南部和西部最低，26～27摄氏度，其中崇义县为6.1摄氏度。

秋季（9—11月）：平均气温20.1摄氏度。东北部宁都、石城，西部崇义、大余，南部安远、全南县，在20摄氏度以下，以崇义县18.8摄氏度最低；其他县（市、区）都在20摄氏度以上，以于都21.2摄氏度最高。

冬季（12月至次年2月）：平均气温9摄氏度。其分布与春季相似。最高是寻乌县9.8摄氏度，最低是宁都县7.9摄氏度，其他县（市、区）在8～9摄氏度。

全市月平均气温1月最低，7月最高。1月平均气温7.9摄氏度，于都、会昌和信丰县以南在8摄氏度以上。7月平均气温28.3摄氏度，呈中高周低、北高南低分布。中部及兴国县在29摄氏度以上，其中以于都县29.7摄氏度最高，是全市的高温中心；最低是崇义县27.1摄氏度和全南县27摄氏度。赣州市各地月平均气温统计见表1-4-13。

表1-4-13　　赣州市各地月平均气温统计表　　单位：摄氏度

行政区	1月	2月	4月	5月	6月	7月	8月	9月	10月	11月	12月	年平均
章贡区、赣县	8.50	10.00	19.80	23.90	27.20	29.30	28.80	25.80	21.20	15.70	10.80	19.50
南康区	8.30	9.90	19.80	23.70	26.90	28.90	28.30	25.10	20.50	15.10	10.20	19.20
信丰县	8.80	10.20	19.80	23.80	26.80	28.70	28.20	25.40	21.00	15.60	10.90	19.40
大余县	8.30	9.70	19.10	22.80	25.90	27.40	26.90	24.30	20.00	14.70	10.10	18.50
上犹县	8.20	9.60	19.20	23.30	26.50	28.30	27.80	25.00	20.40	14.90	10.10	18.90
崇义县	8.00	9.40	18.90	22.60	25.70	27.10	26.50	23.70	19.30	13.90	9.60	18.10
安远县	8.80	10.20	19.80	23.20	26.10	27.50	26.70	24.00	19.80	14.70	10.20	18.80
龙南县	9.00	10.30	19.80	23.40	26.10	27.60	27.20	24.50	20.50	15.40	10.80	19.10
全南县	9.00	10.30	19.60	23.10	25.80	27.00	26.60	24.10	20.10	15.00	10.50	18.80
定南县	9.10	10.20	19.50	23.10	25.90	27.20	26.70	24.40	20.50	15.50	10.90	18.90
兴国县	7.70	9.20	19.20	23.40	26.70	29.00	28.30	25.10	20.30	14.70	9.90	18.90
宁都县	7.50	9.10	18.60	22.70	26.20	28.40	27.60	24.80	20.10	14.50	9.60	18.50
于都县	8.80	10.20	20.00	23.90	27.20	29.40	28.70	25.80	21.30	15.70	10.80	19.60
瑞金市	8.50	10.00	19.80	23.50	26.60	28.60	27.90	25.00	20.40	15.10	10.30	19.10
会昌县	9.00	10.40	20.10	23.60	26.60	28.60	27.70	25.10	20.70	15.30	10.50	19.30
寻乌县	9.60	10.80	19.70	23.00	25.80	27.20	26.70	24.60	20.80	15.80	11.30	19.10
石城县	7.60	9.10	18.90	22.80	26.00	28.00	27.40	24.30	19.70	14.40	9.60	18.40

赣州年极端最高气温，一般出现在7—8月，个别年份出现在9月上旬。极端最高气温40摄氏度，1988年7月9日出现在赣州中心城区。年极端最低气温，一般出现在1月，少数出现在12月或2月。极端最低气温－7.8摄氏度，1991年12月29日出现在石城县。

地面温度 全市年平均地面温度21.4摄氏度，最高是于都县22.7摄氏度，最低是信丰县19.7摄氏度。其他各县均为20～22摄氏度。7月是地面温度最高月，全市平均33.2摄氏度。平均最高地面温度51摄氏度。极端最高地面温度74.1摄氏度，1986年7月29日出现在崇义县。1月是地面温度最低月，全市平均9.3摄氏度。平均最低地面温度3.3摄氏度。

霜 全市平均初霜日为12月1日，终霜日为2月17日，无霜期286天。初霜日平均最早是瑞金市11月27日，最晚是崇义县12月10日。终霜日平均最早是崇义县2月9日，最晚是瑞金市3月1日。平均无霜期是303天，最短是瑞金市268天。

三、水分

全市年平均相对湿度80%。崇义县、安远县、定南县等县山区湿度较大，81%～83%；中部盆地章贡区、于都县、信丰县湿度较小76%～77%；其他县（市、区）79%～80%。2—6月湿度大，平均80%～86%。7月至次年1月湿度小，平均75%～80%。全市极端最大相对湿度100%，多出现在雾天。

赣州全年平均干燥度0.63，属湿润地区。干燥度较大的安远县、于都县、会昌县、章贡区0.7～0.8，干燥度较小的有全南县、寻乌县、崇义县0.4～0.5，其他县0.5～0.7。第一季度阴湿，赣州平均干燥度0.32～0.6；第二季度多雨，平均干燥度0.16～0.47；第三季度，中部、东北部晴热，平均干燥度1.02～1.52，西部、东南部多台风雨，平均干燥度0.56～0.91；第四季度晴冷，平均干燥度1.2～2.31。

四、日照

赣州气候光能资源的特点为：实际日照时数与可能日照时数之比较小，到达地面的太阳光谱中短波成分较北方少，相应的太阳辐射强度也较弱。

全市平均年日照时数1600.6小时。其地理分布情况是：会昌-南康-章贡区一线的东部、北部，年日照时数1800小时以上，最多的是宁都县，1903.6小时；此线的西部、南部在1800小时以下，最少的是崇义县，只有1429.8小时。全市各地日照时数以7月最多，2月最少。2—7月呈逐渐递增趋势，8月至次年1月呈逐渐递减趋势。全市年平均日照时数1602.9小时，年均最多为石城县1796.7小时，最少为崇义县1361.4小时。

赣州年平均日照百分率39%。其地理分布与日照时数分布相似。会昌-南康-章贡区一线的东北部，年平均日照百分率大于40%，最大是宁都县43%；此线的西、南部小于40%，最小是崇义县32%。月平均日照百分率，1—6月小于40%，其中2—4月还不到30%；7—12月大于40%，其中7—8月最大，东北部、中部60%～70%，西部、南部50%～60%。

五、风

一年之中，全市除宁都县、兴国县、章贡区、大余县、信丰县外，其他县（市）均以静风天数最多，以北风为最盛。受局部地形影响，崇义县风向较乱，大余县夏季以西风最多，章贡区北风最多，宁都县东北风最盛行。

风向随季节而变化，9月至次年3月，全市盛行偏北风；4—6月，南、北风势均力敌，但仍以北风稍多；7—8月南风最多。

赣州风能资源贫乏，全年平均风速只有1.0～3.1米每秒。宁都县、石城县、南康区、大余县、信丰县偏大，在2.0米每秒以上，最大是大余县，3.1米每秒。西部崇义县、上犹县和南部全南县、寻乌县偏小，在1.5米每秒以下，最小是崇义县，只有1.1米每秒。

风速随时间季节变化，冬、秋偏大，春、夏偏小。章贡区、于都县、南康区、安远县、会昌县、全南县、崇义县、瑞金市等地都以7月风速最大。一日之间，一般是中午风大，早晚风小。

第五章

灾害

赣州气候温暖湿润，雨量充沛，主要自然灾害为洪水，每年都有不同程度的洪灾发生。洪水由暴雨形成，洪水季节与暴雨季节一致。暴雨形成主要是锋面雨，往往形成大范围暴雨。锋面雨产生的暴雨洪水最早出现在3月，5—6月是多发时段，尤其是6月，往往造成峰高量大的洪水。其次是台风雨。8—9月，受台风影响，也会出现短历时洪水。赣州属于山地丘陵地区，山区性河流特性，河床坡降较陡，水流急，河槽调蓄能力低，流程较短，汇流速度快，洪水过程往往是陡涨陡落。一次暴雨即形成一次洪水过程，在雨季易形成陡涨陡落的连续洪峰。

赣州每年都有不同程度的旱情发生，民间流传有“十年九旱”的说法。赣州干旱持续时间长，危害大。造成干旱的主要原因是气候特征。伏旱、秋旱，伏秋连旱，对赣州造成的影响最大。赣州旱情一般山区轻，丘陵、平原地区重。

第一节 洪　　灾

一、中华人民共和国成立前

东晋

太元八年（383年）三月，赣县大水平地五丈。南康大水，平地五尺。

梁

大宝元年（550年）五月，赣县水暴起数丈，三百里滩石皆没。

唐

贞观五年（631年），于都县城（城址在今梓山乡固院村）被洪水冲毁。

元和七年（812年），虔州暴水，平地深四丈。农历五月，宁都暴雨，平地水深三四丈。

北宋

至道元年（995年）五月，虔州江水涨二丈九尺，坏城流入深八尺，坏城门。

景祐三年（1036年）六月，虔州久雨江溢，坏城郭庐舍，人多溺死。

绍圣元年（1094年）夏，石城大水，漂庐舍。

南宋

绍兴二年（1132年），虔州霖雨连春不止，坏城四百九十丈，圮城楼凡十五所。

绍兴四年（1134年），兴国大水。

绍兴十六年（1146年），于都洪水淹城，城颓其半。

乾道八年（1172年），赣州江水暴出。

绍熙四年（1193年），信丰大水。

元

至元二十七年（1290年）秋七月，江西霖雨，赣吉袁瑞建抚皆水溢。

大德二年（1298年），赣州大水。

大德十年（1306年）四月，赣州暴雨水溢。

延祐一年（1314年）九月，赣州等路水溢。

延祐三年（1316年），大余大水冲入西门从东门出，城中断，遂分为二。

至正八年（1348年），赣州水溢。

至正二十年（1360年）春，兴国，大雷雨连绵六十日。

明

洪武十年（1377年），瑞金大水冲入城市，邑前浮桥漂散无存。

永乐十年（1412年）夏，信丰四五月大水，水涨入城，高一丈五尺有余。永乐十七年（1419年）、洪熙元年（1425年）又如之。

永乐十二年（1414年），赣州振武二卫雨水坏城。

永乐十六年（1418年），南康县城暴雨，城墙倒塌。

正统五年（1440年），岁大浸。

正统十一年（1446年），赣州等七府十六县，淫雨江涨，田禾淹没。

正统十二年（1447年）六月，瑞金淫雨，县城水深丈余，库粮俱被漂烂，居民溺死者二百余人。

天顺六年（1462年）五月，信丰大水，居民漂没，死者甚众。

弘治十三年（1500年）五六月间，南康大水，没城达6日。

正德二年（1507年），兴国大雷雨，决瑞州坝，塔圮。

正德八年（1513年），龙南洪水涨丈多深，城墙被冲毁，房屋被淹没。

正德十一年（1516年）四月二十六至二十九日，石城连雨，大水冲垮文庙。

正德十二年（1517年），上犹县淫雨不止，洪水泛滥，县城城墙塌数十丈，城中舟行四达，溺死居民甚众。正德十三年、正德十四年亦大水成灾。

嘉靖九年（1530年）四月，瑞金大水，舟入城市。

嘉靖十三年（1534年），赣县水灾。

嘉靖十六年（1537年）七月，信丰大水，山石崩裂，禾稼溃害，居民漂没，水入县堂露台，城圮十之六七，近河庐室荡析，存不一二。

嘉靖二十四年（1545年）七月，兴国大水，山崩、坏民田舍。上犹城大水，城墙庐舍被淹没，人畜溺死甚众。

嘉靖二十五年（1546年）夏四月，信丰大水，迎恩桥（北门）、慧应（下西门）桥俱冲圮。南康大水，城倾三分之一，民房多漂没。

嘉靖三十五年（1556年），石城洪水灌城三日，城四面皆圮，西门城内，水高齐屋，城乡溺死，不可胜计。瑞金四月十八日大水，云龙、罗溪二桥尽圮。四月二十三日大水又增三尺，冲坏田地，漂没庐舍无数。于都四月洪水，淹城三日，仅北门未淹，漂没民居过半，越七日涨如前。兴国四月大水漂没庐舍，田亩无算。赣州夏四月大水，灌城三日，七月雨水再至视前加三尺，漂没溺死无数。石城次年复大水。

嘉靖四十一年（1562年）四月，瑞金大水，平地水深丈余。

嘉靖四十四年（1565年）夏五月，信丰大水，三日乃退，嘉定桥圮，居民荡析。

隆庆五年（1571年）四月，龙南洪水月余，城圮，漂没店舍。

万历十四年（1586年）四月，兴国大水与嘉靖三十五年同，坏田亩庐舍极多。

万历四十四年（1616年），会昌“夏五月淫雨不止，大水，一夜水高数丈，庐舍田禾淹没，居民溺死无算”。于都五月初三日，陡降暴雨。洪水高数丈，农田房屋被淹没，民多溺死，朝廷曾下诏赈恤。赣县五月初一、初二、初三日淫雨不止，赣州城外水发高女城数丈，县城至没楼脊，六乡田禾皆没，溺死无数，连栋屋宇蔽江而下。龙南四月，大水漂没店舍，无数居民避居山坡，架筏于城之上，系缆于丽醮间，托寝处于屋脊寄棺椁于栋梁，梦华胥而魂泊波涛。信丰五月淫雨不止，大水，一夜水高教丈，田禾皆没，坏嘉定桥。南康五月，大水，城东民房多淹没。安远洪水淹没民居，冲毁农田，冲崩罗星桥。

万历四十七年（1619年）四月，瑞金大水，城崩。兴国大水，龙兴桥坏，城崩。

天启二年（1622年），龙南濂水大发过桃、渥二江俱逆流，无数居民荡折。

天启四年（1624年）夏，大水。

崇祯十三年（1640年），龙南增高城垣，比旧城墙加高四分之一。八月十五日，地下水暴发，县城内外二十余里一片汪洋。

崇祯十六年（1643年），赣县大水。

清

顺治元年（1644年）七月二十六日，会昌青溪大黄沙山洪暴发，水涌山崩，水涌出高二丈，淹没民居，男妇溺死无算。

顺治四年（1647年）春，赣县大水。

顺治七年（1650年），四月石城大水，城大淹，洪水决城，冲坏隘前（北门）数处。次年五月初三日，又大水，城又大淹。

康熙十年（1671年）夏，石城洪水汹涌，冲断隘前提岸，至北关门，水深五尺。次年夏大水如前。

康熙十六年（1677年）六月，兴国大水，坏城百余丈，坏民田舍。龙南大水，居民饥荒。

康熙十八年（1679年）夏，石城大水，漂没田庐人畜无算。赣县大水，高数丈，水自于都斜岭来，入四会乡牛岭，冲决阜岭数处，状若移去，漂没田庐人畜壅于云泉乡，五月水复涨田庐尽没，四日夜方退，岁大荒，民有食树叶者。

康熙十九年（1680年），安远龙泉堡山水陡涨，冲倒民舍二十余间，漂溺人畜。

康熙二十年（1681年）夏，寻乌大水成灾，毁坏田园房屋。

康熙二十六年（1687年）四月，郡城霖雨，大水灌城。

康熙三十一年（1692年），上犹县洪水冲城，西南坏城墙三十余丈。

康熙三十三年（1694年），南康五月大水，城东民舍倾百数。安远河水暴涨，沿河田禾大部被毁。

康熙四十年（1701年），会昌六月十五日未时，大雨倾盆，声如排山倒海，至酉时止。次日午时，大水灌城，�门岭羊角城，南门进水，东门出水，南门洪水位高出城墙1.6米，为有记载之最大洪水。

康熙四十三年（1704年），二至五月兴国淫雨不止，城崩数十丈。五月二日，于都大水，二十九日复涨，视前高六至七尺，洪水淹城，城内可通巨船，东西南三门城墙倒塌六十余丈，官署民房倒塌甚多，米涨价，每斗米价钱两百四十文。五月二十四日，信丰大水入城，至六月初一日始退。是年大饥，民扶老携幼，乞食者甚众，死者数百人。龙南春夏淫雨，水冒城廓，居民困甚。五月，赣县霖雨不止，大水灌城，沿江街道可通船。耕地、房屋冲毁无数。民大饥。

康熙四十四年（1705年）五月，瑞金山水陡发，城郊桥梁民庐冲毁过半。

康熙四十五年（1706年）五月初一日，瑞金洪水暴涨，山崩裂，水从穴涌，平地高二丈许。西城崩数十丈，云龙桥塌四瓮，长十余丈。田庐官廨，漂没男女淹死无数。

康熙五十二年（1713年），石城县五月十二、十三两日，邑河横流汹涌，去垛口止一尺，浸入城中，淹坏庐舍、墙垣，漂没四乡田亩数十处，合围大树皆拔起，人畜溺死颇多。于都四月大水淹城，仅北门未淹，官署民舍多有倒塌。赣县三、四、五诸月，淫雨不止，四月二十七、二十八两日暴风雷雨，五月十七、十八两日赣郡城东涌金、建春二门水溢，门不启，大水灌城，城中可通巨舰，频江田庐漂没无数，圮城郭坏庐舍浸田畴，仓储盐埠漂没不能卒救，沿江两岸大树皆冲倒，人畜溺死无数。兴国三至五月，淫雨不止，洪水侵入城内，坏庐舍墙垣，人畜溺死颇多。夏，南康淫雨月余，大水，沿河田戸淹没。安远地高素无水患亦发于山巅溢涌如瀑布，畦町诸堂几无辨识。石城次年五月十二日复大水如前。

康熙五十九年（1720年），龙南大水夹旬，邑西桃水涨发，扶邑东渥水及女墙，民居倾圮。

雍正元年（1723年），会昌“七月十八、十九日大水。中州坝文昌墩尽圮，承乡狮子潭千工段以下，田亩房屋俱损坏”。

雍正四年（1726年）七月，龙南大水，冲决东山堤四十二余丈。

雍正七年（1729年），瑞金六月十六日大水，城崩一百九十六丈。大余水灾，坏城穿垣出，东西南三面皆圮。十年、十一年大水，俱入城，坍塌尤甚。

雍正十一年（1733年）三月，大余大水入城，南门洞只露光如初弦月（顶部），田土房舍冲毁十之二三。南康春至四月久雨大水，没城尺许，城东民宅倾倒。

乾隆元年（1736年）夏，寻乌剑溪山洪暴发，冲浸田地房屋。

乾隆六年（1741年）夏，上犹县大水冲城，东门内水深四五尺，坍塌民房甚多。五月初四日，宁都暴雨，琴江水盛涨。长胜圩当街，群众争渡河，渡船沉没，溺死者六十三人。

乾隆七年（1742年）六月十六日，兴国大水，城崩一百六十六丈。龙兴桥圮、乡村溺死者无数，水退尸横野岸。

乾隆九年（1744年）四月三十日，安远骤雨如注，山水暴涨，五龙堡、长沙堡山等处受灾共二百零三户，毁民房五百四十八间，淤民田二百一十七亩，溺死者八人。

乾隆十年（1745年）四月十六日，安远雨骤水发，平地陡涨一丈余，城西南门外及永安、濂江、古田沿河居民受灾二百四十八户，冲倒民房七百五十五间，淤塞禾田三十八亩，溺死男三人，漂去幽房柩（棺材）七付。

乾隆十五年（1750年），于都七月初九日暴雨自辰至酉，禾丰、流坑两处山裂，洪水淹城，初十日洪水犹涨，漂没城乡农田房屋，损失大的，朝廷酌情减免贡赋或赈恤。赣县七月大水，城西北隅皆巨浸，倒塌房甚多，郡城可通舟楫。

乾隆十六年（1751年）六月，大水，六乡冲坏田禾。

乾隆二十四年（1759年）夏秋，雨水。

乾隆二十九年（1764年）五月，石城洪水暴涨，由北、东、南奔而西，内外城圮二百余丈，西、北城门外，皆成深坑，架木为桥，乃将外达东北，附城之隍尽坍。信丰大水涨入城市，高两丈，江岸田庐多被淹没。南康大水漂没民房，唐江尤盛；三江口漫衍圩市。上犹、崇义山洪暴发，山多崩裂，县城淹死居民甚众。赣州西河（章江）水涨，凡濒河村落、田庐街被冲淹。

乾隆四十五年（1780年），会昌“七河初一日大水，民居倒塌无算，�门司署仅存基址，店房圮尤多”。七月，寻乌大水成灾，淹没田地房屋，人畜伤亡不少。

嘉庆五年（1800年），石城七月十四日傍晚，甚雨连三昼夜，上游之水，蔽江冲突而下，域挺坍塌四十余丈。北东西门尤甚，琴江两岸及四乡低洼田庐，悉被淹没，较乾隆二十九年（1764年）、乾隆三十九年（1774年）之水数倍。会昌“七月，连日淫雨，十六日大水灌城，低下处水至齐檐。有踞栋脊跨墙垛乘筏而逃者，民房倾圮无数。洛口以下圩市，店肆无一存者。水三日方退。烟火俱灭，哭声盈路。”于都七月，洪水淹城，东南西城墙倒塌数十丈，漂没民居十之四五，官署祠堂倒塌过半，县城仅北门三十余家未淹，奉旨赈恤，减免贡赋。七月十六日，赣县大水注城高丈余至岗坡。

嘉庆十六年（1811年）五月，山洪暴发，上犹城水高丈余，东北两城墙塌甚多。是年大饥。

嘉庆十七年（1812年）五月十七日，赣县大水注城，较嘉庆五年（1800年）高二尺。

嘉庆二十四年（1819年），龙南桃江水涨，象塘、大埠等处，荡折民居无数，水满城内。

道光十三年（1833年）五月，赣县大水。

道光十四年（1834年），上犹洪水，阴雨连旬，洪水骤发，由横江而下澎湃汹涌，然被淹三昼夜退，通城桥梁墙屋皆毁。南康五月大水，唐江淹没民房尤甚。夏，赣县大水。

道光十九年（1839年）四月，定南大水，溪河泛滥，淹没民间房舍数百间。鹅公圩沿河店铺被冲塌。

道光二十二年（1842年），秋，七月初七日，瑞金骤雨倾泻，夜半洪水泛涨，城内深数尺，漂没田庐甚多。会昌“七月初七日大雨，黄昏更甚。湘绵二水暴涨，城中水深数尺。郊处有遭漂没田庐者”。七月初八日，于都洪水淹城，四乡漂没农田房屋无数，曾有赈恤。

道光二十九年（1849年）四月初二日，信丰河水暴涨，城不没者三板，民庐倾圮，陷溺无算，越三日乃退。

咸丰元年（1851年）五月，大余洪水暴涨，城中水深三四尺，城墙“嗣因大水冲激坍倒殊甚”。

咸丰二年（1852年）夏六月，赣县大水，攸镇、沙地等处漂没田庐无算。

咸丰三年（1853年），石城七月初一日特大洪水。城门进水，黄祠后背（今武装部），大水冲成潭。域内冲塌熊氏祠（今检察院）等屋宇；城外淹没郭头街（今兴隆下街尾）。安远三月二十日夜，大雨如注，安远九龙山涌水十八处，平地陡涨数丈，冲倒民房无数，古田、石角、车头、龙头等处沿河三十里民田俱遭沦没。夏四月，赣县江水暴涨。

咸丰四年（1854年）五月，大余洪水暴涨，城中水深三四尺。

咸丰五年（1855年）五月，崇义县城北门外，大水冲决堤防田亩甚多。南康五月大水陡涨数丈，近江田房，漂没殆尽。

咸丰七年（1857年）四月，瑞金骤雨泛涨，云龙桥石梁塌崩数丈。

咸丰十年（1860年），赣县大水云泉乡芳村漂没房屋数百间。瑞金六月十三至十九日，雷电大雨、雹，邑南山崩极多，泉从穴涌，蛟水怒涨，树木根拔无数，冲甕田庐，罗溪石桥及上、下湖陂，各乡陂塘多被冲塌。

同治二年（1863年）五月初四日夜，安远大雨，龙泉堡山崩数处，壅塞民田无数，大水漂没庐舍压死男女数十人。

同治八年（1867年）四月初六日，瑞金雷电雨雹、洪水暴涨入城深数尺，西北山崩，田禾庐舍冲漂浸壅者无数。

同治十年（1871年）六月二十五日，瑞金骤雨连日，洪水泛涨，田庐未稼浸淹甚多。

光绪二年（1876年），兴国大水，淹南门城墙。六月初三日，宁都大水，县城大部分地区成为泽国，洪水淹至西厢村汉帝庙。县内有十九万亩耕地变成为沙州，数百间民房被冲毁，城内淹死四十余人。

光绪四年（1878年），瑞金五月朔山水发，自辰汜入东西部，排空浊浪，城内外屋宇摧塌不可胜数。八月末又发大水，漂没禾稼十之七。

光绪五年（1879年），瑞金四月水灾，深山之间洪水四出，房民猝不及防冲毁居民数十家，冲坏稻田数万亩。

光绪十年（1884年），赣县大水，水涨至东郊路二十四号河边阶上梯坎（赣州站调查水位103.14米）。

光绪十六年（1890年），南康北乡山洪暴发，麻双河两岸房屋、田土、桥梁冲坏甚多，大陂村有五分之四的房屋被冲倒。

光绪二十一年（1895年），于都县境内梅江发生30年一遇的水灾。

光绪二十五年（1899年）八月，全南淫雨持续半月，桃江洪水泛滥，仙女陂被冲毁，观音阁城被淹。坐城墙伸脚可洗，倒房七八十间。沿河农田尽淹，民房冲塌无数。

光绪二十七年（1901年）五月二十七日，寻乌腰古、滋溪、吉潭等处遭大水灾，毁坏田园房屋，漂没人畜无数，吉潭坪尤甚。

光绪二十八年（1902年）五月，于都梅江发生50年一遇的水灾。

光绪三十年（1904年），兴国端午节前，淫雨不止，县城没水，两岸泛滥成灾，坏民房、财物、田舍甚多，大公井居民在涨水时捞得鳇鱼一条，重七十余斤。南康六月大水，禾稻生芽，寒冷如冬，人着棉衣。

中华民国

民国3年（1914年）6月，于都县境内贡水发生50年一遇的水灾。

民国4年（1915年），暴发大洪水，俗称“乙卯大水”。是赣州市贡水流域一带1800年间最大的洪水。这次洪水降水出现于7月6—8日，连日大雨滂沱，9日河水暴涨，洪水泛滥，沿江平地水深数丈，近河居民一扫而空。宁都塘角、永渡木桥水毁，道路淹阻。于都县城东南西一片汪洋，商界损失甚巨，房屋倒塌甚多，城乡溺死压毙者殊难数计，积尸浮江而下，县城小西门外树丛中挂着100多具尸体，幸被绅士郭子遐雇人掩埋。赣州城东城垣崩决，平地水深数丈，隅居铺户登楼，继而高踞屋顶，城内外被水之屋倾倒十分之七，江中漂流房屋，浮尸顺流而下，沿河数百里无家可归者不计其数，哀鸿遍野，呼乞无门。兴国南外水位超过城墙，东门水淹过城墙丈余，县衙二堂（今公安局）及城内十字街被淹，低处水平屋瓦，水大势急，民房倒塌甚多。信丰洪水灌城一半，郊外尽成泽国；爬树梢孤立无援，登屋脊呼叫无救；淹田毁稼，溺毙人命；水后灾民露宿荒郊，饮泫道途，苦难言状。南康沿河一带尽成泽国，漂没田庐尤甚。上犹沿河田庐多被淹没，县城内水深丈余，灾情重大。贡水葫芦阁水位站测得当时的水痕水位超过警戒水位6.95米，桃江信丰水位151.62米，估算信丰洪峰流量4120立方米每秒，章水坝上洪峰流量6080立方米每秒，贡水梅林洪峰流量16900立方米每秒，赣江夏府洪峰流量20500立方米每秒。至今仍是贡水流域出现的最高洪水，最大洪量。

民国11年（1922年）6月，于都洪水淹城，贡水发生30年一遇的水灾。

民国15年（1926年）8月1日，崇义龙勾遭水灾，沿河两岸数百亩稻田被淹，冲倒合坪房屋数栋，财物冲洗一空。

民国19年（1930年），石城大水，城内街巷水深可通舟楫。

民国20年（1931年），于都梅江发生50年一遇水灾，贡水发生30年一遇的水灾。4月，全南县北大雨，黄田江水暴涨，正和圩店铺全部被毁。

民国21年（1932年），兴国淫雨不止，县城洪水从东街观音阁进入，涨至北门，武塘一带颗粒无收。

民国22年（1933年）夏，全南暴雨成灾，桃江、黄田江两岸农田受淹，县城水淹至万寿宫处，毁房数十间。6月7日，寻乌岑峰发生大水，毁桥2座，毁禾田80余亩。

民国24年（1935年），全南5月淫雨旬余，桃江沿岸受灾，经济损失1.5万元。信丰4月及7月23日，风雨交加，绵亘兼旬，淹田千亩，倒屋百栋，财产损失6.5万元。4月，南康淫雨近月，第六区横市洪水暴发，塌房13栋88间；7月淫雨，河水旋涨旋退。

民国26年（1937年），赣县6月12—20日阴雨连绵，数日不止，东、西河水位突增，17日一日夜涨七八尺，各段公路被淹没，房倾圮不下千余间，淹死300余人，灾情以沙地最重，次之为大湖江、五云桥、攸镇。兴国6月中旬，淫雨连绵，15日夜起倾盆而下，雷电交加，低洼处已成泽国，至17日午，潋水、涉水两河水势澎湃，高出河岸数尺，竹坝、武塘、横石均成一片汪洋，一望无际，近城则北自冷塌桥至南门、西门、城内外均为洪水侵入，冷塌桥（今总工会门外）全部被淹，滩脑曾家祠（今菜市场），观音阁水深数尺，冲塌房屋，东门财神庙及城堡两座均倒塌。

民国27年（1938年）6月中旬，于都贡水发生20年以上一遇水灾，洪水淹城，水深数尺，全县0.25万户，1.16万人受灾，淹田4.22万亩。兴国5月16—21日，连日淫雨大水，山洪暴发，兴国至泰和公路不通，许多桥梁被冲毁。6月19—23日又大雨数日，全省遭水灾的计22县，兴国为其中较严重的之一。

民国28年（1939年），安远特大洪水。农历四月初七日起，连下十多天雨，五月初一日整天倾盆大雨，五月初二日清晨，山洪暴发，山崩地陷，县境内洪水泛滥，县城中山街水齐屋檐，城郊千余乡民不及逃走，栖身于门前屋后的大树上避险。新龙水打张屋庙，车头冲倒鹅形桥。龙头街房屋仅剩三间，版石水打瓦桥，长沙筼筜塅一片汪洋，洪流挟着牛猪鸡鸭，河面漂荡着大批木头，顺流而泻。仅濂江、修田、永安、车头、古田、龙头、版石、重石、欣山等乡，损失稻谷46760担、大豆2670担、花生1250担、烟叶1560担，损失牛猪1707头、鸡鸭16307只，损失房屋4150间，永安、古田乡公所亦毁之于洪流。羊信江水文站调查洪峰流量1740立方米每秒。

民国29年（1940年），石城洪水入城，大街小巷，水深数尺。

民国31年（1942年），会昌“六月九日骤雨不止，沧河筠门岭山洪暴发，水势汹涌。筠门岭至县城沿河一带百华里田禾桥梁房屋电杆俱被冲毁倒塌，淹没人畜粮食货物无算。筠门岭军米河墩仓库完全无有。尤以筠门岭河墩损失至巨灾情奇重，亘古未有”。崇义连续数天下大雨，横水、扬眉山洪暴发，洪水泛滥，扬眉圩进水。县城北门城内，水深数尺。小江两岸，房屋冲倒90%。上堡圩进水，水深2尺。义安山洪暴发，河水丈余。铅厂、关田、横水、茶滩、长龙、扬眉、龙勾等地，沿江两岸田园、房舍多被淹，受灾面积300平方千米，冲毁农田3500亩，冲毁河堤20余处，冲走牧畜334头。大余“6·5水灾”：1942年6月4日凌晨2时开始降雨至次日凌晨3时，章水上游山洪暴发，河水猛涨，章水水位高达147.61米（假设高程），洪峰流量1740立方米每秒，县城水深二三尺，东山门附近有15吨大帆船驶入避洪浪。洪水冲毁中正桥，冲去中山桥桥面板，冲毁大小桥梁120座，山塘、水陂、水圳等水利设施100余座，倒塌房屋1350间，损失木料850立方米、毛竹6600根，全县受淹水稻面积70%；淹死大小耕牛200余头、生猪750头、家禽4万只。损失粮食150万斤。洪灾伤亡60人。

民国34年（1945年）5月9日，崇义大水突破立县以来水灾纪录，大、小两江沿岸，冲毁堤防田园房舍甚多，畜、牧损失不可以数字计。全南全县大水，沿河庄稼受害，南迳桥被冲坏。夏，龙南洪水，全城淹没。

民国35年（1946年）5月9日，信丰山洪暴发，桃江河水陡涨数尺，为近年来罕见。

民国36年（1947年）6月14—16日，安远长河、固营、心怀、天心一带发生水灾，四乡受灾面积2588亩，倒塌店铺、民房413间，冲走猪牛83头，死亡4人，龙布老圩被冲毁。

民国37年（1948年）5月，寻乌项山、吉潭、龙岗3乡遭暴雨袭击，农田受灾面积2383亩。

民国38年（1949年）5月2日，石城暴雨，屏山被雨淹死一人，次日，山洪暴涨，山崩地裂，损坏良田甚多。瑞金6月大水，淹田1.45万亩、毁大柏地圩店房10余间。

二、中华人民共和国成立后

1956年6月12—16日，平江流域普降大到暴雨。据统计，兴国站降雨量228.5毫米，翰林桥站降雨量258.1毫米，降雨集中在16日，平均124毫米。翰林桥水文站出现115.06米历史最高水位。整个平江流域一片汪洋，损失极其严重。

1961年，赣江上游洪水频繁，4—9月涨水12次，7次超警戒水位。4月16—20日，全市普降暴雨。宁都、兴国、石城、崇义、赣县、南康、于都、大余、上犹等9县，降雨量200毫米以上。4月21日章江坝上水文站、贡水赣州水位站洪峰水位分别为103.18米和101.94米，超警戒水位4.18米和2.94米。5月底，在全流域土壤含水量处于饱和情况下，6月上旬赣江上游又降暴雨。6月1—13日赣州水位站降雨量325.8毫米。上犹江水库6月12日5时30分左右泄洪2736立方米每秒，章江水位急剧上升，6月13日，章江坝上水文站水位103.83米，超警戒水位4.83米，贡水水位102.22米，超警戒水位3.22米。被洪水围困人员5800人，淹没各种物资4000余吨，沿江两岸6800亩农田受灾。

1961年8月26日，安远连续暴雨，至27日15时，安远站降水量245.8毫米，孔田站降水量300毫米，暴雨造成山洪暴发，洪水泛滥，濂水羊信江水文站洪峰水位200.55米，洪峰流量1030立方米每秒。安远县受灾农田42140亩，成灾面积21390亩，其中无收面积3740亩。损坏房屋959间，伤亡23人，冲坏水利设施3828处，其中小（2）型水库2座。

1962年4—6月，降雨量1330.8毫米，超过历年同期降雨量的70%。从6月1日至7月3日，连续降雨33天。6月30日，瑞金县城降雨175.6毫米，东北部壬田龙山水库一带降雨178毫米，西部九堡沙陇水库一带降雨220毫米，绵江水位195.18米，超警戒水位4.18米，洪峰流量1180立方米每秒。瑞金城区受淹时间持续14天，沿江两岸一片汪洋，冲毁民房2418间，牛栏、厕所7255间，淹田9.64万亩，成灾面积5.64万亩，颗粒无收面积8188亩。全县因灾减产粮食1466万斤[1]，晚稻谷种损失145万斤。冲毁水利设施1792处，各种桥梁873座，损失农具、家具、牲畜难计其数。

1964年6月8—11日，赣州连降大雨到暴雨，14日、15日两日，又降暴雨和特大暴雨。14日瑞金县城降雨138.3毫米，壬田大垅一带降雨223.2毫米，大柏地一带降雨222.3毫米，16日，九堡沙陇一带降雨249.1毫米。11—16日6天，贡水上游沙龙站降水量456.0毫米，桃江龙南站435.9毫米，雨量集中，强度大，洪水来势凶猛。以贡水、桃江流域信丰、全南、定南、瑞金、会昌、于都、赣州市、赣县等地最为严重。绵江水位194.72米，超警戒水位3.72米，洪峰流量1120立方米每秒，湘、绵两河汇合处水位9.07米（从会昌县城步云桥码头底算起），湘水会昌麻州水文站洪峰流量1630立方米每秒，桃江赣县居龙滩水文站洪峰水位112.75米，超警戒水位3.75米，贡水赣州水位站洪峰水位103.29米，超警戒水位5.79米，章水窑下坝水文站水位357.60米，超警戒4.29米，章江坝上水文站水位102.79米，超警戒水位3.79米，洪水超警戒水位11天。瑞金县城95%的面积被淹，毁坏房屋534间，毁坏桥梁362座，受灾面积3.7万亩，成灾面积1.77万亩，死亡3人，造成经济损失220.5万元。洪水浸入半个会昌城，农田受淹27629亩，倒塌房屋1369间，冲走耕牛9头，死2人，冲毁水利设施240座，粮食歉收1104万千克。洪水期间，赣州八境公园至航运局洪水超过城墙10～15厘米，城区赣江路、中山路、廉溪路、八境路、解放路、章贡路、大公路进水被淹，赣江路水深4米，赣州城区淹没面积2平方千米，淹没房屋1900

[1] 1斤=500克。

多间，倒塌410余间，沿江两岸的水东镇李老山、虎岗、水东、沿埛、红星、七里村，水西镇水西、白田、黄沙、通天岩、罗边、和乐村，湖边镇杨梅村，沙河镇沙村、河头、华林、下村，水南镇南桥、腊长、高楼、金龙、金棚、长塘、黄金、金星村，沙石镇吉坑、沙石、新路、坪路、新圩村，蟠龙镇罗渡、当塘、武陵、坝上、寺背、河坝、蟠龙、杨边、田心、车头、章甫村受淹。淹没农田4.4万亩，成灾3.6万亩。

1964年6月9—15日，东江流域定南县连续降雨400毫米，降雨时间长，暴雨强度大，全县遭遇不同程度损失，尤其是东江水系岭南带损失更为严重。合计冲坏水利工程2124座，淹没农田32228亩。11—15日，寻乌降雨535.1毫米，造成寻乌县早稻受灾26670亩，冲坏水利工程4849座，冲毁桥梁519座，房屋1632间。

1966年6月1—23日，定南降雨量633.8毫米，20日20时降雨233.8毫米。暴雨造成山洪暴发，河水猛涨，冲坏水库9座、山塘250座、水陂230座、水圳310条、河堤110处、水轮泵站5座，淹田26000亩，倒房719间，死3人。

1966年6月21日8时至22日20时，桃江流域内连降暴雨，全南县城降雨333.1毫米，枫坑口水文站降雨量194.9毫米。暴雨集中在桃江上游，龙南县城一片汪洋，城内积水深3.8米，洪水浸没县城31小时。信丰水位站出现新中国成立以来最高水位151.16米，超警戒水位4.16米。下游居龙滩水文站水位112.32米，超警戒水位3.32米，洪峰流量4260立方米每秒。

1969年8月3日，平江兴国开始连续中到大雨，8—9日突降暴雨，长龙站日雨量285.2毫米，兴国县城144.3毫米。受降水影响，涉水、潋水陡涨，下游翰林桥水文站洪峰流量2720立方米每秒。降雨时间长，暴雨强度大，造成兴国县城及下游埠头、龙口和附近长冈、高兴等地大多数地方被洪水淹没，县城南门口水深在2.5米以上，县内低洼处超过4米水深，涉水水位涨幅6米多。洪水历时长达3天，据洪水之后调查，城区中段洪峰水位141.99米，洪水频率为100年一遇。

1976年6月7—9日，信丰连降暴雨，最大日降雨量161.4毫米，10日20时，信丰水位站水位150.55米，超警戒水位3.55米，大水成灾，伤田倒屋，溺死7人，毁坏交通、水利工程，冲走木材、化肥农药。桃江下游居龙滩站11日7时水位111.83米，超警戒水位2.83米。洪峰流量3940立方米每秒。实测最大流速2.78米每秒。

1978年6月，定南连续2次暴雨，山洪暴发，冲淹早稻2万余亩，冲掉稻种11.5万千克，冲坏水陂47座，水库2座，桥梁15座。7月28日定南山洪暴发，含湖林场湘口（原厂部）房舍被淹没，一晚冲成平地。30日20时至31日3时7个小时内，定南降雨219.4毫米，山洪暴发，水淹至月子公社楼樑，月子福兴古桥被冲毁，是新中国成立以来岭北片最严重的一次水灾。31日，定南胜前水文站出现建站以来最高洪水，水位227.98米，相应流量1550立方米每秒。

1978年7月30—31日，会昌东部及南部地区遭受七号强台风袭击。台风从会昌富城、永隆、中村入境，经周田、筠门岭、清溪、右水等地，横扫7个乡（镇），持续2天时间。在筠门岭、周田形成暴雨中心，12小时降水量320毫米，湘水水位暴涨，麻州水文站洪峰水位97.99米，洪峰流量2270立方米每秒。

1983年6月16日，湘水流域日降水量155.6毫米，会昌县城超警戒水位2.61毫米，受淹农田25000亩，倒塌房屋925间，冲走生猪15头，死1人，冲毁水利设施195座，粮食歉收950万千克，直接经济损失600万元。

1984年5月30—31日，梅江流域普降暴雨，中部降大暴雨，宁都水文站洪峰水位189.26米，流量2640立方米每秒，石城水文站洪峰水位227.41米，超警戒线1.91米。洪水漫过宁都县城防洪堤顶，县城二分之一被淹，城内低处水深3.2米。宁都县受灾面积35.96万亩，倒房11730间，毁桥1210座（处），冲坏水利工程15804座（处），损失8762万元。于都汾坑水文站洪峰水位133.88米，超警戒4.88米，于都县城最高洪水位123.36米，于都县13个乡镇，112个村，1097个村小组，1.87万户，10.25万人受灾。

1988年6月13日，瑞金县出现50年未遇的特大暴雨，11小时降雨量216.2毫米，有3个时段，每小时降雨量超过40毫米，县城最高洪峰水位194.62米，超警戒水位3.62米，毁坏房屋6803间，淹没农田18万亩，粮食减产1200万斤，破坏公路670千米、桥梁15座、涵洞175个、水利工程3766处，经济损失2185万元。

1992年3月25—26日，24小时内全区18个县（市）降雨量在50毫米以上，其中全南、会昌、信丰、大余、赣州市、南康超过100毫米，出现未入主汛期的“92·3”大洪水。4座大型水库合计最大泄流量1800立方米每秒，沿河两岸洪水泛滥。5月瑞金、石城局部暴雨，7月下旬又出现少有的大到暴雨，造成全区性的“92·7”洪涝灾害。18个县（市），321个乡镇，2893个村，3.21万个村组，217.4万人口，331.65万亩农田受灾。毁坏农田21万亩，成灾农田188.21万亩（含经济作物29.25万亩，二晚秋田13万亩）。死55人，死亡牲畜6.29万头，倒房7.33万间，其中住房2.03万间，冲坏公路613.76千米、桥梁1132座，冲毁冲坏水利水电工程2.1万座（处），其中塘坝4862座、水陂8564座、圩堤3685处418.45千米、小水电站62座2834千瓦、机电泵站167座2648马力、渠道6410处456.32千米、渡槽82座1061米，影响灌溉面积81.765万亩，还有其他工程，加上工厂、商业、学校、仓库等，直接经济损失25.83亿元。

1994年，梅江流域最大降雨量404.2毫米。石城水文站1日20时至2日20时24小时降雨量375毫米，石城北部几个乡镇平均降雨量374.3毫米，造成“5·2”梅江大洪水。石城水文站洪峰水位228.49米，超警戒线2.99米。宁都水文站洪峰水位188.26米，超警戒线2.76米。于都县汾坑水文站洪峰水位134.11米，超警戒水位5.11米。洪水造成石城县15个乡镇普遍受灾，受灾面积97%，成灾面90%以上，受灾人口22.3万人，占总人口的85.8%，损坏房屋7.2万间，面积92.6平方米，倒塌房屋4.8万间，面积86.4平方米，死亡9人。直接经济损失4.67亿元。

1994年6月6—23日，出现持续低温阴雨天气，赣江上游出现大范围降雨过程，万安水库坝址以上平均降水量336.5毫米，石城降水量538毫米。6月中旬，连续10天赣州普降大雨到暴雨，上犹江、油罗口、长冈等大型水库开闸泄洪。13—17日，上犹江水库以上降雨量320.9毫米，17日15时30分，入库洪峰流量2740立方米每秒，超设计洪水位1.02米，在17日18时至18日10时，连续17个小时下泄流量超过2000立方米每秒，最大下泄流量2020立方米每秒，导致章江水位猛涨。18日21时，章江坝上水文站水位103.17米，超警戒水位4.17米，洪峰流量4580立方米每秒，相当于30年一遇洪水。坝上水文站超警戒水位8天。19日凌晨2时，贡水赣州水位站水位101.59米，超警戒水位2.59米。城区受淹，赣江路水深3米，沿江城镇、村庄及农田受灾严重。全区受淹人口6.5万人，共有1.02万人被水围困，倒塌房屋613栋3020间，受淹农田3.5万亩，毁坏耕地30亩。造成经济损失2.4亿元。

1995年5月下旬，各县暴雨频繁集中，5月21日安远4小时内县城，车头、板石等乡镇降雨80毫米，25日宁都长胜、田头等乡镇3小时内降雨179毫米。26日定南、龙南等6个乡镇4小时内降雨60毫米，6月4日石城6小时内降雨110毫米、24小时140毫米，瑞金6小时降雨120毫米。15日20时至17日20时全区平均降雨165毫米，石城、宁都、瑞金24小时分别降雨276毫米、207毫米、249毫米，全南6小时内降雨102毫米。万安坝址以上面雨量159.7毫米，桃江南迳水文站6小时雨量72毫米，梅江宁都水文站一日雨量119毫米，贡水水位急剧上涨。18日，贡水赣州水位站水位102.48米，超警戒水位3.48米。章江坝上水文站水位101.91米，超警戒水位2.91米。赣州市沿江村镇遭受较严重洪水侵袭，受灾人口5.1万人，受淹农田3.4万亩，直接经济损失1.05亿元。27日和7月3日，石城、宁都、兴国、瑞金、定南、寻乌、全南、龙南、安远出现暴雨，寻乌日降雨169毫米。8月1日全区有11个县降暴雨，宁都、石城日降雨分别为108毫米、104毫米。13日受5号台风影响，石城、宁都和兴国良村等6乡镇下暴雨，日降雨量249.7毫米，兴国良村南坑两乡镇3小时降雨量250毫米。造成山洪暴发，江河水位猛涨，水库大量泄洪，全区大部分县（市）沿河两岸发生严重洪涝灾害，石城、瑞金、于都、信丰更甚。受淹农田183.6万亩，其中129万亩成灾，减产粮食20.3万吨。水利水电工程设施被毁冲坏10773座（处），其中小（1）型水库2座、小（2）型水库17座，堤防缺口320处14.81千米，直接经济损失1.84亿元，加上道路、桥梁、涵洞、通信输电线路等各方面受灾损失，合计直接经济损失21亿多元。

1997年，汛期雨量较多，年平均值偏多，出现3次较严重汛情。第一次发生在6月9日，琴江、梅江流域连续降大到暴雨、局部出现特大暴雨，平均降雨量278.4毫米，造成“6·9”洪水，山洪突发，河水猛涨，引起山体滑坡。琴江石城水文站洪峰水位228.62米，超警戒线3.12米，洪峰流量1840平方千米，梅江宁都水文站洪峰水位187.18米，超警戒1.68米，受上游降雨影响，于都汾坑水文站洪峰水位132.61米，超警戒3.61米。“6·9”洪水造成石城损坏水库7座［其中小（1）型水库2座、小（2）型水库5座］、堤防36千米、护岸193处、水闸32处，决口146处12千米，冲毁塘坝720座，渠道决口1160处121千米，损坏主渡槽23座、桥梁146座、机电井5眼、管理设施18处、机电泵站29座、水电站12座，损失输电线路125千米。倒房及财产损失，交通、邮电损失，第三产业损失，直接经济损失3.45亿元。第二次发生在6月22日，上犹江流域降大到暴雨，上犹县大部分乡镇遭洪水袭击，有的圩镇淹没水深1.2米。第三次发生在7月11日，章江流域普降大到暴雨，江河水位迅猛上涨，上犹江田头水文站洪峰水位117.45米，超警戒0.95米。南康龙华、唐江、三江、凤岗等乡镇农田受淹。三次水灾受灾人口228.87万人，受灾农田171.045万亩，其中93.075万亩成灾，倒塌房屋1.81万间。冲毁冲坏各类水利工程10641座（处），交通、通信、电力等设施7970座（处），死43人。直接经济损失13.90亿元。

1998年3月上旬，赣江上游出现特大早汛。全市出现三次较明显的降水过程，其中第二次降水过程最大，平均降水量174毫米，有16个县（市）降雨量在100毫米以上。受降水过程影响，24座大中型水库先后开闸泄洪，全市各江河洪峰水位都在警戒线以上，贡水峡山水文站洪峰水位112.22米，超警戒线3.72米，赣州水位站洪峰水位102.22米，超警戒线3.22米，章江坝上水位站洪峰水位101.83米，超警戒线2.83米。罕见的全市性大旱汛，造成18个县（市）、320个乡（镇）、203.5万人受灾，农田受灾面积56.3万亩。

1999年5月下旬，全市大部分地区出现大到暴雨，局部特大暴雨。24—27日，全市3日平均总降雨量166.2毫米，瑞金235.1毫米，会昌220.3毫米。26日宁都日降雨量155毫米。降水过程造成“5·25”洪灾，有9个县（市、区），174个乡镇受灾。9月4日，受9号台风影响，全市平均降雨量43毫米，宁都肖田乡降雨量161毫米，17日，在10号台风影响下，崇义、大余、龙南、全南4个县降大到暴雨，局部特大暴雨，龙南扬村镇4小时降雨量170毫米，崇义关田乡48小时降雨量243毫米。受9号、10号台风影响，有5个县，52个乡镇受灾。至9月底，全市共有13个县（市、区）223个乡镇遭水灾，受灾人口156.74万人，倒塌房屋0.54万间。农作物受灾面积86.4万亩，其中57.15万亩成灾，12.75万亩绝收，农林牧渔业直接经济损失1.75亿元。因灾停产工矿企业206个，毁坏路基360千米，损坏输电线路157.8千米，通信线路70.3千米，工业交通直接经济损失0.78亿元。损坏堤防60.2千米，护岸784处、水闸146处，冲毁塘坝1532座，水利设施直接经济损失0.72亿元。死20人，经济损失总计3.69亿元。

2000年，降雨时空分布不均，出现多次严重局部性洪涝灾害。“5·27”洪灾，4个县（市），69个乡镇受灾。“6·19”洪灾，6月19日凌晨1时至17时连续降雨150.8毫米，局部地区出现降雨量180毫米，特别是凌晨3—9时连续降雨107.7毫米，12个县（市、区），140个乡镇受灾。“8·25”洪灾，7个县（市、区），90个乡镇受灾。至9月底，全市共有15个县（市、区），195个乡镇遭受洪涝灾害，受灾人口156万人，倒塌房屋2.12万间，农作物受灾面积92.37万亩，成灾面积60.615万亩，绝收面积14.01万亩，农林牧渔业直接经济损失2.403亿元。因灾停产工矿企业110个，毁坏路基857千米，损坏输电线路389.3千米，损坏通信线路180.8千米，工业交通直接经济损失0.8115亿元。损坏各类水库13座、堤防161.4千米、护岸195处、水闸182座，冲毁塘坝2903座，水利设施直接经济损失1.1236亿元。因灾死亡13人。

2002年10月下旬，赣江上游出现特大秋汛。暴雨过程以赣州市为中心，逐渐向周边辐射，以章江流域上游的大余降水量最大。28—31日，南北暖湿气流在赣州上空交绥，造成这次特大秋汛。章江坝上水文站三日降雨量233毫米，大余樟斗水文站三日降雨量247毫米。29日，赣州、兴国、崇义、南康等县（市）日降雨量在100毫米以上。暴雨造成上犹江和油罗口水库蓄水暴满，并不同程度先后泄洪，最大下泄流量分别为1510立方米每秒和402立方米每秒。受暴雨及水库泄洪影响，章江水位急剧上涨。全市除琴江、湘江和桃江中上游没有出现超警戒洪水外，其他各江河都出现超警戒洪水。31日上午10时，章江坝上水文站水位103.37米，超警戒4.37米，洪峰流量4200立方米每秒。贡水赣州水位站水位102.44米，超警戒3.44米。洪水超警戒水位持续三天，赣州城区龟角尾、二康庙被淹，杨梅渡柑子园，营角上遭内涝。水东镇七里、水东村，水南镇腊长、长塘、高楼、金龙、金湖、长塘村，湖边镇岗边村，水西镇水西、黄沙、白田、罗边村，沙石镇吉埠村，沙河镇河头、沙河村等村镇及农田遭受严重的洪涝灾害。共倒塌房屋1046间，损坏房屋1312间，农田受淹 2.46 万亩，造成经济损失 1.3 亿元。

2005 年，信丰新田、古陂大水。5 月 14 日 8—14 时信丰暴雨，新田站过程雨量 114 毫米，古陂站过程雨量 118 毫米。17 日古陂站降雨量 107 毫米。18 日 3—6 时新田站降雨 180 毫米，这是超过 200 年一遇的短历时暴雨。暴雨导致信丰县新田镇、古陂镇受灾严重，新田圩淹没。

2006 年 7 月 26 日凌晨，受五号台风“格美”的影响，上犹县遭受一场突如其来、百年不遇、不可抗拒的特大暴雨洪水灾害。全县 14 个乡（镇）有 11 个乡（镇）降雨量 160 毫米以上，双溪乡白水雨量站短时间降雨量 280 毫米。凌晨 2—4 时五指峰乡、双溪乡、水岩乡、营前镇发生集中降雨，引起山洪暴发，造成巨大灾害。五指峰乡黄沙村一个重 20 吨以上的巨石被冲得无影无踪。以五指峰乔子岭为中心 100 平方千米的特大暴雨区，2 小时降雨量 305 毫米。由于暴雨强度大、时间集中，致使全县河流水位突涨，五指峰乡黄沙坑村 3 分钟之内，洪水上涨 4 米，营前镇石溪河洪水涨幅 6.5 米，水岩乡铁石河洪水涨幅 5.2 米，位于寺下河的安和水文站超警戒水位 2.55 米，与水文站有史记录的最高洪水位相比，高出 1.41 米。据不完全统计，全县 14 个乡（镇）近 30 万人口中，有 11 个乡（镇）21.3 万人口受灾，受灾特别严重的有 5 个乡（镇）。农作物成灾面积 4.2 万亩，其中绝收面积 2.61 万亩，倒塌房屋 13107 间，损坏公路路面 492 千米，冲毁大小桥梁 127 座，损坏电力、通信线路 215 千米。

2008 年 7 月底，受强台风影响，寻乌县发生特大暴雨山洪。29—31 日寻乌县平均降水量 237.4 毫米，其中 29 日降水量 82.1 毫米，30 日降水量 142.4 毫米，31 日降水量 13.0 毫米。暴雨中心位于寻乌县文峰乡长岭一带，最大降雨量 324.0 毫米，出现在长岭站，次最大降雨量 333.5 毫米，出现在剑溪站，最小降雨量 147.5 毫米，出现在寻乌县留车镇。县内过程降雨量大于 350 毫米区域面积 26 平方千米，降雨量大于 300 毫米区域面积 480 平方千米，降雨量大于 250 毫米区域面积 1036 平方千米，降雨量大于 200 平方千米区域面积 1641 平方千米，降雨量大于 150 毫米区域面积 1841 平方千米。长岭站 24 小时实测降水量 324.0 毫米，是寻乌县历年实测最大降水量的 1.14 倍。经分析，长岭站暴雨频率 3 小时为 100 年一遇，6～24 小时为 200 年一遇。暴雨造成重大洪涝灾害。全县受灾，县城受淹面积约 4 平方千米，占县城三分之二的地方受淹。山体塌方 800 多处，交通中断，灾害损失严重。

2009 年 7 月上旬，受高空低槽和中低层切变及强西南气流影响，2 日 20 时至 3 日 20 时，全市平均降雨 82.1 毫米。10 个县（市、区）出现暴雨或大暴雨，其中：崇义聂都站降雨 538.9 毫米（6 小时 346 毫米、3 小时 204 毫米，1 小时 96 毫米），为历史罕见，是江西有气象记录以来最大值，也是 2009 年国内降雨最大的一次。受强降雨影响，章江、贡江有 4 站超警戒水位，12 座大中型水库开闸泄洪。特大暴雨过程造成大余、崇义、信丰、赣县、石城、上犹、瑞金、南康和开发区，100 个乡镇 89.8 万人受灾。农作物受灾面积 52.8 万亩，倒塌房屋 3.37 万间，造成直接经济总损失 22.219 亿元。

2010 年 5 月 5—7 日，受强对流天气影响，定南出现特大暴雨过程。暴雨过程从 5 日 15 时开始，至 7 日 3 时结束，历时 36 小时。过程平均雨量 202 毫米，暴雨中心带位于定南县鹅公镇早禾村高湖站附近，高湖站过程降雨量 449.5 毫米。高湖站 3 小时最大降雨量 137 毫米，分析频率为 100 年一遇暴雨、6 小时最大降雨量 173.5 毫米，频率为 200 年一遇暴雨、

12小时最大降雨量199.5毫米，频率为200年一遇暴雨、24小时最大降雨量335毫米，为有记录以来的最大降雨，频率约为300年一遇暴雨。暴雨区山洪暴发，九曲河部分支流出现特大洪水，造成定南县鹅公镇严重洪灾，据悉洪水造成鹅公镇7人死亡。

2012年3月4日，普降暴雨，全市进入防汛应急值班。至3月7日，全市大范围出现暴雨，平均降雨量118.5毫米，在596个遥测雨量站点中降雨超100毫米的站点有399个，贡江、章江、梅江等江河超警戒水位。市委、市政府果断决策，全市从3月7日起提前进入主汛期，按主汛期要求做好防汛工作，比正常年份提前24天进入汛期。8月上旬，受第9号台风“苏拉”影响，3日8时至4日22时，遭遇范围最广的强降雨过程，全市平均降雨101.4毫米。石城、赣县、宁都、于都、瑞金和会昌等6个县（市）54个乡镇受灾。据统计，2012年，全市共有17个县227个乡镇受灾，受灾人口109.5万人，倒塌房屋0.4589万间，转移人口17242人，农作物受灾37.332万亩，成灾13.847万亩，绝收2.45万亩，损坏护岸742处，冲毁塘坝461座，损坏灌溉设施3085处，直接经济损失7.735亿元，其中水利设施直接经济损失1.9982亿元。

2015年5月下旬，受高空低槽东移和中低层切变南压共同影响，梅江流域宁都、石城、于都及瑞金市等地发生罕见暴雨，流域降雨量242毫米。暴雨集中在18日19时至19日16时的21小时内，降雨量182毫米，占流域降雨量的75.2%。暴雨笼罩整个梅江流域，中心位于梅江中游及琴江下游，中心区降雨量315毫米，降雨由中游分别向上游及下游呈递减趋势。降雨量以宁都黄石镇里迳村雨量站雨量504毫米为最大，瑞金瑞林镇木子排雨量站498毫米次之。24小时最大降雨量超过200毫米所笼罩面积4338平方千米，超过300毫米所笼罩面积643平方千米。暴雨中心区6小时、24小时最大点暴雨重现期300年一遇。受暴雨影响，暴雨中心区琴江中下游洪水频率300年一遇；梅江下游汾坑水文站因流域面积增大，流域平均降雨量明显减小，洪水频率50年一遇。洪灾造成石城县10个乡镇131个行政村、22个居委会不同程度受灾，横江、大由、屏山3个乡镇灾情最重。累计受灾143731人，倒塌房屋277户624间，损坏房屋771户1650间。1.2平方千米的横江圩镇全部被淹，房屋进水均在1.6米以上，财产损失极为严重。农作物受灾面积10.913万亩，其中成灾面积6.284万亩、绝收面积3.153万亩，毁坏耕地面积1.476万亩。损毁供水管网60多处，冲毁损坏山塘82座、水陂311处、灌溉水渠1220多处93.398千米、河堤138处36.52千米、电灌站16座、涵闸（渡槽）41座。部分工矿企业严重受损。

2019年6月中旬，受冷暖空气共同影响，桃江上游龙头滩电站以上流域发生罕见暴雨洪水。9日8时至14日8时，流域内平均降雨量235毫米，暴雨集中期的17小时，降雨量143.5毫米，占降雨过程的61%。暴雨中心位于龙南县杨村镇太平江上游和大吉山镇一带，降雨量369毫米。全南南迳水文站降雨量311毫米。点暴雨以龙南三坑雨量站降雨量438毫米最大，龙南九连山林场记寨坪电站397毫米次之，全南马坑冈站394.5毫米第三。24小时最大降雨量超过200毫米所笼罩的面积530平方千米，超过250毫米所笼罩的面积120平方千米。受暴雨影响，流域内多条河流急剧上涨，桃江龙南水位站水位205.54米，涨幅4.18米，超警戒1.04米；太平江龙南杜头水文站水位97.71米，涨幅7.02米，超警戒4.71米，超建站有水位记录以来2.18米，洪峰流量1210立方米每秒，重现期约100年一遇；桃江上游全南南迳水文站水位303.56米，涨幅3.16米，超警戒1.86米，超建站有水位记录以来

0.86 米。

2019 年瑞金、九堡大水。7 月 13—15 日九堡河与绵江上游部分流域发生大暴雨。降雨中心位于于都与瑞金接壤的于都县沙心乡和瑞金市万田乡一带，暴雨中心（沙心、公馆、黄麟、龙背、万田、茶亭、龙下水库）区域平均降雨 240 毫米，暴雨主要集中在 14 日 1—9 时，期间流域平均降雨量 217 毫米，占区域过程平均降雨量的 90%。暴雨中心沙心站最大 1 小时、3 小时、6 小时、12 小时、24 小时实测降水量分别为 67.0 毫米、193 毫米、246 毫米、258 毫米、288.5 毫米、3 小时、6 小时、12 小时最大点暴雨重现期均为超 100 年一遇。降雨覆盖九堡河流域及绵水上游部分流域，且暴雨过程与流域范围高度吻合。受强降雨影响，瑞金水文站 14 日 20 时 10 分到达洪峰，洪峰水位 194.64 米，超警戒 2.64 米，涨幅 6.34 米，超警戒水位持续时间近 24 小时；九堡水位站 14 日 10 时到达洪峰，洪峰水位 206.99 米，超警戒 3.99 米，涨幅 5.42 米，超警戒水位持续时间近 22 小时。公馆水文站 14 日 10 时 25 分到达洪峰，洪峰水位 141.69 米，洪水涨幅 6.28 米。九堡河九堡站以上洪水频率在 50 年一遇左右，为建站以来最大洪水；绵水瑞金站出现建站以来历史第三大洪水，其洪峰水位接近历史第二大洪水，洪水频率为 20 年一遇左右。暴雨洪水造成严重洪灾，瑞金市九堡圩镇被淹深达 3 米，造成数人伤亡，给当地带来重大损失。

第二节 旱　灾

赣州市大部分干旱为伏旱、秋旱、伏秋连旱，主要发生在每年 5—10 月。春旱、冬旱也时有发生。赣州基本上每年都有不同程度的旱情发生，民间流传有“十年九旱”的说法。赣州旱情一般山区轻，丘陵、平原地区重。

南宋

绍兴九年（1139 年），兴国久旱。

元

至元十五年（1278 年），赣州干旱。人多热死。

明

宣德九年（1434 年），赣州府所属县四至八月不雨，田稼尽枯。

嘉靖二十三年（1544 年），南康夏五至八月大旱少雨。信丰旱，大饥。

万历五年（1577 年），兴国大旱，五至十月不雨，收无十之三，又时疫大作，死丧载道。

万历十七年（1589 年），赣州、南康自三月至八九月少雨，大旱。

万历四十三年（1615 年），于都大旱，五至十月未雨，疫病大作。

万历四十六年（1618 年），赣县旱秋酷热，晚禾无收。

清

顺治三年（1646 年），南康、赣州大旱。

康熙元年（1662 年），夏，兴国大旱，四至七月不雨，赤旱异常。

康熙十年（1671 年），南康五至十一月少雨，米价腾贵，民多饥死。

康熙十九年（1680 年），定南大旱。

康熙四十二年（1703 年），春、夏兴国连旱，米价陡涨，野无青草，禾苗枯竭，饿殍载道。赣县大旱，泉枯江竭。

康熙六十年（1721年），定南自四月大旱，至八月始雨。

乾隆五十一年（1786年），于都大旱，四至七月不雨，稻谷无收，米价斗钱320文。

嘉庆二十五年（1820年），南康、赣州旱。大余夏旱。龙南一至四月未雨，大旱，六至七月又未下雨，大旱，米价陡贵，秋冬大疫。定南春夏旱，米价陡涨。

道光十五年（1835年），南康五至八月少雨，飞蝗蔽天，民大饥，挖草根树皮为食。定南旱。

同治五年（1866年），定南大旱，六至九月未雨。

光绪四年（1878年），八月，全南上年霜降至立夏6个月基本未下雨，旱情严重。米价每角（约四市两[1]）由6个铜钱涨至30个铜钱。

光绪二十七年（1901年），定南大旱，小河水枯绝流。

宣统二年（1910年），兴国大旱。

中华民国

民国19年（1930年），定南大旱，砂头河水绝流，全县受旱农田3.6万亩。

中华人民共和国成立后

1956年，赣州发生较大范围的秋旱。受旱面积110万亩，成灾面积87.7万亩，粮食减产2947万千克；受灾409700户，168万多人。南康、信丰、大余、宁都、于都为重灾县。次年，局部地区又发生旱情。

1963年，在1962年大部分地区发生旱情的基础上，连续出现2年旱灾。1962年7—9月全市降水仅217.4毫米，比历史同期减少43.1%。1963年雨水稀少，2—3月出现春旱，3月下旬至4月中旬持续干旱，4月下旬旱情继续扩大。全市受旱面积228.72万亩，占春播作物的46.2%；经济作物及其他受旱面积21.75万亩，5月、6月又出现伏旱，受旱面积261.7万亩。全年减产粮食1.25亿千克。据大余县记载，1963年的特大旱灾从6月初至10月中旬，逾百余日之久，到10月中下旬旱情才得到缓和。干旱使大地一片白色，良田尘土飞扬，大小河流全部干涸，章水无水过滩，人畜饮水困难，只得在河中心挖井取水饮用。

1979年秋旱，全市7月平均降水量仅36毫米，10—12月降水量只有20.4毫米，比多年同期平均值少147.3毫米，其中10月有12个县滴雨未下，全市有181万亩农田受旱，占耕地面积的28.4%，减产粮食500万千克。

1986年，全区受旱农田282万亩，其中49.5万亩无收。甘蔗枯死1.95万亩。全年受灾农田239.25万亩，其中150万亩成灾。

1992年7月中旬至8月上旬，连续高温少雨，全区受旱农田118.5万亩，其中18万亩成灾。

1993年7月底至8月中旬，赣州、南康、信丰、上犹、安远、龙南、定南、于都、大余等县（市）发生两次旱灾，受灾农田24万亩，其中9万亩成灾。

1995年7月，全区降雨偏少、气温高。南康、上犹、崇义、赣州、兴国、大余等县（市）发生旱情，受旱面积21万亩，使5000人、1470头牲畜饮水困难。8—9月，继续少雨

[1] 一市两=50克。

高温，全区受旱面积51万亩，干涸塘坝3638座。

1998年，受厄尔尼诺现象影响，7月中旬开始，久旱无雨，全区出现伏秋、秋旱。至8月，全区受旱农田123万亩，其中轻旱66万亩、重旱405亩、干枯作物18万亩，25.11万人、4.73万头大牲畜因旱造成饮水困难。

2000年6月下旬至8月，全市大部分地区出现长时间高温少雨天气，各类水库、山塘蓄水量急剧减少，各县（市、区）发生程度不同的旱情，部分县（市）旱情相当严重。农作物受旱面积190.06万亩，其中87.45万亩成灾，14.145万亩绝收。损失粮食7.97万吨，损失经济作物折价0.846亿元，因旱造成28.5万人、17.4万头大牲畜饮水困难。

2003年，全市遭遇历史罕见旱灾，出现伏旱、连秋旱、冬旱。全年降水量1078.5毫米，比多年平均值偏少32.0%。6月中旬，全市平均雨量为37.3毫米，较多年平均值（100.3毫米）偏少63%。6月下旬平均雨量为36.4毫米，较多年平均值（65.9毫米）偏少45%。7月全市平均雨量为16毫米，较多年平均值（117.0毫米）偏少87%，这是从1938年有降雨资料记录以来的最少降雨，比历史纪录最小值的1957年（33毫米）还少55%，比历史最枯年份1963年同期（95毫米）偏少85%。8月降雨128毫米，比多年平均值（143毫米）偏少10%。6月29日至8月10日，全市平均降雨37.0毫米。宁都县的东山坝站和东韶两站降雨只有1毫米，雨量在10毫米以内的有赣县的翰林桥等8站，以宁都县的平均雨量17毫米为最少。宁都县东山坝站6月29日至8月1日连续34天，宁都县长胜站从6月29日至8月3日连续36天滴雨未降。期间，全市平均蒸发量达到231.7毫米，其中宁都县的蒸发量达291毫米。7月至8月初，赣州市出现罕见高温天气，受副热带高压控制影响，高温天气维持时间以及极端高温都创下了新的历史纪录。特别在7月，全市大部分县（市）日最高气温在35摄氏度以上，维持的天数超过了20天，以于都县30天为最长。有11个县（市、区）的日最高气温突破历史纪录，其中于都县日最高气温达41摄氏度。缺水加高温，赣州市发生大范围罕见干旱。旱情最严重的县（市、区）是北部的宁都县、石城县和兴国县以及中部的南康区和章贡区。全市各江河水位从6月21日进入低水状态，8月13日结束，持续了50多天。其中梅川宁都站出现了超历史的最低水位182.94米（历史最低水位183.03米），绵水瑞金站、湘水麻州站、桃江信丰站出现历史同期（7月）最低水位。在汛期出现这种长时间、大面积的低水现象，是有资料记录以来从未有过的，同时还出现了许多小溪流断流现象。新中国成立以来，最干旱的年份为1963年，但2003年无论从持续高温天气、降水还是蒸发量分析，旱情比1963年重。

2007年，全市6月中旬至8月上旬基本没有下过一场透雨，持续高温少雨天气，造成多个县大范围出现伏旱，旱情蔓延迅速，少量乡镇旱情严重。寻乌县作物受旱面积26.85万亩，农田无水未插秧苗14300亩。旱灾造成12000人饮水困难，4530头牲畜饮水困难。石城县受灾农作物面积11.34万亩，其中重旱面积3.325万亩、轻旱面积2.046万亩、干枯面积3.969万亩。受灾农作物中水稻受灾面积6.69万亩、白莲受灾面积1.56万亩、烟叶受灾面积2.295万亩、其他作物受灾面积7950亩。因旱造成3.8万人饮水困难，1.95万头牲畜饮水困难。旱灾造成石城县直接经济损失4160万元。会昌县统计受旱面积8.28万亩。因旱无法栽插面积16884亩，果树受旱面积2.48万亩。上犹县受灾农作物面积3.769万亩，其中粮食作物面积3.301万亩，包括0.4545万亩晚稻无法栽插和绝收面积；经济作物面积0.47

万亩；干旱造成全县近万农村居民生活饮水困难。旱灾共造成经济损失2210万元。宁都县24个乡镇32万人受灾；作物受旱面积16.95万亩，其中轻旱8.877万亩、重旱5.29万亩、干枯1.89万亩，水田缺水8.82万亩。因旱造成0.43万人、0.37万头牲畜饮水困难。造成直接经济损失0.576亿元。

2009年8月，降雨明显偏少，8月平均雨量73毫米，不及历史同期均值的一半，9月1—14日雨量仅13毫米，不及历史同期的两成。8月平均蒸发量125毫米，9月（到9月16日8时止）全市平均蒸发量59毫米，蒸发量远大于降雨量。受长期降雨偏少的影响，各江河水位一直处在低水状态，部分河段出现历史最低水位。根据居龙滩、峡山、翰林桥、坝上4控制站来水分析，2008年9月15日4站总平均流量486.7立方米每秒，2009年同期4站总平均流量254.1立方米每秒，几乎是2008年同期的一半。全市各地出现较为严重的旱情。

2011年，赣州市降雨量比多年平均降水量偏少近两成。受此影响，贡水赣州、梅川宁都、九曲河胜前、琴江石城、湘水麻州等水文（位）站相继出现历史新低水位。

2014年，赣州降雨总体偏少，年平均降雨量比多年均值偏少13%。汛前（1—3月）偏少32%，汛后（10—12月）偏少30%。受降雨量偏少影响，湘水麻州水文站、琴江石城水文站出现历史最低水位。

2017年，赣州降雨偏少19%。7月雨量偏少20%，其中兴国、宁都、赣县、章贡区偏少43%～51%，部分地区出现干旱。宁都15天无有效降雨达到中度干旱标准，章贡区连续24天无有效降雨。赣州市水位局12个固定墒情站监测数据表明，上犹、赣县、兴国、宁都、石城等5县达轻度干旱，会昌达中度干旱。

2018年，全市降雨量1366.2毫米，比多年平均值偏少13.7%，汛期降雨量836.0毫米，比多年平均值偏少24.1%。8月中旬，受降水持续偏少影响，南康、全南、经开区等部分地区出现轻度旱情。太平江杜头、桃江居龙滩、平江翰林桥、贡水赣州、湘水麻州等9水文（位）站先后出现历史新低水位。

第二篇

水文监测

赣州市水文站网建设经历两个主要阶段：第一阶段是1956—1984年，分四次根据全省统一部署、统一原则、统一规划进行。第二阶段是2005—2015年，建设中小河流、山洪灾害及非工程措施站。通过两个阶段的站网建设，赣州水文建立起完整、系统、全面、合理的水文站网。1956年之前，赣州站网建设虽然没有整体规划，没有对设站的必要性进行论证，但是，赣州主要河流控制站多是这一时期建立的。

水文监测经历了从测验项目简单到项目（降水量、水位、流量、蒸发、墒情、泥沙、水质、水温、地下水、水生态等）齐全；测验方法经历了从木质水尺、测船、绞车、吊船过河索到走航式声学多普勒剖面流速仪（ADCP）、无人机测流、影像在线测流、自动测报的过程；安全生产经历了从“披蓑衣、戴斗笠、身穿竹筒救生衣”到足不出户智能缆道自动测报，赣州水文测验工作逐步走向安全化、标准化、信息化、现代化，测验质量也同时得到提高。

赣州水文1976年建立水化学分析室。2015年通过计量认证，具备地表水、地下水、生活饮用水、污水及再生利用水、大气降水五大类56个参数的水化学监测分析能力。对全市水功能区、河道取水口、入河排污口、河流行政边界、大中型水库、饮用水水源地、农村饮用水进行监测评价。

为补充水文测站定位观测的不足，赣州水文开展了河流调查、河源调查、水质调查、历史洪（枯）水调查、暴雨山洪灾害调查。因山区洪水预报预警时间太短，为更好地服务山区民众，开展了小流域山洪灾害调查、洪水淹没范围调查。2020年开展了宁都长罗水电站溃坝调查工作。

第六章

水文站网

赣州水文站网建设根据江西水文系统统一部署，分别于1956年、1964年、1976年、1984年进行了四次以流域水系为单位的系统性站网规划建设，赣州水文建立起较完整的站网体系。此后，根据具体需求，进行了一些局部的建站与撤站。2005年以后，赣州水文通过水情分中心、中小河流、山洪灾害预警系统建设建立起了覆盖全市的水文站网。同时，建立地下水监测站网、水质监测站网、墒情监测站网等。

截至2020年年底，赣州市建有水文（位）站327站，雨量站710站，水质监测站99个，地下水监测站15个，土壤墒情监测站97个。

第一节　站　网　规　划

一、站网规划与调整

江西水文站网于1956年、1964年、1976年、1984年经历四次规划、发展、充实和调整，赣州逐步建立起科学合理的完整的水文站网体系。

控制站　控制站又称大河站。1956年第一次基本站网规划时，采用“直线”原则，即满足沿河长任何地点的多种径流特征值内插。规划时，凡流域面积大于5000平方千米的河流，流域面积大于5000平方千米的站，其上下游相邻两站之间应有适当间距，下游站所增区间径流不小于上游站的10%～15%。同时，结合水量平衡、洪水演算、最大洪峰流量和洪水总量的变率等径流特征以及水文预报需要和测验河段的选择等因素综合考虑，赣州规划布设集水面积大于5000平方千米的控制站4站，分别是：梅江汾坑水文站、贡水峡山水文站、桃江居龙滩水文站、章江坝上水文站。

1964年第二次基本站网验证和调整规划时，仍按首次站网规划时的“直线”原则，增加1956年以后的资料进行综合分析，以年径流内插允许相对误差±（10%～15%），次洪水量及洪峰流量允许相对差±20%，枯水流量允许相对误差±（20%～25%）为检验标准，检验首次站网规划和1964年已设站网的合理性。结果表明：除应调整个别站外，首次站网规划是合理的。赣州流域面积大于5000平方千米的站，1964年前已设立的汾坑、峡山、居龙滩、坝上四站基本不变，贡水葫芦阁水位站规划调整为基本水文站，后因故未予实施。

1976年第三次站网调整充实规划时，仍按首次站网规划时的“直线”原则，考虑到南方湿润区河流的径流量较大，将原控制站集水面积起点由5000平方千米改为3000平方千米，此次站网规划赣州将上犹江田头水文站、桃江中游枫坑口水文站两站规划调整为控制站。

1984年第四次水文站网发展规划，仍按“直线”原则规划，结合水资源评价、暴雨洪水查算图表的编制、工程规划和防汛抗旱对站网的要求等，此次站网规划赣州应增设和恢复湘水珠兰埠站、贡水葫芦阁站为控制站。但因故均未予实现。

区域代表站 区域代表站又称中等河流站。1956年第一次基本站网规划时，采用“区域”原则，即在某一水文分区内，按照所布设的测站能够采用水文资料移用方法对无资料或资料系列短的河流，内插出一定精度的各种水文特征值。规划时，凡流域面积200～5000平方千米的河流，以径流量等值线图所显示的径流分布为主，参考降水、地形、地质、土壤、植被和流域分界等因素，将全省划分为10个大区、6个副区的水文分区。赣州市区域分属：Ⅶ-1区赣南西部山区、Ⅶ-2区赣南东北部山区、Ⅶ-3区赣南东南部山区、Ⅸ区粤北山区（流入广东的河流）4个水文分区。每个水文分区内选择有代表性河流，按集水面积200～500平方千米、500～1000平方千米、1000～3000平方千米、3000～5000平方千米分四级布站，赣州规划布设麻仔坝、滩头、麟潭、田头、麻双、窑下坝、茶滩、杜头、羊信江、程龙、枫坑口、下河、窑邦、庵子前、麻州、宁都、柿陂、翰林桥、瑞金等19个区域代表水文站。麻双站因受麻双电站影响于1979年年底撤销。滩头站因受上游油罗口电站调节影响严重，于1980年1月1日撤销。枫坑口、田头2个站在1976年的规划中规划为控制站。截至1958年年底赣州4个水文分区区域代表站见表2-6-1。

表2-6-1　截至1958年年底赣州区域代表站设站情况

序号	站名	流域面积/平方千米	所在河名	所属水文分区
1	麻仔坝	230	营前水	Ⅶ-1区赣南西部山区
2	麻双	382	麻桑河	
3	茶滩	414	崇义江	
4	滩头	799	章水	
5	麟潭	1080	古亭水	
6	窑下坝	1935	章水	
7	田头	3209	上犹江	
8	杜头	435	太平河	Ⅶ-2区赣南东北部山区
9	羊信江	569	濂水	
10	下河	659	古陂河	
11	程龙	1424	桃江	
12	枫坑口	3697	桃江	

续表

序号	站名	流域面积/平方千米	所在河名	所属水文分区
13	窑邦	350	坎田水	Ⅶ-3区赣南东南部山区
14	庵子前	806	琴江	
15	瑞金	911	绵江	
16	柿陂	919	平江	
17	麻州	1758	湘水	
18	宁都	2372	梅江	
19	翰林桥	2689	平江	

注 截至1958年年底，粤北山区未设区域代表站。

1964年第二次站网验证和调整规划时，仍按首次站网规划的“区域”原则，增加1956年以后的资料，以年径流量、次洪水量、洪峰流量和最小径流量四要素进行综合分析，对1956年站网规划的水文分区作了很大的变动。赣州市区域划分调整为：Ⅴ区贡水流域区，Ⅵ区上游江、章水、遂川江流域区，Ⅸ区粤北山区，即东江流域区。仍按集水面积级分四级规划区域代表站，但集水面积也作了调整。鉴于100平方千米的河流可建大型水库工程，将区域代表站的下限面积由200平方千米下延至100平方千米，区域代表站面积级分为100～500平方千米、500～1000平方千米、1000～3000平方千米和3000～5000平方千米四级，结合地形、土壤、植被、地质和工程建设等方面考虑，凡当时已设站的尽量予以保留，以免变动太大。赣州市南康田头水文站，因受水库影响列为工程专用站。

1975年第三次站网调整充实规划时，在分析方法上，增加推理峰量法，应用产、汇流参数的地理规律，参照自然地理条件，以汇流分区为主，赣州市水文分区没有变动。集水面积由四级改为五级，即将集水面积100～500平方千米面积分为二级，每个分区按集水面积100～300平方千米、300～500平方千米、500～1000平方千米、1000～3000平方千米和3000～5000平方千米五级布设区域代表站。1977年，在作站网部分调整时，又将集水面积改回四级，即100～300平方千米、300～500平方千米、500～1000平方千米和1000～3000平方千米。

1984年第四次站网发展规划时，仍按1975年的分析方法，增加1976年以后的资料，绘制各区的雨量加前期雨量之和与径流深相关线综合验证，并结合暴雨洪水图及产、汇流参数，对1975年规划的水文分区作了调整。赣州市水文分区划为Ⅰ区（梅川、绵江、湘水、平江和桃江）和Ⅱ区（上犹江）。每个水文分区仍按集水面积100～300平方千米、300～500平方千米、500～1000平方千米和1000～3000平方千米四级布站。赣州规划增设和恢复的站包括：Ⅰ区的龙下渡（1617平方千米）、下河（664平方千米）、西江（470平方千米）和车子坝站（408平方千米）四站，四站全是为满足面上分布需要的站；Ⅱ区的黄背（376平方千米）、麟潭（1081平方千米）、茶滩站（414平方千米）三站，其中黄背站是为满足面上分布需要的站（麟潭、茶滩站原列为国家基本水文站，1986年第四次水文站网规划结束时停止测验流量，实为水位站。按照规划意见，应予恢复）。

小河站 1956年第一次基本站网规划时，小河站采用“站群”原则，即在一个地区布设一群站，通过对比方法，寻求一种或多种因素对径流的影响情况和计算方法，以移用到无资料的小河流上，主要满足建设小型水利工程的需要。小河站集水面积在200平方千米以下，按照暴雨的分布和自然地理因素的不同，均匀分布在各水文区，以能据以勾绘小河站的径流特征值等值线图为原则。赣州市在Ⅶ-1区赣南西部山区有扬眉站，在Ⅶ-2区赣南东北部山区有长龙站。

1975年第三次站网调整充实规划时，对小河站提出“分区分类分级”原则。全省分为南部（赣南区）和北部（赣北区）两个区，赣江吉安以上流域面积划为南部（赣南区）区。每个区按地形分低丘平原和山丘两大类。低丘平原按植被情况，又分耕地为主和草坡为主两小类；山丘按植被情况，又分耕地为主、森林为主、草坡为主和水土流失四小类。每类按集水面积小于3平方千米、3～10平方千米、10～30平方千米和30～100平方千米四级布站。

1978年为尽快取得小河水文站资料，分析原定站网的合理性，加速小河水文站的设站工作。按分类办法确定站网布局，限于小河站资料系列短、质量差、分析的证据不够充分，加上流域调查时对下垫面的植被、土壤等无法定量分类，仅停留在定性阶段。划分的二大类六小类，还没有考虑森林范围内的林稀林密，是幼林还是成林，是针叶林还是阔叶林，林下有无覆盖层和覆盖层差异等影响。1980年11月，《江西省近期调整充实水文站网规划实施情况阶段总结》指出：两年来，在查勘设站中，水田为主（原为耕地为主）和水土流失类选点困难，实际上，这类下垫面所占百分比不大，遂将这两类，分别改为全省一个大区分级布站。全省森林面积较大，还有部分原始森林，这类地区，是今后发展水利水电建设的主要地区，参照“八省一院”[1] 的湿润区小河站网分析成果，增加密林为主这一类，按赣北、赣南两个区分级布站。山丘草坡为主和森林为主及低丘草坡为主的三小类，照原布站不变。同时，增加集水面积100～200平方千米级，由原来的四级扩大为五级（小于3平方千米、3～10平方千米、10～30平方千米、30～100平方千米和100～200平方千米）。仍采用1976年小河站网规划为根据，作出调整。

1984年第四次站网发展规划时，规划方法和第三次规划相同。小河站网水文分区未变，赣州仍属南部（赣南区）区。分类将原有的六类精简为草坡、森林、水田为主和水土流失四类，其中的水田为主和水土流失类，全省各为一个大区。每个水文分区，同一类别的，仍按集水面积小于3平方千米、3～10平方千米、10～30平方千米、30～100平方千米和100～200平方千米五级布站。截至1984年年底赣州市小河站网分类分级布设情况见表2-6-2。

表2-6-2 截至1984年年底赣州市小河站网分类分级布设情况

水文分区	集水面积/平方千米	草坡类	森林类	水土流失
赣南区	<3	高陂坑（流域面积1.55平方千米）		桥下垅（流域面积1.83平方千米）
	3～10	坳下（流域面积6.41平方千米）		
	10～30			
	30～100	龙头（流域面积51.3平方千米）	樟斗（流域面积44.6平方千米）	隆坪（流域面积12.8平方千米）

[1] 1977年年底，水电部水文水利管理司委托江西省水文总站革委会牵头，四川、福建等省水文总站和华东水利学院参加，研究湿润地区小河站网布设原则问题。1978年，浙江、安徽、湖南、广东和江苏等省水文总站应邀参加，组成湿润地区小河站网布设原则研究协作组，简称“八省一院”协作组。

水位站 1956年第一次基本站网规划时，基本水位站网规划原则：为配合水文情报、预报需要，掌握洪水沿河长的演变；为推求鄱阳湖蓄量变化情况和研究水网区的水量平衡；按基本流量站网“直线”原则应布设流量站的河段，但没有适宜的设站断面而改为设水位站。专用水位站规划原则：计划兴建较大水库的地址，大型灌溉引水枢纽，各河下游滨湖地区联圩、蓄洪、垦殖、改道、分洪、排涝和堵支等工程地点；为新设立流量站插补延长资料系列需要的原有水位站；有水利工程的河段，不宜布设流量站，而设立为水位站；为地方防汛需要设立的防汛专用水位站；为检验计划设立水文站的测流断面控制性而先设立为过渡性水位站等。根据上述原则，赣州市规划有赣州、信丰两个基本水位站，葫芦阁水位站是由水文站改级而成。另有一些县（市）为县城防汛需要，由县（市）自行临时设立水位观测的有会昌、于都、兴国等站。

1984年第四次站网发展规划时，检验原有水位站合理性，认为在面上分布合理。赣州市规划增设湘水珠兰埠站，撤销代表性差的滩头站，会昌站因测站密度过大，规划移交当地防汛部门。

几次站网规划，全区水位站站网变化不大，仅在1982年1月1日瑞金水文站停测流量、悬沙后，改级成水位站。

泥沙站 1956年第一次基本站网规划时，基本泥沙站网规划原则：在大河的干流上以能掌握沿河长的泥沙变化情况，尽可能布设在较大支流汇合口后的转折处；以满足面上的均匀分布，便于绘制泥沙特征值等值线图；照顾经济开发价值高和亟待提前开发的地区；为了计算沙量平衡的需要；水土流失严重的地区；尽量利用集水面积在1000平方千米以上的流量站。专用泥沙站按水电规划设计和有关部门的要求布设，主要在较大型水库和配合水土保持示范区的需要位置布设。

1984年第四次站网发展规划时，基本泥沙站网规划主要是检查补充原有悬移质泥沙站。对集水面积大于3000平方千米一级支流的水文站增加泥沙观测；根据侵蚀模数变化，对水土流失严重地区的主要河流及站点稀少地区的水文站增加泥沙观测；水土流失区的大型水库增设泥沙观测。主要是从照顾面上分布和多沙地区规划泥沙站网，以满足沙量计算和绘制悬移质泥沙侵蚀模数等值线图的需要。赣州市泥沙站网的布设侧重面上均匀分布，在主要河流上布设沙量控制站：绵江瑞金站，湘水麻州站，濂水羊信江站，梅川汾坑站，贡水峡山站，平江东村、翰林桥站、桃江枫坑口、居龙滩站，章水滩头、坝上站，上犹江麟潭、麻仔坝、田头站，唐江水麻双站。四次站网规划，全区沙量站网变化情况：绵江瑞金站1982年1月改级水位站，东村站1982年停测悬沙；章水滩头站1965年停测悬沙，1981年撤销；上犹江麟潭、麻仔坝站1986年自行停测悬沙；1980年麻双站撤销。2001年1月枫坑口站停测；同年，建立茶芫站。2016年1月茶芫水文站改为水位站，停测沙量。同时，信丰水位站改为信丰水文（二）站，开始测沙量。截至2020年年底，全市仍保留有麻州、羊信江、汾坑、峡山、翰林桥、信丰（二）、居龙滩、坝上、水背9个泥沙站。

雨量站 1956年第一次基本站网规划时，基本雨量站网规划原则：同一水文区内，山区布站密度较大（250平方千米每站），并照顾垂直高度变化对雨量的影响，平原地区密度较小（500平方千米每站）；支流密度较大，干流密度较小；面上的均匀分布；尽量保留已设雨量站中观测质量较好的和资料系列较长的站。专用雨量站规划原则：探求水利工程地区的降雨和径流关系；探求流量站的降雨和径流关系以及点面关系；探求流域面积小的径流站的降雨和径流关系；为工矿城市建设收集降水量资料。还有就是调整少数专用雨量站为基本雨量站，并将湘东北丘陵区、粤北山区，并入江西省规划内。根据上述原则，赣州加快雨量站网的建设速度，1956年全市仅有雨量站54处，站网密度721平方千米每站，至1964年全市雨量站128处，站网密度304平方千米每站。

1964年第二次基本站网验证和调整规划时，对1964年已设站密度进行审核验证，选取1952—1962年间20场较大的暴雨资料，按不同的暴雨特性进行分区，利用单宽面雨量和暴雨中心控制面积法的概念，以满足面上控制各种暴雨密度和满足降雨径流关系分析的需要，并和原有密度进行比较，从而确定总布站数。根据暴雨特性（暴雨成因、暴雨强度、暴雨量、暴雨中心和其出现频次），结合地形，参照天气系统，将全省划分为7个暴雨分区。赣州市全区范围划为第Ⅵ区（贡水流域）和第Ⅶ区（赣江上游地区、章水和遂川江流域）两区，为满足控制大面积的暴雨特性和满足降雨径流关系的分析，对已设基本水文站集水面积内已有的雨量站进行检验，第一次提出对规划设立的水文站，按不同面积布设配套雨量站。水文站集水面积与配套雨量站数量关系见表2-6-3。

表2-6-3 水文站集水面积与配套雨量站数量关系

集水面积/平方千米	50	100	200	500	1000	3000	5000
配套站数	2	3	4	6	7	10	15

1976年，赣州市各水文站配套雨量站数量情况如下：

瑞金站（911平方千米）：湖洋、湖陂、大垅三站。

麻州站（1758平方千米）：珊背、门岭、清溪、周田、中村、长兰、水州七站。

羊信江站（569平方千米）：高云山、江头、龙头三站。

宁都站（2372平方千米）：肖田、吴村、东韶、蔡江、璜陂、小浦、东山坝、湛田、会同九站。

石城站（716平方千米）：木兰、岩岭、丰山、小松、宜福五站。

窑邦站（350平方千米）：青塘、赖村二站。

汾坑站（宁都、石城、窑邦站以下区间2928平方千米）：丘坊、屏山、小姑、洋地、固村、长胜、琵琶七站。

峡山站（汾坑、瑞金、麻州、羊信江站以下区间6371平方千米）：黄膳口、新中、新径、板坑、珠兰、龙布、天心、靖石、葫芦阁、三河、岗面、西江、茶亭、宽田、黄麟、于都、祁禄山、禾丰十八站。

东村站（579平方千米）：六科、古龙岗二站。

翰林桥站（东村站以下区间2110平方千米）：澄江、兴国、长竹、富口、龙口、大都坑六站。

杜头站（435平方千米）：横冈、古坑、夹湖三站。

枫坑口站（除去杜头站集水面积后3244平方千米）：大吉山、月子、东坑、龙源坝四站。

居龙滩站（枫坑口站以下区间4072平方千米）：径脑、金盆山、古陂、白兰、小坌、横溪、王母渡、黄婆地八站。

滩头站（799 平方千米）：内良、河洞、聂都、沙村、吉村五站。

窑下坝站（滩头站以下区间 1136 平方千米）：跃进、长江、龙回三站。

麟潭站（1081 平方千米）：溢将、集龙、丰洲三站。

茶滩站（414 平方千米）：关田站。

麻仔坝站（230 平方千米）：鹅形站。

田头站（麟潭、茶滩、麻仔坝站以下区间 1484 平方千米）：陡水、梅岭二站。

麻双站：（382 平方千米）：坪市、大坪、横市、圩下四站。

安和站（246 平方千米）：寺下站。

坝上站（窑下坝、田头、安和、麻双站以下区间 1885 平方千米）：扬眉、紫阳二站。

全区 22 个水文站，仅有宁都站、峡山站以上区间及居龙滩站以上区间 3 个区域达到配套站数量要求，还应增加布设 77 个配套雨量站。

1975 年第三次站网调整和充实规划时，邀请江西师范学院参加雨量站网规划，统计分析全省历年出现暴雨的地区、暴雨量、暴雨频次等资料，仍沿用暴雨分区和布站密度规划雨量站。在技术方法上，引用《国际水文十年资料》所介绍的相关系数法，选用 331 站共计 12 年（1963—1974 年）的同步资料，以日雨量大于 70 毫米的频次、一日最大雨量及其均值点绘分布图，结合地形，将全省暴雨分区由 7 个划分为 16 个。赣州市范围划为Ⅴ、Ⅵ、Ⅹ、Ⅺ、Ⅻ五区。赣州市各暴雨区基础暴雨特征情况：Ⅴ区即梅川、琴江流域和兴国山区，在武夷山西面与雩山山脉区，地势由北向南倾斜，高程 300～500 米，最高点 1252 米，平均年降水量 1700 毫米左右。Ⅵ区即绵江、湘水流域，位于武夷山脉南部和西坡，由东南向西北倾斜，高程 300～500 米，最高点 1500 米左右，平均年降水量 1600 毫米左右。Ⅹ区即上犹江中上游山区，位于诸广山的东侧，由西向东倾斜，高程 300～500 米，最高点 1673 米，平均年降水量 1600～1800 毫米。Ⅺ区即赣江上游南部山区（包括寻乌、定南山区），位于南岭山南，地势由北向南倾斜，高程 300 米左右，最高点 1541 米，平均年降水量 1600 毫米左右。Ⅻ区即章水、平江、桃江三水的中下游和贡水区，属于赣南平原区，高程 300 米左右，最高点 1076 米，平均年降水量 1500 毫米左右。

运用积差法和相关系数法分析面上布站密度，结合地形及台风雨路径，将布站密度划分为 4 级，即 1 级布站密度 50～70 平方千米每站，2 级布站密度 70～90 平方千米每站，3 级布站密度 90～110 平方千米每站，4 级布站密度 110～140 平方千米每站。根据积差法分析各场暴雨的布站间距和暴雨范围，求出 200 平方千米以下水文站，其集水面积内应配套的雨量站数量。集水面积 3 平方千米以下小河水文站，每站配套雨量站 2 站；3～10 平方千米小河水文站，每站配套 2～3 站；10～30 平方千米小河水文站，每站配套 2～4 站；30～100 平方千米小河水文站，每站配套 3～7 站；100～200 平方千米水文站，每站配套 4～8 站。200～2000 平方千米流域，在原有雨量站基础上，以均匀分布原则，并考虑站点的高程位置，经验性地确定配套雨量站数，即集水面积 200～500 平方千米水文站，每站配套雨量站 7～8 站；500～1000 平方千米水文站，每站配套 9～10 站；1000～2000 平方千米水文站，每站配套 10～11 站。

根据以上布站密度，规划和调整面上和配套雨量站。赣州市 1980—1982 年，全区增设一大批配套雨量站，基本上达到规划配套站站数的要求。截至1984年年底，全区各水文站配套雨量站站数情况如下：

筠门岭站（460平方千米）：上贵湖、礼齐、珊背、大佘、黄坌、盘古隘、长坝、营坊、若坑九站。

麻州站（筠门岭以下区间1298平方千米）：长岭、清溪、杨梅、周田、中村、围背、站塘、长兰、水尾、长滩、水洲、小沙、高坑、右水、桥头十五站。

羊信江站（569平方千米）：黄屋、寨背、上山教、屋背岗、江头、兴地、龙头、石子头、高云山九站。

宁都站（2372平方千米）：郎际、肖田、美佳山、带源、漳灌、吴村、廖村、车干、和平、上元布、齐元、东韶、洛口、蔡江、鹅公塅、黄陂、小浦、连陂桥、上朝、麻田、小源、东山坝、石上、罗江、安福、湛田、合同二十七站。

石城站（716平方千米）：礼地、东坑、木兰、岩岭、胜江、丰山、大仓、小松、石田、新村、宜福十一站。

窑邦站（350平方千米）：坎田、大南坑、青塘、老嵊场、赖村、低岭六站。

汾坑站（宁都、石城、窑邦站以下区间2928平方千米）：赤水、田埠、丘坊、屏山、小姑、洋地、固村、长胜、琵琶九站。

峡山站（汾坑、瑞金、麻州、羊信江站以下区间6371平方千米）：黄膳口、新中、新迳、板坑、珠兰、龙布、天心、靖石、葫芦阁、岗面、三河、西江、茶亭、黄麟、于都、祁禄山、禾丰十七站。

东村站（579平方千米）：六科、崇胜、杨村、古龙冈四站。

翰林桥站（东村站以下区间2110平方千米）：澄江、兴国、长竹、富口、龙口、坪坑、大都坑七站。

南迳站（251平方千米）：杨坊、竹山下、大吉山、马坑冈、上甘坑五站。

杜头站（435平方千米）：横冈、三坑、杨林、官坑、古坑、上围、夹湖、双罗八站。

枫坑口站（南迳、杜头站以下区间2993平方千米）：月子、东坑、茶园、龙源坝、陂头五站。

居龙滩站（枫站口站以下区间4072平方千米）：径脑、龙迳子、五渡港、信丰、油山、走马垅、中村、新田、金盆山、古陂、白兰、小坌、横溪、阳埠、黄婆地、枫树万十六站。

窑下坝站（1935平方千米）：内良、河洞、聂都、沙村、吉村、石圳、罗心坳、樟东坑、山南、滩头、南井坑、跃进、长江、下垅、大山脑、龙回、三益、李村十八站。

麟潭站（1081平方千米）：溢将、石窝子、白石、丰洲、火烧洞、文英、园洞、棉家洞、古亭、半坑、唐湾子、金竹窝、上堡、梅坑、左泉、长坑洞十六站。

茶滩站（414平方千米）：大园里、关田、下石溪、密溪、龟子背、排上、长河坎、岭下、上营九站。

麻仔坝站（230平方千米）：江西坳、鹅形、黄泥坑、上洞、墩头、大寮、上石寨、信地八站。

田头站（麟潭、茶滩、麻仔坝站下区间1484平方千米）：陡水、梅岭二站。

安和站（246平方千米）：白水、礼木桥、高洞、枫树万、河溪五站。

坝上站（窑下坝、田头、安和站以下区间 2267 平方千米）：扬眉、紫阳、坪市、大坪、横市、圩下、麻双七站。

胜前站（758 平方千米）：大坝头、樟溪、白露岭、镇岗、上寨、上村、孔田、唐屋、高桥头、龙岗、双坑、岽下、梅子坝、上寨十四站。

水背站（987 平方千米）：龙岗、长安、杨坑、澄江、岽背、剑溪、项山、吉潭、大坜、上长岭、三标、大竹园、寻乌、石排十四站。

桥下垅站（1.95 平方千米）：上勤下、上勤岭二站。

坳下站（6.41 平方千米）：老寮场、马蹄土盈、黄竹坑三站。

隆坪站（12.8 平方千米）：大岽、枫岭、赣州角、徐屋岽四站。

龙头站（51.7 平方千米）：蒲罗合、打石坑、汶龙、水打古、枧头五站。

高陂坑站（1.55 平方千米）：禾场埂、葫芦埂二站。

樟斗站（44.6 平方千米）：桥头、吉龙尾、木梓树下、横江四站。

1984 年第四次站网发展规划时，中小河水文站的配套雨量站应用江西省雨量站网密度试验公式 $N_s=0.918F^{0.307}\times H^{0.112}\times T^{-0.222}$ 计算。检验集水面积 50～3000 平方千米已设中小河水文站和确定新规划水文站的配套雨量站数量。集水面积小于 50 平方千米小河站的配套站，仍保持 1976 年时的规划。面雨量站鉴于尚无比较好的规划分析方法，暂维持原状，仅做适当调整，以保持站网的相对稳定。

蒸发站 1956 年第一次基本站网规划时，基本蒸发站网规划原则为根据早稻、晚稻需水季节（4—9 月）和干旱季节（8 月）的蒸发量，用抽站法勾绘等值线图，误差率小于 10%的站予以精简（后根据水利部水文局审查意见，将抽站法误差提高到 15%），以控制整个面上蒸发量和干旱季节蒸发量的变化情况；照顾空白区、蒸发量较大的各河下游滨湖区、鄱阳湖以及垂直高度的影响；考虑面上分布的均匀性和场地的代表性，尽量保留资料系列较长的站。专用蒸发站主要根据水利工程和城市建设的要求，在指定地点进行水库的水面蒸发量观测。后根据水利部水文局审查意见，将专用蒸发站合并于基本蒸发站。

1984 年第四次站网发展规划时，蒸发站站网规划参照浙江省布设经验，规划布站密度 2000～3000 平方千米每站，以两相邻站间的直线距离不大于 100 千米为原则，结合原有蒸发站分布状况，照顾边缘地带等值线延伸的需要。赣州市蒸发站布设以片为原则，适当兼顾分布均匀，但站点仍显不足，有时必须利用气象部门的蒸发资料。

二、赣州市水情分中心建设规划

2003 年 11 月，江西省水文局编写完成《江西省水情分中心工程可行性报告》，建设内容包括水文测验设施设备的更新改造，报汛通信设备的更新改造和水情分中心的系统集成及省水情中心的系统集成。项目建设期从 2004 年 6 月至 2006 年 12 月。根据报告规划设立赣州国家级水情分中心，将赣州、南康水文勘测队设立为集合转发站，接收有关站的雨水情信息，为地方防汛抗旱服务。同时建设中央报汛站和省级报汛站。赣州市水情分中心规划建设中央报汛站 16 站，规划 2 处集合转发站。16 站中央报汛站均有雨量、水位项目，14 站有流量项目，其中Ⅱ类流量项目 1 站、Ⅲ类 13 站。规划建设省级报汛站 36 站，规划 1 处集合转发站。36 站省级报汛站均有雨量项目，6 站有水位项目，4 站有流量项目，均为Ⅲ类。

赣州水情分中心工程，于2003年筹建。2005年7月，江西省防汛抗旱指挥系统建设项目办依据国家防汛抗旱指挥系统工程项目建设办公室（简称“部项目办”）下发的有关技术要求及指导书，编制《国家防汛抗旱指挥系统一期工程江西赣州水情分中心项目建设实施方案》。同年10月上报部项目办。2005年12月17日部项目办以办计〔2005〕77号文《关于赣州、宜春、九江和南昌水情分中心项目建设实施方案的批复》对赣州水情分中心建设项目进行批复。赣州水情分中心工程于2005年12月20日开工，2007年年底完工，2008年9月通过预验收，2009年9月通过竣工验收。赣州水情分中心由1个分中心和63个报汛站组成，其中有中央报汛站16处、省级报汛站47处。

三、中小河流站网规划

2010年度在江西省中小河流（洪水易发区）水文监测建设工程中，赣州规划建设雨量站34处、水位站2处（横江、双溪）。

2011年度赣州中小河流规划新建水文站9处（崇义、浮江、横市、兴国、固厚、瑞金、古陂、寻乌、陂头）、水位站14处（麻仔坝、思顺、大陂、曲洋、高兴、九堡、五村、蔡坊、龙布、浮槎、菖蒲、龙图、老城、天九）、雨量站104处。

2012年度赣州中小河流规划新建水文站4处（公馆、利村、柳塘、东江）。

2013年度赣州中小河流规划新建水文站7处（孔田、胜利、里仁、移陂、黄陂、坪石、朱坊）。

四、山洪灾害预警系统站网规划

暴雨区山洪地质灾害专用雨量站规划 2005年，《江西省水文发展“十一五”规划》对暴雨山洪专用雨量站进行规划：在暴雨高值区现有雨量站网的基础上，再增设部分防治山洪地质灾害的专用雨量站，使其密度从现在的300平方千米每站，提高到150平方千米每站；在地质灾害高易发地区，选择典型流域按10平方千米每站布设山洪地质灾害专用雨量站；在全省暴雨比较频繁的部分重要乡（镇、场）增设山洪地质灾害专用雨量站。此次规划赣州市共增设80个山洪地质灾害专用雨量站，增设13个报汛站、49个非报汛站。

山洪灾害预警系统（一期工程）规划 2006年9月，江西省水文局编制《江西省暴雨山洪灾害防御水雨情监测系统建设规划报告》。省水利厅和省防办组织省水文局及有关单位、地市水利水文部门对省内外山洪灾害进行调研，对赣州、吉安两市山洪灾害易发区域内的历史洪水、山洪灾害和社会经济、人口分布等情况开展近两个月的外业勘查，经7次设计报告编制工作协调和有关专题研究，并与省气象部门协调沟通后编制《江西省山洪灾害预警系统（一期工程）设计报告》。12月，《江西省山洪灾害预警系统（一期工程）设计报告》通过省防汛抗旱总指挥部组织的有水利部、长江水利委员会等省内外专家和领导参加的审查。2007年2月，省防汛抗旱总指挥部批准同意《江西省山洪灾害预警系统（一期工程）设计报告》。3月完成《江西省山洪灾害预警监测系统一期工程暴雨洪水监测系统实施方案》，并依据审查意见进行修改。

江西省山洪灾害预警监测系统一期工程暴雨洪水监测系统建设任务：水位雨量测验设施设备建设，报汛通信设施设备建设，省、市、县三级信息接收中心设施设备建设，维护保障系统建设；建成省、市、县三级防汛通信计算机网络和山洪灾害基础数据库，构建山洪灾害通信预警平台。

根据江西省山洪灾害预警系统建设规划，一期工程的暴雨山洪监测系统建设包括赣州市辖12县（市）（宁都、石城、瑞金、兴国、于都、会昌、安远、寻乌、信丰、南康、赣县、上犹）和吉安市的遂川县。工程建设范围总面积33960平方千米，乡镇244个，共有小流域609个。其中涉及赣州市总面积30858平方千米，乡镇221个，小流域525个。工程共建设赣州、吉安等2个水情分中心数据接收系统。建设自动雨量站407处，辅助雨量站244处，自动水位站10处，辅助水位站11处。其中涉及赣州市规划建设自动雨量站339处，辅助雨量站222处，自动水位站8处，辅助水位站11处。工程总概算1132.79万元，其中赣州市929.68万元。

山洪灾害预警系统（二期工程）规划 2008年3月，《江西省山洪灾害预警系统（二期工程）设计报告》编写完成。工程建设内容主要包括：建成区域内的雨水情自动测报系统，并辅以人工测报，为山洪灾害预警提供决策依据；建成山洪灾害易发区域人员应急转移信息反馈指挥调度系统及相应的应急响应体系。工程规划包括赣州市定南、崇义二县为二期工程建设范围，涉及建设范围面积3516平方千米，乡镇23个，共有小流域90个。定南、崇义二县规划雨量站41个、水位站11个。

山洪灾害预警系统（三期工程）规划 2009年1月，编制《江西省山洪灾害预警系统（三期工程）设计报告》，江西省山洪灾害预警系统（三期工程）建设范围涉及赣州市章贡区、龙南、大余、全南4个区（县），41个乡镇，132个小流域，建设范围面积4937平方千米。工程建设内容主要包括：工程建设范围内的暴雨洪水监测系统的建设，市、县信息传输与接收系统计算机网络的完善；通过建设山洪灾害基础数据库，完善山洪灾害防御预案，构建山洪灾害易发区预警响应体系；开发山洪灾害预警信息服务平台。赣州市4区（县）规划建设雨量站76个、水位站9个。

五、地下水监测站网规划

2008年，江西省国家级地下水监测系统规划为建成一个覆盖全省、重点控制鄱阳湖环湖平原区、11个设区市城市建成区及应急水源地、地下水超采区和各流域重要城镇及浅层地下水主要分布区、一般基岩山岳区、岩溶山区典型代表区段的相对完整的地下水监测网络，基本掌握全省主要地下水功能区和各种类型地下水水位、水质动态变化。赣州规划在张家围路、染织厂、清选厂、赣州坝上建4个国家级地下水监测站，监测地下水位及水质，清选厂只监测水位。

2000年12月，《江西省地下水井网规划报告（初稿）》编写完成。主要内容包括地下水井网规划分区、地下水井网规划和其他基本监测井网规划。

地下水井网的规划，采用分区也称井网规划类型区。根据《地下水监测规范》（SL/T 183—96），类型区分基本类型区和特殊类型区两种。基本类型区根据区域地形地貌特征、水文地质条件分为山丘区、平原区两个一级基本类型区。根据次级地形地貌特征及岩性，将山丘区又分一般山丘区、岩溶山区两个二级基本类型区。赣州为一般山丘区。

一般山丘区只在全省重点城市布设，其他地区不设。江西省共有6个重点城市，即南昌、赣州、吉安、九江、萍乡、景德镇市。选择地下水利用程度较高且处于一般山丘区的赣州、吉安、景德镇市作为典型代表区。赣州市典型代表区以市区中心为中心，按“*”形布设共布7井，即中心1井，其余6井分别布在离中心点1.5～2.0千米处，控制整个市区。7井名为赣州行署、赣南医专、冶勘二队、针织内衣厂、赣州市水文分局、气象台、赣州四中。

赣州市重点水位监测井1井，设在赣州市张家围8号（赣州市水文分局院内）。水位监测井为自记式，同时开展水温、水质监测。

六、水质监测站网规划

1957年，根据水利部水文局关于规划水化学站网的指示精神，江西省水利厅水文总站提出《江西省水化学站网规划报告》。1985年9月26日，省水文总站向部水文局上报《江西省水质监测站网规划方案》。规划建设赣州市水质站5处，赣江、贡水各2个断面，章水1个断面。2006—2010年，省水文局在全省范围增设水质监测站断面。赣州市增加赣江水系的赣县自来水厂、东壕圹、厚德路口、营角上、三康庙、牌坊下、西壕圹，珠江东江水系的留车、天花等断面。至2020年，赣州市共有水质功能区72个、水质监测断面99处。

七、墒情监测站网规划

2006年11月，依据《江西省水文发展“十一五”规划》，江西省水文局一期规划在赣州市建成固定墒情监测站和1个赣南移动监测站。二期站网建设规划在赣州建立1个旱情分中心，旱情分中心内规划建设1个固定监测站和1个墒情移动监测站。并选10万亩以上引水灌区增设1个墒情移动监测站，建设1个赣南旱情试验站。省水文局一、二期墒情监测站网建设规划共在赣州建立16个固定土壤墒情监测站，即南康区、信丰县、大余县、上犹县、龙南县、定南县、全南县、宁都县、于都县、兴国县、会昌县、寻乌县、石城县、瑞金市、赣县、章贡区等土壤墒情监测站，1个赣南旱情试验站，1个赣州旱情分中心。

第二节 站 网 建 设

一、水文（位）站

民国18年（1929年）5月，江西省水利局在赣县赣州镇下沙窝设立赣县水文观测站。民国20年（1931年）3月，赣县（赣江）站开始观测赣江水位。赣县（赣江）站是赣州市第一个水位观测站。民国27年（1938年）3月，赣县水文观测站改为赣县三等测候所，兼测章水和贡水水位，同时在章水、贡水设立水文观测断面。赣县（章水）站，站址在赣州市西津门外，集水面积7695平方千米。基本水尺断面1938年3月至1949年2月在西津门外浮桥上游100米处，1949年10月以后迁至浮桥下游50米处。1938年3月开始观测章水水位，至当年12月停测，后又于1940年1月观测至1944年12月，1945年11月观测至1949年3月，1949年10月观测至当年12月。共有四个水位观测时间段。流速仪测流断面在浮桥上侧，1944年1月开始流量测验，至当年12月停测，后又于1947年9月测流至1949年1

月，共有两个流量测验时间段。赣县（贡水）站，站址在赣州市建春门外，集水面积27074平方千米，基本水尺断面在建春门外会昌码头附近，1938年3月开始观测贡水水位，至1945年1月停测，后又于1945年11月观测至1949年3月，1949年10月观测至当年12月，共有三个水位观测时间段。赣县（贡水）站1944年的流速仪测流断面位置不详，1947—1949年测流断面在建春门浮桥上侧，1944年1月开始流量测验，至当年12月停测，后又于1947年9月测流至1949年，共有两个流量测验时间段。民国31年（1942年）7月，赣县（赣江）站开始施测流量和含沙量，是赣南最早开展含沙量测验的站，其基本水尺断面设在刘坑码头，民国32年（1943年）6月13日至民国34年（1945年）1月，赣县（赣江）站在下沙窝开展流量测验，民国32年（1943年）1月，赣县三等测候所恢复为赣县水文观测站。

民国25年（1936年）3月，江西省水利局在赣县大湖江镇设立赣县十八滩水文站。十八滩站集水面积35172平方千米，地理位置东经114°46′、北纬26°04′。同时开始观测赣江水位，基本水尺断面设在赣县湖江河河口上游附近。民国26年（1937年）十八滩站增加流量测验，流速仪测流断面在基本水尺断面上游100米处，浮标上下断面间距60米。民国28年（1939年）增加降水量观测。十八滩站于民国32年（1943年）7月31日撤销。

民国25年（1936年）7月，江西省水利局在东山设立南康水文站。民国28年（1939年）9月，南康站改为水位站，增加章水水位观测任务。基本水尺断面在南康县东山大桥处。有1939年6月至1940年12月、1947年2月至同年9月、1948年3月至1949年2月三段水位观测记录。

民国27年（1938年）9月，江西省水利厅设立宁都三等测候所，地址在宁都县梅江镇，地处东经115°53′、北纬26°26′，基本水尺断面设在宁都县城东大门口河边。同时开始观测梅江水位及降水量。次年1月，改为水位站。宁都水位站从1938年9月连续观测至1949年，共计有12年的水位和降水量资料，是民国时期全市最长系列的水位、降水量观测资料。

民国28年（1939年）6月，为配合赣粤运河规划，江西省水利局在章水上游分别设立游仙圩水文站、大余水文站（大余站原本是民国24年设立的观测降水量的站，此时改为水文站），开展章水水位、流量观测。游仙圩站位于大余县游仙圩，地处东经114°14′、北纬25°21′，集水面积543平方千米，基本水尺断面及流速仪测量断面位置不详。观测项目有水位、流量。有观测时间从1939年6月至1941年3月的水位、流量资料。大余站位于大余县城，地处东经114°22′、北纬25°24′，集水面积829平方千米，基本水尺断面1939年6月至1941年3月及1947年1月至1949年2月在县城靖安桥，1941年4月至1942年12月在县城南安桥，1941—1942年流速仪测流断面位置不详，1947—1948年在靖安桥上游16.3米处。观测项目有水位（1936年6月至1944年12月和1947年1月至1949年2月两个水位观测时间段）、流量（1941年4月至1942年8月和1947年9月至1948年12月两个流量测验时间段）。

民国29年（1940年）2月，江西省水利局成立“赣江支流水力测验队”，分别在龙南县长牛坑和龙头滩、南康县黄龙峡、赣县峰山等处勘测。上述站观测1～2年后停测。

民国30年（1941年）4月，江西省水利局设信丰水位站，观测桃江水位、降水量。1941年基本水尺断面位置不详，1947—1949年在信丰县城桃江大桥处，集水面积4888平方千米。

民国32年（1943年）11月，江西省水利局设长胜水位站，开展琴江水位观测。站址在宁都县长胜圩，地处东经115°16′、北纬26°26′，基本水尺断面位置不详。有1943年11月至当年12月、1944年1月至1945年9月两段水位观测资料。

民国32年（1943年）11月，华北水利委员会在贡水成立于都水位站，同时开展贡水水位观测。地址在于都县城关镇，地处东经115°20′、北纬25°56′，集水面积14406平方千米。1943—1945年基本水尺断面位置不详，1947—1949年在于都县城南门外小码头处。民国37年（1948年）1月，于都站开始施测贡水流量，流速仪测流断面位置在贡水与梅江汇合口上游附近。有1943年11月至1945年9月、1947年1月至1949年3月两段水位观测资料和1948年1月至当年12月的流量测验资料。

民国33年（1944年）8月，设会昌水位站，同时开展贡水水位观测。站址在会昌县城关镇西门外，地处东经115°47′、北纬25°36′，基本水尺断面在县城西门河边码头上游300米，绵江与湘水汇合口下游贡水处。12月底停测，1947年1月恢复观测至1949年12月底。

民国36年（1947年）7月，江西省水利局在上犹和兴国分别设立水位站。上犹站位于上犹县城，地处东经114°29′、北纬25°47′，基本水尺断面在上犹县城左码头上游，观测上犹江水位及降水量，观测时间从1947年7月至1949年3月。兴国站位于兴国县城南门外，地处东经114°54′、北纬26°26′，基本水尺断面在南门外公路桥（现潋江大桥），测平江水位及降水量，观测时间从1947年7月至1949年3月。

民国36年（1947年）6—12月，赣江水利设计委员会按照《赣江流域水利开发计划纲要》，在赣南9个县（市）设立12个基本水准点。

民国时期的水文站网，测站隶属系统多，设站无统一规划，设站历史短暂，站网变动频繁，观测断面位置常有变动，观测时断时续，资料残缺不全其使用价值受到极大的限制和影响。民国时期赣州市水文站网变化情况见表2-6-4。

表2-6-4　民国时期赣州市水文站网变化情况

县名	站名	地址	所在河流	设站时间	备注
赣县	赣县（赣江）	赣县赣州镇下沙窝	赣江	1929年5月	观测项目包括水位、流量。1952年2月恢复赣县（赣江）站的水位观测，同年10月1日撤销
	赣县（贡水）	赣州市建春门外	贡水（赣江上游）	1938年3月	水位观测：1938年3月至1945年1月，1945年11月至1949年3月，1949年11—12月。流量测验：1944年1—12月，1947年9月至1949年
	赣县（章水）	赣州市西津门外	章江	1938年3月	水位观测：1938年3月5日至12月，1940年1月至1944年12月，1945年11月至1949年3月，1949年10—12月。流量测验：1944年1—12月，1947年9月至1949年1月，1949年10月1日江西省水利局恢复赣县（章水）站，1953年1月1日撤销

续表

县名	站名	地址	所在河流	设站时间	备注
赣县	十八滩	赣县大湖江镇	赣江	1936 年 3 月	观测项目包括水位、流量、降水量。1943 年 7 月 31 日撤销。1951 年 8 月恢复原十八滩站，改名夏府水文站。观测项目包括水位、流量、含沙量。1953 年 1 月停测流量、含沙量，改为水位站。1957 年 10 月 1 日撤销
南康	南康	南康县东山大桥	章水	1936 年 7 月	水位观测：1939 年 6 月至 1940 年 12 月，1947 年 2—9 月，1948 年 3 月至 1949 年 2 月
宁都	宁都	宁都县梅江镇	梅江	1938 年 9 月	水位观测：1938 年 9 月至 1949 年
大余	大余	大余县城	章水	1935 年	水位观测：1936 年 6 月至 1944 年 12 月，1947 年 1 月至 1949 年 2 月。流量测验：1941 年 4 月至 1942 年 8 月，1947 年 9 月至 1948 年 12 月。1950 年 10 月 1 日恢复大余站，1953 年 1 月 1 日撤销
	游仙圩	大余县游仙圩	章水	1939 年 6 月	观测项目包括水位、流量。1939 年 6 月至 1941 年 3 月
信丰	信丰	信丰县城	桃江	1941 年 4 月	观测项目包括水位、降水量
宁都	长胜	宁都县长胜圩	琴江	1943 年 11 月	水位观测：1943 年 11—12 月，1944 年 1 月至 1945 年 9 月
于都	于都	于都县城关镇	贡水（赣江上游）	1943 年 11 月	水位观测：1943 年 11 月至 1945 年 9 月，1947 年 1 月至 1949 年 3 月。流量测验：1948 年 1—12 月。1950 年 1 月恢复于都站的水位观测，1952 年 1 月 1 日撤销
会昌	会昌	会昌县城关镇西门外	贡水（赣江上游）	1944 年 8 月	水位观测：1944 年 8—12 月，1947 年 1 月至 1949 年 12 月
兴国	兴国	兴国县城南门外	平江	1947 年 7 月	观测项目包括水位、降水量。水位观测：1947 年 7 月至 1949 年 3 月
上犹	上犹	上犹县城	上犹江	1947 年 7 月	观测项目包括水位、降水量。水位观测：1947 年 7 月至 1949 年 3 月

1949 年 8 月 22 日，赣西南行政公署建设科接管赣县水文站。9 月，移交江西省水利局管理，成立江西省水利局赣县水文站。该站受省水利局委托，行使行政管理职能，不再担负测站的测验、预报、整编、计算等方面的具体业务工作。

1949 年 11 月 13 日，在于都小南门码头设立于都水位站，委托于都县第一小学校长宋仕唤观测。次年 1 月，该站重新设立。

1949 年 10 月 1 日，江西省水利局恢复赣县（章水）站的水位、流量、含沙量、降水量测验。因汛期常受贡水顶托影响，1953 年 1 月观测断面从西津门上迁 550 米至南门外浮桥上游 160 米处，该断面仍未避开回水顶托影响，赣县（章水）站于 1953 年 1 月 1 日撤销。1949 年 10 月 1 日赣县（贡水）站恢复观测。1950 年 1 月该站增加含沙量测验项目。1954 年改为赣州水文站。1957年改为水位站，观测水位和降水量。1966年3月11日观测断面由建春门码头上迁1400米至磨角上。1950年1月恢复于都站的水位观测，1952年1月1日撤销。1952年2月恢复赣县（赣江）站的水位观测，当年10月1日撤销。

1950年，根据水利部“当前水文建设的方针和任务”精神，这一时期的主要任务是为满足防洪、江河治理和水利建设的需要，尽快恢复已有水文站的观测，根据赣江水利设计规划，增设一批水文站。

1950年10月1日，恢复大余站的水位观测。1951年6月恢复流量测验，增加含沙量测验。1953年1月1日撤销。

1951年1月1日，恢复宁都站雨量观测，1958年12月恢复水位观测，增加流量测验。基本水尺断面在民国时期的基本水尺断面上游45米处，地处东经116°01′、北纬26°29′，集水面积2372平方千米。基本水尺断面兼流速仪测流断面并兼比降下断面及浮标中断面，比降上断面在基本水尺断面上200米处，浮标上、下断面在基本水尺断面上、下各80米处。为满足长沙水电勘测设计院306队的需要，宁都站在1959—1961年，曾施测过悬移质泥沙，1960年施测过推移质泥沙。该站流域内有竹坑水库（中型）一座，其灌渠引水不流经断面。1984年在灌渠上设渠道站，施测水位、流量。后因灌渠引水量占本站径流比重很小停止观测。

1951年3月，恢复兴国水位站。

1951年8月，恢复十八滩水文站，测验断面由湖江河口上迁900米至夏府村，改名为夏府水文站。基本水尺断面在夏府村李家码头下游5米处，流速仪测流断面在基本水尺断面下游100米处，浮标上、下断面间距350米，位置不详。观测项目包括水位、流量、含沙量。1953年1月停测流量、含沙量，改为水位站。1957年10月1日撤销。

1951年7月，在上犹江上游设立铁扇关水文站。站址在上犹县陡水村，地处东经114°19′、北纬25°52′，集水面积2750平方千米。该站曾在铁扇关内4处地点设立观测断面：1951年7月8日至1952年2月14日在陡水村；1952年2月15日至12月31日在白米洲；1953年1月1日至3月31日停测，1953年4月1日恢复白米洲的水文观测，5月14日观测断面由白米洲向下游迁至白米洲下；7月，在下游赖塘口村设立辅助断面，1955年9月陡水流量迁至赖塘口站施测。铁扇关水文站观测项目包括水位、流量、含沙量。铁扇关（白米洲下）站1951年、1952年逐日平均水位表中的水位是用水位相关线推得。所以该站1951—1953年实测流量成果表中的基本水尺水位，是根据相关曲线统一换算成白米洲下基本水尺断面水位。另外，1953年1月1日至3月31日，铁扇关站曾在库区观测过3个月的水位，上犹江电厂开工后停测。1954年5月，由中南水力发电工程局接管。建库后，1966年1月至12月31日，观测一年库内水位。刊布资料时，改称陡水（水库）站。

1951年6月，在贡水上游设白鹅水文站。站址在会昌县白鹅乡坳下村，地处东经115°32′、北纬25°51′，集水面积6683平方千米。基本水尺断面1951年6月至1953年1月在白鹅圩上码头处，1953年2月下迁至白鹅乡观音庙前码头处。1951年6月至1952年12月流速仪测流断面在白鹅圩收砂所附近，1953年2月下迁基本水尺断面；1951年6月至1952年12月浮标断面在流速仪断面上、下各70.6、52米处，1953年2月、3月则位置不详。观测项目包括水位（1951年6月至1957年9月）、流量、含沙量（1951年6月至1953年3

月）。1957年10月1日该站撤销。

1951年6月，在梅江中游设曲阳水文站，站址在于都县曲阳乡王布村，地处东经115°41′、北纬26°10′，集水面积5665平方千米。1951年6月至1953年1月基本水尺断面在曲阳圩下码头，1953年2月上迁2千米至乌沙埠处；流速仪测流断面与基本水尺断面重合。观测项目包括水位（1951年6月至1957年9月）、流量、含沙量（1951年6月至1953年3月）。1953年2月断面上迁后停测流量、含沙量，改为水位站。1957年10月1日该站撤销。

1951年12月，恢复会昌水位站观测，至1952年11月1日停测。1959年2月恢复，1960年11月停测。

1951年12月，恢复信丰水位站。次年1月增加降水量和蒸发量观测。1958年4—12月，该站曾施测过流量。

1951年12月，在桃江下游设立桃江口水文站，站址在赣县大田乡三村，地处东经115°06′、北纬25°52′，集水面积7778平方千米。基本水尺断面在小河汇合口上游，流速仪测流断面在大田圩上游约300米处，浮标上、下断面（兼比降上、下断面）分别在流速仪测流断面上、下各87米、121米，观测项目包括水位（1951年12月至1952年12月）、流量、含沙量（1952年1—12月）。因受贡水顶托影响，1953年1月21日上迁8千米至居龙滩村，改名居龙滩水文站。

1952年1月，在梅江与贡水汇合处设白口水文站，站址在于都县城郊龙石嘴村，地处东经115°27′、北纬25°59′。在梅江、贡水河段分别设立基本水尺断面（兼流速仪测流断面），施测贡水和梅江水位、比降、流量、含沙量、降水量、蒸发量。取名白口（梅川）站，和白口（贡水）站。但仅刊印白口（梅川）站的逐日平均水位表和白口（贡水）站的实测流量成果表。因受两江相互顶托影响，当年11月6日停测。

1952年1月，南康唐江水文站设立，观测降水量和蒸发量。2月增加水位、比降、流量项目，10月停测。

1952年2月，在梅川下游设十里铺水文站，站址在于都县城郊麻石埠，地处东经115°26′、北纬26°00′，集水面积7090平方千米，基本水尺断面（兼比降下断面）在麻石埠渡口侧拱桥边，流速仪断面（兼比降上降断面）在渡口上游，比降间距不详。观测项目包括水位（1952年4月1日至11月5日）、比降、流量、含沙量（1952年3—10月）、降水量和蒸发量。下游5千米处与贡水汇合受回水顶托影响，当年11月6日该站撤销。

1952年4月，在贡水中游设观音阁水文站，站址在于都县城郊白口村，地处东经115°28′、北纬25°58′。基本水尺断面（兼比降下断面）在白口村观音阁下约20米处；比降上断面在基本水尺断面上360米处；流速仪测流断面在上、下比降断面之间，浮标测流断面在流速仪断面上、下各100米处，比降段长度不详。观测项目包括水位（1952年4—11月）、流量、含沙量（1952年4—11月）、降水量。因受下游回水顶托影响，当年11月6日停测。

1952年7月，在贡水中游设新地水文站，站址在于都县城郊新地村。基本水尺断面（兼比降下断面）在新地村后面；比降上断面在新地村上侧，上游1000米处有梅川汇入，比降间距不详。流速仪测流断面在比降上、下断面之间。观测项目包括水位（1952年11—12月）、流量（1952年7—10月）、含沙量（1952年9—10月）。1953年1月1日，新地水文站撤销。

1953年1月，在章水下游设坝上水文站（1954年前曾称水口水文站），站址在赣州市沙石乡坝上村，地处东经114°57′、北纬25°49′，集水面积7657平方千米。基本水尺断面兼流速仪测流断面并兼浮标中断面，在坝上村刘屋北角约300米处，浮村上、下（兼比降上、下）断面距基本水尺断面上、下各100米。1954年7月，下比降断面下移127米。比降间距由200米延长到327米。观测项目包括水位、流量、含沙量，1955年增加水温，1958年增加水化学成分分析，1970年1月增加悬移质泥颗粒级配分析，1972年1月增加推移质泥沙测验及颗粒级配分析。1993年6月22日江西省水文局以〔93〕赣水文站字第015号文件批准，文到之日停止推移质泥沙测验及颗分任务。

1953年1月21日，桃江口水文站撤销，断面上迁8千米处的居龙滩村，改为居龙滩水文站。站址在赣县大田乡居龙滩村下游350米。地处东经115°07′、北纬25°49′，集水面积7751平方千米。基本水尺断面兼流速仪测流断面并兼浮标测流中断面，浮标上、下断面在基本水尺断面上、下各80米，比降上断面在基本水尺断面上游240米处，比降下断面与浮标下断面重合，比降间距320米。观测项目有水位，1957年1月增加流量、悬移质泥沙测验，1970年1月增加悬移质泥沙颗粒级配分析，1972年增加推移质泥沙测验及其颗粒级配分析。1993年6月22日江西省水文局以〔93〕赣水文站字第015号文件批准，文到之日停止推移质泥沙测验及颗分任务。

1953年2月，在平江下游设翰林桥水文站，站址起初在赣县社建乡上坝村，因断面距田村水汇合口太近，受其顶托影响严重，18日断面下迁1.4千米至吉埠乡老合石村，地处东经115°12′、北纬26°03′，集水面积2689平方千米，基本水尺断面兼流速仪测流断面并兼浮标中断面及比降上断面，位于老合石村东北角200米处，浮标上、下断面分别距基本水尺断面上、下各100米，比降下断面245米。观测项目包括水位、流量、含沙量，同年4月流量、含沙量停测，改为水位站。1957年1月恢复流量测验，同年5月恢复含沙量测验，恢复为水文站。1970年1月增加悬移质泥沙颗粒级配分析；1972年7月增加推移质泥沙测验及推移质泥沙颗粒级配分析。1998年4月9日经省水文局赣水文站发〔1998〕009号文件批准，从1998年4月1日起停止推移质泥沙测验及颗分任务。

1953年2月，在贡水下游设峡山水位站，站址起初在于都县罗坳乡全角村的李家村，基本水尺断面在李家村上游200米处，观测水位至1956年年底。1957年1月，站址从左岸迁移到右岸的河子口，改名为峡山水文站，地处东经115°13′、北纬25°55′，集水面积15975平方千米，基本水尺断面兼流速仪测流断面并兼浮标中断面和比降上断面，在河子口村上游1000米河排上，浮标上、下断面在基本水尺断面上、下各110米处，比降下断面在基本水尺断面446米处。观测项目有水位，1957年1月增加流量测验，1958年7月增加悬移质泥沙测验，1969年1月增加悬移质泥沙颗粒级配分析，1972年5月增加推移质泥沙测验及颗粒级配分析。1993年6月22日省水文局曾以〔93〕赣水文站字第015号文件批准，文到之日起，停止推移质测验及颗分任务。峡山水文站曾于1962年10月至1963年4月观测过比降，受下游峡谷口控制影响，常出现负比降情况而停测。

1953年7月1日，在营前水设营前水位站。站址在上犹县营前乡营前村，地处东经114°22′、北纬26°00′，基本水尺断面在营前村鹅形桥下游2米处，观测项目有水位。1954年移交中南水力发电工程局管理，1957年1月1日，营前水位站撤销。

1954年6月，中南水力发电工程局在崇义水设崇义水位站。站址在崇义县城，地处东经114°28′、北纬25°47′，基本水尺断面在萝卜巷天车滚水坝下约100米处。观测项目包括水位、水温、降水量、蒸发量。1957年8月1日，崇义水位站撤销。

1954年3月，在上犹江设田头水文站，站址起初在南康龙华乡田头村，基本水尺断面在田头村下游100米处，5月1日开始观测水位。同年7月由中南水力发电工程局管，8月11日停止观测，基本水尺断面上迁1100米。建土木结构站房，因站房所在地为田头村界址，故仍称为田头站，地处东经114°39′、北纬25°47′，基本水尺断面兼流速仪测流断面并兼浮标中断面，浮标上、下（兼比降上、下）断面在基本水尺断面上、下各70米处。观测项目包括水位、流量，1955年7月增加悬移质泥沙。1962年1月悬移质泥沙停测。1954年8月至1958年2月，1959年9月至1962年5月，田头水文站配合陡水以及罗边工程施工需要曾移交中央燃料工业部中南水力发电工程局（后为电力工业部武汉勘测设计院）以及峡山水力发电工程局领导。田头站设站之初的基面是吴淞基面，上海水电勘测设计院在1969年《关于上犹江高程系统情况的报告》中称，上犹江流域高程系统不是吴淞系统，经该院对田头站BM_1水准点进行联测，BM_1高程为黄海系统高程127.2963米，吴淞系统高程123.2495米，上犹江系统高程125.1943米。为便于历年水位资料衔接，从1970年起田头站基面改为假定基面。

1954年5月1日，中南水力发电工程局在古亭水设牛皮陇水文站，站址在崇义县过埠乡长湾村，地处东经114°13′、北纬25°52′，基本水尺断面兼流速仪测流断面，浮标上、下（兼比降）断面在基本水尺断面上、下各47米处。观测项目包括水位、流量、含沙量，1954年6月1日起曾停测流量，同年7月16日恢复流量测验。1956年1月停测流量，1957年1月1日牛皮陇站撤销。

1954年7月，中南水力发电工程局在上犹江设铁扇关（赖塘口）水文站，为铁扇关水文站的辅助站。站址在上犹县陡水赖塘口村，地处东经114°34′、北纬25°27′，集水面积2750平方千米。基本水尺断面兼流速仪测流断面，浮标上、下（兼比降上、下）断面在基本水尺断面上、下各75米处。观测项目有水位，1955年9月铁扇关水文站流量、含沙量测验任务移交该站。陡水水库建成后该站由上犹江水力发电厂管理。水文资料仍由全市统一汇编。

1954年12月，中南水力发电工程局在崇义水设茶滩水文站，站址起初在崇义县横水乡茶滩圩，因控制条件差，于1955年3月上迁1000米至朱坑口村，地处东经114°20′、北纬25°44′，集水面积414平方千米，基本水尺断面兼流速仪测流断面并兼浮标中断面，浮标上、下（兼比降上、下）断面在基本水尺断面上、下各100米处。观测项目包括水位、比降、流量、含沙量、降水量、蒸发量、水温。1957年陡水水库建成后，该站移交上犹江水力发电厂管理。其水文资料参加全市统一汇编。1958年停测悬沙，1986年停测流量。上犹江水库水文自动测报系统建成后改为无人值守的自动测报站，自动测报水位和降水量。

1954年12月，中南水力发电工程局在上犹县平富乡庄前村设麻仔坝水文站，地处东经114°15′、北纬25°55′，集水面积230平方千米。基本水尺断面兼流速仪测流断面兼浮标中断面和比降下断面，浮标上、下断面距基本水尺断面上、下各70米；比降上断面在基本水尺断面上游177.2米。观测项目包括水位、比降、流量，1955年7月增加含沙量、降水量、蒸发量、水温。1957年陡水水库建成后，该站移交上犹江水力发电厂管理，水文资料参加全市统一汇编。1986年停测悬沙、流量。上犹江水库水文自动测报系统建成后改为无人值守的自动测报站，自动测报水位和降水量。该站曾于1966年1月1日将断面下迁2000米，改称麻仔坝（二）站。

1955年5月，中南水力发电工程局设上犹水位站。

1955年11月18日，武汉水力发电设计院在上犹县陡水村永久桥设铁扇关（永久桥）水位站，地处东经114°34′、北纬25°57′。基本水尺断面位于永久桥上游50米处（右岸）。观测项目有水位。1957年12月31日停止观测。

1955年12月18日，电力工业部武汉水力发电设计院在古亭水设麟潭水文站，该站地处东经114°07′、北纬25°42′，集水面积1081平方千米。基本水尺断面兼流速仪测流断面并兼浮标中断面，浮标上、下（兼比降上、下）断面在基本水尺断面上、下各70米处。观测项目有水位，1956年2月26日增加流量，3月10日增加含沙量，4月增加降水量，6月增加水温。陡水水库完工后移交上犹江水力发电厂管理。1986年停测悬沙、流量，1987年恢复，1988年又停测，上犹江水库水文自动拍报系统建成，改为无人值守的自动测报站。

1956年，遵照水利部的统一部署，在学习苏联经验的基础上，进行全省第一次水文站网规划。随着水文资料的增加和各个时期对水文不同要求及站网中存在的问题，分别在1964年、1975年、1984年进行过三次站网分析验证和调整。

1956年8月23日，在章水上游设滩头水文站，站址在大余县城郊乡滩头村，地处东经114°20′、北纬25°24′，集水面积799平方千米。基本水尺断面兼流速仪测流断面并兼浮标中断面，浮标上、下断面在基本水尺断面上、下各100米处。观测项目包括水位、流量、降水量、蒸发量。1958年增加悬沙测验，1961年11月停测悬沙。1969年8月，在该站上游7.5千米处建油罗口大型水库，水库集水面积557平方千米，占滩头水文站集水面积的69.7%，1967年在基本水尺断面上游400米处建滚水坝一座，左岸设引水渠道，渠道水流不回归本站断面，流量1～3立方米每秒。由于受滚水坝影响，观测资料不能反映流域自然水文特性，经上级主管部门批准，该站于1980年1月1日撤销。为满足大余县城防汛及报汛需要，滩头站撤销后，基本水尺断面下迁500米另设水位站观测，委托群众代办，改为滩头水位站。

1956年10月，在桃江中游设枫坑口水文站，站址在信丰县极富乡对腊村，地处东经114°52′、北纬25°09′，集水面积3679平方千米。断面位置几经变动。设站时，基本水尺断面兼流速仪测流断面兼浮标中断面并兼比降下断面，浮标上、下断面在基本水尺断面上、下各80米处，比降上断面在基本水尺断面237米处，1974年5月上比降断面河岸坍塌，比降水尺上迁10米，比降间距247米。1965年3月，枫坑口水文站架设吊船过河索后，流速仪测流断面移至基本水尺断面下游120米处（兼浮标中断面），浮标上、下断面调整到流速仪测流断面上、下各120米处。1980年1月流速仪测流断面迁到基本水尺断面下游70米处，其他断面未作调整。1982年11月浮标中断面调回到基本水尺断面上，浮标上、下断面在基本水尺断面上、下各120米处。该站观测项目包括降水量、水位、流量、悬沙。因断面位于枫坑口水利枢纽坝内，2000年11月经江西省水文局赣水文站发〔2000〕017号文件批准，于2001年1月1日停测，另择茶芫新址建站，称茶芫水文站。

1956年10月26日，在章水中游设窑下坝水文站，站址在南康县西华乡窑下坝村，地处东经114°44′、北纬25°38′，集水面积1935平方千米，观测项目包括降水量、水位、流量。基本水尺断面兼流速仪测流断面并兼浮标中断面及比降上断面，浮标上、下断面在基本水尺断面上、下各100米处，1963年3月以前比降下断面在基本水尺断面下135米处，同年4月6日下迁到基本水尺断面190米处。1958年9月，在该站基本水尺断面521米处兴建章惠渠引水工程，设南、北干渠引水，设计引水流量5.1立方米每秒，设计灌溉面积5.7万亩，实际水流量5.1立方米每秒，达到灌溉面积4.9万亩，工程于1960年5月竣工。因章惠渠南、北两干渠引水占窑下坝站径流比重较大，1965年1月在南、北干渠建水位自记测井并施测渠道流量。2000年汛期，窑下坝站左岸发生大面积崩塌，直接威胁水文测验设施的安全。2001年大汛，崩岸越演越烈，水位测井和缆道房被毁，无法继续维持正常观测，2001年12月31日该站断面下迁4千米。

1956年12月30日，在贡水上游设葫芦阁水文站，站址在会昌县洛口乡小坑面村，地处东经115°38′、北纬25°46′，集水面积6638平方千米。基本水尺断面兼流速仪测流断面并兼浮标中断面，浮标上、下断面在基本水尺断面上、下各90米处。观测项目包括降水量、水位、流量、悬沙。1959年流量、悬沙停测，改为水位站。

1957年1月1日，在梅川中游设汾坑水文站，站址在于都县汾坑乡汾坑村，地处东经115°40′、北纬26°08′，集水面积6366平方千米。基本水尺断面兼流速仪测流断面并兼浮标中断面及比降上断面，浮标上、下断面在基本水尺断面上、下各100米处，比降下断面在基本水尺断面下游200米处。观测项目包括降水量、水位、流量，1958年1月增加悬移质泥沙测验。

1957年1月1日，在贡水下游设梅林水文站，站址在赣县梅林乡温屋村，地处东经115°00′、北纬25°51′，集水面积27002平方千米。基本水尺断面兼流速仪测流断面并兼浮标中断面，浮标上、下断面在基本水尺断面上、下各100米处。观测项目包括降水量、水位、流量、悬移质泥沙。1958年1月1日梅林水文站撤销。

1957年8月1日，在固营水（仁风河）设盘古山水文站，站址在于都县仁风乡盘古山，地处东经115°27′、北纬25°36′，集水面积105平方千米。基本水尺断面兼流速仪测流断面兼浮标中断面，浮标上、下断面在基本水尺断面上、下游距离不详。观测项目包括水位、流量、降水量。1960年1月该站撤销。

1958年1月1日，在湘水设麻州水文站，站址在会昌县麻州乡大坝村，地处东经115°47′、北纬25°31′，集水面积1758平方千米。基本水尺断面兼流速仪测流断面并兼浮标中断面，浮标上（兼比降上断面）、下断面在基本水尺断面上、下各80米处，比降下断面距基本水尺断面120米。受沙州位移影响，1966年1月1日，基本水尺断面下迁80米，浮标上、下断面及比降断面均作等距离位移，各断面相对位置不变。观测项目包括降水量、水位、流量、蒸发量，1963年1月增加悬移质泥测验。

1958年1月，在贡水上游设珠兰埠水文站，站址在会昌县珠兰乡，地处东经115°41′、北纬25°37′，集水面积3418平方千米。基本水尺断面兼流速仪测流断面并兼浮标中断面，浮标上、下（兼比降上、下）断面在基本水尺断面上、下各120米处。观测项目包括降水量、水位、流量，1962年1月该站撤销。

1958年1月，在濂水上游设羊信江水文站，站址在安远县版石乡竹篙嵊村，地处东经115°23′、北纬25°19′，集水面积569平方千米。基本水尺断面兼流速仪测流断面并兼浮标中断面及比降上断面，浮标上、下断面在基本水尺断面上、下各100米处。1976年前比降下断面在基本水尺断面下110米处，重建断面码头时改为间距100米，与浮标下断面重合。观测项目包括降水量、水位、流量、悬移质泥沙。

1958年1月1日，在琴江上游设庵子前水文站，站址在石城县郊乡庵子前村，地处东经116°20′、北纬26°18′，集水面积806平方千米。基本水尺断面兼流速仪测流断面并兼浮标中断面，浮标上、下断面在基本水尺断面上、下游，观测项目包括水位、流量。1967年1月，因基本水尺断面下游300米处，兴建水轮泵站，流量无法施测，上迁至县城东门，改为石城水文站，1974年又上迁400米至北门沿江路，继续观测水位，1975年10月，从北门再次上迁3500米的河禄坝设石城水文站，站址在石城县观下乡河禄坝村，地处东经116°22′、北纬26°22′，集水面积656平方千米。基本水尺断面兼流速仪测流断面并兼浮标中断面，浮标上、下断面在基本水尺断面上、下105米和75米处，比降上、下断面距基本水尺断面上、下各50米，1982年6月大水过后，上比降断面上迁100米，上下比降水尺间距改为200米。观测项目包括降水量、水位、流量。

1958年1月1日，在桃江上游设程龙水文站，站址在龙南县程龙乡蕉坑村，地处东经114°39′、北纬25°40′，集水面积1424平方千米。基本水尺断面兼流速仪测流断面并兼浮标中断面，浮标上、下断面在基本水尺断面上、下游，其间距不详。观测项目包括水位、流量。1962年1月，该站撤销。

1958年1月1日，在太平江设杜头水文站，站址在龙南县程龙乡盘石村，地处东经114°38′、北纬24°47′，集水面积435平方千米。基本水尺断面兼流速仪测流断面并兼浮标中断面及比降下断面，浮标上、下断面在基本水尺断面上、下各90米处，比降上断面在基本水尺断面上130米处。观测项目包括降水量、水位、流量、蒸发量。

1958年5月1日，在茶芫水（龙山河）设长龙水文站，站址在兴国县茶园乡洋池口村，地处东经115°14.3′、北纬26°29′，集水面积102平方千米。基本水尺断面兼中枯水流速仪测流断面，高水测流断面在基本水尺断面下游50米处。观测项目有水位、流量。1958年8月长龙水库（中型）开工建设，同年12月，长龙站移交给兴国县水力电力局管理，转为工程专用站。水文资料参加全市统一汇编。

1958年7月，在绵水设瑞金水文站，站址在瑞金县象湖镇南门岗村，地处东经116°03′、北纬25°53′，集水面积911平方千米。基本水尺断面在流速仪测流断面上20米处，流速仪测流断面兼浮标中断面，浮标上（兼比降上）、下断面在流速仪测流断面上、下各90米处，比降下断面在流速仪测流断面下280米处。1972年8月，比降下断面上迁到流速仪测流断面下60米处。观测项目包括降水量、水位、流量、悬移质泥沙。该站因河段控制条件差，水位在194.50米以上时出现大面积漫滩，此外，流域以上水库集水面积占该站集水面积的37.9%，破坏天然状况下的产、汇流规律。1982年5月，在全省站网调整时，停测流量和悬移质泥沙，改为水位站。设瑞金水文站的同时，在绵水还设赖婆坳水文站，该站在瑞金水文站下游，站址在瑞金县沙洲坝乡，地处东经115°59′、北纬25°46′，集水面积1185平方千米。基本水尺断面兼中高水流速仪测流断面并兼浮标中断面，浮标上、下断面在基本水尺断面上、下各70米处，枯水流速仪测流断面在基本水尺断面下100米处。观测项目包括水位、流量。经比较，赖婆坳水文站因观测、交通及防汛等条件都不及瑞金站，1960年1月1日，该站撤销。

1958年7月1日，在潋水（平江）设柿陂水文站，站址在兴国县江背乡杨梅村，地处东经115°25′、北纬26°18′，集水面积919平方千米。基本水尺断面兼流速仪测流断面并兼浮标中断面，浮标上、下断面在基本水尺断面上、下游，其间距不详。观测项目包括水位、流量、单位水样含沙量。1962年1月停测，1966年4月1日恢复观测，1967年1月1日，该站撤销。

1958年7月1日，在古陂河（桃江东河）设下河水文站，站址在信丰县古陂乡下河村，地处东经115°07′、北纬25°21′，集水面积659平方千米。基本水尺断面兼流速仪测流断面并兼浮标中断面，浮标上、下断面在基本水尺断面上、下游，其间距不详。观测项目包括水位、流量。1961年10月，下河水文站撤销。

1958年8月1日，在寻乌水设岗子上水文站，站址在寻乌县岗子上村，地处东经115°39′、北纬24°54′。基本水尺断面兼流速仪测流断面并兼浮标中断面，浮标上、下断面在基本水尺断面上、下游，其间距不详。观测项目包括水位、流量、降水量，1959年1月1日，该站停测水位、流量，仅保留降水量观测。

1958年9月1日，在荷田水设扬眉水文站，站址在崇义县扬眉乡，地处东经114°29′、北纬25°40′，集水面积165平方千米。基本水尺断面兼流速仪测流断面并兼浮标中断面，浮标上、下断面在基本水尺断面上、下游，其间距不详。观测项目包括水位、流量、降水量。1962年1月，水位、流量停测，保留降水量观测，改为雨量站，由群众代办观测。

1958年10月1日，在坎田水设窑邦水文站，站址在于都县葛坳乡窑邦村，地处东经115°47′、北纬26°16′，集水面积350平方千米。基本水尺断面兼流速仪测流断面并兼浮标中断面及比降上断面，浮标上、下断面在基本水尺断面上、下各50米处，比降下断面在基本水尺断面下游60米处。观测项目包括降水量、水位、流量。1998年年初，对该站建站40年的产、汇流规律进行分析，分析结果表明该站已达到设站年限要求。经江西省水文局赣水文站〔1998〕007号文件批准，从1998年4月1日起，该站的水位、流量不再观测，仅保留降水量观测，改成雨量站。2000年4月1日雨量观测搬迁至葛坳高陂迳村（与窑邦站直线距离6千米），改称葛坳雨量站。

1958年10月1日，在唐江水（麻桑河）设麻桑水文站，站址在南康县麻桑乡麻桑村，地处东经114°42′、北纬25°59′，集水面积382平方千米。基本水尺断面兼流速仪测流断面并兼浮标中断面及比降上断面，浮标上、下断面在基本水尺断面上、下各100米处，比降下断面在基本水尺断面下135米处。观测项目包括水位、流量，1963年1月增加悬移质泥沙测验。1965年冬，该站基本水尺断面上游1000米处建拦河滚水坝，左岸开有引水渠道引水发电，渠道引水不回归断面，为此，从1969年4月起在引水渠道设测验断面进行水位、流量测验。1979年8月，麻桑水力发电站建成，在该站基本水尺断面上游2300米处兴建混凝土滚水坝，因渠道引水发电、发电尾水在该站基本水尺断面下游1300米处出口，绝大多数径流从发电站流出，该站测验河段几乎断流，经江西省水文局批准，该站于1979年12月31日撤销。

1958年10月，在澄江设西江水文站，站址在会昌县小密乡石狗丘村，地处东经115°45′、北纬25°47′，集水面积476平方千米。基本水尺断面兼流速仪测流断面并兼浮标中断面，浮标上、下断面在基本水尺断面上、下各50米处，观测项目包括水位、流量。撤站年月不详。

1958年11月，兴国设江背径流站，次年1月观测。1962年撤销。

1959年1月，设吉埠农业水文气象实验站。1962年撤销。

1959年2月27日，在濂水设桂林江水位站，站址在会昌县桂林江圩，地处东经115°33′、北纬25°35′，基本水尺断面在桂林圩下游左岸60米处。上游150米处与仁风河汇合，观测项目为水位。1961年7月26日桂林江水位站停测。

经过第一次站网规划，本市水文站网已初步形成。经过不断调整，截至1959年年底，本市在22条河流上设有236个水位观测站、28个流量站，在8条主要河流上布设11个悬移质泥沙站，基本上控制全市主要河流的水情、沙情，满足国民经济各部门的要求。1959年赣州市水文（位）站统计见表2-6-5。

表2-6-5　　1959年赣州市水文（位）站统计表

市（县）名	站名	站类	所在河流	设站时间	裁撤时间	备　注
赣州	赣州	水位站	贡水	1949年10月1日		1957年改为水位站。1966年3月11日上迁1400米至磨角上
宁都	宁都	水文站	梅江	1951年1月1日		1951年1月1日恢复宁都站雨量观测，1958年12月恢复水位观测，增加流量测验
上犹	铁扇关	水文站	上犹江	1951年7月		该站在铁扇关内有4处观测断面。1954年5月由中南水力发电工程局接管。建库后，改名陡水（水库）站
上犹	赖塘口	辅助站	上犹江	1953年7月		1955年9月陡水流量迁至赖塘口站施测。陡水水库建成后该站由上犹江水力发电厂管理
会昌	白鹅	水文站	贡水	1951年6月	1957年10月1日	
于都	曲阳	水文站	梅江	1951年6月	1957年10月1日	1953年2月改为水位站
会昌	会昌	水位站	贡水	1951年12月		1952年11月1日停测。1959年2月恢复，1960年11月停测
信丰	信丰	水位站	桃江	1951年12月		1958年4—12月，该站曾施测过流量
赣县	桃江口	水文站	桃江	1951年12月	1953年1月21日	

续表

市（县）名	站名	站类	所在河流	设站时间	裁撤时间	备注
于都	白口	水文站	梅江、贡水	1952年1月	1952年11月6日	该站在梅江、贡水河段分别设立基本水尺断面（兼流速仪测流断面），施测贡水、梅江的水位、流量、含沙量。取名白口（梅川）站和白口（贡水）站
于都	十里铺	水文站	梅江	1952年2月	1952年11月6日	
于都	观音阁	水文站	贡水	1952年4月	1952年11月6日	
于都	新地	水文站	贡水	1952年7月	1953年1月1日	
赣州	坝上	水文站	章水	1953年1月		
赣县	居龙滩	水文站	桃江	1953年1月21日		
赣县	翰林桥	水文站	平江	1953年2月		
于都	峡山	水位站	贡水	1953年2月		1957年1月站址从左岸迁移到右岸的河子口，改名为峡山水文站
上犹	营前	水位站	营前水	1953年7月1日	1957年1月1日	
崇义	崇义	水位站	崇义水	1954年6月	1957年8月1日	
南康	田头	水文站	上犹江	1954年3月		
崇义	牛皮陇	水文站	古亭水	1954年5月1日	1957年1月1日	
崇义	茶滩	水文站	崇义水	1954年12月		1957年陡水水库建成后，该站移交上犹江水力发电厂管理
上犹	麻仔坝	水文站	营前水	1954年12月		1957年陡水水库建成后，该站移交上犹江水力发电厂管理
上犹	永久桥	水位站	上犹江	1955年11月18日	1957年12月31日	
崇义	麟潭	水文站	古亭水	1955年12月18日		陡水水库完工后移交上犹江水力发电厂管理
大余	滩头	水文站	章水	1956年8月23日	1980年1月1日	撤销后，基本水尺断面下迁500米，改为滩头水位站
信丰	枫坑口	水文站	桃江	1956年10月		2001年1月1日停测
南康	窑下坝	水文站	章水	1956年10月26日		2001年12月31日该站断面下迁4千米
会昌	葫芦阁	水文站	贡水	1956年12月30日		1959年流量、悬沙停测，改为水位站

续表

市（县）名	站名	站类	所在河流	设站时间	裁撤时间	备注
于都	汾坑	水文站	梅江	1957年1月1日		
赣县	梅林	水文站	贡水	1957年1月1日	1958年1月1日	
于都	盘古山	水文站	固营水	1957年8月1日	1960年1月	
会昌	麻州	水文站	湘水	1958年1月1日		
会昌	珠兰埠	水文站	贡水	1958年1月	1962年1月	
安远	羊信江	水文站	濂江	1958年1月		
石城	庵子前	水文站	琴江	1958年1月1日		1975年10月，断面上迁至石城县观下乡河禄坝村改为石城水文站
龙南	程龙	水文站	桃江	1958年1月1日	1962年1月	
龙南	杜头	水文站	太平河	1958年1月1日		
兴国	长龙	水文站	茶芫水	1958年5月1日		1958年12月，长龙站移交给兴国县水力电力局管理，转为工程专用站
瑞金	瑞金	水文站	绵江	1958年7月		1982年5月，在全省站网调整时，停测流量和悬移质泥沙，改为水位站
瑞金	赖婆坳	水文站	绵江	1958年7月	1960年1月1日	
兴国	柿陂	水文站	潋水	1958年7月	1967年1月1日	1962年1月停测，1966年4月1日恢复观测
信丰	下河	水文站	古陂河	1958年7月1日	撤销	
寻乌	岗子上	水文站	寻乌水	1958年8月1日		1959年1月1日，该站停测水位、流量，仅保留降水量观测
崇义	扬眉	水文站	荷田水	1958年9月1日		1962年1月，水位、流量停测，保留降水量观测，改为雨量站
于都	窑邦	水文站	坎田水	1958年10月1日		1998年4月1日，水位、流量不再观测，仅保留降水量，改为雨量站
南康	麻桑	水文站	唐江水	1958年10月1日	1979年12月31日	
会昌	西江	水文站	澄江	1958年10月	撤销	
会昌	桂林江	水位站	濂水	1959年2月27日		

1960年，国民经济出现暂时困难，测站经费短缺，工作开展困难。为了贯彻“调整、巩固、充实、提高”八字方针，1961年10月，江西省水文气象局根据“巩固调整站网，加强测站管理，提高测报质量”的近期水文工作方针，对全省水文测站进行初步调整，12月

又作全面调整，次年1月执行，本市扬眉、柿陂、下河、西江、程龙、岗子上站先后被撤销。

20世纪六七十年代，根据当时水利工程需要，尤其是为满足县级中小型水利工程的需求，全市先后设过一些小河水文站（也称小汇水站）和专用水文站。

1965年4月，会昌县水利电力局在湘水上游设筠门岭水文站，站址在会昌县筠门岭乡水东村，地处东经115°45′、北纬25°14′，集水面积460平方千米。基本水尺断面兼流速仪测流断面。观测项目包括降水、水位、流量。1968年10月筠门岭水文站撤销。1983年10月，由地区水文分局恢复，基本水尺断面兼流速仪测流断面并兼浮标中断面，浮标上、下断面在基本水尺断面上、下各50米处。1993年4月，在基本水尺断面上游31米处建手摇测流缆道，流速仪测流断面上移31米。该站上游1200米处建有羊子岩电站，装机容量1500千瓦，水库集水面积440平方千米，占筠门岭水文站集水面积的95.7%，几乎变成出库站。

1965年11月，会昌县水利电力局在湘水支流板坑河设石壁坑水文站，站址在会昌县城郊车下村，地处东经115°49′、北纬25°34′，集水面积161平方千米。基本水尺断面兼流速仪测流断面。观测项目包括水位、流量。由于石壁坑水库的动工兴建，石壁坑水文站撤销。

1966年4月，在梅川上游的支流会同水设会同小河水文站，站址在宁都县会同乡会同村，地处东经116°06′、北纬26°32′，集水面积51.5平方千米。基本水尺断面兼流速仪测流断面。观测项目有水位（1966—1978年）、流量（1966—1967年、1970—1971年）。1977年在流域内建百胜小（1）型水库一座，水库集水面积31.5平方千米，占会同站集水面积的61.2%，径流量受人为控制和调节，失去设站目的，会同水文站于1978年底撤销。

1966年5月，在章水上游的支流浮江水设浮江水文站，站址在大余县浮江乡吕屋村，地处东经114°18′、北纬25°29′，集水面积204平方千米。基本水尺断面兼流速仪测流断面，观测项目包括水位、流量。但仅刊布该站的逐日平均水位表，未刊印流量资料，1967年1月1日，浮江水文站撤销。

1967年1月1日，在平江支流潋水设东村水文站，站址在兴国县东村乡新屋村，地处东经115°34′、北纬26°23′，集水面积579平方千米。基本水尺断面兼流速仪测流断面并兼浮标中断面，浮标上、下断面在基本水尺断面上、下游。比降上、下断面在基本水尺断面上、下游。观测项目包括水位、流量、悬移质泥沙。1970年7月长冈水库建成，东村水文站无偿移交长冈水库管理。

1967年1月，在唐江水支流东排水建东排小河水文站，站址在南康县麻桑乡东排村，地处东经114°41′、北纬25°59′，集水面积13.6平方千米。基本水尺断面兼流速仪测流断面，观测项目包括水位、流量。1972年6月15日，东排水河水文站发生特大洪水，测验设施全部冲毁，未重建。

1967年4月，在坎田水支流银坑河设付竹小河水文站，站址在于都县汾坑乡公婆岭村，地处东经115°39′、北纬26°09′，集水面积147平方千米，观测项目包括水位、流量。

1967年4月，在桃江支流鹅公湾水设鹅公湾小河水文站，站址在赣县大田鹅公湾村，地处东经115°06′、北纬25°49′，集水面积9.08平方千米，观测项目包括水位、流量。1973年1月该站撤销。

1967年5月，在潋水支流锅口水设澄江小河水文站，站址在兴国县东村乡蕉下村，地处东经115°32′、北纬26°20′，集水面积23.2平方千米，观测项目包括水位、流量。

1967年5月，在桃江上游设含江水文站，站址在全南县城关镇含江村，地处东经114°31′、北纬24°45′，集水面积652平方千米，观测项目包括水位、流量。撤站年月不详。

1967年7月，在上犹江中游支流木林河设鹅科仔小河水文站，站址在南康县龙华乡高山村，地处东经114°39′、北纬25°49′，集水面积8.16平方千米。观测项目包括水位、流量。因两岸有渠道引水且不回归测流断面，1973年1月撤销。

1968年1月，在贡水下游支流正坑河设正坑小河水文站，站址在于都县罗坳乡正坑村，地处东经115°13′、北纬25°57′，集水面积14.9平方千米，观测项目包括水位、流量。因两岸有渠道引水且不回归测流断面，1982年1月1日撤销。

1969年1月，在桃江上游支流豆头河设八一九小河水文站，站址在龙南县程龙乡老屋村，地处东经114°42′、北纬24°49′，集水面积20.7平方千米，观测项目包括水位、流量。

1972年1月，在梅川上游兴建团结水库，赣州地区水电勘测设计队于1971年4月在坝址设立的观测断面遭到施工破坏，下迁580米至上元布村，设上元布专用水文站（出库站），由宁都团结水库管理，站址在宁都县洛口乡上元布村，地处东经116°05′、北纬26°53′，集水面积412平方千米，观测项目包括水位、流量。

1972年3月，在梅川上游由宁都团结水库设村头水文站（入库站），站址在宁都县肖田乡村头村，地处东经116°02′、北纬26°59′，集水面积283平方千米。基本水尺断面兼流速仪测流断面并兼比降上断面，比降上、下断面间距不详。观测项目包括水位、流量。1974年5月，测流断面由村头下迁约3000米至水尾村，地处东经116°04′、北纬26°57′，集水面积292平方千米。基本水尺断面在洛口往吴村的公路桥上游右岸，利用公路桥施测流量。1976年1月1日，测流断面由水尾村上迁至吴村继续观测，站址在宁都县肖田乡吴村，地处东经116°05′、北纬26°59′，集水面积261平方千米。基本水尺断面兼流速仪测流断面（中、高水）并兼浮标中断面，浮标上、下断面在基本水尺断面上、下流速仪枯水测流断面在基本水尺断面上、下各150米范围内临时选择合适位置。

1973年1月1日，在上犹江中游支流桥头水设陂上小河水文站，站址在南康县朱坊乡陂上村，地处东经114°38′、北纬25°47′，集水面积16.6平方千米。基本水尺断面兼流速仪测流断面并兼浮标中断面，浮标上、下断面在基本水尺断面上、下各35.15米处。观测项目包括水位、流量。因河道截弯取直改道，1977年1月1日撤销。

1973年1月1日，在唐江水支流大斜水设大斜小河水文站，站址在南康县麻桑乡大斜村，地处114°42′、北纬26°00′，集水面积3.44平方千米，观测项目包括水位、流量。

1975年10月，在珠江流域东江水系的九曲河上设胜前水文站，站址在定南县龙塘乡胜前村，地处东经115°13′、北纬24°52′，集水面积758平方千米（1998年前曾误用684平方千米）。基本水尺断面兼流速仪测流断面并兼浮标中断面，浮标上、下断面在基本水尺断面上、下各60米处，比降上、下断面在基本水尺断面上、下分别为31米、84米处。观测项目包括水位、流量。

1976年1月，在潋水支流城冈水由长冈水库设鼎龙水文站，站址在兴国县鼎龙乡云溪村，地处东经115°29′、北纬26°27′，集水面积100平方千米。观测项目包括水位、流量。

1976年1月，在上犹江支流寺下河设安和水文站，站址在上犹县安和乡滩下村，地处东经114°31′、北纬25°59′，集水面积246平方千米。基本水尺断面兼流速仪测流断面并兼浮标中断面，浮标上、下（兼比降上、下）断面在基本水尺断面上、下各70米处。因下浮标断面左岸有农田排水，影响比降观测，故将浮标上、下（仍兼比降上、下）断面距基本水尺断面间距调整为74.5米、67.0米。观测项目包括降水量、水位、流量、蒸发量。

1976年1月1日，在章水上游由大余县油罗口水库管理局设吉村水文站（入库站），站址在大余县吉村乡河头村，地处东经114°14′、北纬25°22′，集水面积413平方千米。基本水尺断面兼流速仪测流断面，在红旗电站下游左岸100米处。观测项目包括水位、流量。

1977年1月，在桃江上游设南迳水文站，站址在全南县南迳乡罗田村，地处东经114°23′、北纬24°41′，集水面积251平方千米。基本水尺断面兼流速仪测流断面并兼浮标中断面，浮标上、下（兼比降上、下）断面在基本水尺断面上、下游各100米处。观测项目包括水位、流量。1982年1月，曾在右岸引水渠道上设立过观测断面，因柴陂影响无法定水位-流量关系线，1985年将断面上迁60米，水位-流量关系线才得以确定。经过实测资料证实，渠道引用水量占南迳站径流量比重不大，渠道水位、流量停测。

1979年1月，在梅川上游支流勤下河设桥下垅小河水文站，站址在宁都县会同乡桥下垅村，地处东经116°03′、北纬26°33′，集水面积1.95平方千米。测验河段经过人工整治，两岸为浆砌块石，河宽6米，顺直长50米，在基本水尺断面下游16米处设有钢筋混凝土矩形测流槽，槽前由喇叭形翼墙导水，槽下游20米为天然跌坎，落差0.8米。共设三个断面：基本水尺断面（中高水测流断面），测槽断面（低水测流断面194.2米水位以下），渠道断面。观测项目包括水位、流量。因断面为人工整治，历年的水位-流量关系曲线稳定少变，经省水文局批准，从1993年1月1日起，流量测验改为校测。

1979年1月1日，在珠江流域东江水系寻乌水设水背水文站，站址在寻乌县南桥乡水背村，地处东经115°41′、北纬24°41′，集水面积987平方千米。基本水尺断面兼流速仪测流断面并兼浮标中断面及比降上断面，浮标上、下断面在基本水尺断面上、下各100米处，比降下断面与浮标下断面重合，观测项目包括水位、流量。因受回水顶托影响，1993年11月经省水文局批准撤销。

1979年1月1日，在上犹江下游支流流塘水设流塘小河水文站，站址在南康县太和乡流塘村，地处东经114°47′、北纬25°45′，集水面积1.99平方千米。测验河段经过人工整治，筑有实用堰，基本水尺断面在堰上6米，流速仪测流断面在基本水尺断面下游20米处。观测项目包括水位、流量、降水量。设站后发现流域分水岭处溢洪时水流向分水岭外，当年12月31日撤销。

1980年1月，在桃江支流渥江设枧头小河水文站，站址在龙南县纹龙乡枧头村，地处东经114°53.2′、北纬24°47.4′，集水面积31.7平方千米。基本水尺断面兼流速仪测流断面，观测项目包括水位、流量、降水量。1982年1月，站址下迁至龙头村，设龙头小河水文站，枧头站仅保留降水量观测，作为龙头站的配套雨量站。龙头小河水文站站址在龙南县纹龙乡龙头村，地处东经114°50.8′、北纬24°48.1′，集水面积51.7平方千米。基本水尺断面兼流速仪测流断面，观测项目包括水位、流量。1996年经过资料分析已达到设站目的要求，经江西省水文局以〔1996〕赣水文站字008号文件批准，1996年3月1日该站撤销。与其配套的雨量站蒲罗合、打石坑、水打古、枧头同时撤销。纹龙作为面雨量报汛站予以保留。

1982 年 1 月 1 日，设坳下小河水文站，站址在于都县罗坳乡坳下村，地处东经 115°12.9′、北纬 25°57.7′，集水面积 6.41 平方千米，观测项目包括水位、流量。该站测流河段是经过人工整治的大槽（测中高水）套小槽（测枯水）。经过 12 年的观测，已达到设站目的要求，经省水文局〔1994〕赣水文网字 002 号文件批准，1994 年 2 月 1 日撤销。

1981 年 1 月，在章水上游支流横江河设樟斗小河水文站，站址在大余县樟斗乡下横村，地处东经 114°29.9′、北纬 25°33.3′，集水面积 44.6 平方千米。基本水尺断面兼浮标中断面，浮标上、下（兼比降上、下）断面在基本水尺断面上、下游各 35 米处，流速仪测流断面在基本水尺断面上游 4 米处，观测项目包括水位、流量、降水量、蒸发量。

1982 年 1 月，在桃江中游支流高陂坑水设高陂坑小河水文站，站址在信丰县极富乡石坑村，地处东经 114°52.5′、北纬 25°10.3′，集水面积 1.55 平方千米。测验河段经过人工整治，基本水尺断面兼流速仪测流断面。观测项目包括水位、流量、蒸发量。1995 年起流量实行间测，2000 年经过产、汇流分析表明，该站降雨径流关系，稳渗率 f_c 及汇流参数 m 值能充分反映流域产汇流特性，用设计暴雨洪水验算，已实测到 20 年一遇暴雨洪水，从设站年限分析看，各种参数在 15 年时基本趋于稳定，经江西省水文局以赣水文站发〔2000〕第 002 号文批准，从 2000 年 1 月 1 日起停测水位、流量、降水量。蒸发量移至枫坑口水文站继续观测。

1982 年 1 月，在平江上游支流隆坪水设隆坪小河水文站，站址在兴国县隆坪乡隆坪村，该站地处东经 115°13.7′、北纬 26°21.7′，集水面积 12.8 平方千米。基本水尺断面兼流速仪测流断面并兼浮标中断面并兼比降上断面，浮标上、下断面在基本水尺断面上、下游各 100 米处，后调整至上、下各 50 米处，下比降断面与下浮标断面重合。观测项目包括水位、流量。2000 年在该站上游 200 米处建重力滚水坝一座，右岸建有引水渠引水灌溉。经江西省水文局 2000 年 10 月 27 日以赣水文站发〔2000〕014 号文件批准，自 2001 年 1 月 1 日起停测。其配套雨量站大岽、枫岭、赣州角、徐屋岽撤销。

1990 年 1 月，在赣江上游由万安水电厂设赣州（入库）水文站，站址在赣州市水西乡赤珠村，地处东经 114°56′、北纬 25°54′，集水面积 34793 平方千米。基本水尺断面兼流速仪测流断面。观测项目包括水位、流量。

1994 年 1 月，在琴江下游设庙子潭（入库）水文站，站址在石城县大由乡濯龙村，地处东经 116°13′、北纬 26°09′，集水面积 1428 平方千米。基本水尺断面兼流速仪测流断面。观测项目包括水位、流量、降水量、悬沙、蒸发量，水文站工作还包括属站管理、水质监测、水情拍报预报等。

2001 年 1 月 1 日，枫坑口水文站停测，在其下游 49 千米处，另择断面设立茶芫水文站。该站站址在信丰县同益乡山塘村，地处东经 114°58′、北纬 25°24′，集水面积 5290 平方千米。基本水尺断面兼流速仪测流面并兼浮标中断面，浮标上、下（兼比降上、下）断面在基本水尺断面上、下各 110 米处。观测项目包括水位、流量、悬移质泥沙、降水量、蒸发量。

2002 年 1 月 1 日，窑下坝站因塌岸毁坏水文测验设施后下迁 3.4 千米，站址在南康市西华乡南水村，地处东经 114°45′、北纬 25°39′，集水面积 1944 平方千米，比原集水面积大 9 平方千米。基本水尺断面兼比降上断面，流速仪测流断面兼浮标中断面在基本水尺断面下

9.8 米处，浮标上、下断面在流速仪测流断面上、下各 100 米处，比降下断面在流速仪测流断面下 200 米处，比降间距 209.8 米。窑下坝站下迁后，章惠渠南干观测断面同时下迁至南水，继续观测水位、流量。章惠渠北干观测断面位置不变。

截至 2000 年年底，全市在 18 条河流上保留 26 个水位观测站、18 个流量观测站，7 条主要河流有 8 个悬移质泥沙测验站。2000 年赣州市设站情况见表 2－6－6。

表 2－6－6　　2000 年赣州市水文站统计表

市（县）名	站名	站类	建设单位	所在河流	设站时间	裁撤时间	备　注
会昌	石壁坑	水文站	会昌县水利电力局	板坑河	1965 年 11 月	撤销	板坑河，湘水支流。因石壁坑水库动工兴建撤销
宁都	会同	小河站		会同水	1966 年 4 月	1978 年底	
大余	浮江	水文站		浮江水	1966 年 5 月	1967 年 1 月 1 日	
兴国	东村	水文站		潋水	1967 年 1 月 1 日		1970 年 7 月，东村站移交长冈水库管理
南康	东排	小河站		东排水	1967 年 1 月	1972 年 6 月 15 日	东排水，唐江水支流
于都	付竹	小河站		银坑河	1967 年 4 月		银坑河，坎田水支流
赣县	鹅公湾	小河站		鹅公湾水	1967 年 4 月	1973 年 1 月	鹅公湾水，桃江支流
兴国	澄江	小河站		锅口水	1967 年 5 月		锅口水，潋水支流
全南	含江	水文站		桃江	1967 年 5 月	撤销	
南康	鹅科仔	小河站		木林河	1967 年 7 月	1973 年 1 月	木林河，上犹江支流
于都	正坑	小河站		正坑河	1968 年 1 月	1982 年 1 月	正坑河，贡水支流
龙南	八一九	小河站		豆头河	1969 年 1 月		豆头河，桃江支流
宁都	上元布	专用水文站	赣州地区水电勘测设计队	梅川	1972 年 1 月		团结水库出库站，宁都团结水库管理
宁都	村头	专用水文站	团结水库	梅川	1972 年 3 月		团结水库入库站，宁都团结水库管理
南康	陂上	小河站		桥头水	1973 年 1 月 1 日	1977 年 1 月 1 日	桥头水，上犹江中游支流

续表

市（县）名	站名	站类	建设单位	所在河流	设站时间	裁撤时间	备注
南康	大斜	小河站			1973年1月1日		大斜水，唐江水支流
兴国	鼎龙	水文站	长冈水库	城冈水	1976年1月		城冈水，潋水支流
大余	吉村	专用水文站	油罗口水库管理局	章水	1976年1月		油罗口水库入库水文站，水库管理
宁都	桥下垅	小河站		勤下河	1979年1月		勤下河，梅川支流
南康	流塘	小河站		流塘水	1979年1月	1979年12月31日	流塘水，上犹江支流
龙南	枧头	小河站		渥江	1980年1月	1996年3月1日	
于都	坳下	小河站		峡山河	1982年1月1日	1994年2月1日	
信丰	高陂坑	小河站		高陂坑水	1982年1月	2000年1月1日停测	高陂坑水，桃江支流
兴国	隆坪	小河站		隆坪水	1982年1月	2001年1月1日停测	隆坪水，平江支流
赣州市	赣州	专用水文站	万安水电厂	赣江	1990年1月		万安水电厂入库水文站
石城	庙子潭	水库入库站		琴江	1994年1月		
大余	樟斗	小河站		横江河	1981年1月		横江河，章水支流
会昌	筠门岭	水文站	会昌县水利电力局	湘水	1965年4月		
上犹	安和	水文站		寺下河	1976年1月		
全南	南迳	水文站		桃江	1977年1月		
信丰	茶芫	水文站		桃江	2001年1月1日		
南康	窑下坝（二）	水文站		章水	2002年1月1日		
定南	胜前	水文站		九曲河	1975年10月		2004年测验断面上迁3千米，改名为胜前（二）站
寻乌	水背	水文站		寻乌水	1979年1月		受回水顶托影响，1993年11月撤销。2010年恢复

2000年12月，小河站网四类五级改为三类五级（其中水田类与水土流失类合并为水田类）在全省水文测验工作会上通过。据此，2000年1月1日，完成设站目的的高陂坑站及配

套雨量站停止观测。停测期间，水文站继续留守。2001 年 1 月 1 日，隆坪水文站停止水文观测。停测期间，水文站派员留守。

2004 年，胜前水文站测验断面上迁 3 千米至定南县龙塘乡长富村，站名为胜前（二）水文站。测验项目包括水位、流量、降雨量、蒸发量、水质监测，并承担胜前水文站的情报、预报、水资源评价等任务。胜前水文站迁建后，水位观测项目暂时保留。

2006 年 1 月，南迳水文站改为水位站。

2006 年，国家防汛抗旱指挥系统一期工程江西赣州水情分中心项目，建设水位站 44 站：峡山（二）、筠门岭、麻州、羊信江、宁都、信丰（二）、汾坑、石城、翰林桥、居龙滩、杜头、窑下坝（二）、坝上、樟斗、田头、安和、胜前（二）、瑞金、黄陂、兴国、古陂、崇义、陂头、朱坊、寻乌、南迳、茶芫、安远、龙布、油罗口、大余、赣县、葫芦阁、会昌、龙南、唐江、团结、东韶、全南、龙潭、上犹江、长冈、于都、赣州。

2007 年，山洪 1 期建设水位站 9 站：固厚、文坊、东韶、十里、古陂、横市、蓝田、寻乌、石溪。

2008 年，山洪 2 期建设水位站 11 站：礼亨水库、转塘水库、九曲水库、长滩水库、崇义、扬眉、牛鼻垅水库、长河坝水库、西湖水库、园滩水库、桐梓水库。

2009 年，山洪 3 期建设水位站 9 站：黄石迳、雷峰山、杨村、沙村、南洲、热水、浮江、全南、陂头。

2010 年 1 月，水背水文站恢复观测。10 月基础设施建设通过珠江委水文局与江西省水文局验收。水背水文站是珠江委水文局与江西省水文局合作实行共建共管的第一个水文站，一期工程建成后，实现雨量、水位、流量在线监测，信息共享。赣州市水文局有 2 个珠江委水文局与江西省水文局共建共管的水文站，即胜前、水背。

2010 年，江西省中小河流（洪水易发区）水文监测建设工程（赣州）新建水位站 2 站：横江、双溪。

2011 年，中小河流新建水文站 9 站：崇义、浮江、横市、兴国、固厚、瑞金、古陂、寻乌、陂头。新建水位站 14 站：麻仔坝、思顺、大陂、曲洋、高兴、九堡、五村、蔡坊、龙布、浮槎、菖蒲、龙图、老城、天九。

2011 年，非工程措施新建水位站 35 站：金鸡、虎山、安西、高桥、大阿、赤江、龙舌、浮石、章源水库、华山水库、鸡公坝水库、阳岭水库、柴山下水库、上塔水库、石缺、营场水库、金湾水库、曲潭水库、鹅公、月子、三亨、历市、长江、合江水库、石门口水库、竹山、社迳、马古塘、犁头嘴、临塘、蔡坊水库、东风水库、古坊水库、甲江、杨功。

2012 年，非工程措施新建水位 16 站：雷公坝、佐陂、大礤、九岭、赖腰、小礤水库、龙丰、三门滩、洛口、钓峰、日东水库、龙山水库、环溪水库、花桥、车溪、赣县。

2012 年，中小河流新建水文站 4 站：公馆、利村、柳塘、东江。

2013 年 1 月，峡山水文站断面下迁至赣县江口镇蕉林村，地处东经 115°9′47.2″、北纬 25°54′29.4″。测验项目包括流量、水位、悬移质及悬移质颗粒分析、降水量、蒸发量、水质监测。改名为峡山（二）站。

2013 年，中小河流新建水文站 7 站：孔田、胜利、里仁、移陂、黄陂、坪石、朱坊。

2015年，非工程措施新建水位站150站：井前坑山塘、新屋山塘、吉坑山塘、芒头坑山塘、陈屋山塘、吴屋山塘、栋上山塘、利禄坑山塘、大坑子山塘、排坊山塘、杨雅水库、里南水库、半坑水库、南坑水库、下阳水库、新塘尾水库、跃进水库、右坑水库、龙潭水库、长村水库、大坑水库、红卫水库、安湖水库、芦子坳水库、罗坑水库、壕基口水库、迳古潭水库、龙迳仔电站、迳口水库、焦坑水库、石壁下水库、早梨坑水库、浪石头水库、邵屋水库、曹屋水库、牡丹亭电站、金山电站、西塘、上丰、芋坑、麟潭、古选、过埠、关田、碧坑、上保、古亭、红光、南坑、双芫水库、天长水库、程龙中学、上碗窑水电站、园潭水电站、龙源水电站、际寨坪电站、龙九电站、龙潭水库、里陂、田螺湖水库、高湖电站、湘口电站、竹园水库、油田水库、河里井水库、河唇电站、龙兴水库、上营水库、下龙井水库、泷源水库、灌燕水库、东风水库、武坊山水库、马古塘、古家营、大布站、阳都站、禾塘水库、黄泥河水库、下河村站、竹坑水库、旗岭站、养源站、龙口站、埠头站、社富站、杰村站、均村站、良村站、崇贤站、枫边站、龙岗站、城岗站、水南站、庄口镇洛口河、山洪沟古坊河、山洪沟石坝河、吉安水库、冬瓜坑水库、增坑水库、五里山水库、石河子水库、天子壬水库、冬瓜弯、东风水库、珠坑水库、赖坑水库、东坑水库、河坑水库、大湾里水库、杨山塘水库、莲塘尾水库、大坑里水库、珊贝水库、狮子峰水库、上游水库、丰背水库、铁坑水库、洋和山水库、庵下水库、石田、大由、丰山、木兰、竹溪、嶂背水库、杉子坑水库、江头水库、耸岗水库、温坊、文峰、陶珠水库、达陂水库、云集、小舟坊水库、久益陂水库、陈野水库、丁陂水库、中迳水库、愚公水库、丈古坑水库、青山水库、大富水库、绵江河壬田镇站、平地水库、龙下水库、下坑山水库、里田水库、罗边电站、龙回。

2020年1月2日，撤销桥下垅、高陂坑、隆坪小河水文站。

2005年以后，开展一系列工程建设，赣州站网建设进入快速发展阶段，建设一批山洪预警性质的水位、水文站。截至2020年年底，赣州市水文（位）站327站，其中大河水文站6站、区域代表水文站33站、小河水文站1站；其中国家重要水文站9站、省级重要水文站10站、一般水文站4站、专用水文站304站。2020年赣州市水文（位）站统计见表2-6-7。

表2-6-7 2020年赣州水文（位）站统计表

序号	站名	站类	测站地址	水系	站类管理基本站类	测站分类
1	峡山（二）	水文站	赣州市赣县江口镇焦林村	赣江	国家重要站	大河控制站
2	汾坑	水文站	赣州市于都县银坑镇汾坑村	赣江	国家重要站	大河控制站
3	信丰（二）	水文站	赣州市信丰县嘉定镇游州村	赣江	国家重要站	大河控制站
4	居龙滩	水文站	赣州市赣县大田乡夏湖村	赣江	国家重要站	大河控制站
5	坝上	水文站	赣州市章贡区水南镇梅关大道	赣江	国家重要站	大河控制站
6	田头	水文站	赣州市南康区龙华乡田头村	赣江	国家重要站	大河控制站
7	麻州	水文站	赣州市会昌县麻州镇大坝村	赣江	省级重要站	区域代表站

续表

序号	站名	站类	测站地址	水系	站类管理基本站类	测站分类
8	羊信江	水文站	赣州市安远县版石镇竹篙仁村	赣江	省级重要站	区域代表站
9	宁都	水文站	宁都县梅江镇梅江北路9号	赣江	省级重要站	区域代表站
10	石城	水文站	石城县琴江镇睦富村河屋坝	赣江	省级重要站	区域代表站
11	翰林桥	水文站	赣州市赣县吉埠镇老合石村	赣江	省级重要站	区域代表站
12	杜头	水文站	赣州市龙南县程龙镇盘石村	赣江	省级重要站	区域代表站
13	窑下坝（二）	水文站	赣州市南康区东山街道办事处芙蓉大道	赣江	省级重要站	区域代表站
14	安和	水文站	赣州市上犹县安和乡滩下村	赣江	省级重要站	区域代表站
15	水背	水文站	赣州市寻乌县南桥镇车头村	东江	省级重要站	区域代表站
16	胜前（二）	水文站	赣州市定南县龙塘镇长富村	东江	省级重要站	区域代表站
17	瑞金	水文站	赣州市瑞金市象湖镇南门岗	赣江	专用站	区域代表站
18	筠门岭	水文站	赣州市会昌县筠门岭镇水东村	赣江	专用站	区域代表站
19	庙子潭	水文站	赣州市石城县大由乡濯龙村	赣江	专用站	区域代表站
20	公馆	水文站	赣州市于都县黄麟乡公馆村	赣江	专用站	区域代表站
21	胜利	水文站	赣州市赣县王母渡镇胜利村	赣江	专用站	区域代表站
22	里仁	水文站	赣州市龙南县里仁镇新园村	赣江	专用站	区域代表站
23	坪石	水文站	赣州市信丰县大塘埠镇坪石村	赣江	专用站	区域代表站
24	移陂	水文站	赣州市于都县新陂乡移陂村	赣江	专用站	区域代表站
25	柳塘	水文站	赣州市信丰县小江镇柳塘村	赣江	专用站	区域代表站
26	璜陂	水文站	赣州市宁都县璜陂镇王布村	赣江	专用站	区域代表站
27	固厚	水文站	赣州市宁都县固厚乡桥背村	赣江	专用站	区域代表站
28	兴国	水文站	赣州市兴国县长冈乡集瑞村	赣江	专用站	区域代表站
29	东江	水文站	赣州市龙南县东江乡大稳村	赣江	专用站	区域代表站
30	古陂	水文站	赣州市信丰县古陂镇响塘坑村	赣江	专用站	区域代表站
31	浮江	水文站	赣州市大余县浮江乡浮江村	赣江	专用站	区域代表站
32	崇义	水文站	赣州市崇义县横水镇塔下村	赣江	专用站	区域代表站
33	横市	水文站	赣州市南康区横市镇横市村	赣江	专用站	区域代表站
34	利村	水文站	赣州市于都县利村乡利村	赣江	专用站	区域代表站
35	陂头	水文站	赣州市全南县陂头镇石海村	赣江	专用站	区域代表站
36	朱坊	水文站	赣州市南康区朱坊镇朱坊村	赣江	专用站	区域代表站
37	寻乌	水文站	寻乌县长宁镇滨河西路	东江	专用站	区域代表站
38	孔田	水文站	赣州市安远县孔田镇上寨村	东江	专用站	区域代表站
39	樟斗	水文站	赣州市大余县樟斗乡下横村	赣江	一般站	小河站
40	窑下坝（南干）	水文站	赣州市南康区东山街道办事处南水大道	赣江	一般站	

续表

序号	站名	站类	测 站 地 址	水系	站类管理基本站类	测站分类
41	窑下坝（北干）	水文站	赣州市南康区蓉江街道办事处金赣大道	赣江	一般站	
42	葫芦阁	水位站	会昌县庄口乡龙华村小坑面	赣江	国家重要站	
43	茶芫	水位站	赣州市信丰县嘉定镇山塘村	赣江	国家重要站	
44	赣州	水位站	赣州市章贡区泥湾里44号	赣江	国家重要站	
45	南迳	水位站	赣州市全南县南迳乡罗田村	赣江	一般站	
46	安远	水位站	安远县欣山镇水背村西霞山	赣江	专用站	
47	蔡坊水库	水位站	赣州市安远县蔡坊乡蔡坊村	赣江	专用站	
48	小孔田	水位站	赣州市新龙乡小孔田村	赣江	专用站	
49	蔡坊	水位站	赣州市蔡坊乡蔡坊村蔡坊电站	赣江	专用站	
50	龙布	水位站	赣州市安远县龙布镇老圩村	赣江	专用站	
51	浮槎	水位站	赣州市安远县浮槎乡浮槎村	赣江	专用站	
52	红光	水位站	赣州市安远县版石镇红光村	赣江	专用站	
53	南坑	水位站	安远县天心镇南坑村镰钩塆组	赣江	专用站	
54	双芫水库	水位站	赣州市安远县双芫乡刀坑村	赣江	专用站	
55	天长水库	水位站	赣州市安远县长沙乡天长村	赣江	专用站	
56	西湖水库	水位站	赣州市崇义县长龙镇拔萃村	赣江	专用站	
57	扬眉	水位站	赣州市崇义县扬眉镇扬眉寺村	赣江	专用站	
58	牛鼻垅水库	水位站	赣州市崇义县过埠乡长湾村	赣江	专用站	
59	园滩水库	水位站	赣州市崇义县丰州乡雁湖村	赣江	专用站	
60	桐梓水库	水位站	赣州市崇义县丰州乡桐梓村	赣江	专用站	
61	长河坝水库	水位站	赣州市崇义县铅厂镇稳下村	赣江	专用站	
62	章源水库	水位站	赣州市崇义县聂都乡河口村	赣江	专用站	
63	华山水库	水位站	赣州市崇义县麟潭乡华山村	赣江	专用站	
64	柴山下水库	水位站	赣州市崇义县丰州乡丰州村	赣江	专用站	
65	上塔水库	水位站	赣州市崇义县文英乡上塔村	赣江	专用站	
66	思顺	水位站	赣州市崇义县思顺乡思顺村	赣江	专用站	
67	鸡公坝水库	水位站	赣州市崇义县思顺乡山院村	赣江	专用站	
68	阳岭水库	水位站	赣州市崇义县横水乡上营村	赣江	专用站	
69	麟潭	水位站	赣州市崇义县麟潭乡麟潭村	赣江	专用站	
70	古选	水位站	赣州市崇义县文英乡古选村	赣江	专用站	
71	过埠	水位站	赣州市崇义县过埠镇过埠村	赣江	专用站	

续表

序号	站名	站类	测站地址	水系	站类管理基本站类	测站分类
72	关田	水位站	赣州市崇义县关田镇关田村	赣江	专用站	
73	碧坑	水位站	赣州市崇义县横水镇碧坑村	赣江	专用站	
74	上保	水位站	赣州市崇义县上堡乡上堡村	赣江	专用站	
75	古亭	水位站	赣州市崇义县丰州乡古亭村	赣江	专用站	
76	两江口坝上	水位站	崇义县过埠镇与上犹县交界处	赣江	专用站	
77	南洲	水位站	赣州市大余县内良乡南洲村	赣江	专用站	
78	热水	水位站	赣州市大余县河洞乡热水村	赣江	专用站	
79	添锦潭	水位站	赣州市大余县吉村镇上村	赣江	专用站	
80	吉村	水位站	赣州市大余县吉村镇中村	赣江	专用站	
81	油罗口	水位站	赣州市大余县浮江乡杉树下村	赣江	专用站	
82	大余	水位站	赣州市大余县南安镇新珠村	赣江	专用站	
83	长江	水位站	赣州市大余县池江镇长江村	赣江	专用站	
84	垅涧里	水位站	赣州市大余县左拔镇大江村	赣江	专用站	
85	跃进	水位站	赣州市大余县横江镇下横村	赣江	专用站	
86	沙村	水位站	省赣州市大余县吉村镇沙村	赣江	专用站	
87	石门口水库	水位站	赣州市大余县黄龙镇林潭村	赣江	专用站	
88	合江水库	水位站	赣州市大余县新城镇合江村	赣江	专用站	
89	金山电站	水位站	赣州市大余县吉村镇沙村	赣江	专用站	
90	金湾水库	水位站	赣州市定南县岭北镇含湖村	赣江	专用站	
91	月子	水位站	赣州市定南县岭北镇月子村	赣江	专用站	
92	田螺湖水库	水位站	赣州市定南县岭北镇长隆村	赣江	专用站	
93	湘口电站	水位站	赣州市定南县岭北镇龙头村	赣江	专用站	
94	大陂	水位站	赣州市赣县区王母渡镇大陂村	赣江	专用站	
95	赣县	水位站	赣县区梅林镇长洛村马口	赣江	专用站	
96	大湖江	水位站	赣县区湖江镇新塘村新庙前	赣江	专用站	
97	攸镇	水位站	赣州市赣县区湖江镇联育村	赣江	专用站	
98	杨雅水库	水位站	赣州市赣县区大埠乡杨雅村	赣江	专用站	
99	里南水库	水位站	赣县区大埠乡大埠村里南坑	赣江	专用站	
100	半坑水库	水位站	赣州市赣县区大埠乡大坑村	赣江	专用站	
101	南坑水库	水位站	赣县区王母渡镇枧溪村南坑	赣江	专用站	
102	下阳水库	水位站	赣县区阳埠乡下阳村下阳	赣江	专用站	
103	新塘尾水库	水位站	赣州市赣县区沙地镇洋村村	赣江	专用站	
104	跃进水库	水位站	赣州市赣县区湖江镇湖田村	赣江	专用站	

续表

序号	站名	站类	测站地址	水系	站类管理基本站类	测站分类
105	右坑水库	水位站	赣州市赣县区储潭镇河田村	赣江	专用站	
106	龙潭水库	水位站	赣州市赣县区储潭镇田心村	赣江	专用站	
107	长村水库	水位站	赣州市赣县区五云镇大岭村	赣江	专用站	
108	大坑水库	水位站	赣州市赣县区茅店镇万嵩村	赣江	专用站	
109	红卫水库	水位站	赣州市赣县区沙地镇银村	赣江	专用站	
110	安湖水库	水位站	赣州市赣县区吉埠镇樟溪村	赣江	专用站	
111	芦子坳水库	水位站	赣州市赣县区吉埠镇樟溪村	赣江	专用站	
112	罗坑水库	水位站	赣州市赣县区白鹭乡官村村	赣江	专用站	
113	雷公坝	水位站	赣州市会昌县周田镇岗脑村雷公坝水库	赣江	专用站	
114	赖腰	水位站	会昌县富城乡富城村赖腰水库	赣江	专用站	
115	小礤水库	水位站	会昌县麻州镇凤形窝村小礤水库	赣江	专用站	
116	大礤	水位站	会昌县庄口镇洛口村大礤水库	赣江	专用站	
117	九岭	水位站	会昌县白鹅乡九岭村九岭水库	赣江	专用站	
118	龙丰	水位站	会昌县中村乡增坑村龙丰水库	赣江	专用站	
119	佐陂	水位站	会昌县西江镇兰陂村佐陂水库	赣江	专用站	
120	会昌	水位站	会昌县文武坝镇水西村何屋	赣江	专用站	
121	老虎头电站	水位站	会昌县文武坝镇勤建村老虎头	赣江	专用站	
122	营脑岗	水位站	会昌县珠兰乡金兰村营脑岗	赣江	专用站	
123	禾坑口	水位站	会昌县庄口镇禾坑村上排子	赣江	专用站	
124	羊子岩	水位站	会昌县筠门岭镇水东村水东坑	赣江	专用站	
125	上罗水库	水位站	会昌县晓龙镇桂林村上罗	赣江	专用站	
126	白鹅	水位站	会昌县白鹅乡梓坑村下坰下	赣江	专用站	
127	庄口镇洛口河	水位站	会昌县庄口镇洛口村桐子窝	赣江	专用站	
128	山洪沟古坊河	水位站	会昌县文武坝镇古坊村三公坑	赣江	专用站	
129	山洪沟石坝河	水位站	会昌县周田镇西园村下坝子	赣江	专用站	
130	吉安水库	水位站	会昌县周田镇长江村吉安水库	赣江	专用站	
131	冬瓜坑水库	水位站	会昌县文武坝镇东乡村东乡水库	赣江	专用站	
132	增坑水库	水位站	会昌县文武坝镇林岗村增坑	赣江	专用站	
133	五里山水库	水位站	会昌县西江镇兰陂村兰陂桥	赣江	专用站	
134	石河子水库	水位站	会昌县西江镇牛睡村虎爪坑	赣江	专用站	
135	天子壬水库	水位站	会昌县周田镇大坑村杨梅	赣江	专用站	
136	冬瓜弯	水位站	会昌县麻州镇小河村冬瓜弯	赣江	专用站	
137	东风水库	水位站	市会昌县庄口镇大排村白竹坰	赣江	专用站	

续表

序号	站名	站类	测站地址	水系	站类管理 基本站类	测站分类
138	珠坑水库	水位站	会昌县庄口镇大排村朱坑	赣江	专用站	
139	赖坑水库	水位站	会昌县庄口镇黄沙村朱背	赣江	专用站	
140	东坑水库	水位站	会昌县庄口镇大排村东坑水库	赣江	专用站	
141	河坑水库	水位站	会昌县庄口镇龙化村河坑水库	赣江	专用站	
142	犁头嘴	水位站	龙南县桃江乡水西坝村朱屋小组	赣江	专用站	
143	牛迹潭	水位站	赣州市龙南县桃江乡水西坝村	赣江	专用站	
144	龙头滩	水位站	赣州市龙南县程龙镇五一村	赣江	专用站	
145	龙南	水位站	赣州市龙南县桃江乡洒口村	赣江	专用站	
146	东村	水位站	赣州市龙南县龙南镇新生社区	赣江	专用站	
147	雷峰山	水位站	赣州市龙南县南亨乡东村	赣江	专用站	
148	河坑水库	水位站	赣州市龙南县里仁镇翰岗村	赣江	专用站	
149	杨村	水位站	赣州市龙南县武当镇大坝村	赣江	专用站	
150	南亨	水位站	赣州市龙南县杨村镇杨村	赣江	专用站	
151	程龙中学	水位站	赣州市龙南县南亨乡西村	赣江	专用站	
152	上碗窑水电站	水位站	赣州市龙南县程龙镇五一村	赣江	专用站	
153	园潭水电站	水位站	赣州市龙南县里仁镇中心村	赣江	专用站	
154	龙源水电站	水位站	赣州市龙南县杨村镇车田村	赣江	专用站	
155	际寨坪电站	水位站	赣州市龙南县程龙镇盘石村	赣江	专用站	
156	龙九电站	水位站	赣州市龙南县杨村镇紫霞村	赣江	专用站	
157	龙潭水库	水位站	赣州市龙南县九连山镇墩头村	赣江	专用站	
158	里陂	水位站	龙南县东坑管委会金莲村	赣江	专用站	
159	赤江	水位站	赣州市南康区龙华乡赤江村	赣江	专用站	
160	唐江	水位站	赣州市南康区唐江镇唐南村	赣江	专用站	
161	浮石	水位站	赣州市南康区浮石乡贤女村	赣江	专用站	
162	横寨	水位站	赣州市南康区横寨乡黄田村	赣江	专用站	
163	罗边电站	水位站	赣州市南康区龙华乡新华村	赣江	专用站	
164	龙回	水位站	南康区龙回镇窑下村曹村组	赣江	专用站	
165	吴村	水位站	赣州市宁都县肖田乡吴村	赣江	专用站	
166	团结	水位站	赣州市宁都县洛口镇员布村	赣江	专用站	
167	东韶	水位站	赣州市宁都县东韶乡东韶村	赣江	专用站	
168	文坊	水位站	赣州市宁都县梅江镇河东村	赣江	专用站	
169	老埠水库	水位站	赣州市宁都县青塘镇社岗村	赣江	专用站	
170	三门滩	水位站	赣州市宁都县固村镇团溪村	赣江	专用站	

续表

序号	站名	站类	测 站 地 址	水系	站类管理 基本站类	测站分类
171	洛口	水位站	赣州市宁都县洛口镇洛口村	赣江	专用站	
172	钓峰	水位站	赣州市宁都县钓峰乡钓峰村	赣江	专用站	
173	大布站	水位站	赣州市宁都县东山坝镇大布村	赣江	专用站	
174	阳都站	水位站	赣州市宁都县黄石镇阳都村	赣江	专用站	
175	禾塘水库	水位站	赣州市宁都县黄陂镇大湖村	赣江	专用站	
176	黄泥河水库	水位站	赣州市宁都县东山坝镇小源村	赣江	专用站	
177	下河村站	水位站	赣州市宁都县固村镇下河村	赣江	专用站	
178	竹坑水库	水位站	赣州市宁都县梅江镇刘坑村	赣江	专用站	
179	全南	水位站	赣州市全南县城厢镇含江村	赣江	专用站	
180	上江	水位站	赣州市全南县社迳乡江口村	赣江	专用站	
181	大吉山	水位站	赣州市全南县大吉山镇乌桕坝村	赣江	专用站	
182	社迳	水位站	赣州市全南县社迳乡塔下村	赣江	专用站	
183	龙源坝	水位站	赣州市全南县龙源坝镇瑶下村	赣江	专用站	
184	龙兴水库	水位站	赣州市全南县金龙镇岗背村	赣江	专用站	
185	上营水库	水位站	赣州市全南县大吉山镇小溪村	赣江	专用站	
186	下龙井水库	水位站	赣州市全南县城厢镇小慕村	赣江	专用站	
187	泷源水库	水位站	赣州市全南县龙下乡河田村	赣江	专用站	
188	灌燕水库	水位站	赣州市全南县龙下乡虎条村	赣江	专用站	
189	东风水库	水位站	赣州市全南县金龙镇含江村	赣江	专用站	
190	武坊山水库	水位站	赣州市全南县金龙镇合头村	赣江	专用站	
191	马古塘	水位站	赣州市全南县南迳镇马古塘村	赣江	专用站	
192	古家营	水位站	赣州市全南县南迳镇古家营村	赣江	专用站	
193	龙山水库	水位站	赣州市瑞金市壬田镇车头村	赣江	专用站	
194	上长洲	水位站	赣州市瑞金市瑞林镇瑞红村	赣江	专用站	
195	留金坝	水位站	赣州市瑞金市瑞林镇安全村	赣江	专用站	
196	日东水库	水位站	赣州市瑞金市日东乡湖陂村	赣江	专用站	
197	环溪水库	水位站	赣州市瑞金市九堡镇富村	赣江	专用站	
198	九堡	水位站	赣州市瑞金市九堡镇坝溪村	赣江	专用站	
199	陶珠水库	水位站	赣州市瑞金市泽覃乡陶林村	赣江	专用站	
200	达陂水库	水位站	赣州市瑞金市泽覃乡安治村	赣江	专用站	
201	云集	水位站	赣州市瑞金市叶坪乡云集村	赣江	专用站	
202	小舟坊水库	水位站	赣州市瑞金市泽覃乡石水村	赣江	专用站	
203	久益陂水库	水位站	赣州市瑞金市谢坊镇安背村	赣江	专用站	

续表

序号	站名	站类	测站地址	水系	站类管理基本站类	测站分类
204	陈野水库	水位站	赣州市瑞金市日东乡陈野村	赣江	专用站	
205	丁陂水库	水位站	赣州市瑞金市丁陂乡丁陂村	赣江	专用站	
206	中迳水库	水位站	赣州市瑞金市壬田镇柏坑村	赣江	专用站	
207	丈古坑水库	水位站	赣州市瑞金市瑞林镇民主村	赣江	专用站	
208	青山水库	水位站	赣州市瑞金市瑞林镇里布村	赣江	专用站	
209	大富水库	水位站	赣州市瑞金市拔英乡大富村	赣江	专用站	
210	愚公水库	水位站	赣州市瑞金市黄柏乡向阳村	赣江	专用站	
211	壬田	水位站	瑞金市壬田镇壬田居委会	赣江	专用站	
212	平地水库	水位站	赣州市瑞金市大柏地乡大柏村	赣江	专用站	
213	龙下水库	水位站	赣州市瑞金市万田乡板仓村	赣江	专用站	
214	下坑山水库	水位站	赣州市瑞金市云石山乡回龙村	赣江	专用站	
215	里田水库	水位站	赣州市瑞金市云石山乡田村	赣江	专用站	
216	双溪	水位站	赣州市上犹县双溪乡左溪村	赣江	专用站	
217	龙潭	水位站	赣州市上犹县平富乡向前村	赣江	专用站	
218	上犹江	水位站	赣州市上犹县陡水镇红星村	赣江	专用站	
219	麻仔坝	水位站	赣州市上犹县平富乡麻仔坝村	赣江	专用站	
220	石溪	水位站	赣州市上犹县营前乡石溪村	赣江	专用站	
221	灵潭水库	水位站	赣州市上犹县紫阳乡下佐村	赣江	专用站	
222	蓝田	水位站	赣州市上犹县社溪镇蓝田村	赣江	专用站	
223	西塘	水位站	赣州市上犹县黄埠镇东塘村	赣江	专用站	
224	上丰	水位站	赣州市上犹县黄埠镇上丰村	赣江	专用站	
225	芋坑	水位站	赣州市上犹县东山镇广田村	赣江	专用站	
226	横江	水位站	石城县横江镇横江居委会	赣江	专用站	
227	石田	水位站	赣州市石城县小松镇石田村	赣江	专用站	
228	大由	水位站	赣州市石城县大由乡大由村	赣江	专用站	
229	丰山	水位站	赣州市石城县丰山乡丰山村	赣江	专用站	
230	木兰	水位站	赣州市石城县木兰乡木兰村	赣江	专用站	
231	竹溪	水位站	赣州市石城县珠坑乡竹溪村	赣江	专用站	
232	嶂背水库	水位站	赣州市石城县琴江镇西外村	赣江	专用站	
233	杉子坑水库	水位站	赣州市石城县大由乡兰田村	赣江	专用站	
234	江头水库	水位站	赣州市石城县屏山镇新付村	赣江	专用站	
235	耷岗水库	水位站	赣州市石城县小松镇耷岗村	赣江	专用站	
236	温坊	水位站	赣州市石城县琴江镇温坊村	赣江	专用站	

续表

序号	站名	站类	测站地址	水系	站类管理基本站类	测站分类
237	文峰	水位站	赣州市石城县屏山镇胜利村	赣江	专用站	
238	五村	水位站	赣州市信丰县小河镇五村	赣江	专用站	
239	桃江电站	水位站	赣州市信丰县铁石口镇极富村	赣江	专用站	
240	十里	水位站	赣州市信丰县嘉定镇十里村	赣江	专用站	
241	白兰水库	水位站	赣州市信丰县大塘埠镇仓前村	赣江	专用站	
242	上迳水库	水位站	赣州市信丰县安西镇太坪村	赣江	专用站	
243	龙井水库	水位站	赣州市信丰县大桥镇龙井村	赣江	专用站	
244	五渡港水库	水位站	赣州市信丰县万隆乡石店村	赣江	专用站	
245	走马垅水库	水位站	赣州市信丰县油山镇油山村	赣江	专用站	
246	高桥	水位站	赣州市信丰县铁石口镇高桥村	赣江	专用站	
247	中村水库	水位站	赣州市信丰县大阿镇中村	赣江	专用站	
248	虎山	水位站	赣州市信丰县虎山乡隘高村	赣江	专用站	
249	大阿	水位站	赣州市信丰县大阿镇大阿村	赣江	专用站	
250	金鸡	水位站	赣州市信丰县新田镇金鸡村	赣江	专用站	
251	安西	水位站	赣州市信丰县安西镇莲丰街	赣江	专用站	
252	龙舌	水位站	赣州市信丰县西牛镇龙舌村	赣江	专用站	
253	壕基口水库	水位站	赣州市信丰县西牛镇牛颈村	赣江	专用站	
254	迳古潭水库	水位站	赣州市信丰县铁石口镇九龙村	赣江	专用站	
255	龙迳仔电站	水位站	赣州市信丰县小江镇山香村	赣江	专用站	
256	迳口水库	水位站	赣州市信丰县小江镇中兴村	赣江	专用站	
257	焦坑水库	水位站	赣州市信丰县嘉定镇焦坑村	赣江	专用站	
258	石壁下水库	水位站	赣州市信丰县正平镇新黄村	赣江	专用站	
259	早梨坑水库	水位站	赣州市信丰县西牛镇黄泥村	赣江	专用站	
260	浪石头水库	水位站	赣州市信丰县古陂镇黎明村	赣江	专用站	
261	邵屋水库	水位站	赣州市信丰县西牛镇牛颈村	赣江	专用站	
262	曹屋水库	水位站	赣州市信丰县西牛镇傍塘村	赣江	专用站	
263	长冈	水位站	赣州市兴国县长冈乡石燕村	赣江	专用站	
264	高兴	水位站	赣州市兴国县高兴镇高多村	赣江	专用站	
265	旗岭站	水位站	赣州市兴国县永丰乡旗岭村	赣江	专用站	
266	养源站	水位站	赣州市兴国县江背镇养源村	赣江	专用站	
267	龙口站	水位站	赣州市兴国县龙口镇龙口村	赣江	专用站	
268	埠头站	水位站	赣州市兴国县埠头乡埠头村	赣江	专用站	
269	社富站	水位站	赣州市兴国县社富乡社富村	赣江	专用站	

续表

序号	站名	站类	测站地址	水系	站类管理基本站类	测站分类
270	杰村站	水位站	赣州市兴国县杰村乡杰村	赣江	专用站	
271	均村站	水位站	赣州市兴国县均村乡均村	赣江	专用站	
272	良村站	水位站	赣州市兴国县良村镇良村圩	赣江	专用站	
273	崇贤站	水位站	赣州市兴国县崇贤乡崇贤村	赣江	专用站	
274	枫边站	水位站	赣州市兴国县枫边乡枫边村	赣江	专用站	
275	龙岗站	水位站	赣州市兴国县古龙岗镇龙岗村	赣江	专用站	
276	城岗站	水位站	赣州市兴国县城岗乡城岗村	赣江	专用站	
277	水南站	水位站	赣州市兴国县梅窖镇水南村	赣江	专用站	
278	珊贝水库	水位站	赣州市寻乌县罗珊乡珊贝村	赣江	专用站	
279	狮子峰水库	水位站	赣州市寻乌县南桥镇长江村	赣江	专用站	
280	于都	水位站	赣州市于都县贡江镇永红村	赣江	专用站	
281	车溪	水位站	赣州市于都县车溪镇坝脑村	赣江	专用站	
282	花桥	水位站	赣州市于都县梓山镇花桥村	赣江	专用站	
283	曲洋	水位站	赣州市于都县葛坳乡曲洋村	赣江	专用站	
284	井前坑山塘	水位站	赣州市章贡区石珠村老屋组	赣江	专用站	
285	新屋山塘	水位站	江西省赣州市章贡区石珠村新屋组	赣江	专用站	
286	吉坑山塘	水位站	赣州市章贡区横江村吉坑组	赣江	专用站	
287	芒头坑山塘	水位站	赣州市章贡区沙石镇新建村	赣江	专用站	
288	陈屋山塘	水位站	赣州市章贡区沙石镇下茹村陈屋组	赣江	专用站	
289	吴屋山塘	水位站	赣州市章贡区沙石镇下茹村吴屋组	赣江	专用站	
290	栋上山塘	水位站	赣州市章贡区沙石镇吉埠村坑口组	赣江	专用站	
291	利禄坑山塘	水位站	赣州市章贡区沙石镇吉埠村坑尾组	赣江	专用站	
292	大坑子山塘	水位站	赣州市章贡区沙石镇甘霖村	赣江	专用站	
293	排坊山塘	水位站	赣州市章贡区水西镇坳头村排坊下组	赣江	专用站	
294	嘴下水库	水位站	赣州市三百山镇嘴下村	东江	专用站	
295	解放水库	水位站	赣州市安远县凤山乡凤大山村	东江	专用站	
296	古坊水库	水位站	鹤子镇半迳村黄金湾小组	东江	专用站	
297	东风水库	水位站	赣州市安远县凤山乡大山村	东江	专用站	
298	阳佳	水位站	赣州市安远县鹤子镇阳佳村	东江	专用站	
299	礼亨水库	水位站	赣州市定南县历市镇中沙村	东江	专用站	
300	曲潭水库	水位站	赣州市定南县天九镇桃西村	东江	专用站	
301	历市	水位站	赣州市定南县历市镇恩荣村	东江	专用站	
302	转塘水库	水位站	赣州市定南县鹅公镇坪岗村	东江	专用站	

续表

序号	站名	站类	测 站 地 址	水系	站类管理基本站类	测站分类
303	九曲水库	水位站	赣州市定南县天九镇九曲村	东江	专用站	
304	长滩水库	水位站	赣州市定南县天九镇九曲村	东江	专用站	
305	石凹水库	水位站	赣州市定南县鹅公镇田心村	东江	专用站	
306	鹅公	水位站	赣州市定南县鹅公镇田心村	东江	专用站	
307	营场水库	水位站	赣州市定南县岿美山镇左拔村	东江	专用站	
308	三亨	水位站	赣州市定南县岿美山镇三亨村	东江	专用站	
309	老城	水位站	赣州市定南县老城镇老城村	东江	专用站	
310	天九	水位站	赣州市定南县天九镇天花村	东江	专用站	
311	高湖电站	水位站	赣州市定南县鹅公镇高湖村	东江	专用站	
312	竹园水库	水位站	赣州市定南县历市镇竹园村	东江	专用站	
313	油田水库	水位站	赣州市定南县天九镇油田村	东江	专用站	
314	河里井水库	水位站	赣州市定南县天九镇天花村	东江	专用站	
315	河唇电站	水位站	赣州市定南县老城镇水西村	东江	专用站	
316	龙图	水位站	赣州市寻乌县晨光镇龙图村	东江	专用站	
317	菖蒲	水位站	赣州市寻乌县菖蒲乡铜锣村	东江	专用站	
318	大湾里	水位站	赣州市寻乌县南桥镇廷岭村	东江	专用站	
319	杨山塘水库	水位站	赣州市寻乌县留车镇族坑村	东江	专用站	
320	莲塘尾水库	水位站	赣州市寻乌县留车镇新村	东江	专用站	
321	大坑里水库	水位站	赣州市寻乌县留车镇新村	东江	专用站	
322	上游水库	水位站	赣州市寻乌县南桥镇上游村	东江	专用站	
323	丰背水库	水位站	赣州市寻乌县南桥镇下廖村	东江	专用站	
324	铁坑水库	水位站	赣州市寻乌县南桥镇罗陂村	东江	专用站	
325	洋和山水库	水位站	赣州市寻乌县南桥镇团红村	东江	专用站	
326	庵下水库	水位站	赣州市寻乌县留车镇芳田村	东江	专用站	
327	石缺	水位站	赣州市信丰县油田镇石缺村	北江	专用站	

二、雨量站

民国12年（1923年），扬子江水道讨论委员会在赣县设立赣县站，进行降水量观测。站址地处东经114°54′、北纬25°51′，由教会代为管理。赣县站降水量资料是赣南最早采用现代科学手段进行雨量观测的记录，后停测。民国18年（1929年）5月1日，江西省水利局恢复赣县站观测气象，10月30日停测。民国23年（1934年）1月1日，扬子江水利委员会恢复赣县站降水量观测，12月31日停测。

民国17年（1928年）5月，江西省水利局和建设厅联合下文，要求各县建设局、农业实验站和林场建气象观测站。南康县于当年建站并开始气象观测，观测时断时续，资料残缺不全，未予刊布。民国20年（1931年）9月，恢复南康站降雨量观测，至11月30日停测。

民国24年（1935年），江西省水利局设大余、安远、上犹江3个雨量站，10月恢复南康雨量站。年内，扬子江水利委员会设会昌、宁都雨量站；江西省气象研究所设于都雨量站。至年底，赣南雨量观测站8个。

民国25年（1936年），江西省水利局设信丰雨量站；扬子江水利委员会设瑞金、龙南雨量站；江西省气象研究所设兴国雨量站。1936年崇义设立雨量站，观测单位无从查考。

1951年12月，江西省人民政府通知各县（市）：决定将原设在县（市）所在地的雨量站重新调整加强，设站设备和观测技术方面，由省水利局负责协助；日常观测和记载业务，由县（市）指定农场或农林单位干部负责兼办，在业务和技术上，均接受省水利局指导。当时有少数付酬的代办雨量站，津贴很少，不足代办人员自身的生活费用，须另觅他业增加收入，影响代办工作，观测经常中断，纪录残缺不全。1952年转向较大市镇布设雨量站，委托当地居民、教师或干部代办业务，每月付酬工30～80份，每份约0.22元。付报酬的代办站观测人员工作负责，资料较为完整可靠。1956年2月，水利部召开全国水文工作会议，会议确定江西省在1958年以前，增设基本雨量站370站。同时，省委关于《贯彻执行1956至1967年全国农业发展纲要的规划（草案）》提出加强水文观测和水文预报工作。为此，3月，省水利厅提出年内布设雨量站125站的任务，通知各水文分站和专（行）署机构密切联系，取得当地政府协助，结合邮电情况和观测场地通盘考虑设站地点。承办对象除以农林技术推广站、国营农场外，以农业生产合作社作为设站的主要对象之一，水利厅供应雨量站观测仪器、记载报表、业务文件和办公费，其他一切行政开支，由承办单位解决。

1958年2月，江西省水利厅向各专（行）署农林水办公室发出《关于调整江西省雨量站工作的指示》，要求各地对原有雨量站进行调整并予以加强。1958年6月，水电部发出《关于大力开展群众性水利建设观测研究工作的意见》。7月，省水电厅向各专（行）署、各县（市）人民委员会发出《关于布设群众性雨量气象观测站的函》，要求大力布设群众性雨量、气象观测站网，达到乡乡有农业气象哨，社社有雨量站。一时间大办群众水文，布设许多站哨。这些群众站哨由于缺乏一套管理办法，有名无实，形同虚设。

1959—1961年，国民经济暂时困难时期，雨量站逐年减少。1961年10月、12月，对雨量站作了两次调整。随着国民经济情况的好转，从1963年起开始增设雨量站。1966年“文化大革命”开始后，随着运动的深入，江西省水文气象局处于瘫痪状态。赣南安远石子头雨量站等2站，在未经省水文气象局审批的情况下自行撤销。1968年，宁都水文站要求撤销雨量站6站；杜头、枫坑口等水文站也提出撤销雨量站的要求。“文化大革命”期间，有些雨量站代办员的代办费被所在单位作为集体收入，代办员无偿劳动，工作积极性受到严重影响，观测中断，缺测较多，资料质量差。雨量站数量逐年递减，1972年略有回升，并逐年增加。

1976年前设的水文站，有部分站由于集水面积内的配套雨量站太少，或配套雨量站位置不当，代表性不强，直接影响产流、汇流参数的分析，无法探求参数的地理规律。第三次站网规划时，在规划面上雨量站的同时，着重考虑水文站的配套雨量站，在增设面上雨量站的同时，加强配套雨量站的布设，逐年增设中小河水文站的配套雨量站。至1985年，赣州市基本完成区域代表站和小河水文站集水面积内配套雨量站的布设工作。1976年以后，雨量站迅速增加，赣州1980年增设33站、1981年增设52站、1982年增设59站。

1991年，撤销区域代表水文站和小流域水文站配套雨量站。赣州市1992年撤销62站、1994年撤销56站，为撤销站数最多的两年。

2006年水情分中心建设开始，2008年、2009年、2011年开展暴雨山洪灾害监测系统（一、二、三期）工程；2011年中小河流预警系统开始启动；2011年、2012年、2015年非工程措施开工建设，赣州市区域内雨量站点增加迅速。

水电工程部门设立雨量站始于1954年，当时燃料工业部中南水力发电工程局在上犹江首先设关田雨量站等4站，1990年仍有4站，它们是崇义关田、上犹鹅形、崇义丰洲和上犹陡水等。

1950年以后赣州市雨量站历年建设情况如下（括号中是雨量站存续时间）：

1950年，恢复于都雨量站。4月恢复安远雨量站。

1951年，恢复南康汛期雨量站。设寻乌、定南雨量站。2月恢复瑞金站。8月会昌雨量站重新设立。10月崇义雨量站重新设立，12月停测。

1952年，设会昌麻州，赣县桃江口（居龙滩），上犹陡水（铁扇关1952—1994年）、石城、全南。恢复信丰、龙南雨量站。11月设于都雨量站，次年2月停测。

1953年，设于都峡山、赣县坝上雨量站（水口）。2月设宁都县东韶雨量站，7月设上犹鹅形、营前和崇义雨量站。1955年1月，营前雨量站改为水位站，增加水温、水位观测项目。8月设崇义县上堡、文英、关田雨量站。

1954年，设崇义关田（1954—1960年、1962—1994年）、崇义茶滩雨量站（1954—1994年）。

1955年，设上犹鹅形和麻仔坝（1955—1994年），南康田头雨量站（1955年至今）。

1956年，设会昌西江（1961年底停测）、定南月子、大余滩头（1956—1989年），崇义麟潭雨量站（1956—1994年）。1月设于都（农场）雨量站，3月设瑞金武阳雨量站，4月设会昌羊角营、河墩（1961年撤销），安远重石，于都仁风，瑞金密溪、兴国（农场）雨量站，羊角营雨量站于1966年10月1日撤销，下迁至会昌筠门岭水文站。5月设全南古家营、定南月子、信丰极富、赣县王母渡雨量站。7月设大余合江、兴国崇贤雨量站，8月设兴国古龙岗、大余二塘、石城大犹雨量站，古龙岗站1960年年底撤销。9月设宁都璜陂、赣县白鹭雨量站，璜陂雨量站次年底撤销。

1957年，设瑞金湖洋（1957年年底撤销）、会昌筠门岭、会昌葫芦阁、于都汾坑、信丰枫坑口（1957—2000年）、信丰新田（1958年年底停测）、赣县小垄（1957—1958年、1965—1993年）、南康窑下坝雨量站（南水）。1月设宁都肖田、固厚、江口，兴国社富，南康十八塘雨量站，2月设宁都坎田雨量站。

1958年，设会昌珠兰站、安远羊信江站、龙南杜头站、寻乌岗子上站（1958—1960年）。1月设龙南杨村雨量站，5月设宁都长罗、龙南蔡屋、赣县大湖江、全南陂头雨量站。6月设兴国龙口、安远水东雨量站，7月设安远江头寨、兴国城岗雨量站。

1959年，设宁都、于都窑邦（1959—1999年）、兴国六科（1959—1991年）、兴国东村（1959—1961年、1965—1991年）、崇义扬眉、崇义丰洲（1959—1994年）、南康麻双、寻乌上坪（1959—1963年）、定南三溪口（1959—1963年）、定南月光（1959—1961年）、定

南岿美山雨量站（1959 年）。1 月设兴国江背雨量站。

1960 年，设安远雨量站（1960—1970 年、1975—1977 年）。

1961 年，设赣县翰林桥、兴国长龙（1961—1974 年、1976—1979 年、1981—1991 年）、赣州（贡水）、石城庵子前雨量站。

1962 年，设信丰金盆山、信丰白兰（1962—1986 年）、大余内良、大余跃进、安远龙布、宁都东韶、宁都琳池、石城丰山、宁都低岭、兴国、全南大吉山、信丰龙迳子、信丰五渡港（1962—1966 年、1974—1986 年）、信丰油山、信丰走马垅（1962—1966 年、1997 年、1979—1986 年）、赣县阴掌山（横溪）、定南龙塘雨量站。

1963 年，设瑞金黄膳口（1963—1991 年）、安远江头、宁都吴村（1963—1965 年、1976—1991 年）、宁都璜陂、宁都东山坝、宁都湛田、宁都会同（1963—1991 年）、石城丘坊（1963—1993 年）、石城屏山、宁都长胜、于都琵琶、于都祁禄山、兴国古龙岗（1963—1967 年、1970—1979 年、1981—1991 年）、兴国龙口、赣县大都坑（1963—1988 年）、龙南东坑（1963—1992 年）、龙南九莲山、赣县阳埠（王富）、大余吉村（1963—1994 年）、上犹梅岭、上犹寺下、南康坪市、赣县长村、赣县大湖江、设赣县湖溪（1963—1993 年）、兴国茶园（1963—1979 年、1981—1993 年）、兴国城岗、龙南纹龙、兴国均福山（1963—1967 年）、全南茅山（1963—1967 年、1985—2000 年）、瑞金龙山（没有刊布资料）、会昌河墩（1963—1968 年）、瑞金沙垅（1963—1966 年）、瑞金湖洋、宁都竹坑（1963—1964 年）、全南八一（1963—1968 年）、定南礼亨雨量。

1964 年，设瑞金大垅（1964—1993 年）、瑞金新径、会昌板坑（1964—1993 年）、安远高云山（1964—1993 年）、安远龙头、瑞金三河、宁都蔡江、宁都小布、宁都田埠、石城木兰、石城小松、宁都青塘、兴国富口、龙南古坑、龙南夹湖、全南龙源坝、南康大坪（1964—1993 年）、南康横市（1964—1993 年）、于都黎邦桥（禾丰 1964—1993 年）、大余上山坑（山南）、宁都蒙坊（1964—1967 年）、大余上山坑雨量站。

1965 年，设瑞金湖陂（1965—1993 年）、瑞金新中、瑞金大塘、寻乌珊背（1965—1997 年）、会昌清溪、会昌中村、会昌右水、会昌长兰、于都靖石、瑞金茶亭、于都宽田、于都黄龙（1965—1993 年）、于都郎际（1965—1991 年）、石城小姑（1965—1968 年、1971—1993 年）、石城洋地、宁都固村、瑞金冈面、兴国长竹、定南径脑（1965—1993 年）、信丰古陂、赣县黄波地、信丰西牛（1965—1967 年）、崇义聂都、南康龙回、上犹紫阳（1965—1993 年）、南康圩下（1965—1993 年）、赣县沙地、安远石子头（1965—1966 年）、上犹（1965—1967 年、1976 年）、安远双芫（1965—1966 年）、龙南九连山（1965 年）、石城下柏昌（1965—1969 年）、于都新陂（1965—1967 年）、兴国崇贤（崇胜）、全南罗坊（1965—1967 年）、全南（1965—1967 年、1975—1977 年）、龙南武当山（1965—1967 年）、全南小叶崇（1965—1966 年）、信丰隘高（1965—1967 年）、赣县长洛（1965—1966 年）、大余合江（1965—1966 年）、大余坳头（1965—1966 年）、寻乌龙岗（1965—1993 年）、寻乌澄江（1965—1993 年）、寻乌吉潭（1965—1968 年、1971—1973 年、1979—1993 年）、寻乌三标（1965—1993 年）、寻乌、定南镇田、定南九曲（1965—1993 年）、定南三亨、定南老城（1965—1993 年）、定南（1965—1979 年）、寻乌岗子上（1965—1966 年）、定南龙塘（1965—1967 年、1969—1972 年、1974—1975 年）、会昌羊角（1965 年）、会昌罗村

（1965—1969 年）、湖南汝城溢将（1965—1994 年）、寻乌桂竹帽雨量站。3 月设隆木、西坑雨量站。

1966 年，设石城宜福（1966—1993 年）、大余长江、兴国梅窖（1966—1979 年、1981—1982 年、1988—1991 年）、宁都坎头（1966—1969 年）、宁都邮村（1966—1968 年）、兴国柿陂（1966 年）、大余浮江（1966 年）、龙南横岗、龙南杨村雨量站。3 月设兴国严屋雨量站。6 月设崇义义安雨量站。

1967 年，设安远天心（1967—1993 年）、兴国澄江、赣县枫树湾（1967—1993 年）、大余河洞、赣县鹅公湾（1967—1972 年）、南康木林、兴国莲塘（1967 年、1981—1982 年、1989—1991 年）、兴国什石雨量站（1967 年）。

1968 年，设于都正坑（1968—1973 年、1975—1981 年）、寻乌南桥雨量站（1968—1978 年）。

1969 年，设会昌周田、宁都肖田、湖南汝城集龙（1969—1972 年、1974—1983 年、1986 年）、安远孔雨量站（1969—1991 年）。

1970 年，设会昌水洲、宁都赖村雨量站。

1972 年，设宁都上元布雨量站（1972—1991 年）。

1973 年，设南康大斜（1973—1979 年）、南康陂上雨量站（1973 年、1975—1976 年）。

1974 年，设石城岩岭、大余沙村雨量站。

1975 年，设信丰中村（1975—1987 年）、会昌雨量站（1975—1977 年、1979 年）。

1976 年，设上犹安和、定南胜前雨量站。

1977 年，设瑞金日东（1977—1988 年）、全南南迳、全南陂头、于都大塅（坳下 1977—1993 年）、南康山龙雨量站（1977—1979 年）。

1978 年，设兴国鼎龙雨量站（1978—1979 年、1981—1992 年）。

1979 年，设宁都安福（1979—1991 年）、定南桥背（1979—1980 年）、于都老寮场（1979—1993 年）、于都正坑尾（1979—1982 年）、寻乌长安（1979—1993 年）、寻乌剑溪、寻乌顶山（1979—1980 年、1982—1993 年）、寻乌石排（1979—1993 年）、寻乌水背雨量站。

1980 年，设寻乌横坑（1980—1997 年）、会昌营坊（1980—1997 年）、会昌长岭（1980—1991 年）、会昌园塅（1980—1983 年）、会昌杨梅（1980—1991 年）、会昌围背（1980—1985 年、1987—1991 年）、会昌站塘（1980—1991 年）、会昌水尾（1980—1991 年）、会昌长滩（1980—1991 年）、会昌小沙（1980—1991 年）、会昌高坑、会昌桥头（1980—1991 年）、宁都赤水、石城东坑、石城胜江、石城大仓（1980—1988 年、1990—1991 年）、石城石田（1980—1991 年）、石城新村（1980—1991 年）、宁都老嵊场、于都坑尾（1980—1983 年）、全南杨坊、全南竹山下、全南马坑岗、全南上甘坑、龙南三坑、龙南茶园（1980—1991 年）、龙南田心、龙南上围、龙南双罗、南康大山脑（1980—1991 年）、南康三益（1980—1991 年）、南康李村（1980—1991 年）、全南龙口围（罗坑）、上犹莲塘雨量站（白水）。

1981 年，设宁都廖村（1981—1991 年）、兴国杨村（1981—1991 年）、全南杨屋（1981—1983 年）、龙南官坑、崇义石圳、崇义罗心坳（1981—1991 年）、大余樟东坑（1981—1991 年）、大余南井坑、大余下垅（1981—1991 年）、崇义米坑（1981—1991 年）、崇义大园里（1981—1993年）、崇义下石溪（1981—1991年）、崇义密溪（1981—1985年、1988—1993年）、崇义排上（1981—1993年）、崇义长河坝（1981—1993年）、崇义岭下（1981—1991年）、上犹礼木桥、上犹双溪（1981—1983年）、上犹河溪、兴国三僚（1981—1982年）、兴国江湖（1981—1982年）、兴国樟木（1981—1982年、1989—1991年）、安远大坝头、安远樟溪（1981—1991年）、安远镇岗、安远上村、安远唐屋、安远高桥头（1981—1991年）、安远龙岗、安远双坑、安远岽下、定南梅子坝（1981—1991年）、定南上寨、定南乌石头（1981—1983年）、定南高排（1981—1983年）、宁都上勤下、宁都下勤下（1981—1983年）、宁都桥下垅、于都黄竹坑（1981—1993年）、于都马蹄盈（1981—1993年）、兴国楚西（1981—1993年）、兴国孔目（1981—1993年）、兴国柳树（1981—1993年）、龙南蒲罗合（1981—1995年）、龙南打石坑（1981—1986年）、龙南水打古（1981—1995年）、龙南枧头（1981—1995年）、大余桥头（1981—1996年）、大余千家地（1981—1982年）、大余吉龙尾（1981—2000年）、大余横江、大余木梓树下、大余樟斗雨量站。

1982年，设宁都美佳山、宁都带源、宁都漳灌、宁都车干（1982—1991年）、宁都和平、宁都齐元（1982—1991年）、宁都洛口、宁都鹅公堎（1982—1991年）、宁都连陂桥、宁都上朝、宁都麻田、宁都小源（1982—1991年）、宁都湖岭（1982—1991年）、宁都石上、宁都罗江（1982—1991年）、宁都坎田、赣县坪坑（1982—1991年）、崇义白石（1982—1993年）、崇义火烧洞（1982—1986年）、崇义石窝子（1982—1985年）、崇义文英、崇义园洞（1982—1991年）、崇义棉家洞（1982—1991年）、崇义古亭（1982—1993年）、崇义唐湾子（1982—1985年）、崇义金竹窝（1982—1986年）、崇义上堡（1982—1993年）、崇义左泉（1982—1993年）、崇义长洞坑（1982—1991年）、崇义龟子背（1982—1985年、1990—1993年）、崇义上营（1982—1985年、1987—1993年）、上犹江西坳（1982—1993年）、上犹黄泥坑（1982—1993年）、上犹墩头（1982—1993年）、上犹大寮（1982—1993年）、上犹上寨（1982—1993年）、上犹信地（1982—1993年）、上犹高沿、上犹枫树湾、兴国小溪（1982年）、兴国陈也（1982年）、兴国兴江（江口1982年、1990—1991年）、寻乌杨坑（1982—1991年）、寻乌岽背（1982—1991年）、寻乌大坜（1982—1991年）、寻乌上长岭（1982—1993年）、寻乌大竹园（1982—1991年）、寻乌角坑（1982—1993年）、于都坳下（1982—1993年）、兴国大岽（1982—2000年）、兴国枫岭（1982—2000年）、兴国赣州角（1982—2000年）、兴国徐屋岽（1982—2000年）、兴国隆坪（1982—2000年）、龙南龙头（1982—1995年）、信丰禾场埂（1982—1999年）、信丰葫芦埂（1982—1999年）、信丰高陂坑（1982—1999年）、桐孜上雨量站（1982年）。

1983年，设崇义梅坑雨量站（1983—1986年）。

1984年，设福建武平贵湖、寻乌礼齐、福建武平大岔、会昌黄坌、会昌盘古隘（1984—1991年）、福建武平长坝、会昌若坑（1984—1991年）、安远黄屋（1984—1985年、1988年、1993年）、宁都大南坑、全南罗坑、上犹上洞（1984—1987年、1989—1992年）、安远寨背（1984—1985年、1987—1991年）、安远上山教、安远屋背岗、石城礼地、石城东坑、上犹南坪、安远白露岭（1984—1991年）、定南上寨（1984—1991年）、宁都上勤岭雨量站。

1985年，设安远兴地、南康县西坑（1985—1993年）、兴国南坑、兴国石下、宁都大沽雨量站（1985—1991年）。

1990年，设赣县田村雨量站。

2000年，设于都葛坳雨量站。

2006年，国家防汛抗旱指挥系统一期工程江西赣州水情分中心项目新建雨量站19站。

2007年，暴雨山洪灾害监测系统1期新建雨量站339站。

2008年，暴雨山洪灾害监测系统2期新建雨量站41站。冰灾恢复雨量站8站。

2009年，暴雨山洪灾害监测系统3期新建雨量站72站。

2010年，江西省中小河流（洪水易发区）水文监测建设工程（赣州）新建雨量站34站。

2011年，中小河流（洪水易发区）新建雨量站104站。

2011年，国家山洪灾害非工程措施新建雨量站85站。

2012年，国家山洪灾害非工程措施新建雨量站46站。

2015年，国家山洪灾害非工程措施新建雨量站12站。

赣州市雨量站经过几十年的建设发展，至2020年年底形成规模可观的雨量站网系统，全市有雨量观测任务的水文（位）站共324站、雨量站710站，共有雨量观测的站点1035个。2020年赣州市雨量站统计见表2-6-8。

表2-6-8　　2020年赣州市雨量站统计表

序号	站　名	流域	河　名	测　站　地　址
1	黄屋	长江	富田河	安远县欣山镇富田村黄屋组
2	上山教	长江	孙屋河	安远县欣山镇下庄村
3	屋背岗	长江	新龙河	安远县新龙乡里田村屋背岗组
4	江头	长江	甲江河	安远县新龙乡江头村
5	兴地	长江	濂水	安远县车头镇车头村镇政府院内
6	龙头	长江	土若水	安远县车头镇龙头村
7	濂丰	长江	上濂水	安远县高云山乡濂丰村
8	新龙	长江	新龙河	安远县新龙乡政府
9	车头	长江	濂水	安远县车头镇车头村政府院内
10	高云山	长江	大脑河上游	安远县高云山乡沙含村
11	牛犬山林场	长江	阳光河	安远县版石镇安信村
12	重石	长江	阳光河	安远县重石乡重石村政府院内
13	上丁	长江	上丁河	安远县车头镇南坑村上丁电站院内
14	铁丰	长江	铁山河	安远县高云山乡铁丰村赖屋坝组
15	渡江	长江	允义河	安远县蔡坊乡渡江村
16	彭屋	长江	阳光河	安远县龙布镇迳背村彭屋组
17	寨坑	长江	天心河	安远县天心镇寨坑村
18	大坋	长江	大坋水	安远县天心镇大坋村
19	水头	长江	团龙河	安远县天心镇水头村

续表

序号	站　名	流域	河　名	测　站　地　址
20	塘村	长江	桂林河	安远县塘村乡塘村
21	河秋	长江	阳光河	安远县浮槎乡河秋村
22	双芫	长江	下刀河	安远县双芫乡双芫村政府院内
23	石寮	长江	石寮水	安远县双芫乡刀坑村石寮组
24	小乐	长江	允义河	安远县天心镇小乐村
25	版石	长江	濂水	安远县版石镇版石村政府院内
26	天心	长江	天心河	安远县天心镇天心村政府院内
27	长沙	长江	团龙河	安远县长沙乡政府
28	白兔	长江	桂林河	安远县塘村乡白兔村塘村乡政府
29	金塘	长江	龙布河	安远县龙布镇金塘村
30	文英	长江	文英河	崇义县文英乡文英村
31	聂都	长江	聂都河	崇义县聂都乡聂都村
32	石圳	长江	义安水	崇义县铅厂镇石罗村
33	麟潭	长江	古亭水	崇义县麟潭乡麟潭村
34	义安	长江	义安水	崇义县铅厂镇义安村
35	新溪	长江	新溪	崇义县长龙镇新溪村
36	长龙	长江	大摆水	崇义县长龙镇长龙村
37	龙勾	长江	九龙山河	崇义县龙勾乡龙勾村
38	乐洞	长江	乐洞水	崇义县乐洞乡乐洞村
39	丰乐水库	长江	乐洞水	崇义县丰州乡丰州村
40	白石	长江	欧家洞水	崇义县丰州乡白石村
41	火烧洞	长江	火烧洞水	崇义县丰州乡九龄村
42	上堡	长江	上堡河	崇义县上堡乡甲子村
43	沙溪	长江	小江	崇义县关田镇沙溪村
44	新地	长江	水口排河	崇义县思顺乡新地村
45	水南	长江	上堡河	崇义县上堡乡水南村
46	铁木村	长江	黄背河	崇义县过埠镇铁木村
47	枧坳电站	长江	聂都河	崇义县聂都乡龙溪村
48	上浊水	长江	思顺河	崇义县思顺乡新地村
49	过埠	长江	金坑河	崇义县过埠镇过埠村
50	金坑	长江	金坑河	崇义县金坑乡金坑村
51	杰坝	长江	杰坝河	崇义县杰坝乡杰坝村
52	关田	长江	小江	崇义县关田镇关田村
53	铅厂	长江	稳下河	崇义县铅厂镇铅厂村

续表

序号	站名	流域	河名	测站地址
54	竹洞	长江	竹洞水	崇义县聂都乡竹洞村
55	内良	长江	内良水	大余县内良乡内良村
56	河洞	长江	合江水	大余县河洞乡河洞村
57	山南	长江	上南水	大余县浮江乡山南村
58	南井坑	长江	南枧坑河	大余县黄龙乡南井坑村
59	桥头	长江	横江河	大余县樟斗镇双伏村
60	木梓树下	长江	横江河	大余县樟斗镇木梓树下村
61	横江	长江	横江河	大余县樟斗镇横江村
62	大南坑	长江	东溪	大余县河洞乡大南坑
63	游仙	长江	游仙河	大余县吉村镇游仙村
64	帽子峰林场	长江	大萌里	大余县吉村镇民主村
65	黄溪	长江	聂都水	大余县内良乡黄溪村
66	金山水库	长江	聂都水	大余县吉村镇沙村
67	三江口	长江	浮江河上游	大余县浮江乡洪水寨村
68	石屋	长江	义安河	大余县浮江乡石屋村
69	锅水	长江	沙江坝河	大余县南安镇锅水村
70	漂塘	长江	漂塘河	大余县左拔镇漂塘村
71	东坑	长江	漂塘河	大余县左拔乡大江村东坑组
72	青龙	长江	章水	大余县青龙镇青龙村
73	小汾	长江	彭坑水	大余县池江镇小汾村
74	蓝棚下	长江	横江河	大余县左拔云山村塔下组
75	左拔	长江	横江河	大余县左拔镇左拔村
76	池江	长江	杨梅河	大余县池江镇居委会第 6 组
77	下隆	长江	下垄水	大余县新城镇下隆村
78	新城	长江	章水	大余县新城镇高龙村
79	田村	长江	田村河	赣县区田村镇红卫村
80	横溪	长江	桃江	赣县区王母渡乡桃江村
81	黄婆地	长江	尚汶河	赣县区韩坊镇小坪村
82	长村	长江	长村河	赣县区五云乡长村
83	沙地	长江	沙地水	赣县区沙地镇沙地村
84	石伍	长江	尧村河	赣县区湖江乡石伍村
85	凯瑞电站	长江	尚汶河	赣县区大埠乡夏汶村尚汶小组
86	牛栏坑	长江	里南坑河	赣县区大埠乡金田村
87	枫树	长江	枫树河	赣县区王母渡镇枫树村

续表

序号	站　名	流域	河　名	测　站　地　址
88	金盘水库	长江	石芫河	赣县区石芫乡金盘村
89	大都	长江	大都河	赣县区南塘镇大都村
90	建节	长江	建节河	赣县区吉埠镇建节村
91	桃子坑	长江	沙地水	赣县区沙地镇螺田村
92	蟠岩	长江	蟠岩河	赣县区沙地镇蟠岩村
93	面圩	长江	湖江河	赣县区湖江镇文芬村
94	马埠	长江	沙地水	赣县区阳埠乡黄沙村
95	芫丰	长江	大崇河	赣县区王母渡镇下邦村
96	赖坑	长江	留田河	赣县区长洛乡下含村
97	杨洞	长江	西坑河	赣县区茅店镇杨洞村
98	白鹭	长江	凌沅河	赣县区白鹭乡白鹭村
99	三溪	长江	黄岗河	赣县区三溪乡三溪村
100	南塘	长江	柏溪河	赣县区南塘镇南塘村
101	吉埠	长江	建节河	赣县区吉埠镇吉埠村
102	石芫	长江	石芫河	赣县区石芫乡石芫村
103	江口	长江	贡水	赣县区江口镇旱塘村
104	小坌	长江	牛岭河	赣县区韩坊乡小坌村
105	水口	长江	迳天河	赣县区韩坊乡水口村
106	塘坑口	长江	斜下河	赣县区韩坊乡塘坑村
107	韩坊	长江	韩坊河	赣县区韩坊乡韩坊村
108	芫田	长江	芫田河	赣县区韩坊乡芫田村
109	禾甫	长江	禾甫河	赣县区阳埠乡许屋村
110	阳埠	长江	大陂河	赣县区阳埠乡阳埠村
111	杨雅	长江	水西河	赣县区大埠乡杨雅村
112	小坪圩	长江	牛岭村河	赣县区韩坊乡上岭村
113	大坪	长江	尚汶河	赣县区韩坊乡大坪村
114	清水塘	长江	尚汶河	赣县区大埠乡夏汶村
115	大埠	长江	里南坑河	赣县区大埠乡大埠村
116	大田	长江	桃江	赣县区大田乡大田村
117	长洛	长江	长洛河	赣县区长洛乡长洛村
118	茅店	长江	西坑河	赣县区茅店镇茅店村
119	储潭	长江	塘坑河	赣县区储潭乡储潭村
120	五云	长江	五云河	赣县区五云镇五云村
121	流江背	长江	湖江河	赣县区湖江镇芫坪村

续表

序号	站　名	流域	河　名	测　站　地　址
122	红卫水库	长江	林屋河	赣县区沙地镇沙地村
123	罗珊	长江	上津河	寻乌县罗珊乡罗塘村
124	珊背	长江	龙溪河	寻乌县罗珊乡珊背村
125	横坑	长江	上坑河	寻乌县澄江镇横坑村
126	黄坌	长江	黄坌水	会昌县门岭乡黄坌村
127	营坊	长江	下阳河	会昌县筠门岭镇营坊村
128	清溪	长江	清溪河	会昌县清溪乡清溪村
129	周田	长江	周田河	会昌县周田中学校内
130	中村	长江	半溪河	会昌县中村乡中村
131	长兰	长江	官丰河	会昌县洞头乡长兰村
132	水洲	长江	永隆河	会昌县隆乡水洲村
133	高坑	长江	高坑河	会昌县富城乡高坑村
134	右水	长江	右水河	会昌县右水乡右水村
135	珠兰	长江	贡水	会昌县珠兰乡珠兰村
136	西江	长江	五里河	会昌县西江镇众心路1号西江镇政府
137	下阳	长江	石螺岔河	会昌县筠门岭镇下阳村上村
138	半照	长江	半照河	会昌县筠门岭镇半照村
139	洞头	长江	和睦迳河	会昌县洞头乡畲族街1号洞头乡政府
140	中桂	长江	中桂河	会昌县周田镇中桂村
141	站塘	长江	官丰河	会昌县站塘乡政府
142	官坑	长江	官丰河	会昌县中村乡增坑村
143	永隆	长江	水州河	会昌县永隆乡永兴路68号永隆乡政府
144	大竹坝水库	长江	中坝河	会昌县麻州镇罗屋村
145	富城	长江	赖家山河	会昌县富城乡政府
146	石壁坑	长江	板坑河	会昌县文武坝镇黄屋欠村
147	油槽坳	长江	团龙河	会昌县高排乡油槽坳村
148	高排	长江	高排河	会昌县高排乡农民街路与老圩路交叉口北200米高排乡政府
149	晓龙	长江	晓龙河	会昌县晓龙乡圩街1号晓龙乡政府
150	庄埠	长江	黄背河	会昌县庄埠乡南街12号庄埠乡政府
151	凤凰岽	长江	凤凰岽河	会昌县庄口镇黄雷村秀段
152	杉背	长江	半迳河	会昌县小密乡杉背村希望小学
153	庄口	长江	洛口河	会昌县庄口镇民兴中路5号庄口镇政府
154	西坑水库	长江	西坑河	会昌县西江乡西坑村

续表

序号	站　名	流域	河　名	测　站　地　址
155	永丰水库	长江	洋西河	会昌县小密乡莲塘村
156	小密	长江	小密河	会昌县小密乡政府
157	倒圳	长江	河石河	会昌县晓龙乡倒圳村
158	连陂	长江	实竹坪河	会昌县庄口乡连陂村
159	芳园	长江	照龙河	会昌县珠兰乡芳园村
160	井头	长江	井头河	会昌县永隆乡井头村
161	官村	长江	官村河	会昌县站塘乡官村
162	上官	长江	中桂河	会昌县周田镇上官村
163	河头	长江	半照河	会昌县洞头乡河头村
164	大河唇	长江	清溪河	会昌县筠门岭镇大河唇村
165	欧屋	长江	黄山坑河	会昌县珠兰乡欧屋村
166	龙下湾	长江	丹坑河	会昌县白鹅乡龙下湾村
167	河迳	长江	白鹅河	会昌县白鹅乡河迳村
168	余屋洞	长江	板坑河	会昌县富城乡余屋洞村
169	小砂	长江	永隆河	会昌县永隆乡小砂村
170	小照	长江	半照河	昌县洞头乡小照村
171	公婆坑	长江	石坝河	会昌县清溪乡公婆坑村
172	杨梅	长江	周田河	会昌县周田镇杨梅村
173	围背	长江	中桂河	会昌县周田镇上官村
174	高兰	长江	晓龙河	会昌县晓龙乡高兰村
175	杨梅坑水库	长江	小密河	会昌县小密乡小密村
176	长坝	长江	湘水	福建省武平县东留乡长坝村
177	横岗	长江	太平江	龙南县武当镇横岗村
178	官坑	长江	太平江	龙南县杨村镇官坑村
179	上围	长江	斜陂水	龙南县九连山镇上围村
180	夹湖	长江	太平河	龙南县夹湖乡杨岭村
181	双罗	长江	太平江	龙南县夹湖乡双罗村
182	汶龙	长江	太平江	龙南县汶龙镇坳背村
183	大丘田	长江	扶犁水	龙南县九连山镇墩头村
184	墩头	长江	小溪水	龙南县九连山镇墩头村
185	三坑	长江	任屋河	龙南县杨村镇坪上村
186	玉坑	长江	大平江	龙南县杨村镇玉坑村
187	寨下水电站	长江	饭罗河	龙南县九连山镇润洞村
188	记寨坪电站	长江	小溪河	龙南县九连山镇古坑村

续表

序号	站 名	流域	河 名	测 站 地 址
189	芹菜塘	长江	松湖河	龙南县夹湖乡松湖村
190	金水水电站	长江	骑马坳河	龙南县程龙镇杨梅村
191	安基山	长江	安基山河	龙南县安基山林场林中村
192	凰洞	长江	黄洞河	龙南县渡江镇象塘村
193	中坪	长江	铜锣湾河	龙南县渡江镇新大村
194	西湖水库	长江	下井河	龙南县程龙镇龙秀村
195	程龙	长江	老流河	龙南县程龙镇八一九村
196	豆头	长江	老流河	龙南县程龙镇豆头村
197	渡江	长江	桃江	龙南县渡江镇新埠村
198	武当	长江	渥江	龙南县武当镇大坝村
199	石下水库	长江	南亨河	龙南县武当镇石下村
200	石嘴头	长江	石门河	龙南县临塘乡塘口村
201	罗田	长江	水口河	龙南县汶龙镇罗坝村
202	银龙水电站	长江	串连排河	龙南县汶龙镇里陂村
203	临塘	长江	石元河	龙南县临塘乡临江村
204	黄沙	长江	黄沙河	龙南县黄沙管委会黄沙村
205	张古段	长江	东坑河	龙南县东坑管委会张古段村
206	袁屋	长江	晒源河	龙南县桃江乡中源村
207	东坑	长江	东坑河	龙南县临塘乡东坑村
208	枫树岗水电站	长江	关西河	龙南县关西镇翰岗村
209	关西	长江	关西河	龙南县关西镇关东村
210	龙潭水库	长江	金莲河	龙南县东坑管委会金莲村
211	石峡山水库	长江	东坑河	龙南县龙南镇坑仔村
212	洒源	长江	洒源河	龙南县桃江乡水西坝村
213	龙回	长江	龙回江	南康区龙回镇政府窑下村
214	木林	长江	木林河	南康区龙华乡木林村
215	坪市	长江	彭屋河	南康区坪市镇大路坪村竹头下组
216	麻双	长江	唐江水	南康区麻双乡麻桑村
217	梅源水库	长江	中村水	南康区龙回镇梅源村
218	横寨水库	长江	长塘水	南康区横寨镇黄田村
219	石孜坳水库	长江	赤土水	南康区赤土镇石孜坳
220	赤土	长江	油坑水	南康区赤土镇政府赤土村
221	龙虎陂水库	长江	李源水	南康区龙岭镇龙虎陂
222	龙岭	长江	樟桥水	南康区龙岭镇金龙社区

续表

序号	站　名	流域	河　名	测　站　地　址
223	内潮	长江	内潮水	南康区十八塘乡樟坊村长石组
224	洋田	长江	太和水	南康区太窝乡洋田村
225	三江	长江	太河水	开发区三江乡新红村
226	凤岗	长江	太和水	开发区凤岗镇横岭村
227	黄龙水库	长江	黄龙河	开发区凤岗镇黄龙村
228	李村	长江	李村水	南康区龙回镇李村
229	红卫水库	长江	红卫水库	南康区坪市乡李岭村
230	圩下	长江	麻双河	南康区麻双乡圩下村
231	黄坑	长江	社溪江	南康区麻双乡黄坑村
232	龙华	长江	龙华江	南康区龙华乡龙华村
233	十八塘	长江	内潮水	南康区十八塘乡十八塘村
234	罗洞	长江	罗洞水	南康区坪市镇罗洞村
235	上洛水库	长江	大坪河	南康区大坪乡上洛村
236	大坪	长江	西垄河	南康区大坪乡大坪村
237	隆木	长江	黄石坑水	南康区隆木乡隆木村
238	肖田	长江	梅川	宁都县肖田乡肖田村
239	美佳山	长江	梅川	宁都县肖田乡美佳山村
240	带源	长江	梅江	宁都县肖田乡带源村
241	漳灌	长江	梅江	宁都县东韶乡漳灌村
242	和平	长江	罗村河	宁都县洛口镇员布村和平组
243	蔡江	长江	黄陂河	宁都县蔡江乡蔡江村
244	小布	长江	小布河	宁都县小布镇小布村
245	连陂桥	长江	高田河	宁都县黄陂镇连陂桥村
246	上朝	长江	璜陂水	宁都县小布镇上朝村
247	麻田	长江	社迳河	宁都县洛口镇麻田村
248	东山坝	长江	梅川	宁都县东山坝镇溪边村
249	石上	长江	池布河	宁都县石上镇石上村
250	上勤岭	长江	勤下河	宁都县会同乡武朝村上勤岭组
251	上勤下	长江	勤下河	宁都县会同乡武朝村上勤下组
252	桥下垅	长江	勤下河	宁都县会同乡武朝村桥下垅组
253	湛田	长江	石围里河	宁都县湛田乡湛田村
254	赤水	长江	坎田水	宁都县青塘镇赤水村
255	田埠	长江	固厚河	宁都县田埠乡田埠村
256	固村	长江	琴江	宁都县固村镇固村

续表

序号	站 名	流域	河 名	测 站 地 址
257	长胜	长江	琴江	宁都县长胜镇长胜村
258	坎田	长江	坎田水	宁都县青塘镇坎田村
259	青塘	长江	坎田水	宁都县青塘镇青塘村竹陂组
260	赖村	长江	坎田水	宁都县赖村镇赖村
261	朗际	长江	梅江上游	宁都县肖田镇朗际村
262	寨背	长江	梅江上游	宁都县肖田乡肖田村寨背组
263	界上	长江	横石寨河	宁都县肖田乡郎源村界上组
264	小吟	长江	吟田河	宁都县肖田乡小吟村
265	石龙	长江	盆源河	宁都县洛口乡员布村
266	北陂头	长江	横江河	宁都县东韶乡陂头村陂头组
267	横江	长江	横江河	宁都县东韶乡横江村
268	新屋里	长江	横江河	宁都县东韶乡陂头村龙下
269	下丁元	长江	石坑河	宁都县东韶乡胜利村
270	好岩	长江	好元河	宁都县东韶乡好岩村
271	南团	长江	南团河	宁都县东韶乡南团村
272	永乐	长江	琳池河	宁都县东韶乡永乐村
273	球田	长江	球田河	宁都县洛口镇球田村
274	里迳	长江	均田河	宁都县对坊乡里迳村
275	来源	长江	丁坊河	宁都县洛口乡谢坊村
276	大湖	长江	井湾河	宁都县黄陂镇大湖村
277	大沽	长江	孤江	宁都县大沽乡大沽村
278	山田水库	长江	南庄河	宁都县大沽乡刘家坊村
279	树陂	长江	小布河	宁都县小布镇树陂村
280	中会水库	长江	中会河	宁都县钓峰乡钓峰村
281	桃源	长江	下沽河	宁都县钓峰乡桃源村
282	黄泥河水库	长江	黄泥河	宁都县东山坝镇小源村
283	游家坊	长江	富沅河	宁都县石上镇游家坊村
284	中河沅	长江	河沅河	宁都县石上镇湖岭村
285	前山	长江	兰田河	宁都县石上镇干头村前山组
286	陈坊水库	长江	陈坊河	宁都县石上镇池布村陈坊组
287	陈岭水库	长江	蓝田河	宁都县湛田乡李家坊村
288	安福	长江	甘坊河	宁都县安福乡安福村
289	三江	长江	安福河	宁都县梅江镇小湖村三江组
290	罗江	长江	安福河	宁都县梅江镇罗江村

续表

序号	站 名	流域	河 名	测 站 地 址
291	梅源水库	长江	湛田河	宁都县湛田乡井源村
292	王屋	长江	会同河	宁都县会同乡百胜村王屋组
293	兔子寮	长江	兔子寮河	宁都县会同乡兔子寮村
294	会同	长江	会同河	宁都县会同乡会同村
295	黄贯坪	长江	黄贯河	宁都县梅江镇黄贯村
296	竹坑水库	长江	吴家排河	宁都县梅江镇刘坑村
297	马头	长江	马头河	宁都县田埠乡马头村
298	亭子下	长江	浮岭迳河	宁都县田埠乡金钱坝村亭子下组
299	石子坝	长江	固厚河	宁都县固厚乡渣源村
300	文明	长江	小湖河	宁都县固厚镇文明村
301	凤凰	长江	凤凰河	宁都县固厚乡凤凰村
302	留田	长江	留田河	宁都县长胜镇上南村留田组
303	竹笮	长江	梅川	宁都县竹笮乡竹笮村
304	坑背水库	长江	鹅婆河	宁都县竹笮乡大富村
305	红星水库	长江	虎井河	宁都县赖村镇虎井村
306	田头	长江	梅川	宁都县田头镇田头村
307	低岭水库	长江	土围里河	宁都县赖村镇高岭村
308	王坊	长江	王坊河	宁都县固村镇王坊村
309	三道	长江	白泉河	宁都县固村镇白泉村三道组
310	山车	长江	杨柏田河	宁都县长胜镇山车村
311	龙湾水库	长江	杨柏田河	宁都县长胜镇山车村
312	对坊	长江	均田河	宁都县对坊乡对坊村
313	黄石	长江	琴江	宁都县黄石镇黄石村
314	石子头	长江	石子头河	宁都县黄石乡石子头村
315	读书坑	长江	读书坑河	宁都县大沽乡读书坑村
316	杨坊	长江	桃江源区	全南县南迳镇古家营村
317	竹山下	长江	桃江上游	全南县南迳镇竹山下村
318	马坑冈	长江	马屋河	全南县大吉山镇马坑村
319	马古塘	长江	武岗河	全南县南迳镇马古塘村
320	罗坑	长江	大吉山河	全南县大吉山镇罗坑尾村
321	小慕	长江	小慕河	全南县城厢镇小慕村
322	茅山	长江	桃江上游	全南县南迳镇大庄村
323	新庄坑	长江	大吉山河	全南县南迳镇田背村
324	黄云	长江	大吉山河	全南县大吉山镇黄云村

续表

序号	站名	流域	河名	测站地址
325	斜溪	长江	大吉山河	全南县大吉山镇斜溪村
326	虎头陂水库	长江	武岗河	全南县金龙镇来龙村
327	下棉土	长江	下棉土	全南县城厢镇小慕村
328	罗坊	长江	田在河	全南县中寨乡罗坊村
329	中寨	长江	中寨河	全南县中寨乡中寨村
330	上营水库	长江	小溪河源区	全南县大吉山镇小溪村
331	龙兴水库	长江	小溪河	全南县金龙镇岗背村
332	木金	长江	木金河	全南县金龙镇水口村
333	东风水库	长江	木金河	全南县金龙镇松山村
334	龙下	长江	富顺岗河	全南县龙下乡龙下村
335	灌燕水库	长江	河田坑河	全南县龙下乡虎条村
336	泷源水库	长江	亚山河	全南县龙下乡河田村
337	坪山	长江	雅溪河	全南县龙源坝镇坪山村
338	王石寨	长江	白田河	全南县龙源坝镇炉坑村
339	大竹园	长江	大竹园河	全南县龙源镇大竹园村
340	烂泥湾	长江	鹅公山河	全南县陂头镇张公坪村
341	军营围	长江	小姑河	全南县陂头镇岐山村
342	园岭	长江	龙迳河	全南县陂头镇星光村
343	鹅公岭	长江	武岗河	全南县南迳镇马古塘村
344	黄泥水	长江	中寨河	全南县中寨乡黄泥水村
345	内半	长江	杨梅河	全南县社迳乡内半村
346	山坑	长江	杨梅河	全南县社迳乡江口村
347	泥龙口	长江	黄田江	全南县社迳乡泥龙口村
348	刘屋	长江	杨梅河	全南县社迳乡刘屋村
349	枫树下	长江	枫树河	全南县龙下乡枫树下村
350	若坑	长江	大竹园河	全南县龙源坝镇若坑村
351	水背	长江	大竹园河	全南县龙源坝镇水背村
352	背山	长江	大红河	全南县陂头镇背山村
353	湖洋	长江	兰兜河	瑞金市日东乡湖洋村
354	新中	长江	岗背河	瑞金市泽潭乡新中村田夫组
355	新迳	长江	黄沙河	瑞金市拔英乡新迳村委
356	三河	长江	罗屋河	瑞金市大柏地乡三河村
357	茶亭	长江	万田河	瑞金市万田乡茶亭村
358	冈面	长江	里田河	瑞金市岗面乡冈面村

续表

序号	站 名	流域	河 名	测 站 地 址
359	炉坑	长江	桥头水	瑞金市日东乡炉坑村
360	陈石水库	长江	陈石河	瑞金市壬田镇中潭村
361	马荠塘	长江	龙头河	瑞金市日东乡龙兴村马荠塘组
362	日东	长江	龙头河	瑞金市日东乡日东村
363	壬田	长江	太阳河	瑞金市壬田镇壬田居委会
364	大柏地	长江	龙山河	瑞金市大柏地乡大柏地村
365	乌溪	长江	龙山河	瑞金市大柏地乡乌溪村
366	工丘	长江	乌溪	瑞金市大柏地乡隘前村
367	聂屋	长江	合龙河	瑞金市日东乡陈埜村委聂屋
368	合龙	长江	合龙河	瑞金市叶坪乡合龙村
369	叶坪	长江	古城河	瑞金市叶坪乡叶坪村
370	富溪水库	长江	黄柏河	瑞金市黄柏乡柏村
371	黄柏	长江	太坊河	瑞金市黄柏乡胡岭村乡政府
372	鲍坊圩	长江	黄柏河	瑞金市黄柏乡鲍坊村
373	沙洲水库	长江	黄坑河	瑞金市沙洲坝镇七堡村
374	大坪	长江	古城河	瑞金市叶坪乡黄沙村大坪组
375	汗头	长江	古城河	瑞金市叶坪乡仰山村委汗头组
376	陶珠	长江	陶珠河	瑞金市泽潭乡陶珠村委
377	箬别	长江	安治河	瑞金市泽潭乡泽潭村箬别组
378	泽潭	长江	安治河	瑞金市泽潭乡光辉村乡政府
379	沙洲坝	长江	七堡河	瑞金市沙洲坝镇沙洲坝村
380	大迳坑	长江	大迳河	瑞金市武阳镇武阳围村大迳坑组
381	武阳	长江	绵江	瑞金市武阳镇政府武阳村
382	香山坑水库	长江	香山河	瑞金市武阳镇凌田村
383	黄荆坑	长江	猪坑河	瑞金市武阳镇珠坑村珠坑电站
384	枫树下	长江	黄田河	瑞金市武阳镇黄田村枫树下组
385	白竹坝	长江	白竹河	瑞金市拔英乡白竹村
386	谢坊	长江	龙角河	瑞金市谢坊镇鑫龙居委会
387	龙乐	长江	龙乐河	瑞金市谢坊乡新民村
388	拔英	长江	兰田河	瑞金市拔英乡大富村敬老院
389	久益陂	长江	兰田河	瑞金市谢坊镇水南村牛牯岭
390	高排	长江	兰田河	瑞金市拔英乡拔英村
391	黄沙	长江	黄沙河	瑞金市谢坊乡深塘村下黄沙组
392	山坑	长江	下宋河	瑞金市九堡镇山坑村

续表

序号	站　名	流域	河　名	测　站　地　址
393	云石山	长江	云石山河	瑞金市云石山乡田心村乡政府
394	邦坑	长江	邦坑河	瑞金市云石山乡沿坝村邦坑组
395	迳口水库	长江	黄安	瑞金市云石山镇黄安村
396	万田	长江	万田河	瑞金市万田乡万田村
397	中迳水库	长江	柏岩河	瑞金市壬田镇柏坑村
398	丁陂	长江	社机河	瑞金市丁陂乡丁陂村
399	渡头	长江	元田河	瑞金市岗面乡渡头村
400	木子排	长江	元田河	瑞金市瑞林镇元田村木子排组
401	大园	长江	冈面河	瑞金市岗面乡岗面村
402	瑞林	长江	岗孔河	瑞金市瑞林镇政府沿江居委会
403	梅岭水库	长江	油石河	上犹县油石乡梅岭村
404	白水	长江	左溪	上犹县双溪乡水头村
405	礼木桥	长江	寺下河	上犹县双溪乡礼木桥村
406	高洞	长江	右溪	上犹县双溪乡芦阳村
407	寺下	长江	珍珠河	上犹县寺下乡寺下村
408	南坪	长江	寺下河	上犹县寺下乡南坪村
409	枫树湾	长江	寺下河	上犹县寺下乡富足村
410	河溪	长江	寺下河	上犹县安和乡丘屋村
411	上犹	长江	上犹江	上犹县东山镇城东居委会
412	墩头	长江	鹅形水	上犹县五指峰乡象形村
413	五指峰	长江	鹅形水	上犹县五指峰乡鹅形村
414	溪口	长江	石溪	上犹县五指峰乡黄沙坑村
415	梅子坑	长江	石溪	上犹县五指峰乡黄沙坑村
416	黄沙坑	长江	石溪	上犹县五指峰乡黄沙坑村
417	高峰	长江	石溪	上犹县五指峰乡高峰村
418	平富	长江	上寨河	上犹县平富乡平富村
419	水岩	长江	太乙河	上犹县水岩乡太乙村
420	双宵	长江	金盆河	上犹县五指峰乡双宵村
421	铁石	长江	金盆河	上犹县水岩乡铁石村
422	东塘	长江	东塘河	上犹县黄埠镇东塘村
423	梅水	长江	梅水河	上犹县梅水乡梅水村
424	洋田	长江	梅水河	上犹县梅水乡洋田村
425	茶坑	长江	茶坑河	上犹县陡水镇茶坑村
426	上寨	长江	平富河	上犹县平富乡上寨村

续表

序号	站　名	流域	河　名	测　站　地　址
427	下山	长江	仓前水	上犹县五指峰乡鹅形村
428	晓水	长江	龙晓水	上犹县五指峰乡晓水村
429	大安	长江	龙口水	上犹县社溪乡大安村
430	富湾	长江	寺下河	上犹县安和乡富湾村
431	信地	长江	平富河	上犹县平富乡信地村
432	新屋场	长江	中稍河	上犹县犹县中稍乡黄竹村
433	焦坑	长江	大乙河	上犹县水岩乡焦坑村
434	园村	长江	梅水河	上犹县梅水乡园村
435	油石	长江	油石河	上犹县油石乡油石村
436	中稍	长江	中稍河	上犹县东山镇中稍村
437	黄埠	长江	上犹江	上犹县黄埠镇黄沙村
438	紫阳	长江	紫阳河	上犹县紫阳乡高基坪村
439	长岭	长江	紫阳河	上犹县紫阳乡长岭村
440	龙口	长江	龙口水	上犹县社溪镇龙口村
441	社溪	长江	紫阳河	上犹县社溪镇社溪村
442	店背	长江	紫阳河	上犹县紫阳乡店背村
443	泥坑村	长江	寺下河	上犹县寺下乡泥坑村
444	营前	长江	营前河	上犹县营前镇新溪村
445	爱联	长江	金盆河	上犹县水岩乡爱联村
446	大石门	长江	寺下河	上犹县双溪乡大石门村
447	礼地	长江	礼地河	石城县高田镇礼地村
448	东坑	长江	牛栏河	石城县木兰乡东坑村大沙丘组
449	木兰	长江	木兰河	石城县木兰乡木兰村
450	岩岭	长江	礼地河	石城县岩岭乡岩岭村
451	胜江	长江	高田河	石城县高田镇胜江村
452	丰山	长江	大琴河	石城县丰山乡丰山村
453	小松	长江	小松河	石城县小松镇小松村
454	屏山	长江	屏山河	石城县屏山镇屏山村
455	洋地	长江	秋溪河	石城县横江镇洋地村
456	小琴	长江	大琴江	石城县木兰乡小琴村
457	堂下	长江	礼地河	石城县岩岭乡堂下村
458	高田	长江	生源里河	石城县高田镇高田村
459	上温寥	长江	雷雨坪河	石城县高田镇郑里村上温寥组
460	雷雨坪	长江	雷雨坪河	石城县高田镇雷雨坪村

续表

序号	站　名	流域	河　名	测　站　地　址
461	江口	长江	案上河	石城县小松镇江口村
462	大创水库	长江	石田河	石城县小松镇桐江村
463	小坪水库	长江	生源里河	石城县高田镇高田村
464	长乐	长江	长乐河	石城县琴江镇长乐村长乐小学
465	高陂	长江	白水河	石城县琴江镇沔坊村
466	杉柏	长江	杉柏河	石城县琴江镇杉柏村
467	福村	长江	琴江上游	石城县丰山乡福村
468	木勺丘	长江	长乐河	石城县琴江铜坪村
469	石田	长江	石田河	石城县小松石田村
470	大琴	长江	大琴江	石城县丰山乡大琴村
471	桥下	长江	大琴江	石城县木兰乡陈联村桥下组
472	沿沙	长江	烧湖里河	石城县丰山乡沿沙村
473	坳头	长江	坳头河	石城县屏山镇万盛村
474	绿水	长江	绿水	石城县龙岗镇绿水村
475	石阔	长江	秋溪	石城县横江镇石溪村石阔组
476	建上	长江	碰里河	石城县琴江镇建上村
477	秋口	长江	秋溪	石城县屏山镇秋口村
478	罗家	长江	庄背河	石城县横江镇罗家村
479	里村	长江	长乐河	石城县琴江镇里村
480	丘坊	长江	湖口河	石城县琴江镇丘坊村
481	罗源	长江	山田坑河	石城县小松镇罗源村
482	车上塘	长江	琴江中游	石城县大由乡濯龙村
483	廖三坑	长江	横江河	石城县横江镇廖三坑村
484	珠玑	长江	珠玑河	石城县横江镇珠玑村
485	乌石头	长江	楼下河	石城县珠坑乡良溪村
486	罗陂	长江	屏山河	石城县屏山镇罗陂村
487	珠坑	长江	珠坑河	石城县珠坑乡珠坑村
488	沽溪	长江	沽溪	石城县横江镇沽溪村
489	莱湖	长江	秋溪	石城县横江镇莱湖村
490	秋溪	长江	秋溪	石城县横江镇秋溪村
491	小姑	长江	小姑河	石城县横江镇小姑村
492	龙岗	长江	下逕河	石城县龙岗乡龙岗村
493	兰田	长江	下逕河	石城县龙岗乡兰田村
494	大由	长江	大由河	石城县大由乡大由村

续表

序号	站　名	流域	河　名	测　站　地　址
495	含湖	长江	含湖水	定南县岭北镇含湖村
496	黄沙	长江	黄沙河	定南县历市镇黄沙村
497	枧下	长江	金腾水	定南县岭北镇枧下村
498	龙头	长江	龙头河	定南县岭北镇龙头村
499	迳脑	长江	迳脑河	定南县岭北镇迳脑村
500	油山	长江	长安河	信丰县油山镇红米塅村
501	新田	长江	东河源区	信丰县新田镇府前路
502	金盆山	长江	大桥河源区	信丰县古陂镇金盆山村
503	崇仙	长江	邓岗水	信丰县崇仙乡移民街
504	龙洲圩	长江	黄西迳河	信丰县虎山乡龙洲圩马虎段路
505	小江	长江	桃江	信丰县小江镇府前路
506	内江	长江	迳脑水	信丰县小江镇内江村
507	铁石口	长江	桃江	信丰县铁石口镇坰下村
508	万隆	长江	万隆河	信丰县万隆乡万隆村
509	小河	长江	正平水	信丰县小河镇小河圩小河路
510	正平	长江	正平水	信丰县正平镇车湾村
511	黄泥	长江	中屋河	信丰县西牛镇黄泥村老城屋组
512	中坪	长江	下江河	信丰县新田镇中坪村
513	百石圩	长江	百石河	信丰县新田镇百石圩百石村
514	寨背	长江	金鸡河	信丰县新田镇寨背村
515	大桥	长江	百石河	信丰县大桥镇青光村
516	余村	长江	太平河	信丰县古陂镇余村小学门口
517	邓岗	长江	邓岗水	信丰县崇仙乡邓岗村
518	丝茅坪	长江	金鸡河	信丰县新田镇丝茅坪村
519	新村	长江	百石河	信丰县大桥镇新村
520	月岭	长江	月岭河	信丰县嘉定镇月岭村
521	围里	长江	上坪河	信丰县油田镇围里村
522	光荣	长江	志和河	信丰县小河镇光荣村
523	周坑	长江	里罗河	信丰县新田镇周坑村
524	石门迳	长江	安西河	信丰县大塘埠镇石门迳村
525	坑口	长江	西河	信丰县油山镇坑口村
526	半迳	长江	半迳河	信丰县新田镇新田村半迳组
527	中和	长江	崇墩河	信丰县虎山乡中和村
528	大塘埠	长江	大塘河	信丰县大塘埠镇府前路

续表

序号	站　名	流域	河　名	测　站　地　址
529	西牛	长江	犀牛河	信丰县西牛镇西牛路
530	崇贤	长江	王竹坑河	兴国县崇贤乡崇贤村
531	澄江	长江	锅口水	兴国县东村乡澄江村
532	城岗	长江	城岗水	兴国县城冈乡城冈村
533	石下	长江	良村河	兴国县良村乡良村
534	长竹	长江	石溪	兴国县均村乡长竹村
535	杰村	长江	杰村河	兴国县杰村乡杰村
536	龙口	长江	平江	兴国县龙口镇龙口村
537	南坑	长江	南坑河	兴国县南坑乡南坑村
538	茶园	长江	茶园水	兴国县茶园乡河背村
539	长龙	长江	茶园水	兴国县高兴镇长迳村
540	方太	长江	正气坑河	兴国县方太乡方太村
541	隆坪	长江	隆坪河	兴国县隆坪乡隆坪村
542	田溪	长江	杨树河	兴国县鼎龙乡田溪村
543	长冈	长江	上社河	兴国县长冈乡长冈村
544	下迳	长江	大门段河	兴国县兴江乡桐林村
545	陈也	长江	画眉坳河	兴国县兴江乡陈也村
546	兴江	长江	画眉坳河	兴国县兴江乡江口村
547	古龙岗	长江	古龙岗河	兴国县古龙岗乡古龙岗村
548	油桐	长江	中邦河	兴国县古龙岗镇油桐村
549	东经	长江	天源河	兴国县古龙岗镇瑶前村
550	梅窖	长江	水南河	兴国县梅窖镇梅窖村
551	樟木	长江	樟木山河	兴国县樟木乡樟木村
552	忠洲	长江	忠洲河	兴国县兴莲乡忠山村
553	富溪	长江	莲塘河	兴国县兴莲乡富溪村
554	兴莲	长江	莲塘河	兴国县兴莲乡莲塘村
555	龙潭	长江	龙潭河	兴国县崇贤乡龙潭村
556	贺堂	长江	贺堂河	兴国县崇贤乡贺堂村
557	石印	长江	石印河	兴国县枫边乡石印村
558	阳背岭	长江	黄群河	兴国县高兴镇黄群村
559	留龙	长江	留龙河	兴国县社富乡留龙村
560	下坪	长江	良村河	兴国县良村镇群山村
561	上密	长江	长迳口河	兴国县高兴镇上密村
562	樟坪	长江	高溪河	兴国县永丰乡樟坪村

续表

序号	站 名	流域	河 名	测 站 地 址
563	三僚	长江	水南河	兴国县梅窖镇三僚村
564	内王坑	长江	楼溪河	兴国县南坑乡王坑村
565	回龙	长江	回龙河	兴国县城岗乡回龙村
566	江背	长江	江背河	兴国县江背镇江背村
567	板石	长江	板石河	兴国县南坑乡富宝村
568	椰源	长江	椰源河	兴国县古龙岗乡椰源村
569	永丰	长江	焦田河	兴国县永丰乡永丰村
570	埠头	长江	平江	兴国县埠头乡埠头村
571	均村	长江	横柏河	兴国县均村乡均村
572	社富	长江	社富河	兴国县社富乡社富村
573	良村	长江	良村河	兴国县良村镇良村
574	枫边	长江	枫边水	兴国县枫边乡枫边村
575	靖石	长江	靖石河	于都县靖石乡靖石村
576	宽田	长江	宽田河	于都县宽田乡山下村
577	葛坳	长江	葛坳河	于都县葛坳乡葛坳村
578	琵琶	长江	琵琶河	于都县银坑镇平安村
579	祁禄山	长江	小溪水	于都县祁禄山畬岭村垦殖场
580	迳上	长江	庵下河	于都县盘古山镇人和村
581	盘古山	长江	仁风河	于都县盘古山镇仁风村
582	铁山垄	长江	丰田河	于都县铁山垄镇丰田村
583	沙心	长江	沙心河	于都县沙心乡沙心村
584	山下水库	长江	龙泉河	于都县宽田乡山下村
585	梓山	长江	固院河	于都县梓山镇梓山村
586	上蕉水库	长江	固院河	于都县梓山镇上蕉村
587	于阳	长江	洛口河	于都县黄麟乡于阳圩
588	龙口	长江	龙口河	于都县小溪乡左坑村龙口组
589	黄沙	长江	靖石河	于都县靖石乡黄沙村部
590	草坪障	长江	太坑河	于都县罗江乡罗江水管站
591	上脑	长江	青塘河	于都县葛坳乡上脑村
592	梅屋水库	长江	岩前河	于都县银坑镇梅屋村
593	坪脑	长江	银坑河	于都县银坑镇坪脑村
594	下沙角	长江	贡水	于都县黄麟乡流坑村下沙角组
595	渔翁埠水库	长江	濂水	于都县靖石乡渔翁村
596	阳田	长江	阳田河	于都县岭背镇阳田村

续表

序号	站　名	流域	河　名	测　站　地　址
597	安下水库	长江	贡水	于都县新陂乡移陂村
598	高陂	长江	洋田河	于都县宽田乡高陂村
599	桥头	长江	围脑河	于都县桥头乡政府桥头村
600	马安	长江	仙下河	于都县马安乡政府马安村
601	银坑	长江	银坑河	于都县银坑镇银坑村水管站院内
602	段屋	长江	铜锣河	于都县段屋乡段屋村
603	下栏水库	长江	仙下河	于都县仙下乡吉村
604	仙下	长江	富坑河	于都县仙下乡仙下村
605	安塘	长江	仙下河	于都县车溪乡安塘村
606	大坝	长江	大坝河	于都县岭背镇太阴山村
607	岭背	长江	留龙河	于都县岭背镇政府岭背村
608	仓前	长江	里泗河	于都县贡江镇仓前村
609	里仁圩	长江	里仁河	于都县贡江镇里仁圩
610	马岭	长江	纽树河	于都县祁禄山镇马岭村
611	溪井	长江	横龙河	于都县祁禄山镇畲岭村
612	岩前	长江	岩前河	于都县银坑镇岩前村
613	龙背	长江	龙背河	于都县宽田乡桂龙村
614	洋田	长江	洋田河	于都县银坑镇香塘村
615	小庄	长江	小庄河	于都县葛坳乡小庄村
616	小溪	长江	龙口河	于都县小溪乡政府长源村
617	大田	长江	澄江	于都县葛坳乡大田村
618	禾丰	长江	禾水（上游）	于都县禾丰镇禾丰村
619	和背	长江	上坪河	于都县利村乡下渭村
620	罗江	长江	罗江河	于都县罗江乡罗江村水管站
621	罗坳	长江	罗坳河	于都县罗坳镇政府罗坳村
622	西洋	长江	贡水	于都县仙下乡西洋村村委会
623	黄麟	长江	贡水	于都县黄麟乡下关村
624	大石盘水库	长江	龙村河	章贡区沙河镇东坑村
625	马祖岩	长江	桃源洞河	章贡区水东镇马祖岩村
626	潭口	长江	田头水	章贡区潭口镇潭口村
627	龙孜里水库	长江	高陂水	蓉江新区潭东镇龙井村
628	潭东	长江	高陂水	章贡区潭东镇东坑村
629	桃芫水库	长江	社官背河	章贡区蟠龙镇桃芫村
630	蟠龙	长江	社官背河	章贡区蟠龙镇蟠龙村

续表

序号	站 名	流域	河 名	测 站 地 址
631	红旗水库	长江	哈湖河	章贡区水西镇横江村
632	华林	长江	华林河	章贡区沙河镇华林村
633	龙下水库	长江	大湾龙河	章贡区沙石镇龙下村
634	中龙水库	长江	沙石河	章贡区沙石镇东风村
635	石崆子水库	长江	三板桥河	章贡区沙石镇霞峰村
636	凌源	长江	连塘河	章贡区水西镇凌源村
637	寨背水库	长江	田头水	章贡区潭口镇上芫村
638	上芫	长江	高陂水	章贡区潭东镇龙井村
639	大坑水库	长江	刘家坊河	章贡区湖边镇善边村
640	罗寨下	长江	大岽河	章贡区沙石镇石角村
641	罗边	长江	刘家坊河	章贡区水西镇罗边村
642	通天岩	长江	连塘河	章贡区水西镇黄沙村
643	大坝头	珠江	镇江	安远县欣山镇大坝头村
644	镇岗	珠江	镇江水	安远县镇岗乡镇岗村政府院内
645	上村	珠江	上村水	安远县孔田镇上村
646	唐屋	珠江	古坊河	安远县镇岗镇高峰村塘屋组
647	龙岗	珠江	坪溪水	安远县鹤仔镇龙岗村
648	双坑	珠江	双坑水	安远县鹤仔镇双坑村
649	凤山	珠江	凤山水	安远县凤山乡大山村
650	樟溪	珠江	龙安河	安远县镇岗镇龙安村
651	黄金湾水库	珠江	坪溪水	安远县鹤子镇半迳村黄金湾
652	嘴下	珠江	嘴下水	安远县三百山镇嘴下村
653	三百山	珠江	大岭背水	安远县三百山镇三百山居委会土管所院内
654	三百山风景区	珠江	新田水	安远县三百山镇三百山风景区福傲塘边
655	鹤子	珠江	棉地河	安远县鹤子镇鹤子居委会政府院内
656	杨功	珠江	坪溪水	安远县鹤子镇杨功村
657	上寨	珠江	桐坑水	定南县龙塘镇上寨村
658	岽下	珠江	忠诚河	定南县龙塘镇忠诚村
659	镇田	珠江	九曲河	定南县鹅公乡镇田村
660	忠诚	珠江	忠诚河	定南县龙塘镇忠诚村
661	龙塘	珠江	桐坑河	定南县龙塘镇龙塘村
662	高湖	珠江	高湖河	定南县鹅公镇高湖村
663	定南	珠江	下历水	定南县历市镇历市村
664	板埠	珠江	板埠	定南县岿美山镇板埠村

续表

序号	站　名	流域	河　名	测　站　地　址
665	茶山下	珠江	车江水	定南县老城镇茶山下村
666	溪尾	珠江	老城河	定南县岿美山镇溪尾村
667	红阳	珠江	天花水	定南县天九镇红阳村
668	竹园	珠江	老城河	定南县历市镇竹园村
669	上洲	珠江	老城河	定南县老城镇上洲村
670	穆湖	珠江	鹅公河	定南县鹅公镇穆湖村
671	太公	珠江	太公河	定南县历市镇太公村
672	剑溪	珠江	篁竹湖河	寻乌县吉潭镇剑溪村
673	斗晏水库	珠江	寻乌水	寻乌县龙廷乡斗晏村
674	东江源	珠江	寻乌水上游	寻乌县三标乡东江源村
675	水源	珠江	寻乌水	寻乌县水源乡龙塘村
676	河背	珠江	观音串水	寻乌县水源乡河背村
677	澄江	珠江	澄江	寻乌县澄江镇王屋村
678	水东	珠江	江贝河	寻乌县澄江镇水东村
679	项山	珠江	项山河	寻乌县项山乡项山村
680	吉潭	珠江	圳下河	寻乌县吉潭镇吉潭村
681	长岭	珠江	长岭河	寻乌县文峰乡长岭村
682	林陂下	珠江	长岭河	寻乌县吉潭镇蓝贝村
683	燕子窝	珠江	马蹄河上游	寻乌县三标乡燕子窝村
684	三标	珠江	马蹄河上游	寻乌县三标乡三标村
685	大竹园	珠江	大竹园河	寻乌县三标乡大竹园村
686	岑峰	珠江	大田河	寻乌县丹溪乡岑峰村
687	长布	珠江	田背河	寻乌县文峰乡长布村
688	新屋下	珠江	马蹄河	寻乌县文峰乡双坪村
689	坪山	珠江	龙图河	寻乌县桂竹帽坪山村
690	石贝	珠江	石贝河	寻乌县留车镇石贝村
691	长安	珠江	甲子乌河	寻乌县三标乡长安村
692	文峰	珠江	大水坑	寻乌县文峰乡江东庙路
693	大坜	珠江	大坜水	寻乌县吉潭镇大坜村
694	珠村圩	珠江	青龙河	寻乌县南桥镇珠村
695	石牛湖	珠江	芳田河	寻乌县留车镇芳田村
696	留车	珠江	芳田河	寻乌县留车镇留车村
697	南桥	珠江	珠村圩河	寻乌县南桥镇南桥村
698	河角	珠江	龙图河	寻乌县晨光镇河角村

续表

序号	站名	流域	河名	测站地址
699	罗山水库	珠江	柱石河	寻乌县桂竹帽镇蕉子坝村
700	窝里	珠江	龙图河上游	寻乌县桂竹帽镇华星村
701	桂竹帽	珠江	中三河	寻乌县桂竹帽镇上坪村
702	大同	珠江	大同河	寻乌县留车镇大同村
703	龙廷	珠江	龙廷河	寻乌县龙廷乡龙廷村
704	腊树下	珠江	大围河	寻乌县桂竹帽镇腊树下村
705	晨光	珠江	大围河	寻乌县晨光镇沁园春村
706	丹溪	珠江	丹溪河	寻乌县丹溪乡岑峰村
707	高峰	珠江	寻乌水	寻乌县丹溪乡高峰村
708	福中	珠江	寻乌水	寻乌县项山乡福中村
709	飞龙	珠江	寻乌水	寻乌县留车镇飞龙村
710	清溪	珠江	寻乌水	寻乌县丹溪乡清溪村

三、泥沙站

民国31年（1942年）7月，赣县（赣江）站开始施测含沙量，是本区最早开展含沙量测验的站。

1950年1月，赣县（贡水）站增设含沙量测验项目。

1951年6月，大余水文站增加含沙量测验。

1951年7月，上犹县铁扇关三等水文站（白米洲下）测验含沙量。8月，赣县十八滩水文站增加含沙量测验项目。

1952年1月，于都白口水文站测验含沙量。

1952年4月，于都县十里铺水文站测验含沙量。

1952年7月，于都观音阁水文站测验含沙量。

1953年1月，章江坝上水文站开始测验单位含沙量，1956年1月开始测验悬移质输沙率。1970年1月起开展单位水样、悬移质输沙率颗粒分析。1972年6月开展推移质输沙率测验及推移质输沙率颗粒分析。1993年停测推沙。

1953年，桃江居龙滩水文站开始测验悬移质输沙率，当年停测。1957年恢复悬移质输沙率测验。1958年4月1日开始测验单位含沙量。1984年1月1日居龙滩站开展单位水样、悬移质输沙率颗粒分析。1972年5月开展推移质输沙率测验，1984年1月1日开展推移质输沙率颗粒分析。1993年停测推沙。

1955年5月，上犹江田头水文站开始测验单位含沙量、悬移质输沙率，1962年1月停测。

1956年8月，章水滩头站开始测验单位含沙量、悬移质输沙率，1967年12月停测。

1957年5月，平江翰林桥水文站开始测验单位含沙量、悬移质输沙率。1970年1月开展单位水样、悬移质输沙率颗粒分析。1972年7月开展推移质输沙率测验及推移质输沙率颗粒分析。1993年停测推沙。

1957年6月，桃江枫坑口站开始测验悬移质输沙率，1962年12月停测。1957年1月开始测验单位含沙量，至枫坑口站迁移停测。

1958年1月1日，梅江汾坑站开始测验单位含沙量、悬移质输沙率。

1958年4月，贡水峡山水文站开始测验单位含沙量，1958年7月开始测验悬移质输沙率。1969年1月起开展单位水样、悬移质输沙率颗粒分析。1972年5月开展推移质输沙率测验、推移质输沙率颗粒分析。1993年停测推沙。

1959年1月，梅江宁都水文站开始测验单位含沙量、悬移质输沙率，1962年1月停测。

1960年1月，绵江瑞金水文站开始测验单位含沙量，1981年12月停测。1964年1月开始测验悬移质输沙率，1981年11月停测。

1963年1月，湘水麻州水文站开始测验单位含沙量、悬移质输沙率。

1963年1月，唐江水麻双站开始测验单位含沙量、悬移质输沙率，1979年12月停测。

1964年，濂江羊信江水文站开始测验悬移质输沙率，1968年1月停测。1958年6月开始测验单位含沙量。

2010年，寻乌水水背水文站重建，开始测验悬移质输沙率和单位含沙量。

赣州在20世纪50年代建站时，其中一批水文站有单位含沙量、悬移质输沙率的测验任务，但是测验历时都不长。至2020年只留有峡山、居龙滩、坝上、翰林桥、汾坑、信丰（二）、麻州、羊信江、水背等9站。

四、蒸发站

民国28年（1939年）1月，赣县十八滩站开始观测蒸发量。6月大余站观测蒸发量。

民国30年（1941年）4月，信丰站观测蒸发量。

民国33年（1944年）12月，于都站观测蒸发量。

1949年10月1日，赣县（章水、贡水）站观测蒸发量。

1951年6月，会昌白鹅和于都曲阳两个水文站测验项目包含蒸发量。7月上犹县铁扇关三等水文站（白米洲下）观测蒸发量。

1952年1月，赣县桃江口水位站增加蒸发量观测。南康唐江水文站、于都白口水文站观测蒸发量。4月于都县十里铺水文站观测蒸发量。

赣州市在1953年后，新建水文站中有17站有蒸发量监测任务，但大部分站监测历时都很短。至2020年年底全市保留有蒸发量监测的水文站只有坝上、麻州、信丰（二）、杜头、安和、樟斗、水背等7站。

赣州坝上站自1953年1月建站就开始观测蒸发量，1957年1月停测。赣县居龙滩站1953年2月1日建站开始观测蒸发量，1953年12月31日停测。于都县峡山站1953年2月建站开始观测蒸发量，1956年12月停测。赣县翰林桥站1953年3月开始观测蒸发量，1957年11月停测。南康田头站1954年10月开始观测蒸发量，1961年1月停测。1957年1月1日，于都县汾坑站建站开始观测蒸发量，1957年11月停测。1957年1月，信丰枫坑口站建站开始观测蒸发量，1960年12月停测，后于2000年1月1日恢复观测蒸发量，2000年12月31日枫坑口站撤销，停测蒸发量。大余县滩头水文站1958年1月开始观测蒸发量，1960

年12月停测。1982年1月1日于都坳下站开始观测蒸发量，1994年2月1日停测。信丰高陂坑站1982年1月开始观测蒸发量，2000年1月1日停测。

会昌麻州站1958年1月建站开始观测蒸发量，1960年12月停测，后又于1982年1月恢复观测蒸发量。宁都桥下垅站1981年4月开始观测蒸发量。信丰茶芫2001年1月1日开始观测蒸发量。龙南杜头站1981年9月开始观测蒸发量。上犹安和站1982年1月8日开始观测蒸发量。大余樟斗站1982年1月开始观测蒸发量。寻乌水背站1982年1月开始观测蒸发量，1993年11月停测，2010年1月恢复后重新观测蒸发量。

五、地下水监测站

1958年，安远羊信江水文站开展地下水水位观测，1959年停测。

1962年2月，南康田头水文站开始观测地下水水位。测井是原峡山水力发电工程局办公室前水井。于每月的1日、6日、11日、16日、21日、26日8时观测。1967年1月停测。

2011年1月16日，建成并使用张家围、文清路2处地下水自动监测站。至2020年共建15站。2020年赣州市地下水监测站统计见表2-6-9。

表2-6-9　　2020年赣州市地下水监测站统计表

序号	站名	测站位置	行政区	流域	水文地质单元	地下水类型	监测层位
1	张家围	赣州市水文局院内	章贡区	长江	山丘区	孔隙水	潜水
2	文清路	赣州市水利设计院院内	章贡区	长江	山丘区	孔隙水	潜水
3	坝上	赣州市坝上水文站	章贡区	长江	山丘区	孔隙水	潜水
4	西津路	赣州市西津路小学院内	章贡区	长江	山丘区	孔隙水	潜水
5	沙洲坝	瑞金市沙洲坝镇镇政府院内	瑞金市	长江	山丘区	岩溶水	承压水
6	石城	石城县石城水文站院内	石城县	长江	山丘区	孔隙水	潜水
7	会昌	会昌县水利局院内	会昌县	长江	山丘区	孔隙水	潜水
8	信丰	信丰县勘测队院内	信丰县	长江	山丘区	孔隙水	潜水
9	龙南	龙南县防办院内	龙南县	长江	山丘区	孔隙水	潜水
10	兴国	兴国县兴国水文站大门口	兴国县	长江	山丘区	孔隙水	潜水
11	瑞金	瑞金市瑞金水位站院内	瑞金市	长江	山丘区	裂隙水	承压水
12	周田	会昌县周田镇政府院内	会昌县	长江	山丘区	裂隙水	承压水
13	唐江	南康区唐江镇平田村委会后院	南康	长江	山丘区	裂隙水	承压水
14	寻乌	寻乌县寻乌水文站院内	寻乌县	珠江	山丘区	裂隙水	承压水
15	定南	定南县政府广场绿化地	定南县	珠江	山丘区	裂隙水	承压水

六、墒情站

2006年11月以后，赣州市水文局墒情监测及信息管理系统一期、二期建设，现共有墒情监测站97站。2020年赣州市墒情监测站统计见表2-6-10。

表 2-6-10 2020年赣州市墒情监测站统计表

序号	站名	市（县）	测站地点	形式	序号	站名	市（县）	测站地点	形式
1	版石	安远	版石镇周屋村	自动站	34	东山	上犹县	东山镇伏坳村	移动站
2	大田	赣县	茅店镇洋塘村	自动站	35	营前	上犹县	营前镇石溪村	移动站
3	麻州	会昌	周田镇下营村	自动站	36	社溪	上犹县	社溪镇石崇村	移动站
4	镜坝	南康	横寨乡黄田村	自动站	37	寺下	上犹县	寺下乡寺下村	移动站
5	竹笮	宁都	竹笮乡松湖村	自动站	38	紫阳	上犹县	紫阳乡秀罗村	移动站
6	金龙	全南	金龙镇来龙村	自动站	39	南安	大余县	大余县南安镇	移动站
7	沙洲坝	瑞金	沙洲坝镇清水村	自动站	40	新城	大余县	大余县新城镇	移动站
8	安和	上犹	安和乡安和村	自动站	41	吉村	大余县	大余县吉村镇	移动站
9	大由	石城	大由乡高背村	自动站	42	浮江	大余县	大余县浮江乡	移动站
10	大塘埠	信丰	大塘埠镇万星村	自动站	43	铅厂	崇义县	铅厂镇铅厂村	移动站
11	杰村	兴国	杰村乡杰村	自动站	44	过埠	崇义县	过埠镇过埠村	移动站
12	马安	于都	罗坳镇三门村	自动站	45	文英	崇义县	文英乡文英村	移动站
13	青龙	大余县	青龙镇元龙村	自动站	46	上堡	崇义县	上堡乡上堡村	移动站
14	扬眉	崇义县	扬眉镇南石村	自动站	47	孔田	安远县	孔田镇孔田村	移动站
15	里仁	龙南县	里仁镇新园村	自动站	48	凤山	安远县	凤山乡石口村	移动站
16	天九	定南县	天九镇洋田村	自动站	49	欣山	安远县	欣山镇古田村	移动站
17	南桥	寻乌县	南桥镇南龙村	自动站	50	天心	安远县	天心镇五龙村	移动站
18	银坑	于都县	银坑镇营下村	自动站	51	龙布	安远县	龙布镇上林村	移动站
19	王母渡	赣县	王母渡镇桃江村新老池	移动站	52	杨村	龙南县	杨村镇五星村	移动站
20	沙地	赣县	沙地镇五龙村黄竹坑组	移动站	53	南亨	龙南县	南亨乡东村	移动站
21	湖江	赣县	湖江镇庄前村大富组	移动站	54	程龙	龙南县	程龙镇程龙村	移动站
22	江口	赣县	江口镇山田村排上组	移动站	55	桃江	龙南县	桃江乡水西村	移动站
23	田村	赣县	田村镇兰芬村下士干组	移动站	56	历市	定南县	历市镇恩荣村	移动站
24	三江	南康区	三江乡东红村	移动站	57	龙塘	定南县	龙塘镇长富村	移动站
25	龙华	南康区	龙华乡新文村	移动站	58	鹅公	定南县	鹅公镇田心村	移动站
26	太窝	南康区	太窝乡洋田村	移动站	59	岭北	定南县	岭北镇大屋村	移动站
27	镜坝	南康区	镜坝镇建民村	移动站	60	城厢	全南县	城厢镇黄埠村	移动站
28	蓉江	南康区	蓉江街道叶坑村	移动站	61	大吉山	全南县	大吉山镇大岳村	移动站
29	大塘	信丰县	大塘埠镇沛东村	移动站	62	南迳	全南县	南迳镇马古塘村	移动站
30	正平	信丰县	正平镇正坳村	移动站	63	陂头	全南县	陂头镇石海村	移动站
31	西牛	信丰县	西牛镇柳树村	移动站	64	龙源坝	全南县	龙源坝镇雅溪村	移动站
32	嘉定	信丰县	嘉定镇镇江村	移动站	65	灵村	宁都县	洛口镇灵村	移动站
33	古陂	信丰县	古陂镇阳光村	移动站	66	王布	宁都县	黄陂镇王布村雪塘组	移动站

续表

序号	站名	市（县）	测站地点	形式	序号	站名	市（县）	测站地点	形式
67	观下	宁都县	固厚乡观下村	移动站	83	瑞林	瑞金市	瑞林镇瑞红村	移动站
68	白沙	宁都县	田头镇白沙村	移动站	84	�门岭	会昌县	筠门岭镇长岭村	移动站
69	陂头	宁都县	会同乡陂头村	移动站	85	永隆	会昌县	永隆乡永隆村	移动站
70	禾丰	于都县	禾丰镇禾丰村	移动站	86	西江	会昌县	西江镇西江村	移动站
71	马安	于都县	马安乡马安村	移动站	87	晓龙	会昌县	晓龙乡晓龙村	移动站
72	车溪	于都县	车溪乡车胜村	移动站	88	文武坝	会昌县	文武坝镇文武坝	移动站
73	罗坳	于都县	罗坳镇罗坳村	移动站	89	留车	寻乌县	留车镇族坑村	移动站
74	店山	兴国县	梅窖镇店山村	移动站	90	澄江	寻乌县	澄江镇凌富村	移动站
75	良村	兴国县	良村镇良村	移动站	91	晨光	寻乌县	晨光镇六社村	移动站
76	茂段	兴国县	均村乡茂段村	移动站	92	桂竹帽	寻乌县	桂竹帽镇上坪村	移动站
77	大塘	兴国县	长冈乡大塘村	移动站	93	龙岗	石城县	龙岗乡龙岗村	移动站
78	中岭	兴国县	龙口镇中岭村	移动站	94	横江	石城县	横江镇丹阳村	移动站
79	谢坊	瑞金市	谢坊镇谢坊村	移动站	95	珠坑	石城县	珠坑乡高玑村	移动站
80	云石山	瑞金市	云石山乡下村	移动站	96	屏山	石城县	屏山镇长江村	移动站
81	叶坪	瑞金市	叶坪乡谢排村	移动站	97	小松	石城县	小松镇耸江村	移动站
82	壬田	瑞金市	壬田镇沙下村	移动站					

七、水质站

1958 年，赣南设立坝上、麻州、翰林桥、程龙等四站水化学站。是赣南最早开始开展水化学分析的站，也是全省首批开展水化学分析的站。1963 年，江西省对水化学站网进行调整，撤销程龙站，麻州站在此期间也被撤销。1969 年，赣州坝上和赣县翰林桥站刊布水化学分析成果。1975 年，赣南在坝上和翰林桥站原水化学站的基础上，开展水质污染监测，即增加“五毒”（酚、氰、砷、汞、六价铬）分析。

1976 年，赣州地区水文站建立水化学分析室，自此赣南各站水样由赣州地区水文站水化学分析室分析处理。此前，赣州水样均送到吉安地区分析处理。

1981 年，江西省水文总站组织人员对章水、贡水主要河段开展水质取样分析，进行水质监测。

1982 年，在赣南区域内的 10 条河流上，按天然背景值监测、基本监测和辅助监测三种类型布设水质监测站。其中布设基本站 2 处（坝上和翰林桥站），辅助站 17 处（赣州、南康、于都、瑞金、宁都、石城、会昌、安远、兴国、全南、龙南、信丰、大余、上犹、崇义、寻乌、定南），背景值站 2 处（吴村、吉村），合计 40 个监测断面。

1985 年，根据江西省水质监测站网规划方案，增设基本站 3 处（峡山、汾坑、居龙滩）、辅助站 1 处（羊信江站）、背景值站 1 处（拔英站）。是年，赣南共有基本站 5 处，辅助站 17 处，背景值站 3 处，合计 25 处，共 45 个水质监测断面。赣南各县（市）均设有监测站，基本能够监测到各县（市）城区河段的水质状况。尤其是赣州市，共设有5个监测断面，其中贡水2个断面，章水1个监测断面，赣江2个监测断面。

1994年1月，赣南3个（吴村、吉村、拔英）背景值站撤销。全区共有监测站22处，监测断面42个。1994年赣州市水质监测站情况见表2-6-11。

表2-6-11　　1994年赣州市水质站统计表

河名	站名	站类	对照断面	控制断面	削减断面
赣江	赣州市	辅助		赣南农药厂	赣县储潭圩渡口
贡水	赣州市	辅助	赣县梅林渡口	赣州市建春门浮桥	
	于都	辅助	于都东河大桥	于都造纸厂下游400米	
	峡山	基本		峡山站测流断面	
绵江	拔英	背景值	瑞金拔英乡小富村		
	瑞金	辅助	水文站基本断面	红都糖厂下游300米	
湘水	会昌	辅助	会昌县城打岗石		
	会昌	辅助		麻州站测流断面	
濂水	安远	辅助	县城上游	县城下游	
	羊信江	辅助		测流断面	
梅川	吴村	背景值	吴村水文站		
	宁都	辅助	县城大桥	宁都师范码头	
	汾坑	基本		测流断面	
琴江	石城	辅助	预制厂高压线	修造厂高压线	
平江	兴国	辅助	县城上游	县城下游	
	翰林桥	基本		测流断面	
桃江	全南	辅助	水口围	南海塘	
	龙南	辅助	窑头钢丝桥	三江口以下200米	
	信丰	辅助		桃江乡水北村	
	居龙滩	基本		测流断面	
章水	吉村	背景值	吉村水文站		
	大余	辅助	朱屋下	靖安桥	
	南康	辅助	水文站	南门浮桥	
	坝上	基本		测流断面	
	赣州市	辅助		西门浮桥	
上犹江	上犹	辅助	县城宝瑞门	城关竹木检查站	
	崇义	辅助	县城上游	横水乡中营村社下桥	
寻乌水	寻乌	辅助	县城上游	县城下游	
九曲河	定南	辅助	县在上游	县城下游	

2001年，增设章水赣州一水厂、章水赣州二水厂、水厂取水口断面水质监测站2站。增设桃江茶芫河道水质监测站。

2006年，增设梅川团结、章水油罗口、上犹江上犹江站大型水库下游断面水质监测站3站，增设寻乌水寻乌澄江、定南水安远镇岗河道水质监测站2站。

2007年，增设赣江赣县攸镇、东江寻乌水寻乌斗晏、定南水定南长滩、北江锦江崇义杉皮埂、北江浈水信丰九渡站出境处断面水质监测站5站，增设瑞金日东、会昌周田河道水质监测站2站。

2011年，增设于都红军桥、黄沙河瑞金黄沙、彭坑河大余池江、崇义丰洲水质监测站。

2012年，增设谢坊绵江大桥、赣县水厂、石城水厂、石城上坝大桥、全南黄龙桥、崇义水口、崇义茶滩、崇义长河坝水库、寻乌上石排水质监测站。

2013年，增设瑞金南华水库、石壁坑水库、南康浮石、寻乌三标、寻乌九曲湾水库水质监测站。

2014年，增设会昌白鹅、寻乌罗珊、会昌西江、安远长沙、宁都黄石、瑞金留金坝、石城丰山、石城大由龙下、兴国长冈水库、兴国洪门水厂、兴国埠头、兴国龙口、兴国杨澄桥、全南天龙、龙南龙头滩、全南江口、信丰李屋场、信丰五羊、信丰龙舌桥、南康龙岭、南康三江、赣州三水厂、八境台、崇义过埠、上犹水厂、上犹黄埠、南康罗边、寻乌留车、寻乌菖蒲、安远三百山、安远孔田、礼亨水库、定南天九、定南横山水质监测站。

2015年，增设安远水厂、龙南水厂、龙南石峡山水库、全南水厂、大余水厂、龙井水库、寻乌吉潭、定南三经路口水质监测站。

2020年赣州市水质监测站统计见表2-6-12。

表2-6-12　　2020年赣州市水质监测站统计表

序号	站名	流域	河流	地址	备注
1	瑞金水位站	长江	绵江	瑞金市象湖镇南门岗	
2	峡山	长江	贡水	于都县罗坳乡峡山村	
3	羊信江	长江	濂水	安远县版石镇竹篙仁村	
4	南迳	长江	桃江	全南县南迳乡	
5	信丰	长江	桃江	信丰县嘉定镇水背村	
6	吉村	长江	章水	大余县吉村镇河头村	
7	安和水文站	长江	龙华江	上犹县安和乡安和水文站	
8	日东	长江	绵江	瑞金市日东乡龙井村	
9	清水	长江	绵江	瑞金市泽潭乡清水村	
10	谢坊绵江大桥	长江	绵江	瑞金市谢坊镇绵江桥	
11	西河大桥	长江	贡水	会昌县文武坝镇	
12	白鹅	长江	贡水	会昌县白鹅乡白鹅圩	
13	于河大桥	长江	贡水	于都县城贡江镇	供水水源地
14	红军桥	长江	贡水	于都县城贡江镇	
15	赣县水厂	长江	贡水	赣县茅店镇茅店圩	供水水源地

续表

序号	站　名	流域	河流	地　　址	备注
16	梅林渡口	长江	贡水	赣县县城梅林镇	
17	储潭	长江	赣江	赣县储潭乡储潭圩	
18	攸镇	长江	赣江	赣县沙地镇攸镇村	地市区界
19	南华水库	长江	安治河	瑞金市泽潭乡南华水库	供水水源地
20	黄沙	长江	黄沙河	瑞金市叶坪乡黄沙村	省级区界
21	周田	长江	湘水	会昌县筠门岭镇下阳村	省级区界
22	罗珊	长江	湘水	寻乌县罗珊乡上津村	
23	会昌打石岗	长江	湘水	会昌县文武坝镇林岗村	
24	石壁坑水库	长江	板坑河	会昌县富城乡石壁坑水库	供水水源地
25	西江	长江	黄龙河	会昌县西江镇西江圩桥	
26	五里街	长江	濂水	安远县欣山镇五里街	
27	西霞山	长江	濂水	安远县欣山镇无为塔	
28	长沙	长江	濂水	安远县长沙乡（安远县与会昌县交界处）	
29	安远水厂	长江	孙屋河	安远县欣山镇肖屋坝	供水水源地
30	吴村	长江	梅江	宁都县肖田乡吴村	
31	宁都大桥	长江	梅江	宁都县梅江镇宁都大桥	供水水源地
32	师范码头	长江	梅江	宁都县梅江镇师范码头	
33	黄石	长江	梅江	宁都县黄石镇黄石大桥	
34	留金坝	长江	梅江	瑞金市瑞林镇留金坝电站大坝	
35	丰山	长江	琴江	石城县丰山乡丰山桥	
36	城北大桥	长江	琴江	石城县琴江镇睦富村	供水水源地
37	上坝大桥	长江	琴江	石城县琴江镇上坝大桥	
38	大由龙下	长江	琴江	石城县大由乡龙下渡口	
39	长冈水库	长江	平江	兴国县兴国长冈水库	供水水源地
40	洪门	长江	平江	兴国县潋江镇兴国水厂	
41	埠头	长江	平江	兴国县埠头村埠头桥	
42	龙口	长江	平江	兴国县龙口乡与赣县南塘交界	
43	杨澄桥	长江	岁水	兴国县敛江镇澄塘村杨澄大桥	
44	兴国红军桥	长江	岁水	兴国县敛江镇红军桥	
45	黄龙桥	长江	桃江	全南县金龙镇黄龙桥	
46	天龙	长江	桃江	全南县天龙镇全南与龙南交界	
47	龙南水厂	长江	桃江	龙南县龙南镇柏树村	供水水源地
48	峡江口	长江	桃江	龙南县龙南镇峡江口	
49	龙头滩	长江	桃江	龙南县龙南镇龙头滩	
50	江口	长江	桃江	全南县上江乡江口村	

续表

序号	站　名	流域	河流	地　　址	备注
51	李屋场	长江	桃江	信丰县信丰老水厂取水口	
52	五羊	长江	桃江	信丰县信丰五洋信丰赣县交界	
53	石峡山水库	长江	桃江支流	龙南县龙南石峡山水库	供水水源地
54	龙舌桥	长江	桃江支流东河	信丰县黄土陂	
55	龙井水库	长江	桃江支流大桥河	信丰县大桥镇龙井水库	供水水源地
56	龙兴水库	长江	桃江支流小溪水	全南县龙兴水库取水口	供水水源地
57	大余水厂	长江	章水	大余县大余水厂取水口	供水水源地
58	靖安桥	长江	章水	大余县南安镇靖安桥	
59	浮石	长江	章水	南康区浮石乡青云村	
60	窑下坝	长江	章水	南康区西华乡窑下坝村	供水水源地
61	龙岭	长江	章水	南康区蓉江镇南门浮桥	
62	三江	长江	章水	南康区三江乡长塘下	
63	赣州二水厂	长江	章水	章贡区水南乡金星村	供水水源地
64	赣州三水厂	长江	章水	章贡区沙石镇	供水水源地
65	赣州一水厂	长江	章水	章贡区滨江大道	供水水源地
66	西门人行桥	长江	章水	章贡区西门大桥	
67	八境台	长江	章水	章贡区八镜台	
68	池江	长江	彭坑河	大余县池江镇小汾村	省级区界
69	丰洲	长江	上犹江	崇义县丰洲乡丰洲圩上游	省级区界
70	过埠	长江	上犹江	崇义县过埠镇过埠桥	
71	上犹水厂	长江	上犹江	上犹县东山镇南河水库坝上	供水水源地
72	村里	长江	上犹江	上犹县东山镇大埠村	
73	罗边	长江	上犹江	南康区龙华乡罗边水库	
74	水口	长江	上犹江	崇义县关田镇水口桥	
75	塔下桥	长江	横水河	崇义县横水镇塔下桥	
76	茶滩	长江	上犹江	崇义县茶滩乡观暗堂桥	
77	长河坝水库	长江	崇义河支流稳下河	崇义县崇义长河坝水库	供水水源地
78	澄江	珠江	寻乌水	寻乌县澄江乡澄江圩上游 2 千米	
79	吉潭	珠江	寻乌水	寻乌县吉潭乡吉潭大桥	
80	上石排	珠江	寻乌水	寻乌县文峰乡河丰乐桥	
81	斗晏	珠江	寻乌水	寻乌县龙廷乡斗晏水库下游 300 米	省级区界
82	三标	珠江	马蹄河	寻乌县三标乡三标圩下游人行桥	
83	九曲湾水库	珠江	马蹄河	寻乌县九曲湾水库	供水水源地
84	罗新墩	珠江	马蹄河	寻乌县长宁镇罗新墩	

续表

序号	站　名	流域	河流	地　　址	备注
85	寻乌医院	珠江	马蹄河	寻乌县人民医院	
86	留车	珠江	龙图河	寻乌县留车镇余田村	
87	菖蒲	珠江	晨光河	寻乌县菖蒲乡车田围桥	省级区界
88	镇岗	珠江	定南水	安远县镇岗镇镇岗圩上3千米	
89	胜前水文站	珠江	定南水	定南县龙塘乡胜前水文站监测断面	
90	长滩	珠江	定南水	定南县天九乡长滩水库下游50米	省级区界
91	三百山	珠江	新田河	安远县三百山镇	
92	孔田	珠江	新田河	安远县孔田镇孔田圩	
93	礼亨水库	珠江	下历河	定南县礼亨水库坝址	供水水源地
94	三经路口	珠江	下历河	定南县历市镇三经路口	
95	定南变电站	珠江	下历河	定南县历市镇县变电所	
96	天九	珠江	下历河	定南县天九镇圩上	
97	横山	珠江	老城河	定南县老城乡江西与广东交界	
98	杉皮埂	珠江	锦江	崇义县聂都乡杉皮埂	省级区界
99	九渡	珠江	浈江	信丰县正平乡九渡村	省级区界

八、站网评价与调整

站网评价　赣州市水文测站主要是以满足流域规划、兴建水利工程、水资源管理和防汛的需要而布设。市水文站网随着社会和国民经济的发展而发展，经过几十年的建设，基本形成比较稳定的基本水文站网。赣州市现有水文站41站，其中重要大河控制站6站、区域代表站32站、辅助站2站、小河站1站，现有水位站4站。现有泥沙观测项目9站，蒸发项目6站，降水量观测项目1035站，水质监测项目8站。水文站网基本上能满足赣州市防洪抗旱、水资源开发利用、水环境监测、水工程规划设计等国民经济和社会发展的需要。

赣州市现有泥沙站9站，站网平均密度4375平方千米每站。泥沙站与流量站分类一致，共有大河控制站5个，区域代表站4个。目前，泥沙站网还不能完全满足沙量计算和绘制悬移质泥沙侵蚀模数等值线图的需要，也不能完全反映各河系泥沙变化规律，应根据侵蚀模数变化，对水土流失严重地区的主要河流及站点稀少地区水文站增加泥沙观测，并开展泥沙观测研究，为水土保持和水生态恢复服务。现有雨量观测项目1035站，平均站网密度55平方千米每站，站网密度符合规定，且分布合理。现有蒸发站6站，均设在水文水位站上，各站的多年平均蒸发量为800～1100毫米，全市蒸发站网平均密度6563平方千米每站，未达到设站密度要求且站点分布不够均匀，因此，蒸发站网应进行适当调整，增补蒸发站点，以满足赣州市区域内进行流域蒸发计算和分析农业灌溉耗水量及研究水面蒸发的地区规律的需要。

水文站网布局评价。赣州现有汾坑、峡山、居龙滩、坝上、田头、信丰（二）共6个大河控制站。基本上能够满足江河治理、防汛抗旱等国民经济的需要，基本能够控制赣州市主要河流的水资源量。集水面积大于3000平方千米的河流仅贡水葫芦阁（集水面积6638平方千米）以上未设控制站。赣州市划为Ⅰ区（梅川、绵水、湘水、平江和桃江）和Ⅱ区（上犹江），现设有区域代表站11站。基本上能满足水文分区内插水文特征参数，解决无资料地区移用问题。但也存在一些缺陷，区域代表站的布局，本应在面上分布基本均匀，但Ⅱ区内集水面积300～500平方千米、500～1000平方千米未布站。有些站达不到设站目的，受水利工程影响严重，规划位置调整后尚未补建，形成较大空白区。目前，赣州已设小河站1站，小河水文站网站单一。

水文站网密度评价。赣州市土地面积39379.64平方千米，全市平均站网密度960平方千米每站，加上外系统所建水文站8站，平均站网密度803平方千米每站，再加上资料仍可使用但已裁撤的水文站，平均站网密度715平方千米每站。按世界气象组织推荐的容许最稀站网密度标准要求，现有水文站网密度还未达到世界气象组织推荐的容许最稀站网密度水平。

受水利工程影响评价。随着水资源的开发利用，水利水电工程的大量兴建，改变水文站的测验条件和上下游水沙情势，严重影响区域水文资料的连续性、代表性、一致性，给这类地区水文测验、流域水文预报、水资源计算造成一定的困难，同时影响水文站网的稳定。赣州70%以上的水文站受水利工程影响，显著影响的站有筠门岭、南迳、茶芫、居龙滩、田头、安和、胜前等7个站，中等影响的有麻州、宁都、翰林桥、窑下坝、坝上等5个站，轻微影响的有峡山、汾坑、石城等3个站，其余测站也在一定程度上受水利工程建设的影响。

水资源服务需求评价。赣州水资源服务工程主要有章惠渠和章江水轮泵站灌区输水渠系，其他水资源分配水利工程有大型水库5个。全市需要监测断面数19处，现有监测断面数6处（含水利工程自设监测断面数），仅占需监测断面数的31.6%，因此不能满足现有当地水资源水环境工程需求。如需满足当地水资源工程需求目标的85%以上，则需增设监测断面10处；如需达到需求目标的100%，需增设监测断面13处。因此，对今后新建的水利工程，应当设立相应的水环境、水资源监测站。

水文站网满足防洪需求评价。赣州现有报汛站52个，其中水文站19个、水位站4个、雨量站24个、水库站5个，水情信息分中心1个。已基本形成一个比较完善的水情报汛网，为水情监测和洪水预报发挥重要的作用。随着国民经济建设的发展，特别是城市建设的高速发展，目前这些报汛站网仍存在一定的缺陷，不能完全适应形势的发展，难以完全满足防洪服务目标，尤其是对重要城镇的防汛服务，有相当部分有防汛任务的县城未设水文（位）站，致使这部分县城缺乏防汛的基本信息，无法满足当地防汛需求。

站网调整 保持基本站网的相对稳定，并以基本站网为基础，发展专用站，建设辅助站或开展辅助观测。站网布设和观测项目应根据社会需求确定，拓展水文服务功能。受水利工程影响，水文业务工作的重点之一，应由为水利工程的规划设计和施工服务，转向为水利工程安全经济运行、不同用水部门或地区间科学分配水资源以及为水生态恢复等提供优质服务，建立多功能多用途水文站网。开展基地建设，促进站队结合。提高水文站网资料收集系统的现代化水平。调整部分区域代表站和小河站的设站年限。完善站网布局。

大河水文站网调整。赣州现有6个大河水文站，根据调整原则和防汛抗旱、水资源开发利用需要，拟将葫芦阁水位站升级为水文站。调整后大河水文站站数7站。

区域代表水文站网调整。赣州现有区域代表水文站32站，根据布设原则和调整原则，杜头水文站已达设站年限，且无水情报汛任务，可停测。增设寻乌石排水文站，调整后区域代表水文站站数32站。

小河水文站网调整。根据省小河站网调整规划，赣州市小河水文站不作调整。

水位站网调整。根据水位站布设原则和重要城镇防洪、水资源开发利用的需要。需增设会昌、于都、大余、唐江、兴国、全南、崇义、黄麟、龙南共9个水位站。

雨量站网调整。赣州雨量站网布设合理、经济、科学、符合规定。但是随着国民经济的发展，为满足重要城镇防洪的需求，需增设安远、上犹、赣县共3站。由于宁都水文站所属配套雨量站比计算所需站数偏多，拟停测该流域内带源、漳灌、和平、小布、上朝5个雨量站。

蒸发站网调整。根据调整原则，拟在寻乌石排和胜前二站增加蒸发观测项目。以满足赣州市在面上流域蒸发计算和水面蒸发的地区规律及东江源区水生态恢复研究的需要。

泥沙站网调整。根据泥沙站网布设原则，赣州现有泥沙站全部保留，在新建寻乌石排站设置泥沙观测项目。以掌握赣州市主要河流的泥沙变化规律，满足绘制悬移质泥沙侵蚀模数等值线的需要。

受水利工程影响的水文站网调整。赣州水文站网受水利工程影响十分显著，有16个水文站受到影响。其中胜前、峡山、汾坑、羊信江、南迳等5站需整体搬迁；坝上、茶芫、窑下坝等3站需增设辅助断面；居龙滩、田头、安和、筠门岭等站需调整测验部署。杜头站已达到设站年限要求，建议停测，枫坑口水文站2001年已停测下迁至茶芫。

第三节　水文勘测队（水文中心）

一、水文勘测队建设规划

1985年8月，水利电力部颁发《水文勘测站队结合试行办法》，对水文基层管理体制和测验方式进行改革，倡导组织站队结合，并认为这是今后水文站网建设的发展方向。

根据1985年11月江西省水文总站向省水利厅呈报的《江西省水文勘测站队结合规划》，本市除保留市级水文管理机构外，下设赣州、信丰、瑞金3个水文勘测队。

二、水文勘测队建设

1993年11月，成立赣州水文勘测队。队部设在赣州市章贡区，在赣州水位站原职工简易宿舍内办公。2000年，在章贡区水南镇客家大道22号安居小区内购得综合大楼B1栋2层作队部办公用，面积500平方米（含8间单身宿舍）。2014年7月10日赣州水文勘测队队部迁到梅关大道坝上水文站办公。

1990年，赣州市水文局完成《信丰片站队结合可行性研究报告》，1996年提出《信丰水文勘测队实施方案》，1998年江西省水文局拨款35万元，在信丰县沿江路征得建设用地6亩，建设信丰水文勘测队基地。2005年6月，成立信丰水文勘测队。

1999年，赣州市水文局提出《瑞金片站队结合可行性研究》报告，并上报省水文局。

2008年，成立瑞金水文勘测队，队部设在瑞金市城区。瑞金水文勘测队未运行。

2015年1月19日，赣州、于都水文巡测中心正式运行。

2016年1月以后，南康、崇义、信丰、瑞金、会昌、宁都、石城、安远、寻乌、龙南10个水文巡测中心正式运行。

2019年11月20日，原12个中心改建成赣州城区、于都、崇义、信丰、瑞金、宁都、石城、东江源区、龙南9个水文巡测中心。

三、水文勘测队管理

赣州水文勘测队测区包括章贡区、赣县、兴国、于都、南康、大余、崇义、上犹8个（区）县，面积16232平方千米，占全市总面积的41.7%。测区内有峡山、居龙滩、坝上、汾坑、田头5个大河控制站，翰林桥、窖下坝、安和3个区域代表站，樟斗小河站及赣州水位站。有61个雨量站，其分布情况为赣县11个、兴国9个、于都8个、南康6个、大余12个、崇义4个、上犹9个、章贡区2个。

信丰水文勘测队测区包括信丰、龙南、全南、定南、安远5个县，面积9991平方千米，占全市总面积的25.7%。测区内有枫坑口（茶芫）大河控制站，胜前、羊信江、杜头、南迳4个区域代表站和信丰水位站。有47个雨量站，其分布情况为安远14站、龙南10站、全南9站、定南7站、信丰7站。

瑞金水文勘测队测区包括瑞金、宁都、石城、会昌、寻乌5个县，面积12714平方千米，占全市总面积的32.6%。测区内有宁都、石城庙子潭、筠门岭、麻州5个区域代表站，瑞金、葫芦阁2个水位站和桥下垅小河站。有68个雨量站，其分布情况为瑞金7站、宁都27站、石城11站、会昌14站、寻乌6站，福建省武平县3站（赣州设）。

2015—2016年改为12个巡测中心管理。赣州巡测中心管理赣州、坝上、居龙滩、翰林桥、胜利、兴国6站。于都巡测中心管理峡山、公馆、移陂、利村、汾坑5站。崇义中心管理崇义、安和2站。信丰中心管理茶芫、信丰、古陂、坪石、柳塘5站。宁都中心管理宁都、桥下垄、固厚、黄陂4站。石城中心管理石城站。会昌中心管理麻州、筠门岭、葫芦阁3站。龙南中心管理杜头、东江、里仁、陂头、南迳、胜前6站。寻乌中心管理水背、寻乌2站。南康中心管理窖下坝（二）、朱坊、田头、横市、樟斗、浮江6站。安远中心管理羊信江、孔田2站。瑞金中心管理瑞金站。

2019年11月改为9个水文中心：赣州城区中心测区范围包括章贡区、赣县区、南康区、黄金开发区、蓉江新区；崇义中心测区范围包括崇义县、大余县、上犹县；于都中心测区范围包括于都县、兴国县；信丰中心测区范围包括信丰县；瑞金测区范围包括瑞金市、会昌县；龙南中心测区范围包括龙南县、全南县；宁都中心测区范围包括宁都县；石城中心测区范围包括石城县；东江源区中心测区范围包括寻乌县、安远县、定南县。

第四节　水文（基本水位）站简介

汾坑水文站　国家重要水文站，是梅江干流控制站，流域面积6366平方千米。基本水尺断面设在于都县银坑镇汾坑村，距梅江河口44千米，采用假定基面。测验河段控制条件

较好，顺直长度约1000米，是最大水面宽的三倍多。上游右岸约500米处有一条支流汇入，左岸约1200米处也有一条支流汇入，下游约1000米处有一狭窄河段。水道断面形状似“W”形，属宽浅河道，无岔流、漫滩及回流，左右岸高山均为黄黏土，无坍塌现象，河床为细砂组成，属经常性冲淤。主流摆动较大。枯水时露沙滩，有斜流串沟现象。主要观测项目包括水位、流量、泥沙（单位水样含沙量、悬移质输沙率）、降水量、水质。1957年曾观测气温与相对湿度，1957—1958年曾观测水面蒸发。测验断面洪水时，最大水面宽286米，最大水深10.9米，枯水时，最小水面宽34米。多年平均年降水量1543.9毫米，最大年降水量2211.7毫米（1961年），最小年降水量960.8毫米（1971年）。多年平均水位125.59米，最高水位134.50米（2015年5月20日），最低水位123.69米（2020年12月7日）。多年平均流量192立方米每秒，最大流量6110立方米每秒（2015年5月20日），最小流量4.53立方米每秒（2020年12月7日）。多年平均含沙量0.171千克每立方米，最大年平均含沙量0.330千克每立方米（1984年），最小年平均含沙量0.053千克每立方米（2008年）。多年平均年输沙量10.8万吨，最大年输沙量232万吨（1992年），最小年输沙量25.9万吨（2008年）。

峡山水文站 国家重要水文站，是贡水中流控制站，流域面积15975平方千米。基本水尺断面设在于都县罗坳乡峡山村，采用吴淞基面。测验河段控制条件较好，顺直长度约700米，为最大水面宽的四倍多。上游1000米处有弯道，下游300米处河道渐宽。水道断面形状似“W”形，属窄深河道，无岔流、串沟及回流，主流摆动不大。左右岸为岩石，无坍塌现象，河床为卵石及中粗砂组成，属不经常性冲淤。主要观测项目包括水位、流量、泥沙（单、断沙及单、断沙颗粒分析，推沙及推移质颗粒分析）、降水量、水质，1953年2月至1956年12月曾观测水面蒸发，1953—1955年曾观测气温与相对湿度，1962年10月至1963年4月曾观测比降。峡山站于2012年12月断面下迁，停止观测。峡山站测验断面洪水时，最大水面宽169米，最大水深17.2米，枯水时，最小水面宽143米。多年平均年降水量1554.7毫米，最大年降水量2350.6毫米（1975年），最小年降水量955.2毫米（1971年）。多年平均水位103.77米，最高水位113.76米（1964年6月16日），最低水位102.15米（1972年3月31日）。多年平均流量433立方米每秒，最大流量8730立方米每秒（1964年6月16日），最小流量20.9立方米每秒（1965年3月25日）。多年平均含沙量0.216千克每立方米，最大年平均含沙量0.310千克每立方米（1984年），最小年平均含沙量0.105千克每立方米（2008年）。多年平均年输沙量303.8万吨，最大年输沙量591万吨（1973年），最小年输沙量86.7万吨（1963年）。

峡山水文（二）站 位于赣县江口镇蕉林村，流域面积16033平方千米，采用黄海基面。于2013年1月正式观测。多年平均水位101.81米，最高水位109.98米（2015年5月21日），最低水位98.61米（2019年2月10日）。多年平均流量449立方米每秒，最大流量7190立方米每秒（2019年6月11日），最小流量0.64立方米每秒（2017年11月2日）。

居龙滩水文站 国家重要水文站，是桃江干流控制站，流域面积7751平方千米。基本水尺断面设在赣县大田乡居龙滩村，距桃江河口约15千米，采用吴淞基面。测验河段控制条件较好，顺直长度约1500米。上游400米处，水位在104.50米以下时，显现出一急滩，对测验没有影响。上游1500米处，2004年建有居龙滩电站，对居龙滩水文站水位产生很大影响。测验断面属宽浅断面，右岸边有5米宽的回流区。右岸为岩石，左岸为沙壤土，无坍塌现象，河床右侧为粗砂，中部细砂，左侧卵石，不属于冲淤断面。主要观测项目包括水位、流量、泥沙（单、断沙及单、断沙颗粒分析，推沙及推移质颗粒分析）、降水量、水质，1953年2月1日至1957年12月31日曾观测水面蒸发，1953年2月1日至1956年12月31日曾观测气象，1963—1967年2月曾观测比降。测验断面洪水时，最大水面宽221米，最大水深10.7米，枯水时，最小水面宽100米。多年平均年降水量1559.0毫米，最大年降水量2363.7毫米（1961年），最小年降水量1028.3毫米（1986年）。多年平均水位104.10米，最高水位112.75米（1964年6月16日），最低水位102.24米（2020年10月12日）。多年平均流量191立方米每秒，最大流量4470立方米每秒（1964年6月16日），最小流量0.17立方米每秒（2010年11月8日）。多年平均含沙量0.198千克每立方米，最大年平均含沙量0.338千克每立方米（1980年），最小年平均含沙量0.04千克每立方米（2009年）。多年平均年输沙量126万吨，最大年输沙量267万吨（1992年），最小年输沙量12.0万吨（2009年）。

坝上水文站 国家重要水文站，是章江干流控制站，流域面积7657平方千米。基本水尺断面设在赣州市章贡区水南镇腊长村，距章江河口12千米，采用吴淞基面。测验河段顺直。上游600米处河中有一沙洲如岛，河水绕沙洲左右分流，下游1200米处河道弯曲。水道断面形状似“W”形，属宽浅河道。2002年章江近河口处建八境湖橡胶坝，断面处于水库库尾区，对测验影响较大。河床由中砂组成。主要观测项目包括水位、流量、泥沙（单、断沙及单、断沙颗粒分析，推沙及推移质颗粒分析）、降水量、水温、气温、水质，1953年1月至1960年1月曾观测水面蒸发，1953—1955年曾观测相对湿度，1953—1983年曾观测比降。测验断面洪水时，最大水面宽373米，最大水深11.0米，枯水时，最小水面宽61米。多年平均年降水量1428.9毫米，最大年降水量2083.6毫米（1961年），最小年降水量943.4毫米（2003年）。多年平均水位96.73米，最高水位103.83米（1961年6月13日），最低水位93.82米（2004年1月28日）。多年平均流量198立方米每秒，最大流量5060立方米每秒（1961年6月13日），最小流量3.57立方米每秒（2004年1月28日）。多年平均含沙量0.158千克每立方米，最大年平均含沙量0.270千克每立方米（1984年），最小年平均含沙量0.039千克每立方米（2004年）。多年平均年输沙量100.7万吨，最大年输沙量268万吨（1973年），最小年输沙量11.5万吨（2004年）。

田头水文站 国家重要水文站，是上犹江控制站，流域面积3209平方千米。基本水尺断面设在南康区龙华乡田头村下游100米处，距章水河口27千米，采用假定基面。测验河段控制条件较好，顺直长度约1700米，是最大水面宽的10倍。上游约300米处有大弯道，下游约1000米处为河道束口。上游1500米处，1996年建成罗边电站，导致田头站低水流量就是电站发电流量。水道断面形状似“W”形，属宽浅河道，无岔流、串沟及回流。左岸为红砂岩，右岸为沙黏土，河床为细砂组成，左岸35米内略有水草。主要观测项目包括水位、流量、降水量、水质。1955年7月至1962年1月曾观测沙量（单、断沙），1954—1962年曾观测气温与相对湿度，1954年10月至1961年曾观测水面蒸发，1955—1964年1月曾观测比降，1962年2月至1967年1月曾观测地下水水位。测验断面洪水时，最大水面宽166米，最大水深7.6米，枯水时，最小水面宽34.8米。多年平均年降水量1399.1毫米，最大年降水量2161.8毫米（1961年），最小年降水量916.0毫米（1971年）。多年平均水位

113.81米，最高水位120.32米（1961年6月12日），最低水位110.53米（2015年2月23日）。多年平均流量90.7立方米每秒，最大流量2930立方米每秒（1961年6月12日），最小流量0.030立方米每秒（2013年1月3日）。

茶芫水文站 国家重要水文站，是桃江中游控制站，流域面积5290平方千米。基本水尺断面设在信丰县同益乡山塘村，采用吴淞基面。测验河段大致顺直，有冲淤现象，左岸为泥沙土岸，右岸为山脚岩石，陡岸，基本断面上游约600米处有沙洲，基本断面下游约500米处河面宽增大，河道呈喇叭形，中低水位以下形成急滩，下游约2.5千米处有古陂河汇入。河床由细砂、淤泥组成。主要观测项目包括水位、流量、悬移质含沙量、降水量、蒸发量。测验断面洪水时，最大水面宽161米，最大水深12.8米，枯水时，最小水面宽88.0米。多年平均年降水量1467.1毫米，最大年降水量1951.6毫米（2002年），最小年降水量1042.1毫米（2004年）。多年平均水位137.05米，最高水位144.52米（2006年7月28日），最低水位135.87米（2020年1月18日）。多年平均流量126立方米每秒，最大流量2690立方米每秒（2006年7月28日），最小流量1.60立方米每秒（2015年1月28日）。多年平均含沙量0.128千克每立方米，最大年平均含沙量0.224千克每立方米（2003年），最小年平均含沙量0.068千克每立方米（2008年）。多年平均年输沙量51.7万吨，最大年输沙量84.9万吨（2006年），最小年输沙量14.8万吨（2009年）。多年平均蒸发量925.7毫米。2016年1月改为水位站。

葫芦阁水位站 国家重要水位站，位于贡水中游。基本水尺断面设在会昌县庄口镇小坑面村，采用吴淞基面。测流河段顺直，左岸为高山，右岸为岩石，断面上游2千米处有支流濂水汇入，上游约600米处有弯道，下游1千米处有渡口及急滩。河床由块石、细砂组成。多年平均年降水量1567.0毫米，最大年降水量2154.1毫米（1975年），最小年降水量906.6毫米（2003年）。最高水位144.44米（1964年6月15日），最低水位135.09米（2010年11月19日），多年平均水位136.25米。

赣州水位站 国家重要水位站，位于贡水下游。基本水尺断面设在赣州市章贡区磨角上，采用吴淞基面。测验河段大致顺直，右岸有丁坝四座，枯水期右边出现大片沙滩，上、下游50米均有航运码头，经常有船只停泊。在下游约1000米处有东河大桥，约1700米有东门浮桥，下游约3000米是龟角尾，贡水、章水在此处汇合成赣江，本站有时受变动回水影响。上游1700米处，1995年建成京九铁路桥；1300米处，2011年建成贡水大桥。河床由细砂、卵石组成。主要测验项目包括降水量、水位、流量（1950—1956年）。多年平均年降水量1383.0毫米，最大年降水量2191.8毫米（1961年），最小年降水量897.6毫米（1986年）。多年平均水位93.86米，最高水位103.01米（1964年6月16日原建春门会昌码头断面观测值，换算成现断面为103.29米），最低水位90.95米（2018年5月28日）。最大流量9230立方米每秒（1956年6月17日），最小流量66.0立方米每秒（1955年3月23日）。

信丰水位站 国家重要水位站，位于桃江中游。基本水尺断面设在信丰县嘉定镇，采用吴淞基面。测验河段左岸原是民房，2004年年初建石砌防洪堤，右岸为土质，上游约100米处有桃江桥，上游约400米处有公路桥一座，下游约40米处有嘉定大桥。河床由细砂组成。主要测验项目包括降水量、水位、水质。多年平均水位143.13米，最高水位151.16米（1966年6月23日），最低水位141.05米（2005年12月17日）。

信丰水文（二）站 信丰水位站上迁5.0千米，增加流量、泥沙测验项目，改为水文站。基本水尺断面位于信丰县嘉定镇游州村，流域面积4869平方千米，采用黄海基面。于2016年1月开始观测。多年平均水位141.68米，最高水位147.92米（2016年3月21日），最低水位140.91米（2018年5月4日）。

麻州水文站 省级重要水文站。属赣江水系湘水，区域代表站，流域面积1758平方千米，位于会昌县麻州镇大坝村，采用假定基面。主要测验项目包括降水量、水位、流量、蒸发量、悬移质含沙量、水质。多年平均年降水量1585.5毫米，最大年降水量2300.0毫米（1975年），最小年降水量1016.9毫米（1991年）。多年平均蒸发量944.6毫米。多年平均水位92.71米，最高水位97.99米（1978年7月31日），最低水位88.93米（2020年7月25日）。多年平均流量47.2立方米每秒，最大流量2270立方米每秒（1978年7月31日），最小流量1.66立方米每秒（1963年6月11日）。多年平均含沙量0.181千克每立方米，最大年平均含沙量0.282千克每立方米（1980年），最小年平均含沙量0.075千克每立方米（2002年）。多年平均年输沙量27.1万吨，最大年输沙量56.0万吨（1983年），最小年输沙量6.57万吨（2009年）。

羊信江水文站 省级重要水文站。属赣江水系濂江，区域代表站，流域面积569平方千米，位于安远县版石镇竹篙仁村，采用假定基面。主要测验项目包括降水量、水位、流量、悬移质含沙量、水质。多年平均年降水量1612.6毫米，最大年降水量2416.7毫米（1961年），最小年降水量1080.9毫米（1991年）。多年平均水位194.19米，最高水位200.55米（1961年8月27日），最低水位193.41米（2010年9月10日）。多年平均流量14.2立方米每秒，最大流量1030立方米每秒（1961年8月27日），最小流量0立方米每秒（1976年12月7日）。多年平均含沙量0.172千克每立方米，最大年平均含沙量0.674千克每立方米（2006年），最小年平均含沙量0.034千克每立方米（1991年）。多年平均年输沙量7.66万吨，最大年输沙量41.1万吨（2006年），最小年输沙量0.571万吨（1991年）。

宁都水文站 省级重要水文站。属赣江水系梅江，区域代表站，流域面积2372平方千米，位于宁都县梅江镇东门外，采用吴淞基面。主要测验项目包括降水量、水位、流量、水质。多年平均年降水量1657.6毫米，最大年降水量2623.3毫米（1997年），最小年降水量929.2毫米（2003年）。多年平均水位183.76米，最高水位189.26米（1984年6月1日），最低水位182.53米（2010年12月7日）。多年平均流量75.7立方米每秒，最大流量2640立方米每秒（1984年6月1日），最小流量2.88立方米每秒（1963年9月4日）。

石城水文站 省级重要水文站。属赣江水系琴江河，区域代表站，流域面积656平方千米，位于石城县琴江镇河禄坝村，采用黄海基面。主要测验项目包括降水量、水位、流量、水质。多年平均年降水量1778.8毫米，最大年降水量2724.0毫米（1997年），最小年降水量1039.7毫米（1971年）。多年平均水位222.58米，最高水位228.62米（1997年6月9日），最低水位220.16米（2020年12月10日）。多年平均流量21.4立方米每秒，最大流量1840立方米每秒（1997年6月9日），最小流量0.992立方米每秒（2018年5月26日）。

翰林桥水文站 省级重要水文站。属赣江水系平江河，区域代表站，流域面积2689平方千米，位于赣县吉埠镇老合石村，采用吴淞基面。主要测验项目包括降水量、水位、流量、悬移质含沙量、悬移质泥沙颗粒分析、水温、气温、水质。多年平均年降水量1578.8

毫米，最大年降水量2400.6毫米（1975年），最小年降水量986.4毫米（1971年）。多年平均水位109.07米，最高水位115.06米（1956年6月17日），最低水位107.28米（2020年1月14日）。多年平均流量74.3立方米每秒，最大流量2780立方米每秒（1961年6月12日），最小流量0.940立方米每秒（1986年8月30日）。多年平均含沙量0.396千克每立方米，最大年平均含沙量0.711千克每立方米（1969年），最小年平均含沙量0.145千克每立方米（2003年）。多年平均年输沙量91.1万吨，最大年输沙量201万吨（1961年），最小年输沙量21.7万吨（2003年）。

杜头水文站 省级重要水文站。属赣江水系太平江河，区域代表站，流域面积435平方千米，位于龙南县程龙镇杜头村，采用假定基面。主要测验项目包括降水量、水位、流量、蒸发量、水质。多年平均年降水量1654.1毫米，最大年降水量2524.0毫米（1975年），最小年降水量1055.9毫米（1963年）。多年平均蒸发量873.1毫米。多年平均水位90.38米，最高水位97.71米（2019年6月10日），最低水位89.41米（2018年2月17日）。多年平均流量13.1立方米每秒，最大流量1210立方米每秒（2019年6月10日），最小流量0.034立方米每秒（2018年12月31日）。

窑下坝水文站 省级重要水文站。属赣江水系章水河，区域代表站，流域面积1935平方千米，位于南康区西华乡窑下坝村，采用假定基面。主要测验项目包括降水量、水位、流量、水质。窑下坝站于2001年12月停止观测。多年平均年降水量1478.9毫米，最大年降水量2145.3毫米（1975年），最小年降水量1024.8毫米（1963年）。多年平均水位116.66米，最高水位121.26米（1961年6月6日），最低水位114.45米（2000年12月24日）。多年平均流量47.2立方米每秒。最大流量1330立方米每秒（1961年6月6日），最小流量0.058立方米每秒（1963年3月11日）。

窑下坝（二）站 位于南康区东山街道办事处芙蓉大道，于2002年1月1日开始观测，流域面积1944平方千米，采用黄海基面。多年平均水位116.79米，最高水位121.53米（2009年7月4日），最低水位114.35米（2002年1月14日）。多年平均流量44.8立方米每秒，最大流量1600立方米每秒（2009年7月4日），最小流量0立方米每秒（2009年4月9日）。

安和水文站 省级重要水文站。属赣江水系寺下河，区域代表站，流域面积246平方千米，位于上犹县安和乡滩下村，采用假定基面。主要测验项目包括降水量、水位、流量、蒸发量。多年平均年降水量1508.1毫米，最大年降水量2268.4毫米（1997年），最小年降水量1038.1毫米（1979年）。多年平均蒸发量861.0毫米。多年平均水位250.33米，最高水位255.53米（2006年7月26日），最低水位河干（2004年8月31日）。多年平均流量6.94立方米每秒，最大流量616立方米每秒（2006年7月26日），最小流量0立方米每秒（2004年8月31日）。

水背水文站 省级重要水文站。属珠江流域东江水系寻乌水，流域面积987平方千米，位于寻乌县南桥镇水背村，采用珠江基面。主要测验项目包括降水量、水位、流量、悬移质含沙量、水温、岸温、蒸发量。多年平水位220.08米，最高水位224.42米（1983年6月3日），最低水位217.77米（2019年12月28日）。多年平均流量26.5立方米每秒，最大流量982立方米每秒（1983年6月3日），最小流量0.130立方米每秒（2019年12月25日）。

胜前水文站 省级重要水文站。属珠江流域东江水系九曲河，区域代表站，流域面积

758平方千米，位于定南县龙塘镇长富村，采用黄海基面。主要测验项目包括降水量、水位、流量、水质。多年平均年降水量1512.5毫米，最大年降水量1824.6毫米（1992年），最小年降水量776.2毫米（1991年）。多年平均水位221.07米，最高水位227.98米（1978年7月31日），最低水位220.00米（1996年7月12日）。多年平均流量20.8立方米每秒，最大流量1550立方米每秒（1978年7月31日），最小流量0.890立方米每秒（1991年6月6日）。

胜前（二）水文站 位于定南县龙塘镇胜前村，于2004年8月开始观测，流域面积751平方千米，采用黄海基面。多年平均水位224.63米，最高水位229.56米（2006年7月15日），最低水位224.01米（2011年4月24日）。多年平均流量21.4立方米每秒，最大流量1140立方米每秒（2010年6月21日），最小流量0.128立方米每秒（2018年5月23日）。

瑞金水文站 基本水文站。位于赣江水系绵江中上游，流域面积911平方千米，断面设在瑞金市象湖镇南门冈，采用吴淞基面。主要测验项目包括降水量、水位、流量。多年平均年降水量1618.5毫米，最大年降水量2374.0毫米（2016年），最小年降水量1048.8毫米（1971年）。多年平均水位187.94米，最高水位195.18米（1962年6月30日），最低水位187.15米（2021年4月10日）。多年平均流量24.6立方米每秒，最大流量1180立方米每秒（1962年6月30日），最小流量0.317立方米每秒（1965年3月21日）。

筠门岭水文站 基本水文站。位于赣江水系湘水上游，流域面积460平方千米，断面设在会昌县筠门岭镇水东村，采用吴淞基面。主要测验项目包括降水量、水位、流量。多年平均年降水量1558.5毫米，最大年降水量2188.7毫米（1975年），最小年降水量959.8毫米（1991年）。多年平均水位207.39米，最高水位211.00米（2004年7月8日），最低水位206.87米（1999年1月3日）。多年平均流量11.5立方米每秒，最大流量646立方米每秒（2004年7月8日），最小流量0.003立方米每秒（1991年1月3日）。

南迳水文站 基本水文站。位于赣江水系桃江上游，流域面积251平方千米，断面设在全南县南迳乡罗田村，采用黄海基面。主要测验项目包括降水量、水位、流量。多年平均年降水量1737.7毫米，最大年降水量2190.4毫米（1983年），最小年降水量1246.9毫米（1991年）。多年平均水位299.13米，最高水位303.56米（2019年6月10日），最低水位297.66米（2017年12月24日）。多年平均流量7.72立方米每秒，最大流量463立方米每秒（1984年6月1日），最小流量0立方米每秒（2005年8月1日）。2006年1月改为水位站。

樟斗水文站 小河水文站。位于赣江水系章水支流横江河，流域面积44.6平方千米，断面设在大余县樟斗镇下横村，采用假定基面。主要测验项目包括降水量、水位、流量、蒸发量。多年平均年降水量1581.4毫米，最大年降水量2072.6毫米（2002年），最小年降水量1123.4毫米（1991年）。多年平均蒸发量1023.1毫米。多年平均水位92.94米，最高水位95.09米（2009年7月3日），最低水位92.70米（1985年1月19日）。多年平均流量1.07立方米每秒，最大流量76.7立方米每秒（1997年8月1日），最小流量0.044立方米每秒（1987年3月6日）。

兴国水文站 基本水文站（原中小河流水文站）。位于赣江水系涉水下游，流域面积772平方千米，断面设在兴国县长冈乡集瑞村，采用黄海“85基准”。主要测验项目包括降水量、水位、流量。多年平均年降水量1504.5毫米，最大年降水量2220.9毫米（1997年），最小年降水量828.7毫米（2003年）。多年平均水位137.56米，最高水位143.04米（2019

年6月9日），最低水位136.92（2018年1月25日）。多年平均流量22.0立方米每秒，最大流量1380立方米每秒（2019年6月9日），最小流量0.158立方米每秒（2020年2月9日）。

崇义水文站 基本水文站（原中小河流水文站）。位于赣江水系小江下游，流域面积370平方千米，断面设在崇义县横水镇塔下村，采用黄海“85基准”。主要测验项目包括降水量、水位、流量。多年平均年降水量1650.9毫米，最大年降水量1905.5毫米（2016年），最小年降水量1411.0毫米（2017年）。多年平均水位229.50米，最高水位232.73米（2019年7月14日），最低水位228.55米（2020年12月3日）。多年平均流量11.2立方米每秒，最大流量745立方米每秒（2019年7月14日），最小流量0.73立方米每秒（2020年12月3日）。

里仁水文站 基本水文站（原中小河流水文站）。位于赣江水系小濂江下游，流域面积390平方千米，断面设在龙南市里仁镇新园村，采用黄海“85基准”。主要测验项目包括降水量、水位、流量。多年平均年降水量1477.8毫米，最大年降水量1632.5毫米（2019年），最小年降水量1268.5毫米（2020年）。多年平均水位223.05米，最高水位224.75米（2020年4月3日），最低水位222.76米（2020年10月24日）。多年平均流量5.23立方米每秒，最大流量96.5立方米每秒（2020年4月3日），最小流量0.413立方米每秒（2020年12月30日）。

横市水文站 基本水文站（原中小河流水文站）。位于赣江水系麻双河中游，流域面积208平方千米，断面设在赣州市南康区横市镇横市村，采用黄海“85基准”。主要测验项目包括降水量、水位、流量。多年平均年降水量1470.3毫米，最大年降水量1940.5毫米（2016年），最小年降水量1130.0毫米（2017年）。多年平均水位203.83米，最高水位206.55米（2018年6月9日），最低水位203.56米（2020年7月25日）。多年平均流量4.11立方米每秒，最大流量180立方米每秒（2018年6月9日），最小流量0.381立方米每秒（2020年7月25日）。

公馆水文站 中小河流水文站。位于赣江水系澄江下游，流域面积667平方千米，断面设在于都县黄麟乡公馆村，采用黄海“85基准”。主要测验项目包括降水量、水位、流量。多年平均年降水量1615.2毫米，最大年降水量1839.0毫米（2019年），最小年降水量1391.5毫米（2020年）。多年平均水位134.56米，最高水位137.13米（2020年6月6日），最低水位134.20米（2020年1月3日）。多年平均流量11.5立方米每秒，最大流量276立方米每秒（2020年6月6日），最小流量0.56立方米每秒（2019年12月31日）。

胜利水文站 中小河流水文站。位于赣江水系小坌水下游，流域面积314平方千米，断面设在赣州市赣县区王母渡镇胜利村，采用黄海“85基准”。主要测验项目包括降水量、水位、流量。多年平均年降水量1412毫米，最大年降水量1483毫米（2019年），最小年降水量1341.5毫米（2020年）。多年平均水位133.78米，最高水位136.38米（2019年6月10日），最低水位133.57米（2020年1月12日）。多年平均流量4.90立方米每秒，最大流量185立方米每秒（2019年6月10日），最小流量0.147立方米每秒（2020年1月12日）。

坪石水文站 中小河流水文站。位于赣江水系安西河下游，流域面积240平方千米，断面设在信丰县大塘埠镇坪石村，采用黄海“85基准”。主要测验项目包括降水量、水位、流量。多年平均年降水量1497.2毫米，最大年降水量1639.5毫米（2019年），最小年降水量1355.0毫米（2020年）。多年平均水位150.74米，最高水位154.68米（2019年6月10

日），最低水位 149.25 米（2020 年 7 月 25 日）。多年平均流量 3.39 立方米每秒，最大流量 151 立方米每秒（2019 年 6 月 10 日），最小流量 0.010 立方米每秒（2019 年 12 月 16 日）。

移陂水文站 中小河流水文站。位于赣江水系小溪河下游，流域面积 407 平方千米，断面设在于都县新陂乡移陂村，采用黄海“85 基准”。主要测验项目包括降水量、水位、流量。多年平均年降水量 1495.2 毫米，最大年降水量 1639.5 毫米（2019 年），最小年降水量 1279.0 毫米（2020 年）。多年平均水位 118.45 米，最高水位 120.40 米（2020 年 4 月 3 日），最低水位 118.18 米（2020 年 12 月 31 日）。多年平均流量 9.33 立方米每秒，最大流量 195 立方米每秒（2020 年 4 月 3 日），最小流量 0.581 立方米每秒（2020 年 12 月 31 日）。

柳塘水文站 中小河流水文站。位于赣江水系龙迳河下游，流域面积 371 平方千米，断面设在信丰县小江镇柳塘村，采用黄海“85 基准”。主要测验项目包括降水量、水位、流量。多年平均年降水量 1355.8 毫米，最大年降水量 1478.5 毫米（2018 年），最小年降水量 1233 毫米（2020 年）。多年平均水位 176.73 米，最高水位 178.25 米（2019 年 6 月 10 日），最低水位 175.76 米（2020 年 11 月 7 日）。多年平均流量 7.82 立方米每秒，最大流量 132 立方米每秒（2019 年 6 月 10 日），最小流量 0.149 立方米每秒（2020 年 11 月 7 日）。

黄陂水文站 中小河流水文站。位于赣江水系黄陂河中上游，流域面积 145 平方千米，断面设在宁都县璜陂镇王布村，采用黄海“85 基准”。主要测验项目包括降水量、水位、流量。多年平均年降水量 1679.1 毫米，最大年降水量 2509.9 毫米（1997 年），最小年降水量 1042.1 毫米（2003 年）。多年平均水位 245.68 米，最高水位 248.88 米（2019 年 6 月 9 日），最低水位 245.34 米（2020 年 11 月 11 日）。多年平均流量 7.05 立方米每秒，最大流量 127 立方米每秒（2020 年 6 月 5 日），最小流量 0.88 立方米每秒（2020 年 1 月 9 日）。

固厚水文站 中小河流水文站。位于赣江水系凤凰河下游，流域面积 302 平方千米，断面设在宁都县固厚乡桥背村，采用黄海“85 基准”。主要测验项目包括降水量、水位、流量。多年平均年降水量 1740.8 毫米，最大年降水量 2279.5 毫米（2016 年），最小年降水量 1107.0 毫米（2017 年）。多年平均水位 204.59 米，最高水位 207.31 米（2019 年 6 月 9 日），最低水位 204.20 米（2020 年 1 月 11 日）。多年平均流量 10.5 立方米每秒，最大流量 484 立方米每秒（2019 年 6 月 9 日），最小流量 0.78 立方米每秒（2020 年 11 月 7 日）。

东江水文站 中小河流水文站。位于赣江水系渥江中下游，流域面积 360 平方千米，断面设在龙南市东江乡大稳村，采用黄海“85 基准”。主要测验项目包括降水量、水位、流量。多年平均年降水量 1419.5 毫米，最大年降水量 1497.5 毫米（2019 年），最小年降水量 1341.5 毫米（2020 年）。多年平均水位 220.02 米，最高水位 223.71 米（2019 年 6 月 10 日），最低水位 219.01 米（2020 年 9 月 22 日）。多年平均流量 5.62 立方米每秒，最大流量 135 立方米每秒（2020 年 6 月 8 日），最小流量 0.241 立方米每秒（2020 年 9 月 20 日）。

古陂水文站 中小河流水文站。位于赣江水系古陂河中游，流域面积 502 平方千米，断面设在信丰县古陂镇响塘坑村，采用黄海“85 基准”。主要测验项目包括降水量、水位、流量。多年平均年降水量 1499.6 毫米，最大年降水量 2149.5 毫米（2016 年），最小年降水量 965.0 毫米（2004 年）。多年平均水位 158.32 米，最高水位 163.38 米（2019 年 6 月 10 日），最低水位 158.00 米（2018 年 7 月 31 日）。多年平均流量 8.84 立方米每秒，最大流量 357 立方米每秒（2019 年 6 月 10 日），最小流量 0.715 立方米每秒（2020 年 1 月 11 日）。

浮江水文站 中小河流水文站。位于赣江水系义安河下游，流域面积175平方千米，断面设在大余县浮江乡浮江村，采用黄海“85基准”。主要测验项目包括降水量、水位、流量。多年平均年降水量1657.8毫米，最大年降水量1744.0毫米（2019年），最小年降水量1566.0毫米（2020年）。多年平均水位185.59米，最高水位188.12米（2019年6月13日），最低水位185.09米（2020年2月24日）。多年平均流量5.06立方米每秒，最大流量475立方米每秒（2019年6月13日），最小流量0.078立方米每秒（2020年3月16日）。

利村水文站 中小河流水文站。位于赣江水系禾丰河中下游，流域面积181平方千米，断面设在于都县利村乡利村，采用黄海“85基准”。主要测验项目包括降水量、水位、流量。多年平均年降水量1636.8毫米，最大年降水量2320.5毫米（2016年），最小年降水量1381.5毫米（2014年）。多年平均水位137.41米，最高水位140.47米（2019年7月14日），最低水位137.21米（2020年2月20日）。多年平均流量3.94立方米每秒，最大流量269立方米每秒（2019年7月14日），最小流量0.654立方米每秒（2020年12月11日）。

陂头水文站 中小河流水文站。位于赣江水系黄田江下游，流域面积407平方千米，断面设在全南县陂头镇石海村，采用黄海“85基准”。主要测验项目包括降水量、水位、流量。多年平均年降水量1535.9毫米，最大年降水量1995.8毫米（1983年），最小年降水量1031.0毫米（2009年）。多年平均水位209.01米，最高水位211.36米（2019年5月5日），最低水位208.47米（2019年11月23日）。多年平均流量8.18立方米每秒，最大流量185立方米每秒（2019年5月5日），最小流量0.136立方米每秒（2019年11月23日）。

朱坊水文站 中小河流水文站。位于赣江水系朱坊河下游，流域面积313平方千米，断面设在赣州市南康区朱坊镇朱坊村，采用黄海“85基准”。主要测验项目包括降水量、水位、流量。多年平均年降水量1504.8毫米，最大年降水量1988.0毫米（2016年），最小年降水量1101.0毫米（2017年）。多年平均水位122.20米，最高水位126.68米（2019年7月14日），最低水位121.83米（2019年2月13日）。多年平均流量6.92立方米每秒，最大流量256立方米每秒（2019年7月14日），最小流量0.450立方米每秒（2020年3月3日）。

寻乌水文站 中小河流水文站。位于东江水系马蹄河下游，流域面积130平方千米，断面设在寻乌县长宁镇滨河西路，采用黄海“85基准”。主要测验项目包括降水量、水位、流量。多年平均年降水量1615.3毫米，最大年降水量2496.0毫米（2016年），最小年降水量950.8毫米（1991年）。多年平均水位250.94米，最高水位277.78米（2018年9月8日），最低水位268.17米（2020年10月31日）。多年平均流量1.97立方米每秒，最大流量43.0立方米每秒（2020年5月31日），最小流量0.369立方米每秒（2020年10月31日）。

孔田水文站 中小河流水文站。位于东江水系新田河下游，流域面积200平方千米，断面设在安远县孔田镇上寨村，采用黄海“85基准”。主要测验项目包括降水量、水位、流量。多年平均年降水量1562.3毫米，最大年降水量1912.5毫米（2019年），最小年降水量1320毫米（2020年）。多年平均水位260.31米，最高水位263.16米（2019年6月10日），最低水位259.83米（2019年12月8日）。多年平均流量5.08立方米每秒，最大流量167立方米每秒（2019年6月10日），最小流量0.263立方米每秒（2019年12月6日）。

第七章

水文测验

水文监测，是积累水文观测资料，以掌握水文要素的客观变化规律以及水文各要素之间的相互联系。水文监测是水文工作的基础。水文测验是水文测站根据建站目的和任务，开展对各项水文要素：降水量、水位、流量、蒸发量、泥沙、水质、水温、气象等的监测。

民国时期的水文监测，按民国政府有关部门颁发的《水文测量队施测方法》《水文水位测候站规范》《水文测读及记载细则》《雨量气象测读及记载细则》等技术文件和规范执行。新中国成立后，水文测验技术标准、行业规范逐步得到补充完善。

赣州市水文测验从1923年在赣县雨量站由教会代为观测的降水量观测开始，逐步发展成普及全区、观测项目全面的水文监测体系。

水文监测仪器设备经历木质水尺、测船、绞车、吊船过河索到ADCP、无人机测流、影像在线测流、自动测报的过程，随着仪器设备的改进和测验技术的提高，赣州市水文测验工作逐步走向安全化、标准化，测验质量也同时得到提高。

第一节 降水量观测

一、仪器设备

人工观测降水用过几种不同的观测仪器及几种不同的安装形式。民国时期，一般采用20厘米及32厘米直径的雨量筒。1950—1954年，使用口径20厘米或32厘米雨量器，筒内有内径6.43厘米的承雨筒，用长616.8厘米、宽1.5厘米、厚0.6厘米的特制木尺测读降水量，精确度测记至0.1毫米。雨量筒器口高出地面0.65米。1955—1957年，雨量器口径20厘米，装有防风罩，也用特制木尺测读降水量。雨量器口高出地面2.0米。1958年起，改用20厘米口径标准雨量器。筒内有储水瓶收集雨水，倒入特制的量杯中量读降水量，精确度测记至0.1毫米。雨量器口高出地面0.7米。

1952年，赣州站开始使用SJ1型虹吸式自记雨量计，以后逐年推广。全市各雨量站均使用人工雨量计和SJ1型虹吸式自记雨量计两套设备观测降水量。赣州基本水文站开始使用SJ1型虹吸式自记雨量计的时间：田头站1958年；杜头、羊信江站1964年；坝上站1965年；汾坑、瑞金、麻州、窑邦站1966年；居龙滩、滩头、宁都、枫坑口、峡山站1971年；

翰林桥站 1972 年；窑下坝站 1974 年；胜前、石城站 1976 年；安和、南迳站 1977 年；水背、信丰、桥下垅站 1979 年；筠门岭站 1980 年；坳下、高陂坑、隆坪、龙头站 1982 年。

1995 年 9 月，赣江上游区水文自动测报系统建成，有 52 个遥测雨量站，通过中继站实现自动监测和远程传输。此后，随着水情分中心、山洪灾害防治、非工程措施等项目的建设，全市除水文站以外的所有雨量站雨量观测全部采用翻斗式自记雨量计，配 RTU 固态存储设备。并实现遥测雨量数据报汛和整编。

二、观测场地

1949 年以前，雨量器设置在观测场内，从 1950 年起，观测场一般选择在四周空旷、平坦、避开局部地形地物的位置，四周障碍物和雨量器的距离不少于障碍物顶部和仪器器口高差的两倍，观测场四周围以栅栏，高度 1.2～1.5 米。观测场地面积的大小，以安装仪器互不影响便于观测为原则。设一种观测仪器时，场地面积不小于 4 米×4 米，两种观测仪器时，不小于 4 米×6 米。雨量器器口一般离地面高 0.7 米。自记雨量计的器口高度，一般为仪器本身高度，约 1.2 米。

全区雨量站按观测场规定均建有 4 米×4 米、4 米×6 米、12 米×12 米的标准场地。遥测（山洪灾害非工程措施）雨量站多数采用杆式，占地少，易维护和管理。部分雨量站受场地限制，雨量器安装在房屋的平台或屋顶上。

三、观测方法

民国时期，除扬子江水利委员会和江西水利局设立的水文观测站和测候所外，还有一些县政府设立的雨量站。领导单位多，观测方法不一，但都是人工定时观测、记录，资料残缺不全，在这些观测站点中，以水文站观测的质量较好。民国 24 年（1935 年）9 月 16 日，江西水利局印发《雨量观测方法》，对雨量器等安装和观测方法作出统一规定。

1950 年开始，水文、水位站雨量观测分 24 小时测记降水量及其起讫时分和定时观测两种方式，二者同时进行。定时观测需根据降水强度变化及时分段加测。有的水文（水位）站，在降水开始时，还观测温度、湿度、风向风力或气压等附属项目。1950—1977 年，自办站均要求准确测记雾、露、霜、雪量及冰雹粒径；1978 年后，各站仅测记雪量及初、终霜的出现日期。

雨量站降水量定时观测的观测时间及观测段次变动情况如下：1950—1952 年，采用 9 时一段制观测；1953 年 1—3 月、10—12 月采用 9 时一段制观测，4—9 月采用 9 时、21 时两段制观测；1954—1955 年，采用 7 时、19 时两段制观测（报汛站增加 8 时、20 时两次观测）；1956—1960 年，枯季采用 8 时、20 时两段制观测，汛期采用 2 时、8 时、14 时、20 时四段制观测；1961—1962 年 5—9 月采用 0 时、6 时、12 时、18 时四段制观测，其他月份采用 8 时、20 时两段制观测；1963 年以后，汛期采用 2 时、8 时、14 时、20 时四段制观测，枯季采用 8 时、20 时两段制观测。

计算日降水量的日分界时间有过多次变动，变动情况如下：1947 年以地方时间 8 时为日雨量分界时间。1950—1953 年为北京时间 9 时；1954 年为北京时间 19 时；1955 年为地方平均太阳时 19 时；1956—1960 年为北京时间 8 时；1961 年 1—4 月、10—12 月为北京时间

8时；5—9月为北京时间6时；1962年1—3月、10—12月为北京时间8时，4—9月为北京时间6时；1963年以后为北京时间8时。

1966年，采用虹吸式自记雨量计后，雨量自记化程度不断提高，资料质量有所提升。每日8时必须按时换纸或移笔（量虹吸量），每张纸记录不得超过5天。自记起讫时间自办站、小河站及其小河配套雨量站为3月1日至10月31日，其他站为3月15日至10月31日，冰冻、霜冻期除外。雨量仪器存在器差、自记记录的雨量误差、时间误差超过《降雨量观测规范》规定，应对降雨量记录进行订正。当自记仪器发生故障时，则仍为人工观测。

1982年，江西省水文总站发出通知，为了保护好自记雨量计，规定每年11月1日至次年3月1日停止使用，以防冰冻损坏仪器。

2006年以后，随着水情分中心、山洪灾害防治、非工程措施等项目的建设，全市雨量站普遍采用翻斗式自记雨量计、固态存储器收集降雨量数据，实现雨量数据的实时采集。但每日8时自办站必须对遥测记录进行检查对照并确认数据的真实性，对伪数据应进行订正。固态存储应定期取数，确保自记数据不丢失。每次取回的数据应及时进行处理并进行对照检查，对缺测或有问题的数据采用自记、人工或邻站对照插补，并补充完善数据库。遥测雨量器出现故障时，必须进行人工观测，汛期按大于或等于四段制，非汛期按两段制，暴雨期加密观测。

四、技术标准

民国18年（1929年），江西水利局印发《水文测量队施测方法》，分水位观测、流量测量、含沙量测验、雨量测量、蒸发量观测和其他各项气象观测等篇章，是省内最早的水文技术文件。

民国24年（1935年）9月16日，江西水利局印发《雨量观测方法》，对雨量器等安装和观测方法作出统一规定。

民国30年（1941年），执行中央水工试验所水文研究站制订的《雨量气象测读及记载细则》。

1954年，执行水利部颁布的《气象观测暂行规范（地面部分）》。

1958年，执行水利部水文局颁发的《降水量观测暂行规范》。

1981年，执行水利部水文局颁发的《降水量资料刊印表式及填制说明（试行稿）》，原《水文测验试行规范》和《水文测验手册》第三册的相应部分作废。

1983年，执行省水文总站编写的《降水量资料刊印表式及填制说明（试行稿）》补充规定。

1991年11月11日，执行水利部颁发的《降水量观测规范》（SL 21—90）。

2006年10月1日，执行水利部颁发的《降水量观测规范》（SL 21—2006）。

2015年12月21日，执行水利部颁发的《降水量观测规范》（SL 21—2015）。

五、观测成果

赣州市各县（区）1956—2020年逐年平均降水量见表2-7-1。

表 2-7-1 赣州市各县（市、区）1956—2020 年逐年平均降水量表 单位：毫米

年份	章贡	瑞金	南康	赣县	信丰	大余	上犹	崇义	龙南	全南	石城	宁都	于都	兴国	会昌	寻乌	定南	安远	赣州市
1956	1134.3	1445	1144.1	1263.8	1376.4	1158.4	1326.9	1329.3	1371.9	1424.8	1380.9	1519.4	1252.7	1328.6	1361.1	1370.1	1493	1459	1357.2
1957	1551.5	1682.5	1691.2	1551.6	1623.4	1777.6	1963.3	1867	1556.9	1643.2	1581.2	1636.3	1625.9	1514.9	1653.9	1726.8	1647.9	1695.7	1658.5
1958	1133.2	1385	1097	1129.2	1179.1	1160.3	1383.8	1372.6	1201.3	1212.9	1323.7	1484.4	1281.8	1391.6	1272.1	1129.9	1504.5	1229.7	1283.7
1959	1670.4	1907.1	1750.6	1571.8	2093.7	2010	1777.6	1761.3	2021.4	2036.2	1853.2	1877.4	1658.1	1745	1769.7	2067.2	2014.8	2152.1	1866.7
1960	1486.7	1563.7	1433	1422	1628	1636.1	1562.9	1686.7	1614.1	1664.2	1515.1	1386.4	1444.6	1363.3	1578.8	1698.7	1625.5	1677.4	1538.5
1961	2085.3	2202.8	2117.1	2082.1	2215.6	2181.9	2440.9	2369.9	2091.3	2330.8	2264.5	2190.6	2103	2196	2126.6	2449.3	1978.7	2201.1	2202.3
1962	1366.9	1733.7	1548.6	1484.2	1523.5	1576.9	1820.2	1728.7	1476.7	1563.1	1810.6	1800.1	1479.2	1683.8	1522.1	1422.4	1572	1538.5	1603.7
1963	1032.4	1282	1036.5	1028.4	1098.6	1134.5	1143.2	1132.9	937.5	1127	1161.8	1109	1062.8	1011.5	1113.4	1064.1	1063.4	1089.9	1091.4
1964	1335.9	1680.1	1346.7	1486.7	1609.1	1650.8	1510.4	1723.2	1676.7	1777.2	1763.3	1513.1	1614.4	1373.2	1663	1875.2	1740.5	1684.9	1607.6
1965	1335.7	1571.7	1345.7	1409.9	1321	1434.2	1313.1	1332.3	1241.9	1318.5	1587.5	1558.4	1418.7	1535.6	1364.5	1368.8	1530.8	1418	1424
1966	1046.9	1561.6	1153.8	1165.6	1349.7	1298.2	1171.2	1126.3	1572.8	1494.1	1506.1	1460.9	1308.9	1361.9	1541.1	1645.3	1433	1480.4	1386.6
1967	1140.4	1104.7	1207.2	1241.1	1265.6	1281.2	1288.6	1302.6	1225.2	1223.9	1160.1	1168.7	1115.9	1169.2	1224.5	1319	1430	1315.1	1225.4
1968	1478.4	1512.1	1686.7	1500.7	1353.8	1714.9	1709.1	1815.9	1611	1537.7	1825.2	1828	1492.2	1624.6	1287.3	1368.4	1848.6	1322.3	1572.9
1969	1346.6	1555	1306.9	1308.7	1339.5	1416.9	1242	1266.7	1306.1	1316.4	1631.6	1518.5	1307.5	1502.8	1404.7	1383.3	1291.8	1368.6	1390
1970	1323.5	1960.5	1930.1	1934.4	1846	2055.7	1976.2	2044.7	1835.3	1851.2	1974.1	2013.5	2116.4	1940.4	1893.1	1804.5	1934.2	1797.1	1937.5
1971	1052.4	1166.3	1094	975.3	1176.1	1169.6	1078.9	1096.3	1131.7	1216.7	1076.3	1110.9	987.1	987.9	1164.2	1118.2	1414.9	1266.3	1115.3
1972	1373.1	1504.6	1570.5	1516.1	1375.7	1664.2	1634.9	1606.3	1348	1542.6	1562.3	1645.6	1467.2	1471.5	1398.7	1273.9	1443.7	1332.5	1486.9
1973	1882.9	2204.6	2092.4	1966.5	1944.9	2160	2158.9	2280.1	1871	2072	2099.9	1979.5	2048.4	1916.7	2017.2	2166	1957.6	1949.3	2039
1974	1216.2	1624.4	1343.6	1330.3	1472.2	1447.3	1421	1517.7	1493.5	1420.6	1507.7	1437.5	1559.3	1512	1599.2	1607.6	1586.6	1592.8	1495.6
1975	1959.7	2283.3	2101.5	2020.8	2378.6	2155.3	2252.6	2153.9	2465.4	2497	2098.2	2025.1	2205.9	1972.3	2293.4	2297.4	2412.5	2294.9	2202.3
1976	1593.3	1812	1634.2	1562.6	1605.8	1529.9	1678.3	1631.5	1705.2	1743.7	1954.8	1774.2	1757.3	1740.2	1700.6	1575.2	1768.5	1593.4	1690.5

续表

年份	章贡	瑞金	南康	赣县	信丰	大余	上犹	崇义	龙南	全南	石城	宁都	于都	兴国	会昌	寻乌	定南	安远	赣州市
1977	1376.1	1568.9	1416.1	1263.5	1360.6	1422.9	1540.9	1680.8	1415.3	1400.2	1607.4	1464.3	1254.5	1473.3	1379	1429.4	1338.6	1334.5	1424.8
1978	1223	1718.3	1319.4	1130.6	1510.5	1454.8	1303.5	1338.9	1758.1	1744	1572.9	1271.2	1325.1	1239.6	1762	1796	1837.5	1729.4	1482.2
1979	1251.8	1406.2	1170.3	1222.9	1306.3	1275.9	1190.2	1314.8	1329.8	1342.6	1481.5	1442.7	1248.8	1387.9	1253	1441.8	1290.1	1263.4	1321
1980	1535.4	1662.1	1502.3	1555.4	1614.6	1623	1496.7	1479.2	1807.4	1876.7	1761.1	1812.7	1563.3	1761.7	1658.2	1721	1885	1747.5	1673.9
1981	1618.8	1727.8	1688.6	1623	1670	1840.1	1740.4	1889.2	1843.1	1812.8	1771.5	1761.3	1602.4	1742.4	1648.6	1676.5	1702.7	1828.2	1727.9
1982	1629.1	1693.7	1675.2	1598.4	1615	1800.5	1566.7	1708.8	1550.2	1577	1828.7	1602.1	1665.9	1557	1587.6	1635.4	1418.9	1512.1	1620
1983	1852.6	1893.3	1831.4	1777.7	1982.1	2082.8	1790.2	1921.1	2060.3	2125.3	2007.1	1756.5	1938.6	1808.7	2079.8	2173	1870.6	2063.7	1933.4
1984	1528.5	1480.6	1467.7	1580.5	1465.2	1423	1474	1440.3	1707.6	1699.6	1813.4	1809.4	1542.8	1652.7	1375.5	1480.9	1492.5	1529	1562.3
1985	1487.1	1974	1515.3	1494	1742.2	1709	1575.9	1606.4	1665.5	1682	1660	1447.6	1723.2	1470.6	1682.1	1748.3	1733.7	1888.6	1650.8
1986	949.9	1281.8	1214.1	923.1	1302.3	1181.6	1217.8	1277.7	1508	1425.3	1287.8	1152.1	1165	1040.6	1364.7	1487.5	1476.6	1383.6	1246.7
1987	1281.6	1462.7	1424.9	1447.6	1491.6	1536.9	1510.3	1605.2	1382.2	1462.7	1656.1	1505.5	1581.7	1466.2	1533	1510.9	1353.8	1465.5	1494.2
1988	1227.5	1726.1	1367.8	1235	1371.6	1472.8	1328	1363.3	1498.3	1487.2	1766.5	1556.1	1454.6	1527.2	1535.4	1556.5	1621.3	1524.3	1485.8
1989	1205.1	1234.4	1128	1208.2	1171.6	1198.1	1153.1	1390.5	1430.1	1332	1342	1375.8	1229.3	1287	1207	1454.1	1449.3	1169	1275.7
1990	1527.4	1704	1489.7	1624.3	1656.3	1526.2	1511.2	1650.8	1760.5	1797.1	1754.5	1778.7	1507.1	1779.6	1703.8	1899.4	1584.5	1879.3	1691
1991	1153.9	1277.4	1201.8	1260.6	984.5	1164.6	1403.2	1439.6	1187.7	1094.3	1312.6	1363.3	1259	1340.1	1103.1	1076.6	869.1	1058.6	1212.3
1992	1778.2	2072	1772	1747.9	1879.2	1884.5	1903.8	1938.1	1902.6	2016.2	2268.4	2055.7	1806.6	1887.4	1848	1955.5	1720.4	2010.6	1919.7
1993	1530.7	1625.5	1525.6	1435.8	1683.6	1776.2	1543.1	1633.7	1803.1	1830.9	1484.2	1418.8	1455	1395.4	1686.9	1726.5	1429.1	1624.4	1572.6
1994	1709.1	1815	1716.7	1746.5	1653.8	1637.4	1908.7	1806.1	1604.2	1596.9	2147.6	2081.5	1749.9	1870.6	1709.5	1635.1	1595	1728.5	1782
1995	1305.5	1708.4	1352.5	1397.9	1590.5	1410	1570	1452.9	1484.4	1508.7	1737.9	1741.1	1565.2	1622	1678.9	1643.7	1736.8	1747.5	1592
1996	1193.9	1524.9	1345.9	1571.5	1456.2	1473.9	1472.8	1462.3	1581.3	1584.6	1473	1569.7	1512.7	1533.8	1569.4	1705.2	1586	1645.4	1533.7
1997	1661.3	2109.9	1856.7	1739.6	1729.2	1948.1	2154.6	1859.3	1800.2	1800.7	2512	2382.2	1891.8	2286.2	1865.6	1971.9	1662.5	1764.2	1975.7

续表

年份	章贡	瑞金	南康	赣县	信丰	大余	上犹	崇义	龙南	全南	石城	宁都	于都	兴国	会昌	寻乌	定南	安远	赣州市
1998	1495.2	1764	1685.6	1328.3	1635.4	1720.7	1494.3	1397.4	1506.6	1567.3	1999.5	1811.1	1726.4	1768.5	1572.1	1468.2	1446	1573.4	1622.9
1999	1364	1519.9	1475.2	1699.9	1364.2	1519.1	1466.4	1587.7	1272.4	1415.9	1784.9	1816.7	1665.1	1658.5	1381.1	1227.6	1071.1	1441.3	1522.2
2000	1548.1	1709.1	1566.5	1544.7	1556.8	1694.4	1659.7	1749.2	1453.6	1473	1645	1601.7	1621.7	1464.5	1631.2	1741.9	1508.4	1766	1610.1
2001	1465.6	1784.7	1458.5	1541.3	1530.9	1771.9	1683.9	1757.4	1811.7	1924.4	1983.6	1962	1594.2	1651.2	1642.2	1546.1	1658.8	1650.1	1694.3
2002	1914.4	1957.1	2011.4	2060.1	1886	2256.6	2103.6	2345.5	1723.9	1850.8	2128.3	2378	2044.9	2263.2	1819.3	1670.3	1548.6	1802.1	2018
2003	926.9	1098.4	999.5	1035.1	1107	1275.6	1082.9	1186.6	1171.8	1277.4	1025.9	1008.4	913.6	989.7	1101.8	1141.9	1041	1170.5	1078.5
2004	1139.9	1237.7	1132.2	1206.8	1073.7	1299	1219.6	1244.4	1204.1	1292.6	1383.1	1473.7	1059.8	1353.8	1156.1	1239.7	1161.9	1214.7	1236.8
2005	1304.8	1591.5	1402.2	1639.2	1678.2	1694.4	1443	1580.8	1591.1	1732.4	2082.2	1794.2	1502.2	1717.8	1541.1	1672.9	1541.8	1604.6	1636.4
2006	1618	1924.4	1710	1715.7	1809.2	1770.5	1865.3	1797.5	1973.8	2058.5	1920.4	1736.2	1643.6	1740.5	1811.5	2032	1872.3	1977.3	1823.6
2007	1367.4	1596.4	1311.1	1395.9	1257.1	1349.4	1424.9	1442.4	1393.7	1584.5	1517.7	1413	1380.2	1375.5	1366.6	1673.7	1469.6	1389.9	1423.4
2008	1327.8	1384.8	1420.6	1471.8	1418	1568	1569.9	1644.5	1623.4	1735.7	1522.8	1538.9	1417.9	1613.3	1557.3	1885.3	1678.6	1693.5	1558.6
2009	1183.7	1454.2	1246.6	1299.4	1141.4	1567.3	1356.2	1326.8	1263.9	1222.9	1477.2	1399.7	1260.3	1386.7	1281.4	1368.7	1340.4	1316.6	1329.2
2010	1382	1868.5	1486.7	1553.3	1664	1766.1	1501.9	1555.3	1848.3	1984.9	2078.4	2043.4	1638.8	1742.4	1811.9	1798.4	1784.2	1784	1757.4
2011	1110.6	1358.7	1270.5	1262.3	1372.1	1539.5	1316.1	1386.4	1577.7	1657.5	1311.6	1302.7	1315.6	1324.2	1332.1	1368.2	1430.9	1433.7	1364
2012	1895.6	2218.5	1860.7	1966.6	1897.5	2165.9	1957.3	1862.1	1907.4	2062.5	2524.7	2141.9	2083	2044.8	2029.4	1727.4	1714.3	2046.3	2015.4
2013	1259.6	1454.7	1342	1360.4	1384	1358.1	1572.9	1497.7	1593.9	1637.1	1445.3	1402.2	1338	1369.9	1535.2	1741.7	1654.8	1508.2	1462.3
2014	1213.8	1595.2	1282	1200.3	1206.5	1447.9	1369.8	1404.3	1310	1427.1	1646.3	1598.7	1418.5	1397.2	1345	1374.3	1333.4	1377.6	1395.6
2015	1668.2	2019.8	1746.9	1898.5	1575.4	1854.3	1912	1834.4	1731.9	1715.6	2813.8	2501.1	2009	2282.6	1652.6	1858.2	1786	1724.3	1958.5
2016	2196.2	2362.7	2003.2	2178.3	2004.2	2206.2	1983.6	2172.8	2153.8	2101.3	2733	2293.2	2311.7	2232.9	2402.7	2637.8	2246.7	2306.1	2259.6
2017	1265.2	1298	1198.6	1235.6	1339.5	1419.5	1398.4	1566.5	1365.2	1422.6	1387.8	1310	1262.1	1245	1307	1461.2	1428.6	1410.9	1341.4
2018	1354.2	1500.6	1317.6	1354.7	1241.6	1546.5	1429.2	1531.9	1317.3	1340.9	1490.8	1505.3	1339.1	1401	1335.3	1276.9	1357	1349.3	1388.8
2019	1410.6	1791.8	1485.4	1494.8	1650.1	1853.1	1477.5	1908.9	1865.9	1702.6	1979.6	1853.7	1653	1738.6	1760.7	1979.1	1829.1	1746.5	1742.4
2020	1318.2	1510.7	1437.2	1359.0	1409.4	1717.0	1514.2	1733.5	1498.1	1631.2	1652.7	1622.6	1475.1	1573.0	1325.1	1434.6	1429.3	1367.0	1500.5

第二节 水 位 观 测

一、仪器设备

1963年以前，各站采用木质靠桩直立式木质水尺，每节长1～2米，水尺板自行油漆刻化尺寸，刻度最小划分为0.20米。1964年后，逐步改建钢筋混凝土结构的水尺靠桩，装搪瓷水尺板面，其刻度最小化分值0.01米。1980年开始，部分新设站用槽（角）钢夯入河床做水尺桩，在靠桩露出地面部分装上搪瓷水尺板。有的站安装净水设备，以消除较大风浪引起的水面波动，提高观测精度。

1963年1月，南康窑下坝站开始使用自记水位计，是全省最早使用自记水位计的站。

自记水位计台属永久性建筑物，本市自记水位计井多为岸式。进水方式有卧管直通和虹吸连通两种方式。采用卧管直通的站，在进水口端都建有沉沙池，既防进水管被泥沙淤塞，又可防风浪影响测井内水位波动。

本区多数站所使用的自记水位计为日记式仪器，仪器是国产机械型。20世纪60年代开始，配有重庆水文仪器厂生产的SW－40型和SW－40－1型日记水位计和上海气象仪器厂生产的HCJ日记型水位计。石城、窑下坝（南干）两站因测井位于河对岸采用月记式自记仪器，配备重庆厂生产的SWY20型月记水位计。桥下垅站针对小溪洪水暴涨暴落、洪峰持续时间仅有1～2分钟、一次洪水过程仅有十多分钟的特征，对自记水位计进行改装，通过加大自记钟的齿轮比，把记录纸的时间坐标放大4倍。隆坪站用外加滑轮组的方式进行过时间坐标放大。

1972年，宁都、瑞金、田头、翰林桥、坝上、峡山等站曾用过SYⅡ型电传水位计，最短远传距离100米（田头站），最长远传距离1000米（峡山站），远传到室内自记记录。由于该仪器防雷性能差和工作性能不够稳定而陆续停用。

1999年，窑下坝水文站因塌岸造成进水管损毁，改用压力式水位计。

2006年，水情分中心建设开始，气泡式、压力式、雷达式水位计等先进设施设备相继在全市投入使用。

水文、水位站采用的水准基面有假定基面、吴淞基面和黄海基面。2005年后，全市完成各水文（位）站现有基面到黄海基面高程换算。

二、观测方法

民国时期，白天观测水位，每日1～3次。

1950—1954年，白天定时观测3～5次，很少加测。

1955年贯彻规范以后，以每日8时为定时观测时间，并根据水情变化情况增加测次。水位变化缓慢时，每日定时观测2～4次；水位变化急剧时，1～2小时或若干分钟观测一次，以能较好地掌握完整的水位变化过程。

20世纪六七十年代以后，全市水文（位）站逐步安装设置自记水位计，能完整的记录水位变化全过程，提高资料质量。使用自记水位计观测水位时，人工观测只对自记记录水位进行校核，一般每日8时、20时定时进行校测和检查两次，水位涨落急剧时，适当增加校测和检查次数，超出规范允许误差时则进行订正。大河站、防汛重点城镇的水文、水位站，在观测校测水位的同时，目测风向风力、水面起伏度和影响水情的各种现象，并作记载。

比降水位观测，赣州仅一部分水文站在测验流量时要求观测比降水位。测验流量开始、终了以及洪峰、洪谷出现时，进行比降水位观测。

2005年以后，山洪预警水文（位）站水位实现自动监测、存储和传输，每日8时或在有情况发生时进行校测。

三、技术标准

民国18年（1929年），江西水利局印发《水文测量队施测方法》，分水位观测、流量测量、含沙量测验、雨量测量、蒸发量观测和其他各项气象观测等篇章，是省内最早的水文技术文件。

民国30年（1941年），中央水工试验所制订《水文水位测候站规范》《水文测读及记载细则》，江西水利局转发给各站执行。

1961年1月1日，全省执行水电部颁发的《水位及水温观测》规范。

1987年9月4日，水电部颁发《明渠水流测量、水位测量仪器》（SD 221—87），全省从1988年2月1日起执行。

1991年6月1日，全省执行建设部颁发的《水位观测标准》（GBJ 138—90）。

2010年12月1日，全省执行住房和城乡建设部、国家质量监督检验检疫总局颁发的《水位观测标准》（GB/T 50138—2010）。

四、观测成果

赣州市主要水文（位）站水位特征值见表2-7-2。

表2-7-2　　赣州市主要水文（位）站水位特征值表

站名	河名	基面	最高水位		最低水位		多年平均水位/米
			水位/米	发生时间	水位/米	发生时间	
瑞金	绵江	吴淞	195.18	1962-06-30	187.27	2020-01-16	187.95
葫芦阁	贡水	吴淞	144.44	1964-06-15	135.09	2010-11-19	136.25
峡山	贡水	黄海	113.76	1964-06-15	102.15	1972-03-31	103.77
峡山（二）	贡水	黄海	109.98	2015-05-21	98.61	2019-02-10	101.81
赣州	贡水	吴淞	103.29	1964-06-16	90.95	2018-05-28	93.86
筠门岭	湘水	吴淞	211.00	2004-07-08	206.87	1991-01-03	207.39
麻州	湘水	假定	97.99	1978-07-31	88.93	2020-07-25	92.71
羊信江	濂水	假定	200.55	1961-08-27	193.41	2010-09-10	194.19
宁都	梅川河	吴淞	189.26	1984-06-01	182.34	2013-11-11	183.76
汾坑	梅川河	假定	134.50	2015-05-20	123.69	2020-12-07	125.59

续表

站名	河名	基面	最高水位		最低水位		多年平均水位/米
			水位/米	发生时间	水位/米	发生时间	
石城	琴江	黄海	228.62	1997-06-09	220.16	2020-12-10	222.58
韩林桥	平江	吴淞	115.06	1956-06-17	107.28	2020-01-14	109.07
南迳	桃江	黄海	303.56	2019-06-10	297.66	2017-12-24	299.13
信丰	桃江	吴淞	151.16	1966-06-23	141.05	2013-10-23	143.13
信丰（二）	桃江	黄海	147.92	2016-03-21	140.91	2018-05-04	141.68
居龙滩	桃江	吴淞	112.75	1964-06-16	102.24	2020-10-12	104.10
杜头	太平江	假定	97.71	2019-06-10	89.41	2018-02-17	90.38
窑下坝	章水	黄海	121.26	1961-06-06	114.45	2000-12-24	116.66
窑下坝（二）	章水	黄海	121.53	2009-07-04	114.35	2002-01-14	116.79
坝上	章江	吴淞	103.83	1961-06-13	93.82	2004-01-28	96.73
田头	上犹江	假定	120.32	1961-06-12	110.53	2015-02-23	113.81
安和	寺下河	假定	255.53	2006-07-26	河干	2004-08-31	250.33
水背	寻乌水	珠江	224.42	1983-06-03	217.77	2019-12-28	220.08
胜前	九曲河	黄海	227.98	1978-07-31	220	1996-07-12	221.07
胜前（二）	九曲河	黄海	229.56	2006-07-15	224.01	2011-04-24	224.63

第三节 地下水观测

一、仪器设备

早期羊信江、田头二站地下水位监测，利用民用水井，采用绳索测量水位。

2011年，地下水监测使用的监测仪器主要有：WFH-2浮子式水位传感器、MPM4700压力式水位传感器、2.5升深水水质采样器、JWB/P水温传感器、温度传感器MPM4700、YCZ-2A-101地下水遥测终端机、H7710通信模块。

二、观测方法

使用民用水井观测时，每日早晨在居民取水前人工观测1次，作为当日的地下水位。田头站每5日观测1次。民用水井的代表性差，观测资料质量不高，先后停测。

2011年，地下水监测站采用自动监测。

三、技术标准

地下水监测工作执行水利部发布的《地下水监测规范》（SL/T 183—2005）。2014年以后，执行水利部发布的《地下水监测规范》（GB/T 51040—2014）。

四、观测成果

赣州市地下水站地下水特征水位见表2-7-3。

表2-7-3 赣州市地下水站地下水特征水位表

测站名称	平均水位/米	最高水位/米	出现时间	最低水位/米	出现时间	统计年限
张家围	113.43	115.20	2012-03-07	112.638	2019-10-07	2011—2016年、2018—2020年
文清路	100.91	101.51	2019-07-18	100.07	2014-02-10	2011—2016年、2018—2020年
坝上	97.52	99.01	2019-07-15	96.56	2018-01-02	2018—2020年
西津路	98.430	98.92	2018-06-14	97.90	2020-12-30	2018—2020年
沙洲坝	203.01	204.20	2019-07-15	201.10	2018-01-01	2018—2020年
石城	226.49	228.90	2019-07-26	225.086	2020-03-22	2018—2020年
会昌	163.52	164.59	2020-09-23	162.96	2019-02-15	2018—2020年
信丰	152.96	154.54	2020-09-23	151.64	2019-02-17	2018—2020年
龙南	200.65	204.06	2020-12-17	199.10	2019-02-17	2018—2020年
兴国	139.06	142.81	2020-06-05	136.08	2019-02-03	2018—2020年
瑞金	190.70	192.28	2018-06-07	189.90	2018-10-06	2018—2020年
周田	201.05	203.14	2020-05-22	200.16	2020-01-24	2018—2020年
唐江	105.07	106.26	2019-07-16	104.10	2018-01-04	2018—2020年
寻乌	281.76	282.40	2019-06-14	281.39	2018-08-02	2018—2020年
定南	245.57	246.86	2019-08-03	244.08	2020-10-18	2018—2020年

第四节 蒸发观测

一、仪器设备

民国时期，赣县水文站用20厘米口径蒸发皿[1]。1950—1952年，采用20厘米口径蒸发皿。1952年开始，全省统一使用口径80厘米的蒸发皿。1963年7月，全省开始启用E-601型蒸发皿。1964年，全市均使用E-601型蒸发皿。1975年，统一使用改进后的E-601型蒸发皿。

蒸发皿一般设置在观测场内雨量器旁，场地面积不小于4米×6米。

二、观测方法

蒸发量观测，每日定时一次。日分界：1950—1953年为北京时间9时；1954年为北京

[1] 蒸发皿也可称作蒸发器，本书文字表述时统一使用“蒸发皿”。

时间19时。1955年为地方平均太阳时19时。1956年1月起用北京标准时，以8时为日分界。使用口径80厘米蒸发器时，常有大雨时蒸发量偏大现象。使用E－601型蒸发器时，暴雨时，蒸发量有时偏大，有时得负值，则改正为0.0。结冰期间，停止观测，冰融化后，观测结冰期的总蒸发量。

为探求不同型号蒸发器观测值的换算关系，麻州、麟潭站曾在1982年同时装有20厘米口径与E－601型蒸发皿进行对比观测。1983年1月，增加口径80厘米带套盆蒸发器的对比观测。1984年，对比站作了适当调整，麟潭站调整为陡水站。但对比观测资料未进行资料分析。

E－601型蒸发皿每月换水1次，每日8时准点测记，每次观读2次，2次读数误差不大于0.2毫米。日降水量大于50毫米时，在降雨开始前和降雨停止时加测器内水面高度并同时测记降雨量。

三、技术标准

民国18年（1929年），江西水利局印发《水文测量队施测方法》，内有蒸发量观测和其他各项气象观测等篇章，是省内最早的水文技术文件。

1954年，蒸发量观测时制的日分界改为19时，和气象部门一致。1956年1月执行水电部《水文测站暂行规范》，改为以8时为日分界。

1962年，水电部颁发《水面蒸发观测》。

1989年1月1日，全省执行水利部颁发的《水面蒸发观测规范》（SD 265—88）。

2013年12月16日，全省执行水利部发布的《水面蒸发观测规范》（SL 630—2013）。

四、观测成果

赣州市多年蒸发量特征值见表2－7－4。

表2－7－4　　赣州市多年蒸发量特征值

河名	站名	年平均蒸发量/毫米	最大年蒸发量		最小年蒸发量	
			蒸发量/毫米	年份	蒸发量/毫米	年份
桃江	茶芫	925.7	1047.2	2009	841.4	2002
湘水	麻州	944.6	1127	1996	730.4	2006
太平江	杜头	873.1	1037.6	1983	715.6	1997
寺下河	安和	861	960.7	1988	732	1997
勤下河	桥下垅	1023.1	1336.6	1983	887.5	1993
杨眉河	樟斗	833.2	994.2	2004	638.3	2012

第五节　水　温　观　测

一、观测设备

苏式水温表，SWJ－73型深水框式温度计。SWJ－73型深水框式温度计1986年以前为铁壳外罩，1987 年起改为塑料壳外罩。

观测水温，在基本水尺断面靠近岸边水流畅通处，观测点附近没有泉水、工业废水和城镇污水流入。1975 年前，每日定时观测 2 次。1975 年起，改为每日定时观测 1 次，每日 8 时观测。当水深大于 1 米时，在水面下 0.5 米处施测水温。部分站在观测水温的同时，观测岸上气温。1985 年起，坝上站曾进行过每季度进行一次连续 3 天或 5 天每 1 小时观测 1 次水温的过程观测。

1961 年 1 月 1 日，水电部颁发《水文测验暂行规范》，全省执行《水位及水温观测》有关规定。

二、观测成果

赣州市主要水文站水温特征值见表 2－7－5。

表 2－7－5　　赣州市主要水文站水温特征值表

站名	多年平均水温/摄氏度	最高水温/摄氏度	最低水温/摄氏度	统计年份
坝上	20.5	31.0	6.9	1975 年，1977—2019 年
翰林桥	19.7	29.9	5.9	1975 年，1977—2019 年

第六节　流　量　测　验

一、仪器设备

测船、绞车　1952 年之前，各站都是临时或长期租用测船。1952 年开始，自备木质测船。船上先是逐步安装自制的木质绞车，随后使用工厂生产的水文绞车。1963 年、1964 年，各站大多以水文绞车取代木质绞车。木质测船的主要尺寸大致为长 11.5 米、宽 2.5 米、吃水深 0.3 米，拦水高 0.3 米，洋桥宽 0.3 米，用材多为樟板或栎板。测站进行流量测验均由篾缆抛锚固定木质测船。1965 年坝上站首次使用钢板制作的测船，其尺寸大致与木船一样，载重 2.6 吨。之后在峡山、居龙滩、翰林桥等站推广。进入 20 世纪 80 年代以来，各站测船先后被钢板船所取代。

1955 年，赣县坝上站使用长 150 米的棕绳进行一锚多点法测流，这是省内最早使用一锚多点法测流的站，提高工效一倍。

吊船过河索　1957 年，滩头水文站曾用 5 根 8 号铅丝绞合，架设木支柱吊船过河索吊船测流。缩短测流时间，使用吊船过河索测流，较原来同等情况下可节省三分之一的时间。随后在峡山、窑下坝、杜头站架设铅丝绞合的吊船过河索。1963 年，峡山水文站因木绞车霉变，过河索坠入河中，1964 年，改木支柱为钢筋混凝土山锚支柱。同年，冯长桦编写的《钢筋混凝土的吊船过河索设计参考文件》，为在全省普遍架设吊船过河索打下基础。窑下坝、翰林桥、田头等 10 个水文站先后架设混凝土支柱的吊船过河索。1965 年，冯长桦在设计宁都水文站的吊船过河索时，采用土铰索钢支架，系装配式钢结构，可任意选择高度，安装使用方便且安全、经济。随后在麻州、坝上水文站推广该技术。1978 年，该项技术获江西省科学大会奖。截至 1966 年年底，全市所有水文站都架设吊船过河索。

吊船过河索测流与以往的测流方法相比，减轻了测流的劳动强度，缩短了测流历时，提高了测洪能力。

水文缆道 1957 年，滩头水文站首先架设手摇水文缆道，次年建成投产，是省内第一座手摇、半机械化水文缆道，具有岸上操作方便和安全生产的优越性。1967 年，南康东排小河站架设无偏角水文缆道，同年，窑邦站架设悬索测流手摇水文缆道。1968 年，峡山站架设电动测流水文缆道。1976 年，峡山站在原电动测流水文缆道的基础上，增设升降式测沙架，配备 5 千瓦的柴油发动机组供电，可连续一次性完成全断面的测流、取沙任务。1978 年，该成果获江西省重要成果奖。1970—1982 年，本市枫坑口、安和、胜前、峡山、石城 5 个水文站架起电动缆道；樟斗、羊信江、杜头、龙头、坳下、窑邦、隆坪 7 站架起手摇缆道，其中龙头、坳下、隆坪 3 站为无偏角缆道。1989 年，架设南迳站手摇缆道。

1993 年，市水文分局党组提出“不把危险作业带入二十一世纪”的奋斗目标，全市水文缆道建设进入新的发展时期，缆道测验关键技术有了新的突破。1995 年，峡山站建成“水文互控双缆道流量、泥沙测定系统”，较好地解决积时式采样器在水文缆道上的应用。1997 年，市水文分局自行研制的“插入式水下信号发射器”及 1999 年 10 月研制的“36M 短波段信号发射器”，较好地解决水面、流速、河底信号的传输及接收，并在全市水文站推广应用。

2000 年 1 月，“BLC－1 型便携式微电脑缆道控制仪”研制成功，使测控操作台体积大为缩小。是年 12 月，“缆道综合控制仪”研制成功，该仪器集水深、起点距显示、流速信号监听、动力控制于一体，小巧玲珑，便于携带。

2000 年 2 月，智能水文缆道流量、泥沙测定系统研制成功，在坝上站投入使用。实现自动测流取沙、数据采集存储、成果计算及打印等功能。2001 年 9 月 18—21 日，赣州市水文局研制的“同心牌智能水文缆道系列产品”等水文仪器设备参加在北京举行的“2001 年国际水利水电技术设备展览会”。

截至 2002 年年底，全市所有水文站均架设水文缆道，船测作业成为赣南水文的历史。

测桥、测槽 河面较窄，水面宽小于 10 米的小河水文站，在断面上架设测桥。并于测桥上施测中高水水位流量。桥下垅站架设钢筋混凝土测桥；坳下站架设角钢桁架测桥；高陂坑站架设钢轨桥。同时还建有木质矩形测流槽，平水时期在测槽内测流。截至 2019 年年底，全市只有桥下垅站仍保留测桥测流。

浮标投放器、小浮标 在吊船过河索尚未普及的 20 世纪五六十年代，峡山、羊信山、滩头、枫坑口等站曾架设过浮标投放器。能在洪水测流时起到一定作用，随着流速仪测流条件的日益改善，浮标投放器使用效率大为降低。

有些站在枯水时，水深、流速都很小的测流垂线上，采用小蜡球做水面浮标测速。

流速仪 1958 年前，一般使用 Ls68 旋杯式流速仪。1958 年，增加旋桨式流速仪和旋杯式流速仪同时使用，主要型号有 Ls25－1 型、Ls25－2 型。20 世纪 70 年代，增加 Ls68－2 型低流速仪和Ls20型浅水使用的流速仪，小河站用Ls10型系列流速仪。20世纪80年代，在部分站曾经使用过直读流速仪和流速自动显示仪。2002年，开始引进电波流速仪和超声波测流仪。

铅鱼 铅鱼重量有8千克、15千克、30千克、50千克、75千克、100千克、150千克、200千克和250千克9种规格，有时两个铅鱼串联起来使用。20世纪50年代前期，徒手提放仪器测深测速时，一般使用8千克铅鱼。使用木质绞车时，常使用15千克、30千克的铅鱼。水文绞车取代木质绞车后，则使用30千克、50千克、75千克的铅鱼。水文缆道投产后，铅鱼由开始的15千克、30千克、50千克，增至75千克、100千克。

救生设备、雨具 1955年以前，野外作业、测船上都不具备救生设备。1955年以后，经过向上饶梅港水文站学习，用竹筒制成简易救生衣。当时的水文职工测流工作状态就是“披蓑衣，戴斗笠，身穿竹筒救生衣”，反映出水文站艰苦创业的精神。随着国家经济条件改善，雨伞取代斗笠，蓑衣逐步改用油布雨衣、橡胶雨衣。20世纪60年代开始，陆续添置木棉救生衣、泡沫救生衣和充气式橡胶救生衣，救生设备大为改善。从1980年开始，水文站的外业人员均按要求配备救生设备。

声学多普勒流速仪（ADCP） 2009年，窑下坝水文站受水库影响流速变得捉摸不定，安装在线声学多普勒流速仪，实现在线测流。坝上站受八境台橡胶坝顶托影响，安装ADCP流速仪，实现在线测流。ADCP仪器作为一种高科技水文测量仪器，测流时间短、性能稳定，减轻测流劳动强度，提高流量测验的自动化水平，为洪水准确预报赢得时间。

无人机测流 无人机测流开始于2019年，最先在坝上和赣州站使用。无人机在河道断面指定垂线上开展非接触式测流，定点悬停在某一垂线上方，通过它的视频拍摄功能，拍摄一段视频与一组照片，用来记录水面浮标运动轨迹与浮标运行轨迹的历时，运用搭载的RTK模块，定位摄像头的经纬度及高程。飞行结束后，通过计算机视频图像识别软件计算出浮标运行的轨迹长度、起点距及垂线水面流速。非接触性测流安全性高，测流时间短，测流精度高。可运用于测流任一河流、任一地点、任一断面的流量，简便快捷。

影像在线测流 2020年开始，最先在崇义和兴国站使用。在桥上或者岸边横臂上安装摄像头，固定拍摄某一水面区域，图像传输至数据机房，服务器软件实时计算出浮标运行的轨迹长度及水面流速。非接触性测流安全性高，实现在线功能，测流精度高。

二、测验方法

垂线数及垂线位置的确定 从民国时期直到1950年，整体测速垂线布设很少。1950—1952年测速（深）垂线较以前有所增加，1953年增加较多。平水期一般为6～8根，洪水期为11～13根。但是各站布设垂线对断面和流速的横向变化注意不够，1956年坝上站根据断面和流速横向变化情况，选择最佳垂线位置并予以固定下来。这种以控制断面和流速横向分布为原则的方法，很快在各站得到推广应用。1955年7月至1997年，测速（深）垂线又有所增加并且逐步固定下来。平水期为11～13根，洪水期为13～15根。1994年，开始全面贯彻执行国家标准《河流流量测验规范》（GB 50179—93），引进误差总随机不确定度概念，各站编制新的流速仪法测流方案，并组织实施，测速垂线又作了新的调整。

1950—1956年，各站都是在断面岸边设立基线，在岸上基线端点用经纬仪或小平板仪交绘确定起点距。1957年，逐渐采用断面量距索观读法确定起点距。1965年，断面量距索的构造有改进，观读标志可上下升降，使用方便，读数准确。使用测桥的测站，在测桥上设置起点距标志，测流时，可直接观读。个别涉水测量的站，用皮尺或测绳直接丈量。大河站有的采用辐射线法定位。缆道站采用缆道计数器。智能水文缆道测距采用传感显示仪或智能自控。

流速及测速历时 20世纪60年代以前，中高水的流速测量，普遍采用55型的旋杯式流速仪施测，低水时的流速测量，采用积深浮标或水面浮标。1970年以后，逐步改用Ls25-1型旋桨流速仪。1953年前，测速历时不少于30秒。1954年，测速历时不少于60秒。1955年，测速历时不少于90秒。自1956年执行《水文测站暂行规范》以后，测速历时一般不少于100秒。洪水涨落较快时，测速历时缩短至50秒，水位暴涨暴落或有水草、漂浮物影响时缩短至20秒。在流域面积特小（10平方千米以内）的小河站，洪水期测速历时也可缩短到不少于20秒。

测点 1954年前，各站多在测速垂线上施测0.6相对水深处的流速，作为垂线平均流速。1955年，赣县、坝上、峡山、梅林站采用三点（0.2、0.6、0.8）或五点（0.0、0.2、0.6、0.8、1.0）法测速，个别站少数测次曾采用十点法测速。1956—1964年，一般为一点法、二点法、三点法。1980年前，采用一点法测速的测次占绝大多数，五点法测速的测次较少，以后逐年有所增加，至1995年，五点法测次占年总测次的15%左右。

测深 1947年，赣县站用绳索吊锤测深。1950年以后，各站测量水深，中低水用带底盘的测深杆测深，高水通常用悬索悬吊铅鱼，部分站使用测深锤或测深杆测深。徒手提放铅鱼测量水深时，悬索偏角较大。用木质绞车、水文绞车，使用3～5毫米软质钢丝索悬吊的铅鱼重量大，偏角相应减小。缆道测流也经历随铅鱼加重、偏角相应减小的过程。1995年，船测站逐渐使用测深仪。对河床不稳定的站在测深能力范围内必须实测，每条垂线要2次测深且误差符合规范规定，借用断面在洪水退后及时施测水道断面；河床稳定的站，枯期每隔2个月，汛期每1个月全面测深1次，较大洪水适当增加测次；人工河床允许借用。水文缆道站利用水面、河底信号，通过传感器显示水深或智能自控后，大部分采用压力传感器测量水深。

流向及悬索偏角改正 船测流量时，多采用教学用量角器系线浮标测读。1983年以前，流向测定没有明确要求。1983年，全省水文工作会议强调流向偏角问题后，得到重视。此后，各站流向偏角均已实测，凡偏角大于10度的，对实测流速都进行偏角改正。2010年，全省铅鱼测深悬索悬吊流速仪测速要求每次测流测记每条垂线和测点的偏角，当偏角船测大于10度或缆道大于5度，应按规定作干湿绳长度和缆道位移改正，确定测速点位置。

测次 民国时期，全区各站全年流量测次在30次左右，而且大多数测次分布在中低水位级上，高水无测点。1949—1953年，全年测次在40次左右。1953年开始，大多数站的测次，都能根据测站特性和控制条件而定，年测次在100次以上。1959年以后，各站流量测次有所增加，一般在120次以上。1965年，各站能够根据水位的变化过程，结合测站特性，适时布设流量测次，并基本上做到现场分析测验成果，是历史上流量测次布设最合理的时期，年测次为100～150次。“文化大革命”期间，规范和任务书受到冲击和抵制，测次普遍下降，满足不了水位流量关系曲线定线的需要，至1979年才有所好转。20世纪80年代以后，各站逐步能够做到较好地根据测站特性及水位变化过程布设流量测次。2010年，全市规范流量测次。测次在水位过程线上的分布：较大洪水峰、谷附近最少1次，涨退水面各不少于2次。一般洪水一类站峰、涨、落水面各不少于1次；二、三类站峰、涨、落水面各不少于1次。出现绳套曲线时，峰附近实测，涨、落水面各不少于2次。受回水顶托影响期间应适当加密测次。平水期一般3～5天施测一次流量，枯水期一般5～7天施测一次流量，洪水期涨水面一般施测3～5次流量，退水面一般施测2～4次流量。年最高最低水位均有流量测次。流量测次在水位流量关系曲线上的分布：每条曲线上下相邻点允许最大水位差高水0.6米，中水0.1～0.4米，低水0.1～0.2米。每一过渡线（跳线）均有测次。

在流量测次中，1954年、1955年采用浮标法测流的次数较多，流速仪法的测次较少。执行《水文测站暂行规范》后，由于推广船测一锚多点法摆测，为流速仪测流创造了有利条件，1956年浮标法测次相对减少。随着测验设备的日益完善，浮标法测次大为减少。从2010年起，浮标法测流仅适用于流速测量困难或超出流速仪测速范围的高流速、低流速、小水深等情况下的流量测验，并规定浮标系数应通过试验分析确定，在未取得试验数据之前，可借用经验系数，大中河站可取0.85～0.90，小河站可取0.75～0.85，并保持历年选用一致；浮标的制作材料、形式、入水深度等规格符合规范规定，本站必须统一；浮标施测流量应测记风速、风向。2010年对高洪水流量测验全省作出统一规定：当0.6相对水深位置测速有困难时可改测水面或0.2相对水深位置流速；流速仪水面或0.2流速系数应通过资料分析确定且与历年保持一致；采用天然浮标施测高洪流量，借用流速仪水面流速系数时应通过河槽改正系数转换；用断面平均流速通过曼宁公式推算糙率后，对糙率的分布规律应做综合分析。比降面积法糙率的选用应通过合理性分析验证后确定。

安全生产责任制 流量测验是一项艰苦的体力劳动，特别是洪水时期，为了抢测整个洪水过程的流量，不少站的水文职工吃扁担饭（指水文职工吃早饭上船测验流量，连续操作，至晚间测完流量下船回站做晚饭吃），有的携带干粮上船充饥。大洪水时期，波涛汹涌，雷电交加，水文职工冒着生命危险抢测宝贵洪水资料。为了确保安全生产，为职工生命安全负责。20世纪80年代，推行“安全生产责任制”，对减少安全事故起到一定的效果。主要内容有不穿救生衣不准上船，驾船工具（篙、桨、橹）不具备不准开船，没有安全斧不准开船等，并由一名测站职工担任安全检查员监督执行。

三、技术标准

民国18年（1929年），江西水利局印发《水文测量队施测方法》，是省内最早的水文技术文件，内有流量测量篇章。

1950年内，省水利局编写《水文测验手册》，印发测站执行。

1953年10月，水利部水文局综合全国各地水文测验工作经验和意见，并吸收苏联经验，编写《流速仪测量》《浮标测量》《含沙量测验》和《断面布设和测量》等水文测验技术参考文件，省水利局分发各水文站参考。

1955年10月，水利部水文局颁发《水文测站暂行规定》，1956年1月执行，截至1960年6月停止使用。

1961年1月1日，全省执行水电部颁发《水文测验暂行规范》，截至1976年1月1日停止使用。

1962年12月12日，省水文气象局颁发《江西省水文测站和水文测站人员工作质量评分办法》，从1963年1月起执行。

1965年，省水文气象局汇编《水文测验常用手册》，印发全省水文测站使用。

1975年4月，水电部颁发《水文测验试行规范》，全省水文测站从1976年1月1日起执行。1976年11月24日，省水电局向各地（市）水电局、各水文（水位）站颁发《水文测验试行规范》补充规定（暂行稿），和《水文测验试行规范》同时使用，原颁发的各项水文测验和资料整编方面的技术规定同时作废。

1984年1月，开始执行省水文总站1983年10月编写《水文测验试行规范》补充规定（整编部分试行稿），同时1976年11月24日省水电局颁发的《水文测验试行规范》补充规定（暂行稿）第十部分停止使用。

1984年6月7日，水电部颁发《水文缆道测验规范》（SD 121—84），全省从1985年1月起执行。

1985年1月1日，执行省水文总站颁发的《江西省水文测站质量检验标准》，标准由总则、标一（水文测验）、标二（水文情报预报）、标三（水文资料整编及原始资料站际互审）四部分组成。

1986年6月28日，水电部颁发《动船法测流规范》（SD 185—86）和《比降-面积法测流规范》（SD 174—86），省水文总站转发各地市水文站执行。

1992年12月1日，全省执行建设部颁发的《河流悬移质泥沙测验规范》（GB 50159—92）。

1994年2月1日，全省执行建设部颁发的《河流流量测验规范》（GB 50179—93）；5月1日，全省执行水利部颁发的《水文自动测报系统规范》（SL 61—94）。

1998年1月7日，全省执行省水文局制定的《水文测验质量检验标准》。

2006年7月1日，全省执行水利部颁发的《声学多普勒流量测验规范》（SL 337—2006）和《水文测船测验规范》（SL 338—2006）。

2009年6月2日，全省执行水利部发布的《水文缆道测验规范》（SL 443—2009）。

2010年10月，全省执行《江西省水文局水文测验质量核定标准》。该标准以上级颁发的水文各项测验规范为依据，倡导水文测验新技术、新设备的推广应用，注重水文测验质量和绩效，按照全省各类水文站具体特征，将规范要求细化到水文站水文测验质量考核标准中，是对水文站水文测验成果考核的依据。

2016年3月1日，全省执行建设部颁发的《河流悬移质泥沙测验规范》（GB 50159—2015）。

2016年5月1日，全省执行建设部颁发的《河流流量测验规范》（GB 50179—2015）；2015年6月5日，全省执行水利部颁发的《水文自动测报系统技术规范》（SL 61—2015）。

四、测验成果

赣州市主要水文站流量特征值见表2-7-6。

表2-7-6 赣州市主要水文站流量特征值表

站名	最大流量/立方米每秒	出现时间	最小流量/立方米每秒	出现时间	多年平均流量/立方米每秒
汾坑	6110	2015-05-20	4.53	2020-12-07	192
峡山	8730	1964-06-16	0.64	2017-11-02	435
居龙滩	4470	1964-06-16	0.17	2010-11-08	191
坝上	5060	1961-06-13	3.57	2004-01-28	198
田头	2930	1961-06-12	0.030	2013-01-03	90.7
茶芫	2690	2006-07-28	1.60	2015-01-28	126
麻州	2270	1978-07-31	1.66	1963-06-11	47.2
羊信江	1030	1961-08-27	0.000	1976-12-07	14.2
宁都	2640	1984-06-01	2.88	1963-09-04	75.7
石城	1840	1997-06-09	0.992	2018-05-26	22
翰林桥	2780	1961-06-12	0.94	1986-08-30	74.3
杜头	1210	2019-06-10	0.034	2018-12-31	13.1
窑下坝	1600	2009-07-04	0	2009-04-09	46.4
安和	616	2006-07-26	0	2004-08-31	6.94
水背	982	1983-06-03	0.130	2019-12-25	26.5
胜前	1550	1978-07-31	0.128	2018-05-23	20.7
枫坑口	3980	1966-06-23	5.46	1963-06-13	101
筠门岭	646	2004-07-08	0.003	1991-01-03	11.5
窑邦	582	1984-06-01	0.26	1991-09-22	9.88
南迳	463	1984-06-01	0	2005-08-01	7.72
樟斗	76.7	1997-08-01	0.044	1987-03-06	1.07

第七节 泥沙测验

一、悬移质输沙测验方法及颗粒分析

仪器设备 取样，1954年以前，采用普通的酒瓶下吊重物沉入水中取样。1954年，采用冯长桦研制的有进水管和排气管且能调节高度的瓶式采样器取样。1956年，采用南京水工仪器厂生产的横式采样器。1968年以前采用2升横式采样器，1969年以后改用1升横式采样器。1976—1983年，峡山水文站曾架设缆道连续测沙架，悬吊1升横式采样器，通过机械动作进行单点自动取样。1976年，羊信江水文站首先在水文缆道上使用IJQ-1型积时式采样器，后因开关动作线路受阻未能推广。1995年，赣州市水文分局科技人员采用贯心线解决缆道测沙的控制技术，开始在本市推广皮囊积时式采样器。2000年，全市测沙站采用无线测沙。

水样容积量读，1954年以前，使用自制白铁桶做水样容器。1955年，配备1300毫升无刻度玻璃瓶，用专用量杯量读水样容积。1976年，改用1300毫升有刻度的水样瓶，可直接读出水样容积。

水样过滤，1953年以前，采用草纸过滤。1954年，全部改用定性滤纸过滤。

烘箱，1954年以前，采用酒精灯烘干沙包。1954年，自制白铁皮夹层蒸汽烘箱，以木炭为燃料。1971年始，各测沙站先后配备木炭、电气两用烘箱。

称重天平，1953年以前，采用戥子称重。1954年，采用1/1000天平称重。1971年后，逐步改用1/10000天平称重。

泥沙粒径分析，2013年以前悬移质泥沙颗粒分析一律使用粒径计法，粒径分小于0.007毫米、小于0.010毫米、小于0.025毫米、小于0.050毫米、小于0.100毫米、小于0.250毫米、小于0.500毫米七个级别。2013年以后开始使用马尔文粒度分析仪。泥沙沙重用1/10000天平称重。

测验方法 民国时期，各站含沙量测次很少。民国33年（1944年），赣县站测次最多，25次。

断沙测次布设以满足确定单、断沙关系线需要为原则。并尽可能测到年最大单沙时的相应断沙，避免单、断沙关系线高沙延长幅度过大。年断沙测次一般在15～40次。其中汛前汛后各不少于2次，每一次较大洪水过程不少于3次。

各站断沙测沙垂线大多按流速仪精测法测速垂线的一半布设，一般5～9根，水面宽小于50米时不少于3根。并且使断沙的测沙垂线得到固定。取样方法为在测沙垂线上视水深大小分别采用一点法、二点法、三点法、五点法采集水样，以二点法、三点法居多，五点法最少。

1997年，汾坑站采用2∶1∶1定比混合法为经常性的输沙率测验取样方法。2000年，赣州市水文分局规范缆道测沙取样方法：输沙率取样和兼作颗粒分析的输沙率取样测次可采用垂线混合法或全断面混合法。采用垂线混合法时，应同时施测垂线平均流速，按历时比例取样混合时，各取样方法的取样位置与历时应符合规范规定。采用全断面混合法时，宜采用等部分流量全断面混合法进行悬移质输沙率测验；单沙和相应单沙的垂线取样方法应与输沙率测验的垂线取样方法一致；争取测到最大单沙的相应断沙。在巡测情况下，输沙测次减少，应尽可能将输沙测次分布在洪水期。在高沙水流条件下，断沙可采用全断面混合法。

1955年6月开始，测验悬移质输沙率和单位含沙量。

单沙测次布置是以掌握沙峰、沙谷及沙量的变化过程，能正确勾绘出单沙过程线为原则。1959年以前，各站单沙测次普遍较少，过程掌握较差。1960—1966年，单沙测次有所增加，过程掌握一般。1967—1976年，“文化大革命”期间，测次锐减，过程掌握很差。1977年以后，加强沙量测验，测次明显增加。特别是从1985年贯彻执行测验质量检验标准以来，过程掌握较好，质量逐年提高。年单沙测次350～500次。20世纪90年代，要求各站实测月、年最大含沙量，较大洪水峰谷附近不少于1次，涨落水面不少于10次，涨水面测次要多于退水面；含沙量较大时期每天1次，一般时期2～3天1次，较少时期不超过8天1次。

单沙取样垂线，随着测深、测速垂线以及断沙取样垂线的固定，各站根据资料分析，选择一根有代表性、单断沙关系较好的垂线予以固定，作为单沙取样垂线。遇子母河或受鸳鸯河影响，泥沙横向分布变化大的站，则选用两条垂线作为单沙取样垂线。

单沙取样的方法，船测时取样采用2∶1∶1定比混合法取样。缆道站用垂线混合法(0.2、0.6、0.8各占取样时间的三分之一)。

水样处理 民国时期，水样沉淀过滤后，沙包置阳光下晒干，用戥子称重。新中国成立初期，仍沿用陈旧设备，使用草纸过滤水样，沙包用酒精灯或炭火烘干。1953年，普遍改用定性滤纸。1954年，自制有保温层的蒸汽烘箱，温度可保持在102摄氏度左右，提高烘干质量，并且造价低廉。1956年，添置1/1000天平，以取代1/100克戥子，又添置防潮盒，配备玻璃冷却器。1979年，配备电气烘箱和1/10000克天平，水样处理精度得到显著提高。2000年以后采用电子天平称重。

悬移质颗粒分析 悬移质泥沙颗分的测沙垂线数及位置与悬移质输沙率同数量同位置，单颗取样垂线与单沙取样垂线位置相同。

悬移质泥沙颗分在垂线上的取样位置，单颗大多在相对水深0.5米位置处用一点法取样。断颗与断沙一样，有一点法、二点法、三点法、五点法取样，水文缆道则为垂线混合或全断面混合法。悬沙和颗分有的站为同一套水样，有的站则各为一套水样。

断颗测次主要布置在洪水期，平、枯水期测次很少。年断颗测次在15次左右。其中年最大、次大洪水峰顶、涨退水面各不少于1次，较大洪水过程不少于1次，平水少沙期全年不少于5次且汛前汛后各不少于1次。

单颗测次主要分布在含沙量较大的洪水时期和较大的洪峰、沙峰转折处，平水期分析少数测次，以控制泥沙颗粒级配变化过程为原则。每次较大洪水过程峰谷附近各1次，涨、退水面各不少于2次，每个一般洪水过程不少于2次，平枯水期15天以内取样1次。年单颗测次在100次左右。

二、推移质泥沙测验方法及颗粒分析

仪器设备 1972年以前，使用苏联波里亚柯夫采样器。该型采样器器口口门不易紧贴河床，上提时，器口口门关闭不严，水流会将已取得的沙样冲出。1972—1982年，采用顿式推移质采样器。该型器口口门也不能紧贴河床，口门处淘刷严重，成果失真。1980年，该采样器的取样效率系数经长江委水文处测定为0.465。1978年，坝上站曾用手提式采样器采样两次。1984年开始，各站陆续改用长江委生产的长江“78”型推移质采样器，该仪器的取沙效率系数未定。

采集的推移质沙样用铁锅炒或太阳晒后，用烘箱烘干，冷却后用1/100天平称重。

测验 推沙测验在测流断面上进行，断面推移质输沙率的垂线数及位置与悬移质输沙率垂线一致。测次主要布设在洪水期，并适当注意在水位级和过程上的合理布设。根据省水文总站下达的任务书要求，全年测次不少于30次。年测次各站之间差别较大，以峡山站1982年42次最多，以翰林桥站1979年、1986年分别为5次、6次最少。推移质移动地带边界的划定，由试测确定后基本上固定下来。

鉴于推移质采样器器口难于正对水流方向，采样器器口与河床的伏贴不稳定，因此，取样效率极不稳定。测验时要求取两次沙样，两次沙样体积误差小于2倍视为可行。各站都未进行过单位推移质输沙率测验，无法勾绘单位沙量过程线和建立单、断推沙关系以推求全年的推移质输沙率。因此，仅在水文年鉴上刊布实测推移质输沙率成果表。

推移质颗粒分析 推移质颗粒分析一般和悬移质颗粒分析配合进行，测次主要分布在洪水多沙时期。年推移质颗粒分析测次在12～15次。年测次各站之间差别较大，以峡山站1982年21次最多，以翰林桥站1978年、1979年和坝上站1986—1988年分别为4次、2次最少。其粒径采用标准分析筛进行筛分析。粒径分0.1毫米、0.25毫米、0.5毫米、1.0毫米、2.0毫米、5.0毫米六级，用1/100天平称重。最大粒径用量杯以排水方式测算，对于大于20毫米的颗粒，则用千分卡尺测量长、短、中轴长度后按公式计算出粒径。

三、技术标准

民国18年（1929年），江西水利局印发《水文测量队施测方法》，内有含沙量测验篇章，是省内最早的水文技术文件。

1965年8月，水电部水文局颁发《水化学、泥沙颗粒分析试验室安全生产规则（草案）》。同年，水电部颁发《泥沙颗粒分析》，1976年1月1日停止使用。

1976年，水电部颁发《水文测验手册》第二册《泥沙颗粒分析与水化学分析》，与第三版《水文测验试行规范》配套使用。

1977年，水电部颁发《水库水文泥沙观测试行办法》。

1992年12月1日，全省执行建设部颁发的《河流悬移质泥沙测验规范》(GB 50159—92)。

1994年1月1日，全省执行水利部颁发的《河流泥沙颗粒分析规程》（SL 42—92）和《河流推移质泥沙及床沙测验规程》(SL 43—92)。

2006年7月1日，全省执行水利部颁发的《悬移质泥沙采样器》(SL 07—2006）和《水库水文泥沙观测规范》(SL 339—2006)。

2010年4月29日，全省贯彻施行水利部颁发的《河流泥沙颗粒分析规程》（SL 42—2010)。

2016年3月1日，全省执行建设部颁发的《河流悬移质泥沙测验规范》（GB 50159—2015)。

四、测验成果

赣州市主要水文站泥沙特征值见表2-7-7。

表 2-7-7 赣州市主要水文站泥沙特征值表

站名	实测多年平均含沙量/千克每立方米	最大年平均含沙量		最小年平均含沙量		最大断面平均含沙量		多年平均输沙率/千克每秒	最大年输沙率		最小年输沙率	
		含沙量/千克每立方米	年份	含沙量/千克每立方米	年份	含沙量/千克每立方米	年份		输沙率/千克每秒	年份	输沙率/千克每秒	年份
峡山	0.200	0.310	1984	0.046	2017	2.83	1996-08-02	90.0	187	1973	16.3	2017
翰林桥	0.342	0.711	1969	0.121	2017	7.28	1991-07-31	25.5	63.9	1961	5.07	2011
居龙滩	0.179	0.338	1980	0.024	2018	6.11	1984-05-04	36.0	84.4	1992	2.44	2018
坝上	0.139	0.27	1984	0.032	2017	4.35	1969-10-17	28.5	85.1	1973	3.64	2004
汾坑	0.160	0.33	1984	0.038	2011	3.42	1974-06-14	32.3	73.2	1992	3.52	2011
麻州	0.172	0.282	1980	0.070	2015	5.14	1986-04-19	8.2	17.9	1983	2.08	2009
羊信江	0.195	0.679	2016	0.034	1991	10.9	2001-05-09	2.9	20.3	2016	0.181	1991
信丰（二）	0.126	0.253	2019	0.052	2017	5.84	2019-06-11	20.0	41.7	2019	4.64	2018
茶芫	0.109	0.224	2003	0.055	2013	4.19	2004-04-08	13.7	26.9	2006	4.7	2009
水背	0.321	0.602	2016	0.147	2018	10.5	2010-05-05	9.1	28.3	2016	2.34	2018

第八节 墒情监测

一、仪器设备

固定墒情监测站配备数据采集终端RTU、GPRS/GSM通信模块、土壤水分传感器设备、太阳能电池板、免维护蓄电池、充电控制器等。

二、观测方法

固定墒情监测站实现土壤墒情的自动采集及采集数据的自动传送。土壤含水量信息采集时间从每日8时开始，每间隔6小时采集信息一次。

三、技术标准

2007年3月1日，水利部发布《土壤墒情监测规范》(SL 364—2006)。

第九节 应急监测

一、适用范围

应急监测适用于水旱灾害事件的水文测报。主要包括：江河洪水、台风暴雨以及由降雨引发的山洪、泥石流、滑坡；水库垮坝、堤防决口、水闸倒塌、行洪分洪；渍涝、干旱及干旱导致的城镇供水危机。

二、组织体系

根据水旱灾害事件水文测报应急工作需要，成立领导小组和工作组。工作组又分为综合协调组、应急监测组、技术分析组、通信保障组、督导组。

三、应急响应

水旱灾害事件实行分级报告制度。一旦发现或预测可能发生的水旱灾害事件，事发地水文监测人员向所在地水行政主管部门及市监测中心报告，情况紧急时，可以越级上报。

暴雨洪水的响应级别分为Ⅰ级、Ⅱ级、Ⅲ级、Ⅳ级四个级别。应急组织根据暴雨洪水的量级、危害程度和紧急情况，启动相应级别的响应。旱情的响应级别分为Ⅰ级、Ⅱ级、Ⅲ级、Ⅳ级四个级别。应急组织根据旱情的严重程度和紧急情况，启动相应级别的响应。

四、信息收集与发布

监测人员按照报汛任务书的要求向市监测中心报送雨水情、旱情信息，确保信息及时入网。发生水库垮坝、堤防决口、行洪分洪等事件时，现场工作组应第一时间赶赴现场，编制应急监测实施方案。明确应急监测的目标任务、技术要求、监测频次等，科学、合理、迅速地开展应急监测工作。现场监测信息应立即进行计算、审核、分析和上报。防汛抗旱水文应急监测应充分利用现代水文监测技术手段，确保应急监测信息快速收集报送。

水文应急测报信息应经审核后，由县级以上人民政府防汛抗旱指挥机构，水行政主管部门或者水文机构按规定权限向社会统一发布，禁止任何其他单位和个人向社会发布。

第八章

水环境监测

1976年，赣州地区水文站建立水化学分析室，1998年通过国家计量认证，2012年列入长江流域水环境监测中心与江西省水资源监测中心共建共管建设实验室。具备地表水、地下水、生活饮用水、污水、大气降水等的水化学监测分析能力。

赣州水资源监测中心按月对全市水功能区、河道取水口、入河排污口、河流行政边界、大中型水库、饮用水水源地、农村饮用水及涉水工程等的水质水量进行同步监测，发布《赣州市水资源质量月报》。开展建设项目水资源论证、入河排污口设置论证和退水水质的监测评价工作，提交赣州市供水水源地安全保障规划、水域纳污能力与限制排污量分析、东江源区水生态保护与修复规划。

赣州水资源监测中心及时准确的水质监测数据为当地水污染防治、用水安全和水资源保护工作提供准确可靠的科学依据。

第一节　监　测　类　型

一、水功能区

赣州市水资源监测中心从2013年开始对赣州市辖区内87个省区划水功能区的监测评价。87个省区划水功能区包括一级水功能区46个，其中保护区5个、保留区36个、缓冲区5个。二级水功能区41个，其中饮用水源区20个、工业用水区20个、景观娱乐用水区1个。

二、饮用水源地

2013年，赣州市水文局按照《江西省地表水资源分级监测实施方案》的要求，开展设区市级饮用水源地和县城集中饮用水源地水监测评价。包括赣州市一、二、三水厂和18个县城集中饮用水源地，共21个城市供水水源地。

三、界河断面

赣州市水资源监测中心从2013年开始对赣州市辖区内8个跨省界河和1个跨设区市界

河，19个跨县界河，共28个界河断面的水质进行监测。

四、水生态

赣州水文局水生态监测开展下面三项工作。

环境DNA采样。监测断面为于都峡山、瑞金日东。监测频次为每年在涨水段（平水期）、高水位段（丰水期）、退水段（枯水期）各进行一次湖流监测。监测项目包括水文（站点水位、流量、流速等）、水质［《地表水环境质量标准》（GB 3838—2002）表1中的24个基本项目］、湖泊增加营养化评价项目、叶绿素a、透明度、生物要素（河流水域内的浮游植物、浮游动物、底栖动物、鱼类等水生态项目）。

阳明湖水生态监测。监测断面为窑下、过埠、营前、阳明湖、横水5个点。监测时间为2019年11月25—29日。监测项目包括湖区内浮游植物的定性和定量、浮游动物的定性和定量。并且根据这一监测过程提交《阳明湖水库水环境现状调查与预测分析》成果。

东江源水生态监测。监测断面为长滩、斗晏。监测频次为一个季度一次。监测项目包括浮游植物的定性和定量、浮游动物的定性和定量。

五、水库水质

赣州市水资源监测中心2013年监测瑞金市南华水库、瑞金市陈石水库、会昌县石壁坑水库、大余县油罗口水库、兴国县长冈水库、全南县龙兴水库、龙南县石下水库、南康市罗边水库、崇义县长河坝水库、上犹县南河水库、寻乌县斗晏水库、定南县长滩水库、峡山水库。2020年新增宁都团结水库、上犹县龙潭水库、上犹县阳明湖水库的监测评价。

六、城市河道水质

江西省赣州市水资源监测中心对本地区所属赣江、东江、北江水资源质量监测。赣江水系监测评价河流为赣江、贡水、章水、绵江、湘水、濂水、梅江、琴江、平江、桃江、上犹江、崇义水等12条河流，东江水系监测评价河流为寻乌水、定南水、马蹄河、下历河等4条河流，北江水系监测评价河流为锦江和浈水。

七、大气降水水质

赣州市水资源监测中心从2018年开始监测大气降水。

第二节 水环境状况

一、地表水水质监测

1982—1985年，对全市1263千米河流水质进行评价，全年均优于或达到Ⅰ类、Ⅱ类水。全市各河流水质良好，11项指标中有6项指标达到Ⅰ类水水质要求，5项指标仅有轻污染情况，其中以溶解氧所占比重最大，达总河长的83.3%。

1996—2000年，全市各主要河流水质监测断面水质评价，全年Ⅰ类、Ⅱ类水的评价河长占总评价河长的55.8%；Ⅲ类水的评价河长占总评价河长的38.4%；Ⅳ类水的评价河长占总评价河长的4%；Ⅴ类水的评价河长占总评价河长的1.8%。各河流水体的水质评价类别大部分优于Ⅲ类水，少数河段水质评价类别劣于Ⅲ类水。1996年桃江的全南县南海墟水质类别为Ⅳ类水。1997年绵江的瑞金市糖厂监测断面、崇义县横水乡塔下桥监测断面、大余县城靖安桥监测断面水质类别为Ⅳ类水。1999年定南县城水质类别为Ⅳ类水；兴国县城红军桥和潋江大桥监测断面水质类别为Ⅳ类水；定南县城变电所监测断面为Ⅴ类水。监测结果反映出各河流存在着随机性污染，主要污染物为氨氮和耗氧有机物，少数河流出现挥发性酚、砷化物等污染物污染。

2010年，赣州市主要江河53个水质监测断面，采用国家《地表水环境质量标准》(GB 3838—2002)，对全市2241.2千米河流水质进行评价。全年Ⅰ类、Ⅱ类水的评价河长占总评价河长的46.9%，Ⅲ类水的评价河长占总评价河长的31.4%，Ⅳ类水的评价河长占总评价河长的4.2%，Ⅴ类水的评价河长占总评价河长的12.0%，劣Ⅴ类水的评价河长占总评价河长的5.5%。汛期Ⅰ～Ⅲ类水评价河长占总河长的81.7%、非汛期Ⅰ～Ⅲ类水评价河长占总评价河长的74.9%，汛期水质好于非汛期。污染较严重的河段有贡水赣县梅林渡口、桃江全南南海塘、桃江龙南峡江口、平江兴国红军桥、濂水安远羊信江、寻乌水寻乌斗晏、定南水定南长滩、下历河定南变电站所等8个河段，主要分布在矿采区和冶炼等工矿排污集中的地区。超标项目为氨氮和总磷。2010年水质状况优于2009年。

2014年，赣州市主要江河设有91个水质监测站点，其中包括29个国家重要江河湖泊水功能区、8个省际缓冲区、1个市界断面、3个国家重要饮用水源地及7个大中型水库监测站点。依据《地表水资源质量评价技术规程》(SL 395—2007)、《地表水环境质量标准》(GB 3838—2002)，采用单因子指数法评价，评价河长2743.7千米，按评价河长评价水质类别比例：全年Ⅰ类、Ⅱ类水占76.9%，Ⅲ类水占16.5%，Ⅳ类水占2.1%，Ⅴ类水占1.6%，劣Ⅴ类水占2.9%。汛期Ⅰ～Ⅲ类水占总河长的95.0%、非汛期占84.2%，汛期水质优于非汛期。超标河段主要污染物为氨氮、化学需氧量、总磷、氟化物、镉等指标。2011—2014年水质变化趋势：2013年水质总体略劣于2012年，其他年份水质略有提高。

2017年，赣州市主要江河设有99个水质监测站点，其中包括29个国家重要江河湖泊水功能区、8个省际缓冲区、4个市界断面、3个国家重要饮用水源地及15个大中型水库监测站点，依据《地表水资源质量评价技术规程》(SL 395—2007)、《地表水环境质量标准》(GB 3838—2002)，对2526.0千米河流水质进行评价。全年Ⅱ类水占77.4%，Ⅲ类水占18.6%，Ⅴ类水占3.1%，劣Ⅴ类水占0.9%。汛期Ⅰ～Ⅲ类水占总数的96.0%、非汛期Ⅰ～Ⅲ类水占总数的95.8%，汛期水质优于非汛期。超标河段主要污染物为氨氮。2014—2015年水质逐年略有提高，2017年劣Ⅴ类水比2016年增加0.7%。

2020年，赣州市主要江河设有99个水质监测站点，依据《地表水资源质量评价技术规程》(SL 395—2007)、《地表水环境质量标准》(GB 3838—2002)，采用单因子指数法对2526.0千米河流水质进行评价。按全年各月各监测断面所代表河长水质类别计算，各江河水域水质全年Ⅱ类、Ⅲ类水占99.0%，Ⅳ类、Ⅴ类水占0.9%，劣Ⅴ类水占0.1%。

二、地下水水质监测

2010年开始监测地下水水质。依据《地下水质量标准》（GB/T 14848—93），对章贡区张家围辅助井、章贡区东园古井、会昌麻州水井、瑞金沙洲坝抽水井4个站点，每年进行2次地下水水质监测。2010年章贡区东园古井站和瑞金沙洲坝抽水井站为Ⅲ类水；章贡区张家围站辅助井和会昌麻州水井站为Ⅳ类水。2011年张家围辅助井为Ⅴ类水，pH值不达标；东园古井为Ⅴ类水，氨氮和亚硝酸盐氮不达标；会昌麻州水井为Ⅲ类水；瑞金沙洲坝抽水井为Ⅴ类水，pH值不达标。2012年张家围辅助井一次为Ⅴ类水，一次为Ⅳ类水，pH值不达标；东园古井为Ⅴ类水，氨氮和亚硝酸盐氮不达标；会昌麻州水井一次为Ⅴ类水；一次为Ⅳ类水，pH值不达标；瑞金沙洲坝抽水井一次为Ⅱ类水，一次均为Ⅲ类水。2013年张家围辅助井为Ⅳ类水，锰不达标；东园古井为Ⅴ类水，氨氮不达标；会昌麻州水井为Ⅲ类水；瑞金沙洲坝抽水井一次为Ⅲ类水，一次均为Ⅳ类水，锰不达标。2014年张家围辅助井一次为Ⅳ类水，一次为Ⅴ类水，氨氮、亚硝酸盐氮、铁、锰不达标；东园古井为Ⅴ类水，氨氮、亚硝酸盐氮和锰不达标；会昌麻州水井一次为Ⅳ类水，氨氮不达标，一次为Ⅱ类水；瑞金沙洲坝抽水井为Ⅲ类水。2015年张家围辅助井为Ⅴ类水，氨氮、亚硝酸盐氮、铁、锰不达标；东园古井为Ⅴ类水，氨氮、亚硝酸盐氮不达标；会昌麻州水井一次为Ⅲ类水，一次为Ⅳ类水，氨氮不达标；瑞金沙洲坝抽水井为Ⅳ类水，pH值和锰不达标。2016年张家围辅助井一次为Ⅳ类水，氨氮和锰不达标，一次均为Ⅲ类水；东园古井为Ⅴ类水，氨氮、亚硝酸盐氮不达标；会昌麻州水井一次为Ⅲ类水，一次为Ⅳ类水，锰不达标；瑞金沙洲坝抽水井为Ⅳ类水，铁和锰不达标。

2018年，对地下水进行一次全面监测，监测结果：石城Ⅳ类水，pH值不达标；会昌Ⅴ类水，浑浊度和氨氮不达标；信丰Ⅴ类水，浑浊度不达标；龙南Ⅱ类水，兴国Ⅳ类水，pH值和锰不达标；瑞金Ⅳ类水，锰不达标；周田Ⅴ类水，溶解性总固体、氯化物和钠不达标；寻乌Ⅴ类水，浑浊度和锌不达标；定南Ⅴ类水，浑浊度和锰不达标。

2019年，地下水监测：石城Ⅴ类水，会昌Ⅴ类水，信丰Ⅳ类水，龙南Ⅴ类水，兴国Ⅴ类水，瑞金Ⅴ类水，周田Ⅳ类水，寻乌Ⅴ类水，定南Ⅴ类水，绝大部分是氨氮、粪大肠菌群和细菌总数不达标，也有部分是铁、锰、锌不达标。

三、大气降水水质监测

2018年，开始监测大气降水水质状况。全市共设坝上、赣州、安和、崇义、窑下坝（二）、樟斗、峡山（二）、信丰（二）、羊信江、杜头、胜前（二）、南迳、汾坑、麻州、瑞金、水背、宁都、石城、兴国等19个监测点。监测电导率、pH值、氟化物、氯化物、亚硝酸盐、硝酸盐、硫酸盐、铵盐、钠、钾、钙、镁等12项指标。

全市不同时期降水各站点全年监测pH值为4.3～7.7，根据雨水酸性程度分级标准，为中性，其中弱酸性所占比重（26.4±8.6）%，存在局部酸雨污染的情况。

2018年，赣州市大气降水SO_4^{2-}/NO_3^-均值1.69，属于硫酸、硝酸的混合型。

2019年，赣州市大气降水SO_4^{2-}/NO_3^-均值0.32，属于机动车型或硝酸型污染。

2020年，赣州市大气降水SO_4^{2-}/NO_3^-均值1.36，属于硫酸、硝酸的混合型。

第三节　饮用水水质评价

一、城市饮用水监测

2007年，市水文局水质科开始对城市饮用水进行监测。

2007—2011年，监测赣州市中心城区一、二水厂集中式供水水源地，汛期和非汛期均优于或达到Ⅲ类水，Ⅰ类、Ⅱ类水合格率100%。2012—2020年，赣州市中心城区一、二、三水厂集中式供水水源地，按月分上、中、下旬对各水源地取水口水质进行监测。2014年与2013年相比，水质优良率降低4.2%，其他年份水质优良率均逐年略有提高。

2013年，市水文局水质科对赣州市中心城区、瑞金、于都、赣县、上犹、崇义、会昌、石城、兴国、寻乌、南康开展城区供水水源地水质检测。Ⅰ类、Ⅱ类水合格率均达到100%。

二、农村饮用水监测

2016年，成立农村饮水安全水质检测中心，开展农饮水水质监测工作。

2016—2020年，监测寻乌6个农村饮用水源，分别为下廖村农饮水源、团红村农饮水源、西湖村农饮水源、溪尾村农饮水源、华星村农饮水源、基田村农饮水源。水质评价均为Ⅱ类水，各项监测数据均未见明显变化。

2020年，监测宁都农村饮用水样品862个，监测项目为氨氮、挥发酚等7个项目，所测项目评价均为合格水。

第四节　监测能力与技术标准

一、实验室建设

1976年，赣州地区水文站建立水化学分析室，拥有办公室、检测仪器室、制水室和样品室等共7间，总面积200平方米。1994年3月成立赣州市水资源监测中心。1998年3月第一次通过国家级计量认证并获合格证书，2004年7月、2009年10月、2012年11月、2015年9月通过国家资质认定复查换证。2015年通过计量认证的项目包括地表水、地下水、生活饮用水、污水及再生利用水、大气降水共五大类56个参数的监测能力。2012年列入长江流域水环境监测中心与江西省水资源监测中心共建共管建设实验室。

2009年完成第一次实验室改扩建。改建后的水环境中心有资料档案室、监测业务室、质量保证室、原子吸收仪室、原子荧光仪室、离子色谱仪室、气相色谱仪室、流动注射仪室、常规分析室、仪器室、天平室、制水室、样品室、药品仓库等18间，总面积600平方米，其中有温控面积450平方米，全部检测仪器室有温控设施。

2018年第二次实验室的改扩建。在实验室用房600平方米的基础上，参照《水文基础设施及技术装备标准》(SL 276) 以及《水环境监测实验室分类定级标准》(SL 684—2014),对实验室进行改扩建,改善监测分析环境,满足实验室定级标准要求的需求。主要建设内容为供水供电保障系统、实验室台柜设施、实验室通风系统、实验室供气保障系统、实验室污水处理系统、实验室恒温系统、实验室安全保障系统、万级微生物实验室、实验室集中供纯水系统。改扩建后的实验室面积1200平方米,大中型仪器设备70多台(套),可做83个参数的项目检测。

实验室改建后,约有35%的检测项目由过去的化学分析法用更先进的仪器法检测替代。增加重金属、有毒有机物、石油类、叶绿素等项目的检测。

二、仪器设备

主要仪器设备有电光分析天平、721型分光光度计2台,数字酸度计/离子计3台、电导率仪2台、生化培养箱、电子交流稳压器,电热鼓风干燥箱、电热恒温水浴锅、离心沉淀机、磁力加热搅拌器、电冰箱、离子交换纯水器、流速仪、753紫外分光光度计1台、自动双重纯水蒸馏器2台。

2009年实验室改扩建后,配置便携式多参数监测仪、电子天平、离子色谱仪、COD测定仪、BOD测定仪、原子吸收、原子荧光、红外测油仪、高纯水制备系统、紫外可见分光光度计、应急监测车、计算机等主要检测仪器共25台(套)。

2011年购入气相色谱仪用于有机物扩项。

2013年10月新增水质等比例采样器、高速冷冻离心机、叶绿素测定仪、石油类萃取仪、自动滴定仪、超声清洗机等6台套仪器设备。

2014—2020年购入多台便携式多参数测定仪、便携式重金属测定仪、便携式溶解氧仪、便携式叶绿素测定仪用于野外采样现场测定。

2014年购入硫化物吹气仪用于硫化物的测定。

2014年购入恒温培养箱用于培养微生物。

2015年购入GPS定位仪、水质采样器用于野外采样。

2015—2020年购入自动进样器、离心机、高速冷冻离心机、旋转蒸发仪、自动萃取仪、水浴锅、超声波清洗机、固相萃取仪、吹扫-捕集器、电热板等辅助仪器,用于水质检测前处理。

2016—2020年购入生化培养箱、全自动微生物检测系统、手提式暗箱紫外分析仪、多台不同精度的显微镜、台式叶绿素测定仪、浊度仪、色度仪,用于水生态监测。

2017年购入原子荧光光度计,用于更新换代。

2018年购入岛津气相色谱质谱联,用于有机物扩项。

2019年购入气相分子吸收光谱仪,用于氨氮、亚硝酸盐氮项目的测定,取代手工法的测定,提高工作效率。

三、监测项目

1986年,赣州站开始实行质量控制,水质分析工作逐步规范化。水质监测分析评价项目主要有理化指标、无机阴离子、营养盐及有机污染综合指标、金属及其化合物。1988—

2009年具体水质监测分析项目包括pH值、氰化物、溶解氧、高锰酸盐指数、电导率、六价铬、五日生化需氧量、氨氮、总磷、挥发酚、硫酸盐、硝酸盐、氯化物、氟化物、铁等。2009年包括pH值、氰化物、溶解氧、高锰酸盐指数、电导率、六价铬、五日生化需氧量、氨氮、总磷、挥发酚、硫酸盐、硝酸盐、氯化物、氟化物、铁、砷、汞等。2011年包括pH值、氰化物、溶解氧、高锰酸盐指数、电导率、六价铬、五日生化需氧量、氨氮、总磷、挥发酚、砷、汞、硫酸盐、硝酸盐、氯化物、氟化物、铁、铅、镉、铜、锌、锰等。2012年包括pH值、氰化物、溶解氧、高锰酸盐指数、电导率、六价铬、五日生化需氧量、氨氮、总磷、挥发酚、砷、汞、硫酸盐、硝酸盐、氯化物、氟化物、铁、铅、镉、铜、锌、锰、硒等56项。2015年以后包括pH值、氰化物、溶解氧、高锰酸盐指数、电导率、六价铬、五日生化需氧量、氨氮、总磷、挥发酚、砷、汞、硫酸盐、硝酸盐、氯化物、氟化物、铁、铅、镉、铜、锌、硒、锰、粪大肠菌群、石油类、有机物等80多项。

四、技术标准

1976年，全省水质监测执行水电部颁发的《水文测验手册》第二册《泥沙颗粒分析与水化学分析》。

1985年1月，执行水电部颁发的《水质监测规范》(SD 127—84)。

1985年，执行国家环境保护局颁发的《生活饮用水卫生标准》(GB 5749—85)。

1986年8月，执行水电部水文局颁发的《水质监测资料整编补充规定》。

1987年5月，执行水电部水文局颁发的《水质分析方法》，原《水文测验手册》第二册中的水化学分析方法停用。

1989年，执行国家环境保护局颁发的《渔业水质标准》(GB 11607—89)。

1991年，执行国家环境保护局颁发的《景观娱乐用水水质标准》(GB 12941—91)和《水质采样样品的保存和管理技术规定》(GB 12999—91)。

1992年3月，执行国家环境保护局颁发的《水质采样技术指导》(GB 12998—91)；执行国家环境保护局颁发的《水质采样样品的保存和管理技术规定》(GB 12999—91)。

1993年8月，执行国家环境保护局颁发的《水质、湖泊和水库采样技术指导》。

1993年，执行国家技术监督局颁发的《农田灌溉水质标准》(GB 5084—92)。

1994年5月，执行水利部颁发的《地表水资源质量标准》(SL 63—94)；10月，执行国家技术监督局颁发的《地下水质量标准》(GB/T 14848—93)。

1995年5月，执行水利部颁发的《水质分析方法》(SL 78—94)。

1995年6月，执行水利部颁发的《水环境检测仪器与试验设备校验方法》(SL 144—94)。

1996年，执行国家环境保护局颁发的《污水综合排放标准》(GB 8978—1996)。

1997年5月，执行水利部颁发的《水质采样技术规程》(SL 187—96)。

1998年9月，执行水利部颁发的《水环境监测规范》(SL 219—98)。

2000年，执行国家环境保护局颁发的《检测和校准实验室能力的通用要求》(GB/T 15481—2000)。

2002年6月，执行国家环境保护总局、国家质量监督检验检疫总局颁发的《地表水环境质量标准》(GB 3838—2002)。

2002年12月，执行国家环境保护总局颁发的《地表水和污水监测技术规范》(HJ/T 91—2002)。

2005年6月，执行水利部颁发的《水质数据库表结构与标识符规定》(SL 325—2005)。

2005年，执行国家环境保护总局颁发的《农田灌溉水质标准》(GB 5084—2005)。

2006年10月，执行水利部颁发的《水域纳污能力计算规程》(SL 348—2006)。

2006年，执行国家环境保护总局颁发的《生活饮用水标准检验方法　金属指标》(GB/T 5750.6—2006)、《生活饮用水卫生标准》(GB 5749—2006)。

2007年8月，执行水利部颁发的《地表水资源质量评价技术规程》(SL 395—2007)。

2007年11月，执行水利部颁发的《水环境监测实验室安全生产导则》(SL/Z 390—2007)。

2008年6月，执行水利部颁发的《水环境检测仪器及设备校验方法》(SL 144.1—2008)。

2009年9月，执行国家环境保护部颁发的《水质采样样品的保存和管理技术规定》(HJ 493—2009)。

2009年9月，执行国家环境保护部颁发的《水质采样技术指导》(HJ 494—2009)。

2009年9月，执行国家环境保护部颁发的《水质采样方案设计技术规定》(HJ 495—2009)。

2010年6月，执行水利部颁发的《水利行业实验室资质认定评审员管理细则》。

2011年6月30日，执行水利部颁发的《入河排污口管理技术导则》(SL 532—2011)。

2014年3月5日，执行水利部颁发的《建设项目水资源论证导则（试行）》(SL 322—2013)。

2014年7月22日，执行水利部颁发的《入河排污量统计技术规程》(SL 662—2014)。

2015年2月5日，执行水利部颁发的《水环境监测实验室分类定级标准》(SL 684—2014)。

2016年4月5日，执行水利部颁发的《内陆水域浮游植物监测技术规程》(SL 733—2016)。

第九章

水文调查

水文调查是水文工作的重要组成部分，是水文测站定位观测不足的补充，也是水文站网规划和调整的依据之一。

民国25年（1936年），按照省政府的要求，为满足航运和军事的需要，赣州市在全区开展河道调查工作。这是赣南最早的水文调查记录。

新中国成立后，水文调查成为常态化，是获取水文资料的手段之一。赣州市开展河流水文地理调查，确定赣州市区域内江河水系。开展历史洪、枯水调查，确定区内河流最高洪水。开展暴雨洪水调查、山洪灾害调查、洪水淹没范围调查、水质调查等。这些水文调查收集大量的水文资料，为减少暴雨山洪产生的灾害寻找到有力的方法，为国民经济建设、水利工程建设提供基础的资料。

第一节　河　流　调　查

民国25年（1936年）5月，省水利局按照省政府的要求，在全省进行河道调查，以满足航运和军事的需要。本区开展此项工作。

1958年9—11月，赣州地区水文站组织技术人员共40人，组成10个调查组，对全区10条（章水、上犹江、贡水、桃江、梅川、濂水、湘水、平江、寻乌水、定南水）主要河流进行水文地理调查，收集大量的水文资料。

此次水文调查，全面系统地收集各条河流各项资料。从河流发源河谷沿河程勘查至河口，沿途测量河宽、水深、流速，收集河床质沙样，调查洪水、枯水和地下水，勘查河槽生成物、河床演变、滩地形势和植被，勘查河谷及邻近地区的地形、植被、土壤及地质，勘查特殊的水文地理特征（温泉、石灰岩、喀斯特地貌、瀑布等）。同时描绘1/10000河道地形图，收集沿途乡、镇、区、县有关水利及农业生产等方面的资料等。此次水文调查，基本查清了赣州河流状况、分布、走向、干支流关系。

通过调查成果，推算出一定保证率的枯水流量和一定频率的流量计算公式。

整理刊印各条河流《水文调查报告》。报告叙述流域干支流河道形势和水文特征。提出流域水文景观专题记述（如水土保持、河道演变），历年人类经济活动对水文特性的影响和分析。并对流域水利开发利用提出建设性意见。在1959年1月水电部郑州全国水文工作会议上，《平江水文调查报告》在会上交流。

在1958年冬和1959年春的水利建设中，对各条河流的调查成果为水利工程规划设计提供大量的必需资料。

1958年赣州河流调查资料成果见表2-9-1。

表2-9-1　　1958年赣州河流调查资料成果表

资料名称	河名（调查点数量）	内容简介
支流名册表	平江（26）、梅川（34）、濂水（11）、湘水（7）、寻乌水（10）、定南水（7）、桃江（9）、章水（33）、上犹江（49）、贡水（26）	支流名称、河流起点、支流的河口地点、长度、流域面积
沿河两岸土壤剖面情况表	平江（8）、梅川（13）、濂水（10）、湘水（8）、寻乌水（11）、定南水（9）、桃江（17）、章水（11）、上犹江（8）、贡水（69）	土壤剖面情况，土壤名称、厚度、颜色、成分、结构等
沿河两岸危险水情调查表	平江（23）、章水（9）、上犹江（6）、贡水（22）	受淹在左岸或右岸、地点、警戒水位，有哪些地、物受到威胁
浅滩、石滩调查表	梅江支流（31）、寻乌水（6）、桃江（14）、章水（16）、贡水（53）	名称、位置、长度、宽度、水深、最大流速、落差、坡度
拦河建筑物调查表	桃江（38）、贡水（41）	名称、位置、用途、坝长、顶宽、水头、材料型式结构、坝上交通情况、回水长度
河床质粒径情况表	平江（12）、梅川（35）、濂水（7）、湘水（5）、寻乌水（5）、定南水（4）、桃江（24）、上犹江（10）、贡水（30）	粒径权重、粒径大小、取样河名及地点
主要渡口及桥梁调查表	平江（45）、梅川（37）、濂水（25）、湘水（31）、寻乌水（18）、定南水（10）、桃江（84）、章水（41）、上犹江（40）、贡水（19）	名称、数量、位置、渡船、载重、摆渡方法、中水期一次摆渡时间、主要交通点、中水期河面宽、桥梁名称、位置、材料型式和结构、新旧状况
沿河地下水（水井）、调查表	平江（7）、濂水（6）、寻乌水（14）、定南水（6）、章水（8）、上犹江（4）、贡水（5）	位置、水井型式、地面至水面高度、水质特性、变化情况

第二节　河　源　调　查

一、赣江源调查

2000年6—10月，考察组组长程宗锦倡议提出，由省人事厅、省水利厅、省水文局、省测绘局、省林业厅、省林业勘察设计院、省地矿厅及赣州市水文局等部门专家组成“赣江源头科学考察小组”，对赣江源区进行实地考察研究。考察小组经实地勘查提出《水文勘测分析报告》《测绘成果报告》《赣江源头森林资源和生态环境考察与评价》《赣江源头地区地质概况》等系列报告，对赣江源头形成科学定论。

发源地：赣源岽，位于武夷山瑞金市与长汀县的交界处，地处东经116°21′42″、北纬25°57′47″，海拔高程1151.8米。是千里赣江的发源地。

源河：赣江从赣州市开始，溯源而上，贡江、绵江、日东河、石寮河（表2-9-2）、南溪为赣江的源河。

表2-9-2　石寮河、上洞河流或特征值水文要素综合对照表

项目	流域面积/平方千米	河长/千米	流域最高高程/米	流域平均高程/米	主河道比降/‰	河口宽度/米	流域平均坡度/‰	多年平均降水量/毫米	多年平均径流量深/毫米	多年平均径流量/万立方米
石寮河	4.235	4.355	1232.9	817	89.5	8	687	1846	1091.7	462.3
上洞河	4.166	3.504	1200	776	85.6	6.5	683	1848.1	1093.4	455.5

赣江源头：地下水源头即泉眼，终年不会干枯，作为溪流的源头。将石寮河南溪中的“石泉1”定为赣江的源头（表2-9-3），源头地处东经116°21′40″、北纬25°57′48″，海拔高程1110.8米。地表水源头为河流河槽集流的起点，即山坡上槽流曲线与坡流曲面的交汇点。在“石泉1”向上400米左右，比地下水源头所在位置高出15.6米。

表2-9-3　“石泉1”溪与“石泉4”溪比较

项　目	至河口距离/米	实测流量/立方米每秒	流域面积/平方千米	泉水出露点高程/米	实测泉水流量/立方分米每秒
“石泉1”溪	4280	0.0058	0.408	1111	0.022
“石泉4”溪	4204	0.0045	0.366	1098	0.182

此结论在2001年8月16日通过江西省科学技术厅省重点科技计划项目《赣江源头科学考察》的成果评审。

省水文局和赣州市水文局组成专门的工作人员，于6月21—23日、7月4—17日两次对赣江源区的石寮河流域和上洞河流域开展以水文、水资源及水质为主要内容的实地水文勘测。对石寮河、上洞河进行断面测验、流量测验及河道地形测量。并结合历史资料对比分析两条河流的降水量、径流量等水文特征值。分析、检测赣江源区水质状况。收集赣江源区内的水文、水资源数据，总结源区气候与水文特征，采集源区自然地理、人文历史等资料，并对此进行认真细致的分析论证，提出《水文勘测分析报告》，为赣江源头的确定提供可靠的证据。

二、东江源调查

2002年，由江西省人事厅牵头组织，成立由江西省科技厅、人事厅、水利厅、林业厅、地质矿产勘查开发局、测绘局、省水文局、遥感中心及赣州市水文局、寻乌县等部门专家参加的东江源头科学考察小组。考察小组前后经历近一年的实地考察，对考察的成果及数据资料进行认真细致地分析，提交《水文勘测分析报告》《测绘成果报告》《森林资源和生态环境考察与评价》《地质构造与地质环境》4个专题报告和《东江源头科学考察基本情况》。最终确认：东江的发源地为桠髻钵山，位于东经115°32′54″、北纬25°12′09″，海拔高程

1101.90米。

东江的广义源头，即接近椏髻钵山顶的槽流曲线与波流曲面交汇点，位于东经115°32′53″、北纬25°12′07″，海拔高程1055.40米。

东江的狭义源头，即常年都有泉水流出的地下水源头，位于东经115°32′56″、北纬25°12′04″，海拔高程959.44米。这个狭义源头就是“东江源”。

寻乌水、定南水流域特征值与水文特征值对比见表2-9-4。

表2-9-4　寻乌水、定南水流域特征值与水文特征值对比表

项　　目	寻乌水	定南水	项　　目	寻乌水	定南水
多年平均径流量/亿立方米	24.1	20.7	河长/千米	153.5	141.5
多年平均降水量/毫米	1619.2	1612	流域面积/平方千米	2704	2389.8
多年平均径流深/毫米	892.4	864.5			

赣州市水文局从2003年1月开始，组成专门的工作人员，先后六次深入东江源区进行水文勘测。分别对寻乌水、定南水及主要支流进行实地水文测量。分析源区水资源现状和降雨量情况，对比分析寻乌水、定南水及主要支流河川径流量，分析、检测东江源区水环境状况并且作出评价。提出并确定东江源区的确认原则。收集最近几十年东江源区内的水文、水资源数据，总结源区气候与水文特征，采集自然地理、人文历史、流域开发治理等资料，并对此进行认真细致的分析论证。赣州市水文局为东江探源做了大量基础性工作，提出了《水文勘测分析报告》。

第三节　历史洪（枯）水调查

一、历史洪水调查

历史洪水是设站考虑的重要条件之一，因此在查勘设站时，均作了历史洪水调查。历史洪水资料又是工程水文水利计算的重要资料，各勘测设计单位根据工程需要也开展了部分河段的洪水调查工作。在全市范围内，已调查到近代历史洪水300多个年次，其中152个年次已编入《中华人民共和国江西省洪水调查资料》，123个年次为正式河段数，29个年次为附录河段数。赣州等22个正式河段水文站，在1958年的水文地理调查中，沿河调查历史洪水215个年次。应用贡水、湘水、濂水、梅川、平江和桃江6条河流167个年次的洪水调查成果，编制成贡水洪峰流量与集水面积的关系曲线和查算表。根据1915年、1964年洪峰流量与集水面积的关系，推得线性方程如下：

$$Q_{1915}=12.2F^{0.71}$$（适用于流域面积在100～37000平方千米范围内的河流）

$$Q_{1964}=4.18F^{0.776}$$（适用于流域面积在1000平方千米以上河流）

式中：Q_{1915}、Q_{1964}分别为1915年、1964年洪峰流量；F为集水面积。

从调查结果及历史文献记录看，赣州主要河流以1915年（农历乙卯年）为近代最大一次洪水。据史料记载，赣州洪峰流量17700立方米每秒，赣县水高于城，城内外溺死压毙者难以计数。赣州市历史洪水洪峰流量调查情况见表2-9-5。

表 2-9-5　　赣州市历史洪水洪峰流量调查情况表

序号	河名	地点	集水面积/平方千米	洪水调查成果				
1	赣江	棉津	36818	洪峰流量/立方米每秒	21000	16300	15200	
				年　份	1915	1922	1964	
2		夏府	35172	洪峰流量/立方米每秒	20500	15100	13600	
				年　份	1915	1922	1964	
3	绵水	石水	1339	洪峰流量/立方米每秒	2280	1910	1780	
				年　份	1915	1922	1944	
4	贡水	会昌	3812	洪峰流量/立方米每秒	4690	3330	3610	
				年　份	1915	1931	1942	
5		珠兰埠	3938	洪峰流量/立方米每秒	5600	4680	3600	
				年　份	1852	1915	1922	
6		大西坝	4104	洪峰流量/立方米每秒	4870	3610		
				年　份	1915	1922		
7		白鹅	6683	洪峰流量/立方米每秒	6000	5340	4670	
				年　份	1915	1922	1947	
8		峡山	15975	洪峰流量/立方米每秒	8700	10100	8870	
				年　份	1914	1915	1964	
9		梅林	27002	洪峰流量/立方米每秒	16900	11900	11900	
				年　份	1915	1922	1964	
10		赣州	27074	洪峰流量/立方米每秒	17700	12500	11500	
				年　份	1915	1922	1964	
11	湘水	麻州	1758	洪峰流量/立方米每秒	2200			
				年　份	1942			
12	濂水	盘古山	105	洪峰流量/立方米每秒	404	375	202	
				年　份	1915	1944	1951	
13		桂林江	2194	洪峰流量/立方米每秒	2860	2330	2150	
				年　份	1915	1922	1944	
14	澄江	西江	476	洪峰流量/立方米每秒	1240	1120	930	
				年　份	1915	1922	1929	
15	梅川	宁都	2372	洪峰流量/立方米每秒	3940	2200	2310	
				年　份	1915	1958	1962	
16		汾坑	6366	洪峰流量/立方米每秒	5420	6360	5660	
				年　份	1902	1915	1931	

续表

序号	河名	地点	集水面积/平方千米	洪水调查成果				
17	琴江	庵子前	806	洪峰流量/立方米每秒	1500	1080	1160	
				年份	1922	1928	1949	
18		长胜	1940	洪峰流量/立方米每秒	2840	2230	2470	
				年份	1902	1931	1949	
19	坎田水	窑邦	350	洪峰流量/立方米每秒	723			
				年份	1954			
20	平江	兴国	1745	洪峰流量/立方米每秒	1340	1810		
				年份	1720	1915		
21		翰林桥	2689	洪峰流量/立方米每秒	4240	3820	3720	
				年份	1881	1914	1915	
22	桃江	南迳	177	洪峰流量/立方米每秒	830	760		
				年份	1897	1966		
23		程龙	1424	洪峰流量/立方米每秒	2270	2770		
				年份	1964	1966		
24		枫坑口	3679	洪峰流量/立方米每秒	3520	3800	2600	3740
				年份	1915	1931	1945	1964
25		信丰	4888	洪峰流量/立方米每秒	5090	4690	4770	
				年份	1915	1922	1931	
26		居龙滩	7751	洪峰流量/立方米每秒	6360	5200	4980	4470
				年份	1915	1922	1931	1964
27	太平江	杜头	435	洪峰流量/立方米每秒	986	380		
				年份	1945	1950		
28	章水	滩头	799	洪峰流量/立方米每秒	1140	1550		
				年份	1915	1942		
29		窑下坝	1935	洪峰流量/立方米每秒	1660	1450	1800	
				年份	1915	1940	1942	
30		坝上	7657	洪峰流量/立方米每秒	6080	4240	2900	
				年份	1915	1922	1961	
31	上犹江	赖塘口	2771	洪峰流量/立方米每秒	4200	3360	2930	
				年份	1834	1915	1961	
32		田头	3209	洪峰流量/立方米每秒	4450	3520	677	
				年份	1824	1915	1929	

续表

序号	河名	地点	集水面积/平方千米	洪水调查成果				
33	古亭水	集龙	526	洪峰流量/立方米每秒	947	893		
				年份	1915	1921		
34		古亭	800	洪峰流量/立方米每秒	1160	960		
				年份	1921	1961		
35		麟潭	1076	洪峰流量/立方米每秒	2600	1500	1500	1500
				时间	1834	1908	1915	1921
36	崇义水	茶滩	414	洪峰流量/立方米每秒	1420	980	932	
				年份	1834	1942	1946	
37	营前水	麻仔坝	230	洪峰流量/立方米每秒	870	744	1030	
				年份	1834	1921	1960	
38	唐江水	麻双	382	洪峰流量/立方米每秒	776			
				年份	1937			
39	寺下河	安和	246	洪峰流量/立方米每秒	881			
				年份	1894			

二、历史洪水淹没范围调查

1970 年 10 月至 1971 年 2 月，于都峡山、汾坑、窑邦 3 个水文站组织技术人员，对于都县境内的梅川和贡水河段，进行 300 多千米的测量和近千米的洪水淹没调查，确认 1964 年出现最大洪水时，该县有 13 个公社、69 个大队、408 个生产队、4.7 万余亩农田受淹。并按受淹历时长短，依水位高低分成六级，统计各级田受淹时的水位。

此次调查确认 1957—1970 年受淹次数及受淹总历时数，平均每年受淹次数的每次受淹小时数。各级受淹面积及占受淹田总数的百分比。根据调查资料，由于都水文站编制成水位与受淹田亩对照图表。根据受淹田亩对照图表及洪水情报预报，可以快速查出受淹田亩，及时准确向有关单位发出警报。

1971 年 10 月，南康县窑下坝、田头、麻双水文站对县内章水、上犹江和唐江水 1961 年洪水受淹情况进行调查和测量。查清有 14 个公社、60 个大队、380 个生产队、6.4 万亩农田、204 栋房屋、20 段共长 17.9 千米公路受水淹。

表 2-9-6　　南康各河不同水位级受淹田亩情况

水位级	淹没农田/亩			平均受淹历时/小时	
	上犹江	章水	麻双河	上犹江	章水
警戒水位	1600	1900		62.5	28.2
超警戒 1 米	7230	9100		28.2	17.5
超警戒 2 米	15400	18250		26.0	11.8
超警戒 3 米	24200	21626		14.2	2.0
超警戒 4 米	30550		10590	2.0	

根据调查资料，田头站建立田头-龙华-唐江-凤岗沿河洪水预报图，开展沿河洪水预报服务。

1971 年 11 月 3—15 日，枫坑口水文站进行 1966 年洪水的洪痕调查。查清沿岸崇仙、极富、大塘、桃江和信丰县城 5 个公社（镇）共 70 个村受淹，水深 1.0～3.9 米。并将各地受淹高程和枫坑口水文站水位建立关系，为开展水文服务提供依据。

1975 年，地区水文站对赣州市 1961 年（章水）、1964 年（贡水）进行洪水淹没范围调查。测量建春门和八境公园等 74 处低洼点的洪痕高程，统计淹没深度和受淹历时。测绘出洪水泛区示意图、沿河比降图，查清赣州市各公社受淹田亩数，建立水位受淹田亩数关系等图表。

三、历史枯水调查

1958 年 9—11 月开展水文地理调查的同时，在各主要河流干流上，每隔一二十千米施测一次枯水流量；在集水面积大于 20 平方千米的小支流河口或紧随河口的下游同时施测枯水流量。全市共测枯水流量 584 处，其中贡水 61 处、桃江 96 处、平江 53 处、梅川 182 处、濂水 21 处、湘水 19 处、章水 37 处、上犹江 63 处、寻乌水 26 处、定南水 26 处。

为便于上下游枯水流量比较，在整理资料时将不同断面不同日期的实测成果，根据水位涨落情况，统一换算到某一工作水位上进行推算，得到各河流集水面积与流量的关系。赣州市各条河流流域面积与枯水流量关系见表 2-9-7。

表 2-9-7　赣州市各条河流流域面积与枯水流量关系

<table>
<tr><th rowspan="2">流域面积/平方千米</th><th colspan="13">枯水流量/立方米每秒</th></tr>
<tr><th>贡水</th><th>桃江</th><th colspan="2">平江</th><th>梅江</th><th>濂水</th><th>湘水</th><th colspan="3">章水</th><th>上犹江</th><th>寻乌水</th><th>定南水</th></tr>
<tr><td>100</td><td>0.35</td><td>0.72</td><td>0.52</td><td>0.8</td><td>0.74</td><td>0.92</td><td>0.79</td><td>0.92</td><td>0.56</td><td>0.38</td><td>1.43</td><td>0.92</td><td>1.28</td></tr>
<tr><td>200</td><td>0.74</td><td>1.47</td><td>1.4</td><td>2.15</td><td>1.48</td><td>1.69</td><td>1.67</td><td>1.9</td><td>1.16</td><td>0.79</td><td>2.91</td><td>1.83</td><td>2.5</td></tr>
<tr><td>500</td><td>2.04</td><td>3.7</td><td>2.9</td><td>4.4</td><td>3.8</td><td>3.84</td><td>4.5</td><td>4.96</td><td>3.08</td><td>2.07</td><td>7.7</td><td>4.6</td><td>6.3</td></tr>
<tr><td>1000</td><td>4.35</td><td>7.4</td><td>6</td><td>9.2</td><td>7.5</td><td>7.1</td><td>9.38</td><td>10.3</td><td>6.3</td><td>4.27</td><td>15.9</td><td></td><td>12.8</td></tr>
<tr><td>2000</td><td>9</td><td>15</td><td rowspan="3">水土流失区</td><td rowspan="3">水土流失区</td><td>15.2</td><td>13.3</td><td></td><td>21.2</td><td>13</td><td>8.8</td><td>32.8</td><td></td><td></td></tr>
<tr><td>4000</td><td>33</td><td>30</td><td>30.9</td><td></td><td></td><td rowspan="8">植被较好</td><td rowspan="8">植被较好</td><td rowspan="8">植被较好</td><td></td><td></td><td></td></tr>
<tr><td>6000</td><td>50</td><td>45</td><td>46.8</td><td></td><td></td><td></td><td></td><td></td></tr>
<tr><td>8000</td><td>67</td><td>60</td><td></td><td></td><td></td><td></td><td></td><td></td><td></td><td></td></tr>
<tr><td>10000</td><td>84</td><td></td><td></td><td></td><td></td><td></td><td></td><td></td><td></td><td></td></tr>
<tr><td>20000</td><td>168</td><td></td><td></td><td></td><td></td><td></td><td></td><td></td><td></td><td></td></tr>
<tr><td>25000</td><td>222</td><td></td><td></td><td></td><td></td><td></td><td></td><td></td><td></td><td></td></tr>
</table>

1958 年为平水年。各条河流所推算枯水流量的频率大致为贡水 60%、桃江 80%、平江 85%、梅川 65%、湘水 70%、章水 60%、上犹江 75%。濂水因水文站资料系列太短，寻乌和定南水当时无水文站，均无法确定保证率。

此外，根据推算出的枯水流量与集水面积的关系，按植被好坏、水土流失程度等不同情况，制订各河流查算表。

第四节　暴雨洪水灾害调查

一、1959年宁都县山洪调查

1953年6月，宁都县境洛口以南地区发生山洪，县城附近地区和青塘、固源、江口等地山洪更为严重，合同、竹坑和青塘一带出现山崩，仅青塘谢村方圆2.5千米的范围，在半小时内，山崩达70～80处。1958年，宁都黄陂等7个乡，山洪灾害严重。

1959年，宁都县发生山洪，8月省水文气象局和赣南区水文气象总站及宁都流量站组成山洪调查试点工作组，选定有降水量资料的宁都县城和邻近的合同、竹坑、青塘作为山洪调查点。通过调查，发现山崩常见于半山腰以上的地方，相对高度在200米以上，山坡坡度一般在50度以上，最常见的是60～70度，而且多发生在人烟不多、农田较少的山区，至于孤立的山丘，还没有发现过山崩遗迹。植被度不同的地方，均发生过山崩，谢村植被度较差，多次发生山崩，高匆巷植被度较好，陈团斜山生长不少的羊齿植物，也都有山崩遗迹。

为预报山洪以便减少山洪灾害损失，山洪调查试点工作组从山洪成因入手，了解到决定山洪的因素很多，包括降水量、降水强度、土壤湿润程度、山坡坡度、土壤地质、植被覆盖度、河流分布和水利化程度等。根据历次山洪调查资料，编制出《宁都县山洪警报方案》。方案列有三种方法：指标法、模式法和相关法。前两种方法易为群众所掌握，在有天气预报的情况下，预见期可达一天。后一种方法适用于设有水文站的地区，方案简单，使用方便。

1960年3月，省水文气象局将此次山洪调查材料和《宁都县山洪警报方案》送水电部在宁波召开的全国水文工作会议上交流。

二、"76·8"麻双河暴雨洪水调查

1976年8月11日，受台风影响，南康县北部麻双河流域隆木、坪市、大坪及上犹县紫阳一带与遂川交界地段，发生大暴雨，出现强降雨过程，导致山洪暴发。麻双河发生特大洪水，麻双站出现建站以来最高水位。10月，田头、麻双站抽调技术人员组成"76·8"暴雨洪水调查组。调查组从麻双河的发源地镜口起，沿河而下至沙溪桥，在53千米长的河段上，选择10个不同集水面积的河道断面进行暴雨洪水调查，推得10个断面的水文要素（表2-9-8）。

表2-9-8　"76·8"麻双河暴雨各断面水文要素

水文要素	断面									
	镜口	山东坳	牛坪上	社前	牛角潭	矮林	祺口	龙里	麻双	沙溪桥
流域面积/平方千米	1.86	81.5	97.4	81.4	179	249	315	367	375	436
洪峰流量/立方米每秒	80	600	650	260	910	815	635	800	841	1190
平均降水量/毫米	280	291.5	278.1	178.4	221.4	197.4	181.4	170	168.9	159.8

续表

水文要素	断面									
	镜口	山东坳	牛坪上	社前	牛角潭	矮林	祺口	龙里	麻双	沙溪桥
径流深/毫米	205.6	217.1	203.7	104	147	125	107	95.6	94.5	85.4
洪水总量/立方千米	38.2	1770	1980	847	2630	3110	3370	3510	3540	3720
径流系数	0.734	0.745	0.732	0.583	0.664	0.622	0.59	0.562	0.56	0.548

调查表明此次暴雨中心在南康县坪市莲花山与上犹县紫阳一带，暴雨雨量分级笼罩面积见表2-9-9。

表2-9-9　　“76·8”麻双河暴雨雨量分级笼罩面积情况表

雨量/毫米	100～110	110～130	130～150	150～170	170～190	190～210	210～230	230～250	250～270	270～300	>300
笼罩面积/平方千米	436	327	215.7	180	142	112.8	88.7	66.5	44.9	22.7	5.1

根据调查验证，此次洪水在龙岭坝以上流域为150年一遇，以下为70年一遇。牛角潭以上洪峰流量随面积增大而增大，以下随面积增大反而减小。原因是：横市至合布两岸大片平原地带，河面开阔，加上龙岭大坝滞洪影响所致。麻双站最高水位101.92米（假定基面），实测洪峰流量782立方米每秒，推算洪峰流量841立方米每秒，相对误差7.5%；实测此次洪水总量3340万立方米，推算洪水总量3540万立方米，相对误差6.0%。

三、“84·6”梅川暴雨洪水调查

1984年5月29日至6月1日，受静止锋影响，梅川流域上游出现一次历史上少有的暴雨过程。地区水文站开展“84·6”梅川暴雨洪水调查，并提出分析报告。

暴雨情况从全流域降水分布看，中游雨量最大，上游次之，下游较小。暴雨中心在石上、胜江、田埠，降雨量分别为384.2毫米、364.5毫米、376.1毫米。流域内各站5月29日至6月1日的累计降水量见表2-9-10。

表2-9-10　　“84·6”梅川暴雨情况表　　单位：毫米

站名	东山坝	城头	宁都	井尾岭	坝底	曲洋	汾坑	水头	窑塘
5月29—31日（3天）	221.2	240	239.2	232.1	216.2	211.1	205.6	203.9	199.1
5月29日至6月1日（4天）	229.8	250.9	256.7	261.9	260.2	253.3	248.8	247.1	237

此次暴雨在流域内分布很不均匀，雨量小于100毫米的地区面积411平方千米，雨量大于200毫米的地区面积3924平方千米，雨量大于350毫米的地区面积131平方千米。点雨

量最大为石上站，降水量384.2毫米。“84·6”梅川暴雨分级笼罩面积情况见表2-9-11。

表2-9-11　　　　　“84·6”梅川暴雨分级笼罩面积情况表

雨量级/毫米	<100	100~150	150~200	200~250	250~300	300~350	>350
面积/平方千米	411	1026	1641	1591	1570	632	131
比重/%	5.9	14.7	23.4	22.7	22.4	9.0	1.9

洪水情况从东山坝至河口窑塘，共调查11个断面，推算出各断面洪水特征，见表2-9-12。

表2-9-12　　　　　“84·6”梅川洪水水文特征表

站名	河长/千米	集水面积/平方千米	起涨日期	起涨水位/米	洪峰时间	洪峰水位/米	洪峰流量/立方米每秒	洪峰模数/立方米每秒平方千米	流域平均降水量/毫米	洪水总量/万立方米	径流深/毫米	径流系数
东山坝	58	1584					1750	1.10	229.8			
城头	80	1939					2200	1.13	250.9			
宁都	88	2372	5月29日20时	184.25	6月1日7时	189.26	2640	1.11	256.7	47700	201.0	0.78
井尾岭	115	2875					2930	1.02	261.9			
坝底	137	5097					4470	0.88	260.3			
曲洋	172	6145					5260	0.86	253.3			
汾坑	181	6366	5月30日14时	126.16	6月2日6时	133.88	5470	0.86	248.8	118000	185.3	0.74
水头	208	6842					5860	0.86	247.1			
窑塘	217	7002					6050	0.86	242.5			
窑邦		350					582	1.66	232.4			
石城		656					1240	1.89	292.3			

暴雨重现期：宁都站2.8%，约35年一遇；汾坑站3.7%，约25年一遇。

四、“02年秋汛”章江洪水淹没调查

2002年10月下旬，章江流域在前期降水充分的情况下，遭受罕见降水过程。降水为16—22日，后又于25—31日雨停。降水笼罩范围主要是大余、崇义、南康、上犹等四县(市)。16—22日最大降水出现在崇义、大余及南康市龙回等地，崇义扬眉雨量站累计降水最大，达113.6毫米；其次为龙回雨量站102.2毫米。25—31日最大降水仍然出现在崇义、大余及南康市南部区域，南康窑下坝站累计降水最大，达269.9毫米；其次为大余樟斗站265.8毫米、崇义扬眉站264.3毫米。降水集中在28—30日三天，三天累计降水窑下坝259.2毫米、樟斗254.4毫米、扬眉251.6毫米。29日单日最大降水出现在大余内良站

160.3毫米，其次扬眉157.9毫米、樟斗155.6毫米。

受降水过程影响，章江坝上站出现洪峰水位103.37米（吴淞基面），洪峰流量4200立方米每秒，水轮泵站洪峰水位108.51米（新吴淞基面）。章水窑下坝（二）站洪峰水位121.04米（黄海基面），洪峰流量1150立方米每秒。上犹江田头水文站洪峰水位118.79米（上犹江高程系统），洪峰流量2150立方米每秒。大洪水使沿江两岸发生严重灾害，造成重大损失。

2003年1月，赣州市水文分局组织人员对章江流域"2002·10·30"洪泛区进行调查。调查区域，章水自大余县浮江乡至章江与贡江汇合口，上犹江自南康市龙华乡罗边电站至三江乡章水与上犹江汇合口，调查河长共182.3千米。调查范围涉大余县、南康市、黄金区、章贡区。经实地调查，确认洪泛区洪水水面线、枯水水面线，确定洪水淹没边界线及0.5米、1.0米、1.5米、2.0米、2.5米、大于3.0米淹没水深等深线。根据调查结果编制章江防洪预案、论证上犹江水库调度方案、并提出《章江河道安全泄量分析报告》。报告用坝上、田头、窑下坝（二）站、章江水轮泵站等四站的洪水位与淹没区建立关系，给出洪泛区淹没面积查算方法，通过四站现时出现水位能及时了解掌握洪泛区各河流洪水淹没和淹深情况。

五、"2006·7"上犹五指峰暴雨洪水调查

2006年7月25—26日，受第五号台风"格美"的影响，赣江上游部分山区发生罕见特大暴雨洪水，灾害严重。降雨大于300毫米的区域面积199平方千米，降雨大于200毫米的区域面积5000平方千米，降雨大于100毫米的区域面积有2.85万平方千米。7月26日、8月2日，江西省水文局和赣州市水文局组织专业技术人员，对重灾区上犹县北部山区黄沙坑水流域及其周边地区进行两次暴雨洪水调查。

暴雨调查：在暴雨洪水灾情最严重的上犹县营前河支流黄沙坑水流域，从出口断面黄沙坑村，至流域中部合河村以及五指峰山麓及其周边，设有29个雨量站，其中山南13站，山北16站。在降雨过程中，降雨主要集中在五指峰山麓及其周边，暴雨中心带位于上犹县五指峰乡大寮至上犹县双溪乡白水，以黄沙坑水合河村降雨量548毫米为最大。降雨量大于400毫米的笼罩面积27平方千米，降雨量大于300毫米的笼罩面积199平方千米，大于200毫米笼罩面积862平方千米，大于100毫米笼罩面积4280平方千米。各站降水情况见表2-9-13。

表2-9-13 "2006·7"暴雨情况表 单位：毫米

序号	站名	地点	降水总量	时段最大暴雨量			
				3小时	6小时	12小时	24小时
1	大寮	上犹县五指峰乡大寮村	312	141.5	184	227	255.5
2	龙潭	上犹县龙沛	262	90	142	180.5	206.5
3	麻仔坝（二）	上犹县平富乡庄前村	130		31	40	80
4	江西坳	上犹县五指峰乡江西坳村	173		85.5	115.5	134.5
5	鹅形	上犹县五指峰乡鹅形村	220	114.5	141.5	157.5	192
6	白水	上犹县双溪乡白水村	387	180.9	236.4	275.4	303.6

续表

序号	站名	地　点	降水总量	时段最大暴雨量			
				3小时	6小时	12小时	24小时
7	礼木桥	上犹县双溪乡礼木桥村	145	40.9	45.4	78.4	110
8	高洞	上犹县双溪乡石溪村	245			186.9	215.2
9	南坪	上犹县寺下乡南坪村	228	51.7	78.8	88	119.7
10	枫树湾	上犹县寺下乡富足村	282	133	160.5	187.7	207.9
11	河溪	上犹县安和乡丘屉村	207	103	127.7	129.9	182.2
12	黄沙坑	上犹县五指峰乡黄沙坑村	383.6	179	224	276	—
13	合河村	上犹县五指峰乡合河村	548	256	321	394	438

经综合分析，合河村最大3小时、6小时、12小时、24小时降雨量分别为256毫米、321毫米、394毫米和438毫米。黄沙坑村最大3小时、6小时、12小时降雨量分别为179毫米、224毫米和276毫米。短历时降雨强度属500年一遇。

洪水调查：上犹县安和水文站7月26日出现超纪录1.41米的洪峰水位，洪峰流量610立方米每秒，洪峰模数2.48立方米每秒平方千米，经分析洪水频率为30年一遇。

调查黄沙坑河位于五指峰乡黄沙坑村的三处洪痕，洪痕高程分别为201.545米、200.000米和198.330米（假定高程）。黄沙坑河控制断面洪峰水位200.56米，洪峰流量1110立方米每秒，洪峰模数30.7立方米每秒平方千米，洪峰时断面平均流速6.85米每秒，为罕见特大山溪洪水，属500年一遇的山溪洪水。

现场调查流域内富斋坑村，一条小河河床内泥沙全被洪水冲刷，整个河床巨石裸露。主河道常年卧有一块约20吨的巨石，被洪水冲击在滚动中断裂，下游右岸一栋三层楼房被急速上涨的洪水抛起，摔得粉碎。左岸一处卫生院被洪水冲击得无影无踪。

六、“2008·7”寻乌水暴雨洪水调查

2008年7月末，受台风“凤凰”影响，寻乌水流域发生稀遇暴雨洪水，造成重大洪涝灾害。据寻乌县统计，寻乌县全县受灾，县城受淹面积约4平方千米，山体塌方800多处，交通中断，灾害损失严重。灾情发生后，赣州市水文局组织人员对寻乌水流域进行暴雨洪水调查。

暴雨调查：台风“凤凰”2008年7月29日4时起影响寻乌水流域，开始降中雨；7月30日5时全流域普降暴雨；7月30日16时雨势开始减弱，至7月31日4时降雨基本结束。“凤凰”是近20年来对寻乌水流域影响时间最长范围最广的台风。7月29—31日寻乌水流域平均降水量237.4毫米，其中29日降水量82.1毫米，占34.6%；30日降水量142.4毫米，占59.9%；31日降水量13.0毫米，占5.5%。流域1小时、3小时、6小时、12小时、24小时最大平均降雨量分别为21.4毫米、47.8毫米、89.5毫米、128.5毫米、164.9毫米。暴雨中心的长岭站过程降水量384.0毫米，其中29日降水量96.5毫米，占25.1%；30日降水量281.0毫米，占73.2%；31日降水量6.5毫米，占1.7%。长岭站1小时、3小时、6小时、12小时、24小时实测降水量分别为66.0毫米、141.5毫米、206.0毫米、263.5毫

米、324.0毫米。

暴雨中心位于流域中游的寻乌县文峰乡长岭一带，暴雨量自流域中游向上、下游递减；最大降雨量324.0毫米，出现在寻乌县文峰乡长岭站；次最大降雨量333.5毫米，出现在寻乌县剑溪乡剑溪站；最小降雨量147.5毫米，出现在寻乌县留车镇。寻乌县境内过程降雨量大于350毫米的区域面积26平方千米，占流域面积的1.4%；降雨量大于300毫米的区域面积480平方千米，占流域面积的26.7%；降雨量大于250毫米的区域面积1036平方千米，占流域面积的56.3%；降雨量大于200毫米的区域面积1641平方千米，占流域面积的89.1%；降雨量大于150毫米的区域面积1841平方千米，占流域面积的100%。

暴雨重现期：暴雨中心长岭站24小时实测降水量324.0毫米，是寻乌县历年实测最大降水量的1.14倍。经分析，流域平均暴雨频率相当于10～20年一遇。暴雨中心长岭站暴雨频率3小时为100年一遇，6～24小时为200年一遇，暴雨次中心大竹园站暴雨频率3小时为50年一遇，6～24小时为100年一遇。暴雨中心区出现100年一遇的特大暴雨。

此次暴雨特点，一是降水历时较长；二是降水强度较大；三是降水组合较恶劣，降水中期30日日平均降水量约占过程降雨量的60%，并造成退水段洪水复涨；四是暴雨中心区出现在人口和经济较集中的寻乌县城周边地区，暴雨洪水造成灾害损失较大。

洪水调查：根据暴雨分布和灾害情况，在暴雨洪水重灾河段布设8个洪水调查断面。其中寻乌水干流有吉潭、水背、庄干、斗晏4个断面，主要支流马蹄河有九曲湾、寻乌水位站、河岭3个断面，暴雨中心有长岭1个断面。九曲湾水库最大出库流量196立方米每秒。7月30日，寻乌水位站断面洪峰水位277.73米，洪峰流量341立方米每秒；河岭断面最高洪水位102.16米，洪峰流量575立方米每秒；吉潭断面洪峰水位103.53米，洪峰流量1060立方米每秒；长岭断面洪峰水位101.73米，洪峰流量319立方米每秒；水背水文站洪峰水位224.60米，洪峰流量1250立方米每秒；庄干水位站21时出现最高水位217.56米，最大入库流量1660立方米每秒；斗晏水库23时最大入库流量2200立方米每秒。

七、2009年“7·3”章水中上游暴雨洪水调查

2009年7月2—3日，受高空低槽东移和中低层切变南下共同影响，赣州市西南部章水中上游崇义县、大余县及南康市等地区发生罕见暴雨。暴雨中心位置在崇义县聂都乡、铅厂镇、大余县左拔镇一带。暴雨引发严重的山洪、山体滑坡及洪涝灾害。灾害发生后，赣州市水文局立即组织技术人员进行洪水调查。

暴雨调查：暴雨从7月1日开始，降雨路径从赣州东北部逐渐移到西南部，7月3日凌晨开始境内普降暴雨，局部特大暴雨，3日16时左右雨势开始减弱，至7月4日降雨基本结束。其中7月3日为本次暴雨过程的降水集中期。根据大余、崇义两县和南康市实测降雨量资料分析：过程平均降雨量203.3毫米。过程最大降雨量548毫米，在崇义县聂都站；其次495毫米，在大余县三江口站。24小时降雨量超过350毫米的区域面积170平方千米，超过300毫米的区域面积429平方千米，超过250毫米的区域面积757平方千米，超过200毫米的区域面积1317平方千米。崇义县平均过程降雨量190.7毫米，最大降雨量548毫米，在聂都站；次大降雨408毫米，在石圳站。其中7月2日全县平均降雨量105.3毫米，最大降雨量397毫米，在聂都站，次大降雨247.5毫米，在铅厂站。7月3日全县平均降雨量68.7

毫米，最大降雨量175毫米，在石圳站，次大降雨155毫米，在义安站。大余县平均过程降雨量263.8毫米，最大降雨量495毫米，在三江口站，次大降雨377毫米，在黄溪站。其中7月2日全县平均降雨量120.4毫米，最大降雨量303毫米，在三江口站，次大降雨量190毫米，在山南站。7月3日全县平均降雨量122毫米，最大降雨量204毫米，在漂塘站，次大降雨168.5毫米，在桥头站。南康市平均过程降雨量137.5毫米，最大降雨量194.5毫米，在赤土站，次大降雨185.5毫米，在浮石站。其中7月2日全县平均降雨量49.3毫米，最大降雨量83毫米，在赤土站，次大降雨80.5毫米，在十八塘站。7月3日全县平均降雨量60.8毫米，最大降雨量99.5毫米，在浮石站，次大降雨95.5毫米，在赤土站。崇义县聂都站最大1小时、3小时、6小时、12小时、24小时实测降水量分别为82.5毫米、204.0毫米、345.5毫米、404.0毫米、528.0毫米。根据实测暴雨资料统计分析，聂都站最大1小时暴雨频率相当于50年一遇；最大6小时、12小时、24小时暴雨频率为1000年一遇。24小时降雨量创下江西省实测暴雨记录最大值。

洪水调查：调查范围主要是章水流域中上游，从崇义县聂都乡至南康窑下坝（二）水文站，共调查6个断面的洪水及10个洪痕点。聂都断面：7月3日7时左右出现最高洪水位，涨幅4米以上。洪峰流量772立方米每秒。洪峰模数12.8立方米每秒平方千米。经分析其频率为超500年一遇。竹村断面：7月2日23时水位268.66米开始上涨，最高洪水位274.32米（假定基面），发生在3日9—10时，水位涨幅5.93米。洪峰流量1390立方米每秒，洪峰模数6.98立方米每秒平方千米。经分析其频率为200年一遇。浮江断面（浮江河）：洪水从7月3日1时30分水位187.07米开始起涨，至9时25分出现191.70米的洪峰水位，涨幅4.63米。洪峰流量1065立方米每秒，洪峰模数6.07立方米每秒平方千米。经分析其频率为200年一遇。牡丹亭橡胶坝电站断面：7月3日11时出现最高洪水位176.7米，洪峰流量1510立方米每秒，洪峰模数1.83立方米每秒平方千米。经分析洪水频率为100年一遇左右。麻布断面：最高洪水位141.09米（黄海基面），最大流量1520立方米每秒，洪峰模数1.01立方米每秒平方千米。洪水频率超50年一遇。南康市城区断面[窑下坝（二）站]：洪水从7月3日1时水位117.76米开始起涨，至7月4日14时30分出现121.53米的洪峰水位，涨幅3.77米，实测洪峰流量1590立方米每秒，洪峰水位超过有实测记录资料最高水位0.27米，洪峰流量相当于50年一遇。洪水过程中，油罗口水库入库洪峰流量1340立方米每秒（7月3日12时30分），在水库调洪过程中，水库最高蓄水位220.09米，超汛限水位1.59米，最大下泄流量720立方米每秒（7月3日17时22分），削减洪峰46.3%，错峰5小时。添锦潭水库调洪过程中，水库最高蓄水位255.46米，超汛限2.46米。

八、“2010·5”定南水暴雨洪水调查

2010年5月5—7日，受强对流天气影响，赣州市南部出现暴雨，局部特大暴雨过程。暴雨中心集中在定南、寻乌及周边县，暴雨区山洪暴发，定南水部分支流出现特大洪水。洪水发生后，赣州市水文局立即组织技术人员进行洪水调查。

暴雨调查：暴雨过程从5月5日15时开始，至5月7日3时结束，历时36小时。过程平均雨量202毫米，暴雨中心带位于定南县鹅公镇早禾村高湖站附近，高湖站过程降雨量

449.5毫米。该站最大1小时降雨量70.5毫米，最大2小时降雨量110毫米，最大3小时降雨量137毫米，最大6小时降雨量173.5毫米，最大12小时降雨量199.5毫米，最大24小时降雨量335毫米，降雨情况见表2-9-14。

表2-9-14　　“2010·5”暴雨降雨情况表　　单位：毫米

站名	1小时	3小时	6小时	12小时	24小时	过程总雨量
胜前	52	96.5	122.5	136.5	202.5	270.5
转塘水库	53.5	100	117	150.5	236	273.5
九曲水库	31	74.5	100	136	222.5	253.5
长滩水库	14	32	55.5	91	124	150
凤山	28	48.5	71.5	86.5	158	187
镇岗	38.5	50.5	72.5	91.5	137	165
嘴下	34	49	74.5	96.5	163	195
三百山	39	52.5	79.5	100	158.5	204
孔田	35.5	50.5	78.5	100	164.5	232.5
鹤子	52.5	99.5	117	129.5	199	253
龙岗（安远）	52.5	82.5	91.5	101.5	178.5	232.5
杨功	48	92.5	99	120	183.5	220.5
忠诚	50	89.5	116	129.5	187.5	239
定南（龙塘）	56.5	96.5	114.5	134	200	261
罗山水库	41	70	86	97.5	182	263
高湖	70.5	137	173.5	199.5	335	449.5
鹅公	48.5	95	111	147	259	336
板埠	32.5	73.5	93.5	115.5	120.5	125.5
三亨	33.5	55.5	75	94	98.5	108
茶山下	36.5	58.5	97	116.5	134.5	151
老城	24	45	65	87.5	103	123
太公	24	56	63.5	93.5	146	170.5
天九	16.5	33	62.5	101	147.5	172.5
定南	15	29	52.5	76	104.5	119.5

暴雨重现期：根据邻站资料插补分析，暴雨中心区代表站高湖站3小时最大降雨量137毫米，频率为100年一遇暴雨；6小时最大降雨量173.5毫米，频率为200年一遇暴雨；12小时最大降雨量199.5毫米，频率为200年一遇暴雨；24小时最大降雨量335毫米，为有记录以来的最大降雨，频率约为300年一遇暴雨。

暴雨主要特征：持续时间长，降雨历时36小时；降雨中、前期阶段时间长，降雨量大，增加土壤含水量，抬高河流低水，后期降雨阶段强度大，持续时间短，造成山洪、山体滑坡和泥石流等灾害；降雨强度大，历史罕见，主暴雨中心的鹅公镇高湖站最大1小时、3小时、6小时、12小时、24小时降雨量均为定南县有实测记录以来最大值。

洪水调查：调查范围主要是灾情比较严重的定南水中上游及其支流柱石河、鹅公河。共调查4个断面的洪水及10个洪痕点。竹窖断面：5月7日1时左右出现最高洪水位，洪峰流量462立方米每秒，洪峰模数8.4立方米每秒平方千米。经分析换算其频率为超100年一遇。鹅公断面：洪水发生在7日1时左右，洪峰流量508立方米每秒，洪峰模数7.70立方米每秒平方千米。经分析换算，其频率为近100年一遇。早禾断面：断面位于暴雨中心区柱石河上，5月7日1时左右出现最高洪水位，洪峰流量694立方米每秒，洪峰模数8.85立方米每秒平方千米。经分析频率为100～200年一遇。长滩水库最大出库流量1780立方米每秒。

九、"2015·5"梅江暴雨洪水调查

暴雨调查：2015年5月18日，受高空低槽东移和中低层切变南压共同影响，梅江流域的宁都县、石城县、瑞金市及于都县等地发生罕见暴雨。18日13时，流域局部地区开始降雨，19时雨势渐强，22时全流域出现强降雨，至19日16时，全流域强降雨过程暂停，本次强降雨过程主要集中在这一时期；20日17时局部地区再次出现强降雨，至21日21时降雨过程基本结束。流域过程平均降雨量242毫米，暴雨主要集中在18日19时到19日16时的21小时内，期间流域平均降雨量182毫米，占流域过程平均降雨量的75.2%。暴雨中心位置在瑞金市瑞林镇以及石城县横江镇、大由乡等琴江流域中下游及梅江流域中游一带，暴雨中心区过程平均降雨量315毫米，暴雨集中期21小时内区域平均降雨量245毫米，占过程平均降雨量的77.8%；瑞金市瑞林镇木子排站最大1小时、3小时、6小时、12小时、24小时实测降水量分别为61毫米、132毫米、202毫米、239毫米、388毫米，过程雨量498毫米。暴雨笼罩整个梅江流域，过程降雨量由中游分别向上游及下游呈递减趋势，以宁都县黄石镇里迳村雨量站过程雨量504毫米最大，瑞金木子排雨量站498毫米次之。24小时最大降雨量超过200毫米所笼罩的面积4338平方千米，超过300毫米所笼罩的面积643平方千米。此次降雨过程，降雨量超过500毫米的站有1个，超过400毫米的站有15个，超过300毫米的站有31个。各时段最大降水量见表2-9-15。

表2-9-15 "2015·5"暴雨中心区各时段最大降水表 单位：毫米

排序	1小时		3小时		6小时		12小时		24小时		过程雨量	
	站名	降雨量	站名	降雨量	站名	降雨量	站名	降雨量	站名	降雨量	站名	降雨量
1	瑞林	65	里迳村	144	里迳村	212	珠玑	278	木子排	388	里迳村	504
2	里迳村	64	黄石	132	瑞林	211	里迳村	265	里迳村	382	木子排	498
3	段屋	63	大田	130	木子排	202	罗家	258	大由	375	瑞林	474
4	木子排	61	瑞林	128	大由	201	横江	248	车上塘	375	对坊	468
5	横江	58	珠玑	121	大田	197	大田	242	上长洲	372	车上塘	433

对暴雨中心最大6小时、24小时雨量进行频率分析，估算暴雨重现期，暴雨中心区6小时、24小时最大点暴雨重现期为300年一遇左右。

此次暴雨特征为集中强降雨历时长，降雨量大；特大暴雨笼罩面积大；点暴雨强度大。

洪水调查：洪水发生后，赣州市水文局立即组织技术人员进行洪水调查。调查范围主要是宁都水文站及石城水文站以下的梅江流域，共调查6个断面的洪水及49处洪痕点。梅江宁都水文站从5月18日21时水位183.18米开始起涨，至19日15时24分出现185.95米的洪峰水位，水位涨幅2.77米，实测洪峰流量1030立方米每秒，重现期约2年一遇。琴江石城水文站从5月18日19时水位221.42米开始起涨，至5月19日12时50分出现225.01米的洪峰水位，水位涨幅3.59米，实测洪峰流量572立方米每秒，重现期约2年一遇。琴江支流横江旗形塅断面，5月19日下午出现最高洪水位，水位涨幅4.64米左右，洪峰流量769立方米每秒，洪峰模数4.01立方米每秒平方千米。经分析，重现期约30年一遇。琴江庙子潭水文站从5月18日20时水位195.20米开始起涨，至5月19日17时30分出现201.40米的洪峰水位，水位涨幅6.20米，洪峰流量3450立方米每秒，洪峰模数2.41立方米每秒平方千米，经分析，重现期300年一遇。琴江樟下断面，洪水水位涨幅约7.2米左右，洪峰流量4450立方米每秒，洪峰模数2.11立方米每秒平方千米，经分析，重现期300年一遇左右。梅江汾坑水文站，从5月18日20时水位126.24米开始起涨，至20日8时出现134.50米的洪峰水位，水位涨幅8.26米，实测洪峰流量5760立方米每秒，洪峰水位超过有实测记录资料最高水位0.39米，根据分析，洪峰流量重现期为50年一遇。

十、"2019·6"桃江暴雨洪水调查

2019年6月9—14日，受冷暖空气共同影响，桃江上游龙头滩电站以上流域发生罕见暴雨洪水。暴雨覆盖桃江上游区，中心位于龙南县杨村镇太平江上游和大吉山镇一带。受暴雨影响，流域内多条河流水位急剧上涨，桃江、太平江出现超警戒水位。

6月9日11时，流域局部地区开始出现降雨，21时雨势渐强，22时全流域出现强降雨，至10日14时，降雨停止。11日0时，再次出现降雨，至14日2时，降雨过程基本结束。降雨主要集中在9日21时至10日14时。流域平均降雨量235毫米，9日21时至10日14时降雨量143.5毫米，占本次降雨总量的61%。暴雨中心区龙南县杨村镇降雨量369毫米，暴雨集中期17小时内降雨量265毫米，占本次降雨总量的71.8%。太平江流域龙南县杨村桥头村三坑雨量站最大1小时、3小时、6小时、12小时、24小时降水量分别为59毫米、123毫米、217.5毫米、257.5毫米、341.5毫米，过程雨量388毫米；桃江上游全南县大吉山镇马坑村马坑冈站最大1小时、3小时、6小时、12小时、24小时降水量分别为71毫米、170毫米、203.5毫米、255.5毫米、285毫米，过程雨量394.5毫米。暴雨由上游向下游呈递减趋势。雨量以龙南县杨村桥头村三坑雨量站438毫米最大，龙南县九连山林场记寨坪电站397毫米次之，全南县大吉山镇马坑村马坑冈站394.5毫米第三。24小时最大降雨量超过200毫米所笼罩面积530平方千米，超过250毫米所笼罩面积120平方千米。经频率分析，估算暴雨中心区6小时、24小时最大点暴雨重现期为超100年一遇。

洪水发生后，赣州市水文局立即组织技术人员开展洪水调查。调查范围覆盖桃江上游段，主要是龙头滩电站以上流域，流域面积2653平方千米。共调查8个断面的洪水及107处洪痕点。宝珠坝断面，洪峰流量2217立方米每秒，洪峰模数0.88立方米每秒平方千米，经分析计算，重现期约20年一遇。梨头嘴水位站，流域平均雨量252毫米，10日5时20分198.89米起涨，11日0时25分到达洪峰水位203.87米，涨幅4.98米，超警戒水位1.87

米，洪峰流量1809立方米每秒，洪峰模数0.89立方米每秒平方千米，经分析计算，重现期约20年一遇。龙南水位站，流域平均雨量251毫米。10日2时50分201.36米起涨，10日22时到达洪峰水位205.54米，涨幅4.18米，超警戒水位1.04米，洪峰流量1455立方米每秒，洪峰模数0.92立方米每秒平方千米，经分析计算，重现期约25年一遇。牛迹潭水库下游断面，洪峰流量1382立方米每秒，洪峰模数0.97立方米每秒平方千米，经分析，重现期约30年一遇。富坑小组断面，洪峰流量1355立方米每秒，洪峰模数1.04立方米每秒平方千米，经分析，重现期约40年一遇。龙源电站断面，实测最高水位265.19米高出坝顶高程0.5米左右，流量1190立方米每秒，重现期约100年一遇。杜头水文站，流域平均降雨量310毫米，10日1时45分以90.69米起涨，10日16时到达洪峰水位97.71米，涨幅7.02米，超警戒水位4.71米，超历史2.18米，洪峰流量1210立方米每秒，重现期超50年一遇。南迳水文站，此次洪水流域平均雨量312毫米，9日20时30分以300.4米起涨，10日11时20分到达洪峰水位303.56米，涨幅3.16米，超警戒水位2.56米，超历史0.86米，洪峰流量777立方米每秒，洪峰模数3.10立方米每秒平方千米，重现期约50年一遇。

十一、2019年校核调整警戒水位洪水调查

2019年6月上中旬，赣州市遭遇影响全区的降水过程，7月13—15日，赣州中部又经历强降雨过程，受降雨影响，全市主要河流多处出现超警戒水位，造成区域性大洪水。按照省水利厅（赣水办防函〔2019〕4号）文件要求，受市、县防汛办委托，市水文局组织人员对全市12条主要河流梅川、琴江、绵水、湘水、濂水、贡水、平江、桃江、章江、上犹江、寻乌水、定南水进行洪水调查，以校核江河警戒水位合理性。

6月7日8时至14日8时，赣州市平均降雨206.8毫米。宁都县307.6毫米，石城县280.8毫米，兴国县261.4毫米。点降雨前三位为宁都县东山坝镇大布村大布站最大降雨523.0毫米，东山坝镇小源村黄泥河水库站最大降雨433.0毫米，宁都县会同乡上勤下村上勤下站最大降雨428.0毫米。15县520站降雨超过200毫米。7日8时至9日12时，降雨主要集中在宁都、兴国、石城三县。宁都县降雨212毫米、兴国县184毫米、石城县183毫米。宁都大布站最大降雨361毫米。9日21时至10日13时，降雨集中在南部，龙南县135.8毫米，全南县130.2毫米，信丰县132.3毫米。龙南县杨村镇三坑站最大降雨341.5毫米。12日7时至13日16时，降雨笼罩全市大部分地区，雨量较大的崇义县115.6毫米，大余县102.7毫米，定南县86.6毫米。崇义县聂都乡枧坳电站最大降雨192.5毫米。此次降雨过程，全南县马坑冈站6小时降雨量223.5毫米，24小时降雨量285毫米，经分析重现期超100年一遇。“6·10”降雨影响全市18个县（市、区），造成赣州市区域性大洪水。12条主要江河以及中小河流先后多次超警戒。南迳水文站洪峰水位303.56米，超警戒2.56米，超有记录以来历史最大值0.86米，涨幅2.64米。杜头水文站洪峰水位97.71米，超警戒4.71米，超有记录以来历史最高水位2.18米，涨幅6.79米。汾坑站洪峰水位133.32米，超警戒3.32米，洪水流量797立方米每秒。推算三站重现期超50年一遇。

7月13日8时至15日8时，受低涡切变影响，赣州中部降大到暴雨，瑞金市123.0毫米，开发区119.8毫米，于都县112.7毫米。瑞金万田站269.0毫米，黄柏乡富溪水库站242.0毫米，于都沙心站299.0毫米。暴雨区域主要集中在于都与瑞金接壤的于都沙心乡和

瑞金万田乡一带，覆盖贡水支流澄江流域及绵水上游部分流域。区域平均降雨240毫米，集中在14日1—9时的8小时期间。12县155站降雨超过100毫米，2县18站降雨超过200毫米。暴雨强度大、历时短。瑞金水文站洪峰水位194.64米，排历史最高水位第3位。涨幅6.34米，超警戒2.64米，推得洪峰流量964立方米每秒。瑞金市九堡水位站洪峰水位206.99米，涨幅5.42米。推算洪峰流量623立方米每秒。经分析洪峰流量为50年一遇。于都县公馆水文站洪峰水位141.69米，涨幅6.28米。洪峰流量1250立方米每秒。

此次洪水调查共测量河道断面148组，推算设计洪水。收集12条河流"6·10""7·14"洪水洪痕1200余处，推算12条河流主要河段洪水水面线。根据调查成果分析，建议对南迳、安和、羊信江、筠门岭4站警戒水位作出调整。南迳站由当前警戒水位301.00米，建议提高警戒水位至301.30米。安和站当前警戒水位252.50米，建议调整为253.00米。羊信江站当前警戒水位197.00米，建议调整为197.50米。筠门岭站当前警戒水位209.00米，建议调整为209.50米。调查统计受灾地点。全市受大江大河影响的受灾点有453个，涉及100个乡镇、357个行政村，人口580271人、户数145874户、耕地195635亩。其中防洪能力5年以下的有81乡的129村，人口297375人、户数74683户、耕地79265亩；防洪能力5～20年的有98乡136村，人口134390人、户数35084户、耕地73488亩；防洪能力20～50年的有86乡123村，人口148506人、户数36107户、耕地42882亩。

第五节 山洪灾害与洪水淹没区调查

一、山洪灾害调查

2010年11月，国家启动山洪灾害防治项目建设，山丘区小流域山洪灾害调查评价工作正式展开。赣州市水文局受省山洪灾害防治项目建设办公室委托，2013年组织实施完成上犹、安远、兴国3县，2014年完成南康、信丰、大余、崇义、龙南、定南、全南、宁都、于都、会昌、寻乌11县（市）山洪灾害调查评价。石城、瑞金、赣县、章贡4县（区）由江西省水利科学研究院完成。

赣州市水文局成立由主要领导挂帅的领导小组，分内业调查、外业调查、分析评价等工作组，先后派出14个调查组前往各县调查测量。针对境内流域面积200平方千米以下的山丘区小流域溪河洪水，围绕小流域暴雨洪水特性、防灾对象（包括沿河村落、集镇）现状防洪能力、危险区等级划分和预警指标4个方面，调查、收集、统计的资料包括水文、气象资料；社会经济统计资料；小流域下垫面和暴雨洪水特征；防治区、危险区情况；涉水工程信息；河道纵横断面和居民住宅位置与高程信息；历史山洪灾害情况；历史洪水情况；需工程治理山洪沟情况；山洪灾害非工程措施建设成果；水利工程等多方面内容。根据调查数据对重点防治区进行分析评价。首先，分析重点小流域暴雨洪水水位，划定不同危险等级的小流域溪河洪水位。其次，对重点防灾对象进行现状防洪能力、对处于沿河不同位置的危险区居民房屋进行危险区等级划分。并对重点防灾对象进行预警指标分析。

历时3年时间，基本查清全市山洪灾害区域分布、人口分布等情况，掌握山洪灾害防治区水文气象、地形地貌、社会经济、历史山洪灾害、涉水工程、山洪沟等基础信息。获得小流域暴雨洪水特性、防洪能力、危险区等级、预警指标等成果。为山洪灾害区域预警、预案编制、转移路线、临时安置等工作提供科学、全面、详细的信息支撑。

赣州市山洪灾害防治区 18224 个自然村，防治区总人口 836 万人，防治区面积 3.7 万平方千米，防治区内有 552 家企事业单位 。危险区有 1918 个自然村总人口 22.6 万人，其中防洪能力小于等于 5 年一遇极高危险区有 329 个 5.3 万人，5～20 年一遇高危险区有 946 个 7.2 万人，20 年一遇以上的危险区有 485 个 10.0 万人，分别占危险区总数的 18.7%、53.7%、27.6%。说明赣州市小流域防洪能力较低。根据调查成灾能力不同，推算出各重点防灾对象预警指标，综合全市分析评价对象的雨量预警指标，在土壤含水一般状态下，立即转移雨量 1 小时 61 毫米、3 小时 83 毫米、6 小时 104 毫米左右。并相应设置转移路线和临时安置点，据调查全市需防洪治理的山洪沟有 336 条，并根据其重要性列出优先次序。赣州市山洪灾害调查评价汇总概况和山洪灾害危险区统计分别见表 2-9-16、表 2-9-17。

表 2-9-16　　赣州市山洪灾害调查评价汇总概况表

<table>
<tr><th colspan="4">山洪灾害调查评价项目</th><th>赣州市</th></tr>
<tr><td rowspan="22">调查成果</td><td rowspan="2">行政区基本情况</td><td colspan="2">总面积/平方千米</td><td>39402</td></tr>
<tr><td colspan="2">总人口/万人</td><td>930</td></tr>
<tr><td rowspan="3">防治区基本情况</td><td colspan="2">受山洪威胁自然村个数/个</td><td>18224</td></tr>
<tr><td colspan="2">受山洪严重威胁村落个数/个</td><td>11541</td></tr>
<tr><td colspan="2">受山洪威胁企事业单位个数/个</td><td>552</td></tr>
<tr><td rowspan="2">历史山洪灾害情况</td><td colspan="2">发生次数/场</td><td>293</td></tr>
<tr><td colspan="2">洪痕调查数量/个</td><td>694</td></tr>
<tr><td>需防洪治理山洪沟</td><td colspan="2">山洪沟数量/条</td><td>336</td></tr>
<tr><td rowspan="7">山洪灾害监测预警设施</td><td rowspan="4">自动监测站点</td><td>水文站/个</td><td>185</td></tr>
<tr><td>水位站/个</td><td>174</td></tr>
<tr><td>雨量站/个</td><td>901</td></tr>
<tr><td>合计/个</td><td>1260</td></tr>
<tr><td colspan="2">无线预警广播/个</td><td>5915</td></tr>
<tr><td colspan="2">简易雨量站/个</td><td>3857</td></tr>
<tr><td colspan="2">简易水位站/个</td><td>275</td></tr>
<tr><td rowspan="3">涉水工程</td><td colspan="2">塘坝/座</td><td>441</td></tr>
<tr><td colspan="2">涵洞/个</td><td>86</td></tr>
<tr><td colspan="2">桥梁/座</td><td>1475</td></tr>
<tr><td rowspan="3">水利工程</td><td colspan="2">水库/座</td><td>1049</td></tr>
<tr><td colspan="2">水闸/座</td><td>27</td></tr>
<tr><td colspan="2">堤防/段</td><td>242</td></tr>
</table>

续表

山洪灾害调查评价项目				赣州市
分析评价成果	名录汇总	分析评价对象/个		1918
		总人数/人		226085
		总房屋数/个		39121
	现状防洪能力评价	<5 年一遇/个		329
		5～20 年一遇/个		946
		≥20 年一遇/个		485
	危险区评价	危险区评价数量	极高危/个	329
			高危/个	946
			危险/个	485
		危险区人口	极高危/人	53171
			高危/人	72274
			危险/人	100640
	预警指标	1 小时		35～120 毫米
		3 小时		50～160 毫米

表 2-9-17　　赣州市山洪灾害危险区统计表

序号	行政区（县、市、区）	山洪危险区数量/个	需转移群众数量/人		
			5 年一遇	20 年一遇	100 年一遇
1	章贡（包含经开区、蓉江新区）	26	39	205	513
2	赣县	144	2058	7871	12664
3	兴国	142	3865	4586	12461
4	崇义	104	1857	4649	3479
5	上犹	78	2554	1622	5403
6	南康	90	4536	4813	6066
7	大余	62	323	1509	3414
8	宁都	165	10166	11908	13649
9	于都	124	7251	3176	6080
10	石城	150	177	9360	18751
11	瑞金	146	1934	5967	10786
12	信丰	170	3413	3838	13360
13	安远	100	2389	4930	6186
14	会昌	114	2200	4770	7554
15	寻乌	106	6789	2924	5403
16	龙南	71	2256	3817	3268
17	定南	62	1267	3535	2888
18	全南	64	900	1962	3570
合计	赣州市	1918	53974	81442	135495

二、洪水淹没区调查

为进一步提升赣州市洪涝灾害防御能力，2018 年 4 月，赣州市水文局编制《赣州市洪水淹没区调查实施方案》，开展 200 平方千米以上河流的洪水淹没调查，作为全省洪水调查内容之一上报江西省水文局。

通过调查，查清小流域山洪灾害调查范围以外区域的洪水淹没区情况，查清全市洪涝灾害的区域分布、影响范围、受灾人口等，建立洪水预报数据与对应洪水频率淹没区域相互关系，为防汛决策、抗洪抢险、人员转移提供基础信息和技术支撑，构建工程措施与非工程措施相结合的山洪灾害、洪涝灾害防治体系，最大限度地减少人员伤亡和财产损失。

调查工作内容：梳理水文资料，挑选最大（典型）洪水，调查测量洪痕点位置、高程；沿河现场调查测量曾被洪水淹没的村庄、淹没范围，测量简易地形，测量过水断面；统计淹没范围内受灾人口、耕地面积、房屋数量；调查重点保护对象基本情况。与 2019 年 6 月全流域洪水调查相结合，赣州市水文局派出 7 个工作组调查受灾村庄，测量洪水水面线，使调查成果更加翔实可靠。

分析评价工作内容：根据调查资料推求水位流量关系，推算洪峰流量频率，绘制洪水水面线。与沿河村落房屋高程进行比较，划分受灾等级和防洪现状，分析 5 年一遇、20 年一遇、50 年一遇设计洪水的人口、房屋、耕地数量。

调查结果：赣州市受大江大河洪水影响的有 594 个村庄中包括有 992 个淹没危险区，其中 5 年一遇洪水会受淹的有 282 个，受灾人口 27728 人、7292 户，受灾耕地 26264 亩；20 年一遇洪水会受淹的有 420 个，受灾人口 141853 人、35837 户，受灾耕地 94527 亩以上；50 年一遇洪水会受淹的有 575 个，受灾人口 352892 人、93383 户，受灾耕地 194758 亩。赣州市洪水淹没区调查统计见表 2-9-18。

表 2-9-18　　赣州市洪水淹没区调查统计表

序号	行政区（县、市、区）	淹没危险区数量/个	5 年一遇			20 年一遇			50 年一遇		
			人口/人	户数	耕地/亩	人口/人	户数	耕地/亩	人口/人	户数	耕地/亩
1	赣县	86	4850	1057	2933.5	19176	3921	10041.91	48030	10239	22689.78
2	兴国	85	62	15	210	538	134	785.9	3171	794	3045.9
3	崇义	102	30	8	17.92	30	8	17.92	1811	398	2389.52
4	上犹	37	1091	281	890.55	4223	1084	2355.66	12119	3292	4320.03
5	南康	73	2071	586	3957.3	10841	3067	16389.85	24907	7221	26003.4
6	大余	193	2463	644	923.83	15873	4137	6584.84	68399	19725	14441.85
7	宁都	63	555	138	3308.1	4536	1230	24041	12726	3412	58712.2
8	于都	75	404	89	2712.8	6893	1729	10875.46	20966	5239	21653.5
9	石城	37	417	99	305.43	1024	262	649.04	909	222	487.12
10	瑞金	40	2070	500	1673	49364	12232	6744	106601	28391	15783

续表

序号	行政区（县、市、区）	淹没危险区数量/个	5年一遇			20年一遇			50年一遇		
			人口/人	户数	耕地/亩	人口/人	户数	耕地/亩	人口/人	户数	耕地/亩
11	信丰	47	8357	2456	6442.6	13843	3943	8775.51	16391	4655	10502
12	安远	19	1418	332	779	3150	738	1116	4393	1016	1432
13	会昌	40	197	52	641	1306	351	3366	7866	2091	9602
14	寻乌	8	87	23	761	306	82	1045	566	152	1284
15	龙南	34	2453	670	162	7493	2011	396	13860	3795	565
16	定南	16	895	264	65	1342	383	90	2106	583	114
17	全南	37	308	78	481	1915	525	1253	8071	2158	1733
全市		992	27728	7292	26264.03	141853	35837	94527.09	352892	93383	194758.3

第六节 电站溃坝调查

2020年6月5日17时左右，宁都县长罗水电站瞬时垮塌 。2020年6月7日11时，江西省水利厅领导电话要求，赣州市水文局组成应急调查组紧急赶赴长罗水电站开展溃坝调查。

长罗水电站位于宁都县肖田乡美佳山村，地理位置为东经116°02′、北纬27°05′，坝址控制面积12.94平方千米。水库校核洪水位（$P=0.5\%$）452.45米，设计洪水位（$P=3.33\%$）452.05米，正常蓄水位450.25米，有效库容22.25万立方米，水库总库容36.57万立方米，死水位437.60米，死库容1.45万立方米。长罗水电站以发电为主；水电站设计总装机容量400千瓦×2台=800千瓦，设计毛水头105米，多年平均发电量284.64万千瓦时，年利用小时数3558小时，是一座引水式无调节水电站。大坝为浆砌石溢流重力坝，坝顶长度59.5米。非溢流段最大坝高14.25米，坝顶高程453.25米；溢流段最大坝高19.25米，堰顶高程450.25米，溢流长度30米，堰型采用克-奥型适用堰。工程于2006年10月动工建设，2008年5月完工投产。

调查主要内容包括降雨情况、溃口测量、洪痕调查、溃口流量调查与分析。

降雨情况 距离电站最近的雨量站为美佳山站，距坝址约1.5千米，其次是朗际站，距坝址约8千米。据水文遥测数据显示，美佳山站6月5日累计降雨量为65毫米，1小时最大降雨24毫米（16—17时）；3小时最大降雨37毫米（15—18时），用美佳山站实测系列资料（资料系列为39年）计算，暴雨频率不到1年一遇。朗际站6月5日累计降雨量为103毫米，1小时最大降雨44毫米（16—17时）；3小时最大降雨58毫米（15—18时）。

溃口测量 经实地调查测量，溃口坝顶坐标为东经116°01′58.2″、北纬27°05′18.2″，高程453.25米，宽度约38.2米；溃坝时坝前水位449.78米，该水位溃口宽度约36.8米；溃口底部高程437.97米，宽度约17.4米，为U形溃口。底部到坝顶高度约15.28米。根据现场测量，确认堰顶距坝顶高度3米，即溢洪道高程450.25米。

洪痕调查 在库区不同位置找到溃坝时三个洪痕点，其中一个洪痕点经当地村民确认，取三个洪痕点测量高程平均值，初步认为溃坝时坝前水位约为449.78米，距离堰顶（450.25米）还差0.47米，溃口底部到坝前水位高度约11.81米。

溃口流量调查与分析 从溃坝决口判断，本次溃坝属于瞬时溃坝和全部溃坝，按照《水文调查规范》（SL 196—2015）适用里特尔公式。溃口时计算流量为1019立方米每秒。为了验证溃口计算流量，在坝下游1～6千米范围内实测了5个大断面和调查了洪痕，采用曼宁公式推算，各断面洪峰流量计算结果见表2-9-19。

表2-9-19 洪峰流量调查计算表

断面号	据大坝距离/千米	糙率 n	比降 I	水力半径 R/米	过水断面面积 F/平方米	计算流量 Q_m/立方米每秒	备 注
断面1	0.96	0.087	0.0350	4.27	199	1120	
断面2	1.45	0.087	0.0280	4.42	188	973	
断面3	2.00	0.087	0.0235	3.88	243	1050	墩土岭林场
断面4	3.00	0.060	0.0103	2.18	351	983	电站发电厂房
断面5	5.56	0.054	0.0088	2.46	274	866	受灾村庄，房屋进水2.5米

第七节 水 质 调 查

一、入河排污口调查

1999年至2000年2月，赣州市水文局对赣州市所辖的9个县（市）进行入河排污口调查。通过对52个排污口取样（共取水样69个）分析发现，污水排放量最大的是赣州市章贡区，年污水排放量1465万立方米。“五毒”污染物排放量最大的是赣州市章贡区厚德路排污口，其中氰化物排放量0.646吨每年。高锰酸钾指数最大值出现在于都县造纸厂排污口，含量2.8×10^3毫克每升，最小值出现在上犹县东岭镇中山巷和水南大桥两个排污口，含量2.5毫克每升。化学耗氧量最大值出现在于都县造纸厂排污口，含量8.04×10^3毫克每升，最小值出现在兴国县筲箕河排污口，含量16.2毫克每升。铵最大值出现在大余县伟良钨业排污口，含量294毫克每升，最小值出现在瑞金市七堡河排污口，含量0.17毫克每升。挥发性酚出现在赣州市章贡区厚德路排污口，含量29.1毫克每升，瑞金市的五个排污口（瑞金大桥、河背侍小河、农业局路口、下坊口、七堡河口）及兴国小李河排污口、大余县伟良钨业排污口、章贡区南河路排污口、信丰化肥厂花园排污口、于都县马子口排污口、宁都县水电施工队和师范两个排污口，均未检出挥发性酚。总氰化物最大值出现在赣州市章贡区厚德路排污口，含量0.064毫克每升，大部分排污口都未检出氰化物。

二、水体污染事件调查

桃江全南县城区下游河段氨氮严重超标调查 全南县城区下游建有东风水电站，枯水期为满足发电用水需要，在桃江全南县城区上游约3千米处建有枯水拦水坝，枯水季节大部分河水引至东风电站发电，全南县城区河段水量较少，南海墟下游约3千米为发电尾水与桃江汇合口。水质监测控制断面设立在南海墟。

2006年1月2日，赣州水资源监测中心监测到水体中氨氮含量106.2毫克每升、pH值3.2，按国家《地表水环境质量标准》（GB 3838—2002）Ⅲ类水标准（1.0毫克每升）评价，氨氮含量超标105倍；3月6日对该河段水质再次进行复查，监测水体中氨氮含量87.0毫克每升、pH值4.2，按标准评价氨氮含量超标86倍，水质呈酸性。

根据监测断面附近河段水体存在严重的随机性水污染，省、市水文局技术人员在3月13日和16日，对全南县城区附近的入河排污口进行二次实地调查监测，同时进行污染河段沿程水质检测调查分析。

沿程监测结果：枯水期排污口集中排放的污、废水对全南县城区下游南海墟至龙南县程龙镇岭背14千米河段的水体污染较明显，河段水质均为劣Ⅴ类水，属重度污染水域，对龙南县程龙镇岭背以下河段水质有中度和轻度污染。生产废、污水不集中排放时，枯水期全南县城区下游南海墟至东风电站发电尾水汇合口约4千米，河段水质为劣Ⅴ类水，属重度污染水域。位于监测断面上游100米的晶环科技和华丰稀土冶炼厂入河排污口蓄污超标排放污、废水，是此次水污染严重的主要原因。东风电站枯水期引水发电，桃江主河道南海墟至电站发电尾水汇合口段水量减小，纳污能力降低。

安远县钨钼选矿厂排污管道破裂致濂江水污染事件调查 2007年7月16日7时30分，位于安远县城下游15千米车头镇南坪村的钨钼选矿厂，沉淀池排污管道破裂，致使河道水体污染，导致濂江上游安远县车头镇至重石乡区间河段形成25千米的白色污染带。该排污口下游约60千米、75千米处分别有会昌县晓龙乡和庄埠乡两个自来水厂。

赣州市水文局接到报告后，于次日上午8时，对该选矿厂排污口、排污口下游0.1千米、18千米、36千米等处布设水质监测断面进行跟踪监测。

监测结果，此次水污染事件主要污染物为悬浮物和总铁。按照《污水综合排放标准》（GB 8978—1996）第二类污染物一级标准，排污口悬浮物超标11.7倍。

排污口下游0.1千米处，水质略呈酸性，氨氮超标0.18倍，总铁超标24.1倍；排污口下游18千米处，氨氮超标0.1倍，总铁超标3.2倍；排污口下游36千米处，水质达到Ⅱ类水标准，水质未受到污染。沿程跟踪监测结果显示，该次水污染事件对濂江下游造成约35千米长的污染带，而造成污染的主要污染物为悬浮物和总铁。

章水南康区河段水污染调查 2007年12月14日19时50分，赣州市水环境监测中心接到报告：章水南康市河段发现鱼虾持续死亡。市水文局紧急布置窑下坝、坝上水文站密切监测水体异常情况，派出水质监测人员赶往现场调查、采样监测。在南康区自来水厂取水口、南康章江拦河坝、潭口及赣州市第二水厂布设4处水质监测断面进行水质监测分析。水样分析结果表明南康市自来水厂取水口水质中pH值和氨氮含量严重超出地表水环境质量标准（其中氨氮项超标1.49倍），为劣Ⅴ类水。南康河段下游潭口镇等地的水质也存在下降的趋势。

2007年12月15日8时45分，赣州市政府指令上犹江水库以20立方米每秒流量下泄，稀释南康区自来水厂取水口区域水质污染浓度。10时，江西省防总指令罗边水电站、峡口水库分别下泄水量125立方米每秒、40立方米每秒，稀释南康河段及赣州市汇合口水质污染浓度。至15日20时，章水南康区河段水质污染情况逐步得到缓解，恢复正常。

桃江信丰河段水质污染调查 2008年2月26日13时30分，赣州市水环境监测中心接到信丰水文站报告，因信丰县上游地区稀土矿厂污水超标排放，致桃江信丰河段出现水体中氨氮超标，市水文局立刻派出技术人员前往现场监测采样，并密切跟踪水质异常变化。

26日17时监测渥江河口水质为劣Ⅴ类水，水体中氨氮超标19.6倍；17时40分监测龙迳河水质为劣Ⅴ类水，水体中氨氮超标2.07倍；18时07分监测信丰县水厂水源地水质为劣Ⅴ类水，水体中氨氮含量2.56毫克每升，超标1.56倍。27日10时20分监测信丰水厂水源地水质为劣Ⅴ类水，水体中氨氮含量2.54毫克每升，超标1.54倍。

关停上游地区部分工、矿企业排污，桃江信丰河段水质有所好转，信丰水厂供水经处理后符合用水水质要求，未出现停水。

信丰龙迳河、桃江突发性水污染事件调查 2008年3月15日，定南县龙迳河上游清理整顿矿山开采，不慎造成含氨高浓度液体流入水体，导致龙迳河上游严重污染。定南与信丰县交界断面氨氮含量40毫克每升，直接威胁桃江用水安全，威胁信丰县饮用水源安全。15日14时赣州市水利局和市水文局组成5人专家组，赴信丰县，应对与处理突发性水污染事件。赣州市水利局和市水文局每天发布《水质监测与水量调度实况报告》；及时分析污染物浓度的沿程变化，调度相关水库下泄流量，稀释污染物浓度，保障桃江信丰河段的用水安全和信丰县城区饮用水供给。

15日18时监测龙迳河河口断面，主要污染物氨氮含量0.36毫克每升，流量5.71立方米每秒，断面平均流速0.39米每秒；信丰县水厂供水水源地主要污染物氨氮含量0.69毫克每升。

16日0时调度龙迳河上游各电站水库按5立方米每秒下泄流量；16日3时要求桃江电站在保障信丰县供水后，停止发电泄水，水库蓄水用于备用稀释龙迳河污染物浓度。16—18时监测龙迳子电站断面主要污染物氨氮含量1.26毫克每升，龙迳河河口断面氨氮含量0.51毫克每升，桃江铁石口断面氨氮含量0.44毫克每升。

17日8时调度龙迳子电站按5立方米每秒下泄流量，为多蓄污水空出库容。10—11时监测龙迳子电站断面主要污染物氨氮含量5.44毫克每升，龙迳河河口断面氨氮含量0.65毫克每升，桃江铁石口断面氨氮含量0.62毫克每升，信丰水厂断面氨氮含量0.13毫克每升。

18日6时调度龙迳子电站水下泄流量5立方米每秒，19时桃江电站按40立方米每秒下泄流量稀释污染物浓度。10—16时监测龙迳子电站断面主要污染物氨氮含量5.57毫克每升，龙迳河河口断面氨氮含量1.92毫克每升，桃江铁石口断面氨氮含量1.19毫克每升，信丰水厂断面氨氮含量0.18毫克每升。

19日上午主要污染团平稳通过信丰县城区河段。

桃江流域水质污染调查 2011年10月接到桃江水质异常报告，赣州市水文局派出专业技术人员前往现场调查和采样监测。于30日、31日在渥江上设黄石迳水位站、解放大桥，濂江上设电站陂坝、杨坊大桥，桃江上设窑头大桥、桃江汇合口、信丰铁石口大桥、信丰水厂8个断面进行水质跟踪监测分析。根据水污染监测分析成果，按照《地表水环境质量标准》(GB 3838—2002)进行评价。

湿江水质状况：30 日，黄石迳水位站氨氮超标 0.45 倍，为Ⅳ类水，轻度污染；解放大桥氨氮超标 18.6 倍，为劣Ⅴ类水，严重污染。31 日，黄石迳水位站氨氮超标 12.7 倍，为劣Ⅴ类水，严重污染；解放大桥氨氮超标 14.5 倍，为劣Ⅴ类水，严重污染。

濂江水质状况：30 日，电站陂坝氨氮超标 10.6 倍，为劣Ⅴ类水，严重污染；解放大桥氨氮超标 17.9 倍，为劣Ⅴ类水，严重污染。31 日，电站陂坝氨氮超标 13.7 倍，为劣Ⅴ类水，严重污染；解放大桥氨氮超标 13.7 倍，为劣Ⅴ类水，严重污染。

桃江龙南至信丰河段水质状况：30 日，桃江汇合口氨氮超标 7.91 倍，为劣Ⅴ类水，严重污染；信丰铁石口大桥氨氮超标 2.55 倍，为劣Ⅴ类水，严重污染。31 日，湿江、濂江与桃江汇合口氨氮超标 4.08 倍，为劣Ⅴ类水，严重污染；信丰铁石口大桥下氨氮超标 2.74 倍，为劣Ⅴ类水，严重污染。

30 日，窑头大桥、信丰水厂两个断面为Ⅲ类水，水质合格。31 日窑头大桥断面和信丰水厂断面为Ⅱ类水，水质良好。

章江流域南康区水功能区总磷超标调查 2017 年 12 月 4 日、5 日，赣州市水文局所属水文站采送水功能区水样，检测分析结果表明，章水大余—南康保留区（大余南康浮石交界断面）、章水南康饮用水源区（南康水厂断面）、章水南康工业用水区（康阳电站断面）水质超标，超标污染物为总磷。市水文局及时派出技术人员到三个功能区不间断的复核跟踪监测采样分析。10 日，市水文局对章水南康三个功能区总磷超标原因开展调查分析，包括对南康水厂上游大余新城工业园和新城圩生活排污口排查分析和对近期流域内降水量进行分析。形成的初步分析结论为大余入南康交界以上河段水质严重超标，主要分布在大余峡江口水库到大余与南康交界河段；近期降雨较少，河流径流量小，水体净化能力降低。15 日上午，市水文局人员到南康、大余对生活污水处理厂、新华工业园排污小溪、养猪排污小溪三个主要排污点进行现场监测调查，查明入河排污口排污情况。

会昌县湘水麻州水文站河段水质污染事件的调查 2018 年 7 月 4 日 9 时 30 分，会昌县麻州水文站工作人员发现测流断面上下游出现大量死鱼，且有很多人在捡拾死鱼。9 时 33 分水文站工作人员立即到测流断面处取水样。并于 9 时 42 分向赣州市水文局汇报情况。在水质科指导下，于 10 时 41 分麻州水文站派出人员到氟盐化工排污口取样，并对周围居民进行走访调查。11 时 15 分在对站塘沙场附近居民走访时，了解到村民家中的猫吃了捡拾死鱼后出现呕吐症状。11 时 20 分在站塘易丰沙场断面取水样。11 时 57 分在麻州断面取水样。13 时赣州市水文局技术人员携带 YSI 快速测定仪和重金属快速测定仪赶到现场进行跟踪监测。14 时 40 分麻州水文站送水样到市水文局实验室检测。检测结果为江西省会昌氟化盐化工产业基地入河排污口氟化物 224 毫克每升，pH 值 2.5，污染严重。建议沿河居民不要到河边捡拾死鱼食用，以免食用后对身体造成伤害。

第八节 东江源水文水资源调查

2019—2020 年，联合江西理工大学开展了东江源水文水资源调查，围绕自然地理、社会经济、水文水资源、水环境、资源 5 个方面进行。所获成果为实现东江源碧水长流、生态系统良性循环、经济社会和环境协调发展、人与自然和谐相处等提供科技支持与参考依据。其主要成果如下。

一、自然地理条件

东江源区属典型的亚热带季风湿润气候，具有热量丰富、雨量充沛的特点。土壤分区属亚热带红壤区南部，土地肥力较好，土壤普遍呈酸性。主要有水稻土、潮土、紫色土、红壤、山地黄壤和山地草甸土等6种土类。土地利用结构以林地为主。

二、社会经济

东江源区包括寻乌、安远、定南三县区域以及会昌和龙南二县的部分区域，涉及28个乡镇。总人口59.67万人（2018年），其中农业人口约43.54人，占比73.0%。国民生产总值之和为2.68亿元，第一、第二、第三产业所占比例为19.9∶30.5∶49.6。果业种植是源区的优势农业，园地面积为543.64平方千米，果业品种主要包括柑橘、脐橙、猕猴桃、百香果、甜柿等。畜禽养殖业以生猪为主，源区也是有色金属矿赋存较好的区域之一。现有矿山面积34.15平方千米，其中稀土矿山面积约9.25平方千米，钨矿山面积约为6.53平方千米，铅锌矿山面积约为5.56平方千米。

三、水文水资源

降雨量 东江源区的多年平均降雨量为1615.00毫米，年际变化显著，近60年来降雨量最大为2457.00毫米（2016年），降雨量最小为998.00毫米（1991年），极值比约为2.5，变异系数0.2。从长期趋势看，降雨量呈现微弱的上升趋势。在季节分配上，1—6月降水量逐渐增加，7—12月降水量呈现递减趋势；其中4—6月降水量占全年的44.0%，尤其是6月降水量最大，降水较为集中。空间分布上表现为山地较高，平原和盆地较低的格局。

径流量 定南水胜前（二）站年平均流量和年最小流量没有显著变化趋势，年最大流量呈现显著减少趋势，年平均减少2.39立方米每秒。寻乌水水背站年平均流量、年最小流量和最大流量没有显著变化趋势。季节分配上表现为1—5月月均流量增加，5—6月月均流量最大，7月月均流量锐减，8月月均流量略有上涨，9—12月月均流量减少。

输沙量 寻乌水水背站2009—2018年输沙量呈现显著的上升趋势，其中2016年输沙量最大，约为90.00万吨。2018年输沙量最小，约为9.00万吨。年输沙量的增长率平均达到1.18万吨每年。

水位 定南水胜前（二）站年平均水位和年最低水位没有显著变化趋势，年最高水位呈现显著减少趋势，每年平均减少0.05米。寻乌水水背站年平均水位、年最低水位和最高水位没有显著变化趋势。

土壤墒情 2015年以来，流域内的土壤含水量总体呈现下降趋势，南桥站监测的土壤含水量在2017年达到5年的最低点；且随着土壤深度的增加，土壤含水率也逐渐增加。墒情值大体都处于12.00%，为一类墒。

旱情 近70年属于中度干旱的年份有3年，1991年、1963年、2003年；轻度干旱的年份有11年，其中2000年后的2004年、2009年、2014年、2018年均属于轻度干旱。

四、水资源开发利用

东江源区的水资源可利用量约为9.2亿立方米。建有中型水库5座，小型水库31座，塘坝以及引水工程、提水工程约6700座（处）。供水量、用水量、耗水量约为2.32亿～2.49亿立方米、2.32亿～2.49亿立方米、1.28亿～1.41亿立方米。寻乌、安远、定南三县的水资源开发利用状况略有差异。各县的水资源承载能力处于临界—超载状态，主要表现为用水总量较多、部分水功能区水质达标率偏低。

五、水环境水生态

在空间上，干流源头保护区各主要污染物浓度均较小，流经中游主要污染物浓度较大，出境缓冲区较小。其中定南水流域内下历河工业用水区、寻乌水保留区、寻乌马蹄河工业用水区、定南水下历河保留区的水污染较严重。在时间上，年内定南水的主要污染因子浓度高于寻乌水，定南水的变化幅度更大；年际上整体水质基本持平。其中，保护区、保留区呈下降趋势；饮用水源区呈现上升趋势；缓冲区、工业用水区均无明显变化趋势；污染指标上氨氮、高锰酸盐指数浓度呈上升趋势。污染物主要出现源头区域，虽然浓度在目标值范围，但仍需警惕；总磷浓度呈下降趋势；化学需氧量浓度无明显变化趋势。

源区水生态资源丰富，有浮游植物8门143属268种；浮游动物75种，其中轮虫32种、原生动物20种，枝角类14种，桡足类9种；底栖动物3门6纲24科55种；水生维管植物17科32属42种；鱼类5目14科35属39种。

六、水土保持

从东江源土地荒漠化发展分布上看，源区重度和极重度荒漠化主要集中在城镇开发的建筑或是采矿区域的裸露地表，以此为中心，呈现连片分布，城镇扩张、果园开发、矿山开采等活动区域扰动明显。2013年，赣南大部分稀土矿区全面停止开采，矿区周边环境质量有了明显的改善和提升，荒漠化土地面积下降明显，生态恢复效果显著；从植被覆盖度来看，生态环境整体良好，植被覆盖度较高，生物多样性较丰富。从生态安全格局来看，源区生态源地锐减，生态系统稳定性大大降低，生态环境的恢复与治理仍是一个相当漫长的过程。

第三篇

水文情报预报

水文情报预报指对江河、湖泊、渠道、水库和其他水体的水文要素实时情况的报告和未来情况的预报，涉及防汛抗旱减灾、水资源开发利用节约和保护、水生态环境监测与保护等方面。

民国19年（1930年），赣县观测站每日向中央研究院北极阁气象研究所电报发送观测结果，这是赣州最早的情报站。1985年形成较完整的情报站网，2006年后，为加强暴雨山洪灾害防御，江西省先后启动江西省暴雨山洪灾害预警系统、山洪灾害防治非工程措施、中小流域水文监测系统等项目建设，赣州新建雨量、水文（位）站941处，在防御暴雨山洪中发挥重要作用。

20世纪50年代后期，赣州水文人员在赣州、坝上、峡山、居龙滩、翰林桥等几个主要控制站开展水情预报工作，随后逐步发展到所有基本站都开展预报工作。根据各站雨水情规律及实践经验编制各站预报方案，开展作业预报，其后不断创新与引进新的预报方法，在历次防汛抗旱中发挥重要作用。

通过自主编制与合作开发等方式，不断完善水文情报预报功能。2018年市水文局合作开发的“赣州洪水自动预报系统”，基本实现自动滚动预报、水文情报预报信息的网上发布与查询功能，极大提升了信息化水平。

第十章

水文情报

赣州水文情报始于民国 19 年（1930 年）。民国时期赣州只有赣县、宁都两个报汛站。新中国成立后，水情情报站数量得到较快增长，1953 年赣南有情报站 24 站，1985 年赣州形成较完整的情报站网，向省、地防汛指挥部报汛的 49 站，截至 2020 年年底市水文局共有水情信息报送任务的站 302 站（不重复计算）。2006 年以后，逐步新增雨量、水文（位）站 941 处，市水文局主动承担起山洪灾害暴雨洪水预警任务。

水文情报的传输从 20 世纪 50 年代拍发电报，到架设电话专线，20 世纪 80 年代中后期增加电台，水文情报传送经历一个漫长的革新过程。1998 年以后随着计算机网络的推广，水情信息发送逐步实现通过计算机网络传输。随着水情分中心、暴雨山洪灾害监测预警系统的建设，水情信息实现自动通过宽带网络传输和信息处理。

第一节　报汛站网及报汛任务

一、水情报汛站

民国 19 年（1930 年）1 月，赣县观测站每日将气象观测结果，分上、下午两次电报中央研究院北极阁气象研究所。这是赣南最早，也是唯一一处情报站。

民国 31 年（1942 年），赣县观测站每日向重庆沙坪坝中央气象局拍发气象电报。

民国 33 年（1944 年），在全省 7 个报汛站中，赣南设有赣县、宁都两个报汛站。

1949 年 10 月 1 日，江西省水利局把赣县站列为报汛站，成为新中国成立后赣南第一个报汛站。

随着国家建设的发展，赣南的水文情报站网根据需要不断得到发展。情报站的报汛任务及站网设置，由省防汛抗旱指挥部下达。1953 年赣南有情报站 24 站。1957 年赣南已初步形成情报网，地区水文站设水情组，汛期每天收集全区各情报站的电报。1960 年情报站增加到 53 处。1970 年情报站增加到 62 处，1990 年达到 75 处。

1985 年，赣南已形成较为完整的情报站网。其中：向省、地防汛指挥部报汛的 49 站；向吉安、宜春防汛指挥部报汛的分别为 7 站、9 站；向武汉长办、中央防汛总指挥部报汛的分别为 7 站和 3 站；向万安水库报汛的 47 站；向长冈水库报汛的 3 站；向广东省防总、惠阳地区防汛指挥部门报汛的各1站；向广东枫树坝电厂报汛的5站；向赣江圩堤的新干县报汛的2站（按1站报多地统计）。为便于水文部门开展水文预报服务，上游有13站向峡山站、6站向坝上站发报；为便于县城防洪，宁都县城上游有4站雨量站向宁都水文站发报；为上犹江电厂掌握下游江河水情，便于调度溢洪，坝上、田头等6站承担向电厂发报的任务。全区大型水库为做好向中央、省、地防汛指挥部门的报汛工作，均建有情报站网。上犹江电厂有7站，长冈水库有4站，团结水库有3站，油罗口水库有2站。全区中型水库24座，均承担向地区防汛指挥部的报汛任务，其中有9座水库还向省防总报汛。少数中型水库也建有报汛站网，如长龙水库有长龙、六科、茶园3站报汛站。

1990年，赣南在现有雨量站和水文站的基础上，充分考虑对水情、雨情掌握上的代表性、控制性及全局性，在能够满足作业预报、防汛抗洪、水利水电建设和工程运行对水情需要的前提下，逐步对水情站网进行必要的补充、调整。

1991年，赣州坝上站等13站报汛站向中央防汛抗旱总指挥部报汛。向长江流域规划办公室报汛的9站，向江西省防汛抗旱指挥部报汛的62站，向赣州地区水文站报汛的73站，向吉安地区等下游相关单位报汛的190站。

2000年，赣州有报汛站61站，覆盖全区各江河的报汛网络基本能够掌握雨、水情的变化，为准确编制水文预报方案，作出水文预报和为水利工程合理运行提供可靠依据。是年，赣州向国家防汛抗旱总指挥部报汛的报汛站有15站，向长江水利委员会报汛的有9站，向江西省防汛抗旱指挥部报汛的有50站。此外，还有水库专用报汛站，如万安电厂、上犹江电厂、三门滩电站等。

2006年，赣州有实时洪水作业预报任务的水文站13站，水位站4站。

2009年9月，赣州水情分中心建成并正式投入使用。赣州实现自动测报的水文、水位站16站，雨量站47站。

2019年，赣州有各类报汛站302站。其中水文站38站，水位站4站，雨量站278站，蒸发站5站，土壤墒情站18站，全部实现自动测报。

二、报汛任务

民国期间，赣南各报汛站每日上、下午各发报一次。1949年10月1日至1955年，每年汛前，由省水利局确定情报站网，下达报汛任务书。

新中国成立后，水文情报预报人员不断充实，水情工作不断得到加强。

1951年，省水利局水文科安排2名工作人员到赣南从事水情工作。

1956年始，由江西省防汛抗旱指挥部向报汛站下达报汛任务，以“报汛任务一览表”的形式，规定情报站网、拍报项目、拍报段次和拍报标准。赣南的水情报拍任务是根据报汛站河流控制的重要程度而制定的，主要控制站段次要求较高，一般站段次要求较低。水位级分为中低水位以下一段一次；中低水位至加报水位，涨水面两段两次，退水面一段一次；加报水位至警戒水位，涨水面四段四次，退水面两段两次；警戒水位以上，涨水面十二段十二次，退水面八段八次。雨情拍报有时段降水量，日降水量，旬、月降水量。时段雨量分为两段两次和四段四次。拍报标准在不同的时期有5毫米和10毫米两种。日雨量达到1毫米时应拍发日雨量。旬、月雨量仅在指定的面雨量代办站拍发。遇特大暴雨（日降水量100毫米以上）时，报汛站应向中央防汛抗旱总指挥部发报。

1957年，成立专门负责报汛的水情组，负责管理水文情报预报工作。此前，赣南没有水文情报管理机构。汛期，水情组与地区防汛抗旱指挥部合署办公，24小时轮流值班，密切关注雨水情动态。

1959年，水情组安排专职工作人员，开展水文情报预报工作。

1981年2月，全省各地区水文站设立水情科，负责全区的水文情报预报业务和管理工作。

2000年，水情科在编工作人员6人，全部具有大专以上学历，其中工程师3人。

2006年以后，赣州建设一大批雨量、水文（位）站。山洪雨量站降雨达到30毫米或者50毫米，市水文局水情科即向当地政府、主管部门及预测可能受灾害地区民众发出雨情信息，估计山洪涨幅，向当地政府主管部门发出预报预警。

2016年，赣州有各类报汛站300站。其中水文报汛站18站，向中央报汛9站；水位报汛站4站，向中央报汛2站；雨量报汛站278站。

2020年，赣州有防汛抗旱水情信息报送任务的报汛站302站（不重复计算）。其中水文报汛站38站，向中央报汛19站；水位报汛站4站，向中央报汛3站；雨量报汛站278站，向中央报汛125站；蒸发量报汛站5站；土壤墒情监测报汛站18站，向中央报汛12站。

三、执行标准和规范

1952年2月，省水利局制订《水文预报拍报办法》，规定预报站水位达到警戒水位时，即开始发布预报。

1960年6月，水电部颁发《水文情报预报拍报办法》。省水文气象局颁发《江西水文情报预报拍报办法》《水文情报预报拍报补充规定》。

1963年9月，省水文气象局颁发《水情工作质量评定试行办法（草）》。

1965年汛期，水电部颁发《水文情报预报拍报办法》《降水量、水位拍报办法》。同时终止执行1960年颁发的《水文情报预报拍报办法》。

1973年，省水文总站根据全国《水文情报预报服务暂行规范》《水文情报、预报拍报办法》，制定《江西省水文情报、预报规定》（试行稿）。

1985年3月18日，水电部颁发《水文情报预报规范》（SD 138—85），从6月1日起开始执行。

1997年3月6日，水利部水文司、水利信息中心下发《水文情报预报拍报办法》补充规定。

2000年6月30日，水利部颁发《水文情报预报规范》（SL 250—2000）。

2006年3月1日，水利部颁发《水情信息编码标准》（SL 330—2005）。

2006年7月31日，省水文局制定《江西旱情信息测报办法》。

2008年5月26日，水利部水文局颁布《全国洪水作业预报管理办法（试行）》。

2009年1月1日，国家质量监督检验检疫总局、国家标准化管理委员会颁布《水文情报预报规范》（GB/T 22482—2008）。

第二节 拍报办法

一、水文情报

民国 23 年（1934 年），赣县站有拍发水位电报的拍报办法，但内容不详。

民国 33 年（1944 年），江西省水利局颁发《水位雨量拍报电码和规定》及说明，每组电文由 4 位阿拉伯数字组成，第一组为水位，第二组第一个字用英文字母表示水位涨落差值，后面三个字为雨量。赣县、宁都站照此拍报办法执行。

民国 36 年（1947 年），国民政府行政院水利委员会修订全国统一的报汛办法。次年，赣南各报汛站贯彻实施该办法。电文仍由 4 位阿拉伯数字组成，同时规定电文应在观测后半小时内发出，不得延误。

1950 年，江西省水利局制订《江西省人民政府水利局报汛办法》，每组电文仍由 4 位阿拉伯数字组成，该办法仅适用于省内报汛需要。向长委会、华东水利部拍发的电报，则按长委会制订的报汛办法执行。

1951 年，执行中央水利部颁发的报汛办法。报汛电码有观测时间组、水位组、流量组、雨量组、开始降雨时间组和站名代表电码组，每组电文改由 5 位阿拉伯数字组成。

1952 年，中央水利部颁发《修正报汛办法》，江西省水利局制订《水文预报拍报办法》，规定全省各报汛站洪水预报发布的手续。

1954 年 2 月，水利部修改报汛办法后重新颁发，并对报汛站进行站号编码。省水利局结合省内实际情况，制订补充规定，赣南各报汛站执行重新颁发的报汛办法。

1954—1957 年，水利部根据各地每年报汛的实际情况，连续四次修订、补充报汛办法，并印发各报汛站贯彻执行。

1957 年 3 月，水利部颁发《1957 年报汛办法》，其中观测时间由日期代替星期序，原本的分钟改由小时表示。江西省水利厅根据省内实际情况，将代办站拍发雨量的规定进行简化。赣南试行后，效果很好，报汛质量有显著提高。

1960 年 3 月，水电部颁发《水文情报预报拍报办法》，首次纳入水文预报电码，报汛办法得到进一步补充和完善。江西省先后颁发《江西省水文情报预报拍报办法》《水文情报预报拍报补充规定》《江西省雨情旱情汇报电报拍报暂行办法》等，赣南各报汛站遵照执行。

1964 年 12 月，水电部对报汛办法进行修订，重新颁发《水文情报预报拍报办法》《降水量、水位拍报办法》。赣南自 1965 年 4 月起执行。

1985 年 6 月 1 日，赣南各报汛站贯彻执行水电部颁发的《水文情报预报规范》至今。该规范由总则、水情管理、水文情报、水文预报、水情服务等五章和附录《水情拍报办法》组成。

随着计算机技术、网络通信技术的发展和普及应用，赣州水情信息从采集传输到处理方式都发生了根本变化。

2002 年，基本实现雨量、水位信息自动采集。

2006年3月1日，开始执行《水情信息编码标准》(SL 330—2005)。

2007年，建成赣州水情分中心。实现雨水情信息的自动采集、固态存储、网络传输的现代化测汛报汛服务一体化。是年，自主开发的水情信息查询平台，实现水雨情信息的实时查询。

2015年，在水情信息查询基础上，自主开发手机版水文全要素的查询。同年开发的“全方位实时水雨情及设备运行状态监控系统”，实现点暴雨预警信息自动生成与发送功能。

2018年，合作开发的“赣州水情信息服务系统”建成并投入使用，实现水雨情信息查询、自动生成预警短信等功能。同年建成“赣州洪水自动预报系统”，实现水情自动预报功能。两个系统的投入使用，减轻了手工作业的劳动强度，提高了水情信息发布的准确性、时效性。

二、汛期划分

民国24年（1935年)，《扬子江防汛办法大纲》规定，每年7—9月为防汛期。民国33年（1944年)，江西水利局规定，4月1日至8月31日为汛期。1950年，改为每年的5月1日至8月31日为汛期。1953年开始，调整为每年4月1日至9月30日为汛期。2002年赣州市调整为4月1日至8月31日为汛期，2003年恢复4月1日至9月30日为汛期。此后一直未变，沿用至今。20世纪八九十年代，赣南在3月中旬、下旬出现过几次全区范围内的大洪水，因此，赣南每年从3月开始，就已经实际进入汛期状态。

雨水情紧急情况下，省人民政府防汛指挥机构可以宣布提前进入或者延长防汛期。1998年3月9日，省防总发出紧急通知，鉴于汛情日趋紧张，全省于3月10日进入汛期；7月26日，省防总宣布从26日12时起，全省进入紧急防汛期；9月20日，省防总宣布自20日12时起，全省紧急防汛期结束。

赣州市区域内发生重要雨水情（如特大暴雨、超警戒洪水、水库泄洪等）时，市水文局自动进入紧急防汛期。

三、日分界线

1953年，水情情报日分界线为北京时间9时。1954年，改为8时。1961—1962年汛期，国家防总规定以北京时间6时为日分界。1963年汛期，日分界恢复至北京时间8时。

四、报汛等级

1964年，《水文情报预报拍报办法》将水情情报报汛段次分为6个等级，即一级一段次、二级二段次、三级四段次、四级八段次、五级十二段次、六级二十四段次。水情情报根据降水量和河流水位状况采用报汛等级。各报汛站根据汛期与非汛期采用不同的报汛等级。

当报汛站日雨量达到1毫米、时段降雨量达到5毫米（部分站为10毫米）时，需要向省水情中心报送降雨量。当1小时降雨量达到30毫米、3小时降雨量达50毫米时，需要向省水情中心进行暴雨加报。当日降雨总量达100毫米，无论是报汛站还是非报汛站都要向中央防汛总指挥部报送降雨量。

赣州水情电报，各报汛站在拟发报过程中坚持拟报、校报、核报、向转报单位报两遍电文、复核转报单位回报文、记录发报时间和转报单位工作人员代号六道工序。实行“四随”工作制度，基本上做到不错报、不迟报、不缺报、不漏报。如发报有误，立即更正补报，情报错情率控制在规定的3‰以内。

五、旱情信息

2006年，贯彻执行《江西旱情信息测报办法》。2007年，省水文局根据2006年执行情况，结合全省旱情特征，对《江西旱情信息测报办法》进行修改，制定《2007江西旱情信息测报办法》。每年由省水文局向市水文局下达旱情信息拍报任务。

2006年，通过江西省墒情监测及旱情信息管理系统（一期）建设，赣州建有版石、大田等12个固定墒情监测站，固定墒情监测站实现土壤墒情的自动采集及采集数据的自动传送。土壤含水量信息采集时间从每日8时开始，每间隔6小时采集信息一次。二期增加青龙、扬眉、里仁、天九、南桥、银坑等6站，人工墒情监测站97个。赣州市固定墒情监测站18站，其中中央报汛站12站。2020年赣州市土壤墒情监测站见表3-10-1。

表3-10-1　　2020年赣州市土壤墒情监测站

序号	站名	站类	站类级别	序号	站名	站类	站类级别
1	版石	固定站一期	中央报汛	10	万星	固定站一期	中央报汛
2	大田	固定站一期	中央报汛	11	杰村	固定站一期	中央报汛
3	周田	固定站一期	中央报汛	12	三门	固定站一期	中央报汛
4	横寨	固定站一期	中央报汛	13	青龙	固定站二期	
5	竹笮	固定站一期	中央报汛	14	扬眉	固定站二期	
6	金龙	固定站一期	中央报汛	15	里仁	固定站二期	
7	沙洲坝	固定站一期	中央报汛	16	天九	固定站二期	
8	安和	固定站一期	中央报汛	17	南桥	固定站二期	
9	大由	固定站一期	中央报汛	18	银坑	固定站二期	

六、加报水位、警戒水位、预警水位、预枯水位

20世纪50年代，赣州市水文局所属各水文（水位）站制订“加报水位”“警戒水位”。“加报水位”“警戒水位”既是防汛标准，同时也是防汛拍报任务标准。

1994年3月，赣州水文局调整汾坑水文站、赣州水位站两站的警戒水位。汾坑水文站警戒水位128.00米，调整为129.00米；赣州水位站警戒水位97.50米，调整为99.00米。

2018年，赣州市水文局对全市主要水文（位）站开展警戒水位分析评估工作。通过水位、流量频率分析，计算现有警戒水位对应重现期，结合防护对象等调查资料，修订安和、

筠门岭、南迳等水文站警戒水位。2017年以后赣州市水文局报汛站警戒水位见表3-10-2。

表3-10-2　　2017年以后赣州市水文局报汛站警戒水位表　　单位：米

水系	河名	站名	加报水位	警戒水位
赣江	赣江	瑞金	191	192
	赣江	葫芦阁	139	140
	赣江	峡山（二）	107	108
	赣江	赣州	98	99
	湘水	筠门岭	208.5	209.5
	湘水	麻州	94.5	95.5
	濂江	羊信江	196	197.5
	梅江	宁都	185	186
	梅江	汾坑	129	130
	琴江	石城	224.5	225.5
	平江	翰林桥	111	112
	桃江	南迳	300.3	301.3
	桃江	信丰（二）	146	147
	桃江	茶芫	142	143
	桃江	居龙滩	108	109
	章江	田头	115.5	116.5
	章江	坝上	98	99
	章水	窑下坝（二）	118	119
	横江	樟斗	93	94
	寺下水	安和	221.5	222.5
东江	定南水	胜前	226.8	227.8
	寻乌水	水背	221	222

依据2013年国家防汛抗旱总指挥部发布的《水情预警发布管理办法（试行）》（国汛〔2013〕1号）、《江西省水情预警发布实施办法（试行）》（赣汛〔2013〕21号）、《赣州市防汛抗旱应急预案（修订稿）》（赣市府办发〔2019〕11号）等文件的要求，赣州市水文局制定《赣州市水情预警发布实施办法（试行）》。水情预警依据江河湖洪水量级，枯水对工农业生产、人民生活及生态需水影响程度及其发展态势，由低至高分为四个等级：洪水蓝色预警、黄色预警、橙色预警、红色预警；枯水蓝色预警、黄色预警、橙色预警、红色预警。水情预警由市水文局负责发布，红色和橙色两级水情预警须经市防汛抗旱指挥部审核后发布。赣州市水文局洪水、枯水预警发布标准分别见表3-10-2、表3-10-3。

表 3-10-3

赣州市水文局洪水预警发布标准表

预警对象	河名	依据站名	警戒水位/米	预警水位条件			
				蓝色预警	黄色预警	橙色预警	红色预警
赣州市中心城区	贡水	赣州	99	$99.0\leq Z<101.0$	$101.0\leq Z<102.0$	$102.0\leq Z<102.9$	$Z\geq 102.9$
				$50\%\geq P>20\%$	$20\%\geq P>10\%$	$10\%\geq P>5\%$	$P\leq 5\%$
赣州市中心城区及上游三江镇等	章水	坝上	99	$99.0\leq Z<100.9$	$100.9\leq Z<102$	$102.0\leq Z<102.8$	$Z\geq 102.8$
				$50\%\geq P>20\%$	$20\%\geq P>10\%$	$10\%\geq P>5\%$	$P\leq 5\%$
				$1580\leq Q<2670$	$2670\leq Q<3450$	$3450\leq Q<4230$	$Q\geq 4230$
于都县城、罗坳镇、罗江乡、赣县区江口镇、G323国道	贡水	峡山（二）	108	$108\leq Z<110$	$110\leq Z<110.9$	$110.9\leq Z<112.5$	$Z\geq 112.5$
				$50\%\geq P>20\%$	$20\%\geq P>10\%$	$10\%\geq P>5\%$	$P\leq 5\%$
				$3980\leq Q<5930$	$5930\leq Q<6850$	$6850\leq Q<7690$	$Q\geq 7690$
于都县城、车溪乡、段屋乡、银坑镇汾坑村	梅江	汾坑	130	$130.0\leq Z<132.2$	$132.2\leq Z<133$	$133\leq Z<133.6$	$Z\geq 133.6$
				$50\%\geq P>20\%$	$20\%\geq P>10\%$	$10\%\geq P>5\%$	$P\leq 5\%$
				$2000\leq Q<3590$	$3590\leq Q<4450$	$4450\leq Q<5140$	$Q\geq 5140$
赣县大田乡、赣县城区	桃江	居龙滩	109	$109.0\leq Z<110.9$	$110.9\leq Z<112$	$112.0\leq Z<112.9$	$Z\geq 112.9$
赣州市中心城区				$50\%\geq P>20\%$	$20\%\geq P>10\%$	$10\%\geq P>5\%$	$P\leq 5\%$
				$2290\leq Q<3090$	$3090\leq Q<3790$	$3790\leq Q<4420$	$Q\geq 4420$
赣县城区、江口镇、兴国龙口镇	平江	翰林桥	112	$112.0\leq Z<113.6$	$113.6\leq Z<114.3$	$114.3\leq Z<114.8$	$Z\geq 114.8$
				$50\%\geq P>20\%$	$20\%\geq P>10\%$	$10\%\geq P>5\%$	$P\leq 5\%$
				$1030\leq Q<1880$	$1880\leq Q<2420$	$2420\leq Q<2850$	$Q\geq 2850$
瑞金市中心城区	绵水	瑞金	192	$192.0\leq Z<193.1$	$193.1\leq Z<193.7$	$193.7\leq Z<194.5$	$Z\geq 194.5$
				$50\%\geq P>20\%$	$20\%\geq P>10\%$	$10\%\geq P>5\%$	$P\leq 5\%$
				$485\leq Q<683$	$683\leq Q<798$	$798\leq Q<961$	$Q\geq 961$

续表

预警对象	河名	依据站名	警戒水位/米	预警水位条件			
				蓝色预警	黄色预警	橙色预警	红色预警
于都县城、梓山镇、会昌县白鹅乡、庄口镇	贡水	葫芦阁	140	$140 \leqslant Z < 141.8$	$141.8 \leqslant Z < 142.6$	$142.6 \leqslant Z < 143.3$	$Z \geqslant 143.3$
				$50\% \geqslant P > 20\%$	$20\% \geqslant P > 10\%$	$10\% \geqslant P > 5\%$	$P \leqslant 5\%$
				$1780 \leqslant Q < 2940$	$2940 \leqslant Q < 3500$	$3500 \leqslant Q < 4030$	$Q \geqslant 4030$
会昌县筠门岭镇	湘水	筠门岭	209.5	$209 \leqslant Z < 210.1$	$210.1 \leqslant Z < 210.5$	$210.5 \leqslant Z < 210.8$	$Z \geqslant 210.8$
				$50\% \geqslant P > 20\%$	$20\% \geqslant P > 10\%$	$10\% \geqslant P > 5\%$	$P \leqslant 5\%$
				$199 \leqslant Q < 380$	$380 \leqslant Q < 460$	$460 \leqslant Q < 522$	$Q \geqslant 522$
会昌县县城、麻州镇	湘水	麻州	95.5	$94 \leqslant Z < 94.6$	$94.6 \leqslant Z < 95.3$	$95.3 \leqslant Z < 96.4$	$Z \geqslant 96.4$
				$50\% \geqslant P > 20\%$	$20\% \geqslant P > 10\%$	$10\% \geqslant P > 5\%$	$P \leqslant 5\%$
				$1050 \leqslant Q < 1260$	$1260 \leqslant Q < 1500$	$1500 \leqslant Q < 1910$	$Q \geqslant 1910$
安远县版石镇	濂水	羊信江	197.5	$197 \leqslant Z < 198.4$	$198.4 \leqslant Z < 199.3$	$199.3 \leqslant Z < 199.8$	$Z \geqslant 199.8$
				$50\% \geqslant P > 20\%$	$20\% \geqslant P > 10\%$	$10\% \geqslant P > 5\%$	$P \leqslant 5\%$
				$280 \leqslant Q < 486$	$486 \leqslant Q < 638$	$638 \leqslant Q < 723$	$Q \geqslant 723$
石城县城、琴江镇、206 国道	琴江	石城	255.5	$225.5 \leqslant Z < 226.4$	$226.4 \leqslant Z < 227.2$	$227.2 \leqslant Z < 228$	$Z \geqslant 228$
				$50\% \geqslant P > 20\%$	$20\% \geqslant P > 10\%$	$10\% \geqslant P > 5\%$	$P \leqslant 5\%$
				$736 \leqslant Q < 971$	$971 \leqslant Q < 1280$	$1280 \leqslant Q < 1600$	$Q \geqslant 1600$
宁都县城、石上镇、会同乡、梅江镇、319 国道	梅川	宁都	186	$186 \leqslant Z < 187.2$	$187.2 \leqslant Z < 187.9$	$187.9 \leqslant Z < 188.5$	$Z \geqslant 188.5$
				$50\% \geqslant P > 20\%$	$20\% \geqslant P > 10\%$	$10\% \geqslant P > 5\%$	$P \leqslant 5\%$
				$934 \leqslant Q < 1600$	$1600 \leqslant Q < 2010$	$2010 \leqslant Q < 2350$	$Q \geqslant 2350$

续表

预警对象	河名	依据站名	警戒水位/米	预警水位条件			
				蓝色预警	黄色预警	橙色预警	红色预警
全南县南迳镇、327省道	桃江	南迳	301.3	$301\leqslant Z<301.6$	$301.6\leqslant Z<302$	$302\leqslant Z<302.3$	$Z\geqslant 302.3$
				$50\%\geqslant P>20\%$	$20\%\geqslant P>10\%$	$10\%\geqslant P>5\%$	$P\leqslant 5\%$
				$\leqslant Q<274$	$274\leqslant Q<335$	$335\leqslant Q<394$	$Q\geqslant 394$
龙南县程龙镇盘石村、327省道	太平江	杜头	93	$93\leqslant Z<94$	$94\leqslant Z<94.7$	$94.7\leqslant Z<95.1$	$Z\geqslant 95.1$
				$50\%\geqslant P>20\%$	$20\%\geqslant P>10\%$	$10\%\geqslant P>5\%$	$P\leqslant 5\%$
				$249\leqslant Q<391$	$391\leqslant Q<502$	$502\leqslant Q<561$	$Q\geqslant 561$
信丰县城、铁石口镇、105国道	桃江	茶芫	143	$143\leqslant Z<143.5$	$143.5\leqslant Z<144.7$	$144.7\leqslant Z<145.5$	$Z\geqslant 145.5$
				$50\%\geqslant P>20\%$	$20\%\geqslant P>10\%$	$10\%\geqslant P>5\%$	$P\leqslant 5\%$
				$1850\leqslant Q<2070$	$2070\leqslant Q<2540$	$2540\leqslant Q<2990$	$Q\geqslant 2990$
信丰县城、铁石口镇、105国道	桃江	信丰	147	$147\leqslant Z<148.8$	$148.8\leqslant Z<149.6$	$149.6\leqslant Z<150.3$	$Z\geqslant 150.3$
				$50\%\geqslant P>20\%$	$20\%\geqslant P>10\%$	$10\%\geqslant P>5\%$	$P\leqslant 5\%$
				$1960\leqslant Q<2800$	$2800\leqslant Q<3270$	$3270\leqslant Q<3740$	$Q\geqslant 3740$
上犹县安和乡、社溪乡	寺下水	安和	252.5	$252\leqslant Z<253.4$	$253.4\leqslant Z<254.1$	$254.1\leqslant Z<254.8$	$Z\geqslant 254.8$
				$50\%\geqslant P>20\%$	$20\%\geqslant P>10\%$	$10\%\geqslant P>5\%$	$P\leqslant 5\%$
				$119\leqslant Q<301$	$301\leqslant Q<398$	$398\leqslant Q<496$	$Q\geqslant 496$
上犹县城、南康区唐江镇、经开区凤岗镇、三江乡	上犹江	田头	115	$115\leqslant Z<115.5$	$115.5\leqslant Z<117$	$117\leqslant Z<118.3$	$Z\geqslant 118.3$
				$50\%\geqslant P>20\%$	$20\%\geqslant P>10\%$	$10\%\geqslant P>5\%$	$P\leqslant 5\%$
				$1040\leqslant Q<1210$	$1210\leqslant Q<1760$	$1760\leqslant Q<2320$	$Q\geqslant 2320$
南康区、东山、龙岭和蓉江区的潭口等城镇	章水	窑下坝	119	$119\leqslant Z<119.7$	$119.7\leqslant Z<120.4$	$120.4\leqslant Z<121$	$Z\geqslant 121$
				$50\%\geqslant P>20\%$	$20\%\geqslant P>10\%$	$10\%\geqslant P>5\%$	$P\leqslant 5\%$
				$733\leqslant Q<930$	$930\leqslant Q<1160$	$1160\leqslant Q<1380$	$Q\geqslant 1380$

注：Z 为水位，单位为米；P 为频率；Q 为流量，单位为立方米每秒。

表 3-10-4　　赣州市水文局枯水预警发布标准表

预警对象	河名	依据站名	旱警水位/米	预警水位条件/米			
				蓝色预警	黄色预警	橙色预警	红色预警
赣州	赣江	赣州	92.1	$91.7<Z\leqslant 92.1$	$91.5<Z\leqslant 91.7$	$91.0<Z\leqslant 91.5$	$Z\leqslant 91.0$

第三节　信　息　传　输

电报　民国 19 年（1930 年），赣县报汛站持交通部的拍报凭证到电信局发报。

民国 33 年（1944 年），赣县、宁都站报汛电文通过无线电报至江西省水利局。

1950 年 6 月，水利部与邮电部联合颁发《报汛电报拍发规则》，对报汛电报的传递时限和收费标准作统一规定。自此，赣南各报汛站持电信部门的报汛凭证到当地邮电局（所）拍发报汛电报。

随后，各基本水文站逐步架设木杆或搭杆报汛专线至就近邮电局（所），在站通过电话向邮局发报，再通过邮局转发。20 世纪 60 年代，陆续将木杆或搭杆改为水泥杆。到 1985 年，各基本水文站全部改为水泥杆架设的线路，共计 20 条，总长 134 千米。历年来，各报汛站一直通过邮电部门的通信系统进行报汛。

20 世纪 80 年代，随着国家通信技术的迅速发展，赣南的水文情报信息传输设施也得到快速发展，到 2000 年，各报汛站至少拥有电话、无线对讲系统和水文自动测报系统三种主要的报汛设施中的一种，有些基本站同时拥有上述三种报汛设施。

电话　1953 年，于都峡山水文站安装报汛专用电话。1954 年冬，赣县翰林桥水文站架设至江口圩的单线电话。1959 年，枫坑口水文站架设枫坑口水文站至信丰上塘 3.5 千米防汛专线电话。1962 年，架设上塘至信丰铁石口 6.5 千米防汛电话专线。1962 年冬，杜头水文站架设专线防汛电话。1967 年，于都窑邦水文站架设至曲洋乡木杆电话报汛专线。1970 年，赣县翰林桥水文站架设至江口邮电支局全长 12.5 千米的双线木杆报汛专线电话线路。1976 年 4 月，峡山水文站架设至于都县罗坳邮电所 10 千米防汛电话专线，定南县胜前水文站架设至桐坑邮电所 4 千米木杆电话专线。1977 年 8 月，田头水文站架设至南康龙华邮电所报讯电话专线。1978 年，石城水文站架设至石城县县城 5 千米报汛电话专线。1984 年 11 月，上犹安和水文站架设至安和乡邮电支局约 1.3 千米防汛专线电话。

1985 年，地区水文站水情科从地区防汛办合署办公迁回，从 4 月 1 日开始租用电信部门专线至地区水文站传输水情情报。

1992 年以前，赣南各报汛站采用的是手摇电话，通过邮电部门转发雨、水情电报。这种转报水情信息的方式传递时效差，报汛质量不高，在转报过程中容易出错，还容易受恶劣天气和环境的影响，报汛线路易被洪水冲毁，报汛缺乏保障。特别是赣南地处赣江上游区，洪水的特点是暴涨暴落，历时较短，通过邮局报房转报水情信息，难以满足防汛要求。

1993 年后，地区各县、市报汛站陆续改装程控电话，报汛质量有所提高，基本能够及时完成报汛任务。

无线对讲系统　1980 年，省水文总站拨给地区水文站 555 型电传打字机，从此，水情信息由报房电传到地区水文站，并自动打印出电文。

1983年6月，峡山、翰林桥、居龙滩三站配备XBC－301型无线对讲机，可直接与地区水文站通报水情信息。1985年3月，信丰、枫坑口、汾坑、窑邦、葫芦阁、宁都、石城、窑下坝、田头、坝上等13站也配备无线对讲机，占报汛水文（位）站总数的61.9%。其中信丰、窑下坝、田头、坝上等7站可随时直接与地区水文站通报水情信息，这些站发往外县、外地区的水情信息，仍通过邮局转发；其他站受地形、距离等因素影响，还不能与地区水文站直接通报水情信息。1988年年底，省水文总站配发一批湖北沙市产316型双工对讲机，地区水文站架设全区无线对讲机网。网络由瑞金、麻州、羊信江、宁都、汾坑、峡山、翰林桥、枫坑口、信丰、居龙滩、窑下坝、田头等12站组成。

1996年在于都汾坑、1998年在赣州峰山先后建起无线对讲中继站，至此，全区无线对讲网络系统基本形成。无线对讲系统的投入使用，提高了水情信息的传播时效，同时节约了报汛经费。两套报汛系统（程控电话和对讲系统）的建成，保证各报汛站水情信息在1小时内进入全省防汛网，其中各县、市代表站20分钟入网，向中央报汛的站30分钟内入网。

遥测系统 1994年，万安水电厂建成水文自动测报系统，架设中继站5个。实现自动测报的站有水位站8站，雨量站51站。在此基础上，市水文分局补充网点建设，增加中继站9个，中心站1个，建成全省最大的流域性水文自动测报系统。赣州地区水文自动测报系统共有遥测水位站15个，雨量站52个。1995年9月，再次增加中继站2个，中心站1个，全部投入使用。至此，赣州地区雨水情信息的采集、传输已全部实现自动化。为校核自动测报系统采集、传输的雨、水情信息，各报汛站每日仍需按报汛任务书的要求人工报汛。

1998年，赣州地区的水情信息全部上防汛网，与省防汛抗旱总指挥部、省水文局、省内各地、市水文分局、市防汛办公室实现水情信息共享，水情信息的传递和发布快捷且准确。

自动测报系统 1995年4月，赣州地区水文分局安装一套前置接收机，用来接收万安水库水文自动测报系统信息。1997年3月，建设一套水文自动测报系统，1999年12月通过验收。2002年，8个报汛站实现自动测报。2004年开始，遥测站实现雨、水情数据自动上网，实时网上查询。赣州市水文局从2007年开始全面实现雨、水情的自动测报。

水文自动测报系统的建立，实现水情信息通过GPRS信道传输到市水文局机房，水文局机房再传到省里和各级防办。改变雨、水情数据人工观测的方法，改变一级一级传递的历史，实现水情信息的数字化，情报传输的自动化。

第十一章

水文预报

服务社会始终是水文服务的重点，水文情报预报始终是水文服务的最重要手段。赣州水文在历次抗洪斗争中，提供及时准确的水文情报预报，为防汛抗旱发挥重要作用。

赣州水文根据各站雨水情规律及实测历史资料编制预报方案，作出水情预报。对中小河流、山洪灾害站因汇流历时非常短，预报无法满足要求，用经验估报方法进行预警，在历次山洪灾害防御中发挥重要作用。

第一节 水文预报技术

赣州市水文局 24 个基本水文（位）站均有预报任务。近年来，赣州建设一大批中小流域水文（位）站，这些站逐步纳入预报范围。

一、实时预报

1959 年，赣州市已经开展短期水文预报工作，翰林桥、居龙滩、峡山、坝上、赣州等几个河段控制站均编制预报方案。当时由于建站时间短、资料系列短，所以预报方案较简单，多数站采用的是单一洪峰水位相关预报，试报较大洪峰水位。

20 世纪 60 年代，为满足航运与浮漂运事业的需要，本区开展最佳通航水位及其稳定时日的预报和木排浮运水位与稳定时日的预报。为配合面上水利工程的运行管理，特别是大汛期确保水利工程安全运行，本区各报汛站都进行 $P-P_a-R$ 的分析统计工作（P 指降水量，P_a 指前期影响雨量，R 指径流深），编制一套产汇流分区图表。

1963 年 3 月，地区水文站负责编制较完善的短期洪水预报方案（表 3-11-1），并通过省水文总站的审核批准。

此外，其他报汛站根据实际情况，陆续建立降雨径流和水位相关等符合本站特点的预报方案。田头水文站的赖塘口-田头洪峰水位、上犹江溢洪流量-田头洪峰流量预报方案；枫坑口水文站的降雨-洪峰水位预报方案；汾坑、宁都水文站的降水-洪峰水位预报方案（该方案加入暴雨中心、暴雨走向、起涨水位等参数）。

表 3-11-1 **1963年各控制站预报方案**

站名	方案	要素	方案合格率/%
赣州	汾坑、葫芦阁、信丰、翰林桥合成流量-赣州洪峰水位	(1) 同时水位； (2) 前6小时涨差； (3) 田头、窑下坝同时合成流量	85.7
峡山	峡山、居龙滩、翰林桥合成流量-赣州洪峰水位、汾坑、葫芦阁合成流量-峡山洪峰水位	(1) 同时水位； (2) 峡山前6小时涨差； (3) 峡山同时水位	88.0
翰林桥	降雨-洪峰流量	(1) 起涨流量； (2) 有效降水时段	86.6
居龙滩	信丰-居龙滩洪峰水位	居龙滩同时水位	86.0
坝上	窑下坝、田头合成流量-坝上洪峰流量	(1) 坝上洪峰水位； (2) 居龙滩、翰林桥、峡山、同时合成流量； (3) 合成最大流量前6小时涨差	91.0
窑下坝	滩头-窑下坝洪峰水位	(1) 窑下坝同时水位； (2) 窑下坝前6小时涨差	83.5
信丰	枫坑口-信丰洪峰水位	同时水位	88.5

1985年，赣州市有5年以上资料系列的水文站都建立预报方案，并进行作业预报。当预报出现超警戒水位以上洪水时，须经省、地或地、县水文站会商后，统一对外发布。

随着资料系列的延长，预报方案不断得到补充修订，与此同时预报方法也更加多样。根据赣南洪水的特点和多年的预报实践，地区水文站逐渐形成几种符合实际的、较为固定的、效果较理想的预报方案，如上、下游水位或流量相关法，降雨径流经验相关法和经验降雨径流（API模型）等。

1990年开始洪水预报方案修编，1994年正式出版《江西洪水预报方案汇编》（第一版），赣州各站纳入其中，从此洪水预报更加规范。

1998以前，市水文局的水文预报方法主要有两种：一是传统降雨径流关系线+经验单位线，二是洪水要素经验相关法（包括降雨洪峰相关法及合成流量相关法）。水文预报手段主要是手工查图计算。之后随着计算机的普及，水文预报采用计算机作业，预报精度有进一步提高。如：采用经验降雨径流（API模型）时，可将预报过程与实测过程进行现时比较、现时校正，确保预报精度。此外，水情工作人员有更多的时间和精力从事水情分析工作。

1998年，局水情科李枝斌编制市水文局第一个C/S架构的水文预报软件，改变手工查图作业，从此软件成为市水文局主要的水文预报手段。

2000年，李枝斌用计算机程序将经验降雨径流模型（API模型）搬上计算机，采用计算机预报洪水过程，改变之前至预报洪水过程极点（即洪峰一点）。

2002年，李枝斌参照蓄满产流模型产流理论将API模型之产流预报公式化（径流深），公式为

$$B = P_{mm} / P_m$$

$$A = P_{mm} \times [1-(1-P_a/P_m)^{(1/B)}]$$

当 $P_{rain} + A < P_{mm}$ ：

$$R = K_r \times (P_{rain} + P_a - P_m) + P_m \times [1-(P_{rain}+A)/P_{mm}{}^B]$$

当 $P_{rain} + A \geqslant P_{mm}$ ：

$$R = K_r \times (P_{rain} - P_m + P_a)$$

式中：P_{mm} 为流域内最大点土壤含水量；P_m 为流域土壤含水量；P_a 为雨前流域平均土壤含水量，是流域干旱指标；K_r 为附加斜率；P_{rain} 为面雨量；R 为面净雨。

采用此法分析编制瑞金、麻州、羊信江、葫芦阁、宁都、石城、汾坑、信丰等水文（位）站经验降雨径流模型（API模型）预报方案。方案参加省局预报方案汇编。

2003年再次修订预报方案，2007年9月出版《江西洪水预报方案汇编》（第二版）。

2005年，针对1992年以来赣州境内发生的多次较大洪水过程，进一步分析各江河洪水规律，水情科对瑞金、麻州、羊信江、葫芦阁、宁都、石城、汾坑、峡山、翰林桥、信丰、居龙滩、赣州、窑下坝、田头、坝上等16个水文（位）站重新进行一次全面的预报方案编制。编制的方案类型有降雨-洪峰水位相关、上下游洪峰水位相关、上游合成最大流量-下游洪峰水位相关、降雨径流预报（API）模型等。方案编制成果参加省局审核并统一汇编刊印。

2006—2015年，由李枝斌牵头主持开展预报方案与技术的升级改进。

2006年，对赣江上游预报系统和水情信息系统取数部分做了进一步改进。改进后的预报系统运用更加方便快捷。

2006年，市水文局开始介入水库洪水调度领域，开发桃江上游龙头滩和桃江两座水库雨水情查询、洪水预报和水库调度系统。2007年，开发梅川上长洲、留金坝两座水库雨水情查询、洪水预报和水库调度系统。2008年，开发崇义古亭河流域园滩、桐梓、牛鼻垅，华山四座水库雨水情查询、洪水预报和水库调度系统。2010年，开发章水水库群（天锦潭、油罗口）、贡水水库群（营脑岗、白鹅、老虎头、禾坑口、上罗、渔翁埠共6座水库连成的水库群）洪水联合调度系统（包括水库雨水情查询、洪水预报和水库调度）。

2008年8月，将江西坡面汇流计算方法引入预报方案，建立坡面汇流预报模型，作为一种新的预报模型进行作业预报，实践证明该方法适合赣州河流洪水预报，尤其是中小流域洪水（特别是小流域山洪）预报效果尤为明显。

2009年，参照蓄满产流和瞬时单位线理论，将传统的降雨径流关系线+经验单位线方法改进为两组公式和参数，并将预报区域细分单元，平均每个单元约500平方千米为原则，各单元之间采用马斯京根流量演算至预报断面叠加（即API与马斯京根相结合）。这种方法有效地减少了整个流域因降雨分布不均匀引起的较大误差，从而提高预报方案编制效率及预报精度。

2010年，将国家防总的降雨数值预报数据引入到预报模型中，有效延长洪水预报的预见期，最长预见期可达7天，3天效果较好。为防御暴雨洪水赢得时间。此法在2012年3月早汛桃江大暴雨洪水预报中取得显著成效。

2015年，根据API模型、蓄满产流模型、坡面汇流模型等理论开发API模型、坡面汇流模型、蓄满产流模型、蓄满产流加坡面汇流四套预报模型，四套模型均采用分单元与马斯京根相结合的形式进行计算。这种模型首先在主要预报站试行，逐步发展到包括基本站、山洪站、中小流站使用。四套模型均放在服务器上自动运行、连续计算，供全体预报人员使用。

2016年，市水文局引进中国洪水预报系统，预报方法增加新安江模型。

2017年8月，开始启动全省预报方案修编，市水文局重新编制瑞金、居龙滩、赣州等20个水文（位）站API模型方案。主要特点是计算时段长改为1小时，经验单位线改为瞬时单位线，并进行单元划分；新增新安江模型方案，对所有22站采用中国洪水预报系统构建方案率定参数。

2018年，由市水文局及昆明雄越公司合作开发的赣州洪水预报系统正式上线，这是全省第一个B/S架构的洪水预报系统，将多种预报方案纳入系统，实现自动滚动预报、网上作业、结果查询和直观展示等功能，预报信息化程度显著提高。

针对近年来新建一大批山洪灾害、中小河流站点，资料系列不长、汇流时间短、无法形成预报方案的特点，市水文局组织编制降雨与涨幅相关的简单估报方案，用于中小河流的洪水预警。实践证明，这种方法对防御中小河流洪水起到良好作用。

二、长期预报

赣南的长期预报主要是指各江河年最高水位预报。20世纪50年代末，采用民间流传的家谚、韵律进行推估，作出定性判断，依此作出的洪水展望，其精度无从检验。因此，此类预报仅供内部参考，不对外发布。

1960年，地区水文站开始尝试长期洪水预报。20世纪60年代初期，编制上犹江电厂洪水预报方案，采用降雨径流和单位线法推算入库流量，预报1973年为丰水年，1974年为枯水年，结果比较好。

1973年，地区水文站采用数理统计中的方差分析、平稳时间序列、自然正交、周期叠加和多元回归等较科学的预报方法开展长期预报。在汛前做洪水趋势分析，预测年最高水位，同时对外发布全区各主要河流汛期水情展望，供有关部门参考。特别是1992年的长期预报，因预报因子相关概率较大，不但预报数值准确，而且洪水趋势也一致。

2015年，长期预报采用数理统计法、趋势分析法、气象因子分析法进行预报，预报合格率较高，趋势较准确，对于指导工农业生产、水库调度可以起到良好作用。

第二节 水文预报方案

《章江坝上站洪峰水位预报方案》 方案引用1961—2002年55次洪水作基本资料，另选22次洪水作检验点据。上游窑下坝、田头水文站控制坝上站流域面积的67.2%，以这两个站合成最大流量与坝上站洪峰水位相关。同时认为坝上水文站同时水位及同时水位前6小时涨差已经反映贡水顶托及区间来水情况，以这两个因子作为第一和第二参数，经调试作成坝上站四变数洪峰水位相关预报方案。在合成最大流量时，如相差100立方米每秒时，以田头站出现洪峰水位的时间为准。当出现复峰且分割不开时，同时水位前 6 小时涨差按 0.50 米处理。

《章水窑下坝、田头同时最大合成流量-坝上站洪峰水位预报方案》 方案引用 1961—2017 年 92 次洪水资料，其中 74 次未建章水橡皮坝时的洪水资料，18 次已建章水橡皮坝时的洪水资料。上游窑下坝、田头水文站控制坝上站流域面积的 67.2%，以两站合成最大流量与坝上水文站洪峰水位相关。以坝上水文站同时水位及同时水位前 6 小时涨差作第一和第二参数，建立坝上水文站四变数洪峰水位相关预报方案。由于 2002 年 5 月以后受下游低水拦水坝回水影响，坝上水文站的水位在 101.5 米以下有所抬高，而在 101.5 米以上则不明显，故“预报水位”在 101.5 米以下时加入换算关系。方案评定及检验：92 次洪水中，洪峰水位合格率 76.1%，传播时间合格率 78.2%，为乙级方案。可以发布正式预报。

《章水坝上站新安江模型》 预报方案设置为 3 个河道输入（窑下坝、田头、安和）加上 1 个区间汇流（窑下坝、田头、安和-坝上，区间流域面积 2258 平方千米）。章水坝上站方案结构见图 3-11-1。

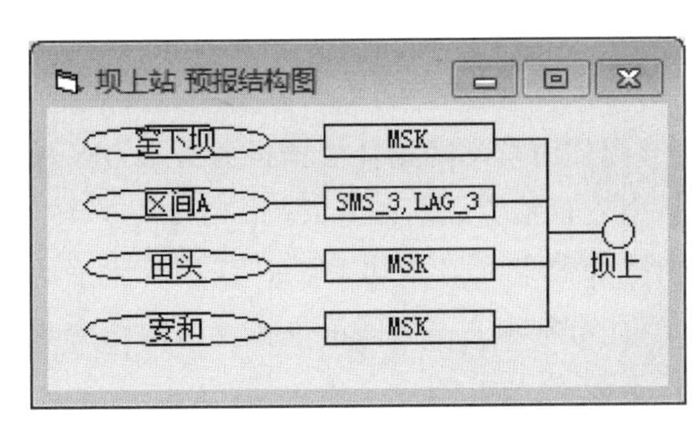

图 3-11-1 章水坝上站预报方案结构图

区间汇流模型选取 17 个雨量站，采用泰森多边形法计算区间平均雨量。方案计算步长为 1 小时，预见期 72 小时，预热期是 30 天，输出为流量过程。

参数率定：在本方案中，综合确定性系数 0.91，大于规范要求的 0.7，所以参数成果可以作为预报模型的参数成果。模型参数成果见表 3-11-2～表 3-11-4。

表 3-11-2 三水源蓄满产流模型（SMS_3）的参数

参数名	WM	WUMx	WLMx	K	B	C	IM	SM	EX	KG	KI
参数	80.75	0.122	0.859	0.701	0.497	0.115	0.029	58.56	1.50	0.578	0.122

表 3-11-3 三水源滞后演算汇流模型（LAG_3）的参数

参数名	F	CI	CG	CS	LAG	X	KK	MP
参数	2258	0.248	0.953	0.945	4	0.0	1	0.0

表 3-11-4 窑下坝、田头、安和站马斯京根法演算参数

参 数	窑下坝	田头	安和
X	0.067	0	0.081
KK	1	1	1
MP	8	10	12

方案评定：因部分雨量站系2007年后兴建，方案选取2009—2016年八年雨洪资料进行率定，方案确定性系数0.91（率定），洪水过程拟合较好，主要适用于坝上水文站洪峰流量2700立方米每秒及以下的洪水。场次洪水洪峰的模拟精度高，峰现时间与实际峰现时间基本相符。按规范要求，方案选取1976—2016年间共57次洪水进行评定，评定结果是：洪峰流量合格率95%，峰现时间合格率72%。方案为乙级方案，对洪峰流量模拟较好，对峰现时间作适当人工交互调整预报，可以投入实时作业预报。

《梅川宁都、石城错时合成最大流量-汾坑站洪峰水位》 方案引用1978—2002年共50次洪水资料，建立宁都水文站及提前4小时石城水文站错时合成最大流量，并以汾坑水文站同时水位为第一参数，汾坑水文站同时水位前6小时涨差为第二参数与汾坑水文站洪峰水位建立四变数相关图。本方案按规范评定：经对50个方案点的评定，洪峰水位合格率76%，传播时间合格率90%；经对20个检验点的评定，洪峰水位检验合格率80%，传播时间检验合格率95%，为乙级方案。方案于2017年进行重新修订。采用1978—2016年共95次洪水资料，进行分析编制而成。方案评定按规范要求评定，为乙级方案。

《梅川汾坑站降雨径流预报方案（API模型）》 本方案是经验降雨径流预报关系和马斯京根流量演算，即产流 $R=f(P,P_a)$，$P_{a_t}=k(P_{t-1}+P_{a_{t-1}})$，$k=0.85$，$I_m=60\text{mm}$，雨量影响天数为15，平均雨量 P 采用算术平均法计算。汇流预报是宁都-汾坑水文站流量演算和宁都-汾坑水文站区间单位线叠加的综合预报汇流过程，即 $Q_{汾t}=f(R,\ u_t,\ Q_{马})$。流量演算系数 $C_0=0.09$，$C_1=0.59$，$C_2=0.32$，宁都-汾坑水文站的平均传播时间约18小时，$\Delta t=6$ 小时分三段进行演算。当宁都、丰山和石城三站平均降雨大于区间平均值1.2倍时采用单位线Ⅰ，其余情况采用单位线Ⅱ。另外，汇流还采用误差延续来校正预报结果，误差延续校正系数 $k=0.21[\sum Q(t)/Q'(t)]/n+0.79$（$n$ 为预报根据时段内的时段数）。因宁都以上的流量过程不便分割，所以产流部分是汾坑整个流域的产流方案，所选站点包括东韶、璜陂、东山坝、宁都、丰山、石城、长胜、青塘、葛坳、汾坑十站。宁都-汾坑区间汇流所选站点宁都、丰山、石城、长胜、青塘、葛坳、汾坑七站。从1961—2002年间选80次雨洪资料编制产流方案，另外从中选79次雨洪资料进行汇流检验洪水。按规范要求，径流深预报是以实测值的20%作为许可误差，并以20毫米为上限，3毫米为下限；洪峰流量预报是以实测洪峰流量的20%为许可误差，洪峰时间是以实测预见期的30%为许可误差，并以一个计算时段为下限。产流方案合格率是76.3%，为乙级方案。汇流方案洪峰流量和传播时间预报合格，合格率86.1%，为甲级方案；过程预报合格率87.3%，平均确定性系数0.83，可以作为正式发布预报的方案。方案于2017年进行修订。方案采用经验降雨径流方法，即API模型。选取1961—2002年98次洪水及其配套降雨资料分析编制。方案按规范要求评定，为甲级方案，可以作为正式发布预报的方案。

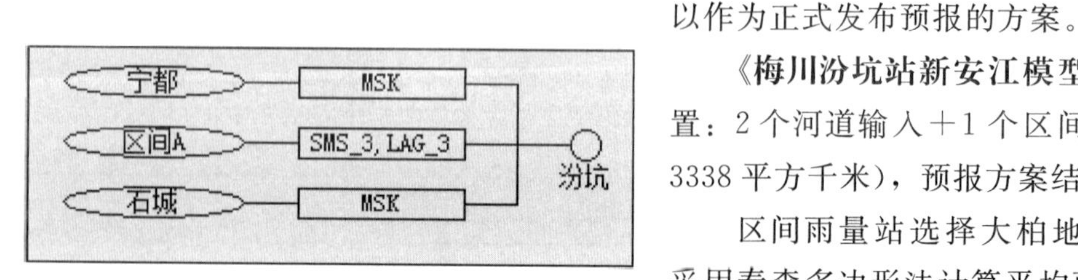

图3-11-2 梅川汾坑站预报方案结构图

《梅川汾坑站新安江模型》 预报方案设置：2个河道输入+1个区间输入（区间面积3338平方千米），预报方案结构见图3-11-2。

区间雨量站选择大柏地、田埠等23个，采用泰森多边形法计算平均雨量。时段长度1小时，预见期72小时，预热期30天，方案输出为葫芦阁水位站逐时段流量过程。

模型参数率定结果见表 3-11-5～表 3-11-7。

表 3-11-5　　三水源蓄满产流模型（SMS _ 3）参数

参数	WM	WUMx	WLMx	K	B	C	IM	SM	EX	KG	KI
率定	96.147	0.361	0.866	0.720	0.439	0.192	0.048	26.125	1.500	0.364	0.337

表 3-11-6　　三水源滞后演算汇流模型（LAG _ 3）参数

参数	F	CI	CG	CS	LAG	X	KK	MP
率定	3338	0.822	0.991	0.960	7	0	1	0

表 3-11-7　　马斯京根河道演算参数

参数	宁都	石城
X	0.452	0.496
KK	1	1
MP	13	18

方案检验与评定：方案率定确定性系数 0.938，率定后的参数都在合理范围之内，洪水过程拟合较好，为甲级方案。根据 1976 年以后 59 场洪水检验结果，以洪峰流量 20%作为许可误差，合格率 77.6%；时间误差以主峰雨至峰现时间的 30%为允许误差（不足 3 小时以 3 小时为允许误差），峰现时间合格率 77.6%，属乙级方案。可以投入实时作业预报。

《贡水汾坑、葫芦阁、信丰站同时合成最大流量-赣州站洪峰水位预报方案》　方案选用赣州水位站 1957—2002 年间的 100 次洪水资料，其上游的汾坑等六站和章水窑下坝田头二水文站相应的洪水要素以及万安水库 1992 年以来的相应的坝前水位进行编制。汾坑、葫芦阁、信丰三水文（位）站的总面积占赣州站总面积的 66.1%，三站至赣州水位站的河长近似 120 千米，以三站同时合成最大流量（$\sum Q_{上}$，t）为依据因素，峡山、居龙滩、翰林桥水文站同时合成流量（$\sum Q_{中}$，t）为第一参数反映区间状况，三站控制区间面积占赣州水位站的 31.5%，三站至赣州水位站的传播时间约 6 小时；取赣州水位站同时水位前 6 小时涨差为第二参数，反映底水情况；洪水期，章水对赣州水位站的水位有一定的顶托影响，故取窑下坝和田头水文站的同时合成流量（$\sum Q_{章}$，t）作为第三参数；在编制方案过程中发现，当万安水库水位达到 94 米及以上时，对赣州水位站水位影响较大，故取其作为第四参数。利用上述依据因素及四个参数对赣州水位站洪峰水位进行综合相关分析，制订出预报方案相关图。通过对本方案的 75 次洪水进行评定，其中有 60 次洪水水位预报合格，合格率 80.0%；有 73 次传播时间预报合格，合格率 97.3%。通过对 1990—1996 年的 25 次洪水进行检验预报，其中有 19 次洪水的水位预报合格，合格率 76%，传播时间检验合格率 100%。为乙级方案，可正式发布预报。方案于 2017 年进行修订。方案选用赣州水位站 1957—2017 年 120 次洪水资料，及其上游汾坑等六站和章水窑下坝田头二水文站相应洪水要素以及万安水库 1992 年以后相应坝前水位进行编制。汾坑、葫芦阁、信丰三站的总面积占赣州水位站总面积的 66.1%，三站至赣州站的河长均大约 120 千米，以三站同时合成最大流量（$\sum Q_{上}$，t）为依据因素，峡山、居龙滩、翰林桥三水文站同时合成流量（$\sum Q_{中}$，t）为第一参数反映区间状况，三站控制区间面积占赣州水位站的31.5%，三站至赣州水位站的传播时间约6小时；取赣州水位站同时水位前6小时涨差为第二参数，反映底水情况；洪水期，章水对赣州水位站水位有一定的顶托影响，故取窑下坝和田头水文站的同时合成流量（$\sum Q_{章}$，t）作为第三参数；当万安水库水位达到94米及以上时，对赣州水位站水位影响较大，取其作为第四参数。利用上述依据因素及四个参数对赣州水位站洪峰水位进行综合相关分析，制订出预报方案相关图。

方案检验与评定：通过对本方案95次洪水进行评定，其中有77次洪水水位预报合格，合格率81.0%，有88次传播时间预报合格，合格率92.6%。通过对1990—1996年的25次洪水进行检验预报，其中有19次洪水的水位预报合格，合格率76%，传播时间检验合格率100%。为乙级方案，可正式发布预报。

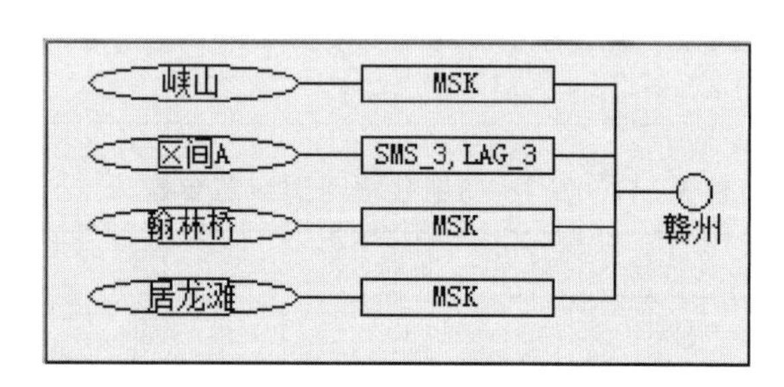

图3-11-3　贡水赣州站预报方案结构图

《贡水赣州站新安江模型》　预报方案设置：3个河道输入+1个区间输入（区间面积659平方千米），预报方案结构见图3-11-3。

区间雨量站选择峡山、翰林桥、妈祖岩等7个站，采用泰森多边形计算平均雨量。时段长度1小时，预见期72小时，预热期30天，方案输出为赣州水位站逐时段流量过程。

模型参数率定结果见表3-11-8～表3-11-10。

表3-11-8　三水源蓄满产流模型（SMS_3）参数

参数	WM	WUMx	WLMx	K	B	C	IM	SM	EX	KG	KI
率定	107.39	0.1	0.881	0.7	0.487	0.186	0.028	77.20	1.5	0.235	0.465

表3-11-9　滞后演算汇流模型（LAG_3）参数

参数	F	CI	CG	CS	LAG	X	KK	MP
率定	659	0.825	0.957	0.928	9	0	1	0

表3-11-10　马斯京根河道演算（MSK）参数

参数	峡山	居龙滩	翰林桥
X	−0.992	−0.286	, −0.115
KK	1	1	1
MP	6	7	9

方案检验与评定：方案率定确定性系数0.924，率定后的参数都在合理范围之内，洪水过程拟合较好，为甲级方案。根据1959—2016年70场洪水检验结果统计，以洪峰流量20%作为许可误差，合格率95.7%；峰现时间误差合格率90%，为甲级方案。

《平江翰林桥站洪峰流量预报方案》　方案引用1976—2002年55次洪水作编制方案的基本资料。翰林桥水文站冲淤严重，因此选用翰林桥水文站洪峰流量为预报对象。所选资料最大洪峰流量2150立方米每秒（相应洪峰水位114.01米），最小洪峰流量479立方米每秒（相应洪峰水位111.09米）。建立流域平均降雨量与翰林桥水文站洪峰流量相关图，并以翰林桥水文站同时流量为第一参数，暴雨中心位置为第二参数。为作业预报的需要，选用城岗、长竹、兴国、翰林桥四站，按算术平均法计算流域平均降雨量。

方案检验与评定：按2000年版《水文情报预报规范》作为评定标准，在55次洪水中，经评定，预报最大误差270立方米每秒。洪峰流量合格率81.8%，传播时间合格率90.9%，为乙级方案。选用1997—2004年22次洪水作检验，预报最大误差200立方米每秒，洪峰流量合格率均81.8%，传播时间合格率77.3%，为乙级方案。可以发布正式预报。方案于2017年进行重新修订。方案采用1976—2016年94次洪水作编制方案的基本资料，选用城岗、长竹、兴国、翰林桥四站雨量，以翰林桥水文站同时流量为第一参数，暴雨中心位置为第二参数，建立流域平均降雨量与翰林桥水文站洪峰流量相关关系。方案按规范要求评定，为乙级方案。

《平江翰林桥站新安江模型》 预报方案设置：1个河道输入+1个区间输入（区间面积1841平方千米）。预报方案结构见图3-11-4。

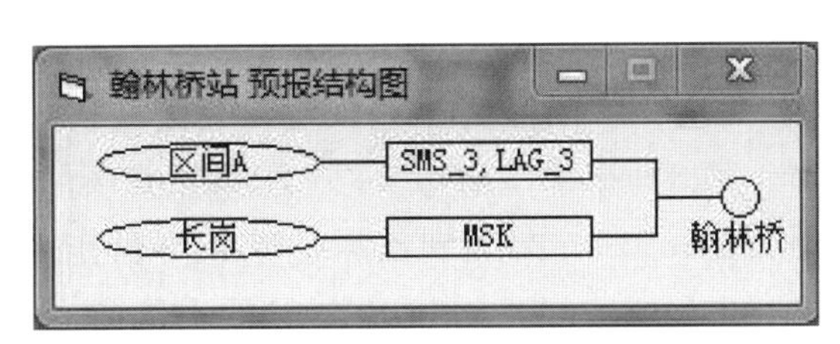

图3-11-4 翰林桥站预报方案结构图

区间雨量站选择兴国、翰林桥、茶园等12个站，采用泰森多边形计算平均雨量。时段长度1小时，预见期72小时，预热期30天，方案输出为峡山水文站逐时段流量过程。

模型参数率定结果见表3-11-11～表3-11-13。

表3-11-11 三水源蓄满产流模型（SMS_3）参数

参数	WM	WUMx	WLMx	K	B	C	IM	SM	EX	KG	KI
率定	96.859	0.359	0.898	0.700	0.477	0.186	0.049	31.088	1.500	0.363	0.336

表3-11-12 滞后演算汇流模型（LAG_3）参数

参数	F	CI	CG	CS	LAG	X	KK	MP
率定	1841	0.720	0.992	0.946	7	0	1	0

表3-11-13 马斯京根河道演算（MSK）参数

参　数	X	KK	MP
长冈	0.220	1	13

方案检验与评定：方案率定确定性系数0.924，率定后的参数都在合理范围之内，洪水过程拟合较好，为甲级方案。根据1992—2016年42场洪水检验结果，以洪峰流量20%作为许可误差，合格率73.8%；时间误差以主峰雨至峰现时间的30%为允许误差（不足3小时以3小时为允许误差），峰现时间合格率71.4%，属乙级方案。可以投入实时作业预报。

《平江韩林桥站API模型》 本方案是长冈水库-翰林桥水文站区间降雨径流（API模

型）加上长冈水库出库演算至预报断面的综合预报模型。产流部分选取建库运行前1958—1974年85次洪水及其配套降雨资料编制。汇流部分选取建库运行并于1991年有部分水库运行资料后的1992—2016年66次洪水及其配套降雨资料编制，加上长冈水库出库流量演算至预报断面合成，二者叠加即得翰林桥水文站流量过程。产流方案：采用全流域进行分析产流方案。产流关系即$R=f(P,P_a)$，$P_{a_t}=k(P_{t-1}+P_{a_{t-1}})$，$k=0.85$，$I_m=60$mm，雨量影响天数为20天，平均雨量$P$采用算术平均法计算，洪水间（复峰）采用退水曲线水平分割。产流方案选用茶园、长龙、六科、梅窖、澄江、城冈、兴国、长竹、富口、龙口、田村、翰林桥等站雨量。汇流方案：长冈水库—翰林桥水文站区间汇流采用经验单位线法，长冈水库出库流量采用马斯京根流量演算法演算至预报断面，两者叠加后即为预报断面的洪水过程。汇流方案选用茶园、长龙、高兴、隆坪、长冈、江背、兴国、埠头、永丰、社富、富口、龙口、杰村、大都坑、南塘、田村、翰林桥17站雨量。方案按规范要求评定：产流评定，在85次洪水当中，有74次洪水检验合格，合格率87.1%。汇流方案检验：汇流方案中66次洪水当中有58次检验合格，合格率87.9%。峰现时间评定：在66次洪水中只有32次检验合格，合格率48.5%。过程预报的评定标准是确定性系数不小于0.70，在66次洪水中有57次的确定性系数在0.70以上，合格率86.4%。方案平均确定性系数0.80。方案达到乙级标准，可以作为作业预报的正式依据方案。

《贡水葫芦阁、汾坑站合成最大流量-峡山站洪峰水位预报方案》 本方案采用峡山水文站上游两个控制站，即控制梅川河的于都汾坑水文站和控制贡水上游的会昌葫芦阁水位站。在编制方案时，采用试错法求出两站同时合成最大流量作相关要素；采用峡山水文站的同时水位作为第一参数，并以峡山水文站前6小时涨差为第二参数，作成四变数相关图方案，进行峡山水文站洪峰水位预报。方案采用70个测次。根据规范评定，在70次洪水中，水位合格率74.3%，属乙级方案。洪峰时间合格率94.3%，属甲级方案，可正式发布预报。方案于2017年进行重新修订。方案采用梅川汾坑水文站和贡水上游葫芦阁水位站同时合成流量为预报依据。用试算法求出两站同时合成最大流量作相关要素，以峡山水文站同时水位作为第一参数，以峡山水文站前6小时涨差为第二参数，经反复调试，成四变数相关方案，进行峡山水文站洪峰水位预报。方案按规范要求评定，为甲级方案。

《贡水峡山站降雨径流预报方案》 本方案为分块降雨径流及流量演算相集合的预报方案，即汾坑水文站和葫芦阁水位站两站流域各为一单元及两站至峡山水文站区间为一单元。汾坑水文站、葫芦阁水位站两站降雨径流预报洪水过程合成后经流量演算至峡山水文站断面，与区间降雨径流预报过程合成即为峡山水文站的预报过程。区间的产流方案直接移用汾坑水文站的产流部分。葫芦阁水位站和汾坑水文站两站合成后至峡山水文站的洪水传播时间为12小时，分两段进行马斯京根流量演算，$\Delta t=6$h，流量演算系数分别为$C_0=0.13$、$C_1=0.59$、$C_2=0.28$。汇流采用误差延续来校正预报结果，误差延续校正系数$k=0.45[\sum Q(t)/Q'(t)]/n+0.55$（$n$为预报根据时段内的时段数）。区间选用的雨量站有：葫芦阁、祁禄山、汾坑、于都和峡山五站，选用1961—2002年96次洪水来检验本方案。方案按2000年版《水文情报预报规范》进行评定，洪水检验预报合格率92.7%，洪峰时间合格率84.4%，过程预报合格率81.3%，方案平均确定性系数0.78，为乙级方案。可发布正式预报。

《**贡水峡山站新安江模型**》 本方案设置3个河道输入+1个区间输入（区间面积7282平方千米），预报方案结构见图3-11-5。

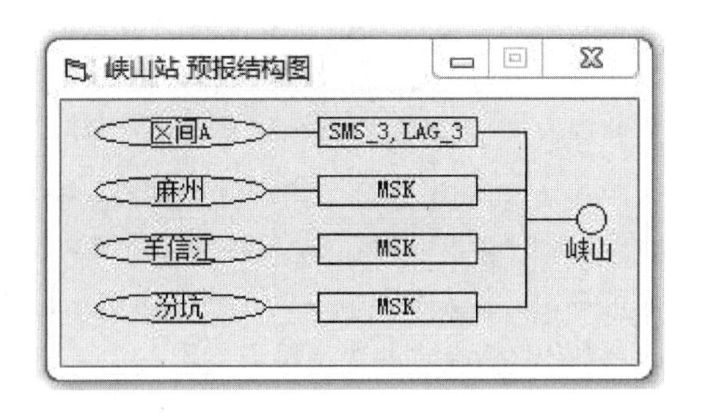

图3-11-5 峡山站预报方案结构图

区间雨量站选择瑞金、葫芦阁、麻州等53个站，采用泰森多边形计算平均雨量。时段长度1小时，预见期72小时，预热期30天，方案输出为峡山水文站逐时段流量过程。

模型参数率定结果见表3-11-14～表3-11-16。

表3-11-14 三水源蓄满产流模型（SMS_3）参数

参数	WM	WUMx	WLMx	K	B	C	IM	SM	EX	KG	KI
率定	89.211	0.326	0.822	0.937	0.494	0.185	0.028	48.872	1.5	0.389	0.312

表3-11-15 滞后演算汇流模型（LAG_3）参数

参数	F	CI	CG	CS	LAG	X	KK	MP
率定	7282	0.100	0.977	0.964	5	0	1	0

表3-11-16 马斯京根河道演算（MSK）参数

参数	麻州	羊信江	汾坑
X	0.332	0.345	0.016
KK	1	1	1
MP	15	17	13

方案检验与评定：方案率定确定性系数0.961，率定后的参数都在合理范围之内，洪水过程拟合较好，为甲级方案。根据1964—2016年87场洪水检验结果，以洪峰流量20%作为许可误差，合格率91.9%；时间误差以主峰雨至峰现时间的30%为允许误差（不足3小时以3小时为允许误差），峰现时间合格率90.8%，属甲级方案。可以投入实时作业预报。

《**桃江居龙滩站API模型**》 方案是经验降雨径流预报方案（即API模型），产流部分分析全流域的产流关系，汇流是信丰水位站-居龙滩水文站经验单位线，加上信丰水位站作为一个入口（即信丰水位站洪水过程演算至居龙滩水文站预报断面——马斯京根流量演算）。产流部分各参数为前期影响雨量最大值I_m=60毫米，折算系数K=0.85，影响天数（提前计算天数）为20天。洪水场次采用综合退水曲线簇水平分割。汇流部分，马斯京根法演算系数为C_0=0.39、C_1=0.32、C_2=0.29，信丰水位站-居龙滩水文站的传播时间是12小时，信丰水位站-居龙滩水文站的传播时间是13小时。产流部分采用杨坊、茅山、大吉山、南迳、横岗、杨村、古坑、上围、双罗、杜头、汶龙、龙头、月子、东坑、龙源坝、陂头、枫坑口、迳脑、龙迳子、信丰、油山、金盆山、新田、古陂、小坌、横溪、黄婆地、阳埠、枫树万、居龙滩，汇流部分采用信丰、油山、金盆山、新田、古陂、小坌、横溪、黄婆地、阳埠、枫树万、居龙滩。因是区间单位线法，所以产汇流均采用信丰、油山、金盆山、新田、古陂、小坌、横溪、黄婆地、阳埠、枫树万、居龙滩等站雨量，算术平均法计算平均雨量。方案评定：方案选用1976—2002年93次洪水及配套的降雨量资料分析产汇流关系。93次洪水中，按规范要求，产流方案中有79次洪水检验合格，合格率84.9%，属乙级方案；汇流方案中，洪峰流量检验预报有83次洪水预报合格，合格率89.2%，峰现时间合格率是89.2%，过程预报有85次洪水预报合格，合格率91.4%，方案确定性系数0.85。汇流方案属甲级方案。整个方案是乙级方案，按规范规定，本方案可以作为正式发布洪水预报依据的方案。

《赣州中小流域洪水预报方案汇编》 定南水胜前水文站、琳池河东韶水位站、固厚河固厚水位站、马蹄河寻乌水位站、濂水安远水位站、朱坊河扬眉水位站降雨-水位总涨幅预报方案。本方案采用历史洪水资料为根据，建立流域平均降雨量与水文（位）站水位总涨幅相关图，选取流域内2～7个雨量站为代表站，使用代表雨量站资料用算术平均法计算流域平均雨量。作业预报时，用流域平均降水量查水位总涨幅，将查算的总涨幅加上本次洪水起涨水位即得洪峰水位。洪峰出现时间以历史洪水资料分析，洪峰时间在主峰雨止后几小时内出现。经过对以往洪水评定，以确定预报合格标准，东韶站水位站合格率80%，固厚水位站合格率83.3%，胜前水文站水位总涨幅合格率76.4%。其余站因建站时间短，雨洪资料少，方案无法做评定。

寻乌水水背水文站、寺下水安和水文站、横江樟斗水文站降雨量-起涨水位-洪峰水位预报方案采用历史洪水资料为依据，以流域平均降雨量-起涨水位-洪峰水位三个参数建立相关图，选取流域内2～13个雨量站为代表站，使用代表雨量站资料用算术平均法计算流域平均雨量。作业预报时，用流域平均降水量与起涨水位，即可查算出预报的洪峰水位。3站洪水传播时间受暴雨中心位置等不确定因素影响较为明显，因此，根据降雨中心位于流域上游、中游、下游初步估报传播时间。

赣州市洪水预报方案一览表见表3-11-17。

表3-11-17　　赣州市洪水预报方案一览表（2018年修编）

序号	河流	站名	方案数	相关图方案	降雨径流API模型	新安江模型
1	绵水	瑞金	2		乙级	乙级
2	湘水	筠门岭	2		乙级	丙级
3	湘水	麻州	3	乙级	乙级	乙级
4	濂水	羊信江	2		乙级	乙级
5	贡水	葫芦阁	3	乙级	乙级	乙级
6	梅川	宁都	3	乙级	乙级	乙级
7	琴江	石城	3	乙级	乙级	乙级
8	琴江	庙子潭	2		乙级	乙级
9	梅川	汾坑	3	乙级	乙级	乙级
10	贡水	峡山	3	甲级	甲级	甲级
11	平江	翰林桥	3	乙级	乙级	乙级
12	桃江	南迳	1		丙级	

续表

序号	河流	站名	方案数	相关图方案	降雨径流API模型	新安江模型
13	太平江	杜头	2		丙级	乙级
14	桃江	信丰	2	乙级		乙级
15	桃江	居龙滩	2		乙级	乙级
16	贡水	赣州	3	乙级	甲级	甲级
17	章水	窑下坝	2		丁级	丙级
18	上犹江	田头	2	丙级		丙级
19	寺下河	安和	2		丙级	丙级
20	章水	坝上	3	乙级	乙级	乙级
21	寻乌水	水背	1			乙级
22	九曲河	胜前	2		乙级	乙级

第三节　水文（位）站防汛功能

一、功能梳理

随着近年来水文监测站点成几何级数增加，为理清各类站点功能，提升水文服务防汛能力，2018年，按照省水文局要求，赣州市水文局对全市326个水文（位）站进行分析，剔除部分在建站和水库站，共有109个水文（位）站进行防汛功能梳理和警戒水位分析评估工作。按照站点重要程度、防护对象不同，确定其防汛功能等级，共分为四级：6个为一级，18个为二级，55个为三级，30个为四级。109个水文（位）站中基本水文站21个，基本水位站4个，山洪水位站54个，中小河流水文站19个，中小河流水位站12个。

对有长系列资料的25个基本水文（位）站（含麻子坝站）进行频率分析。其中仅水位频率分析4个站（葫芦阁、赣州、瑞金、信丰），仅流量频率分析6个站[峡山（二）、麻州、窑下坝、麻仔坝、胜前、安和]，水位、流量两种频率分析的站点12个，茶芫、水背、庙子潭站因资料系列太短未做频率分析。赣州市水文局防汛功能梳理及频率分析成果见表3-11-18。

二、防护对象

一级站防护对象　贡水峡山（二）站防汛防护对象为于都县城、于都罗坳镇、罗江乡、赣县区江口镇、G323国道；赣州水位站防汛防护对象为赣州市中心城区及赣县区；梅川汾坑水文站防汛防护对象为于都县城、车溪乡、段屋乡、银坑镇汾坑村；平江翰林桥水文站防汛防护对象为赣县城区、兴国龙口镇、赣县江口镇；居龙滩水文站防汛防护对象为赣县大田乡、赣县城区、赣州市中心城区；章水坝上水文站防汛防护对象为赣州市中心城区及上游三江镇。

表 3-11-18　　赣州市水文局防汛功能梳理及频率分析成果表

级别	防护对象	水文站	数量/个	水位站	数量/个	总计/个	频率分析站点
一级	设区市区以上城市、5万亩以上圩堤	汾坑、峡山（二）、翰林桥、居龙滩、坝上	5	赣州	1	6	筠门岭、麻州、羊信江、宁都、汾坑、石城、翰林桥、南迳、居龙滩、杜头、坝上、田头、葫芦阁、赣州、瑞金、信丰、峡山（二）、麻州、窑下坝、麻仔坝、胜前、安和
二级	县级以上城市、万亩圩堤	麻州、宁都、石城、信丰、窑下坝、田头、兴国、崇义	8	瑞金、葫芦阁、寻乌、会昌、于都、全南、犁头嘴、赣县、大余、唐江	10	18	
三级	重要集镇	筠门岭、羊信江、庙子潭、南迳、安和、杜头、水背、胜前、公馆、璜陂、固厚、移陂、利村、黄石迳、陂头、柳塘、古陂、菖蒲、孔田、浮江、朱坊、里仁	22	大湖江、攸镇、蔡坊、安远、龙布、浮槎、花桥、九堡、东韶、洛口、横江、曲洋、车溪、十里、高兴、大吉山、上江、茶芫、杨村、龙南、南亨、月子、牛迹潭、龙源坝、虎山、吉村、长江、浮石、扬眉、鹅公、历市、天九、老城	33	55	
四级	其他	樟斗、坪石、横市、胜利	4	小孔田、吴村、钓峰、文坊、雷峰山、社迳、五村、安西、龙舌、沙村、南洲、热水、横寨、石溪、麻仔坝、思顺、双溪、蓝田、赤江、龙图、阳佳、大阿、高桥、金鸡、大陂、三亨	26	30	
合　计						109	22个

二级站防护对象　贡水瑞金水位站防汛防护对象为瑞金市中心城区；会昌水位站防汛功能防护对象主要为会昌县城；葫芦阁水位站防汛防护对象为于都县城、会昌白鹅乡、庄口；于都水位站防汛防护对象为于都县城、跃洲水库、永红村、跃洲村、河田村；赣县水位站防汛防护对象为上赣县县城梅林镇、上游茅店镇、下游七里镇、323国道、沿河居民；湘水麻州水文站防汛防护对象为会昌县县城；梅川宁都水文站防汛防护对象为宁都县城、石上镇莲湖村、城头村、会同乡武朝村、陂头村、梅江镇罗家村、七里村、高坑村、竹笮乡、319国道、217省道、208省道；琴江石城水文站防汛防护对象为石城县城、205国道；平江兴国水文站防汛防护对象为上游的长冈乡、兴国县城所在地潋江镇以及下游的埠头乡；桃江全南水位站防汛防护对象为全南县城沿河两岸及京珠—赣粤高速、327省道；犁头嘴水位站防汛

防护对象为龙南县城、327省道；信丰水文站防汛防护对象为信丰县城沿河两岸、铁石口镇及105国道、赣粤高速公路、京九铁路、信（丰）—（南）雄公路、信（丰）—寻（乌）公路、信（丰）—池（江）公路；章水大余水位站防汛防护重点为县城所在地南安镇，兼顾下游黄龙镇和青龙镇；窑下坝水文（二）站防汛防护对象除南康城区外，还有其下游东山、龙岭和蓉江新区的潭口等城镇；田头水文站防汛防护对象为下游的龙华乡、唐江镇、开发区的凤岗镇、三江乡；唐江水位站防汛防护重点为唐江镇以及开发区的凤岗镇、三江乡；崇义水文站防汛防护对象为崇义县城、塔下村、S339省道。寻乌水寻乌水位站防汛防护对象为寻乌县城。

三级站防护对象 贡水花桥水位站防汛防护对象为于都县梓山镇、G323国道；湘水筠门岭水文站防汛防护对象为会昌筠门岭镇；濂水安远水位站防汛防护对象为安远县城；羊信江水文站防汛防护对象为安远县版石镇；蔡坊水位站防汛防护对象为蔡坊乡；龙布水位站防汛防护对象为龙布镇；浮槎水位站防汛防护对象为浮槎乡；澄江九堡水位站防汛防护对象为九堡圩居委会、松燕村；公馆水文站防汛防护对象为于都黄麟乡、公馆村、上关村、G323国道；梅川洛口水位站防汛防护对象为宁都洛口镇、洛口镇员布村、谢坊村、古夏村、208省道；车溪水位站防汛防护对象为于都县车溪乡、段屋乡、康梁村、S41高速；东韶水位站防汛防护对象为宁都县东韶乡、221省道；黄陂水文站防汛防护对象为宁都县黄陂镇、225省道；固厚水位站防汛防护对象为宁都县固厚乡、337省道；曲洋水位站防汛防护对象为于都县葛坳乡黄屋乾村、石灶村、大田村；琴江庙子潭水文站防汛防护对象为大由乡、固村镇；横江水位站防汛防护对象为石城县横江镇、206国道；小溪河移陂水文站防汛防护对象为于都县新陂乡；利村水文站防汛防护对象为于都县利村乡、利村村、三坊头村、S218省道；平江高兴水位站防汛防护对象为上游的崇贤乡及下游的高兴镇共10个行政村3万余人；旗岭水位站防汛防护对象为永丰中学及下游的永丰圩；杰村水位站防汛防护对象为杰村乡杰村圩；社富水位站防汛站防护对象为社富乡的纸帮村、社富村、社富圩；龙口水位站防汛防护对象为龙口镇龙口圩、S223省道；均村水位站防汛防护对象为均村乡均村圩；良村水位站防汛防护对象为良村圩；枫边水位站防汛防护对象为枫边圩、枫边村；桃江南迳水文站防汛防护对象为全南县南迳镇沿河两岸及赣粤—京珠高速公路、327省道；牛迹潭水位站防汛防护对象为龙南县程龙镇、327省道；龙南水位站防汛防护对象为龙南县城、桃江乡窑头村、渡江镇、渡江镇莲塘村、果龙村、岭下村、象塘村、327省道；上江水位站防汛防护对象为信丰县崇仙乡，全南县社迳乡上江口村、桃江水电站；茶芫水位站防汛防护对象为信丰县城沿河两岸、铁石口镇及105国道、赣粤高速公路、京九铁路、信（丰）—（南）雄公路、信（丰）—寻（乌）公路、信（丰）—池（江）公路；大吉山水位站防汛防护对象为全南县大吉山镇沿河两岸及105国道和京珠赣粤高速公路；杨村水位站防汛防护对象为龙南县杨村镇；杜头水文站防汛防护对象为龙南县程龙镇盘石村、327省道；南亨水位站防汛防护对象为龙南县南亨乡、南亨乡三星村、临塘乡圭湖村、大屋村、105国道；黄石迳水位站防汛防护对象为龙南县东江乡、东江乡中和村、新圳村、晓坑村及临塘乡、105国道；月子水位站防汛防护对象为定南县岭北镇及小定公路；里仁水位站防汛防护对象为龙南县里仁镇、龙南县城濂江沿岸；龙源坝水位站防汛防护对象为全南县龙源坝镇沿河两岸；陂头水位站防汛防护对象为全南县陂头乡及上、下游沿河两岸；虎山水文站防汛防护对象为信丰县虎山乡；柳塘水文站防汛防护对象为信丰县铁石口镇；十里水位站防汛防护对象为信丰县城（嘉定镇）西河沿河两岸、嘉定镇十里村沿河两岸；古陂水位站防汛防护对象为信丰古陂镇沿河两岸、新田镇、343 省道；章水吉村水位站防汛防护对象为大余县吉村镇；长江水位站防汛防护重点为县城所在地池江镇，兼顾下游新城镇；浮石水位站防汛防护重点为浮石乡；浮江水位站防汛防护重点为浮江乡；扬眉水位站防汛防护对象为崇义县扬眉镇、华芦村、石塘村；朱坊水位站防汛防护重点为朱坊乡及镜坝镇部分；安和水文站防汛防护对象为安和、社溪两乡村。赣江大湖江水位站防汛防护对象为湖江镇、万安水库库区、库区居民、105 国道；攸镇水位站防汛防护对象为攸镇、万安水库库区、库区居民、105 国道；寻乌水水背水文站防汛防护对象为寻乌县南桥镇、青龙岩风景区；菖蒲水文站防汛防护对象为寻乌县菖蒲乡；定南水胜前水文站防汛防护对象为定南县龙塘镇、鹅公镇；孔田水位站防汛防护对象为安远县孔田镇；鹅公水位站防汛防护对象为定南县鹅公镇；历市水位站防汛防护对象为定南县城、S327 省道；天九水位站防汛防护对象为定南县天九镇、S385 省道；老城水位站防汛防护对象为定南县老城镇、S226 省道。

四级站防护对象 濂水小孔田水位站防汛防护对象为安远新龙乡小孔田村；梅川吴村水位站防汛防护对象为宁都县肖田乡吴村、208 省道、下游团结水库；钓峰水位站防汛防护对象为宁都县钓峰乡钓峰村、东山下村、424 县道；文坊水位站防汛防护对象为宁都县梅江镇河东村、217 省道；桃江雷峰山水位站防汛防护对象为龙南县里仁镇新里村、新园村、正桂村、407 县道；社迳水位站防汛防护对象为全南县社迳乡塔下村沿河两岸；高桥水位站防汛防护对象为信丰县铁石口镇；五村水位站防汛防护对象为信丰县小河镇五村村；大阿水位站防汛防护对象为信丰县大阿镇沿河两岸；龙舌水位站防汛防护对象为信丰县西牛镇龙舌村沿河两岸；金鸡水位站防汛防护对象为信丰县新田镇、新田镇金鸡村、343 省道；安西水位站防汛防护对象为信丰县安西镇沿河两岸；坪石水位站防汛防护对象为信丰县大塘埠镇坪石村、343 省道；胜利水文站防汛防护对象为胜利村、浓口村、横溪村、红星村、219 省道；大陂水位站防汛防护对象为大陂村、桃江村、王母渡圩镇、219 省道；章水沙村水位站防汛防护重点为沙村镇；南洲水位站防汛防护重点为南洲村、内良乡；热水水位站防汛防护重点为热水村、河洞乡；樟斗水文站防汛防护重点为下横村；横寨水位站防汛防护重点为横寨乡寨里、黄田、苏茅；思顺水位站防汛防护对象为崇义县思顺乡、泮江村；麻仔坝水位站防汛防护对象为上犹县平富乡；石溪水位站防汛防护重点为石溪、合河等村；双溪水位站防汛防护重点为双溪乡、左溪、大布等乡镇；赤江水位站防汛防护重点为龙华乡及其上游的十八塘乡；蓝田水位站防汛防护重点为六村、社陈、蓝田、江头等村；横市水位站防汛防护重点为横市镇及其下游的麻桑乡；寻乌水龙图水位站防汛防护对象为寻乌县晨光镇龙图村；定南水阳佳水位站防汛功能防护对象为安远县鹤子镇；三亨水位站防汛防护对象为定南县岿美山镇、岿美山中学。

第四节 水文预报服务

民国 19 年（1930 年），赣南的水文情报预报服务就已经开展起来。并逐步扩大服务面和服务领域。

1958年以前，各报汛站向当地党政领导和防汛指挥部门汇报雨、水情。

1959年，赣南建立以总站、水情组为中心，统一布置、制订、指导、检查各报汛站的水情工作。加强赣州水位站、坝上水文站、峡山水文站、翰林桥水文站、居龙滩水文站等主要控制站的水情预报服务工作。其他报汛站的水情服务工作也逐步开展起来。汛期，地区水文站将各站的雨水情信息收集整理后，通过电话汇报相关部门和领导。遇特殊水情时，向相关部门和领导提供详细的书面材料，或当面汇报。对超警戒的洪水预报，必须经省、地、报汛站三级会商，取得一致意见后，统一对外发布。

1961年6月13日，赣州章江出现特大洪水，赣州冶金机械厂遭受洪水威胁。该厂领导到地区水文站咨询水情，请求水文部门就该厂所处位置作预报，以确定是否停产和搬迁仪器设备。地区水文站根据该厂提供的厂址高程，结合上游洪水情况，经过细致分析，得出该厂可照常生产，不用搬迁设备的预报结论。结果洪峰水位距该厂仅差0.2米，节省大量人力物力，确保正常生产。

1964年6月11—15日，赣南各县连续下雨，雨量300～400毫米。15日8时，赣州贡水水位101.79米，超过警戒水位4.29米，各地仍在下雨。地市领导对此十分关注，赣南公署专员宋志霖专程到地区水文站了解水情。地区水文站根据上游水位和降雨情况，在15日22时发出洪峰水位预报：赣州洪峰水位将于16日16时出现，水位103.00米，超过警戒水位5.50米。实况洪峰水位为103.01米，预报值仅比实况低0.01米，洪峰水位出现时间为16日21时，比预报值推后5个小时出现。该场洪水是新中国成立后赣南发生的最大洪水（与1905年相近），由于水文部门提前18个小时发布准确的洪峰水位预报，防汛指挥部门及时采取得力抗洪抢险措施，赣州市区安然无恙。

1968年6月14—15日，兴国长龙水库库区内的长龙、六科和茶园雨量站降雨量分别为239.9毫米、237.3毫米和259.9毫米。15日13时，入库流量430立方米每秒，13时30分，入库流量632立方米每秒。水库水位急剧上涨，每小时涨幅1.21米，对大坝安全造成严重威胁。为确保大坝安全，水库方面准备炸掉溢洪道旁的小坝以加大泄量。水文部门及时向长龙水库预报水库将达到的最高水位216.09米。水库方面根据这一预报结果，同时计算出大坝能够承受该水位压力，因此取消炸坝计划，避免了重大损失。

1988年6月13日17时，瑞金水文站出现新中国成立以来第三大洪水，洪峰水位194.62米，超过警戒水位3.62米，水位变幅6.88米。瑞金水文站提前7.5小时作出洪峰水位预报，预报值194.60米，仅比实际出现的洪峰水位低0.02米，准确及时的预报为抗洪抢险提供决策依据。据统计，该站为瑞金市减少洪灾损失共计2000万元。大洪水期间，该站还派人通知瑞金二中、井冈山小学、解放小学，把学校可能受淹的情况通报校方，学校及时采取防范措施，确保师生安全。

1992年3月25—30日，赣南出现两次较大的降水过程。25日全市平均降雨量99毫米，有11个县、市降雨量超过100毫米，以安远县羊信江水文站141毫米最大，宁都水文站53毫米最小。27日全市平均降雨量63毫米。由于2月以来，全市降雨连续不断，土壤前期含水量基本饱和，各大中型水库均已蓄满。前期降雨和两次集中的大暴雨形成全市性的大早汛。26日贡水葫芦阁水位站出现142.34米的洪峰水位，桃江信丰水位站出现148.80米的洪峰水位。27日贡水峡山水文站出现111.51米的洪峰水位，桃江居龙滩水文站出现110.80米的洪峰水位，贡水赣州水位站出现101.80米的洪峰水位。29日，章水坝上水文站出现101.99米的洪峰水位。这些洪峰水位均为历史同期第一位，在整个洪水过程中，全市共出现超警戒线水位41站次，以翰林桥水文站112.26米最大；濂水3站次，以羊信江水文站197.60米最大；贡水10站次，以赣州水位站101.80米最大；章水7站次，以坝上水文站101.99米最大；桃江出现7站次，以信丰水位站和居龙滩水文站最大，（分别为148.80米和110.80米）均超过警戒线1.8米。大洪水期间，市水文分局及时准确地做出预报，积极主动做好服务。3月25日14时，电话通知赣州市章江水轮泵站应将发电机吊起，以免遭水淹。3月26日凌晨，市水文分局分别于2时30分、4时30分、8时30分作了三次初步预报，并报告有关领导、部门和单位。9时15分，又向木材二厂、地区航运局、赣南农药厂等十几个单位通报水情，要求做好防汛工作。11时，市水文分局向各级党政领导和防汛指挥部门及有关单位发布洪峰预报，预报出章水、贡水均将出现102米的洪峰水位，预见期达25小时。从3月25日至4月3日，市水文分局共收发水文情报预报1550份，接答水情电话2200次，向各级党政领导电话汇报430多次，向赣州地委、行署主要领导提供水文直观资料20份，同时，通过赣州电视台、广播电台和赣南日报等新闻媒体向社会发布汛情预报；组织水文职工向广大市民散发水文预报宣传材料880多份；向80多个单位发送水情公报507份。由于水文部门及时准确地作了洪水预报，当地党委和政府及有关部门采取有力的防范措施，尽管防洪城墙出现险情，但洪水没有进入市区，避免沿江58家企事业单位和数百个商业点以及两千多户居民遭受巨大损失。据统计，仅赣州市就避免洪灾直接经济损失8984.83万元。按照水文效益的国际通用算法，这次水文预报效益1797万元，相当于国家年均对本市水文事业费投入的24倍。

1994年5月1—2日，石城、宁都等地普降特大暴雨，雨区平均降水量214毫米。5月1日，石城、丰山、东韶等站日降水量140多毫米。5月2日，宁都、石城、丰山、长胜、羊信江、筠门岭、田头等站降水量超过100毫米。其中石城水文站3小时最大降水量83毫米，6小时降水量140毫米，12小时降水量251毫米，24小时降水量376毫米，48小时降水量417毫米，超过本市有雨量记载以来的最高纪录。这次暴雨覆盖面积近1.5万平方千米，主要集中在琴江、梅川6500平方千米的范围内。5月2日，琴江石城水文站出现228.49米的洪峰水位，超警戒线2.99米，是1915年以来的最大洪水，石城县屏山一带河段出现1853年以来的最大洪水。5月3日，梅川宁都水文站出现188.26米的洪水，超警戒线2.76米。梅川汾坑水文站出现134.11米的洪峰水位，超警戒线5.11米，是1915年以来的最大洪水。在这次洪水中，水文部门及时准确地预报出石城、汾坑水文站超历史的特大洪水，预报合格率均在优良以上。同时向各级党政、防汛以及其他有关部门提供水情信息，为抗洪抢险提供决策依据，使洪水造成的损失降到最低限度。据防汛抗旱指挥部统计，石城县减少洪灾直接经济损失1.8亿元；于都县减少洪灾直接经济损失1.5亿元，并及时转移2.3万人，保护耕地2.1万亩；宁都县及时封堵东门码头闸口，防止洪水进城，减少损失216万元。在这场洪水中，由于水文预报准确及时，当地政府和有关部门措施有力，共减少洪灾直接经济损失3.32亿元。

1995年6月，贡水流域中下游发生新中国成立以来第二大洪水。15—18日，贡水峡山水文站以上流域平均降雨198毫米，18日20时，峡山水文站出现洪峰水位113.16米（为新中国成立以来第二大洪水），超警戒 4.16 米；赣州水位站以上流域平均降雨 185 毫米，18 日 23 时赣州水位站到达洪峰水位 102.48 米（也是新中国成立以来第二大洪水），超警戒 3.48 米。地区水文分局 17 日 11 时发布第 1 份洪峰水位预报，17 时发布第 2 份洪峰水位预报，预报峡山水文站洪峰水位 113.10 米将在 18 日 20 时来临（实况：18 日到达洪峰，洪峰水位 113.16 米，误差 0.06 米），预报赣州水位站于 18 日 23 时到达洪峰，洪峰水位 102.40 米（实况：18 日 23 时到达洪峰，洪峰水位 102.48 米，预报误差 0.08 米）。接预报后，地、市有关部门立即采取封堵城门等抢险应急措施，为防汛抗洪指挥决策赢得时间。地区水文分局准确及时的预报，获得地区防指及各级领导的充分肯定和表扬，获得人民群众的高度评价。

1996 年 8 月，受 8 号台风影响，8 月 1—3 日，全市普降暴雨，平均降水量 140 毫米，局部出现特大暴雨。最大降水量为兴国站 263 毫米，依次为峡山水文站 253 毫米、中村站 237 毫米、翰林桥水文站 232 毫米。日最大降水量峡山水文站 214 毫米，依次为兴国站 196 毫米、翰林桥水文站 191 毫米。6 小时最大降水量峡山水文站 146 毫米。据统计，降水量超过 200 毫米的站有 8 站，占总发报站的 16%，降水量超过 100 毫米的站有 36 站，占总发报站的 72%。1 日，各江河水位急骤上涨。2 日，贡水葫芦阁水位站洪峰水位 142.48 米，超警戒线 3.48 米。3 日，峡山水文站出现 111.11 米的洪峰水位，超警戒线 2.61 米。超警戒线 2 米以上的还有羊信江、翰林桥、赣州等站，均为历史同期第一位。平江翰林桥水文站 6 小时涨幅 3.49 米，历史罕见。在这次洪水过程中，市水文分局提前 6～29 小时发布预报，为各级党政领导及防汛部门指挥决策赢得抗洪时间。当上犹江水电站下泄流量 1200 立方米每秒时，市水文分局多次打电话到南康市三江乡及南康市防汛办，该市及时转移人口 2.23 万人。为正在赣州大桥施工的铁 18 局及时通报水情，使该局设备及物资得以及时转移。据统计，因水文预报准确、及时，共减少洪灾直接经济损失 2.2 亿元，转移人口 2.23 万人。

1997 年 6 月 8 日 5 时至 9 日 10 时，赣南东北部出现两次降水过程，石城县平均降水量为 278.4 毫米，石城县城和小松站降水量分别为 327.1 毫米和 299.3 毫米。第一次降水过程从 8 日 5—14 时，石城、宁都、兴国出现间断性降水，三县平均降水 65 毫米。第二次降水过程从 8 日 14 时至 9 日 20 时，宁都、石城两县出现特大暴雨，石城水文站最大 10 分钟降水量 31.8 毫米，9 日 7—10 时，降水量 158 毫米，宁都水文站 9 日 6—9 时，降水量 133 毫米，历史罕见。这次降水主要集中在石城县城附近及宁都县城以下一狭长地带，24 小时平均降水量 112 毫米，以石城水文站 225 毫米最大，依次是丰山站 160 毫米，宁都水文站 159 毫米。由于降水历时短、强度大、汇流时间极短，江河水位暴涨。石城水文站从 9 日 3 时起涨，7 时以后水位开始以每小时 1.5 米的涨率急骤上涨，11 时 30 分出现 228.62 米的洪峰水位，洪水涨幅 4.71 米，超警戒线 3.12 米，为有实测资料以来最大洪水，超过 1994 年洪峰水位 0.13 米，经频率计算，属 50 年一遇的大洪水。梅川宁都水文站出现 187.18 米的洪峰水位，梅川汾坑水文站出现 132.61 米的洪峰水位。在这次洪水过程中，市水文分局提前 3.5～33 个小时发布 6 站次的洪水预报，按部颁标准各次预报全部达优等，优良率为 100%。这场洪水波及四个县、市，由于水文情报及时准确，各地采取相应措施，共减少洪灾直接经济损失 2.33 亿元，其中石城县 2.1 亿元。

1998 年 3 月，受厄尔尼诺现象影响，从上年冬以来全市降水连续不断。1—3 月，全市平均降水量 650 毫米，比历年同期均值偏多九成以上。3 月 6—10 日，全区普降大到暴雨，平均降水量174毫米。以全南南迳水文站244毫米最大，依次为龙南杜头水文站217毫米、瑞金水位站195毫米。据17站点资料统计，8日全市降水量超过100毫米的站有5个，且集中在中部。这次降水从南部开始，逐渐北移，然后雨带又在中部附近摆动，最后南移。受前期降水影响，土壤含水量已达到饱和，各江河水位较高，各大中型水库基本蓄满。在这种情况下，全市各水文（位）站多次出现洪水过程，洪峰水位一次比一次高。贡水峡山水文站于10日16时出现112.22米的洪峰水位，桃江居龙滩水文站10日21时出现110.91米的洪峰水位，平江翰林桥水文站9日11时出现113.10米的洪峰水位，贡水赣州水位站10日20时出现102.22米的洪峰水位，超警戒线3.22米，涨幅6.5米，为新中国成立以来第四大洪水。以上各站均为历史同期最大洪水。章水坝上水文站受上犹江泄洪影响于10日5时30分出现101.83米的洪峰水位，超警戒线2.83米，比1992年低0.16米，为历史同期第二大洪水。这次洪水，涉及面广。市水文分局共发布洪水预报54站次，合格率92.6%，优良率74.1%，赣州水位站预见期最长达60个小时。据防汛部门统计，共减少洪灾直接经济损失2.77亿元，解救受困群众3000人，取得巨大的经济效益和社会效益。

1999年5月23—26日，全市平均降水量148毫米，降水超过200毫米的站有8站，以会昌麻州水文站229毫米最大，其次是于都祁禄山站226毫米，降水量在150～199毫米的站有14个，这次降水主要集中在本市东部地区。26日，贡江上游麻州、羊信江水文站及瑞金水位站先后出现洪峰。27日，贡水葫芦阁水位站出现143.18米的洪峰水位，超警戒线4.18米，为有实测资料以来的第三大洪水。在这次洪水过程中，全市共出现14站次超警戒线洪水，市水文分局分别提前6～38小时作出预报，经评定合格率92.9%，优良率57.1%。由于水情信息及时准确，各地抗洪措施得力，共减少洪灾直接经济损失2.835亿元。

2002年10月，受暖切变线系统天气影响，10月27—30日，本市出现历史罕见的秋季大暴雨，全市平均降雨量156.4毫米，以大余樟斗水文站257毫米最大。28日，赣南东部、北部和西部出现大到暴雨，当天雨量以兴国长冈站74毫米最大。29日，降雨强度进一步加大，全市除桃江上游的龙南和全南以及东江水系的定南和寻乌外，其他大部分县（市）均出现暴雨和大暴雨，当天雨量以大余樟斗水文站151毫米最大。30日20时，降雨基本结束。整个暴雨过程覆盖于都、兴国、宁都、石城、赣县、崇义、上犹、南康、大余、信丰、安远、会昌、瑞金等13个县（市、区），以西部最大。历史同期月雨量最大的1975年为198毫米，此次雨量280毫米，是多年均值的4.5倍多，比1975年多41%。受暴雨影响，全市除琴江、湘水和桃江中上游外，其他各江河水位均出现超警戒水位洪水，以章水为最大；除石城、麻州、羊信江、茶芫水文站和信丰水位站，其余11个水文站洪峰水位均超过警戒水位，章水坝上水文站洪峰水位103.37米，超过警戒水位4.37米为最大。平江翰林桥、桃江居龙滩水文站出现年内最大的洪峰，洪峰水位分别为113.88米和109.29米。贡水下游的赣州水位站出现102.44米的洪峰水位，超警戒水位3.44米，涨幅8.54米，是这次洪水过程中水位涨幅最大的站。在这次历史罕见的秋汛中，全市水文干部职工充分发挥参谋和耳目作用，向防汛指挥部门共发布洪水预报34站次，预报合格率为90.9%，由于水文部门的信息准确及时，各地采取有力的防范措施，共减少洪灾直接经济损失1.87亿元。

2005年汛期赣州市暴雨频发。5月11日20时至12日2时，于都县汾坑水文站暴雨量

180毫米、葛坳站暴雨量134毫米。11日23时市水文局水情人员电话报告市防办、赣县、于都和宁都等县发生暴雨，且暴雨持续，提示各县要特别注意暴雨区可能出现暴雨山洪及山体滑坡等灾害，12日2时电话报告防办，一再提示暴雨区要采取措施，防御山洪及山体滑坡。同时水情科要求暴雨区各水文站及时与当地防汛部门汇报暴雨动态。暴雨区内各级领导、防汛机构及时得到暴雨信息并采取紧急措施，从而避免人员伤亡。5月18日3—6时，信丰县新田乡新田站3小时降暴雨180毫米，是超过200年一遇的短历时暴雨。代办员胡春英不顾自家房屋进水被淹，立即向茶芫水文站汇报暴雨情况。茶芫水文站当即将暴雨情况向信丰县及水情科报告。6时30分水情科接到暴雨信息，立即向省市有关领导及防汛办汇报，指出将会出现严重灾情，要求立即采取措施。受暴雨影响，引发信丰县新田、古陂等乡镇发生历史罕见暴雨山洪。由于各级领导、防汛机构及时得到市水文局的暴雨信息，并及时采取积极有效的措施，在这次暴雨洪水过程中，虽然倒塌房屋无数，但没有出现一起人员伤亡事件。5月22日晚，宁都县青塘站发生暴雨。市水文局水情人员通过短信息台发送短信到各级领导及防汛工作人员手机上，同时通过电话向青塘镇领导说明暴雨情况，指出将会出现灾情的严重性。镇领导获得暴雨信息后积极转移低洼处人员，人员刚转移完毕，就发生房屋倒塌事件。青塘镇没有一人伤亡。事后镇领导对此深表感谢。6月2日，安远和寻乌等县发生暴雨。9时30分水情人员了解到安远和寻乌交界的三百山一带暴雨有加强的趋势，当即将暴雨情况通知各级领导、防汛部门。由于信息及时、措施果断，暴雨过程中虽有房屋倒塌，但没有出现人员伤亡事故。6月19—22日，赣县、兴国、宁都、石城等县发生暴雨。大暴雨过程中，市水文局水情科及时将暴雨信息发布到各级领导、防汛工作人员手机上。21日20—2时，赣县沙地站一个时段暴雨量157毫米，受暴雨影响沙地镇倒塌房屋数百间。因当地领导及时得到暴雨信息并果断采取措施，事件未造成人员伤亡。据不完全统计，2005年汛期的暴雨洪水过程中，由于水情信息准确及时，为全市减少直接经济损失2.08亿元，安全转移人口40000余人。

2006年7月，受台风“格美”影响，25—26日在赣州东部、南部、西部形成三个暴雨区。尤其西部上犹县五指峰乡大寮至双溪白水一线发生特大暴雨，降雨强度之大、历时之短，造成的损失之大为历史罕见。白水站最大1小时降水量77.3毫米，最大2小时降水量144.3毫米，最大3小时降水量180.9毫米，最大6小时降水量224.8毫米，最大12小时降水量275.4毫米，最大24小时降水量303.6毫米，过程降水量387毫米，经分析暴雨频率为200～500年一遇。寺下河水位超历史纪录1.54米。由于五指峰一带市水文局没有雨量站，水情科人员通过龙潭电站遥测站点，以及附近雨量站降雨信息，了解到上犹县五指峰一带出现特大暴雨，及时向各有关单位发出短信。此次暴雨，面小强度大，局领导担心下游群众不清楚上游情况，亲自打电话到各乡镇。并要求水情科、安和水文站想办法与下游各乡镇、村庄取得联系，要求做好防洪防汛工作。暴雨过后，市水文局及时组织人员开展上犹县五指峰乡暴雨洪水调查：对受灾区域暴雨强度、洪水淹没范围、淹没面积进行调查。

2008年，全市共出现26站次超警戒线洪水，其中贡水赣州水位站出现100.36米的洪峰水位，超警戒1.36米，涨幅7.77米。水情科提前近20小时预报出结果，为地方政府防汛抗洪赢得时间，为洪峰向下游推进分析提供准确及时的预报。7月底，寻乌县受8号台风影响，发生50年一遇的暴雨洪水。市水文局水情科对各条小流域进行分析，当寻乌站出现大暴雨时，提前 2 小时预报出马啼河将上涨 3 米以上洪水，为县城防洪抗洪赢得时间。当长岭站出现 377.5 毫米最大点降雨，寻乌水上游雨量站同时出现大暴雨的情况，水情科提前 5 小时预报寻乌水将上涨 4 米以上洪水，为沿河人民群众抗洪抢险提供依据。洪水过后，寻乌县委常委、副县长、防汛总指挥孙声荣说："你们的信息非常及时准确，你们的工作积极主动，为我县紧急采取防汛抗洪措施争取主动，赢得时间，没有死一个人，将洪灾损失减少到最低程度，非常感谢水文部门……"

2009 年 7 月 1—4 日，崇义、大余、南康、信丰等县（市）出现特大暴雨，崇义聂都乡、大余浮江乡等章水源区出现罕见的特大暴雨。3 日暴雨中心位于崇义聂都乡、铅厂镇，大余浮江乡一带，聂都站雨量 548 毫米，24 小时降水量 528.0 毫米，创下江西省实测 24 小时降雨量最大值记录。此次降雨过程崇义县平均降雨量 190.7 毫米，最大降雨量 548 毫米，出现在聂都站，次大降雨 408 毫米，出现在石圳站。大余县平均降雨量 263.8 毫米，最大降雨量 501 毫米，出现在三江口站，次大降雨量 377 毫米，出现在黄溪站。南康、信丰境内过程平均降雨量 137 毫米，最大降雨量 286.5 毫米，出现在信丰油山站，次大降雨量 262.5 毫米，出现在信丰油山乡走马垄水库站。南康最大降雨量 194.5 毫米，出现在赤土乡赤土站。受强降雨影响，部分小流域水位暴涨。章水聂都河沙村水位站涨幅 5.63 米、吉村水位站涨幅 5.90 米、浮江河浮江水位站涨幅 4.63 米，桃江西河十里水位站涨幅 5.13 米，古陂河古陂水位站涨幅 3.79 米，崇义境内横水河、稳下河、左泉水、新溪，大余境内内良河、河洞水等小流域出现 3 米以上涨幅。章水流域大余至南康河段出现有记录以来最高水位及最大流量。4 日 14 时 30 分南康窑下坝水文站洪峰水位 121.53 米，超历史最高洪水水位，实测洪峰流量 1590 立方米每秒；赣州坝上水文站洪峰水位 100.61 米，超警戒水位 1.61 米。在"7·3"暴雨洪水中，市水文局及时准确的情报预报，为各级政府部署抗洪抢险工作赢得时间，安全转移受困群众 17 万人，减免直接经济损失 10.5 亿元。

2010 年，最强降雨出现在定南县，鹅公镇高湖站降雨量 2468.5 毫米，为全市雨量最大站，全南县杨坊站 2369.5 毫米次之。5 月 5—7 日，定南县鹅公镇及其周边地区出现特大暴雨，高湖站雨量 449.5 毫米，最大 1 小时 70.5 毫米，最大 2 小时 110 毫米，最大 3 小时 137 毫米，最大 6 小时 173.5 毫米，最大 12 小时 199.5 毫米，最大 24 小时 335 毫米，均为定南县有记录以来最大，经频率分析，达 100 年一遇。定南县九曲河支流柱石河、鹅公河出现特大洪水。经洪水调查综合分析后得出，柱石河流域洪峰流量频率达到 100～200 年一遇，鹅公河流域洪峰流量频率达到 100 年一遇。"5·7"定南县暴雨洪水中，市水文局及时准确提供的情报预报，为各级政府部署抗洪抢险工作赢得时间，安全转移受困群众 10 余万人，减免直接经济损失 5.6 亿元。

2012 年，赣州市气候异常。暴雨出现时间早，结束时间晚，全市平均降雨量 1967 毫米。3—6 月、8 月、11 月均出现集中降雨。3 月 4—6 日，全市普降大到暴雨，平均降雨量 114 毫米，引发 1998 年以来的首次早汛，贡水峡山水文站、赣州水位站洪峰水位分别为 110.58 米、99.86 米。4 月 23 日、24 日降雨强度加大，平均雨量 63 毫米，绵江、贡水出现超警戒洪水。5 月 12—14 日石城、宁都、瑞金等地出现暴雨，琴江、梅江、绵江出现超警戒洪水。6 月 10 日石城降雨量 105.8 毫米，21—24 日全市平均降雨量 138 毫米，多条江河出现当年最大洪水。8 月 3—4 日受 9 号台风"苏拉"影响，降雨量 108 毫米，章水、贡水多条河流出现超警戒洪水。11月全市平均降雨235毫米，为有实测记录以来11月降雨量最大值，12月初贡水峡山水文站出现108.22米洪水水位，为历史同期最大值。受降雨影响，琴江、梅江、平江、贡水、龙华江、章水多次出现较大洪水，琴江石城水文站、梅江宁都水文站、汾坑水文站、绵水瑞金水位站、湘水筠门岭水文站、贡水葫芦阁水位站、峡山水文站、赣州水位站、平江翰林桥水文站、龙华江安和水文站、上犹江田头水文站、章水坝上水文站共出现26次超警戒水位。市水文局及各水文（位）站1—11月共向省局发送水情信息42900余份，汛期滚动发布洪水预报75站次，提供遥测雨水情信息480余万份，短信15万条。水文信息准确及时，全市安全转移受困群众6000余人，减免直接经济损失5.6亿元。

2015年，赣州汛前降雨偏少，汛期降雨偏多，局部出现超100年一遇特大暴雨，冬季降雨多。11月有2次大范围高强度的降雨过程，出现罕见冬汛。全市平均降雨量1858毫米，东北部石城、宁都降雨较多，往南逐渐减少，石城县降雨量2705毫米最大，全市除定南县外，降雨均比往年偏多。5月18日14时至21日11时，全市发生强降雨过程，平均降雨量127毫米。石城、兴国、宁都、瑞金、于都5县（市）降大暴雨，点最大降雨量是瑞金市木子排站495.5毫米。5县19站降雨量超过400毫米，72站降雨量超过300毫米。木子排24小时降雨量388毫米，经分析，频率为300年一遇，暴雨中心区琴江流域宁都固村河段洪水为300年一遇。20日7时40分，梅江汾坑水文站发生超历史洪水，洪峰水位134.50米，超警戒水位4.50米，涨幅8.26米，超历史最高水位0.39米；21日14时30分，赣州水位站洪峰水位100.05米，超警戒1.05米。7月后，受台风影响，局部出现特大暴雨。1日8时至5日8时，宁都平均降雨量180毫米，3日赣县湖江镇大湖江站日雨量278.5毫米，3日8时至4日22时梅川汾坑水文站、宁都水文站、平江翰林桥水文站、龙华江安和水文站出现超警戒水位。11月，出现罕见冬汛，7—17日全市平均雨量144毫米，崇义244毫米最大，为同期均值的8倍。横江樟斗水文站、寺下河安和水文站、梅川宁都水文站出现超警戒水位。市水文局滚动预报，发布水情预报36期52站次，水情公报、呈阅件等材料19份，发送预警短信3万余条。“5·19”特大洪水期间，准确预报汾坑、峡山、翰林桥水文站、赣州水位站等站洪峰水位。5天内发布水情预报17期31次，向社会公众发布8次洪水预警，水情公报5期，水情呈阅件3期，水情快讯2期，发送雨水情预警短信2万余条。水文信息准确及时，全市提前紧急转移群众12.2万人，解救洪水围困群众3.5万人，减免直接经济损失20264万元。

2016年，全市出现21次较大降雨过程，平均降雨量2181毫米。东北部偏多，西南部偏少，以石城县2647毫米为最大，南康区1831毫米为最小。寻乌县、会昌县、章贡区降雨为新中国成立以来最多。赣州3月19日提前进入主汛期。3月19—21日降雨过程为全年最大过程雨量，平均降雨量174毫米，15县342站降雨超过200毫米，笼罩面积占全市42%。22日2时贡水赣州水位站出现101.34米洪峰水位，超警戒2.34米。8月26日8时至27日8时，大余、崇义等县出现大暴雨，点最大降雨200毫米。10月21日，受台风“海马”影响，南部寻乌、定南、龙南等县出现暴雨、局部大暴雨，寻乌县平均降雨量105毫米。全年主要江河共出现59站次超警戒洪水。其中，1月出现2站次超警戒洪水，是赣州市有水文记录以来第一次在1月出现超警戒洪水。面对反复出现的暴雨洪水过程，市水文局全年发出水雨情预警短信共6万余条，发布水情预报77期109站次，水情公报、呈阅件14期。水文信息准确及时，提前转移群众27501人、避免人员伤亡5856人、减少财产损失8830万元。

2019年，赣州市平均降雨1713.0毫米，1—7月，平均降雨1557.2毫米，6月、7月出现全市性暴雨洪水。6月7—13日洪水，影响全市，造成18个县市不同程度受灾，龙南县三坑站最大24小时雨量341.5毫米，频率超过100年一遇，龙南、全南等县遭受严重的洪涝灾害。6月全市12条主要江河有10条出现超警戒洪水，10日5时梅川于都汾坑水文站洪峰水位133.32米，涨幅7.63米，超警戒水位3.32米；10日11时20分桃江全南南迳水文站洪峰水位303.56米，超警戒水位2.56米，超有记录以来历史最高水位0.86米；10日16时太平江龙南杜头水文站洪峰水位97.71米，超警戒水位4.71米，涨幅6.79米，超有记录以来历史最高水位2.18米。7月13—14日，从西到东有10县受灾，瑞金市平均降雨量109毫米，于都沙心站最大1小时降雨量78毫米，最大3小时降雨量200.5毫米，最大24小时降雨量268.5毫米，造成瑞金市、于都县等地受灾严重。7月，瑞金水位站洪峰水位194.64米(超警戒水位2.64米)；中小河流水位出现较大涨幅，于都澄江公馆水文站涨幅6.27米；瑞金澄江九堡水位站涨幅5.42米，给当地带来严重的灾害损失。汛期市水文局发送预警短信15万余条、编制会商材料21份、水情信息28期，发布洪水预报158站次、向社会公众发布洪水预警48次，中小河流洪水预警90次。7月14日，提前10小时预报瑞金水位站洪峰水位194.50米，实测洪峰194.64米；提前11小时预报坝上水文站洪峰水位99.70米，实测99.74米。瑞金水文巡测中心提早3小时预报九堡等地将受淹，瑞金县转移群众9万余人。启动防汛抗旱应急响应5次，在赣州市18个县283个乡（镇）147.6万人受灾的情况下，成功转移人口18.7万人，防洪减灾效益4.95亿元。

第十二章

信息系统

1994年，赣州市水文局依托万安水库水文自动测报系统，建立起拥有15个水位站、52个雨量站、9个中继站、1个中心站的赣江上游区水文自动测报系统。实现水库、水文和防汛办等部门雨水情信息的自动采集、传输及信息共享。截至2020年年底，已建成水文数据库、水情分中心、山洪灾害及中小河流监测预警系统、洪水预报系统、水质信息管理系统等，开发实时雨水情查询系统、遥测雨水情查询系统、墒情信息服务系统、水情服务办公交换系统等，基本实现实时雨水情及洪水预报等信息的网上发布与查询。

第一节　水文自动测报系统、水情分中心

一、水文自动测报系统

1994—1998年，市水文局在万安水库水文自动测报系统的基础上，建成拥有15个水文（位）站、52个雨量站、9个中继站、1个中心站的赣江上游区水文自动测报系统。实现雨水情信息的采集、传输自动化。并且利用其他部门已有测站进行组合联网，水情信息上防汛网，实现水库、水文和防汛办等部门水情资料共享。

二、水情分中心

水情分中心主要由水文测验设施设备、水情报汛通信设施设备、分中心系统集成三部分组成。分中心通过水情接收控制软件接收到GPRS（GSM）、PSTN信道通信方式下的雨量、水位数据，自动显示、分类、生成电文，并按部颁《水文情报预报拍报办法》要求自动转发。通过计算机实现远程遥测、查询，通过转发软件实现雨水情信息自动接收、入库、检索，并向有关单位传输实时雨水情，提供数据查询、洪量计算、上下游洪水对照等功能。辖区内全部报汛站雨水情信息实现20分钟内完成采集、传递至水情分中心、省水情中心，30分钟内传输至国家水情中心。实现信息采集、传输、处理的自动化。提高报汛站测洪能力，增强洪水预报时效性和准确性，提高水文服务社会能力。水情分中心使防汛效益显著增强。

赣州水情分中心雨水情信息传递采用移动公司短信方式发送，改变以往靠超短波建立中继站方式发送。这项传输技术迅速在全国得到推广，从此结束靠超短波发送的时代。雨水情

信息通过短信传输到机房前置机上，经过前置机解码后直接存入数据库中。再由服务器通过专用数据分送软件发送至各数据接收单位（国家防办、省防办、市防办和县防办）。防汛网系统与互联网系统，两网可以交互使用。水情分中心租用两条专用光纤作为通信通道，结束以前靠 X.25 上下传输雨水情信息时代。以前市防办与省防办连接通过市水文局中转，水文局作为中转节点。分中心建成后，市防办是中转节点，水文局和各县防办及各大水库均通过市防办相互连接。市防办与省防办直接连接，连成全国一个完整的防汛专用网络。分中心、各县防办、各大水库终端服务器机房，机房与工作计算机终端组成局域网。

赣州水情分中心建设完成后迅速投入使用。至此告别靠电话、电报、对讲传输情报的时代，测站与市水文局自动传输彻底进入信息时代。在防汛抗洪中发挥重要作用并获得显著效益。

第二节 山洪灾害及中小河流监测系统

2007 年，江西省山洪灾害监测预警系统一期工程建设完成。系统由暴雨山洪监测系统、山洪灾害应急体系、山洪灾害预警响应体系及省、市、县三级监测预警计算机网络等四个部分组成。工程涉及赣州市宁都、石城、瑞金、兴国、于都、会昌、安远、寻乌、信丰、南康、赣县、上犹共 12 个县（市），221 个乡（镇），525 个小流域，涵盖面积 30858 平方千米的区域。赣州市设立自动雨量站 339 处、辅助雨量站 222 处、自动水位站 8 处、辅助水位站 11 处。

2008 年 10 月，江西省山洪灾害监测预警系统二期工程建设完成。系统以雨水情自动测报系统，辅以人工测报，为山洪灾害预警提供决策依据，组成省、市、县三级防汛通信计算机网络和山洪灾害基础数据库为主体的山洪灾害通信预警平台，构建山洪灾害易发区人员应急转移信息反馈指挥调度系统及相应的应急响应体系。工程涉及赣州市定南、崇义 2 县 23 个乡镇，90 个小流域，涵盖面积 3516 平方千米的区域。设立雨量站 41 个，水位站 11 个。

2009 年，江西省山洪灾害监测预警系统三期工程建设完成。工程涉及赣州市章贡区、龙南、大余、全南 4 个区（县），41 个乡（镇），132 个小流域，涵盖面积 4937 平方千米的区域。赣州市 4 区（县）共设立雨量站 76 个、水位站 9 个。

山洪灾害监测预警系统一期、二期、三期建设站点，基本覆盖赣州全市区域，实现山洪灾害监测、预警、响应一体化。

2010 年 11 月，全国启动山洪灾害防治县级非工程措施项目建设，赣州有 12 个县纳入 2011 年度建设，共增加自动雨量站 85 个，自动水位站 35 个。2012 年度剩余 6 个县纳入建设，共新建自动雨量站 46 个，自动水位站 16 个。

2013 年，江西省启动山洪灾害防治项目（2013—2015 年）建设，山洪灾害调查评价为其中内容之一，赣州市兴国、上犹、安远县为 2013 年度项目，其余县为 2014 年度项目。

2011 年，江西省启动中小河流项目建设，赣州市共新建自动雨量站 148 个、自动水位站 20 个。

第三节 洪水预报预警系统

水情信息查询 2007年，市水文局开发基于B/S架构的水情信息查询平台，实现对水雨情信息的实时查询和统计。

2015年，市水文局开发基于B/S架构的“水文要素监测平台”，实现水文全要素的查询和统计。系统既能在电脑端运行，也能在手机端运行，极大地方便了工作人员对水情信息查询和运行维护信息查询。

2017年，市水文局与普适科技公司合作开发包括赣州水文站网三维虚拟电子沙盘、水文站网实时监测展示与查询系统、水文虚拟仿真互动体验系统的项目建设，使得站点信息、监测要素展示更加丰富多彩。

2018年，市水文局与昌大科技公司开发基于B/S架构的“赣州水情信息服务系统”，系统集成地图查询、雨情信息、水情信息、气象信息、水情值班、数据管理、系统设置等模块，实现实时水雨情信息查询统计、预报水雨情信息查询、水情自动生成、降雨等值分析、水库纳雨能力计算、水情值班预警、水情预警短信管理等功能。能对全市所有雨情站点信息的WebGIS实时全面监控，从面上直观了解最近时段全市雨情信息，实现不同比例显示不同级别的雨量站点并实现图表相关互动。

水情预报 1995年，省水文局通过协作的方式开发研制了预报系统。在“中国洪水预报系统”中构建平台，“赣江流域洪水预报系统”在省、市两级水文部门得到广泛应用。“赣江流域洪水预报系统”在PC586微机上开发，应用FOR－TRAN语言编制预报软件，使用Windows操作系统。实现与江西省防汛计算机网络连接，可直接从网络及计算机译电系统中调取雨水情信息用于检索和预报，可同时绘制实时和预报洪水过程线，供预报员分析比较。系统还设置信息反馈校正和专家检验校正方法，预报员可通过对预报误差的校正提高预报精度。

1998年，市水文局水情科编制市水文局第一个C/S架构的水文预报软件，改变手工查图作业，此后软件成市水文局主要的水文预报手段。2000年，局水情科改进C/S架构的水文预报软件，参照蓄满产流和瞬时单位线理论，将传统的降雨径流关系线＋经验单位线方法改进为两组公式和参数，并将预报区域细分单元，平均每个单元约500平方千米，极大提高预报方案编制效率及预报精度。2008年，局水情科进一步改进C/S架构的水文预报软件，将江西坡面汇流法加入该软件中。

2015年，李枝斌编制“智能化洪水预报方案编制系统”。系统是集雨洪摘录、模型率定为一体的分析程序，从原始数据库中直接摘录雨洪资料，率定洪水预报模型参数，输出方案成果。其次系统可以摘录上下游相关，及雨洪相关数据进行方案分析。2017年全市预报方案修编工作运用此系统进行，节约了大量的人力物力。

2016年，市水文局引进“中国洪水预报系统”。市水文局预报方法增加新安江模型，预报手段增加“中国洪水预报系统”。

2018年，市水文局与昆明雄越公司合作开发“赣州洪水自动预报系统”。该系统是全省第一个B/S架构的洪水预报系统，实现在线洪水作业预报、直观展示。系统可以选择用新安江模型、API模型和经验单位线模型进行水文预报。系统采用多线程的技术，同一个层级的所有节点可以同时进行预报计算，一个层次大概需要5～6秒，整个河系的预报大约半分钟左右完成。同时，系统也是预报调度一体化的系统。贡水河系预报方案里加入团结水库和长冈水库两个预报节点，可以根据调度规程或者调度指令对这两个预报节点进行调洪演算，演算出来的出库流量可以直接作为下游预报节点的输入。系统后台每个小时都会根据气象部门发布的降雨预报成果进行自动预报，根据省中心“三天预报、三天预测、三天展望”的精神，设定对预报站点未来9天的过程进行自动预报。系统预报成果自动入库，交换到省中心，并能在“赣州水情信息服务系统”和“赣州洪水风险预警系统”中查询显示。

水情预警 2008年，市水文局开发水情值班系统。系统采用VB＋Access＋SQL数据库技术，C/S结构，可实现全方位实时水雨情及设备运行状态自动监控，出现特殊水雨情时会自动报警，提醒值班人员发送预警短信。

2015年，市水文局开发“全方位实时水雨情及设备运行状态监控系统”，系统采用VB＋Access＋SQL数据库技术，C/S结构，可实现全方位实时水雨情及设备运行状态自动监控，出现任何需要值班人员注意的情况均会报警并发送短信至值班人员手机上。另外还有故障站点雨量自动插补、点暴雨预警信息自动生成与发送、实时水雨情数据库数据修改维护等功能。系统可定时巡查网络是否通畅、数据是否正常落地、是否正常交换到省中心、有无错数出现、降雨是否达到预警级别、水文（位）站的水位是否接近加报或警戒、是否出现历史新低水位等。出现以上任何情况均有报警及短信提醒。系统在赣州和景德镇局推广使用，极大减轻水情值班人员的负担，同时极大降低水情值班工作的失误率。

2020年，在历史洪水调查、山洪灾害调查和淹没区调查的基础上，市水文局开发“赣州市洪水风险预警系统”。系统接入全市所有山洪灾害危险区、中小河流及主要河流危险区以及风景区，通过读取关联的水文（水位、雨量）站信息，实现洪水风险自动预警功能。同时通过系统可自动关联水文站洪水预报成果，及时预警可能出现灾情的淹没区，提供精准防汛服务。系统秉承“防汛一张图”的思想，所有的预警都能在地图中清楚分明地展示出来，同时能获取可能受灾的农田、耕地、房屋及财产等数据，为防汛决策提供最直接的信息服务。系统形成的预警信息可自动生成预警短信，值班人员复核后可直接通过短信发送。

水库调度 2006年，市水文局开始开发水库调度系统，至2016年逐步发展到多河流、多水库的水库群联合调度系统。前后完成龙头滩水库、桃江水库、石壁坑水库、日东水库、三门滩水库调度系统，桃江水库群联合调度系统（包括龙头滩、桃江、五羊、居龙潭4座水库），章水水库群联合调度系统（包括天锦潭、油罗口2座水库），古亭河水库群联合调度系统（包括园滩、桐梓、华山、牛鼻垅4座水库），梅川水库群联合调度系统（包括上长洲、留金坝2座水库），贡水水库群联合调度系统（包括老虎头、营脑岗、禾坑口、上罗、渔翁埠、白鹅6座水库）。所有系统包括水雨情检索子系统、水库洪水预报（入库过程预报）子系统、水库洪水调度子系统。计算模型包括新安江模型、API模型。

2019年，将大余油罗口水库、天锦潭水库改为网页版，进入赣州洪水自动预报系统。

第四节 水质信息管理系统

赣州市水文局水质科水质信息管理系统采用的是 Lims 实验室管理系统。

系统通过计算机高速数据处理、存储技术，网络宽带传输技术，实验室自动化仪器分析技术，实现实验室自动生成分析业务流程，包括任务下达、采样、分样、预处理、样品录入、分析项目分配、结果输入（自动采集与手工录入）、自动计算、数据审核（多级审核）、报告生成、数据传送与发布等全过程。对实验室综合业务进行全面管理，实现水质分析的自动化和现代化，达到实验室分析工作的标准化和规范化。

系统执行人员不同，拥有的权限不同，可处理的事务也不同，享有查询修改不同数据的权利。以保证分析数据的安全性。

第五节 墒情监测系统

赣州市有固定墒情监测站 18 站，实现数据自动采集，其余 79 个为移动监测站，信息传输至江西省墒情监测及信息管理系统。

江西省墒情监测及信息管理系统，由土壤墒情遥测和旱情信息管理两部分组成。采用 B/S 与 C/S 结构相结合。通过 WEB 服务，利用浏览器实现抗旱水雨情信息、墒情信息及地理空间信息的查询、分析、显示，为抗旱救灾提供依据。

第四篇

水文资料与分析

民国12年（1923年）赣州就有水文观测记录，但是民国时期水文资料没有经过系统的整编，也没有一套完整的资料整编规范和规定，直到1951年9月中央人民政府水利部颁布《水文资料整编成果及填制说明》，赣州水文资料才开始进行系统的成果整编。水文资料整编经历人工手算到全面实现计算机整编的过程。整编过程包括测站整编、资料审查、资料复审验收、汇编刊印等阶段。

1991年赣州启动水文数据库建设，1993年赣州数据库三级节点库开始资料录入，1997年基本完成历史水文资料的入库；2019年使用在线水文资料整编系统，实现水文资料在线即时整编及查询。数据库的建设及在线水文资料整编系统的启用，加强水文资料的管理，提高水文资料的时效性和综合服务能力。

在积累长期水文资料的基础上，赣州市水文局进行大量水文资料的分析整理工作。

赣州市水文局承接建设项目水资源论证报告的编制，编制了各县（区、市）水资源公报。

第十三章

水文资料

民国27年（1938年），江西水利局手工整编赣县、十八滩两站从民国18年（1929年）至民国26年（1937年）的水位和降水量资料，采用算术平均法计算逐日平均值。1955年2月，赣州派人参加江西水利局组织的《水文资料整编方法》枯季集训班，并完成1954年的资料整编工作。这是赣州踏上真正意义上资料整编的第一步，此后逐步锻炼出一批具有高技能的整编人员。20世纪50年代开始，按照各个时期颁布的资料整编规范及江西省内补充规定，完成赣州水文资料整编工作。1980年开始，计算机逐步替代手工整编。赣州开发一批电算应用程序。

赣州市水文局水文数据库建设与省水文局同步进行。

第一节 资 料 整 编

一、整编规定

民国时期的水文资料，没有系统的整编成果。1951年9月，中央人民政府水利部颁布的《水文资料整编成果及填制说明》，是新中国成立以后第一个有关水文资料整编的专业性文件，标志着水文资料整编工作有了统一的技术标准。此后各时期水利部颁布有水文资料整编规范或规定。江西省水文局根据省内情况编制相应的补充规定，以便贯彻执行。

1954年，执行水利部颁发的《水文资料整编办法》。

1956年，执行水利部颁发的《水文资料审编刊印须知》。

1958年8月，执行水利电力部制定的《水文资料整编方法》（流量部分、沙量部分）。1958年8月，省水利厅制定《鄱阳湖区水文资料在站整理规定办法》。

1959年11月，省水利厅水文气象局编制《水文资料整编汇刊工作手册》。

1964年8月，执行水利电力部颁发的《水文年鉴审编刊印暂行规范》的正文及附录一、《水文年鉴刊印图表格式》的附录二、《水文年鉴图表填制说明》的附录三。

1975年2月，执行水利电力部颁发的《水文测验手册》第三册《资料整编和审查》、《降水量资料刊印表式及填制说明（试行稿）》。

1976年11月，省水文总站颁发《水文测验试行规范补充规定（试行稿）》。

1979年6月，省水文总站编制《小河站测验整编技术规定》（试行稿）。

1981年，小河水文站资料，执行水利电力部水文局1979年7月颁发的《湿润区小河站水文测验补充技术规定（试行稿）》。1982年，省水文总站编制《关于小河水文站资料整编若干规定》作为补充文件。1983年7月，省水文总站编制《关于小河水文站资料整编若干规定》（试行稿）；10月，编制《水文测验试行规范补充规定》（整编部分试行稿）。

1984年11月，执行省水文总站颁发的《江西省水文测站质量检验标准》（资料整编试行本）。

1987年8月，省水文总站根据水利电力部水文局制订的《水文资料电算整编试行规定》，结合江西省内情况，予以适当补充，向全省颁发《江西省水文资料电算整编试行规定》。1987年水文资料开始执行电算整编规定。

1988年1月，执行水利电力部部颁标准《水文年鉴编印规范》。1989年11月，省水文总站制定《水文年鉴编印规范》补充规定。

1990年，执行省水文总站制订的《水文资料整编达标评分办法（试行稿）》，办法包括（一）达标评分标准、（二）达标评分办法、（三）其他三部分。

1997年1月，执行省水文局修订的《水文年鉴编印规范》补充规定和《水文资料整编质量达标评分办法》。

2000年1月1日，执行水利部行业标准《水文资料整编规范》（SL 247—1999）。2001年1月1日，省水文局制定《水文资料整编规范》补充规定。

2001年，省水文局按SL 247—1999的要求，对原《水文资料整编规范》补充规定进行修订，对各项资料整编应用软件进行修改。2001年起，开始执行SL 247—1999及江西省水文局制定的补充规定。

2009年，执行水利部颁布实施的《水文年鉴汇编刊印规范》（SL 460—2009），试行《江西省水文资料质量评定办法》。

2013年，执行水利部颁布实施的《水文资料整编规范》（SL 240—2012）。

2014年，执行《水文年鉴汇编刊印规范》（SL 460—2009）补充规定。

二、测站编码

1986年11月14—15日，赣州派出整编人员参加全省水文测站编码工作座谈会，学习水利电力部有关文件和《长江与珠江流域联片测站编码工作会议纪要》以及《全国水文测站编码试行办法》。

指定专人负责，并与流域机构和鄱阳湖站协作，于1986年12月底完成赣州地区的测站编码及核对定位工作。1987年1月，经省水文总站进行资料抽查，核实测站定位和排序，确定测站编码，最后点绘定位图、编制和复制有关报表。2月，完成全部编码工作，成果送长江委、珠江委汇总。

经1987年5月27日至6月10日“长江和珠江流域测站编码联审会议”审查，完全符合《全国水文测站编码试行办法》的质量要求。测站编码成果已在水文数据库和1990年资料整编中得到应用。测站编码主要分为两类：一类为水位、水文站测站编码；另一类为降水量、水面蒸发量测站编码。水位、水文站编码按河流采用自上而下、先干流后支流的原则编制，降水量、水面蒸发量测站编码按河流采用自上而下、逢支插入的方法编制。对于新设站点建码按照上述编码分类和编制原则，在原编码成果中两站之间进行插补。

2006年从水情分中心建设开始，截至2016年，经过各类规划建设大批水文站、水位站、雨量站，均按编码办法进行测站编码工作。

赣州市各水文站点主要分布在长江流域赣江水系、珠江流域东江水系中，长江流域赣江水系站码以“623×××××”编码，珠江流域东江水系以“811×××××”编码。

三、考证资料

考证资料是整编的重要内容和组成部分，考证资料是为保证使用资料的可靠性、一致性和代表性提供必要依据。考证内容主要有：测站沿革考证，测站测验河段及附近河流情况考证，断面及主要测验设施布设情况考证，测站基面、水准点考证，水库、堰闸工程指标考证，对水文断面以上河流（区间）主要水利工程基本情况考证，陆上水面蒸发场的沿革、附近地势以及场地周围障碍物的变动考证。以上考证内容在测站设站第一年应编制有关图表并刊印。公历逢5年份应重新编制全部考证图表并刊印。

资料的可靠性、一致性、代表性发生改变时，应及时重新编制全部考证图表并刊印。可以致使水文资料的可靠性、一致性及代表性发生改变的情况有：测站迁移；测验断面、测验河段有较大改变；测站特性受水利工程或其他人类活动影响有较大变化；基本水尺断面或中高水测流断面迁移，超出原来刊印的图幅范围；引据水准点、基面水准点、基面或测验设施有重大变动；测站性质改变，如水位站改为水文站等；水文断面以上（区间）水利工程有较大变动；水文断面以上集水区界限有较大变动；陆上水面蒸发场迁移或仪器、场地有较大变动等。

此外，水文（水位）站、水库站、堰闸站每年在资料整编时，必须对测站水尺零点高程进行考证，但成果不刊印。

民国时期及其以前的考证资料不全，不少站完全没有考证资料。观测资料残缺不全，有的在移交过程中遗失；水文（位）站的设立和水准基面设施等情况，大多无从查考；水位记录经常中断，缺乏连续性。这些给整编工作带来困难。民国36年（1947年），开始有部分考证资料，但也残缺不全，填写不清，甚至前后矛盾。整编期间，为了核实情况，曾派人实地调查考证。

1985年刊印考证资料，随后停止刊印考证资料。2005年考证资料进行编制但未刊印。1988年水文年鉴暂停刊印。2001年后，恢复水文年鉴的刊印。此后，考证资料跟随恢复刊印。

刊印的考证资料有：测站说明表、测验河段平面位置图、水文站以上（区间）主要水利工程基本情况表、水文站以上（区间）主要水利工程分布图、陆上水面蒸发场说明表及平面图。

四、整编内容与方法

测站资料整编工作由测站负责完成。整编阶段主要内容包括：测站考证；对原始资料进行审核；确定整编方法、定线及检验；数据整理、输入及图表编制；单站合理性检查；编写单站资料整编说明，并进行单站资料质量评定。

整编的项目包括：测站考证、水位、流量、悬移质输沙及颗粒级配、水温、岸温、降水量、水面蒸发量等。各项目的原始资料应经过初作、一校、二校工序后方可进行整编。考证、定线、数据整理、综合图表等均应作齐三道工序。

各站根据本站的测验项目应提交的图表及成果共有21项，即：测站考证图表、逐日平均水位表、洪水水位要素摘录表（水位站）、实测流量成果表、实测大断面成果表、逐日平均流量表、洪水水文要素摘录表、实测悬移质输沙率成果表、逐日平均悬移质输沙率表、逐日平均含沙量表、洪水含沙量摘录表、实测推移质输沙率成果表、实测悬移质颗粒级配成果表、实测悬移质单样颗粒级配成果表、逐日水温表或水温月年统计表、逐日降水量表、降水量摘录表、各时段最大降水量表（一）、各时段最大降水量表（二）、水面蒸发场说明表及位置图、逐日水面蒸发量表。

赣州市水文局负责测站整编成果的审查。审查阶段主要内容包括：抽查原始资料，对考证、定线、数据整理表和数据文件及整编成果进行全面检查，审查单站合理性检查各项图表，作整编范围内的流域、水系上下游站或邻站的综合合理性检查，进行资料质量评定，编制测站一览表及整编说明。当年资料的审查工作一般于次年1月完成。

经过市水文局审查后，应参加由省水文局领导组织的复审。复审阶段主要内容包括：抽取不少于10%的测站，对考证、定线、数据整理表、数据文件及成果表进行全面检查，其余只作主要项目检查；对全部整编成果进行表面统一检查；复查综合合理性检查图表，进行复审范围内的综合合理性检查；评定整编成果质量，并进行验收。

经过复审阶段资料的质量应符合下列要求：项目完整，图表齐全；考证清楚、定线合理；资料可靠，方法正确；说明完备，规格统一；数字准确，符号无误；成果数字无系统错误（无整编方法错误，无连续数次、数日、数月或影响多项、多表的错误），无特征值错误，其他数字错不超过1/10000。

手工整编

赣州水文在站资料整编开始于1957年，全部工作由手工计算完成。

1959年省水文气象局开始推行资料在站整理制度。此前的赣州水文资料整编工作，在省水文气象局完成。

民国27年（1938年），江西水利局手工整编赣县、十八滩两站从民国18年（1929年）至民国26年（1937年）的水位和降水量资料。

民国38年（1949年）4月之前的水文资料整编，方法非常简单，主要是计算逐日平均值，采用算术平均法。整编流量资料，则不论测站特性，一律采用对数法。1954年，江西水利局要求各水文站根据不同的测站特性使用不同的整编，从而结束单纯使用对数法整编流量资料的历史。

1953年10月至1954年2月、1954年10月至1955年2月，赣州派出部分测站人员参加江西水利局两次在南昌组织的《水文资料整编方法》枯季集训班，学习政治和业务技术。集训后期，结合集训理论知识，完成1954年的资料整编任务。

1954年，上犹江田头、铁扇关、古亭水牛皮陇、崇义水茶滩等水文站增加水温和悬移质输沙率资料整编项目，崇义、麻仔坝、营前、翰林桥、信丰、居龙滩等水文（位）站增加水温资料整编项目。

1956年4—6月，在省水利厅和长江水利委员会组织指导下，完成1929—1953年赣县（赣江）、夏府、大余、游仙墟、长胜、水口、赣县（章江）、铁扇关（关内）、铁扇关（陡水）、铁扇关（白米粥）、铁扇关（白米粥下）、唐江、会昌、白鹅、观音阁、白口（贡水）、新地、于都、峡山、赣县（贡水）、曲阳、十里铺、白口（梅川）、兴国、翰林桥、信丰、居龙滩、桃江口等站的历年水位、流量、沙量、降水量和蒸发量等资料的整编和审查。

1956年7—9月，省水利厅组织技术干部，进行1950—1953年赣州地区大余、南康、上堡、文英、关田、崇义、鹅形、营前、铁扇关、上犹、唐江、水口、瑞金、会昌、安远、白鹅、观音阁、东韶、宁都、石城、曲阳、十里铺、白口、于都（一）、于都（二）、峡山、兴国、翰林桥、虔南、龙南、信丰、居龙滩、桃江口、赣县、夏府等站气象资料整编。同时完成1954年、1955年资料整编的清尾工作。

1956—1958年，每年冬至次年春，赣州各水文（位）站每站派出一人参与在南昌进行的年度资料整编，学习《水文资料整编方法》，掌握资料整编技术规定，锻炼与培训技术干部，为推行资料在站整编打下基础。

1958年，坝上、翰林桥、麻州、程龙等水文站增加水化学整编项目。

1962年，田头水文站增加地下水整编项目。

1969年，峡山水文站增加泥沙颗粒分析整编项目。

1970年，坝上、翰林桥水文站增加泥沙颗粒分析整编项目。

1972年，坝上、峡山、翰林桥、居龙滩等水文站增加推移质输沙率整编项目。

1980年，赣州地区正坑水文站等集水面积在200平方千米及以下的小河水文站和配套雨量站的资料，按水利电力部水文局1979年7月颁发的《湿润区小河站水文测验补充技术规定（试行稿）》和省水文总站制定的有关补充规定进行整编。为配合资料分析需要，降水量摘录表采用一表多站格式编制、刊印。

1984年，居龙滩水文站增加泥沙颗粒分析整编项目。

1997年1月开始，安和水文站实行高水流量间测。水位在250.50米以上时，停测流量，停三年测一年，停测年份用历年综合水位流量关系曲线推流、整编。

2000年3月1日开始，翰林桥、安和、樟斗、南迳、羊信江、胜前等6个水文站实行巡测。

2002年5月，章江下游章江水轮泵站蓄水，受蓄水影响坝上水文站2002年流量整编方法为临时曲线、绳套曲线、连实测流量过程线并存的方法。2003年开始用实测流量过程线法整编。坝上水文站2002年以前流量采用临时曲线法整编。

2005年，根据《水文资料规范》（SL 247—1999）的规定，赣州市水文局所属各水文（位）站、渠道站重新编制测验河段平面图。

2007年，省水文局完成赣州所属县（市、区）暴雨等值线图的编制与历年降水量特征值的统计工作。

2005—2016年，窑下坝水文（二）站流量整编方法采用临时曲线、连实测流量过程线推流两种方法。2017年以后采用ADCP流速相关法推求。窑下坝水文（二）站2004年以前流量采用临时曲线法推流。

2009年，水背水文站恢复设立后，由于受下游5.6千米处文昌电站蓄（放）水影响，流量采用上游1.12千米南龙电站电功率资料进行整编。

2017年4月，羊信江水文站受下游羊信江电站坝体抬高影响，流量采用上游1.5千米电站电功率资料进行整编。

赣州市主要水文（位）站整编项目变化情况见表4-13-1。

表 4-13-1 赣州市主要水文（位）站整编项目变化情况

站名	整编项目时间								
	水位	流量	泥沙	悬移质颗分	推移质沙量	地下水	蒸发量	水温	水化学
瑞金	1959 年至今	1960—1981 年，2019 年至今	1980—1981 年						1982 年至今
葫芦阁	1957 年至今	1957—1958 年							
峡山	1953 年至今	1953 年，1957 年至今	1958 年至今	1970 年至今	1972 年至今				1982 年至今
赣州	1938 年至今	1950—1956 年							
筠门岭	1966—1968 年，1984 年至今	1966—1968 年，1984 年至今							
麻州	1958 年至今	1958 年至今	1963 年至今						
羊信江	1958 年至今	1958 年至今	1964 年至今						1982 年至今
宁都	1938—1949 年，1958 年至今	1959 年至今							
桥下垅	1988—1997 年，2006—2014 年	1982—2014 年							
汾坑	1957 年至今	1957 年至今	1958 年至今						1985 年至今
石城	1967 年，1974 年，1976 年至今	1978 年至今							
翰林桥	1953 年至今	1957 年至今	1957 年至今	1970 年至今	1972—1998 年			1988 年至今	1982 年至今
南迳	1977 年至今	1977—2005 年							2011 年至今

续表

站名	整编项目时间								
	水位	流量	泥沙	悬移质颗分	推移质沙量	地下水	蒸发量	水温	水化学
信丰	1941年，1947—1949年，1951年至今	1958年，2016年至今	2016年至今						1982年至今
茶芫	2001年至今	2001—2015年	2001—2015年						2020年至今
居龙滩	1953年至今	1957年至今	1958年至今	1984年至今	1972年至今				1982年至今
杜头	1958年至今	1958年至今							
窑下坝	1957年至今	1957年至今							1982年至今
窑下坝（南干）	1988—1990年，1992年至今	1965—1976年，1978—1990年，1992年至今							
窑下坝（北干）	1988—1990年，1992年至今	1965—1976年，1978—1990年，1992年至今							
坝上	1953年至今	1953年至今	1956年至今	1970年至今	1972年至今			1988年至今	1982年至今
樟斗	1982年至今	1982年至今							
田头	1955年至今	1955年至今				1962—1966年			2011年至今
安和	1976—2015年，2017年至今	1977—2015年，2017年至今							2011年至今
水背	1979—1992年，2009年至今	1980—1992年，2009年至今	2009年至今					2009年至今	2019年至今
胜前	1976年至今	1976年至今							2011年至今

计算机整编

1978年9月，省水文总站在南昌开办电子计算机整编水文资料学习班，第一次培训各地市及鄱阳湖水文站电算整编技术人员。赣州地区水文站派技术人员参加学习班，并且参与测站资料试算工作。

水文资料正式运用电子计算机进行整编，开始于1980年。

1980年10月，水利电力部水文局发出水文资料电算整编座谈会纪要，提出电算整编是水文资料整编的发展方向，同时提出采用电子计算机整编水文资料的质量标准和要求。

1980年12月至1981年1月，省水文总站集中赣江水系各水文站和有关地市水文站资料整编人员，在吉安地区水文站开办电子计算机整编水文资料学习班，学习电算业务。同时，采用长江流域规划办公室编制的水位、流量、沙量通编程序和降水量通编程序（使用AL-GOL-60语言，DJS-6计算机），编制1980年赣江水系各站水位、流量、沙量和降水量资料电算报表。数据用纸带穿孔录入。赣州1980年电算整编资料，经1981年3月去长江流域规划办公室上机试算，初算合格率为97.1%。初算成果经抽查，完全符合《水文测验试行规范》的质量标准要求，也符合水利电力部水文局制定的“采用电子计算机整编水文资料的质量标准和要求”。电算整编和手工整编相比，具有差错少、效率高、质量好的特点，错误率减少到万分之一以下，超过规范要求，提高工效8～10倍。电算成果，计算日平均水位全部采用面积包围法，比手编不完全采用面积包围法计算的成果质量高。

1980—1983年，由于江西省水文系统无电子计算机，曾先后去武汉、北京、上海、兰州等地进行上机和打印。

1981年10月，省水文总站和江西师范学院数学系共同研制《微机水文资料整编系统》（使用BASIC语言，Z-80系列MDP-30微机）。1982年底开发完成微机水文资料整编系统，实现整编一般河道水文站的水位、流量和沙量资料的电算程序，成果符合《水文测验试行规范》要求，初步具有检索功能，达到国内先进水平。

1982年11月，省水文总站购进MC-68000高档16位微机一台，并将河道水流沙整编程序和降水量整编程序移植到MC-68000微机上。改变赴外地上机，携带大量穿孔纸带及原始资料的状况，改善查错校孔改码工作量大、工作辛苦的状态。1983年8月，省水文总站电子计算机室投产使用；1984年，资料整编开始使用省水文总站MC-68000微机。

1985年8月，省水文总站在南昌开办第一期微机电算整编研习班。10月，在吉安开办APPLE-Ⅱ微机使用学习班，为电算整编数据录入培训人员。1985—1986年，省水文总站购进APPLE-Ⅱ微机10台，分配给各地市和鄱阳湖水文站使用。1984—1992年，全省资料整编成果在省水文总站计算打印，各地市负责数据录入，带数据磁盘到省水文总站上机。电算整编工作开始进入“数据分散录入，集中MC-68000微机统一运算”的阶段。

小河站电算整编从1985年开始。

1987年8月，省水文总站根据水利电力部水文司制订的《水文资料电算整编试行规定》，结合江西省实际情况，制订《江西省水文资料电算整编试行规定》。当年开始执行此规定。

1991年，全省各分局资料整编录入数据在省水文局vax-730计算机上统一上机计算。

除直接填制的实测类成果表资料外，水位、流量、沙量、降水量等资料均实现电算整编。小河站降水量资料采用省水文局自编程序整编，其他资料均采用全国通用水流沙电算程序、全国通用降水量电算程序整编。

1993年，赣州地区水文分局配置AST/386微机，整编数据直接录入计算机，资料电算工作开始在分局微机上进行，在本地上机和打印。因河道站水、流、沙整编程序和降水量整编程序为全国统编程序，仅解决水、流、沙及降水量的计算工作。实测成果表类的电算程序尚未开发，因此这部分成果仍采取人工整理。为解决实测成果表的电算打印，实现水文资料整编成果全部电算的目标，1997年市水文分局先后开发编写水位流量关系线三个检验程序等一批应用程序，并在全省推广。赣州市水文分局编写开发的电算程序见表4-13-2。

表4-13-2　　赣州市水文分局编写开发的电算程序

序号	文件名	编写开发的电算程序	备　注
1	EDITM. EXE	顺序文件的数据录入和检置校对程序	
2	SC3L. EXE	实测流量、大断面、悬移质输沙率、推移质输沙率、悬移质断颗、单颗和推移质断颗成果表的计算、打印、数据库存储文件转换程序	
3	HDR1L. EXE	逐日平均水位、流量、悬移质输沙率、含沙量和逐日降水量、蒸发量表等各类逐日表的数据库存储文件转换程序	水、流、沙HDRAL市水文分局设计
4	HDR2L. EXE	洪水水位、水文要素、含沙量摘录表和降水量摘录表等摘录表的数据库存储文件转换程序	
5	HDR3L. EXE	实测流量、大断面、悬移质输沙率、推移质输沙率、悬移质断颗、单颗和推移质断颗成果表的数据库存储文件转换程序	
6	HDR5L. EXE	逐日水温、水温月（年）统计表、颗分月（年）统计表数据库存储文件转换程序	
7	HJSL. EXE	水、流、沙和降水量月（年）统计综合拼表程序	市水文分局设计
8	QSJ. EXE	水、流、沙关系曲线三个检验程序	
9	DWE. EXE	逐日水面蒸发量表电算程序	
10	JISH. EXE	流域平均降水量及经验法计算 P_a 值计算程序	
11	CFXA. EXE	巡测资料分析程序	

注　“断颗”指全断面泥沙颗粒分析。

2001年，采用JXSLS程序计算水位、流量、沙量电算资料，采用JXJSL程序计算降水量资料。小河站降水量摘录表仍按一表多站形式整编，拼表采用PB5程序，在摘录期内若出现缺测、合并时，要求参照邻近站资料进行插补、分列处理。

2007年，赣州市水文局开始使用南方片水文资料整编系统SHDP1.0版本进行水文资料的整编工作。2009年，南方片程序解决一些在工作中出现的问题，程序在原有1.0版本的基础上进行升级和完善，程序运行效率和速度有极大提高。

2010年，开始对降水量及山洪、中小河流站进行遥测工作，开展遥测资料整编。遥测资料直接进入电算系统，不再需要烦琐的手工录入数据。

2014 年，各水文站开始逐步采用电脑定线程序，测站提交电脑定线成果。

五、资料审查、复审、汇编

从 1959 年起，赣州水文站、水位站执行资料在站整理制度，各项资料做到月清年结、整理有序。为保证资料成果的质量，测验过程中实行“四随”（随测、随算、随整理、随分析）工作方针，贯彻执行资料的“三道”（原始资料一算、二校、三复核）工序。并且分阶段定出水位流量关系曲线和单沙断沙关系曲线。每年两次集中审查资料，一次在汛后，一次在年底至次年初。同时进行全年资料的综合合理性检查，每年第一季度，市水文站审查下属水文站前一年的在站整理成果，进行合理性检查。

为保证沙量资料的合理性，每年开展上、下游沙量站沙量过程线的对照工作，单站水位过程线、单沙过程线、降水过程的对比工作，以检查单站沙量过程线绘制的合理性。为检查流量整编资料的合理性，开展上、下游水量平衡分析工作。

2004 年，资料审查工作主要采用集中审查和日常性审查相结合的方式进行。

2010 年以后，水文资料审查实行专家审查制，并建立专家上岗制度，实行三年一聘。

2020 年以后，为提高资料的时效性，根据水利部的要求，复审阶段的各项工作由复审单位在次年 5 月底前组织完成改为 1 月底前组织完成。汇编阶段各项工作应由汇编单位在次年 8 月底前组织完成改为 1 月底前组织完成。

截至 2020 年年底，赣州水文局已复审验收水文资料 19694 站年，其中水位 2212 站年、流量 1723 站年、悬移质沙量 737 站年、推移质沙量 84 站年、泥沙颗粒分析 206 站年、水温 202 站年、水化学 1924 站年、降水量 11970 站年、蒸发量 631 站年，详见表 4-13-3。

表 4-13-3　1924—2020 年全市水文资料整编复审验收成果　单位：站年

年份	水位	流量	悬移质沙量	推移质沙量	泥沙颗粒分析	水温	水化学	降水量	蒸发量	年合计
1924								1		1
1935								2		2
1936	1							4		5
1937	1							3	1	5
1938	2							3		5
1939	6	1						4	3	14
1940	6	1						5	4	16
1941	7	1						4	4	16
1942	6	2						4	4	16
1943	8	3						2	2	15
1944	8	1						2	2	13
1945	5							1		6
1946	3							2	2	7
1947	10							4	2	16
1948	10							6	3	19

续表

年份	水位	流量	悬移质沙量	推移质沙量	泥沙颗粒分析	水温	水化学	降水量	蒸发量	年合计
1949	10									10
1950	5	3	2					4	3	17
1951	13	7	7					16	6	49
1952	19	14	13					25	15	86
1953	14	9	6					27	17	73
1954	9	2	2					18	8	39
1955	20	8	6			11		39	21	105
1956	21	7	7			11		54	22	122
1957	22	16	11	2		5		67	20	143
1958	33	29	17			4	3	64	19	169
1959	37	28	20			7	6	64	17	179
1960	35	29	19	2		8	4	39	12	148
1961	35	26	16			10	4	34	8	134
1962	26	21	11			5	2	51	14	130
1963	25	20	9				2	94	12	162
1964	26	23	14			7	3	128	13	214
1965	29	23	14		2	7	3	175	12	265
1966	34	26	14			6	2	183	10	275
1967	36	26	14			3	3	184	9	275
1968	34	29	14			2	2	175	1	257
1969	34	28	14			2	2	167	8	255
1970	36	30	14		4	2	2	167	8	263
1971	37	30	14		4	2	2	158	7	254
1972	36	29	14		4	2	2	159	8	255
1973	38	31	14		4	2	2	171	7	269
1974	39	31	14		4	2	2	171	8	275
1975	39	31	14	3	4	2	2	179	8	282
1976	44	34	14	4	4	2	2	180	8	292
1977	43	33	14	4	4	2	2	185	8	295
1978	44	33	14	4	4	2	2	186	8	297
1979	41	32	14	4	4	2	2	195	8	302
1980	33	27	14	4	4	2	2	232	1	319
1981	39	31	13	4	4	2	2	252	4	351
1982	49	43	13	4	4	2	21	308	4	448
1983	49	43	13	4	4	2	21	309	4	449
1984	35	26	11	5	4	2	21	308	6	418

续表

年份	水位	流量	悬移质沙量	推移质沙量	泥沙颗粒分析	水温	水化学	降水量	蒸发量	年合计
1985	32	27	10	4	4	2	26	290	5	400
1986	30	29	8	4	4	2	26	277	11	391
1987	29	31	8	4	4	2	26	276	10	390
1988	35	27	8	4	4	2	26	275	10	391
1989	36	28	8	4	4	2	26	278	10	396
1990	39	31	9	4	4	2	26	315	11	441
1991	34	26	8	4	4	2	26	317	11	432
1992	31	28	8	4	4	2	26	263	10	376
1993	35	27	8	2	4	2	23	253	9	363
1994	36	27	8	1	4	2	23	198	8	307
1995	31	27	8	1	4	2	23	189	6	291
1996	29	25	8	1	4	2	23	184	6	282
1997	30	26	8	1	4	2	23	185	6	285
1998	29	25	8	1	4	2	23	182	6	280
1999	27	23	8	1	4	2	23	181	6	274
2000	26	23	8	0	4	2	23	178	5	269
2001	25	21	8	0	4	2	44	173	6	239
2002	24	22	8	0	4	2	42	173	6	239
2003	24	22	8	0	4	2	44	170	6	236
2004	24	22	8	0	4	2	44	169	6	235
2005	24	22	8	0	4	2	44	168	6	234
2006	27	21	8	0	4	2	46	169	6	237
2007	26	21	8	0	4	2	52	167	6	234
2008	26	21	8	0	4	2	60	164	6	231
2009	27	22	9	0	4	3	59	159	7	231
2010	27	22	9	0	4	3	56	159	7	231
2011	27	22	9	0	4	3	56	165	7	237
2012	27	22	9	0	4	3	65	165	7	237
2013	27	22	9	0	4	3	87	165	7	237
2014	27	22	9	0	4	3	96	166	7	238
2015	25	20	9	0	4	3	99	163	7	231
2016	24	20	9	0	4	3	99	164	7	231
2017	25	20	9	0	4	3	99	164	7	232
2018	25	20	9	0	4	3	99	165	7	233
2019	25	21	9	0	4	3	99	163	6	231
2020	25	21	9	0	4	3	119	163	6	231
合计	2212	1723	737	84	206	202	1924	11970	631	19694

第二节 水 文 年 鉴

一、年鉴卷册划分

全国水文资料整编成果以《中华人民共和国水文年鉴》的形式刊印发行。

1958年以前的江西省和赣州地区水文年鉴，以鄱阳湖区水文资料专册刊印。1929—1949年的水位、流量、含沙量、降水量、蒸发量各以一个专册刊印。1950—1953年的资料整编为二册，第一册为水位、流量和含沙量；第二册为降水量和蒸发量。1954—1956年，均以一册刊印全年资料。1957年，又以二册刊印，第一册为水位、地下水位、水温、流量、悬移质输沙率和推移质输沙率；第二册为降水量和蒸发量。

1958年4月，水利电力部颁发《全国水文资料卷册名称和整编刊印分工表》以及《全国水文资料刊印封面、书脊和索引图格式样本》。整编刊印分工表规定：鄱阳湖区水文年鉴编号为第6卷第19册、第20册。第19册刊印水位、地下水位、水温、流量、泥沙、颗粒分析和水化学资料及已刊布资料的更正和补充；第20册刊印降水量和蒸发量资料及已刊布资料的更正和补充。整编、汇刊单位为江西省水利电力厅。1958年的水文年鉴，即以第19册、第20册分二册刊印。

1959—1963年，第6卷第19册、第20册各以分册和合订本两种形式刊印。第19册、第20册各分为赣江水系上游区、中游区、下游区，抚河水系，信江水系，饶河水系，修水水系和湖泊水网区8个分册刊印。赣南水文资料在第19册、第20册赣江水系上游区分册上刊印。

1964年，水利电力部水文局调整卷册划分，鄱阳湖区水文年鉴编号改为第6卷第17册、第18册，第17册刊印赣江水系各站资料；赣南水文资料在第6卷第17册上刊印。

定南、安远、寻乌县内流入珠江流域的各水文站资料，划分为珠江流域东江区，编号为第8卷第5册。由广东省水文总站刊印。

赣州各卷册水文年鉴刊印资料范围见表4-13-4。

表4-13-4 赣州各卷册水文年鉴刊印资料范围

流域机构	卷 册	汇编省份	流域范围	流域水系码
长江委	第6卷第17册	江西	鄱阳湖区（赣江水系）	623
珠江委	第8卷第5册	广东	东江区	811

1980年起，集水面积不超过200平方千米的小河水文站从水文年鉴中分离出来，每年单独刊印《江西省小河站水文资料》专册。

随着水文测站增加、刊印资料站年数增多和适应电算整编表格排版需要，经省水文总站报请水利部水文局批准，从1980年水文年鉴开始将第6卷第17册、第18册各分成两个分册，每一册的第一分册刊印水位、地下水位、水温、流量、泥沙（包括推移质含沙量、悬移质含沙量、颗粒分析）和水化学资料；第二分册刊印降水量和蒸发量资料。

1986年，水文年鉴不再刊印水质分析资料，由长江水资源保护局统一刊印。从1987年起暂停出版水文年鉴刊印本。

2001年8月7日，水利部水文局在北京召开重点流域重点卷册水文年鉴刊印工作会议，落实水利部《关于公开提供公益性水文资料的通知》精神，满足不同用户对水文资料的需求，提供多种方式的水文资料服务。水利部6个流域机构和22个省（自治区、直辖市）水文单位的代表出席会议，水利部水文局局长刘雅鸣就做好水文年鉴刊印工作，更好地服务于社会作专题讲话，会议代表针对恢复水文年鉴刊印相关的各个工作环节进行讨论，水利部水文局对重点流域重点卷册水文年鉴的刊印亦进行工作布置。全国重点流域重点卷册2001年度水文年鉴共有18册，由江西省汇编的第6卷第17册水文年鉴（含小河站资料）列入其中。

各卷册水文年鉴以流域为单元划分，主要刊印流域内基本水文站点经整编的水文资料。水文年鉴刊印内容主要项目有水位、流量、泥沙（包括推移质含沙量、悬移质含沙量、颗粒分析）、水温、降水量、水面蒸发量等。详见表4-13-5。

表4-13-5　　水文年鉴刊印成果表名录

资料分类	表名	资料分类	表名
综合说明资料	编印说明	流量资料	实测流量成果表
	水位、水文站一览表		实测大断面成果表
	水位、水文站整编成果一览表		逐日平均流量表
	降水量、水面蒸发量站一览表		洪水水文要素摘录表
	水位、水文站分布图	悬移质泥沙资料	实测悬移质输沙率成果表
	降水量、水面蒸发量站分布图		逐日平均悬移质输沙率表
	各站月（年）平均流量对照表		逐日平均含沙量表
	各站月（年）平均悬移质输沙率对照表		洪水含沙量摘录表
	测站说明表	泥沙颗粒级配资料	实测悬移质颗粒级配成果表
	测验河段平面图		实测悬移质单样颗粒级配成果表
	站以上（区间）主要水利工程情况表		月（年）平均悬移质颗粒级配成果表
	站以上（区间）主要水利工程分布图	水温资料	逐日水温表
	水面（漂浮）蒸发场说明表及平面图	降水量资料	逐日降水量表
水位资料	逐日平均水位表		降水量摘录表
	洪水水位摘录表		各时段最大降水量表（1）
			各时段最大降水量表（2）
		水面蒸发量资料	逐日水面蒸发量表

2004年，定南县九曲水胜前水文站及其流域内雨量站、寻乌县寻乌水水背水文站（2009年恢复后）及其流域内雨量站属珠江流域东江区，划分在第8卷第5册，赣州其他水文（位）站及流域内雨量站均属鄱阳湖区，在第6卷第17册。

2007年，按《水文资料整编规范》要求，各项水文资料整编成果全面恢复刊印。

二、年鉴排版

1979年及以前，采用铅字排版印刷。年鉴的排版格式按《水文资料整编规范》要求，省水文总站提供年鉴刊印所需各项水文资料图表。印刷厂铅字排版，成果须经过省水文总站组织专业人员核对、复核、审核后方可印刷。

1980—1987年，水文年鉴第6卷第17册（赣江水系）采用计算机整编，水文年鉴采用照相制版刊印。

1980—1987年，江西省小河站水文年鉴采用铅字排版印刷。

2001年，水文年鉴恢复刊印，采用计算机排版刊印。

三、年鉴审查

按照水利部水文局的要求，水文年鉴汇编单位汇编的水文年鉴质量应达到《水文年鉴汇编刊印规范》要求，流域机构负责辖区内水文年鉴的审查工作。水利部水文局负责全国水文年鉴的终审工作。江西省水文局承担第6卷第17册、第18册水文年鉴的汇编工作，每年组织有关技术人员开展排版成果的审查工作。江西作为参编单位参加由相关汇编单位组织的珠江流域第8卷第5册（广东）水文年鉴汇编成果审查工作。

水文年鉴汇编成果均应参加国家水行政主管部门水文机构组织的终审。全国终审工作由水利部水文局组织全国水文年鉴审查专家进行审查，上一年度的水文年鉴一般在年底前完成。

四、年鉴资料成果质量复查

为保证水文年鉴刊印成果的质量，水文年鉴应达到《水文年鉴汇编刊印规范》的要求。流域机构负责辖区内水文年鉴的审查工作。

水文年鉴出版后，个别使用部门对水文年鉴内的某些数据提出过疑问和意见；在编制实用水文手册、水文预报方案和资料供应中，也发现个别站的成果不合理；特别是随着测站资料系列的增长，对测站特性有进一步的认识，原整编成果需作必要的修正。为此，1957年7月，省水利厅水文总站组织人员对长江流域鄱阳湖区1950—1956年刊布有逐日平均流量表的水文站进行过一次全面的复查。审查方法：①利用区域的径流特征；②利用测站多年的测站特性规律：③利用上下游站或邻近站资料进行合理性检查；④利用水文预报方法进行检查。审查时，应用几种方法互相印证。通过审查，发现并更正一些站年存在的不同程度的错误。

1959年1月，省水文气象局刊印《1950年—1956年长江流域鄱阳湖区水文资料流量刊布成果更正资料》。

1982年11月22日至12月11日，省水文总站组织包括赣州地区水文站人员在内的21人，对《水文年鉴》内赣江干流洪水资料进行分析检查。

五、资料保管

民国时期的资料由设站单位自行保管，资料分散、残缺不全。1956年整编时，均找不到资料。

1949—1957年，水文观测的原始资料集中在厅水文总站保管，从1958年起，除民国时期的原始资料、1950年后出版的水文年鉴和部分水化学原始资料集中由省水文总站保管外，其他原始资料和整编底稿，均由赣州地区水文站保管。

1963年6月，水电部检发《关于水利工程水文资料的刊布及水文年鉴保密等级的规定》，将原定水文年鉴机密级改为内部资料。1966年前，赣州地区水文站有一套较为完善的资料保管制度，有兼职人员管理，未发生原始资料遗失和损坏现象。“文化大革命”期间，管理制度被破坏，管理较为混乱。

1974年，水利电力部发出《关于加强水文原始资料保管工作的通知》指出：水文原始资料是水文观测的第一手资料，是国家的宝贵财富，是广大水文职工长年累月辛勤劳动的果实，必须珍惜爱护，认真保管。通知指出：（一）水文原始资料，属永久保存的技术档案材料；（二）水文原始资料，应集中在省、自治区、直辖市总站保管。应设必要的水文资料仓库。1975年6月17日，按省水文总站革委会通知要求，地区水文站开始清理历年原始资料，并总结资料清理和保管方面的经验，按水系、按站、按项目、分年序装订、造册，填写登记表，永久保管。

1986年10月23日，执行水利部制订的《水文资料的密级和对国外提供的试行规定》。

1988年，全省水文年鉴停刊，由以往单一的纸介质存储方式（刊印水文年鉴）转变为纸介质与电子文档并存方式。纸介质成果为打印机打印成果，省水文总站、赣州市水文站各保存一套，对应的电子文档省水文总站、赣州市水文站保存各不少于两套。原始资料、整编底稿及电算加工表底稿等均由赣州市水文站保存。

2007年起，水文年鉴各卷册要求汇编单位留存10～20份备用，其中应有3～5份异地长期保存。留存单位要根据国家重要文献、档案、资料管理有关法规，建立符合要求的档案存放基地。

第三节 水文数据库

一、数据库建设

1980年，提出水文资料计算机化，全省水文资料开始进入无纸化时代。水文数据保存在磁盘上。

1991年，省水文局建设江西水文数据库。数据库系统选用VAX-11信息管理系统软件，采用宿主语言FORTRAN建立大型信息管理系统，由数据库、数据站、数据检索系统和方法库四部分组成。根据水利部部署，江西省水文部门为二级节点数据库，各地区水文部门为三级节点数据库。

1992年以前，赣州地市水文站配备长城386微机1台；1992年，赣州配置1台PC微机；同年，赣州市水文局派黄武参加全省资料人员数据库系统培训及软件移植学习。

1993年，开始在全省对水文年鉴中水文数据建立数据库在二级节点库（市级三级节点库）开展数据录入工作。1994年，赣州地区水文分局由主要领导主持，测资科负责落实，成立录入小组，分班录入（白班、晚班）数据。录入小组主要人员有：黄武、刘琼、钟坚、梁玉春、游小燕、袁春生、华芳、李明亮、刘训华。负责录入水文年鉴中降水量、水位、流量、泥沙（包括推移质含沙量、悬移质含沙量、颗粒分析）、水温和蒸发量等项目的逐日表、摘录表和实测成果表。录入方法采用一名录入员完成一道数据录入后，另一名录入员进行检置录入，以减少录入错误，然后由管理员进行综合检查，先后发现多处水文年鉴刊印上的错误并加以改正。1997年基本完成数据录入任务，并开始对水文数据库进行合理性检查和改错工作。

1995年5月，市水文局派黄武参加省水文局召开的“第二次全省水文数据库工作会议”。汇报市水文局水文数据库工作进展，讨论交流三级节点库建设情况及存在的技术问题。

1996年，赣州地区水文数据库的建库工作基本完成，字节量为164MB。

1997年4月，派黄武参加省水文局召开的第三次水文数据库技术工作会议。讨论研究完善数据库软件的开发，交流软件使用前的各项对比、验证工作，提高数据库软件的安全性及服务功能。

为加快数据录入质量和提高效率，市水文局先后开发数据录入程序、逐日表、摘录表、成果表转换检查程序和数据录入检置程序，并在全省数据录入中得到推广应用。

二、数据录入

1988年，各项水文资料及整编成果陆续录入水文数据库。1984—1987年的整编数据从省水文局MC-68000机转录到市水文局水文数据库。1983年以前水文年鉴上的资料，经过一年的录入，已全部输入到数据库。

1996年，完成18000余站年的数据录入工作量，数据录入质量错误率控制在万分之0.06，名列全省第一位。

1999年，市水文分局对各项入库数据进行审查，并先于全省完成历年实测流量成果表、实测悬移质输沙率成果表数据的审查工作。

2001年，赣州市水文分局完成所属东江水系资料的数据录入，并入库。

2006年，对数据库中泥沙（包括推移质含沙量、悬移质含沙量、颗粒分析）资料进行合理性检查。江西省水文局对赣州市水文局数据库中的历年泥沙资料成果进行现场审查、验收。

1935—1949年，赣南共累积各类水文观测资料166站年，其中水位83站年、流量9站年、降水量47站年、蒸发量27站年。1950—2000年，市水文局共累积各项水文资料13472站年，是新中国成立前水文资料的81.2倍，其中水位1578站年、流量1215站年、悬移质泥沙522站年、推移质泥沙91站年、泥沙颗粒分析124站年、水温112站年、水化学分析490站年、降水量8895站年、蒸发量445站年。2001—2020年，市水文局共累积各项水文资料6094站年，其中水位511站年、流量426站年、悬移质泥沙172站年、泥沙颗粒分析80站年、水温52站年、水化学分析1409站年、降水量3314站年、蒸发量130站年。

第十四章

分析计算

20世纪50年代末，赣州多数县编制公社应用的水账查算表。1960年，赣南水文气象总站编印《赣南区各站历年水文特征资料》。1972年，宁都水文站编印《宁都县水文服务手册》。市水文局陆续进行过测站特性、产汇流和巡间测等多项水文统计分析工作。为水利建设、国民经济各部门提供科学依据发挥很好的作用。

第一节　水文查算手册

一、水文资料查算手册

1959年9月，省水电厅成立算水账领导小组，并向各专（行）署发出《关于在全省范围内立即广泛深入的开展算水账的指示》。赣南行政区有一半以上的县成立以水电局长为组长的算水账指导小组。培训算水账人员，以水利、水文技术干部和公社水利干部为主要成员参加，时间一般为5～7天，学习简易算水账手册，同时编制公社应用的水账查算表。算水账的内容有防洪抗旱能力账、灌溉用水账和水利资源账三方面。截至1959年年底，赣南行政区通过72座水库的验算，库容偏大的占36.1%，偏小的占37.5%。

1959年，兴国县等9县水文站会同本县水利局人员，编制本县《水文实用手册》。

1960年9月，赣南地区水文气象总站编印《赣南区各站历年水文特征资料》，资料统计至1958年，有历年水位、流量、含沙量、降水量和蒸发量等的特征统计资料。

1972年8月，宁都水文站编印《宁都县水文服务手册》。

二、暴雨洪水查算手册

2008年，省水文局在1986年编制《江西省暴雨洪水查算手册》基础上进行补充和创新，重新编制《江西省暴雨洪水查算手册》。赣州市水文局温珍玉、黄武参与编写《江西省暴雨洪水查算手册》。

第二节 测站特性分析

一、流速系数分析

在峡山、窑下坝、宁都和南迳等水文站，用多年全断面五点法资料为标准，用流量比进行$V_{0.0}$（水面流速）、$V_{0.2}$（相对水深为0.2的流速）、$V_{0.6}$（相对水深为0.6的流速）流速系数分析，分析结果见表4-14-1。

分析成果报省水文总站审查批复：窑下坝水文站水位为117.00～120.00米时，允许用$V_{0.6}$一点法为常测法；坝上水文站水位为97.00～98.00米时，可用17根垂线$V_{0.6}$一点法，水位在98.00米以上时，可用10根垂线$V_{0.6}$一点法为常测法；汾坑水文站水位为126.50～133.75米时，允许用$V_{0.6}$一点法为常测法，$K=0.99$；居龙滩水文站水位为105.00～111.00米时，允许用$V_{0.6}$一点法为常测法；南迳水文站允许用$V_{0.6}$一点法为常测法，$K=0.99$。

二、8时水温代表性分析

1990年2月，地区水文站选取坝上、翰林桥站1985—1989年的逐时水温观测资料，分析8时水温与日平均水温、8时水温与日最高水温、8时水温与日最低水温的关系。

坝上站水温分析方法：建立坝上站8时水温与日平均、日最高、日最低水温关系线，分析出坝上站8时水温与日平均、日最高、日最低水温的回归方程。

坝上站8时水温与日平均水温的回归方程：

$$T_{日平均}=1.0014T_{8时}+0.727$$

式中：T为水温。

8时水温与日最高水温的回归方程：

$$T_{日最高}=1.015T_{8时}+2.011$$

8时水温与日最低水温的回归方程：

$$T_{日最低}=1.0027T_{8时}-0.597$$

以上三式最大偏离6.9%，最大误差5.6摄氏度。公式使用范围仅限于8时水温为10～32摄氏度。

翰林桥站水温分析方法：建立翰林桥站8时水温与日平均、日最高、日最低水温的关系线，分析出翰林桥站8时水温与日平均、日最高、日最低水温的回归方程。

翰林站8时水温与日平均水温的回归方程：

$$T_{日平均}=1.035T_{8时}+0.752$$

8时水温与日最高水温的回归方程：

$$T_{日最高}=1.096T_{8时}+1.496$$

8时水温与日最低水温的回归方程：

$$T_{日最低}=0.996T_{8时}-0.436$$

以上三式最大偏离8.4%，最大误差5.9摄氏度。公式使用范围仅限于8时水温为7～29摄氏度。

省水文总站审查后，于1990年3月6日批复，坝上、翰林桥两站逐时水温停止观测。

表 4-14-1　**流速系数分析表**

站名	引用资料 年份/次数	$V_{0.0}$（水面流速）				$V_{0.2}$（相对水深为 0.2 的流速）				$V_{0.6}$（相对水深为 0.6 的流速）			
		流速系数 $K_{0.0}$	相对误差/%			流速系数 $K_{0.2}$	相对误差/%			流速系数 $K_{0.6}$	相对误差/%		
			$P=75\%$	$P=95\%$	$P=50\%$		$P=75\%$	$P=95\%$	$P=50\%$		$P=75\%$	$P=95\%$	$P=50\%$
峡山	1972—1980 80 次	0.88	±3.4	±6.4	0.2					1	±1.8	±3.4	0.7
田头										1	±2.1	±3.3	0.8
窑下坝		0.9	±3.8	±5.8	−0.3					1	±1.4	±2.5	0.3
宁都	1985—1990 33 次	0.945	±3.78	±6.83	0.49	0.893	±2.5	±4.4	0	1	±2.26	±3.39	0.09
坝上										1	±1.3	±1.9	0
汾坑	1984—1987 57 次									0.985	±2.03	±2.87	−0.33
南迳	1980—1990 34 次	0.882	±2.87	±4.9	−0.07	0.889	±3	±4.62	0.06	0.988	±1	±2.31	−0.29
杜头	1971—1983 44 次									0.948	±1.9	±3.4	0.8
居龙滩										1	±1.8	±3	0
枫坑口	1973—1983									1	±1.25	±2.9	0.4

三、产汇流分析

1981年1月，地区水文站对11个区域代表站，进行产汇流参数分析。分析情况见表4-14-2。

表4-14-2　区域站产汇流分析情况

站名	验算资料年份	$P+P_a-R_总$		U		M		备注
		验算次数	合格次数	验算次数	合格次数	验算次数	合格次数	
麻州	1976—1980	14	11	7	6	7	7	(1) 1976年站网规划前的资料未加入。(2) 宁都、翰林桥、窑下坝站未参加1976年站网规划分区综合，故1976年前资料也未加入本次验算
羊信江	1976—1980	13	8	6	5	6	5	
翰林桥	1961—1980	30	21	6	6	6	5	
宁都	1959—1980	32	23	14	14	14	14	
石城	1977—1980	24	13	8	7	8	5	
窑邦	1976—1980	15	10	7	7	7	6	
窑下坝	1959—1980	27	19	6	5	4	4	
杜头	1976—1980	13	10	5	5	5	5	
南迳	1977—1980	24	18	10	10	10	6	
水背	1979—1980	20	10	7	6	7	4	
胜前	1976—1980	18	12	10	9	10	10	
沙子岭	1976—1980	17	12	7	6	7	6	

注　1. $P+P_a-R_总$是指$P+P_a$与$R_总$的关系。其中，P为降雨量，P_a为降雨前土壤含水量，$R_总$为径流量。
2. U为推理峰量法汇流系数。
3. M为推理过程线法汇流系数。

1981年，兴国东坑小河水文站完成产汇流分析工作。1986年，完成高陂坑、隆坪、坳下、桥下垄、樟斗等小河水文站产汇流分析工作。1999年2月，为优化小河站网，提高站网整体功能，赣州市水文分局完成桥下垄、高陂坑等小河水文站优化技术论证分析。3月5日，省水文局以于都窑邦水文站为样本，具体说明站网优化技术论证分析方法的应用。2000—2002年，赣州市水文分局完成并向省水文局提交石城、翰林桥、南迳、杜头、窑下坝、安和、胜前、筠门岭、麻州、羊信江和宁都等水文站单站产汇流分析报告。

四、单沙取样垂线位置代表性分析

峡山水文站根据1972—1982年436次悬移质输沙率资料，验证全断面7根取样垂线的代表性，其结论是，起点距110米处代表性最好，相对误差在±20%以内的保证率为92.2%；起点距50米处的代表性次之，相对误差在±20%以内的保证率为88.3%。

五、冲淤河道水位流量关系单值化分析

用水背水文站1981—1982年、1985年132次流量资料，进行冲淤河道水位流量关系单

值化处理，通过无因次量与水力因素建立关系，可改多条水位流量关系曲线为单一线，并可作为高水延长曲线的一种方法。该分析方法已在外省进行交流。

六、悬移质输沙率垂线取样方法优化分析

1996年，采用汾坑水文站1990—1995年共36次精测法悬移质输沙资料，以五点法为标准值，与一点法、二点法、三点法及2∶1∶1定比混合法四种方法进行误差分析。结果以2∶1∶1的相对误差最小，三点法误差次之。据此，赣州市水文分局向省水文局建议：2∶1∶1定比混合法为该站经常性的悬移质输沙测验取样方法，获得省水文局批准。此后，枫坑口水文站也开展该项目的资料分析工作。

第三节 水文应用分析成果

一、站队结合巡（间）测分析

1987年，赣州地区水文站根据《水文勘测队站队结合试行办法》的要求进行部分站的资料分析；1990年年初，地区水文站集中技术力量，历时1个月完成《赣州片站队结合可行性研究报告》，接着又整理《信丰片站队结合可行性研究报告》，并于同年3月上报。

1990年，对胜前、峡山水文站进行站队结合可行性分析。

1991年5月，根据巡（间）测分析所定抽样原则及测次要求，对赣州片所属站做丰水、枯水、平水年份的模拟分析，进行各项水量的误差评定。

1996年，对信丰勘测队片区所属水文站进行站队结合资料分析。

1996年冬，选择断面和历年水位流量关系曲线比较稳定的安和水文站，按《水文勘测队站队结合试行办法》要求，进行间测分析，并上报该站的间测方案。经省水文局审查批准，该站从1997年1月开始，对水位在250.50米以上的流量实行间测，停3年测1年，停测年份用历年综合关系曲线推流；对水位在250.50米以下的按驻测要求实测流量，用当年实测点定线推流。

1999年年初，地区水文分局成立专门工作小组，按《水文巡测规范》（SL 195—1997）要求再次进行巡（间）测分析。1999年年底，完成翰林桥、安和、樟斗、南迳、羊信江、胜前、窑下坝、枫坑口、杜头九水文站的分析任务。

1999年12月，市水文局上报翰林桥、安和、樟斗、南迳、羊信江、胜前六水文站的巡测方案。2000年2月18日，省水文局批复上述六站的巡测方案。从2000年3月1日起上述六站实行巡测。

2014年，对安和、杜头、汾坑、翰林桥、筠门岭、麻州、宁都、田头、羊信江等水文站进行巡（间）测分析，桥下垅、樟斗水文站停测分析。其中巡（间）测分析成果在全省推广使用。

二、安和站停间测、巡测方案分析

按《水文勘测队站队结合试行办法》的技术要求进行分析

1990年2月，赣州市水文局提出《安和站站队结合可行性分析》报告。主要分析安和

水文站历年断面变化规律，1977—1989年水位流量关系，高水延长等。

1991年5月，作《安和间测方案分析》。提出251.00米以上实行间测，251.00米以下实行巡测。并从1980—1983年，按停1年测1年的模式，分析抽取31个测次（校测年），13～14个测次（251.00米以上停测年）为样本，分析停测年、校测年各两年的资料。

1995年年底，作《安和站水流关系分析》。分析1989—1994年的资料，分析时参考新发布的《站队结合测验规范讨论稿》中的有关技术规定，提出250.80米以上间测，250.80米以下巡测的方案。

1996年11月，作《安和站队结合流量测验方案》。分析1986—1995年的资料，提出250.40米以上间测，250.40米以下巡测的方案，并按方案从1990—1993年、1995年，每年250.40米以下，按20个左右的测次抽样进行分析。获省水文局1997年初站字（97）06文批复，同意250.50米以上以停3年测1年的方式实行间测。

按《水文巡测规范》(SL 195—1997）的技术要求进行分析

1997年5月12日水利部发布《水文巡测规范》(SL 195—1997)。

1999年9月，按照《水文巡测规范》(SL 195—1997）的技术要求，作《安和站停间测、巡测方案分析》报告。

综合线的分析 分析用1988—1996年的流量实测点，并将1977年、1980年的高水实测点点绘一起，通过点群中心定出综合线。综合线通过曲线检验后，计算与每年的水位流量关系曲线的最大偏差，在水位251.80米以上，符合规范规定，可以实行间测，并在水位252.00米以上，通过T检验。将符合《水文巡测规范》(SL 195—1997）规定，并通过T检验的历年综合线确定为停测年份使用的水位流量关系线。安河水文站停测水位级252.00米以上。

水位252.00米以下概化水位流量关系曲线的分析。将1986—1996年，历年水位流量关系曲线的外包线做均化处理后，枯水位级按相对比，中高水按等差分成9条水位流量关系曲线，并以水位251.50～252.00米做束狭区与水位252.00米以上的历年综合线自然连接，成为1986—1996年安和站水位流量关系曲线簇，用于1988—1996年停间测分析。

样本的分析 从1988年、1991—1993年、1995年、1996年中每年抽取一个样本。从1989年（枯水年）、1990年（平水年）、1994年（丰水年）中每年抽取10个样本。每个样本抽取15～17个测次。各样本定单一线后均通过曲线检验。系统误差与定线误差指标均符合《水文巡测规范》(SL 195—1997）规定。标准差计算含低枯水的测点，中高水测点的相对差各个样本基本在±5%内。分析中计算各个样本年总量与汛期总量及次洪水总量的误差，结果均小于规范的允许误差指标。

通过分析得出结论 安和水文站在水位252.00米以上间测，252.00米以下每年可按前面所述的抽样方式，分时段分水位全年布设15个测次巡测，并用单一线的形式用概化曲线定线，符合《水文巡测规范》(SL 195—1999）的各项规定。

三、胜前站巡（间）测分析

方法的选用

历年综合线法试算 点绘历年水位流量关系线，确定历年综合线。统计各年水位流量关系线与历年综合线最大偏离的相对误差。水位在221.50米以上高、中水各年线与历年综合线的相对误差分别不大于5%和8%，且各年线均通过三检和t检验。计算221.50米以上中、高水测点，置信水平95%的相对随机不确定度，满足单一线定线要求。水位在221.50米以下低水各年线与历年综合线的相对误差大于12%，不能实行间测。用历年综合线推流，年总量及汛期总量8年有4年相对误差超过3%及3.5%的允许误差要求。8年计42场洪水总量41场误差小于6%，仅有一场相对误差6.5%，超过允许误差范围。综合线试算结论，历年综合线高水误差很小，年总量及汛期总量误差超限，主要是低水线幅宽较大，且低枯水历时较长所引起。

当年单一线法试算 点绘各年水位流量关系曲线，确定当年单一线。统计当年线与单一线的最大相对误差，各年线与单一线相互间最大偏离情况，高水（大于222.00米）最大误差为4.68%，最小误差为0；中水（221.50米）最大误差为7.24%，最小误差为0。高、中水相对误差满足6%和8%的规定，可以合并定为单一线。用单一线推求各年流量，低枯水期误差满足低水并线要求，符合《水文巡测规范》（SL 195—1997）规定。按巡测规范单一线法定线允许误差指标要求，计算221.50米以上中、高水置信水平95%的相对随机不确定度如下，系统误差及不确定度符合规范要求。

样本分析

水位221.50米以下按时空分布均匀的原则，随机抽样，年测次在20次。用抽样测次点绘水位流量关系图，结合221.50米以上历年综合关系线走势，确定当年低水线后进行水位流量关系曲线的假设检验及误差分析。水量误差：年总量误差小于3%，汛期总量误差小于3.5%，低枯水期水量误差达到允许误差范围。次洪水误差合格率为95.2%。

分析结论

胜前站用当年单一线推流具有一定的精度，各项指标都能满足规范相对误差要求，低水可以合并定线。间测、巡测相结合，水位221.50米以上实行间测，用历年综合线推流。水位221.50米以下，分时段分水位全年测次在20次左右实行巡测。

四、羊信江水文站巡（间）测分析

流量巡（间）测分析

分析方法 用羊信江水文站1992—1998年连续7年流量资料作为巡（间）测分析资料样本。以样本确定丰、平、枯水典型年，以典型年汛期日最高水位排频确定水位级。丰、平、枯典型年份为1992年、1997年、1998年。水位在195.11米以上为高水位，195.11～194.25米为中水位、194.25～193.88米为低水位，193.88米以下为枯水位。

点绘各年水位流量关系线及历年水位流量关系综合线。计算各年水位流量关系线对历年综合线的相对偏差。水位在195.80米以上最大偏差为4.8%。计算各相邻年份水位流量关系线的相对偏差，水位在194.60～195.80米最大偏差为5%，水位在194.20～194.60米最大偏差为7.5%，均符合《水文巡测规范》（SL 195—1997）中间测的规定。

抽样分析 以测次在水位级上均匀分布，不考虑施测洪水过程，每个样本全年抽取测次10～20次，共分析35个样本。每个样本点绘水位流量关系线，并假设以单一线法推流。比较分析每个样本产生的误差。精简前后的年径流总量、汛期总量和最大一次洪水总量的误差及非汛期总量的相对误差，误差范围均在《水文巡测规范》(SL 195—1997) 的允许误差指标内，符合规范规定。可以用单一线法推求当年流量。点绘所有35个样本中水位在195.10米以上高水流量测次的水位流量关系线，计算与历年综合水位流量关系的定线误差，并进行t检验，误差符合《水文巡测规范》(SL 195—1997) 规定。

分析结果 水位在195.80米以上，各年的水位流量关系线偏离历年综合水位流量关系线的最大相对误差为4.8%，195.11米以上高水实测关系点据的综合线定线误差符合“三检”，系统误差为0，置信水平95%的相对随机不确定度为8%，t检验合格。因此水位在195.80米以上流量可实行间测。各样本推流时段年总量误差、汛期总量误差和一次洪水总量误差的最大值分别为2.84%、2.71%和3.25%，均小于《水文巡测规范》(SL 195—1997) 的允许误差。各年多条临时曲线合并定单一线法推流，巡测样本定线系统误差的绝对值为1.5%，符合规范规定。非汛期的枯水总量相对误差的最大值为5.41%，95%的相对误差为±3.59%，符合规范规定。因此水位在195.8米以下的流量可实行巡测。

悬移质输沙率巡（间）测分析

分析方法 用羊信江站1992—1998年连续7年悬移质输沙率资料为巡（间）测分析资料样本。计算多年平均年输沙量和各年11月至次年1月时段输沙量占年输沙量的百分数。点绘各年单断沙关系与历年综合单断沙关系线，计算各年单断沙关系与历年综合线的偏差。

抽样分析 输沙测验与流量测验相结合，样本中的输沙测次，应在流量样本中。每个样本输沙测次不少于10次，共分析35个样本。点绘各样本单断沙关系线，以单一线定线推沙。计算各个样本的单断沙关系定线误差，精简前后的非汛期悬移质输沙率的相对误差。

分析结果 各样本单断沙关系比例系数为0.93～1.10，定线误差中高沙部分误差最大值为12.5%，低沙部分误差最大值为34.5%，符合《水文巡测规范》(SL 195—1997) 的规定。样本精简前后非汛期输沙量的相对误差与年输沙量的百分比值，最大值为2.7%，与当年非汛期输沙量的相对误差最大值为17.8%，符合规范规定。因此悬移质输沙量可以实行巡测。

五、《章江河道安全泄量分析报告》

2003年，完成《章江河道安全泄量分析报告》。报告分析章江与上犹江河道总长399千米，其中右支章水河道长177千米，左支上犹江河道长193千米，三江口至章江河口河道长29千米。对章水、章江和上犹江安全泄量起控制作用的河段分别为窑下坝水文站至蟠龙、田头水文站至三江口河段。分析成果建议章水河道安全泄量采用10年7遇洪水标准，章江、上犹江河道安全泄量采用5年2遇洪水标准，整个章江流域河道安全泄量为10年7遇洪水标准。

第十五章

水资源分析评价

1989 年 1 月 20 日，赣州地区水文站内设水资源科。自 1996 年开始每年编制《赣州市水资源公报》，2015 年开始编制县（市、区）水资源公报，2016 年编制赣州 18 县（市、区）水资源公报，是全省首个编制、也是第一个全面编制县（区、市）水资源公报的地市水文局。水资源申请获得有水资源论证乙级证书，水资源调查评价乙级资质证书，并承接多个建设项目的水资源论证报告编制。

第一节　区域水资源分析评价

一、水资源公报

编制发布水资源公报是各级水行政主管部门的一项重要职责。受赣州市水利局委托，市水文局水资源科从 1996 年开始至 2020 年，每年编制《赣州市水资源公报》。该公报反映当年赣州水资源现实状况，是合理开发利用和保护水资源，实现水资源可持续发展的依据，也是编制水供求计划和国民经济及社会发展规划的重要依据。

《赣州市水资源公报》综合介绍当年水资源状况，主要内容：①详细论述区域水资源量，包括降水量、地表水资源量、出入境水资源量、地下水资源量、水资源总量；②水资源开发利用状况，包括蓄水动态、供水量、用水量、耗水量；③水体水质状况，包括赣州城区饮用水源地水质、河流水质、水库水质、功能区水质、废污水排放量；④用水指标；⑤重要水事。分别按行政分区和水资源分区提供数据。2018 年以后，《赣州市水资源公报》中不再介绍水体水质状况。

2015 年市水文局水资源科开始编制县级水资源公报，编制完成南康区、安远、石城、信丰、寻乌、于都、章贡区、赣县、兴国等 9 个县域水资源公报。2016 年后，水资源科每年编制完成赣州市 18 县（市、区）水资源公报。赣州市水文局是全省第一个全面编制县（市、区）《水资源公报》的地市水文局。

县级《水资源公报》增加“河长制”水资源情况及“河长制”考核水功能区水质评价、县水资源承载状况等。

二、区域水资源调查编制

1981—1984年，开展第一次全国水资源调查评价。省水文总站根据国家农委、国家科委1979年的统一部署，根据水电部1980年3月（80）水文字第5号文，1982年（82）水电水文字第2号文和（82）水文源字第105号文的部署，组织地市水文站、水文测站力量，于1980年开展地表水资源调查工作，1983年，开展浅层地下水资源调查评价工作。经总站、地区站和测站的共同努力，1984年年底共同完成山丘区水资源调查评价工作，编写《江西省水资源》。

2002—2004年，开展第二次全国水资源调查评价，完成编写《江西省水资源调查评价》。

2018—2019年，开展第三次全国水资源调查评价。在第三次水资源调查评价工作中，市水文局水资源科参与完成6项工作：①开展水资源数量调查，摸清近60年赣州水资源状况和特点，重点是近30年数量变化及分布情况，系统分析水资源演变规律；②开展水资源质量调查，摸清2000年以后赣州水资源质量及变化趋势，重点是2016年江河水库水功能区、水源地等水体质量现状；③开展水资源开发利用调查，摸清2001年以后赣州供、用、耗水情况，重点分析经济社会发展、城镇化等要素对水资源系统的压力与影响；④开展污染物入河分析，摸清入河排污口数量及分布，核算2016年废污水及主要污染物入河量；⑤开展水生态状况调查，调查统计近年来河流、地下水等生态水文要素的变化情况，分析水生态状况，地下水超采情况等；⑥开展水资源综合分析评价，在摸清赣州最新的水资源禀赋条件、水资源开发利用状况、水生态环境状况等基础上，综合分析各类要素的演变情势、变化规律和影响因素等。

三、水资源负债表

根据江西省委、省政府《关于建设生态文明先行示范区的实施意见》（赣发〔2014〕26号）和《江西省编制自然资源资产负债表试点方案》（赣府厅字〔2016〕92号），江西省自然资源资产负债表的核算内容主要包括土地资源、林木资源和水资源。市水文局受赣州市水利局委托，负责编制水资源资产负债表。

2016年，市水文局水资源科开展水资源存量及变动表编制试点工作，编制完成2013—2015年水资源资产负债表。截至2020年，编制完成各年赣州市水资源资产负债表。

第二节 水资源服务

一、资质证书

水资源论证乙级证书 2008年第一次延续，证书号：水论证乙字第13604006号；有效期2009年2月2日至2014年2月1日。2015年第二次延续，乙级证书号：水论证第360215494号；有效期：2016年1月14日至2020年12月31日。2020年7月，申请延续，因高级工程师人数达不到要求，申请未获成功。

水资源调查评价乙级资质证书 2013年第一次延续，证书号：水文证乙字第141304

号；有效期：2013年8月30日至2018年8月31日。2018年第二次延续，乙级证书号：水文证36218082号；有效期：2018年11月12日至2023年11月11日。

二、水资源服务

1989年1月20日，赣州地区水文站内设水资源科，承接多个建设项目的水资源论证报告编制工作，为地方建设提供长期的水资源服务，为区域水资源保护及合理开发利用提供依据，为水生态安全保障提供基础。

多年来，水资源科编制的项目水资源论证报告有：《会昌县白鹅慧敏矿业有限责任公司牛形坑铜多金属矿3万吨每年生产规模取水项目》《江西耀升工贸发展有限公司长龙坑铜锌矿取水工程》《会昌县淘锡坝矿区（整合）锡矿水资源论证》《江西耀升钨业股份有限公司锡坑钨锡矿水资源论证报告》《江西耀升钨业股份有限公司石公前铜锌矿水资源论证报告》《江西耀升钨业股份有限公司茅坪钨钼矿水资源论证报告》《上犹江引水工程水资源论证报告》《江西荡坪钨业有限公司宝山矿区建设项目水资源论证报告》《赣州市生活垃圾焚烧发电厂水资源论证报告》《石城县润泉供水公司岩岭水库供水工程水资源论证报告》《于都自来水公司河东水厂3万吨取水工程水资源论证报告》《于都自来水公司窑塘水厂5万吨新建工程取水项目水资源论证报告》《安远县东江源虎岗地热区地热水资源论证报告》《会昌润泉供水公司小坝净水厂9万吨取水工程水资源论证报告》《会昌县城乡一体化供水工程（9万吨每年）建设项目水资源论证报告》《会昌县石壁坑水电站工程水资源论证报告》《瑞金市晶山纸业有限公司年产12万吨瓦楞纸扩建项目水资源论证报告》《�门岭2万吨供水工程建设项目水资源论证报告》。水资源科还承担崇义、大余等县小水电取水项目水资源论证表的编制任务，会昌、兴国、赣县等县农村引水工程取水项目水资源论证表的编制任务。

第五篇

水文科研与教育

1986年12月成立赣州地区水利学会水文学组以来，经常组织开展科技活动和科学研究，与院校、单位、企业开展科技合作与交流，参加上级水利、水文学术交流会议，承办赣州市水文水资源学术研讨会议和东江源区绿色可持续发展高峰论坛会议，组织职工撰写水文科技论文，推荐、评选优秀水文科技论文。

赣州地区（市）水利学会水文学组每年举办一次年会，进行学术交流。2010年有水利学会水文学组会员56人（含退休人员）。2020年有中国水利学会会员29人。2013年起，市水文局每两年举办一届水文水资源学术研讨会。截至2020年，已举办四届赣州水文水资源学术研讨会和两届东江源区绿色可持续发展高峰论坛。每届研讨会汇编1本论文集，共汇编4本论文集，选编论文176篇。自新中国成立以来至2020年12月，水文职工在各类刊物发表的论文98篇，获奖论文25篇（其中科技论文23篇），入选学术会议宣读的科技论文11篇；科技成果奖23个（其中省部级9个，地厅级14个）。根据赣州市政府的要求，赣州市水利学会于2018年注销。

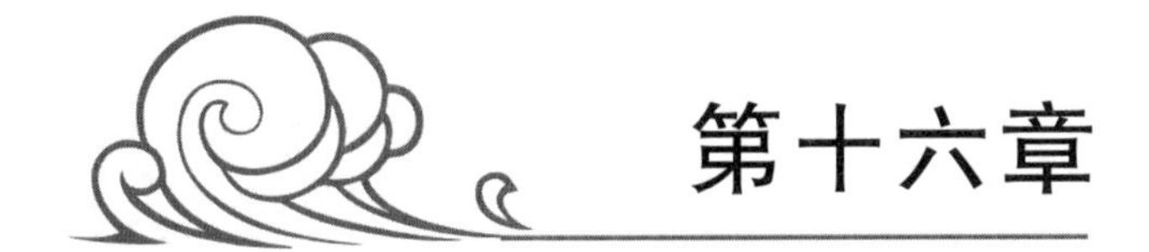

第十六章

科技队伍与教育培训

科技是社会进步的阶梯，也是推进社会发展的动力。只有重视和抓好科技，社会才能发生翻天覆地的变化，水文也不例外。为做好各个时期水文工作，稳步推进赣州水文事业发展，从1956年设立江西省水利厅赣州水文分站起，历任领导班子都高度重视水文科学技术工作。为充分发挥科技人员作用，结合水文测报工作需要，鼓励水文科技工作者在设备创新、水文科研、学术研究等方面积极探索。1993年提出“不把危险作业带入21世纪”，2001年提出“科技强局战略”，并成立了相应的机构负责科技信息交流、科研项目管理、科研工作的督查与考核，适时调整、充实科教领导小组成员和工作人员。先后成立了科技攻关小组和软件开发小组，以及南赣软件设计院和新禹科技研发中心。20世纪90年代以来，科技成果丰硕。2012年编制了《赣州水文科技发展规划（2013—2020年）》，确定了《赣州水文——技术创新之路》，并不断完善《赣州水文科技工作管理办法》《赣州水文创新成果内部评审、奖励办法》；同年6月出台《赣州水文学术研究和学历提升奖励办法（试行）》等规定。学术论坛、较大技术项目内部审查、学历层次提升奖励、发表或出版论文、论著奖励等措施的实施，为赣州水文科研工作的规范有序进行提供了有力保障，对赣州水文事业的发展和水利科技进步起到了较大的推动作用。

历年来，通过各种培训，大批水文职工掌握了各类水文技能，为赣州水文的科技活动打下了坚实基础。管世禄同志通过培训、自学和工作实践，掌握了缆道维修、遥测技术，被称为赣州水文的“工匠”。2008年9月，赣州市水文局列入参照《中华人民共和国公务员法》管理之后，大量高校毕业生加入水文队伍。这些人在老一辈水文科技工作者的引导下，通过工作实践，为赣州水文的科技工作注入了新的活力。一批年轻职工逐步成长为水文科研的骨干分子。

第一节　科　技　队　伍

一、职称结构

1979年以前有工程师1人。

1980年12月，赣州水文系统有工程师3人，助理工程师（助理会计师、助理管理员）

35人，技术员38人。

1981—1986年，先后有20人分三批攻读了河海大学水文系大专函授生，为赣州水文科技人才队伍的不断发展壮大奠定了基础。

1987年12月12日，经江西省工程技术系列高级职称评审委员会评审通过，冯长桦、郭崇俶等2人获高级工程师资格。这是赣州水文历史上第一次有了高级职称的科技人员。

1996年12月，有高级工程师7人（李书恺、傅绍珠、诸葛富、凌坚、曾宪杰、韩绍琳、梁祖荧），工程师（会计师）29人，助理工程师37人，技术员9人。

2001年12月，有教授级高级工程师1人（李书恺），高级工程师3人，中级职称37人（其中工程师35人、会计师2人），助理工程师（助理会计师、助理管理员）29人，技术员6人。

2005年12月，具有技术职称人员达到94人，其中教授级高级工程师1人，高级工程师6人，工程师39人、会计师2人，助理工程师（助理会计师、助理管理员）30人，技术员16人。有技术工人97人，其中技师2人、高级工62人、中级工5人、初级工5人。

2008年9月，参公后停止了专业技术职称的评聘。2020年12月，具有技术职称资格的工程师26人、会计师1人，助理工程师（助理会计师、助理管理员）25人，技术员12人。有技术工人27人，其中技师2人、高级工23人、中级工2人。

二、学历层次

截至1989年年底，全局在职职工206人，其中大学本科2人，大学专科25人，中专42人，高中（含技校）48人，初中及以下89人。

截至1999年年底，全局在职职工175人，其中大学本科5人，大学专科35人，中专36人，高中（含技校）46人，初中及以下53人。

截至2009年年底，全局在职职工166人，其中大学本科36人，大学专科45人，中专25人，高中（含技校）31人，初中及以下29人。

截至2020年年底，全局在职职工156人，其中研究生8人，大学本科94人，大学专科31人，中专7人，高、初中（含技校）16人。

三、年龄结构

2002年，全局在职职工171人，其中35岁以下42人，36～45岁79人，46～54岁42人，55岁以上8人。

2007年，全局在职职工173人，其中35岁以下45人，36～45岁58人，46～54岁59人，55岁以下11人。

2013年全局在职职工165人，其中35岁以下48人，36～45岁26人，46～45岁53人，55岁以上38人。

2020年，全局在职职工156人，其中35岁以下66人，36～45岁35人，46～54岁20人，55岁以上35人。

第二节 职工教育培训

一、职工培训

自1951年3月开始，水文职工陆续参加系统内外水文及相关专业培训班。1999年前资料不全，培训人数无法统计具体数据。2000—2010年，共有202人次参加培训。其中，出国培训2人次，继续教育24人次，政治理论培训10人次，专业知识培训118人次，在职岗位培训16人次，专门业务培训25人次，任职培训2人次，公务员初任培训5人次。2011—2020年，共有1342人次参加培训，其中，出国培训1人次，在职培训606人次，专门业务培训395人次，公务员初任培训60人次，其他培训280人次。

管理培训

站长培训 为提升基层水文测站站长的理论水平和管理能力，提高自身综合素质，更好地适应新时期水文事业发展需要，1991—2008年，省水文局共举办5期水文测站站（队）长岗位培训班，所有水文测站站（队）长均接受了培训。

1991年9—12月，省水文局举办第一期水文测站站长岗位培训班，9—10月为自学，11—12月在南昌集中授课，主要学习《资料电算整编》《情报预报服务》等相关水文课程，34人参加培训学习，赣州水文分局派员参加。

2003年11—12月，省水文局连续举办两期2003年全省水文系统科级干部测站站长暨“三个代表”培训班，开设15门课程，99位学员参加培训。赣州分局派员参加。

2004年11月30日至12月6日，省水文局举办全省第四期水文测站站长培训班，开设16门课程，赣州区域代表站站长参加培训。

2008年11月18—21日，为配合全省水文“学习教育年”主题活动，省水文局举办了全省水文系统青年水文站长培训班，测站青年站长及机关部分中层青年干部参加了培训。

2009—2014年，黄赟、朱超华、冯弋珉、李庆林、孔斌、管运彬、李汉辉、黄春花等分期参加了在南京举办的全国水文站站长培训班。

科级及以上领导干部培训 1990年4月，地区站10名副科级及以上干部参加了中共赣州地区直属机关党委组织的哲学培训班。傅绍珠、韩绍琳被评为积极分子。

2017年11月20—24日，赣州市水文局派出科级领导干部参加南昌工程学院举办的江西水文系统科级领导干部管理能力提升培训班。

2019年9月22—28日，杨小明、曹美、廖智、刘财福、赵华等5人参加省水文局在清华大学举办的第一期干部管理能力提升培训班；11月10—16日，刘旗福、黄国新、曾金凤等3人参加省水文局在清华大学举办的第二期干部管理能力提升培训班。

2019年9月15—21日，廖智、朱超华、李庆林、刘事敏、刘森生、丁宏海、李鉴平、刘石生、卢峰等9人参加全省水文系统水文测报中心负责人管理能力提升培训班。

专业培训

1951年3月，省水利局在南昌举办了第一届水文技术干部训练班；同年7月，在赣州举办了第二届水文技术干部训练班。1955 年 2 月在南昌举办了第三届水文技术干部训练班。1956 年 2 月，省水利技术干部学校成立，在南昌举办了第四届水文技术干部训练班。1956 年 10 月，省水利厅在安义县万家埠开办第五届水文技术干部训练班。1959 年 9 月，在玉山县开办第六届水文干部训练班。1963 年 9 月至 1964 年 2 月，省水利电力学校开办了第七届水文干部训练班。赣州共有 30 名干部先后参加了培训，结业后分配到水文测站工作。这批学员成为当时赣州水文的骨干力量，有十多人先后担任测站负责人。

1975 年 9 月至 1976 年 3 月，赣州地区水文站选派梁祖荧、刘云虎、周先纪、邹纪勇、张祥其、黄茂发、周报华、杨国广、张抗美等 9 人到华东水利学院进修。

1981 年 9 月至 1982 年 1 月，刘旗福等 15 人参加省水文总站举办的首期水文技工培训班学习。

1982 年 3 月，陈厚荣参加水电部培训中心举办的电子技术班学习。

1982 年 3 月至 1983 年 7 月，赣州地区水文站派出 11 人参加省水文总站举办的第二期水文技工培训班学习。

1983 年 11 月，周方平参加扬州水利专科学校径流分析培训班学习，陈厚荣参加黄委举办的全国泥沙测验研习班学习。

1982—1983 年，派出部分工人参加省水文总站举办的文化补习班学习。

1986—1987 年，游小燕、赵秀英分别参加河海大学水化学分析单科函授学习并获结业证书。

1987 年 11 月中旬，省水利技工学校开办第一期中级水文技术工人培训班，培训对象为水文技术岗位上的 2～5 级工、年龄在 40 岁以下、具有初中以上文化程度，经过技术补课或初级技术培训合格的工人 50 人，1988 年 1 月 23 日结业。赣州地区水文站派员参加培训班。

1988 年 10 月 25 日，第二期中级水文技术工人培训班在省交通干部学校开办，51 名工人参加培训，1989 年 1 月 28 日结业。赣州地区水文站派员参加培训班。

1990 年，地区站有 6 名同志参加了省水利厅举办的第一期全省水文勘测工技师培训班。经应知应会考试，5 名同志获结业证。地区站 13 名技术工人参加省水利技校培训班学习。

1994 年，开始对 1994 年以前通过顶替、补员和接收的退伍军人进行工人技术等级考试。

2004 年 10 至 2005 年 5 月，刘琼参加在扬州大学举办的第一届全国水文勘测技师专修班学习。

2009 年 10 月至 2010 年 1 月，潘红参加在扬州大学举办的全国水文勘测技师专修班学习。

2012 年，17 名水文勘测高级工参加省人力资源和社会保障厅在江西水利工程技师学院举办的高技能紧缺人才培养培训班学习。

2014 年 5 月 20—23 日，游小燕参加江西省档案局举办的全省档案人员专业知识培训班。

2016 年，谢晖、徐晓娟参加了由江西省水资源管理系统一期工程建设项目部举办的“水质自动监测站建设与运维管理”培训。周绍梅参加“检验检测机构资质认定评审准则七项制度及水生态监测技术”培训。11 月，杨小明、朱靓、郭能民、李雪妮等 4 人参加在广州举办的全省第二期水资源监测技术培训班。

2017年6月，吴龙伟、何威赴重庆市北碚水文站参加为期一周的全国第六届水文勘测技能大赛现场培训。7月，朱靓参加在广州举办的电感耦合等离子体光谱仪培训。8月，郭能民、朱靓参加在重庆举办的仪器设备和标准物质的期间核查方法培训班。

2018年5月，刘玉春参加东江（珠江）流域水环境治理培训班。7月，李雪妮参加离子色谱仪检测技术及实验室管理系统培训。12月，周绍梅参加国家水质标准检验方法及实验室自动分析应用技术培训。

2018年11月1日至12月31日，刘伊珞、程亮、杨炜宇、何文、邱东、叶晨、谢运彬、李贤盛、朱赞权等9名青年骨干参加扬州大学水文水资源专修培训班学习。

2019年7月，谢晖参加江西省水资源监测中心第一期水资源技术培训班。10月16日至12月15日，温翔翔、刘志强、曾宪隆、黄杰睿、陈宗怡、周绍梅、曾文君、李彩凤等8名年轻干部参加扬州大学水文水资源研修培训班。

为配合水文工作的开展，全省水文系统举办过各类水文业务技术培训班，内容涉及水文基本设施施工、水文电测仪器、水文预报、水文水利计算、水质污染监测、中小河流测站特性分析、小河站网规划分析、电算整编、小河水文站资料整编、产汇流资料分析、计算机学习等各方面，每个培训班赣州水文均派技术人员参加。

资质培训

1991年、1993年、2001年（2人）、2007年、2009年、2013年、2016年、2020年（2人），先后有胡芳逵、王承俊、刘宣文、刘辅鸿、廖信春、陈昌瑞、李君民、廖圣贵、罗斌、吴龙伟等10位同志通过培训考核取得水文勘测工二级（技师）资格。

2007—2014年，先后有周方平、刘旗福、杨小明、温珍玉、吴健、黄武、刘玉春、仝兴庆、陈宗怡、钟坚、谢晖、曾金凤、袁春生、徐晓娟、郭春华、罗斌、刘德良等17人通过培训取得水资源论证上岗证书。

2011年8月，周方平、杨小明、刘玉春等3人参加在四川成都举办的第一期水利行业计量认证评审准则宣传贯彻培训班，通过考试取得了内审员资格证书。11月，水环境监测中心安排了曾金凤、郭春华、曾昭君等3名技术人员参加了在海南海口举办的水质监测技术规范规程宣贯培训班。

2013年，刘玉春参加了珠江流域水环境监测中心组织的珠江流域重金属检测技术培训班，考核结果合格。

2014年6月18—20日，刘玉春、徐晓娟参加了在湖北武汉由水利部水文局主办的《水环境监测规范》（SL 219—2013）宣贯培训班。6月22—24日，曾金凤、仝兴庆、陈宗怡等3人参加了中国水利学会组织的第67期建设项目水资源论证培训课程。7月20—25日，刘玉春、徐晓娟参加了中国水利水电科学研究院组织的水利行业实验室资质认定评审准则宣贯培训班。

2015年，谢晖、徐晓娟参加了CNAS相关知识培训。杨小明、刘玉春参加了水利部国际合作与科技司主办的“水利行业实验室资质认定评审准则”宣贯培训。

2016年，刘玉春参加水利部国际合作与科技司主办的“水利行业检验检测机构资质认定评审准则”宣贯培训。温翔翔、李雪妮参加了国家认证认可监督管理委员会（以下简称

"国家认监委"）举办的"实验室设备管理员"培训。谢晖、徐晓娟参加了国家认监委研究所举办的CCAI检验检测机构质量检测方法培训。周绍梅参加了"检验检测机构资质认定评审准则七项制度及水生态监测技术"培训。

2017年3月，徐晓娟、周绍梅、李雪妮等3人参加国家认监委举办的实验室设备管理员培训。9月，谢晖、袁春生、郭春华等3人参加国家认监委研究所举办的检验检测机构质量监控方法培训。刘玉春、温翔翔参加国家认监委认证认可技术培训。

2019年9月，谢晖参加检验检测机构质量认定能力评价检验检测机构通用要求（RB/T 214—2017）培训。温翔翔参加全国检验检测机构资质认定内审员培训。

业务技术培训

1953—2020年江西省水文局主要业务技术培训班情况见表5-16-1。

表5-16-1　1953—2020年江西省水文局主要业务技术培训班情况

时间	培训班名称及主要学习内容	举办单位
1953年10月至1954年2月	水文资料整编学习班，主要学习水文资料整编方法	江西省水利局
1954年10月	枯季集训班，主要学习政治和业务技术	江西省水利局
1955年10—12月	水文规范学习班，主要学习水文测站暂行规范	江西省水利局
1959—1961年	水情和水文测验基本设施学习班，主要学习水文情报预报、水文测验技术和方法	江西省水文气象局
1964年9月	吊船过河索设计研习班，主要学习《钢筋混凝土的吊船过河索设计参考文件（初稿）》	江西省水文气象局
1973年10月30日	水文水利计算研习班，主要学习中小型水利工程水文水利计算和水文手册的应用。在奉新县开办	江西省水文总站革委会
	水文仪器检修研习班，学习钟表修理，水位计、雨量计的检修，水平仪和经纬仪的检修校正。在奉新县开办	江西省水文总站革委会
1975年7月15日	水质污染监测学习班	江西省水文总站革委会
1975年8月2—22日	长期水文预报学习班，学习长期水文预报数理统计方法	江西省水文总站革委会
1975年12月	电子技术基础学习班	江西省水文总站革委会
1978年9月4—28日	电子计算机整编水文资料学习班，学习电算整编技术	江西省水文总站
1979年2月	水文电测仪器学习班，主要学习电工原理基础和电路分析方法、半导体电路基础、脉冲电路基础	江西省水文总站
1980年12月17日至1981年1月19日	电算整编业务学习班，主要学习DJS-6电子计算机整编。在吉安地区水文站开办	江西省水文总站

续表

时间	培训班名称及主要学习内容	举办单位
1981年9月至1982年1月	水文职工训练班	江西省水文总站 江西省水利技工学校
1982年2月	中小河流测站特性分析学习班	江西省水文总站
1982年3月10日	第二期水文职工训练班	江西省水文总站 江西省水利技工学校
1982年9月	基本设施工程施工学习班，主要学习建筑施工技术，钢筋混凝土结构设计规划工程施工规范	江西省水文总站
1982年	小河站资料汇编及分析方法学习班，完成1980—1981年小河站资料整编和分析	江西省水文总站
1982年	水文电测仪器学习班	江西省水文总站
1982—1983年	文化补习班，初中文化程度职工文化补课	江西省水文总站 江西省水利技工学校
1983年10月1—11日	学习月计水位计、雨量计使用及检修技术	江西省水文总站
1983年12月1日至 1984年1月10日	BC-6800微机整编程序研修班，熟悉性能，模拟中等河流水文站资料电算分析工作	江西省水文总站
1984年7月6—20日	第一期PC-1500电子计算机培训班	江西省水文总站
1984年9月	泥沙淤积调查培训班	江西省水文总站
1984年12月26日至 1985年2月5日	微机研习班，主要学习福建和江西省水文总站协作的水位、流量、沙量程序，熟悉MC-68000微机操作	江西省水文总站受 水电部水文局委托
1985年8月31日至 9月27日	第一期微机电算整编研习班，学习FORTRAN语言程序设计、MC-68000微机操作、FORTRAN-77通编水位、流量、沙量程序和数据加工方法等	江西省水文总站
1985年	第三期水文职工训练班	江西省水文总站 江西省水利技工学校
1985年10月5—8日	APPLE-Ⅱ微机使用学习班，解决电算整编数据在各地市湖水文站分散录入问题。在吉安市举办	江西省水文总站
1985年12月4日	全省水文系统柴油机技术保养研习班。在安义万家埠水文站举办	江西省水文总站
1987年11月至1988年1月	水文中级工培训	江西省水文总站 江西省水利技工学校
1988年11月25日至 12月3日	《水文年鉴编印规范》研习班，讨论执行新规范过程中可能出现的问题和解决办法；全面修订省水文总站颁发的《水文测验试行规范》补充规定（整编部分试行稿）	江西省水文总站

续表

时　间	培训班名称及主要学习内容	举办单位
1988年10月25日至1989年1月28日	第二期水文中级工培训	江西省水文总站 江西省水利技工学校
1993年2月22—24日	财产清查登记工作培训班	江西省水文局
1993年11月2—6日	ORACLE数据库学习班	江西省水文局
1995年7月12—18日	财会电算管理培训班	江西省水文局
1997年10月6—10日	水情计算机学习班，主要学习计算机原理等方面的知识	江西省水文局
1998年3月8—15日	首期防汛水情计算机网络学习班，	江西省防总 江西省水文局
1996年1月2—26日	专业技术人员继续教育培训班	江西省水利厅
1998年3月25—27日	第二期专业技术人员继续教育培训班	江西省水利厅
2000年1月10—20日	江西省实时水文计算机广域网应用开发培训班	江西省水文局
2000年2月21—24日	全省水资源公报系统软件培训班	江西省水文局
2000年5月11—13日	GPS（全球定位仪）使用培训班，在吉安举办	吉安地区水文分局 受省水文局委托
2002年10月22—23日	国家防汛指挥系统项目建设会计培训班	江西省水文局
2002年12月25—27日	全省水资源简报、水资源公报技术培训班	江西省水文局
2003年10月28日	会计人员计算机知识培训班	江西省水文局
2004年11月2日	国库集中支付培训班	江西省水文局
2006年1月5—10日	全省水文信息化建设暨计算机技术应用培训	江西省水文局
2006年2月14—16日	《水情信息编码标准》（SL 330—2005）及应用软件培训班，主要学习水情信息编码技术和应用软件	江西省水文局
2008年1月10—15日	全省水文科级干部科技管理、科技服务培训班，主要学习交流科技管理新经验，探讨水文科技发展新思路	江西省水文局
2008年3月25日至4月12日	参照公务员法管理培训班	江西省水文局
2008年9月1—5日	全省第一期水环境监测技术培训班，学习哈希COD测定仪和多参数测定仪等仪器工作原理、操作以及盲样考核	江西省水文局
2010年1月11—15日	全省水文系统地下水监测管理人员培训班	江西省水文局
2010年4月14—15日	中国洪水预报系统应用研讨班，学习信息的采集、传输处理、洪水预报数学模型的计算分析、预报信息的发布	江西省水文局
2010年8月30—31日	水情信息交换系统应用研讨班，主要学习研讨水情信息交换系统的安装使用	江西省水文局

续表

时　间	培训班名称及主要学习内容	举办单位
2010年11月23—26日	水文职工技能培训班	江西省水文局 水利工程技师学院
2010年10月26—27日	全省水文系统首次内部审计人员培训班	江西省水文局
2010年11月15—18日	全省河流泥沙颗粒分析规程培训班，主要学习《河流泥沙颗粒分析规程》（SL 42—92）	江西省水文局
2011年	采样技术培训班	江西省水环境监测中心
2012年3月5—9日	水体细菌学培训班	江西省水环境监测中心
2012年4月5—7日	水利计量认证需规范和统一的有关问题培训班	江西省水环境监测中心
2014年	水资源监测技术培训班	江西省水文局
2015年	第一期水资源监测技术暨农村饮水安全工程无机盐检测培训班	江西省水资源监测中心
2015年	第二期水资源监测技术暨农村饮水安全工程无机盐检测培训班	江西省水资源监测中心
2016年	全省第一期水资源监测技术培训	江西省水资源监测中心
2016年	全省第二期水资源监测技术培训（瑞士万通离子色谱培训）	江西省水资源监测中心
2017年11月	江西水文系统科级领导干部管理能力提升培训班	江西省水文局
2019年7月	江西省水资源监测中心第一期水资源技术培训班	江西省水资源监测中心
2019年9月22—28日	第一期干部管理能力提升培训班	江西省水文局
2019年11月10—16日	第二期干部管理能力提升培训班	江西省水文局

赣州市水文局举办的各类培训

除参加省水利厅、水文局及其他机构组织的学习班、培训班外，市水文局根据工作需要，分别举办了水情服务与预报技术、水文自动化测报系统运行维护、山洪灾害调查评价、水文抢测方法及仪器操作、水文勘测技术及新设备应用、计算机使用、资料整编、水资源公报编制、法律法规、安全生产、党务知识、工会工作、新闻写作技巧等培训班。

2008年参照公务员法管理前，赣州水文每年举办的培训主要以水文业务为主。2008年9月参照公务员法管理后，每年除了举办水文业务培训班外，还举办《中华人民共和国公务员法》《中华人民共和国合同法》等法律法规、公文、党务、新录用公务员等培训班。

2014年开始有计划统筹各类培训安排，培训内容更加丰富多样，详见表5-16-2。

2016年8月1日至9月30日，举办全省勘测技能大赛赛前训练班。吴龙伟、何威、黄赟、胡冬贵、刘森生、孔斌、管运彬、谭正发、王海华等9名青年业务骨干参加。

表 5-16-2 2014—2020 年度江西省赣州市水文局职工培训安排

年度	主办单位	培训班名称	培训对象	时间	参训人数/人
2014	自动化科	遥测维护培训班	各站（队）科长及技术骨干	3月10日	30
	党群办	党务知识培训班	各支部支委	3月23日	25
	测资科	应急监测培训班	各站（队）长及技术骨干	4月	20
	测资科	资料整编程序培训班	各站（队）科长及技术骨干	6月20—21日	22
	办公室	消防安全培训班	各站（队）科（室）负责人及安全员	7月2日	80
	水情科	山洪灾害调查评价培训班	各站（队）科长及技术骨干	9月26—28日	60
	水质科	水质取样培训班	采样人员	3天	30
2015	办公室	综合治理及安全生产工作培训班	各站（队）科（室）长	1月初，3天	30
	自动化科	水文自动测报系统运维培训班	各站（队）长及技术骨干	1月初，2天	20
	水情科	山洪灾害调查评价培训班（第一期）	各站（队）科长及技术骨干	1月初，3天	20
	水情科	山洪灾害调查评价培训班（第二期）	各站（队）科长及技术骨干	2月初，3天	60
	局工会	工会干部及工会小组长培训班	工会委员及工会小组长	4月底或5月上旬，2天	20
	水情科	山洪灾害调查评价培训班（第三期）	各站（队）科长及技术骨干	5月上旬，2天	20
	水质科	水质采样培训班	采样人员	5月上旬，3天	35
	办公室	安全生产工作培训班	各站（队）科（室）长	6月初，2天	30
	办公室	节能减排工作培训班	各站（队）科（室）长	6月初，2天	30
	机关党委	通讯员培训班	通讯员	9月中旬，2天	30
	机关党委	党务干部培训班	各支部支委	9月下旬，2天	25
	水情科	水情服务与预报技术培训班	各站队长、技术骨干	10月下旬，3天	30
	组织人事科	新录用公务员培训班	2015年度新录用人员	10—11月	10
2016	水资源科	水资源公报编制培训班	各站（队）长及技术人员	2天	30
	办公室	安全生产工作培训	各站（队）科（室）负责人	1天	30
	组织人事科	全省水文勘测技能大赛赛前训练班	青年业务骨干	8月1日至9月30日	9
	组织人事科	新录用公务员培训班	2016年度新录用人员	10—11月	14

续表

年度	主办单位	培训班名称	培训对象	时间	参训人数/人
2017	水质科	水质采样培训	技术人员	3月上旬，3天	30
	水情科	水情服务与预报技术培训班	各站（队）长及技术人员	3月下旬，3天	30
	水情科	洪涝灾害调查培训班	各站（队）长及技术人员	6月下旬，3天	30
	水资源科	水资源公报编制培训班	各站（队）长及技术人员	6月初，3天	30
	测资科	水文抢测手段及仪器操作培训班	抢测队成员	3月上旬，3天	10
	测资科	南方片及电脑定线培训班	各站（队）长及技术人员	7月或8月下旬，4天	25
	测资科	水文技能人才培训班	各站队年轻职工	4期共28天	40
	办公室	安全生产工作培训	各站（队）科（室）负责人	2月中旬，2天	30
	办公室	节能减排工作培训	各站（队）科（室）负责人	3月初，2天	30
	办公室	综合治理培训班	各站（队）科（室）负责人	6月初，2天	30
	机关党委	通讯员培训班	通讯员	3月下旬，2天	32
	机关党委	党务干部培训班	各支部支委	9月下旬，2天	25
	组织人事科	新录用公务员培训班	2017年度新录用人员	10月	9
2018	水资源科	水资源公报编制	各巡测中心技术人员	4月，3天	30
	水资源科	自然资源负债表编制	各巡测中心技术人员	10月，3天	25
	水质科	水环境监测采样人员技术培训班	各测站采样人员（未取得上岗证）及水质科新入职人员	3月，3天	35
	办公室	安全生产工作培训班	各科室、巡测中心负责人	6月，2天	30
	办公室	综治工作培训	各科室、巡测中心负责人	10月，2天	30
	水情科	水情预报技术培训	水情相关人员	10月，4天	30
	监察室	纪检监察人员业务培训班	各支部纪检委员，机关纪委、监察室、党群办有关人员	3月，2天	12
	党群办	通讯员培训班	赣州市水文局聘用通讯员	5月，2天	30
	党群办	党务干部培训班	支部支委、小组长以及机关党委、党群办有关人员	9月，2天	25
	自动化	缆道测流培训	测站青年职工	2天	12
	组织人事科	新录用公务员培训班	2018年度新录用人员	10月	7
	测资科	勘测工大赛技能培训	各巡测中心技术人员	集中培训（7—10月）	6

续表

年度	主办单位	培训班名称	培训对象	时间	参训人数/人
2019	水质科	水利部七项制度考核培训班	局水质科全体人员	3月，2天	22
	水质科	水环境监测采样人员技术培训班	赣州市各水文测站采样人员（未取得上岗证）及水质科新入职人员	3月，2天	35
	水情科	中小河流水情预报与服务	各巡测中心水情人员	3月，4天	30
	水资源科	县级水资源公报培训	水文职工	3月，3天	25
	水资源科	水资源调查培训	水文职工	3月，3天	25
	自动化科	无人机测流	水文职工	4月，6天	28
	党群办	党务干部培训班	党务干部	6月，2天	25
	党群办	意识形态宣传培训班	通讯员、新录用职工	8月，2天	25
	组织人事科	新录用公务员培训	新录用人员	10月，5天	15
	办公室	综治、安全生产培训	各巡测中心负责人、综治、安全生产联络员	11月，3天	25
2020	水质科	采样人员技术培训班	2018年新录用职工	3月，2天	20
	机关党委	党务干部培训	党务干部	3月，2天	30
	机关党委	意识形态工作暨通讯员培训班	通讯员及意识形态领导小组	9月，2天	30
	水情科	水情预报服务方法	测报中心主任、水情业务骨干	10月，3天	20
	水资源科	水资源公报编制技术	各测报中心技术人员	4月，3天	25
	水资源科	自然资源负债表编制技术	各测报中心技术人员	10月，3天	20
	办公室	全市水文综治暨安全生产培训	各测报中心、科室（中心）综治联络员，综治小组成员	10月中旬，3天	30
	测资科	水文勘测技能培训	水文青年职工	8月，60天	20
	测资科	测站考证培训班	测报中心职工	2月，5天	20
	测资科	标准化培训	测报中心职工	4月，5天	20
	测资科	水文在线审查系统培训班	测报中心职工	2月，5天	20

2018年，举办县级水资源公报编制培训、水环境监测采样人员上岗考核培训、测站青年职工缆道测流及信号维护培训、勘测工大赛技能培训。

2019年8月12—27日，曾宪隆、程亮、曾文君、朱赞权、袁龙飞、陈亮、彭勃、杨炜宇、袁宇、杨荣鑫等10人参加第一期赣州市水文局青年职工水文业务技能集训班。

2019年，举办水利部七项制度相关理论知识及实践操作培训、中小河流水情预报方法和服务内容培训、水资源野外调查培训、无人机操作和测流原理培训（第一、第二期）。

2020年，举办新考入职工水环境监测采样人员上岗考核、大气降水采样新要求培训、水情值班预报服务和信息系统实际操作培训、水资源公报编制规范细则和编制方法培训、青年职工水文测量测验和资料整编培训、测站考证培训、测站标准化建设培训、水文在线审查系统培训。

新录用公务员初任培训

自2008年9月至2020年12月，市水文局录用公务员9批共65人，均参加了江西省委组织部、人社厅、公务员局联合举办的为期12天的省直单位新录用公务员初任培训班。2013—2018年录用的公务员还参加了省水文局举办的新录用公务员培训班。

2009年，徐晓娟、刘伊珞、李宏等3人是市水文局参公后录用的第一批公务员，同年11月参加省直单位新录用公务员初任培训班。

2010年11月，陈宗怡、肖秋福等2人参加省直单位新录用公务员初任培训班。

2011年11月，丁宏海、成鑫、何威、杨荣鑫等4人参加省直单位新录用公务员初任培训班。

2012年11月，杜春颖、高云、胡冬贵等3人参加省直单位新录用公务员初任培训班。

2013年11月，郭维维、罗鹍、邓增凯、谭正发、刘运珊、雷雨春、许攀、曾阳松、朱赞权、刘石生、温翔翔等11人参加省直单位新录用公务员初任培训班。

2015年11月23—26日参加在吉安市举办的全省水文系统新录用公务员理论培训班。

2015年11月，车刘生、陈亮、王海华、刘海辉、温冬林、刘志强、熊媛、曾元洁、曾文君、李彩凤等10人参加省直单位新录用公务员初任培训班。

2016年5月30日至6月2日参加在上饶市举办的省水文系统新录用公务员理论培训班。

2016年11月，郭能民、李雪妮、刘林、陈济天、程亮、黄杰睿、刘思良、邱东、杨炜宇、叶晨、袁宇、曾宪隆、郭冬荣、曾恒等14人参加省直单位新录用公务员初任培训班。

2017年9月13—16日参加在宜春市举办的省水文系统新录用公务员理论培训班。

2017年11月，朱靓、张功勋、袁龙飞、何文、谢运彬、黄斌、彭华芳、钟梅芳、聂弘羿等9人参加省直单位新录用公务员初任培训班。

2018年11月参加在南昌举办的省水文系统新录用公务员理论培训班。

2018年11月，王亮、陈川、付敬凯、赖鹏飞、胡彧、彭勃、刘小东、黄聪、徐思琴等9人参加省直单位新录用公务员初任培训班。

2018年11月18—21日参加在南昌举办的省水文系统新录用公务员理论培训班。

二、学历学位教育

赣州市水文局一直注重干部职工的学历教育，为鼓励职工提高自身文化素养和专业水平，出台一系列政策、规定，考入河海大学及江西省水利水电学校学习水文及相关专业的，报销面授往返路费和学习期间的住宿费，攻读硕士及以上学位的，获学位后报销75%以上的学费等激励机制，调动了职工提升学历的自觉性、积极性，使赣州水文职工队伍整体文化程度得到提升。

1959年11月至1960年11月，诸葛富在华东水利学院（现河海大学）陆地水文专业函授学习，获大专学历。

1963年9月至1966年6月，申其志、曾宪杰在华东水利学院水文系进修，获大专学历。

1981—1989年，有22名中专、技校、高中学历的职工通过华东水利学院（河海大学）水文专业函授学习，获大专学历。其中，1981年，陈显宏、张祥其、徐伟成、刘德良、杨庆忠、朱勇健等6人考入华东水利学院开办的陆地水文专业函授学习；1982年，黄武、李枝斌、郭春华等3人考入华东水利学院陆地水文大专函授班学习；1986年，周方平、杨小明、陈光平、郭军、谢代梁、刘玉春、罗辉、程爱平、钟坚、高栋材、陈会兴、王春生、刘定通等13人考入海河大学陆地水文大专函授班学习。这三批学员每届学习三年，经考试全部取得大专毕业证书。

1984—2002年，共有18名职工通过脱产、函授等方式获得江西省水利水电职工中等专业学校中专学历。其中，1984—1987年，刘旗福、冯文熙、兰燕等3名职工在该校水工班脱产学习；1985—1988年钟燕锋在该校财务班脱产学习；1990年9月至1993年7月，韩伟、何其恩、王国壮、许蓉等4名职工考入该校陆地水文班脱产学习；1999年9月至2002年7月，古乃平等10名工勤人员考入水文水资源专业函授学习。

1990—2000年，共有16人分别通过赣南师范学院（现赣南师范大学）、南方冶金学院（现江西理工大学）、江西大学、南昌大学等高校夜大、函授、电大等形式获得应用化学、计算机、电气、马克思主义理论、法律、汉语言文学等专业大专学历；2人获财会中专学历。

2001—2020年，有71人次通过函授、夜大、自学考试等形式获得计算机、水文水资源及相关专业等大专、本科学历；10人获得水文专业中专学历。

2006—2020年，获得在职硕士学位的有11人次，博士1人。

博士1人：曾金凤在江西理工大学土木与测绘学院攻读矿业工程专业博士研究生学位学历。

2006—2020年获硕士学位的职工有11人次：2006年6月，廖智获河海大学软件工程硕士学位；2010年12月，徐珊珊获南昌大学计算机技术领域工程硕士学位；2011年1月，曾金凤获江西理工大学资源与环境工程学院环境工程领域工程硕士学位；2013年6月，刘财福、谢泽林等2人获河海大学水利工程领域工程硕士学位；2014年6月，仝兴庆获河海大学水利工程领域工程硕士学位；2014年12月，吴健获河海大学计算机与信息学院软件工程领域软件工程硕士学位；徐珊珊获河海大学水利工程领域工程硕士学位；2018年6月，许攀获河海大学工业工程硕士学位；2018年12月，徐晓娟获山西大学环境工程硕士学位；2019年6月，谢水石获河海大学水利工程领域工程硕士学位。

第十七章

水文科研

赣州水文从1957年开始进行水文科研和技术改革，试制瓶式采样器、高空缆道。20世纪60年代试制拉线土绞式钢架。70年代在峡山水文站进行缆道测沙架的研制（近20年）和水文缆道连续采样器，并获赣州地区先进技术奖；“长期水文预报”和“赣江沿岸洪水受灾标图”分别获赣州地区科研成果奖。1978年，赣州地区水文站获“全省科技工作先进集体”称号，峡山、翰林桥、麻双、瑞金等水文站评为赣州地区科技先进集体；申其志、曾宪杰等一批职工被评为赣州地区科技先进个人。随后持续推进水文科研工作。90年代以来取得多项科研成果。至2020年，获地厅级以上科研成果奖23个。其中，获省部级科研成果奖9个，地厅级科技奖14个（含3个科研成果获赣鄱水利科学技术二等奖、三等奖）。水下信号发射器获国家实用新型专利，自主研发的同心牌ZLQS-1智能水文缆道流量、泥沙测定系统，同心牌BZC-1便携式微电脑缆道控制仪，同心牌SX-1数码式水下信号收发系统等系列产品，解决了水文信号传输、智能控制、缆道取沙三大技术难题，这些技术处于国内领先水平。2001年9月，该水文科技产品参加北京2001年国际水利水电新技术展览会，引起中外专家和同行的关注。当年，赣州地区水文分局接待水利部水文局，浙江、湖南、吉林、广西水文局等十多次水文同行前来参观考察同心牌水文缆道系列产品。自2002年起，赣州地区水文分局先后为广东省枫树坝电厂和韶关市水文局，福建龙岩、福州等水文局以及江西、陕西、安徽、江苏、浙江等省水文部门所辖部分测站承建了智能水文缆道。

2005年9月，又研制出YDT-1型数据遥测终端和LXD-1型数字水文缆道测控系统装置两个科技产品，并获得国家工业生产许可证。其中，YDT-1型数据遥测终端这项成果填补了江西省的空白。该产品已应用于江西省山洪灾害预警系统等工作中，为水雨情监测、防汛减灾发挥了重要作用。LXD-1型数字水文缆道测控系统装置，自动分析测量成果和成果图表自动生成，实现了测流、取沙过程的自动化，并保证了水文测验成果质量，在广东、福建等省水文系统和赣州市水文局所属水文站推广应用。

进入21世纪后，赣州水文连续评选出职工创新成果奖135项，涵盖水文测验优化、自动测报研究、水情预警预报研究、水资源调查评价研究、水环境研究、水生态研究、内部管理优化、水文化研究、水文服务研究等领域。辖区各站水位、流量、沙量、降水量、蒸发量、地下水、墒情、水温等水文要素实现自动化监测。

第一节 水 文 研 究

自1956年，赣州地区设立水文管理机构以来，赣南水文系统的科学研究发展大致经历了三个阶段：1959—1965年，蓬勃兴起、迅速发展时期；1966—1978年，削弱以致停滞时期；1978—2000年，重新兴起和稳定发展时期。特别是20世纪90年代中后期，赣州地区水文系统的科学研究有新的突破，科研水平居全国同行业领先地位，比较典型的是智能水文缆道流量泥沙测定系统。

一、基础理论研究

径流逐月还原计算方法 1979年6月，国家科学技术委员会和国家农业委员会把“水资源的综合评价和合理利用的研究”作为重点科研项目，布置各省、自治区、直辖市和相关部门，并指定水利部、地质部、中科院自然资源综合考察委员会为牵头单位，水利部指定水文部门承担水资源调查评价工作。

径流还原计算是《江西省水资源》中地表水资源评价的重要研究课题，是水资源评价中的三个主要技术难题（径流还原、蒸发、平原湖区）之一。

“径流逐月还原计算方法”运用水文学中的水量平衡原理和数理统计的误差理论，结合江西省的实际，较好地解决了水资源评价中的径流逐月还原的技术难题，丰富了水资源评价的计算方法。

该方法在江西省推广应用至今，提高了径流还原的精度，达到了水利部提出的技术指标。为国民经济宏观决策、农业区划、国土整治、工农业合理布局、流域规划等提供了技术支持，产生了一定的社会效益和经济效益。

“径流逐月还原计算方法”由李书恺完成，1989年获赣州地区科技进步奖二等奖。

洪水水文情报预报技术 1991年，赣州地区水文站组织技术力量为赣州地区主要江河水文站（贡水赣州、峡山、葫芦阁站，章水坝上站，桃江居龙滩站、信丰站、梅川汾坑站）编制了洪峰水位预报方案。预报方案根据各站特性分别采用合成流量法、降雨径流法及上、下游水位相关法编制。

整套方案的特点是预见期长、准确率高、适应性强、便于操作，同时做到了干支流相配套和上下游相配套，整体效果较好，是理想的河系预报方案。经评定，6个方案达到甲级，1个方案为乙级。方案的理论依据充分，筛选的预报因子灵敏度高，反映了洪水波运动的本质特征。在实际的作业预报中较好地解决了产汇流以及洪水遭遇叠加等多因素相互影响的复杂技术难题。

1992年3月下旬，赣州地区出现历史同期最大的洪水，地区水文站运用该方案作出了及时准确的洪峰预报，在抗洪斗争中发挥了重要作用。据防汛部门统计，减少洪灾直接经济损失1.8亿元。该方案在赣州地区应用以来，共减少洪灾直接经济损失20多亿元，取得了显著的社会效益和经济效益。

“‘92·3’洪水水文情报预报技术”由李书恺主持，周方平等共同完成。该技术获赣州地区科技情报奖二等奖、赣州地区科技进步奖一等奖和江西省农业科教人员突出贡献三等奖。

县级水资源调查评价及开发利用分析技术 县级水资源调查评价试点工作是江西省水文部门关于水资源研究的新课题。1991年，省水文局要求试点单位通过试点取得成果，并总结经验和方法，以便在非试点县（市）的县级水资源调查评价工作中借鉴应用。赣州地区南康市被列为资料不足的县级水资源调查评价试点县级市。

南康市水资源调查评价及开发利用分析技术，切合实际地解决了县域范围的水资源调查评价中来水量的分析计算问题和对缺乏资料情况下中小型水库可供水量的分析计算等技术难题。特别是对甘蔗生长期需要水量的计算，依据充分、方法创新、成果正确。实践证明，南康市水资源调查评价及开发利用分析技术符合水利部有关部颁规范要求，有理论依据，实用性强，总结出了江西省县级水资源调查评价的一整套技术方法，便于推广应用。

南康市水资源调查评价及开发利用分析技术报告，由朱勇健主持完成。2000年，该技术报告获赣州市科技进步奖二等奖。

二、应用技术研究

水文科技创新和科研是水文现代化建设的重要保证，水文科技工作者努力提高新技术、新方法、新产品自主研发能力，进行水文测报、水文资料数据库等应用软件的开发，完善水文测站动态信息管理系统；加强水文基本情况、基本资料和基本规律的研究，小汇流面积暴雨洪水分析研究，城市水资源及城市防洪和抗旱预案编制等基础性课题研究，水资源与水环境承载能力等基础性研究。建立了水情分中心，山洪灾害预警遥测系统、智能水文缆道流量泥沙测定系统在全区水文测站的应用和水文信息的互通，极大地提高了水文测报的时效性、准确性、安全性，促进了赣州水文现代化进程。

水文机器人——智能水文缆道技术产品的推广应用 经过科技人员数年的科技攻关，先后开发出同兴牌ZLQS-1智能水文缆道流量、泥沙测定系统，同兴牌BLC-1便携式微电脑缆道控制仪，同兴牌SX-1数码式水下信号收发系统等系列产品，解决了水文信号传输、智能控制、缆道取沙三大技术难题。这些技术处于国内领先水平。该产品的推广应用，使赣南水文测站摒弃了沿用40多年的水文江河船测危险作业方式，提高了测验能力和测验精度，减轻了劳动强度。2001年9月，该科技产品参加了北京2001年国际水利水电新技术展览会，引起中外专家和同行的关注。2001年，地区水文分局先后接待了浙江省水文局、水利部水文局、湖南省水文局、广西壮族自治区水文局等水文同行前来参观考察同兴牌水文缆道系列产品。据统计，赣州地区水文分局先后接待来赣州参观、考察水文缆道产品的领导、同行共10多批次。至2002年，赣州地区水文分局已为广东省枫树坝电厂和韶关市水文局，福建龙岩、福州等水文局承建了智能水文缆道。陕西、安徽、江苏、浙江等省水文部门与赣州地区水文分局达成合作意向。随后，在2005年9月又研发出YDT-1型数据遥测终端和LXD-1型数字水文缆道测控系统装置两个科技产品，并获得国家工业生产许可证。

构建国家防汛抗旱指挥系统江西省赣州水情分中心 《国家防汛抗旱指挥系统江西省赣州水情分中心初步设计报告》2003年已通过专家和部门评审，地方配套资金已部分落实，2004年下半年开始建设，建成一个以水情、雨情、工情、旱情、灾情信息采集系统为基础，以通信系统为保障、计算机网络系统为依托、决策支持系统为核心的国家防汛抗旱指挥系统。该系统在2005年年底建成，使赣州的防汛抗旱工作更科学、合理、有效。做到信息采集自动化、信息传输网络化、信息处理标准化、水情分析科学化和水情服务多样化。

构建水资源评价及预测预报系统 建立科学有效的水文水资源信息服务系统，实现水文水资源工作现代化。水文除了为国民经济长期积累资料和为防汛抗旱服务功能以外，必须强化水资源监测预报和调查评价职能，为水资源优化配置和管理服务。水文水资源信息服务系统的主要内容是：利用有关的地理、社会、经济信息，地表水资源信息，用水户、用水定额、需水量、水价信息，以及供水、用水、耗水、污废水排放量等信息编制划分水功能区，研究开发具有水资源预测预报分析、优化调度以及水资源评价、论证水资源公报编制管理和水文分析计算等功能的综合业务系统，为水资源综合开发利用规划、实时调度监控以及水资源宏观管理决策服务。

构建水环境预警预报系统 防治水资源污染，解决水环境恶化问题，保证用水安全，必须开展水质监测工作，构建主要由水环境监测子系统和水质预警预报子系统组成水环境预警预报系统。依法开展全市（区）主要供水水源地水质监测，完善全市（区）水质监测体系，实现水质站网的优化布局，扩展监测内容，增加监测站点，提高监测密度和频率，在现有的水质监测站点的基础上，增设辅助站。引进先进水质监测设备，用现代化设备和管理手段加强实验室的建设，提高监测能力和效率；调查排污口基本情况，建立水污染事故监测的快速反应机制，快速收集、处理水质信息，及时提供水质趋势预测分析及预警预报，确立主要污染源和污染物及沿程分布情况，提出应对措施预案并进行影响评估，发布全市（区）水质信息和评估结果，实现水质信息采集、传输、处理和查询服务的自动化。

三、专项课题研究

水文缆道连续采样测沙器研究 该项目主要解决了连续采样测沙的问题，1978年获赣州地区先进技术奖。

长期水文预报研究 主要是提出了预见性和水雨情的发展趋势以及洪水的规律性，为防范洪灾和减少洪灾损失提供了参考依据，1978年获赣州地区科研成果奖。

赣州地区洪水情报预报技术研究 主要是根据赣南河流特点、江河洪峰规律、溪流暴涨暴落等情况，提出了一套预报技术和措施，能提前准确作出洪水预报，沿河可能受淹地带提前转移群众和搬离物资，减免人员伤亡和财产损失，1995年获江西省农业科技人员突出贡献三等奖。

插板式水下信号发射器 主要解决了水下信号传输的问题，处于国内同行业领先水平，1999年获国家实用新型专利。

智能水文缆道流量泥沙测定系统研究 解决了缆道测流取沙自动化的问题，用缆道控制台并连接电脑，自动完成测流取沙全过程，并自动打印测验成果，提高了测验能力和测验精度，2000年获江西省农业科教人员突出贡献三等奖。

赣州市八境湖水库水环境演变与保护措施研究 2008年12月，赣州市水文局承担项目研究，2011年11月通过项目验收。通过对八境湖水库的水库特征和水流状态、建库前后不同分期库区水质状况与特征及库区水质时空变化，摸清污水排放与库区水质的关系，研究八境湖水库水质演变和水环境承载能力变化规律，提出保障库区水质达到水功能区标准的主要污染物排放量的控制方案等水环境保护措施，为城市发展和保证城区供水水源地水质达标提出科学建议。

东江源区水文水生态监测与保护研究 2016年，利用东江源区长系列的水文、水质、水污染监测资料，对源区的水生态情况侧重地表水资源作全面的分析评价，并针对存在问题提出相应的措施建议。项目主要研究了社会经济与产业布局调查分析、水生态系统现状调查评价、水生态系统存在问题及原因分析、水生态保护的对策与措施研究等四项主要内容。该项目获赣鄱水利科学技术奖三等奖。该课题于2020年4月经江西省科学技术厅确认为江西省科学技术成果。

受水利工程影响的水文测验与资料整编方法研究项目 2016年，在坝上水文站以水文缆道、ADCP（在线）、ADCP（走航式）测流进行比测分析，建立出三种测流方案成果（流速或流量）相互之间的关系，论证ADCP（在线）或ADCP（走航式）两种流量测验方法误差是否符合该站精度要求，确定新的流量测验方式是否能够替代水文缆道流速仪法进行该站流量资料整编。为先进设备代替传统设备进行流量测验提供依据，简化烦琐的水文原始资料收集工作。以此由点及面，加速全市水文基层测站水文现代化进程，提高水文工作效率，提升水文服务水平。

基于GPM卫星对赣州市降雨实施监测研究 2017年，GPM卫星数据作为卫星数据源，并以历史的地面站点降水数据为基础，对赣州地区的GPM卫星降水数据进行实时评估和校正。以雨量站所测得的降雨量为真值，通过GPM卫星降水数据、经过线性和概率密度匹配校正后的卫星降雨数据与雨量站的降雨数据之间的评价指标对比，效果较好。GMP卫星数据监测是全市降雨监测，绘制降雨分布的又一全新手段。

基于卫星遥感数值对赣州市降雨短期预报研究 2017年，为在赣州市大范围地、及时地进行降水短期预报，更好地服务于区域洪水预报，该项目选择美国国家环境预报中心（NCEP）的全球集合预报系统（Global Ensemble Forecast System，GEFS）的降雨预报数据为数据源，并以历史的地面站点降水数据为基础，对赣州市的GEFS降水数据进行预报效果评估和校正，取得良好效果，是赣州市未来降雨预报又一手段，在水情预报中进行应用。

东江源区氨氮指标浓度时空变化及影响因素研究 2018年，该项目利用源区长系列的水文、水量、入河排污口等实测资料，以及赣州市水文局对源区在水文水生态方面连续性、探索性研究成果，采用季节性肯达尔检验法、水质水量联合评价、ArcGIS空间分析技术、Pearson相关分析法和SWAT水文模型等研究方法与模型模拟相结合的手段，深入研究氨氮时空变化与污染分布，并提出了相应的削减措施。

基于B/S架构的用户体验导向的洪水预报系统 2018年，以新安江模型洪水预报为核心，以用户体验为导向，设计建设了一套功能全面、操作简便、运行维护方便、实用性强的洪水预报系统。系统依托计算机网络环境，遵循统一的技术架构，建立预报专用数据库，存储预报方案及其他系统数据，同时无缝对接实时雨水情数据库，直接从实时雨水情数据库读取实时数据，并将预报结果发布至实时雨水情数据，为防洪、抗旱、会商提供依据。

RTK无人机在浮标法测流中的研究运用 2019年，为了适应洪水期测流的需求，寻求新型、简便的测流方法，在这个情况下，提出RTK无人机自动测流方法。项目针对天然河道高洪期的河道水流流速快、含沙量高、漂浮物多，极易造成仪器的损坏并造成人身安全问题，利用RTK无人机测水面浮标的原理，采用非接触式测水面浮标流速，分析无人机各参数对测流的影响、外界因素对无人机的操作影响并建立了一整套无人机测流的方法。这种测流方式具有迅速、安全和不受漂浮物影响的特点，对于高水位洪水抢测洪峰是一种实用的方法。该方法解决了天然河流复杂的紊动特性难以利用点流速测量技术快速获取或代价很高，导致流速仪法、走航ADCP法等传统接触式测流方案无法开展布置或仪器不能正常施测等问题。

东江源区寻乌水河道演变及其影响研究 2019年，拟依托东江源水文水资源调查，采用理论与实践相结合的方法，对东江源区寻乌水河道演变及其影响进行研究。通过分析寻乌水的水背水文站实测水文、泥沙和河道地形资料，从河道演变、演变原因、演变影响、对策与建议4个方面系统研究东江源区寻乌水河道及其影响，并针对研究成果提出对策与建议。

东江源区水体污染特征及驱动因素研究 2019年，项目以东江源区氨氮指标变化及驱动因素为研究对象，运用源区水文、水量、入河排污口等历史实测资料，以及赣州市水文局对源区在水文水生态方面连续性、探索性研究成果，采用季节性肯达尔检验法、水质水量联合评价、ArcGIS空间分析技术和SWAT水文模型等野外监测、室内分析和模型模拟相结合的技术手段，评价源区水体氨氮污染状况与时空变化规律，分析典型水功能区氨氮浓度降解变化，辨识影响氨氮浓度的驱动因素与成因，构建氨氮污染监控体系和基础信息数据库，从而为源区氨氮污染的控制提供技术支撑和科学依据。这是市水文局首次成功申报赣州市重大专项课题。

四、水文实验

水文实验是水文科学的基础研究，目的是揭示水文现象和水文过程的基本规律，为水文预报、水文计算、水文测验以及农业生产等提供物理背景，并直接为工程规划设计和农业生产提供依据。该区的水文科研最早是从实验研究开始的，历年来取得了许多水文科研成果。

农业水文气象实验 1959—1961年，在赣县吉埠乡赣南农科所内，设立赣州吉埠农业水文气象实验站。设站目的：一是探求赣州地区具有代表性的水稻品种，在丘陵地区因灌溉制度的不同而有不同的需水量，为研究灌溉定额提供参考资料，从而使水稻达到高产稳产的目的。二是探求水稻在各生长期需水量与水文气象因子的关系，摸索这种关系在地区内移用的可行性。

试验田在赣南农科所200多亩水田的中央，是相连的两块长方形农田，田埂用三合土做成锐边。第一号试验田面积280平方米，第二号试验田面积260平方米。试验田的地质属红砂岩和第四纪冲积层的混合岩，土壤含砂率约为20.8%，海拔高度约为105米。用水由山溪引来，水源充足，灌溉方便，能够保证试验田的水稻需水量。

距试验田西北角40米处，设有气象观测场；试验田东南角150米处，利用原水井观测地下水位。在试验田中央埋设有底木桶，一号木桶面积0.833平方米，二号木桶面积0.599平方米，桶内设立水尺观测水稻散发量，桶外出设立水尺观测田间水位。根据1959—1960年的稻灌试验观测记录，得出了一套推求散发量和需水量的计算公式。利用公式不仅可以推求出本地水稻各个生长期的散发量和需水量，而且还可以推求附近地区的水稻生长散发量和需水量。

径流试验 为探求水土流失地区的径流变化规律，配合兴国县水土保持委员会的工作，1959年设立了兴国水文气象站江背径流站，该站有5名观测人员。径流站内设有以下观测站点。

江背（樟坑子）站。该站位于兴国县江背乡樟坑子村，测验河段设在赣江四级支流潋水的小支流寨坑河上，集水面积1.50平方千米。设站目的是掌握丘陵区水土流失的情况。观测项目有水位（1959年1月至1961年9月）、流量（1959年1月至1961年9月，共测流129次）、降水量（1959年1月至1961年9月）、蒸发量（1959年5月至1961年9月）、悬移质输沙率（1960年4—7月，共取输沙29次）。

江背（陂塘）站。该站位于兴国县江背乡陂塘村，测验河段设在江背（樟坑子）站的上游，集水面积0.94平方千米。该站采取“大区套小区，小区套单项”的测点布设原则，对小范围内的水土流失情况进行了系统的观测。观测项目有水位（1959年2月至1960年12月）、流量（1959年2—9月，共测流45次；1960年4—11月，共测流71次）、降水量（1959年1月至1960年12月）、水面比降（1959年6月10日2时54分至7时35分，每分钟观测一次）。

江背（马古坑）站。该站位于兴国县江背乡跌倒水村，测验河段设在赣江四级支流潋水的水支流新背河上，集水面积1.21平方千米。设站目的是掌握植被较好的丘陵区水土保持情况，以便与水土流失区的江背（樟坑子）站、江背（陂塘）站的资料进行对比分析，进一步探求不同下垫面的水土保持规律。观测项目有水位（1959年3月至1960年12月）、流量（1959年3—9月，1960年3—6月，共测流129次）、降水量（1959年5月至1960年12月）、悬移质输沙率（1960年4—5月，共取输沙14次）。

江背（哪岭）站。该站位于兴国县江背乡跌倒水村，是江背（陂塘）站的配套雨量站。

江背（上游）站。该站位于兴国县江背乡跌倒水村，是江背（马古坑）站的配套雨量站。

江背（中游）站。该站位于兴国县江背乡跌倒水村，是江背（马古坑）站的配套雨量站。

各站的降水量资料和江背（樟坑子）站的蒸发量资料刊印在水文年鉴内。

全沙测验与推移质采样器效率系数野外实验研究 1990年，省水文局与地区水文站共同合作，在赣县翰林桥水文站进行了全沙测验与推移质采样器效率系数野外实验研究。实验利用可调式电动升降抽沙推移质坑测器对国产顿式、Y78－1型高舌板采样器、Y78－1型低舌板采样器、Y78－2型以及美国海尔·斯密史采样器五种推移采样器的效率系数进行了率定。该采样器利用水沙导电率的不同特性，测出推移质的时程变化，通过沙泵抽沙，达到循环使用的目的，这样采集的沙样符合天然河床泥沙的运动规律。该成果1998年获江西省科技进步奖三等奖和江西省水利厅科技进步奖一等奖。

水文互控双缆道流量泥沙测定系统 20世纪70年代初，我国就提倡测流、取沙缆道化，几十年来，水文缆道虽然经过普查整顿和更新改造两个重要的发展阶段，但缆道取沙仍然是水文缆道测验技术的薄弱环节，是制约缆道技术推广应用的瓶颈。地区水文站一直致力于水文缆道的技术攻关。1993年，地区水文站提出“不把危险作业带入21世纪”的奋斗目标，进一步加大了对缆道的技术攻关力度，增强了技术力量，集中力量突破制约缆道技术推广应用的瓶颈——缆道取沙。1995年5月，地区水文分局自行研制的水文互控双缆道流量泥沙测定系统在峡山站投入使用，该系统经受了该站是年6月发生的建站以来的第二大洪水的考验。该系统的主要特点：泥沙采样器采用开关控制电路，确保了取沙的稳定可靠；直流电机可控硅调速电路保障了缆道的平稳运行；采用数字远传技术，实现机控分离；两套信号系统，确保信号传输的稳定可靠。该系统的测洪能力、测验精度和工作效率与船测相比，有了显著的提高，在特殊水情时，测验工作也能正常进行。水文互控双缆道流量泥沙测定系统由刘旗福主持完成。1998年，该项技术成果获赣州地区科技进步奖二等奖、江西省科技进步三等奖。

在该项技术成果的基础上，科研人员研制成功智能水文缆道测验系统，并先后开发了拥有自主知识产权的流量、泥沙测验软件和水下信号发射器。智能水文缆道测验系统通过计算机完成对测量仪器的控制，如定位、测深、测速和采集水样等，最后完成测验成果计算、打印。数码式短波纯无线水下信号发射器和独特的测沙电源输送方法，实现了信号的无线传输，互不干扰，解决了缆道取沙的技术难题。2002年1月，智能水文缆道测验系统通过省级技术鉴定，专家认为：智能水文缆道测验系统技术先进，性能稳定，集实用性、通用性、可靠性和直观性于一体，测流、取沙技术居国内领先水平，具有推广价值。

第二节 科 技 成 果

一、水文科技项目

从1957年开始对吊船过河索土绞索钢支架、水文缆道连续采沙器研制以来（“文化大革命”十年中断），至1977年试制成功，并于1978年获江西省科学技术工作重要成果奖。1992年始，赣州水文科研工作步入快车道，至2020年，洪水水文情报预报技术、水文互控双缆道流量泥沙测定系统、全沙测验与推移质采样器效率系数野外实验研究、水下信号发射器、水文机器人、智能水文缆道流量泥沙测定系统、南方山洪灾害监测预警技术、东江源区水生态监测与保护研究、雨量雷达技术在赣江上游雨量监测中的运用等23个科研项目获奖，其中获省部级奖9个、地厅级奖14个，详见表5-17-1。

表5-17-1 赣州市水文局历年获奖的科研项目

序号	获奖项目	完成单位或主要完成人	成果完成时间（年份）	授奖单位	奖项名称及等级	备注
1	吊船过河索土绞索钢支架	冯长桦	1978	中共江西省委、江西省革委会	省科学技术工作重要成果奖	省部级
2	水文缆道连续采沙器	冯长桦、申其志、彭运湘	1978	中共江西省委、江西省革委会	省科学技术工作重要成果奖	省部级
3	赣江沿岸洪水受害标图	冯长桦、申其志、彭运湘	1978	中共赣州地委、赣州地区革委会	地区科研成果奖	地厅级

续表

序号	获奖项目	完成单位或主要完成人	成果完成时间（年份）	授奖单位	奖项名称及等级	备注
4	长期水文预报	江西省赣州地区水文站	1978	中共赣州地委、赣州地区革委会	地区科研成果奖	地厅级
5	径流逐月还原计算方法	李书恺	1989	赣州地区行署	地区科技进步二等奖	地厅级
6	“92·3”大洪水水文情报预报	李书恺、周方平、诸葛富、李枝斌、陈光平、严超荣	1992	赣州地区科委	地区科技情报二等奖	地厅级
7	赣州地区洪水情报预报技术	李书恺、周方平、诸葛富、李枝斌、陈光平、严超荣	1995	江西省农业科教人员突出贡献奖评审委员会	省农业科教人员突出贡献三等奖	省部级
8	赣州地区“92·3”大洪水水文情报预报	李书恺、周方平、诸葛富、李枝斌、陈光平、严超荣	1995	赣州地区行署	赣州地区科技进步一等奖	地厅级
9	赣州地区“95·6”大洪水水文情报预报	李书恺、周方平、徐伟成、诸葛富、李枝斌、陈光平	1995	赣州地区科委	赣州地区被采纳重大科技建议甲等奖	地厅级
10	水文互控双缆道流量泥沙测定系统	刘旗福、张祥其、何祥坤、李书恺、陈昌瑞	1998	江西省科技进步奖评审委员会	省科技进步三等奖	省部级
11	全沙测验与推移质采样器效率系数野外实验研究	（与省水文局合作）李书恺	1998	江西省科技进步奖评审委员会	省科技进步三等奖	省部级
12	水文互控双缆道流量泥沙测定系统	李书恺、刘旗福、张祥其、何祥坤、陈昌瑞	1998	赣州地区行署	赣州地区科技进步二等奖	地厅级
13	全沙测验与推移质采样器效率系数野外实验研究	（与省水文局合作）李书恺、张祥其、黄忠孝	1998	江西省水利厅	厅科技进步一等奖	地厅级
14	水文互控双缆道流量泥沙测定系统	李书恺、刘旗福、张祥其、何祥坤、陈昌瑞	1999	江西省农业科教人员突出贡献奖评审委员会	省农业科教人员突出贡献二等奖	省部级
15	水下信号发射器	李书恺、刘旗福、张祥其、高栋材、管世禄	1999	国家知识产权局	国家实用新型专利权	省部级
16	县级水资源调查评价及开发利用分析技术	朱勇健、李书恺、黎华钦（外单位）、刘德良、吴健、胡兴梅	2000	赣州市人民政府	赣州市科技进步二等奖	地厅级

续表

序号	获奖项目	完成单位或主要完成人	成果完成时间（年份）	授奖单位	奖项名称及等级	备注
17	智能水文缆道流量泥沙测定系统	李书恺、刘旗福、张祥其、何祥坤、陈昌瑞	2002	江西省农业科教人员突出贡献奖评审委员会	省农业科教人员突出贡献三等奖	省部级
18	智能水文缆道流量泥沙测定系统应用研究	刘旗福、李书恺、刘训华、高栋材、张祥其、何祥坤等	2002	赣州市人民政府	赣州市科技进步二等奖	地厅级
19	关于推广赣南水文机器人智能水文缆道测流测沙系统的建议	刘旗福、李书恺、张祥其、高栋材、刘训华等	2004	赣州市科学技术协会	重大科技建设奖	地厅级
20	水文自动测报系统	刘旗福、高栋材、刘训华、张祥其、黄国新	2011	赣鄱水利科学技术奖励委员会	赣鄱水利科学技术三等奖	地厅级
21	南方山洪灾害监测预警技术与推广	刘旗福等	2014	江西省人民政府	江西省科学技术进步二等奖	省部级
22	东江源区水生态监测与保护研究	刘旗福、曾金凤、杨小明、刘玉春、简正美	2016	赣鄱水利科学技术奖励委员会	赣鄱水利科学技术三等奖	地厅级
23	雨量雷达技术在赣江上游雨量监测中的运用	刘旗福、刘训华、简正美	2018	赣鄱水利科学技术奖励委员会	赣鄱水利科学技术二等奖	地厅级

二、水文科技论文

1957年11月由冯长桦执笔的《介绍试制瓶式采样器》和《滩头站高空缆道》在水利部水文局《水文》和《江西水利科技》登载，是赣州水文在刊物上最早发表的科技论文。随后赣州水文科技工作者不断笔耕，撰写出许多涉及水文各方面的论文。截至2020年年底全市水文科技工作者共发表论文98篇（见表5-17-2），其中有多篇科学技术论文发表在全国中文核心期刊、全国科技核心期刊、国家级期刊。有11篇科技论文入选学术会议宣读（见表5-17-3），25篇科技论文获奖（见表5-17-4）。

表5-17-2　　新中国成立以来发表的主要科技论文

序号	论文名称	作者	刊物名称	刊登发表时间或期数	出版单位
1	介绍试制瓶式采样器	冯长桦	泥沙测验与整编	1957年11月	水利部水文局 水利部水利信息中心
2	滩头站高空缆道	冯长桦	江西水利科技	1957年11月	江西省水利厅

续表

序号	论文名称	作者	刊物名称	刊登发表时间或期数	出版单位
3	介绍流域周界长来制定流域面积经验公式的方法	冯长桦	水文	1960年2月	水利部水文局 水利部水利信息中心
4	介绍一种拉线土铰式钢支架	冯长桦	水文	1965年11月	水利部水文局 水利部水利信息中心
5	中小型水库预留防洪库容简化计算公式化的探讨	冯长桦	水利科技	1978年5月	江西省水利厅
6	积时采样器线路改进	黄瑞辉	水文	1986年1月	水利部水文局 水利部水利信息中心
7	赣州地区径流还原标准的初步分析	李书恺	江西水利科技	1987年4月	江西省水利厅
8	冲淤河道水位流量关系单值化初探	李书恺	江西水利科技	1990年1月	江西省水利厅
9	组合因子法在水位流量关系单值化中的应用	李书恺	水文	1991年1月	水利部水文局 水利部水利信息中心
10	赣州市主要河段溶解氧量特性分析	韩绍林、杨小明	江西水利科技	1996年2月	江西省水利厅
11	赣江上游主要河流水质现状与变化趋势	徐伟成	江西水利科技	1996年4月	江西省水利厅
12	龙潭电站水库调洪方案研制	徐伟成	江西水利科技	1997年3月	江西省水利厅
13	ANX-3型皮囊式缆道采样器的安装与使用	张祥其	水利水文自动化	1998年2月	水利部南京水利 水文自动化研究所
14	赣南防洪形势与防洪措施的几点认识	徐伟成	赣南社会科学	1998年6月	江西省赣州市社会 科学联合会
15	万安水库入库泥沙已淤积对赣州市的影响分析	冯长桦	赣南社会科学	1998年6月	江西省赣州市社会 科学联合会
16	ANX系列采样器在缆道测沙中的应用	张祥其	水文	2001年第5期	水利部《水文》 编辑部
17	总磷的实验室质量控制	袁春生	中华科技学报	2004第7期	华中科技大学
18	水环境监测毒理性实验的废水处理	曾金凤、袁春生、简正美	江西水利科技	2004年第3期	江西省水利厅
19	智能水文缆道流量、泥沙测定系统	刘旗福、高栋材、刘明荣	江西水利科技	2004年第4期	江西省水利厅
20	赣州水文监测系统存在的问题与对策	温珍玉、刘明荣、刘琼、韩伟	江西水利科技	2005年第4期	江西省水利厅

续表

序号	论文名称	作者	刊物名称	刊登发表时间或期数	出版单位
21	上犹县"06·07"特大暴雨洪水调查分析	徐伟成	赣州市科协	2006年第2期	江西省赣州市社会科学联合会
22	湿润地区产汇流分析应用系统研究	刘明荣、温珍玉	水资源与水工程学报	2006年第4期	西北农林科技大学
23	赣江上游水利工程对水文测站影响分析	邱成德	江西水利科技	2007年第1期	江西省水利厅
24	赣州市山洪地质灾害特征研究与防治对策	刘明荣、陈光平、杨小明	水资源与水工程学报	2007年第2期	西北农林科技大学
25	东江源区水生态保护对策研究	刘玉春、曾金凤	江西水利科技	2007年第3期	江西省水利厅
26	WebGIS在江西省实时水情信息服务系统中的应用	吴健	水资源与水工程学报	2007年第6期	西北农林科技大学
27	改善农村饮用水刻不容缓	袁春生、刘琼	人民珠江	2008年第2期	水利部珠江水利委员会
28	寻乌水"2008·7"暴雨洪水调查分析	徐珊珊、徐伟成	人民珠江	2009年第4期	水利部珠江水利委员会
29	东江源区地表水环境演变与保护措施研究	曾金凤	江西水利科技	2010年第3期	江西省水利厅
30	八境湖水库水质变化趋势分析与对策	曾金凤、周方平	人民长江	2010年第41卷	水利部长江水利委员会
31	章江中下游河道安全泄量分析	孔德兰、徐珊珊、徐伟成	江西水利科技	2011年	江西省水利厅
32	东江源区重要江河湖泊水功能区纳污能力及限制排污研究	曾金凤	人民珠江、江西水利科技	2012年第5期 2012年第2期	水利部珠江水利委员会 江西省水利厅
33	赣州市水功能区水质达标考核体系初探	曾金凤	人民珠江	2013年6期	水利部珠江水利委员会
34	赣州市八境湖水库水环境保护措施研究	曾金凤、徐珊珊	人民长江	2013年第1期	水利部长江水利委员会
35	东江源区水环境保护与生态补偿机制探讨	刘旗福、曾金凤	江西水利科技	2013年第3期	江西省水利厅
36	章江流域"2009·7"山溪暴雨洪水特性分析	徐珊珊、徐伟成	江西水利科技	2014年第2期	江西省水利厅
37	东江源区水质特征变化与政策关联分析	刘旗福、曾金凤	人民珠江	2014年第2期	水利部珠江水利委员会

续表

序号	论文名称	作者	刊物名称	刊登发表时间或期数	出版单位
38	河流最小预警流量计算——以赣州留金坝电站为例	温珍玉、曾金凤	人民珠江	2014年第6期	水利部珠江水利委员会
39	中小型企事业单位计算机网络安全策略与技术防范措施	谢水石	网络安全技术与应用	2014年	北京大学出版社
40	赣州水文科技发展回顾与思考	曾金凤	江西水利科技	2014年	江西省水利厅
41	章江流域“2009·7”山溪暴雨洪水特性分析	徐珊珊、徐伟成	江西水利科技	2014年	江西省水利厅
42	新疆阿克陶县饮水工程水质安全现状分析及建设思路	曾金凤、吐达洪·卡热	新疆水利	2015年第6期	新疆水利厅、江西省水利厅
43	萍乡市海绵城市发展需求与建设思路初析	曾金凤	人民长江	2015年22期	水利部长江水利委员会
44	赣州城市水文效应分析与研究构想	曾金凤、李枝斌、钟坚	人民珠江	2015年第1期	水利部珠江水利委员会
45	东江源水功能区水质时空变化与环境保护政策分析	曾金凤	江西水利科技	2015年第3期	江西省水利厅
46	东江源区氨氮指标浓度时空变化及影响因素分析	曾金凤	人民珠江	2015年第4期	水利部珠江水利委员会
47	地震作用下边坡平台对边坡的动力响应及失稳破坏影响分析	黄诗渊、刘健、李书杰、邓增凯、熊磊、文俊	长江科学院院报	2015年	长江科学院
48	耦合地震作用下多级非均质土坡动力响应规律	黄诗渊、刘健、李书杰、邓增凯、曹智	人民黄河	2015年	黄河水利委员会
49	耦合地震作用下阶梯型边坡的动力响应与稳定性分析	黄诗渊、李书杰、王列健、邓增凯	五邑大学学报（自然科学版）	2015年	五邑大学
50	水平地震动作用下平台宽度对边坡动力响应及稳定性影响	黄诗渊、刘健、邓增凯、袁伟、胡骏峰	中国科技论文	2015年	教育部科技发展中心
51	东江定南水下历河水质特征变化及污染成因分析	曾金凤	江西水利科技	2015年1期	江西省水利厅

续表

序号	论文名称	作者	刊物名称	刊登发表时间或期数	出版单位
52	东莞市典型天气的辐射特征及影响因子分析	罗鹍、陈玲、尹淑娴、袁志扬	广东气象	2015年	广东气象局
53	智能测控技术在水文测验中的应用	刘训华、高栋材、张祥其	江西水利科技	2015年	江西省水利厅
54	万安水库泥沙淤积分析	陈光平、程爱平	江西水利科技	2015年	江西省水利厅
55	东江源寻乌水水资源开发利用问题与对策建议	曾金凤	江西水利科技	2016年02期	江西省水利厅
56	珠江流域江西片省界水体水质特征变化分析及对策	曾金凤	人民珠江	2016年第8期	水利部珠江水利委员会
57	鄱阳湖水利枢纽工程对长江干流下游补水影响分析	曾金凤	人民珠江	2016年第9期	水利部珠江水利委员会
58	梅江流域“2015·5”暴雨洪水调查分析	谢水石、徐伟成	江西水利科技	2016年	江西省水利厅
59	东江源区地表水质变化特征及成因分析	曾金凤、曾阳松	水利水电快报	2017年第8期	水利部长江水利委员会
60	东江源区智慧水文的设计与实现	曾金凤	人民珠江	2017年第12期	水利部珠江水利委员会
61	东江源区水文水资源监测站网规划与布局	曾金凤	人民珠江	2017年第38卷	水利部珠江水利委员会
62	东江源区水生态监测与保护研究基地规划设想	曾金凤、刘旗福、刘玉春	人民珠江	2017年第8期	水利部珠江水利委员会
63	江西省山洪灾害调查评价工作成果应用浅谈	许攀、周俊锋、李世勤	江西水利科技	2017年	江西省水利厅
64	江西省山洪灾害防治乡村末端预警系统运维浅谈	许攀	江西水利科技	2017年	江西省水利厅
65	赣州市供水水源应急补水分析	徐珊珊	江西水利科技	2017年	江西省水利厅
66	团结水库抗暴雨能力分析	谢水石	江西水利科技	2017年	江西省水利厅
67	基于流溪河模型的梅江流域洪水预报研究	王幻宇、陈洋波、覃建明、李明亮、董礼明	中国农村水利水电	2017年11月	水利部中国灌溉排水发展中心
68	赣州市水文局机构设置现状及优化建议	曾金凤、刘旗福、韩伟	水利发展研究	2017年6月	水利部发展研究中心

续表

序号	论文名称	作者	刊物名称	刊登发表时间或期数	出版单位
69	基于流溪河模型的湘水流域洪水预报方案研究	李国文、陈洋波、覃建明、向奇志、李明亮	江西水利科技	2017年10月	江西省水利厅
70	基于暴雨特征的山洪临界雨量计算方法研究	章四龙、易攀、谢水石	中国防汛抗旱	2018年	中国水利学会
71	1981—2013年桃江流域径流与泥沙模拟研究	李志强、齐述华、刘旗福、仝兴庆、刘贵花	水土保持通报	2018年	中国科学院水利部水保所；水利部水土保持中心
72	赣州市山洪灾害现状调查评价与对策研究	李明亮、吴晓	江西水利科技	2018年	江西省水利厅
73	东江源重点入河排污口监测评价与整治探讨	车刘生	人民珠江	2018年	水利部珠江水利委员会
74	江西省河长制推行成效评价研究——以东江源区赣粤出境水质变化为例	曾金凤	水利发展研究	2018年	水利部发展研究中心
75	赣州水文三维虚拟电子沙盘系统设计与实现	彭余蕙、李明亮、付辉、岳威	江西水利科技	2018年	江西省水利厅
76	河道数据对流溪河模型预报中小河流洪水的影响	覃建明、陈洋波、李明亮、王幻宇	人民长江	2018年	水利部长江水利委员会
77	新时期赣州水文职工教育培训的实践与探索	曾金凤	水利发展研究	2018年	水利部发展研究中心
78	受壅水影响的二水文站两种ADCP流速比测分析	徐珊珊、冯弋珉、孔斌	江西水利科技	2018年8月	江西省水利厅
79	龙南县劣Ⅴ类水河段的污染成因与治理思路研究	曾金凤	人民珠江	2018年9月	水利部珠江水利委员会
80	水文基建工程招标采购流标成因分析及对策研究	王钦钊、黄国新、徐圣良、龚向民、盛卫荣	水文	2018年10月	水利部水文局 水利部水利信息中心
81	数字水系分级对流溪河模型中小河流洪水预报的影响	覃建明、陈洋波、王幻宇、张嘉扬、李明亮	长江科学院院报	2018年12月	长江科学院
82	东江源区水生态监测站网规划与需求分析	曾金凤	人民长江	2019年1月	水利部长江水利委员会
83	赣南主汛期降水趋势与预测	刘林、冻芳芳、李国文、刘旗福、李明亮	江西水利科技	2019年2月	江西省水利厅

续表

序号	论文名称	作者	刊物名称	刊登发表时间或期数	出版单位
84	基于城市河道型水库健康评价指标体系研究——以赣州市八境湖水库为例	车刘生	人民珠江	2019年2月	水利部珠江水利委员会
85	稀土矿区小流域污染源调查与治理——以定南县劣Ⅴ类水河段的污染治理为例	刘玉春、曾金凤、曾阳松	人民珠江	2019年2月	水利部珠江水利委员会
86	基于机构改革下的江西水文基层机构优化设计	邱启勇、曾金凤、黄国新	水利发展研究	2019年6月	水利部发展研究中心
87	东江源区水文站网现状分析与优化设计	曾金凤、陈厚荣、刘玉春、曾阳松	人民珠江	2019年9月	水利部珠江水利委员会
88	江西省灌溉工程遗产的时代价值与工作思考	占任生、曾金凤	水利发展研究	2019年10月	水利部发展研究中心
89	Release Characteristics of Manganese in Soil underIon-absorbed Rare Earth Mining Conditions	Zuwen Liu, Chenbin Lu, Shi Yang, 曾金凤 & Shiyun Yin	Soil and Sediment Contamination	2020年5月	外文期刊
90	赣江上游典型流域水沙过程对全球气候变化的响应	丁倩倩、刘友存、焦克勤、卢峰、黄赟、边晓辉、刘燕	长江流域资源与环境	2020年1月	中国科学院资源环境科学与技术局
91	雷达波在线测流系统在崇义水文站的应用	刘运珊、刘明荣	江西水利科技	2020年8月	江西省水利厅
92	浅谈基层水文青年队伍建设面临的困境及建议	黄聪、刘伊珞	水利发展研究	2020年5月	水利部发展研究中心
93	阳明湖水库水环境现状调查与预测分析	车刘生、谢晖、徐晓娟、钟梅芳、杜春颖	人民珠江	2020年6月	水利部珠江水利委员会
94	2007—2019年东江流域赣粤出境水质评价与成因分析	曾金凤、刘祖文、刘友存、刘旗福、许燕颖、徐晓娟	水土保持通报	2020年8月	中国科学院水利部水保所，水利部水土保持中心
95	世界灌溉工程遗产申报对策浅析	占任生、曾金凤	水利发展研究	2020年12月	水利部发展研究中心

续表

序号	论文名称	作者	刊物名称	刊登发表时间或期数	出版单位
96	基于 TOPMODEL 的分布式水文模型在中小流域的应用研究	李振亚、黄国新、肖凤林、胡玲玲、王淑梅、王娇	江西水利科技	2020 年第 5 期	江西省水利厅
97	GPS 技术在走航式 ADCP 高洪测验中的应用实例研究	黄国新、胡玲玲、贺春发	江西科学	2020 年第 5 期	江西省科学院
98	HSPF 模型在流域水文与水环境研究中的进展	刘友存、邹杰平、尹小玲、陈明、曾金凤、乔丽潘古丽·吐尔洪	冰川冻土	2020 年 12 月	中国地理学会，中国科学院寒区旱区环境与工程研究所

表 5-17-3　　新中国成立以来入选学术会议汇编的科技论文

序号	论文名称	作者姓名	汇编（会议、文库）名称	汇编单位	汇编时间
1	东江源区水生态保护对策研究	刘玉春、曾金凤	东七省水利学会第十八届论坛	中国水利学会	2007 年 11 月
2	东江源区重要江河湖泊水功能区纳污能力及限制排污研究	曾金凤	华东七省水利学会第二十五届论坛暨第五届珠江中青年学术交流	中国水利学会、水利部人民珠江水利委员会	2012 年 10 月 1 日、2012 年 11 月 1 日
3	东江源区水环境保护与生态补偿机制探讨	刘旗福、曾金凤	第二届江西水利改革与发展论坛	江西省水利协会	2012 年 12 月
4	河流最小预警流量计算——以赣州留金坝电站为例	温珍玉、曾金凤	华东七省水利学会第二十七届论坛	中国水利学会	2014 年 7 月
5	赣州市城市水文效应分析与研究构想	曾金凤、李枝斌、钟坚	全国生态城市建设论坛/全国水文监测新技术应用学术研讨会暨第二届国际水文监测仪器设备推介会	中国水利学会	2015 年 11 月
6	东江源氨氮指标浓度变化与影响因素分析	曾金凤	第六届珠江中青年学术研讨会暨第八届全国河湖治理与水生态文明发展论坛	水利部人民珠江水利委员会、中国水利技术信息中心	2015 年 10 月
7	萍乡市海绵城市发展需求与建设思路初析	曾金凤	2015 年度中国水利学会研讨会	中国水利学会	2016 年 4 月 1 日

续表

序号	论文名称	作者姓名	汇编（会议、文库）名称	汇编单位	汇编时间
8	东江源区水生态监测站网规划与需求分析	曾金凤	水资源管理与流域综合治理国际论坛	河海大学中国科学院南京地理与湖泊研究所	2017年11月
9	东江源区水生态监测与保护研究基地规划设想	曾金凤、刘旗福、刘玉春	第二届江西水生态文明促进研究会暨江西省水文局首届科技学术论坛	江西省水生态文明促进研究会	2017年5月、2019年1月
10	东江源区智慧水文的设计与实现	曾金凤	第21届水利科技学术研讨会	水利部水资源水生态环境研究中心	2017年10月
11	东江源区水文站网需求分析与优化设计	曾金凤	第二十二届海峡两岸水利科技交流研讨会	中国水利水电科学研究院、台湾大学	2018年10月

表5-17-4　　新中国成立以来获奖的科技论文

序号	论文名称	作者姓名	授奖时间	授奖单位	等　级
1	赣州地区径流还原标准的初步分析	李书恺	1987年4月	赣州地区科协	地区优秀学术论文一等奖
2	赣州市主要河段溶解氧量特性分析	韩绍林、杨小明	1996年2月	赣州地区科协	地区优秀学术论文二等奖
3	赣江上游主要河流水质现状与变化趋势	徐伟成	1996年4月	赣州地区科协	地区优秀学术论文一等奖
4	龙潭电站水库调洪方案研制	徐伟成	1997年3月	赣州地区科协	地区优秀学术论文三等奖
5	赣南特大山溪暴雨洪水初步调查报告	周方平等	2006年	省水利学会	优秀论文一等奖
6	浅谈赣江源区生态环境保护策略	华芳等	2006年	省水利学会	优秀论文三等奖
7	预防赣南水危机	刘明荣	2006年	赣州市科协	优秀论文一等奖
8	浅谈赣江源区生态水环境保护策略	华芳、刘琼、游小燕	2006年	市水利学会	优秀论文三等奖
9	赣州市山洪地质灾害特征研究与防治对策	刘明荣	2006年	赣州市科协	优秀论文二等奖
10	上犹县“06·07”特大暴雨洪水调查分析	徐伟成	2006年	赣州市科协	优秀论文三等奖

续表

序号	论文名称	作者姓名	授奖时间	授奖单位	等级
11	赣江上游水利工程对水文测站影响分析	邱成德等	2007年	赣州市科协	优秀论文三等奖
12	赣州市水文站网管理模式探讨	黄武等	2007年	赣州市科协	优秀论文三等奖
13	水环境监测毒理性实验的废水处理	曾金凤	2007年	江西省水利学会	优秀论文三等奖
14	东江源区水生态保护对策研究	刘玉春、曾金凤	2007年	赣州市科协	优秀论文三等奖
15	改善农村饮用水刻不容缓	袁春生、刘琼	2008年	省水利学会	优秀论文三等奖
16	寻乌水“2008·7”暴雨洪水调查分析	徐伟成	2008年	江西省防汛抗旱学会	优秀论文三等奖
17	东江源区地表水环境变化趋势分析与对策	曾金凤	2011年	江西省水利学会	优秀论文三等奖
18	东江源区重要江河湖泊水功能区纳污能力及限制排污研究	曾金凤	2012年	水利部珠江水利委员会	第五届珠江中青年学术交流论文征文三等奖
19	赣州市城市水文效应分析与研究构想	曾金凤、李枝斌、钟坚	2015年	水利部珠江水利委员会	中国水利学会2015年城市水生态环境建设优秀论文奖
20	东江源区氨氮指标浓度时空变化及影响因素分析	曾金凤	2015年	水利部珠江水利委员会	第六届珠江中青年学术交流论文征文三等奖
21	雨量雷达系统运行稳定性探讨	刘旗福、简正美、刘训华	2016年	江西省水利学会	江西水利学会优秀论文
22	珠江流域江西片省界水体水质特征变化分析及对策	曾金凤	2016年	江西省水利学会	江西水利学会优秀论文
23	江西省赣州市水文局机构设置现状及优化建议	曾金凤、刘旗福、韩伟	2018年	中国水利学会	水利人事工作研究成果优秀奖
24	新时期赣州水文职工教育培训的实践与探索	曾金凤	2018年	中国水利教育协会	全国水利职工教育优秀研究成果一等奖
25	稀土矿区小流域污染源调查与治理——以定南县劣Ⅴ类水河段的污染治理为例	刘玉春、曾金凤、曾阳松	2019年	《人民珠江》编辑部	优秀奖

三、市水文系统评选的创新成果

2000年以来，赣州市水文局强调“科技强局”，每年评选一次科技创新成果，产生了一批实用、便捷、高效、具有示范效益的创新成果，截至2020年12月，共评出创新成果135项，见表5-17-5。

表5-17-5　　2000—2020年创新成果奖

序号	获奖项目	主要完成人	授奖年份	等级
1	县级水资源调查评价及开发利用分析技术	吴健	2000	二等奖
2	章江洪水防御技术研究	李书恺、徐伟成	2002	二等奖
3	赣江探源技术研究	李书恺、朱勇健、徐伟成	2002	二等奖
4	江西水文测站动态信息管理系统	温珍玉、黄武、刘财福等	2002	二等奖
5	UNIX服务器数据自动备份技术	吴健等	2002	三等奖
6	水情电报自动转报软件研制	吴健等	2002	三等奖
7	演示文稿制作和应用	王成辉、游小燕	2002	三等奖
8	水资源综合规划编制技术	朱勇健、李书恺、杨小明	2002	三等奖
9	智能水文缆道流量、泥沙测定系统	吴健	2002	突出贡献奖
10	架空钢索的黄油自动加注装置	陈客仔	2002	鼓励奖
11	测站断面流速横向分布分析图程序编制	黄国新	2002	鼓励奖
12	城镇供水监测工作创新	李庆林、钟录云	2002	鼓励奖
13	水文数据遥测终端	高栋材、刘训华、廖智、曾宪波	2003	一等奖
14	湿润地区产汇流分析应用系统	温珍玉、黄武等	2003	一等奖
15	水环境监测分光光度法工作曲线及参数计算	刘玉春、袁春生、简正美、曾金凤	2003	三等奖
16	单断颗计算软件	吴志斌	2003	三等奖
17	采用计算机优选法确定 $P-P_a-R$ 关系	李枝斌	2003	三等奖
18	基层水文站精神文明建设创建工作	石城站	2003	鼓励奖
19	应用电子表格做水资源公报统计分析工作	水资源科	2003	鼓励奖
20	河道砂石资源储量勘测报告	测资科	2003	鼓励奖
21	招待所经营机制创新	劳服公司	2003	鼓励奖
22	“二江一河”洪水预报	瑞金站	2003	鼓励奖
23	水库防洪标准复核	羊信江站	2003	鼓励奖
24	产汇流分析应用系统	温珍玉、黄武等	2005	一等奖
25	东江源区水生态修复试点研究	李书恺、杨小明、朱勇健、刘玉春	2005	二等奖

续表

序号	获 奖 项 目	主要完成人	授奖年份	等级
26	河流水质状况分析系统	简正美、袁春生、曾金凤	2005	三等奖
27	赣州市抗旱预案	温珍玉、邱成德等	2005	鼓励奖
28	江西省赣州市赣江河段河道采沙应急预案	温珍玉、邱成德、黄武等	2005	鼓励奖
29	水文数据计算机录入、计算培训	管圣华、刘纬珍	2005	鼓励奖
30	流量计算软件研制	钟江洪、黄武、李庆林	2005	鼓励奖
31	章江流域预报成果信息应用系统	刘财福、黄武	2007	二等奖
32	VPN 水文虚拟网	自动化科	2008	二等奖
33	坡面汇流洪水预报模型在赣州的应用	李枝斌	2010	创新成果奖
34	赣州市水雨情监控系统	廖智	2010	创新成果奖
35	赣州市实时水雨情检索系统	廖智	2010	创新成果奖
36	自记水位浮子遥测技术的改进	李全龙	2011	创新成果奖
37	缆道绞车的改造升级	张祥其	2011	创新成果奖
38	赣州水文信息网改版	简正美	2011	创新成果奖
39	水库群调度系统	李枝斌	2012	创新成果奖
40	动态洪水预报模型	李枝斌	2012	创新成果奖
41	液位传感器在缆道测深上的应用	高栋材、刘训华	2012	创新成果奖
42	江河水库旱警（限）水位（流量）确定技术	刘磊、仝兴庆	2012	创新成果奖
43	实时雨水情手机检索系统	廖智	2012	创新成果奖
44	移动终端雨水情检索系统	简正美、高栋材	2012	创新成果奖
45	人力资源信息数据库	杨书文	2012	创新成果奖
46	中小流域洪水预警预报系统	李枝斌等	2013	创新成果奖
47	遥测运维 PDA 信息管理系统	简正美、高栋材	2013	创新成果奖
48	水文站巡、间测分析	邱成德、卢峰	2013	创新成果奖
49	水文数据库查询与纠错系统	刘财福	2013	创新成果奖
50	农村水电站最小下泄流量监测试点研究	温珍玉、华芳、陈光平、刘玉春、邱成德	2014	创新成果奖
51	X 波段多普勒雨量雷达远程控制系统	刘训华、简正美、高栋材	2014	创新成果奖
52	山洪调查分析评价软件	李枝斌	2014	创新成果奖
53	安远县果业用水调查及其用水定额分析研究	黄武、钟科元、肖继清、何威	2014	创新成果奖
54	雷达测雨技术在洪水预报中的应用	李枝斌、刘训华、简正美	2015	创新成果奖

续表

序号	获 奖 项 目	主要完成人	授奖年份	等级
55	ArcGIS技术在洪水灾害调查评价中的应用	徐珊珊、罗鹍、谢水石等	2015	创新成果奖
56	赣南山洪灾害分析评价使用研究	李枝斌、吴志斌、卢峰	2015	创新成果奖
57	雷达测流系统在中小河流中的应用	刘训华、高栋材、管世禄	2015	创新成果奖
58	东江源水生态监测与保护措施研究	刘旗福、杨小明、刘玉春、曾金凤、简正美	2015	创新成果奖
59	遥测管理平台系统	高栋材、刘训华、简正美	2016	创新成果奖
60	《红土地上水文人》宣传片	华芳、刘明荣、刘英标	2016	创新成果奖
61	《最美家乡河·上犹江》宣传片	高栋材、华芳、刘明荣、刘海辉、钟江洪	2016	创新成果奖
62	赣州市水资源承载能力	黄武、钟坚、仝兴庆、陈宗怡	2016	创新成果奖
63	兴国县自然资源负债表专题报告	黄武、钟坚、仝兴庆、陈宗怡	2016	创新成果奖
64	县域水资源公报	黄武、钟坚、仝兴庆、陈宗怡	2016	创新成果奖
65	水文计算与数据录入系统	刘财福	2016	创新成果奖
66	中国洪水预报系统在赣州水库联调及洪水预报中的应用	谢水石	2016	创新成果奖
67	气象数值预报信息在洪水预警预报的应用	李枝斌	2016	创新成果奖
68	赣州市主要河流环境、水资源特征分析	刘玉春、黄武、仝兴庆、曾金凤	2016	创新成果奖
69	东江源去寻乌县“河长制”乡（镇、工业园）跨界水体水环境监测、评价、考评方法	刘玉春、杨小明	2016	创新成果奖
70	江西省第六届水文勘测技能大赛直播	韩伟、华芳、高栋材、冯弋珉等	2016	创新成果奖
71	《榜样的力量——记赣州水文人站好最后一班岗》宣传片	罗鹍等	2017	创新成果奖
72	《为了绿水青山的梦想》宣传片	曾金凤、刘玉春等	2017	创新成果奖
73	琴江洪水淹没调查与分析方法	李庆林、杨荣鑫	2017	创新成果奖
74	基于B/S架构的水库报汛软件	简正美、陈济天	2017	创新成果奖
75	基于B/S架构的洪水预报程序	陈济天	2017	创新成果奖
76	山洪自动预警程序	李枝斌	2017	创新成果奖
77	无人机影像测流	高云、曾阳松、朱赞权	2017	创新成果奖
78	水文测站测验管理档案	黄赟、吴龙伟	2017	创新成果奖
79	山洪自动预报程序	李枝斌	2017	创新成果奖

续表

序号	获 奖 项 目	主要完成人	授奖年份	等级
80	水文测验原始数据磁介质保存	卢峰、刘琼、管运彬	2017	创新成果奖
81	单站分散地水文要素遥测解决方案	刘训华、简正美、高栋材	2017	创新成果奖
82	雷达在线测流系统	简正美、高栋材、刘训华、管世禄	2017	创新成果奖
83	水文缆道自动测流系统数据应用程序	徐珊珊	2017	创新成果奖
84	赣州水文展示系统创新研究	刘旗福、韩伟、华芳、刘海辉、郭维维、简正美	2018	创新成果奖
85	水文资料在不等同系列下的水资源评价分析应用	仝兴庆、陈宗怡、钟坚、程爱平	2018	创新成果奖
86	测站标准化管理模式创新研究	廖智、冯弋珉、孔斌、许攀	2018	创新成果奖
87	受水利工程影响的水文测验与资料整编方法研究	廖智、孔斌、冯弋珉、黄赟、卢峰、徐珊珊、吴龙伟	2018	创新成果奖
88	赣州市三县“一河一策”方案研究设计	刘玉春、曾金凤、李庆林、丁宏海、曾阳松、李雪妮、袁宇、袁龙飞等	2018	创新成果奖
89	石城县农业用水结构调查典型分析应用	仝兴庆、陈宗怡、李庆林、黄春花	2018	创新成果奖
90	定南县濂江、龙迳河消灭劣V类水方法研究	刘玉春、曾金凤、曾阳松	2018	创新成果奖
91	龙南桃江水功能区水质超标诊断与治理措施研究	刘玉春、杨小明、谢晖等	2018	创新成果奖
92	安和水文传统教育基地建设项目	刘旗福、曹美、华芳、刘海辉、程亮	2018	创新成果奖
93	国产ADCP无线传输功能的研发	高栋材	2018	创新成果奖
94	水文要素自动监测系统	刘旗福、曹美、高栋材、简正美、刘训华、成鑫、郭冬荣、李贤盛、管世禄	2018	创新成果奖
95	水文要素管理平台	简正美、高栋材	2018	创新成果奖
96	横式采样器在缆道上的应用	高栋材、刘训华	2018	创新成果奖
97	洪水预报方案编制系统	李枝斌	2018	创新成果奖
98	全方位实时水雨情及设备运行状态监控系统	谢水石	2018	创新成果奖
99	水文情报实测数据报送系统	陈济天	2018	创新成果奖
100	水文测流智能音响器设计	叶晨	2018	创新成果奖
101	岸基影像流量在线监测应用研究	刘训华、简正美、高栋材	2019	创新成果奖
102	无人机助力河长巡河服务河长制	曾阳松	2019	创新成果奖

续表

序号	获奖项目	主要完成人	授奖年份	等级
103	东江源区氨氮指标浓度时空变化及影响因素研究	曾金凤、李雪妮、朱靓、曾阳松、徐晓娟、车刘生、刘玉春、谢水石	2019	创新成果奖
104	宪法宣传微视频——《呵护》	华芳、刘运珊、李鉴平、曾文君、谢运彬	2019	创新成果奖
105	《端午水·水文情》纪录片	刘运珊、华芳	2019	创新成果奖
106	典型洪水纪录片——《揭秘“洪”影“流”踪》	华芳、刘运珊	2019	创新成果奖
107	基于B/S架构的实时水雨情信息移动报送系统	谢水石、陈宗怡	2019	创新成果奖
108	水情标准管理体系研究	李明亮、王海华	2019	创新成果奖
109	基于B/S架构的用户体验导向的洪水预报系统	陈济天、谢水石	2019	创新成果奖
110	基于C/S架构的水位雨量对照检查程序	徐珊珊	2019	创新成果奖
111	阳明湖水生态监测	钟梅芳、车刘生	2019	创新成果奖
112	东江源水文水资源调查方案的构建与优化	刘玉春、曾金凤、陈厚荣、赵华、曾阳松	2019	创新成果奖
113	“两馆一园”建成开馆（园）	韩伟、华芳、刘海辉、简正美、罗鹍	2019	创新成果奖
114	赣州洪水风险预警系统	韩伟、曹美、李明亮、谢水石、王海华、刘磊、罗鹍、刘志强	2019	创新成果奖
115	赣州洪水自动预报系统	韩伟、曹美、李明亮、谢水石、李枝斌、王海华、刘磊、罗鹍、刘志强	2019	创新成果奖
116	章水坝上水动力模型推流	孔斌、高云、廖智、钟文清	2019	创新成果奖
117	赣州市上犹江引水工程对下游梯级电站影响评估	黄武、仝兴庆、陈宗怡、陈川、钟坚、程爱平	2019	创新成果奖
118	水质信息分析评价系统	谢水石、朱靓、徐晓娟	2019	创新成果奖
119	“8支队伍”强监管应对暴雨洪水	李明亮	2020	创新成果奖
120	坝上等水文站泥沙颗粒级配停间测分析	管运彬、刘运珊、程亮、张功勋	2020	创新成果奖
121	坝上水文站H-ADCP流量测验分析	刘运珊、程亮	2020	创新成果奖
122	无人机浮标法测流停机坪设计	孔斌、邱东、高云、付敬凯	2020	创新成果奖
123	5G＋智慧水文——5G通讯技术在水文信息传输中的应用	简正美、刘训华、刘运珊、朱超华、谭正发	2020	创新成果奖

续表

序号	获奖项目	主要完成人	授奖年份	等级
124	便携式应急水位计的设计与应用	高栋材、李明亮	2020	创新成果奖
125	石城县小西河流域洪水预警预测分析	李庆林、袁宇、黄杰睿、黄春花	2020	创新成果奖
126	气象人工短临降雨预报数据在赣南洪水预估预警中的应用	谢水石、徐珊珊	2020	创新成果奖
127	水文站及界河断面生态流量估算方法	仝兴庆、陈宗怡、黄武、钟坚、程爱平、邵艳华、胡冬贵	2020	创新成果奖
128	梅江生态流量分析计算与保障措施设计	仝兴庆、陈宗怡	2020	创新成果奖
129	东江（江西段）水生态水环境监测与评价	曾金凤、仝兴庆、陈宗怡、谢晖、郭能民、李雪妮、周绍梅、邱莉媛	2020	创新成果奖
130	东江源区寻乌水河道演变及其影响研究	陈川、曾金凤、赵华、谢运彬	2020	创新成果奖
131	《厉兵秣马 只为江河无恙》——赣州水文防汛应急监测大练兵纪实	罗鹍、刘海辉、杨荣鑫、高云、邱冬、曾阳松、胡冬贵、朱赞权、张功勋、黄杰睿、谭正发	2020	创新成果奖
132	江西省石城水文测报中心精神文明建设成效显著	李庆林、袁宇、黄杰睿、黄春花	2020	创新成果奖
133	基层水文青年队伍建设面临的困境及措施建议研究	刘伊珞、黄聪	2020	创新成果奖
134	宁都水文科普教育设计	刘海辉、成鑫、刘石生	2020	创新成果奖
135	赣州水文党员活动室优化设计	刘海辉、谢泽林、成鑫	2020	创新成果奖

第三节　科　技　活　动

一、学术研讨

2013年起，每两年举办一届水文水资源学术研讨会，截至2020年年底，已举办四届学术研讨会，共交流论文200余篇，入选汇编论文集4本。同时，协办第一届（2019年）和第二届（2020年）“东江源区绿色可持续发展”高峰论坛。

赣州市第一届水文水资源学术研讨会　2013年11月2—3日，市水文局举办赣州市第一届水文水资源学术研讨会。江西省水文局局长谭国良出席会议并作水文水资源专题报告。研讨会交流内容涉及水文特性与水资源分析、水质监测与水环境评价、水文信息与自动化技术、水情预报与水库调度、水文管理等多个专业方向。选编论文38篇，这些论文凝练和展示了近年来赣州水文部分科研成果，具有一定的学术价值和实际应用意义。研讨会的召开营造深厚的水文学术氛围，激发了全市广大水文科技工作者的创造热情，不断推动新时期赣州水文科技工作，也是为水文科技工作者提供一个良好的学术成果交流平台，鼓励深入思考，刻苦钻研，创造更多更精准的科研成果，为国民经济建设，防汛抗旱，水资源配置、利用和保护提供科学依据，为赣南苏区振兴发展作出赣州水文应有的贡献。

赣州市第二届水文水资源学术研讨会 2015年12月20—21日，市水文局举办赣州市第二届水文水资源学术研讨会。江西省人大常委会原副主任、南昌大学教授、博士生导师胡振鹏应邀作水文水资源专题报告，省水文局党委书记、局长祝水贵，总工程师刘建新及赣州市水利局副局长、市水利学会会长谢春景出席研讨会。研讨会交流主要内容涉及水文水资源调查与分析、水质监测与评价、水文信息与自动化、工程建设与管理、水文规划与展望等五个方面。入选43篇编成论文集，这些论文展示了水文水资源诸多方面的研究成果，不仅交流新技术应用于常规项目的经验与心得，也体现水文水资源监测正在逐渐从传统监测向紧密水资源可持续利用、水生态文明建设等多元化范围拓宽的趋势。在一定程度上展示两年来赣州水文科技工作者在工作实践和科学研究中取得的新成绩，反映了赣州市水文水资源研究及应用的现状、进展与趋势。

赣州市第三届水文水资源学术研讨会 2017年12月28—29日，市水文局举办赣州市第三届水文水资源学术研讨会。特邀中山大学教授王大刚作降水监测与预报专题报告，他结合全球降水核心观测平台、国际集群卫星、双雷达系统等先进技术与理念，从卫星降水反演原理、卫星降水产品种类以及降水监测系统开发三个方面，分析介绍卫星技术在降水监测与预报中的应用。以东江流域、大渡河流域以及赣州市等区域流域为例，阐述了统计方法和数值模式降水预报模型的构建与应用，为赣州水文如何更加科学、精准、高效地开展水雨情监测预报提供新的理念、思路、启示与借鉴。研讨会上，论文作者代表、科研项目代表发言。入选科技论文53篇。

赣州市第四届水文水资源学术研讨会 2019年12月29—30日，市水文局举办赣州市第四届水文水资源学术研讨会。这一届研讨会在交流水文测验优化、水情预警预报研究、水资源调查评价研究、水环境研究、水生态研究、水文服务研究等领域的研究成果外，还交流了新仪器比测率定及单站分析研究成果，为贯彻水利部“水利工程补短板，水利行业强监管”的水利改革发展总基调，以现代化理念为引领，以先进技术手段和仪器设备推广应用为重点，为增强水文测报和信息服务能力为目标，为新时代水文工作提供新的思路与启示，加快推进新时代水文现代化建设。此届研讨会收到论文35篇，选编论文42篇。

第一届东江源区绿色可持续发展高峰论坛 2019年11月16日，市水文局协办同舟论坛——“东江源区绿色可持续发展”高峰论坛暨2019年第一届“东江源高峰论坛”。此次论坛在江西理工大学举行，各界专家学者围绕“东江源区绿色可持续发展”主题，共同谋划赣州未来新发展。会议期间，中科院院士刘昌明，中国工程院院士张杰，原江西省第十一届人大常委会副主任、江西省原副省长胡振鹏教授，江西省科协副巡视员张光明，江西省水利厅研究员谭国良，高校、市行政有关单位、企业代表等共聚一堂，探讨东江源区绿色可持续发展新思路。江西理工大学党委书记罗嗣海致欢迎词，副校长刘祖文主持此次论坛。

刘昌明院士以《面向生态文明建设的生态水文研究》为题，运用多个学科的知识，深入浅出地介绍了生态学与生态水的理念和重要性、生态水研究的基础理论、生态水的综合调控方法及生态水文学研究的理论与应用技术研发四个方面的内容。张杰院士从研究的社会背景、研究的自然背景、水污染、城市水系统物质流的健康循环、城市水系统能源流健康循环与结合6个方面来阐述“人类社会用水健康循环——防止黑臭水体建设海绵城市的基本方略”。同济大学环境与工程学院教授、博士生导师于水利教授，华中科技大学环境学院王宗平教授，中山大学王大刚教授围绕水安全作了专题学术报告。会上，市水文局职工曾金凤就东江源水文水生态监测与保护研究系统建设作了题为《东江源区水文水生态监测保护研究系统规划与设计》的报告。

第二届东江源区绿色可持续发展高峰论坛 2020年11月28日，市水文局协办第二届“东江源区绿色可持续发展”高峰论坛。此次论坛在江西理工大学举行，各界专家学者围绕主题进行学术交流，共同探讨东江源区绿色可持续发展问题解决方案。会议期间，中国工程院院士张杰，江西省人大常委会原副主任、江西省原副省长胡振鹏教授，江西省科协副主席梁纯平，江西省水文局局长方少文等领导出席。论坛以讨论和学术报告相结合的方式，围绕东江源区绿色可持续发展的热点问题，全面促进学科的交叉和融合，促进科技工作者拓宽学术视野、提高学术水平、促进东江源头区域生态环境保护和建设，推动东江源区绿色可持续发展。江西省水文局局长方少文作《鄱阳湖特征及水文情势分析》专题报告。

二、学术交流

20世纪50年代末至2020年，赣州水文与省内外有关部门、科研院所、企业及高等院校开展水文科技合作与交流活动，承担江西省水利、水文部门下达的科研任务，较好地开展了活动，取得了良好效果。

1959—1961年，与赣南农业科学研究所合作，在赣县吉埠乡赣南农业科学研究所内设立赣州吉埠农业水文气象实验站。设站目的：①探求赣州地区具有代表性的水稻品种，在丘陵地区因灌溉制度的不同而有不同的需水量，为研究灌溉定额提供参考资料，从而使水稻达到高产稳产的目的；②探求水稻在各生长期需水量与水文气象因子的关系，摸索这种关系在地区内移用的可行性。

1959年至1961年9月，与兴国县水土保持委员会合作，设立了兴国水文气象站江背径流站。设站目的：①为了掌握丘陵区水土流失的情况，进行径流试验，探求水土流失地区的径流变化规律；②对小范围内的水土流失情况进行系统观测，含水位、流量、降水量、蒸发量、水面比降、悬移质输沙率；③为了掌握植被较好的丘陵区水土保持情况。

1979年6月，国家科学技术委员会和国家农业委员会把“水资源的综合评价和合理利用的研究”作为重点科研项目，布置各省、自治区、直辖市和相关部门，并指定水利部、地质部、中科院自然资源综合考察委员会为牵头单位，水利部指定水文部门承担水资源调查评价工作。径流还原计算是《江西省水资源》中地表水资源评价的重要研究课题，是水资源评价中的三个主要技术难题（径流还原、蒸发、平原湖区）之一。“径流逐月还原计算方法”由李书恺完成，达到了水利部提出的技术指标，1989年获赣州地区科技进步奖二等奖。

1990年，与省水文局合作，在赣县翰林桥水文站进行了全沙测验与推移质采样器效率系数野外实验研究。

2019—2020年，先后与江西理工大学、三峡大学水利与环境学院、南昌工程学院签订合作协议，同意在人才交流与培养、科技研发、产业提升、支部共建设等方面开展多层次、多形式的合作，并在市水文局挂牌实习实践基地。详见表5-17-6。

表5-17-6　　与赣州市水文局进行科技合作与交流的高等院校

年度	项目名称	合作单位
2019	研究生联合培养基地	江西理工大学
2020	学生实习实训基地	三峡大学水利与环境学院
2020	学生实践教学基地	南昌工程学院

第六篇 水文管理

中华人民共和国成立后，赣州水文在江西省水利厅、水文局（水文总站）的领导下，按照水利部和部水文局确定的各个时期水文工作方针、水文行业技术规范和标准，江西省政府、省水利厅和省水文局制定的规定、办法和规章制度开展工作；贯彻落实国务院颁布的《中华人民共和国水文条例》（以下简称《条例》）、《江西省人民政府关于加强水文工作的通知》（以下简称《通知》），赣州行署办公室《关于落实江西省人民政府关于加强水文工作的通知》精神；履行《条例》和《通知》赋予的工作职责，切实加强水文行业管理。

第十八章

管理机构

中华人民共和国成立后，在各级党委、政府的重视和关怀下，赣南水文事业得到快速发展。赣州地区的水文管理机构成立于1956年11月，称为江西省水利厅水文总站赣南分站。1959年4月至1980年1月，赣州地区水文管理体制两次下放地方，两次上收省管，曾与气象部门合并，1971年4月，从江西省赣州地区水文气象站分设“江西省赣州地区水文站”。1980年1月，赣州水文体制上收，由省水利厅直接领导，省水文总站具体管理；同年11月，恢复赣州地区水文站，为省水利厅派出机构。1989年1月，经江西省机构编制委员会同意，赣州地区水文站定为副处级事业单位。机构名称多次变动，2005年8月1日更名为江西省赣州市水文局，2008年9月10日，经江西省委、省政府批准，江西省赣州市水文局列入参照《中华人民共和国公务员法》管理单位。水文从业人员从中华人民共和国成立前的2人逐步发展到2020年的156人。1984年从业人员227人，达到顶峰。通过几十年的培养和锻炼，赣南水文系统已经拥有了一批政治素质好、业务水平高的从业人员，建成了一支能满足现代水文发展需要的职工队伍。

第一节 机 构 沿 革

中华人民共和国成立前，赣南没有成立专门的水文管理机构，但有些单位从民国13年（1924年）开始，在不同的年份，断断续续在赣南设立了少数水文观测站并都由设立单位直接管理。这些测站是：江西省水利局设立的赣县水文站，赣县十八滩水文站，大余水文站，兴国、上犹、南康、宁都、长胜、信丰水位站以及安远、崇义雨量站；扬子江水利委员会设立的龙南、会昌雨量站；江西省气象科学研究所设立的兴国、瑞金雨量站；华东水利委员会设立的赣县赣江水文站和于都水位站等。

民国时期，江西省水利局第二科内分设水文股，有2～3人对全省水文测站的测验报表进行审核和统计，审核后的报表不退回测站。1946年冬，成立中央水利实验处江西省水文总站（以下简称“省水文总站”）后，业务上也只有4～5人审核测验报表，未制定测站管理办法，不到测站检查指导工作，测站也不需要向省水文总站汇报工作。测站只需按月寄去各项测验报表，省水文总站按月寄来测站人员工资。

1949年8月，赣州解放。赣西南行政公署建设科接管赣县水文站。9月，移交江西省人民政府水利局接管，成立江西省人民政府水利局赣县水文站，站址在现赣州市章贡区南京路，负责观测章水、贡水的水位、流量。

1950年设立于都、大余等水位站。

1951年1月，省人民政府水利局设赣县一等水文站管理赣南、吉安专区的水文测站。

1952年2月，省水利局设赣县一等水文站为中心站。

1954年7月，赣县一等水文站改为省人民政府农林厅水利局赣州一等水文站。

1955年12月20日江西省人委第54次省长办公会议决定：江西省水利局改名为江西省水利厅。原江西省人民政府农林厅水利局赣州一等水文站改名为江西省水利厅赣州一等水文站。

1956年11月，设立江西省水利厅水文总站赣南水文分站，成为地区级水文管理机构，设办事组、业务检查组和资料审核组。

1957年6月，全省各级水文分站实行双重领导，赣南水文分站由赣南专署领导，业务工作、技术指导仍由省水利厅负责。

1958年3月，按各专（行）署行政区域划分，设赣南水文分站；9月，赣南水文分站和气象台合并，成立赣南水文气象总站。

1959年4月，水文气象台站下放专区、县领导，成立赣州专区水文气象总站，隶属于赣州专署领导，设行政组、水文组、气象组和水文气象服务台。

1962年5月，赣州专区水文气象总站体制上收省水电厅直接领导，由省水文气象局直接管理；7月，改名为赣南水文气象总站。

1963年9月，改名为江西省水利电力厅水文气象局赣南分局，行政上隶属于省水电厅直接领导，业务上由省水文气象局管理；11月，设秘书科、水文科、气象科和水文气象服务台。

1965年9月，增设政治工作办公室。

1968年，一度改名赣州专区水文气象服务站，并成立赣州专区水文气象服务站革命委员会。

1970年6月，赣州专区水文气象服务站、县水文气象台站下放到专区、县革命委员会领导。

1971年4月，江西省赣州地区革命委员会抓革命促生产指挥部下文（〔71〕赣部办字第009号），将原江西省赣州地区水文气象服务站分设“江西省赣州地区水文站”“江西省赣州地区气象台”，并于4月1日分开办公。江西省赣州地区水文站革命委员会由江西省赣州地区农业局革命委员会直接领导。设秘书组、测管组、资料组和水情组。

1980年1月，赣州水文体制上收，由省水利厅直接领导，省水文总站具体管理。11月，根据江西省人民政府办公厅《关于同意恢复各地区水文管理机构的批复》（赣政厅〔1980〕183号）文件精神，为了有利于做好水文工作，加强水文机构管理，恢复赣州地区水文站，为省水利厅派出机构。

1981年2月24日，江西省水利厅下文（〔81〕赣水人字第013号），同意赣州地区水文站设人秘科、测资科和水情科。

1989年1月20日，根据江西省机构编制委员会《关于全省水文系统机构设置及人员编制的通知》（赣编发〔1989〕第009号）和省水利厅《关于全省各地市水文机构设置及人员编制的通知》（〔89〕赣水人字第007号），赣州地区水文站为相当于副处级事业单位，事业编制218名，其中机关50名。内设5个副科级科室：办公室、测资科、水情科、水质科、水资源科；下设正科级大河控制站6个：赣州坝上、南康田头、于都汾坑、于都峡山、信丰枫坑口、赣县居龙滩；副科级区域代表站9个：石城、宁都、会昌麻州、全南南迳、安远羊信江、龙南杜头、定南胜前、上犹安和、寻乌水背；其他站（未定级别）13个：会昌筠门岭、于都窑邦、南康窑下坝、赣县翰林桥、宁都桥下垄、于都壆下、兴国隆坪、龙南龙头、信丰高陂坑、大余樟斗、瑞金水位站、信丰水位站、赣州水位站。

1991年12月26日，省水利厅（赣水人字〔1991〕087号）同意江西省水利厅赣州地区水文站内设20个科级机构，科级干部职数限额29名，其中正科级职数8名（含地区站副站长2名）。

1993年3月12日，根据江西省机构编制委员会办公室《关于省水利厅地、市水文站更名的通知》（赣编办发〔1993〕14号），赣州地区水文站更名为江西省水利厅赣州地区水文分局。

1994年3月19日，根据江西省机构编制委员会办公室《关于省水文局增挂牌子的通知》（赣编办发〔1994〕10号），赣州地区水文分局增挂“赣州地区水环境监测中心”牌子。

1999年6月29日，根据江西省编制委员会办公室《关于赣州地区水文分局更名的通知》（赣编办发〔1999〕29号），赣州地区水文分局更名为江西省水利厅赣州市水文分局。

2003年11月5日，根据江西省机构编制委员会办公室《关于调整全省水文系统人员编制的通知》（赣编办发〔2003〕176号），江西省水利厅赣州市水文分局人员编制减少18人，调整为200人。

2005年8月1日，根据江西省机构编制委员会办公室《关于江西省水利厅赣州市等九个水文分局更名的批复》（赣编办〔2005〕162号），江西省水利厅赣州市水文分局更名为江西省赣州市水文局。

2006年6月20日，根据江西省水利厅《关于调整省水文局等10个厅直事业单位内设机构的通知》（赣水组人字〔2006〕30号），江西省赣州市水文局内设机构调整为23个，即办公室、水情科、水资源科、水质科、测资科、自动化科，赣州水文勘测队、信丰水文勘测队、瑞金水文勘测队，以及坝上、居龙滩、峡山、汾坑、田头、安和、茶芫、羊信江、麻州、石城、杜头、胜前、南迳、宁都水文站。7月4日，根据江西省水利厅《关于调整省水利规规划设计院等22个事业单位科级领导干部职数的通知》（赣水组人字〔2006〕32号），赣州市水文局科级领导职数调整为36名，其中正科级12名、副科级24名。

2008年3月17日，根据江西省机构编制委员会办公室《关于增加水文局内设机构的批复》（赣编办〔2008〕33号），江西省赣州市水文局增设“地下水监测科”和“组织人事科”两个副科级内设机构。

2008年8月1日，根据江西省机构编制委员会办公室《关于印发〈江西省赣州市水文局（江西省赣州市水环境监测中心）主要职责内设机构和人员编制规定〉的通知》（赣编办发〔2008〕37号），江西省赣州市水文局（江西省赣州市水环境监测中心）为江西省水文局管理的副处级全额拨款事业单位。主要职责：负责《中华人民共和国水文条例》和国家、地方有关水文法律、法规的组织实施与监督检查；负责全市水文行业管理；归口管理全市水文监测、预报、分析与计算、水资源调查评价、水环境监测和水文资料审定、裁决；负责全市防汛抗旱水旱情信息系统、水文数据库、水资源监测评价管理服务系统的开发建设和运行管理，向本级人民政府防汛抗旱指挥机构、水行政主管部门提供汛情、旱情实时水文信息；承担全市范围内江、河、湖、库洪水预测预报，水生态环境、城市饮用水监测评价工作，以及水文测报现代化、信息化和新技术的推广应用工作。内设机构：设办公室、组织人事科、水情科、水资源科、水质监测科、测资科、地下水监测科、自动化科、全南南迳水文站、龙南杜头水文站、上犹安和水文站、定南胜前水文站、会昌麻州水文站、安远羊信江水文站、宁都水文站、石城水文站等16个副科级机构，设赣州水文勘测队、信丰水文勘测队、瑞金水文勘测队、赣州坝上水文站、赣县居龙滩水文站、于都峡山水文站、于都汾坑水文站、南康田头水文站、信丰茶芫水文站等9个正科级机构。人员编制：全额拨款事业编制200名。领导职数：局长1名（副处级），副局长4名（正科级）；正科级领导9名，副科级领导34名。

2008年9月10日经江西省委、省政府批准，江西省赣州市水文局列入参照《中华人民共和国公务员法》管理（赣人字〔2008〕228号）。

2012年8月8日，根据江西省机构编制委员会办公室《关于各设区市（鄱阳湖）水环境监测中心更名的批复》（赣编办〔2012〕152号），江西省赣州市水环境监测中心更名为江西省赣州市水资源监测中心。

2013年6月10日，赣州市人民政府《关于对赣州市水文局实行省水利厅和赣州市政府双重管理的复函》：为进一步加强赣州市的水文工作，更好地服务于赣南苏区振兴发展，我市同意赣州市水文局实行省水利厅和赣州市政府双重管理体制；实行双重管理体制后，赣州市水文局机构编制、领导职数、经费投入仍由省水利厅统一下达和管理。赣州市水文设施及相关项目的建设、维护、养护仍由省级财政负担；鉴于水文部门承担了为地方经济服务的职能，我市在财力允许的情况下，对由其承担的为地方经济建设服务的项目给予适当补助。

2016年12月20日，根据江西省机构编制委员会办公室《关于省农村水电电气化发展局更名等事项的批复》（赣编办发〔2016〕185号），江西省赣州市水文局全额拨款事业编制划出8名给省农村水利水电局，调整后市水文局事业编制为192名。

2020年，江西省赣州市水文局（江西省赣州市水环境监测中心）设办公室、组织人事科、水情科、水资源科、水质监测科、测资科、地下水监测科、自动化科等8个科室，下辖赣州、信丰、瑞金3个水文勘测队，26个水文（位）站。

2021年1月6日，中共江西省委机构编制委员会下发文件（赣编文〔2021〕10号）：在赣州市水文局（赣州市水资源监测中心）的基础上，设立赣江上游水文水资源监测中心，为省水文监测中心所属正处级分支机构，主要承担赣江上游水文水资源水生态站网规划、建设和管理；负责水文水资源水生态监测、预报、预警以及调查、分析和评价；参与重大突发水污染、水生态事件应急监测处置等职责。核定内设机构11个：综合科、组织人事科、水情水资源科、站网监测科、章贡水文水资源监测大队、崇义水文水资源监测大队、于都水文水资源监测大队、信丰水文水资源监测大队、宁都水文水资源监测大队、瑞金水文水资源监测大队、东江源水文水资源监测大队。核定人员规模数192名（全额拨款）；核定领导职数：主任1名（正处级），副主任4名（副处级），正科级11名，副科级22名。

1949—2020年赣州水文历任领导班子情况见表6-18-1。

表 6-18-1　　1949—2020 年赣州水文历任领导班子情况

机构名称	姓名	职务	任职时间	技术职称	备注
江西省人民政府水利局赣县水文站	王锡祚	负责人	1949 年 9 月—1951 年 1 月		1949 年 9 月移交江西省人民政府接管，更名
江西省人民政府水利局赣县一等水文站	王锡祚	负责人	1951 年 1 月—1952 年 7 月		1951 年 1 月单位更名
	冯长桦	负责人	1952 年 7 月—1954 年 7 月		
江西省人民政府农林厅水利局赣州一等水文站	冯长桦	负责人	1954 年 7 月—1954 年 12 月		1954 年 7 月单位更名
		副站长	1954 年 12 月—1955 年 12 月		
	顾景远	站长	1954 年 12 月—1955 年 12 月		
江西省水利厅赣州一等水文站	顾景远	站长	1955 年 12 月—1956 年 11 月		1955 年 12 月单位更名
	冯长桦	副站长	1955 年 12 月—1956 年 11 月	工程师	
江西省水利厅水文总站赣南分站	顾景远	站长	1956 年 11 月—1956 年 12 月		1956 年 11 月单位更名
	冯长桦	副站长	1956 年 11 月—1958 年 9 月	工程师	
	王久富	站长	1956 年 12 月—1958 年 9 月		
赣南水文气象总站	王久富	负责人	1958 年 9 月—1959 年 4 月		1958 年 9 月水文气象合并，更名
赣州专区水文气象总站	王久富	站长	1959 年 4 月—1962 年 7 月		1959 年 4 月体制下放，单位更名
赣南水文气象总站	王久富	站长	1962 年 7 月—1962 年 11 月		1962 年 5 月体制上收，同年 7 月单位更名
	赵元述	党支部书记	1962 年 8 月—1962 年 11 月		
	崔立柱	副站长（负责人）	1962 年 11 月—1963 年 9 月		
	钟兆先	党支部书记	1962 年 11 月—1963 年 9 月		
江西省水利电力厅水文气象局赣南分局	崔立柱	负责人	1963 年 9 月—1965 年 2 月		1963 年 9 月单位更名
		副局长（主持工作）	1965 年 2 月—1968 年 11 月		
	钟兆先	副局长、党支部书记	1963 年 9 月—1968 年 11 月		
赣州专区水文气象服务站革命委员会	张振华	主任	1968 年 11 月—1970 年 12 月		
	傅忠	主任	1970 年 12 月—1971 年 4 月		1968 年一度更名为赣州专区水文气象服务站
	钟兆先	副主任	1968 年 11 月—1971 年 4 月		
江西省赣州地区水文站革命委员会（江西省赣州地区水文站）	钟兆先	主任、党支部书记	1971 年 4 月—1979 年 9 月		1971 年 4 月 11 日水文气象分家，单位更名（〔71〕赣部办字第 009 号）
	邱明瑜	副主任	1971 年 4 月—1979 年 9 月		

续表

机构名称	姓名	职务	任职时间	技术职称	备注
江西省赣州地区水文站	钟兆先	站长	1979 年 9 月—1980 年 11 月		
		党支部书记	1979 年 7 月—1980 年 11 月		
	董钦	副站长	1979 年 9 月—1980 年 11 月		
	冯长桦	副站长	1979 年 9 月—1980 年 11 月	工程师	
江西省水利厅赣州地区水文站	钟兆先	站长、党支部书记	1980 年 11 月—1983 年 3 月		1980 年 1 月体制上收，同年 11 月单位更名（赣政厅〔1980〕183 号）
	董钦	副站长	1980 年 11 月—1984 年 9 月（1983 年 4 月—1984 年 9 月主持工作）		
	冯长桦	副站长	1980 年 11 月—1984 年 9 月	工程师	
江西省水利厅赣州地区水文站	李书恺	站长	1984 年 9 月—1989 年 5 月	工程师	
		党总支书记	1985 年 6 月—1990 年 8 月		
	傅绍珠	副站长	1984 年 9 月—1989 年 5 月	工程师	
	韩绍琳	副站长	1984 年 9 月—1989 年 5 月	工程师	
江西省水利厅赣州地区水文站	李书恺	站长	1989 年 5 月—1993 年 3 月	高级工程师	1989 年 1 月 20 日省编委发文（赣编发〔1989〕第 009 号），单位定级为副处级
		党组书记	1990 年 8 月—1993 年 3 月		
	傅绍珠	副站长	1989 年 5 月—1993 年 3 月	高级工程师	
	韩绍琳	副站长	1989 年 5 月—1993 年 3 月	工程师	
		党组成员	1990 年 8 月—1993 年 3 月		
	熊汉祥	党组成员	1990 年 8 月—1994 年 7 月	工程师	
江西省水利厅赣州地区水文分局	李书恺	党组书记、局长	1993 年 3 月—1999 年 6 月	高级工程师	1993 年 3 月 12 日单位更名（赣编办发〔1993〕14 号）
	韩绍琳	党组成员、副局长	1993 年 3 月—1999 年 6 月	高级工程师	
	周方平	党组成员、副局长	1994 年 7 月—1999 年 6 月	工程师	
江西省水利厅赣州市水文分局	李书恺	党组书记、局长	1999 年 6 月—2005 年 8 月	教授级高级工程师	1999 年 6 月 29 日单位更名（赣编办发〔1999〕29 号）
	韩绍琳	党组成员、副局长	1999 年 6 月—2000 年 11 月	高级工程师	
	周方平	党组成员、副局长	1999 年 6 月—2001 年 5 月	工程师	
	刘旗福	党组成员、副局长	2001 年 1 月—2005 年 8 月	工程师	
江西省水利厅赣州市水文分局	杨小明	党组成员、副局长	2001 年 1 月—2005 年 8 月	工程师	
	刘英标	党组成员	2001 年 3 月—2005 年 8 月		
		党总支专职副书记	2001 年 8 月—2010 年 7 月		

续表

机构名称	姓名	职务	任职时间	技术职称	备注
江西省赣州市水文局	李书恺	党组书记、局长	2005年8月—2006年1月	教授级高级工程师	2005年8月1日单位更名（赣编办〔2005〕162号）
	周方平	党组书记、局长	2006年1月—2012年2月	工程师	
		党组成员	2019年4月—2021年1月		
	刘旗福	党组成员、副局长	2005年8月—2008年9月	工程师	
		党组成员、副调研员	2008年9月—2012年2月		
		党组书记、局长	2012年2月—2021年1月		
		三级调研员	2020年5月—2021年1月		
	杨小明	党组成员、副局长	2005年8月—2012年12月	工程师	
		党组成员、副调研员	2012年12月—2019年6月		
		党组成员、四级调研员	2019年6月—2019年9月		
	刘英标	党组成员	2005年8月—2016年5月		
		机关党委专职副书记	2010年7月—2014年12月		
	徐满全	副局长（交流）	2007年2月—2008年12月	工程师	
	温珍玉	党组成员、副局长	2008年12月—2019年10月	高级工程师	
	吴健	党组成员、副局长	2011年2月—2018年7月	工程师	
	黄国新	副局长	2013年1月—2021年1月	助理工程师	
	韩伟	党组成员、副局长	2014年11月—2021年1月	工程师	
	曹美	党组成员、副局长（挂职）	2018年2月—2020年2月	助理工程师	
	曾金凤	党组成员、副局长	2019年8月—2021年1月	助理工程师	
	廖智	党组成员	2020年3月—2021年1月	工程师	
		副局长	2020年7月—2021年1月		
	刘明荣	党组成员	2020年7月—2021年1月	工程师	

第二节 业 务 管 理

一、机关主要业务科室

测资科 1971年4月，水文、气象分家，成立江西省赣州地区水文站。内设测管组、资料组，主管水文测验和资料整编。1981年2月设立测资科，主要职责：负责组织、管理、指导水文站队水文测验工作；负责水文资料收集、整理、审查、汇交工作；负责水文资料审定和水文资料服务；指导、协助水文站队开展水文调查工作，审查和汇总调查成果；负责测验、整编报表计划安排及调配；负责全市墒情监测；负责水文站网规划、调整。2016年12月成立了水文数据中心，隶属测资科，主要职责：负责水位、雨量、流量、地下水、墒情、蒸发等各类遥测数据的监控、管理；负责以上资料收集、整理、审查、整编、汇交工作；配合测资科管理、开发水文资料数据库及年度资料整编。工作制度：除执行国家、水利部、江西省及水文主管部门颁发的规范、规定和管理办法外，主要工作制度有《水文测验考评办法》《水文资料整编考评办法》。

测资科历任负责人见表6-18-2。

表6-18-2 测资科历任负责人

内设机构名称	姓名	性别	职务	任职时间	备注
测资科	黎祥兰	男	负责人	1981年2月—1981年11月	主持工作
	申其志	男	负责人	1981年2月—1981年11月	
	李书恺	男	负责人	1981年11月—1984年9月	
	冯小平	男	科长	1984年12月—1989年6月	
	张祥其	男	副科长	1985年1月—2001年3月	
	徐伟成	男	科长	1989年6月—1996年3月	1994年8月兼任副总工，2001年7月任总工
	刘玉春	男	副科长	1993年6月—2001年6月	
	刘旗福	男	副科长	1996年3月—1997年9月	
			科长	1997年9月—2001年1月	
	温珍玉	男	科长	2001年6月—2007年2月	
	黄武	男	副科长	2001年6月—2007年6月	
			科长	2007年6月—2009年1月	
	陈厚荣	男	副科长	2007年6月—2010年4月	
	陈光平	男	科长	2009年1月—2017年1月	
	邱成德	男	副科长	2010年1月—2016年12月	
	刘明荣	男	科长	2017年1月—2019年9月	
	刘财福	男	副科长	2011年3月—2013年4月	
	卢峰	女	副科长	2014年3月—2019年12月	
	黄赟	男	副科长	2016年12月—2019年12月	
	何威	男	副科长	2018年10月—2021年1月	挂职2年
	李明亮	男	科长	2019年12月—2021年1月	
	成鑫	男	副科长	2020年5月—2021年1月	

水情科 1971年4月，江西省赣州地区水文站内设水情组，主管水文情报预报工作。1981年2月设立水情科，管理全市水文情报、预报工作。主要职责：负责水情相关事务管理工作；承担全市防汛抗旱水情信息系统的开发、运行、管理；负责雨、水情自动测报系统建设与研究；负责全市墒情分析及预报，收集墒情资料并编制土壤墒情公报。工作制度：除执行国家、部、省及水文主管部门颁发的规范、规定和管理办法外，根据水情工作特性，主要工作制度有《水情工作考核办法》等。

水情科历任负责人见表6-18-3。

表6-18-3 水情科历任负责人

内设机构名称	姓名	性别	职务	任职时间	备注
水情科	郭崇俶	男	负责人	1981年2月—1984年12月	
	靳书源	男	科长	1984年12月—1988年7月	1988年7月调省水文局任职
	刘维荣	男	负责人	1988年7月—1989年8月	
	周方平	男	科长	1989年8月—1994年8月	
	诸葛富	男	负责人	1994年8月—1996年3月	
	陈光平	男	副科长	1996年3月—1997年9月	主持工作
			科长	1997年9月—2009年1月	
	温珍玉	男	副科长	1997年9月—2001年6月	
	李枝斌	男	副科长	2001年6月—2016年12月	
	刘明荣	男	副科长	2007年3月—2009年1月	
			科长	2009年1月—2017年1月	
	吴健	男	副科长	2002年4月—2008年12月	
	廖智	男	副科长	2009年1月—2013年1月	
	李明亮	男	副科长	2014年3月—2017年2月	
			科长	2017年2月—2019年12月	
	谢水石	男	副科长	2016年12月—2021年1月	
	王海华	男	副科长	2018年10月—2021年1月	挂职2年
	黄赟	男	科长	2019年12月—2021年1月	

水资源科 1989年1月20日，设立水资源科，管理全市水资源工作。主要职责：负责水文分析与计算、水资源调查评价工作；开展社会用水调查、水平衡测试、水资源优化调度以及生态水量、水资源和水环境承载能力的研究等相关工作；协助开发水资源信息服务、高度决策支持、应急管理等应用系统；主持编制水资源公报；承担水行政主管部门为实施“取水许可和监督管理”开展的项目论证；承担重大工程项目的水资源论证；协助水行政主管部门实施水资源的管理。工作制度：除执行国家、部、省及水文主管部门颁发的规范、规定和管理办法外，主要工作制度有《水资源考评办法》等。

水资源科历任负责人见表6-18-4。

表 6-18-4　　水资源科历任负责人

内设机构名称	姓名	性别	职务	任职时间	备　注
水资源科	朱勇健	男	副科长	1989 年 6 月—1991 年 8 月	主持工作
			科长	1991 年 8 月—2009 年 1 月	
	刘明荣	男	副科长	2007 年 3 月—2009 年 1 月	
	黄武	男	科长	2009 年 1 月—2019 年 12 月	
	仝兴庆	男	副科长	2016 年 12 月—2020 年 1 月	
			科长	2020 年 1 月—2021 年 1 月	
	陈宗怡	女	副科长	2020 年 1 月—2021 年 1 月	

水质监测科　1976 年设立水化学分析室，1981 年 2 月至 1989 年 1 月，隶属测资科管理。1989 年 1 月 20 日设立水质科，2008 年更名水质监测科，管理全市水质监测工作。主要职责：负责水质相关事务管理工作；负责水环境监测与管理；负责水功能区的划分；审核水域纳污能力；开展水生态监测及河流健康监测与评估工作。承担水污染的预警预报、水资源信息服务、高度决策支持、应急管理等应用系统的开发建设和运行管理；承担水质资料的审查与汇编工作。编发水资源质量公报和水环境动态监测公报；负责水质设备、仪器的配备、应用与管理。协助水行政主管部门水功能区、饮用水源地、行政区界、地下水等水质状况进行有效跟踪和及时分析评价；协助水行政主管部门监测江河湖库以及地下水水质，编发水资源质量公报和水环境动态监测公报；负责水质设备、仪器的配备管理。工作制度：除执行国家、部、省及水文主管部门颁发的规范、规定和管理办法外，主要工作制度有《赣州市水质监测考核办法》《突发性水污染事件应急监测规程》等。

水质监测科历任负责人见表 6-18-5。

表 6-18-5　　水质监测科历任负责人

内设机构名称	姓名	性别	职务	任职时间	备　注
水化室（属测资科管理）	韩绍琳	男	负责人	1981 年 2 月—1984 年 9 月	
	郭春华	男	负责人	1984 年 12 月—1987 年 12 月	
	刘元隆	男	负责人	1987 年 12 月—1988 年 8 月	
	郭春华	男	负责人	1988 年 8 月—1989 年 1 月	
水质监测科（1989 年 1 月—2008 年 8 月水质科）	郭春华	男	负责人	1989 年 1 月—1989 年 6 月	
	杨小明	男	副科长	1989 年 6 月—1991 年 8 月	
			科长	1991 年 8 月—2001 年 1 月	
	袁春生	男	副科长	1997 年 4 月—2009 年 1 月	
	刘玉春	男	科长	2001 年 6 月—2018 年 2 月	
	谢晖	男	副科长	2009 年 1 月—2018 年 3 月	
			科长	2018 年 3 月—2021 年 1 月	
	曾金凤	女	副科长	2009 年 1 月—2015 年 6 月	
	徐晓娟	女	副科长	2015 年 5 月—2021 年 1 月	
	车刘生	男	副科长	2018 年 3 月—2020 年 1 月	
	郭能民	男	副科长	2020 年 1 月—2021 年 1 月	

自动化科　2001年3月设立自动化科。主要职责：负责水文测验仪器、器材计划安排及调配；配合测资科做好水文站网规划工作；负责水文站网建设、改造，指导并协助水文站队抓好测报设施建设和设备维护保养；协助水文测验新仪器、新技术的引进、推广，制定先进仪器的使用规程。归口管理技术标准规范贯彻执行和科技项目的申报、技术鉴定管理工作。负责有关通信设备的运行、维护和管理；协调相关科室及基层管理单位落实遥测设备维护工作。信息中心：负责水文信息自动监测系统的规划、建设、管理；负责水文信息化技术的研究、开发、应用推广；负责有关通信设备的运行、维护和管理；负责通信设施设备的维护；负责水情分中心、山洪预警系统网络检查、数据的管理。负责赣州水文网站技术管理。负责水文对外合作与交流，科技成果的推广应用。工作制度：除执行国家、部、省及水文主管部门颁发的规范、规定和管理办法外，主要工作制度有《水文自动测报系统运行管理办法》《物资器材管理规定》。

自动化科历任负责人见表6-18-6。

表6-18-6　　　　自动化科历任负责人

内设机构名称	姓名	性别	职务	任职时间	备　注
自动化科	张祥其	男	科长	2001年3月—2009年1月	
	吴健	男	副科长	2001年3月—2008年9月	
	刘训华	男	副科长	2004年7月—2013年8月	
			科长	2013年8月—2021年1月	
	黄国新	男	副科长	2007年6月—2009年1月	
			科长	2009年1月—2013年8月	
	赵华	男	副科长	2012年10月—2018年2月	
	成鑫	男	副科长	2018年3月—2020年5月	

地下水监测科　2008年3月增设地下水监测科。主要职责：负责地下水监测、分析和预报工作；负责地下水资料的收集、整编和审查，负责地下水资源调查和评价工作，编制地下水公报；承担地下水监测信息系统建设与运行管理工作；负责与地下水相关的技术工作；负责干旱区地下水体的动态变化规律及环境地质问题的研究。主要工作制度：执行国家、部、省及水文主管部门颁发的规范、规定和管理办法。

地下水监测科历任负责人见表6-18-7。

表6-18-7　　　　地下水监测科历任负责人

内设机构名称	姓名	性别	职务	任职时间	备　注
地下水监测科	袁春生	男	科长	2009年1月—2021年1月	

总工室　由于水文业务工作的需要，于1994年8月由省水文局批准成立了总工室，并于2008年9月单位参照公务员法管理后撤销。总工室负责人为徐伟成，见表6-18-8。

表6-18-8　　　　总工室负责人

内设机构名称	姓名	性别	职务	任职时间	备　注
总工室	徐伟成	男	副总工	1994年8月—2001年7月	
			总工	2001年7月—2008年9月	

二、基层站队

截至2020年12月31日，赣州市水文局所辖三个正科级水文勘测队：赣州水文勘测队、信丰水文勘测队、瑞金水文勘测队；6个正科级水文站：赣州坝上水文站、赣县居龙滩水文站、于都峡山水文站、于都汾坑水文站、南康田头水文站、信丰茶芫水文站；8个副科级水文站：全南南迳水文站、龙南杜头水文站、上犹安和水文站、定南胜前水文站、会昌麻州水文站、安远羊信江水文站、宁都水文站、石城水文站；其他站（未定级别）8个：会昌筠门岭水文站、南康窑下坝水文站、赣县翰林桥水文站、大余樟斗水文站、寻乌县水文站、瑞金水位站、信丰水位站、赣州水位站。

水文勘测队职责：负责属站的组织管理及技术指导、安全生产、精神文明建设、水文宣传工作；负责属站水文监测与情报预报、水资源调查评价、水文监测资料汇交，水文设施与水文监测环境保护、水突发事件应急、土壤墒情、地下水、水土流失及泥沙监测、水文计算、资料整编工作，组织开展水文巡测，开展辖区内暴雨洪水调查与分析和暴雨山洪预警监测站点的管理；负责属站水文测验仪器设备的使用与维护；负责属站业务管理和业务培训工作；编制属站测洪方案与预案，及时提供水文情报预报服务，参与当地防汛抗旱会商调度和水文行政执法，为当地经济社会发展服务。

水文站职责：负责站组织管理、安全生产、精神文明建设、水文宣传工作；负责本站水文监测与情报预报、水资源调查评价、水文监测资料汇交，水文设施与水文监测环境保护、水突发事件应急、土壤墒情监测、地下水、水土流失及泥沙监测、水文计算、资料整编工作，开展辖区内暴雨洪水调查与分析和暴雨山洪预警监测站点的管理；负责本站水文测验仪器设备的使用与维护；负责本站的业务管理和业务培训工作；编制本站测洪方案与预案，及时提供水文情报预报服务，参与当地防汛抗旱会商调度和水文行政执法，为当地经济社会发展服务。

赣州市水文局水文站（队）历任负责人见表6-18-9。

表6-18-9　　赣州市水文局水文站（队）历任负责人

序号	内设机构名称	姓名	性别	职务	任职时间	备注
1	赣州水文勘测队	黄春生	男	队长	1994年7月—1997年4月	
		郭守发	男	副队长	1994年12月—2010年4月	
		林隆春	男	副队长	1994年12月—1996年11月	
		管圣华	男	副队长	1996年11月—2003年12月	
		管圣华	男	队长	2003年12月—2010年2月	
		周卫星	男	副队长	2002年12月—2007年12月	
		李明亮	男	副队长	2007年2月—2011年3月	
		李泉生	男	副队长	2010年1月—2021年1月	
		陈厚荣	男	队长	2010年2月—2021年1月	
		刘财福	男	副队长	2013年4月—2015年1月	兼任
		朱赞权	男	副队长	2019年7月—2021年1月	

续表

序号	内设机构名称	姓名	性别	职务	任职时间	备注
2	信丰水文勘测队（正科级）	罗辉	男	副队长	2005年7月—2009年4月	主持工作
		朱超华	男	副队长	2005年7月—2010年2月	2009年4月—2010年2月主持工作
				队长	2010年2月—2021年1月	
		吴志斌	男	副队长	2011年12月—2013年2月	
		丁宏海	男	副队长	2015年12月—2019年9月	
		胡冬贵	男	副队长	2017年1月—2017年12月	
		谭正发	男	副队长	2018年3月—2021年1月	
		曾文君	女	副队长	2020年6月—2021年1月	
3	瑞金水文勘测队（正科级）	李庆林	男	队长	2013年1月—2021年1月	
		杨荣鑫	男	副队长	2019年7月—2021年1月	
		罗鹍	女	副队长	2020年6月—2021年1月	
4	赣州坝上水文站（正科级）	程奕瑛	男	负责人	1953年1月—1957年1月	
		邱上忠	男	负责人	1957年2月—1958年1月	
		梁洁莹	女	站长	1958年2月—1963年12月	
		武振麟	男	站长	1964年1月—1965年5月	
		钟信文	男	站长	1965年6月—1969年	
		李坦荣	男	负责人	1969年—1973年3月	
		凌禄邦	男	负责人	1971年4月—1979年2月	
		程奕瑛	男	负责人	1979年3月—1981年8月	
		程期稜	男	站长	1981年8月—1983年8月	
		邹纪勇	男	副站长	1981年8月—1983年8月	
		何祥坤	男	负责人	1983年8月—1984年11月	
		李枝斌	男	站长	1984年11月—1986年1月	
		刘玉春	男	副站长	1984年11月—1986年1月	
				站长	1986年1月—1990年3月	
		梁祖荧	男	副站长	1989年7月—1998年7月	
		周卫星	男	副站长	1994年12月—2002年12月	
		黄国新	男	副站长	2002年12月—2007年6月	
		周卫星	男	站长	2007年12月—2016年9月	
		刘华鹏	男	副站长	2008年10月—2012年11月	
		冯弋珉	女	副站长	2011年12月—2021年1月	
		廖智	男	站长	2017年1月—2020年7月	
		郭维维	女	副站长	2019年7月—2021年1月	

续表

序号	内设机构名称	姓名	性别	职务	任职时间	备注
5	赣县居龙滩水文站（正科级）	刘万炳	男	站长	1951年12月—1954年	
		罗志平	男	负责人	1955—1956年	
		刘万炳	男	站长	1957年—1961年2月	
		黄忠孝	男	站长	1961年3月—1962年8月	
		申其志	男	站长	1962年8月—1964年3月	
		彭运湘	男	站长	1964年3月—1969年3月	
		钟信文	男	负责人	1969年3月—1974年12月	
		程奕瑛	男	负责人	1974年12月—1975年	
		刘芳金	男	站长	1975—1976年	
		郭庭兰	男	站长	1976—1978年	
		黄联松	男	站长	1978年—1984年11月	1980年体制上收，1981年8月重新任命
		冯世表	男	站长	1984年11月—1986年1月	
		陈厚荣	男	副站长	1984年12月—1986年1月	
				站长	1986年1月—1989年8月	
		蔡美干	男	副站长	1989年7月—1999年1月	
		黄联松	男	站长	1989年8月—2004年11月	
		古乃平	男	副站长	1999年1月—2014年12月	
		陈会兴	男	副站长	2002年7月—2007年2月	
		刘财福	男	站长	2013年1月—2014年12月	
		孔斌	男	副站长	2014年12月—2021年1月	
		车刘生	男	副站长	2019年7月—2021年1月	
		赵华	男	站长	2019年9月—2021年1月	
6	于都峡山水文站（正科级）	宋仕杰	男	负责人	1953年2月—1957年12月	
		芦元焕	男	负责人	1957年1月—1957年12月	
		邱上忠	男	站长	1958年1月—1966年7月	
		胡芳逵	男	负责人	1966年8月—1969年2月	
		彭运湘	男	站长	1969年3月—1974年12月	
		李德佑	男	站长	1975年1月—1976年2月	
		刘文芳	男	负责人	1976年3月—1976年10月	
		刘逢章	男	站长	1976年11月—1980年5月	
		刘文芳	男	负责人	1980年6月—1980年12月	
		邱上忠	男	负责人	1981年1月—1981年8月	
		莫名淳	男	站长	1981年8月—1984年10月	
		陈显宏	男	副站长	1981年8月—1984年11月	
				站长	1984年11月—1994年12月	

续表

序号	内设机构名称	姓名	性别	职务	任职时间	备注
6	于都峡山水文站（正科级）	杨庆忠	男	副站长	1984 年 11 月—1986 年 3 月	
		林隆椿	男	副站长	1993 年 2 月—1994 年 12 月	
		管圣华	男	副站长	1994 年 12 月—1996 年 11 月	主持工作
		林隆椿	男	副站长	1996 年 11 月—1997 年 9 月	
		黄国新	男	副站长	1997 年 9 月—2002 年 12 月	主持工作
		刘训华	男	副站长	1997 年 9 月—2002 年 1 月	
		曾延华	男	副站长	2001 年 8 月—2016 年 12 月	
		李明亮	男	副站长	2002 年 2 月—2007 年 2 月	主持工作
		钟站华	男	副站长	2007 年 2 月—2011 年 12 月	
		何友华	男	副站长	2011 年 12 月—2016 年 12 月	
		廖智	男	站长	2013 年 1 月—2017 年 1 月	
		刘森生	男	副站长	2014 年 11 月—2019 年 9 月	
				站长	2019 年 9 月—2021 年 1 月	
		李贤盛	男	副站长	2019 年 7 月—2021 年 1 月	
		陈亮	男	副站长	2020 年 6 月—2021 年 1 月	
7	于都汾坑水文站（正科级）	刘文芳	男	负责人	1957 年 1 月—1958 年 12 月	
		邱观志	男	站长	1958 年 12 月—1969 年 1 月	
		管永祥	男	站长	1969 年 1 月—1998 年 10 月	1980 年体制上收，1981 年 8 月重新任命
		谢庆明	男	副站长	1985 年 8 月—1991 年 7 月	1989 年 1 月“三定”方案，1989 年 7 月重新任命
				站长	2001 年 7 月—2010 年 2 月	
		曾延华	男	副站长	1997 年 4 月—2001 年 8 月	
		钟站华	男	副站长	2011 年 12 月—2016 年 12 月	
		吴义仁	男	副站长	2007 年 2 月—2015 年 1 月	
		刘财福	男	站长	2014 年 12 月—2021 年 1 月	
		王海华	男	副站长	2017 年 1 月—2021 年 1 月	
		曾阳松	男	副站长	2019 年 7 月—2021 年 1 月	
8	南康田头水文站（正科级）	刘忠梅	男	站长	1954—1955 年	
		黎祥兰	男	站长	1955—1957 年	
		廖正明	男	站长	1958—1961 年	
		武振麟	男	站长	1962—1964 年	
		李述忠	男	负责人	1965—1967 年	
		古性家	男	站长	1968 年—1978 年 6 月	
		莫名淳	男	站长	1978 年 6 月—1981 年 8 月	

续表

序号	内设机构名称	姓名	性别	职务	任职时间	备　　注
8	南康田头水文站（正科级）	肖芳苏	男	站长	1981 年 8 月—1983 年 5 月	
		朱贤桃	男	负责人	1983 年 6 月—1984 年 11 月	
		廖诚	男	副站长	1984 年 11 月—1988 年 7 月	主持工作
		郭军	男	副站长	1988 年 3 月—1988 年 10 月	主持工作
		冯世表	男	站长	1988 年 10 月—2000 年 2 月	1989 年 1 月“三定”方案，1989 年 7 月重新任命
		周卫光	男	副站长	1996 年 11 月—2019 年 12 月	2007 年 2 月—2019 年 12 月主持工作
		刘宣文	男	副站长	2002 年 1 月—2007 年 2 月	主持工作
		刘事敏	男	副站长	2017 年 1 月—2021 年 1 月	
		刘明荣	男	站长	2019 年 9 月—2021 年 1 月	
		温冬林	男	副站长	2020 年 6 月—2021 年 1 月	
9	信丰茶芫水文站（正科级）	朱超华	男	副站长	2001 年 8 月—2011 年 4 月	主持工作
		陈会兴	男	副站长	2001 年 8 月—2002 年 7 月	
		李鉴平	男	副站长	2002 年 7 月—2018 年 2 月	2011 年 4 月—2018 年 2 月主持工作
		刘华鹏	男	副站长	2003 年 9 月—2008 年 10 月	列朱超华之后兼任东甫脐橙场厂长
		何威	男	副站长	2017 年 1 月—2021 年 1 月	
		刘伊珞	女	副站长	2019 年 7 月—2021 年 1 月	
		丁宏海	男	站长	2019 年 9 月—2021 年 1 月	
10	上犹安和水文站（副科级）	黄中廉	男	站长	1975 年 10 月—1978 年 8 月	
		钟枝彬	男	负责人	1978 年 8 月—1984 年 11 月	
		黄居富	男	站长	1984 年 11 月—1993 年 2 月	1989 年 1 月“三定”方案，1989 年 7 月重新任命
		刘华鹏	男	负责人	1993 年 2 月—1993 年 11 月	
				站长	1993 年 11 月—2003 年 9 月	
		廖信春	男	副站长	2003 年 9 月—2007 年 2 月	主持工作
				站长	2007 年 2 月—2010 年 1 月	
		孔斌	男	副站长	2010 年 1 月—2012 年 10 月	
				站长	2012 年 10 月—2014 年 12 月	
		古乃平	男	站长	2014 年 12 月—2021 年 1 月	
		朱赞权	男	副站长	2018 年 2 月—2019 年 7 月	

续表

序号	内设机构名称	姓名	性别	职务	任职时间	备注
11	全南南迳水文站（副科级）	林元修	男	站长	1977年1月—1981年1月	
		曾纪暹	男	负责人	1981年1月—1981年8月	
				副站长	1981年8月—1984年11月	主持工作
				站长	1984年11月—1994年12月	1989年1月“三定”方案，1989年7月重新任命
		谭洪良	男	副站长	1994年12月—1997年12月	
		侯乐胜	男	副站长	1997年12月—2007年2月	
				站长	2007年2月—2016年12月	
		许攀	男	站长	2019年7月—2021年1月	
12	龙南杜头水文站（副科级）	付洪祯	男	负责人	1958年1月—1959年4月	
		李恢炳	男	负责人	1959年5月—1962年3月	
		余德和	男	副站长	1962年4月—1962年6月	
		李恢炳	男	负责人	1962年7月—1974年10月	
		黄元象	男	站长	1974年11月—1984年11月	
		钟瑞林	男	副站长	1982年12月—1984年11月	
		凌坚	男	站长	1984年11月—1989年7月	
		钟瑞林	男	站长	1989年7月—1995年2月	
		凌坚	男	站长	1995年2月—1999年1月	
		钟传跃	男	副站长	1997年12月—2000年4月	
		李鉴平	男	站长	2000年4月—2002年7月	
		李汉辉	男	副站长	2002年4月—2007年2月	
				站长	2007年2月—2021年1月	
13	定南胜前水文站（副科级）	张敬贤	男	站长	1975年10月—1999年1月	1989年1月“三定”方案，1989年7月重新任命
		廖桂祥	男	副站长	1999年1月—2006年1月	
		钟传跃	男	站长	2007年2月—2021年1月	
14	会昌麻州水文站（副科级）	陈阳明	男	负责人	1958年1月—1960年7月	
		彭一友	男	负责人	1960年8月—1961年12月	
		谢英明	男	负责人	1962年1月—1962年12月	
		吴荣启	男	负责人	1963年1月—1979年3月	
		陈浩如	男	站长	1979年4月—1983年6月	
		吴荣启	男	副站长	1979年4月—1980年6月	
		欧阳喜庆	男	站长	1983年7月—1984年11月	

续表

序号	内设机构名称	姓名	性别	职务	任职时间	备注
14	会昌麻州水文站（副科级）	洪常青	男	副站长	1984年11月—1994年1月	1989年1月“三定”方案，1989年7月重新任命
		林隆椿	男	站长	1986年1月—1993年2月	1989年1月“三定”方案，1989年7月重新任命
		郭守发	男	站长	1993年2月—1994年12月	
		陈胜伟	男	副站长	1994年12月—1997年4月	
				站长	1997年4月—2017年12月	
		吴龙伟	男	副站长	2002年4月—2010年1月	
		何友华	男	副站长	2011年3月—2011年12月	
		吴龙伟	男	副站长	2011年12月—2016年12月	
		胡冬贵	男	站长	2017年12月—2021年1月	
15	安远羊信江水文站（副科级）	戴荣龙	男	负责人	1957年10月—1958年12月	
		熊汉祥	男	站长	1959年1月—1962年10月	
		黎辉邦	男	负责人	1962年11月—1969年9月	
		曹德先	男	负责人	1969年10月—1974年10月	
		杜思星	男	负责人	1974年11月—1976年6月	
		孙兴华	男	站长	1976年7月—1979年9月	
		曹德先	男	负责人	1979年10月—1981年8月	
		黄瑞辉	男	副站长	1981年8月—1984年11月	
		李义平	男	副站长	1984年11月—1989年7月	
				站长	1989年7月—2006年5月	
		罗辉	男	副站长	1997年1月—2005年7月	
		何其恩	男	副站长	2000年12月—2006年6月	
				站长	2006年6月—2010年1月	
		肖继清	男	副站长	2010年1月—2013年12月	
				站长	2013年12月—2021年1月	
		何威	男	副站长	2017年1月—2021年1月	兼任
16	宁都水文站（副科级）	徐静甲	男	站长	1958年12月—1968年10月	
		曾宪杰	男	负责人	1968年11月—1976年10月	
		赵金国	男	站长	1976年11月—1978年8月	
		杨继德	男	站长	1978年9月—1984年11月	
		刘建林	男	副站长	1984年11月—2010年1月	1989年1月“三定”方案，1989年7月重新任命；1994年7月—1997年4月主持工作

续表

序号	内设机构名称	姓名	性别	职务	任职时间	备注
16	宁都水文站（副科级）	黄春生	男	副站长	1984年11月—1986年1月	
				站长	1986年1月—1994年7月	1989年1月“三定”方案，1989年7月重新任命
				站长	1997年4月—2010年1月	
		黄赟	男	副站长	2010年1月—2012年10月	主持工作
				站长	2012年10月—2019年12月	
		刘石生	男	副站长	2014年12月—2021年1月	主持工作
17	石城水文站（副科级）	肖顺兴	男	负责人	1975年10月—1978年7月	
		黄庆显	男	站长	1978年7月—1981年1月	
		胡芳逵	男	站长	1981年1月—1984年11月	1980年体制上收，1981年8月重新任命
		陈必然	男	副站长	1984年11月—1986年1月	
				站长	1986年1月—1992年3月	1989年1月“三定”方案，1989年7月重新任命
		陈客仔	男	站长	1993年10月—1994年1月	
		李庆林	男	副站长	1989年5月—1994年12月	
				站长	1994年12月—2021年1月	
		陈客仔	男	副站长	2002年4月—2003年6月	
		黄春花	女	副站长	2011年12月—2021年1月	
		杨炜宇	男	副站长	2018年2月—2019年12月	
18	寻乌县水文站（寻乌水背水文站，1989年1月—2008年8月为副科级）	陈伯谦	男	负责人	1978年12月—1982年8月	
		张国生	男	副站长	1982年9月—1984年11月	
				站长	1984年11月—1986年12月	
		刘德良	男	站长	1986年12月—1992年8月	1989年1月“三定”方案，1989年7月重新任命
		吴龙伟	男	站长	2010年1月—2011年12月	
		钟江洪	男	副站长	2011年8月—2012年6月	
		廖圣贵	男	站长	2012年6月—2018年2月	
		管运彬	男	副站长	2012年10月—2016年12月	
		胡冬贵	男	副站长	2017年1月—2017年12月	兼任
		李鉴平	男	站长	2018年2月—2021年1月	

续表

序号	内设机构名称	姓名	性别	职务	任职时间	备　　注
19	赣州水位站	雷良洪	男	站长		
		李坦荣	男	站长		
		武振麟	男	站长		
		胡贞圳	男	站长	1987年12月—1998年7月	
		梁祖荧	男	站长	1998年7月—2000年8月	
		陈其怀	男	站长	1991年1月—2009年1月	
		刘华鹏	男	站长	2010年1月—2015年9月	2015年9月后未任命站长
20	赣县翰林桥水文站	李佑兰	男	负责人	1953年2月—1955年	
		廖志民	男	负责人	1956—1957年	
		黄忠孝	男	站长	1957—1959年	
		刘万炳	男	站长	1960—1962年	
		谢益昌	男	站长	1963—1968年	
		王熙俵	男	站长	1969—1974年	
		钟豪锌	男	站长	1975—1977年	
		曾述林	男	站长	1978—1979年	
		廖瑞来	男	站长	1980年—1981年8月	
		梁祖荧	男	站长	1981年8月—1984年11月	
		林隆椿	男	副站长	1982年—1984年11月	
				站长	1984年11月—1986年1月	
		刘振球	男	副站长	1992年—1996年11月	
		刘德良	男	副站长	1984年11月—1986年1月	主持工作
				站长	1986年1月—1986年12月	
		陈其怀	男	站长	1986年12月—1991年1月	
		管圣华	男	站长	1991年1月—1994年12月	
		曾延华	男	站长	1994年12月—1996年11月	
		黎金游	男	站长	1996年11月—1999年1月	
		吴志斌	男	副站长	1996年11月—2003年9月	
		华芳	男	副站长	1999年1月—2003年9月	主持工作
		钟站华	男	站长	2003年9月—2007年2月	
		朱小钦	男	副站长	2003年9月—2008年10月	
		陈会兴	男	站长	2007年2月—2019年12月	
21	南康窑下坝水文站	黎辉邦	男	负责人	1956年11月—1958年4月	
		桂灵	女	负责人	1958年4月—1960年12月	
		谢万源	男	负责人	1960年12月—1962年7月	

续表

序号	内设机构名称	姓名	性别	职务	任职时间	备注
21	南康窑下坝水文站	黎辉邦	男	负责人	1962年7月—1964年4月	
		刘福丕	男	负责人	1964年4月—1965年9月	
		冯志群	男	负责人	1965年9月—1966年3月	
		刘福丕	男	副站长	1966年3月—1969年1月	
		冯世表	男	负责人	1969年1月—1969年5月	
		黎辉邦	男	负责人	1969年5月—1981年9月	
		梁洁莹	女	站长	1981年9月—1983年4月	
		冯世表	男	副站长	1982年4月—1984年11月	1983年4月—1984年11月主持工作
		黄武	男	副站长	1984年11月—1986年1月	
		冯世表	男	站长	1986年1月—1988年10月	
		郭军	男	副站长	1988年10月—1993年11月	
				站长	1993年11月—2016年12月	
		谢代梁	男	副站长	2002年5月—2021年1月	
		刘事敏	男	副站长	2013年1月—2017年1月	
				站长	2017年1月—2021年1月	兼任
22	大余樟斗水文站	彭瑞生	男	站长	1984年11月—1984年12月	
		谢代梁	男	站长	1984年12月—1989年11月	
		钟光信	男	站长	1989年11月—1999年4月	
		李君民	男	站长	1999年4月—2018年12月	
23	瑞金水位站	杨海松	男	负责人	1960年1月—1964年3月	
		廖继成	男	负责人	1964年4月—1968年8月	
		杨海松	男	负责人	1968年9月—1968年11月	
		李伟	男	负责人	1968年12月—1972年9月	
		谢益针（昌）	男	站长	1972年10月—1973年4月	
		李伟	男	负责人	1973年5月—1974年2月	
		徐寿玉	男	负责人	1974年3月—1975年7月	
		杨兰生	男	站长	1975年8月—1979年4月	
		陈运休	男	负责人	1979年5月—1979年12月	
		徐寿玉	男	负责人	1980年1月—1980年4月	
		曾庆华	男	负责人	1980年5月—1985年7月	
				站长	1985年8月—1998年9月	
		曾强	男	站长	2002年4月—2021年1月	

续表

序号	内设机构名称	姓名	性别	职务	任职时间	备注
24	会昌筠门岭水文站	刘德良	男	负责人	1983年10月—1984年11月	
		张国生	男	站长	1984年11月—1993年2月	
		刘宣文	男	站长	1993年2月—2002年1月	
		洪常青	男	副站长	1994年1月—2000年9月	
		欧阳标	男	副站长	2002年4月—2007年2月	主持工作
				站长	2007年2月—2021年1月	
25	会昌葫芦阁水位站	洪常青	男	站长	2000年9月—2003年10月	
		李春生	男	站长	2003年10月—2016年12月	
26	信丰水位站	孙小明	男	站长	1988年10月—2007年2月	1988年10月之前和2007年2月之后未任命站长
27	石城庙子潭水文站	陈客仔	男	站长	1994年1月—2002年4月	
		黄国新	男	副站长	1995年2月—1997年9月	
		杨卫星	男	副站长	2002年4月—2007年3月	
				站长	2007年3月—2008年12月	
28	信丰枫坑口水文站（2001年7月停测）	谢益昌	男	负责人	1956年10月—1958年12月	
		谢益昌	男	站长	1959年1月—1962年9月	
		李道井	男	代理副站长	1962年10月—1968年12月	
				负责人	1969年1月—1973年1月	
		代日香	男	站长	1973年2月—1979年12月	
		李道井	男	负责人	1980年1月—1981年8月	
		廖瑞来	男	副站长	1981年8月—1984年11月	
		徐伟成	男	副站长	1984年11月—1989年6月	
		孙小明	男	副站长	1984年11月—1988年10月	
		郭军	男	副站长	1986年4月—1988年3月	
		凌坚	男	站长	1989年7月—1995年2月	
		谢庆明	男	副站长	1991年7月—1997年4月	
		周卫光	男	副站长	1994年12月—1996年11月	
		陈会兴	男	副站长	1997年4月—2001年8月	
		谢庆明	男	站长	1997年4月—2001年7月	
29	于都坳下水文站	程爱平	男	副站长	1984年11月—1987年12月	
		管圣华	男	站长	1983年5月—1990年12月	
30	于都窑邦水文站	聂超	男	负责人	1958年10月—1960年12月	
		李桂荣	男	负责人	1961年1月—1961年12月	
		邓桂尧	男	负责人	1962年1月—1963年12月	
		刘文芳	男	站长	1964年1月—1968年12月	

续表

序号	内设机构名称	姓名	性别	职务	任职时间	备注
30	于都窑邦水文站	刘福丕	男	副站长	1969年1月—1975年8月	主持工作
		古定良	男	负责人	1975年9月—1980年6月	
		张相琼	男	站长	1980年7月—1984年11月	1980年体制上收，1981年8月重新任命
		温太生	男	副站长	1984年11月—1986年1月	
		李庆林	男	副站长	1986年1月—1989年5月	
		李泉生	男	副站长	1993年2月—1997年1月	
		何绍荣	男	站长	1997年1月—2000年1月	
31	宁都桥下垄水文站	杨继德	男	站长	1979年1月—1981年12月	
		曾宪杰	男	站长	1982年1月—1984年11月	
		刘建林	男	副站长	1984年11月—1988年7月	
		温太生	男	站长	1986年1月—1988年1月	
32	南康麻双水文站	肖芳苏	男	负责人	1958年10月—1964年1月	
		申其志	男	负责人	1964年2月—1968年11月	
		梁祖茨	男	负责人	1968年12月—1979年12月	
33	大余滩头水文站（1980年1月1日撤销）	肖芳苏	男	负责人	1956年8月—1957年12月	
		胡贱生	男	负责人	1958年1月—1967年12月	
		谢益昌	男	负责人	1968年1月—1969年12月	
		胡会	男	站长	1970年1月—1971年	
		钟光信	男	负责人	1969年5月—1973年12月	
		胡声会	男	站长	1973年12月—1978年	
		肖芳林	男	负责人	1978年—1979年1月	
		肖景胜	男	站长	1979年1月—1979年6月	
		吕象义	男	负责人	1979年6月—1980年1月	
34	瑞金赖婆坳水文站	杨海松	男	负责人	1958年7月—1959年12月	
35	信丰高陂坑水文站	徐伟成	男	负责人	1982年—1983年3月	
		李枝斌	男	负责人	1983年3月—1984年11月	
		李庆林	男	副站长	1984年11月—1986年1月	
		曾广华	男	负责人	1986年1月—2000年1月	
36	龙南龙头水文站	钟瑞林	男	站长	1984年11月—1989年7月	
		廖瑞来	男	站长	1989年7月—1995年11月	
37	兴国隆坪水文站	魏功平	男	副站长	1984年11月—1992年8月	1992年8月调出

三、巡测中心（内部管理机构）

根据水利部水文局《关于深化水文测报改革指导意见》《江西水文巡测方案编制大纲》要求，按照便于管理、便于服务、便于巡测的原则，结合辖区行政区划与自然地理、水文气候特征、河流水系以及在职人员、交通通信、站网与监测现状等情况，市水文局将现有的25个水文（位）站及20个新建中小河流监测站整合成赣州、石城、信丰、崇义、寻乌、龙南、于都、会昌、宁都、南康、安远、瑞金12个水文巡测中心，管辖相应行政区范围内的水文（位）站和各类监测站点（见表6－18－10和表6－18－11）。2015年1月19日，赣州、于都2个水文巡测中心正式运行，2016年1月石城、信丰、崇义、寻乌、龙南、会昌、宁都、南康、安远、瑞金10个水文巡测中心正式运行。2019年11月20日经省水文局批复由原来的12个中心合并成赣州城区、于都、崇义、信丰、瑞金、宁都、石城、东江源区、龙南9个水文巡测中心（见表6－18－12和表6－18－13）。

表6－18－10　　12个水文巡测中心管理区域情况

序号	站（队）名称	管理行政区	站号	管理的站点	站别	管理方式	测站地址	类别
1	赣州巡测中心	章贡区	1	赣州	水位	驻测	章贡区磨角上	国家基本站
			2	坝上	水文	驻测	章贡区水南镇腊长村	国家基本站
		赣县	3	居龙滩	水文	驻测	赣县大田镇居龙滩村	国家基本站
			4	翰林桥	水文	驻测	赣县吉埠镇翰林桥村	国家基本站
			5	胜利	水文	巡测	赣县王母渡镇胜利村	中小流域监测站
		兴国县	6	兴国	水文	驻测	兴国县潋江镇滨江东大道	中小流域监测站
2	于都巡测中心	于都县	7	峡山	水文	驻测	于都县罗坳镇峡山村	国家基本站
			8	公馆	水文	巡测	于都县黄麟乡公馆村	中小流域监测站
			9	移陂	水文	巡测	于都县新陂乡移陂村	中小流域监测站
			10	利村	水文	巡测	于都县利村乡利村	中小流域监测站
			11	汾坑	水文	驻测	于都县银坑镇汾坑村	国家基本站
3	崇义巡测中心	上犹县	12	安和	水文	驻测	上犹县安和乡滩下村	国家基本站
		崇义县	13	崇义	水文	驻测	崇义县横水镇塔下村	中小流域监测站
4	信丰巡测中心	信丰县	14	茶芫	水文	驻测	信丰县嘉定镇山塘村	国家基本站
			15	古陂	水文	巡测	信丰县古陂镇古陂村	中小流域监测站
			16	坪石	水文	巡测	信丰县大塘埠镇坪石村	中小流域监测站
			17	柳塘	水文	巡测	信丰县小江镇柳塘村	中小流域监测站
			18	信丰	水位	驻测	信丰县嘉定镇	国家基本站
5	宁都巡测中心	宁都县	19	宁都	水文	驻测	宁都县梅江镇	国家基本站
			20	桥下垅	水文	巡测	宁都县石上镇桥下垅村	国家基本站
			21	固厚	水文	巡测	宁都县固厚乡桥背村	中小流域监测站
			22	黄陂	水文	巡测	宁都县黄陂镇陈屋村	中小流域监测站

续表

序号	站（队）名称	管理行政区	站号	管理的站点	站别	管理方式	测站地址	类别
6	石城巡测基地	石城县	23	石城	水文	驻测	石城县琴江镇河禄坝村	国家基本站
7	会昌巡测中心	会昌县	24	麻州	水文	驻测	会昌县麻州镇大坝村	国家基本站
			25	筠门岭	水文	驻测	会昌县筠门岭镇水东村	国家基本站
			26	葫芦阁	水位	驻测	会昌县庄口	国家基本站
8	龙南巡测中心	龙南县	27	杜头	水文	驻测	龙南县程龙镇杜头村	国家基本站
			28	东江	水文	巡测	龙南倒东江乡大稳村	中小流域监测站
			29	里仁	水文	巡测	龙南倒里仁镇新园村	中小流域监测站
		全南	30	陂头	水文	巡测	全南县陂头镇石海村	中小流域监测站
			31	南迳	水文	驻测	全南县南迳乡罗田村	国家基本站
		定南县	32	胜前	水文	驻测	定南县砒塘乡胜前村	国家基本站
9	寻乌巡测中心	寻乌县	33	水背	水文	巡测	寻乌县南桥镇水背村	国家基本站
			34	寻乌	水文	巡测	寻乌县长宁镇	中小流域监测站
10	南康巡测中心	南康区	35	窑下坝	水文	驻测	南康市容江镇窑下坝村	国家基本站
			36	朱坊	水文	巡测	南康市朱坊镇	中小流域监测站
			37	田头	水文	驻测	南康市龙华镇田头村	国家基本站
			38	横市	水文	巡测	南康市横市镇横市村	中小流域监测站
		大余县	39	樟斗	水文	驻测	大余县樟斗镇下横村	国家基本站
			40	浮江	水文	巡测	大余县浮江乡浮江村	中小流域监测站
11	安远巡测中心	安远县	41	羊信江	水文	驻测	安远县版石镇竹篙仁村	国家基本站
			42	孔田	水文	巡测	安远县孔田镇孔田村	中小流域监测站
12	瑞金巡测中心	瑞金市	43	瑞金	水文	驻测	瑞金市象湖镇南门冈	中小流域监测站
合计	12	18	43					

表 6-18-11　　　　12 个水文巡测中心负责人

序号	机构名称	姓名	性别	职务	任职时间	备　注
1	赣州水文巡测中心	廖智	男	主任	2015 年 1 月—2019 年 11 月	
		冯弋珉	女	副主任	2015 年 1 月—2019 年 11 月	
		孔斌	男	副主任	2015 年 1 月—2019 年 11 月	
2	于都水文巡测中心	刘财福	男	主任	2015 年 1 月—2018 年 2 月	
		曾延华	男	副主任	2015 年 1 月—2018 年 2 月	
		刘森生	男	副主任	2015 年 1 月—2019 年 11 月	2018 年 2 月—2019 年 11 月主持工作

续表

序号	机构名称	姓名	性别	职务	任职时间	备注
3	瑞金水文巡测中心	曾强	男	主任	2016年1月—2019年11月	
		杨荣鑫	男	副主任	2019年7月—2019年11月	
4	石城水文巡测中心	李庆林	男	主任	2016年1月—2019年11月	
		黄春花	女	副主任	2016年1月—2019年11月	
5	崇义水文巡测中心	古乃平	男	副主任	2016年1月—2019年11月	主持工作
		朱赞权	男	副主任	2016年1月—2019年11月	
6	信丰水文巡测中心	朱超华	男	主任	2016年1月—2019年11月	
		谭正发	男	副主任	2016年1月—2019年11月	
		刘伊珞	女	副主任	2019年7月—2019年11月	
7	寻乌水文巡测中心	廖圣贵	男	主任	2016年1月—2018年2月	
		胡冬贵	男	副主任	2017年1月—2017年12月	
		李鉴平	男	主任	2018年2月—2019年11月	
8	龙南水文巡测中心	丁宏海	男	主任	2016年1月—2019年11月	
		钟传跃	男	副主任	2016年1月—2019年11月	
		李汉辉	男	副主任	2016年1月—2019年11月	
9	宁都水文巡测中心	刘石生	男	主任	2016年1月—2019年11月	主持工作
10	南康水文巡测中心	刘事敏	男	主任	2016年1月—2019年11月	主持工作
		周卫光	男	副主任	2016年1月—2019年11月	
		谢代梁	男	副主任	2016年1月—2019年11月	
11	会昌水文巡测中心	陈胜伟	男	主任	2016年1月—2017年12月	
		胡冬贵	男	主任	2017年12月—2019年11月	
		欧阳标	男	副主任	2016年1月—2019年11月	
12	安远水文巡测中心	肖继清	男	主任	2016年1月—2019年11月	

表6-18-12　9个水文巡测中心管理区域情况

序号	测区名称	测区行政区范围
1	赣州城区	章贡区、赣县区、南康区、黄金开发区、蓉江新区
2	崇义	崇义县、大余县、上犹县
3	于都	于都县、兴国县
4	信丰	信丰县
5	瑞金	瑞金市、会昌县
6	龙南	龙南县、全南县
7	宁都	宁都县
8	石城	石城县
9	东江源区	寻乌县、安远、定南县

表 6-18-13　　9个测报中心负责人

序号	机构名称	姓名	性别	职务	任职时间	备　注
1	江西省赣州城区水文测报中心	廖智	男	主任	2019年11月—2020年2月	主持工作
		冯弋珉	女	副主任	2019年11月—2021年1月	
		孔斌	男	副主任	2019年11月—2021年1月	2020年2月—2021年1月主持工作
		谢代梁	男	副主任	2019年11月—2021年1月	
2	江西省于都水文测报中心	刘森生	男	主任	2019年11月—2021年1月	主持工作
		许攀	男	副主任	2019年11月—2021年1月	
		李贤盛	男	副主任	2019年11月—2021年1月	
3	江西省瑞金水文测报中心	刘事敏	男	主任	2019年11月—2021年1月	主持工作
		曾强	男	副主任	2019年11月—2021年1月	
		杨荣鑫	男	副主任	2019年11月—2021年1月	
		欧阳标	男	副主任	2019年11月—2021年1月	
4	江西省石城水文测报中心	李庆林	男	主任	2019年11月—2021年1月	主持工作
		黄春花	女	副主任	2019年11月—2021年1月	
5	江西省崇义水文测报中心	卢峰	女	主任	2019年11月—2021年1月	主持工作
		古乃平	男	副主任	2019年11月—2021年1月	
		朱赞权	男	副主任	2019年11月—2021年1月	
6	江西省信丰水文测报中心	朱超华	男	主任	2019年11月—2021年1月	主持工作
		谭正发	男	副主任	2019年11月—2021年1月	
		刘伊珞	男	副主任	2019年11月—2021年1月	
7	江西省东江源水文测报中心	赵华	男	主任	2019年11月—2021年1月	主持工作
		李鉴平	男	副主任	2019年11月—2021年1月	
		肖继清	男	副主任	2019年11月—2021年1月	
		车刘生	男	副主任	2019年11月—2021年1月	
		曾阳松	男	副主任	2019年11月—2021年1月	
8	江西省龙南水文测报中心	丁宏海	男	主任	2019年11月—2021年1月	主持工作
		钟传跃	男	副主任	2019年11月—2021年1月	
		李汉辉	男	副主任	2019年11月—2021年1月	
9	江西省宁都水文测报中心	刘石生	男	副主任	2019年11月—2021年1月	主持工作

工作职责：依据《中华人民共和国水文条例》和《江西省水文管理办法》，结合赣州水文实际情况，暂拟巡测中心工作职能如下。

基本职能：负责辖区内基本水文站网规划与建设工作；负责国家基本站的水位、流量、泥沙、降水量、蒸发、水温等监测工作；负责国家和省级地下水、墒情、水质、旱情等项目的监测工作；负责国家和省级重要报汛站水文信息的采集、分析与处理工作；对有预报任务的站进行作业预报与会商，为防汛抗旱服务提供支撑；负责基本水文资料的整理、汇总、审定、裁决工作；承担上级有关部门交办的其他工作。

为地方经济建设服务的职能：承担为地方防汛服务的山洪灾害防御和中小河流水文监测系统站点的维护管理、信息采集和预报预警工作，参与地方防汛调度，为地方防汛抗旱减灾决策提供支撑；协助地方水利（务）部门做好区域地表水和地下水资源监测、调查、分析、评价工作，编制地方水资源公报和水资源管理年报，为水资源管理“三条红线”提供技术支撑；协助地方防汛抗旱部门做好旱情监测、分析与预测预警工作；承担涉水工程的水文监测调查、水情预报服务、水文水利计算、防洪影响评价、取水许可、水资源论证等工作；承担城市和农村饮用水安全监测工作；承担城市水文的有关工作；承担农村水电站最小下泄流量监测工作；承担涉水案件和水行政主管部门委托的水政执法裁决所需要的水文勘测与确认工作；承担协调与周边县域的水文水资源勘测、水质监测与评价和对外水文技术合作交流工作；承担突发水事件水文应急监测与服务工作；地方政府交办与水文有关的其他工作。

第十九章

人事管理

1956 年 11 月至 1981 年 2 月，赣州水文人事管理工作随同单位管理体制的上下而变化。1971 年 4 月水文、气象分家，成立了赣州地区水文站，设立了秘书组；1981 年 2 月设立人秘科；1989 年 1 月 20 日改为办公室，开始管理赣州水文人事劳资事宜；2008 年 3 月 17 日增设组织人事科，2008 年 8 月 1 日人事劳资管理从办公室分离出来，管理工作正式移交组织人事科。

1980 年 1 月之前，赣州水文部门正科级领导干部均由上级主管部门任命。之后，市（地区）局局长由省水利厅党委任免，副局长及正科级中层干部由省水文局党总支（党委）任免，报水利厅党委备案；正科级非领导职务由省水文局行政任免。干部的选拔按照《党政领导干部选拔任用条例》原则、条件和程序办理，坚持德才兼备、群众公认、注重实绩的原则，注意选拔任用优秀年轻干部，按照民主推荐、组织考察、党组织讨论、任职前公示、任职等程序操作。纪检等部门出具提拔任用人员廉政鉴定。

2008 年 10 月，完成赣州市水文局参公登记，全局共有在职职工 171 人，其中 97 人参照公务员法管理，保留工勤人员 74 人。2008 年 10 月至 2020 年 12 月（其中：2008 年有指标没招到，2014 年、2019 年、2020 年没有招录指标），通过江西省公务员考试招录的公务员人员有 65 人。

2019 年 6 月 1 日，根据《中华人民共和国公务员法》及《江西省公务员职务与职级并行制度实施方案》等有关法律法规，本局开始实施公务员职务与职级并行制度。

第一节　人力资源管理

一、管理部门

办公室　1981 年 2 月，经省水利厅批复，赣州地区水文站正式设立人秘科，管理赣州水文人事劳资工作；1989 年 1 月 20 日，省编委批复，撤销人秘科设立办公室；2008 年 3 月 17 日增设组织人事科，2008 年 8 月 1 日人事劳资管理从办公室分离出来，管理工作正式移交组织人事科。

主要职责：协助局领导处理日常工作；组织协调各科室工作；负责文秘、档案、政策调研、保密、信访、接待、收发、综合治理和办公自动化；负责后勤保障、接待和会务组织工作。承担水文发展与改革的重大专题研究，拟订全市水文相关政策；负责全市水文水资源监测设施的管理与保护，协助水行政主管部门对侵占、损毁、破坏水文水资源监测设施的违法案件进行查处；负责全市水文行业安全生产管理工作；协助做好水文宣传。办公室下设财务室：负责财务；负责全市水文固定资产和国有资产管理。

主要工作制度：除执行国家、部、省及水文主管部门颁发的规范、规定和管理办法外，赣州市水文局制订了《重大紧急信息报送工作制度》《水文宣传管理办法》《印章管理细则》《机关大院管理办法》《公务接待管理制度》《打字复印室管理规定》《机关食堂管理办法》《车辆管理制度》《财务管理规定》等制度及办法。

组织人事科 2008 年 3 月 17 日省编办批复（赣编办文〔2008〕33 号）增设组织人事科，2008 年 8 月 1 日人事劳资管理从办公室分离出来，正式移交组织人事科。

主要职责：负责人事管理、劳动工资、保险福利、人事档案、劳动保护；负责局管干部的培养、考察、选拔及人员考核、奖惩；负责职工教育、培训和队伍建设；负责计划生育和离退休人员管理工作；负责全市水文技术管理工作，编制全市水文科技发展规划；负责科技项目管理与申报工作。

主要工作制度：除执行国家、部、省及水文主管部门颁发的规范、规定和管理办法外，赣州市水文局制订《请销假和考勤管理办法》《基层单位绩效管理考核办法》《干部交流管理办法》《选拔任用干部工作议事规则》《购买服务管理办法》等制度及办法。

办公室、组织人事科历任负责人情况详见表 6-19-1 和表 6-19-2。

表 6-19-1　　办公室（人秘科）历任负责人

内设机构名称	姓名	性别	职务	任职时间	备　注
人秘科	李松茂	男	负责人	1981 年 2 月—1984 年 12 月	主持工作
	熊汉祥	男	负责人	1981 年 2 月—1984 年 12 月	
			副科长	1984 年 12 月—1987 年 7 月	主持工作
			科长	1987 年 7 月—1989 年 6 月	
	谢为栋	男	副科长	1984 年 12 月—1989 年 1 月	
办公室	熊汉祥	男	主任	1989 年 6 月—1993 年 8 月	
	谢为栋	男	副主任	1989 年 6 月—2005 年 11 月	
	刘英标	男	副主任	1992 年 10 月—1994 年 7 月	
			主任	1994 年 7 月—2001 年 7 月	
	王成辉	男	副主任	1994 年 8 月—2001 年 7 月	
			主任	2001 年 7 月—2009 年 1 月	
	韩伟	男	副主任	2007 年 2 月—2009 年 1 月	
			主任	2009 年 1 月—2010 年 2 月	
	梁玉春	女	副主任	2009 年 1 月—2021 年 1 月	
	罗辉	男	副主任	2009 年 4 月—2010 年 4 月	
			主任	2010 年 4 月—2019 年 10 月	
	谢泽林	男	副主任	2011 年 3 月—2021 年 1 月	
	华芳	男	副主任	2014 年 3 月—2020 年 1 月	2019 年 10 月—2020 年 1 月主持工作
	华芳	男	主任	2020 年 1 月—2021 年 1 月	
	刘海辉	男	副主任	2020 年 1 月—2021 年 1 月	

表 6-19-2　　组织人事科历任负责人

内设机构名称	姓名	性别	职务	任职时间	备　注
组织人事科	游小燕	女	副科长	2009年1月—2018年2月	2009年1月—2010年2月主持工作
	韩伟	男	科长	2010年2月—2014年11月	
	曾金凤	女	科长	2015年6月—2019年8月	
	刘春燕	女	副科长	2019年7月—2021年1月	
	罗辉	男	科长	2019年10月—2021年1月	

二、职工队伍

人员引进　1949年10月至1950年，赣南只有职工3人，为新中国成立前留用水文人员。1951—1964年，先后有46名水文技术干部训练班结业人员分配到赣州水文工作。期间少数复员退伍军人和一些地方干部进入水文部门，进一步充实赣南水文职工队伍。1962年，接收3名省水利水电学校陆地水文专业毕业生。1964年，接收华东水利学院水文专业本科生。至1966年，全区有水文职工93人，其中行政干部5人，技术人员76人，工人12人。职工队伍知识结构和专业结构发生明显变化。

1966—1976年“文化大革命”期间，地、县水文站多数职工被下放到农村劳动，职工队伍不稳定，处于半工半农状态。

1971年4月，水文、气象分家时，赣州地区水文站革委会只有干部职工12人（不含测站人员）。

1978年后，水文职工队伍迅速得到恢复和充实。“文化大革命”期间下放农村劳动的水文职工陆续调回水文部门，4名本科毕业生从外省调入。1978年分配了1名华东水利学院陆地水文专业的工农兵大学生，1986年录用了1名化学专业的大学本科毕业生。1977—1989年间，省水利水电学校分配33名毕业生、省水利技工学校分配19名毕业生加入赣南水文队伍，并接收了一批退伍军人。

20世纪80年代，全区水文职工人数达到高峰期，除1980年、1981年职工人数低于200人，其他年份均超过200人，尤以1984年最多，达227人，其中行政干部7人，技术人员108人，工人112人。由于部分职工退休或调出的原因，截至1989年年底，全区有水文职工206人，其中干部103，工人103人。

20世纪90年代起，进入水文部门的基本上是大、中专毕业生，以大学生为主。除水文专业毕业生外，陆续接收计算机、水质分析、电子技术、测量、电子信息工程等专业毕业生，建成一支能满足水文发展需要、拥有复合型人才的较高素质职工队伍，至2008年9月参公前共分配或录用33名大中专毕业生。2008年9月至2020年年底，通过公务员考试，市水文局共录用65名大中专毕业生（其中硕士研究生学历8人）。

人员结构　截至1979年年底，全局在职职工224人。其中干部102人、工人122人；本科学历6人，大专学历3人，中专学历68人，高中学历61人，初中及以下学历86人；中级专业技术职务1人。

截至1988年年底，全局在职职工210人。其中干部104人、工人106人；本科学历3人，大专学历12人，中专学历60人，高中学历45人，初中及以下学历90人；专业技术职务46人，其中中级7人、初级39人。

截至2007年年底，全局在职职工173人。其中干部80人、工人93人；行政领导职务33人，其中副处级1人、正科级6人、副科级26人；非领导职务5人，其中主任科员1人、科员2人、新录用人员2人；专业技术职务99人（包括工人13人），其中高级5人、中级20人、初级31人；工人技术等级71人，其中技师2人、高级工58人、中级工4人、初级工7人；本科及以上学历21人（其中硕士学位1人），大专学历57人，中专学历31人，高中学历35人，初中及以下学历29人。离退休人员82人，其中离休干部1人、退休干部63人、退休工人18人。

截至2008年年底，全局在职职工168人。其中公务员94人、工勤人员74人；行政领导职务14人，其中副处级1人、正科级5人、副科级8人；非领导职务80人，其中副调研员1人、主任科员37人、副主任科员27人、科员14人、办事员1人；工人技术等级74人，其中技师2人、高级工55人、中级工15人、初级工2人；本科及以上学历25人（其中硕士学位1人），大专学历53人，中专学历34人，高中学历27人，初中及以下学历29人。离退休人员82人，其中离休干部1人、退休干部65人、退休工人16人。

截至2010年年底，全局在职职工163人。其中公务员93人、工勤人员70人；行政领导职务12人，其中副处级1人、正科级5人、副科级6人；非领导职务81人，其中副调研员1人、主任科员33人、副主任科员25人、科员20人、新录用人员2人；工人技术等级70人，其中技师4人、高级工50人、中级工14人、初级工2人；本科及以上学历45人（其中硕士学位2人），大专学历42人，中专学历17人，高中学历31人，初中及以下学历28人。离退休人员83人，其中离休干部1人、退休干部62人、退休工人20人。

截至2016年年底，全局在职职工168人。其中公务员120人、工勤人员48人；领导职务13人，其中副处级1人、正科级9人、副科级3人；非领导职务106人，其中副调研员1人、主任科员55人、副主任科员12人、科员23人、办事员2人、新录用人员14人；技师1人、高级工39人、中级工8人；硕士研究生学历4人、本科学历78人（其中获硕士学位7人）、大专学历40人、中专学历11人、高中及以下学历35人。退休人员99人，其中退休干部62人、退休工人37人。

截至2020年年底，全局在职职工156人。其中公务员129人、工勤人员27人；领导职务41人，其中副处级1人、正科级12人、副科级28人；职级103人，二级调研员1人、三级调研员1人、一级主任科员1人、二级主任科员46人、三级主任科员8人、四级主任科员15人，一级科员31人。工勤人员中技师2人、高级工23人、中级工2人；研究生学历8人，本科94人（其中获硕士学位9人），大专33人，中专6人，高中及以下16人。退休人员108人，其中退休干部57人、退休工人51人。

1984—2020年赣州市水文局人员结构情况见表6-19-3，1988—2020年在职人员学历情况见表6-19-4，2002—2020年人员年龄结构情况见表6-19-5。

表 6-19-3　　1984—2020 年赣州市水文局人员结构情况

年份	在职人员总数/人	干部/人	干部占总人数比例/%	工人/人	工人占总人数比例/%	女干部/人	女工人/人	退休人员总数/人
1984	227	115	50.66	112	49.34	8	12	
1985	215	108	50.23	107	49.77	6	12	
1986	210	109	51.90	101	48.10	6	12	
1987	219	113	51.60	106	48.40	6	12	
1988	210	104	49.52	106	50.48	6	13	
1989	206	103	50.00	103	50.00	6	12	
1990	201	98	48.76	103	51.24	6	11	
1991	195	95	48.72	100	51.28	6	11	
1992	195	101	51.79	94	48.21	6	12	
1993	197	101	51.27	96	48.73	6	13	
1994	196	98	50.00	98	50.00	7	13	
1995	192	91	47.40	101	52.60	7	12	
1996	189	88	46.56	101	53.44	7	12	
1997	184	85	46.20	99	53.80	6	13	
1998	177	74	41.81	103	58.19	6	13	78
1999	175	72	41.14	103	58.86	5	13	78
2000	166	67	40.36	99	59.64	6	13	86
2001	173	76	43.93	97	56.07	9	12	86
2002	171	74	43.27	97	56.73	10	12	85
2003	175	77	44.00	98	56.00	12	12	85
2004	176	79	44.89	97	55.11	13	12	83
2005	173	76	43.93	97	56.07	13	12	82
2006	172	77	44.77	95	55.23	13	12	83
2007	173	80	46.24	93	53.76	14	11	82
2008	168	94	55.95	74	44.05	16	8	82
2009	166	95	57.23	71	42.77	19	7	85
2010	163	93	57.06	70	42.94	19	7	83
2011	166	96	57.83	70	42.17	19	7	79
2012	163	97	59.51	66	40.49	20	4	79
2013	165	107	64.85	58	35.15	24	4	85
2014	160	104	65.00	56	35.00	24	4	85
2015	161	109	67.70	52	32.30	28	3	93
2016	168	120	71.43	48	28.57	30	2	99
2017	172	130	75.58	42	24.42	34	2	99
2018	164	132	80.49	32	19.51	33	1	108
2019	162	130	80.25	32	19.75	33	1	109
2020	156	129	82.69	27	17.31	34	1	108

注　2008 年起参照《中华人民共和国公务员法》管理，2008—2020 年干部人数为公务员人数。

表 6-19-4　　1988—2020 年赣州市水文局在职人员学历情况　　单位：人

年份	年末人数	研究生	大学本科	大学专科（含大普）	中专	高中（含技校）	初中及以下
1988	210		3	12	60	45	90
1989	206		2	25	42	48	89
1990	201		2	23	42	47	87
1991	195		2	24	40	46	83
1992	195		4	26	40	47	78
1993	197		4	27	39	49	78
1994	196		4	27	43	47	76
1995	192		5	28	43	49	67
1996	189		5	28	44	48	64
1997	184		6	28	43	48	59
1998	177		5	32	39	48	53
1999	175		5	35	36	46	53
2000	166		5	34	33	49	45
2001	173		9	36	37	47	44
2002	172		9	38	47	42	36
2003	175		11	46	40	42	36
2004	176		13	46	41	42	34
2005	173		13	49	37	41	33
2006	172		15	53	35	38	31
2007	173		21	57	31	35	29
2008	168		25	53	34	27	29
2009	166		36	45	25	31	29
2010	163		45	42	17	59	
2011	166		52	38	17	59	
2012	163		53	38	17	55	
2013	165		60	39	19	47	
2014	160		60	38	17	45	
2015	161	1	67	41	12	40	
2016	168	4	78	40	10	36	
2017	172	5	86	40	10	31	
2018	164	7	94	35	8	20	
2019	162	8	94	33	7	20	
2020	156	8	94	31	7	16	

注　现有 11 人次本科学历的同志先后获得了硕士学位；1 人获党校研究生学历未获硕士学位。

表 6-19-5　　2002—2020 年赣州市水文局人员年龄结构情况　　单位：人

年份	合计	35 岁以下	36～45 岁	46～54 岁	55 岁以上
2002	171	42	79	42	8
2003	175	44	75	46	10
2004	176	46	60	61	9
2005	173	45	57	60	11
2006	172	46	55	61	10
2007	173	45	58	59	11
2008	168	40	41	77	10
2009	166	39	39	74	14
2010	163	41	28	78	16
2011	107	41	29	6	31
2012	163	41	26	66	30
2013	165	48	26	53	38
2014	160	43	30	52	35
2015	161	51	29	50	31
2016	168	62	31	46	29
2017	172	69	32	34	37
2018	164	75	30	29	30
2019	162	70	30	24	38
2020	156	67	34	20	35

三、职称评定

1949—1956 年，全国技术职务任命制阶段。1956—1961 年，探索“学衔”制度阶段。1961—1976 年，技术、学术“称号”阶段，20 世纪 60 年代中后期，“文化大革命”期间，全国职称工作被迫中止。“文化大革命”结束后，1978 年全国开始实行技术职称评定制度。1986 年，中共中央、国务院决定改革职称评定，实行专业技术职务聘任制度，职称制度开始进入正常化、规范化的轨道。

根据国务院 1979 年 12 月 10 日颁发的《工程技术干部技术职称暂行规定》，以及江西省水文总站《关于评定和晋升水文技术人员的通知》，1980 年 5 月，地区水文站成立职称评定小组，开展了全区水文系统的职称评定工作。

地区水文站职称评定小组的职能是将符合职称晋升条件的人员，按德、能、勤、绩四大方面进行考核，初步评定其符合条款的分值，写出评语，提出推荐意见或建议，报省水文总站职称评定委员会评审，各地、市水文站职称评定小组组长，均是省水文总站职称评定委员会的成员，参加省水文总站的评审工作。

按职称评定的职责范围规定，省水文总站职称评定委员会只批准助理工程师和技术员两级的职称。省水利厅职称评定委员会，根据省水文总站职称评定委员会上报的材料，批准工程师的职称。省职改领导小组，根据省农口职称评定委员会的评审意见，批准高级工程师的职称。

1990 年，地区水文站职称评定小组对评审对象不再打分，只发表推荐意见。

1991 年，地区水文站成立技术干部业绩考核小组，每年对技术干部业绩进行考核，考核结果将作为技术职称晋升的主要参考内容。

2006 年 11 月 30 日，省水文局职称改革领导小组下发《关于初级专业技术职务评审认定的补充规定》，从 2007 年起，凡申请评聘初级专业技术职务人员，必须进行一次水文专业应知应会考试；凡申请评聘专业技术职务人员，应进行专业技术工作述职；申报专业技术职务人员，必须要有较详细的专业技术工作总结，申报助理工程师，应有一篇所从事专业技术工作方面的论述文章和相关的业绩材料；初级专业技术职务评审认定仍然坚持要有一定比例的淘汰率，坚持基层测站人员适当从宽，省、市水文局机关人员适当从严的原则。

2008 年 9 月，经中共江西省委、省政府批准，江西省水文局列入参照《中华人民共和国公务员法》管理。参照管理单位要参照公务员法及其配套政策法规的规定，全面实施录用、考核、职务任免等各项公务员管理制度；不实行事业单位专业技术职务等人事管理制度。从 2008 年起，水文系统停止对专业技术职称的评审及聘任工作。

1956 年 7 月，全省水文系统有 7 人取得工程师资格，赣州水文冯长桦就是其中之一。

1980 年，赣州水文系统共有专业技术职称人员 76 人。其中：中级职称 3 人，初级技术职称 73 人（助理工程师 35 人、技术员 38 人）。

1990 年，赣州水文系统共有专业技术职称人员 94 人。其中：中级职称 38 人（工程师 37 人、会计师 1 人），初级技术职称 55 人（助理工程师 41 人、技术员 14 人）。

2000 年，赣州水文系统共有专业技术职称人员 73 人。其中：高级技术职称 3 人，中级技术职称 33 人（工程师 31 人、会计师 2 人），初级技术职称 37 人（助理工程师 32 人、技术员 5 人）。

2001 年，赣州水文系统共有专业技术职称人员 76 人。其中：高级技术职称 4 人（教授级高工 1 人），中级技术职称 37 人（工程师 35 人、会计师 2 人），初级技术职称 35 人（助理工程师 29 人、技术员 6 人）。

2007 年 12 月，赣州水文系统共有专业技术职称人员 97 人。其中：高级技术职称 7 人，中级技术职称 44 人（工程师 43 人、会计师 1 人），初级技术职称 46 人（助理工程师 33 人、技术员 13 人）。

2020 年 12 月，全市水文系统在职人员 156 人，仍具有专业技术职称资格人员 64 人。其中中级职称 27 人（工程师 26 人、会计师 1 人），初级职称 37 人（助理工程师 25 人、技术员 12 人）。

1980—2020 年赣州市水文局在职人员具有技术职务资格情况见表 6-19-6。

表 6-19-6 1980—2020 年赣州市水文局在职人员具有技术职称资格情况 单位：人

年份	获职称人员总数	高级职称			中级职称			初级职称		
		小计	教授级高级工程师	高级工程师	小计	工程师	会计师	小计	助工（助会、助管）	技术员
1980	76	0			3	3		73	35	38
1981	78	0			3	3		75	56	19
1982	78	0			5	5		73	54	19
1983	75	0			5	5		70	50	20
1984	67	0			5	5		62	48	14
1985	64	0			5	5		59	47	12
1986	64	0			6	6		58	46	12
1987	64	2		2	4	3	1	58	46	12
1988	103	0			29	28	1	74	52	22
1989	96	1		1	28	27	1	67	51	16
1990	94	1		1	38	37	1	55	41	14
1991	94	1		1	38	37	1	55	40	15
1992	91	2		2	35	34	1	54	40	14
1993	94	2		2	33	31	2	59	47	12
1994	91	4		4	30	28	2	57	45	12
1995	84	5		5	30	28	2	49	36	13
1996	82	7		7	29	27	2	46	37	9
1997	80	6		6	32	30	2	42	33	9
1998	82	6		6	22	20	2	54	42	12
1999	78	5		5	36	34	2	37	28	9
2000	73	3		3	33	31	2	37	32	5
2001	76	4	1	3	37	35	2	35	29	6
2002	80	4	1	3	39	37	2	37	29	8
2003	80	6	1	5	42	40	2	32	25	7
2004	94	7	1	6	38	36	2	49	30	19
2005	94	7	1	6	41	39	2	46	30	16
2006	93	5		5	46	45	1	42	31	11
2007	97	7		7	44	43	1	46	33	13
2008	93	7		7	43	42	1	43	30	13
2009	91	7		7	37	36	1	47	33	14
2010	88	5		5	38	37	1	45	31	14
2011	87	4		4	38	37	1	45	31	14

续表

年份	获职称人员总数	高级职称			中级职称			初级职称		
		小计	教授级高级工程师	高级工程师	小计	工程师	会计师	小计	助工（助会、助管）	技术员
2012	87	4		4	38	37	1	45	31	14
2013	84	6		6	37	36	1	41	27	14
2014	81	5		5	35	34	1	41	27	14
2015	77	5		5	33	32	1	39	26	13
2016	75	4		4	32	31	1	39	26	13
2017	73	3		3	32	31	1	38	26	12
2018	68	2		2	29	28	1	37	25	12
2019	66	1		1	28	27	1	37	25	12
2020	64	0		0	27	26	1	37	25	12

第二节　干部选拔培养与考核

一、干部选拔培养

1970年6月至1980年1月，水文管理体制下放期间，赣州地区水文站站长、副站长由赣州行署和行署水电局党组织任免。

1984年，赣州地区水文站站长、副站长由省水利厅党组和省水文总站党总支分别任命。

1985年，赣州地区水文站各科（室）科长（主任）和各水文站站长由省水文总站党总支任命。

1989年5月29日，省水文总站党总支印发《关于加强干部管理明确管理权限的通知》，根据通知规定，赣州地区水文站副站长、办公室主任、正科级测站的正职由省水文总站党总支任免。机关内设的正、副职报省水文总站党总支备案同意后由水文站党组织任免，水文测站副科级任免后一个月内报省水文总站劳动人事科备案。

从1996年开始，省水利厅党组建立优秀后备干部培训制度。每年举办2期理论培训班，本局每年有1～2人参加省水利厅优秀后备干部理论培训班学习。至2019年，共有20人次参加培训。

2002年开始，赣州市水文分局党组织在选拔任用干部时，严格按照《党政领导干部选拔任用条例》原则、条件和程序办理，坚持德才兼备、群众公认、注重实绩的原则，注意选拔任用优秀年轻干部，按照民主推荐、组织考察、党组织讨论、任职前公示、任职等程序操作，纪检部门出具提拔任用人员廉政鉴定。

2003年3月11日，省水文局党委印发《关于加强干部管理工作的通知》，明确市水文分局副局长、副总工程师、正副科长、正科级站（队）长由省水文局党委任免；正科级单位的副职及副科级单位的正、副职由赣州市水文分局党组织任免。要求做到民主推荐、组织考察、民意测验、任职前公示。

2008年9月参公后，严格按照《中华人民共和国公务员法》《党政领导干部选拔任用工作条例》《公务员职务任免与职务升降规定（试行）》等相关规定选拔培养任用干部。

2015年，根据新的《党政领导干部选拔任用工作条例》，结合水文实际，省水文局出台了科级干部任免程序：正科级领导干部由省水文局任命；副科级领导干部由市水文局任免。选拔任用程序：动议；民主推荐；确定考察对象；考察；职数审核、讨论决定；公示及办理任职。

为了培养和锻炼干部，省水文局出台了干部交流措施。2001年5月至2006年1月，副局长周方平交流到抚州市水文分局任副局长；2007年2月至2008年12月，测资科科长温珍玉交流到抚州市水文局提任为副局长；抚州市水文局徐满全交流到赣州市水文局任副局长；2008年12月至2011年2月，自动化科副科长、主任科员吴健交流到上饶水文局提任为副局长；2016年至2021年1月副局长黄国新挂职到省水文局建管处任副处长；2018年2月至2020年2月，汾坑水文站站长刘财福挂职到省水文局水文资料处任副处长，2020年3月至2021年1月挂职新疆克州水文局；测资科科长刘明荣交流到抚州市水文局任副局长，鄱阳湖水文局副局长曹美交流到赣州市水文局任副局长。

1989年1月至1990年8月，赣州地区水文站党总支共任命11名副科级领导干部。

1990年8月至2008年8月，赣州市水文局党组共任命43名副科级领导干部。

2008年9月至2019年12月，赣州市水文局党组共任命12名副科级领导干部；行政任命副主任科员48名。

2019年6月1日，根据《中华人民共和国公务员法》《江西省公务员职务与职级并行制度实施方案》等有关法律法规，开始实施公务员职务与职级并行制度。

2020年党组共任命副科级领导干部6名，行政任命共13名（其中三级主任科员8名、四级主任科员5名）。

二、干部考核

1994年，赣州水文开始实施全员年度考核。2003年开始，实行领导班子和领导干部年度考核工作。根据省水文局印发的《省水文局机关和省属各水文局领导班子领导干部上年度考核工作方案》要求，局领导班子及班子成员、机关科室负责人及水文站（队）长进行述职述廉。

省水文局负责对市水文局领导班子及班子成员进行年度工作考核；中层干部及一般干部的年度考核由市水文局负责。

每年年初，省水文局会派出由局领导任组长的3人左右的考核小组，参加市水文局领导班子及班子成员的述职大会，进行民主测评和个别谈话等形式对市水文局领导班子及班子成员进行上年度工作考核。主要考核上年度履行岗位职责情况，内容包括德、能、勤、绩、廉等方面的现实表现。按比例推荐年度优秀等次人选，最后由省水文局党委研究决定考核等次，并张榜公示。年度考核结果向本人反馈，年度考核登记表进入个人档案。市水文局比照以上方法对中层干部及一般干部进行年度工作考核。

第三节 工资与福利

1953年，全省水文系统基层测站职工按水利部颁发的《水文测站工作人员津贴办法》，开始享受外勤费补贴。

1962年10月，中共中央和国务院批转水电部党组《关于当前水文工作存在问题和解决意见的报告》，同意将水文测站职工列为勘测工种，其粮食定量和劳保福利，按勘测工种人员的待遇予以调整，给水文测站职工发放劳保用品和驻站外勤费。此后，每逢国家对地质勘测工种人员野外工作津贴标准进行调整时，水文职工的野外津贴也同时予以调整。

1962年11月23日，省水文气象局颁发《全省水文气象干部劳动工资管理办法》。

1963年8月8日，省水文气象局印发《关于发放水文气象职工劳动保护用品实施办法》。

1980年1月，全省水文系统职工均享受水文勘测工种劳保福利待遇，水文系统基层测站勘测工、水质化验员、汽车驾驶员、轮船驾驶员、轮机工、仓库保管员等工种，享受劳保用品待遇。

1980年11月19日，根据国务院批转《国家劳动总局、地质部关于地质勘测职工野外工作津贴的报告》，水利部以及省劳动局和省地质局关于贯彻执行上述报告的联合通知精神，省水文总站制定《关于水文站勘测职工享受野外工作津贴暂行办法》，规定在偏僻山区、江河湖区从事水文野外勘测工作的职工，发给野外工作津贴，从1980年7月24日国务院批准之日起执行。赣州水文测站职工开始享受野外工作津贴。

1983年1月，已有技术职称或具有中专以上学历、工作一年以上已转正定级的人员，开始享受每年报销业务书刊费的待遇。

水文正式职工按驻地国家工作人员的公费医疗标准享受国家公费医疗待遇。

1983年4月，根据卫生部、财政部、国家劳动总局1979年10月31日发出的《关于卫生防疫人员实行卫生防疫津贴的通知》精神，省水文总站参照江西省卫生防疫人员实行卫生防疫津贴的实施细则，对水文系统从事水质监测分析人员每人每月发放卫生防疫津贴。

1984年12月26日，省水利厅批复省水文总站，从1983年7月1日起，全省水文第一线科技人员向上浮动一级工资。1985年1月26日，省水文总站通知各地市湖水文站执行。执行向上浮动一级工资的科技人员，工作满8年的可以固定一级，调动工作时，可作为基本工资予以介绍（1991年10月18日，省人事厅赣人薪发〔1991〕6号）。1992年5月23日，省人事厅下发《关于将县以下农林水第一线科技人员浮动一级工资由满8年固定改为满5年固定的通知》（赣人薪发〔1992〕3号），从满8年之日起计算，以后每满5年固定一级；未满8年但已满5年者，可从通知下达之日起固定一级工资；浮动的一级工资按规定固定后，如仍在县以下水文测站工作的，可同时在此基础上继续向上浮动一级工资。从1994年8月起，其浮动工资固定一级的时间，仍改为每满8年固定一级，其中1993年10月1日工资改革时，对在1993年9月30日前已满8年，可在新套改后职务工资基础上高套一档，然后再向上浮动一档职务工资（省人事厅赣人薪发〔1994〕11号）。至2008年9月全省水文参照公务员法管理后停止执行。

1985年起，陆续为1985年至1997年12月招收的（补员、顶替）25名合同制工人购买了养老保险。

1991 年 11 月 7 日，省水文局下发《关于地、市水文职工公费医疗制度改革的管理试行办法》。

1993 年 7 月 17 日，省财政厅下发《关于省驻地方水文职工公费医疗管理有关问题的通知》（赣财文字〔1993〕第 107 号），要求各地市县财政部门对省驻地方水文站享受公费医疗工作人员在公费医疗管理方面，结合当地的实际情况和水文站的特点，给予适当照顾和支持，各地市县对省驻地方水文职工的公费医疗应尽可能实行统筹管理。

1993 年 10 月起，按照省人事厅、省水利厅（赣人薪发〔1994〕27 号）文件的通知规定，全省水文系统基层测站职工开始享受工资性津贴（工资构成津贴部分）提高 8%的待遇。

2001 年 10 月 1 日起，全局人员参加了赣州市医疗保险。

2006 年 2 月 21 日，省水文局下发《关于基层水文勘测站（队）工作人员有关待遇的实施办法》，规定：凡常年在基层测站（含在县城的水文、水位站队）工作的工作人员，其 8%津贴按本人月工资标准比例金额逐月及时发放；凡常年在基层工作的科技干部，已批准向上浮动一档职务工资的岗位津贴，其浮动一档职务工资的岗位津贴应逐月及时发放。

2008 年 9 月，赣州市水文局参公后，按照公务员法及其配套政策法规的规定，全面实施工资福利保险等各项公务员管理制度，不再实行事业单位专业技术职务、工资、奖金等人事管理制度。

2014 年 10 月 1 日起，全局工作人员纳入社会养老保险体系，缴纳社会保险金和职业年金。

第四节 水 文 事 业 费

一、财务管理制度

1950 年 2 月 15 日，省水利局颁发《各级测站经费收支暂行办法》。

1965 年 3 月 30 日，省水文气象局制定《江西省水利电力厅水文气象局计划财务工作管理暂行规定》。

1980 年 7 月 30 日，省水文总站印发《江西省水文总站计划财务工作管理暂行规定（试行）》，从 9 月 1 日起试行。

1984 年 11 月 7 日，省水文总站印发《江西省水文系统对外开展水文咨询综合服务收费暂行办法》。

1985 年 12 月 25 日，省水文总站印发《开展有偿水文专业服务和水文科技咨询收费标准及分成试行办法》。

1987 年 7 月 16 日，省水文总站制定《江西省水文站网技术改造经费管理暂行办法》。

1988 年 6 月 1 日，省水文总站印发《江西省水文总站财务管理暂行规定》，自 6 月 1 日起实行；12 月 28 日，制定下发《水文专业服务和科技咨询服务收费标准》。

1992 年 7 月 14 日，省水利厅印发《江西省水利内审工作业务指导实施细则》。

1998年9月15日，省水利厅印发《江西省新增财政预算内专项资金水利项目管理实施细则（试行）》。

2003年2月18日，省水文局印发《江西省水文局财务管理暂行规定》和《江西省水文局机关用款实施细则》。

2003年6月30日，省水利厅印发《江西省水利厅计划项目资金安排管理办法（试行）》。

2007年10月16日，省水文局印发《江西省水文局差旅费报销暂行规定》。

2008年10月13日，省水文局下发通知：全省水文系统已参照公务员法管理，根据上级指示精神，为规范全省水文系统财务工作制度管理，要求从11月1日起执行《江西省省直机关会议费的管理办法》。

2010年7月15日，省水文局印发《江西省水文局行政事业单位收款收据管理办法》。

2018年7月，省水文局印发《江西省水文局机关财务报销管理制度》。

市水文局根据上级财务管理制度制定相应的财务管理制度，最近一次《财务管理规定》于2019年4月11日修订完善并开始执行。

二、财务电算化

1998年11月，赣州地区水文分局财务部门派员参加了江西省水文局举办的财务电算管理培训班，1999—2006年财务部门实行手工记账和会计电算化并行，以手工记账为主的方式。2007年1月，赣州市水文局财务部门正式使用单机版用友财务软件。2011年1月，开始使用基于互联网的浪潮财务软件，服务器在江西省水利厅，在财务软件中操作录入记账凭证并打印，打印总账、明细账。使用用友和浪潮财务软件后，操作稳定，准确率高，工作效率明显提高。

三、人员薪酬

1980—2007年，全省水文系统在岗人员一直执行江西省人事厅制定的事业单位工作人员工资标准。2008年参照《公务员法》管理后，参加了公务员登记的人员按照机关公务员工资标准套改，工人身份按照机关单位工勤人员工资标准套改。

1984—2020年37年间，工作人员年平均收入（包括基本工资、津补贴、奖金）从949元增加到139922元，增长147倍。

1984—2020年37年间，全市年水文经费从69万元增加到5340万元，增长77倍。

第二十章

档案管理

按照上级主管部门要求，赣州市水文局设有人事、文书、科技和财务档案室，均独立设置。为加强档案管理，保证档案的质量和完整性，结合赣州水文工作实际，制定了相应的管理制度，档案室严格按防盗、防光、防高温、防火、防潮、防尘、防鼠、防虫等“八防”要求，配备了相应设备。组织人事科、办公室、业务科室和财务部门各有专人负责相应的档案管理工作。

第一节　人　事　档　案

赣州市水文局人事档案管理工作分为四个阶段：1980年以前归口管理机构人事部门；1981年2月至1989年1月归口于人事秘书科；1989年1月至2008年9月归口于办公室；2008年9月开始归口于组织人事科。

组织人事科负责单位人事档案管理，设有专门的人事档案室。人事档案管理人员由政治思想好、品德端正、责任心强、能保守秘密的中共党员干部兼任。

人事档案管理采用三级管理方式：副处级以上（含非领导职务）的人事档案由省水利厅人事部门管理；副局长、组织人事科科长的人事档案由省水文局人事部门管理；档案管理员的人事档案由组织人事科长保管；其他人员人事档案由市水文局组织人事科管理。人事档案材料按规定及时归档。

人事档案一般不得外借，如需借阅必须经组织人事科科长或分管人事工作的局领导批准同意后，在阅档室查阅，借阅档案时不得拆卸档案中的材料，阅完档案后应及时完整归还档案室保管。

赣州市水文局人事档案管理工作，执行江西省委组织部制定的《干部档案保管保密制度》《干部档案查借阅制度》《干部档案工作人员职责》。1991年6月4日，省水文局下发《关于加强干部档案管理和整理工作的通知》，同年10月23日，下发《关于对全省水文干部档案管理工作进行检查评比的通知》，经检查评比，赣州地区水文站获全省水文系统干部档案管理工作二等奖；1997年2月，经中共江西省委组织部考核，赣州地区水文站被评为干部档案工作三级单位；2002年，对所有档案进行了整改，并将纸质档案盒换成了16开的塑料档案盒；2003年下半年，根据省水文局下发的《关于做好干部档案审核检查工作的通知》，对所有人事档案进行审核检查；2008 年参公管理前根据要求对有条件参加公务员登记人员的人事档案进行审核，并将档案盒更换为 A4 规格；2015 年，根据江西省委组织部及省水利厅、省水文局的要求，对全局管理的 95 份干部人事档案进行了专项审核，并对 28 名干部三龄（年龄、工龄、党龄）进行重新认定；之后对 2015—2019 年新录用公务员及全局工勤人员的档案也进行了审核和认定。2018 年 11 月 20 日起，严格执行中共中央办公厅印发的《干部人事档案工作条例》。

第二节 文书档案

1980 年以前，赣州水文管理机构变动频繁，文书档案管理工作随管理机构的变化而变化。1980 年 1 月 1 日，根据江西省水利局《关于改变我省水文管理体制的请示报告》，完成赣州市水文管理体制上收工作，由省水利局直接领导，省水文总站具体管理。1981 年 2 月，经江西省水利厅批复，赣州地区水文站设立人事秘书科，文书档案管理工作正式归口于人事秘书科。1989 年 1 月 20 日，省机构编制委员会下发赣编发〔1989〕第 009 号文《关于全省水文系统机构设置及人员编制的通知》，批准内设办公室，文书档案管理工作归口于办公室，由档案管理员（兼）负责将文件及时分类装订归档，存放档案室。

1985 年、1995 年，按省水文总站要求，对历年文书档案按建档要求进行整理建档。省水文总站办公室派专人前来指导。1998 年，赣州地区档案局组织专业人员分组对市直（含驻市）单位的文书档案室进行了检查和指导。2007 年 11 月，根据市档案局《关于进行档案登记工作情况检查的通知》，档案管理员对照《赣州市档案登记情况检查评分标准》对本单位的档案进行自查，对不足进行整改，并将自查情况报市档案局。

历年来赣州水文部门执行上级下发的规定、通知主要有：1965 年 4 月，省水文气象局颁发的《江西省水文气象管理部门文书处理暂行规定》《江西省水文气象系统文书材料立卷工作暂行办法》；1986 年 2 月 28 日，省水文总站根据省水利厅《关于文电资料密级划分的试行规定》，结合江西水文工作实际，制定的《水文部门文电资料密级划分试行规定》；1997 年 11 月 15 日，省水文局印发的《江西省水文局机关公文处理实施细则》；12 月 15 日，省水文局印发的《江西省水文局公文督查办理暂行规定》和《关于进一步规范省水文局发文文号的通知》；2007 年 9 月，市水文局根据国家（省）市档案局和省水利厅、水文局相关规定结合本单位工作实际，制定《赣州市水文局文书档案归档方法》《档案借阅制度》《保密制度》《文书档案保管期限表》等制度。

每年 3 月开始，档案管理员对上年度的文件按照规范要求进行整理归档，6 月底前完成归档并装盒进库。赣州市水文局文书档案室现存有 1956（部分）—2020 年文书档案共 240 盒。

第三节 科技档案

水文资料档案（含水文数据库）由测验资料科专人负责管理，主要负责观测记录、资料整编、水文分析与计算、水文调查、水文年鉴的归档、整理、存档和借阅工作。

历年来，赣州市水文部门执行上级下发的规定、办法、通知主要有：1964年4月1日，省水文气象局颁发的《江西省水文气象资料档案工作试行办法》；1965年4月，省水文气象局颁发的《江西省水文气象系统技术档案管理暂行办法》；1975年6月17日，省水文总站革委会根据水电部1974年《关于加强水文原始资料保管工作的通知》，要求清理历年原始资料，并总结资料清理和保管方面的经验，通知中规定水文原始资料属永久保存的技术档案材料，水文原始资料应集中在省、自治区、直辖市总站保管，要有必要的水文资料仓库；1991年1月12日，水利部水文水利调度中心下发的《关于建立报汛站档案的通知》；1993年市水文局开始建设数据库，2002年基本完成历史年鉴数据录入，数据库由专人管理；2010年5月12日，省水文局下发的《科技项目管理办法》《水文科技成果材料归档管理办法》。2016年12月市水文局成立了数据管理中心，水文数据库由中心管理。

水质监测科资料档案由水质监测科专人管理，现有原始资料档案（1982—2020年）共50册。

站网管理、水资源资料、水情资料档案由相关科室专人管理。

第四节 财务档案

按照省水文局财务制度规定：财会人员对会计凭证、会计账簿、财务会计报表和其他会计资料要建立档案，妥善保管。会计档案的整理按照会计档案管理方法和程序，将零散和需要进一步条理化的会计资料，通过分类、组合、立卷、排列和编目，组成有序体系，并按年度分开，然后再按名称分类。根据《会计档案管理办法》规定，要将上一年度的会计档案立卷归档，移交财务档案室管理。

按照省水文局会计电算化档案管理制度规定：由计算机打印的报表和总分类账、明细分类账以及现金、银行存款日记账，分别由各单位装订和保管。通过计算机打印输出的各类账簿、报表等文档资料，视同原手工登记的账簿、报表等会计资料进行保管。保管期限截至该系统停止使用或有重大更改之后的三年。

赣州水文部门电算化档案管理分两个阶段。第一阶段2004—2008年，用加密锁管理软件，直接备份在硬盘上。第二阶段从2009年开始，用网络备份，所有数据全部储存在省水利厅的服务器上，交由浪潮软件公司管理。

对于存档、归档的会计电算化档案应定期进行检查、复制，以保证存储文件和数据的完好。备份盘视作会计档案，存放在防潮、防火远离磁场的地方。未经许可，不得复制、转移会计资料，更不得进行删改、更换内容以及泄露会计资料，一经查出，严肃处理。

财务档案室现存有财务档案：1964—2020年共存有57年的财务凭证。1964—2002年没有统计存有本数，2002—2020年共存有报表19本、账本205本、凭证1428本。

第二十一章

水文经济

为加快赣南水文建设步伐，市水文分局采取有力措施，因时因地因人制宜，组建经济实体，引入先进的管理制度，在全市水文系统广泛开展水文科技咨询和综合经营工作。通过全市水文职工数年不懈的努力，逐步形成了固定资产经营业、建筑业、社会服务业、种养业、加工制造业、劳务输出、个体经营和科技咨询等具有赣南特色的水文经济形式。

20世纪90年代初期，赣州水文经费紧张，广开门路开展创收以弥补经费严重不足。水文干部职工解放思想，积极投身社会主义改革大潮，顺应市场经济规律，引入股份制经济形式。动员全市水文干部、职工、离退休人员集资入股，先后开发了沿街店面、兴办了水文招待所、脐橙果园等经济实体，成立了相应的董事会、监事会、实行民主管理、公开办事制度，使地域资源优势逐步转化为经济优势，有效弥补了事业经费的不足，增加了职工收入，改善了职工的生活，走出了一条自我积累、自我发展的路子。至2002年，主要形成了赣南水文脐橙、水文缆道技术、水文招待所和固定资产经营四大赣南水文经济支柱产业。

第一节　科　技　服　务

1990年以前，地区水文分局的水文科技咨询服务工作，除对外提供少量的水文资料和水情服务外，没有开展其他的服务项目。1949—1990年，开展的对外服务项目主要是：为上犹江电厂、兴国长冈水库、兴国长龙水库和南康章惠渠等大中型水利水电工程建设和管理，提供了大量的水文资料和信息，此外专门设置了一批为之服务的水文站、雨量站，开展水位、流量、悬移质输沙率、推移输沙率、降水量和蒸发量等观测，校测发电、溢洪流量及水库泥沙淤积等服务。在上犹江电厂流域内，设立了上犹麻子坝和崇义茶滩、麟潭3个水文站，作为水库的入库控制站。后来又增设了1个雨量站和水库下游2个水文站。及时、准确的雨水情信息，为电厂的蓄水、发电和溢洪提供了决策依据。1961年以来，上犹江电厂的调度均依据入库水量，限制汛期蓄水位，采用“细水长流”的方法溢洪，从未发生因溢洪造成下游地区受灾。1985年，该电厂入库水量23.2亿立方米，用于发电的水量22.3亿立方米，水量利用率达96.1%，发电量2.42亿千瓦时，取得了较好的社会、经济效益。

1991年，地区水文分局成立了水文水资源科技服务部，水文科技咨询服务业务逐步开展，主要是对外提供水文情报预报服务和开展水文分析计算业务。服务项目比较单一，范围也不大，收费不高，效益一般。

1992年，水文水资源科技服务部更名为赣州地区水文水资源科技服务中心。为促进水文科技咨询服务工作的开展，制订了赣州地区水文分局机关管理工作有关实施办法，明确了水文科技咨询服务的分配办法。实行目标管理，项目负责人质量负责等一系列措施，并由单位一把手抓该项工作，取得了较好的效果。服务咨询范围逐步扩大，服务内容更加丰富，其中包括：水文勘测、地籍测量、水文情报预报、工程水文分析计算、水资源调查评价、水资源公报编制、中长期供水计划编制、城市防洪规划编制和水质化验等。

1993—2005年，承接、完成的主要项目有：宁都三门滩水利枢纽庙子潭水库水文站建设及水文测报的代理管理（自1993年建站代管至今）；南康县城，信丰小江、高桥、铁石口、古陂、大桥五个乡、镇的地籍测量；龙潭水库入库洪水预报与调度；南康市水资源调查评价；于都县城市防洪规划；万安水库水文服务等。

同时，由赣州水文自主研发的智能水文缆道系统产品成为赣州水文经济的特色支柱产业和新的经济增长点。先后开发出同兴牌ZLQS-1智能水文缆道流量、泥沙测定系统；同兴牌BLC-1便携式微电脑缆道控制仪；同兴牌SX-1数码式水下信号收发系统等系列产品，解决了水文信号传输、智能控制、缆道取沙三大技术难题，这些技术处于国内领先水平。2001年9月，该科技产品参加了北京2001年国际水利水电新技术展览会，引起中外专家和同行的关注。据统计，市水文分局先后接待来赣参观、考察水文缆道产品的领导、同行共10多批次。至2002年，市水文分局已为江西、福建、广东省水文系统建设智能水文缆道。陕西、安徽、江苏、浙江、湖南、广西等省（自治区）水文部门与市水文分局达成合作意向。

2006年以来，主要在水资源论证与评价、水资源公报、水功能区监测、入河排污口论证、防洪论证、河道采砂规划和评估等方面提供技术服务，为赣县居龙滩、于都峡山、会昌白鹅水电站等提供水情服务。为于都峡山、会昌葫芦阁迁站争取数百万元补偿款。2015年在全省率先开展南康、安远、石城、信丰、寻乌、于都、章贡区、赣县、兴国等9个县域水资源公报编制试点，2016年18县（市、区）水资源公报达到全覆盖，是全省第一个全面覆盖所有县（市、区）的地市水文局。

2014—2018年，先后承接了多个建设项目水资源论证服务，分别为：会昌白鹅慧敏矿业公司牛形坑铜矿、淘锡坑钨矿、石壁坑水电站工程、会昌城乡一体化供水、筠门岭2万吨供水工程；江西耀升工贸发展有限公司长龙坑铜锌矿，江西耀升钨业股份有限公司锡坑钨锡矿、石工前铜锌矿、茅坪钨钼矿，江西荡坪钨业有限公司宝山矿区、荡坪矿区、樟东坑九西矿区；上犹江引水工程；龙南渥江取水工程；龙迳河流域定南稀土矿2100吨每年生产规模取水工程建设项目；赣州市生活垃圾焚烧发电厂取水工程建设项目；安远县东江源虎岗地热区热水资源；石城县润泉供水工程；于都县自来水公司河东水厂、窑塘水厂、正亿纸品纸业有限公司20万吨瓦楞纸扩建项目；瑞金市晶山纸业有限公司年产12万吨瓦楞扩建项目；此外，还承担了崇义、大余等县水利水电取水项目，会昌、兴国、赣县等县农业工程取水项目水资源论证。

第二节 股份制经济实体

一、店面租赁

店面、招待所开发 1990年，地区水文分局机关大门改建时，在大门两侧共建了4间店面出租。1992年，利用其中2间店面与赣州市工商银行联办储蓄所，历时8年，安排了部分水文职工家属和待业青年。同年，地区水文分局利用机关东院西侧面临张家围路的有利条件，以职工集资的形式兴建了店面，进行出租（A股）。

1992年，在兴建A栋住宅楼时，利用该楼西、北两面临街的有利条件，底层店面继续由职工集资承建出租（B股）。

1993年，机关东院兴建B栋住宅楼，底层东边三套紧靠桃子园农贸市场，有商用开发价值，同样采取职工集资方式进行开发（C股）。

1995年，赣州市文明大道修建，地区水文分局在水文综合勘测大楼的立项工作尚未完成的情况下，抢抓机遇，发动全区水文职工集资，筹集了该楼两层以下建设资金。1997年，该楼1、2层建成后，第一层建成店面出租，第二层建成水文招待所（D股）。

1999年，水文综合勘测大楼立项，在进行大楼续建的同时，再次以职工集资的方式，3～5层为水文招待所住宿部（E股）。至此，地区水文分局以集资方式累计开发了几十间店面，建成了赣南水文招待所，招待所拥有接待百人会议和活动的豪华单间、标准间、双人间和大、小会议厅、餐厅、雅座等，为招待所二部。同时把靠气象局老水质楼2～3层改建成招待所一部。

店面、招待所管理 2002年7月24日，地区水文分局分别召开机关房屋开发、果园股东大会。成立相应的董事会和监事会，选举出机关房屋开发董事会成员：董事长李书恺，成员刘英标、谢为栋、杨小明、朱勇健；监事会监事刘旗福，成员刘德良；果园董事会董事长李书恺，副董事长杨小明，成员刘英标、张祥其、郭守发；监事会监事刘旗福，成员谢为栋。董事会、监事会成员参与店面、果园的管理工作。董事会负责对重大问题的决策和组织实施，监事会负责监督。每月的店面租金要列表、开票、收租、租金保管、作账由不同的人员担任，由董事长审核，做到租金与账目相符。此外，管理人员还根据市场变化，及时调整经营策略，保障股东利益。

在招待所的管理中，地区水文分局一方面建立健全规章制度，先后建立了《经理责任制》《招待所所长责任制》《工作人员职责》《卫生责任制》《员工手册》等，严格按规章制度办事。另一方面不断改进管理方法，引入竞争机制，从抓提高入住率和经济核算入手，实行定额管理。把工作人员的工资奖金与经济效益挂钩，加强工作人员的工作责任心，改善服务态度，提高服务质量。

店面、招待所的处置 由于建设桃子园农贸市场（华谊城），需拆除赣州市水文局宿舍A栋和老五层楼及西边临张家围路的临街店面和北边临进桃子园菜市场通道的店面，赣州市政府要求做好职工思想工作，积极配合拆除。其职工宿舍原地安置在华谊城，店面股金则退回职工。A栋宿舍楼和临街店面及附属建筑物于2009年1月23日签订拆迁协议，并于7月开始拆除。老五层楼和临街店面于2013年7月10日签订拆除协议，并于9月开始拆除。西院（靠气象局老水质楼）三层楼底层改建的18间店面出租经营至2019年年底陆续收回改用临时办公室和仓库等。综合办公大楼底层店面陆续收回后改建成《赣州市水文展示厅》和《党员活动室》。大门两边临张家围路的8间店面至2020年年底仍在出租经营。招待所一部（西院靠气象局老水质楼2～3层）和二部（综合办公楼3～5层，2楼已改为会议室、餐厅和雅座包厢、厨房等），由于参公原因，于2008年年底关闭，停止营业。招待所二部2～4层打包出租作宾馆，于2015年年底收回。2层改成水情办公室、会议厅（会商室）、职工食堂。3层改成局领导和相关科室的办公室。4～5层改成水质科办公室和水质分析室、小型会议室。招待所一部2～3层，于2016年11月打包出租，租期5年，至2021年10月止。

二、股份制脐橙果园

果园开发 1995年始，地区水文分局积极响应赣州地委、行署“大力发展果业，在山上再造一个赣南”号召，大力创办股份制脐橙果园，并获得成功，职工从中收益。A果园，1995年与市直机关工委合作，在赣县茅店镇洋塘村兴办了65亩股份制脐橙果园（A股，其中地区水文分局占77%的股份，市直机关工委占23%的股份）。该果园1998年开始挂果。2000年，在果树遭受冻害的情况下，产量仍达7万余斤。2005年重种，2008年挂果。B果园，首次创办果园获得成功后，极大地激发了水文干部职工兴办脐橙果园的信心和决心。1994年4月，地区水文分局与市直机关工委在原果园相邻的地方又种植了38亩脐橙（B股），股权比例与第一次相同，脐橙果园面积达103亩。2000年，该果园开始挂果。2005年重种，2008年挂果。C果园，2000年，市水文分局以12万元的价格收购了赣州市民政局的脐橙果园，并重新种植优质脐橙。由局机关、赣州水文勘测队和坝上水文站职工集资入股兴办（C股）。2004年开始挂果。D果园，2000年5月，市水文分局以8万元的价格收购赣州市乡镇企业局的脐橙果园。由于该果园管理不善，树型老化，又处在村庄旁，不便管理，加之准备在信丰西牛开发更大的果园，故于2002年5月以原价转卖。E果园，2002年9月，市水文分局在信丰西牛镇东甫村又开发了1503亩脐橙基地（E股），开发资金通过全区水文干部职工集资筹集。至此，地区水文分局股份制脐橙果园总面积达到1853亩，成为全国水利行业最大的脐橙基地。同时，也成为赣州市直机关单位示范果园，全国生态农业会议的各省领导以及全省水利经济工作会议代表都到此参观。广东、安徽、福建、湖南、浙江、吉林、新疆等省水文部门的领导和江西省水利厅、赣州市委市政府领导也先后前来参观考察，并对赣州水文人的创业精神给予了极高的评价。

为做大做强赣南水文脐橙产业，使果品畅销国内国际市场，地区水文分局在扩展规模的同时，不断优化品质，争创精品。为实现脐橙产业的无公害化生产，该局严把苗木引进关，选育了一批优质品种，如美国精品脐橙良种“纽荷尔”和“朋娜”。使用农家肥、生物肥、生物农药、采用果实套袋等技术。对信丰脐橙基地，坚持标准化建园，整体规划，全盘布局。按照养猪、养鱼、建沼气池和种植脐橙相配套的四位一体模式进行开发，使整个脐橙生产形成一条生态产业链，打造一座绿色生态脐橙果园。采用机械化整地和腐殖质改良土壤，精心选种育苗，聘请了教授级果业专家指导。新建1栋2层楼700平方米的宿舍，水电、电视、电话等设施到位。划分5个区管理，每个区建有一个岗楼，脐橙成熟期派职工守护。

2005年第一年挂果，就被评为中国（赣州）第四届脐橙节“优质脐橙奖”至2007年脐橙产量达40余万斤。

果园管理 1995年，果园创办初期，地区水文分局就制定《赣南水文同兴脐橙果园章程》，出台了相应的管理办法及相关规定，以企业运行模式，强化监督，以加强果园的管理工作，取得了较好的效果。随着果业开发的深入，地区水文分局已形成一套成熟的果业管理办法和机制，严格按市场规律办事，实行股份制，成立了董事会、监事会、经理部、果业开发办公室等。在果园内部管理方面，采取有奖有罚，奖罚分明的措施。各个果园既合作又竞争，对管理好、产量高、品质优的果园管理人员给予奖励，反之则罚，促使果园的管理人员加强工作责任心，努力搞好工作。地区水文分局在不断提升果品品质的基础上，建立健全了销售机制，不断拓宽销售渠道。多年来，赣州水文脐橙一直畅销不衰。并以其特有的形美、色艳、气香、皮薄、味浓、无核、清火、强身、耐储等特色赢得了消费者的青睐。为实施品牌战略，地区水文分局对果品实行统一采收标准，统一分级包装，统一品牌销售。

果园处置 由于2008年9月全省水文系统参公管理，根据有关规定，公务员不得从事经商办企业和第二职业，加之水文工作任务越来越繁重，与果园的管理发生矛盾，省水利厅纪委明确要求对果园和经济实体进行处置。第一个处置的果园是E果园（信丰果园），2008年8月转卖。C果园（茅店）于2010年1月转卖。A、B果园（茅店同兴果园）于2013年5月转卖。至此，市水文局脐橙果园已处置完毕。

三、基层站队综合经营

20世纪80年代末，各基层水文站根据本站特点和实际情况开展了创收活动。做到了站站有项目，人人有任务，部分站年创收逾万元，有力地促进了工作，增加了水文职工的收入。各站因地制宜，开展创收活动，如石城、宁都站利用靠近县城的优势，开展水文情报预报有偿服务。有的开展种养业，如坝上站养鸡，安和、胜前站养鱼，麻州站栽培香菇，隆坪站种柑橘，羊信江站种稻谷和茶树等。峡山站创办制冰厂，田头站建锯板厂，宁都站、寻乌站、信丰勘测队开发临街店面等。同时，信丰勘测队还将办公楼的3～4层出租办宾馆。

各站的创收项目在当时特定的市场条件下都取得了不同程度的成功，弥补了事业经费的不足，推动了水文事业的发展。随着市场的变化及其他因素的影响和政策规定，大部分站的创收项目已不存在。宁都、石城站、信丰勘测队开发的店面至2016年收回，停止出租经营。

峡山站创办制冰厂。1992年，峡山站以职工集资的方式，创办了峡山圩首家制冰厂，从事制冰批发零售业务，制冰厂开业以来，生意十分红火，最高日营业额达100多元，年创收1万余元，人均创收逾千元。次年，该站看准市场潜力，再次增加投入，购置制冰设备，扩大制冰能力。1995年，该站制冰技术达到新水平，发展到6个花色品种的冰产品，生意越做越大，当地的客户调运该站的冰产品。1998年，制冰厂停办。

麻州、羊信江站建成有线电视站。1994年，麻州水文站建成水文系统首家有线电视站。建有线电视站初期，麻州水文站进行了认真的可行性论证，摸清了用户数量和分布情况，了解了当地群众的文化需求等信息。有线电视站刚建好，就有几十家电视用户与该站签订了租用合同。随着节目播放质量的提高和宣传工作的深入，越来越多的电视用户与该站签订了租用合同，最多时达200多家，年收入在万元以上，取得了显著的经济效益和良好社会效益。

羊信江水文站也随后建成了有线电视站。由于政策等原因，两站的有线电视站运行至2000年停办。

坝上站办养鸡场。1999年，坝上站通过收集市场信息，敏锐地意识到饲养肉鸡是致富的好途径。该站果断腾出站房低价出租给本站职工，支持和鼓励职工开展肉鸡饲养。本站职工邹延伟抓住机遇，从最初的几百只肉鸡起家，逐步发展到1万余羽肉鸡的规模，在8个月时间里，出售肉鸡1.2万余只，产值达7.6万多元。由于多种原因，至2001年停办。

第七篇

党群组织

赣州市水文局党组织、工会和共青团组织机构健全，水文勘测队均设立党支部。赣州市水文局的党组织随行政机构的变更而变更。1958 年以前，江西省水利厅水文总站赣南水文分站未设立党支部。1958 年 9 月，水文、气象部门合并，成立中共赣南水文气象总站支部委员会。1971 年 4 月，水文、气象机构分设，成立中共赣州地区水文站支部委员会。1980 年 11 月，体制上收，成立中共江西省水利厅赣州地区水文站支部委员会。1985 年 6 月，成立中共江西省水利厅赣州地区水文站总支部委员会。1990 年 8 月，成立中共江西省水利厅赣州地区水文站党组。党组先隶属赣州地（市）委，后隶属江西省水利厅党委。机关党委、工会和团支部（总支）分别隶属赣州市直机关工委、工会和团委。抓好党的建设、精神文明、水文化、水文宣传、法制建设、精准扶贫以及群团组织建设，开展水文主题活动。

第二十二章

党的组织

党的组织包括党组、机关党委（总支）和党支部。其中，党组是水文部门的领导机构，研究决定重大事项，是水文事业发展的领导核心。机关党委（总支）协助党组具体抓好发展党员、党员的教育管理、党风廉政建设、思想政治工作以及精神文明建设。党支部是水文局的基层组织，担负着直接教育、监督、管理党员的重要任务。

第一节　党的组织机构

1958年以前，江西省水利厅水文总站赣南水文分站未设立党支部。

1958年9月，水文、气象部门合并，成立中共赣南水文气象总站支部委员会。

1963年9月，成立江西省水利电力厅水文气象局赣南分局，重新设立党支部。

1971年4月，水文、气象机构分设，成立中共赣州地区水文站支部委员会。

1980年11月，体制上收，成立中共江西省水利厅赣州地区水文站支部委员会。

1985年6月，成立中共江西省水利厅赣州地区水文站总支部委员会，下设6个党支部。

1990年8月，成立中共江西省水利厅赣州地区水文站党组，且保留党总支。

1991年7月，撤销党总支，成立中共江西省水利厅赣州地区水文站支部委员会，测站党员组织关系下放至地方。

1993年3月，水文站党组更名为中共江西省水利厅赣州地区水文分局党组，支部更名为中共江西省水利厅赣州地区水文分局支部委员会。

1999年6月底，赣州撤地设市，党组更名为中共江西省水利厅赣州市水文分局党组，支部更名为中共江西省水利厅赣州市水文分局支部委员会。

2001年8月，成立中共江西省水利厅赣州市水文分局总支部委员会，下设3个党支部。2005年8月，党组更名为中共江西省赣州市水文局党组，总支更名为中共江西省赣州市水文局总支部委员会。

2010年7月13日，成立中共江西省赣州市水文局机关委员会，测站党员组织关系上收，下设6个党支部，隶属中共赣州市直机关工委。同时撤销党总支。

2017年12月，机关党委换届选举，下设7个党支部，同时成立中共江西省赣州市水文局机关纪律检查委员会。

2021年1月21日，机关党委所辖党支部党员关系上收，整建制转隶至中共江西省水利厅直属机关委员会。

党组历任书记及成员见表7-22-1，支部、总支、机关党委历任书记及委员见表7-22-2。

表7-22-1 党组历任书记及成员

组织名称	职务	姓名	任职时间	备注
中共江西省水利厅赣州地区水文站党组	书记	李书恺	1990年8月—1993年3月	1990年8月党组成立
	成员	韩绍琳	1990年8月—1993年3月	
	成员	熊汉祥	1990年8月—1993年3月	
中共江西省水利厅赣州地区水文分局党组	书记	李书恺	1993年3月—1999年6月	1993年3月单位更名
	成员	韩绍琳	1993年3月—1999年6月	
	成员	熊汉祥	1993年3月—1994年7月	
	成员	周方平	1994年7月—1999年6月	1994年7月任副局长
中共江西省水利厅赣州市水文分局党组	书记	李书恺	1999年6月—2005年8月	单位更名
	成员	韩绍琳	1999年6月—2000年11月	2000年11月退休
	成员	周方平	1999年6月—2001年5月	2001年5月交流到抚州市水文局任副局长
	成员	刘旗福	2001年3月—2005年8月	2001年1月任副局长
	成员	杨小明	2001年3月—2005年8月	2001年1月任副局长
	成员	刘英标	2001年3月—2005年8月	
中共江西省赣州市水文局党组	书记	李书恺	2005年8月—2006年1月	单位更名。2006年1月李书恺退休
	书记	周方平	2006年1月—2012年2月	2012年2月调吉安市水文局任局长
	成员	刘旗福	2005年8月—2012年2月	
	书记	刘旗福	2012年2月—2021年1月	2012年2月任局长
	成员	杨小明	2005年8月—2019年9月	
	成员	刘英标	2005年8月—2016年5月	2016年5月退休
	成员	温珍玉	2009年1月—2019年9月	2008年12月从抚州市水文局调赣州市水文局任副局长
	成员	吴健	2011年3月—2018年7月	2018年7月病故
	成员	韩伟	2015年1月—2021年1月	2014年11月任副局长
	成员	曹美	2018年5月—2020年2月	2018年2月从鄱阳湖水文局副局长挂职到赣州市水文局副局长
	成员	周方平	2019年4月—2021年1月	吉安市水文局三级调研员
	成员	曾金凤	2019年9月—2021年1月	2019年8月任副局长
	成员	廖智	2020年3月—2021年1月	2020年7月任副局长
	成员	刘明荣	2020年7月—2021年1月	

表 7-22-2　　支部、总支、机关党委历任书记及委员

组织名称	任职时间	职　务	姓　名	备　　注
赣州地区水文站党支部	1971年4月—1979年7月	书记	钟兆先	领导支部
赣州地区水文站党支部	1979年7月—1980年11月19日	书记	钟兆先	领导支部
		组织委员	刘青和	
		纪检委员	李松茂	
		宣传委员	熊汉祥	
		青年委员	程奕瑛	
江西省水利厅赣州地区水文站党支部	1980年11月19日—1985年1月14日	书记	钟兆先	领导支部
		委员	董钦	
		委员	程奕瑛	
江西省水利厅赣州地区水文站党支部	1985年1月14日—1985年6月3日	书记	李书恺	领导支部
		副书记兼纪检保卫委员	韩绍琳	
		组织委员	熊汉祥	
		宣传委员	谢为栋	
		青年委员	张祥其	
江西省水利厅赣州地区水文党总支	1985年6月3日—1989年12月	书记	李书恺	领导总支部，下设6个支部
		副书记	韩绍琳	
		组织委员	熊汉祥	
		宣传委员	谢为栋	
		青年委员	张祥其	
		保卫委员	陈必然	
		纪检委员	黄联松	
江西省水利厅赣州地区水文站党总支	1989年12月—1990年8月	书记	李书恺	领导总支部
		委员	韩绍琳	
		委员	熊汉祥	
		委员	谢为栋	
		委员	张祥其	
		委员	陈必然	
		委员	黄联松	
江西省水利厅赣州地区水文站党支部	1991年7月—1993年3月	书记	韩绍琳	
		副书记	刘英标	
		委员	王成辉	
		委员	张祥其	
		委员	周方平	

续表

组织名称	任职时间	职务	姓名	备　　注
江西省水利厅赣州地区水文分局党支部	1993年3月—1997年9月19日	书记	韩绍琳	单位更名
		副书记	刘英标	
		委员	王成辉	
		委员	张祥其	
		委员	周方平	
江西省水利厅赣州地区水文分局党支部	1997年9月19日—1999年6月29日	书记	周方平	
		副书记	刘英标	
		委员	刘旗福	
		委员	王成辉	
		委员	温珍玉	
江西省水利厅赣州市水文分局党支部	1999年6月29日—2001年8月15日	书记	周方平	单位更名
		副书记	刘英标	
		委员	刘旗福	
		委员	王成辉	
		委员	温珍玉	
江西省水利厅赣州市水文分局党总支	2001年8月15日—2004年8月24日	书记	刘旗福	8月15日选举会，8月27日批复任职
		专职副书记兼组织委员	刘英标	
		纪检委员	王成辉	
		宣传委员	温珍玉	
		青年委员	吴健	
江西省水利厅赣州市水文分局党总支	2004年8月24日—2005年8月	书记	刘旗福	
		专职副书记	刘英标	
		组织委员	王成辉	
		纪检委员	吴健	
		宣传委员	温珍玉	
江西省赣州市水文局党总支	2005年8月8日—2007年8月15日	书记	刘旗福	单位更名
		专职副书记	刘英标	
		组织委员	王成辉	
		纪检委员	吴健	
		宣传委员	温珍玉	
江西省赣州市水文局党总支	2007年8月15日—2010年7月13日	书记	刘旗福	
		专职副书记	刘英标	
		委员	王成辉	
		委员	吴健	
		委员	韩伟	

续表

组织名称	任职时间	职务	姓名	备　注
江西省赣州市水文局机关党委	2010年7月13日—2014年12月23日	书记	刘旗福	2010年7月—2012年3月
			吴健	2012年3月—2014年12月
		专职副书记兼组织委员	刘英标	
		纪检委员	韩伟	
		宣传委员	刘明荣	
		青年委员	罗辉	
江西省赣州市水文局机关党委	2014年12月23日—2017年12月14日	书记	吴健	
		专职副书记	刘明荣	
		组织委员	韩伟	
		纪检委员	赵华	
		宣传委员	谢晖	
江西省赣州市水文局机关党委	2017年12月14日—2021年1月	书记	韩伟	
	2017年12月14日—2018年1月	专职副书记	刘明荣	
	2018年1月—2019年7月	专职副书记	赵华	
	2019年7月—2021年1月	专职副书记	谢泽林	
	2017年12月14日—2021年1月	组织委员	成鑫	
		纪检委员	刘春燕	
		宣传委员	谢晖	

第二节　党的建设与活动

一、思想建设

学习教育　1949—1956年，赣南水文分站未设立党支部，党员参加江西省水利厅水文总站的支部学习。1956—1966年，赣南水文分站、赣南分局先后成立党支部，主要学习马克思、恩格斯、列宁、斯大林著作和毛泽东思想，学习中央、江西省、赣州市各级党的会议精神和中央文件及领导讲话，学习时事政治和法律法规，学习《中华人民共和国刑法》和《中华人民共和国婚姻法》，进行人民建政，进行社会主义“三大改造”。学习社会主义总路线，高举“三面红旗”。1966—1976年，赣州地区水文站支部组织学习董存瑞、黄继光、雷锋、焦裕禄等英雄模范，同时开展工业学大庆、农业学大寨、学习解放军和学习毛主席著作活动。1978年开展《实践是检验真理的唯一标准》的大讨论。1978年11月党的十一届三中全会作出停止阶级斗争，把党的工作重心转移到经济建设上来，解放思想，团结一致向前看，学习党在社会主义初级阶段的基本路线“一个中心，两个基本点”。改革开放后，特别是进入新时代，持续抓好马列主义、毛泽东思想、邓小平理论、“三个代表”重要思想、科学发展观和习近平新时代中国特色社会主义思想的学习教育，塑造“江西人新形象”的教育，理想、信念和“两个务必”的教育，公民道德建设教育，“弘扬苏区精神，兴我美好赣州”和争做“五型”党员干部教育，向雷锋、焦裕禄、孔繁森、汪洋湖、郑培明、谷文昌等英模人物及本行业、本系统先进人物学习的系列教育，进一步坚定信念，激发党员爱岗敬业、创造性工作和为发展赣南水文事业贡献力量的热情。积极引导党员干部职工树立正确的世界观、人生观、价值观，提高社会公德、职业道德和家庭美德水准，增强识大体，顾大局意识。坚持加快发展赣南水文事业的舆论导向，把工作重点放在新时期水文工作“五个转变”上，放在实施水文现代化上，放在增强水文竞争力上，不断确立新目标，稳步推进各项工作。

党组理论学习中心组学习班 市水文局党组始终坚持办好党组理论中心组学习班。始办2期，每半年1期。2001年起每季度1期。学习班由党组主要负责人主持，一般采用扩大会议的形式召开，采取自学与集中学习相结合的方式进行，每期不少于3天，参加人员为中层以上干部，根据工作需要有时会要求团支部、工会等相关负责人列席。主要学习上级的会议精神和领导讲话，学习法律法规，学习英模人物的先进事迹，学习反腐倡廉典型案例等。

专题教育 1996年以前的专题教育史料记述暂不可考。1996年以来的专题教育主要有如下内容。

“三讲”教育：1996年6月16日，赣州地区水文分局党组在机关全体党员和干部职工中广泛开展以讲学习、讲政治、讲正气为主要内容的“三讲”教育活动。2000年2月12日，成立赣州市水文分局“三讲”教育领导小组；2月24日，召开“领导班子、领导干部和部分退休老同志参加‘三讲’教育活动动员大会”，活动共分4个阶段进行，4月结束。

先进性教育：2005年1月25日，赣州市水文分局党组印发《关于在全市水文系统党员中开展以实践“三个代表”重要思想为主要内容的保持共产党员先进性教育活动的实施方案》；29日，党组成立了保持共产党员先进性教育活动领导小组，下设办公室，下发了《赣州市水文分局党组保持共产党员先进性教育活动领导班子工作方案》；31日，召开动员大会，正式启动在全体共产党员中开展先进性教育活动。党总支书记、副局长刘旗福代表局党组作开展保持共产党员先进性教育的具体部署、活动安排和领导班子工作方案。党组书记、局长李书恺作动员讲话。制定了《赣州市水文分局先进性教育活动安排和领导干部联系点制度》、群众监督评价制度、工作例会制度等。2月22日，党组邀请市委党校教授张卿均就开展保持共产党员先进性教育作专题报告。报告从为什么要开展这项活动、如何开展以及开展活动过程中需要把握的理论问题等三个方面进行了阐述。3月2日，党组对如何保持共产党员先进性征求干部职工意见。此后，按三个阶段扎实推进先进性教育活动。以先进性教育活动促进防汛测报工作、促进精神文明建设、促进基层测站“五难”问题的解决。6月4日，党组向群众公布8条针对性整改措施。6月30日，党组召开保持共产党员先进性教育活动总结暨优秀共产党员表彰大会。党组书记、局长李书恺作总结讲话，从主要做法、主要措施、主要成效、主要经验体会、存在的主要问题和今后的努力方向、党内外的反应等6个方面进行了总结。同时，还通报了群众满意度测评的情况。会上，5名优秀共产党员获得表彰。刘英标撰写的《如何在经常性工作中巩固和扩大先进性教育成果》获江西省机关党建研究会党建理论研讨二等奖，《谈谈如何结合单位实际开展好保持共产党员先进性教育活动》获赣州市委理论成果研讨优秀奖。

主题实践活动：2007年4月，赣州市水文局党组印发《关于在全市水文系统开展党员主题实践活动的实施方案》。党员主题实践活动，是实践党员先进性的有效载体，是改进机关单位作风的有效形式；要求选准主题，突出实践，注重教育，加强管理，抓好骨干；增强党员党性、提高党员素质、发挥党员先锋模范作用。

科学发展观专题教育：从2008年2月始，中共赣州市委决定用一年的时间在全市党员干部中深入开展“突出践行科学发展观”学习教育活动。科学发展观作为马克思主义中国化的最新理论成果，是我们党对中国特色社会主义发展的新认识。科学发展观的内涵，即第一要义是发展，核心是以人为本，基本要求是全面协调可持续，根本方法是统筹兼顾。市水文局党组号召和组织全市水文系统党员干部积极投入这次学教活动，把加强学习贯穿始终；紧扣节点难点问题，把解决问题贯穿始终；坚持走群众路线，把发展群众、依靠群众贯穿始终；发挥表率作用，把领导带头贯穿始终。要求把学习教育的成效体现到“植根水利，服务社会”上，在更高的起点上践行科学发展观，推进赣州水文事业的发展。目标要求：增强科学发展意识，创新科学发展机制；推行科学发展方式，破解科学发展难题；营造科学发展环境，提高科学发展能力。3月4日，市水文局党组召开突出践行科学发展观学教活动动员部署会，党组书记、局长周方平作了动员讲话，党组成员、党总支书记、副局长刘旗福对学教活动进行了全面部署。成立了赣州市水文局突出践行科学发展观学习教育活动领导小组，下设办公室，负责学教活动的具体工作。5月5—7日，党组举办理论中心组学习班，传达贯彻江西省水文局党委在全省水文系统开展学习践行科学发展观活动部署，省水利厅党委书记、厅长孙晓山的动员讲话，省水文局党委书记孙新生所作的《开展深入学习实践科学发展观》动员报告和省水文局《开展深入学习践行实践科学发展观活动试点实施方案》。在学习班上，党组书记、局长周方平作了题为《赣州水文如何科学发展》的讲话。邀请赣州市委宣传部副部长、市委讲师团团长刘光照作科学发展观宣讲辅导，通过聆听辅导报告，大家加深了对科学发展观内涵和精神实质的理解。开展了“突出践行科学发展观”建言献策征求意见活动，下发了破解水文科学发展难题的调研通知，并就如何破解赣州水文发展难题进行了热烈讨论。组织了5个由市水文局领导带队的科学成就宣讲小组，深入各水文站宣讲赣州水文坚持科学发展观取得的科技创新成果、《中华人民共和国水文条例》、精神文明建设，以及做好水资源、饮水安全、防汛抗旱等涉及民生领域的事例和取得的成绩。通过一年的学习教育活动，破解了赣州水文发展的许多难题，增强了人水和谐和科学发展意识，有力促进了赣州水文各方面的发展。2009年1月，对科学发展观学教活动进行总结，并将学教活动的情况报告和总结分别报送中共赣州市委、赣州市直机关工委、江西省水文局党委。中共赣州市委于1月30日召开全市突出践行科学发展观学习教育活动总结表彰大会，刘英标被授予全市突出践行科学发展观学习教育活动先进个人。

党的群众路线教育实践活动：2013年8月9日，赣州市水文局党组印发《赣州市水文局党的群众路线教育实践活动实施方案》；8月13—15日，召开党的群众路线教育实践活动动员会和工作会，举办党组理论学习中心组第三期学习班，采取个人自学、观看红色教育片、集中讨论等形式，对教育实践活动进行了专题学习。8月中下旬，组织由局领导带队的5个调研组分赴基层水文站（队）和各县（市）防汛办、水利局、水保局征求群众路线教育实践活动意见。9月8日，召开党的群众路线教育实践活动工作推进会。9月12—15日，组织青年干部参加了省水文局在鄱阳湖模型基地举办的“感悟水文”专题青年培训班。2014年2月18日，召开党的群众路线教育实践活动总结大会，并向省水文局党委和市直机关工委提交了书面总结材料。

“三严三实”专题教育：2015年6月18日，赣州市水文局党组书记、局长刘旗福参加省水文局召开的“三严三实”专题教育动员部署会暨专题党课。7月29日，举办“三严三实”专题教育党课，党组书记、局长刘旗福以《践行“三严三实”要求　做一名合格的共产党员》为题，为机关全体干部上了一堂深刻而又生动的专题教育党课。8月31日至9月2日，党组书记、局长刘旗福参加省水文局党委理论学习中心组2015年第三期暨“三严三实”专题教育学习班。

“两学一做”专题教育：2016年5月16日，赣州市水文局党组召开“两学一做”学习教育动员部署会，印发了《关于在全体共产党员中开展“学党章党规、学系列讲话，做合格党员”学习教育实施方案》，成立“两学一做”学习教育领导小组，下设办公室，同时成立两个督导组。5月30日，党组书记、局长刘旗福为党员干部作了题为《坚定理想信念　坚守共产党人的精神追求》的专题党课。开展向杨善洲、龚全珍等英模人物学习活动，立足岗位、履职尽责，时刻牢记党员身份，自觉爱党护党为党，敬业修德，奉献社会。6月2日，组织机关全体党员参加“两学一做”学习教育知识竞赛活动。6月5日，举办“两学一做”党员学习讲座，组织机关全体党员观看《咬定青山不放松》专题教育片。6月17日，组织机关全体党员（含退休党员）前往福建古田会址参观学习，接受革命传统教育，新党员进行入党宣誓。7月10日，举办“两学一做”学习教育专题党课。12月15—18日，党组举办了理论中心组暨“两学一做”学习教育第四专题学习会，党组成员、各站（队）基地、科室党员负责人及机关全体党员参加了学习。每年四期的党组理论中心组学习班都有“两学一做”内容。期间，赣州市水文局及时向江西省水文局党委和赣州市直机关工委上报“两学一做”学习教育阶段性总结和四个专题问题自查表。

“不忘初心、牢记使命”教育：2019年5月，根据党中央部署，在全党开展“不忘初心、牢记使命”教育，局党组印发《赣州市水文局开展“不忘初心、牢记使命”教育实施方案》，举办党组中心组理论学习班进行专题学习，派出5个由局领导带队的宣讲小组到各站、巡测中心进行宣讲，由此在全市水文系统广泛、深入开展“不忘初心、牢记使命”教育。

二、组织建设

发展党员　1958年以前，赣州地区水文系统共有3名党员。1958年9月，水文、气象合并后，水文系统首次发展了2名党员。

1965年社会主义教育运动期间，由社会主义教育运动工作队发展了2名党员。

“文化大革命”期间，赣州地区水文系统党的工作受到影响，党员发展工作基本停滞。

1973年，发展党员的工作逐步开展起来，由于水文系统党的关系在当地，除瑞金、宁都站发展了3名党员外，其他测站没有发展党员。

1985年6月，地区水文站党总支部成立前，陆续发展了35名党员。党总支成立后，赣州地区水文系统发展党员工作逐步走上正轨。至1991年7月党总支撤销，共发展党员16名，全区共有党员57名。

1991—1995年，发展了17名党员，至此赣州地区水文系统共有党员78名，占职工总数的31.8%，其中离退休党员26名，地区水文站机关有党员26名，占机关职工人数的42%；基层测站党员共52名，占测站职工人数的33.8%。28个水文（位）站中，有23个站有党员，占测站总数的82.1%，其中信丰水位站2名职工全是党员。

1996—2000年，地区（市）水文系统共发展党员16名，其中地区（市）水文分局机关党支部7名，石城水文站党支部5名，于都党支部2名，其他党支部2名。至2000年，市水文系统共有党员87名（含退休党员35名）。截至2005年年底，市水文系统共有党员91名（含退休党员32名），占职工（含退休职工）总数的35.4%。截至2010年年底，市水文系统共有党员98名，其中在职70名、退休28名（含关系在地方），女党员14名。

2011—2020年，市水文系统共发展党员22名，其中，市水文局机关5名，赣州水文勘测队党支部5名，信丰水文勘测队党支部5名，瑞金水文勘测队党支部7名。截至2020年年底，市水文系统共有党员134名，其中在职97名（其中5人关系转至其他单位）、退休37名（含关系在地方5名），女党员30名。

换届选举 1971年4月，水文、气象机构分设，成立中共赣州地区水文站支部委员会。钟兆先任支部书记。

1979年7月，支部换届选举，钟兆先任支部书记。

1985年4月9日，成立中共江西省水利厅赣州地区水文站总支部委员会，下设6个党支部，李书恺任总支书记。

1989年12月，总支换届选举，李书恺任总支书记。

1991年7月，撤销党总支，成立中共江西省水利厅赣州地区水文站支部委员会，测站党员组织关系下放至地方。韩绍琳任支部书记，刘英标任副书记。

1997年9月19日，支部换届选举，周方平任支部书记，刘英标任副书记。

2001年8月15日，成立中共赣州市水文分局总支部委员会，下设机关、赣州水文勘测队、机关离退休等3个党支部。选举产生由刘旗福、刘英标、王成辉、温珍玉、吴健5位同志组成的党总支委员会，刘旗福任总支书记，刘英标任专职副书记。

2004年8月24日，党总支换届选举，刘旗福任总支部书记，刘英标任专职副书记。

2007年8月15日，党总支换届选举，刘旗福任总支部书记，刘英标任专职副书记。

2010年7月13日，成立中共江西省赣州市水文局机关委员会，隶属中共赣州市直机关工委领导，测站党员组织关系上收，下设6个党支部（机关2个支部，赣州、信丰、瑞金3个勘测队支部，离退休支部）。由刘旗福、刘英标、韩伟、刘明荣、罗辉5位同志组成第一届机关党委。刘旗福任书记，刘英标任专职副书记。2012年3月，刘旗福提任党组书记、局长后，由吴健接任机关党委书记。

2014年12月23日，机关党委换届选举，吴健任书记，刘明荣任专职副书记。

2017年12月14日，机关党委换届选举，下设7个党支部，增设机关三支部。由韩伟、赵华、谢晖、成鑫、刘春燕5位同志组成新一届机关党委，韩伟任书记，赵华任专职副书记。2019年3月，由谢泽林代专职副书记。2019年7月，由于赵华工作变动，由谢泽林接任专职副书记。其他委员分工不变。

党员培训 1985年赣州地区水文站党总支成立以来，到1990年成立党组，2010年成立机关党委至今，一直重视党员的培训和人才的培养，注重提高党支部书记、全体党员的综合素质和工作能力。

全体党员培训：党的重大会议召开后，如党的十二大、十三大、十四大、十五大到十九大，都要举行党员培训班学习贯彻大会精神。组织党员局领导宣讲组到所辖水文站宣讲，利用年初召开全区水文工作会议时，对党员站长、党支部书记进行培训；利用“七一”“一先双优”表彰大会对党员进行培训，利用党总支（机关党委）换届时对党员进行培训。各党支部集中党员培训，并选派党员组队参加党总支（机关党委）以及中共赣州市委、市直机关工委举办的知识竞赛；选送党员科级干部参加市委和市直机关工委举办的科级干部理论培训班。通过多渠道、多形式对全体党员进行培训。

党务干部、发展对象和入党积极分子培训班：每年选派党支部书记、党务干部参加市直机关工委举办的党支部书记培训班和党务干部党建业务培训班。市水文局党总支（机关党委）也举办党支部书记党建知识和业务培训班。每逢支部换届，举办一期新当选的党支部书记和支委党建业务培训班。派出党务干部参加市直机关工委组织的到外省、地（市）参观学习交流党建工作活动（如到北京、宁夏、内蒙古、延安、深圳等地）。1991年7月撤销党总支后，每年选送1～2名入党积极分子参加市直机关工委举办的入党积极分子培训班。2001年8月重新成立党总支后，每年选送2～3名入党积极分子参加市直机关工委举办的入党积极分子培训班。2010年7月成立了机关党委后，每年选送4～5名入党积极分子参加市直机关工委举办的入党积极分子培训班。1988年以后发展的党员入党前均参加过市直、县直机关工委入党积极分子培训班。2018年开始，只选派发展对象参加市直机关工委举办的培训班，入党积极分子培训班由机关党委自行举办。

选派党员外出培训和支援工作：选派党员业务干部到河海大学、扬州大学、南昌大学、南昌工程学院、江西水利水电学校等大中专院校进行业务培训；后备干部到省委党校、市委党校、省水利厅、省水文局培训或挂职锻炼，派出党员业务骨干到汶川抗震救灾和新疆等地支援工作（如温珍玉、陈厚荣到汶川抗震救灾；曾金凤、刘财福、吴龙伟等到新疆，赵华、黄武、李明亮等到西藏支援工作）。王成辉参加《中国水利报》举办的新闻写作培训班，刘英标参加《人民长江报》业务培训班，华芳、刘英标参加在南京河海大学和江西省水利厅举办的水文化培训班等。

党员活动 每年“七一”，赣州市水文局都要召开“一先双优”表彰大会。组织党员收看中央领导人在庆祝党的生日大会上的重要讲话，组队参加市委或市直机关工委及省水利厅、省水文局举办颂歌献给党的歌咏比赛，举行新党员入党宣誓。结合实际组织开展各项党内活动、党日主题活动（如学雷锋、志愿者服务），不定期地举办党的知识竞赛。走访慰问老党员、对特困党员进行扶贫帮困活动。同时，对“三送”村、扶贫村、新农村建设点的特困党员和群众进行帮扶救助，组织党员到扶贫村访贫问苦、结对帮扶。

组织党员到省内外瑞金、井冈山、延安等地革命遗址接受革命传统和廉政教育，学习苏区精神、井冈山精神、延安精神，学习老一辈无产阶级革命家艰苦奋斗精神。

开展了“学习焦裕禄，争做人民好公仆”、“学习孔繁森，全心全意为人民服务”、“学习雷锋好榜样，做好事送温暖”、“重温入党誓词，为党旗争光辉”、“党员义务日”、“希望工程”、“爱心献功臣”、“支援灾区重建家园”捐款捐物、上街为民服务和维持交通秩序，清明节到赣州革命烈士陵园祭扫革命先烈等活动。

1996年6月，党支部在全体党员、干部职工中开展“为经济建设、为基层服务、为群众服务”的“三服务”活动。

1996—2000年，在党员和干部职工中开展“三讲”教育活动。

2004年6月，开展争创“红旗基层党组织”和“五型”（学习型、创新型、实干型、服务型、清廉型）党员干部活动以及“塑造江西人新形象”“弘扬苏区精神，兴我美好赣州”活动。

2005年2月，开展以实践“三个代表”重要思想为主要内容的保持共产党员先进性教育活动。

2007年4月，在全体党员干部中开展“树正气新风，促和谐发展”学习教育主题月活动。在全局范围内开展党员主题实践活动。

2008年2月，召开学习实践科学发展观活动动员大会和座谈会，并组织5个组深入基层进行宣讲。5月21日，全市水文干部职工为四川汶川地震灾区捐款56975元；26日继续为灾区捐款7610元；累计向四川地震灾区捐款共计人民币69595元。

2009年6月始，举办双休日学习知识讲座。

2012年4月，组织机关全体干部职工参加“春蕾计划10元捐”活动，“一日捐”和助残捐款活动。7月，积极开展党员捐款及帮扶助困活动。

2013年至2014年2月，开展党的群众路线教育实践活动。2013年4月，在局机关范围内组织开展希望工程捐助活动。9月，组织开展党政干部违反规定接受和赠送“红包”专项治理活动。11月，组织开展“三个一”扶贫主题活动。12月，组织党员领导干部观看党内参考片《较量——正在进行》，组织开展“科技水文沙龙”和“唱响水文”活动。

2014年3月，开展深入推进“服务六大攻坚战，我为赣州作贡献”主题实践活动，开展“帮百企进千村联万户”活动。

2015年6月，党组开展“三严三实”教育活动。7月，组建机关党员志愿者服务队，开展志愿服务活动。9月，12名党员志愿服务队成员参加市直机关工委“市直机关党员志愿服务活动启动仪式暨现场自愿无偿献血活动”。11月，1名党员领导干部参加市委组织部、市直机关工委联合举办的“市直机关党员领导干部‘忠诚、干净、担当’专题报告会”，廖智、卢峰参加“全省水文系统党员赴井冈山红色朝圣活动”。

2016年4月，开展服务“六大攻坚战”党建成果和党员创绩先锋创评活动。5月，开展“两学一做”学习教育系列活动。7月，开展纪念建党95周年系列活动，6名党员代表观看了市直机关工委举办的“光辉历程市直机关纪念建党95周年暨红军长征胜利80周年大型诗文朗诵（比赛）演出”。10月，开展党员志愿服务月活动，2名党务干部参加市直机关“两学一做”学习教育暨贯彻市十一次党代会精神专题讲座。12月，组织3名党员干部参加“党的理想信念在我心中赣州市党政机关党章党规知识竞赛”，1名党务干部参加市直机关工委“宣传贯彻省第十四次党代会精神报告会暨2016年度市直机关党建研究会年会”。“两学一做”学习教育活动持续至2019年5月。

表彰奖励

上级党组织表彰：赣州水文党组织1988—2020年连续33年被评为赣州市直机关先进基层党组织或党建红旗单位；1995年被中共江西省委授予“全省先进基层党组织”称号；6次被中共赣州市委授予“全市先进基层党组织”或“全区党建工作目标管理先进单位”称号。1985—2020年，受到中共赣州市委（原地委）表彰的优秀共产党员5人次、优秀党务工作者4人次；受到中共赣州市直机关工委（原地直机关党委）表彰的优秀共产党员12人次、优秀党务工作者35人次；受到县直机关工委表彰的优秀共产党员19人次、优秀党务工作者7人次。

市水文局党组织表彰：从1985年6月成立党总支至1991年7月撤销党总支，每年表彰一个先进党支部、6名优秀共产党员、1名优秀党务工作者。1991年7月，测站党员组织关系下放到地方，机关成立中共江西省水利厅赣州地区水文站支部委员会，至2001年8月，支部每年表彰优秀共产党员3名、优秀党务工作者1名。2001年8月成立党总支至2010年7月，每年表彰先进支部1个、优秀共产党员5名、优秀党务工作者1名。2010年7月成立机关党委至2017年12月，每年表彰先进党支部1个、优秀共产党员10名、优秀党务工作者2名。2017年12月至2020年12月，每年表彰先进党支部1个、优秀共产党员12名、优秀党务工作者2名。1985年6月成立党总支至2020年12月，共表彰先进党支部25个次、优秀共产党员217人次、优秀党务工作者45人次。

三、制度建设

从1985年成立党总支起，逐年建立和完善党建制度，至2010年6月，赣州市水文局党组先后建立和制定19个相关制度，包括赣州市水文局党组工作制度、赣州市水文局党组加强机关党建工作若干措施、党总支工作制度、党员领导干部双重组织生活制度、“三会一课”制度、学习制度、党员定期汇报思想工作制度、民主评议党员制度、党员电化教育制度、党组织换届选举制度、发展党员制度、党费收缴制度、组织生活会制度、党员联系服务群众制度、流动党员管理制度、谈心制度、党性体检和分类管理制度、党员领导干部廉洁从政制度、党内监督制度、党风廉政建设责任制以及党组的任务、党总支书记职责、党支部书记职责、组织委员职责、宣传委员职责、纪律检查委员职责、党小组长职责等。2019年12月，建立了“不忘初心、牢记使命”的制度体系。

随着党的建设的加强和形势任务的要求，党建工作制度也不断补充、完善，2010年7月成立机关党委后，又建立了一批工作制度，包括赣州市水文局党组党建工作责任清单、党组中心组理论学习制度、机关党委基层党支部工作量化考核办法、机关党委基层党支部工作量化考核细则、党务公开工作制度、组织生活考勤制度、党建工作例会制度、党支部工作台账制度、党员干部职工思想动态分析制度、机关党委和扶贫帮困工作联系点制度以及机关党委工作制度、机关党委书记职责等，至2020年党建工作制度已达29个。

四、廉政建设

为确保党风廉政建设取得实效，做到警钟长鸣，强力推进反腐倡廉，预防和杜绝腐败案件发生，先后制定完善《赣州市水文局党风廉政建设制度》《赣州市水文局关于“三重一大”制度的实施办法》《赣州市水文局干部任前谈话制度》《财务管理规定》《公务接待若干规定》《车辆使用管理办法》等。

每年年初，市水文局党组下发专题文件，召开全市水文系统党风廉政建设工作会议，研究部署党风廉政建设和反腐败工作任务分工，与各（站）队、科室主要负责人签订年度党风廉政建设责任书。主要领导履行第一责任人的职责，对班子内部和管辖范围内的反腐倡廉建设负总责，领导班子成员和责任部门落实“一岗双责”，抓好职责范围内的反腐倡廉工作。

根据领导变动，市水文局党组及时调整落实党风廉政建设责任制工作领导小组。制定年度党风廉政教育学习计划，订阅《党风与党纪》《党风廉政月刊》《党风党纪教育》《中国法制报》等报刊供党支部和党员学习。开展廉政文化建设和反腐倡廉教育，在办公楼过道悬挂廉政文化和廉政警句牌。开展党性教育、革命传统教育和警示教育，在赣州水文信息网设置党风纪检专栏；选送纪检监察干部参加上级纪检监察业务培训，每年组织参加全省水利系统纪检监察和财务审计培训班。要求水文党员领导干部树立“清廉为荣、贪腐为耻”的道德观念，自觉增强党性观念，严格遵守党的政治纪律、组织纪律、工作纪律，做到自重、自省、自律、自警，筑牢拒腐防变的思想道德防线。

市水文局党组严格执行“三重一大”议事规则，即坚持在重大决策、重要干部任免、重大项目安排和大额度资金使用上，及时召开局党组会议集体研究决定。加强财务管理和审计，对部门预算执行情况进行审计，对特大防汛抗旱补助费和中央水利建设基金进行专项检查；水文预测预报、水文测站基本建设和专项建设，严格遵守水利工程建设规定，做好项目竣工决算审计；先后开展违反规定接受和赠送现金、有价证券、支付凭证、商业贿赂专项治理，“吃空饷”治理，“小金库”清理，违反廉洁自律规定等问题和重大项目落实中问题专项治理；聘用单位退休人员及挂证兼职取酬行为清理；严格招投标制度和基建财务管理，保证工程优质，确保资金和干部安全，确保党员干部清廉。

第三节　精神文明建设

赣州水文创建文明单位起步较早，1987 年赣州地区水文站被赣州市（现章贡区）人民政府授予“文明单位”称号。1985 年成立“五四三”领导小组，开展“创三优”工作。当年地区水文站食堂被评为赣州市“创三优”先进集体和卫生先进单位。1986 年，地区水文站被评为赣州市“创三优”先进集体。1988—1993 年，连续被赣州市人民政府授予文明单位，1994 年被赣州地区行署授予“地级文明单位”（其中 1992 年被赣州地区行署授予文明服务示范窗口单位）。1995—1999 年，连续被赣州地委、行署授予地级文明单位。2002 年，赣州市水文分局被江西省委、省政府授予江西省第八届文明单位（2000—2001 年度）。2004—2020 年，连续获江西省第十届至第十五届文明单位，2016—2020 年，获水利部文明单位，是全省水文系统唯一一个获省、部级双文明单位。赣州水文从 1988 年开始评选文明水文站，当年评选表彰 4 个水文站；评选文明职工，共表彰文明职工 16 人次。1998 年水情科被评为省水利厅直团委、省水文局“青年文明号”；2006 年自动化科评为省级“青年文明号”；2014—2015 年、2016—2017 年，水质监测科连续两届被评为省直机关“青年文明号”；

2018—2019年水情科被评为省水利厅直机关“青年文明号”。2006年起，市水文分局党组要求各站队创建文明单位，赣州水文勘测队，石城、信丰茶芫、于都峡山和汾坑、赣县翰林桥、坝上、安远羊信江等水文站进入县级文明单位，石城水文站2016年进入省级文明单位，羊信江水文站2012年进入市级文明单位。从1988年起，每两年评选表彰文明楼院、文明家庭、五好家庭、精神文明建设积极分子和卫生积极分子。2012年起，由于A栋和老五层楼职工宿舍先后拆除，加之一些职工买了新房不在院内居住，而停止了此项评选表彰活动。

1996年10月10日，中共十四届六中全会通过了《中共中央关于加强社会主义精神文明建设若干重要问题的决议》(以下简称《决议》)；11月7日，中共江西省委十届四次全会审议并通过了《中共江西省委关于贯彻〈中共中央关于加强社会主义精神文明建设若干重要问题的决议〉的意见》(以下简称《意见》)。省水文局党委认真学习贯彻《决议》和《意见》的精神实质，采取相应措施，加强全省水文系统精神文明建设，广泛开展群众性精神文明创建活动。

一、创建规划

1997年6月，省水文局党委制定下发《全省水文系统精神文明建设“九五”规划》，该规划设“指导思想与奋斗目标”“主要任务”“组织领导与保障、考核”三大项19条。

指导思想 以马列主义、毛泽东思想和邓小平建设有中国特色的社会主义理论为指导，坚持党的基本路线和基本方针，加强思想道德建设，发展教育科学文化事业，以科学的理论武装人，以正确的舆论引导人，以高尚的精神塑造人，以优秀的作品鼓舞人，培养有理想、有道德、有文化、有纪律的水文职工队伍，提高职工思想道德素质和科学文化水平，推动全省水文改革和建设不断前进。

奋斗目标 在全体干部、职工中树立建设有中国特色的社会主义共同理想，树立坚持党的基本路线不动摇的信念；职工思想道德修养、科学教育水平、民主法制观念明显提高；积极健康、丰富多彩、群众参与的业余文化生活质量明显提高；以行业作风、行业面貌、行业形象为主要标志的行业文明程度明显提高；为水文改革和发展提供思想保证、智力支持和精神动力，更好地为国民经济和社会发展服务，在全省水文系统形成物质文明建设与精神文明建设相互促进、协调发展的良好局面。

主要任务 加强思想政治建设，牢固树立全省水文职工精神支柱；加强社会主义道德建设，全面提高水文职工道德素质；加强科教文化建设，提高水文职工科学文化素质；加强法制建设，增强水文职工法制观念；创建文明行业，塑造崭新的水文行业形象。

二、组织领导

1997年7月，成立赣州地区水文分局精神文明建设指导小组，党组书记任组长，下设办公室。加强对赣州水文系统精神文明建设的指导、协调和督促，提出落实“一把手负总责，一班人抓两手”领导体制，建立党组(支部)统一领导下，党政各部门和工会、共青团齐抓共管的工作机制，落实一支高素质的精神文明建设工作队伍。

三、创建活动

20世纪80年代中期，赣州地区水文系统各级党团组织就已经开展以争创“文明单位”

和“青年文明号”为主要内容的精神文明创建活动。

根据省水文局党委制定的全省水文系统精神文明建设“九五”规划，大力开展精神文明创建活动。创建主要内容：文明单位、文明服务示范窗口单位、青年文明号、文明楼院、文明水文站、文明职工、文明家庭等。

1997年11月，省水利厅在《江西日报》公布全省水利系统首批文明服务示范窗口单位，赣州地区水文分局为五个示范窗口单位之一。省水文局下发通知，要求学习赣州地区水文分局文明服务先进事迹。

1999年6月，省水文局党委印发《1999年全省水文系统党建和精神文明建设工作要点》。要求大力加强水文系统精神文明建设，开展文明单位、文明机关、文明服务示范窗口单位、文明职工、文明家庭、青年文明号等创建活动。12月，省水文局党委表彰一批全省水文系统文明站队、文明职工。坝上水文站被评为全国文明水文站，峡山水文站被评为全省水文系统文明水文站；韩绍琳、张祥其、孙小明、黄春花等4名职工被评为文明职工。

1999年7月，市水文分局党组提出不把危险作业带入21世纪和创建省级文明单位的目标。印发了《关于加强全市水文系统精神文明建设的实施意见》，从10个方面提出了具体要求，并先后制定了《赣州市水文分局机关环境整治规划》《机关大院管理规定》《赣州市水文系统工作人员守则》《文明服务用（忌）语》《公开对外服务承诺》等。与每个职工签订了“十不准”协议书。在大院醒目处书写《赣州市民行为守则》，在各楼梯口悬挂《文明楼院标准》《五好家庭标准》《道德建设规范》。同时开展“我为赣南水文添光彩”和“塑造江西人新形象”活动，强化职业道德建设，形成了“诚信团结、艰苦创业、求实创新、廉洁奉公、争创一流、勇夺第一”的赣南水文精神，职工工作热情高，精神状态好。经过一年多的创建，于2002年5月成功跨入省级文明单位（2000—2001年度）行列。2004年获赣州市首届文明机关。

四、创建成果

1988—2020年，赣州水文系统获中共江西省委、省政府表彰的文明单位有2个：赣州市水文局、石城水文站；获水利部表彰的文明单位1个：赣州市水文局；文明水文站2个：赣州坝上水文站、于都峡山水文站；获赣州市委、市政府表彰的文明单位3个：赣州市水文局、石城水文站、安远羊信江水文站；获县级（市直机关）表彰的文明单位10个：赣州市水文局、赣州坝上水文站、石城水文站、信丰茶芫水文站、信丰水文勘测队、安远羊信江水文站、瑞金水文勘测队、赣县翰林桥水文站、于都峡山水文站、于都汾坑水文站。

第四节 纪检与法制建设

一、纪检（监察室）工作

纪检（监察室）机构及职责

纪检（监察室）机构 2017年12月21日江西省水文局下发《关于各市（鄱阳湖）水文

局设立纪检监察室机构的通知》，要求各单位党组会议研究拟定分管纪检监察室局领导和监察室主任，于2017年12月27日前报省水文局会同人事处研究考察决定人选。经2017年12月18日省水文局党委会议研究，决定在各设区市（鄱阳湖）水文局内部设立监察室。监察室挂靠办公室，定编2人（主任1名，监察员1名），人员独立，专职负责纪检监察工作。分管监察室的副局长承担纪检组长职责，原则上不分管人事、财务、工程建设。市水文局党组研究并报省水文局纪委考察同意，于2018年1月22日任命赵华为赣州市水文局机关纪委书记、监察室主任，郭维维任纪委副书记。由于赵华工作变动，2020年4月由谢泽林接任机关纪委书记，2019年9月由刘春燕接任监察室主任。2017年12月之前未设立纪委和监察室，其纪检监察工作由党组成员分管，由党总支、机关党委党务干部承担一些具体事务。2013年12月成立内设机构党群办公室，承担部分纪检监察事务，负责党建工作（含部分纪检监察事务）、精神文明建设；协助抓好群团工作；督促检查党政有关决定和工作部署的贯彻落实；协助做好水文宣传和赣州水文网站信息管理。2014年2月由谢泽林任党群办主任，后因谢泽林挂职省水文局工作，2018年2月至2021年1月由郭维维接任党群办主任职务。2009年1月后，由组织人事科（2008年3月17日批准增设）承担部分纪检监察事务，做好人事考察和协助做好干部违纪违法案件的调查工作。每个党支部均设立纪检委员，承担部分纪检工作任务。局党组成员分管纪检监察工作情况：2001年3月起，根据党组分工，由党组成员、办公室主任（至2001年8月）、党总支（2001年8月15日成立）专职副书记刘英标分管纪检监察工作，代行纪检组长职责。2016年5月起，由党组成员、副局长韩伟分管纪检监察工作。2020年3月起，由党组成员、副局长曾金凤分管纪检监察工作。

纪检（监察室）机构职责 维护党的章程和其他党内法规，经常对党员进行遵纪守法的教育，作出关于维护党纪的决定；监督所在单位党组织、领导干部、行政监察对象遵守党章党规党纪、贯彻执行党的路线方针政策等情况；监督所在单位党组织和领导班子及其成员、其他领导干部维护党的纪律，贯彻执行民主集中制及“三重一大”事项情况；协助所在单位党组织抓好党风廉政建设和反腐败工作；调查中层以下干部（含中层）和行政监察对象违反党纪政纪的案件；受理对所在单位党员干部、行政监察对象的检举、控告和监督对象的申诉；承办上级纪检监察机关和所在单位党组织交办的其他事项。

纪检干部职责 纪检组长职责：认真贯彻落实上级纪检机关对党风廉政建设和反腐败斗争的重要部署和精神；协助党组抓好党风廉政建设和反腐败工作；组织召开纪检干部会，传达上级指示，研究、讨论、决定重大问题和有关事宜；组织调查、处理党组织和党员违规违纪有关事件和案件；完成党组交办的其他事项。

监察室主任职责 全面负责监察室工作；督促检查党的路线、方针、政策和党组重大决策的贯彻落实情况；负责局机关及各基层站（队）的监察工作，接待处理来信来访，组织人员对中层及以下干部职工违纪案件进行调查处理；负责监察室公文核稿，工作计划、总结等文字材料的审核；完成领导交办的其他工作。

监察员职责 配合监察室主任对党的路线、方针、政策和党组重大决策的贯彻落实情况进。行监督检查；配合监察室主任抓好党风廉政建设责任制监督检查工作；负责登记处理举报信访件，协助做好信访案件的调查取证工作；负责起草公文、工作计划、总结、报告等文字材料，文件的收发、传递、归档及日常信息的收集、整理、上报工作；完成领导交办的其他工作。

纪检监察活动

开展廉政文化建设和反腐倡廉教育　在《赣南水文》刊登廉政建设的文章、领导讲话和腐败典型案例，供党员干部学习阅读。在机关办公楼和基层站（队）办公楼过道、楼梯口悬挂廉政规定和廉政警句牌。每年初，全市水文工作会议都会强调廉政建设，与各站（队）科（室）主要负责人签订党风廉政建设责任书。

开展警示教育　组织党员干部观看典型案例警示片，如《胡长清案例警示录》《警钟长鸣》《忏悔》等。组织党员干部到兴国警示教育基地和瑞金、井冈山接受廉政教育多次组织副科级及以上党员干部到赣州二监狱现场听取服刑人员的忏悔，参观警示教育展示馆，使党员干部受到心灵震撼，警醒自己遵纪守法。利用成克杰、苏荣、周永康、徐才厚、郭伯雄等典型案例警示党员干部，增强遵纪守法的自觉性。

遵守廉政规章制度　局党组分别制定了《赣州市水文局党风廉政建设制度》《党员领导干部廉洁从政制度》《公务接待制度》《车辆管理规定》《财务制度》等多个廉洁从政制度，要求认真监督，抓好落实。做好工程项目质量监督和财务专项审核，发现问题及时处理。严格公务接待和公车使用，严禁借出差公款旅游和违反规定发放各种补助，拒绝影响公务吃请和接受礼金、礼品、土特产，严防各种腐败现象的发生。

由于一直以来重视廉政和反腐败教育，经常性开展警示教育，抓好各项规章制度的贯彻落实，用规章制度管事、管人，未发现腐败问题。

二、法制建设

法制活动

综合治理与活动　成立综合治理领导小组。由局长任综合治理领导小组组长，分管行政工作的副局长任副组长，相关科室主要负责人和兼职综治工作的职工任成员。下设综治办公室，由局办公室主任兼综治办主任，综治工作专责干部任副主任。一直以来，全局的综治工作做得扎实、到位，从思想、组织、技防等方面做好工作。多年被评为赣州市社会治安综合治理工作先进单位。主要做好以下工作：一是每年初制定工作要点和计划安排，抓好综治月宣传活动，做到人人参与、个个重视。二是做好防盗、防火、防中毒宣传工作和强化措施。在市水文局院内、楼道安装摄像头，在测站办公区、缆道房也安装了摄像头，切实做好防盗工作。每年请消防专业人员来局讲座消防知识，提高职工防火意识和处置能力，市水文局综治办人员经常到测站检查消防设施和现场教学消防灭火器使用。成立安全生产领导小组，抓好安全生产工作，每年初派出汛前准备检查组对各站（队）的防汛准备工作进行检查，包括缆道滑轮、过河索、地锚、拉偏索、绞车是否打黄油和率定，断面观测码头和沉沙池淤泥是否清扫干净，探照灯是否有亮，大断面和水准点是否校测，防汛报汛预案是否制定、测验规范是否学习等，都要一一进行检查，不能漏掉影响安全的任何一个环节，确保防汛安全、人员安全、设备安全。

法制宣传与活动　成立法制赣州建设领导小组，下设法制办公室，负责法制宣传、建设、活动的具体事务。每年开展法制宣传，做到依法决策、依法办事。为进一步落实国务院《全面推进依法行政实施纲要》，正确贯彻国家法律、法规、规章和有关方针政策，提高重大决策事项的质量，推进依法行政，制定了《赣州市水文局重大决策和规范性文件合法性审查制度》。为建立健全全市水文站（队、中心）重大事项依法决策机制，规范水文系统决策行为，做到科学、民主、依法决策，根据《国务院关于加强法制政府建设的意见》《江西省法治水利建设规划纲要》《江西省水文局重大事项依法决策制度》等相关规定，制定《赣州市水文局重大事项依法决策制度》。重大事项依法决策包括：制定涉及行政管理相对人权利义务的规范性文件；拟定水文事业发展规划及水文站网建设规划等各类水文专项规划；确定市水文局年度重点工作及对各设县（区、市）水文机构考核方案、市水文局年度财务收支预算方案以及重大项目资金的安排；审议涉及水文拓展水文服务领域、丰富水文服务内容、优化水文服务方式的改革发展政策；审议直接关系全市水文系统职工切身利益的奖金福利、职务晋升、继续教育等方面的重大决策；市水文局职权范围内的其他重大决策事项。

依法行政

行政决策机构 市水文局重大事项决策形式为党组会、局长办公会或局务会，不得以传阅会签或个别征求意见等形式替代会议决议。市水文局办公室（或党群办）负责组织安排重大事项决策活动，并提供综合服务。市水文局政策法规部门为重大事项决策提供法律专业咨询。

决策程序：首先提出事项，重大事项提出后，决策承办科室（部门）必须深入开展决策事项的调研工作，全面、准确掌握决策所需的有关情况，拟定重大事项决策的方案和说明，附有关材料报送市水文局办公室。确定的重大事项涉及其他科室（部门）的，由事项提出科室（部门）会同事项涉及的相关科室（部门）进行充分协商，未经协商的重大事项不得提交决策。然后，经过审查确认、列入议题、提前通知、讨论决定程序，对重大事项作出决策后，由局办公室（组织人事科）负责整理会议记录，形成会议纪要送局长（党组书记）签发。

建立市水文局决策法律顾问制度：由市水文局法律顾问对市水文局重大涉法事项决策列入议题前进行咨询和论证，确保决策合法性。2015年起，市水文局聘请江西钨都律师事务所一名律师担任法律顾问提供常年服务，其服务范围：对市水文局重大行政决策的合法性、可行性及决策实施可能涉及的法律风险、社会问题，进行研究、论证、评估并提出书面审查意见；为市水文局起草或拟发布的规范性文件草案进行合法性审查或法律论证，并提出法律意见和建议；对市水文局拟作出的行政处罚、行政许可等具体的行政行为进行合法性审查或论证，并提出法律意见和建议；协助市水文局处理化解群体性事件、突发性事件、重大社会矛盾纠纷和其他非诉讼民事、行政纠纷；参与涉及市水文局的信访接待、信访案件处理和行政调解工作，并提出法律意见建议；对市水文局在对外交往、重大项目中涉及的法律顾问提供咨询、论证意见，对有关合同、协议及相关法律文书进行起草、审查或修订；协助市水文局依法及时、准确、主动公开相关政府信息，协助依法答复公民、法人或其他组织公开政府信息申请；应市水文局的要求，对其行政人员进行行政法律法规专题培训，提高市水文局行政人员依法行政意识；应市水文局的要求，为其编制中长期规划、年度计划进行专题调研，对规划、计划进行合法性审查或法律论证，并提供法律意见；就市水文局行政管理工作涉及的法律问题提出法律意见。

法制执行小组 成立扫黑除恶专项斗争领导小组，国家安全人民防线建设小组，维护社会稳定领导小组，矛盾纠纷排查调处领导小组，印发《江西省赣州市水文局关于做好综治（平安建设）、扫黑除恶专项斗争、安全生产工作的通知》，为完善组织保障机制，各站（队）、科室（中心）明确了责任联络员。

法制执行小组职责：加强与市水文局综治（平安建设）、扫黑除恶专项斗争、安全生产工作科室（中心）的联系，按要求向市水文局综治办报送本部门综治（平安建设）、扫黑除恶专项斗争、安全生产工作的开展情况；及时向本部门负责人汇报市水文局综治（平安建设）、扫黑除恶专项斗争、安全生产工作部署和安排，提出本部门贯彻落实建议，协助本部门完成市水文局综治办安排的工作任务；协助本部门负责人组织开展综治（平安建设）、扫黑除恶专项斗争、安全生产工作，督促本部门建立健全并落实有关综治（平安建设）、扫黑除恶专项斗争、安全生产工作目标管理、会议、奖惩、安保等制度；加强综治调研，查找漏洞和薄弱环节，并及时完善。积极参加市水文局综治办组织的有关社会治安综合治理重大问题的调研活动，总结推广本部门开展综治（平安建设）、扫黑除恶专项斗争、安全生产工作的经验；协助本部门负责人开展联系市水文局综治（平安建设）、扫黑除恶专项斗争、安全生产调研、督导工作，协助解决工作中的困难和问题，及时向市水文局综治办反馈有关情况；认真做好包括建立本部门负责人综治（平安建设）、扫黑除恶专项斗争、安全生产工作实绩档案在内的台账资料等归档工作；办理市水文局综治办交办的其他相关工作。

三、法律学习与考试

2015年以前，全市水文系统普法和法律考试工作由市水文局普法领导小组负责组织实施。2015年成立市水文局法制赣州建设领导小组和法制办公室后，则由法制办负责法制宣传、普法和法律考试以及活动等具体事务。根据江西省、赣州市普法办的统一部署和要求，制定五年（“一五”普法至“七五”普法）规划和年度普法计划，提出实施要求，抓好法律学习，年终考核验收。自1986年开展“一五”普法至“七五”普法，领导重视，带头学法，带头用法，带头遵纪守法，多年来单位风气正、局风好，领导身先士卒，职工奋发向上，全市水文系统的各项工作走在全省前列，市水文局多年被评为全省水文系统目标管理先进单位和全省水利系统先进单位。2000年进入省级文明单位。一直以来，单位未发生违法违纪的人和事，多年被评为赣州市普法先进单位、赣州市社会治安综合治理先进单位。

市水文局重视普法工作，用法律和制度教育、规范、约束职工的言行，在单位做文明职工，在社会做文明市民，在家庭做文明成员，坚持法律红线，遵纪守法，礼貌待人，文明服务，团结互助。按照普法计划，分别学习《中华人民共和国宪法》《中华人民共和国刑事诉讼法》《中华人民共和国民法通则》《中华人民共和国水法》《中华人民共和国防洪法》《中华人民共和国婚姻法》《中华人民共和国气象法》《中华人民共和国森林法》《中华人民共和国土地法》《中华人民共和国民法典》《中华人民共和国物权法》《中华人民共和国税务法》《中华人民共和国监察法》《中华人民共和国治安管理处罚条例》《中华人民共和国水文条例》等法律条例，每一个法律颁布实施，都在全市水文系统进行大张旗鼓的宣传、学习，组织人员上街宣传，发传单和在站房办公区周边挂宣传横幅，出学习专栏。参加江西省、赣州市普法办组织的科级干部普法考试，网上法律知识答题和知识竞赛。市水文局组织法律知识考试，并将考试分数公布，以促进职工自觉学法。同时，以联合科室（如“三水”科）、站（队）为单位组队参加市水文局组织的法律知识竞赛（含抢答赛），给获得优胜的队发纪念品。特别是2007年6月1日，《中华人民共和国水文条例》颁布实施，标志着水文事业进入有法可依、规范化管理的新阶段。市水文局抓住这一契机，召开座谈会，邀请赣州市委、市政府领导、农林水部门的领导和社会有关人士参加座谈会。组织职工在南门口放气球拉横幅设展板、发传单，市水文局机关、各站（队）周边和沿公路两旁挂标语等形式大张旗鼓地开展了《中华人民共和国水文条例》学习宣传贯彻活动，促进了水文工作的开展，水文设施得到了有效保护。通过法律学习和考试，形成了学法、懂法、用法、守法的良好风气。开展水文执法巡查，重点是对水文测验设施设备的保护和监测场地、监测标志、水文通信及附属设施等不遭受破坏，以确保水文测报顺利进行。

第五节 新农村建设与扶贫

市水文局从1997年1月至2020年12月，分别助力新农村建设3个村，送政策、送温暖、送服务（简称“三送”）2个村，精准扶贫1个村。

一、赣县吉埠镇樟溪村村建工作

根据赣州地区行署村建办的安排，赣州地区水文分局于1997年1—12月在赣县吉埠镇樟溪村开展为期一年的村建工作。此项工作由副局长韩绍琳分管，办公室主任刘英标为负责人，于都、赣县水文站联合党支部书记、翰林桥水文站技术员陈联寿为驻村干部。

开展的主要工作：对老村部进行了整治，对办公室、会议室进行了吊顶装修，安装了日光灯，购置了办公桌8张、办公椅10张、公文橱2个、开水瓶2个；出资组织劳力修筑一条宽1.8米、深1.2米、长300米的水圳，为排涝和抗旱两用，解决了200多亩农田引水灌溉问题；向上争取资金5万元，于1997年下半年在吉埠镇圩上新建了一栋两层楼200平方米的新村部，其中一层5间临街店面和楼梯间，2楼为办公室、会议室；动员有条件的村民饲养绿头鸭，后来有十多户村民饲养，增加了村民的收入；动员有条件的村民种脐橙、油茶树、油桐树等；协助村民委员会创办榨油厂。以上所办实事投入（含向上级财政争取的资金5万元）约10万元。

由于局领导重视，驻村干部工作扎实，村党支部和村民委员会的支持和配合，办了一些群众看得见的实事，得到了吉埠镇领导和樟溪村群众的高度赞扬。1998年1月8日，中共赣县县委、赣县人民政府赠送地区水文分局一面“村建开辟富民路，赞歌一曲表深情”的锦旗，以表达对本局在吉埠镇樟溪村开展村建工作业绩的肯定和谢意。

二、全南县城厢镇新农村建设

根据赣州市政府新农村建设办公室的安排，赣州市水文分局、赣州市气象局于2005年5月至2006年4月在全南县城厢镇黄埠村涂屋村小组开展为期一年的新农村建设工作。赣州水文勘测队党支部副书记、副队长郭守发为负责人，并全年驻村；谢晖（3个月）、仝兴庆（2个月）为临时驻村干部，协助开展工作。

开展的主要工作 对整个村小组进行了环境整治，房屋外墙粉刷刷白；与气象局共同出资修建了一条800米长、3.5米宽的水泥路；与气象局共同出资5万元，修建了一个水冲式公共厕所；新建了3个垃圾池，要求村民垃圾入池，做到整体干净整洁卫生；动员有条件的村民开展种养业。

以上所办实事投入约16万元，按两个单位各半分担，市水文分局承担约8万元。为感谢市水文分局、气象局在该村小组新农村建设所作出的成绩，涂屋村小组在入村的公路旁立碑铭记。

三、兴国县杰村乡杰村村新农村建设

根据赣州市新农村建设办公室的安排，市水文局于2009年4月至2012年3月在兴国县杰村乡杰村村开展为期3年的新农村建设工作。党组书记、局长周方平，党组成员、副调研员刘旗福，党组成员、副局长杨小明等3位领导轮流分管，每人分管一年。党组成员、机关党委专职副书记刘英标协管，赣州水文勘测队党支部书记、副队长郭守发为驻村队员。其间，局长周方平经常到杰村村督查和指导新农村建设工作。

开展的主要工作 协助制定三年新农村建设规划；改善村部的办公环境，对办公楼内墙进行粉刷，重新制作村党支部和村民委员会的牌子以及各种制度上墙；建立了办公室、会议室、图书室，购置了办公桌椅、会议桌椅、电脑、书橱等必备的办公用品，捐图书1000余册；修建拦水坝2座，水渠约800米，解决了300多亩农田灌溉问题；对村部到杰村小学沿河的防洪堤进行了加固，并修成水泥路，既解决了洪水漫堤问题，又解决了小学生上学走泥泞路容易滑到河里的问题；扶持村民建了一个养猪场，开发果园约50亩。

以上所办实事投入约23万元，得到了兴国县扶贫办、杰村乡领导和杰村村民的高度赞扬。为感谢赣州市水文局，村党支部和村民委员会赠送了一面锦旗。

四、南康麻双乡长坑村“三送”工作

人员组成 2012年5月18日至2013年5月21日，根据赣州市“三送”办公室的安排，赣州市水文局、赣州市外侨办在南康麻双乡长坑村开展“三送”工作。市水文局由党组成员、机关党委专职副书记、工会主席刘英标为分管领导，组织人事科科长韩伟为“三送”工作队队长，丁宏海（3个月）、刘事敏（6个月）、谢代梁（3个月）分别为驻村干部。党组书记、局长刘旗福带领局机关28名“三送”干部分三批次挨家挨户走访了长坑村农户160余户。“三送”干部深入田间地头和农户家中，详细了解他们春耕备耕情况和要求解决的生产生活问题，以及今后的新打算、新路子，并对开展“三送”工作征求他们的新诉求、新愿望。同时，认真宣讲党的十八大、十八届三中全会精神和国务院关于苏区振兴发展若干意见内容，对中央和地方出台的农村新政策、新规定，特别是土坯房改造政策作了宣讲和解读。“三送”工作队将“三送”干部了解到的村民居住、生活、家庭经济情况，土地、山林、低保及要求解决的问题等各类信息进行分类归纳汇总，与乡政府和村委干部沟通，交换意见，对村民提出的问题予以答复并提出解决的办法及途径，争取社会各方面的支持。

开展的主要工作

争取资金维修农田水利设施：向水利部门争取到沫口、下罗组2200米排水沟渠的维修经费；向省水利厅争取资金5万元，维修了两座渗漏山塘塘堤；硬化道路。市水文局、市外侨办多次向市、县交通部门反映，并争取到石合塘组到下罗组3.12千米乡村道路水泥硬化工程立项，于2013年3月11日开工，7月1日竣工。该工程完善了长坑村的路网，实现了组组通及与两条县级公路的连通，为近300户村民的出行提供了便利的交通条件。与外侨办共同筹资2万元，铺设了村小学生出入的约1.2米宽、200米长的小道；筹资7000元架设麻双河人行桥。

购置办公设施：办公桌10张、椅20张、公文橱6顶、木床2张、木沙发1套、电脑2台。

各项制度上墙：把党支部职责、“三会一课”、党员学习、谈心谈话、缴纳党费、发展党员等制度，以及村委会工作制度、村民会议制度、村规民约等制作成镜框整齐挂于村部墙上。

整治村部周边环境：设计并挖掘村部排水沟，砌垃圾池，清除村部周边垃圾杂草。

调整部分村民“低保”：工作队进行了全面调查摸底，并与乡政府和村委会协商，对那些家庭生活条件已逐渐改善的低保户和新出现的贫困户进行调整，让“低保”资金真正惠及那些迫切需要关爱的贫困户，达到雪中送炭的目的，共调整9户“低保”户；动员和协调村民土坯房改造。工作队重点关心了解贫困户的居住、生活情况及家庭经济情况，对有子女在外地打工而没有意愿进行改造的农户，特别是贫困户，动员他们与子女协商，多方筹资进行土坯房改造。同时跟乡政府协调，只要盖好一层，政府补贴的2万元马上到位，并同时跟银行沟通，确实困难的可向银行贷款，完成后续建设。市水文局党组书记、局长刘旗福对村民土坯房改造进行了专题调研。经过工作队的努力和乡政府、银行的支持，协助24户村民完成了土坯房改造；关爱孤儿和村民。2013年3月15日，市水文局刘英标代表局长刘旗福、副局长温珍玉看望了联系户衷维钊遗留下的两个孤儿（大的13岁，小的10岁），送上2000元慰问金。5月21日是市水文局“三送”工作队撤出长坑村办理交接的日子，局长刘旗福也没有忘掉两个孤儿，委托刘英标代表他个人捐赠2000元慰问金，并再次看望两个孤儿，鼓励两个孤儿要努力学习和克服生活上的困难。4月22日，村民巫资青摔伤骨折，工作队闻讯后，带着慰问品前往南康中医院看望。由于医疗费用较大，除安抚她安心治疗外，向政府有关部门为她争取了困难补助，想办法帮她解决了一些实际困难。2013年1月，市水文局对麻双乡和长坑村的30户特困户及村小学教师进行了慰问，每户600元现金、100元物资，共开支2.5万元。2012年12月19日，与外事侨务办公室一起争取到爱心人士捐赠冬衣340件，为长坑村340户村民每户发放一件冬衣；与外事侨务办公室一起为长坑村小学争取到3万元校舍维修资金。

化解村民之间的矛盾：陂田组部分村民之间存在山林产权纠纷，沫口组个别村民因建房、空坪、道路发生纠纷。工作队员与村委会一道对村民发生的纠纷进行深入的调解，化解了矛盾，为保一方平安做出积极的努力。

总结 到2013年5月21日，市水文局工作队撤离长坑村，其间没有发生重大民事纠纷和刑事案件，村组治安良好，让在外打工的村民无后顾之忧，得到了乡、村和群众的好评。

五、南康龙回镇仓下村“三送”工作

人员组成　2013年5月21日至2016年1月20日，市水文局在龙回镇仓下村开展“三送”工作。2013年5月21日中午接赣州市委“三送”办通知，市水文局由原在的南康市麻双乡长坑村转至南康市龙回镇仓下村开展“三送”工作。“三送”工作队由韩伟（队长）、谢代梁、周莲英3人组成。当天下午，市水文局“三送”工作分管领导刘英标带领“三送”工作队员，来到龙回镇仓下村，查看了解村里的基础设施、村部周边环境卫生、宣传公示牌、会议室及仓下中心小学的基本情况。同月24日，党组书记、局长刘旗福带领“三送”工作队一行5人来到仓下村，同龙回镇镇长黄孝斌、镇驻村干部钟冰和仓下村两委干部共同商议“三送”工作，谋划2013年仓下村如何开展“三送”工作及了解掌握村里需要帮助解决的问题，制定“三送”工作方案。2015年5月，由华芳任第一书记兼队长。

开展的主要工作　根据村情和“双向全覆盖”的要求，制定了“三送”干部联系群众花名册，钉好联系户的联系牌，5月30日开始安排全体“三送”干部同村民建立联系，发放连心册；5月30日，党组书记、局长刘旗福带领局机关28名“三送”干部，挨家挨户走访联系户390户，详细询问了解联系户的家庭情况和当年的农业生产情况，在发生山洪和山体滑坡中的受灾情况以及土坯房改造等情况。实地察看龙回河“5·15”因暴雨洪水造成的4处决口，1.6千米土路铺水泥路面、村小学用水紧张等。对存在的问题和群众提出的要求，进行了分类汇总，并与相关部门沟通，争取多方支持；由市水文局出资清除村部周边及休闲小广场的杂草、垃圾，并建一个较大的垃圾池，定点收集堆放垃圾，并由镇环卫站负责清运。6月20日前，已规范“三送”工作办公室，制定“三送”工作制度，购置了2台电脑、1台打印机和4张办公桌椅，对会议室进行了翻新刷白，购置了4米长、1.8米宽的新会议桌和20张会议椅，重新布置会议室（党员活动室），制作了规范化的制度牌上墙。市水文局“三送”工作队与南康市水利局实地勘察了仓下村“5·15”暴雨洪灾水毁情况，协调做好龙回河决堤修复工作。6月2日，向上递交了关于龙回河河堤决口修复的请示，争取修复资金，至12月20日，修复好了河堤4处决口，让村民的农田得以恢复农业生产。10月上旬争取到水利维修资金5万元，修复和加固了龙东河马牯塘组的一座水陂和一座山塘塘堤，让近60户村民的200余亩农田能够旱涝保收；出资1万元维修加固加宽了芙蓉里组20多名小学生经过仓下河的人行桥，保护了小学生的过河安全，也方便了两岸村民农业生产和生活。就芙蓉里组电压低、村民看不了电视、电饭煲煮不熟饭的问题，由市水文局出资进行了线路和变压器升级改造，7月4日该项目完工，基本解决了芙蓉里、段子里、谢屋岗头、竹坑等村小组电压低的问题。6月10日在村部办公楼前，利用中心小学围墙墙面，制作了8块内容不同的宣传橱窗。由市水文局出资在村小学围墙内东北角空坪打了一口深水井，购置和安装了抽水设备，彻底解决了仓下村村部用水和村小学用水紧张问题。10月中旬争取到仓下村谢屋岗头至坪沙1.6千米道路硬化项目，11月2日开工，12月5日完工，20日通车，方便了家具加工厂和多个村小组的群众出行；在仓下村小学、幼儿园、村部、卫生所和主要道路路口安装了10盏太阳能路灯，为村民夜间通行提供了方便；完成了仓下村土坯房改造的情况登记、填写、申报、审批手续，有177户通过验收，60多户已经拿到了补助款。2014年1月16日，党组书记、局长刘旗福，分管“三送”工作领导刘英标，工作队长韩伟及工作队员谢代梁、周莲英等，分两组对仓下村“两红”人员[1]及家属、省级劳模、计生二女结扎困难户和困难土坯房改造户、因病返贫农户等35户进行了走访慰问，并给每户送上600元慰问金和100元物资；2014年3月8日，对仓下村3名家庭生活特别困难且遵纪守法、邻里团结的单身母亲进行走访慰问，并送上了家用电器；3月9日，“三送”工作队联合赣州启明星眼科医院在仓下村开展“防盲、治盲”免费义诊体检活动，共检查患有眼疾的村民和村小学生65人，并对患者进行跟踪服务；向上级争资5万元在大坳里龙东河上段里修建了一座拦水陂，可灌溉农田350亩，涉及3个村民小组150户500多人；协助做好仓下村党支部委员会和村民委员会换届选举工作，选出了群众信赖的新一届村党支部委员会和村民委员会班子；向群众宣传和指导村民做好暴雨山洪防御、山体滑坡撤离、森林防火、雷电、安全用电、学生溺水等事故的防范工作。同时，宣传脐橙、柚子黄龙病防治知识，并邀请区、镇果业技术人员到果园现场指导果农进行防病治病；向市、区水利部门争取到资金30万元，硬化农田灌溉引水排水沟2000米，以确保4个村民小组400多亩稻田旱涝保收；向南康区体育局和老年体协争资15000元，购进一批体育设施安装在村部休闲广场。

六、南康麻双乡里若村精准扶贫工作

人员组成 2016年2月10日至2020年12月31日，市水文局在麻双乡里若村开展精准扶贫工作。市水文局党组成员、副局长、机关党委书记韩伟为分管领导，机关党委专职副书记刘明荣任工作队队长（后交流到抚州市水文局任副局长），翰林桥水文站副站长朱小钦任驻里若村第一书记（2017年3月起由朱小钦兼工作队队长，2018年3月起由温冬林接任里若村第一书记兼工作队队长），周莲英、刘思良任扶贫工作队队员。2018年9月周莲英退休，刘思良借调到省水文局工作后，由李泉生、罗斌接任工作队队员。

开展的主要工作 按照赣州市政府和市精准扶贫办文件要求，市水文局26名扶贫干部负责结对帮扶53户（含义里村1户）贫困户，按每户1万元标准，将53万元扶贫开发资金汇入南康区财政局专户，用于里若村公共设施建设。扩建了村部会议室、图书室、卫生所，新建了文化广场。购置双人小会议桌24张，会议椅48张，办公桌6张，办公椅6张，配置电脑1台，打印机1台。赠送一台55寸网络电视。监控设备1套、探头4个。给每户贫困户购买了一个家用电热水壶。给里若村主要通村通组道路安装了103盏太阳能路灯。投入5万元制作了一个永久性的“里若村”石头村牌。在离里若村部约100米处的里若河旁建了一个“里若生态水文站”。向省水利厅申请里若村建设水生态文明村获批，奖励20万元将流经村部的河道按水生态要求进行了整治，达到验收标准，并确定为省级水生态文明村；建设了100千瓦村组级光伏电站，2018年增加村集体收入7.5万元，2019年达8.21万元。同时带动12户贫困户安装5千瓦分散光伏电站，每年可为贫困户增收4000～5000元；遵照习近平总书记提出的“四个不摘”原则，聚焦“两不愁三保障”，选准致富产业，抓实帮扶措施，对产业、教育、就业、健康扶贫等十大扶贫工程抓好落实。

就业扶贫：采取公益性岗位扶贫，落实了5名贫困户担任保洁员，每人每月800元。聘用了4名贫困户担任护林员，落实每人每年1万元的公益性岗位补贴。落实“雨露计划”政

[1] “两红”人员指红军遗属和红军子女。

策，职业教育3人，享受3000元每年资助。对贫困户进行家政、烹饪、电子、泥工等技能培训，共37人。实施就业扶贫交通补贴，2017年、2018年、2019年享受交通补贴的贫困户分别为88人、89人、79人。

产业扶贫：发展何首乌种植产业，流转土地180多亩，吸纳贫困户20户23人，每人每年增收1万元左右。发展油茶种植产业，投资87万元开发油茶林1500亩，有50户贫困户受益。落实农业产业奖补政策。2017年41户贫困户享受奖补6.2万元；2018年28户贫困户享受奖补4.6万元；2019年28户贫困户享受奖补8.255万元。在里若、大仚等4个村小组发展种植中药材产业。

健康扶贫：对所有贫困户采取健康扶贫，落实医疗“四道保障线”。里若村32个患慢性病贫困人口均已办理慢性病医疗证。

安居扶贫：易地搬迁9户44人。危旧土坯房改造，11户贫困户拆旧建新，17户贫困户改水改厕，9户贫困户维修加固。对5户无房又无能力建新房的贫困户建设了保障房安置。

教育扶贫：全面落实好上级各项教育资助政策，里若村共有在读贫困学生38人，已全部享受教育扶贫资助。

金融扶贫：有33户贫困户贷款用于种植、制衣、光伏产业等。

兜底保障扶贫：全村贫困户享受农村低保24户37人，纯低保户7户11人，享受特困供养2户2人，享受残疾人两项补贴11户12人。

基础设施建设全面提升：里若村2016—2019年各级项目建设81个，项目建设经费约3000万元。全村新建5米宽通村公路3.5千米，11个小组新建通组路，250余户农户新建通户路。全村11个小组水利基础设施建设全面加强，里若河主河道全面维修，共修建里若河河堤2.6千米，新建30余条水渠，20多座水陂。2017—2018年投资200多万元新建农村安全饮水工程。2017年里若村全面铺设光缆网线，架设电信移动信号塔，2019年全村进行了农村电网改造。

帮扶成绩 里若村于2017年顺利通过省级“十三五”贫困村验收；2018年通过国家级脱贫攻坚验收，有52户196人脱贫；2019年整村脱贫摘帽；2020年又以100%满意度通过国家级脱贫攻坚普查。驻村第一书记朱小钦2016—2017年度考核连续2年均被南康区委组织部评定为优秀；温冬林2018—2020年连续3年考核被南康区委组织部评定为优秀，并被南康区委组织部均评为2020年度优秀帮扶干部。

第二十三章

群众团体

1985 年 6 月，成立中共江西省水利厅赣州地区水文站总支部委员会以来，历届党组织重视和加强共青团、工会、水利学会等群团组织的领导以及建设与活动。

第一节　共青团建设与活动

一、共青团组织机构

1958 年以前，赣州地区水文系统因团员少未成立团支部，团的关系在行署农水处，隶属于农林水支部，机关设立了团小组。各基层测站团的关系在当地。

1958 年 9 月，水文、气象合并，成立赣州地区水文气象总站团支部。

1971 年 4 月，水文、气象分设，地区水文站成立团支部。

1985 年 6 月，地区水文站成立共青团总支部委员会，统一管理赣州地区水文系统团的关系，分片成立 5 个团支部及机关团支部。

1991 年 7 月，团总支撤销，各基层站团的关系转到当地。地区水文站机关（含坝上水文站、赣州水位站）成立团支部。

2010 年 7 月，基层测站共青团员组织关系上收到市水文局团支部，下设 3 个团小组。截至 2020 年年底，团支部由于团员较少，未再设团小组。

共青团组织历任书记及委员见表 7－23－1。

表 7－23－1　　共青团组织历任书记及委员

<table>
<tr><th>组织名称</th><th>任职时间</th><th>职务</th><th>姓名</th><th>备　注</th></tr>
<tr><td rowspan="6">赣州地区水文站
团总支</td><td>1985 年 11 月 22 日—1988 年 8 月</td><td>书记</td><td>张祖煌</td><td>团组织关系上收</td></tr>
<tr><td rowspan="5">1985 年 11 月 22 日—1991 年 7 月</td><td>委员</td><td>周方平</td><td>1988 年 8 月接任书记</td></tr>
<tr><td>委员</td><td>黄武</td><td></td></tr>
<tr><td>委员</td><td>杨小明</td><td></td></tr>
<tr><td>委员</td><td>郭春华</td><td></td></tr>
</table>

续表

组织名称	任职时间	职务	姓名	备　注
赣州地区水文站团支部	1991 年 7 月—1995 年 5 月 4 日	书记	刘旗福	基层团组织关系下放当地
		委员	黄武	
		委员		
赣州地区水文分局团支部	1995 年 5 月 4 日—1998 年 5 月	书记	吴健	1993 年 3 月更名
		委员	谢晖	
		委员	袁春生	
赣州地区水文分局团支部（赣州市水文分局团支部）	1998 年 5 月—2001 年 5 月	书记	谢晖	1999 年 6 月 29 日单位更名
		委员	吴继中	
		委员	曾宪波	
赣州市水文分局团支部	2001 年 5 月—2004 年 8 月 27 日	书记	谢晖	
		委员	曾金凤	
		委员	刘琼	
赣州市水文分局团支部（赣州市水文局团支部）	2004 年 8 月 27 日—2008 年 1 月 7 日	书记	曾金凤	2005 年 8 月 1 日单位更名
		委员	冯弋珉	
		委员	刘财福	
赣州市水文局团支部	2008 年 1 月 7 日—2010 年 4 月 2 日	书记	曾金凤	
		委员	刘财福	
		委员	仝兴庆	
赣州市水文局团支部	2010 年 4 月 2 日—2012 年 5 月 4 日	书记	徐晓娟	
		委员	冯弋珉	
		委员	谢泽林	
赣州市水文局团支部	2012 年 5 月 4 日—2014 年 8 月 27 日	书记	徐晓娟	
		委员	刘伊珞	
		委员	曾昭珺	
赣州市水文局团支部	2014 年 8 月 27 日—2017 年 12 月 11 日	书记	郭维维	
		委员	陈宗怡	
		委员	杜春颖	
赣州市水文局团支部	2017 年 12 月 11 日—2019 年 7 月 1 日	书记	罗鹍	
		宣传委员	刘思良	
		组织委员	郭能民	
赣州市水文局团支部	2019 年 7 月 1 日—2021 年 1 月 6 日	书记	罗鹍	
		宣传委员	刘海辉	
		组织委员	刘运珊	

二、共青团活动

抓好青少年教育，协助搞好创建文明单位和“青年文明号”，开展有益于青年身心健康的系列活动，主要有：“激情飞扬红五月，永远跟党走，青春献祖国”；“五四”青年节素质拓展活动；“拯救地球生命之液”世界水日活动；“保护母亲河，绿动赣江源建设节约型社会我先行”活动；“保护一江清水，环保我在行动”河小青活动；“感铭党恩，共创未来”文艺晚会；“弘扬雷锋精神，凝聚苏区力量”学雷锋系列活动；“关爱孤寡老人，青年在行动”赴敬老院、福利院学雷锋志愿服务活动；“学雷锋，义务大扫除”志愿服务活动；“唱响水文，乘梦起航”国庆联欢会。暑期青少年教育活动（水文职工子女书法绘画作文比赛）；“体验高科技，快乐过六一”儿童节活动；“励志成才书送未来”六一献爱心活动和“红领巾向党学雷锋、找榜样、争四好”专题活动；迎接第十四届江西省运动会，青少年暑期参加意加翼成长培训中心举办的乒乓球培训班等。2012年成立“赣州水文青年志愿服务队”后，更加凸显共青团生力军的作用，多次获共青团赣州市（地区）委员会“先进基层团组织”、共青团赣州地直机关委员会“先进基层团组织”、共青团赣州市委“全市五四红旗团支部（总支）”和共青团赣州市直机关工作委员会“五四红旗团支部”等荣誉称号。历任团支部书记周方平、谢晖、曾金凤、徐晓娟等被评为优秀团干部，刘旗福、冯弋珉、谢泽林、刘财福等一大批共青团员先后被评为优秀团员。

三、青年工作委员会

为构建有效覆盖青年、服务青年的工作网络，团结带领广大青年在赣南苏区振兴发展中建功立业，根据中共赣州市直属机关工委赣市字〔2014〕44号文件精神，经局机关党委研究并报局党组审核，同意在2014年12月28日前成立赣州市水文局青年工作委员会，其组成人员：主任刘明荣，常务副主任郭维维，副主任赵华，委员陈宗怡、杜春颖。2018年3月，青年工作委员会人员调整，主任赵华，副主任罗鹍，委员刘海辉、刘运珊；2019年3月，青年工作委员会人员调整，主任谢泽林，副主任罗鹍，委员刘海辉、刘运珊。

机关青年工作委员会是负责青年工作的机构，是党联系青年的桥梁和纽带，是共青团工作委员会的有效延伸。主要职责是联络维护青年、组织带领青年、关心服务青年。机关青年工作委员会实行届期制，与团支部任期一致。

第二节　工会建设与活动

一、工会组织机构

1956年11月，成立中国农业水利工会江西省水利厅水文总站赣南分站委员会，统一管理全区水文系统的工会工作，机关及各测站均成立了工会小组。

1958年9月，水文气象部门合并，工会组织下放到各地，机关工会因气象部门没有成立工会，工会组织解散，但会员保留了会籍。各基层测站的工会会员有的转入本县农水部门的工会组织，有的解散，但保留了会籍。

1984年12月，经赣州地区工会办事处同意，成立赣州地区水文站机关工会委员会，下设5个工会小组。原保留会籍的会员恢复会籍，并发展了一批新会员。

1992年7月，赣州地区直属机关成立工会委员会，地区水文站机关工会划归地区直属机关工会委员会领导。

截至2000年年底，市水文分局机关工会有会员共75名。

2012年5月，全市水文职工工会会员关系上收到市水文局工会，有会员154人。为便于管理，划分了10个工会小组（机关3个，章贡区、南康、信丰、会昌、于都、宁都、龙南各1个）。

截至2020年年底，共有会员156人。

工会历任主席及委员见表7-23-2。

表7-23-2　　工会历任主席及委员

届数	时间	职务	姓名	备注
第一届	1984年12月—1990年8月10日	主席	韩绍琳	
		副主席		
		组织委员	谢为栋	
		文体委员	刘云虎	
		女工及宣传委员	徐寿玉	
第二届	1990年8月10日—1994年6月9日	主席	韩绍琳	
		副主席	王成辉	
		委员	刘云虎	
		委员	李道井	
		委员	叶绮青	
第三届	1994年6月9日—1997年5月中旬	主席	韩绍琳	
		副主席	王成辉	
		组织委员	刘云虎	
		文体委员	刘德良	
		女工及宣传委员	游小燕	
第四届	1997年5月中旬—2001年5月15日	主席	韩绍琳	2000年11月退休，卸任
		副主席	王成辉	
		女工委员	游小燕	
		组织及宣传委员	温珍玉	
		文体委员	刘德良	
第五届	2001年5月15日—2006年4月30日	主席	刘旗福	
		副主席	王成辉	
		组织及宣传委员	温珍玉	
		文体委员	刘德良	
		女工委员	游小燕	

续表

届数	时间	职务	姓名	备注
第六届	2006年4月30日—2012年5月30日	主席	杨小明	
		副主席	温珍玉	
		组织及宣传委员	谢晖	
		文体委员	刘德良	
		女工委员	周莲英	
第七届	2012年5月30日—2016年5月19日	主席	刘英标	
		组织委员	刘春燕	
		宣传委员	刘财福	
		文体委员	廖智	
		女工委员	周莲英	
第八届	2016年5月19日—2021年1月6日	主席	韩伟	
		副主席	刘明荣（2016年5月—2018年3月）刘春燕（2018年3月— ）	因工作调整
		组织委员	刘春燕（2016年5月—2018年3月）罗鹍（2018年3月— ）	
		文体委员	温翔翔	
		女工及宣传委员	郭维维	

二、工会活动

持续开展“创先争优”活动，突出“解放思想，凝心聚力，推动赣州水文大发展”主线，抓好职工的业务知识学习，开展读书活动和知识竞赛，开展主题活动和征文，开展岗位练兵和技术比武，全面提升会员的综合素质，为单位发展贡献力量。

关心职工生活，维护职工权益：坚持“五必谈、五必访、五公开”机制，开展和谐帮扶和关爱活动，实施“五个一”关爱工程。坚持“五必访”制度，即职工结婚、生育、住院、遭灾、病丧必访，对困难职工进行走访慰问，对特困职工进行经济补助。同时对“三送”村和精准扶贫村的特困村民在春节期间也送去现金和物资进行走访慰问。

开展各种文体活动，丰富职工业余生活：市水文局工会组织开展和参与了系列全民健身活动（即登山、游泳、乒乓球、羽毛球、篮球、拔河、棋牌比赛等）。2001年1月组织广播体操比赛，2015年9月开展太极拳比赛，2016年9月参加趣味运动会、接力赛跑，2015年10月16日和2017年1月17日参加市总工会和市直机关工会工委举办的健步走，等等。2004年赣州市第二届市直机关运动会上，市水文局职工冯弋珉获得3000米健身走B组女子乙组第二名，同年冯弋珉代表赣州市参加全省首届省直机关运动会，获此项目第八名。2012

年市水文局工会获市直机关工会工委举办的拔河比赛团体第二名。2013 年市直机关第三届工人运动会上，市水文局工会组队参赛，取得男子跳绳第一名，同时市水文局工会获优秀组织奖。2014 年 10 月市水文局男子跳绳项目代表赣州市参加全省工人运动会，取得江西省第二名的成绩。2015 年市水文局工会组队参加省水文局举办的“鄱阳湖杯”全省水文职工乒乓球赛，程爱平获男子单打第五名，两名职工获气排球第六名。2018 年全省水文职工乒乓球赛，程爱平获男子单打第二名。

2014 年至今，市水文局工会组织职工上街开展文明交通和环境卫生志愿者服务，2013 年到峰山开展植树造林，2012—2016 年到“三送”村和精准扶贫村开展做好事办实事解难题，2019 年到瑞金、兴国、于都接受革命传统教育。2015 年市水文局工会与团支部共同举办了“唱响水文，乘梦起航”主题晚会和“放歌庆新年，携手迎未来”2016 元旦文艺晚会。2016 年市水文局工会选送《红土地上水文人》伴舞诗朗诵和歌舞表演两个节目参加省水利厅 2016 年春节晚会，获得高度评价。2006 年始，市水文局工会参加江西省水利厅举办的每年一届的水利桂花节活动。

真情为民献爱心，积极为社会作贡献：积极响应献血号召，工会有 10 名会员献血，其中有 1 名被评为“献血明星”，1 名被评为“献血标兵”。“一方有难八方支援”，市水文局工会一贯以来从不间断地号召职工向灾区捐款捐物，与灾区人民共渡难关，向红十字会、残疾人、“春蕾计划”捐款，在“水滴筹”献爱心等活动。从 2016 年始至今，不间断地开展“慈善一日捐”活动。号召职工走上街头，走进社区，走入福利院学雷锋做好事。

妇联建设与活动：赣州水文系统女职工相对较少，未单独成立妇女联合会。妇女工作由工会承担，办公室协助。2009 年始，由组织人事科、工会共同承担。工作内容：了解女职工思想动态及家庭情况、“三八妇女节”活动、女职工妇检、环孕检等。2019 年刘春燕获得市妇联优秀妇女工作者称号。

由于工会注重人文关怀，开展丰富多彩的文体活动，激发了全体会员的工作热情，促进了赣州水文各个方面的大发展，因此，市水文局工会于 1987 年、1988 年、1991 年、1996 年、2001 年、2002 年、2003 年、2007 年、2012 年、2015 年、2018 年被赣州地区工会办事处、市总工会、市直机关工会工委评为“全区先进职工之家”“全市先进基层工会”“市直机关先进基层工会”等荣誉称号，工会主席王承辉、刘英标，工会委员刘春燕等被评为优秀工会工作者。

三、职工保险

为 25 名顶编、补员的合同制工人办理了社会保险；为全体会员办理了意外伤害险，确保职工意外受伤获得赔偿，给会员多了一份额外保障。同时，参加了市直机关工会工委推出的特困职工帮扶基金会，有多名职工（因病或家中遭灾等原因）得到帮扶。

第三节 水 利 学 会

1986 年 12 月，赣州地区水利学会水文学组成立，至 1990 年，赣州地区水文系统发展会员 12 名，有 1 人加入了江西省水利学会。截至 1993 年年底，有省水利学会会员 7 人。1995

年，赣州地区水文系统加入地区水利学会的会员有41人。2002年，市水文分局有市水利学会会员47人（含退休人员）。2010年，有水利学会水文学组会员56人（含退休人员）。根据市政府的要求，赣州市水利学会于2018年注销。至2020年12月，有中国水利学会会员29人。

地区水利学会水文学组每年举行一次年会，进行学术交流。会员结合工作实际，撰写了一些优秀论文，在历届年会中交流。包括李书恺的《冲淤河道水位流量关系单值化初探》，傅绍珠的《赣江上游推移质资料整理分析和应用》，黄瑞辉的《积时采样器线路改进》，徐伟成的《龙潭电站水库调洪方案研制》，韩绍琳、杨小明的《赣州市主要河段溶解耗氧量特性分析》，张祥其的《ANX-3型皮囊式缆道采样器的安装与使用》，冯长桦的《万安水库入库泥沙淤积对赣州市的影响分析》等，其中有些优秀论文被推荐到地区水利学会、省水利学会及其他各级水利学术会议中交流。到2000年，会员在各级学术交流会议中交流的论文有240多篇，在《水文》《江西水利科技》和《赣南社会科学》等各级学术刊物发表论文18篇，其中获奖论文10篇。

2001—2020年，入选汇编的科技论文有13篇，获奖论文21篇，科技成果奖8个（其中省级3个），发表科技论文103篇。

2000年至2020年12月，单位内部创新成果奖共135项。

2013年起，每2年举办一届水文水资源学术研讨会，截至2020年年底，已举办了四届学术研讨会，共交流论文176篇。

第二十四章

水文文化

水文文化系列活动，为职工提供精神食粮，营造良好的工作氛围，“求实、团结、进取、奉献”的水文精神得到弘扬；水文职工爱岗敬业、无私奉献，以积极向上的精神风貌，以良好过硬的思想政治素质，保证水文各项任务完成。

第一节 水文宣传与投入

赣州水文宣传始于20世纪80年代中期。通过加强水文宣传工作，进一步弘扬江西水文精神和赣南水文精神，传承水文文化，充分调动全市水文干部职工干事创业的积极性、主动性和创造性，营造良好的舆论氛围，树立良好的行业形象，以促进赣州水文事业跨越式发展。

一、水文宣传发展过程

随着水利建设的蓬勃发展，赣南水文事业也迅速壮大，为了加深各级领导和社会各界对水文工作的认识和了解，引起关注和重视，帮助水文部门解决实际困难和问题，市水文分局加大了水文宣传工作力度。

1986年开始，赣州水文的宣传工作逐步开展，并在工作实践中不断总结经验，形成了多形式、多渠道、多角度、大范围的水文宣传方式。在水文宣传中，注重口头宣传和媒体宣传并举，通过电视、广播电台、报纸、书面材料、口头汇报、制作专题片等多种手段，使得赣州水文工作报纸上有名、电视里有形、广播中有声，加深了社会各界和各级领导对水文工作的了解，取得了良好的宣传效果，树立了赣州水文的良好形象，为争取地方性投入和解决水文行业的实际困难创造了有利条件。随后不断加大宣传力度和宣传经费投入。随着电子网络的兴起，利用多媒体宣传平台和卫星自动传输，将实时雨水情和墒情发送至党政领导和有关部门领导的手机中，直接点开即可查看。先后建成了赣州水文展示厅、安和水文陈列馆、水文工匠创意园、水文科技馆等，许多领导和单位（含外省）组团来水文局参观。通过现场演示观摩，使各级领导和部门对水文有了进一步了解，认识到水文工作在服务经济社会发展中的重要性和水文部门所作出的贡献，是不可替代的行业，值得全社会关注和支持。因此不仅给水文增加工作经费，还解决了许多实际问题。

二、创办刊物

赣南水文测站的分布特点是点多面广，高度分散，有些测站方圆十几里渺无人烟。为加强上下、左右之间的信息交流，提高水文职工的业务素质，促进水文工作。1985 年 1 月 5 日，地区水文站编辑出版了内部刊物《工作简讯》。《工作简讯》成为上情下达、下情上报的经常性的、主要的传媒工具，也是一条紧密联系机关与测站、测站与测站之间的纽带。《工作简讯》除刊登赣南水文的工作情况外，还设有小专栏，如推动精神文明建设的“表扬与批评”，引导、鼓励水文职工加强业务学习的“点将台”，为水文职工释疑解惑的“问题解答”，增长知识、扩大视野的“知识园”等。

1989 年 8 月 10 日，《工作简讯》更名为《赣南水文简讯》。《赣南水文简讯》的主要栏目有机关工作、测站园地、工作研究、技术革新、经验介绍、新风尚、信息短波和点将台等。其中“工作研究”栏目为赣南水文工作的开展提供了许多有益的思路和观点，探讨了水文工作的方式方法，解决了一些实际问题；“技术革新”栏目为水文职工掌握各种水文仪器设备的使用，维护和保养起到了积极作用，鼓励水文职工在实践中开展小改造、小革新和小发明。

1995 年 2 月 22 日，《赣南水文简讯》更名为《赣南水文》，刊物名称沿用至 2013 年停刊。从《工作简讯》创刊以来，始终恪守“弘扬水文精神，传播水文信息，展现水文风采，活跃水文生活”的办刊宗旨，着力推动赣南水文的改革发展、业务管理、队伍建设、思想教育等各项工作。《赣南水文》成了赣南水文职工交流信息的平台，也是各级领导了解赣州水文工作和全省水文同行交流信息、加强沟通的平台。

2008 年开始，《赣南水文》刊物改为彩色印刷，并对栏目内容进行部分调整，使其更加美观亮丽，实用性更强，水文读者爱不释手，评价很好，一直延续至 2012 年 12 月。

1999 年，《赣南水文信息》创刊。《赣南水文信息》为不定期刊物，每年出版 8～10 期，主要辑录全市水文系统的大事、要事和新事。

2002 年，《赣南水文信息》更名为《大事记》。

2013 年，根据上级整顿刊物的规定和停办内刊的要求，《赣南水文》和《赣南水文信息》停刊，此后只编写大事记上报有关部门和省水文局。

三、宣传队伍

随着《工作简讯》的创刊，赣南水文宣传队伍建立并逐步发展、成熟起来。《工作简讯》由地区水文站人事秘书科组织撰稿和负责编辑，人事秘书科的工作人员是赣南水文的首批宣传报道员。

1989 年 8 月，为促进水文宣传工作，加大水文宣传工作力度，积极向社会各界“宣传水文，展现自我”，地区水文站成立了水文宣传工作领导小组，在全区水文系统聘任了第一批水文通讯员共 13 人。水文通讯员在做好业务工作的同时，积极撰稿、投稿，宣传赣南水文。

地区水文站在稳定宣传骨干的基础上，每年都聘任和着力培养一批水文通讯员。自 1989 年地区水文站成立水文宣传领导小组以来，各科、室和测站至少有一位职工兼任水文通讯员。

直至2020年年底，通讯员在《赣南日报》《赣州晚报》《江西日报》《信息日报》《科技日报》《江西科技报》《中国水利报》《人民长江报》《江西水利信息》《江西水文》《江河潮》《工人日报》《绿色时报》等全国十几家报刊发表水文宣传稿件数百篇：在广播电台、电视台发表稿件千余篇，局领导多次亮相电视荧屏，介绍、宣传赣南水文。

一批赣南水文的优秀通讯员先后被《江西水文》聘为通讯员，有些通讯员还被《赣南日报》《中国水利报》《人民长江报》《江西水利信息》《信息日报》聘为特约通讯员。王成辉由《赣南日报》社推荐，被赣州地区科普协会吸收为会员。赣南每年都有3～5名通讯员被《江西水文》评为全省水文系统优秀通讯员，其中王成辉多次被《中国水利报》《人民长江报》评为优秀通讯员，1996年，被水利部水文司评为全国水文系统优秀宣传员。同时，市水文局每年评选《赣南水文》优秀通讯员和水文宣传积极分子，至2020年年底，共有100多人次受到表彰奖励。

四、宣传管理措施

市水文分局历来十分重视水文宣传工作，牢固树立宣传就是效益的观念，建立完善水文宣传报道机构，加强水文宣传管理，大力开展水文宣传报道活动。由局长担任水文宣传工作领导小组组长，设立了报道组，建立了宣传报道奖励基金，将水文宣传报道列入目标管理考评内容之一。市水文分局建立了投稿登记、审核制度。将水文通讯员的通讯报道列为考核业绩内容之一，并规定全年投稿数量不满6篇以上的通讯员，取消参加优秀通讯员评选资格。各科（室）、站（队）全年投稿数量不满12篇的，每少一篇扣除站务管理评分2分，并作为站务管理检查内容之一。规定各科（室）、站（队）应为通讯员写稿提供方便。

1989年以前，水文通讯员在《工作简讯》上刊发稿件不计稿酬，在其他媒体发表稿件，也不进行奖励。

1989年，地区水文站对刊发的稿件开始支付稿酬，并根据通讯员发表稿件的数量和质量开展优秀通讯员评选活动。同时，把水文宣传报道与科（室）、站（队）考评相结合，督促科（室）、站（队）抓好水文宣传工作。在各种报刊、广播电台、电视台发表稿件3篇以上者，可评为水文宣传报道积极分子，享受先进工作者待遇。明确规定在《中国水利报》《人民长江报》《江西水利信息》《江西水文》《江河潮》等媒体发表稿件的作者，均给予同等稿酬数额的奖励。

1999年，为进一步调动广大水文通讯员和水文职工撰稿、投稿的积极性，不断扩大赣南水文在社会上的影响和知名度，加强赣南水文对外宣传报道工作，市水文分局对奖励办法进行了补充修订。补充修订后的办法规定如下：凡在中央级新闻机构发表的文稿，如《人民日报》、中央电视台、中央人民广播电台等，按稿酬的2倍给予奖励；凡在《中国水利报》、《人民长江报》、《江西水利信息》、《江河潮》、江西电视台、江西人民广播电台等省、部级新闻机构发表的稿件，按稿酬的1.5倍给予奖励；凡在《赣南日报》、《赣州晚报》、《江西水文》、赣州电视台、广播电台等地、县级媒体发表的稿件，给予同等稿酬的奖励。市水文分局每年评选一次全市水文好新闻，参评作品应为水文职工当年发表的作品。

2005年8月1日，江西省水利厅赣州市水文分局更名为江西省赣州市水文局后，对水文宣传奖励办法进行了修订；2013 年再次对奖励办法进行补充修订，稿酬和奖励标准大幅提高。

2019 年 4 月，根据之前出台的《江西省水利厅新闻宣传和信息报送奖励暂行办法》和《江西省水文局宣传报道管理办法》，制定了《赣州市水文局宣传管理办法》（以下简称《办法》）。《办法》规定：在《人民日报》、中央电视台、新华网等国家级媒体发表水文宣传作品，稿酬按新闻媒体给付标准的 3 倍奖励，最低不少于 300 元；在《中国水利报》《中国水利》《江西日报》等省部级新闻媒体发表水文宣传作品，稿酬按新闻媒体给付标准的 2 倍奖励，最低不少于 200 元；在《赣南日报》、《江西水文》、江西水利网等地厅级新闻媒体发表作品的，稿酬按新闻媒体给付标准的 1.5 倍奖励，最低不少于 100 元。在江西水文网发表作品，稿酬按等额奖励。在赣州水文信息网上发表 500 字以上的作品，每篇稿酬 30 元，500 字以下每篇 20 元，200 字以下每篇 10 元，刊发的照片以每幅 10 元计。同时，对获得全省水文宣传先进集体的，市水文局宣传小组成员每人奖励 500 元；获得全市水文宣传集体的，每个单位或部门奖励 2000 元。在各级单位组织的征文、摄影、书法、展览等宣传活动中获得奖金的按等额奖金奖励；无奖金的，按一、二、三等奖和优秀奖分别奖励 500 元、300 元、200 元和 100 元。

五、水文宣传方式

利用新闻媒体开展宣传工作

通过中央和地方报刊、广播、电视等各级各类新闻媒介，全面系统地反映水文工作在社会建设中的重要作用，尤其是在防汛抗洪斗争中及时提供准确的水文情报预报，充分显示了水文参谋和耳目的作用。

赣南水文宣传工作者用手中的笔真实再现了赣南水文职工在水文测报工作中的感人事迹，如实记载了赣南水文职工在艰苦的工作、生活条件下默默奉献的精神，不遗余力地宣传先进事迹和先进人物，激励鼓舞赣南水文人战胜困难，夺取胜利。

1951 年 4 月 23 日，《江西日报》首次刊登省水利局发布的水文情报，其中有赣县水文站提供的赣江水位实况。这是赣南水文有资料可查的首次见报。

1988 年 6 月中旬，绵江上游普降大到暴雨，瑞金站出现中华人民共和国成立后第三大洪水。该站及时准确的预报，为瑞金县减少洪灾损失 400 万元。地区站通讯员刘英标及时采写《防汛尖兵——记瑞金水位站防汛测报减灾服务先进事迹》在《赣南日报》发表。同时，将先进事迹上报江西省水利厅和水利部，因而，瑞金站站长曾庆华先后被评为水利系统劳动模范（1989 年 6 月）和江西省劳动模范荣誉称号（1990 年 5 月）。通过这一事例，为赣州水文重视和抓好水文宣传开了个好头。

1989 年大汛期间，《中国水利报》、《赣南日报》、《赣州晚报》、赣州电视台、广播电台先后登载或播发了《我区部分江河超过警戒水位》《赣州地区水文站开展水情服务为老区建设做贡献》《走出站房服务农民》等稿件。全面报道了全南、龙南、信丰、赣县等地普降暴雨，以致山洪暴发、河水猛涨，赣江上游支流桃江沿河水位超警戒 2 米以上的情况，真实反映了桃江流域内水文职工不畏艰险、连续奋战抢测洪水，主动向各级防汛指挥部拍发水文情报预报的感人事迹，使广大人民群众及时了解到水情信息，采取了有效的防范措施。

1992年3月下旬，赣州市发生了中华人民共和国成立后的第三大洪水，为历史同期最大洪水。地区水文站提前25小时发布了准确的洪峰水位预报，为当地及下游吉安、宜春、南昌等地区的各级政府和防汛指挥机构布置、组织抗洪抢险工作赢得了时间，最大限度地减少了洪水灾害损失。由于水文情报预报准确及时，据相关部门调查统计，全区共减少洪灾直接经济损失1.81亿元，其中赣州市8984.83万元。

地区水文站在做好水文情报预报服务的同时，抓住机遇，在赣南刮起了水文史上从未有过的水文宣传“旋风”。

3月27日，赣州人民广播电台头条播发了地区水文站通讯员采写的消息《特大洪峰今日12时将临赣州》。当晚赣州人民广播电台、赣州电视台及次日的《赣南日报》均以头条消息播发、刊登了地区水文站通讯员采写的《特大洪峰安全通过赣州市》消息。

3月28日，赣州人民广播电台播发了地区水文站站长李书恺关于这次洪水情况的录音报道，并播发了地区水文站通讯员采写的稿件《赣州地区水文站为防汛当好耳目》。

3月29日8时，第二个洪峰到达赣州市，地区水文站通讯员及时采写了《第二个特大洪峰安全通过赣州市》的新闻报道。与此同时，地区水文站编制的《洪水预报简介》宣传材料880多份在沿河群众中散发。当晚，《赣州地区水文站开展洪水受淹范围调查》稿件在赣州人民广播电台播出。

4月1日，赣州电视台开播《赣州地区水文站水情公报》栏目，向广大市民及时提供水情信息。地区水文站通讯员王成辉采写的通讯《洪水情报从这里发出》先后在赣州人民广播电台、赣州电视台和《赣南日报》播出或发表。

4月2日，中共赣州地区委员会宣传部委派记者到地区水文站采访此次洪水情况。5日，赣州电视台在一周重要新闻中播出水文职工迎战大洪水的新闻画面。9日，赣州人民广播电台加编者按播出了李书恺撰写的稿件《话说洪水预报》。15日，《江西日报》以《赣州保卫战》为题、《赣南日报》以《抗洪曲》为题，分别报道了赣州军民团结抗洪的纪实文章，并在突出位置以相当篇幅记载了水文预报在抗洪抢险中发挥的突出作用。23日，赣州人民广播电台播发了地区水文站通讯员采写的稿件《全区减少洪灾损失逾亿元》。26日，《赣南日报》报道《舒惠国副省长赞扬我区水文职工》。

在这场大洪水中，赣州地区水文站在中央、江西省、赣州地区各级报刊、电台、电视台发表稿件19篇。向赣州地委、行署，赣州市委、市政府提供水文直观材料20份，向80多个单位发送水情公报507份，向社会各界散发水文宣传材料1000余份。

连续、深入、全面、生动的报道引起了社会各界和各级领导的高度重视。4月6日，副省长舒惠国收阅地区水文站通讯员发表在《赣南日报》的通讯《洪水情报从这里发出》后，作出如下批示：“水文工作同志，战斗在防汛抗洪第一线，不分昼夜，密切监视水情变化，及时报告，以供决策之需，他们的工作是十分重要的，是有贡献的。由于野外工作，生活上也遇到许多困难，但他们以工作为重，战胜困难，完成了任务。读了这篇报道，我很受教育，十分感动，特送防总诸位一阅，大家都来学习他们。”

赣州地委、行署领导也纷纷为地区水文站题词，充分肯定工作成绩。地委副书记刘学文的题词是：中流砥柱，抗洪先锋。

行署副专员、地区防汛抗旱指挥部总指挥刘安民的题词是：向战斗在防汛最前线，为抗洪斗争不畏艰险、默默奉献的全区水文干部职工学习、致敬！

行署秘书长、地区防汛抗旱指挥部副总指挥卢赞枰的题词是：学习水文战线广大干部职工在这场抗洪抢险斗争中公而忘私、顽强拼搏的革命精神，热情主动、周到全面的服务态度，严谨求实、精益求精的工作作风。

此外，地区水文站编印了被省水文局领导喻为“重磅炸弹”的水文宣传册——《一场效益巨大的决战》。该宣传册以3月下旬的大洪水为背景，全景式地表现了赣南水文职工抗击洪水的风采和夺取抗洪胜利的感人事迹。水利部部长杨振怀收阅宣传册后，深受感动，当即指示要予以通报表彰。

6月8日，国家防汛抗旱总指挥部办公室向全国发出通知，通报表彰地区水文站及其所属坝上、峡山水文站等在3月早汛的测报工作中，克服重重困难，精心测报，减灾效益巨大，号召全国水文干部职工向他们学习。这在江西水文抗洪史上是第一次。

地区水文站抓住宣传时机，通过连续、深入、多方面地开展水文宣传工作，赣南水文的知名度得到极大的提高，一时名扬全国。

1994年5月2日，赣南东北部普降特大暴雨，贡江支流发生百年未遇的特大洪水。此时，铁道部十三局四处的大桥工地上尚未出现汛情迹象，工程正在紧张施工。地区水文分局根据上游雨、水情信息，及时向铁道部十三局四处发出了洪水预报。该局立即采取了应急措施，加强了工地防护，迅速撤离了施工作业人员和机械设备，避免了近百万元的直接经济损失，确保了大桥施工的安全。为此，该局称地区水文分局是“水文预报先锋，支铁建设功臣”。

9月1日，赣州人民广播电台作了“甘为京九站岗哨”的采访录音报道，详细报道了地区水文分局服务“京九”铁路的事迹和为“京九”铁路建设开通水文服务热线的情况。

11月28日，《工人日报》在报道全国各行各业优秀职工先进事迹的“职工明星谱”专栏，发表了王成辉采写的《黄庆显、徐光荣：防汛耳目》通讯和摄影图片，这是赣南水文职工首次在国家级报刊亮相，取得了良好的宣传效果。

1995年4月，赣州电视台派记者深入于都汾坑水文站采访，报道了该站站长管永祥一天的工作和生活实况。《水文站站长》在该台《赣南大地》栏目“七十二行”节目中播出。

1997年汛期，地区水文分局紧紧围绕防汛测报主题开展了水文宣传工作。汛前准备阶段，通讯员采写了《赣南水文部门防汛测报忙》《赣州地区水文分局进入防汛紧急状态》等稿件，发表在《中国水利报》《赣南日报》等报刊。赣州电视台、电台报道了地区水文分局职工做好汛前准备工作，确保防汛测报万无一失，以实际行动迎接香港回归。

赣州电视台等媒体通过采访地区水文分局局长李书恺和深入石城等水文站，制作出反映水文职工防汛测报的专题片，分上、下集播出。《中国水利报》、《人民长江报》、《江西日报》、江西省电视台广播电台等8家媒体，刊登、播发了地区水文分局通讯员采写的《赣江上游水文自动测报系统建成》等科技新闻稿，全面报道了地区水文分局现代化建设进展情况。

6月9日，石城、宁都等地发生特大洪水，地区水文分局通讯员及时采写了稿件，《风雨壮歌》《江河不毁忠诚志》《采访枫坑口水文站纪实》等一系列深度报道先后见诸媒体，表现了赣南水文职工不畏艰险、勇测洪汛的大无畏精神。针对此次洪水，赣州电视台通过采访地区水文分局局长李书恺等人，制作了专题片《洪灾过后访谈》。

为真实、客观记录赣南水文职工的工作、生活状况，赣州电视台和广播电台的记者深入偏远的枫坑口水文站采访，以现场报道的形式生动介绍了该站职工爱岗敬业、默默奉献的感人事迹，播出后引起很大的社会反响。接着，广播电台邀请该站站长谢庆明与电台主持人共同主持“话筒前后”节目，以对话的形式介绍了水文工作的性质和水文人，加深了听众对水文的认识和了解。

1998年盛夏，长江、嫩江、松花江流域发生特大洪水，并呈南北夹击之势。洪峰水位之高、持续时间之长、涉及范围之广为历史罕见，水文一时成为全社会关注的焦点、热点。通讯员王成辉抓住宣传时机，撰写了《洪灾过后话水文》《话说洪水预报》《为何年年有洪灾》等多篇有关水文防汛减灾的深度报道和科普文章，先后在《信息日报》《人民长江报》《江西日报》《科技日报》等媒体发表，加深了人民群众对洪涝灾害、水文及水文预报的认识，获得社会好评。

20世纪90年代末，赣州地区水文分局科技创新成果显著，自行研制开发了具有国内领先技术水平的智能水文缆道流量、泥沙测定系统等一系列创新成果。地区水文分局通讯员抓住科技创新主题，采写了《智能水文缆道赣州亮相》等稿件，突出报道了成果的科技含量和智能功能，并与水文安全作业紧密联系起来。先后在全国十多家报刊媒体发表，引起了强烈的社会反响，广东、福建、新疆等省（自治区）水文局陆续前来参观、考察，洽谈合作。《变迁》《赣南水文条件改善了》等稿件则从另一个侧面反映了科技创新给赣南水文带来的变化。由于抓住了宣传时机和重点，选好了宣传报道的角度，突出了产品特色，从而使技术优势迅速转化为经济优势，不仅宣传了水文，而且开拓了产品市场，江西省内外水文部门纷纷来人来电联系合作事项。到2002年，地区水文分局已为南昌市水文分局万家埠水文站、广东省枫树坝电厂和韶关市水文局、福建省龙岩和福州等市水文局承建了智能水文缆道。该产品成为地区水文分局的特色支柱产业和新的经济增长点。

2002年10月下旬，赣州市发生历史罕见的秋汛，全市除琴江、湘水以及桃江中上游外的其他各江河水位均出现超警戒洪水，尤以章水为最大。市水文分局通讯员迅速向《赣南日报》、《赣州晚报》、赣州电视台、广播电台发了消息，并将预报结果公布在媒体水情公告栏，稳定了市民情绪。

近年来，赣州水文宣传力度不减，华芳采写的党建“搭台”职工“登台”稿件，反映赣州水文从抓党建入手，开展“不忘初心、牢记使命”党性教育活动，补足“精神之钙”，筑牢“党性之魂”，唤醒初心，履职尽责，不断筑牢推动党建与水文中心工作融合发展的思想根基；为干部职工搭好施展才华的舞台，激发他们的热情，久久为公，脚踏实地、持之以恒；帮助干部职工学习技术、掌握技能、提升能力，掀起科技创新，技能竞赛热潮，促进赣州水文持续发展。李海辉采写的《Ⅰ级响应背后的水文担当》文章，反映了赣州水文人以大无畏精神和周到全方位做好防汛测报减灾服务工作，为社会发展和减少洪灾损失作出了巨大贡献。曾金凤采写的《东江源区水生态监测站网规划与需求分析》一文，得到了专家的高度评价。该文从一个侧面反映了水文是水生态保护的主力军，推进水生态文明建设少不了水文的参与，进一步宣传了赣州水文在东江源区水生态保护中发挥的重要作用，扩大了赣州水文的知名度和影响力。2010 年 7 月，谢泽林主笔的《奏响“生命水文”的凯歌——江西水文系统抗击 50 年一遇特大洪水纪实》被中央和国家机关工作委员会紫光阁网站刊登，并被《当代江西》（2010 年第 8 期）采用，同时被时任江西省委书记批示。

其他宣传方式

口头宣传 市水文分局工作人员利用工作接洽、联系业务、科技服务等机会开展宣传工作，在宣传层次上既有党政领导，又有社会各部门。1992 年以来，市水文分局每年的水文工作会议都邀请当地党政领导参加。各县（市）召开防汛工作会议都要求水文部门出席，对当年的水文情势作出预测。汛期，各测站积极主动与当地相关部门加强联系，做好服务工作。

刊登、发布信息 每年汛期，市水文分局根据水文情势，编制水情信息，主动向当地党政领导和有关部门、单位发送，同时在电视台和电台开办水情动态专题栏目。1990 年，市水文分局通讯员采写的《职工要求恢复煤价补贴》信息稿件，引起地区工会的重视，并报地委、行署和省总工会等部门。1994 年，《赣南水文报汛问题严重》在《赣南信息》发表，引起赣州地委重视，并由赣州地委办公室转报中央办公厅。1998 年 3 月早汛期间，市水文部门向各级防汛指挥机构发布雨水情信息 400 余条，向有关单位和沿河各部门、乡、村及居民提供水情咨询服务。据统计，此次洪水提供水情信息服务 200 多人次，为地区石油公司和乐油库、地区水产研究所、市政养护处、水轮泵站、竹木运输公司、木材二厂等 20 多个单位及时提供洪水预报信息，避免了经济损失。1999 年 5 月，地区水文分局与电信部门共同开办了“168”水情咨询热线，广大市民足不出户便能及时了解水情信息，方便了群众。近些年，地区水文分局积极参与当地地方志的编写工作，通过编写地方志宣传赣南水文，为赣南水文存史。在 1992—2002 年出版的《赣州地区志》《赣州地区年鉴》《赣州地区大事记》等书中，赣南水文均设有专门的篇章。赣南水文的工作业绩和事迹载入了地方史册。

开展活动 1990 年 3 月 23 日，赣州地区水文站围绕“气象和水文部门为减轻自然灾害服务”的主题，和气象部门联合举办纪念活动，邀请了地、市领导和新闻单位出席座谈会。还在赣州市中心办了一期水文科普宣传专栏，宣传了水文、气象部门在减轻自然灾害方面所起的积极作用。赣州市各新闻媒体相继报道了此次活动。2001 年 10 月，地区水文分局研制的智能水文缆道等系列产品参加北京国际水利水电新技术展览会。展会期间，科研人员对产品性能、特点作了介绍，并进行了现场演示，分发了产品宣传材料，取得了良好的宣传效果。

印制宣传册 1992 年 3 月，赣南发生特大早汛，赣州地区水文站抓住时机，编写了《一场效益巨大的决战》宣传册。宣传册记述了全区职工克服困难、精心测报的感人事迹。1999 年，市水文分局编辑出版了《赣南水文五十年》。该书反映了赣南水文五十年来的发展变化和物质文明、精神文明建设所取得的丰硕成果，在全省水文系统产生较大影响。2009 年，赣州市水文局编辑出版画册《江河魂——开拓创新的赣州水文》，该画册全面记述了赣州水文各方面的情况，从领导班子建设到水文业务、水文服务、水文科技、水文管理以及党建、精神文明建设、职工队伍建设、水文宣传，以及所取得的集体荣誉、劳动模范、先进工作者等，均作了简要介绍，使各级领导和社会各界对赣州水文有了较全面的认识。

水文网站（www.gzssw.com）　2001年5月，赣州水文信息网站开通，该网站主要内容有水文科技、水文缆道、水文特征、水文管理及其他信息。

六、争取政策和地方性投入

1994年3月3日，地区行署以《赣州行署批转地区水文分局关于要求对水文工作增加地方性投入的请示的通知》（赣行发〔1994〕21号），明确了地方政府增加投入的数额和技改项目的地方配套资金的解决办法，是全省水文系统最早争取到地方性投入政策的分局之一。此外，地区行署以《关于切实解决好水文站防汛电话进入程控网问题的通知》（赣行办〔1994〕37号），通知要求一律免收水文站的程控电话集资费，防汛专用电话进入程控网的改制费、进网费、附加费等由各县（市）政府负责协调，并由各县（市）自行解决。该做法被江西省防总作为经验在全省推广。

1995年11月26日，赣州地区行署以《关于水文干部正常调动工作免收城镇建设增容费的通知》（赣行办〔1995〕114号），明确了水文系统干部职工因工作需要在全区范围内正常调动，其户口（含随同生活的直系亲属）迁进调入地一律免交城镇建设增容费。

1999年2月3日，江西省人民政府下发《江西省人民政府关于加强水文工作的通知》（赣府发〔1999〕6号），同年4月6日，赣州地区行署办公室下发《关于贯彻落实省人民政府关于加强水文工作的通知》（行办字〔1999〕23号），要求各县（市、区）支持水文工作，帮助解决水文实际困难。各县（市、区）也相继出台了关于加强水文工作的通知。2001年12月24日，定南县政府下发《关于加强水文工作的通知》，至此，全区各县（市）均已出台加强水文工作政策。

2007年4月25日，国务院总理温家宝签署中华人民共和国国务院令（第496号），公布《中华人民共和国水文条例》，于2007年6月1日起施行。

多年来，赣州市水文局争取地方性投入的工作卓有成效，不但争取了大量的经费，而且减免了各种费用，有力地促进了赣南水文事业的快速发展。

第二节　水文文化建设与研究

水文一直注重自身行业建设，有着丰富且特有的文化。

1995年10月，中国水利文学艺术协会下设中国水文化研究分会，并在北京召开第一届全国水利艺术节水文化研讨会。

1997年11月，第二届全国水利艺术节水文化研讨会在安徽蚌埠淮河水利委员会召开。地区水文分局刘英标参会，其选送的论文获得优秀论文奖。12月刘英标、王成辉撰写的论文分别获江西省首届水利艺术节“水文化征文”二等奖和三等奖。

2003年5月，刘英标参加在天津海河水利委员会召开的第三次全国水文化研讨会，其选送的论文获三等奖。

2005年6月第四次全国水文化研讨会在南京举行，刘英标参会，其选送的论文获二等奖。

2006年，在江西省水文宣传工作会议上，省水文局党委提出开展水文文化研究和建设，开全国水文文化研究之先河。

2006年，第四期《江西水文》开始设立“水文文化”专栏，陆续刊登水文职工撰写的水文文化研究文章。先后刊登刘英标撰写的《谈谈开展水文文化研究的几个有关问题》、王成辉撰写的《感悟水文文化》以及省水文局机关和各市水文局职工撰写的水文文化研究文章14篇。

2006年始，“江西水文网站”开辟“水文文化”专栏，陆续刊登水文职工撰写的水文文化研究文章。

2007年年初，水利部水文局成立水文文化研究会，并入中国水利职工思想政治工作研究会水文学组（第七学组）。

2007年6月，刘英标参加在北京召开的第五次全国水文化研讨会，其选送的论文获优秀论文奖。

2007年7月，中国水利职工思想政治工作研究会批准江西省水文局为团体会员，编入第七学组（水文学组）。

2008年3月，刘英标受聘中国水利职工思想政治工作研究会特约研究员；12月，参加在广东从化召开的中国水利政研会水文学组年会暨首届水文文化论坛，其选送的论文获优秀论文二等奖。

2009年5月，刘英标与刘旗福合作撰写的论文获2009年理论研讨会优秀论文三等奖；刘英标独立撰写的《加强水文基层测站文化建设初探》一文获2010年度优秀思想政治工作研究成果二等奖；2012年9月，刘英标与曾金凤合作撰写的论文获2012年思想政治工作研究调研论文三等奖。

为铸造水文文化新高地，力求做到水文文化建设与研究结合，水文文化传承与展示结合，打造水文文化教育基地建成“一厅一馆一园”（即赣州水文展示厅、安和水文陈列馆、水文工匠创意园），是全省水文系统的首创。

赣州水文展示厅涵盖了党建工作、精神文明、科技创新和服务民生四大板块，全面系统地展示了赣州水文在服务地方经济社会发展中作出的巨大贡献和取得的丰硕成果，成为赣州水文对外开放，让社会了解、关心、参与水文的一个重要窗口。同时，展厅还展出了无人机、无人船、雷达在线监测等高端水文测报装备，并引进先进的VR技术设备，极大地丰富了展厅的信息内容和科技含量，从一个侧面展现了水文的进步。

利用废弃的安和水文站旧址原貌翻新的安和水文陈列馆，充分挖掘水文历史文化，通过展示老旧水文仪器设备、珍贵的水文历史资料以及老一辈水文人的生产生活用品，全方位展现了水文人过去的生活、工作场景。同时，精心制作的历史典型洪水纪实片，生动还原了老一辈水文人为保一方安澜，在洪峰巨浪中舍生忘死、精心测报的生动画面。陈列馆实物的展示和实景的再现，让前来参观的各界人士和年轻水文职工感触颇深，称其为“水文博物馆”，是了解水文历史文化不可多得的学习场地。

水文工匠创意园，以创新文化为载体，由12组水文工匠雕塑组成。每一组雕塑都是以赣州水文职工为原型，每一个造型都展现了一项水文业务实操项目，既有传统的观测项目，又有现代的测验项目，并且对每一个项目都做了详细的解说。参观者置身其中，细细品味，不仅接受了一次水文专业知识的科普，更对水文科技创新有了全新的认识。

在搭好平台、打造水文文化教育基地的基础上，创出品牌，塑造水文行业新形象，重点是把每一个水文站按标准化要求建成一张靓丽名片。

在坝上水文站新建之初，就注重融入文化因子，打造成“赣州样板”，从景观石、文化墙的设置，到亭台小径甚至树木的布局，都努力体现景观其外、人文其内，将水文特色与人文内涵完美融合，一举成了全省基层水文站水文文化建设工作的示范点。市水文局趁势而为，结合中小河流水文监测系统工程项目建设，无论是新建还是改造的水文站，都注重水文文化元素的融入，做到文化建设与工程建设同设计同施工，建成了一批各具特色的水文站。对已建成的水文站，在楼梯、过道、走廊悬挂文化牌匾，凸显浓厚的文化味道。

文化品牌建设不仅改变了水文站的形象，也改变了扶贫挂点村的形象，市水文局在挂点帮扶的南康区麻双乡里若村，从整治河道环境、提升饮水安全、挖掘水文化底蕴、建设水生态试验站等多方面入手，成功打造成了省级水生态文明村，昔日的贫困村因有了水生态文明村的省级头衔，游客慕名前来休闲度假，品牌效应和美丽的生态环境带来的经济效益日渐凸显。

在创品牌的基础上，注重树典型，打造水文精神新家园。2016年，市水文局被水利部授予“第七届全国水利文明单位”称号，成了全省水文系统首个省、部级“双文明”单位。同时，连续六届保持“江西省文明单位”称号，连续30多年被评为赣州市直机关“先进基层党组织”和“党建红旗单位”。这些荣誉的取得，与市水文局持续推进水文文化建设，注重先进典型引领密不可分。

《红土地上水文人》是市水文局自创自演的一个配乐伴舞诗朗诵节目，该节目通过生动形象的语言、振奋人心的乐曲以及神形兼备的舞姿，真实描述了水文这个特殊行业，生动刻画了赣州水文人这个特殊群体，节目一经推出便登上省水利、水文系统文艺汇演的舞台，得到省水利厅和省水文局领导及观众的一致好评，在水文干部职工中引起了强烈的反响。

为多形式、多渠道、全方位推进水文文化宣传，市水文局陆续策划拍摄了《红土地上水文人》《一个水文人的坚守》《最美家乡河——上犹江》《呵护》《最美石城人——李庆林》《东江源——只为青山绿水的梦想》等系列宣传片。华芳撰写的《水文站的红旗》获得全国水利系统纪念建党90周年征文一等奖；《问渠哪得清如许》获中国水利文学艺术协会“砥砺奋进，水惠民生”三等奖；《老站安和》获中国水利政研会“砥砺奋进70载，追梦水利新征程”优秀征文二等奖。同时，出版散文集《野有蔓草》，记述了水文人、水文事。刘英标的书法《碧水蓝天》和摄影《雾满山岗》分别获“第二届江西水文文化体育主题活动”职工书法摄影作品二等奖和三等奖。谢泽林作词作曲的《水文之恋》和《心中的牵挂》两首歌，其中《心中的牵挂》先后被江西省水利桂花节、江西省水文文化体育活动、江西省水利厅原创歌曲的演艺舞台采用；《水文之恋》2020年8月被江西省水利厅转载，同时被学习强国“每日一曲”采用。两首歌描述了水文人为了水文事业，舍小家为大家、以站为家、不怕苦不怕累、克服困难、冒着生命危险与暴雨洪水搏斗和精心测报每一组数据的感人场面。同时，也反映了水文职工家人的牵挂，祈福水文人平安。唱出了水文人的情、水文人的梦，更唱出了水文人不懈奋斗的精神风貌。

2020年1月，市水文局获批成为中国水利职工思想政治工作研究会会员。

第三节 水文主题活动

2005—2010年，根据省水文局的安排，在全市水文系统连续开展测报质量年、绩效考核年、公共服务年、学习教育年、机关效能年和创业服务年活动，活动主题突出、组织扎实、成果显著，充分体现赣州水文工作特色，展示水文文化建设丰富内涵。

一、测报质量年

2005年，全市水文系统开展水文测报质量年活动，旨在全面提高水文行业整体素质和工作质量，进一步开拓水文服务社会的功能。市水文局成立了活动领导小组，制定具体方案、实施步骤和《水文测验质量考核评分办法》，从站容站貌、仪器养护率定、测站考证、测验情况（水位、降雨量、蒸发量、流量、水温、泥沙及颗粒分析）等多方面对水文质量进行公正合理的评价，使考证指标量化、细化，使测报质量考评更加规范化、制度化。把水文测验规范、测验核定指标、质量评分办法和缆道操作规程等汇编成册，下发各站（队）；做好桩点标志的布置校测、仪器和测具的率定检验；开展皮囊式采样器、瓶式采样器、横式采样器的比测试验分析；组织全市河流悬移质泥沙测验基础知识考试，对全市25个水文（位）站测验工作进行全面检查。年底，居龙滩、峡山两站1—9月测验工作参加全省考评，考评内容包括测验质量、原始资料（水文测验报表）审核质量、在站整编成果表、测站特性分析。结果表明，各站资料考证、比测率定、流量及沙量等测次布设、沙量取样及水样处理、相关图表处理、“四随”[1]及在站等工作较以往有显著提高。居龙滩水文站被评为“2005年度全省测报质量评比优胜站”，市水文局被评为“2005年度全省水文测验先进单位”。

二、绩效考核年

2006年，全市水文系统开展水文绩效考核年活动，旨在巩固测报质量年活动成果，进一步提高水文行业整体素质和水文服务整体功能。提高以防汛抗旱减灾为中心的水文服务水平，拓宽服务领域；在总结水文测报质量年活动成果的基础上，狠抓薄弱环节，加快技术进步；坚持以人为本，大力培养技术人才。围绕“提高水文测报质量，提高水文管理水平，提高水文服务水平”的主题，加强水文站网建设，严格执行各类规范和水文测验核定指标任务书，开展山洪地质灾害预警和各类水利工程防洪保安服务，水情遥测系统联网实行水情信息共享，开展城市水环境情报预测分析，开展城市水资源承载评价分析和当地水资源调查评价以及建设项目水资源论证分析，抓好LXD-1型水文缆道测控系统和YDT-1型数据遥测终端科技推广，完成“水文测报技术的现状与发展探讨”等8个科研课题，建立水文绩效控制长效机制。抓好新规范新技术学习和岗位练兵，加强测验成果分析，优化测验方法，巩固水文测报工作质量。峡山水文站荣获2006年全省水文绩效考核年活动先进站。

---

[1] 水文测报“四随”制度为随测算、随发报、随整理、随分析。

三、公共服务年

2007年，全市水文系统开展水文公共服务年活动。主要任务：强化内部管理，继续进行水文绩效考核，进一步提高水文预测预报监测能力，增强应对突发性水事件应急能力；树立大水文观，拓宽水文服务领域，在“水情分中心系统”“山洪灾害水情监测系统”等支持下，将采集到的水文信息为公众服务，实现水文信息共享，建立水文信息公共服务平台；以水情信息为重点，在赣州水文网站开辟水文信息栏，让公众及时了解水情、水资源、水环境、生态环境等水文信息；以水文测验为基础、水情工作为核心，提升水文服务能力，以满足更多更高的需求；积极主动开展水资源管理、生态与环境保护等方面服务；重点抓好山洪灾害防治、应对突发水事件能力建设，调整优化水文监测站网，提升监测能力，为经济社会发展提供支撑。

概括起来，应加强六个方面服务能力建设：加强与社会各界联系；加大水文宣传力度；利用网络平台做好水文信息发布；拓宽水文服务领域；提升水文科技服务水平；加强应对突发水事件能力建设。

2007年，水文情报、洪水预报信息服务、突发水污染事件处置，为赣州市减免洪灾损失、安全转移人员、保障市民饮水安全等方面作出了较大贡献。

四、学习教育年

2008年，全市水文系统开展学习教育年主题活动，旨在全面提高水文队伍综合素质，推动水文学习型队伍建设，提高整体服务能力和水平。实施方案主要内容有“六学”“六教”和“六项活动”。“六学”即学政治、学理论、学文化、学业务、学技能、学传统；“六教”即专家教、老师教、能人教、师傅教、父辈教、领导教；“六项活动”即师徒结对、站长培训、学历教育、“话传统、说未来”座谈、“21世纪水文看我们年轻一代”征文演讲和让“青年文明号”永远闪光回头看活动。在活动过程中，所有水文测站站长接受了培训，有2人参加河海大学在职研究生学习。何祥坤与杨书文、黄武与潘红、刘玉春与曾金凤等结成一帮一师徒结对，手把手地言传身教。活动结束后，省水文局表彰了取得成绩的集体和个人，赣州市水文局获优秀组织奖；何祥坤与杨书文被评为全省水文系统学习教育年主题活动优秀结对师徒，潘红被评为学习教育年主题活动学习标兵，冯弋珉获省水文局“21世纪水文看我们年轻一代”演讲比赛二等奖。

五、机关效能年

2009年，全市水文系统开展机关效能年活动，旨在进一步规范机关行为，完善运行程序，强化监督检查，切实解决机关效能和发展环境方面存在的突出问题，营造人人讲效能、处处抓效能、事事高效能的浓厚氛围。市水文局成立活动领导小组和工作机构，召开动员大会，制定活动实施方案，确定重点工作，在水文网站和内刊设立活动专栏，编发活动简报。参加全省水文干部优秀调研报告评选活动，周方平、刘旗福、杨小明、温珍玉、吴健、刘英标、廖智、刘财福等选送参评的调研报告获奖。开展“怎样当好一个公务员”“怎么当好一个有专业技能的公务员”“怎么当好一个以专业技术为主要服务手段的公务员”大讨论。举办新中国成立六十周年全省水文摄影书法展，王成辉、刘明荣的摄影作品，刘英标的书法作品参展。活动结束后，省水文局授予赣州市水文局“全省水文系统机关效能年活动先进单位”，授予窑下坝水文站“全省水文系统机关效能年活动先进集体”，授予刘玉春“全省水文系统机关效能年活动‘十佳职工’”。

六、创业服务年

2010年，全市水文系统开展创业服务年活动，旨在巩固机关效能年活动成果，进一步转变工作作风，提高水文创业服务水平，优化水文发展环境。在服务防汛抗旱、水资源保护利用和水生态建设，服务鄱阳湖生态经济区、鄱阳湖水利枢纽工程建设中积极工作。鄱阳湖测量分两批次：

第一次是水准测量：市水文局派出李明亮、赵华、仝兴庆等3人，同上饶局、吉安局派员一起从都昌县土塘镇到鄱阳县的白沙洲乡环鄱阳湖水准测量，线长达160千米。

第二次是地形测量：市水文局派出陈厚荣、李明亮、简正美等3人，同景德镇局、宜春局、鄱阳湖局派员一起完成了永修县吴城镇附近的太湖池、鸭湖、蚌湖、松门山等地形测量；完成了新建县昌邑附近鄱阳湖的地形测量。

在省水文局的指导和大家的努力下，提前完成鄱阳湖国家自然保护区内指定的圩堤高程及水利设施外业测量任务。

第八篇
人物与荣誉

中华人民共和国成立后，在历年的水文各项工作中，赣州水文干部职工刻苦钻研，努力掌握操作技能，坚持水文科研和技术改造，爱岗敬业、无私奉献，拼搏进取、勇于创新，不畏艰险、争创一流，为防汛抗旱减灾、水资源开发利用管理、水环境保护和水生态修复、水利工程和国民经济建设作出了贡献，涌现出一大批先进集体和模范人物，获得众多荣誉和奖项。

人物传共收录6名，其中1980年水文体制上收后首任赣州水文机构领导班子成员3名，省部级劳动模范3名；人物简介共收录14名，其中江西省劳动模范（先进工作者）3名，在任期间为赣州水文事业发展作出贡献且在赣州和全省水利、水文系统具有较大影响的局领导，获省部级科技成果三等奖以上，获水利部、江西省委省政府表彰的先进个人，获全国水利、水文荣誉称号人员11名；人物名录共收录21名，其中取得高级专业技术职称人员18名，因公殉职人员3名。

第二十五章

人物

人物传，人物简介主要记述人员生平及主要工作业绩，人物名录收录取得高级工程师及以上专业技术职称人员、因公殉职人员。

第一节 人 物 传

主要记述已故的1980年水文体制上收后首任赣州水文机构领导班子成员及在任期间为赣州水文事业发展作出贡献且在赣州和全省水利、水文系统具有较大影响的局领导3名，省部级劳动模范3名的生平及工作业绩。立传人物排列以出生年月为序。

冯长桦（1924年3月—2017年1月8日） 男，江西省赣州市人。1940年8月至1945年7月，就读于江西省立工业专科学校土木工程系；1945年8月，在江西省造纸印刷学校任教员；1947年3月，在赣县水文站工作；1949年8月，到赣州地区水文站任技术员、助理工程师；1951年6月，调任吉安二等水文站负责人；1952年7月，调任赣县一等水文站负责人；1954年12月至1958年9月，任赣县一等水文站（后更名为赣南分站）副站长、助理工程师、工程师；1958年9月，任赣州水文气象分局工程师；1969年4月，下放到于都峡山水文站；1972年4月，任赣州地区水文站工程师；1979年9月至1984年9月，任赣州地区水文站副站长、工程师（其间：1982年8月至1983年5月任江西省水文总站站网科代理科长）；1984年9月至1988年4月，先后任赣州地区水文站工程师、高级工程师；1988年4月退休。2017年1月8日在赣州逝世。

1978年，独立完成和主持完成科研项目各1项，均获江西省重要科技成果奖。先后发表优秀论文多篇，其中国家级3篇、省部级4篇。1994年被江西省老龄委、赣州行署评为开拓老龄事业先进个人。第三届至第六届江西省政协委员，第四届至第八届赣州市政协委员。冯长桦是中华人民共和国成立前的技术人员，有深厚的技术功底，在全省水利系统有较高声誉，为赣南水文事业的发展奠定了基础，作出了贡献。

钟兆先（1928年6月—2010年5月6日） 男，江西省南康区人，1953年12月加入中国共产党。1951年1月至1952年12月，在江西省赣州职业学校会计统计专修科学习；1952年2月，在赣州石油支公司参加工作；1954年9月，任赣南石油分公司计划统计股副股长；1956年4月至1958年8月，任赣南石油分公司第二副经理（其间：1957年9月—1958年7

月在江西行政学院学习)；1958年8月，任峡山水力发电工程局供应科第一副科长；1960年4月，任峡山水力发电工程局供应科科长；1962年1—6月，任罗边农业综合场副场长、党委委员（其间：1962年3月至1962年5月在赣南区党校学习)；1962年7月至1965年2月，任赣南水文气象站党支部副书记（其间：1963年3—5月在中央水电干校水文班学习)；1965年2月至1968年11月，任江西省水电厅水文气象局赣州分局副局长（其间：1964年10月至1965年4月在瑞金搞农村社教运动，1965年6—8月在中央水电干校水文政工班学习，1966年8月至1967年1月在城关搞社教运动)；1968年11月，任赣州专区水文气象服务站革委会副主任；1971年4月，水文、气象分家，任赣州地区水文站革委会副主任；1972年1月至1979年8月任赣州地区水文站革委会主任、党支部书记（其间：1972年1—12月在赣州地委党校学习，1975年1—11月在宁都农业蹲点工作组)；1979年9月，任赣州地区水文站站长、党支部书记；1983年4月退休。2010年5月6日在赣州逝世。

从1971年4月水文、气象分家后任赣州地区水文站革命委员会副主任、主任（1979年9月改为站长)、党支部书记，到1983年4月退休期间，狠抓水文服务、水文科学技术等工作，开展学大庆、学大寨和基层测站竞赛评比活动，一大批水文测站获水利部、地（厅)、县先进单位或先进集体。如南康田头水文站1973年获赣州地区开展服务工作先进单位，瑞金水文站1976年分别获水电部全国水文战线先进单位和赣州地区科学技术先进集体，赣州地区水文站、于都峡山、赣县翰林桥、南康麻双等水文站获1977年赣州地区科学技术先进集体，瑞金水文站、南康窑下坝、宁都、窑邦等水文站获赣州地区水电系统学大庆、学大寨先进单位，1978年赣州地区水文站获全省科学技术工作先进集体，1981年于都汾坑、安远羊信江等水文站获江西省水利厅水文测站竞赛评比先进集体。

注重改善水文职工工作、生活条件，改造、维修一批水文站。1982年9月兴建地区水文站机关职工宿舍1栋（4层16套)，于1984年12月竣工，16名职工喜迁新居。钟兆先对待工作任劳任怨，一生艰苦朴素，为赣南水文事业的发展奠定了基础，作出了应有的努力并取得了可喜的成绩。

董钦（1928年10月—2014年12月1日） 男，江西省南康区人，1954年12月加入中国共产党，大专学历。1949年10月至1950年9月，中国人民解放军第四十八军军政干部学校学员；1950年9月至1951年1月，四十八军政治部宣传干事；1951年1月至1953年1月，四十八军后勤部二十一兵团后勤部宣传干事、技术书记；1953年1—8月，五十五军后勤部参谋处参谋；1953年8月，中南军区第三营建委员会技术员；1955年8月，五十五军后勤部营管处技术助理员；1958年2月，下放到219师656团9连任战士；1958年10月，考入西北军事电讯工程学院无线电系学习；1959年6月，五十五军后勤部战勤处参谋；1964年9月，五十五军营建委员会技术科长、党支部委员；1968年4月，到广东湛江专区革委会民政局任办公室主任（支左)；1968年11月，任广东汕头专区革委会办事组秘书组负责人（支左)；1969年6月，任广东汕头专区革委会生产组办公室主任（支左)；1969年10月，广州部队五·七制药厂党支部书记、政治协理员；1970年11月，165师炮团直属党委委员；1976年3月，从五三五〇〇部队转业，到赣州地区水电局任施工队负责人；1979年9月起，任赣州地区水文站党支部副书记、副站长；1983年4月至1984年9月主持工作；1990年7月退休。2014年12月1日在赣州逝世。

协助站长分管行政、政治思想、组织人事、基建等工作。在任副站长期间，1981年于都汾坑、安远羊信江、全南南迳、会昌筠门岭等水文站获省水利厅水文测站竞赛评比先进集体。1983年4月至1984年9月主持工作期间，于都汾坑水文站荣获全国水文系统先进集体。

1982年9月，主持兴建地区水文站机关职工宿舍1栋，于1984年12月竣工。改造、维修一批危旧水文站站房，改善水文职工工作生活条件。董钦对工作认真负责，大胆管理，履职尽责，坚持原则，善于做职工思想工作，乐于帮助职工解决困难，为稳定职工队伍和赣南水文事业发展作出了成绩。

黄庆显（1935年10月—2014年11月15日） 男，中共党员，江西省石城县人。1955年9月在石城中学读书；1959年1月至1970年7月，在石城县坝口、丰山、大琴、岩岭、高田、横江公社先后任党校副校长、宣传干事、组织干事、人武部长等职；1970年7月至1978年7月，调任石城气象站站长；1978年7月至1981年1月，调任石城水文站站长；1981年2—11月，任广昌沙子岭水文站负责人；1981年11月，调回石城水文站工作；1991年2月，任主任科员；1991年7月，任石城水文站党支部书记；1995年12月退休。2014年11月15日在石城逝世。

1994年被中共石城县委评为优秀共产党员，1995年9月被人事部、水利部授予“全国水利系统先进工作者”称号。

管永祥（1938年10月—2016年6月12日） 男，中共党员，江西省于都县人。1954年9月，在于都县银坑中学读书；1957年12月，参加于都水电培训班学习；1958年2月，在于都水利电力局工作；1961年3月，调于都汾坑水文站工作；1969年1月至1998年10月，任于都汾坑水文站站长；1980年8月，任助理工程师；1988年6月，任工程师；1998年10月退休。2016年6月12日在于都逝世。

1982年3月，被江西省水利厅评为全省水利系统先进个人；1987年5月，被赣州地委评为优秀共产党员；1989年，被赣州地委、行署评为两个文明建设先进个人；1990年10月，被水利部授予“全国水文系统先进个人”称号；1995年5月，被水利部授予“全国水利系统安全生产先进工作者”称号。

曾庆华（1940年7月—2010年6月6日） 男，中共党员，江西省瑞金市人。1958年9月，在九江水文气象总站参加工作；1961年，调修水高沙水文站工作；1976年，调修水先锋水文站工作；1978年，调瑞金水文站工作；1980年5月任瑞金水位站负责人；1985年8月至1998年9月，任瑞金水位站站长；1980年8月任技术员，1983年8月任助理工程师，1989年12月任工程师；1998年9月退休。2010年6月6日在瑞金逝世。

1989年6月，被水利部、中国水利电力工会全国委员会授予“全国水利系统劳动模范”称号；1990年5月，被江西省政府授予“江西省劳动模范”称号。

第二节 人 物 简 介

主要记述1980年水文体制上收后历届担任赣州水文机构主要领导及在任期间为赣州水文事业发展作出贡献且在赣州和全省水利、水文系统具有较大影响的局领导；享受省部级劳动模范待遇，享受省政府特殊津贴；获省部级科技成果三等奖以上；获水利部、江西省委省政府表彰的先进个人；获全国水利、水文荣誉称号等14人的生平及工作业绩。人物简介排列以出生年月为序。

诸葛富 男，1937年10月出生，江西省上饶市人。1956年2月在省水利技术干部学校读书，同年4月至1973年4月先后在赣县居龙滩水文站、于都盘古山专用水文站、赣南水文气象分局、瑞金水文站工作（其间：1959—1963年参加华东水利学院陆地水文专业函授学习）1973年4月调赣州地区水文分局先后任技术员、助理工程师、工程师、高级工程师，1997年10月退休。

1960年3月被江西省政府授予“全省成绩优异的先进工作者”称号，1992年被赣州地委、行署和省防汛抗旱指挥部评为全区和全省抗洪抢险先进个人。获科技成果奖3项，其中，赣州地区科技进步奖一等奖1项，赣州地区科技情报奖二等奖1项，赣州地区被采纳重大科技建议甲等奖1项。

韩绍琳 男，1940年10月出生，江西省赣县人，1981年12月加入中国共产党，大专学历。1958年10月，长春空军预备学校飞行学员；1959年4月，四川第十四航校一大队飞行学员；1960年12月，四川第十四航校三团飞行学员；1962年1月，四川第十四航校三团油料化验员；1963年8月，四川民航高级航校三团油料化验员；1965年1月至1968年12月，赣州专区水文气象分局政工干事（其间：1965年8月至1966年7月在兴国县城关社教工作队搞社教，1966年8—12月在南康县城关社教队搞社教）；1968年12月，在赣州专区水文气象服务站做总务工作；1970年8月，在赣州地区水文站做总务兼业务；1975年1月，任赣州地区水文站水化室负责人；1984年9月，任赣州地区水文站副站长，1986年6月兼工会主席，1990年8月任党组成员；1993年3月任赣州地区水文分局党组成员、副局长、高级工程师（1996年6月）；1999年6月，任赣州市水文分局党组成员、副局长、高级工程师；2000年11月退休。

协助局长分管党建、文明单位创建、综合治理、办公室、财务、工会、计划生育等工作和茅店果园的开发管理，单位从1988年起，连年获市直机关先进基层党组织、先进基层工会、省（市）级文明单位等，他本人获赣州地区优秀共产党员、地（市）直机关优秀干部、全省绿化先进个人、全省工会积极分子等。

莫名淳 男，1942年9月出生，广东省南雄县人。1956年9月，在南雄中学初中部学习；1960年4月，在峡山水电工程局施工技术室实习；1962年1月，调任南康田头水文站助理技术员；1964年10月，参加江西省水利电力学校干训班学习；1965年5月，任田头水文站负责人；1978年6月，任田头水文站站长，1980年8月，任助理工程师；1981年11月，任于都峡山水文站站长；1984年10月，调南康窑下坝水文站工作；1989年8月，调赣州地区水文分局测资科工作，1989年12月任工程师；2002年9月退休。

1982年12月，被江西省人民政府授予“省农业劳动模范”称号；1983年4月，被水电部授予“全国水文系统先进个人”称号；多次被评为全省水文系统先进个人；第九至十一届赣州市政协委员，赣州市章贡区第一届政协委员。

李书恺 男，1945年10月出生，江西赣州市南康区人，1983年7月加入中国共产党。1968年7月毕业于华东水利学院陆地水文专业，大学本科学历。1968年9月，分配在水电部第八工程局任技术员；1978年10月，调任赣州地区水文站技术员；1981年11月，任赣州地区水文站测资科负责人、助理工程师，1982年12月任工程师；1984年9月，任赣州地区水文站站长；1985年1月，任赣州地区水文站站长、党支部书记，同年6月任站长、党总支书记；1989年12月，任高级工程师；1990年8月，任地区水文站党组书记、站长；1993年3月，任赣州地区水文分局党组书记、局长；1999年，任赣州市水文分局党组书记、局长；2000年11月，任教授级高级工程师；2005年8月，任赣州市水文局党组书记、局长、教授级高级工程师；2006年2月退休。2006年3月至2019年5月任赣州市专家联谊会副会长。

李书恺撰写的《赣州地区径流还原标准的初步分析》获1987年度赣州地区优秀学术论文一等奖；1989年独立完成的《径流逐月还原计算方法》获赣州地区科技进步二等奖；主持完成的《“92·3”大洪水情报预报》获1992年赣州地区科技情报二等奖，《赣州地区洪水情报预报技术》获1995年度江西省农业科教人员突出贡献三等奖、赣州地区科技进步一等奖，《赣州地区“95·6”大洪水水文情报预报》获1995年度赣州地区被采纳重大科技建议甲等奖；参与完成的《水文互控双缆道流量、泥沙测定系统》获1998年度江西省科技进步三等奖、1999年度江西省农业科教人员突出贡献奖二等奖、1998年度赣州地区科技进步二等奖，《智能水文缆道流量、泥沙测定系统》获2000年江西省农业科教人员突出贡献奖三等奖，《全沙测验与推移质采用器效率系数的野外实验研究》获1998年度江西省科技进步三等奖、省水利厅科技成果一等奖；合著的《县级水资源调查评价及开发利用分析技术》获2000年赣州地区科技进步奖二等奖。

李书恺1992年获江西省防总表彰的“全省抗洪抢险先进个人”，1994年10月享受省政府特殊津贴，1995年8月当选中共江西省第十次代表大会代表，1997年5月当选中共江西省代表会议代表，1998年获水利部授予的“全国水文系统先进个人”称号，1999年、2004年当选中共赣州市第一次、第二次代表大会代表。2005年11月获省委、省政府授予的“江西省先进工作者”称号。

自1984年9月至2006年1月在赣州水文局任职期间，单位党组织1988年起，连年评为市直机关先进基层党组织，1995年评为全省先进基层党组织；1987年被赣州市授予文明单位，1994年进入地级文明单位，2000年进入省级文明单位，荣获第八、第十届江西省文明单位，赣州坝上水文站荣获水利部表彰的全国文明水文站。

张祥其 男，1951年1月出生，江西省信丰县人，1980年2月加入中国共产党，函授大专学历。1971年1月至1978年4月，在赣州坝上水文站工作（测工）；1978年5月至1985年4月，在赣州地区水文站测资科工作，其间，1981年9月至1984年10月华东水利学院陆地水文专业函授学习（大专毕业）；1985年4月，任赣州地区水文站测资科副科长，1988年1月聘任为工程师；2001年3月至2009年1月，任赣州市水文局自动化科科长，2003年11月聘任为高级工程师，2008年9月任主任科员；2011年1月退休。

张祥其与他人合作研发的《水下信号发射器》获国家知识产权局国家实用新型专利权；独立撰写的论文《ANX-3型皮囊式缆道采样器的安装与使用》在《水利水文自动化》1998年第2期发表；主持完成的《智能水文缆道流量、泥沙测定系统》获2002年度江西省农业科教人员突出贡献三等奖；作为主要参与人完成的《水文互控双缆道流量、泥沙测定系统》获1998年度江西省科技进步三等奖、1998年度赣州地区科技进步二等奖、1999年江西省农业科教人员突出贡献奖二等奖；《水文自动测报系统》获2010年度赣鄱水利科学技术三等奖。

王成辉 男，1954年10月出生，北京市人，1985年12月加入中国共产党，中专学历。1975年12月，在赣州坝上水文站工作；1977年6月，在赣州地区水文站测资科工作；1982年7月，在赣州地区水文站人秘科（1989年1月更名办公室）工作，1994年8月任赣州地区水文分局办公室副主任、工程师（1999年8月）；2001年7月至2009年1月，任赣州市水文局办公室主任；2014年10月退休。

王成辉在任办公室副主任、主任期间，认真抓好办公室的各项工作，特别是在水文宣传方面，为扩大赣南水文的影响力和知名度作出了贡献。积极参与水文化研究，参与文明单位创建，扎实开展工会活动。

1991年、1993年，王成辉获水利部水文司表彰的“全国水文行业宣传优秀宣传员”称号，1993年获中国水利报社授予的“全国水文宣传热心人”，1996年获全国水文宣传先进工作者，多次获江西省水利厅、省水文局宣传积极分子。独立撰写的《鄱阳湖之谜》一文在江西科技报发表，并荣获1993年度全国科技报刊好作品一等奖；《雄镇江河的赣州古城墙》获1996年中国水利协会、水利部文明委授予的“全国水文化论文优秀奖”和江西省水利厅授予的“全省水文化论文三等奖”；《从黄河断流看我国水资源匮乏》1999年2月获《中国绿色时报》“缤纷杯”头条新闻竞赛二等奖，同年7月获得由团中央、全国绿化委员会、全国人大环委会、水利部、国家林业局和中国青少年发展基金会共同组织实施的“保护母亲河行动”征文三等奖，并获《资治通鉴》珍藏本一套。同月，撰写的《缺水，一个沉重的话题》荣获1997—1998年全省水利好新闻三等奖；采写的新闻《泡菜坛中揭开洪灾之谜》荣获2007年“赵超构新闻奖”二等奖。

刘英标 男，1956年5月出生，江西省于都县人，1977年9月加入中国共产党，大专学历。1974年12月应征入伍，在福建泉州32436部队服兵役，历任班长、排长、副连长、团政治处干部股干事、通信连政治指导员、团政治处干事（其间：1981年8月至1982年7月在南昌陆军学院政治五队学习）；1987年1月，转业到江西省水利厅赣州地区水文站人秘科工作；1992年10月，任江西省水利厅赣州地区水文站办公室副主任、机关党支部副书记、主任科员（1993年9月）；1994年7月，任赣州地区水文分局办公室主任、党支部副书记；2001年3月，任赣州市水文分局党组成员、办公室主任、党支部副书记；2001年8月，任赣州市水文分局党组成员、党总支副书记；2010年7月，任赣州市水文局党组成员、机关党委专职副书记；2012年5月，任赣州市水文局党组成员、机关党委副书记、工会主席；2014年12月，任赣州市水文局党组成员、工会主席；2016年5月退休。

刘英标在部队期间，获连、营、团嘉奖9次，精神文明建设先进个人2次，荣记三等功1次，被树为全师“四带头”模范干部，在南昌陆军学院学习期间获大队通令嘉奖。

刘英标转业水文工作后，认真做好办公室的各项工作和分管的党建、精神文明、纪检、水文宣传、水文化研究等工作。在《中国水利报》《风范》等报纸杂志、网站发表文章、通讯、消息等500余篇。同时潜心研究水文化，撰写20多篇水文化论文，多篇论文获奖，多次参加全国水利系统水文化研讨会，论文多次收录全国水文化文集。协助局领导抓好脐橙果园的管理和销果，以及精准扶贫、“三送”、新农村建设工作。

刘英标从1988年起至2013年，连年获赣州地（市）直机关优秀党务工作者，2次被评为市直机关优秀共产党员，1次被评为“创五型，当楷模”先进个人，2次被评为优秀工会工作者，1次被评为市直机关突出践行科学发展观学习教育活动先进个人，多年被评为《赣州机关党建》优秀通讯员，3次被评为赣州地区和赣州市优秀党务工作者，1次被评为赣州地区优秀共产党员；1次被评为全市突出践行科学发展观学习教育活动先进个人，1次被评为赣州市优秀党课教员，10次被评为全省水文宣传先进个人，2次被评为全省水文宣传优秀通讯员，1次被评为《江西水文》热心撰稿人，3次被评为全省水文系统优秀办公室主任。2006—2009年连续4年被评为“全国水利系统优秀政研工作者”称号，被聘为中国水利职工政研会特约研究员。

李枝斌 男，1959年5月出生，江西省赣州市南康区人，函授大专学历。1979年9月至1981年7月，在江西省水利水电学校陆地水文专业学习；1981年9月，分配在江西省信丰高陂坑水文站工作；1984年11月，任江西省赣州坝上水文站站长、技术员（其间：1982年9月至1985年8月在华东水利学院陆地水文专业函授大专学习）；1986年2月，调赣州地区水文站水情科工作，任技术员；1987年11月，任赣州地区水文站水情科助理工程师；1993年5月，任赣州地区水文站水情科工程师；2001年6月，任赣州市水文局水情科副科长、工程师；2008年9月，任赣州市水文局水情科副科长、主任科员；2019年5月退休。

李枝斌从事水文工作39年，在水情岗位工作34年，积累了丰富的水情工作经验，是市水文局首席水情预报员。参与（或主持）多次《洪水预报方案》编制（或修订）工作。在2000年研制开发出“赣江上游洪水预报系统”和“水情信息系统”。经过几年的试运行，并在使用中不断改进和完善，于2008年将“赣江上游洪水预报系统”作为子系统并入“水情信息系统”中，使“水情信息系统”更加方便、快捷，内容也得到进一步的扩充，“洪水预报系统”还将东江上游（江西境内）纳入该系统中。2010年又研制开发出“章水上游水库群洪水调度系统”，到2016年，经过多年不断改进和完善，研制开发出赣州市上犹江、油罗口、白鹅等25座水库的“水库群联合洪水调度系统”。2016年，在原“洪水预报系统”的基础上，研制开发了“水情预警系统”，该系统的内容同样也是洪水预报，但不同的是在原预报断面中纳入了中小流域和非工程措施项目新建站的预报断面，该系统在赣州市各河流的洪水预报中，取得很好的效果，尤其是中小流域洪水（特别是小流域山洪）效果更佳。同时将“赣州市水库群联合调度系统”作为子系统并入“水情预警系统”中。

李枝斌2005年8月荣获江西省委、省政府表彰的全省抗洪抢险先进工作者。参与完成的《“92·3”大洪水情报预报》获1992年赣州地区科技情报二等奖，《赣州地区洪水情报预报技术》获1995年度江西省农业科教人员突出贡献三等奖、赣州地区科技进步一等奖，《赣州地区“95·6”大洪水水文情报预报》获1995年度赣州地区被采纳重大科技建议甲等奖。撰写的论文《赣州市城市水文效应分析与研究构想》获全国生态城市建设优秀论文奖。

李庆林 男，1961年11月出生，中共党员，福建省龙岩市人，函授本科学历。1980年9月，在江西省水利技工学校读书；1982年9月，毕业分配在信丰枫坑口水文站工作；1983年5月，调任信丰高陂坑水文站站长；1986年1月，调任于都窑邦水文站站长；1989年5月，调任石城水文站副站长；1994年12月起任石城水文站站长，2003年12月聘任为技术员，2005 年 9 月聘任为助理工程师，2012 年 11 月，任主任科员；2013 年 1 月，任瑞金水文勘测队队长兼任石城水文站站长。

李庆林 1996 年 1 月被水利部授予全国水利系统模范工人，同年被石城县评为抗洪救灾、重建家园先进个人，1998 年荣获“全省水利系统模范工人”称号。在任期间，石城水文站 3 次获赣州市市级文明单位，2016 年 4 月荣获江西省第十四届（2013—2015 年）文明单位，2019 年 4 月获第十五届（2016—2018 年）江西省文明单位。

杨小明 男，1962 年 3 月出生，江西省瑞金市人，1997 年 6 月加入中国共产党，函授专科学历。1979 年 9 月至 1981 年 7 月在江西省水利水电学校陆地水文专业学习；1981 年 9 月，中专毕业分配在江西广昌沙子岭水文站工作，1982 年 9 月聘任为技术员；1984 年 12 月，调任赣州地区水文站水质科技术员；1988 年 1 月，任赣州地区水文站水质科助理工程师；1989 年 6 月，任赣州地区水文站水质科科长、助理工程师（1986 年 9 月至 1989 年 7 月在华东水利学院陆地水文专业函授大专学习）；1995 年 1 月，任赣州地区水文分局水质科科长、工程师；2001 年 1 月，任赣州市水文分局副局长、工程师；2008 年，任赣州市水文局副局长；2012 年 12 月，任赣州市水文局副调研员；2019 年 6 月任四级调研员；2020 年 4 月任三级调研员。

杨小明在任期间，协助局长分管水质、水资源、水情、地下水工作和水文技术服务以及脐橙果园的产销。服务地方经济建设，在水资源论证与评价、水资源公报、水功能区监测、入河排污口论证、防洪论证、河长制考核、河道采砂规划和评估等方面提供技术支撑，为居龙滩、峡山、白鹅水电站等提供水情服务，是赣州市山洪灾害预警系统建设的倡议者、推动者。与韩绍琳合撰的科技论文《赣州市主要河段溶解氧量特性分析》获赣州地区科协优秀学术论文二等奖；独撰的《滴定管排气方法》在《水文》杂志刊登。所分管的水质、水资源、水情工作多年获全省水文系统先进。赣南水文脐橙已成为一个品牌，水文技术服务项目创收，取得显著效益。

周方平 男，1962 年 7 月出生，江西省上犹县人，1985 年 5 月加入中国共产党，函授本科学历。1979 年 9 月至 1981 年 7 月在江西省水利水电学校陆地水文专业学习；1981 年 9 月，中专毕业分配在赣县居龙滩水文站工作，1982 年 9 月聘任为技术员；1984 年 10 月，调江西省水利厅赣州地区水文站测资科工作，1988 年 1 月聘任为助理工程师；1989 年 8 月，任江西省水利厅赣州地区水文站水情科科长（其间，1986 年 9 月至 1989 年 7 月参加华东水利学院陆地水文专业函授专科学习）；1994 年 7 月，任江西省水利厅赣州地区水文分局副局长，1995 年 1 月被聘为工程师；2001 年 5 月，交流到江西省水利厅抚州市水文局任副局长、工程师；2006 年 1 月，任江西省赣州市水文局党组书记、局长、工程师（其间：2005 年 11 月至 2008 年 11 月参加江苏大学计算机科学与技术专业函授本科学习）；2012 年 2 月，调江西省吉安市水文局任党组书记、局长；2017 年 3 月，退居二线，任吉安市水文局副调研员；2019 年 4 月，任赣州市水文局党组成员；2020 年 4 月，晋升为三级调研员；2020 年 11 月，晋升为二级调研员。

周方平参与完成的“‘92・3’大洪水情报预报”获 1992 年赣州地区科技情报二等奖，《赣州地区洪水情报预报技术》获 1995 年度江西省农业科教人员突出贡献三等奖、赣州地区科技进步一等奖，“赣州地区‘95・6’大洪水水文情报预报”获 1995 年度赣州地区被采纳重大科技建议甲等奖；撰写的论文《赣州特大山溪暴雨洪水初步调查报告》获江西省水利学会一等奖。

周方平从2006年1月至2012年2月在任赣州市水文局局长、党组书记期间，狠抓水文服务、科研、党建、水文宣传、精神文明建设及《中华人民共和国水文条例》的宣传和实施等。抓好江西省暴雨山洪灾害预警系统一、二、三期建设和江西省中小河流水文监测系统建设项目，寻乌基地、信丰基地征地和建设，办公大楼各层办公室和水质分析室的改造及机关水电增容工作；抓好河道采砂、水资源分析论证等项目的创收，峡山、茶芫等水文站迁建的地方财政补偿和暴雨山洪灾害预警系统建设地方性资金配套到位，脐橙果园、招待所、店面的管理及2008年9月参照公务员法管理后信丰脐橙基地和茅店C果园、A栋宿舍楼沿街店面的处置。成立机关党委，强化党的建设；组织党员赴瑞金、井冈山、韶山、延安等红色圣地接受革命传统教育；新建和改造了一批水文站站房。抓好《中国河湖大典》江西卷赣州部分的编纂工作；开展水文科技课题的研究，开展水文职工技能比赛。单位党组织连年被评为市直机关先进基层党组织；单位荣获赣州市第三届文明行业，第十一、十二届江西省文明单位。

刘旗福 男，1962年10月出生，江西省于都县人，1991年12月加入中国共产党，函授本科学历。1981年3月，在于都峡山水文站参加工作；1984年9月，在江西省水利水电学校职工中专水利工程专业学习，1987年7月毕业后在赣州地区水文站测资科工作；1988年5月，任测资科技术员；1993年6月，任赣州地区水文分局测资科助理工程师，1994年12月，江西财院自学考试会计专业大专毕业；1996年3月，任测资科副科长、助理工程师；1997年9月，任测资科科长、助理工程师；2001年1月，任赣州市水文分局副局长、工程师（2000年12月获资格），2003年12月中央党校法学专业函授本科毕业；2008年9月，任赣州市水文局副调研员；2009年1月，北京信息科技大学计算机科学与技术专业函授本科毕业；2012年2月，任赣州市水文局局长、党组书记，2020年3月兼任赣州市防汛抗旱指挥部副指挥长；2020年5月，晋升为三级调研员；2020年11月，晋升为二级调研员。

刘旗福主持完成的“水文互控双缆道流量、泥沙测定系统”获1998年度江西省科技进步三等奖、1998年度赣州地区科技进步二等奖，1999年江西省农业科教人员突出贡献奖二等奖；参与完成的“智能水文缆道流量、泥沙测定系统”获2002年度江西省农业科教人员突出贡献三等奖；主持完成的“智能水文缆道流量、泥沙测定系统应用研究”获2002年赣州市科技进步二等奖；主持《关于推广赣南水文机器人智能水文缆道测流测沙系统的建议》获2004年赣州市重大科技建设奖；主持完成的“水文自动测报系统”获2010年度赣鄱水利科学技术三等奖；参与“南方山洪灾害监测预警技术与推广”获2014年江西省科学技术进步二等奖；主持完成的“东江源区水生态监测与保护研究”获2016年赣鄱水利科学技术三等奖；主持完成的“雨量雷达技术在赣江上游雨量监测中的运用”获2018年赣鄱水利科学技术二等奖。主持编制“赣州市山洪灾害预警系统实施方案”，作为主要编制人员参与编制“江西省山洪灾害预警系统（试点）实施方案”，在全国得到推广。

刘旗福从2012年2月至2021年1月在任赣州市水文局局长、党组书记期间，单位党组织连年被评为市直机关先进基层党组织，长期保持市直机关党建红旗单位，社会治安综合治理先进单位、绩效考核优秀驻市单位。荣获第十三、十四、十五届江西省文明单位，2015年第七届水利部文明单位。打造赣州水文展示厅、安和水文陈列馆和水文工匠创意园三大文化教育基地。举办了4届水文水资源学术研讨会，与江西理工大学共同承办了两届“东江源区绿色可持续发展”高峰论坛。建设赣州水情信息系统、洪水自动预报和洪水风险预警系统。创新服务水资源管理、服务河长制工作，在全省率先成为河长制责任单位。规划“东江源区水文水生态监测保护研究系统”并稳步推进项目建设。组织新中国成立以来全市性大规模山洪灾害调查评价和洪水淹没区调查。

陈厚荣 男，1963年8月出生，江西省赣州市章贡区人，1988年3月加入中国共产党。1981年7月毕业于江西省水利水电学校陆地水文专业，同年9月分配在江西省赣县居龙滩水文站工作；1982年9月，任技术员；1984年12月，任赣县居龙滩水文站副站长、技术员；1987年11月至1989年8月，任赣县居龙滩水文站站长、技术员、助理工程师；1989年8月，调赣州地区水文站测资科工作，任助理工程师；2003年9月，任赣州市水文局测资科工程师；2007年6月，任赣州市水文局测资科副科长、工程师（其间：1996年9月至2000年7月南方冶金学院工业与民用建筑专业夜大大专学习）；2008年9月，任赣州市水文局测资科副科长、主任科员（其间：2006年1月至2009年1月北京信息科技大学计算机科学与技术函授本科学习）；2010年2月，任江西省赣州水文勘测队队长。

2008年5月19日，陈厚荣随江西水文应急监测突击队前往四川地震灾区，对地震引发的堰塞湖进行水文勘察除险。2008年6月，江西省水文应急监测突击队经中华全国总工会批准获“抗震救灾工人先锋号”称号；经水利部批准，获全国水利抗震救灾先进集体；2008年12月，荣获江西省委省政府表彰的江西省抗震救灾先进个人（记三等功）。

温珍玉 男，1973年10月出生，江西省赣州市南康区人，1995年5月加入中国共产党。1991年9月至1995年7月，在四川联合大学水文水资源专业学习；1995年7月，毕业分配在赣州地区水文分局工作；1996年7月，任赣州市水文局水情科助理工程师；1997年9月，任赣州市水文局水情科副科长；2001年6月，任赣州市水文局测资科科长；2001年10月，任工程师；2006年11月，任高级工程师；2007年2月，任抚州市水文局副局长；2008年12月，任赣州市水文局副局长；2019年10月，任江西省抚州市水文局党组书记、局长。

2008年5月19日，温珍玉带领江西水文应急监测突击队前往四川地震灾区，对地震引发的堰塞湖进行水文勘察除险；2008年6月，获水利部表彰的“全国水利抗震救灾先进个人”称号；2009年4月，获赣州市总工会表彰的“五一劳动奖章”。

第三节 人物名录

主要记述赣州水文取得高级工程师及以上专业技术职称人员；因公殉职人员。

一、高级专业技术职称人员

1987—2007年，江西省赣州市水文局共有1人取得教授级高级工程师技术职称资格，18人取得高级工程师职称资格，详见表8-25-1。

表 8-25-1　　1987—2007 年江西省赣州市水文局高级专业技术职称人员

姓名	出生年月	籍　贯	技术职称	取得资格时间
李书恺	1945 年 10 月	江西省赣州市南康区	教授级高级工程师	2000 年 11 月
冯长桦	1924 年 3 月	江西省赣州市	高级工程师	1987 年 12 月
郭崇俶	1924 年 9 月	江西省赣州市	高级工程师	1987 年 12 月
申其志	1932 年 3 月	江西省赣州市	高级工程师	1988 年 3 月
傅绍珠	1943 年 10 月	江西省赣州市南康区	高级工程师	1992 年 9 月
诸葛富	1937 年 10 月	江西省上饶县	高级工程师	1993 年 8 月
凌坚	1939 年 1 月	江西省龙南县	高级工程师	1993 年 8 月
曾宪杰	1938 年 3 月	江西省宁都县	高级工程师	1995 年 4 月
韩绍琳	1940 年 10 月	江西省赣州市赣县区	高级工程师	1996 年 6 月
梁祖荧	1940 年 8 月	江西省赣州市南康区	高级工程师	1996 年 6 月
何祥坤	1954 年 6 月	江西省赣州市南康区	高级工程师	1998 年 9 月
冯小平	1946 年 10 月	上海市	高级工程师	2000 年 11 月
陈显宏	1949 年 10 月	江西省于都县	高级工程师	2003 年 11 月
张祥其	1951 年 12 月	江西省信丰县	高级工程师	2003 年 11 月
徐伟成	1958 年 8 月	江西省定南县	高级工程师	2003 年 11 月
刘德良	1959 年 6 月	江西省寻乌县	高级工程师	2004 年 10 月
朱勇健	1956 年 10 月	江西省瑞金市	高级工程师	2005 年 10 月
温珍玉	1973 年 10 月	江西省赣州市南康区	高级工程师	2006 年 11 月
杨庆忠	1957 年 10 月	江西省瑞金市	高级工程师	2006 年 11 月

二、离休人员

新中国成立后，共有 7 名干部在赣州市水文局离休，详见表 8-25-2。

表 8-25-2　　离 休 干 部 名 单

序号	姓名	籍贯	出生年月	参加工作时间	离休时间	离休前职务
1	王久富	北京市	1920 年 11 月	1939 年 8 月	1975 年 9 月	曾任赣南水文气象总站站长
2	肖景胜	江西会昌	1925 年 7 月	1947 年 2 月	1979 年 6 月	大余县水文站站长
3	王承公	北京市	1926 年 7 月	1946 年 5 月	1979 年 12 月	赣县翰林桥水文站干部
4	杨忠云	河北青龙	1927 年 4 月	1945 年 8 月	1979 年 12 月	大余县水文站站长
5	林元修	江西南康	1928 年 8 月	1949 年 9 月	1980 年 12 月	全南县水文站站长
6	杨继德	黑龙江勃利	1930 年 5 月	1946 年 5 月	1984 年 6 月	宁都水文站站长
7	周江珍	江西安福	1930 年 5 月	1949 年 9 月	1990 年 7 月	工程师

三、因公殉职人员

新中国成立后至 2020 年，全市水文系统共有 3 位基层水文测站职工在防汛测报工作中因公殉职，详见表 8-25-3。

表 8-25-3　　1949—2020 年赣州市水文系统因公殉职人员

姓名	出生年月	籍　贯	单　位	殉职时间	殉 职 原 因
刘维隆	1921 年	江西省南康县	信丰水位站	1953 年 6 月 12 日	观测水位，不幸失足落水，因公殉职，时年 32 岁
谢裕华	1929 年	江西省安远县	安远羊信江流量站	1959 年 6 月 12 日	夜间测流时不幸跌入水中，因公殉职，时年 30 岁
刘智银	1958 年 6 月	江西省于都县	于都峡山水文站	1981 年 4 月 12 日	在测流过程中，测杆上端碰到船篷，测杆向外倾斜过大，不幸落水，因公殉职，时年 23 岁

第二十六章

荣誉

主要记述赣州水文系统荣获县级及以上表彰的先进集体和个人。

第一节 集 体 荣 誉

1962—2020年，赣州水文系统共获各级表彰346次先进单位（集体），见表8-26-1。其中获省、部级表彰的先进单位（集体）有22次，获地、厅级表彰的先进单位（集体）有96次。

表8-26-1　　1962—2020年赣州市水文局获奖荣誉

序号	获奖单位	获奖年度	荣誉名称	授奖部门	授奖时间
1	会昌麻州水文站		省水文气象系统“五好台站”	江西省水文气象局	1962年
2	南康田头水文站		省水文气象系统“五好台站”	江西省水文气象局	1963年
3	赣州坝上水文站		防洪抢险先进单位	赣州市人民委员会	1964年
4	于都峡山水文站		1963年度“五好台站”	江西省水文气象局	1964年
5	安远羊信江水文站		省水文气象系统“五好台站”	江西省水文气象局	1965年
6	瑞金水文站		先进单位	瑞金县委、县革委	1972年
7	瑞金水文站		农业学大寨先进单位	赣州地区革命委员会	1973年
8	瑞金水文站		农业学大寨先进单位、抓革命促生产先进单位	瑞金县委、县革委	1973年
9	瑞金水文站		先进单位	赣州地区农林办	1974年
10	南康田头水文站		开展服务工作先进单位	赣州地区农林办	1974年
11	瑞金水文站		农业学大寨先进单位	瑞金县委、县革委	1975年
12	南康田头水文站		先进单位	南康县革命委员会	1975年
13	瑞金水文站		先进单位	瑞金县委、县革委	1976年
14	南康田头水文站		先进单位	南康县委、县革委	1976年
15	瑞金水文站		全国水文战线先进单位	国家水电部	1977年
16	瑞金水文站		科学技术先进单位	赣州地委、地革委	1977年
17	于都峡山水文站		赣州地区农业学大寨先进单位	赣州地区革命委员会	1977年

续表

序号	获奖单位	获奖年度	荣誉名称	授奖部门	授奖时间
18	赣县翰林桥水文站		赣州地区科技先进单位	赣州地区革命委员会	1977年
19	宁都水文站		先进单位	宁都县革命委员会	1977年
20	赣州地区水文站革命委员会		赣州地区科技先进集体	赣州地委、地区革委会	1978年1月
21	于都峡山水文站		赣州地区科技先进集体	赣州地委、地区革委会	1978年
22	赣县翰林桥水文站		赣州地区科技先进集体	赣州地委、地区革委会	1978年
23	麻双水文站		赣州地区科技先进集体	赣州地委、地区革委会	1978年
24	瑞金水文站		赣州地区科技先进集体	赣州地委、地区革委会	1978年
25	瑞金水文站		全区水电系统学大庆、学大寨红旗单位	赣州地区革命委员会	1978年
26	南康窑下坝水文站		全区水电系统学大庆、学大寨先进单位	赣州地区革命委员会	1978年
27	宁都水文站		全区水电系统学大庆、学大寨先进单位	赣州地区革命委员会	1978年
28	于都窑帮水文站		全区水电系统学大庆、学大寨先进单位	赣州地区革命委员会	1978年
29	正坑水文站		全区水电系统学大庆、学大寨先进单位	赣州地区革命委员会	1978年
30	长江雨量站		全区水电系统学大庆、学大寨先进单位	赣州地区革命委员会	1978年
31	坪市雨量站		全区水电系统学大庆、学大寨先进单位	赣州地区革命委员会	1978年
32	青塘雨量站		全区水电系统学大庆、学大寨先进单位	赣州地区革命委员会	1978年
33	于都窑帮水文站		于都县先进单位	于都县委、县革委	1978年
34	瑞金水文站		学大庆、学大寨先进单位	瑞金县委、县革委	1978年
35	赣州地区水文站革命委员会		全省科技工作先进集体	江西省委、省革委会	1978年9月
36	瑞金水文站		全区水文战线学大寨先进单位	赣州地区水电局	1978年
37	龙南杜头水文站		先进单位	龙南县革命委员会	1978年
38	于都汾坑水文站		1981年度测站竞赛评比先进集体	江西省水利厅	1982年
39	安远羊信江水文站		1981年度测站竞赛评比先进集体	江西省水利厅	1982年

续表

序号	获奖单位	获奖年度	荣誉名称	授奖部门	授奖时间
40	全南南迳水文站		1981年度测站竞赛评比先进集体	江西省水利厅	1982年
41	会昌�门岭雨量站		1981年度测站竞赛评比先进集体	江西省水利厅	1982年
42	安远镇岗雨量站		1981年度测站竞赛评比先进集体	江西省水利厅	1982年
43	崇义扬眉雨量站		1981年度测站竞赛评比先进集体	江西省水利厅	1982年
44	于都汾坑水文站		全国水文系统先进集体	国家水电部	1983年
45	宁都水文站		1985年度计划生育先进单位	宁都县委、县政府	1985年
46	赣州地区水文站	1985	全区先进团支部	共青团赣州地委	1986年1月
47	赣州地区水文站	1985	创“三优”先进单位	赣州市人民政府	1986年5月
48	赣州地区水文站测资科		1985年度全省水文系统先进集体	江西省水文总站	1986年
49	于都峡山水文站		1985年度全省水文系统先进集体	江西省水文总站	1986年
50	龙南杜头水文站		1985年度全省水文系统先进集体	江西省水文总站	1986年
51	赣县翰林桥水文站		1985年度全省水文系统先进集体	江西省水文总站	1986年
52	于都窑帮水文站		1985年度全省水文系统先进集体	江西省水文总站	1986年
53	信丰禾场埂雨量站		1985年度全省水文系统先进代办站	江西省水文总站	1986年
54	南康坪市雨量站		1985年度全省水文系统先进代办站	江西省水文总站	1986年
55	全南坡头雨量站		1985年度全省水文系统先进代办站	江西省水文总站	1986年
56	赣州地区水文站	1986	全区先进团支部	共青团赣州地委	1987年1月
57	赣州地区水文站	1986	地直机关先进团支部	赣州地直机关团委	1987年4月
58	赣州地区水文站	1986	创“三优”先进单位	赣州市人民政府	1987年6月
59	赣州地区水文站	1987	地直机关暑期青少年教育活动先进集体	赣州地区直属机关党委	1987年8月
60	赣州地区水文站	1987	全区职工之家	赣州地区工会办事处	1988年5月
61	赣州地区水文站	1987	市文明单位	赣州市人民政府	1988年7月
62	赣州地区水文站	1987	全市卫生先进单位	赣州市爱卫会	1988年

续表

序号	获奖单位	获奖年度	荣誉名称	授奖部门	授奖时间
63	赣州地区水文站	1987	计划生育三无单位	赣州市委、市政府	1988年
64	赣州地区水文站	1987	全区普法先进单位	赣州地委、地区行署	1988年1月
65	赣州地区水文站	1988	爱国卫生先进单位	赣州市爱卫会	1989年
66	赣州地区水文站	1988	全区工会先进职工之家	赣州地区工会办事处	1989年3月
67	赣州地区水文站	1988	地直机关团支部工作竞赛奖	赣州地直机关团委	1989年5月
68	赣州地区水文站	1988	先进基层党组织	赣州地直机关党委	1989年7月
69	赣州地区水文站	1989	财务工作达标单位	江西省财政厅	1990年
70	赣州地区水文站	1989	全区工会系统信息工作先进单位	赣州地区工会办事处	1990年2月
71	赣州地区水文站	1989	防汛报讯工作先进单位	赣州地区防汛抗旱指挥部	1990年3月
72	赣州地区水文站	1990	地直机关党建目标管理达标单位	赣州地直机关党委	1991年3月
73	赣州地区水文站	1990	基层党组织达标活动先进单位	赣州地直机关党委	1991年7月
74	赣州地区水文站	1991	地直机关首届篮球赛精神文明队	赣州地直机关党委	1991年11月
75	赣州地区水文站	1990	市级文明单位	赣州市人民政府	1991年12月
76	赣州地区水文站中心分析室	1991	水利系统水质监测优良分析室	水利部水文司	1992年1月
77	赣州地区水文站测资科	1991	全省水文系统先进科室	江西省水利厅	1992年3月
78	宁都水文站	1991	全省水文系统先进水文站（队）	江西省水利厅	1992年3月
79	于都窑帮水文站	1991	全省水文系统先进水文站（队）	江西省水利厅	1992年3月
80	龙南龙头水文站	1991	全省水文系统先进水文站（队）	江西省水利厅	1992年3月
81	赣州地区水文站	1991	全区先进职工之家	赣州地区工会办事处	1992年5月
82	赣州地区水文站	1992	通报表彰水文单位抗洪抢险表现突出	赣州市精神文明活动委员会	1992年5月
83	赣州地区水文站	1992	全区抗洪抢险先进集体	中共赣州地委、地区行署	1992年5月
84	于都峡山水文站	1992	全区抗洪抢险先进集体	赣州地委、地区行署	1992年5月
85	石城水文站	1992	全区抗洪抢险先进集体	赣州地委、地区行署	1992年5月
86	信丰水位站	1992	全区抗洪抢险先进集体	赣州地委、地区行署	1992年5月
87	赣州地区水文站	1992	通报表彰	国家防汛办	1992年6月

续表

序号	获奖单位	获奖年度	荣誉名称	授奖部门	授奖时间
88	赣州坝上水文站	1992	通报表彰	国家防汛办	1992年6月
89	于都峡山水文站	1992	通报表彰	国家防汛办	1992年6月
90	赣州地区水文站	1992	全省抗洪抢险先进集体	江西省人民政府	1992年9月
91	赣州坝上水文站		全省抗洪抢险先进集体	江西省人民政府	1992年9月
92	于都峡山水文站		全省抗洪抢险先进集体	江西省人民政府	1992年9月
93	赣州地区水文站	1991	全区党建工作目标管理先进单位	中共赣州地委	1992年10月
94	赣州地区水文站	1992	计划生育目标管理达标单位	赣州市南外办事处	1993年2月
95	赣州地区水文站	1991—1992	全省安全生产先进单位	江西省人民政府	1993年5月
96	赣州地区水文站	1992	全区先进基层党组织	中共赣州地委	1993年7月
97	赣州地区水文站	1992	全区党建目标管理先进单位	中共赣州地委	1993年8月
98	赣州地区水文站	1992	文明小区篮球赛精神文明队	市张家围小区理事会	1993年1月
99	赣州地区水文分局	1992	市“文明新风十件新事”入选单位	赣州市文明委	1993年11月
100	赣州地区水文分局	1993	精神文明建设先进单位	中共赣州地委、地区行署	1994年
101	赣州地区水文水资源服务中心		全省水文综合经营先进中心	江西省水文局	1994年
102	上犹安和水文站		全省水文综合经营先进水文站	江西省水文局	1994年
103	赣州地区水文分局	1993	计划生育目标管理达标先进单位	赣州市南外办事处	1994年3月
104	赣州地区水文分局	1993	基层工会工作先进集体	赣州地直机关工委	1994年4月
105	赣州地区水文分局	1993	水文预报先锋支铁建设功臣	铁道部13工程局四处	1994年5月
106	赣州地区水文分局	1994	通报表彰赣州等水文站抗洪抢险表现突出	赣州地区防汛抗旱指挥部	1994年6月
107	赣州地区水文分局	1994	党建目标管理达标先进单位	赣州地直机关党委	1994年6月
108	赣州地区水文分局	1994	抗洪抢险铸真情携手共建京九路	铁道部建筑总公司京九铁路赣州指挥部	1994年7月
109	赣州地区水文分局	1994	全省水文目标管理先进单位（第一名）	江西省水文局	1994年12月
110	赣州地区水文分局	1994	计划生育达标先进单位	赣州市南外片计生领导小组	1995年1月
111	赣州地区水文分局	1994	全区先进职工之家	赣州地区工会办事处	1995年1月
112	赣州地区水文分局	1994	地级文明单位	中共赣州地委、行署	1995年1月
113	石城水文站		抗洪救灾、重建家园先进集体	石城县委、县政府	1995年2月

续表

序号	获奖单位	获奖年度	荣誉名称	授奖部门	授奖时间
114	赣州地区水文分局	1994	全国水利系统安全生产先进单位	水利部	1995年3月
115	赣州地区水文分局	1994	全省水利系统安全生产先进单位	江西省水利厅	1995年5月
116	赣州地区水文分局	1993—1994	全省水文宣传工作先进集体	江西省水文局党委	1995年5月
117	赣州地区水文分局	1994	抗洪救灾工作先进单位	中共赣州市委、市政府	1995年5月
118	赣州地区水文分局	1994	全省先进基层党组织	中共江西省委	1995年7月
119	赣州地区水文分局	1994	全区先进基层党组织	中共赣州地委	1995年7月
120	赣州地区水文分局	1995	创建国家卫生城先进单位	市共建卫生城工作委员会	1996年1月
121	赣州地区水文分局	1995	全省水文系统目标管理先进单位（第一名）	江西省水文局	1996年4月
122	赣州地区水文分局	1995	先进基层党组织	中共赣州地直机关工委	1996年5月
123	赣州地区水文分局	1995	市卫生先进单位	赣州市爱卫会	1996年5月
124	赣州地区水文分局	1995	地级文明单位	赣州地委、行署	1996年
125	赣州地区水文分局	1996	先进基层工会	赣州地直机关工会	1997年2月
126	赣州地区水文分局	1996	机关党建工作先进单位	中共赣州地直机关工委	1997年2月
127	赣州地区水文分局		省水利系统文明服务示范窗口单位	江西省水利厅	1997年3月
128	赣州地区水文分局	1996	全省水文系统目标管理先进单位（第一名）	江西省水文局	1997年4月
129	赣州地区水文分局	1996—1997	全省水文宣传先进集体	江西省水文局党委	1997年12
130	赣州地区水文分局	1996	全省干部档案工作三级单位	中共江西省委组织部	1997年
131	赣州地区水文分局张家围路储蓄所		厅直青年文明号	江西省水利厅	1997年
132	石城水文站		厅直青年文明号	江西省水利厅	1997年
133	于都峡山水文站		全省先进水文站	省防汛办、省水文局	1997年
134	赣州地区水文分局水情科		全省水情工作先进集体	省防汛办、省水文局	1997年
135	南康田头水文站		全省水情工作先进集体	省防汛办、省水文局	1997年
136	赣州坝上水文站		全省水文测验工作先进集体	省防汛办、省水文局	1997年
137	赣州地区水文分局	1996—1997	全省水文宣传先进集体	省水文局党委	1997年
138	赣州地区水文分局	1997	赣州地区文明服务示范窗口单位	中共赣州地委、地区行署	1998年

续表

序号	获奖单位	获奖年度	荣誉名称	授奖部门	授奖时间
139	赣州地区水文分局	1997	村建开辟富民路，赞歌一曲表深情	中共赣县县委、县政府	1998年1月
140	赣州地区水文分局	1997	计划生育达标先进单位	赣州市南外片计生领导小组	1998年1月
141	赣州地区水文分局	1997	全省水文系统目标管理先进单位（第一名）	江西省水文局	1998年3月
142	赣州地区水文分局	1996—1997	地级文明单位	中共赣州地委、地区行署	1998年5月
143	赣州地区水文分局	1998	青年文明号	江西省水利厅厅直团委、省水文局	1998年12月
144	赣州地区水文分局	1998	计划生育工作达标先进单位	赣州市南外片计生领导小组	1998年12月
145	赣州地区水文分局	1998	女职工文明标兵岗	赣州地直机关工会	1999年3月
146	赣州地区水文分局	1998	地直机关党建工作先进单位	中共赣州地直机关工委	1999年3月
147	赣州地区水文分局	1998	先进团支部	赣州地直机关团委	1999年4月
148	赣州地区水文分局	1998	水文系统目标管理先进单位（第一）	江西省水文局	1999年4月
149	赣州市水文分局	1998—1999	全省水文宣传先进集体	江西省水文局党委	1999年12月
150	赣州坝上水文站		全省水文系统文明站队	江西省水文局党委	1999年
151	信丰枫坑口水文站		全省水文系统文明站队	江西省水文局党委	1999年
152	赣州市水文分局	1998—1999	赣州市第一届文明单位	中共赣州市委、市人民政府	2000年1月
153	赣州市水文分局	1999	计生工作达标先进单位	章贡区东外片计生小组	2000年1月
154	赣州市水文分局	1999—2000	全省水文系统先进单位	江西省水文局	2000年3月
155	安远羊信江水文站	1999—2000	第七届县级文明单位	安远县委、县政府	2001年
156	赣州市水文分局	2000	计生工作达标先进单位	章贡区东外片计生领导小组	2001年3月
157	赣州市水文分局	2000	全市先进基层党组织	中共赣州市委	2001年7月
158	赣州市水文分局	2000	区文明楼院	章贡区政府	2001年9月
159	赣州市水文分局	2000	全省水文宣传先进单位	中共省水文局党委	2002年1月
160	赣州市水文分局	2001	全市地方志工作先进单位	赣州市地方志编纂委员会	2002年1月
161	赣州市水文分局	2001	东外片计生先进集体	章贡区东外片计生领导小组	2002年1月
162	赣州市水文分局	2001	章贡区文明楼院（机关宿舍B）	章贡区文明委	2002年1月
163	赣州市水文分局	2000—2001	全省水文宣传先进单位	江西省水文局党委	2002年2月

续表

序号	获奖单位	获奖年度	荣誉名称	授奖部门	授奖时间
164	赣州市水文分局	2001	先进直属团支部	赣州市直机关团委	2002年3月
165	赣州市水文分局	2001	市直机关先进基层工会	赣州市直机关工委工会	2002年4月
166	赣州市水文分局	2001	全省水文系统先进单位	江西省水文局	2002年5月
167	赣州市水文分局	2000—2001	第八届省级文明单位	江西省委、省政府	2002年5月
168	赣州市水文分局	2001	市直机关先进基层工会	赣州市直机关工会	2002年5月
169	赣州坝上水文站		市级文明示范窗口单位	赣州市文明委	2002年5月14日
170	于都峡山水文站		市级文明示范窗口单位	赣州市文明委	2002年5月14日
171	信丰茶芫水文站		市级文明示范窗口单位	赣州市文明委	2002年5月14日
172	赣州市水文分局	2002	东外片计划生育达标先进单位	章贡区东外街办	2003年3月
173	赣州市水文分局	2002	市直机关先进基层工会	赣州市直机关工会工委	2003年5月
174	赣州市水文分局	2002	市直机关先进团支部	赣州市直机关团委	2003年5月
175	赣州市水文分局	2002	市直机关先进基层党组织	赣州市直机关党委	2003年7月
176	赣州市水文分局自动化科	2002	省直机关青年文明号	江西省直机关工委	2003年8月
177	赣州市水文分局	2002—2003	市无偿献血先进单位	赣州市无偿献血领导小组	2003年8月
178	赣州市水文分局		市级文明单位	赣州市委、市政府	2003年
179	于都峡山水文站		县级文明单位	于都县委、县政府	2003年
180	赣州市水文分局	2002—2003	市级文明单位	赣州市委、市人民政府	2004年1月
181	石城水文站	2002—2003	市级文明单位	赣州市委、市人民政府	2004年1月
182	赣州市水文分局	2002—2003	全省水文宣传先进分局	江西省水文局党委	2004年2月
183	赣州市水文分局办公室	2002—2003	全省水文宣传先进单位	江西省水文局党委	2004年2月
184	石城水文站	2002—2003	全省水文宣传先进单位	江西省水文局党委	2004年2月
185	赣州市水文分局	2003	东外片计划生育达标优胜单位	东外街道工委、东外街办	2004年2月
186	赣州市水文分局	2003	先进职工之家	市直机关工会工委	2004年4月
187	赣州市水文分局	2003	红旗基层党组织	中共市直机关工委	2004年4月
188	赣州市水文分局	2003	争做“五型”干部活动先进单位	中共市直机关工委	2004年4月

续表

序号	获奖单位	获奖年度	荣誉名称	授奖部门	授奖时间
189	赣州市水文分局	2004	客家文化艺术节服务工作先进单位	赣州市委、市政府	2004年12月
190	赣州市水文分局	2004	首届市直文明单位	赣州市直机关、市文明办	2005年1月
191	赣州市水文分局	2004	全市综治目标管理先进单位	赣州市委、市政府	2005年1月
192	赣州市水文分局	2004	东外片人口与计划生育工作一等奖	东外街道工委、东外街办	2005年4月
193	赣州坝上水文站	2004—2005	全国文明水文站	水利部精神文明建设指导委员会、部水文局	2005年5月
194	赣州市水文分局	2003—2005	市直机关先进基层党组织	中共赣州市直机关工委	2005年7月
195	赣州市水文分局	2004—2005	全市先进基层党组织	中共赣州市委	2005年7月
196	石城水文站	2005	抗洪救灾工作先进单位	石城县委、县政府	2005年7月16日
197	赣州市水文局	2005	全市防汛抗洪先进集体	赣州市委、市政府	2005年8月
198	宁都水文站	2005	全市防汛抗洪先进集体	赣州市委、市政府	2005年8月
199	赣州市水文局	2005	全省水文系统防汛抗洪先进集体	江西省水文局	2005年8月
200	信丰茶芫水文站	2005	全市防汛抗洪先进集体	信丰县委、县政府	2005年9月
201	赣州市水文局	2005	赣南优质脐橙奖	中国（赣州）第四届脐橙节组委会	2005年11月
202	赣州市水文局	2005	市直机关先进基层党组织	中共赣州市直机关工委	2005年
203	赣州市水文局	2004	市级文明单位	赣州市委、市政府	2005年
204	石城水文站	2004	市级文明单位	赣州市委、市政府	2005年
205	赣州市水文局	2005	全市综治目标管理先进单位	赣州市委、市政府	2006年2月
206	赣州市水文局	2005	全市社会治安综合治理先进单位	赣州市委、市政府	2006年2月16日
207	赣州市水文局	2004—2005	第十届省级文明单位	江西省委、省政府	2006年3月
208	赣州市水文局	2004—2005	全省水文宣传先进单位	江西省水文局党委	2006年3月
209	赣县翰林桥水文站	2004—2005	赣县第十届文明单位	中共赣县县委、县政府	2006年5月10日
210	赣州市水文局党总支	2005	市直机关先进基层党组织	赣州市直机关工委	2006年6月
211	赣州市水文局	2006	全市抗洪救灾先进集体	赣州市委、市政府	2006年9月15日
212	上犹安和水文站	2006	全市抗洪救灾先进集体	赣州市委、市政府	2006年9月15日

续表

序号	获奖单位	获奖年度	荣誉名称	授奖部门	授奖时间
213	于都峡山水文站	2005	于都县文明单位	于都县委、县政府	2006年
214	安远羊信江水文站	2005	安远县文明单位	安远县委、县政府	2006年
215	于都汾坑水文站	2005	于都县文明单位	于都县委、县政府	2006年
216	信丰茶芫水文站	2005	信丰县文明单位	信丰县委、县政府	2006年
217	赣州坝上水文站	2004—2005	章贡区文明单位	章贡区委、区政府	2006年
218	于都峡山水文站	2005	全省文明水文站	江西省水利厅文明办、省水文局	2006年
219	赣州市水文局	2007	参加全省基层应急管理工作现场会组织筹备工作先进单位	赣州市政府	2007年
220	赣州市水文局	2006	全市和谐平安单位	赣州市创安领导小组	2007年1月
221	赣州市水文局	2005—2006	赣州市第三届文明行业（单位）	赣州市委、市政府	2007年2月28日
222	赣州市水文局自动化科	2006	省级青年文明号	江西省创建“青年文明号”活动组委会	2007年2月27日
223	赣州市水文局	2006	东外片人口与计划生育工作先进集体	东外街道工委、东外街道办	2007年3月23日
224	赣州市水文局	2007	全市防汛抗旱先进集体	赣州市委、市政府	2007年12月
225	于都峡山水文站	2007	全市防汛抗旱先进集体	赣州市委、市政府	2007年12月
226	瑞金水位站	2007	全市防汛抗旱先进集体	赣州市委、市政府	2007年12月
227	赣州市水文局	2007	“创建和谐机关，促进科学发展”征文比赛优胜单位		2008年2月
228	赣州市水文局	2007	“创建和谐机关，促进科学发展”征文比赛组织奖		2008年2月
229	赣州市水文局	2007	市直机关党建红旗单位称号	中共赣州市直机关工委	2008年2月
230	赣州市水文局	2007	党建信息库建设先进单位	中共赣州市直机关工委	2008年2月
231	赣州市水文局	2006	市直机关党内统计年报全优单位	中共赣州市直机关工委	2008年2月
232	赣州市水文局	2007—2009	市直机关先进基层工会	赣州市直机关工委工会	2008年3月
233	赣州市水文局	2006—2007	第十一届省级文明单位	江西省委、省政府	2008年4月
234	赣州市水文局	2007	人口与计划生育及计生协会工作”二等奖	东外街道工委、东外街道办	2008年4月11日
235	赣州市水文局	2006—2007	全省水文宣传先进集体	江西省水文局党委	2008年12月
236	信丰茶芫水文站	2008	防汛抗旱工作先进成员单位	信丰县人民政府	2009年
237	赣州市水文局		全省水文系统学习教育年主题活动优秀组织奖	江西省水文局	2009年

续表

序号	获奖单位	获奖年度	荣誉名称	授奖部门	授奖时间
238	赣州市水文局	2008	全省水情工作先进集体	江西省水文局	2009年2月
239	赣州市水文局	2008	东外片“人口与计划生育及计生协会工作”二等奖	东外街道工委、东外街道办	2009年4月29日
240	赣州市水文局	2007—2009	市直机关先进基层党组织	赣州市直机关工委	2009年6月
241	赣州市水文局	2009	全市防汛抗旱先进集体	赣州市政府	2010年
242	信丰茶芫水文站	2009	全市防汛抗旱先进集体	赣州市政府	2010年
243	南康窑下坝水文站	2009	全市防汛抗旱先进集体	赣州市政府	2010年
244	赣州市水文局	2010	“创先争优”活动先进机关党组织	赣州市直机关工委	2010年
245	赣州市水文局	2009	全省水文系统机关效能年活动先进单位	江西省水文局	2010年2月
246	南康窑下坝水文站	2009	全省水文系统机关效能年活动先进集体	江西省水文局	2010年2月
247	赣州市水文局	2008—2009	第十二届省级文明单位	江西省委、省政府	2010年4月1日
248	赣州市水文局	2009	东外片人口与计划生育工作先进集体二等奖	东外街道工委、东外街道办	2010年5月
249	赣州市水文局	2010	全省水情工作先进集体	江西省水文局	2010年12月9日
250	赣州市水文局	2010	全市防汛抗旱先进集体	赣州市政府	2011年3月16日
251	于都峡山水文站	2010	全市防汛抗旱先进集体	赣州市政府	2011年3月16日
252	定南胜前水文站	2010	全市防汛抗旱先进集体	赣州市政府	2011年3月16日
253	赣州市水文局	2009—2010	全省水文宣传先进集体	江西省水文局	2011年8月2日
254	赣州市水文局	2006—2010	赣州市“五五”普法教育工作先进单位	赣州市法制宣传教育工作领导小组	2011年11月22日
255	安远羊信江水文站	2011	全市防汛抗旱先进集体	赣州市政府	2012年3月
256	赣州市水文局	2011	全省水文先进集体	江西省水利厅	2012年4月
257	赣州市水文局团支部	2011	市直机关五四红旗团组织	共青团赣州市直机关工作委员会	2012年4月28日
258	安远羊信江水文站	2010—2011	赣州市第七届文明单位	赣州市委、市政府	2012年12月26日
259	赣州市水文局	2012	党内信息统计年报先进单位	中共赣州市直机关工委	2013年1月18日
260	赣州市水文局	2010—2012	第十三届省级文明单位	江西省委、省政府	2013年3月

续表

序号	获奖单位	获奖年度	荣誉名称	授奖部门	授奖时间
261	赣州市水文局团支部	2012	市直机关五四团组织	共青团赣州市直机关工委	2013年4月28日
262	赣州市水文局	2012	社会治安综合治理目标管理及平安赣州建设先进单位	赣州市委、市政府	2013年7月27日
263	赣州市水文局	2013	全省水情工作先进集体	江西省水文局	2014年1月
264	赣州市水文局	2013	全省资料整编工作先进集体	江西省水文局	2014年1月
265	赣州市水文局	2013	全市防汛抗旱先进集体	赣州市防汛抗旱指挥部	2014年2月26日
266	赣州坝上水文站	2013	全市防汛抗旱先进集体	赣州市防汛抗旱指挥部	2014年2月26日
267	信丰水文勘测队	2013	全市防汛抗旱先进集体	赣州市防汛抗旱指挥部	2014年2月26日
268	赣州市水文局工会	2012—2013	市直机关先进基层工会	赣州市直属机关工会工作委员会	2014年2月7日
269	赣州市水文局	2013	省级文明单位复查合格	江西省文明办	2014年
270	赣州市水文局	2012—2013	赣州市第八届文明单位	赣州市委、市政府	2014年6月28日
271	石城水文站	2012—2013	赣州市第八届文明单位	赣州市委、市政府	2014年6月28日
272	赣州市水文局	2013	社会治安综合治理目标管理先进单位	赣州市委、市政府	2014年9月10日
273	赣州市水文局	2013	绩效考核优秀单位	赣州市委办公厅、市人民政府办公厅	2014年
274	赣州市水文局	2013	全省水文宣传暨文化建设先进单位	江西省水文局	2014年11月12日
275	赣州市水文局	2014	保留赣州市第八届文明单位	赣州市委、市政府	2015年2月25日
276	石城水文站	2014	保留赣州市第八届文明单位	赣州市委、市政府	2015年2月25日
277	赣州市水文局	2014	市直机关党建红旗单位	赣州市直属机关工作委员会	2015年3月25日
278	赣州市水文局	2014	市直机关第一届文明单位	赣州市直属机关工作委员会	2015年3月25日
279	信丰水文勘测队	2014	市直机关第一届文明单位	赣州市直属机关工作委员会	2015年3月25日
280	瑞金水文勘测队	2014	市直机关第一届文明单位	赣州市直属机关工作委员会	2015年3月25日
281	赣州市水文局	2014	第七届全国水利文明单位	水利部精神文明建设指导委员会	2015年4月17日

续表

序号	获奖单位	获奖年度	荣誉名称	授奖部门	授奖时间
282	赣州市水文局	2014	省级文明单位复查合格	江西省文明办	2015年
283	赣州市水文局	2014	绩效考核优秀单位	赣州市委办公厅、市政府办公厅	2015年12月6日
284	赣州市水文局	2015	省级文明单位复查合格	江西省文明办	2016年
285	赣州市水文局	2015	市直机关党建红旗单位	赣州市直属机关工作委员会	2016年
286	赣州市水文局	2015	绩效考核优秀单位	赣州市委办公室、市人民政府办公室	2016年
287	赣州市水文局	2015	社会治安综合治理目标管理先进单位	赣州市委、市政府	2016年
288	赣州市水文局	2015	全国水利文明单位	水利部精神文明建设指导委员会	2016年
289	赣州市水文局	2013—2015	江西省第十四届文明单位	江西省委、省政府	2016年4月26日
290	石城水文站	2013—2015	江西省第十四届文明单位	江西省委、省政府	2016年4月26日
291	赣州市水文局	2015	党委信息工作先进单位	赣州市委办	2016年7月21日
292	赣州市水文局水质监测科	2014—2015	省直青年文明号	省直机关团工委、省直机关青工办	2016年9月21日
293	赣州市水文局	2016	江西省水文勘测技能大赛优秀组织奖	江西省水利厅	2016年11月7日
294	赣州市水文局	2016	市直机关党建工作红旗单位	中共赣州市直机关工委	2017年2月
295	赣州坝上水文站	2016	市直机关党建工作示范点	中共赣州市直机关工委	2017年2月
296	赣州市水文局	2016	省级文明单位复查合格	江西省文明办	2017年
297	赣州市水文局	2017	江西省水文系统《江西省水文管理办法》实施三周年知识竞赛中荣获三等奖	江西省水文局	2017年4月
298	赣州市水文局	2017	微视频《一个水文人的坚守》在“喜迎十九大”党建微视频大赛中获得第四名	赣州市委组织部	2017年7月10日
299	赣州市水文局	2017	全国水利文明单位通过复核	水利部精神文明建设指导委员会	2017年12月
300	赣州市水文局	2017	社会治安综合治理目标管理先进单位	赣州市委、市政府	2018年2月7日
301	赣州市水文局	2017	省级文明单位复查合格	江西省文明办	2018年

续表

序号	获奖单位	获奖年度	荣誉名称	授奖部门	授奖时间
302	赣州市水文局	2017	绩效考核优秀单位	中共赣州市委办公室、赣州市人民政府办公室	2018年6月
303	赣州市水文局	2017	全省水文系统综合考评第一名	江西省水文局	2018年
304	赣州市水文局机关党委	2017	赣州市党委信息工作先进单位	赣州市委办	2018年
305	赣州市水文局	2018	全省水文勘测技能大赛团体第二	江西省水利厅	2018年
306	赣州市水文局	2018	市直机关党建红旗单位	中共赣州市直机关工委	2019年2月28日
307	机关第三党支部	2018	市直机关党建工作示范点	中共赣州市直机关工委	2019年2月28日
308	赣州市水文局水质科	2016—2017	省级青年文明号	江西省创建青年文明号活动组委会	2019年2月24日
309	赣州市水文局	2018	全国水利文明单位	水利部精神文明建设指导委员会	
310	赣州市水文局	2018	市直单位“五好”关工委	中共赣州市直机关工委	2019年3月19日
311	赣州市水文局	2018	社会治安综合治理目标管理（平安赣州建设）先进单位	赣州市委、市政府	2019年3月27日
312	办公室	2018	全市党委系统信息工作先进集体	赣州市委办公室	2019年3月29日
313	赣州市水文局工会		市直机关先进机关工会	中共赣州市直机关工会工委	2019年4月30日
314	赣州市水文局	2016—2018	第十五届江西省文明单位	江西省委、省政府	2019年4月30日
315	石城水文站	2016—2018	第十五届江西省文明单位	江西省委、省政府	2019年4月30日
316	赣州市水文局	2018	第二届市直机关文明单位	赣州市直机关工委	2019年
317	赣州市水文局	2018	绩效考核优秀驻市单位	中共赣州市委办公室 赣州市人民政府办公室	2019年6月12日
318	赣州市水文局	2018	局领导班子考核优秀等次单位	江西省水文局	2019年5月21日
319	赣州市水文局	2018	无烟单位称号	赣州市爱卫会	2019年5月28日
320	机关三支部	2019	先进党支部	赣州市直机关工委	2019年7月1日

续表

序号	获奖单位	获奖年度	荣誉名称	授奖部门	授奖时间
321	赣州市水文局	2019	全省水文系统第二届羽毛球比赛团体第二名	江西省水文局工会	2019年9月10日
322	赣州市水文局	2019	全省水文系统《中国共产党支部条例》知识竞赛三等奖	江西省水文局	2019年9月
323	赣州市水文局	2019	全市防汛抗洪抢险先进集体	赣州市政府	2019年9月12日
324	瑞金巡测中心	2019	全市防汛抗洪抢险先进集体	赣州市政府	2019年9月12日
325	赣州市水文局	2019	“不忘初心、牢记使命”主题教育暨学习强国知识竞赛活动优秀组织奖	赣州市委宣传部、市直机关工委	2019年11月29日
326	赣州市水文局	2019	江西省首届水文预报技术竞赛团队综合成绩第一名	江西省水文局	2019年12月20日
327	赣州市水文局	2019	赣州市绿色机关创建单位	赣州市发改委、赣州市机关事务管理局	2019年12月31日
328	赣州市水文局	2019	水文化传播先进集体	江西省水利厅	2020年1月21日
329	赣州市水文局	2019	江西省文明单位复查合格	江西省文明办	2020年3月3日
330	石城水文站	2019	江西省文明单位复查合格	江西省文明办	2020年3月3日
331	赣州市水文局	2019	“大众评公务”评定等次为优秀	赣州市社情民意调查中心	2020年3月6日
332	赣州市水文局	2019	市直机关党建红旗单位	中共赣州市直机关工委	2020年3月9日
333	市水文局机关党委	2019	市直机关党建工作示范点	中共赣州市直属机关工作委员会	2020年3月9日
334	赣州市水文局	2019	全国水利文明单位复查合格	水利部精神文明建设指导委员会	2020年3月17日
335	赣州市水文局	2019	“平安建设（综治工作）”先进单位	江西省水文局	2020年4月26日
336	赣州市水文局	2019	社会治安综合治理目标管理先进单位	中共赣州市委、赣州市人民政府	2020年4月29日
337	赣州市水文局团支部	2019	“五四红旗团支部”	共青团赣州市委	2020年5月3日
338	赣州市水文局水情科	2018—2019	江西省水利厅青年文明号	共青团江西省水利厅直属机关委员会	2020年5月4日
339	赣州市水文局（刘旗福、韩伟）	2019	“平安建设（综治工作）”先进单位	赣州市平安赣州建设领导小组	2020年6月2日

续表

序号	获奖单位	获奖年度	荣誉名称	授奖部门	授奖时间
340	赣州市水文局	2019	市级无烟单位复核通过	赣州市爱国卫生运动委员会	2020年6月10日
341	赣州市水文局	2019	第十届赣州市文明单位	中共赣州市委、赣州市人民政府	2020年6月17日
342	赣州市水文局	2019	市直（驻市）单位绩效考评优秀	中共赣州市委办公室、赣州市人民政府办公室	2020年9月16日
343	赣州市水文局	2020	疫情防控督查总体评价“好”	赣州市新型冠状病毒感染的肺炎疫情防控应急指挥部	2020年2月15日
344	信丰水文测报中心	2020	全省水文系统抗击新冠肺炎疫情先进集体	江西省水文局	2020年
345	赣州市水文局水质科	2020	通过省级青年文明号复评	江西省创建青年文明号活动组委会	
346	赣州市水文局	2020	水文化传播先进集体	江西省水利厅	2021年

第二节 先进个人

1958—2020年，赣州水文职工获各级（不含本单位）表彰共有491人次，其中获得省部级表彰的先进个人18人次，获得地厅级表彰的先进个人168人次，获得县级表彰的先进个人269人次，见表8-26-2。

表8-26-2　　赣州市水文局先进个人

序号	姓名	奖项	授奖部门	授奖时间	备注
1	刘万炳	全省水利系统先进个人	江西省水利厅	1958年	
2	诸葛富	全省成绩优异的先进工作者	江西省人民政府	1960年	
3	莫名淳	省水文气象系统“五好干部”	江西省水文气象局	1962年	
4	刘贤洪	省水文气象系统“五好干部”	江西省水文气象局	1962年	
5	钟瑞林	省水文气象系统“五好干部”	江西省水文气象局	1962年	
6	熊汉祥	全省水文气象系统五好干部	江西省水文气象局	1963年2月	
7	莫名淳	全省水文气象系统五好干部	江西省水文气象局	1963年2月	
8	武振林	全省水文气象系统五好干部	江西省水文气象局	1963年2月	
9	刘贤洪	全省水文气象系统五好干部	江西省水文气象局	1963年2月	
10	李忠河	防洪抢险先进工作者	赣州市人民委员会	1964年	
11	李道井	全省水文气象系统五好干部	江西省水文气象局	1964年1月	
12	凌坚	全省水文气象系统五好干部	江西省水文气象局	1964年1月	
13	李垣	全省水文气象系统五好干部	江西省水文气象局	1964年1月	

续表

序号	姓名	奖项	授奖部门	授奖时间	备注
14	刘福丕	全省水文气象系统五好干部	江西省水文气象局	1964年1月	
15	熊汉祥	全省水文气象系统五好干部	江西省水文气象局	1964年1月	
16	李坦荣	全省水文气象系统先进个人	江西省水文气象局	1964年	
17	黄瑞辉	省水文气象系统“五好职工”	江西省水文气象局	1965年	
18	刘贤洪	省水文气象系统“五好职工”	江西省水文气象局	1965年	
19	刘贤洪	全省水文气象系统先进个人	江西省水文气象局	1966年	
20	李道井	农业学大寨先进工作者	信丰县革命委员会	1977年	
21	莫名淳	全县先进工作者	南康县委	1978年1月	
22	申其志	全区科技工作先进个人	赣州地委、地区革委会	1978年1月	
23	曾宪杰	全区科技工作先进个人	赣州地委、地区革委会	1978年1月	
24	莫名淳	全区水电系统先进工作者	赣州地区水电局	1978年3月	
25	李道井	全区水电系统先进个人	赣州地区革委会	1978年6月	
26	钟瑞林	全区水电系统先进个人	赣州地区革委会	1978年6月	
27	钟宝煌	全区水电系统先进个人	赣州地区革委会	1978年6月	
28	曾宪杰	全区水电系统先进个人	赣州地区革委会	1978年6月	
29	熊汉祥	全区水电系统先进个人	赣州地区革委会	1978年6月	
30	蓝师焕	全区水电系统先进个人	赣州地区革委会	1978年6月	
31	杨海松	全区水文战线学大寨先进个人	赣州地区水电局	1978年	
32	冯长桦	地区水电局先进个人	赣州地区水电局	1979年1月	
33	熊汉祥	地区水电局先进个人	赣州地区水电局	1979年1月	
34	李松茂	地区水电局先进个人	赣州地区水电局	1979年1月	
35	蓝师焕	地区水电局先进个人	赣州地区水电局	1979年1月	
36	赵秀英	地区水电局先进个人	赣州地区水电局	1979年1月	
37	赵秀英	地直机关优秀团员	赣州地直机关团委	1979年5月	
38	李道井	信丰县先进工作者	信丰县革命委员会	1979年	
39	熊汉祥	地区水电局先进个人	赣州地区水电局	1980年	
40	李松茂	地区水电局先进个人	赣州地区水电局	1980年	
41	蓝师焕	地区水电局先进个人	赣州地区水电局	1980年	
42	韩绍琳	地区水电局先进个人	赣州地区水电局	1980年	
43	张相琼	于都县劳动模范	于都县人民政府	1980年	
44	李道井	信丰县先进工作者	信丰县人民政府	1980年	
45	莫名淳	省农业劳动模范	江西省人民政府	1982年	
46	管永祥	全省水文系统先进个人	江西省水利厅	1982年3月	
47	韩绍琳	全省水文系统先进个人	江西省水利厅	1982年3月	

续表

序号	姓名	奖 项	授奖部门	授奖时间	备 注
48	谢为栋	全省水文系统先进个人	江西省水利厅	1982年3月	
49	诸葛富	全省水文系统先进个人	江西省水利厅	1982年3月	
50	蓝师焕	全省水文系统先进个人	江西省水利厅	1982年3月	
51	王海珍	全省水文系统先进个人	江西省水利厅	1982年3月	
52	钟宝煌	全省水文系统先进个人	江西省水利厅	1982年3月	
53	高明生	全省水文系统先进个人	江西省水利厅	1982年3月	
54	李义平	全省水文系统先进个人	江西省水利厅	1982年3月	
55	刘烈璠	全省水文系统先进个人	江西省水利厅	1982年3月	
56	莫名淳	全省水文系统先进个人	江西省水利厅	1982年3月	
57	黄忠孝	全省水文系统先进个人	江西省水利厅	1982年3月	
58	李春生	全省水文系统先进个人	江西省水利厅	1982年3月	
59	莫名淳	江西省农业劳动模范	江西省人民政府	1982年12月	
60	李松茂	全市拥军优属先进个人	赣州市人民政府	1983年1月	
61	莫名淳	县劳动模范	于都县人民政府	1983年1月	
62	莫名淳	全省水文系统先进个人	江西省水文总站	1983年3月	
63	管永祥	全省水文系统先进个人	江西省水文总站	1983年3月	
64	曹德先	全省水文系统先进个人	江西省水文总站	1983年3月	
65	梁洁莹	全省水文系统先进个人	江西省水文总站	1983年3月	
66	蓝师焕	全省水文系统先进个人	江西省水文总站	1983年3月	
67	李枝斌	全省水文系统先进个人	江西省水文总站	1983年3月	
68	郭春华	全省水文系统先进个人	江西省水文总站	1983年3月	
69	周方平	全省水文系统先进个人	江西省水文总站	1983年3月	
70	谢为栋	全省水文系统先进个人	江西省水文总站	1983年3月	
71	莫名淳	全国水文系统先进个人	国家水电部	1983年4月	
72	蓝师焕	全省水文系统先进个人	江西省水文总站	1984年3月	
73	李义平	全省水文系统先进个人	江西省水文总站	1984年3月	
74	刘烈璠	全省水文系统先进个人	江西省水文总站	1984年3月	
75	王承俊	全省水文系统先进个人	江西省水文总站	1984年3月	
76	莫名淳	全省水文系统先进个人	江西省水文总站	1984年3月	
77	管永祥	全省水文系统先进个人	江西省水文总站	1984年3月	
78	谢为栋	全省水文系统先进个人	江西省水文总站	1984年3月	
79	刘旗福	全省水文系统先进个人	江西省水文总站	1984年3月	
80	曹德先	全省水文系统先进个人	江西省水文总站	1984年3月	
81	周方平	全省水文系统先进个人	江西省水文总站	1985年3月	

续表

序号	姓名	奖　项	授奖部门	授奖时间	备　注
82	温太生	全省水文系统先进个人	江西省水文总站	1985年3月	
83	刘旗福	全省水文系统先进个人	江西省水文总站	1985年3月	
84	陈厚荣	全省水文系统先进个人	江西省水文总站	1985年3月	
85	陈显宏	全省水文系统先进个人	江西省水文总站	1985年3月	
86	陈显宏	1985年度全省水文系统优秀水文站站长	江西省水文总站	1986年	
87	凌坚	1985年度全省水文系统优秀水文站站长	江西省水文总站	1986年	
88	温太生	1985年度全省水文系统优秀水文站站长	江西省水文总站	1986年	
89	郭春华	1985年度全省水文系统先进工作者	江西省水文总站	1986年3月	
90	苏俊云	1985年度全省水文系统先进工作者	江西省水文总站	1986年3月	
91	曾广华	1985年度全省水文系统先进工作者	江西省水文总站	1986年3月	
92	杨庆忠	1985年度全省水文系统先进工作者	江西省水文总站	1986年3月	
93	刘定通	1985年度全省水文系统先进工作者	江西省水文总站	1986年3月	
94	黄昌柱	1985年度全省水文系统先进工作者	江西省水文总站	1986年3月	
95	朱晓红	1985年度全省水文系统先进工作者	江西省水文总站	1986年3月	
96	钟瑞林	1985年度全省水文系统先进工作者	江西省水文总站	1986年3月	
97	管圣华	1985年度全省水文系统先进工作者	江西省水文总站	1986年3月	
98	陈会兴	1985年度全省水文系统先进工作者	江西省水文总站	1986年3月	
99	肖国仲	1985年度全省水文系统先进工作者	江西省水文总站	1986年3月	
100	郭军	1985年度全省水文系统先进工作者	江西省水文总站	1986年3月	

续表

序号	姓名	奖　项	授奖部门	授奖时间	备　注
101	刘礼松	1985年度全省水文系统先进工作者	江西省水文总站	1986年3月	
102	廖信春	1985年度全省水文系统先进工作者	江西省水文总站	1986年3月	
103	郭崇俶	1985年度全省水文系统先进工作者	江西省水文总站	1986年3月	
104	李述忠	1985年度全省水文系统先进工作者	江西省水文总站	1986年3月	
105	谢润安	1985年度全省水文系统先进工作者	江西省水文总站	1986年3月	
106	朱生秩	1985年度全省水文系统先进工作者	江西省水文总站	1986年3月	
107	李道井	1985年度全省水文系统先进工作者	江西省水文总站	1986年3月	
108	蓝师焕	1985年度全省水文系统先进工作者	江西省水文总站	1986年3月	
109	钟光信	1985年度全省水文系统先进工作者	江西省水文总站	1986年3月	
110	陈厚荣	1985年度全省水文系统先进工作者	江西省水文总站	1986年3月	
111	张祥其	地直机关优秀党员	赣州地直机关党委	1986年6月	
112	管永祥	全区优秀党员	赣州地委	1987年5月	
113	郭春华	地直机关优秀团员	赣州地直机关团委	1987年5月	
114	李书恺	地直机关优秀党员	赣州地直机关党委	1987年7月	
115	管永祥	地直机关优秀党员	赣州地直机关党委	1987年7月	
116	黄元象	地直机关优秀党员	赣州地直机关党委	1987年7月	
117	熊汉祥	地直机关优秀党员	赣州地直机关党委	1987年7月	
118	熊汉祥	地直机关优秀党员	赣州地直机关党委	1988年6月	
119	曾纪暹	地直机关优秀党员	赣州地直机关党委	1988年7月	
120	韩绍琳	全省绿化先进个人	江西省绿化委员会	1989年3月	
121	刘旗福	地直机关优秀团干	赣州地直机关团委	1989年5月	
122	黄武	地直机关优秀团干	赣州地直机关团委	1989年5月	
123	陈光平	地直机关优秀团员	赣州地直机关团委	1989年5月	
124	钟燕锋	地直机关优秀团员	赣州地直机关团委	1989年5月	
125	吴义仁	地直机关优秀团员	赣州地直机关团委	1989年5月	

续表

序号	姓名	奖项	授奖部门	授奖时间	备注
126	陈会兴	地直机关优秀团员	赣州地直机关团委	1989年5月	
127	钟希瑜	地直机关优秀团员	赣州地直机关团委	1989年5月	
128	陈胜伟	地直机关优秀团员	赣州地直机关团委	1989年5月	
129	曾庆华	全国水利系统劳动模范	水利部、中国水电工会全国委员会	1989年5月	
130	刘英标	优秀党务工作者	赣州地直机关党委	1989年6月	
131	曾庆华	地直机关优秀党员	赣州地直机关党委	1989年6月	
132	李道井	地直机关优秀党员	赣州地直机关党委	1989年6月	
133	黄元象	地直机关优秀党员	赣州地直机关党委	1989年6月	
134	冯长桦	为四化服务先进个人	赣州市政协	1989年10月	
135	胡贞圳	文物保护先进个人	赣州市人民政府	1989年12月	
136	曾庆华	全省劳动模范	江西省人民政府	1990年5月	
137	熊汉祥	地直机关优秀党务工作者	赣州地直机关党委	1990年6月	
138	黄元象	全区优秀党员	赣州地委	1990年6月	
139	管永祥	全国水文系统先进个人	水利部	1990年10月	
140	刘英标	优秀党务工作者	赣州地直机关党委	1991年6月	
141	周方平	地直机关优秀党员	赣州地直机关党委	1991年6月	
142	冯长桦	从事水利事业25年奖	水利部	1991年6月	
143	王成辉	全国水文行业宣传优秀宣传员	水利部水文司	1991年	
144	李道井	市卫生工作先进个人	赣州市爱卫会	1991年	
145	张相琼	全省水文系统先进个人	江西省水利厅	1992年3月	
146	李书恺	全省水文系统先进个人	江西省水利厅	1992年3月	
147	周方平	全省水文系统先进个人	江西省水利厅	1992年3月	
148	陈显宏	全省水文系统先进个人	江西省水利厅	1992年3月	
149	廖瑞来	全省水文系统先进个人	江西省水利厅	1992年3月	
150	苏俊云	全省水文系统先进个人	江西省水利厅	1992年3月	
151	周卫光	全省水文系统先进个人	江西省水利厅	1992年3月	
152	蓝师焕	全省水文系统先进个人	江西省水利厅	1992年3月	
153	张朝平	全省水文系统先进代办员	江西省水利厅	1992年3月	
154	黄发初	全省水文系统先进代办员	江西省水利厅	1992年3月	
155	王太湛	全省水文系统先进代办员	江西省水利厅	1992年3月	
156	叶敏坚	全省水文系统先进代办员	江西省水利厅	1992年3月	
157	袁雅兰	全省水文系统先进代办员	江西省水利厅	1992年3月	
158	叶炳林	全省水文系统先进代办员	江西省水利厅	1992年3月	

续表

序号	姓名	奖 项	授奖部门	授奖时间	备 注
159	芦过房	全省水文系统先进代办员	江西省水利厅	1992年3月	
160	黄方材	全省水文系统先进代办员	江西省水利厅	1992年3月	
161	赖冬发	全省水文系统先进代办员	江西省水利厅	1992年3月	
162	邱玉华	全省水文系统先进代办员	江西省水利厅	1992年3月	
163	李书恺	全区抗洪抢险先进个人	赣州地委、地区行署	1992年5月	
164	周方平	全区抗洪抢险先进个人	赣州地委、地区行署	1992年5月	
165	诸葛富	全区抗洪抢险先进个人	赣州地委、地区行署	1992年5月	
166	黄春生	全区抗洪抢险先进个人	赣州地委、地区行署	1992年5月	
167	周方平	地直机关优秀党员	赣州地直机关工委	1992年6月	
168	李书恺	全省抗洪抢险先进个人	江西省防汛抗旱指挥部	1992年9月	
169	诸葛富	全省抗洪抢险先进个人	江西省防汛抗旱指挥部	1992年9月	
170	刘玉春	首届江西省水文勘测工技术比赛第五名	江西省水文局	1992年10月	
171	莫名淳	市九届政协优秀提案人	政协赣州市委员会、赣州市委统战部	1992年12月	
172	王成辉	全国水文行业优秀宣传员	水利部水文司	1993年5月	
173	王成辉	全国水文宣传热心人	中国水利报社	1993年7月	
174	韩绍琳	全省工会积极分子	江西省总工会	1993年	
175	叶绮青	1992年计划生育目标管理先进个人	赣州市人民政府	1993年	
176	冯长桦	全省开拓老龄事业先进个人	江西省老龄委	1994年3月	
177	冯长桦	地区开拓老龄事业先进个人	赣州地区行署	1994年3月	
178	王成辉	全省水文宣传工作先进个人	江西省水文局	1994年3月	
179	王成辉	全省水利系统优秀信息员	江西省水利厅	1994年4月	
180	王成辉	地直机关工会积极分子	赣州地直机关工会	1994年5月	
181	李书恺	享受省政府有突出贡献专家津贴	江西省人民政府	1994年10月	
182	黄庆显	通报表彰	江西省水文局	1994年	
183	徐光荣	通报表彰	江西省水文局	1994年	
184	管永祥	通报表彰	江西省水文局	1994年	
185	管永祥	全国水利系统安全先进工作者	水利部	1995年5月	
186	吴健	地直机关优秀共青团员	赣州地直机关团委	1995年5月	
187	刘英标	全区优秀共产党员	赣州地委	1995年6月	
188	黄庆显	全县优秀党员	石城县委	1995年6月	

续表

序号	姓名	奖 项	授奖部门	授奖时间	备 注
189	黄庆显	全国水利系统先进工作者	水利部、人事部	1995年9月	
190	管永祥	全省水利系统安全先进工作者	江西省水利厅	1995年	
191	韩绍琳	全省水文思想政治工作先进个人	江西省水文局党委	1995年	
192	王成辉	全省水文宣传工作先进个人	江西省水文局党委	1995年	
193	刘英标	全省水文宣传工作先进个人	江西省水文局党委	1995年	
194	黄瑞辉	优秀政协委员	安远县政协	1995年	
195	黄瑞辉	优秀政协委员	安远县政协	1996年	
196	王成辉	全国水文宣传先进工作者	水利部水文司	1996年2月	
197	王成辉	全省优秀水利宣传信息工作者	江西省水利厅	1996年2月	
198	刘英标	优秀党务工作者	赣州地委	1996年7月	
199	韩绍琳	全区优秀党员	赣州地委	1996年7月	
200	李庆林	全国水利系统模范工人	水利部	1996年10月	
201	陈光平	1996年抗洪抢险先进个人	江西省防汛抗旱总指挥部	1996年10月	
202	刘英标	全省水文宣传优秀通讯员	江西省水文局	1996年12月	
203	冯长桦	入选中国科技人才信息库并编入《中国科技人才大辞典》	国家科委科技人才交流中心	1996年12月	
204	黄瑞辉	政协优秀提案奖	安远县政协	1997年	
205	张祥其	地直机关优秀党员	赣州地直机关工委	1997年7月	
206	周方平	全省水文数据库建设先进个人	江西省水文局	1997年	
207	黄武	全省水文数据库建设先进个人	江西省水文局	1997年	
208	莫名淳	政协优秀提案	赣州市政协	1997年12月	
209	刘英标	1996年度、1997年度全省水文宣传优秀通讯员	江西省水文局党委	1997年12月	
210	王成辉	1996年度、1997年度全省水文宣传优秀通讯员	江西省水文局党委	1997年12月	
211	李书恺	1996年度、1997年度全省水文宣传优秀积极分子	江西省水文局党委	1997年12月	
212	华芳	1996年度、1997年度全省水文宣传优秀积极分子	江西省水文局党委	1997年12月	
213	李庆林	1996年度、1997年度全省水文宣传优秀积极分子	江西省水文局党委	1997年12月	
214	谢为栋	省劳服企业先进个人	江西省劳动厅	1998年4月	
215	李书恺	全省水电企协先进工作者	江西省水电企协	1998年5月	
216	李庆林	全省水利系统模范工人	江西省水利厅	1998年3月	

续表

序号	姓名	奖　项	授奖部门	授奖时间	备　注
217	李书恺	全国水文系统先进个人	水利部	1998年6月	
218	陈光平	全省98特大洪水水文测报有功人员	江西省水文局党委、省水文局	1998年12月	
219	李枝斌	全省98特大洪水水文测报有功人员	江西省水文局党委、省水文局	1998年12月	
220	张祥其	全省98特大洪水水文测报有功人员	江西省水文局党委、省水文局	1998年12月	
221	黄春生	全省98特大洪水水文测报有功人员	江西省水文局党委、省水文局	1998年12月	
222	曾延华	全省98特大洪水水文测报有功人员	江西省水文局党委、省水文局	1998年12月	
223	李庆林	1997年抗洪救灾重建家园先进个人	石城县人民政府	1998年	
224	谢晖	地直机关优秀团干	赣州地直机关团委	1999年5月	
225	刘明荣	地直机关优秀团员	赣州地直机关团委	1999年5月	
226	韩绍琳	地直机关优秀党员	赣州地直机关工委	1999年6月	
227	刘英标	地直机关优秀党务工作者	赣州地直机关工委	1999年6月	
228	钟站华	县直机关优秀党员	于都县直机关工委	1999年6月	
229	李庆林	县直机关优秀党员	石城县直机关工委	1999年6月	
230	韩绍琳	全省水文系统文明职工	江西省水文局党委	1999年12月	
231	张祥其	全省水文系统文明职工	江西省水文局党委	1999年12月	
232	孙小明	全省水文系统文明职工	江西省水文局党委	1999年12月	
233	黄春花	全省水文系统文明职工	江西省水文局党委	1999年12月	
234	王成辉	全省水文宣传先进个人	江西省水文局党委	1999年12月	
235	刘英标	全省水文宣传先进个人	江西省水文局党委	1999年12月	
236	钟江洪	全省水文宣传先进个人	江西省水文局党委	1999年12月	
237	陈客仔	《江西水文》优秀撰稿人	江西省水文局党委	1999年12月	
238	李庆林	《江西水文》优秀撰稿人	江西省水文局党委	1999年12月	
239	谢为栋	全省劳服企业先进个人	江西省劳动厅劳服公司	2000年4月	
240	刘英标	市直机关优秀党务工作者	赣州市直机关工委	2000年6月	
241	吴健	科技进步二等奖	赣州市人民政府	2000年11月	
242	刘英标	全省水文宣传先进个人	江西省水文局党委	2000年12月	
243	刘英标	市直机关优秀党务工作者	赣州市直机关工委	2001年6月	
244	韩绍琳	市直机关优秀党员	赣州市直机关工委	2001年6月	
245	管世禄	优秀共青团员	赣州市直机关工委	2001年6月	
246	韩绍琳	章贡区文明家庭	章贡区政府	2001年	

续表

序号	姓名	奖项	授奖部门	授奖时间	备注
247	谢为栋	全省劳服企业先进个人	江西省劳动厅劳服公司	2001年	
248	王成辉	全市“三五”普法先进个人	赣州市普法领导小组	2001年	
249	王成辉	全市地方志工作先进个人	赣州市地方志编纂委员会	2002年1月	
250	王成辉	全省水文宣传报道先进个人	江西省水文局党委	2002年1月	
251	刘英标	全省水文宣传报道先进个人	江西省水文局党委	2002年1月	
252	刘英标	《江西水文》热心撰稿人	江西省水文局党委	2002年1月	
253	王成辉	《江西水文》热心撰稿人	江西省水文局党委	2002年1月	
254	华芳	《江西水文》热心撰稿人	江西省水文局党委	2002年1月	
255	游小燕	东外片计生工作先进个人	东外办事处	2002年1月	
256	刘英标	赣州市优秀党课教员	赣州市委宣传部、市委组织部、市纪委	2002年2月	
257	刘英标	优秀党务工作者	赣州市直属机关工委	2002年7月	
258	刘英标	市直机关党内统计工作“优秀统计员”	赣州市直属机关工委	2002年12月	
259	兰燕	东外片计生工作先进个人	东外办事处	2003年2月	
260	刘英标	全省水文宣传先进个人	江西省水文局党委	2003年2月	
261	刘英标	全市优秀党务工作者	赣州市委	2003年7月	
262	李书恺	全市优秀共产党员	赣州市委	2003年7月	
263	吴健	2002年度省直优秀青年岗位能手	江西省直团工委	2003年	
264	刘英标	市直机关党内统计工作“优秀统计员”	赣州市直属机关工委	2003年11月	
265	李庆林	全市“百个好典型”	赣州市总工会	2004年2月	
266	刘英标	2002年、2003年全省水文宣传先进个人	江西省水文局党委	2004年	
267	王成辉	2002年、2003年全省水文宣传先进个人	江西省水文局党委	2004年	
268	兰燕	东外片计生工作先进个人	东外办事处	2004年3月	
269	刘英标	优秀党务工作者	赣州市直属机关工委	2004年7月	
270	曾广华	优秀党员	信丰县直工委	2004年	
271	李义平	优秀党员	安远县直工委	2004年	
272	吴龙伟	优秀党员	会昌县直工委	2004年	
273	李庆林	2003年度优秀党员	石城县直机关工委	2004年6月29日	
274	李庆林	2004年度优秀党员	石城县直机关工委	2005年6月26日	

续表

序号	姓名	奖　项	授 奖 部 门	授奖时间	备　注
275	朱超华	2004 年度优秀党员	信丰县直机关工委	2005 年 6 月	
276	吴健	2003—2005 年度优秀共产党员	赣州市直属机关工委	2005 年 7 月	
277	刘英标	优秀党务工作者	赣州市直属机关工委	2005 年 7 月	
278	李庆林	2005 年度抗洪救灾先进个人	石城县委、县政府	2005 年 7 月	
279	李鉴平	2005 年全县防汛抗洪先进个人	信丰县委、县政府	2005 年	
280	胡春英	2005 年全县防汛抗洪先进个人	信丰县委、县政府	2005 年	信丰县新田雨量站代办员
281	李枝斌	全省防汛抗洪先进工作者	江西省委、省政府	2005 年 8 月	
282	胡春英	全省防汛抗洪先进工作者	江西省委、省政府	2005 年 8 月	信丰县新田雨量站代办员
283	杨小明	全市防汛抗洪先进工作者	赣州市委、市政府	2005 年 8 月	
284	王成辉	全市防汛抗洪先进工作者	赣州市委、市政府	2005 年 8 月	
285	陈光平	全市防汛抗洪先进工作者	赣州市委、市政府	2005 年 8 月	
286	刘伟	全市防汛抗洪先进工作者	赣州市委、市政府	2005 年 8 月	
287	郭成娣	全市防汛抗洪先进工作者	赣州市委、市政府	2005 年 8 月	安远县龙布雨量站
288	朱超华	全市防汛抗洪先进工作者	赣州市委、市政府	2005 年 8 月	
289	李庆林	全市防汛抗洪先进工作者	赣州市委、市政府	2005 年 8 月	
290	谢兰香	全省水文系统防汛抗洪先进个人	江西省水文局	2005 年 9 月	赣县沙地雨量站
291	何德锡	全省水文系统防汛抗洪先进个人	江西省水文局	2005 年 9 月	宁都县青塘雨量站
292	黄春生	全省水文系统防汛抗洪先进个人	江西省水文局	2005 年 9 月	
293	杨卫星	全省水文系统防汛抗洪先进个人	江西省水文局	2005 年 9 月	
294	李全龙	全省水文系统防汛抗洪先进个人	江西省水文局	2005 年 9 月	
295	韩伟	全省水文系统防汛抗洪先进个人	江西省水文局	2005 年 9 月	
296	曾强	全省水文系统防汛抗洪先进个人	江西省水文局	2005 年 9 月	
297	朱小钦	全省水文系统防汛抗洪先进个人	江西省水文局	2005 年 9 月	
298	李书恺	江西省先进工作者	江西省委、省政府	2005 年 11 月	

续表

序号	姓名	奖　项	授奖部门	授奖时间	备　注
299	李书恺	赣州市先进工作者	赣州市委、市政府	2005年12月	
300	王成辉	全省水文宣传先进个人	江西省水文局党委	2005年	
301	刘英标	全省水文宣传先进个人	江西省水文局党委	2005年	
302	吴健	争做“五型”党员干部活动先进个人	赣州市直属机关工委	2006年2月	
303	吴健	优秀共产党员	赣州市直机关工委	2006年7月	
304	刘英标	优秀党务工作者	赣州市直机关工委	2006年7月	
305	李庆林	2005—2006年度优秀党员	石城县直机关工委	2006年7月	
306	廖信春	2006年全市防汛抗洪救灾先进个人	赣州市委、市政府	2006年9月	
307	陈昌瑞	2006年全市防汛抗洪救灾先进个人	赣州市委、市政府	2006年9月	
308	朱超华	2006年全市防汛抗洪救灾先进个人	赣州市委、市政府	2006年9月	
309	李汉辉	2006年全市防汛抗洪救灾先进个人	赣州市委、市政府	2006年9月	
310	陈光平	2006年全市防汛抗洪救灾先进个人	赣州市委、市政府	2006年9月	
311	周方平	2006年全市防汛抗洪救灾先进个人	赣州市委、市政府	2006年9月	
312	曾北长	2006年全市防汛抗洪救灾先进个人	赣州市委、市政府	2006年9月	安远县龙布雨量站代办员
313	王永通	2006年全市防汛抗洪救灾先进个人	赣州市委、市政府	2006年9月	上犹县枫树万雨量站代办员
314	杨小明	2006年全市防汛抗洪救灾先进个人	赣州市委、市政府	2006年9月	
315	黄国新	第四届江西省水文勘测工竞赛第五名（水文技能优秀选手）	江西省水文局	2006年11月	
316	吴健	党内统计年报先进个人	赣州市直机关工委	2006年12月	
317	曾金凤	2005年度《江西水文》热心撰稿人	江西省水文局	2006年12月	
318	刘英标	优秀党务工作者	赣州市直属机关工委	2007年7月	
319	李庆林	2007—2008年度优秀党员	石城县直机关工委	2008年7月9日	
320	韩伟	参加全省基层应急管理工作现场会组织筹备工作先进个人	赣州市政府	2007年	

续表

序号	姓名	奖　项	授奖部门	授奖时间	备　注
321	周卫光	参加全省基层应急管理工作现场会组织筹备工作先进个人	赣州市政府	2007年	
322	刘训华	全省防汛抗旱先进个人	江西省防汛抗旱总指挥部	2007年10月	
323	周方平	2007年全市防汛抗旱先进个人	赣州市委、市政府	2007年11月	
324	陈光平	2007年全市防汛抗旱先进个人	赣州市委、市政府	2007年11月	
325	张阳	2007年全市防汛抗旱先进个人	赣州市委、市政府	2007年11月	
326	高栋材	2007年全市防汛抗旱先进个人	赣州市委、市政府	2007年11月	
327	李春生	2007年全市防汛抗旱先进个人	赣州市委、市政府	2007年11月	
328	陈会兴	2007年全市防汛抗旱先进个人	赣州市委、市政府	2007年11月	
329	陈胜伟	2007年全市防汛抗旱先进个人	赣州市委、市政府	2007年11月	
330	曾强	2007年全市防汛抗旱先进个人	赣州市委、市政府	2007年11月	
331	刘英标	全国水利系统优秀政研工作者	中国水利思想政治工作研究会	2007年12月	
332	刘英标	全省水文宣传先进个人	江西省水文局党委	2007年12月	
333	吴健	优秀党内统计员	赣州市直属机关工委	2008年1月	
334	刘英标	“争五型、当楷模”活动先进个人	赣州市直机关工委	2008年2月	
335	刘玉春	“争五型、当楷模”活动先进个人	赣州市直机关工委	2008年2月	
336	杨小明	市直机关工委工会先进个人	赣州市直机关工委工会	2008年3月	
337	温珍玉	全国水利抗震救灾先进个人	水利部	2008年6月	
338	刘英标	全市优秀党务工作者	赣州市委	2008年7月	
339	陈光平	2008年全省防汛抗洪先进个人	江西省防汛抗旱总指挥部	2008年10月	
340	陈厚荣	江西省抗震救灾先进个人（记三等功）	江西省委、省政府	2008年12月	
341	刘英标	2006年、2007年全省水文宣传先进个人	江西省水文局党委	2008年12月	
342	王成辉	2006年、2007年全省水文宣传先进个人	江西省水文局党委	2008年12月	
343	曾金凤	2006年、2007年全省水文宣传先进个人	江西省水文局党委	2008年12月	
344	刘英标	全市突出践行科学发展观学习教育活动先进个人	赣州市委	2009年2月	

续表

序号	姓名	奖　项	授奖部门	授奖时间	备　注
345	仝兴庆	优秀共青团员	共青团赣州市委	2009年4月	
346	温珍玉	赣州市“五一劳动奖章”获得者	赣州市总工会	2009年4月	
347	刘英标	市直机关优秀党务工作者	赣州市直机关工委	2009年6月30日	
348	陈厚荣	市直机关优秀党员	赣州市直机关工委	2009年6月30日	
349	黄春花	全县优秀党务工作者	石城县委	2009年7月	
350	刘明荣	全省防汛抗旱先进个人	江西省防汛抗旱总指挥部	2009年10月	
351	刘旗福	水利科技工作先进个人	江西省水利厅	2009年11月	
352	潘红	全省水文系统学习教育年主题活动学习标兵	江西省水文局	2009年	
353	何祥坤	全省水文系统学习教育年主题活动优秀师徒	江西省水文局	2009年	
354	杨书文				
355	周卫星	2006—2007年度全国无偿献血奉献奖金奖	中华红十字会总会、国家卫生健康委员会、解放军军委后勤保障部	2010年	
356	刘旗福	2009年全市防汛抗旱先进个人	赣州市政府	2010年	
357	黄武	2009年全市防汛抗旱先进个人	赣州市政府	2010年	
358	刘训华	2009年全市防汛抗旱先进个人	赣州市政府	2010年	
359	李枝斌	2009年全市防汛抗旱先进个人	赣州市政府	2010年	
360	郭军	2009年全市防汛抗旱先进个人	赣州市政府	2010年	
361	李全龙	2009年全市防汛抗旱先进个人	赣州市政府	2010年	
362	黎金游	2009年全市防汛抗旱先进个人	赣州市政府	2010年	
363	张阳	2009年全市防汛抗旱先进个人	赣州市政府	2010年	
364	曾金凤	2009年度市直机关效能年活动先进个人	赣州市直属机关工委	2010年1月	
365	刘玉春	全省水文系统机关效能年活动“十佳职工”	江西省水文局	2010年2月	
366	刘英标	2008—2009年度全国水利系统优秀政研工作者	中国水利职工思想政治工作研究会	2010年3月15日	
367	刘英标	2009年度《江西水文》热心撰稿人	江西省水文局	2010年3月	
368	曾金凤	2009年度《江西水文》热心撰稿人	江西省水文局	2010年3月	
369	曾金凤	赣州市直机关优秀共青团干部	赣州市直属机关工委	2010年4月	
370	刘英标	优秀党务工作者	赣州市直属机关工委	2010年7月	

续表

序号	姓名	奖 项	授 奖 部 门	授奖时间	备 注
371	张阳	江西省水利厅抗洪先进个人	江西省水利厅	2010 年 8 月 5 日	
372	李枝斌	江西省水利厅抗洪先进个人	江西省水利厅	2010 年 8 月 5 日	
373	刘伟	江西省水利厅抗洪先进个人	江西省水利厅	2010 年 8 月 5 日	
374	吴志斌	江西省水利厅抗洪先进个人	江西省水利厅	2010 年 8 月 5 日	
375	李汉辉	江西省水利厅抗洪先进个人	江西省水利厅	2010 年 8 月 5 日	
376	廖智	江西省水文局抗洪先进个人	江西省水文局	2010 年 8 月 11 日	
377	曾宪波	江西省水文局抗洪先进个人	江西省水文局	2010 年 8 月 11 日	
378	曾强	江西省水文局抗洪先进个人	江西省水文局	2010 年 8 月 11 日	
379	陈胜伟	江西省水文局抗洪先进个人	江西省水文局	2010 年 8 月 11 日	
380	钟传跃	江西省水文局抗洪先进个人	江西省水文局	2010 年 8 月 11 日	
381	黄赟	江西省水文局抗洪先进个人	江西省水文局	2010 年 8 月 11 日	
382	吴义仁	江西省水文局抗洪先进个人	江西省水文局	2010 年 8 月 11 日	
383	钟站华	江西省水文局抗洪先进个人	江西省水文局	2010 年 8 月 11 日	
384	李庆林	江西省水文局抗洪先进个人	江西省水文局	2010 年 8 月 11 日	
385	黄春花	2010 年度全市防汛抗旱先进个人	赣州市政府	2011 年 3 月 16 日	
386	管世禄	2010 年度全市防汛抗旱先进个人	赣州市政府	2011 年 3 月 16 日	
387	陈光平	2010 年度全市防汛抗旱先进个人	赣州市政府	2011 年 3 月 16 日	
388	曾延华	2010 年度全市防汛抗旱先进个人	赣州市政府	2011 年 3 月 16 日	
389	朱超华	2010 年度全市防汛抗旱先进个人	赣州市政府	2011 年 3 月 16 日	
390	林小峰	2010 年度全市防汛抗旱先进个人	赣州市政府	2011 年 3 月 16 日	
391	刘明荣	2010 年度全市防汛抗旱先进个人	赣州市政府	2011 年 3 月 16 日	
392	李金华	2010 年度全市防汛抗旱先进个人	赣州市政府	2011 年 3 月 16 日	
393	徐晓娟	2010 年度市直机关优秀团干	共青团赣州市直机关工委	2011 年 4 月 29 日	
394	谢泽林	2010 年度市直机关优秀团员	共青团赣州市直机关工委	2011 年 4 月 29 日	
395	肖继清	2010 年全县防汛抗旱先进个人	安远县人民政府	2011 年 4 月	
396	李庆林	优秀共产党员	赣州市直机关工委	2011 年 6 月 29 日	

续表

序号	姓名	奖　项	授奖部门	授奖时间	备　注
397	朱超华	优秀共产党员	赣州市直机关工委	2011年6月29日	
398	刘英标	全市优秀党务工作者	赣州市委	2011年6月30日	
399	谢泽林	全省水文宣传先进个人	江西省水文局	2011年8月2月	
400	朱超华	全省水文先进个人	江西省水利厅	2012年4月7日	
401	简正美	全省水文先进个人	江西省水利厅	2012年4月7日	
402	冯弋珉	市直机关优秀团干	共青团赣州市直机关工作委员会	2012年4月28日	
403	肖继清	2010年地质灾害防治先进个人	安远县人民政府	2011年7月	
404	曾金凤	2010年度《江西水文》热心撰稿人	江西省水文局	2011年8月	
405	陈宗怡	市直机关优秀共青团员	共青团赣州市直机关工作委员会	2012年4月28日	
406	刘事敏	“送政策、送温暖、送服务”优秀市派工作队员	赣州市委办公厅、市政府办公厅	2013年5月14日	
407	刘旗福	先进单位综治责任人嘉奖	赣州市委、市政府	2013年7月27日	
408	温珍玉	先进单位综治责任人嘉奖	赣州市委、市政府	2013年7月27日	
409	罗斌	先进单位综治责任人嘉奖	赣州市委、市政府	2013年7月27日	
410	刘英标	2012—2013年度优秀工会工作者	赣州市直机关工会工委	2014年2月7日	
411	管世禄	2013年度全市防汛抗旱先进个人	赣州市防汛抗旱指挥部	2014年2月26日	
412	孔斌	2013年度全市防汛抗旱先进个人	赣州市防汛抗旱指挥部	2014年2月26日	
413	刘明荣	2013年度全市防汛抗旱先进个人	赣州市防汛抗旱指挥部	2014年2月26日	
414	刘森生	2013年度全市防汛抗旱先进个人	赣州市防汛抗旱指挥部	2014年2月26日	
415	吴志斌	2013年度全市防汛抗旱先进个人	赣州市防汛抗旱指挥部	2014年2月26日	
416	肖继清	2013年度全市防汛抗旱先进个人	赣州市防汛抗旱指挥部	2014年2月26日	
417	曾强	2013年度全市防汛抗旱先进个人	赣州市防汛抗旱指挥部	2014年2月26日	
418	徐晓娟	市直机关优秀团干	共青团赣州市直机关工作委员会	2014年5月4日	
419	曾昭珺	市直机关优秀共青团员	共青团赣州市直机关工作委员会	2014年5月4日	

续表

序号	姓名	奖项	授奖部门	授奖时间	备注
420	陈宗怡	市直机关优秀共青团员	共青团赣州市直机关工作委员会	2014年5月4日	
421	刘旗福	先进单位综治责任人嘉奖	赣州市社会管理综合治理委员会	2014年9月23日	
422	温珍玉	先进单位综治责任人嘉奖	赣州市社会管理综合治理委员会	2014年9月23日	
423	罗辉	先进单位综治责任人嘉奖	赣州市社会管理综合治理委员会	2014年9月23日	
424	华芳	全省水文宣传暨文化建设先进个人	江西省水文局	2014年11月12日	
425	曾金凤	全省水文宣传暨文化建设先进个人	江西省水文局	2014年11月12日	
426	华芳	优秀特约通讯员	江西省水利厅文明办	2014年12月18日	
427	郭维维	市直机关优秀共青团干	共青团赣州市直机关工作委员会	2015年5月4日	
428	朱赞权	市直机关优秀共青团员	共青团赣州市直机关工作委员会	2015年5月4日	
429	华芳	市直机关优秀党务工作者	赣州市直机关工委	2015年7月	
430	华芳	2015年“结对精准扶贫表率行动”标兵	赣州市直机关工委	2016年2月	
431	李庆林	“服务振兴发展走在前行动”标兵	赣州市直机关工委	2016年2月	
432	刘春燕	优秀妇女干部	赣州市妇联、市直机关妇女委员会	2016年2月29日	
433	李庆林	2015年度“最美石城人”称号	石城县委宣传部、文明办	2016年4月	
434	刘英标	市直机关优秀工会工作者	赣州市直机关工会工委	2016年5月10日	
435	刘春燕	优秀信息工作者	赣州市委办公室	2016年7月21日	
436	吴龙伟	第六届江西省水文技能勘测大赛综合奖二等奖（第二名），单项奖内业操作单项	江西省水利厅	2016年11月7日	
437	何威	第六届江西省水文技能勘测大赛三等奖（第六名）	江西省水利厅	2016年11月7日	
438	郭维维	党内年报统计先进个人	赣州市直机关工委	2016年11月29日	
439	刘磊	无偿献血奉献奖金奖	赣州市无偿献血工作领导小组	2016年12月26日	

续表

序号	姓名	奖 项	授奖部门	授奖时间	备 注
440	刘旗福	先进单位综治责任人嘉奖	赣州市社会管理综合治理委员会	2016年12月27日	
441	温珍玉	先进单位综治责任人嘉奖	赣州市社会管理综合治理委员会	2016年12月27日	
442	罗辉	先进单位综治责任人嘉奖	赣州市社会管理综合治理委员会	2016年12月27日	
443	李庆林	入选赣州“好人榜”	赣州市文明办	2016年12月	
444	李庆林	赣州市岗位学雷锋标兵	赣州市文明办	2017年3月	
445	吴龙伟	江西省技术能手	江西省人社厅、省国资委、省总工会、团省委、省妇女联合会	2017年8月22日	
446	刘旗福	2017年度先进单位综治责任人嘉奖	赣州市社会治安综合治理委员会	2018年2月28日	
447	温珍玉	2017年度先进单位综治责任人嘉奖	赣州市社会治安综合治理委员会	2018年2月28日	
448	罗辉	2017年度先进单位综治责任人嘉奖	赣州市社会治安综合治理委员会	2018年2月28日	
449	朱小钦	全省水利系统“身边好人榜”	江西省水利厅文明办	2018年9月	
450	刘玉春	新时代新担当新作为先进个人	江西省水文局	2018年10月7日	
451	曾金凤	新时代新担当新作为先进个人	江西省水文局	2018年10月7日	
452	温冬林	新时代新担当新作为先进个人	江西省水文局	2018年10月7日	
453	高云	第七届江西省水文技能勘测大赛三等奖（第四名）	江西省水利厅	2018年10月13日	
454	张功勋	第七届江西省水文技能勘测大赛三等奖（第五名），浮标测流、地形测量（CNSS测量）两个单项奖	江西省水利厅	2018年10月13日	
455	刘春燕	2018年度赣州市优秀妇女工作者	赣州市妇联	2019年2月27日	
456	曾金凤	优秀共产党员	赣州市直机关工委	2019年3月	
457	郭维维	优秀党务工作者	赣州市直机关工委	2019年3月	
458	雷雨春	2018年度全市党委系统信息工作先进个人	赣州市委	2019年3月29日	
459	罗鹍	2017—2018年度全省水文系统优秀共青团干部	江西省水文局团委	2019年4月28日	

续表

序号	姓名	奖 项	授奖部门	授奖时间	备 注
460	刘春燕	2018年度市直机关优秀工会干部	赣州市直机关工会工委	2019年4月30日	
461	刘旗福	2018年度先进单位综治责任人嘉奖	赣州市委政法委	2019年5月6日	
462	温珍玉	2018年度先进单位综治责任人嘉奖	赣州市委政法委	2019年5月6日	
463	罗辉	2018年度先进单位综治责任人嘉奖	赣州市委政法委	2019年5月6日	
464	李雪妮	“共抓长江大保护 建设美丽江西样板”水质监测技能竞赛第六名	江西省水文局“共抓长江大保护 建设美丽江西样板”水质监测技能竞赛组委会	2019年6月	
465	李明亮	2019全市防汛抗洪抢险先进个人	赣州市防汛抗旱指挥部	2019年9月12日	
466	李汉辉	2019全市防汛抗洪抢险先进个人	赣州市防汛抗旱指挥部	2019年9月12日	
467	刘石生	2019全市防汛抗洪抢险先进个人	赣州市防汛抗旱指挥部	2019年9月12日	
468	刘森生	2019全市防汛抗洪抢险先进个人	赣州市防汛抗旱指挥部	2019年9月12日	
469	曾宪隆	2019全市防汛抗洪抢险先进个人	赣州市防汛抗旱指挥部	2019年9月12日	
470	曾强	2019全市防汛抗洪抢险先进个人	赣州市防汛抗旱指挥部	2019年9月12日	
471	刘海辉	全省水文系统“学习新思想 用好三十讲”主题演讲比赛一等奖	江西省水文局	2019年9月	
472	雷雨春	全省水文系统“支部工作条例”知识竞赛优秀选手	江西省水文局	2019年9月	
473	袁龙飞	第八届江西省水文技能勘测大赛水位雨量设备安装调试单项奖	江西省水利厅	2019年10月	
474	华芳	“《老站安和》庆祝新中国成立70周年”优秀征文中获得二等奖	中国水利思想政治工作研究会	2019年11月27日	
475	雷雨春	市直机关“不忘初心、牢记使命”主题教育暨学习强国知识竞赛决赛中荣获优胜奖	赣州市直机关工委	2019年11月29日	

续表

序号	姓名	奖 项	授奖部门	授奖时间	备 注
476	谢水石	水文预报技术比赛综合成绩第一名	江西省水文局	2019年12月20日	
477	徐珊珊	水文预报技术比赛综合成绩第四名	江西省水文局	2019年12月20日	
478	谢运彬	2019年度全市优秀共青团员	共青团赣州市委	2020年5月3日	
479	华芳	全省水文系统抗击新冠疫情先进个人	江西省水文局	2020年	
480	朱超华	全省水文系统抗击新冠疫情先进个人	江西省水文局	2020年	
481	罗斌	全省水文系统抗击新冠疫情先进个人	江西省水文局	2020年	
482	徐晓娟	新冠疫情防控志愿服务中获表彰	山西省五寨县城镇街道西城社区	2020年	
483	刘海辉	防御2020年鄱阳湖流域历史洪水先进个人	江西省水利厅	2020年	
484	刘海辉	水文化传播优秀特约通讯员	江西省水利厅	2020年	
485	刘旗福	2019年度先进单位平安建设（综治工作）责任人嘉奖	赣州市平安赣州建设领导小组	2020年	
486	韩伟	2020年度先进单位平安建设（综治工作）责任人嘉奖	赣州市平安赣州建设领导小组	2020年	
487	罗鹍	江西省第二届水文情报预报技能竞赛第四名	江西省水文局	2020年	
488	朱靓	江西省第二届水质监测技能竞赛单项高锰酸盐指数测定第二名	江西省水文局	2020年	
489	何威	2020年全国水文勘测中高级技能培训班优秀学员	扬州大学水利科学与工程学院	2020年	
490	刘磊	2020年度江西省水利厅“身边好人”	江西省水利厅	2020年	
491	温冬林	2020年度优秀帮扶干部	赣州市南康区委组织部	2020年12月	

附　录

附录一　江西省赣州地区革命委员会抓革命促生产指挥部文件关于设立江西省赣州地区水文站的通知

（71）赣部办字第009号

各县（市）革委会抓革命促生产指挥部：

根据江西省革命委员会、江西省军区1970年12月18日赣发（70）112号文件“关于我省将水文气象部门分设”的指示精神，为了更有利于“抓革命，促生产，促工作，促战备”，经研究决定：将原江西省赣州地区水文气象服务站分设“江西省赣州地区水文站”、“江西省赣州地区气象台”，并于今年4月1日分开办公。江西省赣州地区水文站革命委员会由江西省赣州地区农业局革命委员会直接领导。

特此通知

江西省赣州地区革命委员会抓革命促生产指挥部

一九七一年四月十一日

附录二　江西省人民政府关于印发《江西省保护水文测报设施的暂行规定》的通知

赣府发〔1985〕113号

各行政公署、省辖市人民政府，各县（市、区）人民政府、省政府各部门：

现将《江西省保护水文测报设施的暂行规定》印发给你们，请认真贯彻执行。

江西省人民政府

一九八五年十二月八日

江西省保护水文测报设施的暂行规定

一、为了妥善保护各种水文测报设施，保证水文测报工作的正常进行，特根据国务院发布的《测量标志保护条例》和《江西省河道堤防安全管理条例》的精神，制定本暂行规定。

二、水文是国家建设中一项重要的基础工作。水文观测的测验河段、观测场地和仪器、设备、过河设施、通信线路、测量标志等，均属水文测报设施，应严加保护。任何单位或个人不得损毁、侵占或擅自移动。

三、水文测验河段由设立的地面标志显示，在此范围内，除正常航道养护及港口码头建设外，不得在河岸及河床内取土、捞沙、倾倒土石杂物及新建河工建筑物。

四、严禁在水文站已征用的水文测验场地修路、取土、建窑、建房。不准进行任何妨碍水文测报的活动，不得干预、阻扰水文工作人员执行公务。

五、水文工作人员必须坚守工作岗位，管好用好测报设施，耐心向群众宣传保护水文测报设施的重要性，坚决同一切危害水文测报工作的行为作斗争。发现偷盗、破坏行为，应及时报告当地政府或司法机关进行查处。

六、对认真保护水文测报设施的有功单位和个人，水利主管部门应当给予奖励。对违反本规定者，有关部门应协同水利主管部门按情节和性质，分别进行批评教育、纪律处分或赔偿经济损失，情节严重的，由司法机关依法处理。

七、本规定自1986年1月1日起施行，解释权授予省水利厅。

附录三　中国共产党赣州地区委员会关于成立赣州地区水文站党组的通知

地干字〔1990〕122号

赣州地区水文站党总支：

经地委研究，决定成立中共江西省水利厅赣州地区水文站党组。党组由李书恺、韩绍琳、熊汉祥同志组成。李书恺同志任党组书记。

中共赣州地委

一九九〇年八月八日

附录四　江西省人民政府关于加强水文工作的通知

赣府发〔1999〕6号

各行政公署，各省辖市人民政府，各县（市、区）人民政府，省政府各部门：

水文工作是国民经济和社会发展中一项重要的基础工作，一切与水利水资源有关的国家公益事业和国民经济建设都有赖于它提供科学依据。水文工作在防洪减灾、水环境监测以及水资源分析评价、开发利用、管理保护等方面发挥了重要作用。仅90年代以来，水文部门提供及时、准确的水文情报预报，即为我省减少洪涝灾害经济损失130多亿元，对国民经济和社会发展作出了很大的贡献。但是，目前我省水文普遍存在测报设施陈旧落后和老化失修、测洪能力低、“站队结合”基地建设进展缓慢、资金投入渠道单一、水文职工工作生活条件较差等问题，严重影响水文工作的开展。为进一步加强我省水文工作，充分发挥水文工作的作用，特作如下通知：

一、明确水文部门管理职能，切实加强对水文工作的领导。省水文局是省水行政主管部门领导下行使水文行业管理、水资源勘测、分析、评价和水环境监测、保护的职能机构。各级政府要切实加强对水文工作的领导，把水文现代化建设规划纳入当地经济建设和社会发展规划，帮助解决工作中的实际困难。各有关部门要从水文行业的特点出发，支持水文部门统一管理水文资料的收集、汇总、审定、裁决，确保水文资料的完整性和准确性。各地有关国民经济和社会发展规划及工程设计、水利执法裁决和水事纠纷排解等涉及水文资料的，一律依据水文部门提供的正式资料。

二、加强对水文测报设施的保护。保障水文设施正常工作是发挥水文作用的重要一环，各级政府要根据需要及时制定相应规章或发布公告，加强对水文测报设施的保护。各类水文站（队）的测验设施、标志、测验码头、地下水观测井、报汛通讯设施，任何单位和个人不得侵占、毁坏或擅自移动。各级水文主管部门应根据水文测验技术标准，在水文测验河道的上下游和观测场周围划定保护区。在划定的保护区内，未经水文主管部门许可，禁止种植有碍观测的植物和新建房屋等建筑物；禁止在保护区河段内取土采石、淘金挖沙、停靠船舶、倾倒垃圾余土；在水文测验过河设备、测验断面、观测场地上空架设线路或从事其他有碍水文测验作业的活动。水文观测场地、院落房屋、专用道路、测验作业等方面用地，由县级以上土地行政管理部门依法确权、登记、发证。要保持水文站的相对稳定，以确保水文资料的连续性和完整性。因建设确需搬迁水文站和水文设施的，事前应与水文部门协商并按有关规定报批，并由建设单承担搬迁、重建费用。

三、加大对水文工作的扶持力度。水文工作是社会公益事业，主要为当地防汛减灾服务。各地和有关部门要加大对水文工作的投入，建立国家、地方、社会分级负责的投资体系。各级政府要把水文设施建设列入基建计划。计划、财政、水利部门在安排水利事业费时，对水文事业费要适当给予倾斜。各有关部门在收取水文测量船舶、防汛交通工具等规费时要按有关规定实行优惠或减免政策。对水文部门防汛电话费按国家统一收费项目的标准收取，免收程控电话初装费，适当减免邮电业务附加费。供电部门要尽可能保证水文测报用电。对新建、扩建水文设施和水文站队结合基地建设所需用地，经有关部门审定后，由当地政府和土地行政管理部门支持解决。水文测站需要新增生产、生活设施用地，应向县级以上土地管理部门依法申请使用国有土地，生产用地可以采取划拨土地使用权方式提供，生活设施用地除法律法规规定应出让的以外，可采取划拨土地使用权方式提供，但不得转让、出租和擅自改变用途。加快站队结合基地建设步伐，实现水文测站管理体制和生产方式的转变。水文部门应根据国家政策规定，积极开展水文专业有偿服务和技术咨询服务，各级领导应予以大力支持。

四、努力改善水文职工的工作和生活条件。水文基层测站大部分坐落在江河湖畔，地处偏僻，工作和生活艰苦。各级政府和有关部门要采取切实措施，进一步改善水文职工的工作和生活条件。在水文职工的医疗和养老保险以及子女上学、就业安置等方面要与当地职工同等对待。新建水文站或站队结合实施过程中的征地、基建、职工及家属户粮关系转迁等，酌情实行优惠。对委托代办水位、雨量站的农民观测员，可减免农田水利基本建设劳动积累工和农村义务工。

江西省人民政府
一九九九年二月三日

附录五　赣州行署办公室关于贯彻落实省人民政府加强水文工作的通知

行办字〔1999〕23号

各县（市）人民政府，地直有关单位：

为全面贯彻落实人民政府关于加强水文工作的通知（赣府发〔1999〕6号）精神，充分发挥水文工作的作用，确保水文部门提供及时，准确的水文情报预报，以利于我区农业生产乃至国民经济和社会的发展，结合本区实际，特作如下通知：

一、明确行业管理职能，切实加强对水文工作的领导。地区水文分局和地区水环境监测中心是省水利厅领导下行使水文行业管理、水资源勘测、分析、评价和水环境监测、保护的职能机构，各县（市）人民政府要加强对水文工作的领导。把水文现代化建设规划纳入当地经济建设和社会发展规划，协调各有关部门支持水文工作的开展，尽力帮助解决水文工作中的实际困难。

地区水文分局及其管辖的水文（位）站（队）负责本区域江河的水文情报预报工作；对本区内的水库水文站和专用水文站的收集水文资料队伍资质的审定由地区水文分局把关，并根据队伍技术素质和装备条件，核发水文勘测资质等级证书。禁止无证和超越资质等级收集水文资料，进行水文勘测；对于水文资料（含水库水文站和专用水文站）的收集、汇总、审定、裁决等工作一并由地区水文分局统一管理，以确保水文资料的完整性和准确性；本区内有关国民经济和社会发展规划及工程设计、水利执法裁决和水事纠纷排解等涉及水文资料的，一律依据地区水文分局提供的正式资料。由于技术规范修改变动，涉及一九九三年以前的水文资料，必须经地区水文分局重新审定后，方可使用。地区水文分局向使用水文资料单位提供的水文资料，只供使用单位使用，使用单位不得转让、出版或用于其他营利目的。

地区水环境监测中心负责本区内的水环境监测、水污染调查及水质评价；承担重点污染源入河排污口、突发性的污染事故的监督性监测及城乡供水水质监测，定期对取水口和退水口实施水质监测；完整、编汇编水质数据资料，编制水资源水质通报；开展水环境质量的预测、预报工作。按水利部取水许可水质管理规定和水利厅对水环境监测的队伍资质要求，凡新建、改建、扩建建设项目需要申请取水和取水许可证需要年度检定的，其文件中有关水质、水量监测数据，统一由地区水环境监测中心提供。水质、水量监测费用由取水单位承担。

二、保护水文监测设施。各级政府应制定相应的规章制度，切实加强对水文测报设施的保护工作，任何单位和个人不得侵占、毁坏或擅自移动水文监测设施。要按水文测验技术规范要求，划定测验河段和观测场周围的保护区：水文测验断面上下游各500米，用比降面积法测流的上下游各1000米；降水观测场保护范围为障碍物与观测仪器的距离不得少于障碍物与仪器器口高差的2倍；蒸发观测场保护范围为障碍物所造成的遮挡率应小于10%。保护区由县（市）人民政府批准，设立保护标志，发布保护公告，并由县级以上主管部门依法确权、登记发证。

保护区内禁止取土采石、淘金、挖沙、倾倒废土废石和垃圾。禁止在测验断面、观测场上空架设线路；禁止种植和兴建障碍物或从事其他有碍水文测验的活动。因当地建设需要，确需搬迁水文站和水文设施的，应由建设单位提出申请，报上级主管部门批准，并由建设单位承担搬迁、重建费用。

三、增加水文投入，加大扶持力度。水文事业是社会公益事业，主要为当地国民经济建设和防汛减灾服务。各县（市）政府要增加对水文工作的投入，加大扶持力度。要把水文设施建设列入基建计划。对上级已立项的水文设施建设和技术改造项目，要安排一定的地方配套资金。计划、财政、水利部门在安排水利事业费时应于予以倾斜，并逐年提高安排的比例。地、县（市）财政每年安排一定的水文事业专项资金，并列入年度财政预算。对水文部门防汛电话费按照国家统一收费项目的标准收取。对水文系统干部因工作需要在全区范围内正常调动，其户口（含随同生活的直系亲属）迁进调入地一律免交城镇建设增容费。驻各地、县（市）的水文工作人员，凡符合享受公费医疗待遇的，各地应将其纳入统筹，享受与当地同等职工的医疗待遇。减免委托代办水位、雨量站的农民观测员的农田水利建设劳动积累工和农村义务工。

江西省赣州地区行政公署办公室

一九九九年四月六日

附录六　江西省人事厅关于江西省水文局列入参照公务员法管理的通知

赣人字〔2008〕228号

江西省水利厅：

根据中共中央、国务院《关于印发〈中华人民共和国公务员法实施方案〉的通知》（中发〔2006〕9号）和中共江西省委组织部、江西省人事厅《关于印发〈江西省事业单位参照公务员法管理审批办法〉和〈江西省参照公务员法管理单位工作人员登记办法〉的通知》（赣人字〔2006〕242号），经省委、省政府批准，江西省水文局（含南昌、九江、上饶、抚州、宜春、吉安、赣州、景德镇、鄱阳湖水文局）列入参照《中华人民共和国公务员法》管理。

列入参照公务员法管理的单位，要参照《江西省公务员法实施工作方案》、按照《江西省参照公务员法管理单位工作人员登记办法》的要求，对工作人员进行登记、确定职务与级别、套改工资。要严格按照公务员法及其配套政策法规的规定，对本单位列入参照管理范围内的机构中除工勤人员外的工作人员进行管理。

事业单位实行参照管理后，要参照公务员法及其配套政策法规的规定，全面实行录用、考核、职务任免、升降、奖励、惩戒、培训、工资福利保险、辞职辞退、退休、申诉控告等各项公务员管理制度。参照管理单位不实行事业单位专业技术职务、工资、奖金等人事管理制度，不得从事经营活动。

江西省人事厅

二〇〇八年九月十日

附录七　关于对赣州市水文局实行省水利厅和赣州市政府双重管理的复函

省水利厅：

江西省水利厅关于商请对赣州等四个设区市水文局实行双重管理的函（赣水文人事字〔2013〕19号）收悉。针对来文商请一事，我市高度重视，组织了市财政局、市编委办等单位对赣州市水文局实行省水利厅和赣州市政府双重管理进行了认真、细致的研讨，现将意见复函如下。

一、为进一步加强我市水文工作，更好地服务于赣南苏区振兴发展，我市同意赣州市水文局实行省水利厅和赣州市政府双重管理体制。

二、实行双重管理体制后，赣州市水文局机构编制。领导职数、经费投入仍由省水利厅统一下达和管理，赣州市水文设施及相关项目的建设、维护、养护仍由省级财政负担。

三、鉴于水文部门承担了为地方经济服务的职能，我市在财力允许的情况下，对由其承担的为地方经济服务的项目给予适当的补助。

特此复函。

赣州市人民政府

二〇一三年六月十日

附录八　中共江西省委机构编制委员会关于省水利厅深化事业单位改革有关事项的批复

赣编文〔2021〕10号

省水利厅党委：

《关于报送〈省水利厅深化事业单位改革实施方案〉的请示》（赣水党字〔2020〕51号）收悉。经研究，现就你厅所属事业单位改革有关事项批复如下。

一、机构编制调整事项

（一）省水文局更名为江西省水文监测中心，保留江西省水资源监测中心牌子，为你厅所属副厅级公益一类事业单位。主要承担全省水文水资源水生态站网规划、建设和管理；负责全省水文水资源水生态监测、预报、预警以及调查、分析和评价；参与重大突发水污染、水生态事件应急监测处置等职责。核定处级领导职数：正职（副厅级）另行核定，副主任4名（正处级）。设立7个水文水资源监测中心，为省水文监测中心所属正处级分支机构。其他机构编制事项不变。

1、在赣州市水文局（赣州市水资源监测中心）的基础上，设立赣江上游水文水资源监测中心，为省水文监测中心所属正处级分支机构，主要承担赣江上游水文水资源水生态站网规划、建设和管理；负责水文水资源水生态监测、预报、预警以及调查、分析和评价；参与重大突发水污染、水生态事件应急监测处置等职责。核定内设机构11个：综合科、组织人事科、水情水资源科、站网监测科、章贡水文水资源监测大队、崇义水文水资源监测大队、于都水文水资源监测大队、信丰水文水资源监测大队、宁都水文水资源监测大队、瑞金水文水资源监测大队、东江源水文水资源监测大队。核定人员编制规模数192名（全额拨款），领导职数：主任1名（正处级）、副主任4名（副处级），科级11正22副。

2-7、略……

不再保留赣州市水文局（赣州市水资源监测中心）、吉安市水文局（吉安市水资源监测中心）、宜春水文局（宜春水资源监测中心）、抚州市水文局（抚州市水资源监测中心）、上饶水文局（上饶水资源监测中心）、景德镇市水文局（景德镇市水资源监测中心）、九江市水文局（九江市水资源监测中心）、南昌市水文局（南昌市水资源监测中心）、鄱阳湖水文局（鄱阳湖水资源监测中心）。

（二）～（七）略……

二、有关重点任务

（一）完善事业单位党的领导体制和工作机制，强化党组织的领导核心和政治核心作用，同步推进事业单位党的建设。

（二）认真落实事业单位改革任务，及时做好人员安置、档案及党组织关系接转等工作。

（三）按时完成经营类事业单位的改革。

（四）按规定办理法人登记相关事项。

中共江西省委机构编制委员会

二〇二一年一月六日

编后记

《赣州市水文志》经过几代水文人的修编，终于与大家见面了！自1984年10月李书恺任江西省水利厅赣州地区水文站站长以来，就着手《赣州市水文志》的编纂工作。《赣州市水文志》的编纂经历了两个阶段。第一阶段是1923—2002年（大事记至2004年），第二阶段是2003—2020年（大事记由2005年至2021年1月20日）。

第一阶段：1985年7月，成立《赣州地区水文站站志》编纂室，李书恺任主任，冯长桦任总编至1988年4月退休。1994年8月至1997年10月由熊汉祥接续。1998年9月至2002年9月由莫名淳接续。2002年10月至2005年10月由王成辉接续，于同年11月初完成《赣州市水文志》第一阶段初稿。2005年12月16日，《赣州市水文志》评审会在赣州市水文局（以下简称"市水文局"）召开，参会的有江西省水文局、市水文局和市地方志办公室、市防汛抗旱指挥部办公室等有关单位的领导、专家及参编人员。经参会人员认真审查，获得通过，但未出版。之后，由华芳编纂报送《江西省水文志》和《赣州市志》有关水文章节的文字资料。

2012年1月，江西省政府启动第二轮《江西省志》编纂工作。2013年6月，省地方志编纂委员会批复省水利厅，同意《水文志》列入《江西省志》序列，正式志名为《江西省志·水文志》；同时，《江西省志·江河志》也列入编纂计划。这两部志书的承编主体为省水利厅，承编单位为省水文局。2018年9月，《江西省志·水文志》完成初稿；2019年3月，《江西省志·江河志》完成初稿。华芳、王国壮分别承担两部志书赣州部分的编纂工作。

第二阶段：2019年4月22日，市水文局根据省水利厅、省水文局编志的要求，成立以局长刘旗福为主任的《赣州市水文志》编纂委员会。由华芳、王国壮编写《赣州市水文志》篇目大纲，标志着《赣州市水文志》编纂工作第二阶段正式启动。

为更好地完成《赣州市水文志》的编纂工作，力争全面客观地反映赣州水文的发展历程，2019年4月28日，韩伟、华芳2人走访了赣州市地方志研究室（原地方志办公室，以下简称"市地方志研究室"）。主任陈昌保对赣州水文修志工作的前瞻意识给予充分肯定，建议把《赣州市水文志》定义为行业志，同时表示对志书的审核、批复、出版将给予大力支持。

2019年8月10日，《赣州市水文志》第一稿篇目大纲完成，呈送市地方志研究室审查后提出了一些修改指导意见。随后，恰逢市地方志研究室举办志书编纂业务培训班，市水文局派王国壮参加培训。9月8日，《赣州市水文志》第二稿篇目大纲送市地方志研究室审查获得通过。同年11月成立《赣州市水文志》编纂室，华芳任负责人，成员有刘英标、王国壮、游小燕，正式开始续编《赣州市水文志》。同时对2004年之前遗漏的内容进行了补充、完善。现在完成的《赣州市水文志》是从1923年赣州水文有记载开始到2020年12月，全志共8篇26章88节，约60万字，跨度达98年。

2021年7月，《赣州市水文志》初稿完成，打印成册，交由各科室和相关人员进行预审。

2021年8月9—13日，邀请退休干部张祥其、朱勇健、李枝斌、刘德良对初稿进行内审；特邀省水文局温世文、刘建明来赣州进行指导。13日下午邀请原市水文局领导和各科室负责人就本志提出修改、补充意见。2021年11月25—26日，组织华芳（负责凡例、概述、大事记）、刘明荣（负责第一篇）、刘训华（负责第二篇）、李明亮（负责第三篇）、吴龙伟（负责第四篇）、曾金凤（负责第五篇）、廖智（负责第六篇）、谢泽林（负责第七篇）、罗辉（负责第八篇）等9名同志对《赣州市水文志》进行复审。初审、复审会由编纂委员会主任刘旗福主持。2021年12月20日，形成送审稿，报请赣州市地方志研究室审核。

全志编纂续编完成分工如下：

刘英标：凡例、概述；大事记续编由刘英标、王国壮、游小燕共同完成，并对2004年以前第一阶段编纂的大事记进行了补充、完善；第五篇第十七章第一、二、三节；第六篇第二十一章第一、二节；第七篇第二十二章第二、三、四、五节，第二十三章第一、二、三节，第二十四章第一、二、三节；后记、全志总纂。

王国壮：第一篇至第四篇。

游小燕：第五篇第十六章第一、第二节；第六篇第十八～二十章；第七篇第二十二章第一节；第八篇。

为本志提供资料的人员如下：

刘训华：提供技改、缆道建设、站网建设、自动化等方面的资料。

李明亮：提供水文测验、站点布设、遥测站、雨量站、地籍测量、鄱阳湖测量的相关资料。

刘琼、邱成德：提供水文测验、水文数据库相关资料。

刘玉春、谢晖、徐晓娟、李雪妮：提供水质相关资料。

李枝斌、李明亮、谢水石、徐珊珊、王海华、黄赟、罗鹍：提供水情相关资料。

黄武、仝兴庆：提供水资源调查与评价等相关资料。

曾金凤、刘运珊：提供水文科技相关资料。

雷雨春、刘海辉、曾元洁：提供部分文书相关资料。

杨书文、刘伊珞：提供部分人事相关资料。

梁玉春：提供财务相关资料。

谢泽林、郭维维：提供部分党务、群团组织等方面的资料。

罗斌：提供综合治理、安全生产等相关资料。

李泉生、聂弘羿：提供法制建设方面的资料。

韩伟、温冬林：提供部分“三送”、精准扶贫方面的资料。

刘春燕：提供部分工会、纪检方面的资料。

李书恺、王成辉、华芳、刘明荣、刘海辉、付敬凯等：提供部分照片。

全志编纂过程中，得到了江西省、赣州市水文局领导的高度重视和大力支持，得到参编人员的鼎力相助，得到省水文局刘建明的指导，得到赣州市地方志研究室的斧正，加之编纂人员的不懈努力，使全志编纂工作得以顺利完成。同时，还有部分职工提供了必要的资料，未列名单，在此，一并表示诚挚的感谢！

编撰《赣州市水文志》是一项全新的工作，由于缺乏经验，学识水平所限，时间紧、跨度大等原因，本志内容难免存在错误、遗漏和不当之处，恳请水文同仁及广大读者予以批评指正。

刘英标

2023 年 5 月

赣州市水文遥测站点分布图

赣州市水系图

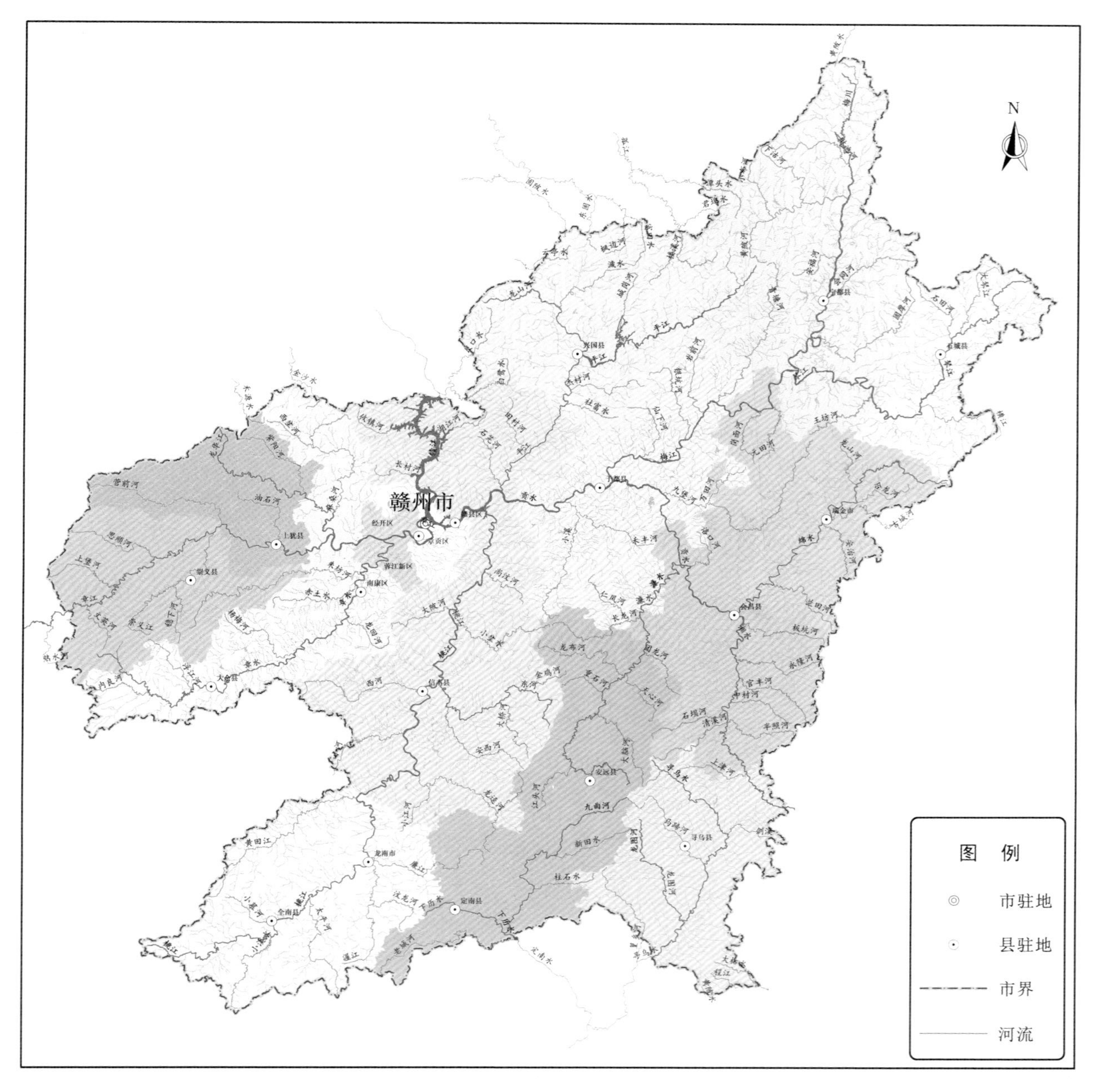

赣州市水文(位)站分布图

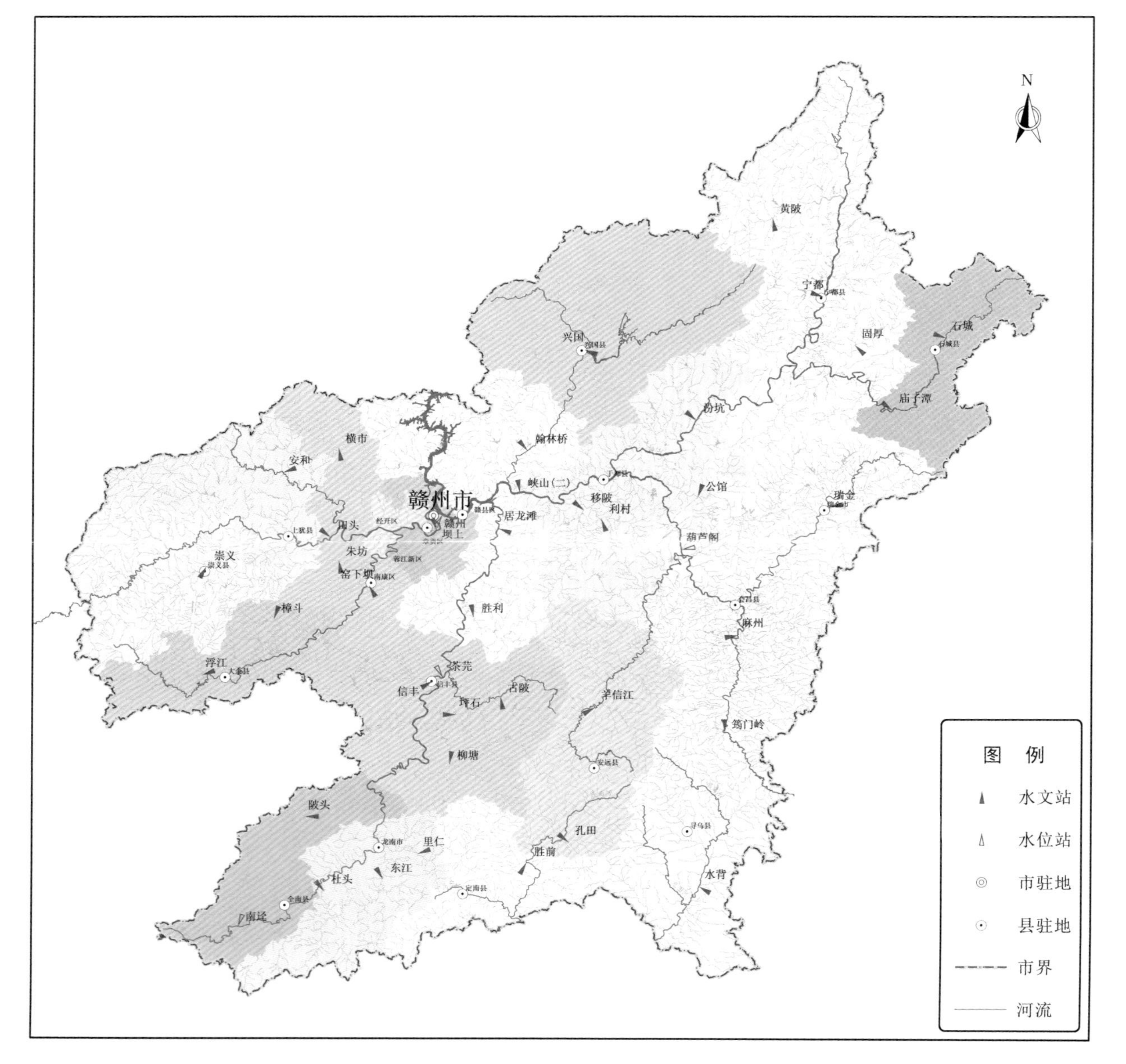